研究生教育推荐教材

高级食品化学

第二版

薛长湖　汪东风　主编

化学工业出版社

·北京·

内容简介

本书是在生物化学、无机化学、有机化学及食品化学等前期课程知识基础上，就食品中水分、蛋白质、糖、脂类、维生素、矿物质、酶、风味物质、次生代谢产物、有害成分等主要化学性质、食品功能性、生理功能及储运加工过程中变化等方面的新知识及研究热点进行介绍，从而使研究生了解到更系统、更先进和更科学的食品化学基础知识，为本学科其他课程的学习、创新能力及专业发展提供基础。

本书是食品科学与工程一级学科下各专业硕士研究生的必修课及非本学科来源博士生的补选课的教材。

图书在版编目（CIP）数据

高级食品化学/薛长湖，汪东风主编．—2版．—北京：化学工业出版社，2021.3

研究生教育推荐教材

ISBN 978-7-122-38453-9

Ⅰ.①高…　Ⅱ.①薛…②汪…　Ⅲ.①食品化学-研究生-教材　Ⅳ.①TS201.2

中国版本图书馆CIP数据核字（2021）第018096号

责任编辑：赵玉清　周　倜　　装帧设计：关　飞

责任校对：刘　颖

出版发行：化学工业出版社（北京市东城区青年湖南街13号　邮政编码100011）

印　　装：大厂聚鑫印刷有限责任公司

787mm×1092mm　1/16　印张28　字数705千字　2021年8月北京第2版第1次印刷

购书咨询：010-64518888　　售后服务：010-64518899

网　　址：http://www.cip.com.cn

凡购买本书，如有缺损质量问题，本社销售中心负责调换。

定　　价：88.00元

《高级食品化学》（第二版）编委会

主　　编　薛长湖（中国海洋大学）

汪东风（中国海洋大学）

副 主 编　（按姓名笔画排序）

王玉明（中国海洋大学）

庄　红（吉林大学）

李巨秀（西北农林科技大学）

汪少芸（福州大学）

陈海华（青岛农业大学）

周裔彬（安徽农业大学）

庞　杰（福建农林大学）

参编人员　（按姓名笔画排序）

王玉明（中国海洋大学）

王建龙（西北农林科技大学）

庄　红（吉林大学）

刘成珍（青岛大学）

孙　逊（中国海洋大学）

李巨秀（西北农林科技大学）

汪少芸（福州大学）

汪东风（中国海洋大学）

张朝辉（中国海洋大学）

陈海华（青岛农业大学）

周裔彬（安徽农业大学）

庞　杰（福建农林大学）

徐　莹（中国海洋大学）

梁　鹏（福建农林大学）

董士远（中国海洋大学）

薛长湖（中国海洋大学）

序

食品科学与工程学科的迅速发展对研究生人才培养质量提出了高要求，课程建设对培养研究生质量有重要作用。为此，国务院学位委员会第七届食品科学与工程学科评议组，在扬州就食品科学与工程一级学科研究生系列核心课程建设形成了共识，明确了核心课程建设指南及编写任务。根据扬州会议对课程建设的原则和要求，中国海洋大学食品科学与工程学院薛长湖、汪东风二位教授于2019年3月在青岛就高级食品化学的课程目标、授课方式、课程内容和考核方式等，在前期对国内外相关高校的调研基础上，邀请10多所高校承担高级食品化学课程建设的负责人和化学工业出版社相关领导进行了充分讨论，不仅形成了该课程指南，还就与课程指南相配套的教材编写进行了分工。他们编写的《高级食品化学》（第二版）不日即将付梓，该教材主编希望我撰写一篇序文，我感到十分荣幸，并借此，对作者们表示感谢！对本教材的出版表示祝贺。

食品从原料生产到储运加工，涉及一系列的化学和生物化学反应，这些反应不仅使原有成分发生了变化，而且还产生了各种各样的新成分，从而对食品的营养性、享受性和安全性产生重要的影响。阐明食品原料及在储运加工过程中各成分之间的化学反应历程、中间产物和最终产物的化学结构及其与食品的营养价值、感官质量、安全性和对人体健康的相关性；揭示食品中各种成分的组成、性质、结构、功能和作用机制；基于天然成分的理化性和功能性，寻找新的食品资源和食品原料中可再生资源的利用等研究，构成了食品化学的重要内容。高级食品化学就是在食品化学等前期课程知识基础上，重点介绍食品中水分、蛋白质、糖、脂类、维生素、矿物质、酶、风味物质、次生代谢产物、有害成分等主要化学性质、食品功能性、生理功能及储运加工过程中变化等方面新知识及研究热点和进展。

教材主要是为教师和学生编写的教学用资料。本书作者均是全国食品科学与工程一级学科点从事高级食品化学教学及研究的一线教师，有着丰富的教学经验和学术造诣。本书正是他们根据多年的教学经验及研究成果，结合近期国内外的有关食品化学方面新进展和新成果，在《高级食品化学》第一版基础上补充修订而成。因此，本教材适合我国高校目前食品科学与工程一级学科研究生教学的需要，符合国务院学位委员会第七届食品科学与工程学科评议组对核心课程建设的要求，是本届学科组课程及教材建设的成果之一。我们相信本教材的出版对我国食品科学与工程学科研究生培养质量的提高将有较大帮助。

朱蓓薇

2020年9月

第二版前言

食品从原料生产到储运加工，涉及一系列的化学和生物化学反应，如氧化还原、非酶褐变、水解及异构等反应，这些都对食品的营养性、享受性和安全性产生重要的影响。阐明食品化学反应历程、中间产物和最终产物的化学结构及其与食品的营养价值、感官质量、安全性和对人体健康的相关性，以及揭示食品中各种成分的组成、性质、结构、功能和作用机制等方面的研究成果，构成了食品化学的重要内容。高级食品化学是在食品化学等前期课程知识基础上，重点介绍食品中六大营养素主要成分、酶、风味物质、次生代谢产物、有害成分等主要化学性质、食品功能性、生理功能及储运加工过程中变化等方面的新知识、新进展及研究热点。

目前，食品类各学科硕士学位点院校均开设了高级食品化学课程，2018 年 8 月第七届食品科学与工程学科评议组扬州会议上又明确了该课程为本学科各专业研究生的必修课，并委托中国海洋大学薛长湖教授牵头进行建设。为此，2019 年 3 月在中国海洋大学主办召开了高级食品化学课程及教材研讨会，来自吉林大学、西北农林科技大学和福建农林大学等高校的教学一线老师们，在先期调研基础上就高级食品化学课程教学大纲及教材编写进行了充分讨论，初步确定了高级食品化学课程教学大纲及教材编写要求和人员分工。2020 年 5～6 月本书作者们及化学工业出版社赵玉清编审就该书的初稿又进行了广泛的讨论和修改，集思广益，力求做到该书的系统性、先进性和可读性。

随着科学技术的发展、教学手段的现代化，教学内容的载体已呈现多样化，但教材（纸质及电子）目前仍是教师和学生教学用的主要资料，也是课程教学内容的具体化。本书作者均是全国食品科学与工程一级学科点从事高级食品化学教学及研究的一线教师，有着丰富的教学经验和学术造诣。本书正是他们根据多年的教学经验及研究成果，结合近期国内外的有关食品化学方面新进展和新成果，在《高级食品化学》第一版基础上补充修订而成。

中国海洋大学食品科学与工程学院薛长湖和汪东风教授担任主编，制定本教材编写大纲。青岛农业大学陈海华主持编写第 1 章，福州大学汪少芸主持编写第 2 章，福建农林大学庞杰主持编写第 3 章和第 4 章，安徽农业大学周裔彬主持编写第 5 章，中国海洋大学汪东风主持编写第6章及第11章，西北农林科技大学李巨秀主持编写第7章，中国海洋大学王玉明主持编写第8章，中国海洋大学张朝辉主持编写9章，吉林大学庄红主持编写第10章。特别感谢参与《高级食品化学》第一版编写的各位教授，以及中国农业大学廖小军教授、南昌大学胡晓波教授、大连工业大学吴海涛教授、中国海洋大学刘炳杰副教授、中国海洋大学和山东省研究生教育质量提升计划（SDYKC19019）对本书出版提出的宝贵建议和大力支持。全书引用了大量的参考文献，限于篇幅不能全部列出，在此一并致以最真挚的谢意。

食品化学方面研究进展快、成果多，但由于作者水平及时间有限，难免存在吸收归纳不足乃至缺点，敬请读者批评指正。

薛长湖　汪东风

2020年6月26日

第一版前言

食品中成分相当复杂，按其来源来分可分为动、植物及微生物原料中原有的成分，在加工过程及贮藏期间新产生的成分，人为添加的成分，原料生产、加工或贮藏期间所污染的成分。食品从原料生产，经过储藏、运输、加工到产品销售，每一过程无不涉及一系列的化学和生物化学反应，这些反应不仅使原有成分发生了变化，而且还产生了各种各样的新成分，从而对食品产生各种需宜和非需宜的变化，对食品的营养性及安全性也产生重要影响。阐明食品复杂体系中各成分之间的化学反应历程、中间产物和最终产物的化学结构及其与食品的营养价值、感官质量、安全性和对人体健康的相关性，揭示食品中各种物质的组成、性质、结构、功能和作用机制，寻找新的食品资源和食品原料中可再生资源的利用等构成了食品化学的重要内容。《高级食品化学》是在《生物化学》、《无机化学》及《食品化学》等前期课程知识基础上，重点介绍食品中蛋白质、脂类、碳水化合物及矿质元素等主要成分化学、食品功能性、生理功能及工艺化学等方面新的进展。为满足当前食品工业提高食品质量与安全的需要，近年来全国不少高校相继开设了食品质量与安全专业。为此，本教材根据近几年来有关食品安全性的研究，将食品中有害成分化学的内容作为一章单独介绍。

《高级食品化学》是食品科学与工程一级学科下的各专业研究生必修专业基础课之一。目前，具有食品科学与工程一级学科下各二级硕士学位点的大多数院校均开设了这门课，但尚无教材出版，主要采用的是内容详略不一的讲义。为此，2005 年在青岛召开的《食品化学》国家精品课程建设研讨会上，来自江南大学、中国农业大学、西南大学及南京农业大学等高校的教学一线老师们，就编写出版《高级食品化学》一书进行了充分讨论，并委托中国海洋大学汪东风教授起草《高级食品化学》编写大纲，后经多次修改通过了编写大纲及编写人员分工。2008 年 7 月本书作者们及化学工业出版社赵玉清副编审在中国海洋大学就该书的初稿又进行了广泛的讨论和修改，集思广益，并力求做到该书的系统性和先进性，同时也强调其可读性。该教材是此前由汪东风主编、化学工业出版社出版的普通高等教育“十一五”国家级规划教材《食品化学》的配套教材，也是食品科学与工程一级学科下的各专业研究生教学用书。

教材主要是为教师和学生编写的教学用材料。本书作者均是全国食品科学与工程一级学科点从事食品化学教学及研究的一线教师，有着丰富的教学经验和学术造诣。本书正是他们根据多年的教学经验及研究成果，结合近期国内外的《食品化学》教材及文献编写而成的，但由于作者水平有限，难免存在缺点乃至错误，敬请读者批评指正。

中国海洋大学食品科学与工程学院汪东风教授担任全书主编，并主持编写了第 6 章及第 7 章；西南大学食品科学学院阚建全教授主持编写了第 1 章；江南大学食品学院杨瑞金教授主持编写了第2章及第11章，南京农业大学食品科学与技术学院曾晓雄教授主持编写了第3章和第5章；中国农业大学食品与营养工程学院的陈敏教授主持编写了第4章及第9章；江南大学食品学院张晓鸣教授编写了第8章；华南理工大学轻工与食品学院赵谋明教授编写了第10章。北京工商大学曹雁平教授及浙江大学沈生荣教授为本书编写提出了宝贵建议。中国海洋大学徐莹博士、安徽农业大学周裔彬博士、山西农业大学李泽珍博士、山东理工大学石启龙博士及烟台大学李志军博士参编了部分章节。徐莹博士协助汪东风教授对全书进行了统稿。化学工业出版社和中国海洋大学对本书的出版给予了大力支持，全书引用了大量的参考文献，在此一并致以最真挚的谢意。

汪东风

2008年12月16日

于青岛八关山下

《高级食品化学》（第一版）编委会

主　　编　汪东风（中国海洋大学）

副 主 编　（按姓名笔画排序）

杨瑞金（江南大学）

陈　敏（中国农业大学）

赵谋明（华南理工大学）

曾晓雄（南京农业大学）

阚建全（西南大学）

参编人员　（按姓名笔画排序）

石启龙（山东理工大学）

李志军（烟台大学）

李泽珍（山西农业大学）

杨瑞金（江南大学）

汪东风（中国海洋大学）

沈生荣（浙江大学）

张晓鸣（江南大学）

陈　敏（中国农业大学）

周裔彬（安徽农业大学）

赵谋明（华南理工大学）

徐　莹（中国海洋大学）

曹雁平（北京工商大学）

曾晓雄（南京农业大学）

阚建全（西南大学）

目 录

第1章 水 分 / 1

1.1 概述 …… 1
1.2 冷冻和脱水过程中食品变化的相关基础理论 …… 2
1.2.1 脱水 …… 7
1.2.2 冰的结构 …… 7
1.2.3 食品中水与非水成分之间的相互作用 …… 10
1.2.4 水分活度与食品稳定性 …… 10
1.2.5 冷冻和脱水过程中食品变化的相关基础理论 …… 12
1.2.6 相平衡 …… 13
1.2.7 状态图 …… 16
1.2.8 结晶 …… 17
1.3 冻藏过程中冰对食品稳定性的影响 …… 24
1.4 玻璃化温度与食品稳定性 …… 25
1.5 分子移动性、水分转移与食品稳定性 …… 27
1.5.1 分子移动性与食品稳定性 …… 27
1.5.2 水分转移与食品稳定性 …… 28
1.6 食品中水分的研究热点 …… 30
1.6.1 亚临界水提取技术 …… 30
1.6.2 核磁共振技术检测食品中水分状态变化 …… 30
1.6.3 等离子体活化水 …… 30
1.6.4 电解水 …… 31
参考文献 …… 31

第2章 蛋白质 / 33

2.1 蛋白质及肽的营养性与功能性 …… 33
2.1.1 蛋白质的营养价值评价 …… 33
2.1.2 蛋白质在食品中的功能性 …… 37
2.1.3 不同来源蛋白质的营养性与功能性 …… 38

2.1.4 肽、活性肽以及风味肽 42
2.2 蛋白质在加工与贮藏中的变化 48
2.2.1 适度的热处理与蛋白质的营养性及安全性 48
2.2.2 热处理与氨基酸的化学变化 49
2.2.3 蛋白质交联 50
2.2.4 蛋白质和游离氨基酸的氧化 52
2.2.5 羰氨反应 54
2.2.6 食品中蛋白质的其他反应 55
2.3 蛋白质改性 57
2.3.1 物理改性 57
2.3.2 化学改性 58
2.3.3 酶法改性 61
2.4 食品蛋白质研究热点 63
2.4.1 人造蛋白肉技术 63
2.4.2 肽组学技术 63
参考文献 64

第3章 糖 / 66

3.1 概述 66
3.1.1 食品中常见的糖 67
3.1.2 低聚糖和多糖的功能性 72
3.2 抗性淀粉 78
3.2.1 抗性淀粉的分类和定义 78
3.2.2 抗性淀粉的抗性机理及其生理功能 80
3.2.3 抗性淀粉形成的影响因素 82
3.2.4 抗性淀粉的制备 84
3.3 甲壳素、壳聚糖及其衍生化 87
3.3.1 甲壳素、壳聚糖及壳寡糖概述 87
3.3.2 壳聚糖的化学改性 89
3.3.3 壳聚糖的降解 91
3.4 多糖的提取、分离纯化和结构分析 93
3.4.1 多糖的提取与分离纯化 93
3.4.2 多糖的结构分析 96
3.5 食品糖研究热点 103
3.5.1 糖领域的相关基础研究 103
3.5.2 糖食品领域的开发应用 103
参考文献 104

第 4 章 脂 类 / 107

4.1 天然脂类的化学性质 …… 108
4.1.1 食品中的脂肪酸 …… 108
4.1.2 常用油脂的脂肪酸分布与组成 …… 109
4.1.3 油脂和脂肪酸的化学反应 …… 110
4.1.4 异构化反应 …… 112
4.2 油脂在贮藏加工中的化学反应 …… 114
4.2.1 油脂氧化机理 …… 114
4.2.2 油脂的酸败和回味 …… 121
4.2.3 油脂氧化程度及氧化稳定性评价 …… 122
4.3 油脂中的非甘油酯成分 …… 128
4.3.1 简单脂质 …… 128
4.3.2 复杂脂质 …… 133
4.4 油脂改性 …… 135
4.4.1 油脂氢化 …… 135
4.4.2 油脂分提 …… 137
4.4.3 酯交换 …… 140
4.5 油脂取代物 …… 143
4.5.1 油脂模拟物 …… 143
4.5.2 油脂替代物 …… 144
4.6 油脂加工方法及加工产品 …… 146
4.6.1 油脂加工方法 …… 146
4.6.2 加工产品 …… 147
4.7 食品脂质研究热点 …… 151
4.7.1 脂肪酸营养 …… 151
4.7.2 脂溶性微量伴随物 …… 151
4.7.3 脂质代谢途径 …… 152
4.7.4 不同类型脂肪细胞代谢途径 …… 152
参考文献 …… 152

第 5 章 维生素 / 155

5.1 概述 …… 155
5.1.1 维生素的概念 …… 155
5.1.2 维生素的特点及稳定性 …… 156
5.1.3 维生素的生物利用率 …… 156
5.1.4 维生素的分类 …… 157
5.2 维生素在食品加工与贮藏过程中的变化 …… 158
5.2.1 食品原料本身的影响 …… 158

5.2.2 食品加工前预处理的影响 159
5.2.3 食品加工过程的影响 160
5.2.4 食品贮藏过程的影响 161
5.3 维生素的结构与功能 162
5.3.1 维生素 A 162
5.3.2 维生素 D 163
5.3.3 维生素 E 164
5.3.4 维生素 K 164
5.3.5 维生素 B_1 165
5.3.6 维生素 B_2 166
5.3.7 泛酸 166
5.3.8 维生素 B_5 167
5.3.9 维生素 B_6 167
5.3.10 维生素 H 168
5.3.11 维生素 B_{11} 168
5.3.12 维生素 B_{12} 169
5.3.13 维生素 C 170
5.4 食品中维生素的增补 171
5.4.1 维生素增补的目的 171
5.4.2 维生素增补的基本原则 171
5.4.3 粮食制品中维生素营养增补 172
5.5 食品维生素研究热点 172
参考文献 172

第 6 章 矿物质 / 173

6.1 概述 173
6.1.1 食品中微量元素的定义与分类 173
6.1.2 生命体中矿物质在元素周期表中的分布 174
6.1.3 生命体内矿物质的功能 175
6.2 矿物质在生物体内的分布及存在状态 183
6.2.1 矿物质在生物体内的分布及转化 183
6.2.2 金属元素在食物中的赋存状态 185
6.2.3 金属元素在食物中赋存状态的研究技术简介 196
6.3 食品中矿物质的理化性质、营养性及安全性 202
6.3.1 食品中矿物质的理化性质 202
6.3.2 食品中矿物质的营养性及重金属的有害性 203
6.4 食品中矿物质的含量及影响因素 208
6.4.1 食品原料生产对食品中矿物质含量的影响 209
6.4.2 加工对食品中矿物质含量的影响 211

6.4.3 贮藏对食品中矿物质含量的影响 212
6.5 加工及贮藏对食品中矿物质形态的影响 212
6.5.1 加工贮藏对食品中矿物质形态的改变 212
6.5.2 加工贮藏对食品中矿物质形态改变的影响因素 213
6.6 食品矿物质研究热点 214
6.6.1 一元与多元相结合 214
6.6.2 研究方向高度细化 214
6.6.3 多学科深度交叉更受青睐 214
参考文献 215

第7章 酶 / 217

7.1 概述 217
7.1.1 酶的概念与作为生物催化剂的特点 218
7.1.2 酶分子的结构与功能 219
7.1.3 酶学对食品科学的重要性 220
7.1.4 酶的稳定性 223
7.2 固定化酶 225
7.2.1 酶的固定化方法 226
7.2.2 固定化酶的性质 228
7.2.3 影响固定化酶反应动力学的因素 229
7.2.4 固定化酶在食品工业中的应用举例 229
7.3 酶的化学修饰 231
7.3.1 酶化学修饰的基本要求 232
7.3.2 酶化学修饰程度和修饰部位的测定 232
7.3.3 酶分子的化学修饰方法 233
7.4 非水相酶催化作用 239
7.4.1 非水相酶催化反应体系 239
7.4.2 非水介质中酶的结构与性质 241
7.4.3 有机介质中酶催化作用在食品及其相关领域中的应用 244
7.5 酶传感器 245
7.5.1 酶传感器概述 246
7.5.2 酶传感器在食品工业中的应用 247
7.6 食品酶学研究热点 249
参考文献 249

第8章 食品风味 / 251

8.1 概述 251
8.1.1 食品风味的概念 251

8.1.2 食品风味的分类 253
8.1.3 食品风味化学研究历程 253
8.1.4 食品风味的分析方法 254
8.1.5 食品风味的感官评定 254
8.2 食品原料中风味成分及其形成途径 255
8.2.1 植物性食品中风味物质及其形成途径 255
8.2.2 乳酸-乙醇发酵产生的风味物质 263
8.2.3 油脂产生的风味物质 263
8.2.4 动物性食品中风味物质及其形成途径 264
8.3 食品加工贮藏过程中产生的风味物质 267
8.3.1 美拉德反应产生的风味物质 267
8.3.2 脂质降解产生的风味物质 270
8.3.3 类胡萝卜素氧化降解产生的风味物质 272
8.4 风味物质的微胶囊化技术 272
8.4.1 风味物质微胶囊化的优点 272
8.4.2 风味物质微胶囊化的方法 273
8.4.3 微胶囊化风味物质的控制释放 281
8.5 食品风味研究热点 281
参考文献 282

第9章 次生代谢产物 / 283

9.1 概述 283
9.1.1 次生代谢的概念 283
9.1.2 次生代谢产物的分类和命名 284
9.1.3 生物合成途径 284
9.1.4 食品中次生代谢产物的重要性 285
9.2 黄酮类化合物 286
9.2.1 黄酮类化合物的结构与分类 288
9.2.2 黄酮苷 291
9.2.3 黄酮类化合物的性质 292
9.2.4 典型的黄酮类化合物 293
9.3 萜类化合物 302
9.3.1 萜类化合物的结构与分类 303
9.3.2 萜类化合物的一般性质 303
9.3.3 典型的萜类化合物 303
9.3.4 萜类化合物的研究进展 312
9.4 生物碱 312
9.4.1 生物碱的结构与分类 313
9.4.2 生物碱的一般性质 314
9.4.3 食品中的生物碱 315

9.4.4 生物碱的研究进展 321
9.5 含硫化合物 322
9.5.1 十字花科中的含硫化合物 322
9.5.2 蒜中含硫化合物 324
9.5.3 葱中含硫化合物 326
9.5.4 韭菜中含硫化合物 327
9.5.5 含硫化合物的研究进展 327
9.6 食品次生代谢产物研究热点 329
参考文献 329

第10章 食品中有害成分 / 333

10.1 食品中抗营养素 334
10.1.1 植酸 334
10.1.2 草酸 336
10.1.3 多酚类化合物的抗营养性 338
10.1.4 消化酶抑制剂 339
10.2 内源性有害成分 343
10.2.1 过敏原 343
10.2.2 有害糖苷类 346
10.2.3 有害氨基酸 349
10.2.4 凝集素 350
10.2.5 皂素 353
10.2.6 生物胺 356
10.2.7 水产食物中有害成分 360
10.3 食品中外源性有害成分 362
10.3.1 重金属元素 363
10.3.2 农药残留 363
10.3.3 二噁英及其类似物 366
10.3.4 兽药残留 368
10.3.5 渔药残留 372
10.4 加工及贮藏过程产生的有害成分 372
10.4.1 烧烤、油炸及烟熏等加工过程产生的有害成分 372
10.4.2 热作用下氨基酸的外消旋作用 379
10.4.3 硝酸盐、亚硝酸盐及亚硝胺 380
10.4.4 氯丙醇 383
10.4.5 容具和包装材料中的有毒有害物质 384
10.5 食品中有害成分研究热点 385
参考文献 386

第 11 章　食品分散体系　/ 389

11.1　泡沫结构 …… 390
11.1.1　食品泡沫的形成 …… 390
11.1.2　泡沫的稳定性 …… 392
11.1.3　泡沫流变性 …… 394
11.1.4　消泡和泡沫的抑制 …… 395
11.1.5　泡沫体系的研究举例 …… 395
11.2　悬浮液、乳状液和悬乳浊液 …… 399
11.2.1　悬浮液 …… 399
11.2.2　乳状液 …… 401
11.2.3　悬乳浊液 …… 405
11.3　凝胶 …… 410
11.3.1　凝胶的类型 …… 411
11.3.2　凝胶的流变学特性 …… 411
11.3.3　食品中的典型凝胶体系 …… 413
11.3.4　凝胶体系研究举例——卡拉胶凝胶 …… 422
11.3.5　凝胶体系研究举例——鱼糜凝胶 …… 424
11.4　食品胶体研究进展 …… 428
11.4.1　特定的食品应用递送体系 …… 428
11.4.2　由植物基成分构建的胶体递送体系 …… 429
11.4.3　多成分的胶体递送体系 …… 429
参考文献 …… 429

第1章 水 分

内容提要： 水不仅在人体中有重要功能，对食品质量也有重要影响。本章主要介绍：食品贮藏加工过程中冷冻和脱水的相关基础理论；冷冻结冰对细胞食品和食品凝胶产生的影响；冷冻速度和温度与食品组成的关系及对产品质量的影响；相图、相平衡及状态图的概念，状态图在干燥、部分干燥或冷冻食品方面的应用；食品的无定形态概念及食品中水分转移对食品的贮藏性、加工性和商品价值的影响。基于食品水分重要性及其水与非水成分关系，近年来亚临界水提取技术已有较多报道，这种“绿色处理法”在食品深加工等领域将有广阔的应用前景；等离子体活化水具有广谱杀菌特性，在食品贮藏保鲜方面也会有很大潜力；低场核磁共振技术是近年来兴起的研究方法，具有稳定性高、重复性好、无损和快速的优点，可实时监测食品不同加工工艺过程中的水分变化；电解水因其具有杀菌高效、无残留、绿色环保无污染、制取方便和成本低廉等优点，可被用于食品加工和农业生产等领域。

1.1 概 述

水既是维持人类生命活动必需的基本物质，又广泛地存在于各类食品中，并与食品的品质和稳定性有着非常密切的关系。因此，研究食品中水分有重要的意义。

水是人体的主要成分，是维持生命活动、调节代谢过程不可缺少的重要物质。①水使人体的体温保持稳定，因为水的比热容大，一旦人体内热量增多或减少也不至于引起体温出现大的波动。水的蒸发潜热大，蒸发少量汗水即可散发大量热能，通过血液流动使全身体温平衡。②水是一种溶剂，能够作为体内营养素运输、吸收和废弃物排泄的载体，也可作为化学和生物化学的反应物和反应介质。③水是一种天然的润滑剂，可使摩擦面滑润，减少损伤。④水是优良的增塑剂，同时又是生物大分子化合物构象的稳定剂，以及包括酶催化剂在内的大分子动力学行为的促进剂。

水也是大多数食品的主要组成成分。食品中水的含量、分布、状态和取向不仅对食品的结构、外观、质地、风味、色泽、流动性、新鲜程度和腐败变质的敏感性产生极大的影响，而且对生物组织的生命过程也起着至关重要的作用。①水在食品贮藏加工过程中既作为化学和生物化学反应的介质，又是水解过程的反应物。②水是微生物生长繁殖的重要因素，影响食品的货架期。③水与蛋白质、多糖和脂类通过物理相互作用而影响食品的质构，如新鲜度、硬度、流动性等。④水还能发挥膨润、浸湿的作用，影响食品的加工性。因此，在许多法定的食品质量标准中，水分是一个主要的质量指标。

若希望长期贮藏含水量高的新鲜食品，只要采取有效的贮藏方法控制水分，就能够延长其保藏期。此外，通过干燥或增加食盐、糖的浓度，可使食品中的水分除去或被结合，从而有效地抑制很多反应的发生和微生物的生长，从而达到延长其货架期的目的。无论采用普通方法脱水还是低温冷冻干燥脱水，食品和生物材料的固有特性都会发生很大的变化，都无法使脱水食品恢复到它原来的状态（复水和解冻）。因此，在食品的解冻、复水和组合食品内部水分迁移控制方面，在控制水分含量、活度或分子移动性以控制许多物理化学变化方面，在利用水分与非水组分（特别是蛋白质和多糖）适当相互作用而获得更多有益的功能性质方面，不论从理论还是从技术角度，都还有许多问题需要进一步解决。故研究水和食品的关系是食品科学的重要内容之一，对研究食品的质量和保藏期都有重要的意义。

1.2 冷冻和脱水过程中食品变化的相关基础理论

虽然冷冻被认为是长期保藏大多数食品的最好方法，但这项保藏技术的益处主要来自低温而不是冰的形成。冰对细胞食品和食品凝胶还会产生两个有害的结果：①在非冷冻相中非水组分被浓缩；②水转变成冰时体积增加 9%。这两种结果都对食品产生一定的影响。在水溶液、细胞悬浮液或组织冷冻过程中，水从溶液转变成冰结晶，此时，所有的非水组分被浓缩在数量逐渐减少的未冷冻水中。在此情况下，除了温度较低和被分离的水是以冰的形式局部沉积外，总的效果类似于常规的脱水。浓缩的程度主要受最终温度的影响，也在较低程度上受搅拌、冷却速度和低共熔物（溶质结晶不常见）形成的影响。由于冷冻浓缩效应，非冷冻相在诸如 pH、可滴定酸度、离子强度、黏度、冰点（和所有其他依数性）、表面和界面张力及氧化-还原电位等性质上都发生了变化。此外，溶质有时会结晶，过饱和的氧和二氧化碳会逸出，水的结构和水-溶质相互作用会产生剧烈的改变以及大分子被迫靠得更近，使相互作用较易发生。这些与浓缩相关性质的变化往往有利于提高某些反应速度。于是，冷冻对反应速度会产生两个相反的效果：降低温度总是降低反应速度和冷冻浓缩有时会提高反应速度。因此，在冰点以下反应速度既不能很好地符合 Arrhenius 关系或者也不能很好地符合 WLF 动力学，有时甚至偏差很大，这是不足为奇的。事实上，在冷冻期间加速的化学反应不常发生。

根据上述这些概念，可以讨论冷冻的一些特殊例子和分子移动性（molecular mobility，Mm）对冷冻食品稳定性的重要性。首先考虑一个复杂食品的缓慢冷冻。非常缓慢的冷冻使食品接近固-液平衡和最高冷冻浓缩。从图 1-1 的 A 开始，除去明显的热使产品移至 B，即试样的最初冰点。由于晶核的形成是困难的，需要进一步除去热，使试样过冷并在 C 开始形成晶核。晶核形成后晶体随即长大，在释放结晶潜热的同时温度升高至 D。进一步除去热导致有更多的冰形成，非冷冻相浓缩，试样的冰点下降和试样的组成沿着 D 至 T_E 的路线改变。对于被研究的复杂食品，T_E 是具有最高低共熔点的溶质的 $T_{E,max}$（在此温度溶解度最小的溶质达到饱和）。在复杂的冷冻食品中，溶质很少在它们的低共熔点或低于此温度时结晶。在冷冻甜食中，乳糖低共熔混合物的形成是商业上一个重要的例外，它造成被称为产品“沙质”的质构缺陷。

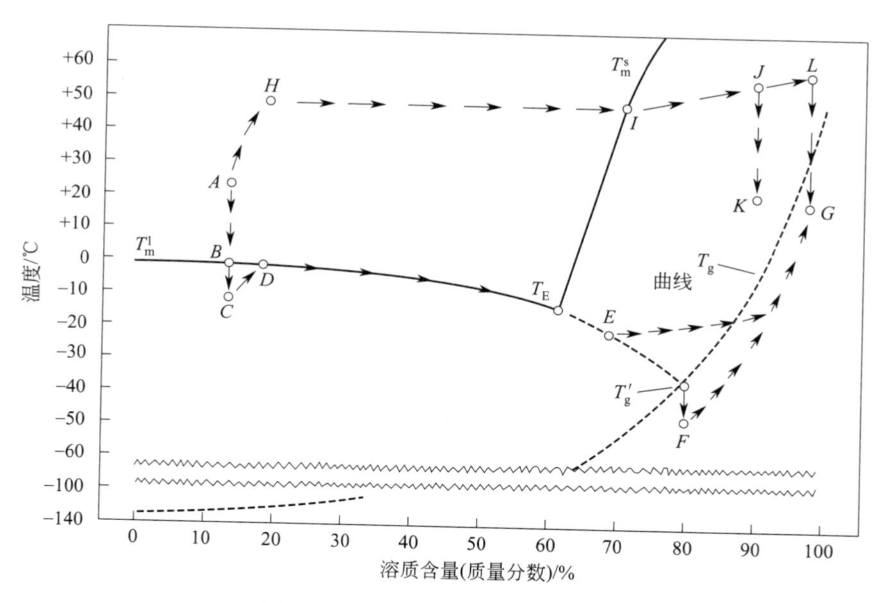

图 1-1 二元体系可能经过的途径

T_m'—熔点曲线；T_E—低共熔点；T_m^s—溶解度曲线；T_g—玻璃化转变温度曲线；

T_g'—特定溶质的最大冷冻浓缩的玻璃化转变温度

二元体系冷冻不稳定顺序 *ABCDE*，稳定顺序 $ABCDET_g'F$；干燥不稳定顺序 *AHIJK*，稳定顺序 *AHIJLG*；冷冻干燥不稳定顺序 *ABCDEG*，稳定顺序 $ABCDET_g'FG$。为便于作图，图中显示的干燥温度比实际温度要低

设想低共熔混合物确实没有形成，冰的进一步形成导致许多溶质的介稳稳定过饱和（一个无定形液体相）和未冷冻相的组成沿着 T_E 至 *E* 的途径变化。*E* 点是推荐的大多数冷冻食品的保藏温度（－20℃）。但 *E* 点高于大多数食品的玻璃化转变温度，此温度下的 Mm 较强，一些取决于扩散的食品物化性质较不稳定，并且高度依赖于温度。由于在冷却期间的冷冻-浓缩效应和温热期间的熔化-稀释效应没有被 WLF 方程所考虑，因此，不应期望与 WLF 动力学完全一致。

如果继续冷却至低于 *E* 点，有更多的冰形成和进一步冷冻浓缩，使未冷冻部分的组成从相当于 *E* 点变化至相当于 T_g' 点。在 T_g'，大多数过饱和未冷冻相转变成包含冰结晶的玻璃态。T_g' 是一个准恒定的 T_g，它仅适用于在最高冷冻浓缩条件下的未冷冻相。观察到的 T_g' 主要取决于试样的溶质组成，其次是试样的起始水分含量。由于在测定 T_g' 的步骤中很少达到最高冷冻浓缩，因此，观察到的 T_g' 并不完全是恒定的。进一步冷却不会导致进一步的冷冻浓缩，仅仅是除去显热和朝着 *F* 点的方向改变产品的温度。低于 T_g'，分子移动性（Mm）大大降低，而由扩散限制的性质通常是非常稳定的。

表 1-1 至表 1-3 是淀粉水解产物、氨基酸、蛋白质和一些食品的 T_g'。这些 T_g' 应被称为“观察到”的或“表观”的 T_g'，这是因为在所采用的测定条件下最高冰形成几乎是不可能的。然而，这些观察到的 T_g' 比起真正的（稍低的）T_g' 或许更贴近实际情况。当产品所含有的主要化学组分以两种构象形式存在时，或者当产品的不同区域所含有的大分子与小分子溶质的比例不同时，会出现多于一个 T_g' 的情况。此时，最高的 T_g' 通常被认为是最重要的。

表 1-1 商业淀粉水解产品（SHP）的玻璃化转变温度（T'_g）和葡萄糖当量（DE）

SHP	制造商	淀粉来源	T'_g/℃	DE
Staley300[①]	Staley	玉米	−24	35
MaltrinM250	GPC[②]（1982）	Dent 玉米	−18	25
MaltrinM150	GPC	Dent 玉米	−14	15
PaselliSA-10	Avebe[③]	马铃薯（AP）	−10	10
StarDri5	Staley（1984）	Dent 玉米	−8	5
Crystal gum	National[④]	木薯	−6	5
Stadex9	Staley	Dent 玉米	−5	3.4
AB 7436	Anhellser-Busch	蜡质玉米	−4	0.5

① A. E. Staley Manufacturing Co. 。

② Grain Processing Corp。

③ Avebe America。

④ National Starch and Chemical。

表 1-2 氨基酸和蛋白质的玻璃化转变温度（T'_g）和相关性质

物质名称		M_r	pH	T'_g/℃	w'_g/%[①]	w'_g/(g/g)
氨基酸	甘氨酸	75.1[③]	9.1	−58	63	1.7
	DL-丙氨酸	89.1[②④]	6.2	−51		
	DL-苏氨酸	119.1[④]	6.0	−41	51	1.0
	DL-天冬氨酸	133.1[③]	9.9	−50	66	2.0
	DL-谷氨酸·H_2O	147.1[③]	8.4	−48	61	1.6
	DL-赖氨酸·HCl	182.7[④]	5.5	−48	55	1.2
	DL-精氨酸·HCl	210.7[④]	6.1	−44	43	0.7
蛋白质	牛血清白蛋白			−13	25～31	0.33～0.44
	α-酪蛋白			−13	38	0.6
	胶原（牛，SigmaC9879）			−6.6±0.1		
	酪蛋白酸钠			−10	39	0.6
	明胶（175bloom）			−12	34	0.5
	明胶（300bloom）			−10	40	0.7
	面筋蛋白（Sigma）			−7	28	0.4
	面筋蛋白（商业）			−10～−5	7～29	0.07～0.4

① w'_g 是未冷冻相水与干氨基酸的质量比。
② 经溶质结晶。
③ 采用 NaOH 溶解。
④ 未调整 pH。

表 1-3 食品的玻璃化转变温度（T'_g）[①]

食品	T'_g/℃	食品	T'_g/℃
果汁		甜玉米（超市新鲜）	−8
柑橘（各种试样）	−37.5±1.0	热烫甜玉米	−10
菠萝	−37	马铃薯（新鲜）	−12
梨	−40	菜花（冷冻茎）	−25
苹果	−40	豌豆（冷冻）	−25
梅	−41	青刀豆（冷冻）	−27
白葡萄	−42	冬季花椰菜茎（冷冻）	−27
柠檬（各种试样）	−43±1.5	冬季花椰菜头（冷冻）	−12
水果（新鲜）		菠菜（冷冻）	−17
斯帕克尔草莓（心）	−41	**冷冻甜食**	
斯帕克尔草莓（边缘）	−39 和 −33	冰激凌（香草）	−33～−31
斯帕克尔草莓（中间部分）	−38.5 和 −33	冰奶冻（香草，软）	−31～−30
其他品种的草莓	−33 和 −41	**干酪**	
新鲜蓝莓	−41	契达干酪	−24
蓝莓表皮	−41 和 −32	意大利波罗伏洛干酪	−13
桃	−36	奶油干酪	−33
香蕉	−35	**鱼**	
红帅苹果	−42	鳕鱼肌肉[②]	−11.7±0.6
苹果（Granny Smith）	−41	鳕鱼肌肉（水不可溶部分）	−6.3±0.1
番茄（新鲜，果肉）	−41	鲭鱼肌肉[②]	−12.4±0.2
蔬菜（新鲜或冷冻）		鲭鱼肌肉（水不可溶部分）	−7.5±0.4
甜玉米（新鲜胚乳）	−15	**牛肉肌肉**[②]	−12.0±0.3

① 除另有说明外，资料摘自 Levine 和 Slade。
② 1996 年测得，与早期的数据（鳕鱼，−77℃；牛肉，−60℃）差别较大。

由于大多数水果具有很低的 T'_g，而保藏的温度一般又高于 T'_g，因此，在冷冻保藏时质构稳定性往往较差。蔬菜的 T'_g 一般是很高的，或许可以预测它们的保藏期长于水果，然而，并非总是如此。影响蔬菜（或任何种类的食品）保藏期的质量特性随品种而异，有可能一些质量特性受 Mm 影响的程度不如其他质量特性。列在表 1-3 中的鱼（鳕鱼、鲭鱼）和牛肉的 T'_g 与早期的数据差别较大。由于在肌肉中大的蛋白质聚合物占优势，从而使肌肉的 T'_g 类似于蛋白质的 T'_g（表 1-2），因此，早期的数据或许是错误的。根据表 1-3 中肌肉的 T'_g，或许可以预测（正如一般能观察到的）所有由扩散限制的物理变化和化学变化在典型的商业冻藏条件下被有效地阻滞。由于鱼和牛肉的贮藏脂肪存在于与肌纤维蛋白分离的区域，因此，在冻藏条件下它们或许不受玻璃态基质的保护，一般是不稳定的。

表 1-2 中列出了几种溶质的 w'_g，但是这些数值不是完全可靠的。最近采用改进的技术测定得到的 w'_g 一般小于以前得到的数值（主要是 Slade 和 Levine 测定的）。采用何种方法测得的 w'_g 与食品的稳定性最相关，对这一点还没有取得一致的意见。然而，Slade 和 Levine 值是从最初成分接近于高水分食品的试样测定的，这对于所获得的值具有重要的影响。

关于在定义 w'_g 时所使用的术语“未冷冻”还需要作两点说明。首先，未冷冻涉及一个实际的时间尺度。由于水在 T'_g 不是完全固定的，在未冷冻相和玻璃相之间的平衡是介稳平衡而不是完全平衡（不是最低自由能），因此，在很长的时间周期中，未冷冻部分将稍许减少。其次，术语“未冷冻”往往被认为是“结合水”的同义词。相当数量的 w'_g 水参与了相互作用，主要是氢键，它们在强度上显著地不同于水-水氢键。这部分水之所以未冷冻完全是由于在玻璃态的局部黏度大到足以在一个实际的时间间隔排除对于进一步形成冰和溶质结晶（形成低共熔混合物）所需要的移动和转动。于是，大多数 w'_g 水应被认为是介稳定的，并且它们的流动性被严重地“阻碍”。

提高冷冻速度会影响温度与组成关系（图 1-2）。在商业条件下，食品冷冻的参考温度

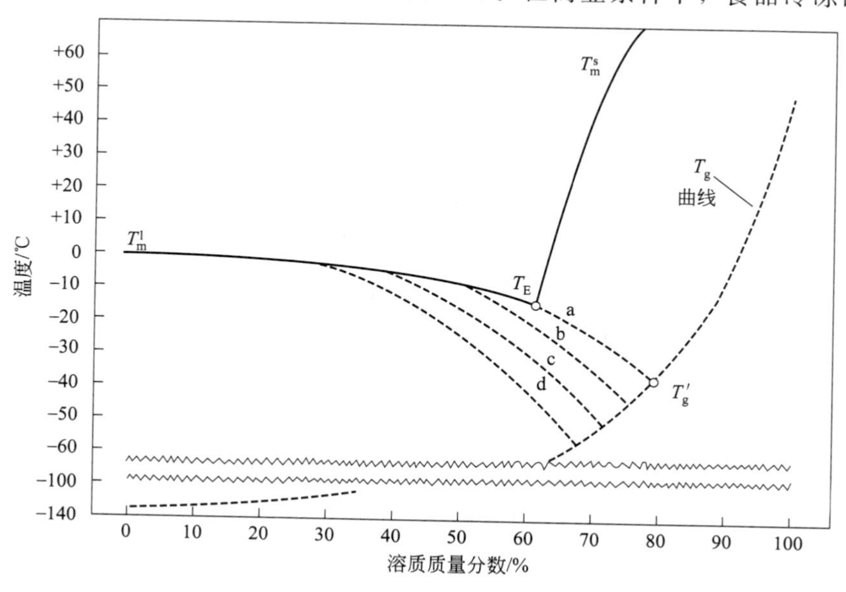

图 1-2　提高冷冻速度（速度 a>b>c>d）对 T_g 影响的二元体系状态

当最高冷冻浓缩出现时即为 T^l_m-T_E 曲线

是 T_g 还是 T_g'？Slade 和 Levine 认为 T_g' 是合适的温度。然而，选择 T_g' 为合适的温度也有一个问题需要解决：由于起始的 T_g（冷冻后随即达到的）总是小于 T_g'，而在冷冻保藏期间从 T_g 达到 T_g'（由于有更多的冰形成）是缓慢的，或许是不能完成的。

如何为冷冻食品选择一个合适的参考 T_g，目前还没有被完全解决。一般建议将 T_g' 看作一个温度区域而不是一个特定的温度。此区域的下边界取决于冷冻速度和保藏的时间/温度，但是在商业上重要的情况下，有理由认为此边界（起始 T_g）或许不会超过 $T_g'-10$℃，对于通过零售渠道上市的一种食品产品由于较高的平均保藏温度而使得此平均 T_g 不大可能如接近起始 T_g 那样更接近 T_g'。此处将继续采用术语 T_g'，同时应将它看作一个温度区。

综上所述，控制冷冻食品中由扩散限制的变化的速度的措施主要如下。

（1）可以通过下列措施提高产品的稳定性（由扩散限制的）：①将保藏温度降低至接近或低于 T_g'。②在产品中加入高分子量溶质以提高 T_g'。由于第二个措施增加了产品保藏在低于 T_g' 的概率和降低了在产品温度高于 T_g' 时的 Mm，因此是有利的。

（2）重结晶的速度显然与 T_g' 有关（重结晶是指冰结晶的平均大小增加，同时数目减少）。假如出现最高冰结晶作用，重结晶的临界温度（T_r）是冰的重结晶作用可以避免的最高温度（往往是 $T_r \sim T_g'$，见图 1-3）。在 T_m 至 T_g' 区的重结晶速度有时较好地符合 WLF 动力学（图 1-3）。假如冰的结晶作用不是最高的，冰的重结晶可以避免的最高温度大致等于 T_g。一般情况下，T 必须稍许高于 T_g' 或 T_g，重结晶速度才有实际意义。

（3）一般情况下，在一个指定的低于冰点的保藏温度，高 T_g'（通过加入水溶性大分子达到）和低 w_g' 与坚硬的冷冻结构和良好的保藏稳定性有关；反之，低 T_g' 和高 w_g'（通过加

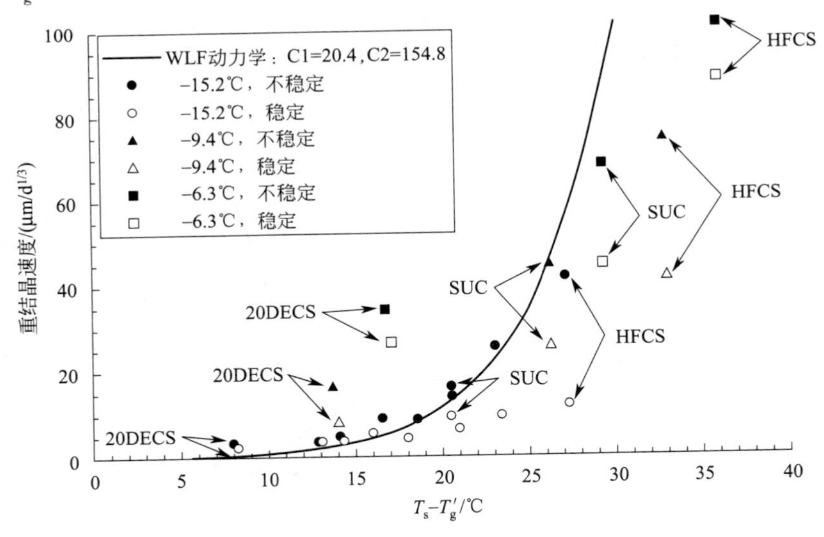

图 1-3　冰激凌中冰重结晶的速度与保藏温度（T_s）、甜味剂种类和稳定剂存在与否的关系

实线是根据 WLF 方程所作的图，条件是在 $\Delta T=25$℃时存在一个 $30\mu m/d^{1/3}$ 的微小的重结晶速度。T_g' 是“表观”T_g'。HFCS 是高果糖玉米糖浆，SUC 是蔗糖，CS 是玉米糖浆，DE 是葡萄糖当量，d 是天数，图中的数字（20DECS）是葡萄糖当量值。当使用单甜味剂时，用箭头指出。没有箭头的符号代表用两种甜味剂按 1∶1 的比例制备的冰激凌，其中一种甜味剂选自标明的那些甜味剂，而另一种则是 42DECS。当使用稳定剂时，海藻胶和刺槐豆胶按 20∶80 的比例和 0.1%的质量分数加入

入单体物质达到）与柔软的冷冻结构和较差的保藏稳定性有关。

1.2.1 脱水

1.2.1.1 空气干燥

在恒定的空气温度，产品在空气干燥期间所经途径（温度-溶质含量）如图 1-1 所示。T_m^s 曲线是以食品中对曲线的位置有着决定性影响的组分为基础而制作的。从 A 点开始，空气干燥能提高产品的温度并除去水分，使产品很快具有与 H 点（空气的湿泡温度）相称的性质。进一步除去水分使产品达到和通过 I 点，即起决定作用的溶质（DC）的饱和点，此时有少许或没有溶质结晶。这个过程形成了液态无定形 DS 的主要区域，而液态无定形物质的较小区域由于次要溶质具有比 DS 较高的饱和温度可能先形成。当继续干燥至 J 点，产品的温度达到空气的干泡温度。如果在 J 点终止干燥和产品冷却至 K 点，那么，产品在玻璃化相变曲线之上，Mm 较强，由扩散限制的性质的稳定性较差，而且强烈地依赖于温度（WLF 动力学）。如果干燥继续从 J 点到 L 点，然后产品冷却至 G 点，那么，产品在 T_g 曲线之下，Mm 被大大地抑制，因此，由扩散限制的性质是稳定的，并且仅微依赖于温度。

1.2.1.2 真空冷冻干燥

产品在真空冷冻干燥时变化的途径如图 1-1 所示。冷冻干燥的第一阶段相当接近于缓慢冷冻的途径 $ABCDE$。如果在冰升华（最初的冷冻干燥）期间，温度不能降至低于 E，途径 EG 或许是一条典型的途径。EG 途径的早期包括冰的升华（最初的干燥），在这期间由于冰结晶的存在而使产品不会出现塌陷。然而，在沿着 E 至 G 的途径，完成了冰升华并开始解吸期（第二阶段），这种现象能够（常常如此）出现在产品通过玻璃化相变曲线之前。在冷冻干燥的第二阶段不仅对起始是流体的产品，而且对食品组织（在较低程度），都有可能出现塌陷。原因是提供结构支持的冰已不存在和 $T>T_g$ 时 Mm 大到足以使食品失去坚硬度。这个情况在食品组织的冷冻干燥期间是常见的，它使产品不能达到最佳质量水平。产品的塌陷造成产品的多孔性减少（较慢地干燥）和较差的复水性能。为了防止塌陷，必须按途径 $ABCDEFG$ 进行冷冻干燥操作。

只要最高冰结晶作用出现，结构塌陷的临界温度（T_c）是避免在冷冻干燥第一阶段（$T_c \sim T_g'$）出现塌陷的最高温度。如果冰结晶作用不是最高，那么，在冷冻干燥第一阶段能避免塌陷的最高温度大致等于 T_g。一般情况下，T 必须稍微大于 T_g' 或 T_g，冷冻干燥的速度才具有实际意义。

如果可以改变产品的组成，那么，尽可能地提高 T_g'（T_c）和降低 w_g'。通过加入高分子量聚合物能达到此目的，此时，能采用较高的冷冻干燥温度（较少能量，较高干燥速度）而又没有产品塌陷的危险。

1.2.2 冰的结构

1.2.2.1 纯冰

含有四面体指向作用力的水在结晶时形成开放（低密度）结构。冰中最邻近的 O—O 核间距为 0.276nm。而 O—O—O 键角约为 109°，接近于四面体角 109°28′（图 1-4）。仔细观察水分子 W 和与它最邻近的 1、2、3 和 W′水分子就可以看清楚 1 个水分子与其余 4 个水分子（配位数 4）在 1 个晶胞中缔合的方式。

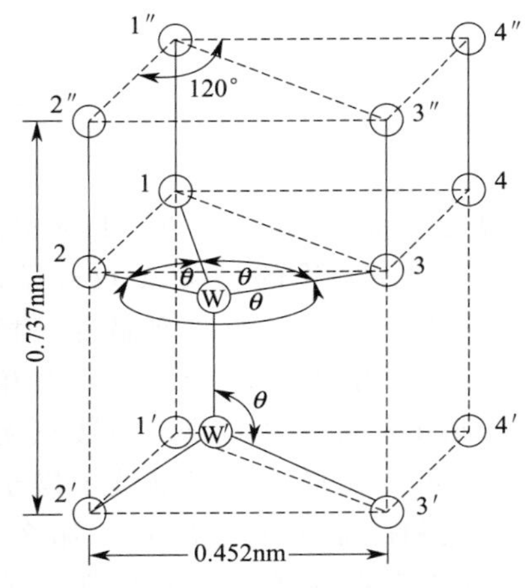

图 1-4　在 0℃普通冰的晶胞
圆圈代表水分子中的氧原子，最邻近的 O—O 核间距为 0.276nm；$\theta=109°$

当一些晶胞重叠起来，并从顶部沿着 C 轴观察时，冰的六方形的对称结构［图 1-5(a)］是非常清楚的。显然，水分子 W 与其周围 4 个最相邻近的水分子形成四面体结构，其中 1、2 和 3 水分子是可见的，而第 4 个水分子位于纸平面以下，并且直接在水分子 W 位置的下面。如果在三维空间看图 1-5(a)，正如图 1-5(b) 所示，显然有 2 个分子平面（空心和实心圆球）。这 2 个平面相互平行，相互非常靠近；冰在压力下滑动或流动时，这些平面上的水分子一起移动，如同云母的片层结构。这类平面构成了冰的“基面”，将几个基面堆积就得到扩展的冰结构。3 个基面结合而形成如图 1-6 所示的结构，沿着 C 轴向下观察，其外观恰如图 1-5(a) 所示，这表明基面完美地排列。冰在此方向是单折射的，而在其他方向是双折射的。于是 C 轴是冰的光学轴。

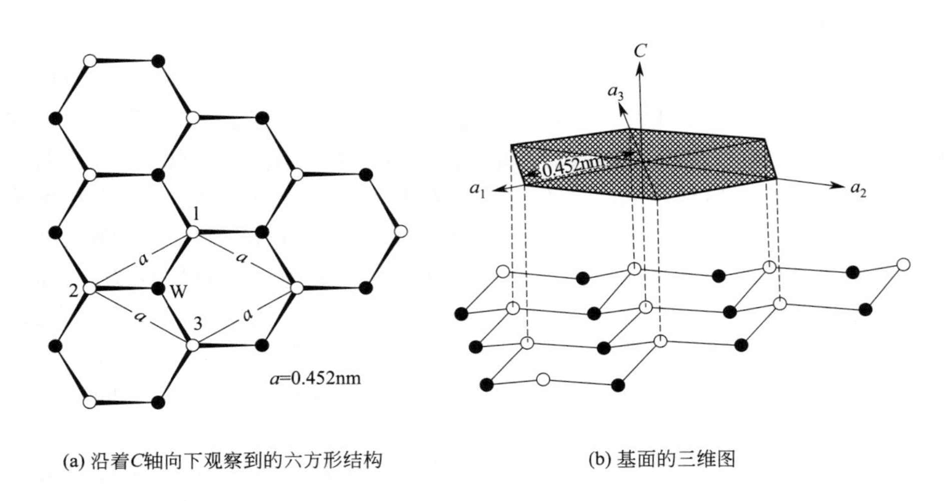

图 1-5　冰的基面（由高度略有不同的两个平面组成）
每个圆球代表 1 个水分子的氧原子，空心圆球和实心圆球分别代表上层和底层基面的氧原子。
图（a）前面的棱相当于图（b）的底边，晶轴定位与外部对称性是一致的

关于冰中氢原子的位置，一般认为：

(1) 连接 2 个最邻近的氧原子的每根线被 1 个氢原子所占有，氢原子与同其共价成键的氧原子相距（0.100±0.001)nm，而与同其形成氢键的氧原子相距（0.176±0.001)nm，这种构型如图 1-7(a) 所示。

(2) 如果在一段时间内观察氢原子的位置，可以获得 1 个稍有差别的图像。在连接 2 个最邻近的氧原子 X 和 Y 的线上的氢原子位于两种可能的位置：或距离 X 为 0.1nm，或距离 Y 为 0.1nm。氢原子在这两种可能位置上以相等概率出现。用另一种方法表达，即平均地看，每种位置被占一半时间，这可能是由于除了在极低的温度外，水分子能协同旋转，并且氢原子能在两个相邻的氧原子间跳跃，最终的平均结构被称为半氢结构、Pauling 结构或统计结构，如图 1-7(b) 所示。

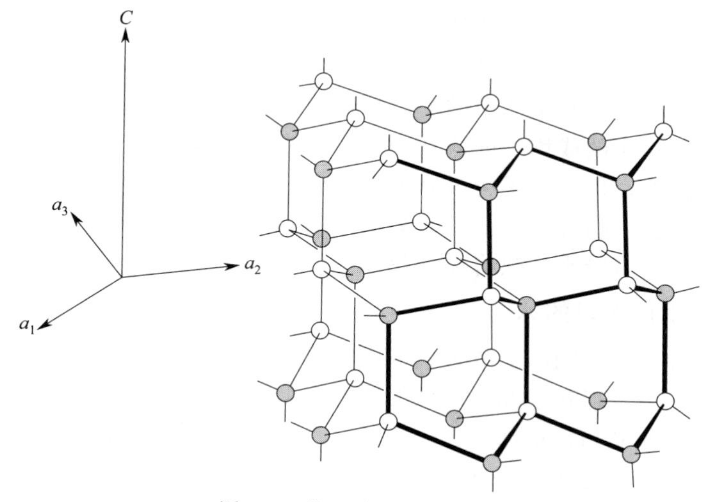

图 1-6 普通冰的扩展结构

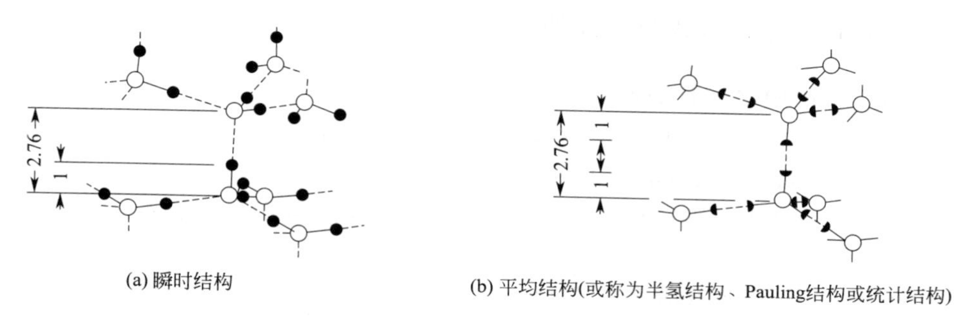

(a) 瞬时结构

(b) 平均结构(或称为半氢结构、Pauling结构或统计结构)

图 1-7 冰结构中氢原子的位置

实心代表氢；空心代表氧

关于结晶对称性，普通冰属于六方晶系中的双六方双锥体形。另外，冰可能以其他 9 种多晶型结构存在，也可能以无定形或无一定结构的玻璃态存在。但是在总的 11 种结构中，只有普通的六方形冰在 0℃和常压下是稳定的。

冰的结构并非如上述那样简单。首先，纯冰不仅含有普通的水分子，而且还含有离子和水同位素变种，只是同位素变种量很少，可忽略，主要只考虑 HOH、H^+（H_3O^+）和 OH^-。其次，冰晶不是完美的，所存在的缺陷一般是定向型（由质子位错引起并伴随中性定向）或离子型（由质子位错引起，形成了 H_3O^+ 与 OH^-）（图 1-8）。这些缺陷的存在提供了一个解释冰中质子的流动性以及当水冻结时直流电导稍有减小的原因。

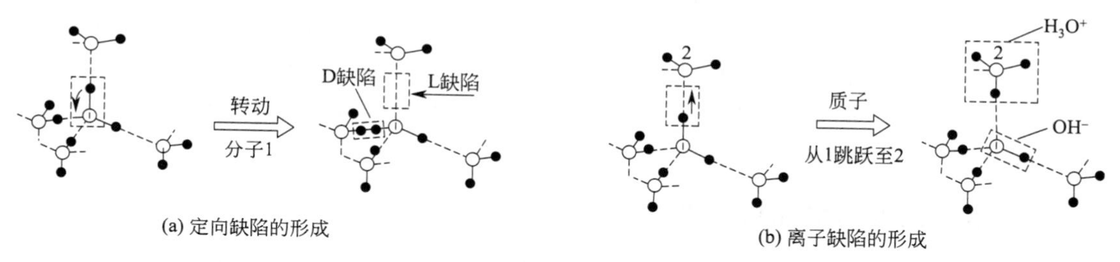

(a) 定向缺陷的形成

(b) 离子缺陷的形成

图 1-8 冰中质子缺陷的示意图

空心圆球和实心圆球分别代表氧原子和氢原子，实线和虚线分别代表化学键和氢键

在晶体缺陷中，除了原子流动性外，冰中还有其他类型的运动，冰中每个水分子都是振动的，在−10℃时均方根振幅（假设每个分子作为一个振动单位）约为0.04nm。此外，据推测，以一定的间隙间隔存在于冰中的水分子显然能慢慢地扩散通过晶格。

因此，冰远不是静止的或均一的体系，并且它的特性取决于温度。虽然冰中水分子在所有温度下都是四配位的，但是为了将氢原子固定在一种可能的构型上，必须将温度降低至约−180℃或更低。因此，仅在温度近−180℃或更低时，所有的氢键才是完整的。随着温度升高，完整的（固定的）氢键平均数将逐渐减少。

1.2.2.2 溶质存在时的冰

溶质的含量和种类能影响冰晶数量、大小结构、位置和定向。据报道，蔗糖、甘油、明胶、白蛋白和肌球蛋白等存在情况下形成的冰晶类型的冰结构，主要是六方形晶体、不规则的树枝状晶体、粗的球晶和瞬息球晶。一般情况下，只要能避免极端快速冷冻、仅含一类溶质以及它的浓度不会过分地妨碍水分子的流动性时，六方形晶型是存在于食品中最有次序的结晶形式。

1.2.3 食品中水与非水成分之间的相互作用

1.2.3.1 食品中水的存在形式

根据食品中的水分子与非水物质发生相互作用的性质和程度，可以将食品中的水分为体相水（bulk water）和结合水（bound water）。

结合水也称为束缚水或固定水（immobilized water），又可分为化合水（compound water）、邻近水（vicinal water）和多层水（multilayer water）。体相水又称为游离水（free water），也可分为不移动水或滞化水（entrapped water）、毛细管水（capillary water）和自由流动水（free flow water）。结合水和体相水之间的界限很难定量地作截然的区分，只能根据物理、化学性质作定性的区分。

1.2.3.2 水与非水成分之间的相互作用

水分子中氧原子的电负性很大，O—H键的共用电子对强烈地偏向于氧原子一边，使得氢原子几乎成为带有一个正电荷的裸露质子，整个水分子发生偶极化，形成偶极分子（气态时的偶极矩为1.84D）（$1D=3.33564\times10^{-30}C\cdot m$）。同时，其氢原子也极易与另一水分子的氧原子外层上的孤电子对形成氢键，水分子间便通过这种氢键产生了较强的缔合作用。

食品中的非水组分众多，而水与不同非水组分的相互作用也不相同。水与离子或离子基团（如Na^+、Cl^-、$—COO^-$、$—NH_3^+$等）的相互作用是通过离子或离子基团的电荷与水分子的偶极子间发生强的静电相互作用（离子-偶极子）。因此，离子将改变水的结构、水的介电常数，决定胶体周围双电子层的厚度和显著地影响水与其他非水溶质和悬浮物质的“相容程度”。水能够与非水组分中极性基团形成氢键，在生物大分子的两个部位或两个大分子之间可形成由几个水分子所构成的“水桥”。此外，水对于非极性物质将产生两个重要的结构，形成相应结果：笼形水合物（clathrate hydrates）的形成和蛋白质中的疏水相互作用（hydrophobic interaction）。

1.2.4 水分活度与食品稳定性

人们早就认识到食品的水分含量与食品的腐败变质之间存在着一定的关系，但仅将水分含量作为判断食品稳定性的指标，不是十分恰当。因此，更多采用了水分活度（water activity，a_w）指标。

1.2.4.1 水分活度

a_w 是指食品中水的蒸气压与同温下纯水的饱和蒸气压的比值，在数值上也等于相对湿度除以100，可用公式表示：

$$a_w = p/p_0 = \mathrm{ERH}/100 = N = n_1/(n_1+n_2) \tag{1-1}$$

式中，p 是食品在密闭容器中达到平衡时的水蒸气分压；p_0 是在相同温度下纯水的饱和蒸气压，可从有关手册中查出；ERH 为环境平衡相对湿度（equilibrium relative humidity，ERH）；N 是溶剂（水）的摩尔分数；n_1 是溶剂的物质的量；n_2 是溶质的物质的量。

n_2 可通过测定样品的冰点并且应用关系式(1-2）进行计算。

$$n_2 = G \times \Delta T_f/(1000 \times K_f) \tag{1-2}$$

式中，G 是样品中溶剂的质量，g；ΔT_f 是冰点下降的温度，℃；K_f 是水的摩尔冰点下降常数（1.86）。

1.2.4.2 水分活度与温度的关系

在 a_w 的表达式中，p、p_0 等都是温度的函数，因而 a_w 也是温度的函数。克劳修斯-克拉贝龙（Clausius-Clapeyron）方程式比较准确地阐明了 a_w 与温度的关系：

$$\mathrm{d}(\ln a_w)/\mathrm{d}(1/T) = -\Delta H/R \text{ 或 } \ln a_w = -k\Delta H/R(1/T) \tag{1-3}$$

式中，R 为气体常数；T 为热力学温度；ΔH 为在食品某一水分含量下的等量净吸附热（纯水的汽化潜热）；k 为样品中非水物质的本质和其浓度的函数，也是温度的函数，但在样品一定和温度变化范围较窄的情况下，k 可看作常数，可由式(1-4）表示。

$$k = \frac{\text{样品的热力学温度}-\text{纯水的蒸气压为 } p \text{ 时的热力学温度}}{\text{纯水的蒸气压为 } p \text{ 时的热力学温度}} \tag{1-4}$$

由式(1-3）可见，以 $\ln a_w$ 对 $1/T$ 作图（当水分含量一定时），可得一直线，但在较大温度范围内，并非始终是一条直线。即当冰开始形成时，直线将在结冰的温度时出现明显的折点，在冰点以下 $\ln a_w$ 随 $1/T$ 的变化率明显变大，并且不再受食品中非水组分的影响。此时，样品冻结后的 a_w 值，应按公式(1-5）计算：

$$a_w = p_{ff}/p_0(\mathrm{scw}) = p_{ice}/p_0(\mathrm{scw}) \tag{1-5}$$

式中，p_{ff} 为未完全冷冻食品中水的蒸汽分压；$p_0(\mathrm{scw})$ 为纯过冷水的蒸气压；p_{ice} 为纯冰的蒸气压。

1.2.4.3 水分活度与水分含量的关系

在恒定温度下，以食品的水分含量（用单位干物质质量中水的质量表示）对它的 a_w 绘图形成的曲线，称为吸湿等温线（moisture sorption isotherms，MSI）。许多食品的吸湿等温线都表现出滞后现象（hysteresis），滞后作用的大小、曲线的形状以及滞后回线（hysteresis loop）的起始点与终点因食品的性质、当加入或去除水时所产生的物理变化、温度、解吸速度以及解吸过程中被除去的水分的量等因素的影响而发生很大的变化。一般来说，当 a_w 值一定时，解吸过程中食品的水分含量大于回吸过程中的水分含量。

在已确定的描述食品的吸湿等温线的数学模型中，主要有以下几个具有代表性。

(1) 改进的 Halsey 模型

$$\ln a_w = -\exp(C+BT) \times m^{-A} \tag{1-6}$$

式中，A、B、C 为常数；m、T 分别为食品中的水分含量和温度。

(2) BET (Brunauer, Emmett & Teller) 方程

$$\frac{a_w}{m(1-a_w)}=\frac{1}{m_1C}+\frac{C-1}{m_1C}a_w \tag{1-7}$$

式中，a_w 为水分活度；m 为水分含量（以干物质计），g/g；m_1 为 BET 单分子层水值；C 为常数。

(3) Iglesias 方程

$$a_w=\exp[-C(m/m_1)^r] \tag{1-8}$$

式中，m 为水分含量（以干物质计），g/g；m_1 为单分子层水值；C、r 为常数。

(4) GAB (Guggenheim-Anderson-de Boer) 方程

$$m=Ckm_1a_w/[(1-ka_w)(1-ka_w+Cka_w)] \tag{1-9}$$

式中，m 为水分含量（以干物质计），g/g；m_1 为单分子层水值；C、k 为常数。

由于食品的化学组成不同和各成分的水结合能力不同，不是所有食品的吸湿等温线均可以用一个方程模型来定量描述。但是，BET 方程是一个常用的经典方程，而 GAB 方程被认为是目前描述吸湿等温线的最好模型。

1.2.4.4 水分活度与食品稳定性的关系

食品的贮藏稳定性与水分活度之间有着密切的联系。例如，降低食品的 a_w，可以延缓酶促褐变和非酶促褐变的进行，减少食品营养成分的破坏，防止水溶性色素的分解。但 a_w 过低，则会加速脂肪的氧化酸败。要使食品具有最高的稳定性所必需的水分含量，最好是将 a_w 保持在结合水范围内。这样，可使化学变化难以发生，同时又不会使食品丧失吸水性和复原性。另外，食品中的多种化学反应的反应速率及反应历程是随食品的组成、物理状态及其结构（毛细管现象）而改变的，也随大气组成（特别是氧）、温度以及滞后效应而改变。

另外，食品中微生物生长发育是由其 a_w 而不是由其含水量所决定的。不同的微生物在食品中繁殖时对 a_w 的要求不同。一般来说，细菌对低 a_w 最敏感，酵母菌次之，霉菌的敏感性最差。当然微生物对水分的需要会受到食品 pH 值、营养成分、氧气等共存因素的影响。因此，在选定食品的 a_w 时应根据具体情况进行适当调整。

综上所述，低 a_w 能抑制食品的化学变化和微生物的生长繁殖，继而影响食品的稳定性。另外，除了化学反应与微生物生长外，a_w 对干燥与半干燥食品的质构也有影响。例如，如果要想保持脆饼干、爆米花以及油炸土豆片的脆性，避免粒状糖、奶糖以及速溶咖啡的结块，防止硬糖的发黏等，就需要使产品具有相当低的 a_w。要保持干燥食品的理想品质，a_w 不能超过 0.35～0.5；对于软质构的食品（含水量高的食品），则需要保持相当高的 a_w。

尽管 a_w 指标在估计不含冰的产品中微生物生长和非扩散限制的化学反应速率（例如高活化能反应和在较低黏度介质中的反应）时非常有用。但在估计由扩散限制的性质，像冷冻食品的物理性质、冷冻干燥的最佳条件及包括结晶作用、胶凝作用和淀粉老化等物理变化或化学性质时，a_w 指标是无用的。这是因为冰点以下的 a_w 与样品的组成无关，而仅与温度有关。因此，必须寻求新的评价指标。用分子流动性和玻璃化转变温度（T_g）预测食品贮藏稳定性就是一种新思路、新方法。

1.2.5 冷冻和脱水过程中食品变化的相关基础理论

目前，冷冻和干燥仍是保藏大多数食品的有效方法。在这两种方法中，食品中的水分均发生了很大的变化。因为冷冻使水从液态转化为固态的冰（结晶作用），而干燥却使水从液

态转化为气态的水蒸气（脱水作用）。虽然冷冻能有效保藏食品，但与水从液态转化为固态的冰无关，而主要是因为在低温情况下微生物的繁殖被抑制，以及一些化学反应的速率常数降低。干燥就是直接减少了食品中水分的含量，从而提高了其贮藏稳定性，但在水分减少过程中，食品本身也发生了较大的变化。以上这些变化将对食品的品质产生有好有坏的影响，值得深入研究。

不管是冷冻还是干燥，都发生了相变化，如水从液态转化为固态或气态。因此，冷冻和干燥过程的理论基础就是相平衡原理。这里介绍相平衡的相关知识。

1.2.6 相平衡

1.2.6.1 相律、相图与相平衡

相（phase）指的是体系内的物理性质和化学性质完全均匀的部分，而相图（phase diagrams）是指用图形来表示相平衡系统的组成与温度、压力之间的关系。通过相图，可以得知在某个 T、p 下，一系统处于相平衡时存在着哪几相，各相的组成如何，各相的量之间有何关系，以及当条件发生变化时系统内原来的平衡破坏而趋向一新的平衡时，相变化的方向和限度。

在一定范围内能够维持系统原有相数而可以独立变化的变量叫自由度，这种变量的数目叫自由度数，确定相平衡系统中自由度数的定律就是相律。相律可用式(1-10) 计算。

$$f=C-\varphi+2 \tag{1-10}$$

式中，f 为自由度数；C 为体系中的组分数；φ 为体系中存在的相的总数。

因此，式(1-10) 可描述为：相平衡系统的自由度数等于系统的组分数减去相数再加 2。相律只适用于相平衡系统。其中，式(1-10) 中的“2”表示系统的整体温度、压力皆可变，若需考虑其他因素（如电、磁等），则应写成“$+n$”。另外，若不考虑压力对相平衡的影响，则 $f=C-\varphi+1$，f 称为条件自由度。

在一定温度和压力下，任何纯物质达两相平衡时，$G_1=G_2$，$dG_1=dG_2$。

而吉布斯自由能可以表示为：$dG=-SdT+Vdp$

因此，$-S_1dT+V_1dp=-S_2dT+V_2dp$

则蒸气压随温度的变化率符合克拉贝龙（Clapeyron）方程：

$$\frac{dp}{dT}=\frac{\Delta H}{T\Delta V} \tag{1-11}$$

式中，ΔH 为相变时焓的变化值；ΔV 为相变时相应的体积变化值；T 为温度。

对于气、液（或气、固）两相平衡，并假设气体为 1mol 理想气体，将液（固）体体积忽略不计，则：

$$\frac{dp}{dT}=\frac{\Delta H_m}{TV_m(g)}=\frac{\Delta H_m}{T\left(\frac{RT}{p}\right)} \tag{1-12}$$

式中，T 为温度；$V_m(g)$ 为摩尔体积；p 为压力；R 为摩尔气体常量；ΔH_m 是摩尔汽化热或摩尔升华热。

式(1-12) 称为克劳修斯-克拉贝龙（Clausius-Clapeyron）方程。

1.2.6.2 单组分系统

对于单组分系统，根据相律 $f=C-\varphi+2=3-\varphi$，由于体系至少为一相，因而单组分体系的自由度最多为 2，即为双变量体系，其相图可用平面图表示。

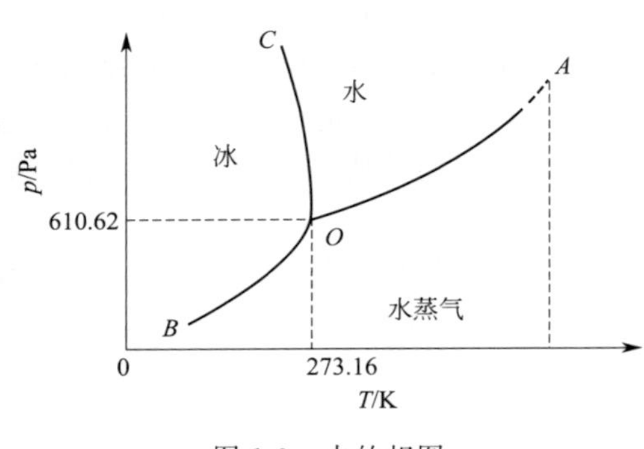

图 1-9 水的相图

图 1-9 为水的相图，有 3 个单相区（气、液、固）。对每一单相区，$\varphi=1$，则 $f=2$，即单组分单相系统有 2 个自由度，T 和 p 是 2 个独立变量，T 和 p 在一定范围内变化不会引起相的改变。而在平衡线上，$\varphi=2$，则 $f=1$，即单组分两相系统有一个自由度，也就是说 T 或 p 是独立变量，T 和 p 只能改变一个，指定了 p，则 T 由体系自定。

图 1-9 中 OA 是气-液两相平衡线，即水的蒸汽压曲线。它不能任意延长，终止于临界点 A，这时气-液界面消失。OB 是气-固两相平衡线，即冰的升华曲线，理论上可延长至 0K 附近。OC 是液-固两相平衡线，当 C 点延长至压力大于 2×10^8Pa 时，相图变得复杂，有不同结构的冰生成。O 点是三相点（triple point），在该点气、液、固三相共存，$\varphi=3$，$f=0$，即单组分三相系统没有自由度，在相图上可用点来表示。三相点的温度和压力皆由体系自定。H_2O 的三相点温度为 273.16K，压力为 610.62Pa。

图 1-9 中 3 条两相平衡线的斜率均可由 Clausius-Clapeyron 方程或 Clapeyron 方程求得。

OA 线 $\dfrac{\mathrm{d}\ln p}{\mathrm{d}T}=\dfrac{\Delta_{\mathrm{vap}}H_{\mathrm{m}}}{RT^2}$ $\Delta_{\mathrm{vap}}H_{\mathrm{m}}>0$，斜率为正（$\Delta_{\mathrm{vap}}H_{\mathrm{m}}$ 为摩尔蒸发焓）

OB 线 $\dfrac{\mathrm{d}\ln p}{\mathrm{d}T}=\dfrac{\Delta_{\mathrm{sub}}H_{\mathrm{m}}}{RT^2}$ $\Delta_{\mathrm{sub}}H_{\mathrm{m}}>0$，斜率为正（$\Delta_{\mathrm{sub}}H_{\mathrm{m}}$ 为摩尔升华焓）

OC 线 $\dfrac{\mathrm{d}p}{\mathrm{d}T}=\dfrac{\Delta_{\mathrm{fus}}H_{\mathrm{m}}}{T\Delta_{\mathrm{fus}}V}$ $\Delta_{\mathrm{fus}}H_{\mathrm{m}}>0$，$\Delta_{\mathrm{fus}}V<0$，斜率为负（$\Delta_{\mathrm{fus}}H_{\mathrm{m}}$ 为摩尔熔化焓）

1.2.6.3 二组分系统

对于二组分系统，根据相律 $f=C-\varphi+2=4-\varphi$。当 $\varphi=1$ 时，$f=3$，自由度最多，即 T、p 及组成为 3 个独立变量；$\varphi=4$ 时，$f=0$，此时没有独立变量。

(1) 完全互溶双溶液体系 食品工业常常会处理一些单相体系，即 $\varphi=1$，此时 T、p 及组成为 3 个独立变量。为简便起见，常保持一个变量为常量，则可用 T-p 图、T-x 图、p-x 图来表示，其中 T-x 图、p-x 图较为常用。

图 1-10 和图 1-11 为理想的完全互溶双溶液体系的 p-x 图和 T-x 图。但实际上，绝大多数二组分完全互溶液态混合物是非理想的，称为真实液态混合物。两者的差别在于真实混合物的 p-x 并不是直线关系，而是将会出现正、负偏差，分成 4 种类型：一般正偏差、一般负偏差、最大正偏差、最大负偏差。

在图 1-11 中，M 点的气、液相质量组成可由杠杆规则求得：$m_1\times PM=m_g\times MQ$。

(2) 二组分部分互溶体系

①具有最高会溶温度的双溶液体系 H_2O-$C_6H_5NH_2$ 体系在常温下只能部分互溶，分为两层。下层是水中饱和了苯胺，溶解度情况如图 1-12 中左半支所示；上层是苯胺中饱和了水，溶解度如图 1-12 中右半支所示。升高温度，彼此的溶解度都增大。到达 B 点，界面消失，成为单一液相，此 B 点的温度称为最高临界会溶温度（critical consolute temperature，T_B）。若温度高于 T_B，则水和苯胺可无限混溶。

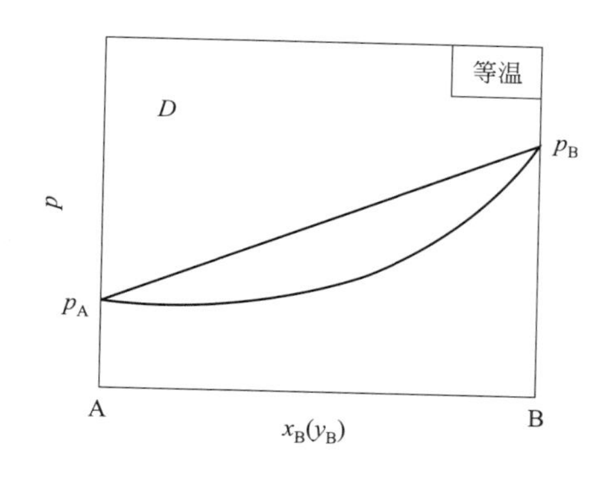

图 1-10 理想的完全互溶双溶液体系的 p-x 图

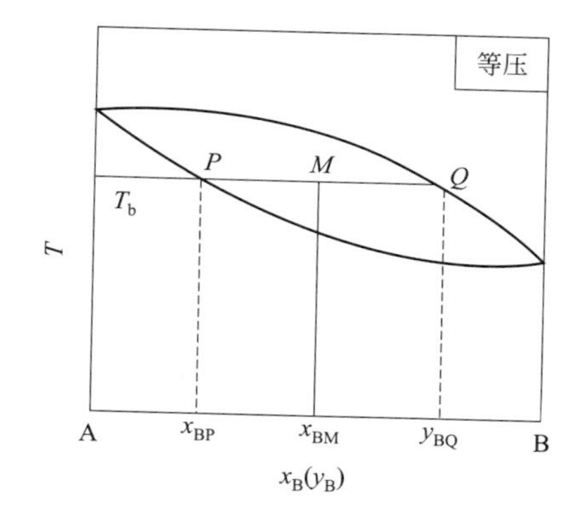

图 1-11 理想的完全互溶双溶液体系的 T-x 图

在图 1-12 中，帽形区外，溶液为单一液相；帽形区内，溶液分为两层。在 373K 时，两层的组成分别为 A'和 A''，称为共轭层（conjugate layers），A'和 A''称为共轭配对点，是共轭层组成的平均值。所有平均值的连线与平衡曲线的交点 B 的温度为临界会溶温度。会溶温度的高低反映了一对液体间的互溶能力，可以用来选择合适的萃取剂。

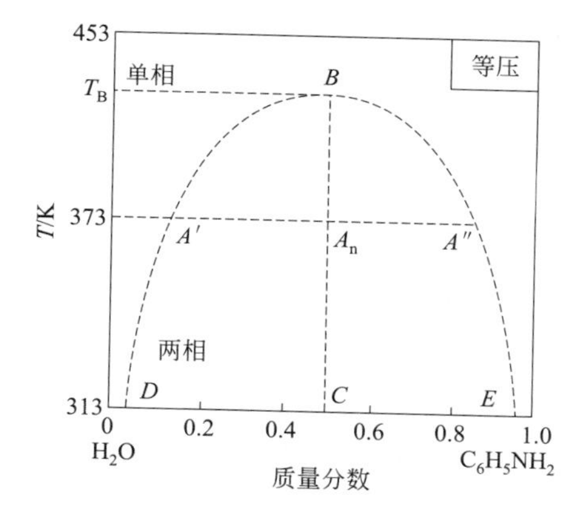

图 1-12 水-苯胺体系的溶解度

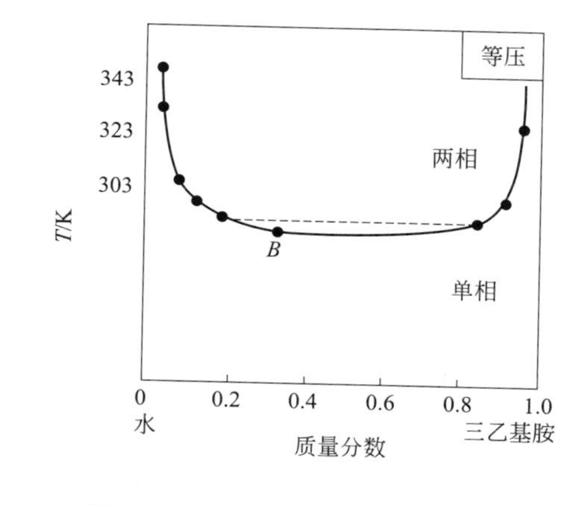

图 1-13 水-三乙基胺体系的溶解度

② 具有最低会溶温度的双溶液体系　图 1-13 是水-三乙基胺的溶解度图，在 T_B（约为 291.2K）以下，两者可以任意比例互溶，升高温度，互溶度下降，出现分层。因此，T_B 以下是单一液相区，而 T_B 以上是两相区。

(3) 二组分不互溶体系　如果 A、B 两种液体彼此互溶程度极小，则 A 与 B 共存时，各组分的蒸气压与其单独存在时一样，液面上的总蒸气压等于两纯组分饱和蒸气压之和，即：

$$p=p_A^*+p_B^* \tag{1-13}$$

因此，当不互溶的两种液体共存时，不管其相对数量如何，其总蒸气压总大于任一组分的蒸气压，而沸点则总低于任一组分的沸点。利用这一特性，可在低于任一组分沸点的温度进行水蒸气蒸馏。因两者互溶程度极小，很容易将其分开。

(4) 具有简单低共熔混合物的二组分体系　如图 1-14 所示，A 点为纯 x(s) 的熔点，H 点为纯 y(s) 的熔点，E 点为 x(s)+熔化物+y(s) 的三相共存点。因为 E 点温度均低于

A 点和 H 点的温度，称为低共熔点（eutectic point），它会随外压的改变而改变。在该点析出的混合物称为低共熔混合物（eutectic mixture），它不是化合物，是由两相组成的，只是混合得非常均匀。

在食品加工中，更常见到的是低共熔的水-盐体系。如图 1-15 所示的 H_2O 与 $(NH_4)_2SO_4$ 的相图。图 1-15 中有 4 个相区：LAN 以上为溶液的单相区；LAB 之内为冰+溶液的两相区；NAC 以上为 $(NH_4)_2SO_4$ 固体和溶液的两相区；BAC 线以下为冰与 $(NH_4)_2SO_4$ 固体的两相区。从图 1-15 中还可以知道，水溶液中加入一定的溶解物，可降低其熔点，食品加工中常常利用这种特性得到口感好的液体食品。其实，食品通常是一个复杂的体系，远不止两种组分，但可以按组分的性质分为两类，这样就可把每一类近似当成一个组分，从而利用二组分的相图进行探讨。

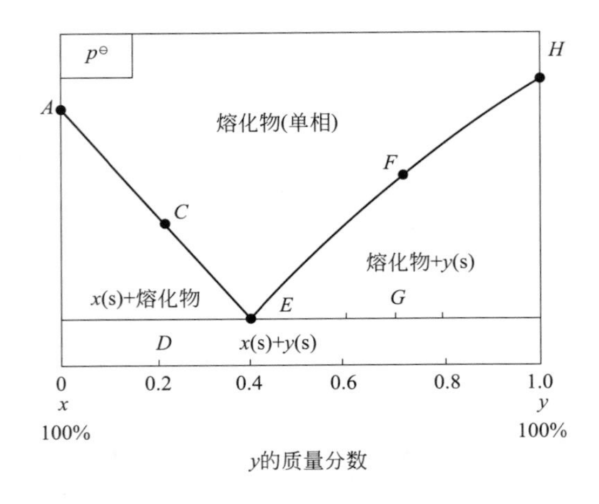

图 1-14　低共熔混合物的相图

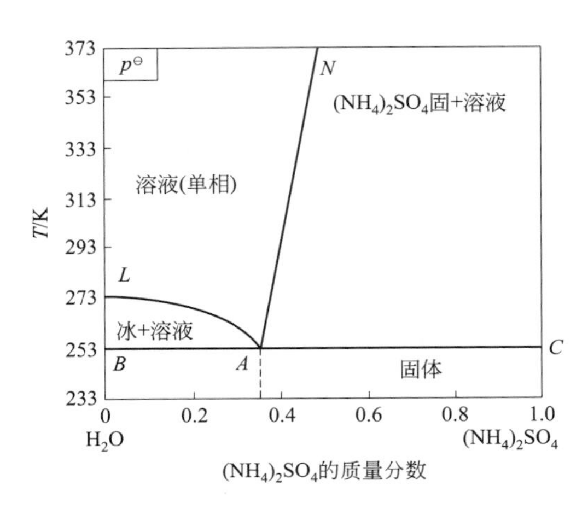

图 1-15　水-硫酸铵体系的相图

1.2.7　状态图

状态图（state diagrams）也称补充的相图，它包含了物质平衡状态的数据以及非平衡和介平衡状态的数据。而相图仅适合于物质的热力学平衡状态。由于干燥、部分干燥或冷冻食品不是以热力学平衡状态存在的，因此，就此目的而言，状态图比常规的相图更加适用。图 1-16 是二组分体系的简化温度-组成状态图。在图 1-16 中，假设条件为最大冷冻浓缩，无溶质结晶，恒定压力，无时间相依性。玻璃化相变曲线（T_g）和一条从 T_E 延长至 T_g' 的曲线代表着介稳状态，它们是图中标准相图的重要补充。除少数外，位于玻璃化相变曲线以上和不在任何线上的试样是以非平衡状态存在的。

当使用这些状态图时，已假设压力恒定，并且介稳定状态不随时间而变化。也应该认识到，每一个简单体系都有它自己特征的状态图，但大多数食品是非常复杂的，以至于不能精确地或容易地在一个状态图上被表达。对于所有复杂的干燥和冷冻食品，精确地确定玻璃化相变曲线很困难，确定复杂食品的平衡曲线 T_m^l 和 T_m^s 也很困难，同时不能用一条简单的曲线精确地表示干燥或半干食品的主要平衡曲线 T_m^s。但可采用一个常用的方法，即根据水和一个对复杂食品的性质起着决定性作用的溶质来确定状态图，然后从此图推断复杂食品的性质。例如，根据蔗糖-水状态图可预测曲奇饼干在焙烤和保藏中的性质。如果干燥或半干复杂食品不含有一种起决定性作用的溶质，那么确定它的 T_m^s 曲线则是一件很困难的事，目前还没有一个令人满意的解决方法。

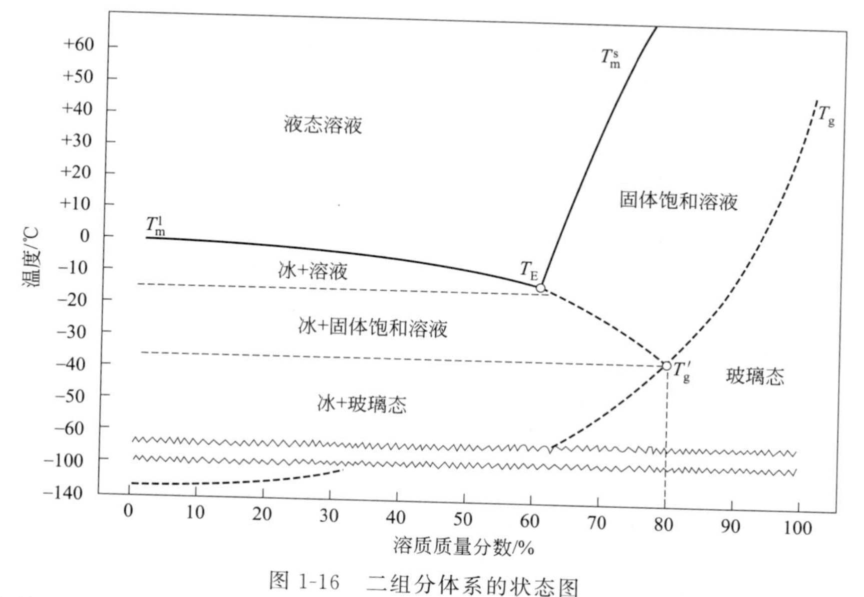

图 1-16　二组分体系的状态图

T_m^l 熔点曲线；T_E 低共熔温度；T_m^s 溶解度曲线；T_g 玻璃化转变温度；T_g' 最大冷冻浓缩溶液的特殊玻璃化转变温度；粗虚线代表介稳定平衡；其他线代表平衡状态

对于冷冻食品，由于主要的平衡曲线（即熔点曲线）往往是已知的或易于确定的，因此，绘制一个复杂的冷冻食品的状态图，并使它的精确性能满足商业上的要求则是可能的。

1.2.8　结晶

正如前面所述，冷冻使水从液态转化为固态的冰；而干燥使水从液态转化为气态的水蒸气，发生了脱水作用，原先溶解于水的物质就会析出，这都是结晶作用。因此，这里也有必要介绍结晶作用的相关知识。

广义的结晶是指从液相或气相中形成固体颗粒的过程，即结晶可以从液相或气相中生成。但是，在食品工业中，结晶主要是指从液相中生成具有一定形状、质点排列有序的晶体现象。结晶作用对食品加工的重要性主要表现在：①利用结晶原理可以分离或纯化一些物质，如蔗糖、乳糖、果糖、糖醇等的分离纯化；②结晶作用对食品的品质，特别是食品在贮藏期间的变化有一定的影响，如巧克力的起“霜”、冷冻食品的“砂化”。

1.2.8.1　成核作用

液体的结晶由两个过程组成，一是晶核形成过程，即成核作用（nucleation）；另一是晶体生长过程（crystal growth）。晶核（nucleus，也称晶芽）是指从母液中最初析出并达到某个临界大小，从而得以继续成长的结晶相微粒。根据成核因素的不同分为均相成核作用和非均相成核作用。

晶核由已达到过饱和或过冷的液相中自发地产生过程就是均相成核作用（homogeneous nucleation）。如果晶核是借助于非结晶相外来杂质的诱导而产生的，称为非均相成核作用（heterogeneous nucleation）。以上两者统称为一次成核作用（primary nucleation）。此外，晶体还可以由体系中已经存在或外加的晶体诱导而产生，这种成核作用称为二次成核作用（secondary nucleation）。

成核只能是在温度低于凝固点温度（T_m）的条件下才能产生，均相成核温度（T_{hom}）要比非均相成核温度（T_{het}）低，即 $T_{hom}<T_{het}<T_m$（图 1-17）。非均相成核和二次成核的共同点是它们都是由成核促进剂所诱导的；所不同的仅是非均相成核作用中的成核促进剂是

非结晶物质，如溶液中的非结晶物质尘埃以及容器壁等，而二次成核作用中的成核促进剂则是同种晶体。但是，它们本质上都是溶质分子在外来物的固体表面上形成吸附层的作用。

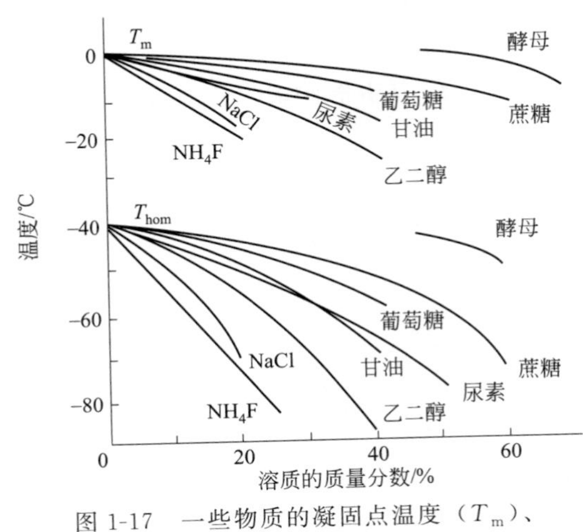

图 1-17 一些物质的凝固点温度（T_m）、均相成核温度（T_{hom}）和浓度的关系

(1) 均相成核 在溶液中，由于邻近的离子之间存在着较强的相互作用力，因此每一瞬间都可能在体系内形成各种大小不同的群集（cluster）。所谓群集就是离子按晶体点阵结构的形式连接而成的一维、二维和三维的聚集体。根据热力学原理，若单位体积溶液本身的自由能为 $G_{液}$，溶液中析出的单位体积结晶相的自由能为 $G_{晶}$，则在不饱和溶液的条件下，$G_{晶}>G_{液}$。此时结晶相的出现必将导致体系的总自由能增高，因而群集根本不可能保持稳定以形成晶核，而是随即又再解离为离子。

但是当溶液处于过饱和时，$G_{晶}<G_{液}$，此时结晶相从溶液中的析出将有利于降低体系的总自由能，因此离子有向群集继续堆积的倾向，从而有可能形成晶核。但与此同时，结晶相的析出使得体系的相数从一个变为两个，在两相之间产生了相界面。由于相界面具有表面自由能，因而结晶相的出现又导致体系的总自由能增高。

设结晶相与液相两者自由能的差值为 $-\Delta G_1$，两相界面的表面自由能为 ΔG_2，则在从溶液中析出结晶相的过程中，体系的总自由能的变化 ΔG 为：

$$\Delta G=-\Delta G_1+\Delta G_2 \tag{1-14}$$

可见，只有当 ΔG 为负值时，所析出的结晶相才不会解离消失，才有可能继续增长。若所产生的结晶相为球形微粒，其半径为 r，则 ΔG 为 r 的函数，ΔG 随 r 变化的曲线如图 1-18 所示，该曲线在 r 为某个确定的 r_c 值处有一峰值，显然，只有当 $r \geqslant r_c$ 时，才能满足 $\Delta G \leqslant 0$。这就意味着只有 $r \geqslant r_c$ 的结晶相微粒才有可能作为晶核，因为它的增大可导致体系自由能的降低使得继续成长成为可能。所以 r_c 称为晶核临界半径，粒径为 r_c 的晶核则称为临界晶核。r_c 的值除了与物质的种类和环境温度有关外，还取决于溶液过饱和度的大小，过饱和度越大，r_c 的值就越小。

当 $r<r_c$ 时，$\Delta G>0$，此时结晶相微粒的增大将导致体系总自由能的增高。这意味着在此阶段中，结晶相微粒需要吸收能量才能得以生长，直到其粒径达到 r_c 为止。所以，临界晶核的形成是需要一定能量的，这一能量 ΔG_c 称为成核能。成核能可以借助于体系内部的能量起伏来获得。这是因为从微观的角度讲，在一个体系中的各个局部范围内，它们单位体积的能量实际上是高低不一的，而且还随着时间而变化，此起彼伏地在平均值上下波动，当某一局部范围内的能量由高变低时，此部分多余的能量就可供作成核能。

还可看出，成核能的大小将随着晶核临界尺寸的不同而变化，从而又与溶液的过饱和度密切相关（图 1-19）。过饱和度越高，晶核临界半径（r_c）越小，其所需要的成核能便越少，相应地成核的概率越大，从而成核速率（单位时间内所形成晶核的总体积）也越高。所以，要使结晶作用得以实现，亦即晶核自发形成，还必须使溶液的过饱和度达到某个临界值才行。

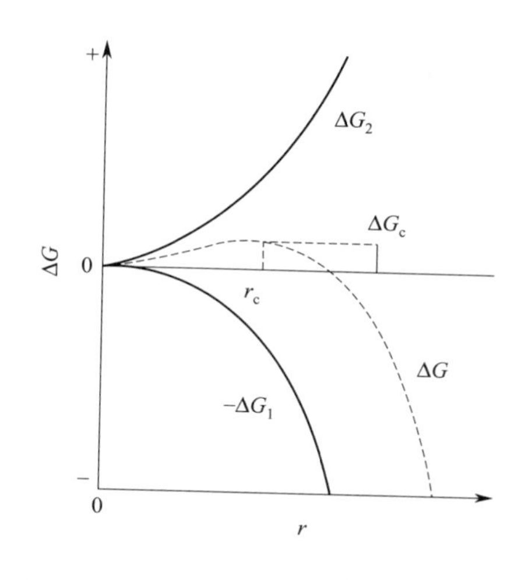

图 1-18 晶核大小与体系自由能的关系

ΔG—体系的总自由能的变化；$-\Delta G_1$—结晶相与液相两者自由能的差值；ΔG_2—两相界面的表面自由能；r_c—晶核临界半径；ΔG_c—成核能

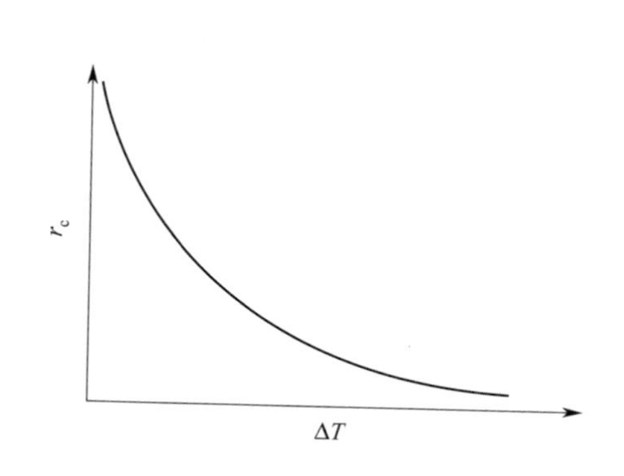

图 1-19 晶核临界半径（r_c）与过冷度（ΔT）的关系

（2）非均相成核和二次成核 如前面所述，通过均相成核理论可以知道晶核在亚稳态液相中各处的成核概率是相同的，同时需要克服相当大的表面自由能位垒，需要相当大的过冷度（或过饱和度）才能成核。但是，也发现在许多亚稳态液相中，由于其总是包含有微量杂质或各种外表面如容器壁或坑洞等，这能有效地降低成核时的表面自由位垒，晶核也就优先在杂质或各种外表面上形成。这就是所谓的非均相成核和二次成核。凡是能有效降低成核位垒、促进成核的物质统称为成核促进剂。与均相成核时的情况相似，非均相成核或二次成核也都需要一定的成核能 $\Delta G_c'$，后者的大小则随着固相外来物（微量杂质和各种外表面）的不同而异。

与相同条件下均相成核的成核能（ΔG_c）相比，若 $\Delta G_c'=\Delta G_c$，这表明晶核与固相外来物之间完全没有亲和力，将不发生非均相成核或二次成核；若 $\Delta G_c'=0$，这意味着固相外来物与所结晶的物质乃是同一种晶体，此时两者间完全亲和，因而在体系中必然优先二次成核。在人工强制结晶操作时，一般在溶液中加入一定的晶种（seed crystal），即与欲结晶物质相同的晶体，以促使优先二次成核，从而避免了均相成核和非均相成核的发生。

一般情况下，$\Delta G_c>\Delta G_c'>0$，且固相外来物与所结晶物质两者的内部结构越接近，$\Delta G_c'$ 就越小，即越容易发生二次成核或非均相成核。在人工强制结晶操作时，有时也利用与欲结晶物质的晶体结构相近似的非同种晶体作为晶种，借以诱发二次成核作用，这种晶种有时称为“衬底（substrate）”。

例如，甜炼乳中乳糖是过饱和的，乳糖趋向于形成结晶，这样会使产品形成砂状口感。为了避免这种现象，晶体的大小（直径）应控制在 8μm 以下。为此需要添加 0.3g/kg 的多大粒径乳糖晶种？1kg 甜炼乳中含有 110g 乳糖、440g 蔗糖和 260g 水，蔗糖对乳糖溶解度的影响如表 1-4。

表 1-4 蔗糖对乳糖溶解度的影响 kg/kg 水

蔗糖含量	乳糖溶解度	蔗糖含量	乳糖溶解度
0.00	0.45	1.00	0.28
0.40	0.38	1.50	0.21
0.66	0.34	2.32	0.19

在甜炼乳产品中，1kg 水中含有 440/260＝1.69kg 蔗糖，根据表 1-4，此时乳糖溶解度近似 0.2kg/kg 水，即 1kg 产品中可溶解 260×0.2＝52g 乳糖，也就是说，有 110－52＝58g 乳糖将会结晶出来。假设结晶数等于晶种数，那么对于添加同种乳糖晶种来讲，晶种的体积×58＝0.3×结晶的体积。假设结晶形状相同，均为球形，晶种的粒径为 d_1，结晶的粒径为 d_2，则有：

$$\frac{4}{3}\pi d_1^3 \times 58=\frac{4}{3}\pi d_2^3 \times 0.3 \tag{1-15}$$

因此，加入乳糖晶种的最大粒径为：

$$d_1=\sqrt[3]{\frac{0.3}{58}}\times 8=1.38\mu m \tag{1-16}$$

（3）分散体系中的成核作用 对于非均相成核来讲，只要 $1mm^3$ 含有 1 个固相外来物（杂质），在一定过饱和度下就可以迅速发生结晶作用。但是，对于一个分散体系，乳状液的液滴大小为 100μm，也就是说大约每 10^7 个液滴中才含 1 个杂质，其结晶作用将很小，可以忽略不计，所以，乳状液结晶要比溶液结晶困难。即乳状液的成核作用需要更大的过饱和度，这是因为一个液滴发生成核作用并不能导致另一个液滴也发生同样的作用。同时，在许多食品中，水分存在于细胞中，而多数细胞中并不含有能够促进结晶作用的杂质，其结晶将更难发生。

用适当的乳化剂将某物质乳化在一定介质中，形成“水包油”或“油包水”型的乳状液，然后测定液滴的粒度分布。将乳状液冷却至一定的结晶温度（T_c），保持一定时间后，可以测得液滴中所含结晶的体积分数 φ 值；当保持一定时间后，φ 值不再增大，即达到最大值（φ_{max}）。可见，在一定结晶温度范围内，φ_{max} 随着温度的降低而增大。假定固相外来物在乳状液液滴中是随机分布的，即符合 Poisson 分布规律，则有：

$$\varphi_{max}=1-\exp(-\upsilon N_c) \tag{1-17}$$

$$\upsilon=\frac{\pi}{6}d_{63}^3 \tag{1-18}$$

式中，υ 为液滴的体积加权平均体积；d_{63} 为液滴的体积加权平均体积粒径；N_c 为促成核杂质的数目。

其实，在一定 T_c 下，φ 值也是时间 t 的函数，成核速率 J（单位体积单位时间内形成晶核的数目）可以表示为：

$$J=J_0\left(1-\frac{\varphi}{\varphi_{max}}\right) \tag{1-19}$$

式中，J_0 为初始成核速率。

式(1-19）为经验公式，对混合甘油三酯体系是适用的。将式(1-19）代入式(1-17）并对 t 积分可得到：

$$\varphi=\frac{1-\exp(-\upsilon N_c)}{1+\frac{1}{J_0\upsilon t}}=\frac{\varphi_{max}}{1+\frac{1}{J_0\upsilon t}} \tag{1-20}$$

如果要使在缓冲液中的一种酶保存在－30℃条件下而不冻结（因为冻结会导致酶的失活），那么如何实现？假设在－30℃时杂质数目可达到 $10^{11}/m^3$，最好的方法就是形成 W/O 型乳状液。具体来说，就是选择一个可以在低温冻结的油相，这样可以防止液滴发生聚结，例如十四烷（冰点约 6℃）。还应加入一种乳化剂，该乳化剂应满足如下条件：①HLB 较小；②在－30℃不能引发表面成核作用；③不影响蛋白质。可以通过试验选择适当的乳化剂。

假设“不冻结”是指 $\varphi_{max} \leqslant 0.01$，那么根据式(1-17)，当 $\varphi_{max}=0.01$ 时，可得 $\upsilon = 1.005\times10^{-13}m^3$；再根据式(1-18) 可得 $d_{63}\approx57\mu m$，因此，形成乳状液的液滴粒径 d_{63} 必须小于 57μm 才能阻止−30℃条件下的非均相成核作用。

1.2.8.2 晶体的生长

简单来说，晶体的生长就是晶核不断形成和长大的过程，或者说就是旧相（亚稳相）不断转变成新相（稳定相）的动力学过程。伴随这一过程而发生的则是系统的吉布斯自由能降低。

在晶体生长过程中，一些分子或离子等可结合到晶体表面，也可从晶体表面脱离，这两个过程的净结果就决定了晶体的生长速率。晶体生长速率的差别很大，而且晶体的形状取决于不同晶面的相对生长速率。因此，了解影响晶体生长速率的因素对于在食品加工和贮藏过程中控制结晶是十分重要的。

(1) 溶液中的结晶作用与过饱和度 从溶液中结晶，是目前普遍采用的一种结晶方式。在此，最重要的问题就是溶解度与温度之间的关系曲线，常被称为溶解度曲线（图 1-20），它是选择结晶生长方法和生长温度的重要依据。

在图 1-20 中，曲线 AB 将整个溶液区划分为两部分：曲线上方是过饱和区，也称不稳定区；曲线下方为不饱和区，也称稳定区。

图 1-20 中 AB 曲线为溶解度曲线，或称饱和曲线。而图 1-20 中 $A'B'$曲线，通常称为过溶解度曲线或过饱和曲线。这样，这个溶液区域就由两条曲线（AB 和 $A'B'$）分割为三部分：不饱和区（稳定区）、亚稳过饱和区和不稳过饱和区。其中，亚稳过饱和区是最重要的。因为从溶液中结晶的操作就是在这个区域中进行的。在一般情况下，亚稳过饱和区的大小和趋势可以用过饱和度来估计。

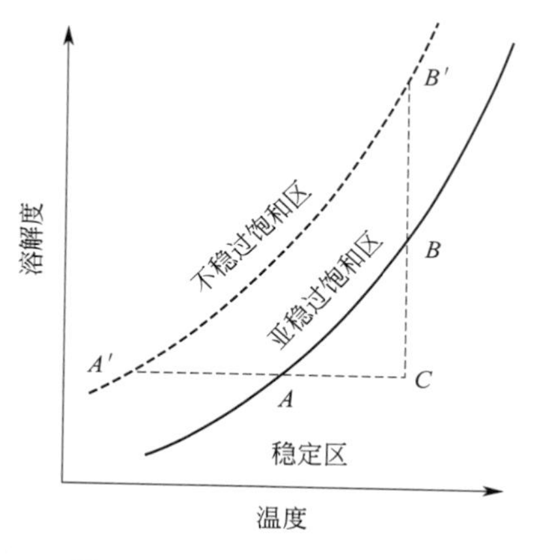

图 1-20 典型的溶解度曲线

由热力学可知，晶面的生长速率受到晶体与溶液或熔化物之间的化学势之差 $\Delta\mu$ 驱动。因此，对于溶液中的结晶作用有：

$$\Delta\mu = RT\ln a - RT\ln a_s = RT\ln\beta \qquad (1\text{-}21)$$

式中，a 为溶液的活度；a_s 为饱和溶液的活度，假定等于结晶界面处的活度；$\ln\beta$ 为过饱和度。

根据式(1-21)，过饱和度系数 $\beta=a/a_s$，但一般可写作 c/c_s，这里 c 为浓度。后者的表达式显然不同于真正的 β 值，因为实际溶液一般要偏离理想状态。主要偏离原因有：①溶质和溶剂分子性质差别较大；②溶液不是稀溶液。进一步分析可知（由数学公式推导可得），对于 β 近似于 1 时，$\ln(c/c_s)\approx(c-c_s)/c_s$，该比值也被称为过饱和度（以百分率表示）。

从图 1-20 可知，要使 C 点的不饱和溶液达到过饱和，有两条途径：一是经过 A 点到达 A'点，即保持溶液浓度不变，采用降温法获得过饱和状态；二是经过 B 点到达 B'点，也就是保持溶液温度不变，提高溶液浓度使之达到过饱和。后者最简单的方法就是恒温蒸发法。

了解了从溶液中结晶的规律之后，人们设计了各种从溶液中培养晶体的方法。各种方法尽管工艺各不相同，但其原理是相同的：一是要造成过饱和溶液，这期间或采用降温法，或采用恒温蒸发法，或两者兼用；二是要避免非均相成核，为此可采用引入晶种的办法，同时控制溶液浓度使之始终处于亚稳区内，保持溶液清洁，减少杂质引起的非均相成核概率等。

(2) 晶体生长的过程 晶体从溶液中稳定生长时，它的结晶过程只能发生在某一特定结晶面（习性面）上。图 1-21 为溶质从溶液输送到晶体表面某一位置的各个步骤：①从大量溶液中通过扩散、对流或用外力迫使它流动而输送过来；②体积扩散通过边界层；③吸附到晶体表面上；④沿晶体表面扩散至台阶处；⑤附着在台阶上；⑥沿台阶向扭折处扩散；⑦被吸附在扭折处并长入晶体。③、⑤、⑦都包含部分去溶剂化作用。在这 7 个过程中，①和②过程分别属于输送理论和边界层理论研究的范畴；③至⑦过程全都属于界面动力学研究的范畴。对于给定的晶体生长体系，界面生长动力学过程是支配晶体生长的关键。

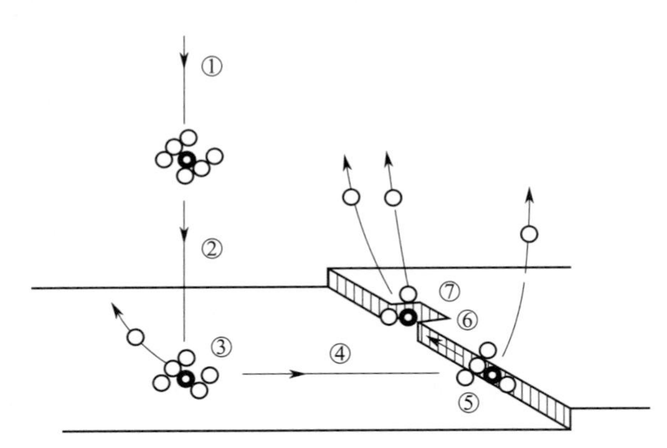

图 1-21 习性面上结晶生长过程的假想步骤
○ 为溶剂粒子，● 为溶质粒子

(3) 晶体生长理论 有关晶体生长的机制已经提出了多种理论。这里，主要介绍适用于从溶液相和气相中结晶的两种理论，即层生长理论和螺旋生长理论，它们是迄今为止被广泛接受的晶体生长理论。

① 层生长理论 晶体的层生长（layer growth）理论也称为二维成核（two-dimensional nucleation）理论，是由 W. Kossel 和 I. N. Stranski 最初提出的晶体生长理论。

晶体的层生长理论假设晶核是由同一种原子所组成的立方格子（图 1-22），其相邻质点的间距为 a_0。在此，主要存在 3 种可能的不同位置 1、2 和 3，可分别称为三面凹角、两面凹角和一般位置。每种位置各自有为数不等的若干个邻近质点吸引它们。由于引力与距离的平方成反比，因此在质点向晶核堆积时将优先落到三面凹角的位置上，其次是两面凹角的位置，最后才是一般位置。当然，这是理想过程中的情况。实际上质点通常也是首先被吸附到晶核表面的任意位置上，然后通过表面扩散作用依次进入并结合到上述 3 种位置上去。

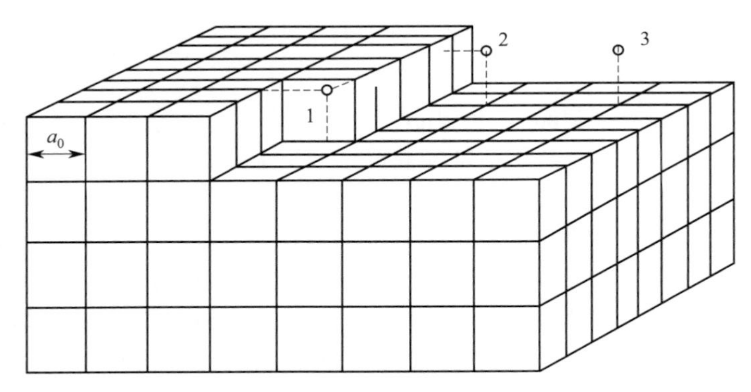

图 1-22 晶体层生长过程中质点堆积顺序
1—三面凹角；2—两面凹角；3—一般位置

从图 1-22 中可以看出，当一个质点堆到 1 位置之后，三面凹角并没有因此消失，而只是向前移动了一个位置。如此逐步向前移动，一直到整个原子列都被堆满后，三面凹角才会消失。此时质点将在任一两面凹角的位置上堆积，而且一旦堆上后，就会立即导致三面凹角重新出现，一直堆满后它才消失。如此反复不断地从左向右推进，直到堆满该层原子面为止。当三面凹角和两面凹角都消失后，质点将只能堆积在任意的一般位置上。同样，一旦堆上就会有两面凹角产生，随后又有三面凹角形成。如此重复上述过程，直到一层原子面生长完成。

由此可见，晶体的理想生长过程是：在晶核的基础上先长满一层原子面，再长满相邻的一层，逐层向外平行推移。当生长停止时，最外层的原子面就是实际晶面，而每两个相邻原子面相交的公共原子列即表现为实际的晶棱，整个晶体则被晶面所包围，形成一定空间的封闭几何多面体，即结晶多面体。应当指出的是，晶体的上述生长方式并不完全符合实际。首先，由于质点一般存在热振动，而且体系也不会是绝对均匀的，因此实际上质点的堆积往往不能严格按照上述方式和顺序进行，例如当一条原子列还没有长满，相邻的原子列就可能开始生长了。另外，按照上述理论，当晶体长满一层后，质点只能落到一般位置，但是从体系总自由能变化角度分析，单个质点在一般位置上是不可能稳定存在的，这样就无法形成新的凹角位置，也就无法继续生长。

② 螺旋生长理论　晶体的螺旋生长（spiral growth）理论，它首先是由 F. C. Frank 提出而后由 W. K. Burton 和 N. Cabrera 加以发展的，因此也称为 BCF 理论。

在实际晶体的内部结构中，经常存在着各种不同形式的缺陷，如螺旋位错（screw dislocation）。一般认为，在晶体生长初期，质点是按照层生长堆积的。但是随着质点的不断堆积，由于杂质或热应力的不均匀分布，使晶格内部产生了内应力，当内应力积累超过一定限度，晶格便沿着某个面网发生相对剪切位移。如果这种均匀的剪切位移是陡然截止的话，则在截止处形成一条位错线，出现螺旋位错，如图 1-23(a) 所示。从图 1-23(b) 可知，一旦晶体结构中产生了螺旋位错，就会出现凹角，从而可以使介质中的质点通过表面扩散和吸附优先向凹角处堆积。而且从图 1-23 中还可以看出，在具有螺旋位错的结构中，凹角不会因质点的不断堆积而消失，只是凹角处随着质点的堆积面不断地螺旋上升，使整个结晶面逐层向外推移，并在晶面上留下生长过程中形成的螺旋锥，即晶面生长螺纹，如图 1-23(c) 所示，这也是晶体螺旋生长的实际证据。

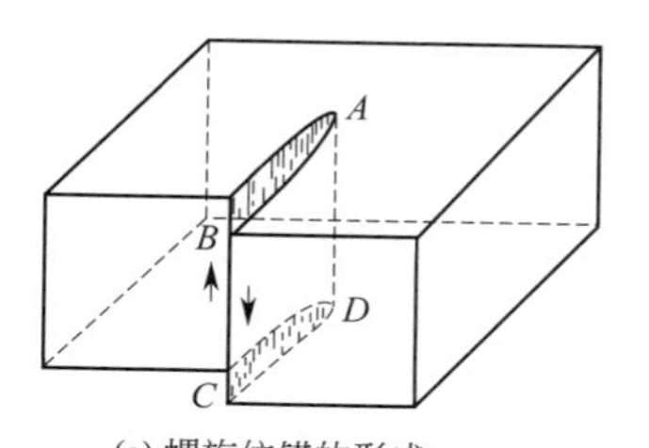

(a) 螺旋位错的形成

→一相对位移方向；ABCD一滑移面；AD一位错线

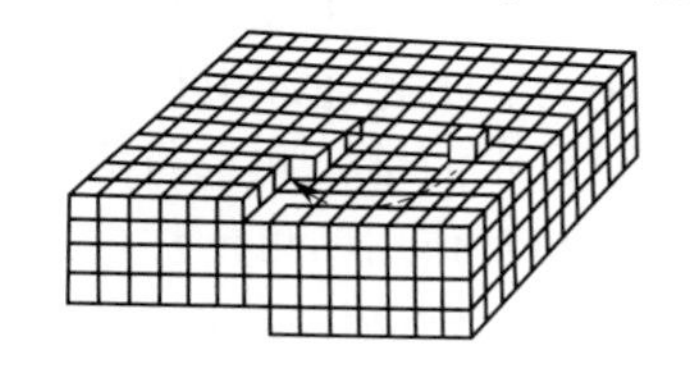
(b) 以格子构造表示的螺旋位错以及螺旋生长的引发

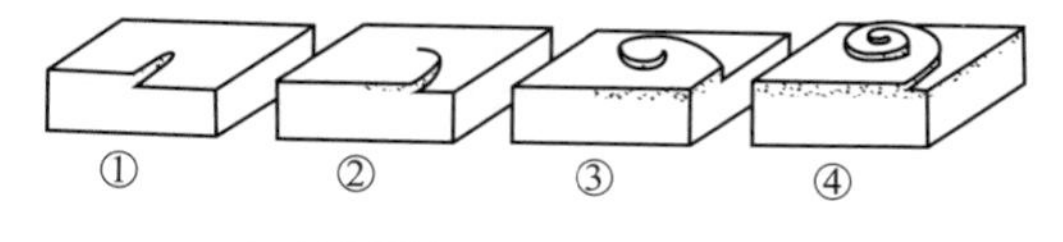

(c) 晶体螺旋生长过程示意

图 1-23　晶体的螺旋位错与螺旋生长

由于螺旋生长中不会导致凹角的消失，因此就无需借助于二维成核作用来不断地形成新的凹角，也就是说，即使在溶液过饱和度很低的情况下，晶体仍然可以按照螺旋生长方式不断地结晶长大。

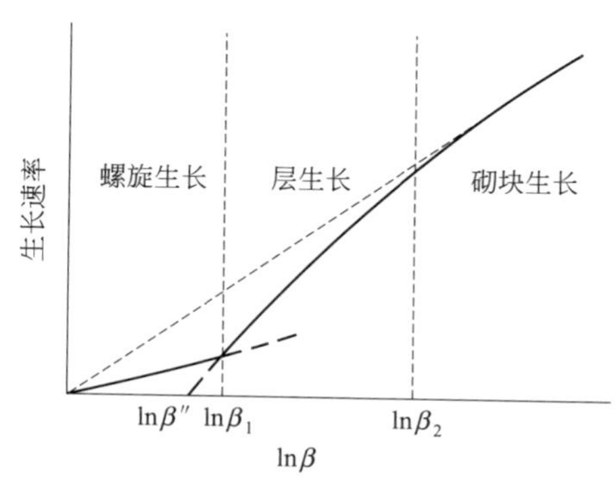

图 1-24　晶体生长速率与溶液过饱和度的关系（趋势分析）

③ 过饱和度与晶体生长方式的关系　根据理论计算，在层生长和螺旋生长两种情况下，晶体的生长速率与溶液过饱和度的关系如图 1-24 所示。图 1-

24中两线相交于一点，与此相应的过饱和度为 $\ln\beta_1$。当溶液过饱和度 $\ln\beta>\ln\beta_1$ 时，晶体层生长速率大于螺旋生长，此时晶体生长主要受层生长的二维成核机制所控制。当 $\ln\beta<\ln\beta_1$ 时，情况则相反，此时晶体生长主要受螺旋生长机制所控制。当过饱和度小于二维成核的临界过饱和度 $\ln\beta''$时，层生长将不会发生。当 $\ln\beta>\ln\beta_2$ 时，将出现砌块生长。

1.3 冻藏过程中冰对食品稳定性的影响

冷冻被认为是保藏大多数食品的一个好方法，其作用主要在于低温情况下微生物的繁殖被抑制、一些化学反应的速度常数降低，但与水从液态转化为固态的冰无关。食品的低温冻藏虽然可以提高一些食品的稳定性，但对于具有细胞结构的食品（细胞食品）和食品凝胶，将会出现两个非常不利的后果：①水转化为冰后，其体积会相应增加9%，体积的膨胀就会产生局部压力，使具有细胞组织结构的食品受到机械性损伤，造成解冻后汁液的流失，或者使得细胞内的酶与细胞外的底物接触，导致某些反应的发生。②冷冻浓缩效应。这是由于在所采用的商业冻藏温度下，食品中仍然存在非冻结相，在非冻结相中非水组分的浓度提高，最终引起食品体系的理化性质如非冻结相的pH值、可滴定酸度、离子强度、黏度、冰点、表面和界面张力、氧化还原电位等发生改变。此外，还将形成低共熔混合物，溶液中有氧和二氧化碳逸出，水的结构和水与溶质间的相互作用也剧烈地改变，同时大分子更紧密地聚集在一起，使之相互作用的可能性增大。

因此，冷冻给食品体系化学反应带来的影响有相反的两方面：降低温度，减慢了反应速度；溶质浓度增加，加快了反应速度。表1-5和表1-6综合列出了它们对反应速度的影响。

表1-5 冷冻过程中温度和溶质浓缩对化学反应的最终影响

状态	温度的变化	溶质的浓缩变化	两种作用的相对影响程度①	冷冻对反应速度的最终影响
Ⅰ	降低	降低	协同	降低
Ⅱ	降低	略有增加	T>S	略有降低
Ⅲ	降低	中等程度增加	T=S	无影响
Ⅳ	降低	极大增加	T<S	增加

① T表示温度效应；S表示溶质浓缩效应。

表1-6 食品冷冻过程中一些变化被加速的例子

反应类型	反应物
酶催化水解反应	蔗糖
氧化反应	抗坏血酸、乳脂、油炸马铃薯食品中的维生素E、脂肪中β-胡萝卜素与维生素A的氧化、牛奶
蛋白质的不溶性	鱼肉、牛肉、兔肉的蛋白质
形成NO肌红蛋白或NO血红蛋白	肌红蛋白或血红蛋白

对牛肉组织所挤出的汁液中蛋白质的不溶性研究发现，由于冻结而产生蛋白质不溶性变化加速的温度，一般是在低于冰点几度时最为明显；同时在正常的冻藏温度下（−18℃），蛋白质不溶性变化的速度远低于0℃时的速度。在冷冻过程中细胞食品体系的某些酶催化转化速率也同样加快（表1-7），这与冷冻导致的浓缩效应无关，一般认为是由于冷冻诱导酶底物和（或）酶激活剂发生移动所引起的，或是由于冰体积增加而导致的酶-底物位移。

表 1-7　冷冻过程中酶催化反应被加速的例子

反应类型	反应物	反应加速的温度/℃
糖原损失和乳酸蓄积	动物肌肉组织	−3～−2.5
磷脂的水解	鳕鱼	−4
过氧化物的分解	快速冷冻马铃薯与慢速冷冻豌豆中的过氧化物酶	−5～−0.8
维生素C的氧化	草莓	−6

在食品冻藏过程中冰结晶大小、数量、形状的改变也会引起食品劣变，也是冷冻食品品质劣变最重要的原因。由于冻藏过程中温度出现波动，温度升高时，已冻结的小冰晶融化；温度再次降低时，原先未冻结的水或先前小冰晶融化的水将会扩散并附着在较大的冰晶表面，造成再结晶的冰晶体积增大，这样对组织结构的破坏性很大。因此，在食品冻藏时，要尽量控制温度的恒定。食品冻藏有慢冻和速冻两种方法。如速冻的肉，由于冻结速率快，形成的冰晶数量多，颗粒小，在肉组织中分布比较均匀，又由于小冰晶的膨胀力小，对肌肉组织的破坏很小，解冻融化后的水可以渗透到肌肉组织内部，所以基本上能保持原有的风味和营养价值。而慢冻的肉，结果相反。速冻的肉，解冻时一定要采取缓慢解冻的方法使冻结肉中的冰晶逐渐融化成水，并基本上全部渗透到肌肉中去，尽量不使肉汁流失，以保持肉的营养与风味。所以商业上，尽量采用速冻和缓慢解冻的方法。

1.4　玻璃化温度与食品稳定性

水的存在状态有液态、固态和气态3种，在热力学上属于稳定态。其中水分在固态时，是以稳定的结晶态存在的。但是复杂的食品与其他生物大分子（聚合物）一样，往往是以无定形态存在的。所谓无定形态（amorphous）是指物质所处的一种非平衡、非结晶状态，当饱和条件占优势并且溶质保持非结晶时，此时形成的固体就是无定形态。若食品处于无定形态，则其稳定性不会很高，但却具有优良的食品品质。因此，食品加工的任务就是在保证食品品质的同时使食品处于亚稳态或处于相对于其他非平衡态来说比较稳定的非平衡态。

玻璃态（glassy state）是指既像固体一样具有一定的形状和体积，又像液体一样分子间排列只是近似有序，因此它是非晶态或无定形态。处于此状态的大分子聚合物的链段运动被冻结，只允许在小尺度的空间运动（即自由体积很小），其形变很小，类似于坚硬的玻璃，因此称为玻璃态。

橡胶态（rubbery state）是指大分子聚合物转变成柔软而具有弹性的固体（此时还未融化）时的状态，分子具有相当的形变，它也是一种无定形态。根据状态的不同，橡胶态的转变可分成3个区域：①玻璃态转变区域（glassy transition region）；②橡胶态平台区（rubbery plateau region）；③橡胶态流动区（rubbery flow region）。

黏流态是指大分子聚合物链能自由运动，出现类似一般液体的黏性流动的状态。

玻璃化转变温度（glass transition temperature，T_g，T'_g）：T_g 是指非晶态的食品体系从玻璃态到橡胶态的转变（称为玻璃化转变）时的温度；T'_g 是特殊的 T_g，是指食品体系在冰形成时具有最大冷冻浓缩效应的 T_g。

随着温度由低到高，无定形聚合物可经历3个不同的状态，即玻璃态、橡胶态、黏流态，各状态反映了不同的分子运动模式：

（1）当 $T<T_g$ 时，大分子聚合物的分子运动能量很低，此时大分子链段不能运动，大分子聚合物呈玻璃态。

（2）当 $T=T_g$ 时，分子热运动能增加，链段运动开始被激发，玻璃态开始逐渐转变到橡胶态，此时大分子聚合物处于玻璃态转变区域。玻璃化转变发生在一个温度区间内而不是在某个特定的单一温度处。发生玻璃化转变时，食品体系不放出潜热，不发生一级相变，宏观上表现为一系列物理和化学性质将发生变化，如食品体系的比容、比热容、膨胀系数、热导率、折射率、黏度、自由体积、介电常数、红外吸收谱线和核磁共振吸收谱线宽度等。

（3）当 $T_g<T<T_m$（T_m 为熔融温度）时，分子的热运动能量足以使链段自由运动，但由于邻近分子链之间存在较强的局部性的相互作用，整个分子链的运动仍受到很大抑制，此时聚合物柔软而具有弹性，黏度约为 10^7Pa·s，处于橡胶态平台区。橡胶态平台区的宽度取决于聚合物的分子量，分子量越大，该区域的温度范围越宽。

（4）当 $T=T_m$ 时，分子热运动能量可使大分子聚合物整链开始滑动，此时的橡胶态开始向黏流态转变，除了具有弹性外，出现了明显的无定形流动性。此时大分子聚合物处于橡胶态流动区。

（5）当 $T>T_m$ 时，大分子聚合物链能自由运动，出现类似一般液体的黏性流动，大分子聚合物处于黏流态。

状态图（state diagrams）是补充的相图（phase diagrams），包含平衡状态和非平衡状态的数据。由于干燥、部分干燥或冷冻食品不存在热力学平衡状态，因此，状态图比相图更有用。

在恒压下，以溶质含量为横坐标、以温度为纵坐标作出的二元体系状态图如图 1-16 所示。由融化平衡曲线 T_m^l 可见，食品在低温冷冻过程中，随着冰晶的不断析出，未冻结相溶质的浓度不断提高，冰点逐渐降低，直到食品中非水组分也开始结晶（此时的温度可称为共晶温度 T_E），形成所谓共晶物后，冷冻浓缩也就终止。由于大多数食品的组成相当复杂，其共晶温度低于起始冰结晶温度，所以其未冻结相随温度降低可维持较长时间的黏稠液体过饱和状态，而黏度又未显著增加，这即是所谓的橡胶态。此时，物理、化学及生物化学反应依然存在，不宜长期保藏，食品易腐败。继续降低温度，未冻结相的高浓度溶质的黏度开始显著增加，并限制了溶质晶核的分子移动与水分的扩散，则食品体系将从未冻结的橡胶态转变成玻璃态，对应的温度为 T_E。

玻璃态下的未冻结的水不是按前述的氢键方式结合的，其分子被束缚在由极高溶质浓度所产生的具有极高黏度的玻璃态下，这种水分不具有反应活性，使整个食品体系以不具有反应活性的非结晶性固体形式存在。因此，在 T_g 下，食品具有高度的稳定性。故低温冷冻食品的稳定性可以用该食品的储藏温度 t 与 T_g 的差（$t-T_g$）来决定，差值越大，食品的稳定性就越差。

食品中的水分含量和溶质种类显著地影响食品的 T_g。一般每加入 1%（质量分数）水，T_g 降低 5～10℃，这种情况的出现是由于混合物的平均分子量降低，然而，也应该注意到，水的存在并不一定产生增塑作用，水必须被吸收至无定形区时才会起作用。食品的 T_g 随着溶质分子量的增加而成比例增高，但是当溶质分子量大于 3000 时，T_g 就不再依赖其分子量。不同种类的淀粉，支链淀粉分子侧链越短，且数量越多，T_g 也相应越低，如小麦支链淀粉与大米支链淀粉相比时，小麦支链淀粉的侧链数量多而且短，所以，在相近的水分含量时，其 T_g 也比大米淀粉的 T_g 小。食品中的蛋白质的 T_g 都相对较高，不会对食品的加工及储藏过程产生影响。虽然 T_g 强烈依赖溶质类别和水含量，但 T_g' 只依赖溶质种类。

食品中 T_g 的测定方法主要有差示扫描量热法（DSC）、动力学分析法（DMA）和热力学分析法（DMTA）。除此之外，还包括热机械分析（TMA）、热高频分析（TDEA）、热刺激电流（TSC）、松弛图谱分析（MA）、光谱法、电子自旋共振谱（ESR）、核磁共振（NMR）、磷光光谱法、高频光谱法、Mossbauer 光谱法、Brillouin 扫描光谱法、机械光谱测定法（mechanical spectrometry）、动态流变测定法、黏度测定法和 Instron 分析法。由于 T_g 值与测定时的条件和所用的方法有很大关系，所以在研究食品的 T_g 时，一般可同时采用不同的方法进行研究。需要指出的是，复杂体系的 T_g 很难测定，只有简单体系的 T_g 可以较容易地测定。

表 1-3 是一些食品的 T'_g 值。蔬菜、肉、鱼肉和乳制品的 T'_g 一般高于果汁和水果的 T'_g 值，所以冷藏或冻藏时，前 4 类食品的稳定性就相对高于果汁和水果。但是在动物食品中，大部分脂肪由于和肌纤维蛋白质同时存在，所以在低温下并不被玻璃态物质保护，因此，即使在冻藏的温度下，动物食品的脂类仍具有高不稳定性。

1.5 分子移动性、水分转移与食品稳定性

1.5.1 分子移动性与食品稳定性

分子移动性（molecular mobility，Mm）也称分子流动性，是分子的旋转移动和平动移动的总度量（不包括分子的振动）。

物质处于完全而完整的结晶状态下其 Mm 为零，物质处于完全的玻璃态（无定形态）时其 Mm 值也几乎为零，其他情况下 Mm 值大于零。决定食品 Mm 值的主要成分是水和食品中占优势的非水组分。水分子体积小，常温下为液态，黏度也很低，所以食品体系的温度即使处于 T_g 时，水分子仍然可以转动和移动；而作为食品主要成分的蛋白质、糖类等大分子聚合物，不仅是食品品质的决定因素，还影响食品的黏度、扩散性质，所以它们也决定食品的分子移动性，故绝大多数食品的 Mm 值不等于零。

用分子移动性预测食品体系的化学反应速率也是合适方法之一，其他方法有酶催化反应、蛋白质折叠变化、质子转移变化、自由基结合反应等。根据化学反应理论，一个化学反应的速率由 3 个方面控制：扩散系数（因子）D（一个反应要发生，首先反应物必须能相互接触）、碰撞频率因子 A（在单位时间内的碰撞次数）、反应的活化能 E_a（两个适当定向的反应物发生碰撞时有效能量必须超过活化能才能导致反应的发生）。如果 D 对反应的限制性大于 A 和 E_a，那么反应就是扩散限制反应；另外，在一般条件下不是扩散限制的反应，在 a_w 或体系温度降低时，也可能使其成为扩散限制反应，这是因为水分降低导致了食品体系的黏度增加或者是温度降低减少了分子的运动性。因此，用分子移动性预测具有扩散限制反应的速率时很有用，而对那些不受扩散限制的反应和变化，应用分子移动性是不恰当的，如微生物的生长。

大多数食品都是以亚稳态或非平衡状态存在的，其中大多数物理变化和一部分化学变化由 Mm 控制。因为分子移动性关系到许多食品的扩散限制性质，这类食品包括淀粉食品（如面团、糖果和点心）、以蛋白质为基料的食品、中等水分食品、干燥或冷冻干燥的食品。由分子移动性控制的食品性质和变化的例子见表 1-8。

表 1-8 与分子移动性相关的某些食品性质和特征

干燥或半干燥食品	冷冻食品
流动性质和黏性 结晶和重结晶 巧克力糖霜 食品在干燥中的碎裂 干燥和中等水分食品的质构 在冷冻干燥中发生的食品结构塌陷 以胶囊化方式包埋的挥发性物质的逃逸 酶的活性 Maillard 反应 淀粉的糊化 由淀粉老化引起的焙烤食品的变陈 焙烤食品在冷却时的碎裂 微生物孢子的热失活	水分迁移(冰的结晶作用) 乳糖结晶(在冷冻甜食中的砂状结晶) 酶活力在冷冻时留存,有时还出现表观提高 在冷冻干燥的第一阶段发生无定形结构塌陷 食品体积收缩(冷冻甜点中泡沫状结构的部分塌陷)

在讨论分子移动性与食品性质的关系时，还必须注意以下例外：①反应速率受扩散影响不显著的化学反应。②可通过特定的化学作用（如改变 pH 值或氧分压）达到需宜或不需宜的效应。③试样 Mm 是根据聚合物组分（聚合物的 T_g）估计的，而实际上渗透到聚合物中的小分子才是决定产品重要性质的因素。④微生物的营养细胞生长（因为此时 a_w 是比 Mm 更可靠的估计指标）。

1.5.2 水分转移与食品稳定性

食品中的水分转移可分为两种情况：一种情况是水分在同一食品的不同部位或在不同食品之间发生位转移，导致了原来水分的分布状况的改变；另一种情况是食品水分的相转移，特别是气相和液相水的互相转移，导致了食品含水量的改变，这对食品的储藏性、加工性和商品价值都有极大影响。

1.5.2.1 食品中水分的位转移

根据热力学有关定律，食品中水分的化学势（μ）可以表示为：

$$\mu=\mu(T,p)+RT\ln a_w \tag{1-22}$$

由上式可看出，如果不同食品或食品的不同部位的 T 或 a_w 不同，则水的化学势就不同，水分就要沿着化学势降低的方向运动，从而造成食品中水分发生位转移。从理论上讲，水分的位转移必须进行到食品中各部位水的化学势完全相等才能停止，即达到热力学平衡。由于温差引起的水分转移，是食品中水分从高温区域沿着化学势降落的方向运动，最后进入低温区域，这个过程较为缓慢。由于 a_w 不同引起的水分转移，水分从 a_w 高的区域自动地向 a_w 低的区域转移。如果把 a_w 大的蛋糕与 a_w 低的饼干放在同一环境中，则蛋糕里的水分就逐渐转移到饼干里，使两者的品质都受到不同程度的影响。

1.5.2.2 食品中水分的相转移

如前所述，食品的含水量是指在一定温度、湿度等外界条件下食品的平衡水分含量。如果外界条件发生变化，则食品的水分含量也发生变化。空气湿度的变化就有可能引起食品水分的相转移，空气湿度变化的方式与食品水分相转移的方向和强度密切相关。

食品中水分相转移的主要形式有水分蒸发（evaporation）和蒸汽凝结（condensing）。

(1) 水分蒸发 食品中的水分由液相变为气相而散失的现象称为食品的水分蒸发，对食品质量有重要影响。利用水分的蒸发进行食品干燥或浓缩可制得低 a_w 的干燥食品或半干燥食品。但对新鲜的水果、蔬菜、肉禽、鱼贝及其他许多食品，水分蒸发对食品品质会发生不良的影响，如导致外观萎蔫皱缩，原来的新鲜度和脆度变化，严重时将丧失其商品价值。同时，由于水分蒸发，还会促进食品中水解酶的活力增强，高分子物质水解，食品品质降低，货架寿命缩短。从热力学角度来看，食品水分的蒸发过程是食品中水溶液形成的水蒸气和空气中的水蒸气发生转移平衡的过程。由于食品的温度与环境温度、食品水蒸气压与环境水蒸气压不一定相同，因此两相间水分的化学势有差异。它们的差为：

$$\Delta\mu=\mu_F-\mu_E=R(T_F\ln p_F-T_E\ln p_E) \tag{1-23}$$

式中，p 为水蒸气压；角标 F、E 分别为食品、环境的英文缩写。

据此可得出以下结论：

① 若 $\Delta\mu>0$，则食品中的水蒸气向外界转移是自发过程。这时食品水溶液上方的水蒸气压力下降，食品水溶液与其上方水蒸气达成的平衡状态遭到破坏。为了达到新的平衡状态，食品水溶液中就有部分水蒸发，直到 $\Delta\mu=0$ 为止。对于敞开的、无包装的食品，在空气相对湿度较低时，$\Delta\mu$ 很难为 0，食品水分的蒸发不断地进行，食品的品质受到严重的影响。

② 若 $\Delta\mu=0$，食品水溶液的水蒸气与空气中水蒸气处于动态平衡状态。从结果来看，食品既不蒸发水也不吸收水分，是食品货架期的理想环境。

③ 若 $\Delta\mu<0$，空气中的水蒸气向食品转移是自发过程。这时食品中的水分不仅不能蒸发，而且还吸收空气中的水蒸气而变潮，食品的稳定性受到影响（a_w 增加）。

水分蒸发主要与空气湿度与饱和湿度差有关，饱和湿度差是指空气的饱和湿度与同一温度下空气中的绝对湿度之差。若饱和湿度差越大，则空气要达到饱和状态所能容纳的水蒸气量就越多，反之就越少。因此，饱和湿度差是决定食品水分蒸发量的一个极为重要的因素。饱和湿度差大，则食品水分的蒸发量就大；反之，蒸发量就小。

影响饱和湿度差的因素主要有空气温度、绝对湿度和流速等。空气的饱和湿度随着温度的变化而改变，温度升高，空气的饱和湿度也升高。在相对湿度一定时，温度升高，饱和湿度差变大，食品水分的蒸发量增大。在绝对湿度一定时，若温度升高，饱和湿度随之增大，所以饱和湿度差也加大，相对湿度降低。同样，食品水分的蒸发量加大。若温度不变，绝对湿度改变，则饱和湿度差也随着发生变化，如果绝对湿度增大，温度不变，则相对湿度也增大，饱和湿度差减少，食品的水分蒸发量减少。空气的流动可以从食品周围的空气中带走较多的水蒸气，从而降低了这部分空气的水蒸气压，加大了饱和湿度差，因而能加快食品水分的蒸发，使食品的表面干燥。

(2) 水蒸气凝结 空气中的水蒸气在食品表面凝结成液体水的现象称为水蒸气凝结。一般来讲，单位体积的空气所能容纳水蒸气的最大数量，随着温度的下降而减少，当空气的温度下降一定数值时，就有可能使原来饱和的或不饱和的空气变为过饱和状态，致使空气中的一部分水蒸气有可能在其物体上凝结成液态水。空气中的水蒸气与食品表面、食品包装容器表面等接触时，如果其表面的温度低于水蒸气饱和时的温度，则水蒸气有可能在表面上凝结成液态水。若食品为亲水性物质，则水蒸气凝聚后铺展开来并与之融合，如糕点、糖果等就容易被凝结水润湿，并可将其吸附；若食品为憎水性物质，则水蒸气凝聚后收缩为小水珠，如蛋的表面和水果表面的蜡质层均为憎水性物质，水蒸气在其上面凝结时就不能铺展而只能收缩为小水珠。

1.6 食品中水分的研究热点

1.6.1 亚临界水提取技术

水在不同的温度和压力下可以成为与温度和压力相适应的固体、液体或气体状态。然而，在374.2℃和22.1MPa（约218atm）以上的高温高压状态中，水成为既非液体也非气体的第四种状态，也就是所谓的超临界状态。在这种状态下的水称为“超临界水”。在比374.2℃和22.1MPa稍微低一些的温度和压力下成液体状态的水称为“亚临界水”。超临界水和亚临界水具有“强烈的溶解有机物”和“强烈的分解力”，与普通水的性质不同。利用这一性质，超临界水和亚临界水可用来提取有用成分（包括提取分解反应中的产物）。提取过程中，由于不使用酸、碱和催化剂，因此亚临界水的提取方法被称为“绿色处理法”。此外，提取可以在数秒钟至数分钟的短时间内完成，故而具有可以进行连续处理的优点。当从食品副产物中提取有用成分时，可以很好地利用亚临界水提取技术，如从植物副产物中提取液化和糖化后的糖类，提取得到的糖类物质可以因亚临界水的条件不同而得到不同的单糖和低聚糖。稻壳、麦秆等利用亚临界水引发的加水分解（水解）反应，可以将纤维素低分子化和可溶化，从而进一步用于发酵生产生物乙醇。啤酒粕（酒精）预先用亚临界水分解处理后，可以提高甲烷发酵和肥料化的效率。鱼的碎骨碎渣（鱼杂碎）经亚临界水提取，可得到多肽和氨基酸。豆腐渣的亚临界水提取液中除了含有蛋白质和多肽，还含有可溶性的多糖、低聚糖和单糖等成分。对豆腐渣提取液的抗氧化活性研究发现，亚临界水的温度越高、处理时间越长，其抗氧化活性越高。

1.6.2 核磁共振技术检测食品中水分状态变化

低场核磁技术作为近年来兴起的研究方法，具有稳定性高、重复性好、无损、快速的优点，可实时监测食品不同加工工艺过程中的水分变化，在直接测量食品中水分含量，间接测量冻结水比例、a_w、玻璃化转变温度等很多重要物理指标和不同成分分布成像研究中显示出独特的优越性。如研究大米复水过程水分状态的变化，揭示水分进入糯米中心所需复水时间及不同品种大米复水过程中水分状态差异；应用低场核磁技术了解绿豆吸水动态过程；阐述冷藏山羊肉水分含量及分布迁移情况，快速评价山羊肉品质、预测山羊肉冷藏期等。

1.6.3 等离子体活化水

等离子体活化水（plasma-activated water，PAW）也称为等离子体处理水（plasma-treated water，PTW），是指通过在水中或水表面进行等离子体放电而得到的液体。

等离子体活化水具有活性组分含量高、低pH和氧化还原电位较高等特点，因而具有杀菌、抗生物被膜、促进种子萌发和幼苗生长等功能。作为一种新型的环境友好型非热加工技术，等离子体活化水在食品工业中的潜在应用前景受到广泛关注。

等离子体活化水具有广谱杀菌特性，能够有效杀灭存在于环境和食品中的酿酒酵母、金黄色葡萄球菌、大肠杆菌等食品腐败菌和食源性致病菌。目前，等离子体活化水已用于食品杀菌保鲜领域。等离子体活化水中含有的活性物质能够穿过细胞膜进入细胞，通过损伤DNA、蛋白质等引发氧化应激的途径杀死微生物。此外，等离子体处理引发的溶液酸化和高氧化还原电位也可能是等离子体活化水发挥杀菌作用的重要机制之一。

细菌生物被膜是自然条件下细菌细胞包裹在自身产生的多聚物基质内并黏附于惰性的或者生物体表面，形成的具有一定结构性的细菌群体。在食品工业中，食源性病原菌和腐败菌能够在食品、食品加工设备、输送管道等表面形成生物被膜，成为食品生物性危害的潜在污染源。研究结果表明，除显著杀灭浮游生长的微生物以外，等离子体活化水也能够有效清除多种细菌的生物被膜。

1.6.4 电解水

电解水（electrolyzed water）又称电生功能水（electrolyzed functional water），是稀盐溶液（NaCl、KCl 或 $MgCl_2$ 等）或稀酸溶液（HCl）在特定的电解槽中解离产生的水。根据电解方式及程度不同分为酸性电解水与碱性电解水。

酸性电解水（acidic electrolyzed water，AEW）也称电解氧化水，又可分为强酸性电解水和微酸性电解水，分别通过有隔膜和无隔膜的电解槽产生。AEW 为无色、透明、无明显刺激性气味和异味的液体，基本性质为：pH 2～3、氧化还原电位 900～1200mV、有效氯（HClO、Cl^-、Cl_2）浓度为 10～160mg/L。

AEW 的性质主要受水源中 Cl^- 浓度及电解时间的影响，对细菌、真菌和病毒等多种病原微生物均有抑制生长或直接杀灭的作用，且不会产生耐药性。同时 AEW 发挥作用快速，在数秒内就有明显效果，并且其失效后即变为水，安全、无毒、无残留。AEW 的杀菌原理与其低 pH 值、高氧化还原电位和高有效氯浓度等特性相关。

碱性电解水又称电解还原水，pH 值为 10～13，无有效氯，具有强还原性。碱性电解水中主要含有钾离子、氢氧根离子并富含氧离子，是由 5～6 个分子组成的小分子水。

电解水因其具有杀菌高效、无残留、绿色环保无污染、制取方便和成本低廉等优点，被广泛应用于食品加工、医疗卫生和农业生产等领域。

参 考 文 献

[1] 王佳媚，等．冷源等离子体冷杀菌技术及其在食品中的应用研究．中国农业科技导报，2015，17 (5)：55.

[2] 王学扬，等．等离子体放电活化生理盐水杀菌应用研究．物理学报，2016，65 (12)：86.

[3] 叶帼嫔，等．低温等离子体活性水对致病菌的作用．中国科学：生命科学，2013，43 (8)：679.

[4] 刘海杰，等．碱性电解水降解苹果表面的高效氯氟氰菊酯农药．食品科技，2015，40 (2)：123.

[5] 刘琪，等．电解水在我国植物保护上的应用进展．中国植保导刊，2020，40 (1)：35.

[6] 汪东风．高级食品化学．北京：化学工业出版社，2009.

[7] 沈瑾，等．碱性电解水与医用清洗剂去除细菌生物膜的研究．中华医院感染学杂志，2018，28 (7)：979.

[8] 沈瑾，等．低温等离子体活化水消毒相关性能研究．中国消毒学杂志，2017，34 (4)：300.

[9] 敖登格日乐，等．强酸性电解水的生成及用途．内蒙古石油化工，2015，8 (16)：30.

[10] 阚建全．食品化学．北京：中国农业大学出版社，2016.

[11] Chen T P，*et al*．Plasma-activated solutions for bacteria and biofilm inactivation．Current Bioactive Compounds，2017，13 (1)：59.

[12] Chen T P，*et al*．Plasma-activated water：antibacterial activity and artifacts．Environmental Science and Pollution Research，2017，25 (1)：1.

[13] Damodaran S，*et al*．Fennema's Food Chemistry (4th edition)．American：CRC Press，2012.

[14] Erington J R，*et al*．Relationship between structural order and the anomalies of liquid water．Nature，2010，409：318.

[15] Flemming H C，*et al*．Biofilms：an emergent form of bacterial life．Nature Reviews Microbiology，2016，14 (9)：563.

[16] Guo J, *et al*. Inactivation of yeast on grapes by plasma-activated water and its effects on quality attributes. Journal of Food Protection, 2017, 80 (2): 225.

[17] Hashimoto T, *et al*. Study on the glass transition for several processed fish muscles and its protein fractions using differential scanning calorimetry. 2011, 70 (6): 1144.

[18] Jung S, *et al*. The use of atmospheric pressure plasma-treated water as a source of nitrite for emulsion-type sausage. Meat Science, 2015, 108: 132.

[19] Liao X Y, *et al*. Inactivation mechanisms of non-thermal plasma on microbes: a review. Food Control, 2017, 75: 83.

[20] Ma R N, *et al*. Non-thermal plasma-activated water inactivation of food-borne pathogen on flesh produce. Journal of Hazardous Materials, 2015, 300: 643.

[21] Mir S A, *et al*. Understanding the role of plasma technology in food industry. Food and Bioprocess Technology, 2016, 9 (5): 734.

[22] Misra N N, *et al*. Cold plasma interactions with enzymes in foods and model systems. Innovative Trends in Food Science & Technology, 2016, 55: 39.

[23] Naumova I K, *et al*. Stimulation of the germin ability of seeds and germ growth under treatment with plasma-activated water. Surface Engineering and Applied Electrochemistry, 2011, 47 (3): 263.

[24] Orlien V, *et al*. The Question of high-or low-temperature glass transition in frozen fish. Construction of the supplemented state diagram for tuna muscle by differential scanning calorimetry. Journal of Agricultural & Food Chemistry, 2018, 51 (1): 211.

[25] Pan J, *et al*. Investigation of cold atmospheric plasma-activated water for the dental unit waterline system contamination and safety evaluation in vitro. Plasma Chemistry and Plasnla Processing, 2017, 37 (4): 1091.

[26] Sarangapani C, *et al*. Pesticide degradation in water using atmospheric air cold plasma. Journal of Water Process Engineering, 2016, 9: 225.

[27] Shi Q L, *et al*. Glass transition and state diagram for freeze-dried horse mackerel muscle. Thermochimica Acta, 2009, 493 (1): 55.

[28] Sivachandiran L, *et al*. Enhanced seed germination and plant growth by atmospheric pressure cold air plasma: combined effect of seed and water treatment. RSC Advances, 2017, 7: 1822.

[29] Thirumdas R, *et al*. Cold plasma: a novel non-thermal technology for food processing. Food Biophysics, 2015, 10 (1): 1.

[30] Xu Y Y, *et al*. Effect of plasma activated water on the post harvest quality of button mushrooms, *Agaricus bisporus*. Food Chemistry, 2016, 197 (Pt A): 436.

[31] Zhang J J, *et al*. Growth-inducing effects of argon plasma on soybean sprouts via the regulation of demethylation levels of energy metabolism-related genes. Scientific Reports, 2017, 7: 41917.

[32] Zhang Q, *et al*. A study of oxidative stress induced by non-thermal plasma-activated water for bacterial damage. Applied Physics Letters, 2013, 102 (20): 203701.

[33] Zhao J H, *et al*. Glass transition and state diagram for freeze-dried *Lentinus edodes* mushroom. Thermochimica Acta, 2016, 637: 82.

[34] Zhou R W, *et al*. Effects of atmospheric-pressure N_2, He, air and O_2 microplasmas oil silting bean seed germination and seedling growth. Scientific Reports, 2016, 6: 32603.

[35] Hagiwara T. *et al*. Effect of Sweetener, Stabilizer, and Storage Temperature on lce Recrystallization in lce Cream. Journal of Dairy Science, 1996, 79 (5): 735-744.

第2章 蛋白质

内容提要： 蛋白质不仅是食品中重要的营养素，对食品的品质，特别是感官品质也有重要的作用。本章主要介绍蛋白质的营养价值评价；蛋白质在食品中的功能性；食品蛋白质的主要来源、不同来源蛋白质的营养性与功能性、新兴蛋白质来源及特点；活性肽的制备技术、来源及其功能，风味肽的结构；蛋白质在加工与贮藏中的变化及对品质的影响；通过物理、化学及酶法改变蛋白质原来的某些属性，赋予新功能。以植物蛋白为基础的植物蛋白肉和以新型细胞工厂为基础的动物培养肉的人造肉生产技术研究及应用，以生物活性肽的鉴定、表征和合成设计为研究内容的肽组学技术已成为新兴研究热点。

2.1 蛋白质及肽的营养性与功能性

蛋白质是构成机体和生命的重要物质基础，它具有催化机体新陈代谢、调节生理机能、参与氧的运输、进行遗传控制等重要的生理功能，还可以建造新组织和修补更新组织，以及为有机体提供能量。作为食品中的主要组分，蛋白质具有十分重要的营养价值。此外，食品中的蛋白质对食品的质构、风味和加工性状也有重要影响。这主要是因为蛋白质具有不同的功能性质，如凝胶性、水合性、起泡性、乳化性和黏结性等。

现代营养学研究发现人类摄食的蛋白质经消化酶作用后，不仅以氨基酸的形式吸收，更多的是以寡肽的形式吸收。一些寡肽相较于游离氨基酸更易吸收，更有生物效价和营养价值。另外，某些寡肽还具有生物活性，又称活性肽。

2.1.1 蛋白质的营养价值评价

人体对蛋白质的日需量不仅取决于个体的差异，如性别、年龄、健康状况等，还取决于膳食中蛋白质的种类。表2-1是一些传统食品中所含有的主要蛋白质。不同蛋白质在营养价值上往往具有一定的差异性。这主要是由于不同蛋白质的消化率、利用率以及其所含有的必需氨基酸含量不同。高质量（高营养价值）的蛋白质含有所有的必需氨基酸，并且高于 FAO/WHO/UNU 的参考水平，其消化率和利用率与蛋清或乳蛋白相当，甚至更高。

表 2-1 常见食品中主要蛋白质

食品	蛋白质
乳品	酪蛋白、乳清蛋白
蛋品	卵清蛋白、卵黄脂蛋白
肉制品	胶原蛋白、肌球蛋白、肌浆蛋白、肌红蛋白、血红蛋白等
谷物食品	谷蛋白、醇溶蛋白等
豆制品等植物蛋白食品	大豆蛋白、棉籽蛋白、菜籽蛋白、花生蛋白、芝麻蛋白等
鱼、虾等水产品	胶原蛋白、鱼蛋白、虾蛋白等
调味品	酵母蛋白及其水解物、植物水解蛋白、动物水解蛋白等

2.1.1.1 蛋白质中的必需氨基酸

从营养学的角度，食品蛋白质中的氨基酸主要分为三类：①人体（或其他脊椎动物）不能合成或合成速度远不适应机体的需要，必须由食物蛋白供给，这些氨基酸称为必需氨基酸，如赖氨酸（Lys）、色氨酸（Trp）等 9 种；②人体虽能够合成但通常不能满足正常需要的氨基酸，如精氨酸（Arg）和组氨酸（His），被称为半必需氨基酸或条件必需氨基酸；③人体自身能由简单的前体合成，不需要从食物中直接获得的氨基酸，如甘氨酸（Gly）、丙氨酸（Ala）。

蛋白质中只要某一种必需氨基酸的含量低于标准水平，则不论其他必需氨基酸的含量与比例如何，也会限制其他氨基酸的利用，这类低含量的氨基酸叫做限制氨基酸。该蛋白质中限制氨基酸缺乏最多的被称为第一限制氨基酸，它们在蛋白质的营养价值中起着举足轻重的作用。总体来讲，相较于动物蛋白质，更多植物蛋白质有限制氨基酸。表 2-2 列举了几种常见的植物蛋白质中的限制氨基酸。如表 2-2 所示，米、麦中 Lys 含量较少，为其第一限制氨基酸。而且烹调时高温可使 Lys 分解，失去营养价值。因此，按营养配方添加 Lys 等限制氨基酸，可以大大提高米、麦食物的营养价值，如添加 0.2g Lys 和 0.1g Thr 的 100g 大米煮成的饭，其营养价值与鸡蛋相当。

表 2-2 常见的植物蛋白质中的限制氨基酸

植物	蛋白质中的限制氨基酸		
	第一限制氨基酸	第二限制氨基酸	第三限制氨基酸
小麦	Lys	Thr	Val
大米	Lys	Thr	
玉米	Lys	Trp	Thr
大麦	Lys	Thr	Met
燕麦	Lys	Thr	Met
花生	Met		
大豆	Met		
棉籽	Lys		

过量摄入任何一种氨基酸会引起“氨基酸对抗作用”或毒性。一种氨基酸的过量摄入往往造成对其他必需氨基酸需求的增加，这是由于氨基酸之间对肠黏膜吸收部位的竞争。例如，较高含量的 Leu 可降低人体对 Ile、Val 和 Tyr 的吸收，即使在饮食中这些氨基酸是足够的。过分摄入一些氨基酸也会抑制生长和诱导病变。表 2-3 是针对不同人群推荐的食品蛋白质中必需氨基酸模式。

表 2-3 针对不同人群推荐的食品蛋白质中必需氨基酸模式 mg/g 蛋白质

氨基酸	推荐的模型			
	婴幼儿	学龄前儿童(2～5 岁)	学龄儿童(10～12 岁)	成人
His	26	19	19	16
Ile	46	28	28	13
Leu	93	66	44	19
Lys	66	58	44	16
Met+Cys	42	25	22	17
Phe+Tyr	12	63	22	19
Thr	43	34	28	9
Trp	17	11	9	5
Val	55	35	25	13
总计	434	320	222	111

2.1.1.2 蛋白质的消化率

食物蛋白质在消化道内通过一系列物理、化学及酶作用，从而被分解和吸收。消化率（digestibility）是反应该过程的一项指标，是指在消化道内被吸收的蛋白质占摄入蛋白质的百分数。根据是否考虑内源粪代谢氮因素，蛋白质消化率又分为表观消化率和真消化率。粪氮不全是未消化的食物氮，其中有一部分来自脱落肠黏膜细胞、消化酶和肠道微生物，这部分氮被称为粪代谢氮，可在受试者摄食无蛋白氮时测得粪氮而知，其量约为 0.9～1.2g/d。

蛋白质表观消化率［apparent protein（N）digestibility，AD］是指不考虑内源粪代谢氮的蛋白质消化率。其计算式为：AD=(摄入氮－粪氮)/摄入氮×100%。

蛋白质真消化率(true protein digestibility,TD)为考虑粪代谢氮时的蛋白质消化率。其计算式为：TD =［摄入氮－(粪氮－粪代谢氮)］/摄入氮×100%。

几种食品中蛋白质的消化率见表 2-4。

表 2-4 几种食品中蛋白质的消化率

蛋白质来源	消化率/%	蛋白质来源	消化率/%
鸡蛋	97	小米	79
牛乳、干酪	95	豌豆	88
肉、鱼	94	花生	94
玉米	85	大豆粉	86
大米(精制)	88	大豆分离蛋白	95
小麦(全)	86	蚕豆	78
面粉(精制)	96	玉米制品	70
面筋	99	小麦制品	77
燕麦	86	大米制品	75

2.1.1.3 蛋白质利用率

蛋白质利用率是指食物蛋白质（肽、氨基酸）被消化、吸收后在体内利用的程度。测定食物蛋白质利用率的指标和方法很多，概况见表 2-5。目前公认使用的蛋白质利用率（质量）评价方法主要为蛋白质消化率修正的氨基酸分（protein digestibility corrected amino acid score，PDCAAS）。PDCAAS 是 1990 年由 FAO/WHO 蛋白质评价联合专家委员会推荐的方法。几种常见食物蛋白质的 PDCAAS 评分见表 2-6。

表 2-5 蛋白质利用率(质量)衡量方法

衡量方法	单位	方法概述	计算方法	缺点
表观生物学价值(apparent biological value，ABV)	%	氮贮留量与氮吸收量之比。同一食物蛋白质在不同实验条件下可得到不同的生物学价值(BV)。一般使用大鼠测定时，饲料蛋白质含量为10%。蛋白质含量低时，利用率较高	$\frac{\text{食物氮}-\text{粪氮}-\text{尿氮}}{\text{食物氮}-\text{尿氮}}\times 100\%$	均忽视了食品的消化率，其中ABV没有考虑粪代谢氮与尿内源氮
真生物学价值(true biological value，TBV)	%		$\frac{\text{食物氮}-(\text{粪氮}-\text{粪代谢氮})-(\text{尿氮}-\text{尿内源氮})}{\text{食物氮}-(\text{粪氮}-\text{粪代谢氮})}\times 100\%$	
相对生物学价值(relative biological value，RBV)	—		$\frac{BV_{test}}{BV_{egg}}$(相对于鸡蛋蛋白)	
蛋白质功效比值(protein efficiency ratio，PER)	—	用幼小动物体重的增加与所摄食的蛋白质之比来表示将蛋白质用于生长的效率；ePER为根据蛋白质中Leu与Try含量的估算值；PERmax为在蛋白质供给最优条件下所测得的PER值	$\frac{\text{动物增加体重(g)}}{\text{摄入的食物蛋白质(g)}}$	体重增加不完全代表体内蛋白质的增加；大鼠所需的蛋白质与人类有所不同，如含硫氨基酸；高估了许多动物蛋白的营养价值，而低估了许多植物蛋白(如大豆蛋白)的营养价值
预估蛋白质功效比值(estimated protein efficiency ratio，ePER)	—		ePER=0.468+0.454(Leu)−0.105(Try)	
最大化蛋白质功效比值(maximum protein efficiency ratio，PERmax)	—		/	
蛋白质净比值(net protein ratio，NPR)	—	将大鼠分为两组，分别饲以受试食物蛋白质和等热量的无蛋白质膳食7~10d，记录其增加体重和降低体重(g)，或其尸体中氮含量的变化	$\frac{\text{平均增加体重(g)}+\text{平均降低体重(g)}}{\text{摄入的食物蛋白质(g)}}$	与PER值具有相同的问题
蛋白质存留率(protein retention efficiency，PRE)	—		$PRE=NPR\times\frac{100}{6.25}$	
蛋白质净利用率(net protein utilization，NPU)	—		$\frac{\text{受试动物尸体增加氮量}+\text{对照组动物尸体减少氮量}}{\text{摄食食物氮量}}$ 或 蛋白质真消化率(TD)×BV	
氨基酸分(amino acid score，AAS)	—	通过该蛋白质中氨基酸组成的化学分析结果来评价。氨基酸分通常是指受试蛋白质中第一限制氨基酸的得分。PDCAAS范围为0~1.0，1.0为蛋白质质量的上限	$\frac{\text{1g受试蛋白质中氨基酸的质量(mg)}}{\text{需要量模式(参考蛋白质)中氨基酸的质量(mg)}}\times 100$	AAS为简单计算，没有考虑食物蛋白质的消化率。PDCAAS虽然经过了蛋白质消化率的修正，但两者均为考虑不同氨基酸的吸收率以及食品加工及其中其他组分的影响
蛋白质消化率修正的氨基酸分(protein digestibility corrected amino acid score，PDCAAS)	—		AAS×蛋白质真消化率(TD)	
可利用赖氨酸	—	Lys是必需氨基酸，而且是某些食品的限制氨基酸，其ε-氨基非常活泼，很容易与其他物质包括其他氨基酸发生反应，从而降低Lys的利用率。通过氟二硝基苯(1-氟-2,4-二硝基苯，FDNB)反应测定可利用赖氨酸含量。当Lys是限制氨基酸时，用FDNB反应来评价蛋白质的质量与生物学方法都有很好的相关性	FDNB反应	可评价对象较有限

注：“—”为无量纲。

表 2-6 几种食物蛋白质修正的氨基酸分（PDCAAS）

食物蛋白质	PDCAAS	食物蛋白质	PDCAAS
酪蛋白	1.00	牛肉	0.92
鸡蛋	1.00	豌豆粉	0.69
大豆分离蛋白	0.99	菜豆	0.68
斑豆	0.63	小扁豆	0.52
燕麦粉	0.57	全麦	0.40
花生粉	0.52	面筋	0.25

随着研究进步，PDCAAS的局限性也日益凸显。第一，该方法计算了粗蛋白在整个消化道的消化率，而有研究指出在小肠末端（回肠）测定氨基酸的消化率（true ileal amino acid digestibility，TIAAD）最为准确，因为氨基酸仅在小肠被吸收，而大肠发酵也会影响粪便中氨基酸的排出。第二，粗蛋白的消化率并不代表所有氨基酸的消化率。第三，该体系将评分截断在1.0，从而人为消除了区分超高质量蛋白质的可能性。第四，没有考虑到食品加工对氨基酸生物利用率降低的可能性。例如，乳粉因加工而降低营养价值，其原因一方面有可能是Lys的游离ε-氨基与乳糖反应（羰氨反应）；另一方面则有可能是在分子中形成了许多交联键（cross-links），其中包括Lys和其他氨基酸的交联键。鉴于PDCAAS的这些局限性，2014年，FAO专家会议讨论并提出了一种新的蛋白质质量评价方法——可消化必需氨基酸分（digestible indispensable amino acid score，DIAAS）。其计算公式为：

$$\text{DIAAS}=\frac{\text{1g 受试食品中可消化必需氨基酸含量(mg)}}{\text{1g 参考食品中该氨基酸的含量(mg)}}\times 100$$

$$=\frac{\text{受试蛋白质的 TIAAD 值}\times\text{受试食品中氨基酸的含量}}{\text{参考蛋白质的 TIAAD 值}\times\text{参考蛋白质中氨基酸的含量}}\times 100$$

DIAAS评价体系可以解决PDCAAS法中的一些明显局限性，包括计算回肠中氨基酸的消化率而非基于整个肠道的粗蛋白质评分，也纠正了食物加工导致的蛋白质质量变化，并且不再将评分以1.0截断。目前该方法正在进一步验证中。表2-7列举了15种富含蛋白质的常见食品的DIAAS值。

表 2-7 15种常见食品的可消化必需氨基酸分（DIAAS）

食品	DIAAS值	限制氨基酸	食品	DIAAS值	限制氨基酸
乳蛋白浓缩物	1.18	Met+Cys	煮熟的米饭	0.595	Lys
乳清蛋白分离物	1.09	His	煮熟的燕麦	0.542	Lys
乳清蛋白浓缩物	0.973	His	麦麸	0.411	Lys
大豆蛋白分离物 A	0.898	Met+Cys	熟花生	0.434	Lys
大豆蛋白分离物 B	0.906	Met+Cys	大米蛋白	0.371	Lys
豌豆蛋白浓缩物	0.822	Met+Cys	不含牛奶的谷物早餐	0.012	Lys
烹煮过的豌豆	0.579	Met+Cys	包含牛奶的谷物早餐	1.07	Lys
烹煮过的芸豆	0.588	Met+Cys			

注：所测得数据为基于雄性大鼠模型。

2.1.2 蛋白质在食品中的功能性

蛋白质不仅是食品中重要的营养素，而且对食品的品质，特别是感官品质也有重要作用。各种蛋白质的不同功能性质，在食品加工过程中发挥出不同的功能。例如，焙烤食品的感官性质与小麦面筋蛋白质的黏弹性和面团形成性质有关，肉类产品的质构和多汁特征主要取决于肌肉蛋白质（肌动蛋白、肌球蛋白、肌动球蛋白和一些水溶性的肉类蛋白质），乳制品的质构性质和凝乳块形成性质取决于酪蛋白胶束独特的胶体结构，一些蛋糕的结构和一些甜食的搅打起泡性质取决于蛋清蛋白的性质。蛋白质在食品体系中的功能作用归纳见表 2-8。

表 2-8　不同蛋白质在食品体系中的功能作用

功能作用	作用机制	食品体系	蛋白质
溶解性	亲水性	饮料	乳清蛋白
黏度	水结合、流体动力学分子大小和形状	汤、肉汁、色拉调味料和甜食	明胶
水结合	氢键、离子水合	肉、香肠、蛋糕和面包	肌肉蛋白质、鸡蛋蛋白质
凝胶作用	水截留和固定、网状结构形成	肉、凝胶、蛋糕、焙烤食品和奶酪	肌肉蛋白质、鸡蛋和乳蛋白质
黏结-黏合	疏水结合、离子结合和氢键	肉、香肠、面条和焙烤食品	肌肉蛋白质、鸡蛋蛋白质和乳清蛋白质
弹性	疏水结合和二硫键交联	肉和焙烤食品	肌肉蛋白质和谷物蛋白质
乳化	在界面上吸附和形成膜	香肠、大红肠、汤、蛋糕和调味料	肌肉蛋白质、鸡蛋蛋白质和乳蛋白质
起泡	界面吸附和形成膜	搅打起泡的浇头、冰激凌、蛋糕和甜食	鸡蛋蛋白质和乳蛋白质
脂肪和风味物质的结合	疏水结合或截留	低脂焙烤食品和油炸面包圈	乳蛋白质、鸡蛋蛋白质和谷物蛋白质

影响蛋白质功能特性的因素很多，主要包括蛋白质的内在因素、环境因素和加工条件三方面。这些因素并非完全独立，而是相互影响、相互作用的。蛋白质内在因素是指其分子组成和结构特征，主要包括蛋白质分子组成和大小、亚基大小和组成、疏水性或亲水性、二硫键多寡、氧化或还原状态、亚基缔合或解离形式、热变性和热聚集、功能基团修饰或分解、蛋白质与其他物质之间相互作用等方面。环境因素与加工条件的影响将稍后结合蛋白质的贮藏与加工做进一步的说明。

2.1.3　不同来源蛋白质的营养性与功能性

食品蛋白质的来源十分广泛，如图 2-1 所示，主要可分为动物蛋白、植物蛋白以及其他蛋白质（如真菌蛋白和细胞培养肉）。

2.1.3.1　动物蛋白

① 牛乳蛋白　乳蛋白是牛乳中重要的营养成分，在牛初乳中更具有独特的营养价值和生理作用。乳蛋白主要由酪蛋白和乳清蛋白两大类蛋白质组成。酪蛋白又可分为 α_s-酪蛋白、κ-酪蛋白、β-酪蛋白和 γ-酪蛋白 4 种类型；乳清蛋白则主要包括 α-乳白蛋白（α-lactalbumin，α-La）、β-乳球蛋白（β-lactoglobulin，β-Lg）、血清白蛋白、免疫球蛋白（Ig）、乳铁蛋白（lactoferrin，Lf）、脲和胨等成分。在牛常乳蛋白质中，大约含有 80％的酪蛋白和 20％的乳清蛋白；而牛初乳蛋白质中，两类蛋白质的比例却完全不同，分娩后第 1 天的牛初乳中，乳清蛋白的比率甚至高于酪蛋白。乳清蛋白的必需氨基酸含量、蛋白质效率比、生物学价值等营养学指标均高于酪蛋白，牛初乳中乳清蛋白比率远高于常乳。因此，牛初乳蛋白质具有氨基酸种类齐全及比例适合、人体必需氨基酸含量高、富含活性蛋白质类成分免疫因子和促生长因子等特点，从而具有更高营养价值和生理功能。

Lf 具有广谱的抑菌性，这是 Lf 最重要的生理功能之一，可直接或间接地作为抑菌剂或杀菌剂，控制微生物的活性，特别是肠道致病菌。Lf 能螯合易引起氧化损伤的 Fe^{3+}，因此具有一定的抗氧化作用。此外，有研究报道，小鼠经口 Lf 后其远端小肠 IgA 和 IgM 水平上调，各种促炎症因子、阳性的 B 细胞、CD4＋细胞、CD8＋细胞、T 细胞的水平都提高，表明 Lf 能促进远端小肠 IgA 表达水平升高，也具有控制炎症发生和发展的作用。甚至一些研究发现 Lf 在兔子结肠癌、食道癌、肺癌和膀胱癌的起始后期具有显著抑制作用。因此，Lf 被认为是存在于初乳和常乳中宿主防御系统的活性成分。

β-Lg 是牛乳中乳清蛋白的主要成分，具有多个结合位点，对维生素、脂肪酸及多酚类等生物活性物质都具有亲和性，是食品蛋白质中被研究最广泛的配体结合蛋白质之一。此外，β-Lg 可溶性强，具有很强的凝胶和乳化功能，能与维生素 A 等脂溶性维生素和脂肪酸结合，可作为辅助性配料用于乳制品等食品工业，改善产品的风味、质构，促进营养物质的吸收。同时，它也是生物活性肽的极好来源。

α-La 是乳清蛋白中含量仅次于 β-Lg 的蛋白质，是必需氨基酸——色氨酸（Trp）和半胱氨酸（Cys）的一个很好的来源。研究发现，不同折叠状态的 α-La 发挥不同的生物学功能：天然结构的蛋白质具有调节乳糖合成的功能；熔球态结构更易于形成淀粉样纤维；而中等酸度条件下的折叠中间态可能参与有益生物学功能的形成。研究指出牛乳中 α-La 可以保护胃肠道黏膜稳定，而其自组装结构对多种肿瘤细胞都有靶向抑制增殖作用。

除了上述的营养功能，牛乳蛋白质在食品加工中也发挥着重要作用，主要包括水合作用及其表面活性特性。其中水合作用体现在其对于食品的持水性、溶解性、胶体性与黏度等方面的影响，而表面活性特性则在乳化与起泡性中发挥着重要作用。

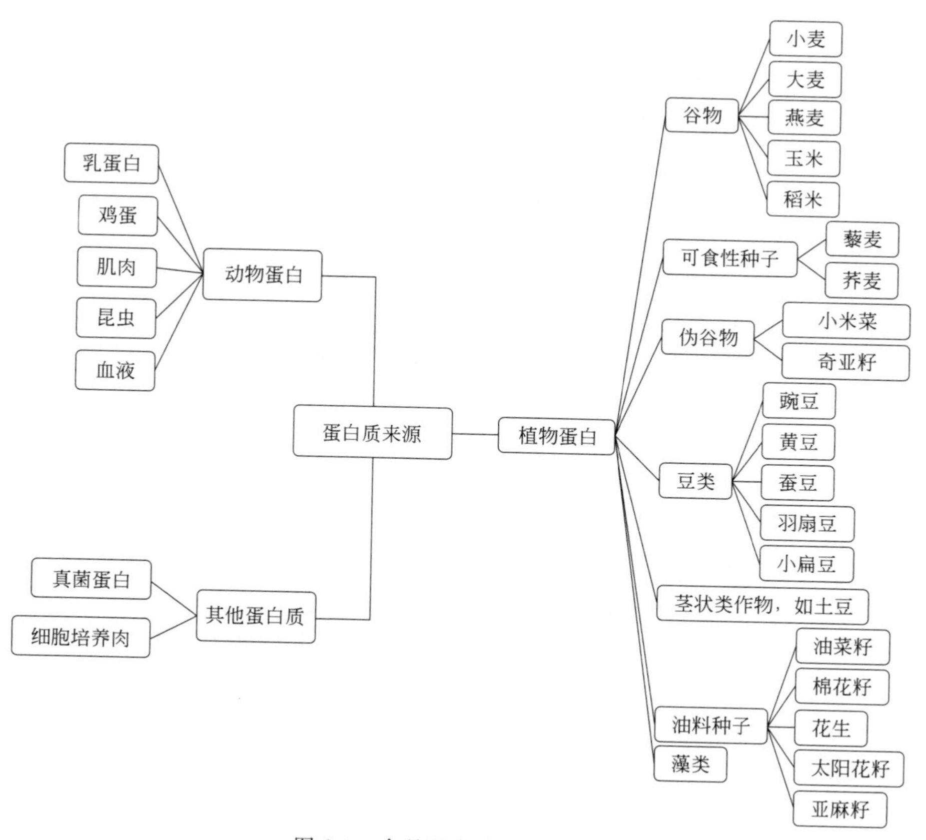

图 2-1　食品蛋白质的主要来源

② 免疫球蛋白　免疫球蛋白（immunogloblin，Ig）是指具有抗体活性或化学结构与抗体相似，能与相应的抗原发生特异性结合反应的球蛋白，亦称为γ-球蛋白，普遍存在于哺乳动物和人类的血液、组织液及外分泌液等液体中，是体液免疫的主要物质。免疫球蛋白能凝集细菌，中和细菌毒素，并能在体内其他因素的参与下彻底杀死细菌和病毒，增强机体的免疫功能，预防消化道疾病，促进营养吸收。现已有大量的研究证明，人口服外源性免疫球蛋白也同样具有预防肠道疾病、调节免疫等功效。免疫球蛋白由450～550个氨基酸组成，分子质量约为55～75kDa。分子质量较小的一对肽链称为轻链（light chain，L链），轻链约为重链的1/2，约由214个氨基酸组成，分子质量约25kDa。免疫球蛋白的免疫活性受蛋白质种类、pH值、温度和作用时间等影响。许多蛋白酶如木瓜蛋白酶、胃蛋白酶、胰蛋白酶、胰凝乳蛋白酶等可水解重链，其作用点与重链间的二硫键有关。当温度在60℃以上、pH<4时，活性损失较大，分离提取时应避免这些因素对免疫球蛋白活性的破坏。

目前，用于提取免疫球蛋白的原料主要有牛初乳、动物血清和禽类的蛋黄。由于免疫球蛋白具有特殊的免疫生理功能，因此从富含免疫球蛋白的物质中分离出并将其添加到功能食品中，将对改善婴幼儿、中老年人及免疫力低下人群的健康具有重要意义。国内外先后研究了富含Ig的婴儿配方奶粉，开发了含有大量免疫球蛋白及其他具有特殊功能的生物活性因子的“抗体食品”。

③ 胶原蛋白　胶原蛋白广泛存在于动物的皮、骨、腱、膜等结缔组织中，是构成结缔组织的主要成分。胶原蛋白在人体中起着支撑器官、保护机体的功能，同时还具有信号转导、生长因子与细胞因子转运等功能。

目前，鉴定的不同胶原蛋白已有28种，最主要（常见）的胶原蛋白为Ⅰ型、Ⅱ型以及Ⅲ型。典型的胶原蛋白分子，是由3条左手螺旋且为聚脯氨酸Ⅱ型的α肽链，相互缠绕，形成右手超螺旋结构，该特定区域被称为三螺旋区域。胶原蛋白肽链的氨基酸组成为周期性重复的Gly-X-Y序列，其中Y通常为羟脯氨酸或羟赖氨酸。这种三肽重复序列对胶原蛋白结构的形成及稳定性至关重要，例如羟脯氨酸的羟基参与链间氢键的形成，而羟赖氨酸参与分子内及分子间的共价交联。特殊的结构使胶原蛋白具有独特的性能，使其在食品、化妆品以及生物医药领域中有着广泛的用途。在医学上，胶原蛋白具有良好的生物相容性、可降解性、低免疫原性以及可促进细胞生长和再分化等能力，从而成为组织工程中极具潜力的支架材料。研究指出口服胶原蛋白会使患者的关节炎症状明显改善。此外，胶原蛋白及其变性物——明胶可以作为澄清剂、乳化剂、发泡剂等应用于食品领域，可以添加到各类化妆品中，还可以作为胶囊、片剂包衣等包埋材料。

2.1.3.2 植物蛋白

除了动物蛋白，植物蛋白也是食品蛋白质十分重要的来源。尽管从氨基酸组成的角度，大多数植物蛋白在“质量”上具有一定的缺陷，但是不同种类植物蛋白的混合利用可以很好地解决这个问题。此外，从食品生产的可持续性以及环境保护角度，植物蛋白的开发利用相较于动物蛋白更具吸引力。目前，市场上主流的植物蛋白主要包括豆类（如大豆、豌豆、蚕豆等）蛋白、谷类（如小麦、玉米、大米等）蛋白、坚果及籽类（如花生）蛋白、薯类（如马铃薯）蛋白等。不同的植物蛋白在营养性与功能性上也存在一定的差异。

(1) 大豆蛋白　大豆干物质中约含36%～38%的蛋白质，是谷类食物的4～5倍，大豆蛋白质的氨基酸组成与牛奶蛋白质相近，除Met略低外，其余必需氨基酸含量均较丰富，是植物性的完全蛋白质，其PDCAAS值为0.90～0.99。因此，在营养价值上与动物蛋白相当。美国食品及药品管理局（FDA）1999年曾声明：每天摄入25g大豆蛋白可减少罹患心脑血管疾病的风险。大豆蛋白饮品中的 Arg 含量比牛奶高，其 Arg 与 Lys 的比例也较合理；脂质、亚油酸极为丰富而不含胆固醇，可防止成年期心血管疾病发生；丰富的卵磷脂，可以清除血液中多余的固醇类，有“血管清道夫”的美称。大豆蛋白饮品比牛奶容易消化吸收，牛奶进入胃后易结成大而硬的块状物，而豆奶进入胃后则结成小的薄片，而且松软不坚硬，更易消化吸收。

大豆蛋白是一个复杂的混合物，包括：①贮藏蛋白（storage proteins），主要为球蛋白，大致可分为 2S、7S、11S 以及 15S，其分子质量分别为 25kDa、160kDa、350kDa、600kDa，其中 85%为 7S 和 11S，又分别被称为大豆球蛋白（β-conglycinin）和球蛋白（glycinin）；②酶以及酶抑制因子；③结构蛋白，包括核糖体和染色体；④膜蛋白。大豆蛋白的不同组分具有不同的功能特性，比如大豆球蛋白制成的凝胶其强度明显高于基于伴大豆球蛋白的凝胶。

(2) 花生蛋白 花生是一种重要的油料蛋白资源，花生蛋白是一种营养价值较高的植物蛋白，其生物价（BV）为 58，效率值为 1.71。花生蛋白质由两种球蛋白（花生球蛋白和伴花生球蛋白）以及一定数量的其他蛋白质构成。花生蛋白的等电点为 pH 4.2～4.7，用水作提取剂，一般控制 pH 值为 8～9，这时花生蛋白对水提取剂的溶解度将增至最大。花生蛋白含有人体所需的 8 种必需氨基酸。与大豆蛋白相比，具有易消化、所含腹胀因子少、无豆腥味等优点；而与菜籽蛋白、棉籽蛋白相比，所含抗营养因子较少。由此可见，合理地开发利用花生蛋白资源有重大的意义。花生蛋白用于食品行业，除了作为营养添加剂外，更重要的是利用其功能特性。植物蛋白的功能特性是指能对食品质量产生影响的某些物理、化学性质，主要包括吸水性、湿润性、膨胀性、黏着性、分散性、溶解度、黏度、胶凝性、乳化性、起泡性等。

(3) 荞麦蛋白 荞麦蛋白是荞麦的主要生物活性成分。不同于禾谷类作物蛋白，荞麦蛋白有其独特的特点。荞麦蛋白质含量较高，荞麦粉的蛋白质含量为 10%～15%，高于大米、小麦、玉米和高粱。荞麦蛋白质中水溶性清蛋白和盐溶性球蛋白占有较大的比例，更接近于豆类蛋白。荞麦蛋白具有高生物效价，其氨基酸组成合理，富含 8 种人体必需氨基酸，尤其是 Arg、Lys、Trp 和 His 的含量较高，所以荞麦与其他谷类粮食有很好的互补性。荞麦蛋白比大豆分离蛋白更能抑制胆结石的形成。不仅如此，荞麦蛋白还可以通过降低血清里的雌二醇预防乳腺癌的发生，并且通过减少细胞增殖抑制结肠癌的发生。荞麦蛋白质可通过碱法提取、酶法提取和超声波辅助法提取。

(4) 甘薯糖蛋白 甘薯中含有糖蛋白（SPG），具有抑制胆固醇在体内沉淀、增强机体免疫力、减少高血压发生率、减慢人体器官老化速度等特殊生理功能。国内许多研究也证实了甘薯独特的生理价值。这使得甘薯由单纯的粮食转向了重要的功能性食物，甘薯的食物资源功能空前拓宽，围绕着甘薯糖蛋白的研究与开发受到人们更多的重视。

除了以上较典型的各种植物蛋白，近年来，其他一些植物蛋白由于其良好的功能特性也在食品工业领域中逐渐得到重视，如豌豆蛋白（良好的乳化性与起泡性）、土豆蛋白（热凝胶性及乳化性）、绿叶蛋白（热凝胶性，可形成脆性胶体）、羽扇豆蛋白（高热稳定性及低黏度）等。

2.1.3.3 新兴蛋白质来源

根据报道，近年来，全世界生产的蛋白质已经接近 1 亿吨，离完全满足需要还缺 3000 万吨左右，且该缺口正在持续扩大。动植物蛋白来源有限，因此，人们将焦点转向了一些新兴的食品蛋白质来源。

(1) 海洋藻类蛋白质 海洋藻类是多元化的可以进行光合作用的海洋生物，主要包括大型海藻（简称海藻，macroalgae/seaweed）和微藻（microalgae）。目前海洋中可食性藻类有70多种，它们的营养十分丰富，是多糖、蛋白质、脂类、矿物质、维生素和膳食纤维的丰富来源，而其蛋白质含有人体必需的8种氨基酸，组成合理，并且这些藻类还含有许多生物活性物质。根据海藻所含的主要色素，可将其大致分为绿藻、红藻与棕藻。其中棕色海藻的蛋白质含量低于15%（干重）；一些绿藻的蛋白质含量介于10%～26%之间（干重）；而红藻的蛋白质含量相对最高，可达到47%，高于大豆的蛋白质含量。微藻是一种单细胞的微生物，也被认为是一种潜在的蛋白质来源。最丰富的微藻种类包括硅藻（Bacillariophyta）、绿藻（Chlorophyta）、金藻（Chrysophyta）和蓝藻（Cyanophyta）。

藻类蛋白质中的外源凝集素（lectin，主要来自于海藻）和藻胆蛋白（phycobiliprotein，主要来自于微藻）是两类重要的活性蛋白质。研究指出海藻外源凝集素具有抗菌、抗伤害、抗炎、抗病毒（HIV-1）、血小板聚集抑制和抗黏附等作用。藻胆蛋白除了作为天然染料外，还被证明具有抗氧化、抗炎、抗病毒、抗肿瘤、保护神经和肝脏等活性。目前，除了一些传统可食性藻类，如紫菜、海带等，其他藻类主要应用在饲料产品中，部分特殊藻类被开发成了保健品，而藻类蛋白质产品的开发相对较新，这主要是由于藻类细胞壁中丰富的多糖大大增加了其蛋白质提取分离的难度。

(2) 昆虫蛋白质 食用昆虫已有上千年的历史，而将其工业化饲养并加工却相对较新。世界上的昆虫有100多万种，有3650余种可以食用。可食性昆虫主要包括蟋蟀、蝗虫、毛虫、甲虫、蝇蛆等。昆虫含有丰富的蛋白质，部分昆虫的蛋白质含量占其干物质含量甚至高达70%～80%。研究指出昆虫蛋白质的消化率高，为77%～98%，接近甚至超过肉、鱼的消化率。总的来说，因为昆虫种类多、数量大、分布广、繁殖快，高蛋白质、低脂肪、低胆固醇，肉质纤维少、营养丰富等特点，所以其蛋白质的研究开发得到了大量的关注。昆虫机体的主要结构组成是几丁质，在医学上具有特殊的生理功能。研究还发现一些来源于昆虫的活性蛋白可在人体免疫中发挥重要作用。目前已成功地从蚕蛹及某些蝇、蛾等昆虫体内提取了抗菌肽、抗菌蛋白、昆虫凝集素等，并用于抗病毒、抗菌药物的生产。

(3) 细胞培养肉 细胞培养肉是利用动物干细胞通过组织培养而制得，是一种产自于培养皿的“真肉”。2013年，马斯特里赫特大学的一个研究组发表了首块牛肌肉干细胞制造的“人造牛肉”。作为新兴的食品蛋白质来源的细胞培养肉，除了含有普通动物蛋白的营养功能外，还可根据人们的需要调节其所含的营养成分，例如大多数天然肉里含有过多的ω-6脂肪酸，食用过多会导致安全隐患，而人造肉几乎不含ω-6脂肪酸。此外，细胞培养肉还可以减少因养殖家禽而带来的污染。目前，细胞培养肉生产成本较大，用于商业化的关键技术仍在研究中。

2.1.4 肽、活性肽以及风味肽

肽（peptides）是分子结构介于氨基酸和蛋白质之间，由两个或两个以上的氨基酸脱水缩合而成的一类化合物。一般说来，肽链上氨基酸数目在10个以下的叫寡肽，10～50个的叫多肽，50个以上的叫蛋白质，但多肽与寡肽之间并无严格界限。小分子肽一般按其氨基酸残基排列顺序命名，如Tyr-Gly-Gly-Phe-Met称为酪氨酰甘氨酰甘氨酰苯丙氨酰蛋氨酸。由于构成肽的氨基酸种类、数目与排列顺序的不同，决定了肽纷繁复杂的结构与功能。

具有生物活性的肽称为活性肽。现代营养学研究发现，蛋白质经消化道中酶作用后并不完全是以游离氨基酸的形式被吸收，而主要是以寡肽的形式被吸收，且机体对寡肽的吸收代谢速

度比对游离氨基酸快。胃肠道吸收活性肽的途径有四种：质子偶联的小肽转运载体1（PepT1）转运途径、细胞穿越肽（CPP）细胞穿透途径、内吞途径、细胞旁路途径（见图2-2）。

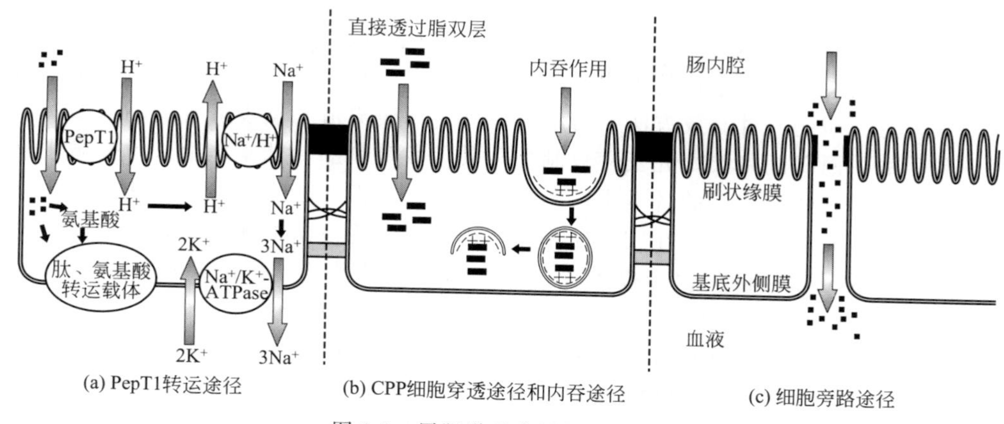

图2-2 胃肠道吸收活性肽的途径

活性肽吸收机制具有以下特点：①不需消化，吸收快。不会受到人体的胃蛋白酶、胰酶、淀粉酶、消化酶及酸碱物质二次水解，而是以完整的形式直接进入小肠，被小肠所吸收，进入人体循环系统，发挥其功能。②具有100%吸收的特点。吸收时，没有任何废物及排泄物，能被人体全部利用。③主动吸收，迫使吸收。吸收时，不需耗费人体能量，不会增加胃肠功能负担。④起载体作用。可将人所食的各种营养物质运载输送到人体各细胞、组织、器官。因此，活性肽的生物效价和营养价值更高。活性肽的制备、分离、提取及其所具有的生物活性已成为研究热点，用活性肽开发的保健食品前景也被看好。

2.1.4.1 活性肽的制备

(1) 活性肽的生产 主要有三种方法：蛋白质分解法、生物提取法和人工合成法。

① 蛋白质分解法 指以蛋白质为底物通过水解肽键从而得到活性肽，主要包括化学水解、酶解以及微生物发酵三种途径。其中化学方法一般采用较高浓度的酸、碱试剂在较高温度下破坏蛋白质的空间结构进而破坏其肽键，最终获得一定的小分子肽。该方法工艺简单，成本低，但反应条件剧烈，较难控制，易产生大量游离氨基酸；其次，此类反应也易引起氨基酸结构的破坏，降低其营养价值甚至产生有害物质，故很少在实际中被用于功能性肽的生产。

酶法是利用特异性或非特异性蛋白酶对蛋白质进行酶解。相对来说，反应条件较温和，特别是使用特异性蛋白酶后，由于其对底物的专一选择性，可较好地控制水解产物。表2-9总结了目前广泛应用的蛋白酶及其来源、较适pH范围和酶切位点。

表2-9 食品加工中广泛应用的蛋白酶及其来源、较适pH范围和酶切位点

蛋白酶	来源	较适pH范围	酶切位点
胃蛋白酶	胃黏膜	2～3	Phe-、Leu-
胰蛋白酶	胰脏	7～9	Arg-、Lys-
胰凝乳蛋白酶	胰脏	3.7	Tyr-、Trp-、Phe-、Leu-
木瓜蛋白酶	木瓜果实	5～7	Arg-、Lys-、Phe-X-
菠萝蛋白酶	菠萝果实	5～7.5	Lys-、Ala-、Tyr-、Gly-
Alcalase	Carlsberg 枯草杆菌	6.5～8.5	Ala-、Leu-、Val-、Tyr-、Phe-、Trp-
Protamex	*Bacillus*（杆菌）	5.5～7.5	—
Flavourzyme	*Aspergillus oryzae*（米曲霉）	5～7	—

酶法制备活性肽时，选择合适的蛋白酶是生产的关键。采用两种蛋白酶 AS1398 和 Alcalase 水解大豆分离蛋白，采用 AS1398 水解的水解度为 12%的产品抗氧化活性最高，其中分子质量在 1000Da 以上的组分较多；采用 Alcalase 水解的水解度为 14%的大豆多肽产品，ACE 抑制活性最高，IC_{50} 为 0.144mg/mL，其分子质量分布大多在 200～600Da。

微生物发酵法是利用微生物的生化代谢反应将蛋白质转化成活性肽，是生产生物活性肽和食品级水解蛋白质的一种有效方法。目前，国外主要研究流态型发酵乳制品（酸奶、酸乳饮料等）和干酪，而我国主要研究发酵豆制品和其他发酵食品。从本质上来说，微生物发酵制备活性肽依然是其代谢产生的各类蛋白酶在发挥作用，但相较于直接酶解法，微生物发酵法生产的肽类食用安全性更高。在实际应用中，由于微生物发酵的相对复杂性以及后期活性肽富集分离纯化的难度，目前生产投入较少。不同菌种发酵所产生的活性肽具有较大的差异，例如与鼠李糖乳杆菌 PRA331 发酵的牛奶产物相比，干酪乳杆菌 PRA205 发酵的牛奶产物中的肽段 Val-Pro-Pro 和 Ile-Pro-Pro 表现出更强的 ACE 抑制活性。

② 生物提取法　指直接分离提取细菌、真菌、动植物等生物体内或其代谢分泌物中的各种天然活性肽。采用生物提取法制备免疫活性肽操作简便，绿色环保，但生物体内天然免疫活性肽的含量低，导致该方法产量低、成本高，不利于工业化生产。但随着基因工程技术的发展，通过转基因技术对生物体进行改造，达到特定肽在体内的高效表达，然后进行活性肽提取，可以降低生产成本，提高活性肽的产量，从而在工业上进行大规模的生产。

③ 人工合成法　肽合成法主要包括化学合成、酶法合成和基因工程。化学合成法是实验室常用的一种制备特定氨基酸序列肽段的方法，主要分为液相化学合成法和固相化学合成法。化学合成多肽一般需经过四个过程：保护非反应性基团、活化羧基、形成肽键以及脱保护基团。该过程有机溶剂用量大、毒性高，还易在活化过程中造成氨基酸消旋化。蛋白酶催化合成肽的方法是在相对温和非水相中进行，无消旋化产物与副产物，因此更优于一般化学合成法。通过基因工程手段将外源生物活性肽基因转入其他生物体内，以使其能够大量合成并分泌生物活性肽，成为生产生物活性肽的新方法。例如，将大西洋鲑鱼体内的Ⅳ型抗冻蛋白（AFPⅣ）基因和 pET-22b 载体进行拼接，构建得到 pET22b-His6-AFP Ⅳ重组质粒，传导到大肠杆菌 BL21（DE3）中，通过添加异丙基硫代-β-D-半乳糖苷（IPTG）诱导抗冻蛋白的表达，然后将超声破碎的菌液通过螯合琼脂糖亲和色谱柱分离纯化，收集大量表达的抗冻蛋白。

表 2-10 比较了不同肽合成法。酶法合成多用于合成肽链相对较短的肽；DNA 重组技术常用于合成肽链相对较长的肽；化学合成法则更适于合成中等长度肽链的肽。

表 2-10　不同肽合成法的比较

项　目	固相化学合成法	液相化学合成法	酶法合成	基因工程
一般规模	毫克到数十克	从克到吨	从克到吨	从克到吨
合成肽链的长度	中链至长链	短链至中链	短链	长链肽或蛋白质
序列限制	无	无	脯氨酸的合成技术尚未解决	无
官能团保护	全面保护	部分或全部保护	部分保护	不需保护
成本	很高	高	较化学合成法低	较其他合成法低
反应条件	有害	有害	温和/无害	温和
消旋化现象	有时会发生	有时会发生	不发生	不发生
产品纯度	很高	高	中～高	低～中
应用范围	实验室使用	实验室与工业化生产	工业化生产	实验室与工业化生产
技术成熟度	成熟	成熟	发展中	发展中

(2) 活性肽的分离纯化 制备活性肽后，进一步的分离纯化可大大提高其纯度从而进一步提高最终产物的生理活性。膜技术虽然是工业化生产中的主要分离手段，但其分离选择性低，特别是对于分离低分子量混合物的效果很差，因而并不适合用于活性肽的分离。在膜分离技术中引入电场，通过同时基于分子大小以及其表面电荷的分离原理提高了乳清功能性肽的分离效果。目前，活性肽的分离纯化手段主要包括排阻色谱、离子交换色谱、亲和色谱、反相高效液相色谱、毛细管电泳、超速离心、质谱等。在工业化生产上，基于膜的色谱分离（membrane adsorption chromatography，MAC）技术相对于传统色谱分离法更具吸引力。这是因为MAC技术可大大降低成本而且更易实现从实验室到工业化应用的转变。

2.1.4.2 活性肽的功能

制备活性肽的原料主要有植物蛋白肽、动物蛋白肽、微生物蛋白肽等。常见的植物蛋白肽有大豆肽、玉米肽、小麦肽、荞麦肽、鹰嘴豆肽等，动物蛋白肽主要是乳肽、昆虫肽、肉肽、蛋肽、鱼肽及各种海洋生物肽等，微生物蛋白肽常见的有螺旋藻肽、酵母蛋白肽等。而按照生物活性（功能）将活性肽分类，大致可分为降血压肽、高F值寡肽、酪蛋白磷酸肽、免疫活性肽、清除自由基活性肽等。表2-11总结了一些已经报道的活性肽的来源及其功能。其中，蛋白质的部分生物活性功能也将在此作进一步描述。

表2-11 活性肽的来源及其功能

功能性	食品来源	蛋白质	已鉴定的氨基酸序列缩写
降血压	大豆	大豆蛋白	NWGPLV
	鱼	鱼肌肉蛋白	LKP,IKP,LRP
	肉	肉肌肉蛋白	IKW,LKP
	奶	α-La,β-Lg	WLAHK,LRP,LKP
		α-CN,β-CN,κ-CN	FFVAP,FALPQY,VPP
	鸡蛋	卵铁蛋白	KVREGTTY
		卵清蛋白	FRADHPPL,KVREGTTY
	小麦	小麦醇溶蛋白	IAP
	绿花椰菜	植物蛋白	YPK
免疫调节	大米	大米白蛋白	GYPMYPLR
	牛乳	乳铁蛋白	RRWQWR
		α-CN,β-CN,κ-CN	TTMPLW
	小麦	小麦蛋白	LAR,QD,QP,HQGI
抗菌抗炎	鹅蛋	卵清蛋白	TAKPEGLSY
	螺旋藻	螺旋藻蛋白	KLVDASHRLATGDVAVRA
抗氧化	牛乳	β-Lg	IIAEK
		α-La,β-Lg	MHIRL,YVEEL,WYSLAMAASDI
	鱼	沙丁鱼肌肉蛋白	MY
抗血栓	苋菜	苋菜蛋白	GP，DEE
阿片样活性	小麦	小麦蛋白	GYYPT,YPISL
	牛乳	α-La,β-Lg,α-CN,β-CN	YVPFPPF
阿片样拮抗活性	人乳	β-CN	YPFVEPIPY
促矿物质吸收	鸡蛋	卵清蛋白	DHTKE
降低胆固醇	大豆	大豆球蛋白	LPYPR

注：La表示乳白蛋白；CN表示酪蛋白；Lg表示乳球蛋白。

① 抗菌活性 抗菌肽常从动物、植物、微生物体内分离或免疫昆虫获得，多数是50个氨基酸以下的碱性或正离子肽，富含Lys和Arg。抗菌肽往往具有亲水性和亲脂性，亲水性使其溶于体液，亲脂性使其与细菌细胞膜结合，使敏感细菌的细胞膜下形成小孔，致使细胞泄

漏，导致生长受抑直至死亡。例如，从乳链球菌中提取出来的乳链球菌素是天然的食品防腐剂，从乳铁蛋白中分离出来的抗菌肽具有拮抗产肠毒素大肠杆菌和李斯特杆菌的作用，从青蛙和小角蟾等两栖类皮肤分泌物中新鉴定出来的抗菌肽是几种新型抗菌肽。另外，抗菌肽在体内不易产生耐药性。因此，它有着广泛的应用前景。

② 抗氧化活性　生物分子的氧化是所有生物体中必不可少的反应，其过程导致自由基的释放。过量的自由基可能会引起代谢紊乱，对生物系统产生许多有害影响，并引起一些慢性疾病，如动脉粥样硬化、关节炎、糖尿病和癌症等。食源性功能肽显示的抗氧化活性可分为两种形式：基于氢原子转移（HAT）的方法和基于电子转移（ET）的方法。有研究评估四种糙米蛋白水解产物的抗氧化能力，液相色谱-电喷雾电离-串联质谱（LC-ESI-MS/MS）获得的结果表明，用菠萝蛋白酶水解糙米蛋白产生具有疏水性或芳香族N端残基的低分子质量肽，具有较高的抗氧化活性。通常分子质量较小的肽组分具有更高的抗氧化性能。另外，氨基酸的类型在食源性功能肽的抗氧化活性中也起着重要的作用。芳香族氨基酸（如酪氨酸、色氨酸和苯丙氨酸）可以提供有助于清除自由基性质的质子。疏水性氨基酸能够提高肽在水-脂界面的停留能力，从而在脂相中发挥清除自由基的作用。酸性氨基酸可利用侧链上的羰基和氨基作为金属离子的螯合剂。此外，抗氧化活性肽添加于肉制品中可预防氧化型脂肪酸败，作为防腐剂在食品和动物饲料中有广阔的应用前景。

③ 免疫活性　免疫活性肽可与肠黏膜结合淋巴组织相互作用，而且也可以自由通过肠壁而直接与外周淋巴细胞发生作用。胸腺肽作为一种免疫因子已应用于医学临床，在抗感染、免疫缺乏症的治疗上获得可喜成果。免疫调节活性在来自牛奶和奶制品的肽中常常被检测到。研究表明，免疫调节肽分子质量范围广，包括2～64个氨基酸，其中小于3000 Da的是最丰富的。从结构上看，活性肽序列中重复最多的氨基酸是脯氨酸和谷氨酸，酪氨酸和赖氨酸常分别处于N端和C端，精氨酸也常出现在末端。Girón-Calle等报道了微生物蛋白酶生产鹰嘴豆水解物的研究结果，所获得的肽可以促进人单核细胞THP-1细胞的增殖，同样也能抑制人结直肠腺癌细胞（Caco-2细胞）的增殖。

④ 抗高血压活性　抗高血压肽主要是通过抑制血管紧张素-Ⅰ转换酶，进而影响肾素-血管紧张素-醛固酮系统来实现对血压调节的。一般认为，抗高血压肽的C末端的Pro、Phe和Tyr或序列中含有的疏水性氨基酸是维持高活性所必需的。对二肽来说，N末端的芳香族氨基酸与血管紧张素的结合是最有效的。Moreno-Montoro等研究了从发酵脱脂山羊奶的不同超滤级分中分离的发挥ACE抑制活性的小分子质量肽，从而进一步提高益生菌发酵食品的功能性，并强化了发酵山羊奶在预防高血压相关的心血管疾病中的潜在益处。

⑤ 降胆固醇作用　研究发现，大豆多肽具有降低血清胆固醇的作用，与大豆蛋白相比具有特殊的优点。对于胆固醇值正常的人，没有降低胆固醇的作用，而对于胆固醇值高的人具有降低胆固醇的作用；对胆固醇值正常的人，食用高胆固醇含量的食品时，有防止血清胆固醇值升高的作用，使胆固醇中的低密度脂蛋白（LDL）、极低密度脂蛋白（VLDL）值降低，但不会使高密度脂蛋白（HDL）值降低。大豆多肽的降胆固醇作用主要是通过刺激甲状腺激素分泌，促进胆固醇的胆汁酸化，使粪便排泄胆固醇增加，从而降低血清胆固醇。

⑥ 抗炎活性　抗炎机制是一种综合性的机制，包括免疫调节、抗氧化和抗菌等作用。目前，人们已经广泛研究了各种食物来源（如牛奶、鸡蛋、鱼和大豆）的抗炎肽的作用。研究发现紫贻贝水解产物中的高分子质量肽组分（$>$5kDa）可通过阻断核因子-κB（NF-κB）和促分裂原活化蛋白激酶（MAPK）信号传导途径抑制促炎因子基因的表达，从而在脂多糖刺激

的RAW264.7巨噬细胞中表现出抗炎作用。研究发现母鸡废肌肉水解物在内毒素活化的巨噬细胞样U937细胞中表现出白细胞介素6（IL-6）抑制活性，进一步通过超滤、固相萃取和高效液相色谱的组合方法纯化分离出肽，并利用质谱分析鉴定了17种主要的肌肉蛋白中编码的新肽，其中7种显示IL-6抑制活性。

⑦ 抗血栓作用　研究人员从北美水蛭中发现一种由39个氨基酸残基组成的肽，可竞争性地抑制纤维蛋白原和血小板表面的受体（GPⅡb）与Ⅲa结合，从而具有抗血小板聚集的功能并阻断血栓的最终生成。抗血栓肽的发现和进一步的开发利用将为血栓类疾病的预防和治疗提供新的手段。

⑧ 抑制肿瘤转移　某些小肽（如Arg-Gly-Asp、Leu-Asp-Val、Tyr-Ile-Gly-Ser-Arg）在肿瘤转移中起重要作用，人工合成含有这些氨基酸序列的外源性生物活性肽可以与细胞外基质（ECM）、纤维蛋白竞争细胞和血小板表面的整合素等分子，干扰肿瘤细胞-ECM的相互作用，抑制血小板瘤栓形成及肿瘤血管生成，达到抑制肿瘤转移的目的。

⑨ 阿片样活性　阿片肽又称安神麻醉肽，是一种有激素和神经递质功能的神经活性物质，对中枢神经系统及外周器官均起作用。目前人们广泛认为阿片肽是全面参与神经系统、内分泌系统及免疫系统的重要物质，又称为神经免疫肽。阿片肽主要分为内源性阿片肽和外源性阿片肽。内源性阿片肽是在体内合成，并存在于动物体脑、神经和外周组织中的吗啡样作用物质。外源性阿片肽是源自外源食物蛋白的阿片样肽，又称外啡肽。大多数食源性阿片肽源于牛奶蛋白（酪蛋白、α-乳清蛋白、β-乳球蛋白、乳铁蛋白）、植物蛋白（小麦面筋和菠菜蛋白）或肉类成分（血红蛋白和牛血清白蛋白）。

⑩ 抗冻肽和抗冻蛋白（AFP）　AFP又称为“冰结构蛋白”，是一类附着在冰晶体表面而抑制冰晶生长和重结晶的活性蛋白质，是生物体为抵御外界寒冷环境应激产生的蛋白质。目前已从海洋鱼类、昆虫、植物、细菌和真菌等生物中分离并鉴定得到抗冻蛋白的结构及基因序列。在最近的一些研究中提出了一种以乳酸乳球菌为宿主的抗冻肽的表达系统，并表明抗冻肽的细胞内表达可以保护乳酸乳球菌的细胞完整性和生理功能。从猪皮胶原蛋白水解产物中获得的分子质量分布在150～2000Da的肽具有保护嗜热链球菌免于低温损伤的能力。

⑪ 其他功能　自然界中存在着数万种天然食源性功能肽，除了上述活性外，研究者们还发现了抗癌、抗疲劳、降血糖及具有造血活性等其他作用的功能肽。有文献报道从栝楼根部提取到1个三肽（Gly-Leu-Gln），能杀死艾滋病病毒且对正常细胞无影响，现已进入临床试验阶段。茜草中存在着一组高效低毒的抗癌活性环己肽，已得到6个单体。我国研究人员从小红参中得到1个环己肽，其基本母核与茜草环己肽类似。另外，蛋白肽可结合和运输二价矿物质离子，如乳蛋白是矿物质结合肽的主要来源。牛乳蛋白中含有磷酸肽，其活性中心是磷酸化的Ser和Glu簇，矿物质结合位点存在于这些氨基酸带负电的侧链。在肠道呈中性和碱性时，酪蛋白磷酸肽（CPP）通过磷酸丝氨酸与钙、锌、铁等离子结合，由小肠肠壁细胞吸收后再释放进入血液，从而避免了这些离子在小肠的中性和偏碱性环境中沉淀。动物实验和人群研究也表明，CPP有促进骨骼和牙齿发育，预防和改善龋齿、佝偻病、骨质疏松等作用。

2.1.4.3 风味肽的结构

蛋白质经过水解后不仅可产生诸多生理功能活性的肽，还可以产生一些风味肽，如甜味肽、苦味肽、酸味肽、咸味肽和鲜味肽。目前，对于甜味肽的研究较多且比较成熟，如阿斯巴甜、阿力甜等都已经产业化，因其甜度高、热量低，已在食品和医药领域中获得了广泛的应用。早期研究发现苦味肽都含有一些长链烷基侧链或芳香侧链的氨基酸。到20世纪70年代，蛋白质水解物中苦味物质的化学本质已基本清楚，即它们是一些疏水性的肽类，而苦味的强弱与肽链的平均疏水性有关。多肽的苦味可以通过水解酶的选择来得到一定程度的控制。蛋白酶的专一性直接影响水解产物中肽类物质的疏水性氨基酸所处的位置。此外，苦味肽的苦味也可以利用其疏水性较强的特性通过β-环糊精等物质包埋配位和活性炭等吸附剂的吸附分离来脱除，也可通过类蛋白反应和在酶解过程中外加氨基酸的方法来脱除或减轻。此外，研究发现苦味肽易吸收、易消化，现在也被作为特定人群的营养食品。酸味的产生与溶液中解离产生的 H^+ 有关，研究酸味肽一级结构可以发现，酸味肽多含有酸性氨基酸 Asp 和 Glu，这两种酸性氨基酸也常见于鲜味肽中。因此，许多学者将酸味肽当作鲜味肽的一部分进行研究。鲜味是独立于酸、甜、苦、咸 4 种基本味之外的第 5 种滋味，关于鲜味肽的研究方向也从探索其数量和种类转向探究其呈味机制。有研究表明，小肽对食物风味的影响取决于其组成氨基酸的原有味感。例如，Gln、Asn、Glu 和 Asp 相互结合或与 Ala、Cys、Met、Gly、Thr、Ser 相互结合形成的多元酸钠盐能增强食物鲜味。

2.2 蛋白质在加工与贮藏中的变化

食品蛋白质除有重要的营养特性外，其特殊的理化性质和结构特征，对食品质构、感官品质和加工性状都有很大的影响。食品在加工与贮藏中的物理或化学处理，会影响蛋白质的功能性质和营养价值。另外，明确蛋白质在现代食品加工过程中结构变化规律及其对品质功能特性的影响，深入研究食品加工条件、蛋白质结构变化、食品品质功能特性三者的关联性，寻找出可以精准调控品质功能的理论、途径与方法，有助于实现食品的精准调控与高效制造。

2.2.1 适度的热处理与蛋白质的营养性及安全性

食品加工过程中热处理对蛋白质品质影响很大。热处理可引起蛋白质结构和功能的改变，蛋白质亚基分子会在受热过程中发生分解，此时分子结构会展开，其中疏水基团裸露而发生聚集。热处理通常会造成蛋白质溶解性的降低，而且还会影响蛋白质的凝胶性、乳化性和起泡性等。从营养观点看，温和的热处理所引起的变化一般是有利的，例如蛋白质的部分变性能改进它们的消化率和必需氨基酸的生物有效性。一些纯的植物蛋白质和鸡蛋蛋白质制剂，即使不含蛋白酶抑制剂，仍然在体外和体内显示不良的消化率，适度的热处理能提高它们的消化率，而不会产生有毒的衍生物。

除了提高消化率外，热处理也可使酶失活，酶失活能防止食品色泽、质地、风味的不良变化和纤维素含量的降低。例如，油料种子和豆类富含脂肪氧合酶，在提取油或制备分离蛋白前的破碎过程中，此酶在分子氧存在的条件下催化多不饱和脂肪酸氧化而引发产生氢过氧化物，随后氢过氧化物分解和释放出醛和酮，后者使大豆粉、大豆分离蛋白和浓缩蛋白产生不良风味。为了避免不良风味的形成，有必要在破碎原料前使脂肪氧合酶热失活。

一些植物蛋白中存在有蛋白质毒素或抗营养因子，加热可使之变性或钝化。豆科植物例如大豆、花生、菜豆、蚕豆和苜蓿等的种子或叶片中存在着蛋白酶抑制剂，影响蛋白质的利用率及其营养价值，并对人和动物产生毒性。在我国常发生食用烹炒不熟的菜豆造成的食品中毒事件，就是这个缘故。由于适当的热处理可明显提高植物蛋白的营养价值，所以，动物饲料中植物蛋白质成分通常经过加热处理。许多蛋白质例如大豆球蛋白、骨胶原和卵清蛋白在适度热处理后更容易消化，这是因为蛋白质发生伸展使原来被掩蔽的氨基酸残基暴露，从而使这些氨基酸的专一性蛋白酶能更迅速地起作用。

2.2.2 热处理与氨基酸的化学变化

蛋白质或富含蛋白质的食品在不添加其他物质的情况下进行热处理，可引起氨基酸外消旋、脱硫、脱酰胺、异构化、水解等化学变化，有时甚至伴随着有毒物质的生成。

蛋白质在碱性条件下经受热加工，例如制备组织化食品，不可避免地导致 L-氨基酸部分外消旋至 D-氨基酸。蛋白质酸水解也造成一些氨基酸的外消旋，食品中蛋白质在 200℃ 以上温度被烘烤时就可能出现这种情况。在碱性条件下的机制包括一个羟基离子从 α-碳原子获取质子，产生的碳负离子失去了它的四面体对称性，随后在碳负离子的顶部或底部加上一个来自溶液的质子，相同的概率导致氨基酸残基的外消旋作用。氨基酸残基获取电子的能力影响着它的外消旋作用率。Asp、Ser、Cys、Glu、Phe、Asn 和 Thr 残基比其他氨基酸残基更易产生外消旋作用。外消旋作用的速度也取决于—OH 的浓度，但是与蛋白质的浓度无关。有趣的是，蛋白质外消旋速度比游离氨基酸外消旋速度高约 10 倍，据推测，这是由于蛋白质的分子内力降低了外消旋作用的活化能。除外消旋作用外，在碱性条件下形成的碳负离子通过 β-消去反应产生去氢丙氨酸。Cys 和磷酸丝氨酸残基比其他氨基酸残基更倾向于按此路线发生变化（见图 2-3），这也是在碱处理蛋白质中未能发现有值得注意数量的 D-Cys 的一个原因。

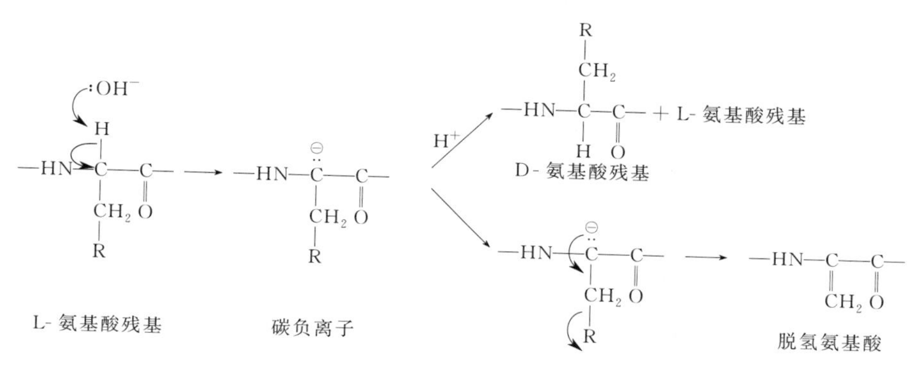

图 2-3 L-氨基酸残基异构化过程

由于含有 D-氨基酸残基的肽键较难被胃和胰蛋白酶水解，因此氨基酸残基的外消旋使蛋白质的消化率下降。必需氨基酸的外消旋导致它们的损失并降低蛋白质的营养价值。D-氨基酸不易通过小肠黏膜细胞被吸收，即使被吸收，也不能在体内被用来合成蛋白质。而且，已发现一些 D-氨基酸有毒性，如 D-Pro 会引起鸡的神经毒性。

在碱性加热蛋白质时，除了外消旋和 β-消去反应外，还破坏了几种氨基酸，如 Arg、Ser、Thr 和 Lys，使 Arg 分解成鸟氨酸。

当蛋白质被加热至 200℃ 以上时（烧烤时在食品表面常遇到的情况），氨基酸残基分解和热解。从烧烤的肉中已经分离和鉴定出几种热解产物，且证实它们是高度诱变的。从 Trp 和 Glu 残基形成的热解产物是最致癌/诱变的产物。Trp 残基的热解形成了咔啉和它们的衍生物。肉在 190～220℃ 时也能产生诱变化合物，它们被称为氨基咪唑基氮杂芳烃。这类化合物中的一类是咪唑喹啉（IQ 化合物），它们是肌酸酐、糖和一些氨基酸（Gly、Thr、Ala 和 Lys）的缩合产物。在烧烤鱼中发现 3 个最强的致癌/诱变产物（图 2-4）。但当按照推荐的工艺加热食品时，IQ 化合物的浓度是很低的（微克数量级）。

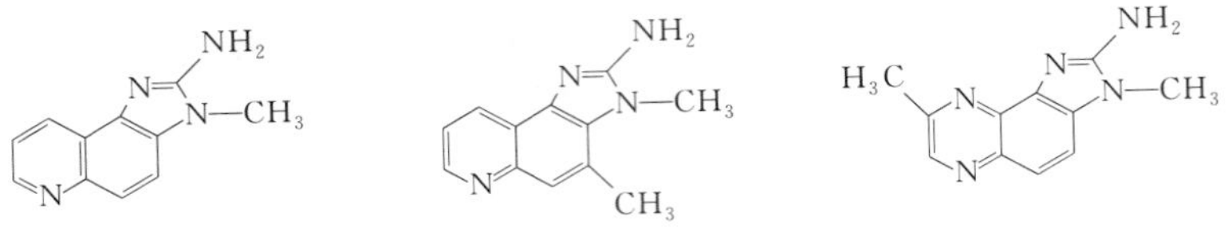

2-氨基-3-甲基咪唑并[4,5-稠环]喹啉(IQ)

2-氨基-3,4-二甲基咪唑并[4,5-稠环]喹啉(MeIQ)

2-氨基-3,8-二甲基咪唑并[4,5-稠环]喹喔啉(MeIQx)

图 2-4 烧烤鱼中发现的 3 个最强的致癌/诱变产物

2.2.3 蛋白质交联

蛋白质交联指的是通过一定的化学试剂或催化剂，在蛋白质内部多肽链之间（分子内交联）或蛋白质之间（分子间交联）形成共价键。某些天然状态的蛋白质只部分被人体消化吸收，这是因为多肽链存在着共价键的交联连接，例如胶原蛋白、弹性蛋白和角蛋白就属于这一类。加工食品蛋白质，尤其在碱性条件下，也能诱导交联的形成。在多肽链之间形成非天然的共价交联，降低了包含或接近交联的必需氨基酸的消化率和生物有效性。

在碱性加热蛋白质或在近中性 pH 将蛋白质加热至 200℃以上会导致 α-碳原子上失去质子而形成一个碳负离子。半胱氨酸、胱氨酸和磷酸丝氨酸的碳负离子衍生物经 β-消去反应而形成高活性的去氢丙氨酸残基（DHA），脱氢丙氨酸形成过程见图 2-5。DHA 也可以通过一步机制（无须形成碳负离子）而生成。

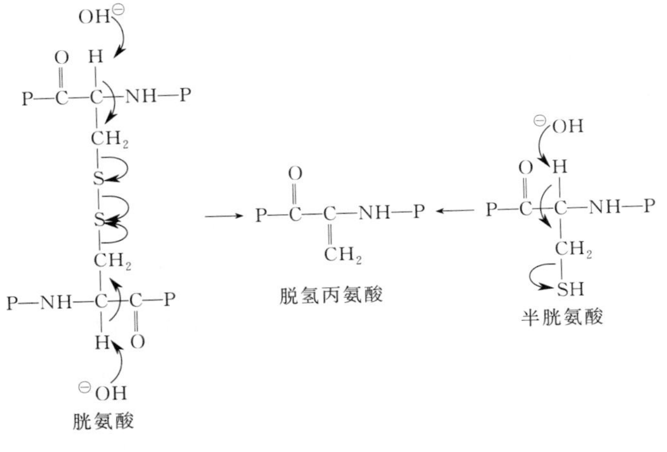

胱氨酸　　脱氢丙氨酸　　半胱氨酸

图 2-5 脱氢丙氨酸形成过程

高活性的 DHA 一旦形成，即与诸如 Lys 残基的 ε-氨基、Cys 残基的巯基、鸟氨酸（Arg 的分解产物）的 δ-氨基或 His 残基这样的亲核基团反应，分别形成蛋白质中的赖氨酸基丙氨酸、羊毛硫氨酸、鸟氨酸基丙氨酸和组氨酰丙氨酸交联。由于在蛋白质中富含易接近的 Lys 残基，因此，在经碱处理的蛋白质中赖氨酸基丙氨酸是主要的交联形式。DHA 催化的亲核基团反应见图 2-6。

经碱处理的蛋白质，由于形成蛋白质-蛋白质之间的交联，它们的消化率和生物价降低。消化率（PER）和净蛋白质利用（NPU）随赖氨酸基丙氨酸含量的增加而降低。消化率的降低导致胰蛋白酶不能分裂赖氨酸基丙氨酸交联中的肽键。而且，由此交联产生的空间压制因素也妨碍了与赖氨酸基和类似的交联相邻的其他肽键的水解。从实验证据可以推测，赖氨酸基丙氨酸是在肠内被吸收的，但是它不能被动物体利用，而通过尿被排除。一些赖氨酸基丙氨酸在肾内被代谢。

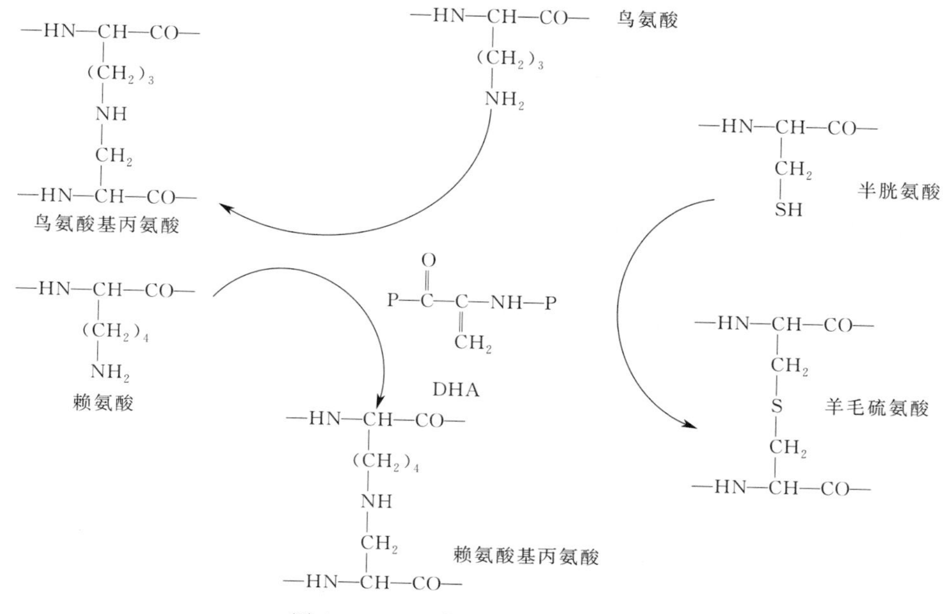

图 2-6　DHA 催化的亲核基团反应

喂食 100×10^{-6} 纯赖氨酸基丙氨酸或 3000×10^{-6} 与蛋白质结合的赖氨酸基丙氨酸的大鼠出现肾巨细胞（即肾紊乱）。然而，此肾中毒效应并未在其他品种的动物中发现，如鸽、小鼠、仓鼠和猴。已将此现象归之于在大鼠和其他动物中生成的代谢物类型上的差别。按照在食品中的浓度，与蛋白质结合的赖氨酸基丙氨酸不会造成人的肾中毒。尽管如此，在蛋白质的碱处理中，尽可能地减少赖氨酸基丙氨酸的形成仍然是一个理想的目标。

食品经离子辐照时，在有氧存在的条件下水发生辐解作用而形成过氧化氢，进而造成蛋白质的氧化变化和聚合作用。离子辐射也能经由水的离子化而直接产生自由基。

$$H_2O \longrightarrow H_2O^+ + e^- \tag{2-1}$$

$$H_2O^+ + H_2O \longrightarrow H_3O^+ + \cdot OH \tag{2-2}$$

羟基自由基能诱导蛋白质自由基的形成，转而又造成蛋白质的聚合作用。

$$P + \cdot OH \longrightarrow P\cdot + H_2O \tag{2-3}$$

$$P\cdot + P\cdot \longrightarrow P—P \tag{2-4}$$

在 70～90℃和中性 pH 条件下加热蛋白质会引起—SH 和—S—S—的交换反应（如果这些基团是存在的），进而造成蛋白质的聚合作用。二硫键交联是在食品蛋白质交联中最为普遍和最具有特征性的共价交联，二硫键的形成主要是通过合适的氧化剂氧化食品蛋白质基质中相邻的两个半胱氨酸残基，从而产生交联。由于二硫键在体内能被裂开，这类热诱导的交联一般不会影响蛋白质和必需氨基酸的消化率和生物有效性。二硫键交联反应机制如图 2-7 所示。

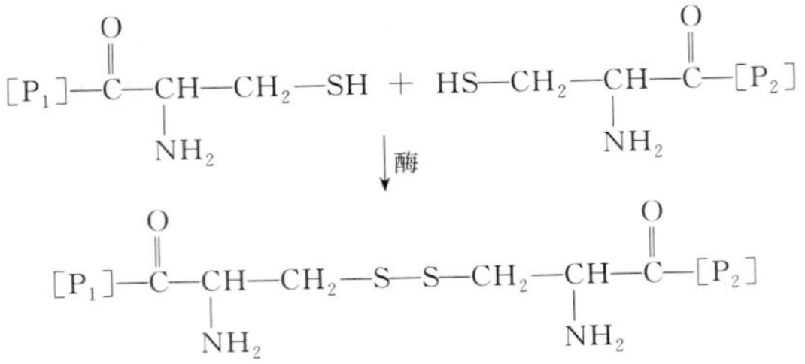

$$[P_1]-\overset{\overset{\displaystyle O}{\|}}{C}-\underset{\underset{\displaystyle NH_2}{|}}{CH}-CH_2-SH + HS-CH_2-\underset{\underset{\displaystyle NH_2}{|}}{CH}-\overset{\overset{\displaystyle O}{\|}}{C}-[P_2]$$

$$\downarrow \text{酶}$$

$$[P_1]-\overset{\overset{\displaystyle O}{\|}}{C}-\underset{\underset{\displaystyle NH_2}{|}}{CH}-CH_2-S-S-CH_2-\underset{\underset{\displaystyle NH_2}{|}}{CH}-\overset{\overset{\displaystyle O}{\|}}{C}-[P_2]$$

图 2-7　二硫键交联反应机制

2.2.4　蛋白质和游离氨基酸的氧化

蛋白质和游离氨基酸包含许多反应性官能团，并且可以成为氧化还原酶的底物。或者可以与活性氧基团反应，例如羟基自由基（HO·）、超氧自由基（O_2^- ·）、单线态氧（$^1O_2$）、脂肪酸氢过氧化物（$R-\overset{\overset{\displaystyle O}{\|}}{C}-O-OH$）、烷氧基（RO·）和过氧基（ROO·）自由基、大气中的氧气和其他氧化剂等。对氧化反应最敏感的氨基酸是含硫氨基酸和 Trp，其次是 Tyr 和 His。

2.2.4.1　蛋氨酸的氧化

Met 易被各种过氧化物氧化成蛋氨酸亚砜。将同蛋白质结合的 Met 或游离的 Met 与 0.1mol/L 过氧化氢在升高的温度下保温 30min，导致 Met 完全转化成蛋氨酸亚砜。在强的氧化条件下，蛋氨酸亚砜被进一步氧化成蛋氨酸砜，在一些情况下产生高磺基丙氨酸（图 2-8）。

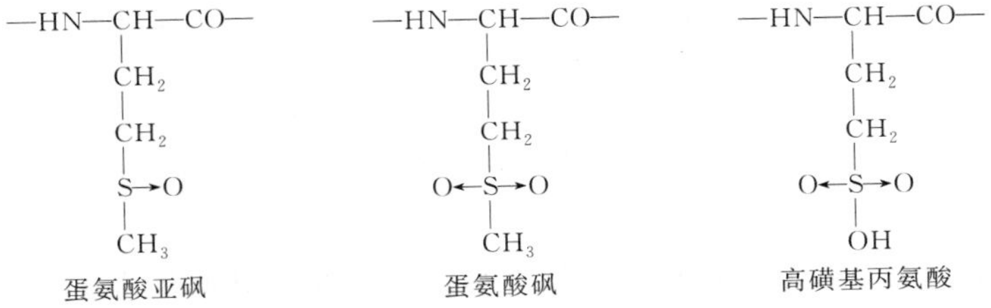

蛋氨酸亚砜：$-HN-CH(-CH_2-CH_2-S(\rightarrow O)-CH_3)-CO-$

蛋氨酸砜：$-HN-CH(-CH_2-CH_2-S(\rightarrow O)(\rightarrow O)-CH_3)-CO-$

高磺基丙氨酸：$-HN-CH(-CH_2-CH_2-S(\rightarrow O)(\rightarrow O)-OH)-CO-$

图 2-8　蛋氨酸的氧化过程

Met 一旦被氧化成蛋氨酸砜或高磺基丙氨酸，高磺基丙氨酸就成为生物学上无效的。另外，在胃中的酸性条件下，蛋氨酸亚砜被重新转变成 Met。根据实验证据可以进一步推测，通过肠的任何蛋氨酸亚砜被吸收并在体内被还原成 Met。然而，蛋氨酸亚砜在体内被还原成 Met 是缓慢的。被 0.1mol/L 过氧化氢氧化的酪蛋白（将 Met 完全转化成蛋氨酸亚砜）的 PER 和 NPU 比对照组酪蛋白的相应值约低 10%。

2.2.4.2　半胱氨酸和胱氨酸的氧化

在碱性条件下，Cys 和胱氨酸遵循 β-消去反应路线生成脱氢丙氨酸残基（图 2-9）。然而在酸性条件下，简单体系中的半胱氨酸和胱氨酸经氧化作用生成几种中间氧化物，其中一些衍生物是不稳定的。

L-胱氨酸单亚砜和 L-胱氨酸二亚砜是生物学上有效的，据推测它们在体内被重新还原成 L-胱氨酸。然而，L-胱氨酸单砜和 L-胱氨酸二砜衍生物是生物学上无效的。类似地，半胱氨酸次磺酸是生物学上有效的，而半胱氨酸亚磺酸是生物学上无效的。在酸性食品中，有关这些氧化产物形成的速度和程度还未见充分的实验结果。

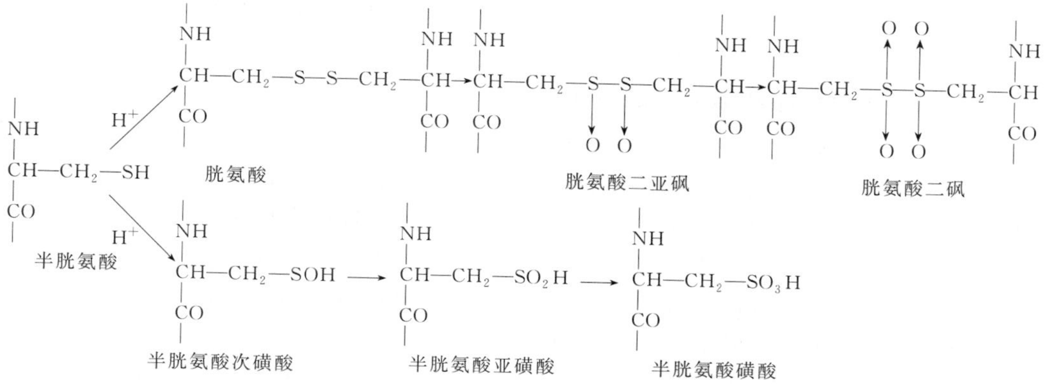

NH—CH(CO)—CH_2—SH（半胱氨酸）$\xrightarrow{H^+}$ NH—CH(CO)—CH_2—S—S—CH_2—CH(CO)—NH（胱氨酸）→ NH—CH(CO)—CH_2—S(→O)—S(→O)—CH_2—CH(CO)—NH（胱氨酸二亚砜）→ NH—CH(CO)—CH_2—S(→O)(→O)—S(→O)(→O)—CH_2—CH(CO)—NH（胱氨酸二砜）

NH—CH(CO)—CH_2—SH（半胱氨酸）$\xrightarrow{H^+}$ NH—CH(CO)—CH_2—SOH（半胱氨酸次磺酸）→ NH—CH(CO)—CH_2—SO_2H（半胱氨酸亚磺酸）→ NH—CH(CO)—CH_2—SO_3H（半胱氨酸磺酸）

图 2-9 半胱氨酸的氧化过程

2.2.4.3 色氨酸的氧化

由于 Trp 在一些生理功能中的作用，因此它在加工食品中的稳定性尤其备受关注。在酸性、温和、氧化条件下，例如有过甲酸、二甲基亚砜或 *N*-溴代琥珀酰亚胺（NBS）存在时，Trp 主要被氧化成 *β*-氧代吲哚基丙氨酸。在酸性、激烈、氧化条件下，例如，有臭氧、过氧化氢或过氧化脂存在时，Trp 被氧化成 *N*-甲酰犬尿氨酸、犬尿氨酸和其他未被鉴定的产物（见图 2-10）。

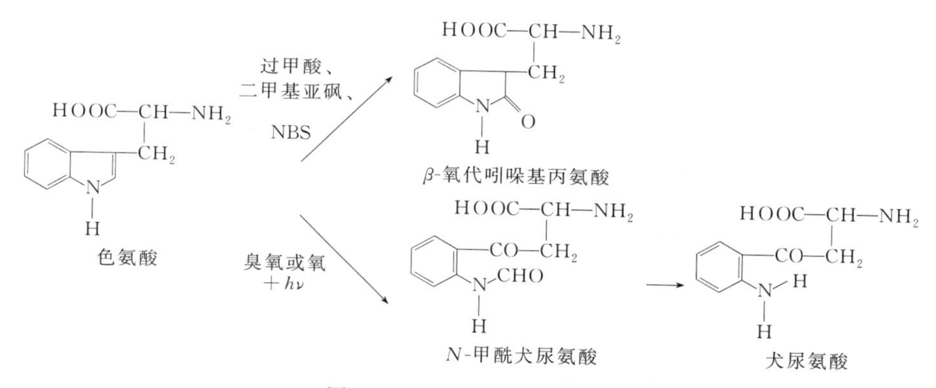

图 2-10 色氨酸的氧化过程

在有氧和一种光敏剂如核黄素存在条件下，Trp 经光照生成主要产物 *N*-甲酰犬尿氨酸和犬尿氨酸及几种次要产物。Trp 生成何种物质还取决于溶液的 pH，如 5-羟甲酰犬尿酸（pH>7.0）和一种三环氢过氧化物（pH 3.6～7.1）。除光氧化产物外，Trp 还与核黄素形成一种光化加成产物。与蛋白质结合的和游离的 Trp 都能形成这种加成产物。此光化加成产物形成的程度取决于氧的供应量，在无氧条件下形成的程度较大。

Trp 氧化产物有一定的安全隐患。如犬尿氨酸在动物体内是致癌的，所有其他的 Trp 的光氧化产物有诱变活性，在组织培养中抑制哺乳动物细胞生长。Trp-核黄素加成产物显示出对哺乳动物细胞的细胞毒性效应，并且在胃肠外营养中产生肝机能障碍。

在氨基酸残基侧链中，仅 Cys、His、Met、Trp 和 Tyr 的侧链对光氧化是敏感的。对于 Cys，磺基丙氨酸是终产物。Met 首先被氧化成蛋氨酸亚砜，最终成为蛋氨酸砜和高磺基丙氨酸。His 的光氧化形成天冬氨酸和脲。Tyr 的光氧化产物是不清楚的。由于食品含有内源的和补充的核黄素（维生素 B_2），并且通常暴露于光和空气中，因此上述氨基酸残基的光氧化作用是可能发生的。在等物质的量浓度下，含硫氨基酸和 Trp 的氧化速度可能按下列顺序排列：Met＞Cys＞Trp。

2.2.4.4 苯丙氨酸和酪氨酸的氧化

蛋白质和游离苯丙氨酸中的苯丙氨酸残基被各种活性氧氧化成 2-和 3-羟基衍生物以及其他产物。最重要的反应是在动物体内将酪氨酸直接翻译后酶促氧化为 3,4-二羟基苯丙氨酸（DOPA），这是由酪氨酸羟化酶催化的。随后的反应导致产生黑色素，黑色素是在所有活生物体中广泛分布的重要色素。酪氨酸也是食物中酶促褐变反应中氧化还原酶的底物。

过氧化物酶催化的氧化作用将蛋白质中的酪氨酸残基转化为二酪氨酸和异酪氨酸衍生物。在小麦粉、面团和面包中也有发现二酪氨酸残基，它是酪氨酸残基被活性氧和氧化剂（抗坏血酸、偶氮二甲酰胺和溴酸钾）氧化而形成。研究表明它具有小麦面筋结构中除二硫键外的一个稳定的交联键（见图 2-11）。

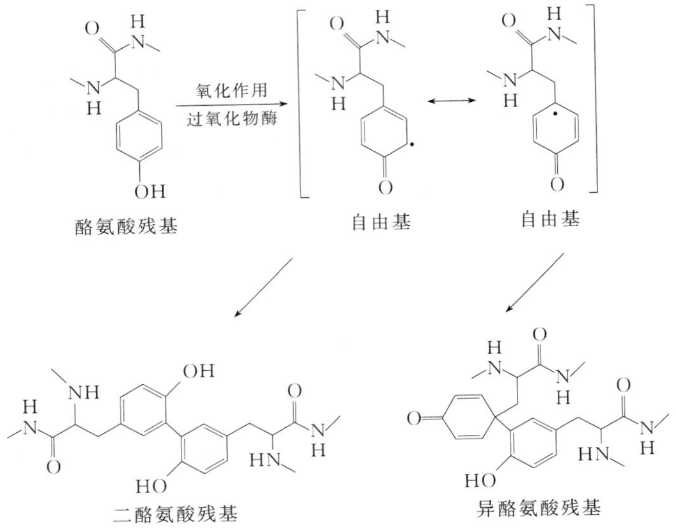

氧化作用
过氧化物酶
酪氨酸残基
自由基
自由基
二酪氨酸残基
异酪氨酸残基

图 2-11 酪氨酸的氧化过程

食品蛋白质的氧化产物通常以非常低的浓度存在，除非有目的地创造一个氧化环境，否则，较难达到其生理毒性浓度。

2.2.5 羰氨反应

在各种加工引起的蛋白质化学变化中，Maillard 反应对食品的感官质量和营养性质具有最大的影响。Maillard 反应不仅存在于加工中的食品，而且也发生在生物体系中。在这两种情况下，蛋白质和氨基酸提供了氨基组分，而还原糖（醛糖和酮糖）、抗坏血酸和由脂肪氧化而产生的羰基化合物提供了羰基组分。

在富含蛋白质食品的加工过程中，Maillard 反应可导致食品的质量和营养价值降低。除此之外，Maillard 反应产物还与食品的安全性关系密切。由于 Lys 的 ε-氨基是蛋白质中伯胺的主要来源，因此它经常参与羰氨反应，当此反应发生时，它一般遭受生物有效性的重大损失。Lys 损失的程度取决于褐变反应的阶段。在褐变的早期阶段，包括席夫碱的形成，Lys 生物上有效。这些早期衍生物在胃的酸性条件下被水解成 Lys 和糖。然后，通过酮胺

（Amadori 产物）或醛胺（Heyns 产物）阶段，Lys 不再是生物上有效的，这主要是由于这些产物在肠内难以被吸收。有必要着重指出，在反应的这个阶段并没有出现褐变现象。虽然亚硫酸盐能抑制褐变色素的形成，但是它不能防止 Lys 有效性的损失，这是由于亚硫酸盐不能阻止 Amadori 或 Heyns 产物的形成。

非酶促褐变不仅造成 Lys 的重要损失，而且在褐变反应中形成的不饱和羰基和自由基造成其他一些必需氨基酸，尤其是 Met、Tyr、His 和 Trp 的氧化作用。在褐变中产生的二羰基化合物所形成的蛋白质交联降低了蛋白质的溶解度和损害了蛋白质的消化率。

某些褐变产物是可能的诱变剂。虽然诱变剂并不一定是致癌的，但是所有已知的致癌物都是诱变剂。因此，在食品中形成诱变 Maillard 化合物备受关注。对葡萄糖和氨基酸混合物的研究证实 Lys 和 Cys 的 Maillard 产物是诱变的，而 Trp、Tyr、Asp、Asn 和 Glu 的 Maillard 产物不是诱变的，这是用 Ames 试验确定的。

值得注意的是，棉酚（存在于棉籽中）、戊二醛（被加入至蛋白质粉以控制在反刍动物的瘤胃中的脱氨作用）和从脂类氧化产生的醛（特别是丙二醛）能与蛋白质的氨基反应。像丙二醛这样的双官能团醛能交联和聚合蛋白质，这能造成不溶解、Lys 的消化率降低和生物有效性的损失以及蛋白质功能性质的损失。甲醛也能同赖氨酰基残基的 ε-氨基反应，有研究表明，在冷冻阶段鱼肌肉的变硬是甲醛同鱼蛋白质反应的结果。

2.2.6 食品中蛋白质的其他反应

2.2.6.1 与脂肪的反应

脂蛋白是由蛋白质和脂类组成的非共价复合物，在活体组织中广泛存在，对食品的物理和功能性质产生一定的影响。在多数情况下，脂类成分经溶剂萃取分离，不影响蛋白质成分的营养价值。脂类、蛋白质的相互作用是有害的，不仅降低几种氨基酸的有效性，而且降低其消化率、蛋白质的功效比和生理价值。蛋白质食品中的脂类氧化在其营养价值大量破坏以前，在感官上就已经不能接受。

不饱和脂肪的氧化导致形成烷氧化自由基和过氧化自由基，这些自由基继续与蛋白质反应生成脂-蛋白质自由基。而脂-蛋白质自由基能使蛋白质聚合物交联。

$$\mathrm{LH+O_2 \longrightarrow LOOH} \tag{2-5}$$

$$\mathrm{LOOH \longrightarrow LO\cdot + \cdot OH} \tag{2-6}$$

$$\mathrm{LOOH \longrightarrow LOO\cdot + H\cdot} \tag{2-7}$$

$$\mathrm{LO\cdot + PH \longrightarrow LOP + H\cdot} \tag{2-8}$$

$$\mathrm{LOP + LO\cdot \longrightarrow \cdot LOP + LOH} \tag{2-9}$$

$$\mathrm{\cdot LOP + O_2 \longrightarrow \cdot OOLOP} \tag{2-10}$$

$$\mathrm{\cdot OOLOP + PH \longrightarrow POOLOP + H\cdot} \tag{2-11}$$

$$\mathrm{LOO\cdot + PH \longrightarrow LOOP + H\cdot} \tag{2-12}$$

$$\mathrm{LOOP + LOO\cdot \longrightarrow \cdot LOOP + LOOH} \tag{2-13}$$

$$\mathrm{\cdot LOOP + O_2 \longrightarrow \cdot OOLOOP} \tag{2-14}$$

$$\mathrm{\cdot OOLOOP + PH \longrightarrow POOLOOP + H\cdot} \tag{2-15}$$

此外，脂肪自由基能在蛋白质的 Cys 和 His 侧链引发自由基，然后再发生交联和聚合反应。

$$LOO\cdot + PH \longrightarrow LOOH + P\cdot \qquad (2\text{-}16)$$

$$LO\cdot + PH \longrightarrow LOH + P\cdot \qquad (2\text{-}17)$$

$$P\cdot + PH \longrightarrow P\text{-}P\cdot \qquad (2\text{-}18)$$

$$P\text{-}P\cdot + PH \longrightarrow P\text{-}P\text{-}P\cdot \qquad (2\text{-}19)$$

$$P\text{-}P\text{-}P\cdot + P\cdot \longrightarrow P\text{-}P\text{-}P\text{-}P \qquad (2\text{-}20)$$

食品中脂肪过氧化物的分解导致醛和酮的释出，其中丙二醛尤其值得注意。这些羰基混合物与经羰氨反应的蛋白质的氨基反应，生成席夫碱。丙二醛与赖氨酰基侧链的反应导致蛋白质的交联和聚合。过氧化脂肪与蛋白质的反应一般对蛋白质的营养价值产生损害效应，羰基化合物与蛋白质的共价结合也产生不良风味。

2.2.6.2 与多酚的反应

许多植物中的天然多酚类化合物，如儿茶酚、咖啡酸、棉酚、单宁、原花色素和黄酮类化合物等，在有氧存在的碱性或接近中性的 pH 介质环境中，由于 PPO 的作用，很容易被氧化成对应的醌，这些反应被称为酶促褐变反应。生成的醌类化合物可以聚合成巨大的褐色色素分子，或者与某些蛋白质（氨基酸残基）发生缩合或氧化等反应，结果造成氨基酸的损失。

邻醌与蛋白质的氨基或硫醇基反应（N 端或赖氨酸的 ε-氨基）导致加合物转化成过二酚，它们是非常不稳定的，很容易氧化成二取代的邻醌类化合物（图 2-12）。二取代的邻醌类化合物又能与其他醌或蛋白质分子反应形成低聚物。与蛋白质硫醇基的反应发生在弱酸性和中性溶液中。在中性溶液中与蛋白质氨基的反应也会导致二取代的邻醌。

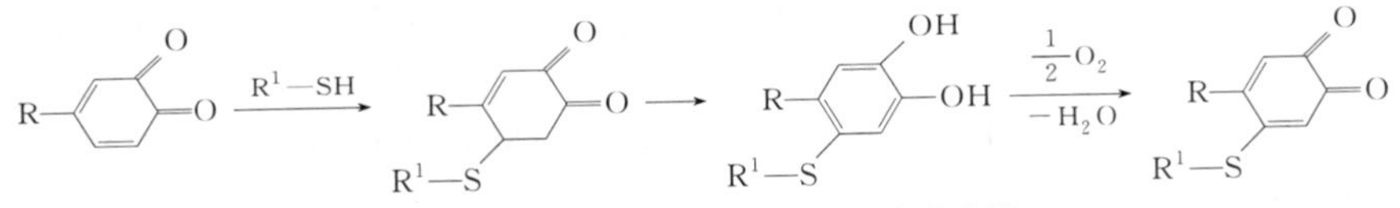

1,2-邻苯醌 —(R^1—SH)→ 加合物 → 1,2-二羟基苯酚 —($\frac{1}{2}O_2$, $-H_2O$)→ 二取代邻醌

图 2-12 1,2-邻苯醌与蛋白质硫醇基的反应机理

2.2.6.3 与卤化溶剂的反应

卤化溶剂常被用来从油籽产物如大豆粉和棉籽粉提取油和一些抗营养因子。采用三氯乙烯提取时形成少量的 S-二氯乙烯基-L-Cys，后者是有毒的。另外，溶剂二氯甲烷和四氯乙烯似乎不和蛋白质反应。1,2-二氯甲烷能同蛋白质中的 Cys、His 和 Met 残基反应。某些熏蒸消毒剂如甲基溴能使 Lys、His、Cys 和 Met 残基烷基化。所有这些反应都降低了蛋白质的营养价值，对于其中的某一些反应还必须考虑安全问题。

2.2.6.4 与亚硝酸盐的反应

蛋白质在烹调或胃酸条件下，通常容易发生与亚硝酸盐的反应，生成亚硝胺或亚硝酸胺强烈致癌物，如图 2-13 所示。参与此反应的氨基酸（或氨基酸残基）主要是 Pro、His 和 Trp。Arg、Tyr 和 Cys 也能与亚硝酸盐反应，反应主要在酸性和较高的温度下发生。

在 Maillard 反应中产生的第二胺，如 Amadori 和 Heyns 产物，也能与亚硝酸盐反应。在肉类烧煮和烘烤中形成的 *N*-亚硝胺是公众非常关心的一个问题，然而抗坏血酸和异抗坏血酸能有效地抑制此反应。

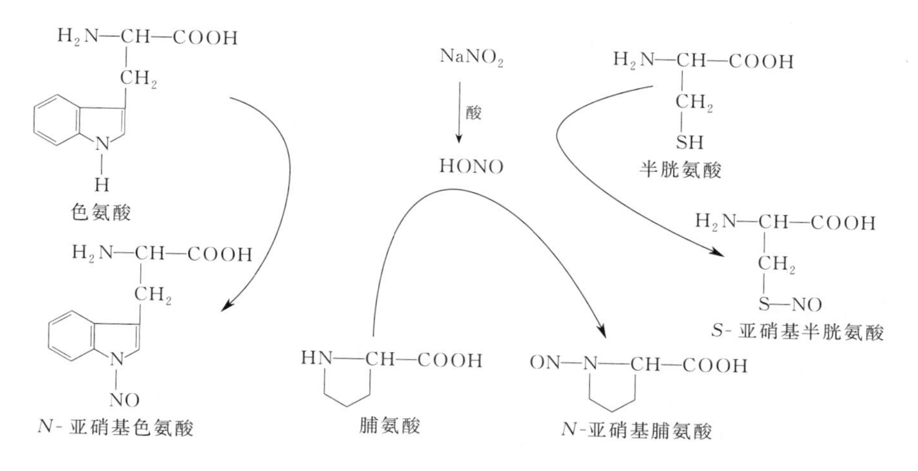

图 2-13 氨基酸与亚硝酸盐反应过程

2.2.6.5 与亚硫酸盐的反应

亚硫酸盐还原蛋白质中的二硫键产生 *S*-磺酸盐衍生物。亚硫酸盐不能与 Cys 残基作用。当存在还原剂或巯基乙醇时，*S*-磺酸盐衍生物被转回 Cys 残基。*S*-磺酸盐衍生物在酸性（如胃）和碱性 pH 下分解产生二硫化合物。硫代磺化作用并没有降低 Cys 的生物有效性，然而由于 *S*-磺化作用使蛋白质的电负性增加和二硫键断裂，这会导致蛋白质分子展开和影响它们的功能性质。

$$P—S—S—P+SO_3^{2-} \rightleftharpoons P—S—SO_3^- +P—S—$$

2.3 蛋白质改性

食品工业的飞速发展，迫切需要大量具有功能特性和营养特性的蛋白质，作为食品的原料成分或添加基料。因此，一方面要大力开发具有优良特性的蛋白质资源；另一方面就是要对现有的蛋白质（尤其是植物蛋白质）进行改造，以满足特殊要求，这就是通常意义上的改性蛋白质。蛋白质改性就是用生化因素（如化学试剂、酶制剂等）或物理因素使其氨基酸残基和多肽链发生某种变化，引起蛋白质大分子空间结构和理化性质的改变，从而获得较好功能特性和营养特性的蛋白质。目前，蛋白质改性方法主要包括物理改性、化学改性、酶法改性。

2.3.1 物理改性

物理改性是利用热、机械振荡、电磁场、声波、射线等物理作用形式改变蛋白质的高级结构和分子间的聚集方式，一般不涉及蛋白质的一级结构。如蒸煮、挤压、冷冻等均属于物理改性技术。目前较为集中在热变性和挤压蒸煮过程研究。质构化也是一种物理改性，即是将蛋白质经水等溶剂溶胀、膨化后在一定温度下进行强剪切挤压或经螺杆机挤出或造粒的过程。另外，挤压处理使蛋白质在高温高压下受到定向力的作用而定向排列，能够形成具有耐嚼性和良好口感的纤维状蛋白质。蛋白质粉末或浓缩物经彻底干磨后会产生小粒子和大表面的粉末，与未研磨的试样相比，水吸收、蛋白质的溶解度、脂肪吸收和起泡性质都得到了改进。另外，在乳的均质过程中，蛋白质悬浊液受到强烈剪切力时蛋白质聚集体（胶束）碎裂成亚基，从而提高蛋白质的乳化能力。

近年来，新兴的几种蛋白质物理改性方法如超高压、脉冲电场、超声波、伽马射线辐照、微波和射频处理等受到广泛关注。这些蛋白质物理改性的方法具有安全、作用时间短、能耗低以及对营养性质影响小等优点，在食品和生物技术的应用中具有一定的潜力。但是，目前这些新的物理改性方法仍处于实验阶段，每种方法都存在相应的阻碍亟须攻克。

2.3.2 化学改性

化学改性是通过化学试剂作用于蛋白质，使部分肽键断裂或者引入各种功能基团如亲水亲油基团、二硫基团、带负电荷基团等，利用蛋白质侧链基团的化学活性，选择性地将某些基团转化为衍生物，以此来达到改变蛋白质功能性质的目的。化学改性主要包括氨基酸残基的侧链修饰和共价交联。

2.3.2.1 酰化作用

蛋白质的酰化作用是指蛋白质分子的亲核基团（如氨基或羟基）与酰化试剂相互反应，从而导入新功能基团的过程。最为常见的酰化剂有琥珀酸酐和乙酸酐（见图 2-14）。

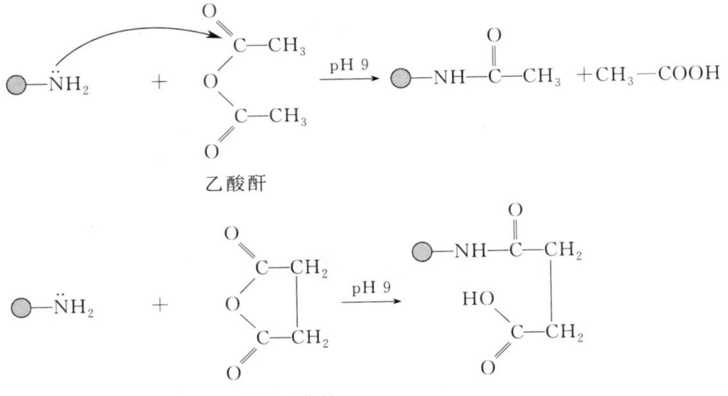

乙酸酐

琥珀酸酐

图 2-14 氨基酸亲核基团酰化反应过程

酰化反应主要发生在 Lys 的 ε-NH_2 上，Tyr 酚基反应活性次之，而 His 咪唑基和 Cys 巯基仅有相当少一部分可参与反应。由于 Ser 和 Thr 羟基是弱亲核基，在水介质中基本不参与酰化反应。在酰化反应中，原蛋白质分子带正电铵离子被带负电酸根所取代，净负电荷增加，使蛋白质等电点向低值移动；同时使蛋白质分子内和分子间原氨基和羟基的引力变为斥力，导致螺旋结构多肽链趋于伸展状态并使蛋白质分子间作用减弱，多肽链伸展，导致分子柔韧性提高，从而增强蛋白质的溶解性、持水性以及持油性，同时也改善了其乳化性以及起泡性。在多数情况下，酰化改性的主要目的是改善蛋白质的乳化性和起泡性。

蛋白质功能性质改善程度取决于酰化反应条件，尤其是酰化作用类型和程度，可以通过测定残基氨基数量确定酰化度。pH 值在 5.0～8.0 内，酰化明显提高了蛋白质的溶解性、持水性及黏度，其中琥珀酸酐酰化的作用比乙酸酐酰化的作用显著。Vidal 等探讨了酪蛋白胶束的琥珀酸酐酰化作用，发现琥珀酸酐酰化作用促使酪蛋白胶束的净负电荷增加，从而导致其 pH 值下降，这在一定程度上延缓了絮凝时间，但对牛乳凝胶的形成速率影响不大。此外，还有较多研究报道了植物来源蛋白质的酰化改性，包括小麦蛋白、棉籽蛋白、菜籽蛋白、花生蛋白以及葵花子蛋白等。例如，Wanasundara 和 Shahidi 研究了乙酸酐酰化和琥珀酸酐酰化作用对亚麻籽蛋白分离物功能特性的影响，发现酰化可显著改善其乳化性能，特别是琥珀酸酐酰化作用，溶解性能也有明显的提高，但起泡性能变化不大。同时，酰化作用还增强了蛋白质表面的疏水性。为了研究蛋白质功能特性与其分子结构之间的关系，研究者可以用不同类型和数量的酰化试剂对蛋白质进行改性，致使其结构可以逐渐被改变，这对研究蛋白质结构与功能之间的关系很有帮助。

琥珀酸酐酰化降低了改性氨基酸残基的利用率、蛋白质效率比值和净蛋白质利用率。但是，酰化的蛋白质可以被肠吸收，但不能被肠道微生物利用。与天然酪蛋白相比，用胃酶/胰凝乳蛋白酶对乙酸酐酰化或琥珀酸酐酰化酪蛋白的消化时间更长。

2.3.2.2 酰胺化作用

蛋白质分子中的羧基可与胺类化合物形成酰胺。在适当的 pH 值下，多价离子或一些聚电解质能促进蛋白质分子间离子交联的形成。在中性或碱性条件下，蛋白质电离的羧基通过与钙离子配位形成交联蛋白质，加热会形成凝胶。此外，采用乙醇胺对胶原蛋白水解物羧基酰胺化，二乙醇胺与甲醛的缩合物对其氨基叔胺化，制得阳离子蛋白质填充剂，使铬鞣革厚度、丰满度、粒面紧实度明显增加，对染料的吸收率显著提高。

2.3.2.3 脱酰胺化作用

在食品蛋白质的许多化学改性方法中，脱酰胺改性应用比较普遍，这主要是因为诸多植物来源的蛋白质中都含有大量的酰氨基。蛋白质的脱酰胺是指蛋白质中的天冬酰胺和谷氨酰胺侧链酰氨基脱去氨基而变成高亲水性羧基的过程。通过去除此类蛋白质的酰氨基，可使其获得良好的溶解性能、乳化性能以及发泡性能。蛋白质脱酰胺作用可通过以下两种机制进行：①酸或碱催化下的水解；②β-转变机制。前者研究得较多，后者是通过产生不稳定的琥珀酰亚胺中间物，该中间物生成后被立即水解，从而产生一个“异头肽”。以下就前一种机制改性植物蛋白作一叙述。

采用温和酸水解的脱酰胺作用可有效地提高大量植物蛋白的功能特性。采用酸水解对豆粕蛋白的脱酰胺作用进行研究，发现改性后蛋白质溶解度显著增加，乳化性能以及起泡性能也有所提高；进一步研究显示，此类功能特性的变化与其分子量、净电荷以及表面疏水度等下降相关。

除酸水解方法脱酰胺之外，还有许多其他方法。吴向明等采用磷酸二氢钠和磷酸氢二钠对大豆蛋白进行脱酰胺改性，改性后大豆蛋白的等电点随脱酰胺程度的增加而降低，大豆蛋白的功能性质均有不同程度的改善。另外，若以 0.08mol/L 的 NaOH 作用于小麦面筋蛋白，加热进行脱酰胺作用，可使面筋的亲水性、功能特性增加。用碱催化脱酰胺改性鲜有报道，这种方法虽速度快，但会引起蛋白质中氨基酸发生消旋作用，使必需氨基酸 L-对映体减少和消化率降低，并产生赖氨酰丙氨酸（毒理研究表明，赖氨酰丙氨酸对小鼠肾有毒害作用），从而导致蛋白质营养价值的下降，因此，实际应用中较少使用。

在蛋白酶中存在一些能脱酰胺的酶，如木瓜蛋白酶、胰凝乳蛋白酶等，在一定条件下能提高它们脱酰胺能力，有效控制其水解肽键能力也值得进行探讨。肽谷氨酰胺酶（peptidoglutaminase，PGase）、谷氨酰胺转氨酶（transglutaminase，TG）在一定条件下也能发生脱酰胺反应。PGase 应用于脱酰胺作用是最实际可行的，蛋白质需先用蛋白酶或其他方法预处理，被破坏紧缩结构的蛋白质就成为此酶的最适底物。

2.3.2.4 磷酸化作用

蛋白质的磷酸化作用是指无机磷酸（P）与蛋白质分子中的酪氨酸、丝氨酸、苏氨酸的羟基提供的氧原子，或者是精氨酸、赖氨酸、组氨酸的氨基提供的氮原子（Lys 的 ε-氨基、His 咪唑环 1,3 位的 N 和 Arg 的胍基末端 N）形成—C—O—P 或—C—N—P 的酯化反应。在食品体系中前者较为常用。常用的磷酸化试剂有磷酰氯（即三氯氧磷，$POCl_3$）、五氧化二磷和多聚磷酸钠（STMP）等，其中 STMP 是 FDA 允许使用的食品添加剂。磷酸化改性后，蛋白质中由于引进大量磷酸根基团，从而增加蛋白质体系负电性，提高蛋白质分子间静电斥力，使之在食品体系中更易分散，相互排斥，因而提高溶解性、聚集稳定性，降低等电点，而且其净电荷只有在 pH 值相当低环境中才会被中和，故可有效拓宽在食品中的应用范围。磷酸化蛋白由于负电荷引入，大大降低乳状液表面张力，使之更易形成乳状液滴，同时也增加了液滴之间斥力，从而更易分散，因此此法改性蛋白质的乳化能力及乳化稳定性都有较大改善。

采用 $POCl_3$ 对大豆分离蛋白进行磷酸化改性，发现改性后大豆分离蛋白溶解性和凝胶性得到较大提高，同时还发现其等电点由 pH 4.5 下降到 pH 3.0 左右，且当等电点在 pH 3.0 左右时，磷酸化分离蛋白溶液黏度也得到一定程度的提高。采用 STMP 对大豆蛋白进行磷酸化改性研究，发现改性后大豆蛋白的等电点向酸性区域迁移，其乳化性能、溶解性能以及持水性也有显著提高。

2.3.2.5 酯化作用

蛋白质的羧基能被含少量盐酸的甲醇酯化。为了减少结构的变化，要求反应在适宜的条件下进行。这种处理会导致两种类型的次级反应，谷氨酰胺和天冬酰胺残基的氨基甲醇醇解和 N—O 重排。pH 7～10，甲酯被缓慢水解；但 pH ＞10，水解发生较快。甲酯化作用减少了蛋白质中的阴离子基团，从而使其等电点升高。例如，用甲醇或乙醇进行小麦蛋白的酯化，小麦谷蛋白粉的流变学特性发生变化；随着酯化度的增加，谷蛋白粉的流变学特性变小，松弛时间显著缩短。

2.3.2.6 糖基化作用

食品蛋白质的糖基化改性可通过 Maillard 反应使蛋白质分子的 ε-氨基与糖分子的还原性羰基共价结合而实现，该过程不需任何化学催化剂参与，是一种绿色有效的化学改性方法。与以次级力如静电力（吸引或排斥）、氢键、范德华力、疏水相互作用等结合的蛋白质-多糖复合物相比，其结合不易受热或 pH 值的变化而被破坏。而且，蛋白质-多糖的共价复合物在胶体体系中具有乳化和稳定的双重作用。复合物的蛋白质部分可以有效地吸附在油-水界面上降低界面张力，同时，共价结合的多糖分子链在吸附膜的周围形成立体网状结构，增加了膜的厚度和机械强度。另外，研究中还发现在蛋白质中引入多糖形成复合物，蛋白质的溶解度、抗氧化、抗菌性以及热稳定性等性能都得到改善。多糖与蛋白质通过 Maillard 反应形成的共价复合物中由于多糖链多羟基的亲水特性可使得整个分子的溶解性能显著提高。研究发现，在 60℃、79％的相对湿度条件下，随着反应时间的延长，部分水解的面筋蛋白-糊精复合物的溶解度逐渐增加，而且反应 3 周后，所形成的复合物在 pH2～12 仍保持良好的溶解度。蛋白质-多糖的共价复合物提高了蛋白质的抗氧化能力，主要是由于：①多糖与蛋白质共价结合后，蛋白质分子结构中的巯基暴露出来，而巯基是具有阻断氧化自由基反应的基团；②复合物是具有良好乳化性能的两亲大分子，在油-水界面上复合物中的蛋白质部分与油滴表面紧密吸附，有利于暴露的巯基有效地清除自由基。卵清蛋白（OVA）是一种天然抗氧化剂，其抗氧化能力比合成抗氧化剂丁基羟基茴香醚（BHA）和二丁基羟基甲苯（BHT）差。为提高OVA的抗氧化性，在一些研究中通过Maillard反应在OVA上共价引入多糖的方法，对比OVA、OVA与DX（糊精）的混合物和OVA与DX的共价复合物对甲基亚油酸的相对氧化速度的影响，发现较之OVA单独作用的体系，OVA与DX的共存显著提高了抗氧化能力。有意义的是，OVA与DX的结合状态显示了对抗氧化性的不同影响，以过氧化值（PV）为指标时，OVA-DX共价复合物的抗氧化性是其相同剂量的简单混合物的1.4～1.9倍；而以硫代巴比妥酸值（TBA）作为指标时，其抗氧化性则增至1.8～2.4倍。复合物作为一种天然、安全的抗氧化剂同时又如前所述具有良好的乳化性能，因此，在含油胶体食品中可作为双功能添加剂使用。

糖基化改性方法主要有干热法和湿热法。干热法反应时需控制体系水分活度在较低状态，以使蛋白质的氨基处于非聚集或少聚集的状态，但反应时间往往长达几天至几周。湿热法的反应速度虽有所提高，但在传统水溶液体系中，蛋白质-糖接枝反应效率一直受到反应温度和反应物浓度的制约，但反应温度和反应物浓度的提高又将导致蛋白质更易发生变性或形成更多聚集。

2.3.2.7 蛋白质的化学交联

将交联键引入食品蛋白质中，能够改善其功能特性。交联可发生在两个蛋白质分子之间，亦可发生于多个分子间形成网状交联，还可将一个蛋白质分子偶联到一个化学惰性水不溶性生物大分子上，形成固定化蛋白质。化学交联试剂中有一类在交联之后具有稳定交联桥，一般情况下是不可切断的，这类试剂中典型例子是戊二醛。这种试剂具有两个反应活性醛基，可与蛋白质分子中氨基酸残基侧链上ω-氨基发生作用，从而形成交联。大量试验表明，戊二醛对蛋白质交联有分子内、分子间两种形式：当蛋白质溶液浓度低时，主要发生分子内交联，这种产物是可溶的；而分子间交联会使蛋白质分子变大，溶解性降低。戊二醛对大豆蛋白质交联后疏水性大大提高。采用低浓度戊二醛与大豆分离蛋白（SPI）交联反应，其中在pH 7.6、浓度0.5%、温度为70℃下加热反应20 min，所形成的交联复合物具有相对最大疏水性指数；随着交联剂用量的增加，大豆蛋白质改性程度逐渐增大；一定程度交联反应有利于SPI疏水性。

2.3.3 酶法改性

2.3.3.1 蛋白质的酶法交联

目前，谷氨酰胺转氨酶（TG）、过氧化物酶（POD）和多酚氧化酶（PPO）都可以用于蛋白质的酶法交联。TG可以催化谷氨酰胺残基中γ-甲酰胺基团（供体）与不同化合物的ε-胺类基团（酰胺残基的受体）之间异肽键的形成，并诱导蛋白质之间发生交联反应。这种催化作用会导致蛋白质理化性质发生显著改变，如溶解性、乳化性、发泡性和凝胶性等。TG已被用于β-乳球蛋白、酪蛋白、大豆球蛋白、小麦麦谷蛋白的交联作用，以及不同食品蛋白质间，如肌球蛋白、大豆蛋白、酪蛋白或谷蛋白间的交联作用。TG催化反应如图2-15所示。POD和PPO已被用于改善蛋白质的功能特性。

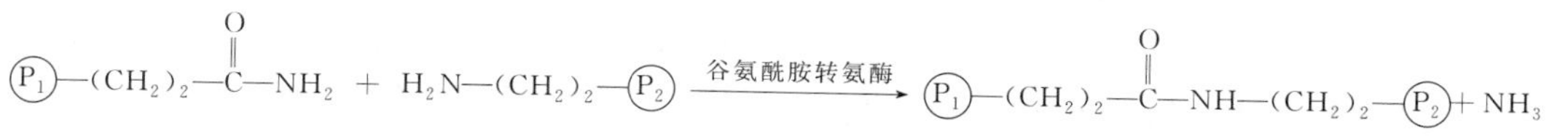

$$\text{(P}_1\text{)}-(CH_2)_2-\overset{O}{\overset{\|}{C}}-NH_2 + H_2N-(CH_2)_2-\text{(P}_2\text{)} \xrightarrow{\text{谷氨酰胺转氨酶}} \text{(P}_1\text{)}-(CH_2)_2-\overset{O}{\overset{\|}{C}}-NH-(CH_2)_2-\text{(P}_2\text{)} + NH_3$$

图2-15 谷氨酰胺转氨酶催化反应

TG 能改变蛋白质功能性质的主要原因：①改变酪蛋白、乳球蛋白、肌球蛋白等蛋白质物理特性；②利用 TG 催化作用可将各种必需氨基酸以共价键形式与食品蛋白质结合，以弥补加工过程中所流失或破坏的必需氨基酸；③不同蛋白质也可通过 TG 作用结合成一大分子，其物理特性与同种蛋白质分子结合体类似，可作为开发新蛋白质食品方法，如各种人造肉、仿蟹肉等开发；④在低蛋白质浓度下，TG 作用所产生聚合体可溶于水，但在高浓度下，TG 作用有助于胶体形成，利用此原理可用于各种食品蛋白质薄膜制造，所制得薄膜具有高拉力强度，且不溶于水及其他溶剂。

用 POD/H_2O_2 处理不同蛋白质，可使其 Tyr 残基氧化为二酪氨酸和三酪氨酸。将 POD/H_2O_2 添加于小麦面粉中，可提高面团形成能力和烘焙能力，其机制可能在于过氧化物酶催化酚和其氧化产物醌与蛋白质氨基交联反应。Faergemand 等研究过氧化物酶对小麦分离蛋白聚合和黏性的影响，发现这种酶能促使小麦蛋白在不同条件下形成低聚体和聚合体，这可能是通过过氧化物酶主要作用于β-乳球蛋白而产生的。但与 TG 相比，过氧化物酶不能完全促使小麦分离蛋白聚合，且过氧化物酶只能使 10%～20%小麦分离蛋白形成凝胶。Hilhorst 等研究认为，过氧化物酶能增加面筋中不溶性小细胞壁碎片及显著增加蛋白质量和阿拉伯基木聚糖。由于阿拉伯基木聚糖通过阿魏酸残基与另外的阿拉伯基木聚糖交联，使阿拉伯基木聚糖仍保留在小细胞壁内。过氧化物酶不影响麸质组成，且不影响麸质中过氧化物酶对阿拉伯基木聚糖与蛋白质交联。

多酚氧化酶（PPO）能提高小麦面团筋力，这是通过氧化巯基得以实现的。PPO 可使食品中 Tyr 残基和酚类化合物氧化为邻醌，并进一步与 Cys、Lys、His 和 Trp 残基反应，从而减少必需氨基酸含量；同时，交联后蛋白质也不利于酶的消化水解作用。因此，PPO 促进的蛋白质间的交联会导致其营养价值降低。

2.3.3.2 酶法水解

酶法改性是利用蛋白酶在温和的条件下催化水解蛋白质达到其改性的目的。酶解是一种不减弱蛋白质营养价值，同时又能获得更好功能特性蛋白质的简便方法。影响蛋白质水解的因素包括酶的专一性、蛋白质的变性程度、pH 值、离子强度、底物及其酶的浓度、温度以及酶抑制剂的存在与否，其中酶的专一性是最主要的因素，它决定着水解产生的肽的数目和作用的位置。随着蛋白质水解的进行，中间产物生成，大肽断裂成小肽，这被称为“zipper 机理”。经酶水解作用后，蛋白质的功能特性主要与 3 个方面直接相关，包括蛋白质分子质量的下降、可电离基团的增加、疏水基团的暴露。这样可使蛋白质的功能性质发生变化，因而达到改善乳化效果、增加保水性、提高热反应能力的目的。另外，酶法水解蛋白质在营养及医药方面极具价值。

酶水解蛋白质的程度，可用 DH 值表示。DH 值越高表示肽键被切断的数目越多，也就有更多游离氨基酸、小肽生成。根据蛋白质最终水解产物的分子量，可以将蛋白质水解程度分为轻度水解、中度水解和深度水解。食品级的蛋白酶来源包括动物体、微生物、菌类和植物体，不同的酶，其催化的最适条件以及对肽链的作用位点也不尽相同。根据酶的专一性、反应条件和水解程度的不同，可以得到多种肽。

2.3.3.3 类胃合蛋白作用

类胃合蛋白（类蛋白）反应是指一组包括最初的蛋白质水解和随后由蛋白酶（通常是木瓜蛋白酶或胰凝乳蛋白酶）催化的肽键再合成反应。首先，低浓度的蛋白质底物被木瓜蛋白酶水解，当含有酶的水解蛋白被浓缩至固形物浓度达到 30%～35%和保温时，酶随机地重新组合肽，从而产生新型的肽。也可以采用一步法完成类胃合蛋白反应，此时将30%～35%蛋白质溶液（或糊状物）与木瓜蛋白酶连同L-Cys一起保温。由于类胃合蛋白产物的结构和氨基酸序列不同于原来的蛋白质，因此，它们往往具有改变功能性质的作用。当此反应混合物含有L-Met时，它被共价地并入新形成的多肽。于是，可以利用类胃合蛋白反应来提高Met和Lys缺乏的食品蛋白质的营养质量。

综上所述，蛋白质交联能改变食品蛋白质组织结构和功能性质，从而使蛋白质得到更广泛利用；然而无论化学交联或酶交联，均会有不期望的副反应发生，这是值得探索研究的方向，从而使蛋白质交联具有更好的应用及开发前景。

2.4 食品蛋白质研究热点

2.4.1 人造蛋白肉技术

近年来包括以植物蛋白为基础的植物蛋白肉和以新型细胞工厂为基础的动物培养肉的人造肉生产技术已经逐渐发展起来。新型人造肉产品相比传统农业畜牧饲养有着显著的优势，不仅可以解决传统农业中激素、抗生素、农药残留和人畜共患病毒、寄生虫、致病菌感染等问题，还可以节省75%的水、减少87%的温室气体排放和95%的土地面积需求。南京农业大学的周光宏教授研究团队使用猪肌肉干细胞培养20d后，获得了中国第一块细胞培养肉。总体来说，使用细胞培养肉的研究尚处初期阶段，还有很多技术瓶颈有待突破，是食品科学研究热点之一。植物蛋白肉的感官性能与营养价值有待改善，蛋白质组分的消化率与生物价有待提升，动物培养肉等细胞农产品生物制造面临细胞组织培养与高效增殖分化问题，现有技术在原始细胞收集、细胞高密度增殖分化、化学成分明确的培养基研发等方面存在瓶颈，导致产量不足；在动物培养肉大规模培养中，动物细胞培养生物反应器的设计与放大等关键核心技术仍存在问题，制约了培养肉生物组织的高效与高密度生产；在培养肉的后期商品化工艺过程方面的研究需进一步加强，关键食品级营养风味成分合成能力不足，使得产品成本较高、市场竞争力不足。因此如何对植物蛋白进行处理，使其具有类似肌肉纤维的口感；如何生产血红蛋白，赋予人造肉逼真的颜色等也都是这一领域研究热点。

2.4.2 肽组学技术

在过去的几年中，生物活性肽的鉴定和表征已成为新兴研究科目。食品肽组学是食品蛋白质组学的一个子领域，其重点在于食品基质中肽的组成、相互作用及性质的研究。肽组学作为食源性生物活性肽领域的重要工具在其发现、生物利用度、监测等方面起到日益重要的作用。由有价值的质谱开发和高分辨率技术的常规使用所产生的增强的肽鉴定技术，支持了在经验生物活性肽鉴定工作流程中肽组学的应用。通过计算机分析、结构活性关系模型、化学计量学和多肽数据库管理的广泛应用，生物信息学和肽组学的方法逐渐获得了重视。关于生物活性肽修饰在消化以及吸收、分布、代谢和排泄时所发生变化的研究，都利用肽组学技术进行了选择性或非靶向性的研究，包括细胞和动物模型的研究。肽组学技术在食源性生物活性肽的产生及多肽在按比例放大、工业处理和储存期间监测的应用实例也已经被广泛讨论。食品多肽组可以被定义为食品或原料中存在的或在加工和储存期间获得的全部多肽数据库。侧重于对存在于食物基质中多肽的组成、相互作用和性质进行研究。

参考文献

[1] 王迪，等．蛋白质酶法改性研究进展．食品科学，2018，39（15）：233.

[2] 汪少芸．功能肽的加工技术与活性评价．北京：科学出版社，2019.

[3] 李斌，等．谷氨酰胺转移酶对食品中蛋白质改性研究进展．食品工业科技，2017，38（7）：381.

[4] 张贵川，等．食源性生物活性肽的研究进展．中国粮油学报，2009，24（9）：157-162.

[5] 陈莹，等．大西洋鲑鱼Ⅳ型抗冻蛋白的表达与纯化．生物技术，2017，27（3）：218-222.

[6] 程珊，等．基于蛋白质交联的氧化酶特性与应用．食品科学技术学报，2017，35（3）：36.

[7] 郭超凡，等．蛋白质物理改性的研究进展．食品安全质量检测学报，2017，8（2）：428.

[8] 熊舟翼，等．酶法与非酶法磷酸化改性食品蛋白质的研究进展．食品工业科技，2018，39（21）：310.

[9] 冯燕英，等．蛋白质糖基化接枝改性研究进展．食品与机械，2019，35（2）：190.

[10] Bertolo R F, *et al*. Key attributes of global partnerships in food and nutrition to align research agendas and improve public health. Applied Physiology Nutrition and Metabolism, 2018, 43 (7): 755.

[11] Bleakley S, *et al*. Algal proteins: extraction, application, and challenges concerning production. Foods, 2017, 6 (5): 33.

[12] Guha S, *et al*. Structural-features of food-derived bioactive peptides with anti-inflammatory activity: a brief review. Journal of Food Biochemistry, 2019, 3 (1): 1.

[13] Hajfathalian M, *et al*. Peptides: production, bioactivity, functionality, and applications. Critical Reviews in Food Science and Nutrition, 2018, 58 (18): 3097.

[14] Hayes M. Food proteins and bioactive peptides: new and novel sources, characterisation strategies and applications. Foods, 2018, 7 (3): 1.

[15] Hettiarachchy N S. Food proteins and peptides-chemistry, functionality, interactions, and commercialization. CRC Press, 2012.

[16] Hou T, *et al*. Desalted duck egg white peptides promote calcium uptake by counteracting the adverse effects of phytic acid. Food Chemistry, 2017, 219: 428.

[17] Kim Y S, *et al*. Anti-inflammatory action of high molecular weight *Mytilus edulis* hydrolysates fraction in LPS-induced RAW264.7 macrophage via NF-κB and MAPK pathways. Food Chemistry, 2016, 202: 9.

[18] Leeb E, *et al*. Fractionation of dairy based functional peptides using ion-exchange membrane adsorption chromatography and cross-flow electro membrane filtration. International Dairy Journal, 2014, 38 (2): 116.

[19] Li Z, *et al*. Intracellular expression of antifreeze peptides in food grade *Lactococcus lactis* and evaluation of their cryoprotective activity. Journal of Food Science, 2018, 83 (5): 1311.

[20] Lisa S, *et al*. Impact of non-starter lactobacilli on release of peptides with angiotensin-converting enzyme inhibitory and antioxidant activities during bovine milk fermentation. Food Microbiology, 2015, 51: 108.

[21] Liu J, *et al*. Physico-chemical and functional properties of silver carp myosin glycated with konjac oligo-glucomannan: effects of deacetylation. Food Chemistry, 2019, 291: 223.

[22] Moreno-Montoro M, *et al*. Bioaccessible peptides released by in vitro gastrointestinal digestion of fermented goat milks. Analytical and Bioanalytical Chemistry, 2018, 410 (15): 3597.

[23] Nongonierma, A B, *et al*. Unlocking the biological potential of proteins from edible insects through enzymatic hydrolysis: a review. Innovative Food Science & Emerging Technologies, 2017, 43: 239.

[24] Parodi A, *et al*. The potential of future foods for sustainable and healthy diets. Nature Sustainability, 2018, 1 (12): 782.

[25] Perusko M, *et al*. Macromolecular crowding conditions enhance glycation and oxidation of whey proteins in ultrasound induced Maillard reaction. Food Chemistry, 2015, 177: 248.

[26] Samarakoon K, *et al*. Bio-functionalities of proteins derived from marine algae: a review. Food Research International, 2012, 48 (2): 948.

[27] Selamassakul O, *et al*. Isolation and characterisation of antioxidative peptides from bromelain-hydrolysed brown rice

protein by proteomic technique. Process Biochemistry, 2018, 70: 179.

[28] Stephens N, *et al*. Bringing cultured meat to market: technical, socio-political, and regulatory challenges in cellular agriculture. Trends in Food Science & Technology, 2018, 78: 155.

[29] Van der Weele C, *et al*. Meat alternatives: an integrative comparison. Trends in Food Science & Technology, 2019, 88: 505.

[30] Webb P, *et al*. Making food aid fit-for-purpose in the 21st century: a review of recent initiatives improving the nutritional quality of foods used in emergency and development programming. Food and Nutrition Bulletin, 2017, 38 (4): 574.

[31] Yu W, *et al*. Purification and identification of anti-inflammatory peptides from spent hen muscle proteins hydrolysate. Food Chemistry, 2018, 253: 101.

第3章　糖

内容提要： 糖是食品中主要营养素，本章除简要介绍它的食品功能性外，主要介绍抗性淀粉的分类、定义、抗性机理和生理功能，抗性淀粉形成的影响因素及制备方法；甲壳素、壳聚糖和壳寡糖的概念，壳聚糖的改性和降解；多糖的提取、分离纯化和结构分析技术；糖初级结构及高级结构解析技术。糖相关研究热点：建立其分子结构的精确解析方法，并明确分子结构与风味、流变、营养等性质的构效关系及影响机制；集成物理场处理、生物催化、基因编辑等手段的淀粉绿色改性技术；结合柔性制造、激光切割、细胞工厂、3D打印及分子食品等精准智造新技术，靶向调控糖及其产品风味、流变、消化和营养等品质；创制具有定向转移、定点异构化、特异性降解活力的新型生物催化剂，突破酶固定化、多酶偶联及酶膜分离耦合等酶工程技术和色谱、树脂等工业化连续高效分离提取技术，实现单一聚合度低聚糖的高效制备和分级利用；开发具有特定生理功能的新型糖类产品，并突破有效成分的稳态化、靶向输送和可控释放技术，结合多维宏组学和大数据研究，提供针对个体需求差异的精准营养膳食解决方案。新资源多糖的发现、挖掘及结构解析和功能活性的发现及应用；糖组学及糖生物学新理论在糖功能发现、设计和修饰及与其他营养物质之间相互作用及机制等方面应用。

3.1　概　述

糖广泛存在于生物界，特别是植物界中。一般糖类占植物体的85%～90%（干重），占细菌的10%～30%（干重），在动物体所占比例小于2%（干重）。糖是生物体维持生命活动所需能量的主要来源，是合成其他化合物的基本原料，同时也是生物体的主要结构成分。人类摄取食物的总能量中大约80%由糖类提供。因此，它是人类及动物的生命源泉。此外，作为细胞识别的信息分子，糖蛋白是一类在生物体内分布极广的复合糖，它们的糖链起着信息分子的作用。现已证明，细胞识别、免疫、代谢调控、受精作用、个体发育、癌变、衰老、器官移植等都与糖蛋白的糖链有关。

作为食品主要营养素的糖，它具有多种特性：多糖有高黏度、胶凝能力和稳定作用等；单糖和双糖可作为甜味剂、保存剂，还能与其他食品成分发生反应；部分低聚糖和多糖还具有保健作用。

本章主要介绍食品中常见的糖及其功能和多糖的提取与结构分析方法等方面的内容，并以自然界含量较多的淀粉和甲壳素为代表，介绍它们的化学性质及相关应用。

3.1.1 食品中常见的糖

糖是多羟基醛或多羟基酮及其衍生物和缩合物，可分为单糖（monosaccharides）、低聚糖（oligosaccharides）和多糖（polysaccharides）。

单糖是结构最简单的糖，是不能再被水解的糖单位。单糖按所含碳原子数目的不同分为丙糖、丁糖、戊糖、己糖、庚糖等，其中以戊糖、己糖最为重要，如葡萄糖和果糖。低聚糖是指由 2～10 个单糖单位通过糖苷键连接的糖，自然界存在的低聚糖一般不超过 6 个单糖残基。按水解后生成单糖数目的不同，低聚糖分为二糖、三糖、四糖、五糖等，比较常见的是二糖，如蔗糖、麦芽糖、乳糖等。多糖是指由 10 个以上糖单位通过糖苷键连接的糖，通常多糖由几百个至几千个单糖聚合而成。由一种单糖组成的多糖为均多糖（homoglycans），如淀粉、纤维素、糖原等。由两种以上单糖组成的多糖为杂多糖（heteroglycans），如半纤维素、卡拉胶、阿拉伯胶等。

3.1.1.1 单糖

从分子结构上看，单糖是含有一个自由醛基或酮基的多羟基醛或多羟基酮类化合物。根据分子中所含羰基的特点，单糖可分为醛糖（aldoses）和酮糖（ketoses）。

单糖通常是易溶于水的无色晶体，大多具有吸湿性，难溶于乙醇，不溶于乙醚。单糖有旋光性，多于四个碳的单糖溶液有变旋现象，而且主要以环状结构形式存在，但在溶液中可以以开链结构反应。因此，单糖的化学反应以环式结构或以开链结构进行。

除了二羟基丙酮外，所有的单糖都含有一个或更多个手性碳原子，均有其旋光异构体。单糖旋光异构体的构型，按照它们与 D-甘油醛或 L-甘油醛的关系分为 D-型和 L-型两大类。天然存在的 L-型糖是不多的，绝大多数为 D-型糖。单糖不仅以直链结构存在，还以环状形式存在。单糖分子的羰基可以与糖分子本身的一个羟基反应，形成半缩醛或半缩酮，分子内的半缩醛或半缩酮形成五元呋喃糖环或更稳定的六元吡喃糖环。单糖新形成的半缩醛羟基与决定单糖构型的 C5 上的羟基位于平面的同一侧为 L-型，不在同一侧为 D-型。

谷物、蔬菜、果实和可供食用的其他植物都含有糖类化合物。大多数植物只含少量蔗糖，大量膳食蔗糖来自经过加工的食品。蔗糖是从甜菜或甘蔗中分离得到的，果实和蔬菜中只含少量蔗糖、D-葡萄糖和 D-果糖。谷物中游离糖更少，大部分游离糖输送至种子中并转变为淀粉。玉米粒含 0.2%～0.5%的 D-葡萄糖、0.1%～0.4%的 D-果糖和 1%～2%的蔗糖；小麦粒中这几种糖的含量分别小于 0.1%、0.1%和 1%。

单糖的氧化作用、成酯作用和还原反应等化学性质对食品安全性、营养性和风味有重要影响。

3.1.1.2 低聚糖

低聚糖是通过糖苷键结合，即醛糖 C1（酮糖则在 C2）上半缩醛的羟基（—OH）和其他单糖分子的羟基经脱水，通过缩醛方式结合而成，如葡萄糖与果糖缩合脱水形成蔗糖（图 3-1）。糖苷键有 α 构型和 β 构型之分，结合位置有（1→2）、（1→3）、（1→4）、（1→6）等。

低聚糖由于其糖基间键的多样性造成其结构的多样性和复杂性，有些低聚糖由于其单糖组成的不同，使得结构更加复杂。低聚糖的命名通常采用系统命名法。即用规定的符号 D 或 L 和 α 或 β 分别表示单糖残基的构型；用阿拉伯数字和箭头（→）表示糖苷键连接碳原子的位置和方向，其全称为某糖基（X→Y）某醛（酮）糖苷，X、Y 分别代表糖苷键所连接的碳原子位置。如乳糖的系统名称为 β-D-吡喃半乳糖基-(1→4)-D-吡喃葡萄糖苷。除系统命名外，因习惯名称使用简单方便，沿用已久，故目前仍然经常使用，如蔗糖、乳糖、龙胆二糖、海藻糖、棉子糖、水苏糖等。

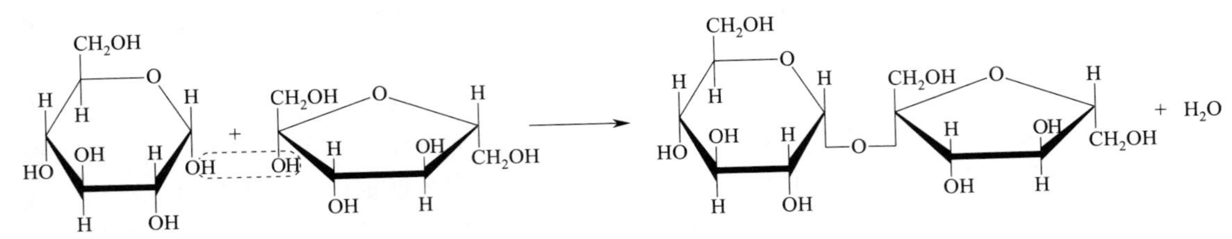

图 3-1　葡萄糖与果糖缩合脱水形成蔗糖的示意

自然界中低聚糖的聚合度一般不超过 6 个单糖单位，其中主要是双糖和三糖。低聚糖按照其性质分类有多种。根据组成低聚糖的单糖分子相同与否分为均低聚糖和杂低聚糖。根据还原性质的不同，低聚糖又可分为还原性低聚糖和非还原性低聚糖。按其能否被人体胃酸和胃酶所降解，并对人体有无特殊的生理功能又可分为普通低聚糖和功能性低聚糖。人们常用的蔗糖、麦芽糖、乳糖等属于普通低聚糖，常见的功能性低聚糖有低聚果糖、低聚异麦芽糖、低聚甘露糖、大豆低聚糖、低聚半乳糖、低聚氨基葡萄糖等。随着对功能性食品的开发，一些人工合成的功能性低聚糖也逐渐被应用到食品工业当中。表 3-1 列出的是食品中常见的一些低聚糖。

表 3-1　食品中常见的低聚糖

名　称	结　构	聚合度	分子量	熔点/℃	$[\alpha]_D/(°)$	来源
普通低聚糖						
蔗糖(sucrose)	α-D-吡喃葡萄糖基-(1→2)-D-呋喃果糖苷	2	342.3	185～187	+66.5	广泛分布于甘蔗、甜菜等植物中，是非还原性糖
α-纤维二糖(α-cellobiose)	α-D-吡喃葡萄糖基-(1→4)-D-吡喃葡萄糖苷	2	342.3	241 分解	+68.7→+35.2	纤维素、玉米嫩枝有游离的纤维二糖存在
麦芽糖(maltose)	α-D-吡喃葡萄糖基-(1→4)-D-吡喃葡萄糖苷	2	342.3	160.5 102～103(结晶水)	+111.7→+130.4	麦芽汁、蜂蜜，广泛分布各种植物中，淀粉等多糖
β-纤维二糖(β-cellobiose)	β-D-吡喃葡萄糖基-(1→4)-D-吡喃葡萄糖苷	2	342.3	153 分解	+16.2→+35.2	纤维素、玉米嫩枝有游离的纤维二糖存在
乳糖(lactose)	β-D-吡喃半乳糖基-(1→4)-D-吡喃葡萄糖苷	2	342.3	202(α) 252(β)	+85.4(α) →+52.6 +34.9(β) →+52.3	乳汁
功能性低聚糖						
α,α-海藻糖(α,α-trehalose)	α-D-吡喃葡萄糖基-(1→1)-α-D-吡喃葡萄糖苷	2	342.3	97	+178.3	鞘翅类昆虫分泌的蜜
曲二糖(kojibiose)	α-D-吡喃葡萄糖基-(1→2)-D-吡喃葡萄糖苷	2	342.3	120	+162→+137	发酵酒、蜂蜜
黑曲霉二糖(nigerose)	α-D-吡喃葡萄糖基-(1→3)-D-吡喃葡萄糖苷	2	342.3	142～144	+134→+138	葡萄糖母液、啤酒
蜜二糖(melibiose)	α-D-吡喃半乳糖基-(1→6)-D-吡喃葡萄糖苷	2	342.3	82～85(β) 分解	+111.7(β)→129.5	植物树胶、可可豆

续表

名称	结构	聚合度	分子量	熔点/℃	$[\alpha]_D$/(°)	来源
异麦芽酮糖(palatinose)	α-D-吡喃葡萄糖基-(1→6)-D-呋喃果糖苷	2	342.3	122～123	97.2	蜂蜜和甘蔗汁，甜菜制糖过程中也可以产生
槐二糖(sophorose)	β-D-吡喃葡萄糖基-(1→2)-D-吡喃葡萄糖苷	2	342.3	195～196(结晶水)	+33→+19	糖苷、游离形式存在于葡萄糖母液中
昆布二糖(laminaribiose)	β-D-吡喃葡萄糖基-(1→3)-D-吡喃葡萄糖苷	2	342.3	196～205	+24→+19	海藻、β-(1→3)葡聚糖
龙胆二糖(gentiobiose)	β-D-吡喃葡萄糖基-(1→6)-D-吡喃葡萄糖苷	2	342.3	86(α) 190～195(β)	+31(α)→+9.6 +11(β)→+9.6	树木渗出液、各种糖苷、酵母β-葡聚糖等多糖
乳酮糖(lactulose)	β-D-吡喃半乳糖基-(1→4)-D-呋喃果糖苷	2	342.3	169	51.4	自然界不存在，在焦糖化乳糖中，乳制品热处理后或通过酶法合成
松三糖(melezitose)	α-D-吡喃葡萄糖基-(1→3)-β-D-呋喃果糖基-(2→1)-α-D-吡喃葡萄糖苷	3	504.4	153～154	+88.2	松柏类树的渗出液、蜂蜜，是非还原性糖
乳果糖(lactosucrose)	β-D-吡喃半乳糖基-(1→4)-α-D-吡喃葡萄糖基-(1→2)-D-呋喃果糖苷	3	504.4	173～175	+51.0	自然界不存在，以乳糖和蔗糖(1∶1)为原料，在节杆菌(*Arthrobacter*)产生的β-呋喃果糖苷酶催化下通过酶法合成
环状糊精(cyclodextrin)	[α-D-葡萄糖-(1→4)]ₙ 环状 (α:n=6,β:n=7,γ:n=8)	6～8	973(α) 1135(β) 1297(γ)	300～305(β)	150.5(α) 162.5(β) 177.4(γ)	通常用葡萄糖转移酶作用于淀粉经酶解环合后得到的物质
低聚果糖(fructo-oligo-saccharides)	α-D-吡喃葡萄糖基-(1→2)-β-D-呋喃果糖基-(2→1)-[β-D-呋喃果糖基]$_n$(n=1～3)	3～5	504.4(n=1)	199～200(n=1)	28.5(n=1)	通过酶解菊粉或通过黑曲霉(*Aspergillus niger*)等产生的果糖转移酶作用于高浓度(50%～60%)的蔗糖溶液合成
大豆低聚糖(soybean-oligosaccharides)	[α-D-吡喃半乳糖基]$_n$(1→6)-α-D-吡喃葡萄糖基-(1→2)-D-呋喃果糖苷(n=1～4)	3～6	504.4(n=1) 666.2(n=2)	118～119(n=1) 101(n=2)	105.2(n=1) 131～132(n=2)	广泛分布于植物中，从豆类种子中提取或通过α-半乳糖苷酶合成
低聚异麦芽糖(isomalto-oligosaccharides)	[α-D-吡喃葡萄糖基]$_n$(1→6)-D-吡喃葡萄糖苷(n=1～4)	2～5	342.3(n=1)	—	—	在某些发酵食品如酱油、酒或酶法葡萄糖浆中有少量存在，也可以由淀粉制得的高浓度葡萄糖浆为反应底物，通过葡萄糖基转移酶催化作用得到
低聚木糖(xylo-oligosaccharides)	[β-D-吡喃木糖基]$_n$(1→4)-D-吡喃木糖苷(n=1～6)	2～7	332.2(n=1)	—	—	以富含木聚糖的植物(如玉米芯、蔗渣、棉籽壳和麸皮等)为原料，通过木聚糖酶的水解作用得到
低聚半乳糖(galacto-oligosaccharides)	[β-D-吡喃半乳糖基]$_n$(1→4)-D-吡喃葡萄糖苷(n=2～5)	3～6	504.4(n=2)	—	—	存在于哺乳动物的乳汁中，或以高浓度乳糖溶液为原料，以β-半乳糖苷酶促使乳糖发生转移反应酶法合成
低聚壳聚糖(chito-oligosaccharides)	[β-D-吡喃葡萄糖氨基]$_n$(1→4)-D-吡喃葡萄糖氨基(n=1～9)	2～10	340.4(n=1)	—	—	将壳聚糖经壳聚糖酶水解后得到，或通过酸水解得到

低聚糖具有一定的保健功能：①改善人体内微生态环境，有利于双歧杆菌和其他有益菌的增殖，经代谢产生有机酸使肠内pH值降低，抑制肠内沙门氏菌和腐败菌的生长，调节胃肠功能，抑制肠内腐败物质，防治便秘，并增加维生素合成，提高人体免疫功能；②低聚糖类似水溶性植物纤维，能改善血脂代谢，降低血液中胆固醇和甘油三酯的含量；③低聚糖属非胰岛素所依赖，不会使血糖升高，适合于高血糖人群和糖尿病患者食用；④由于难被唾液酶和小肠消化酶水解，发热量很低，很少转化为脂肪；⑤不被龋齿菌形成基质，也没有凝结菌体作用，可防龋齿。

因此，低聚糖作为一种食物配料被广泛应用于乳制品、乳酸菌饮料、双歧杆菌酸奶、谷物食品和保健食品中，尤其是应用于婴幼儿和老年人食品中。在保健食品系列中，也有单独以低聚糖为原料而制成的口服液，直接用来调节肠道菌群、润肠通便、调节血脂、调节免疫。

低聚糖很难或不能被人体消化吸收，所提供的能量值很低或根本没有，这是由于人体不具备分解消化低聚糖的酶系统。一些功能性低聚糖，如低聚异麦芽糖、低聚果糖、低聚乳果糖有一定程度的甜味，是一种很好的功能性甜味剂，可在低能量食品中发挥作用，如减肥食品、糖尿病患者食品、高血压患者食品。

3.1.1.3 多糖

自20世纪70年代以来，科学家发现多糖及糖复合物在生物体中不仅是作为能量资源和构成材料，更重要的是它存在于一切细胞膜结构中，参与生命现象中细胞的各种活动，具有多种多样的生物学功能，如多糖与免疫功能的调节、细胞与细胞的识别、细胞间物质的运输、癌症的诊断与治疗等都有着密切的关系。很多多糖具有某种特殊生理活性，如真菌多糖等。许多研究表明，存在于香菇、银耳、金针菇、灵芝、云芝、猪苓、茯苓、冬虫夏草、黑木耳、猴头菇等大型食用或药用真菌中的某些多糖组分，具有通过活化巨噬细胞来刺激抗体产生等而达到提高人体免疫能力的生理功能。此外，其中大部分还有很强烈的抗肿瘤活性，对癌细胞有很强的抑制力。一些多糖还具有抗衰老、促进核酸与蛋白质合成、降血糖和血脂、保肝、抗凝血等作用。因此，真菌多糖是一种很重要的功能性食品基料，某些已被作为临床用药。

大多数活性多糖可以刺激免疫活性，能增强网状内皮系统吞噬肿瘤细胞的作用，促进淋巴细胞转化，激活T细胞和B细胞，并促进抗体的形成。从而在一定程度上具有抗肿瘤的活性。但对于肿瘤细胞并无直接的杀伤作用。活性多糖能降低甲基胆蒽诱发肿瘤的发生率，对一些易发生广泛转移、不宜采取手术治疗和放射疗法的白血病、淋巴瘤等，特别有价值。比如，酵母多糖是一种优质免疫多糖、优质功能膳食纤维。

由于多糖多种多样的生物活性功能以及在功能食品和临床上广泛使用，使多糖生物资源的开发利用和研究日益活跃，成为天然药物、生物化学、生命科学的研究热点，到目前为止，已有300多种多糖类化合物从天然产物中被分离出来。多糖广泛存在于植物、微生物、动物等有机体中，因而可根据其来源进行分类，如植物多糖、动物多糖和微生物多糖；也可以化学结构的不同进行分类。食品中的多糖主要有淀粉、糖原、纤维素、半纤维素、果胶、果聚糖、甲壳质、黄原菌胶等。

多糖的聚合度实际上是不均一的，分子量呈高斯（Gaussian）分布，有些多糖分子量范围狭窄。某些多糖以糖复合物或混合物形式存在，例如糖蛋白、糖肽、糖脂、糖缀合物等糖复合物。几乎所有的淀粉都是直链和支链葡聚糖的混合物，分别称为直链淀粉和支链淀粉。商业果胶主要是含有阿拉伯聚糖和半乳聚糖的聚半乳糖醛酸的混合物。多糖的性质受到构成糖的种类、构成方式、置换基种类和数目以及分子量大小等因素的影响。多糖与单糖、低聚糖在性质上有较大差别。它们一般不溶于水，无甜味，不具有还原性。它经酸或酶水解时，可以分解为组成它的结构单糖，中间产物是低聚糖。它被氧化剂和碱分解时，反应一般是复杂的，但不能生成其结构单糖，而是生成各种衍生物和分解产物。多糖的糖基组成单位可以被酸完全水解成单糖。食品中常见的多糖见表3-2。

表3-2　食品中常见的多糖

名称	结构单元	结构	分子量	溶解性	来源
植物多糖					
直链淀粉(amylose)	D-葡萄糖	α-(1→4)葡聚糖直链上形成支链	10^4～10^5	稀碱溶液	谷物和其他植物
支链淀粉(amylopectin)	D-葡萄糖	直链淀粉的直链上连有α-(1→6)键构成的支链	10^5～10^6	水	淀粉的主要组成成分
纤维素(cellulose)	D-葡萄糖	聚β-(1→4)葡聚糖直链，有支链	10^4～10^5	高温、高压稀硫酸溶液	植物结构多糖
菊糖(inulin)	D-果糖	β-(2→1)键结合构成直链结构	(3～7)×10^3	热水	菊科植物大量存在的多聚果糖，大理菊、菊芋的块茎和菊苣的根中最多
甘露聚糖(manna)	D-甘露糖	种子甘露聚糖：β-(1→4)键连接成主链，α-(1→6)键结合在主链上构成支链。酵母甘露聚糖：α-(1→4)键结合成主链，具有高度支化结构	2×10^3～10^4	稀碱溶液	棕榈科植物如椰子种子胚乳，酵母
木聚糖(xylan)	D-木糖	β-(1→4)键结合构成直链结构	(1～2)×10^4	稀碱溶液	玉米芯等植物的半纤维素
葡甘露聚糖(glucomannan)	D-葡萄糖 D-甘露糖	D-甘露糖和D-葡萄糖以2∶1、3∶2或5∶3组成，依植物种类而不同。甘露糖和葡萄糖以β-(1→4)键构成主链，在甘露糖C3位上存在由β-(1→3)键连接的支链	1×10^5～1×10^6	水	是魔芋干物质中的主要成分
果胶(pectin)	D-半乳糖醛酸	$\{(1\to4)$-α-D-吡喃半乳糖$\}_n$	5×10^4～1.5×10^5	水	植物
动物多糖					
甲壳素(chitin)	N-乙酰-D-葡糖胺	β-(1→4)键形成的直链状聚合物，有支链	10^5～10^6	稀、浓盐酸或硫酸、碱溶液	甲壳类动物的壳、昆虫的表皮
糖原(glycogen)	D-葡萄糖	类似支链淀粉的高度支化结构，α-(1→4)和α-(1→6)糖苷键	3×10^5～4×10^6	水	动物肝脏内的贮藏多糖
透明质酸	D-氨基葡萄糖 D-葡萄糖醛酸	D-葡萄糖醛酸-β-(1→3)-N-乙酰-D-氨基葡萄糖通过β-(1→4)-糖苷键与D-葡萄糖醛酸交替聚合而成	2×10^5～7×10^6	水	存在于哺乳动物的脐带、玻璃体、关节液和皮肤等组织中
肝素	D-葡萄糖胺 L-艾杜糖醛酸 D-葡萄糖醛酸	L-艾杜糖醛酸通过α-(1→4)-糖苷键与D-葡萄糖胺相连或D-葡萄糖醛酸通过α-(1→4)-糖苷键与D-葡萄糖胺相连，L-艾杜糖醛酸的2位及D-葡萄糖胺的2位、6位均可以是硫酸酯	5×10^3～3×10^4	水	哺乳动物的组织中，如肠黏膜、十二指肠、肺、肝、心脏、胎盘和血液中
微生物多糖					
葡聚糖(右旋糖酐)(dextran)	D-葡萄糖	α-(1→6)葡聚糖为主链，α-(1→4)(0%～50%)、α-(1→2)(0%～0.3%)、α-(1→3)(0%～0.6%)糖苷键结合在主链上构成支链，形成网状结构	10^4～10^6	水	肠膜状明串珠菌(*Ceuconostoc mesenteroides*)产生的微生物多糖

续表

名称	结构单元	结构	分子量	溶解性	来源
黄原胶	D-甘露糖 D-葡萄糖醛酸	纤维素主链在O3位置上连接有一个β-D-甘露糖-(1→4)-β-D-葡萄糖醛酸-(1→2)-α-D-甘露糖的三糖基侧链，平均每隔一个葡萄糖残基出现一个三糖基侧链。另外还有一部分乙酰基和由丙酮酸形成的环乙酰	2×10^6～5×10^7	水	甘蓝黑腐病黄杆菌(*Xanthomonas campestris*)发酵产生的酸性胞外多糖
普鲁兰多糖	D-葡萄糖	$\{$(1→6)-α-D-吡喃葡萄糖-(1→4)-α-D-吡喃葡萄糖-(1→4)-α-D-吡喃葡萄糖$\}_n$	2×10^5～2×10^7	水	一种类酵母真菌茁霉(*Pullularia pulluans*)作用于蔗糖、葡萄糖、麦芽糖而产生的胞外胶质多糖
凝胶多糖	D-葡萄糖	D-葡萄糖残基经β-(1→3)-葡萄糖苷键C1和C3连接形成线性的β-(1→3)-葡聚糖	4×10^4～1×10^5	稀碱溶液	粪产碱杆菌(*Alcaligenes facealis*)的变异菌株代谢而产生的一种微生物胞外多糖
琼脂	D-半乳糖	β-(1→4)糖苷键交替相连的β-D-吡喃半乳糖残基连接3,6-脱水α-L-吡喃半乳糖基单位构成，不同位置的羟基不同程度地被甲基、硫酸基和丙酮酸所取代	1×10^4～3×10^6	热水	红藻门(Rhodophyta)石花菜属(*Gelidium*)及其他属的某些海藻中提取得到的多糖混合物
香菇多糖	D-葡萄糖	β-(1→3)糖苷键连接的葡聚糖主链和β-(1→6)糖苷键连接的支链，其重复结构单位一般含7个葡萄糖残基，其中2个残基在侧链上	2×10^5～5×10^5	热水、稀酸或稀碱溶液	香菇子实体
银耳多糖	D-甘露糖 D-葡糖醛酸 D-木糖	α-(1→3)连接的甘露糖为主链，C2上有分支，支链上有β-D-葡糖醛酸和单一的或短的β-(1→2)连接的D-木糖	5×10^5～1×10^6	热水、稀酸或稀碱溶液	银耳耳体中

3.1.2 低聚糖和多糖的功能性

3.1.2.1 寡糖和多糖的食品功能性

(1) 甜味和吸湿性 糖、糖醇以及低聚糖均有一定的甜度，某些糖苷、多糖复合物也有很好的甜度，这是赋予食品甜味的主要原因。由于糖醇能被人体小肠吸收进入血液代谢，产生一定的能量，因此是一种营养型甜味剂。糖的甜度与形成糖的聚合度一般呈反比关系，多糖的甜度一般要小于低聚糖，而低聚糖又会小于单糖，但这也与高聚合度糖中所含单糖的组分有很大关系。

食品对水的结合能力通常称为吸湿性，糖类化合物对水的亲和力是其基本的物理性质之一。从化学结构上看，糖含有很多亲水性基团，亲水性基团可以通过氢键结合的方式与水分子产生相互作用，使其发生溶剂化或增溶作用，因此单糖和低聚糖都是吸湿性良好的有机物。多糖含有大量亲水性羟基，因而多糖也具有较强亲水性，易于与水结合。在食品体系中多糖具有控制水分移动的能力，同时水分也是影响多糖的物理与功能性质的重要因素。因此，食品的许多功能性质和质构都同多糖和水分有关。

不同的糖对水的作用情况不同，化学结构对糖类的水结合速度和结合量有很大影响（表3-3)。在高湿度的条件下，蔗糖和麦芽糖的吸湿量相同，而乳糖能够结合的水却要少许多。

麦芽糖和乳糖一旦结合了一定的水以后，就不容易从环境中吸收水。实际上结晶良好的糖吸湿性很低，例如蔗糖在一般条件下的含水量很低。不纯的糖或糖浆一般比纯的糖对水有更强的吸收能力。很多的功能性低聚糖也有很好的吸湿效应，如乳果糖、低聚半乳糖等。

表 3-3　不同条件下糖类吸收空气中水分的能力

糖　　类	20℃不同相对湿度和时间的吸水率/%		
	60%,1h	60%,9d	100%,25d
D-葡萄糖	0.07	0.07	14.50
D-果糖	0.28	0.63	73.40
蔗糖	0.04	0.03	18.40
无水麦芽糖	0.80	7.00	18.40
麦芽糖(含结晶水)	5.05	5.10	—
无水乳糖	0.54	1.20	1.40
乳糖(含结晶水)	5.05	5.10	—

多糖不会显著降低水的冰点，是一种冷冻稳定剂。例如淀粉溶液冷冻时，形成两相体系，一相是水（即冰），另一相是由淀粉分子与非冷冻水组成的玻璃体。当大多数多糖处于冷冻浓缩状态时，由于黏度很高，水分子的运动受到了极大限制，水分子不能吸附到晶核位置，因而抑制了冰晶的长大，能有效地保护食品的结构与质构不受破坏，从而提高产品的质量与稳定性。

(2) 风味结合功能　糖在保持食品的风味物质方面发挥重要的作用，它们可以和风味前体物质产生作用，起到截留、保留挥发性物质和其他小分子物质的能力。很多食品，特别是喷雾或冷冻干燥脱水的食品，糖在脱水过程中对于保持这些食品的色泽和挥发性风味成分起着重要作用，它可以使糖-水的相互作用转变成糖-风味剂的相互作用。

(3) 风味前体功能　一些糖的非酶褐变反应除产生类黑精色素外，还生成多种挥发性风味物，这些挥发物有些对于食品的品质与风味是有利的，有些则是不利的。非酶褐变产物除了能使食品产生风味外，它本身可能具有特殊的风味或者能增强其他的风味，具有这种双重作用的焦糖化产物是麦芽酚和乙基麦芽酚。美拉德反应（Maillard 反应）可以形成挥发性化合物，如吡啶、吡嗪、咪唑和吡咯等，使得食品呈现出焦糖香、巧克力香等不同的风味特征。但是当产生的挥发性和刺激性产物超过一定范围时，也会使人产生厌恶感。糖的热分解产物有吡喃酮、呋喃、呋喃酮、内酯、羰基化合物、酸和酯类等，这些化合物总的风味和香气特征使某些食品产生特有的香味。

(4) 增稠、胶凝和稳定作用　多糖主要具有增稠和胶凝的功能，此外还能控制流体食品与饮料的流动性质、质构以及改变半固体食品的变形性等。

大分子溶液的黏度取决于分子的大小、形状、所带净电荷和溶液中的构象。多糖分子在溶液中的形状是围绕糖基连接键振动的结果，一般呈无序状态的构象有较大的可变性。多糖的链是柔顺性的，有显著的熵运动，在溶液中为紊乱或无规线团状态。但是大多数多糖不同于典型的无规线团，所形成的线团是刚性的，有时紧密，有时伸展，线团的性质与单糖的组成和连接方式相关。

溶液中线性高聚物分子旋转时占有很大空间，分子间彼此碰撞频率高，产生摩擦，因而具有很高黏度。线性高聚物溶液黏度很高，甚至当浓度很低时，其溶液的黏度仍很高。黏度同高聚物的分子量大小、溶剂化高聚物链的形状及柔顺性有关。高度支链的多糖分子比具有相同分子量的直链多糖分子占有的体积小得多，因而相互碰撞频率也低，溶液的黏度也比较低。多糖直链若带有电荷，由于同种电荷相互排斥，可使溶液的黏度大大提高。

在许多食品产品中，一些共聚物分子（例如多糖或蛋白质）能形成海绵状的三维网状凝胶结构。连续的三维网状凝胶结构是由高聚物分子通过氢键、疏水相互作用、范德华引力、离子桥联作用、缠结或共价键形成联结区，网孔中充满了液相。液相是由低分子质量溶质和部分高聚物组成的水溶液，形成由水分子布满的连续的三维空间网络结构。

凝胶强度依赖于联结区结构的强度，如果联结区不长，链与链不能牢固地结合在一起，那么，在压力或温度升高时，聚合物链的运动增大，于是分子分开，这样的凝胶属于易破坏和热不稳定凝胶。若联结区包含长的链段，则链与链之间的作用力非常强，足可耐受所施加的压力或热的刺激，这类凝胶硬而且稳定。因此，适当地控制联结区的长度可以形成多种不同硬度和稳定性的凝胶。支链分子或杂聚糖分子间不能很好地结合，因此不能形成足够大的联结区和一定强度的凝胶。这类多糖分子只形成黏稠、稳定的溶胶。同样，带电荷基团的分子，例如含羧基的多糖，链段之间的负电荷可产生库仑斥力，因而阻止联结区的形成。

3.1.2.2 低聚糖和多糖的生理功能

功能食品是普遍受到关注的一类食品，随着对功能性食品相关研究的进行，一些具有特殊功能的功能因子被证实，其中就包括功能性低聚糖，它们有着一些普通低聚糖所不具备的功能，被广泛应用到食品和药品工业中。

(1) 低聚糖的生理功能 功能性低聚糖的生理功效从其特性的角度归纳，主要有促使双歧杆菌增殖、调节肠道菌群；抑制内毒素、保护肝脏功能；调节胃肠功能、防治便秘和腹泻；激活免疫、抗衰老和抗肿瘤；降低血清胆固醇、降低血压；被益生菌利用以合成维生素；低能量或无能量、不会引起龋齿等作用。

① 促使双歧杆菌增殖、调节肠道菌群 人体肠道中各种细菌的种类、数量和定居部位是相对稳定的，它们相互协调、相互制约，共同形成一个微生态系统。据报道肠道微生物群落有100～400个不同的菌种，据估计这些细菌的数量是机体细胞数量的10～100倍，占将近大便干重的1/3。维持这些微生物之间十分微弱的平衡，对人体健康至关重要，因为这个平衡是决定肠道内容物向人体有益化合物转化还是向有害化合物转化的关键。如果平衡倾向于促使肠道菌群向有害特征出现的方向转化，人体健康就会受到影响。因此，使肠道环境向有利于有益菌群生长的方向转变是保持健康的基础。

由于功能性低聚糖被摄入后仅小部分被水解，大部分不被水解而到达消化道的后部，即直接进入小肠后部、盲肠、结肠和直肠，它们可以选择性地被肠道有益微生物消化利用，从而促进后段肠道中有益菌特别是双歧杆菌和乳酸菌的增殖，达到调节后段肠道的生态和生理生化机能，所以功能性低聚糖能改变消化道内微生物菌相，它是肠道内有益寄生菌的营养基质。人体试验表明，摄入功能性低聚糖可促使双歧杆菌增殖，从而抑制了有害细菌如产气荚膜梭状芽孢杆菌（*Clostridium perfringen*）的生长。每天摄入2～10g功能性低聚糖并持续数周后，肠道内的双歧杆菌活菌数平均增加7.5倍，而产气荚膜梭状芽孢杆菌总数减少了81%；对于某些品种的低聚糖发酵所产生的乳酸菌素数量也增加1～2倍，而产气荚膜梭状芽孢杆菌素的数量减少6%～50%。

② 抑制内毒素的产生、保护肝脏功能 双歧杆菌发酵功能性低聚糖，可以产生短链脂肪酸（主要是醋酸和乳酸）和一些抗生素物质，从而抑制外源致病菌和肠内固有腐败细菌的生长繁殖。醋酸和乳酸均能抑制肠道内肠腐败细菌的生长，减少这些细菌产生的吲哚、氨、硫化氢等致癌物及其他毒性物质对机体的损害，延缓机体衰老。双歧杆菌素是由双歧杆菌产生的一种抗生素物质，它能非常有效地抑制志贺氏杆菌、沙门氏菌、金黄色葡萄球菌、大肠

杆菌和其他一些微生物。由婴儿双歧杆菌产生的一种高分子量物质也能有效地抑制志贺氏杆菌、沙门氏菌和大肠杆菌等。

人体体内和活体外粪便培养试验表明，摄入功能性低聚糖可有效地减少有毒发酵产物及有害细菌酶的合成。每天摄入 3～6g 功能性低聚糖，或往体外粪便培养基中添加相应数量的低聚糖，3 周之内即可减少 44.6%有毒发酵产物和 40.9%有害细菌酶的产生。

摄入功能性低聚糖或双歧杆菌可减少有毒代谢产物的形成，这大大减轻了肝脏分解毒素的负担。

③ 抑止外源性病原菌及其毒素　功能性低聚糖的另一功能是抑止外源性病原菌及其毒素。其中最重要的是人乳低聚糖，一些人乳低聚糖由于含有和肠道表皮细胞表面受体类似的结构，通过竞争性抑制而直接结合于病原微生物和毒素表面，阻止其与肠道上皮细胞的结合。另一些则结合到消化道黏膜上皮细胞的受体上，阻止病原微生物或毒素与肠道上皮细胞的受体结合，从而防止感染的发生。还有的人乳低聚糖具有滋养功能，通过刺激肠道有益细菌的生长，间接抑制有害细菌，以保持肠道的生态平衡。

微生物致病的第一步是结合在消化道的肠黏膜表面，然后才能繁殖，进而导致动物生病。Morgan 认为这种结合是特异性的，其机理为细菌细胞壁表面蛋白（如植物凝血素）与动物肠黏膜上皮细胞表面糖脂或糖蛋白的糖残基结合。如人乳低聚糖中含有唾液酸残基，其唾液酸残基具有抑制病毒、细菌和神经毒素的功能。在对病毒抑制的研究中发现，这种低聚糖对侵入上呼吸道的流感病毒具有良好的抑制作用，这种作用在很大程度上弥补了新生儿上呼吸道抵抗力脆弱的不足。

④ 调节胃肠功能、防治便秘和腹泻　摄入功能性低聚糖或双歧杆菌均可抑制病原菌和腹泻，两者的作用机理是一样的，都是减少了肠内有害细菌的数量。双歧杆菌发酵低聚糖产生大量的短链脂肪酸，能刺激肠道蠕动、增加粪便湿润度并保持一定的渗透压，从而防止便秘的发生。在人体试验中，每天摄入 3.0～10.0g 功能性低聚糖，一周之内便可起到防止便秘的效果，但对一些严重的便秘患者效果不佳。

⑤ 提高免疫活性　功能性低聚糖有着很好的增强机体免疫功能的活性，对非特异性免疫或特异性免疫系统均可起到良好的激活和促进作用。Sharon 和 Lis 证实，功能性低聚糖不仅能连接到细菌上，而且也能与一定的毒素、病毒、真核细胞的表面结合。因而功能性低聚糖可作为这些外源抗原的助剂，能减缓抗原的吸收，增加抗原的效价，提高机体的细胞免疫和体液免疫的功能。

甘露低聚糖、果寡糖等功能性低聚糖与葡萄糖、果糖相比，低聚糖可以更快速地被双歧杆菌利用，促进了双歧杆菌的大量增殖。大量动物试验证明，摄入双歧杆菌活菌或死菌均可以提高机体的抗体水平，激活巨噬细胞的吞噬活性，这对提高机体的抗感染能力，预防、抑制和杀死肿瘤细胞的产生有重要的作用。

⑥ 抗癌防癌作用　功能性低聚糖通过促进双歧杆菌增殖，抑制有害菌生长而使有害物质减少，促进肠道蠕动，有利于有害物和致癌物尽快排出体外，还能够分解破坏一些致癌物，这些功能均有预防肠癌的功效。另外，肠道内双歧杆菌的细胞壁成分及细胞外分泌物能增强免疫系统活性，激活巨噬细胞使之产生多种具有杀瘤活性的效应分子，同时激活的巨噬细胞体外杀瘤能力增强，以实现其抗肿瘤作用。王海生等观察壳寡糖对小鼠耳郭小动脉的血流变化，对 S_{180} 肉瘤的影响和对肝癌 H_{22} 实体瘤的影响，结果发现壳寡糖能加快小鼠耳郭小动脉的血流速度，对 S_{180} 肉瘤和肝癌 H_{22} 实体瘤具有明显的抑制作用。

⑦ 降低血清胆固醇、降低血压　大量的人体试验已证实摄入功能性低聚糖后可降低血

清胆固醇水平。每天摄入 6～12 g 低聚糖，持续 2 周至 3 个月，总血清胆固醇可降低 20～50 dL。包括双歧杆菌在内的乳酸菌及其发酵乳制品均能降低总血清胆固醇水平，提高女性血清中高密度脂蛋白胆固醇占总胆固醇的比率。

摄入低聚糖还有降低血压的作用，如让 6 名 28～48 岁、身体健康的成年男性连续一周每天摄入 3.0 g 大豆低聚糖，其心脏舒张压平均下降了 839.7 Pa。研究表明，一个人的心脏舒张压的高低与其粪便中双歧杆菌数占总菌数的比率呈明显的负相关关系。

⑧ 促进肠内营养物质的生成与吸收　功能性低聚糖可以在肠道内大量增殖双歧杆菌，而双歧杆菌能自身合成或促进合成维生素 B_1、维生素 B_6、维生素 B_{12}、烟酸和叶酸等；还能通过抑制某些维生素分解菌来保障维生素供应，如能抑制分解维生素 B_1 的解硫胺素芽孢杆菌的生长来调节维生素 B_1 的供应；还可以有效缓解乳糖不耐受症状，使乳糖转化为乳酸，通过调节肠道 pH 值和结肠发酵能力来改善消化功能，提高各种营养素的利用率。

⑨ 促进矿物质吸收　Colday 等报道低聚果糖可增强大鼠对 Ca^{2+} 和 Mg^{2+} 的吸收和维持 Zn^{2+} 和 Fe^{2+} 的平衡，但对 Cu^{2+} 的生物学利用率无显著影响。人体实验证实，低聚果糖可促进 Ca^{+} 的吸收和平衡，但对 Fe^{2+}、Mg^{2+} 和 Zn^{2+} 的吸收无显著影响。Suzuki 等用富含乳糖、乳果糖、山梨醇和淀粉的食物饲喂小鼠，结果发现 Ca^{2+}、Mg^{2+}、Cu^{2+}、Fe^{2+}、Zn^{2+} 的吸收和在体内的存留时间皆高于对照组，盲肠 pH 值变低，而盲肠重量和其中的双歧杆菌含量均大于对照组。

⑩ 低能量或无能量、预防龋齿作用　龋齿是由于口腔微生物特别是突变链球菌（*Streptococcus mutans*）侵蚀而引起的，而龋齿的发生与口腔中细菌的葡萄糖转移酶有关。葡萄糖转移酶可以分解蔗糖，产生不溶性的具有黏附性的葡聚糖，该糖黏附于牙齿上形成牙垢，牙垢中的细菌发酵糖类产生酸，这些酸可以使牙脱落而形成龋齿。功能性低聚糖如低聚果糖、异麦芽糖等，不是口腔微生物的合适作用底物，不会被细菌的葡萄糖转移酶裂解，故不生成具有黏附性的不溶性葡聚糖，从而具有预防龋齿的效果。

功能性低聚糖很难或不被人体消化吸收，所提供的能量值很低或根本没有，但有一定的甜度，可满足那些喜爱甜品而又担心发胖者的要求，还可供糖尿病患者、肥胖病患者和低血糖患者食用。

因为低聚糖不易被人体消化吸收，属于低分子质量的水溶性膳食纤维。低聚糖的某些生理功能类似于膳食纤维，但它不具备膳食纤维的物理特征，诸如黏稠性、持水性和膨胀性等。低聚糖的生理功能完全归功于其独有的发酵特征（双歧杆菌增殖特性）。膳食纤维尤其是水溶性膳食纤维部分也是因为其独特的发酵特性而具备某些生理功能的。但二者相比较，低聚糖优于膳食纤维，原因是：较小的日常需求量，通常每天仅需 3g 左右；在推荐量范围内不会引起腹泻；具有一定的甜味，甜味特性良好，组织结构或口感特性尚好；易溶于水，不增加产品的黏度；物理性质稳定，可促进矿物质吸收；易于在加工食品和饮料中添加。

（2）多糖的生理功能　多糖的保健功能是目前保健食品功能因子中研究的焦点之一。近年来，有关多糖生物活性的研究报道很多，主要集中在多糖的促进免疫、抗肿瘤、抗突变、降血脂、抗病毒等方面。

① 多糖的促进免疫功能　多糖最为突出的功能就是具有增强机体的免疫功能，可以诱导人体产生一系列的细胞激素（因子）/趋化因子，如图 3-2 所示，它主要通过以下一条或几条途径发挥促进作用。a. 提高巨噬细胞的吞噬能力，诱导白细胞介素 1（IL-1）和肿瘤坏死因子（TNF）的生成。具有这种免疫促进功能的多糖有香菇多糖、黑柄炭角多糖、裂裥菌多糖、细菌脂多糖、牛膝多糖、商陆多糖、树舌多糖、海藻多糖等。b. 促进 T 细胞增殖，诱导其分泌 IL-2。具有这类免疫促进功能的多糖有中华猕猴桃多糖、猪苓多糖、人参多糖、

刺五加多糖、枸杞子多糖、芸芝多糖、香菇多糖、灵芝多糖、银耳多糖、商陆多糖、黄芪多糖等。c. 促进淋巴因子激活的杀伤细胞（LAK）活性。这类多糖有枸杞子多糖、黄芪多糖、刺五加多糖、鼠伤寒菌内毒素多糖等。d. 提高 B 细胞活性，增加多种抗体的分泌，加强机体的体液免疫功能。这类多糖有银耳多糖、香菇多糖、褐藻多糖、苜蓿多糖等。e. 通过不同途径激活补体系统。有些多糖是通过替代通路激活补体的，有些则是通过经典途径，这类多糖有酵母多糖、裂裥菌多糖、当归多糖、茯苓多糖、酸枣仁多糖、车前子多糖、细菌脂多糖、香菇多糖等。

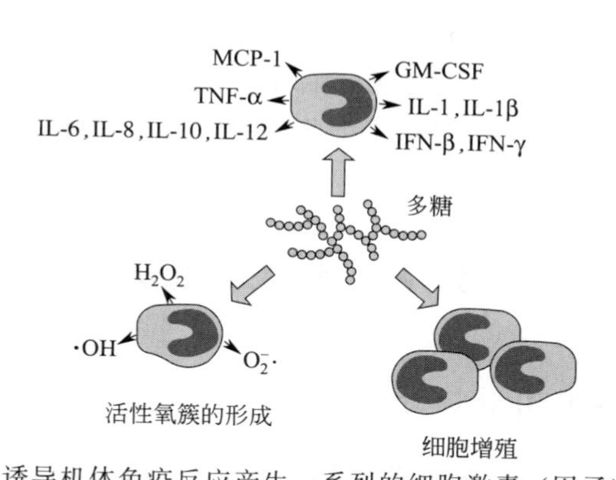

图 3-2　多糖诱导机体免疫反应产生一系列的细胞激素（因子）/趋化因子

IL，interleukin（白细胞介素）；IFN，interferon（干扰素）；TNF-α，tumor necrosis factor-α（肿瘤坏死因子-α）；GM-CSF，granulocyte/macrophage colony-stimulating factor（巨噬细胞集落刺激因子）；MCP-1，monocyte chemoattractant protein-1（单核白细胞趋化吸引蛋白-1）；活性氧簇（reactive oxygen species，ROS）包括 O_2^-·、H_2O_2、·OH 等

② 多糖的抗肿瘤功能　肿瘤是一类严重威胁人类健康的疾病，现已证明许多食物或食物成分都具有抗肿瘤作用，如豆类食物、十字花科蔬菜、胡萝卜素、番茄红素、姜黄素、多糖等。自从 20 世纪 50 年代发现酵母多糖具有抗肿瘤效应以来，已分离出了许多具有抗肿瘤活性的多糖。就多糖的抗肿瘤作用而言，可将抗肿瘤多糖分为两大类。一类是具有细胞毒性的多糖，可直接杀死肿瘤细胞，这类多糖有牛膝多糖、茯苓多糖、刺五加多糖、银耳多糖、香菇多糖、灵芝多糖等；第二类是作为生物免疫反应的调节剂，通过增强机体的免疫功能而间接抑制或杀死肿瘤细胞，如能促进 LAK 活性，诱导巨噬细胞产生肿瘤坏死因子的多糖，具有抗肿瘤活性的多糖大多是通过这种途径起作用的，也就是常说的宿主介导抗肿瘤活性。此外，对地黄多糖抗肿瘤功能进行系统研究时发现，低分子质量的地黄多糖可使 Lewis 肿瘤细胞内的 *p53* 基因表达明显增强，从而引发 Lewis 肺癌细胞的程序性死亡，这可能是多糖抗肿瘤作用的又一新途径。

③多糖的抗突变、降血脂、抗病毒等功能　突变是肿瘤发生的前提，所谓突变是指在一些遗传因素或非遗传因素的作用下，使人体中调控细胞生长、增殖及分代的正常细胞基因发生突变、激活和过度表达，从而使正常细胞发生癌变的过程。研究发现人类膳食中含有大量的抗突变活性成分，如大蒜中的有机硫化物、维生素 E、维生素 A、维生素 C、类黄酮、多糖等。目前发现具有抗突变活性的多糖有人参多糖、波叶大黄多糖、魔芋多糖、枸杞子多糖、紫芸多糖等。

高脂血症是指血液中一种或多种物质成分异常增高的病症，它能直接导致动脉粥样硬化、冠状动脉粥样硬化等心脏病，而后者的死亡率较高，因此积极防治高脂血症具有十分重要的意义。现已发现具有降血脂活性的多糖有海带多糖、褐藻多糖、甘蔗多糖、硫酸软骨素、灵芝多糖、茶叶多糖、紫菜多糖、魔芋多糖等。

研究表明许多多糖对各种病毒如艾滋病病毒（HIV-1）、单纯疱疹病毒、巨噬胞病毒、流感病毒、劳斯肉瘤病毒和鸟肉瘤病毒等有抑制作用。多糖可通过类似的免疫调节机制增强宿主免疫功能，以抵抗病原体的侵袭。如香菇多糖对水疱性口炎病毒感染有显著治疗和预防作用，对阿伯耳氏病毒和十二型腺病毒感染也有效，其抗病毒作用与诱生干扰素和提高 NK 活性有关；酿酒酵母葡聚糖能增强宿主对鼠肝炎病毒的抵抗力，使肝细胞坏死明显减轻，对单纯疱疹病毒、委内瑞拉马脑脊髓炎病毒和 Rift Valley 热病毒也有抵抗作用；甘草多糖对水疱性口炎病毒、腺病毒Ⅰ型、单纯疱疹病毒和牛痘病毒均有明显抑制效应。目前，许多经硫酸酯化的多糖，如香菇多糖、地衣多糖、右旋糖酐、木聚糖的硫酸酯有明显抑制 HIV-1 的活性，其作用机理是干扰 HIV-1 对宿主细胞的黏附作用，抑制逆转录酶的活性。

3.2 抗性淀粉

3.2.1 抗性淀粉的分类和定义

淀粉在植物的根部、块茎、谷物和豆类种子中含量较高，是植物主要的多糖储备物。淀粉生产的原料来源为玉米、小麦、马铃薯、甘薯等农作物，此外栗、稻和藕也用作淀粉生产的原料。淀粉一般由两种葡聚糖即直链淀粉和支链淀粉构成。普通淀粉含 20%～39%的直链淀粉，有些淀粉仅由支链淀粉组成，例如糯玉米、糯大麦、糯米等。它们在水中加热可形成糊状，与根和块茎淀粉（如藕粉）的糊化相似。直链淀粉容易发生“老化”，糊化形成的糊化物不稳定，而由支链淀粉制成的糊是非常稳定的。淀粉具有独特的化学和物理性质及营养功能，在食品工业中淀粉消耗量远远超过所有其他的食品亲水胶体。淀粉是重要的增稠剂、黏合剂，在水果、蔬菜加工中常用于外层涂布和防止发黏及用作稳定剂，大量用于布丁、汤汁、沙司、色拉调味汁、婴儿食品、饼馅、蛋黄酱等。

长期以来，淀粉一直被认为可以为人体完全消化吸收，因为人体排泄物中未曾测得淀粉成分的残留。但是随着研究的深入，一些学者发现有部分淀粉在体外试验中无法被淀粉酶水解，并且在人体小肠中也无法被水解，于是一种新型的淀粉分类方式产生了。Englyst 等人依据淀粉的生物可消化性将淀粉分为三类：快速消化淀粉（ready dige stible starch，RDS）；慢速消化淀粉（slowy digestible starch，SDS）；抗性淀粉（resistant starch，RS）。如表 3-4 所示。其中 RS 不同于前两者，它不能被小肠中的淀粉酶水解，本身或其降解产物能原封不动地到达结肠并被其中的微生物菌群发酵，继而发挥有益的生理作用，因此曾被看作是膳食纤维的组成成分之一。

表 3-4　以抗性为依据的淀粉分类

淀粉类型	举例	在小肠中的消化性
快速消化淀粉(RDS)	刚煮熟的淀粉质食品	快
慢速消化淀粉(SDS)	大部分生的谷物	缓慢但完全
抗性淀粉(RS)	部分碾磨的谷物、种子和豆类、生的土豆、橡胶、高直链淀粉、煮熟后冷却的土豆、面包和玉米片等	抗消化

目前被普遍接受的 RS 的定义是 1992 年 FAO 根据 Englyst 和“欧洲抗性淀粉研究协作网（EURESTA）”的研究得出的，即在正常健康者小肠中不被吸收的淀粉及其降解产物。

RS 目前尚无化学上的精确分类，多数学者根据淀粉来源和人体实验结果（抗酶解性）的不同，将 RS 分为 5 类（表 3-5）。

表 3-5　抗性淀粉的 5 种类型

类型	来源	抗酶作用机制	加工对其影响
RS_1	部分粉碎的谷粒、种子及豆类	封闭于植物细胞内，淀粉酶很难与淀粉颗粒接近	未见提高含量的报道，可减小颗粒尺寸使其降低
RS_2	青香蕉、生马铃薯、生豌豆等	直链淀粉形成 B 型结晶，有极强的抗酶解性	增加直链淀粉比率、热处理提高其含量
RS_3	面包、煮熟冷却的马铃薯、即食早餐谷物	老化的直链淀粉抗酶性强，老化的支链淀粉抗酶性弱	糊化处理、天然淀粉颗粒的分散作用可提高其含量
RS_4	黏大米等基因改造作物	酶抑制剂、基因改造	通过改型可控制其含量在 40%～90%
RS_5	含有淀粉和脂质的谷物和食品	耐膨胀，酶难以进入，较直链淀粉有更强的消化酶抗性	高温处理提高含量

RS_1 称为物理包埋淀粉。它指由于物理屏蔽作用，被封闭在植物细胞壁上，不能为淀粉酶所作用的淀粉颗粒。常见于轻度碾磨的谷类、种子、豆类等食品中。RS_2 称为抗性淀粉颗粒或生淀粉。通常存在于生的薯类、豌豆和青香蕉中。物理和化学分析方法认为，RS_2 具有特殊的构象或结晶结构，对酶具有高度抗性。RS_1 和 RS_2 经过适当加工后仍可被淀粉酶消化。大多数食品在食用前都要经过加热处理（如加热杀菌、煎、炒、烩、蒸等），RS_1、RS_2 大部分会受到破坏，抗性消失，其生理功能所存甚微，所以商业价值不高。RS_3 称为老化淀粉，是凝沉的淀粉聚合物，主要由糊化淀粉经冷却后形成。RS_3 溶解于 KOH 溶液或 DMSO（二甲基亚砜）后，能被淀粉酶水解，是一种物理变性淀粉。RS_3 分为 RS_{3a} 和 RS_{3b} 两部分，其中 RS_{3a} 为凝沉的支链淀粉，RS_{3b} 为凝沉的直链淀粉。RS_{3b} 的抗酶解性更强，而 RS_{3a} 可经过再加热而被淀粉酶降解。RS_3 是最重要也是最主要的 RS，具有很高的商业价值，国内外对其研究最多。RS_1、RS_2、RS_{3a}、RS_{3b} 结构形态见图 3-3 所示。RS_4 称为改性淀粉，主

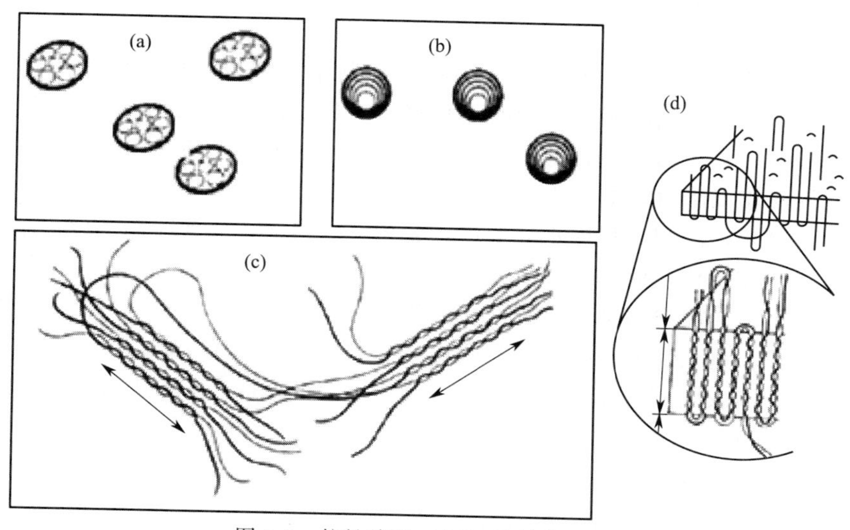

图 3-3　抗性淀粉（RS）的结构形态

(a) RS_1；(b) RS_2；(c) RS_{3b}；(d) RS_{3a}

要由植物基因改造或用化学方法改变淀粉分子结构所产生，如乙酰基淀粉、羟丙基淀粉、热变性淀粉以及淀粉磷酸酯、淀粉柠檬酸酯等。RS_4 是 RS 商品的另一重要来源，也是 RS 研究的新的生长点。RS_5 是直链淀粉与脂质形成的复合物，指直链淀粉的螺旋结构内部非极性区域与脂质的碳氢链之间交互作用形成单螺旋包接结构。当线性的淀粉链与脂质作用形成螺旋结构时，脂质存在于双螺旋的大沟和小沟中，使得直链淀粉的结构发生改变，由平面螺旋变成了三维螺旋，这种复合物不溶于水，且具有热稳定特性，不易与淀粉酶结合。表 3-6 是常见食物中抗性淀粉的含量。

表 3-6 常见食物中抗性淀粉的含量

食　　物	总淀粉干重/%	抗性淀粉/(g/100g 淀粉)	食　　物	总淀粉干重/%	抗性淀粉/(g/100g 淀粉)
面粉	77	1	通心粉	79	5
玉米片	78	3	青豆(冻后煮 5min)	20	5
即食土豆	73	1	豆片	49	6
热熟土豆	74	5	生土豆淀粉	97.5	64.9
青香蕉	75	57	高直链玉米淀粉	96.3	68.8
煮熟香蕉	75	10	工业制造纯抗性淀粉	96.2	72.6

3.2.2 抗性淀粉的抗性机理及其生理功能

3.2.2.1 抗性机理

RS 是一种抗消化性的淀粉。其之所以能抵抗酶的水解，是由于形成聚糖的葡萄糖残基链之间存在较强的氢键之故，该氢键在 155～160℃时具有 40J/g 的焓。RS 在形成过程中会形成有序的结晶区，这种结晶区通常是一种由 6 个 D-葡萄糖作为一个重复单元构成的双螺旋结构，聚合度为 10～100，结晶区的出现会阻止淀粉酶靠近结晶区域的 D-葡萄糖苷键，使得淀粉酶活性基团中的结合部位无法与淀粉分子结合，因此淀粉就不能完全被淀粉酶作用，从而产生抗酶解性。

其中 RS_1 广泛存在于谷物、种子中，因植物细胞壁屏蔽或蛋白质的隔离作用，阻碍了淀粉酶与淀粉的接触，从而阻碍了淀粉的消化降解；RS_2 淀粉颗粒本身是以某种方式构成，能防止消化酶破坏，具有 B 型、C 型的结晶包埋结构，这种特殊的晶体结构使得淀粉酶难以接近淀粉，使淀粉难以降解，如生土豆、未熟的香蕉、高直链玉米淀粉；RS_3 是淀粉颗粒由于受热过度而被糊化，冷却过程中水分子进入淀粉颗粒内部，使淀粉晶体分子结构重排，导致淀粉酶难以进入并消化，此外在回生过程中直链淀粉分子和支链淀粉的长链缠绕在一起形成双螺旋结构，不易与淀粉酶结合，因此使淀粉具有抗消化特性；RS_4 经化学试剂作用能使淀粉改性，在淀粉长链上加入一些化学基团而使消化酶不能断裂交联的化学键；RS_5 是淀粉的长链部分与脂肪酸或脂肪醇结合形成的复合物，具有特殊三维螺旋结构和极好的热稳定性，因此不易与淀粉酶结合。

3.2.2.2 生理功能

抗性淀粉能毫无变化地通过小肠进入大肠，并在大肠中发酵产生短链脂肪酸和其他产物。抗性淀粉属于多糖类物质，从功能性来看一般被视为膳食纤维，对人体健康有益，但与膳食纤维仍有所不同。

（1）抗性淀粉与血糖 高抗性淀粉饮食与低抗性淀粉饮食相比，具有较少的胰岛素反应，这对糖尿病患者餐后血糖值有很大影响，尤其对于非胰岛素依赖型患者，经摄食高抗性淀粉食物，它在进食后吸收的速率要比葡萄糖低，从而使进食后胰岛素及葡萄糖的升高减慢，可延缓餐后血糖上升，将有效控制糖尿病病情。

（2）抗性淀粉与肠机能失调及结肠癌发病率 抗性淀粉能增大粪便体积，这对于预防便秘、肠憩室病和肛门-直肠机能失调是很重要的。此外，抗性淀粉还有助于稀释致癌的有毒物。抗性淀粉不论类型皆不被小肠吸收，但能为肠内菌发酵利用而产生短链脂肪酸。与直肠癌防治密切相关的短链脂肪酸——丁酸（butyric acid），其经肠内菌发酵作用获得的产量以抗性淀粉为最多，所以抗性淀粉为体内丁酸良好来源。

（3）抗性淀粉与体重控制 抗性淀粉对体重的控制来自两方面：一为增加脂质排泄，减少热量摄取；另一为抗性淀粉本身几乎不含热量。已有明确的证据证明抗性淀粉对人体体重控制有作用。经选择的高抗性淀粉含量的谷物食品可以通过某种与增加脂肪排泄有关的机制对能量平衡产生影响，从而控制体重。

（4）减少血清中胆固醇和甘油三酯 以不同抗性淀粉含量的饮食进行动物试验，发现高抗性淀粉含量的饮食可减低血中总胆固醇（TC）与甘油三酯（TAG），其原因为血中总胆固醇值降低是因抗性淀粉可有效增加胆固醇与胆酸的排出，且减少吸收并降低胆固醇合成；甘油三酯的减低则因脂质吸收与脂肪酸合成减少有关。

（5）抗性淀粉对蛋白质代谢和矿物质吸收的影响 氨是大肠微生物发酵含氮物质的重要产物。氨可被用来合成微生物蛋白。RS 的发酵降低了氨的浓度，RS 在结肠中的发酵可支持微生物的增殖。同时，RS 可作为微生物的碳源，有利于合成微生物蛋白，从而减少了不消化蛋白质腐败产生酚、胺类和吲哚等物质。此外，持续不断的葡萄糖供应能够增加直接利用的葡萄糖数量，从而提高葡萄糖的利用效率，减少氨基酸用于氧化供能，达到节约氨基酸的作用。而且这种血糖长期维持在较高的水平，就会使得肝脏糖原异生作用相对减弱，氨基酸用于糖异生的数量减少，用于蛋白质合成的数量增多，因而蛋白质沉积增加。近年来动物试验表明，RS_2 能促进钙、镁的吸收。同时，由于结肠发酵，降低了 pH 值，从而可提高其他矿物质的吸收。生的土豆淀粉和高直链玉米淀粉可提高大鼠矿物质的沉积。生土豆淀粉可增加肠道对 Ca^{2+}、Mg^{2+}、Fe^{2+}、Zn^{2+} 和 Cu^{2+} 的吸收，其原因是促进盲肠壁的生长及对其中酸度的影响。

（6）抗性淀粉作为益生元 抗性淀粉作为益生元在结肠内发酵可以产生对宿主有益的产物，如丁酸等短链脂肪酸。RS_3 可以促进双歧杆菌在胃肠道中的生长和繁殖，此外高直链玉米淀粉可以提高双歧杆菌在酸性条件下的存活率。由于抗性淀粉可以完全通过小肠，因此可以将其作为益生菌的生长基质促进有益细菌（如双歧杆菌）的生长。抗性淀粉作为益生元被添加到功能食品中，主要有以下 3 种应用：①作为乳酸菌和双歧杆菌的发酵底物来提供能量；②作为膳食纤维的成分对寄主产生有益的生理作用；③作为微胶囊材料提高食品的稳定性。

（7）抗性淀粉降低胆结石的形成 快速消化淀粉被人体消化吸收后能够促进胰岛素大量分泌，而胰岛素的分泌又会促进胆固醇的合成，从而诱导胆结石的发生。抗性淀粉可以通过降低胆结石的发生，从而减少胆结石的发病率。在中国和印度，居民饮食的膳食纤维中抗性淀粉的摄入量是美国、澳大利亚的 2～4 倍，研究表明这 4 个国家胆结石的发病率有明显差异。

3.2.3 抗性淀粉形成的影响因素

食物体系十分复杂，其组成包括淀粉、蛋白质、小分子糖和无机矿物质等，它们对 RS 的形成均有影响。除此之外，加工条件对 RS 的形成也有影响。

3.2.3.1 淀粉结构特点对抗性淀粉形成的影响

(1) 直链淀粉与支链淀粉的比例对抗性淀粉含量的影响 抗性淀粉 RS_3 是经过淀粉糊凝沉而来的。直链淀粉/支链淀粉的比例大小对抗性淀粉的形成有显著影响。一般来说，比值大，抗性淀粉含量越高，这是因为直链淀粉比支链淀粉更易凝沉。加热再冷却处理的淀粉所产生的抗性淀粉会随着淀粉分子中的直链淀粉含量的增加而增加。直链淀粉在 RS 形成过程中发挥了非常重要的作用。

RS_3 主要是由凝沉的直链淀粉形成的，凝沉的支链淀粉在 24 h 内几乎完全水解。支链淀粉的分支部分可以形成双螺旋并进一步形成有序的三维结构，但这些支链的聚合度只有 14～18，RS 长度会受到限制。凝沉的支链淀粉熔化温度较低（65℃），因此可能不会形成高抗性 RS 片段（在 100℃条件下不被酶水解）。

(2) 淀粉颗粒大小及聚合度和链长对抗性淀粉形成的影响 不同来源的淀粉粒其大小亦有差异，其中马铃薯淀粉粒平均直径较大，约为 100μm，而豌豆、小麦和玉米淀粉粒度相对较小，平均直径 20～30μm，所以，前者与后者的比表面积相差约 20 倍。假设淀粉酶的作用发生在淀粉粒的表面，这必然会导致在同样条件下马铃薯淀粉水解速率低于其他淀粉。和淀粉粒度一样，淀粉分子的链长也会影响抗性淀粉的形成。经研究发现平均聚合度在 40～610 的淀粉，分子平均聚合度越小，其抗性淀粉含量越低，且平均聚合度还与抗性淀粉的聚合度（19～26）和淀粉粒的结构有关。X 射线衍射分析发现抗性淀粉粒有 A、B、C 三种衍射图形，其中 B 型的抗性最强。

(3) 淀粉晶体结构对抗性淀粉形成的影响 X 晶体衍射和差量扫描分析证实 B 型晶体结构包埋的片段扩大了淀粉晶体结构。RS 的一个重要来源是包埋于植物细胞和组织中的天然 B 型晶体淀粉和高直链淀粉含量的淀粉。任何破坏淀粉晶体结构（如凝胶）或细胞及组织分解（粉碎）的加工方式都会提高淀粉酶的作用效能从而降低 RS 含量，而利用重结晶和化学修饰法改变淀粉的晶体结构，可增强淀粉的抗酶解性，提高 RS 含量。

3.2.3.2 食品中其他物质对抗性淀粉形成的影响

(1) 蛋白质对抗性淀粉含量的影响 经研究发现蛋白质对淀粉粒有严格的保护，只有将这些蛋白质去除后，淀粉粒才能发生凝沉。小麦制品有相当数量的淀粉被蛋白质所包裹。已证实不同来源的淀粉都有此现象。但上述研究都是对谷物中自身所含蛋白质而言的，当有外源蛋白质添加物添加于面粉中时也会对淀粉凝沉产生影响，淀粉凝沉时会在直链淀粉分子之间形成氢键，外加蛋白质也能与直链淀粉分子形成氢键而使淀粉分子被束缚，从而抑制了直链淀粉的凝沉，降低了食物中的抗性淀粉含量。

(2) 脂质对抗性淀粉形成的影响 经研究证实在谷类食物中加入橄榄油时，会使其中的抗性淀粉含量降低。单甘酯可与直链淀粉形成复合物从而竞争性地抑制由于直链淀粉分子间相互复合而导致的淀粉凝沉，用 X 射线衍射分析可证实直链淀粉-单甘酯复合物的存在。同时也发现磷脂酰胆碱（LPC）、硬脂酸乳酸钠（SSL）和羟基卵磷脂（OHL）与直链淀粉相互作用在 95～110℃时会形成直链淀粉-脂质复合物。其他脂质如磷脂、油酸和大豆油都会使抗性淀粉含量降低，但其降低幅度远不及单甘酯。马铃薯直链淀粉与油酸复合物的抗性非常高，但在马铃薯直链淀粉中同时加入油酸和十二烷基磺酸钠则又会使抗性淀粉的含量降低。进一步发现抗性淀粉中脂类物质不是以络合物形式存在，只是附着于未降解的淀粉物质上。谷物淀粉中含有少量脂肪，它可与淀粉分子发生络合。脂类物质与直链淀粉分子结合成络合物后对淀粉膨胀、糊化和溶解有强抑制作用，因此会对淀粉的抗性产生影响。直链淀粉与脂肪的络合物能够明显降低体外模型α-淀粉酶对淀粉的水解利用率，羟基卵磷脂（OHL）与淀粉的络合物会促进直链淀粉的重结晶过程，即有利于抗性淀粉形成。

(3) 可溶性糖对抗性淀粉形成的影响 可溶性糖是食品中常用的甜味剂，如葡萄糖、麦芽糖、蔗糖和核糖等。在谷类食物中添加可溶性糖可降低糊化淀粉的重结晶程度，导致抗性淀粉含量降低。可溶性糖抑制糊化淀粉凝沉的机理被认为是可溶性糖分子与淀粉分子链间的作用改变了淀粉凝沉的基质，即可溶性糖作为抗塑剂而使食品玻璃化转变温度升高。但同时发现高蔗糖添加量虽然使小麦淀粉的抗性淀粉含量显著降低，但却会导致高直链玉米淀粉抗性淀粉含量增加。

(4) 其他食品成分对抗性淀粉形成的影响 一些食品微量营养素，如钙离子、钾离子对抗性淀粉形成也有很大的影响，在糊化淀粉糊中添加金属离子可使淀粉凝沉后形成的凝胶中抗性淀粉含量降低，这可能是因为淀粉分子对这些金属离子的吸附抑制了淀粉分子间的氢键形成。添加瓜尔豆胶会降低 RS 含量。可溶性纤维素（果胶等）、不溶性纤维素（木质素和纤维素）的存在都能使抗性淀粉含量降低，但降低的幅度很小。多酚类物质会大大降低淀粉的生物可利用性，这方面植酸的影响远大于儿茶素。这是因为它们对淀粉酶活性的抑制作用有别。但研究多酚类物质对抗性淀粉形成的结果却表明儿茶素使抗性淀粉含量降低的幅度比植酸大。当添加酵母提取物和乳酸时也会对抗性淀粉形成有影响，发现添加乳酸能促进抗性淀粉形成而添加酵母提取物对抗性淀粉形成无明显影响。

3.2.3.3 加工条件对抗性淀粉形成的影响

(1) 温度对抗性淀粉形成的影响 直链淀粉的凝沉结晶主要包括 3 个阶段：①成核；②结晶增长；③结晶的形成。整个结晶过程主要取决于成核与结晶增长的速率，而这两个过程明显地受到温度的影响。低温时成核速率大，结晶增长速率小，而高温时则相反。经过充分糊化的小麦淀粉分别在 0℃、68℃、100℃的温度下保藏，其产生的抗性淀粉的量随贮存温度增加而增加（4%、6%、10%）。回生直链淀粉的链长受温度影响，回生温度高，回生淀粉链长短，熔晶温度较高。而水是常用的增塑剂，它的玻璃化转变温度为－135℃，会大大降低淀粉的玻璃化转变温度，导致不同浓度的淀粉液具有不同的玻璃化转变温度，淀粉必须在玻璃化转变温度和晶体熔解温度之间保持一致，才能在溶液中形成结晶。考虑到晶核形成的温度比玻璃化转变温度略高，如果能在淀粉回生前测出其玻璃态，则淀粉回生温度的选择与浓度相关，淀粉浓度低回生温度就低，浓度高则回生温度高。可以控制回生温度而提高 RS 含量。

(2) 冷热循环处理的次数对抗性淀粉形成的影响 加热/冷却处理的次数对抗性淀粉形成影响很大，随着次数的增加抗性淀粉形成量也增加。对玉米直链淀粉、大麦淀粉、扁豆淀粉、豌豆淀粉糊进行加热/冷却处理，当加热/冷却次数增至 2 次时，抗性淀粉的形成就明显地增加。经过 3 次加热/冷却处理后，玉米直链淀粉中抗性淀粉含量由 9%增至 19%，其他种类淀粉也由 6%～8%增至 9%～14%。其原因是加热/冷却处理有助于淀粉分子的有序化和凝沉作用。

(3) 辐照处理对抗性淀粉形成的影响 淀粉受辐照后，晶体颗粒结构被破坏，结晶度下降，部分化学键解离，大分子被剪切成小分子，导致淀粉的黏滞性、膨胀性、可溶性以及胶稠度和糊化温度等特性改变。在淀粉颗粒晶体模型中，支链淀粉构成了晶体的骨架，直链淀粉位于无定形区。低直链淀粉品种中支链淀粉极易成为辐照的"靶点"，外侧的长链断裂，导致直链淀粉含量降低；高直链淀粉品种中由于少量长直链被剪切成几条较长的链或直链淀粉-脂肪复合体的解离，导致直链淀粉含量略微升高。

3.2.4 抗性淀粉的制备

有关抗性淀粉制备研究，国外近十年来发展较快，研究非常活跃，而国内则处于刚起步阶段。

3.2.4.1 RS_1 和 RS_2 的制备

很多文献指出减小淀粉颗粒的尺寸可降低 RS_1 的生成量，但很少有资料研究通过何种方法来提高 RS_1 的生成量。由于 RS_1 具有酶抗性是由于酶分子很难与淀粉颗粒接近，并不是由于淀粉本身具有酶抗性。理论上来说，任何一种淀粉都可以以某一种方式包裹在食品中而酶分子无法与淀粉接触。但是对于 RS_1 来说，如果它是食品生产中某种成分的一部分，其最后生成量取决于生产过程中包埋物质的稳定性。对于 RS_2 来说，天然淀粉如马铃薯淀粉、香蕉淀粉都是很难消化的，但关于对这些品种进行特定的培育以提高或降低抗性淀粉含量的资料很少。由于大多数马铃薯淀粉被蒸煮食用，而成熟的香蕉仅含少量淀粉，因此从这些品种淀粉得到 RS_2 从某种程度上来说比较珍贵。从不同遗传型玉米突变株得到的高直链玉米淀粉（HAMS）是一种不容易消化的淀粉。

HAMS 是一个或多个胚乳突变的结果，它改变了淀粉的特性，且改变了淀粉中的直链淀粉和支链淀粉比例。胚乳突变产生 HAMS 大都含有 amylose-extender（ae）基因，并且 ae 型玉米淀粉中的直链淀粉所占比例会随背景基因的不同而有很大差异。为改变直链淀粉的含量而进行淀粉培育品种选择是调节 RS 含量的一种有效方法。而通过加工得到 RS_2 的方法研究得很少。

3.2.4.2 抗性淀粉 RS_3 的制备

传统的 RS_3 制备方法是以高直链玉米淀粉为原料，采用高压湿热、挤压、煮沸、微波转化和加热-冷却等方法，将一定浓度的淀粉悬浮液充分糊化后再进行老化处理制得。糊化的目的是破坏淀粉颗粒的分子序列，使直链淀粉从颗粒中溶出。老化的目的是使自由卷曲的直链淀粉分子相互靠近，通过分子间氢键形成双螺旋，许多双螺旋相互叠加形成许多微小的晶核，晶核不断生长、成熟，成为更大的直链淀粉结晶，直链淀粉结晶区的出现会阻止淀粉酶靠近淀粉结晶区域的 α-1,4-葡萄糖苷键，并阻止淀粉酶活性中心的结合部位与淀粉分子结合，从而赋予了直链淀粉结晶抗淀粉酶消化的能力。因此，有助于淀粉糊化和老化的处理方法均有利于抗性淀粉的生成。虽然 RS_3 主要是由于直链淀粉凝沉作用产生的，但支链淀粉可促进 RS_3 的形成。凝沉的支链淀粉在加热到 100℃时会被完全破坏。直链淀粉与支链淀粉的分散与冷却相互影响。尽管通过这种相互作用可得到 RS_3，但这种 RS_3 在 100℃时是不稳定的。即淀粉糊经冷却后，淀粉分子在靠近分子链的末端区域相互缠绕发生双螺旋结构，并使得原来杂乱无章的淀粉分子链进一步延伸，延伸的分子链再发生折叠卷曲，更有利于分子上的羟基相互作用形成螺旋之间的氢键，从而形成紧密的螺旋与螺旋间聚集体，导致结晶区的形成。

制备过程中采用酶、挤压膨胀、微波和超声波进行糊化和脱支处理等，可明显增加成品中抗性淀粉含量。最常用的酶是普鲁兰酶，它能切开支链淀粉分支点的 α-1,6-糖苷键，从而使淀粉的水解产物中含有更多的游离直链淀粉分子。在淀粉的老化过程中，更多直链淀粉双螺旋相互缔合，形成高抗性的晶体结构。也有报道用普鲁兰酶及 α-淀粉酶复合处理原淀粉溶液，α-淀粉酶属于内切酶，切割淀粉分子间的 α-1,4-糖苷键，由于 α-淀粉酶水解淀粉的速度比较快，所以要控制 α-淀粉酶的作用时间，用来产生链长度均匀且长度适中的淀粉分子，又由于水解后的淀粉分子含有许多支链结构，所以要通过普鲁兰酶的脱支处理用来产生长度均一的脱支分子片段，这有利于分子相互缔合成高含量的抗酶解淀粉分子。

3.2.4.3 抗性淀粉 RS_4 的制备

为了适应各种使用的需要，需将天然淀粉经物理、化学或酶处理，使淀粉原有的物理性质发生一定的变化，如水溶性、黏度、色泽、味道、流动性等，这种经过处理的淀粉总称为改性淀粉（modified starch），即上文提到的 RS_4。物理改性是指合成塑料或天然聚合物与淀粉胶液直接共混，以提高其应用性能。共混前将淀粉微细化，通过挤压机破坏淀粉结构或添加偶联剂、增塑剂、结构破坏剂（如水、尿素、碱金属氢氧化物或碱土金属氢氧化物）等添加剂，以增强淀粉和合成塑料或天然聚合物的相容性。当用化学或酶等方法改变了淀粉的化学结构，所得到的改性淀粉称为化学改性淀粉。酶改性主要通过水解酶、异构酶和合成酶等处理淀粉。目前，化学改性淀粉的种类较多，如可溶性淀粉、氧化淀粉、交联淀粉、酯化淀粉、醚化淀粉和接枝淀粉等。

3.2.4.4 抗性淀粉 RS_5 的制备

RS_5 是淀粉与脂质之间发生相互作用，直链淀粉和支链淀粉的长链部分与脂肪醇或脂肪酸结合而形成的复合物，故又称为“淀粉-脂质/脂肪酸复合物”。

由于支链淀粉具有较短的侧链和较低的聚合度及其高度分支结构的空间位阻作用，配体与其结合的能力远远低于直链淀粉，且复合物很难被 X 射线衍射和红外光谱等研究手段检测出，故目前淀粉-脂肪酸复合物的研究对象主要集中于直链淀粉。直链淀粉-脂肪酸复合物形成的基本过程：在外在条件（如热处理、高压、溶剂等）并有水存在，淀粉颗粒发生溶胀并破裂，直链淀粉从淀粉颗粒中溢出；直链淀粉螺旋结构内部的非极性区域与脂肪酸疏水性碳链发生相互作用，形成左手单螺旋结构，直链淀粉与脂肪酸复合产生具有一定热力学稳定性的 V 型晶体。其形成过程示意图见图 3-4。

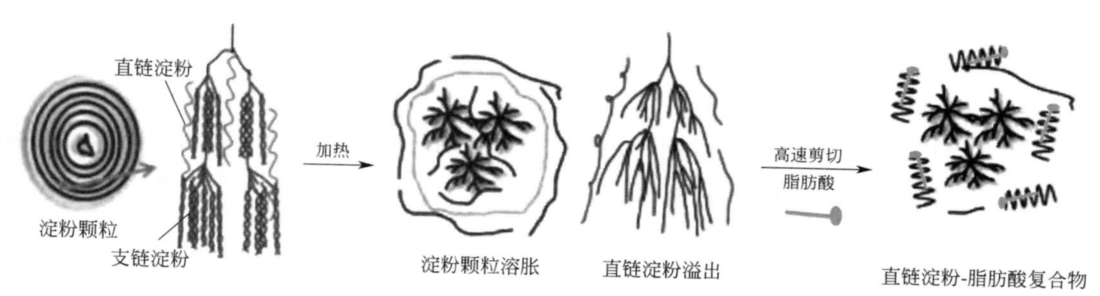

图 3-4 直链淀粉-脂肪酸复合物形成过程示意

淀粉-脂肪酸复合物的制备，通常先采用不同的方法处理淀粉，使淀粉颗粒破碎，直链淀粉溢出，然后与添加的脂肪酸作用形成复合物。淀粉-脂质复合物通常是将淀粉和油脂混合后采用加热、加压或蒸煮法处理，使淀粉与油脂重组形成复合物。其制备方法如下。

(1) 二甲基亚砜溶剂法 二甲基亚砜是一种具有较大偶极距和高介电常数的油状液体，由于其广泛用于医药、表面清洗剂、萃取剂、电化学和聚合物溶剂而被誉为万能溶剂。利用二甲基亚砜极强的溶解性，将淀粉和脂肪酸均匀溶解并发生相互作用可制备直链淀粉-脂肪酸复合物，此方法制备的直链淀粉-脂肪酸复合物悬浮液，不需要加热处理，并可通过超声和均质处理减小复合物尺寸，提高其在溶液中的分散性及贮藏稳定性。Seo 等将高直链玉米淀粉溶于二甲基亚砜溶剂制备成悬浮液，并将溶于乙醇的亚油酸添加到淀粉悬浮液中，分别在不同的反应条件下制备直链淀粉-亚油酸复合物。实验结果表明，在不同的条件下，亚油酸的回收率不同，在中性 pH 条件下反应 6 h，亚油酸的回收率达最大，有 67.7%的亚油酸与淀粉结合形成复合物。经 X 射线衍射分析，直链淀粉-亚油酸复合物呈 V6 Ⅰ 晶体结构。

(2) 碱溶法 淀粉与脂肪酸溶解在一定浓度的 KOH 溶液中，加 HCl 中和后，将混合物缓慢冷却过夜后即可得 V 型直链淀粉-脂肪酸复合物。Marinopoulou 等采用碱溶法将直链淀粉溶于 KOH 溶液中搅拌并加热到 95℃，至淀粉完全溶解后，冷却到不同温度（30℃、50℃、70℃），脂肪酸与淀粉的处理相似，之后将淀粉和脂肪酸溶液均匀混合并调节 pH 值至 4.6，最后离心分离复合物。研究结果表明，复合物的形态是独立于无定形区的层状结构，傅里叶变换红外光谱（FTIR）分析表明，当脂肪酸与淀粉结合成复合物时，羰基吸收峰发生转变。

(3) 高静水压技术 高静水压是一种新型的食品杀菌技术，同时也能改善食品的质构，它可以使食品结构变得致密且内部分子作用力如氢键、离子键和疏水相互作用等发生改变。高静水压可用于制备非热改性淀粉，能形成致密的淀粉凝胶网络结构，降低淀粉老化，改变淀粉的黏弹性和消化性，同时也可用于淀粉-脂质/脂肪酸复合物的制备。在高压处理过程中，淀粉破裂，直链淀粉释放，促使单螺旋结构及淀粉-脂质/脂肪酸复合物的形成，后经冻干过筛处理可制得颗粒态的复合物。

研究使用高静水压制备莲藕直链淀粉和 3 种长链脂肪酸的复合物，复合物的晶体结构为 V6 型，结晶度和复合指数值随制备压力的增加而降低，且在所有的处理条件中直链淀粉-油酸复合物的相对结晶度和复合指数值最高。采用高静水压方法制备莲子直链淀粉-脂肪酸复合物并研究复合物的结构和热力学特性，结果表明，该方法制备的复合物结构更紧密，且具有较少的无定形区，在不同的压力条件下，复合物随脂肪酸的链长的增加表现出不同的特性。

(4) 高压均质法 近些年，高压均质技术由于其环境友好和低能耗等优点成为一种新兴的淀粉-脂质/脂肪酸复合物的制备方法。高剪切力使脂质和脂肪酸分散均匀，加强了复合效率，同时高压均质过程中产生的高压、机械剪切力、空穴作用和湍流能量使淀粉颗粒破裂且分子量减小。高压均质法可制备较小尺寸的颗粒复合物。Chen 等采用高压均质法（70～100 MPa）制备淀粉-单硬脂酸酯复合物并研究了复合物的结构和流变学特性，结果表明，均质高压破坏了支链淀粉分支结构，使复合物的分子量和分子尺寸减小；此外，淀粉-脂质复合物出现了新的黏度峰，且黏度变化与均质压力有关。Meng 等采用高压均质法（0～100MPa）制备玉米淀粉-硬脂酸复合物，在不同的硬脂酸添加浓度（0.5%～8%）和不同的压力条件下研究复合物的黏度、热力学等方面的特性，实验结果表明，随着硬脂酸添加量和均质压力的增加，复合系数逐渐增加，并且在添加 4%的硬脂酸和 100 MPa 压力条件下复合率最高，达 60%。

(5) 微流化法 动态高压微流化法（dynamic high pressure microfluidization，DHPM）作为一种新型的技术广泛应用在化工和制药领域，流体携带固体颗粒在高剪切压（200 MPa）下快速（小于 3 s）通过微通道反应室，DHPM 降低了聚合物的分子量并且重新组装大分子。直链淀粉由于其线性分子链的特征更有利于淀粉-脂质/脂肪酸复合物的形成。该技术不使用有机溶剂，不破坏热敏性分子，特别适用于食品工业。

使用DHPM法制备莲子淀粉和不同链长的脂肪酸复合物，并对其晶体结构和消化性进行分析，研究表明，莲子淀粉-辛酸复合物的复合率最高（86.3%），并且随脂肪酸链长降低，其晶体结构由V6Ⅱ到V6Ⅰ型转变。

（6）蒸煮法 蒸煮法包括蒸汽喷射蒸煮法和挤压蒸煮法。淀粉和脂质/脂肪酸混合并分散均匀后，以蒸汽喷射或模具口挤压的方式使其形成淀粉-脂质/脂肪酸复合物。在这一过程中，高压蒸汽或挤压口产生高温和高压剪切力导致淀粉颗粒破碎并与脂质/脂肪酸均匀混合，脂质/脂肪酸包裹在淀粉内部形成淀粉-脂质/脂肪酸复合物。脂质可以选用动植物油或乳化剂等，这种方法可以实现复合物的工业化生产，但其高温高剪切力对不饱和脂肪酸会产生不良影响。

Garzóna等采用蒸汽喷射蒸煮法制备小麦粉/蜡质玉米淀粉-大豆棉籽油复合物，出口压力275.8kPa（140℃），蒸气压448.2kPa（155℃），泵流速1L/min，淀粉与油脂的质量比为100∶40，并分析了复合物的糊化性质。D. E. Pilli等采用挤压蒸煮法制备米淀粉-油酸复合物并比较了游离脂肪酸和真实的含脂食品与米淀粉形成复合物的差异，结果表明，复合物的形成与水分含量密切相关，并且食品中的其他组分也会影响淀粉-脂质复合物的形成。

（7）水热处理法 水热处理通常包括两种：湿热处理（heat-moisture treatment，HMT）和热处理（annealing，ANN）。

HMT是一种重要的物理改性方法，通常指淀粉在低水分含量（质量分数<30%）和较高的温度下处理，其温度高于玻璃化转变温度，低于糊化温度。ANN通常在较高的水分含量（>70%）和较温和的低温下处理。由于热能和水分的共同作用，一方面使淀粉分子发生降解，直链淀粉含量增加，促使直链淀粉与脂肪酸复合物的形成；另一方面淀粉颗粒溶胀易与油脂混合，形成淀粉-脂质复合物。

黄强等采用水热法制备淀粉-脂质复合物，将黄油、棕榈油、大豆油等食用油脂与小麦淀粉按质量比1∶5共混，然后分别对其进行热处理制备淀粉-油脂复合物，并对复合物性质进行研究，结果表明，淀粉与油脂复合后，其结晶结构由A型转变为A+V型，其中棕榈油更易与小麦淀粉形成稳定的复合物。Mapengo等采用HMT和ANN法制备玉米淀粉和硬脂酸复合物，并比较上述两种方法制备的复合物的糊化特性，结果表明，HMT法制备的玉米淀粉-硬脂酸复合物有更高的黏度，而ANN法制备的玉米淀粉-硬脂酸复合物糊化性能与原淀粉相比无显著性差异。Exarhopoulos等采用热处理法制备淀粉-脂肪酸复合物，第一种模式是将不同链长的脂肪酸溶液添加到固体淀粉颗粒中，均匀混合后加热制备直链淀粉-脂肪酸复合物；第二种模式是将淀粉溶于水中加热成糊状，再添加一定量的脂肪酸溶液，混合均匀继续加热制备出淀粉-脂肪酸复合物。实验结果表明，直链淀粉-脂肪酸复合物的形成发生在糊化过程中，糊化后的淀粉分子链更伸展，更容易与脂肪酸复合，并且复合物的结晶度与加热温度、脂肪酸链长和淀粉成分有密切关系。

3.3 甲壳素、壳聚糖及其衍生化

3.3.1 甲壳素、壳聚糖及壳寡糖概述

甲壳素是自然界除蛋白质外数量最大的含氮天然有机高分子，是由2-乙酰氨基-2-脱氧-

D-葡萄糖通过β-(1→4) 糖苷键连接成的直链多糖，其结构与纤维素相似（图 3-5），不同之处在于 2-位上是乙酰氨基而不是羟基。甲壳素广泛存在于自然界，如甲壳纲动物虾和蟹的甲壳、昆虫的外壳、真菌的细胞壁及植物的细胞壁中，每年生物合成量 100 多亿吨，远远超过其他的氨基多糖，是仅次于纤维素的天然高分子化合物（约为纤维素的 1/3），是一种十分丰富的自然资源。

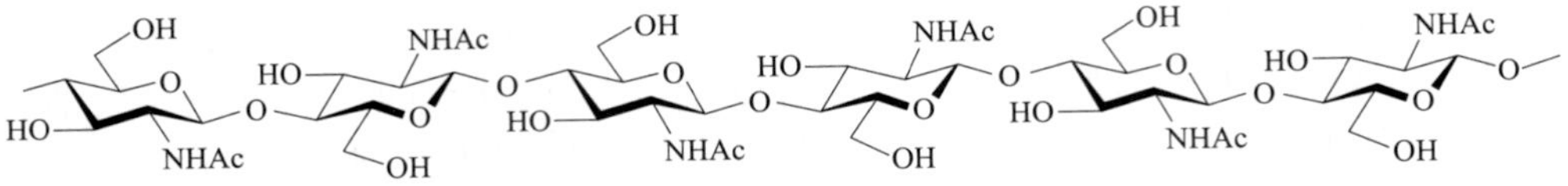

图 3-5 甲壳素的结构式

1991 年，美国、欧洲的医学界和营养食品研究机构将甲壳素称为继蛋白质、脂肪、糖、维生素、矿物质之后的人体健康所必需的第六大生命要素。甲壳素作为功能性健康食品，完全不同于一般营养保健品，具有增强免疫、抗衰老、调节生理机能等各种生理活性。甲壳素是第一个实际应用的产品，也是在日本第一个被批准的“功能性食品”。但由于甲壳素在分子内和分子间形成很强的氢键，而氢键的存在使甲壳素不溶于水、碱、一般的酸和有机溶剂，只溶于部分浓酸，因此甲壳素是依靠人体胃肠道中的甲壳素酶、溶菌酶等的作用部分分解，吸收率较低，服用量较大，产生的服用反应也高达 70%以上。对甲壳素进行化学处理，脱掉其中的乙酰基，就变成了壳聚糖。

壳聚糖（chitosan）是甲壳素的衍生物（图 3-6），化学名称为聚葡萄糖胺（1→4)-2-氨基-β-D-葡萄糖。甲壳素通过强碱水解或酶解后脱去分子中部分或全部 *N*-乙酰基，转变成壳聚糖，其溶解性能得到极大的改善，因此壳聚糖还可称为可溶性甲壳素或脱乙酰甲壳素或壳多糖。一般而言，脱去 55%以上 *N*-乙酰基的甲壳素可称为壳聚糖，但作为有工业价值的壳聚糖要求脱乙酰基度必须大于 70%。壳聚糖可以溶于稀酸，比甲壳素易于工业应用。但是甲壳素和壳聚糖都是大分子，分子量在几十万到几百万，都不溶于水。目前主要以虾、蟹壳作为生产壳聚糖的原料，但微生物菌体特别是真菌菌丝体中含有大量的壳聚糖，也可作为生产壳聚糖的原料。壳聚糖是一种具有生物可降解性、生物相容性以及无毒等优点的阳离子多糖。壳聚糖中带正电荷的基团可以和带有负电荷的物质相互作用，形成三维网状结构。壳聚糖具有良好的成膜性、抗菌性、抗凝血和促进伤口愈合的作用，以及抗癌活性和抗肿瘤作用。因此，在农业、材料、医药、食品、化妆品、环境保护等多个领域都有广泛的应用。但由于壳聚糖的分子链上分布着大量的羟基、氨基及 *N*-乙酰氨基等，这些基团之间的相互作用使壳聚糖上存在大量的分子内及分子间氢键，同时还存在着由于分子链规整排列形成的晶区，氢键及晶区的存在使壳聚糖只能溶于酸性溶液，很难溶于水和有机溶剂。壳聚糖有限的溶解性限制了壳聚糖在很多方面的应用，因此，近年来壳聚糖的化学改性引起广泛关注，壳聚糖的改性能提高壳聚糖的溶解性和稳定性，增大其作为生物高分子材料的多样性。

甲壳素经脱乙酰基处理得到壳聚糖，再经过进一步降解，就成为壳寡糖。利用壳聚糖为原料，把壳聚糖降解为小分子，就是壳寡糖。其分子质量在 3000 Da 左右，聚合度为 2～20。因此壳寡糖本身是一种混合物，里面有单糖一直到壳十糖，每一种糖类都有其一定的功能性。

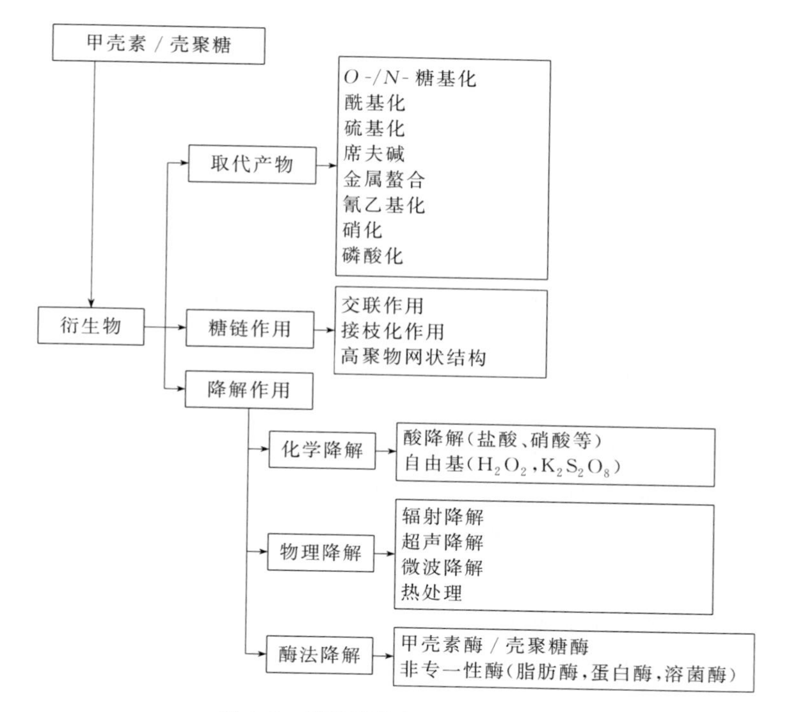

图 3-6 壳聚糖的衍生化方法示意

壳寡糖可以直接溶于水，水溶性大于 99%，人体吸收率约为 99.88%，服用量和服用后反应大为减少，可直接参与人体的生理调节，效果比壳聚糖更为显著，具有许多优于高分子量壳聚糖的功能。而壳聚糖则要通过人体的生物酶降解先得到部分小分子量的壳寡糖，一般情况下，降解比例为 1%～5%，其余 95%的壳聚糖则通过人的肠道系统而排出，所以壳寡糖增加机体免疫功能比壳聚糖更强。分子质量低于 5000Da 的壳寡糖能阻碍病原菌生长繁殖，促进蛋白质合成，活化植物细胞，从而促进植物快速生长。

壳寡糖的众多功能表明了它是寡糖家族中的另类，壳寡糖是已发现寡糖中唯一呈碱性、带正电荷的寡糖，这个特点也决定了它是唯一可以被肠道吸收进入血液循环的寡糖，而经血液循环到达全身各部位正是其发挥其他众多生物功能的基础。

壳寡糖被肠道吸收的前提是不被消化酶消化，壳寡糖是由氨基葡萄糖以 β-1,4-糖苷键连接而成的聚合体，而人类胃肠道中的消化酶主要作用于 α-1,4-糖苷键，所以壳寡糖在胃肠道中可以保持结构的完整性。

3.3.2 壳聚糖的化学改性

早在 1979 年，Allan 等就首次提出了壳聚糖的抗菌性问题，研究发现壳聚糖对各种细菌、酵母和真菌均具有抗菌活性。天然壳聚糖作为食品用抗菌剂时，由于其自身抗菌活性不够强且需在酸性溶液中才能溶解，从而在很大程度上限制其在食品抗菌保鲜中的应用。目前，国内外的研究主要是通过对壳聚糖进行化学改性以改善其溶解性以及提高其抗菌活性，有些经过化学改性能够同时改善壳聚糖的溶解性和抗菌性。

3.3.2.1 酰化反应

通过向甲壳素或壳聚糖分子中导入不同分子量的脂肪族或芳香族酰基基团（图 3-7），得到壳聚糖的酰基化产物，其在有机溶剂中的溶解度可大大提高。壳聚糖通过与酰氯或酸酐反应，在大分子链上导入不同分子量的脂肪族或芳香族酰基。酰化反应可在羟基（*O*-酰化）或氨基（*N*-酰化）上进行。酰化壳聚糖中酰基破坏了大分子间的氢键，改变了晶态结构，提高了壳聚糖的溶解性。

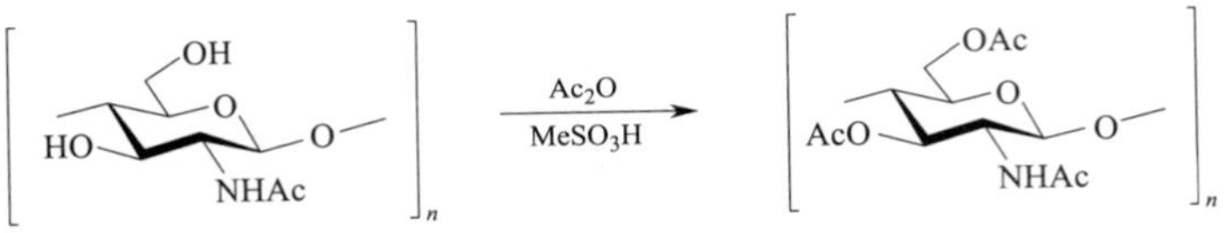

OH
HO O O
NHAc
n
Ac_2O
$MeSO_3H$
OAc
AcO O O
NHAc
n

图 3-7　甲磺酸中甲壳素的酰基化反应

3.3.2.2　烷基化反应

烷基化反应可以在壳聚糖羟基（*O*-烷基化）上进行，也可以在壳聚糖的氨基（*N*-烷基化）上进行，其中 *N*-烷基化反应较易发生。用不同碳链长度的卤代烷对壳聚糖进行改性，可制备乙基壳聚糖、丁基壳聚糖、辛基壳聚糖和十六烷基壳聚糖。壳聚糖引入烷基后，分子间氢键被显著削弱，因此烷基化壳聚糖易溶于水；但是如果引入的烷基链太长，则其衍生物会不完全溶于水，甚至不完全溶于酸性水溶液。

3.3.2.3　带糖支链的壳聚糖衍生物

1-脱氧-1-葡萄糖-1-酰取代（图 3-8）和 1-脱氧-1-乳糖-1-酰取代壳聚糖是两种不同水溶性糖修饰的支链壳聚糖衍生物。这两种衍生物对环状芽孢杆菌表现出显著的抑制活性，但是这二种衍生物均无法抑制大肠杆菌的生长。

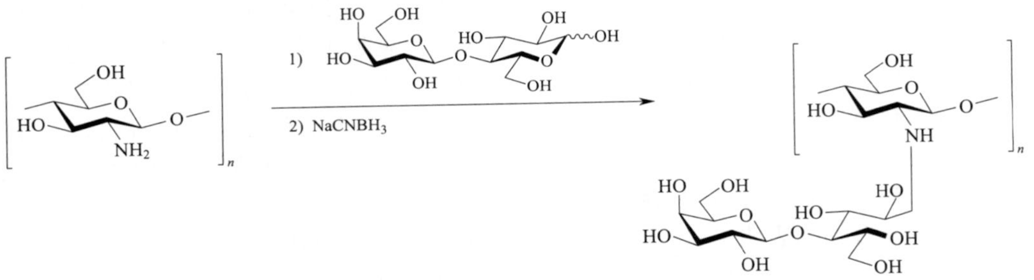

OH
HO O O
NH_2
n
1) HO OH HO OH O O O OH HO OH OH OH
2) $NaCNBH_3$
OH
HO O O
NH
n
HO OH HO HO O O HO OH OH OH OH

图 3-8　壳聚糖的糖基化修饰反应

另外，也有研究将β-环糊精交联到壳聚糖的氨基上而形成具有较好水溶性的聚合物（图 3-9），将在食品功能因子包封中发挥重要作用。

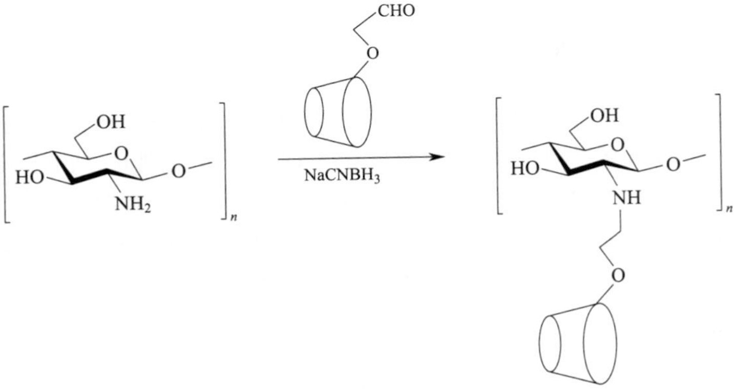

CHO
O
OH
HO O O
NH_2
n
$NaCNBH_3$
OH
HO O O
NH
n
O

图 3-9　壳聚糖-β-环糊精聚合物

3.3.2.4 酯化反应

常见的酯化反应有硫酸酯化和磷酸酯化。用含氧无机酸作酯化剂，使壳聚糖上的羟基形成有机酯类衍生物。硫酸酯化试剂主要有浓硫酸、SO_2、SO_3、氯磺酸等，反应一般为非均相反应，通常发生在C6位羟基上。如*N*-羟丁基壳聚糖-3，6-二硫酸酯，当浓度为4 mg/mL、pH 5.4～6.4时，对体外培养的金黄色葡萄球菌、链球菌、奇异变形菌、大肠杆菌、铜绿假单胞菌、肺炎杆菌和柠檬酸细菌属均具有抑制作用。

磷酸酯化反应一般是在甲磺酸中与壳聚糖反应生成。高取代度壳聚糖磷酸酯化物溶于水，而低取代度壳聚糖磷酸酯化物则不溶于水。

3.3.2.5 羧烷基化反应

在壳聚糖的氨基上引入羧烷基基团可得到溶于水的羧烷基壳聚糖。目前研究最多的是羧甲基化反应，可以得到*O*-羧甲基壳聚糖、*N*-羧甲基壳聚糖和*O*,*N*-羧甲基壳聚糖（图3-10）。研究结果表明壳聚糖经羧烷基化后水溶解性显著增加。并且*O*-羧甲基壳聚糖表现出一定的抗菌活性，且其抗菌活性随着羧甲基化度的升高而呈现出先升后降的规律。当羧甲基化度小于0.6～0.8时，抗菌活性均大于壳聚糖。当羧甲基化度在0.3～0.6范围内，*O*-羧甲基壳聚糖具有较强的抗菌活性，羧甲基化度大于或小于此范围，其抗菌活性均有所下降。

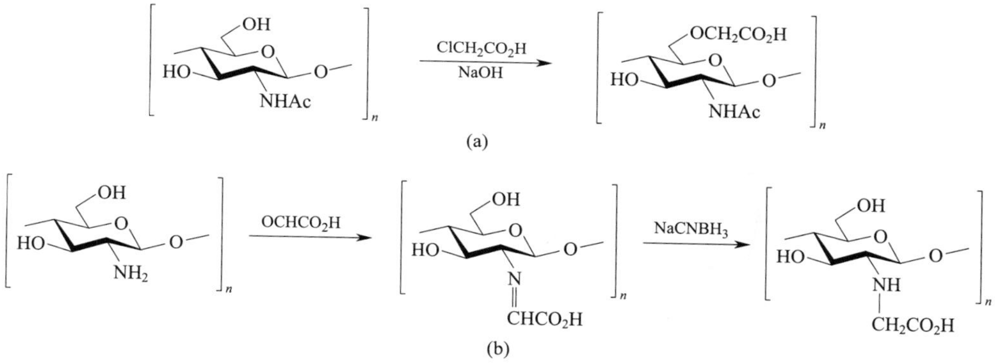

图3-10 壳聚糖/甲壳素的羧烷基化反应

3.3.3 壳聚糖的降解

低聚壳聚糖（chitooligosaccharide）是指由2～10个*N*-葡萄糖氨基（GlcN）和/或*N*-乙酰葡萄糖氨基（GlcNAc）以*β*-(1→4)糖苷键连接起来的壳寡糖。低聚壳聚糖具有许多特殊的理化性质，可由壳聚糖通过化学法、物理法和酶法降解制备得到（图3-11），从而大大拓展了壳聚糖的应用范围和利用价值。目前，食品营养学与生物医学研究已经表明低聚壳聚糖在调节微生态平衡、清除体内脂肪、增强机体免疫力、降低胆固醇、降低血脂和血糖、吸附排除重金属方面都表现出很强的活性，是一种非常有研究和应用前景的功能性食品添加剂。

3.3.3.1 化学降解法

一些无机酸如HCl、HNO_3、H_3PO_4、HF等，在室温条件下可使糖苷键断裂，水解壳聚糖为低聚壳聚糖。如用浓H_2SO_4处理甲壳素产生过乙酰化二聚体*N*,*N*′-二乙酰甲壳二糖，产量达16%～17%，此二聚体可作为进一步合成二糖衍生物的底物。但传统酸水解法的专一

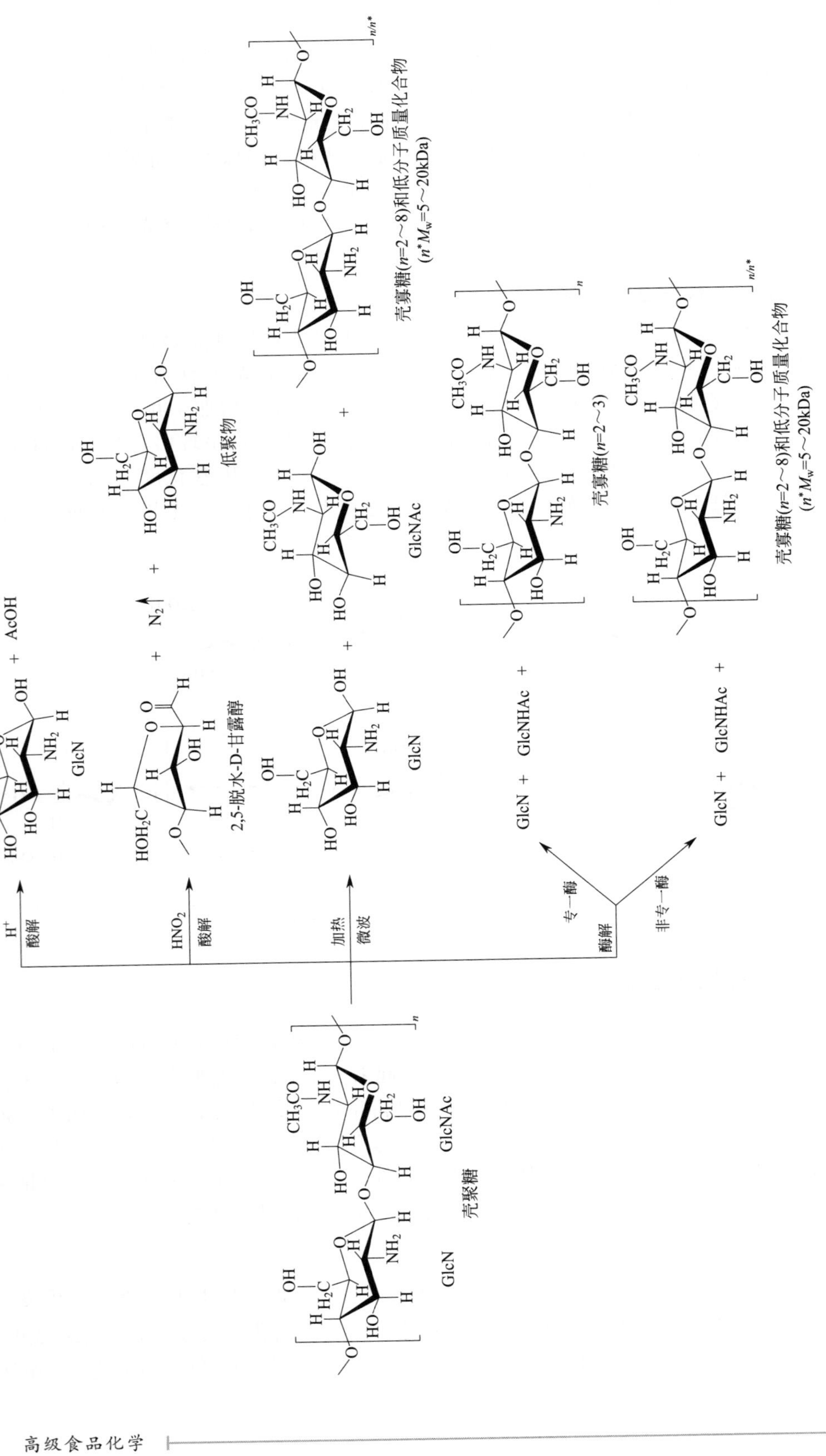

图 3-11　壳聚糖降解制备低聚壳聚糖

性很差，得率低；后续除去酸的过程非常复杂，同时所需费用也很昂贵。有研究报道了在微波作用下，由盐协助的酸水解法制备低聚壳聚糖。其化学降解原理是由于盐分子对热量的直接吸收作用导致溶液中局部受热过高。盐的存在使溶液的导电性增强，绝缘性下降，再加上微波的作用，极大地提高了加热和传热效率。在这种反应条件下壳聚糖分子质量短时间内发生了剧烈变化，从 1×10^4Da 到 3×10^4Da。所使用盐的协助作用强度由强到弱为：$K^+>Ca^{2+}>Na^+$。

目前，几乎没有应用自由基攻击糖苷键从而降解壳聚糖的研究报道。但是，值得注意的是，有研究显示在 H_2O_2 和 $FeCl_3$ 存在的情况下，壳聚糖的黏度会迅速下降，这很有可能是由于自由基引发的壳聚糖降解而导致的。在 Cu(Ⅱ)、抗坏血酸、紫外线和 H_2O_2 存在的体系中，壳聚糖的分子质量会迅速下降，这也有可能是由自由基降解壳聚糖而导致的。这方面还有待于进一步的研究。

3.3.3.2 酶解法

酶水解法与化学降解法相比产量少，但反应条件温和，产物均一性好，环境污染少，目前研究重点是寻找高效廉价的酶以及合适的反应体系。

壳聚糖的专一性水解酶有甲壳素酶（chitinase）和壳聚糖酶（chitosanase）。甲壳素酶广泛分布于细菌、真菌、放线菌等多种微生物以及植物组织和动物的消化系统中，该酶系一般被诱导为多酶复合体，即甲壳素外切酶、内切酶和 *β-N*-乙酰氨基葡萄糖苷酶。有研究报道了甲壳素酶可水解壳聚糖产生二聚体。壳聚糖酶主要存在于真菌细胞中，根据作用类型可分为外切酶和内切酶两种。壳聚糖酶水解壳聚糖，产物从二聚体到五聚体。水解壳聚糖的非专一性酶有溶菌酶、胃蛋白酶、木瓜蛋白酶、脂肪酶、淀粉酶、葡聚糖酶、纤维素酶、半纤维素酶、果胶酶、鞣酸酶等。目前研究发现纤维素酶可水解壳聚糖产生壳聚六糖和壳聚八糖。在对胃蛋白酶、纤维素酶、脂肪酶、溶菌酶这 4 种非专一性酶降解壳聚糖的效果比较研究中发现这 4 种酶对壳聚糖的水解速度从高到低依次是胃蛋白酶、纤维素酶、脂肪酶、溶菌酶。应用牛胃蛋白酶（pH＝5.4、44℃、150 r/min）处理甲壳素 24 h，可产生 71.5%甲壳二糖、19% *N*-乙酰葡糖胺和 9.5%甲壳三糖，非晶体形和磷酸处理过的底物效果较好。

3.3.3.3 物理辐照降解

在食品加工中，辐照法通常用在对包装成型的食品进行杀菌的过程中。同时，研究发现辐照法也是一种非常有效的降解壳聚糖的方法。用辐照法处理壳聚糖乙酸溶液可以降解壳聚糖得到壳寡糖。有研究发现，在辐照条件下，不同的反应时间和不同的反应温度交替作用于壳聚糖的 85%磷酸溶液 35d，壳聚糖溶液黏度可以从 21.4×10^4mPa·s 下降到 7.1×10^4mPa·s。目前，辐照法已被应用于降解海藻酸钠、角叉（菜）胶、纤维素和胶质中，该方法对循环利用这些生物物质以及减少环境污染应用前景很大。

3.4 多糖的提取、分离纯化和结构分析

3.4.1 多糖的提取与分离纯化

多糖、蛋白质和基因是生命科学的三大领域，也是与人类生活紧密相关的一类生物高分

子。大量研究证明，多糖具有其独特的生物活性，具有抗菌、抗病毒、抗肿瘤、抗辐射、抗衰老等功效。多糖的提取、分离和纯化是研究多糖结构和活性的基础，只有得到相对纯度较高的多糖组分，才能更好地对其结构进行分析，从而探究其重要的生理功能。

3.4.1.1 多糖的提取

多糖的提取就是将多糖化合物从生物体内分离出来的过程。在提取过程中一般依据的原理是极性相似相溶原理，采用极性溶剂进行提取，包括热水、碱溶液、EDTA/CDTA 溶液等，必要时还会利用一些辅助提取手段，如超声、微波、高压、酶解等。根据多糖的特性，同一原料，用不同提取液提取得到的多糖成分是不相同的。

为防止多糖中糖苷键的断裂，提取时应尽量避免在酸性条件下进行，如用酸提，提取时间宜短，温度不超过 50℃。稀碱提取时，常需通入氮气或加入硼氢化钠或硼氢化钾，以防止多糖降解。为了提高提取的选择性，尽量使杂质的溶解度降到最低限度，通常在提取液中加入某些物质，如乙酸、乙醇、苯酚、盐类等物质。为了增加提取效率，缩短提取时间，还可以在提取过程中使用超声波、微波或酶解辅助提取，但需要注意的是，外加的物理场或酶处理会对多糖的结构产生一定的影响。大部分多糖在有机溶剂中的溶解度极小，所以可用有机溶剂来沉淀多糖，常用的有机溶剂是乙醇和丙酮。为了尽可能使多糖沉淀，此过程一般要重复两到三次，并尽可能在低温下进行。稀酸、稀碱提取的多糖应迅速中和、透析、醇析以获得多糖沉淀。含有糖醛酸或硫酸基团等的多糖，可在盐类或稀酸溶液中直接醇析，从而使多糖以盐的形式或游离形式析出。经有机溶剂沉淀获得的多糖还含有无机盐、有机溶剂不溶的低分子有机物、色素、大分子蛋白质等杂质，所以沉淀所得物只能称为粗多糖。

3.4.1.2 多糖的分离和纯化

(1) 多糖的初步分离纯化 多糖的分离和纯化是去除多糖粗提物中非多糖组分并得到单一的多糖组分。由于提取得到的成分比较复杂，粗提物中包含蛋白质、多肽、色素、低聚糖、单糖等，同时多糖类成分通常由不同分子质量混合多糖组分或者酸性与中性糖混合物构成，所以此时得到的多糖提取物不适宜直接用于后续结构和活性功能的深入分析，因而需先对粗多糖进行初步的分离纯化。

多糖粗提物中的低聚糖、单糖相对比较容易分离去除，一般在去除蛋白质、多肽和色素成分过程中便可以实现此目的。蛋白质、多肽以及色素等是多糖粗提物中主要杂质，较难去除干净。通常利用三氯乙酸、Sevag 以及酶法（包括木瓜蛋白酶、胃蛋白酶和胰蛋白酶）等方法除去多糖提取液中的蛋白质，利用离子交换法、金属络合物法、氧化法（过氧化氢）和吸附法（硅藻土、纤维素、活性炭）等除去提取液中的游离或者结合色素。下面重点介绍常用的粗提物脱蛋白质方法。

① Sevag 法　根据蛋白质在氯仿等有机溶剂中变性的特点，加入氯仿：戊醇（或正丁醇）=5：1 或 4：1（体积比）（混合物剧烈振摇 20～30min），蛋白质与氯仿-戊醇（或正丁醇）生成凝胶物而分离，离心后去除水层和溶剂层交界处的变性蛋白质。此种方法在避免多糖的降解上有较好效果，但效率不高，如能配合加入一些蛋白质水解酶，再用 Sevag 法效果更佳。

② 三氟三氯乙烷法　按多糖溶液：三氟三氯乙烷=1：1（体积比）的比例加入，在低温下搅拌 10min 左右，离心得上层水层，水层继续用上述方法处理几次，即得无蛋白质的多糖溶液。此法效率高，但溶剂沸点较低，易挥发，不宜大量使用，较多地应用于植物多糖的脱蛋白质。

③ 三氯醋酸法　在多糖水溶液中滴加3%三氯醋酸，直至溶液不再继续混浊为止，在5～10℃放置过夜，离心除去沉淀即得无蛋白质的多糖溶液。此法效率高，但酸性条件下会引起某些多糖的降解，对其结构和活性分析产生影响。

此外，对于植物来源的多糖而言，由于常含有酚类化合物，暴露在空气中提取，得到的提取液颜色较深，因此就需要将粗多糖中的色素去除后，才能进行混合糖的分级纯化。一般来说，这类色素大多呈负性离子，可用弱碱性树脂DEAE纤维素或Duolite A-7来吸附色素。一般情况下，尽量避免用活性炭处理，因活性炭会吸附多糖，造成多糖损失。

(2) 多糖的分级纯化　经脱色、脱蛋白质和透析等处理得到的粗多糖大多是由几种多糖组成的，多糖分离纯化的核心是将不同分子质量混合多糖组分或者酸性与中性糖混合物分离，获得低分散性、电荷均一的多糖。为实现此目的，可以利用分级沉淀法（有机试剂沉淀法和盐沉淀法）、柱色谱法、超滤法、高速逆流色谱法等，然而在很多情况下，需要交叉使用这些方法以获得纯度较高的组分。目前国内外应用比较广泛的主要是超滤法和柱色谱法。

超滤法是在常规微粒过滤的基础上发展起来的细微粒子过滤技术，是膜法分离的一种。其原理是，不同孔径的超过滤膜排阻不同分子量和形状的多糖而得到分离。超滤（UF）的孔径范围为1～100nm，截留分子量为10^3～10^6，溶解的盐和水会通过超滤膜，分子量在1000以上的物质则被截留，故可从水和其他液体中分离出很小的胶体和大分子。超滤膜的另一特点是由于受渗透压的阻碍作用小，所以在相当低的压力差（0.04～0.70MPa）下，仍具有高流通率。超滤膜技术广泛应用于各类多糖的分离、浓缩、纯化等研究中。采用超滤膜技术处理多糖具有收率高、不易破坏多糖的生物活性、能耗低等特点，适于工业化生产。

柱色谱法是一种物理分离方法，它是利用混合物中各组分的物理化学性质的差别，使各组分以不同程度分布在两个相中，其中一个相为固定的（称为固定相），另一个相则流过此固定相并使各组分以不同速度移动（称为流动相），从而达到分离。柱色谱法具有分离效率高、设备简单、操作方便、条件温和、不易造成物质变性等优点，是目前广泛应用于物质的分离纯化、分析鉴定最重要的方法之一，已经成为分离无机化合物、有机化合物及生物大分子等不可缺少的重要手段。天然多糖常为中性或弱酸性，因而可以根据其电荷性质及其结构特点，选取合适的柱色谱分离方法进行分级纯化。常用的柱色谱主要有离子交换柱色谱、凝胶柱色谱等。

离子交换色谱是利用固定相球形介质表面活性基团经化学键合方法，将具有交换能力的离子基团键合在固定相上面，这些离子基团可以与流动相中离子发生可逆性离子交换反应而进行分离。用离子交换色谱分离糖类，可有效地除去水溶液中的酸、碱成分和去除无机离子，但不宜用强碱性或强酸性树脂，前者用水洗脱时会引起糖的异构化与降解作用，后者使糖苷键裂解，尤其是呋喃糖苷键。所以，应选择弱酸或弱碱性且交联度小的离子交换树脂。常用于多糖分离的是多糖类骨架的离子交换树脂，如DEAE-纤维素、DEAE-葡聚糖、DEAE-琼脂糖等，它们不但可以分离酸性多糖，也可以分离中性多糖和黏多糖。在利用DEAE-纤维素时，由于其中混有少数纤维素影响分离，可用0.5mol/L HCl和0.5mol/L NaOH溶液交替洗涤，并倾去上层混浊液后，混悬在0.1mol/L NaOH溶液中制成碱型。

凝胶柱色谱是利用凝胶色谱介质（固定相）交联度的不同形成网状孔径，在色谱时能阻止比网孔直径大的生物大分子通过，利用流动相中溶质的分子量大小差异而进行分离的一种方法。凝胶柱色谱常用于多糖分离纯化的填料类型有葡聚糖凝胶（Sephadex）、琼脂糖凝胶（Sepharose）、聚丙烯酰胺葡聚糖凝胶（Sephacryl）等。Sephadex是葡聚糖与3-氯-1,2-环氧丙烷（交联剂）相互交联而成，交联度由3-氯-1,2-环氧丙烷的百分比控制，型号“G”代表交联度，G越大，交联度越小，能够分离的生物大分子的分子量范围就越大，因此要根据所分离物质的分子大小选择合适型号的葡聚糖凝胶。DEAE-Sepharose Fast Flow是Pharmacia近些年才发展起来的亲水性阴离子交换剂，其理化稳定性和机械性能较早期产品DEAE-Sepharose CL-6B和CM-Sepharose CL-6B更好，交换容量大，可以在床清洗，床体积随pH和离子强度变化很小，由于流速和载量高，适合于进行大量粗产品的纯化。Sephacryl是葡聚糖与亚甲基双丙烯酰胺交联而成，是一种比较新型的葡聚糖凝胶。Sephacryl的优点就是它的分离范围很大，远远大于Sephadex的范围。与Sephadex相比，Sephacryl的化学稳定性更高，在各种溶剂中很少发生溶解或降解，耐高温，稳定工作的pH一般为3～11；另外Sephacryl的机械性能更好，可以以较高的流速洗脱，比较耐压，分辨率也较高，所以Sephacryl可以实现相对比较快速而且较高分辨率的分离。

混合多糖经上述方法分离纯化得到单一的多糖组分后，需要对其纯度进行检测。常用的方法有：超离心法、高压电泳法、凝胶柱色谱、旋光测定法、高压液相法。但必须指出的是，纯度检查一般要求有上述两种以上的方法，结果才能肯定。

3.4.2 多糖的结构分析

多糖的结构是其生物活性的基础，多糖的结构分析在多糖的研究中具有非常重要的地位，是糖化学的核心所在。多糖的结构分析在多糖的研究中起着承前启后的作用，既是对分离出来的新物质的鉴定总结，又是对多糖修饰、人工合成多糖及其构效关系研究的起点。由于多糖化学结构复杂，除单独存在外，也有以结合方式存在的复合多糖，如蛋白聚糖、脂多糖等，因此其蕴含丰富的生物信息。多糖的结构可分为一级、二级、三级和四级结构，其中一级结构称为初级结构，二、三、四级结构统称高级结构。多糖的结构直接决定多糖的生物学活性。多糖的一级结构包括主链性质（糖残基组成、糖基排列顺序及连接方式、异头碳构型）和支链性质（有无分支及分支类型、位置、长短）。二级结构指多糖骨架链间以氢键结合所形成的有规则的构象，主要指多糖主链的构象，即糖苷键旋转形成的二面角大小。三级结构是指多糖链一级结构的重复顺序，由于糖残基中的羟基、羧基以及取代基团之间的非共价相互作用，导致有序的二级结构空间形成有规则而粗大的构象。多糖的四级结构是指多聚链间非共价键结合形成的聚集体，聚集体非共价键可在相同或不同多聚链间形成，这又使多糖的结构复杂化，为多糖解析增加了困难。糖链结构的研究基础是一级结构，测定糖链的一级结构，需要解决以下几个问题。

① 糖链中糖残基的种类、环型（吡喃型或呋喃型）及其分子数比例；

② 糖链的分子量；

③ 糖链中糖残基之间的连接位置；

④ 糖链中糖残基之间的连接顺序；

⑤ 糖链中每个糖残基的构型（含苷构型，α-或β-）；

⑥ 糖链分支点的位置、分支点上糖残基结构；

⑦ 糖链复合物中的糖链与非糖部分（肽链、脂类物质等）的连接点的结构。

弄清上述糖链的结构信息，对于了解糖的性质，尤其是进一步了解糖类物质在生物体内的活动的微观行为和本质，包括重要的生物活性，均具有重要意义。然而要搞清楚糖类结构的所有问题，并非一种方法或一种技术所能办到的，它需要物理学方法，如核磁共振、质谱、红外光谱等；化学方法，如甲基化反应、部分酸水解等；生物学方法和免疫学方法等的选择运用和巧妙协同的配合，从而得到各方面的结构信息和广泛的数据以准确无误地推断出糖链的一级结构来。表 3-7 阐明了常见的应用于多糖结构分析的方法。以下侧重从物理的和化学的方法来讨论糖链的一级结构的测定。

表 3-7　多糖结构的分析方法

分析方法		可获得的结构信息
化学方法	水解-薄层色谱(TLC)、气相色谱(GC)、高效液相色谱(HPLC)	单糖组成和摩尔比
	甲基化分析	糖苷键的连接位置、支链的分支数目等
	高碘酸氧化和 Smith 降解	糖苷键的连接顺序
	稀碱水解、肼解反应	糖链-肽链的连接方式
物理方法	高效凝胶色谱(HPGPC)	分子量的测定
	红外光谱(IR)	糖苷键的构型(α-,β-)、糖环的形式、有无取代基及其种类
	核磁共振(NMR)	糖苷键的构型(α-,β-)、连接位置、糖残基组成及其比例、取代基的种类及其位置
	质谱(MS)	糖苷键的连接顺序、取代基的种类及其位置
生物方法	酶解	糖苷键的连接顺序、构型等

3.4.2.1　多糖中糖残基的种类和分子比的确定

(1) 多糖的水解　分析多糖中糖残基种类以及各糖残基的比例，一般首先需要将多糖进行水解，以得到单糖组分或是糖链的片段。化学水解法是多糖水解最常用的方法。化学水解法主要有以下几种。

① 完全酸水解　将多糖与强酸进行作用，使多糖的糖苷键完全断裂。常用于水解多糖的酸类有：盐酸、硫酸和三氟乙酸。硫酸主要用于水解中性糖；三氟乙酸可用于植物细胞壁多糖、糖蛋白及糖胺聚糖的水解；而盐酸则用于糖蛋白和含氨基脱氧糖的多糖水解。水解的难易程度与组成多糖的单糖性质、单糖环的形状和糖苷键的构型有关。一般呋喃糖苷键较吡喃型易水解，α-型较 β-型易水解，含有糖醛酸或氨基糖的多不易水解。值得注意的是，水解条件必须严格控制，否则，水解产物易在水解时被破坏，如几个不含氮的中性糖甘露糖、葡萄糖、半乳糖等在酸性条件下易被破坏，而氨基己糖则较为稳定。为避免破坏，给分析造成误差，可在水解时抽去氧气，充以氮气。

② 部分酸水解　此法选择温和的条件（即酸浓度较稀，适当的温度和时间）水解多糖，它只是使糖链中某种类型的键特异性地打断，而其他键保持完整。通常利用多糖链中部分糖苷键如呋喃型糖苷键、位于链末端的糖苷键和支链上的糖苷键易水解脱落，而构成糖链的主链重复结构的部分和糖醛酸等对酸水解则相对稳定的特点，对多糖常采用部分酸水解法处理。多糖经部分酸水解后，再经醇析、离心，将上清液和沉淀分别进行分析。多糖部分酸水解之后的醇析产物往往是多糖的主链重复性结构片段、糖醛酸链片段，从这些小片段可以推测多糖链的一些结构特点。

③ 乙酰解和甲醇解　乙酰解是将多糖与乙酐、冰醋酸、浓硫酸等混合反应，可得到乙酰化单糖；甲醇解则是利用无水 HCl-CH_3OH 溶液将多糖的半缩醛甲基化，形成甲基糖苷后再经衍生或不衍生进行 GC 或 HPLC 分析。这两种方法是多糖的水解与乙酰化或甲酰化同时进行的一种水解方式。由于水解释放的还原末端迅即得到新形式的甲基或乙基糖苷的保护，从而使得中性单糖的回收率大大提高，同时，这些水解方式对脱氧糖的破坏程度比硫酸

小得多。

多糖水解物经处理后如中和、过滤、衍生化等，可采用纸色谱法（PC）、薄层色谱法（TLC）、气相色谱法（GC）、液相色谱法（HPLC）和离子色谱法进行定性和定量分析。其中，薄层色谱法、气相色谱法和液相色谱法是使用最多的方法。

(2) 气相色谱法 糖的气相色谱法具有灵敏度高、选择性强、分辨率好和快速等优点，近年由于毛细管色谱柱的使用，以及各种手性固定相的发展，样品的预处理和色谱柱联用越来越受关注，甚至样品中的微量糖成分也可被测定。

然而糖类的难挥发性以及由端基异构体产生的衍生物异构体造成分析上的困难。多糖水解产生物的气相色谱分析，通常是先经衍生化处理成易挥发组分，常采用的衍生化方法是三甲基硅醚衍生化、糖腈乙酸酯衍生化、糖醇乙酸酯衍生化和三氟乙酸酯衍生化法。对由端基异构体存在所带来的困难，可以先将其糖用 $NaBH_4$ 还原成多元醇，再制成乙酰化物或三氟乙酰化物加以克服。

(3) 高效液相色谱法 高效液相色谱法具有分离速度快、分辨率高、分离效果好、重现性好和不破坏样品等优点，已成为当前糖的常量和微量分析的重要方法。常见的分离相，采用化学键合固定相，以乙腈-水或乙腈-甲醇-水为流动相，再由示差折射检测器检测。为提高灵敏度和分辨率，常将糖类经带有紫外或荧光标记的衍生化后，用硅胶作为固定相，以正己烷-二氧六烷为流动相，在紫外或荧光检测器上检测。

3.4.2.2 多糖分子量的测定

多糖类化合物没有不变的分子量。由于多糖的性质往往与它的分子量大小有关，不同分子量的多糖具有不同的性质，所产生的某些效应也有一定的差异，故而测定多糖分子量成为研究和制备多糖的一项经常性工作。多糖的分子量一般较大且分布比较分散，所以平常所称的分子量是指大小分子的平均值。另外，采用不同性质的测定方法，所测的结果也存在着一定的差异。经典的测定高分子化合物分子量的许多物理方法均适用于多糖类分子量的测定，如渗透压法、蒸汽压渗透计法、端基法、高压液相色谱法、黏度法、凝胶色谱法和超滤法等，其中，目前公认的较好的方法是高效凝胶渗透色谱（HPGPC）。

高效凝胶渗透色谱，通常又称高效排阻色谱（HPSEC）、高效凝胶色谱，近十几年来发展很快，是高分子领域中公认的一种高效分离分析技术，也是研究高分子的分子量及合成高分子分子量分布及与分子线团尺寸相关的结构、反应、物性的最有效的手段之一。高效凝胶渗透色谱的分离主要以分子筛原理进行分离，常用的商品柱有 Bondagel 和 TSK 柱系。流动相有水、缓冲液等，检测器有示差折射检测器和蒸发光散射器。

根据选择性渗透范围内，不同大小多糖分子量的对数值（$\lg M_n$）与流出凝胶柱所用保留时间（R_t）呈线性关系这一特性，选择适合该分子量的分离范围的凝胶柱，再用已知分子量的标准多糖样品在此高效凝胶色谱上分析，以便绘制出 $\lg M_n$ 与 R_t 之间的标准曲线，并将有关数据通过 GPC 法的计算机程序校正相关系数和校正曲线方程，最后在同一柱上和同一条件下对未知待测样品进行色谱，以求出分子量。

3.4.2.3 糖链中糖残基间的连接位置分析

(1) 甲基化分析法（methylation analysis） 确定糖链中糖基间的连接位置常用的方法是甲基化分析法。该法首先将多糖链全甲基化，使所有的游离羟基转变为甲氧基。多糖的甲基化方法较多，有 Purdie 法、Hamorth 法、Menzies 法、Hakomori 法等。目前最常用的甲基化方法是改良 Hakomori 法。改良 Hakomori 法先将样品溶于无水二甲基亚砜中，然后与甲基亚磺酰甲基钠（SMSM）反应，使多糖上游离羟基离子化，多糖成为阴离子后，易与 CH_3I 反应，该法通常需重复数次。以 α-(1→4) 葡聚糖为例说明甲基化的过程（图 3-12）。

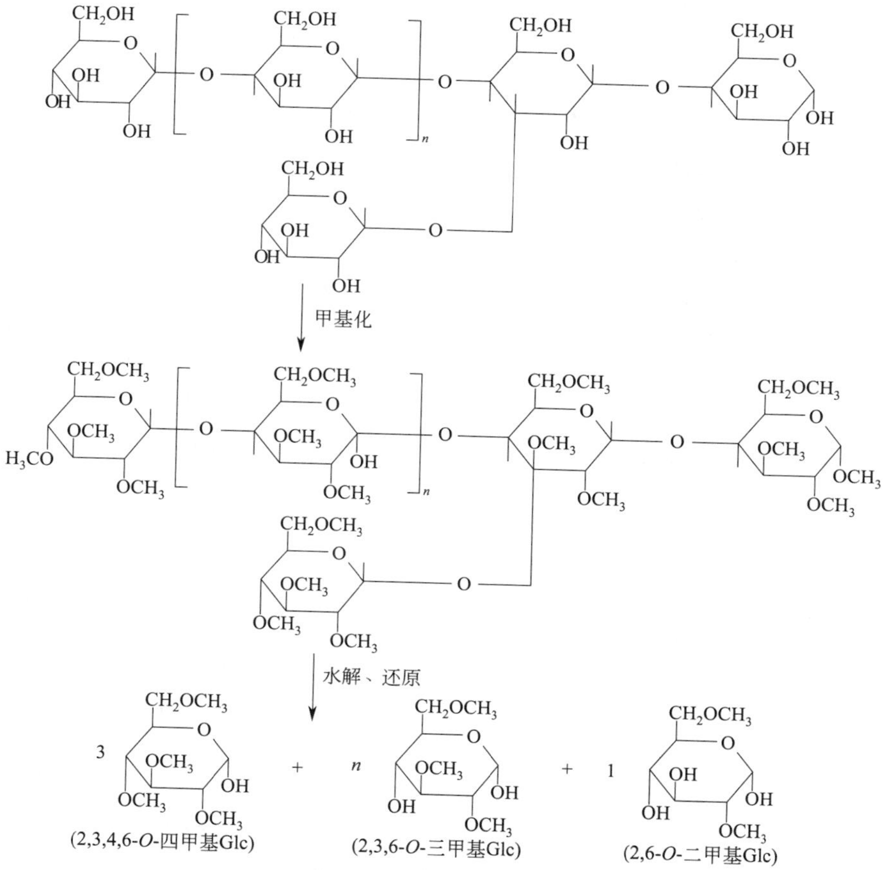

图 3-12　α-(1→4) 葡聚糖的甲基化示意

甲基化反应的关键在于甲基化完全，通常采用红外光谱法来检测 $3500\ cm^{-1}$ 处有无吸收来判断甲基化多糖中是否含有游离羟基；也可通过鉴定过剩的负碳离子，即甲基亚磺酸负碳离子，该离子可用三苯甲烷呈色法鉴定，呈阳性反应，即表示甲基化已完全。

彻底甲基化的糖链可用甲醇解，即先用 90%（体积分数）的甲酸水解，然后用 0.05mol/L H_2SO_4 或三氟乙酸水解（对于含呋喃环的多糖，水解条件应减弱），再加入甲醇。水解尽可能温和，否则将会发生去甲基化反应和降解反应。全甲基化多糖水解后，生成了各甲基化单糖。可由气相色谱与已知单糖相应的衍生物对照鉴定，每个甲基化的单糖上出现游离羟基的位置就是该糖链中原来单糖残基的连接位置；若出现两个以上端基的糖则为分支点的位置；无羟基的糖是非还原末端的，根据不同甲基化单糖残基的比例可以推测出这种连接键型在多糖重复结构中的比例。若将醇解产物还原成糖醇的部分甲基化物，并消除一对异构体，再经过乙酰化，进行气质联用分析，便可分析出糖的组成。

甲基化法不足之处是需要各种各样的甲基化单糖作对照样品，而且对于支链多的聚糖，如树胶、黏液质等，全甲基化十分困难，酸水解时又易发生少量的脱甲基化反应，常出现错误的判断。尽管如此，甲基化法仍然是糖链结构研究中的有效方法之一。

(2) 酶水解法 由于酶促反应具有高度专一性且副产物少的特点，酶水解法是糖链结构分析中的一种重要手段，利用 α-糖苷酶和 β-糖苷酶对多糖底物的催化反应来确认多糖链中糖苷键类型，还可以利用酶学方法分析糖肽连接方式。美国 Maley 和 Tarention 发现了内切 β-*N*-乙酰氨基葡萄糖苷酶作为释放酰胺连接的糖链的工具酶，为研究与天冬酰胺连接的寡糖结构开辟了新纪元。除了内切酶，许多外切酶也在糖链分析中广泛使用，如唾液酸酶、β-半乳糖苷酶、α-甘露糖苷酶和 β-乙酰氨基葡萄糖苷酶等。它们是从糖链的非还原端依次切除相应的单糖，是糖链序列分析和决定异头碳构型常用的工具酶。

3.4.2.4 糖链中糖残基连接顺序分析

糖链中糖残基连接顺序的确定方法有化学法、光谱学法（质谱与核磁共振）和酶降解法，往往是几种方法的结合。

(1) 化学水解法 最初用化学降解法，例如用稀酸（含有机酸）缓和水解，部分酸水解，也可用乙酰解、碱水解和酶解，将糖链水解成较小的片段（各种低聚糖），利用柱色谱分离、纯化，分别测定这些低聚糖的结构，分析其连接顺序，从而可推断出整个糖链（或重复单位）的连接顺序。由于水解方法各不相同，作用的糖苷键也不同，因而生成的低聚糖亦各不相同，这正有利于分析与判断糖链中糖残基间的连接顺序。例如，利用甲基化分析法得知黑霉多糖有等量的 α-(1→3) 和 α-(1→4) 连接的 D-吡喃葡萄糖，后经部分酸水解得到了麦芽糖、黑霉糖和两种三糖，但无麦芽三糖和黑霉三糖，从而证明黑霉多糖是由 α-(1→3) 和 α-(1→4) 的 D-吡喃葡萄糖苷交替组成的。

(2) 高碘酸氧化法和 Smith 降解 高碘酸可以选择性地氧化断裂糖分子中的连二羟基或连三羟基处，生成相应的多糖醛、甲酸，反应定量地进行。每开裂一个 C—C 键消耗一分子高碘酸，通过测定高碘酸的消耗量和甲酸的生成量，可以判断糖苷键的位置、连接方式、支链状况和聚合度等结构信息。以葡萄糖为例，以 1→2 或 1→4 键合的葡萄糖基经高碘酸氧化后，每个糖基消耗一分子高碘酸，无甲酸生成；而 1→6 键合的葡萄糖基消耗二分子高碘酸，生成一分子甲酸；以 1→3 键合的糖基不被高碘酸氧化。高碘酸的氧化反应必须在控制的条件下进行，以避免副反应（超氧化反应）的产生。一般使多糖与最小量的高碘酸反应，溶液 pH 值控制在 3～5，且应避光、低温，同时需做空白试验。

Smith 降解是将高碘酸氧化产物还原后进行酸水解或部分水解。由于糖基之间以不同的位置缩合，用高碘酸氧化后则生成不同的产物，由降解产物来获取多糖的结构信息。Smith 降解法也广泛应用于糖链连接顺序的鉴定，只是分析碎片的工作比较繁杂。过碘酸氧化法是测定多糖氧化后的甲酸、甲醛和二氧化碳；碱水解使 1→3、1→4 等苷键连接的聚糖自还原端开始逐个进行剥离，以上均可作为糖链中残基连接顺序的选用方法。

(3) 质谱 20 世纪 50 年代，因糖的难挥发性和热不稳定性，限制了电子轰击质谱 (EI-MS) 对多糖的研究。糖的衍生化方法能提高其挥发性和热稳定性，用于结构解析，但对于聚合度高的多糖仍存在上述问题。近年发展了各种软电离技术，如化学电离（CI）、场致电离（FI）、场解析电离（FD）、化学解析或称直接化学电离（DCI）、快速原子轰击法 (FAB) 以及电喷雾电离质谱（ESI-MS）和基质辅助激光解吸电离质谱（MALDI-MS），用飞行时间（TOF）检测器来检测。应用质谱技术如联动扫描、MS/MS 方法、不同衍生化处理、同位素标记方法、GC-MS 和 LC-MS 以及各软电离技术的配合使用，质谱法在糖的序列分析和结构鉴定研究中正越来越起着重要作用。

质谱分析是确定糖链残基顺序的最有效方法。在了解糖组成之后，可根据质谱的裂解规律和碎片组成来推测寡糖和多糖及其糖链中糖残基的连接顺序。

3.4.2.5 糖苷键的构型、环型分析

(1) 红外光谱 20 世纪 70 年代后，由于红外光谱技术的发展及糖化学研究的深入，红外光谱成为糖结构研究重要手段之一。

① 不同糖的鉴别 主要几种吡喃糖的特征吸收为 α-D-葡萄吡喃糖 855～833 cm^{-1}、β-D-葡萄吡喃糖 905～876 cm^{-1}，α-D-半乳吡喃糖 839～810 cm^{-1}、β-D-半乳吡喃糖 914～886 cm^{-1}，β-D-和 α-L-甘露吡喃糖 843～818 cm^{-1}、β-D-甘露吡喃糖 898～888cm^{-1}，β-D-和 β-L-阿拉伯吡喃糖 855～830 cm^{-1}，α-D-木吡喃糖 760～740 cm^{-1}。

② 吡喃糖和呋喃糖的识别 D-葡萄吡喃糖的 C—O—C 骨架非对称和对称伸缩振动分别在 (917±13)cm^{-1} 和 (770±14)cm^{-1} 有吸收峰，而呋喃环相应的峰出现在 (924±13)cm^{-1} 和 (879±7)cm^{-1}。吡喃环的 α-和 β-端基差向异构的 C—H 变角振动分别在 (844±8)cm^{-1} 和 (891±7)cm^{-1}，而呋喃糖环 α-、β-差异很少，出现在 (799±17)cm^{-1}。呋喃果糖骨架振动在 (945±15)cm^{-1}。

③ 糖苷键及糖构型的确定 在多糖中 α-D-(1→4) 结合键，与 α-D-(1→3) 交替结合键，随聚合度的增加，环伸缩振动的吸收峰向高波数移动，而对大多数是 α-D-(1→6) 结合键的葡聚糖和异麦芽糖来说没有明显移动。α-和 β-型差向异构体中 C—H 键，分别出现在 (844±8)cm^{-1}、(891±7)cm^{-1} 处。另外，甘露吡喃糖、半乳吡喃糖在 875 cm^{-1} 附近有新的吸收峰，甘露糖还有 810cm^{-1} 的特征吸收峰。

④ 糖键上主要取代基的识别 分子间、分子内氢键使糖羟基在 3600～3200 cm^{-1} 出现一宽峰。若部分羟基被取代，则这组峰相应减弱；完全酰化或醚化后，这组峰消失。一般来说，分子内氢键在 3560 cm^{-1} 附近，分子间的氢键在 3400 cm^{-1} 以下。磷酸基在 1300～1250 cm^{-1} 处有 P═O 伸缩振动，磺酸基在 1240 cm^{-1} 处有 S═O 伸缩振动，850～820 cm^{-1} 处有 C—O—S 伸缩振动等。酯在 1740 cm^{-1}，羧酸离子在 1600 cm^{-1}、1414 cm^{-1}，酰胺在 1650 cm^{-1}、1550 cm^{-1} 附近出现振动吸收。

此外，糖链的苷键构型还可由酶水解法以及旋光度法来确定。由于糖类化合物结构的多样性、复杂性和非均一性，使得糖类化合物中糖链的测定尤为复杂和困难，要确定一个未知糖链的结构，常需要各种方法（化学、物理和生物的方法）相互配合，互相佐证；并且在小心谨慎地操作和科学地分析实验结果后才能达到目的。

(2) 核磁共振 NMR 方法是 20 世纪 70 年代才引入到多糖结构的研究中，开始并不是获得多糖结构信息的最有力工具，但随着 NMR 技术的发展和高磁场 NMR 仪器的出现，所得到的 NMR 谱的质量越来越高，使原来在低磁场 NMR 仪上不能分辨的信号分开，以致可获得更多的信息，从而在多糖结构的光谱解析中逐渐起着决定性的作用。尤其 20 世纪 80 年代发展起来的 2D NMR 技术可使多糖的 ^{1}H 和 ^{13}C NMR 谱得到归属，使确定多糖的全结构成为可能。另一方面，就多糖分子本身来说，也使 NMR 技术在其结构研究中得到很好的运用，这是由于多糖的基本结构通常是由多于 10 个单糖组成的重复单元构成的，使得分子量大于 10 万的多糖分子在 NMR 谱中出现的共振信号要比分子量小于 1 万的蛋白质分子少得多。与蛋白质分子不同，多糖分子没有折叠成固定的构象，而是由于糖苷键的旋转，在一定程度上具有柔韧性，正是这种分子内的运动使得具有成千上万分子量的多糖分子的 NMR 谱有着小的线宽，因而能得到分辨率比蛋白质分子好的谱图。

3.4.2.6 新型初级结构解析技术

由于多糖一级结构较为复杂（特别是杂多糖），导致传统的仪器分析十分繁琐，同时存

在检测精确度不高的问题。因此为使解析变得更微量、高效、快速、准确，许多新型的仪器逐步占据重要的位置，其中毛细管电泳-质谱联用技术（CE-MS）、基质辅助激光解吸电离飞行时间质谱（MALDI-TOF-MS）、二维核磁共振等技术的出现丰富了多糖检测手段，成为多糖一级结构解析中不可缺少的工具。

（1）毛细管电泳-质谱联用技术（CE-MS） 基于常规的高效液相色谱-质谱联用技术（HPLC-MS）具有样品消耗量多、分离效率低、分析速度慢等局限性，CE-MS逐渐成为一项新型微量分析技术。毛细管电泳法（CE）是通过带电粒子在高压电场中的迁移速率差异而达到分离的目的，其具有分离效率高、分析速度快、高灵敏度和高选择性的优点，与质谱联用不仅可以对复杂样品进行分离，还可以用于对复杂样品的结构解析。由于其优越的性能，已广泛应用于药学、蛋白质组学、活性多糖等复杂样品的分离与检测。在CE-MS联用检测多糖结构的过程中，常采用毛细管区带电泳（CZE）作为CE的分离模式及电喷雾电离源（ESI）作为检测方式。

（2）基质辅助激光解吸电离飞行时间质谱（MALDI-TOF-MS） 基质辅助激光解吸电离飞行时间质谱（MALDI-TOF-MS）简称飞行时间质谱，是最近发展起来的一种软电离新型有机质谱，它采用脉冲激光使待测分子离子化，通过离子的飞行时间来测定其荷质比，从而达到对待测物的分离鉴定。MALDI-TOF-MS通过引入基质分子，使待测物体不产生碎片，多糖无需进行衍生化即可测定，同时该方法可测定其绝对分子质量，给出聚合物全部的分子质量分布。由于MALDI-TOF-MS具有灵敏、准确、高效、对杂质包容性强、图谱简明及质量范围广等特点，已经成了混合物、蛋白质及多糖等生物大分子结构分析，尤其是分子质量分布特征分析的有力工具。

（3）二维核磁共振技术 二维核磁共振谱是在一维谱的基础上经两次傅里叶变换得到两个独立的频率变量图，将化学位移、耦合常数等参数在二维平面上展开，减少了谱线的拥挤和重叠，而且提供了自旋核之间相互作用的信息，这一改变更利于多糖结构解析。其中^{1}H-^{1}H COSY（氢-氢化学位移相关谱）、^{13}C-^{13}C COSY（碳-碳化学位移相关谱）、ROESY（氢-氢化学位移空间相关谱）、TOCSY（氢原子全相关谱）属于同核化学位移相关谱；HSQC（异核单量子相关谱）和HMBC（异核多键相关谱）对氢、碳原子耦合关系进行测定，属于异核化学位移相关谱，通过对碳氢原子耦合信息的指认归属，修正并完善多糖全结构。如^{1}H-^{1}H COSY谱图，可以得出自旋耦合体系中耦合常数较小的质子信息，补充了^{1}H NMR测定困难的结构；HSQC反映直接相连的^{1}H和^{13}C之间的耦合关系，HMBC耦合^{1}H和远程^{13}C，提供分子骨架的结构信息，两者是目前多糖结构解析中获得碳氢直接信息最主要的手段。NOESY谱（旋转坐标NOE谱）在NMR信号完全归属的基础上，利用NOE所提供的分子中质子间的距离信息以及分子模拟技术的发展，可推测多糖的立体结构分子及大分子间的空间相互作用关系。

3.4.2.7 高级结构解析技术

多糖高级结构解析，即对多糖的二、三、四级结构的系统研究。多糖的构效关系与生物活性密切相关，目前来看，现代仪器在多糖高级结构研究上有了很大突破，但总体应用较少，不利于对多糖全结构的鉴定以及生物活性多糖发挥作用机理的研究。

（1）糖芯片技术 糖芯片又称为碳水化合物微阵列（carbohydrate chip），是继蛋白质芯片（protein chips）、基因芯片（DNA chips）之后发展起来的生物芯片技术。糖芯片可检测和表征糖与蛋白质的相互作用，具有高通量、高精度、快速等优点，成为研究糖链高级结构的有力手段。

糖芯片技术一般是将糖链通过 N-羟基琥珀酰亚胺酯（NHS）或者表面被环氧化物包被的玻璃片共价固定，通过接触或者压电非接触式点样仪点印在基质上形成微米级的样点直径。通过糖结合蛋白（GBP）与芯片上的糖链在合适条件下反应并荧光标记后，间接检测芯片上排列的糖与蛋白质相互作用的情况。糖芯片通过检测糖类化合物与蛋白质的相互作用，用于活性糖及糖复合物的筛选、糖类化合物结构研究、糖的构效关系研究等方面。

（2）分子模拟技术 分子模拟技术是指综合利用生物技术与计算机技术，模拟或仿真分子运动的微观行为。该技术通过分子动力学模拟、分子对接、自由能计算等方法，可以模拟大分子的空间构象及分子间的相互作用关系，达到结构预测、探讨机理的目的。分子模拟技术已广泛应用于蛋白质、核酸等生物大分子的研究，但由于多糖结构复杂、构象灵活且难以结晶等性质，国内对于其应用于糖类的报道较少，且范围也局限于单糖、寡糖的结构解析。

3.5 食品糖研究热点

糖结构与功能研究及开发利用具有关键的战略意义和现实意义，相关领域的技术开发需要通过多学科交叉融合，从淀粉、蔗糖等糖产品的组分初步分离精制，向高品质、高技术、智能化和低碳化方向发展。针对国民对优质化、多元化、营养化、健康化食品的紧迫诉求及产业转型升级和可持续发展的需要，糖研究热点主要在以下方面。

3.5.1 糖领域的相关基础研究

（1）基于糖化学、亲水性胶体化学、分析化学、物理化学等基础理论，建立淀粉、蔗糖、功能性低聚糖等糖分子结构的精确解析方法，并明确分子结构与风味、流变、营养等性质的构效关系及影响机制。

（2）集成物理场处理、生物催化、基因编辑等手段的淀粉绿色改性技术，不断推出高值化、多元化和个性化的优质产品。

（3）结合柔性制造、激光切割、细胞工厂、3D 打印及分子食品等精准智造新技术，靶向调控糖及其产品风味、流变、消化和营养等品质。

（4）创制具有定向转移、定点异构化、特异性降解活力的新型生物催化剂，突破酶固定化、多酶偶联及酶膜分离耦合等酶工程技术和色谱、树脂等工业化连续高效分离提取技术，实现单一聚合度低聚糖的高效制备和分级利用。

（5）开发具有特定生理功能的新型糖类产品，并突破有效成分的稳态化、靶向输送和可控释放技术，结合多维宏组学和大数据研究，提供针对个体需求差异的精准营养膳食解决方案。

目前糖研究越来越受到重视，但是由于糖物质结构复杂功能多样，糖研究远低于核酸和蛋白质研究水平，同时也缺乏糖组大数据支持，其相关基础研究面临很多问题。随着科技进步，最终通过糖结构、功能及开发利用基础领域的科学技术研究，创新驱动相关产业促进糖在食品领域的开发应用。

3.5.2 糖食品领域的开发应用

（1）糖尤其是新资源多糖的发现、挖掘及结构解析和生物合成。目前快速有效地进行糖的分离纯化、结构鉴定和修饰改性依然是科学家们面临的难题和热点。

（2）糖尤其是新来源多糖的功能活性的发现及作用机制、各种信号通路的阐明。近年来，大量研究表明糖具有免疫调节、降血糖、降血脂、抗肿瘤、抗病毒、抗氧化、抗衰老、抗凝血、抗溃疡、防辐射等多种生物学功能。

（3）随着糖组学、糖生物学的发展，以及糖的分离纯化、结构解析、定性定量分析手段的提高，糖的发现、设计和修饰，糖活性探究进一步开展。

（4）在食品加工过程中糖可能发生的化学变化的信息、糖和其他营养物质之间可能发生的相互作用及机制。

（5）糖代谢与肠道菌群和各种疾病的关系研究。在医学领域探索糖、疾病与肠道菌群三者相互联系的基础科学问题已成为生命科学前沿领域的研究热点之一，糖结构复杂功能多样，契合复杂疾病治疗标准需求，有望引领治疗复杂疾病的创新前沿。

（6）淀粉和纤维素是来源广泛、可再生的天然聚合物，具备巨大的开发潜力。天然淀粉和纤维素的结构特点和不足限制其开发和应用。关于淀粉的研究主要集中在其提取、结构表征和改性上，淀粉改性主要集中在物理改性、化学改性和酶法改性。

非淀粉多糖、淀粉、纤维素等天然聚合物具有良好的乳化性、增稠性和稳定性，可以形成良好的乳液、凝胶和薄膜，用作包装、吸附、药物包载、组织再生和创伤护理外敷材料，用于运载食品活性功能因子。同时，天然糖具有良好的生物兼容性、可生物降解性，在食品、医药、化妆品和造纸等行业被广泛应用。

参考文献

[1] 马占霞，等．豆粕、双低菜粕及普通菜粕碳水化合物分子结构分析及营养价值评价．中国畜牧杂志，2020，1.

[2] 王忠合，等．不同处理方式对芡实中游离氨基酸和碳水化合物的含量及淀粉消化率的影响［J］．食品与发酵工业，2020，1.

[3] 孔繁祚．糖化学．北京：科学出版社，2005.

[4] 田华，等．多糖的结构测定及应用．中国食品添加剂，2012，2：177.

[5] 付蕾，等．抗性淀粉制备、生理功能和应用．中国粮食学报，2008，23（2）：206.

[6] 刘贺，等．多糖化学结构解析研究进展．渤海大学学报：自然科学版，2018，2：97.

[7] 苏晓杨，等．Meta 分析 2 型糖尿病患者低碳水化合物饮食对体质指数及糖、脂代谢的影响．昆明医科大学学报，2019，40（12）：73.

[8] 李丹，等．香菇多糖体外抗 HIV 的免疫调节作用的实验研究．中国免疫学杂志，2004，20：253.

[9] 李波，等．二维核磁共振谱在多糖结构研究中的应用．天然产物研究与开发，2005（4）：523.

[10] 汪东风，徐莹．食品化学．3 版．北京：化学工业出版，2019.

[11] 张汇，等．灵芝多糖的结构及其表征方法研究进展．中国食品学报，2020，20（1）：290-301.

[12] 张惟杰．糖复合物生化研究技术．杭州：浙江大学出版社，1999.

[13] 苗晶囡，等．天然多糖对肠道菌群调节作用的研究进展．中国食物与营养，2019，25（12）：52.

[14] 林常青．质谱在多糖结构分析中的应用．分析测试技术与仪器，2005（3）：221.

[15] 罗志刚，等．抗性淀粉制备研究．粮食与饲料工业，2006，3：19.

[16] 郑建仙．功能性低聚糖．北京：化学工业出版社，2004.

[17] 胡学智，等译．益生元开发应用．北京：化学工业出版社，2007.

[18] 徐雅琴，等．蓝靛果多糖功能特性、结构及抗糖基化活性．食品科学，2020，41（2）：8-14.

[19] 郭振楚．糖类化学．北京：化学工业出版社，2005.

[20] 黄丹彤，等．基于气相色谱-飞行时间质谱分析花生油成分．农产品加工，2020，2：57.

[21] 覃统佳，等．近红外光谱法测定面粉的水分、脂肪、碳水化合物和蛋白质含量．食品工业科技，2020，1.

[22] 程月红，等．酿造酱油中碳水化合物的研究．食品与发酵工业，2019，45（18）：239.

[23] 谢明勇，等．天然产物活性多糖结构与功能研究进展．中国食品学报，2010，2：1.
[24] 谢明勇，等．天然产物来源多糖结构解析研究进展．中国食品学报，2017，3：1.
[25] 霍光华，等．波谱在多糖结构分析上的应用．生命的化学，2002（2）：194.
[26] Affes S，*et al*. Enzymatic production of low-M_w chitosan-derivatives：characterization and biological activities evaluation. International Journal of Biological Macromolecules，2020，144：279.
[27] Bao Y，*et al*. A phenolic glycoside from *Moringa oleifera* Lam. improves the carbohydrate and lipid metabolisms through AMPK in db/db mice. Food Chemistry，2020，311：125948.
[28] Bernabé P，*et al*. Chilean crab（*Aegla cholchol*）as a new source of chitin and chitosan with antifungal properties against *Candida* spp. International Journal of Biological Macromolecules，2020，149：962.
[29] Corolleur F，*et al*. Innovation potentials triggered by glycoscience research. Carbohydrate Polymers，2020，115833.
[30] Dellis D，*et al*. Carbohydrate restriction in the morning increases weight loss effect of a hypocaloric Mediterranean type diet：a randomized，parallel group dietary intervention in overweight and obese subjects. Nutrition，2020，71：110578.
[31] Gomes J A S，*et al*. High-refined carbohydrate diet consumption induces neuroinflammation and anxiety-like behavior in mice. The Journal of Nutritional Biochemistry，2020，77：108317.
[32] González-Balderas R M，*et al*. Intensified recovery of lipids，proteins，and carbohydrates from waste water-grown microalgae *Desmodesmus* sp. by using ultrasound or ozone. Ultrasonics Sonochemistry，2020，62：104852.
[33] Harding S E. Challenges for the modern analytical ultracentrifuge analysis of polysaccharides. Carbohy Res，2005，340：811.
[34] Harish P K V，*et al*. Chitin/chitosan：modifications and their unlimited application potential：an overview. Trends in Food Science & Technology，2007，18：117.
[35] Huebner J，*et al*. Functional activity of commercial prebiotics. International Dairy Jounal，2006，17（7）：770.
[36] Kurita K. Chitin and chitosan：functional biopolymers from marine crustaceans. Marine Biotechnology，2006，8（3）：1.
[37] Lopes G R，*et al*. Impact of microwave-assisted extraction on roasted coffee carbohydrates，caffeine，chlorogenic acids and coloured compounds. Food Research International，2020，129：108864.
[38] Ma F K，*et al*. Preparation and hydrolytic erosion of differently structured PLGA nanoparticles with chitosan modification. International Journal of Biological Macromolecules，2013，54：174.
[39] Megias-Perez R，*et al*. Monitoring the changes in low molecular weight carbohydrates in cocoa beans during spontaneous fermentation：a chemometric and kinetic approach. Food Research International，2020，128：108865.
[40] Moradi F，*et al*. Phase equilibrium and partitioning of cephalosporins（cephalexin，cefazolin，cefixime）in aqueous two-phase systems based on carbohydrates（glucose，fructose，sucrose，maltose）/acetonitrile. Fluid Phase Equilibria，2020，507：112388.
[41] Mottram D S，*et al*. Acrylamide is formed in Maillard reaction. Nature，2002，419：448.
[42] Payling L，*et al*. The effects of carbohydrate structure on the composition and functionality of the human gut microbiota. Trends in Food Science & Technology，2020，97：233.
[43] Rahimi M，*et al*. Carbohydrate polymer-based silver nanocomposites：recent progress in the antimicrobial wound dressings. Carbohydrate Polymers，2020，231：115696.
[44] Riaz R M S，*et al*. Chitin/chitosan derivatives and their interactions with microorganisms：a comprehensive review and future perspectives. Critical Reviews in Biotechnology，2020，40（3）：1713719.
[45] Sajilata M G，*et al*. Resistant starch：a review. Comprehensive Reviews in Food Science and Food Safety，2006，5：1.
[46] Sharma A，*et al*. Resistant starch：physiological roles and food applications. Food Reviews International，2008，24：193.
[47] Sun X，*et al*. Capillary electrophoresis - mass spectrometry for the analysis of heparin oligosaccharides and low molecular weight heparin. Analytical Chemistry，2016，88（3）：1937.
[48] Trung T S，*et al*. Improved method for production of chitin and chitosan from shrimp shells. Carbohydrate Research，2020，489：107913.
[49] Yuan Y，*et al*. Correlation of methylglyoxal with acrylamide formation in fructose/ asparagine Maillard reaction mod-

el system. Food Chemistry, 2008, 108: 885.

[50] Zhang J, *et al*. Chitosan modification and pharmaceutical/biomedical applications. Marine Drugs, 2010, 8 (7): 1962.

[51] Zhang M, *et al*. Antitumor polysaccharides from mushrooms: a review on their isolation process, structural characteristics and antitumor activity. Trends in Food Science and Technology, 2007 (18): 4.

[52] Zhang M, *et al*. Chitosan modification of magnetic biochar produced from *Eichhornia crassipes* for enhanced sorption of Cr (VI) from aqueous solution. RSC Advances, 2015, 5 (58): 46955.

[53] Zheng F, *et al*. Carbohydrate polymers exhibit great potential as effective elicitors in organic agriculture: a review. Carbohydrate Polymers, 2020, 230: 115637.

第4章　脂　类

内容提要： 油脂是一大类天然有机化合物，对食品营养与质量有重要影响。本章主要介绍天然脂类的组成及化学性质、油脂和脂肪酸的主要化学反应途径；油脂在贮藏加工中的氧化机理、酸败和回味机理、油脂氧化程度及氧化稳定性评价；油脂中的非甘油酯，如磷酸甘油酯、甾醇及色素等脂质的成分及性质；油脂氢化、分提和酯交换的机理；油脂取代物（模拟物、替代物）概念及成分；油脂加工方法及加工产品等。近年来应用基因代谢组学研究不同来源脂质营养、不同个体的营养效果和海洋磷脂营养；新型分离科技和高通量筛选技术在脂溶性微量伴随物的综合功能方面应用研究；LC-MS及非靶向代谢组学对人体中脂质代谢研究，并结合现有脂质代谢物数据库探究其代谢通路；不同类型脂肪细胞代谢途径、调控因子及调控方式等，均将成为食品脂质研究热点。

油脂是一大类天然有机化合物，其化学组成主要包括脂肪（三酰甘油或甘油三酯）和类脂（磷脂、蜡、甾醇、色素等）。三酰甘油占动植物脂类的95%以上，类脂占1%～5%。食品中的脂肪主要由两部分组成：动植物食品原材料中天然存在的脂肪和食品加工时外来的脂肪。用于食品加工的脂肪（油），如人造奶油、起酥油、植物油等，几乎都是甘油三酯混合物。食品中的脂肪改善了食品的适口性，如味道、质地和口感等。体内脂肪组织用于保护重要器官，并提供用于长期生存的能源贮备。1g脂肪提供的热量为38.9kJ，是等量糖（17.4kJ/g）和蛋白质（18.4kJ/g）的2.24倍和2.11倍。当摄入的蛋白质和糖超过需要时，其碳链结构被转化为脂肪酸，以甘油三酯的形式贮存于身体的脂肪组织中。

脂类的组成、晶体结构、熔融和固化等物理性质，以及它同水或与其他非脂类分子的相互作用，对制作糖果点心和烹调食品等有重要的影响，赋予食品各种不同的质地。而食品中的脂肪发生的氧化反应则直接影响了食品的风味、营养和贮藏稳定性。

4.1 天然脂类的化学性质

4.1.1 食品中的脂肪酸

人体内某些脂肪酸必须由饮食提供，被称为必需脂肪酸。必需脂肪酸的双键多为顺式，属 n-3 型及 n-6 型，并具有戊碳双烯结构。人和哺乳动物体内能合成饱和酸和一烯酸，但不能合成亚油酸和 α-亚麻酸。

必需脂肪酸在线粒体中经历一系列的代谢过程，与甘油结合生成油脂。脂肪的摄入总量、必需脂肪酸的摄入数量和种类影响其代谢过程，为了满足体内的需要，动物体内可通过脱氢、延长碳链生成四种类型（n-3、n-6、n-9 及 n-7）的多不饱和脂肪酸。n-6 型及 n-3 型多不饱和脂肪酸受氧化酶的作用，生成生物活性极高的前列腺素、凝血噁烷及白三烯，即二十碳脂肪酸衍生物。

油脂的化学性质是由其所含的脂肪酸及其在三酰甘油分子中位置所决定的。天然油脂以三酰甘油的形式存在，天然油脂中有 800 多种脂肪酸，已经鉴定的有 500 种之多。这些脂肪酸可以按照化学结构的特点分为饱和脂肪酸、不饱和脂肪酸和取代酸（脂肪酸碳链上的氢原子被其他原子或基团取代）。食用油脂中的天然脂肪酸主要是偶数碳原子构成的饱和脂肪酸和不饱和的顺式非共轭脂肪酸。食用脂肪中常见的各类脂肪酸见表 4-1 和表 4-2。

表 4-1 常见食用脂肪中的饱和脂肪酸

系统命名	俗名	速记表示	分子量	熔点/℃	来源
正丁酸(butanoic)	酪酸(butyric)	$C_{4:0}$	88.10	−7.9	乳脂
正己酸(hexanoic)	低羊脂酸(caproic)	$C_{6:0}$	116.5	−3.4	乳脂
正辛酸(octanoic)	亚羊脂酸(caprylic)	$C_{8:0}$	144.21	16.7	乳脂、椰子油
十二烷酸(dodecanoic)	月桂酸(lauric)	$C_{12:0}$	200.31	44.2	椰子油、棕榈仁油
十四烷酸(tetradecanoic)	豆蔻酸(myristic)	$C_{14:0}$	228.36	53.9	肉豆蔻种子油
十六烷酸(hexadecanoic)	棕榈酸(palmitic)	$C_{16:0}$	256.42	63.1	所有动植物油
十八烷酸(octadecanoic)	硬脂酸(stearic)	$C_{18:0}$	284.47	69.6	所有动植物油
二十烷酸(eicosonoic)	花生酸(arachidic)	$C_{20:0}$	312.52	75.3	花生油中含少量

表 4-2 常见食用脂肪中的不饱和脂肪酸

项目	系统命名	俗名	速记表示	分子量	熔点/℃	来源
一烯酸	顺-9-十碳烯酸 (*cis*-9-decenoic)	癸烯酸 (decylenic)	9*c*-10:1	170	—	动物乳脂
	顺-9-十二碳烯酸 (*cis*-9-dodecanoic)	月桂烯酸 (lauroleic)	9*c*-12:1	198	—	动物乳脂
	顺-9-十四碳烯酸 (*cis*-9-tetradecenoic)	肉豆蔻烯酸 (myristoleic)	9*c*-14:1	226	—	动物乳脂、抹香鲸油
	顺-9-十六碳烯酸 (*cis*-9-hexadecenoic)	棕榈油酸 (palmtoleic)	9*c*-16:1	254	—	动物乳脂、海洋动物油(60%～70%)、种子油、牛脂等
	顺-9-十八碳烯酸 (*cis*-9-octadecenoic)	油酸 (oleic)	9*c*-18:1	282	14.16	橄榄油、山核桃油、各种动植物油脂
	反-11-十八碳烯酸 (*trans*-11-octadecenoic)	11*t*-十八碳烯酸 (vassenic)	11*t*-18:1	282	44	奶油、牛油

续表

项目	系统命名	俗名	速记表示	分子量	熔点/℃	来源
一烯酸	顺-13-二十二碳烯酸 (*cis*-13-docosenoic)	芥酸 (erucic)	13*c*-22:1	338	33.5	十字花科芥子属(40%以上)
二烯酸	顺-2,顺-4-十二碳二烯酸 (*cis*-2,*cis*-4-dodecdienoic)	癸二烯酸 (decadienoic)	2*c*,4*c*-12:2	196		乌桕籽仁油
	顺-9,顺-12-十八碳二烯酸 (*cis*-9,*cis*-12-octadecadienoic)	亚油酸 (linoleic)	9*c*,12*c*-18:2	280	−5	存在于多种植物油中,如豆油、红花油、核桃油、葵花子油等
三烯酸	顺-9,顺-12,顺-14-十八碳三烯酸 (*cis*-9,*cis*-12,*cis*-14-octadecatrienoic)	α-亚麻酸 (α-linolenic)	9*c*,12*c*,14*c*-18:3 或 18:3(*n*-3)	278	−10~−11.3	亚麻籽油、苏籽油
	顺-6,顺-9,顺-12-十八碳三烯酸 (*cis*-6,*cis*-9,*cis*-12-octadecatrienoic)	γ-亚麻酸 (γ-linolenic)	6*c*,9*c*,12*c*-18:3 或 18:3(*n*-6)	278	—	月见草油
多烯酸	顺-5,顺-8,顺-11,顺-14-二十碳四烯酸	花生四烯酸 (arachidonic)	5*c*,8*c*,11*c*,14*c*-20:4 或 20:4(*n*-6)	304	—	海洋鱼油、猪脂、牛脂
	顺-5,顺-8,顺-11,顺-14,顺-17-二十碳五烯酸 (*cis*-5,*cis*-8,*cis*-11,*cis*-14,*cis*-17- eicosapentaenoic)	EPA	5*c*,8*c*,11*c*,14*c*,17*c*-20:5 或 20:5(*n*-3)	302	—	鳕鱼肝油
	顺-4,顺-7,顺-10,顺-13,顺-16,顺-19-二十二碳六烯酸	DHA	4*c*,7*c*,10*c*,13*c*,16*c*,19*c*-22:6 或 22:6(*n*-3)	328	—	日本沙丁鱼肝油、鳕鱼肝油、鲱鱼油

4.1.2 常用油脂的脂肪酸分布与组成

油脂是甘油三酯的混合物，构成甘油三酯的脂肪酸种类、碳链长度、不饱和度及几何构型对油脂的性质起着重要的作用。同时，脂肪酰基与甘油 3 个羟基的结合位置，即脂肪酸在甘油三酯中的分布情况对油脂的性质也有很大影响。

脂肪酸组成不同，其构成油脂的性质也有差异，脂肪酸组成相近，油脂的性质不一定相同。如羊脂与可可脂含有的脂肪酸种类和各种脂肪酸的数量都非常接近，但两种油脂的物理性质却不同，从而影响到它们的用途。可可脂熔点低，为 22～36℃，具有独特、优良的熔化性质，同时易被人体消化吸收，是制造巧克力的优质原料，广泛用于糖果生产中；而羊脂熔点高达 40～55℃，物性差，不易消化吸收，食用价值大大降低。脂肪的立体专一性分布见表 4-3。

表 4-3 脂肪的立体专一性分布

%

项目			4:0	6:0	8:0	10:0	12:0	14:0	16:0	16:1	18:0	18:1	18:2	18:3	20:1	22:1
动物脂肪	牛乳脂	sn-1	5.0	3.0	0.9	2.5	3.1	10.5	35.9	2.9	14.7	20.6	1.2	—	—	—
		sn-2	2.9	4.8	2.3	6.1	6.0	20.4	32.8	2.1	6.4	13.7	2.5	—	—	—
		sn-3	43.3	10.8	2.2	3.6	3.5	7.1	10.1	0.9	4.0	14.9	0.5	—	—	—
	猪油	sn-1	—	—	—	—	—	2	16	3	21	44	12	—	—	—
		sn-2	—	—	—	—	—	4	59	4	3	17	8	—	—	—
		sn-3	—	—	—	—	—	tr	2	3	10	65	24	—	—	—

续表

项目			4:0	6:0	8:0	10:0	12:0	14:0	16:0	16:1	18:0	18:1	18:2	18:3	20:1	22:1
植物脂肪	大豆油	sn-1	—	—	—	—	—	—	14	—	6	23	48	9	—	—
		sn-2	—	—	—	—	—	—	1	—	tr	22	70	7	—	—
		sn-3	—	—	—	—	—	—	13	—	6	28	45	8	—	—
	菜籽油	sn-1	—	—	—	—	—	—	4	—	2	23	11	60	16	3.5
		sn-2	—	—	—	—	—	—	1	—	0	37	36	20	2	4
		sn-3	—	—	—	—	—	—	4	—	3	17	4	3	17	51

注：tr 表示微量。

4.1.2.1 分布

油脂中甘油三酯组成复杂，要取得准确的分离分析数据仍然相当困难，人们认识到油脂的性质与脂肪酸的种类及其脂肪酸在甘油三羟基位置上的分布有关，但目前人们对甘油三酯中脂肪酸的分布还没有提出更明确的解释，只是提出了一些脂肪酸分布和甘油三酯组分关系的假说，如均匀或最广泛分布理论、随机分布理论、有限随机分布假说等。

4.1.2.2 组成

一般植物油脂都含有 5～10 种主要脂肪酸，动物油脂的脂肪酸种类更多一些（表 4-4）。天然油脂中除桐油和蓖麻油主要含 1～2 种脂肪酸外，按照随机法则在甘油 3 个羟基位置排布脂肪酰基。一般油脂中可能存在的甘油三酯达 125～1000 种。而一些油脂含 10～30 种脂肪酸之多，则可能有 1000～64000 种不同甘油三酯异构体存在。研究表明理论计算所得的甘油三酯类型有 50%～80%在天然油脂中存在。由于甘油三酯组成非常复杂，给甘油三酯的分离工作带来很大的困难。

表 4-4 部分动植物油脂的主要脂肪酸组成 %

项目		14:0	16:0	18:0	20:0	16:1	18:1	18:2	18:3	20:1	其他不饱和脂肪酸
动物油脂	牛脂肪	6.3	27.4	14.1	—	—	49.6	2.5	—	—	
	猪脂肪	1.8	21.8	8.9	0.8	4.2	53.4	6.6	0.8	0.8	
	羊脂肪	4.6	24.6	30.5	—	—	36.0	4.3	—	—	
	鳕鱼油	1.4	19.6	3.8	—	3.5	13.8	0.7	0.1		>50
	大比目鱼油	0.8	9.6	9.0	—	2.5	12.3	—	—	4.0	>55
植物油脂	大豆油	—	11	4	—	—	25	51	9		
	玉米油	—	12	4	—	—	29	54	—		
	棉籽油	1	29	4	—	2	24	40	—	3.0	
	可可脂	—	24	35			38	2.1			
	芝麻油		7～10	4～6			35～50	37～49			

一般天然油脂中的脂肪酸之间碳链长度相差 2～6 个碳，双键仅差 1～3 个，从这方面看，甘油三酯之间在物理化学性质上非常接近，尤其是交叉形成的甘油三酯性质更加接近。随着分离技术的进步及应用，复杂的甘油三酯组分分离及构成剖析将会得到逐步解决。

4.1.3 油脂和脂肪酸的化学反应

4.1.3.1 水解反应

油脂与水，在加热、酸、碱及脂酶的作用下，可发生水解反应，生成游离脂肪酸。碱性条件下的水解比较彻底，称为皂化反应。酸性或中性条件下的水解为可逆反应，其平衡点取决于水的比例和酯的性质。

水解分三步，首先是甘油三酯脱去一个酰基生成甘油二酯，其次是甘油二酯脱去一酰基生成甘油一酯，最后甘油一酯在脱酰基后生成甘油和脂肪酸。其反应特点是第一步水解反应速率较慢，第二步反应速率很快，而第三步反应速率又降低，这是由于初级水解反应时，水在油脂中溶解度较低，且在后期反应过程中生成物脂肪酸对水解产生抑制作用。酸催化的水解反应见图 4-1。

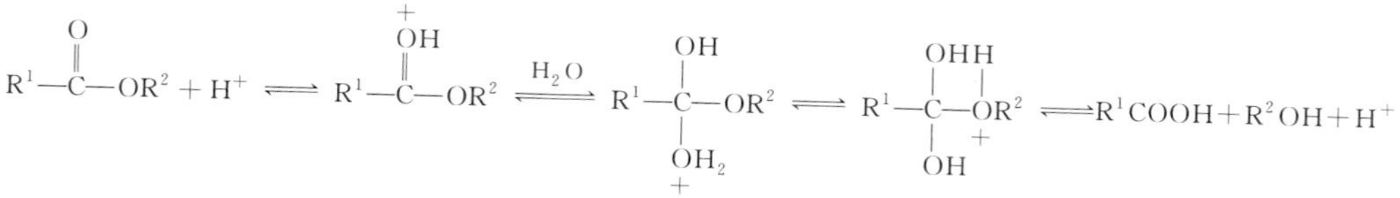

$$R^1—\overset{\overset{O}{\|}}{C}—OR^2 + H^+ \rightleftharpoons R^1—\overset{\overset{\overset{+}{O}H}{\|}}{C}—OR^2 \xrightleftharpoons{H_2O} R^1—\underset{\underset{+}{OH_2}}{\overset{OH}{C}}—OR^2 \rightleftharpoons R^1—\underset{OH}{\overset{OH}{C}}—\overset{H}{\underset{+}{O}}R^2 \rightleftharpoons R^1COOH + R^2OH + H^+$$

图 4-1　酸催化的水解反应

脂肪酶（lipase）或酯酶（esterase）可以在温和条件下实现油脂的水解，因此在催化热敏性油脂如鱼油等方面具有特殊的优势。棕榈果、米糠中含有大量脂肪酶，脂肪酶催化油脂水解产生大量脂肪酸，所以棕榈果收获后须立即经高温灭酶处理。脂肪酶的另一个优势是它的选择性水解，可用于功能性脂肪酸的富集、油脂的改性和油脂的结构分析等。

食品在烹饪油炸过程中，油脂温度可达到 160℃以上，同时被油炸的食品水分含量都较高，油脂发生水解释放出游离脂肪酸，脂肪酸的低沸点导致油的发烟点降低，并且随着脂肪酸含量增高，油的发烟点不断降低，因此水解会导致油品质降低，油炸食品风味变差。同时，由于游离脂肪酸更易于氧化酸败，故水解反应常常会造成食物品质的下降，因而多数情况下，人们会采取一些工艺措施降低油脂的水解。但在一些食品的加工中，则利用油脂的轻度水解来生成食品的特有风味。如为了产生典型的干酪风味，加入特定的微生物和乳脂酶；在制造面包及酸奶时，也采用有控制和选择性的脂解。

4.1.3.2　加成反应

(1) 氢的加成　氢的加成可分为催化氢化和非催化氢化。氢化反应可以改变油脂的理化性质，使其有适宜的加工性质，所以氢化油脂在食品工业和家庭中广泛使用。

催化氢化指油脂不饱和键在催化剂作用下与氢气发生加成反应。氢化为吸热反应(156.9 J/mol)，反应需在高温下进行，需要催化剂降低反应的活化能。依据催化剂的不同，分为非均相催化（金属、金属氧化物）和均相催化（金属配合物）。催化氢化是产生反式脂肪酸的主要原因。

非催化氢化是氢供体转移到脂肪酸的双键上，反应为顺式加成，选择性很高，不存在双键迁移现象（图 4-2）。常用的氢供体为二亚胺。氢原子通过六元环过渡态转移至 sp^2 杂化的碳原子。

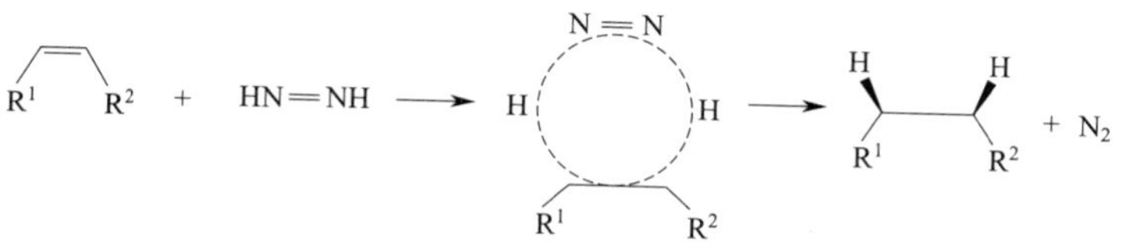

$$R^1CH{=}CHR^2 + HN{=}NH \longrightarrow [\text{六元环过渡态}] \longrightarrow R^1CH_2—CH_2R^2 + N_2$$

图 4-2　非催化氢化反应

油脂的催化氢化是食品工业生产氢化油脂的重要方法，因异构化产生新的位置异构体或新的几何异构体而生成反式脂肪酸，相关内容见 4.4.1。

(2) 卤素的加成　脂肪酸卤素的加成反应主要用于分析，也可用于产品的分离、结构鉴定和作为合成的中间体。卤素加成为反应亲电加成，首先形成鎓离子，然后卤素负离子从背面亲核进攻（图 4-3）。顺式双键生成苏式加成产物，反式双键生成赤式加成产物。如果反应体系中有卤素之外的其他亲核试剂存在，则会发生类似的亲电加成反应（图 4-4）。

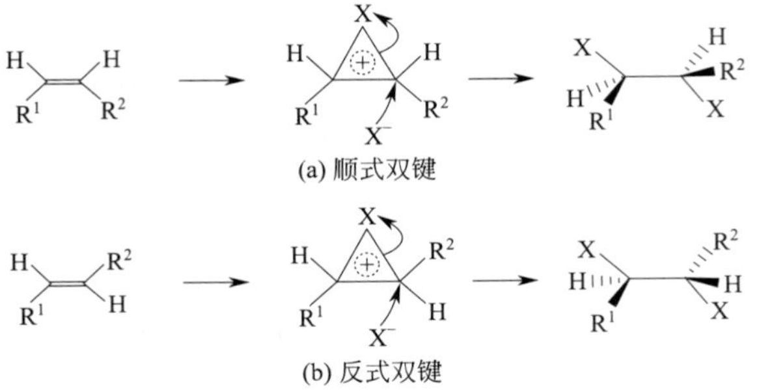

(a) 顺式双键

(b) 反式双键

图 4-3　卤素加成反应

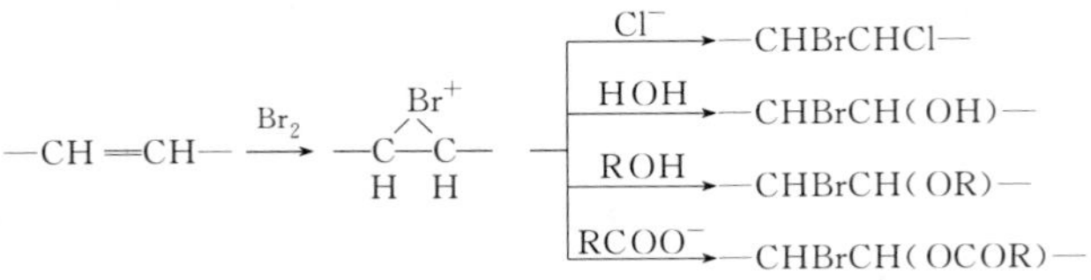

图 4-4　油脂的亲电加成反应

氟、氯的加成反应剧烈，须在低温下进行。碘单质不能单独进行加成反应，常用的卤素加成试剂为 Br_2、ICl 和 IBr 等。就多不饱和脂肪酸的加成而言，非共轭双键能够全部被加成，共轭双键往往剩余一个双键不能加成。碘值为重要的油脂化学常数，可用于表示油脂的不饱和度。

(3) 羟汞化反应　不饱和脂肪酸可以与醋酸汞和甲醇或其他亲核试剂反应生成一系列含汞加成物。这些化合物可以进一步转化为其他含汞化合物（图 4-5）。其中经 $NaBH_4$ 还原得到的甲氧基脂肪酸可以在质谱分析中确定双键的位置。

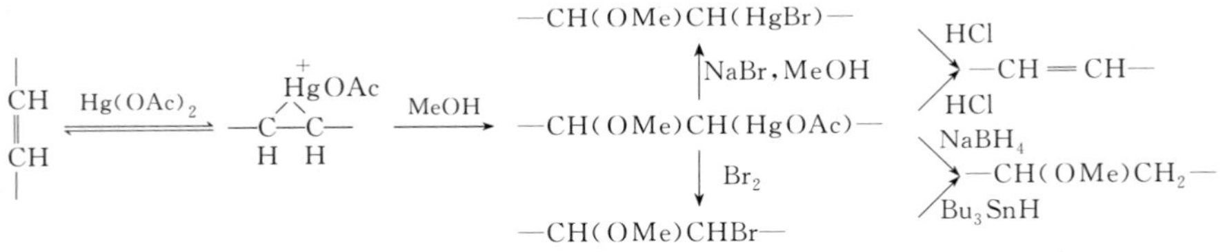

图 4-5　羟汞化反应

4.1.4 异构化反应

4.1.4.1 顺反异构化

不饱和脂肪酸的双键以顺反两种构象存在，绝大多数天然不饱和脂肪酸以顺式构象存在，但是在光、热以及催化剂如碘、硫、硒、含硫有机物、氮氧化物、酸性土等作用下，天然不饱和脂肪酸可从顺式构象转化为能量上稳定的反式构象，此反应叫反式化反应。

用于反式化反应的催化剂有离子型和自由基型两类。离子型催化剂为强酸性，如酸性土（acid-treated clay），以 M^+ 表示，M^+ 与双键反应形成可旋转的离子中间体，随后脱去 M^+

恢复双键时，则产物有顺式与反式构型，过程如图 4-6 所示。

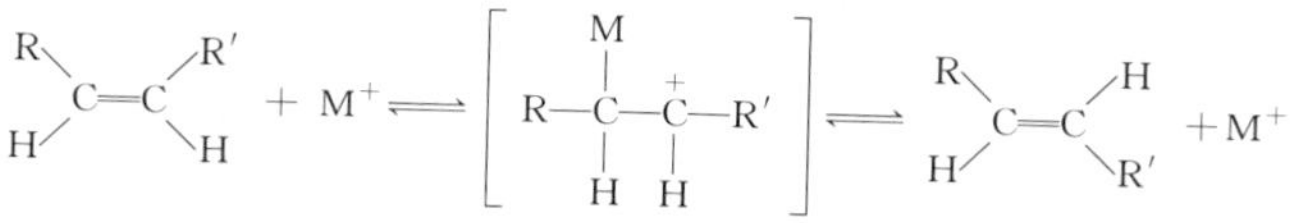

$$\begin{matrix} R \\ H \end{matrix}\!\!>C=C<\!\!\begin{matrix} R' \\ H \end{matrix} + M^+ \rightleftharpoons \left[\begin{matrix} & M & & \\ & | & + & \\ R- & C- & C & -R' \\ & | & | & \\ & H & H & \end{matrix} \right] \rightleftharpoons \begin{matrix} R \\ H \end{matrix}\!\!>C=C<\!\!\begin{matrix} H \\ R' \end{matrix} + M^+$$

图 4-6 离子型催化剂催化的反式化反应

自由基型催化剂如 I_2、HNO_2、S、Se 等，在加热过程中首先生成催化剂自由基 X·，X·与双键产生自由基中间体，脱去 X·时 C—C 单键旋转，得反式与顺式构型。比如，油酸在 HNO_2 存在下加热到 100～120℃，达到平衡（如图 4-7 所示）。

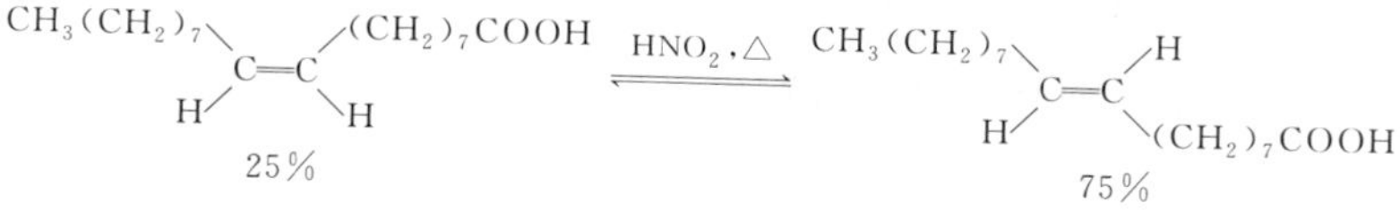

$$\underset{25\%}{\begin{matrix} CH_3(CH_2)_7 \\ H \end{matrix}\!\!>C=C<\!\!\begin{matrix} (CH_2)_7COOH \\ H \end{matrix}} \xrightleftharpoons{HNO_2,\triangle} \underset{75\%}{\begin{matrix} CH_3(CH_2)_7 \\ H \end{matrix}\!\!>C=C<\!\!\begin{matrix} H \\ (CH_2)_7COOH \end{matrix}}$$

图 4-7 油酸在 HNO_2 催化下反应所达到的平衡

反应中起催化作用的是从 HNO_2 释放出的氢氧化物（反应通常是在硝酸和亚硝酸钠作用下进行，二者反应生成的亚硝酸分解生成 NO 和 NO_2 等氮氧化物，是真正的催化剂）。反式酸的熔点都高于相应的顺式酸（如反式油酸的熔点为 45℃，顺式油酸为 13.5℃）。

亚油酸、亚麻酸、顺式共轭酸等可以发生部分双键反式化或全反式化，如亚麻酸经甲基苯亚磺酸处理得到 *E*，*E*，*E*（48%）、*E*，*E*，*Z*（41%）和 *E*，*Z*，*Z*（10%）三种反式化或部分反式化异构体。共轭酸的反式化更容易进行，如共轭亚油酸在甲酯化过程中就能发生部分反式化；*α*-桐酸、*α*-羰基十八碳三烯酸以及含有这些脂肪酸的油类在紫外线照射下，很容易转变成反式结构而固化。不过这些油经短时间高温（200～225℃）处理可以永久防止异构化。

无论是何种历程，反式化反应往往伴随有加成反应或位置异构化反应。

4.1.4.2 共轭化

不饱和脂肪酸双键在催化剂作用下发生移动，就单不饱和脂肪酸而言称作双键迁移，就多不饱和脂肪酸而言称为共轭化。催化双键迁移的为无机酸和金属羰基化合物，例如，油酸与高氯酸溶液于 100℃共热，双键将向两端迁移，反应初始阶段双键的位置符合统计规律，但当双键迁移到 C4 时，碳链环化生成 *γ*-硬脂酸内酯（图 4-8）。若油酸用酸活化的高岭土于 180℃处理，则油酸的双键可以出现在碳链上 2～17 的任何位置。

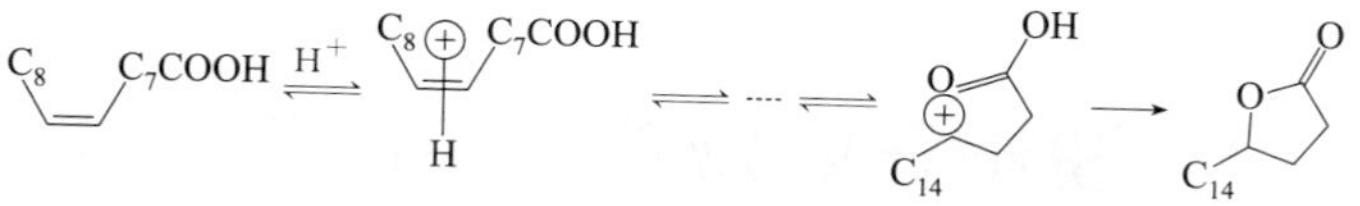

$$C_8\!-\!CH\!=\!CH\!-\!C_7COOH \xrightleftharpoons{H^+} C_8\!-\!\overset{+}{C}H\!-\!CH_2\!-\!C_7COOH \rightleftharpoons \cdots \rightleftharpoons \text{(protonated lactone, } C_{14}\text{, OH)} \longrightarrow \text{(γ-lactone, } C_{14}\text{)}$$

图 4-8 油酸碳链环化生成 *γ*-硬脂酸内酯

发生共轭化反应的主要是亚油酸、亚麻酸等多不饱和脂肪酸。亚油酸在碱催化下生成 9*c*，11*t*-和 10*c*，12*t*-共轭亚油酸（CLA）两种异构体。亚麻酸的异构化很复杂，可转变为二共轭酸或三共轭酸。亚油酸在 KOH 的乙二醇溶液中回流，几乎可以实现完全共轭化。图 4-9 为碱催化亚油酸共轭化反应。

共轭二烯酸在 234nm、共轭三烯酸在 270nm 有强烈的紫外吸收，是鉴定共轭酸存在的特征之一。除苛性碱之外，其他强碱和超强碱具有更好的催化性能，在极性非质子溶剂

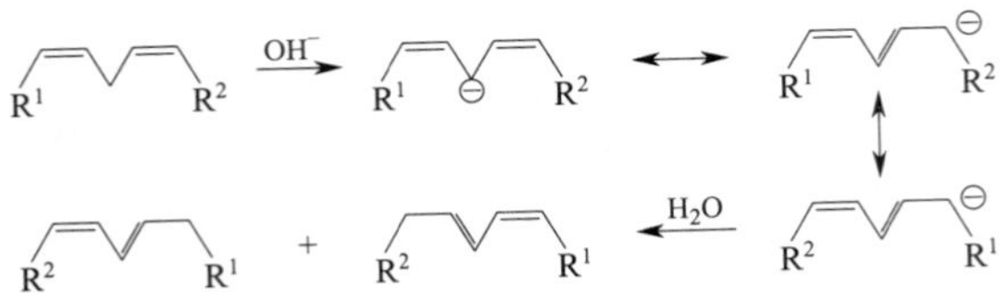

图 4-9　碱催化亚油酸共轭化反应

(DMSO、DMF 等）中反应可在低温下进行，其催化能力如下：

$$CH_3\overset{O}{\overset{\|}{S}}CH_2^- > t\text{-}BuO^- > s\text{-}BuO^- > EtO^- > MeO^- > OH^-$$

在惰性环境下过渡金属或其羰基复合物也可催化多不饱和脂肪酸的共轭化，其催化机理类似双键迁移的 π-烯丙基-M 过渡态。然而过渡金属催化的优点是不破坏酯键，缺点是生成较多的反式异构体，尤其是羰基复合物催化得到的产物。

亚油酸等多不饱和脂肪酸在光照条件下经碘催化可实现 70%～80%的共轭化产率，产物中，反式异构体通常占 70%以上。

4.1.4.3　环化

桐酸、亚油酸、亚麻酸等在加热、碱异构化与催化氢化等反应中，会发生自环化生成环状脂肪酸，如亚麻酸在碱存在下加热至约 300℃，则异构化的同时，还可以发生自环化反应，生成环状脂肪酸。亚麻酸酯在乙二醇溶液中加热到 225～295℃，或在氢氧化钠水溶液中于 8.5MPa 和 300℃的条件下反应，所得产物有共轭酸，也有一定量的 1，2-双取代环己二烯脂肪酸酯，结构如下：

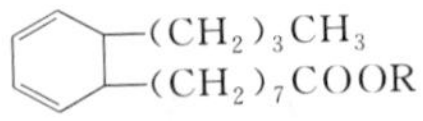

$—(CH_2)_3CH_3$
$—(CH_2)_7COOR$

如在二氧化碳的保护下，加热到 275℃保持 12h 也可得到单环化合物：

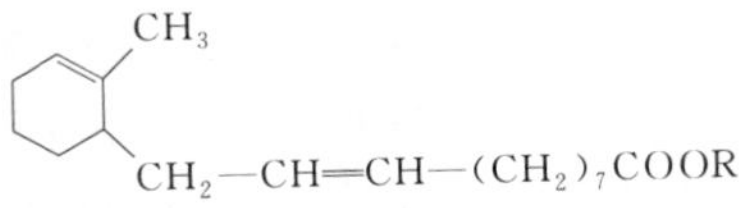

CH_3
$CH_2—CH═CH—(CH_2)_7COOR$

环状化合物有毒，因此加热到 220℃以上的亚麻油不宜食用，烹饪时也不应超过此温度。

4.2　油脂在贮藏加工中的化学反应

油脂在贮藏加工中会发生一系列化学反应，其中以氧化反应对油脂的稳定性及含脂食品的稳定性影响最大。

4.2.1　油脂氧化机理

由于油脂中含有多不饱和脂肪酸，因此易受外界条件影响发生氧化。根据诱因的不同可将油脂的氧化分为三种类型：自动氧化、光氧化和酶促氧化。其中自动氧化是油脂氧化的最主要途径。

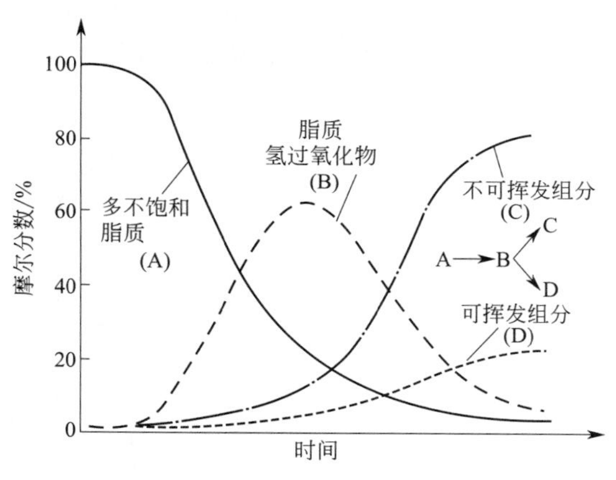

图 4-10　油脂氧化的一般过程

油脂氧化是一个动态平衡过程，在油脂氧化生成氢过氧化物的同时，还存在氢过氧化物分解和聚合，氢过氧化物的含量增加到一定值，分解和聚合速率都会增加（图 4-10）。反应底物和反应条件的不同，导致反应的动态平衡结果不同。

一般地，某些食品中油脂的适度氧化可形成食品的特殊风味。但对油脂而言，空气氧化会对食用油脂造成很大的影响（图 4-11），氢过氧化物分解产生的醛、酮、酸等小分子有强烈刺激性气味（哈喇味），影响口味，不宜食用。氢过氧化物继续氧化生成的二级氧化产物在人体及动物体内很难代谢，会对肝脏造成损害。另外，氧化产生的聚合物除影响油脂营养外，也很难被人体吸收，并积累在体内有健康隐患。

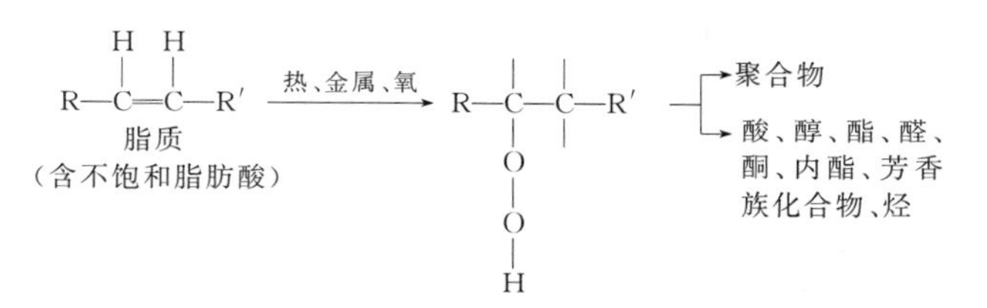

图 4-11　油脂空气氧化的一般过程

4.2.1.1　自动氧化

油脂的自动氧化是指空气中的氧气与油脂发生氧化反应，随着反应的进行，中间态的产物又可加速反应的进程，因此也称自动催化氧化。该反应是一个自由基连锁反应，其反应历程可以分为 3 个阶段：诱导期，发展期，终止期。

诱导期：产生游离自由基。

$$RH + M^{X+} \longrightarrow R\cdot + M^{(X-1)+} + H^{+} \tag{4-1}$$

油脂的自动氧化需要脂肪酸或酰基甘油为自由基形式，诱发其产生自由基的诱发剂可以是过渡态的金属离子、脂质氧化酶、紫外线和可见光。其中 RH 中的 H 一般为不饱和脂肪酸碳碳双键旁边的亚甲基上的氢原子。

发展期：不断地连锁反应产生新的自由基。

$$R\cdot + O_2 \longrightarrow ROO\cdot \tag{4-2}$$

$$ROO\cdot + RH \longrightarrow ROOH + R\cdot \tag{4-3}$$

式(4-3) 形成氢过氧化物和烷基自由基，其中的烷基自由基可以再次参与到式(4-2) 进行循环反应，也可以同其他的自由基结合终止自由基反应。

终止期：自由基与自由基结合，链终止。

$$ROO\cdot + R\cdot \longrightarrow ROOR \tag{4-4}$$

$$R\cdot + R\cdot \longrightarrow RR \tag{4-5}$$

$$ROO\cdot + ROO\cdot \longrightarrow ROOR + O_2 \tag{4-6}$$

其中形成的脂质氢过氧化物（ROOH）在室温下和不存在金属的情况下相对稳定，但在金属存在下或高温环境下易分解成烷氧基，然后形成醛、醇等物质（图 4-12）。

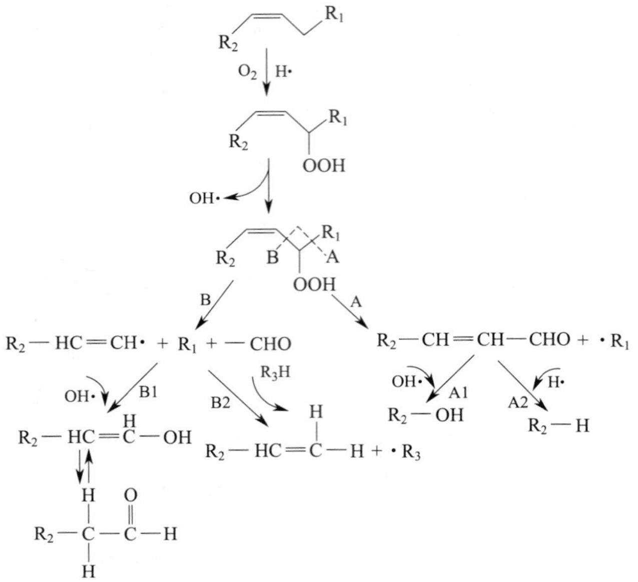

图 4-12　氢过氧化物形成和分解示意

含有不饱和双键的油脂在室温条件下即可发生自动氧化反应，饱和酸或酯在室温条件下不易发生氧化，但不是不发生反应。由于氧化反应过程非常复杂，研究油脂氧化反应历程一般以单一的脂肪酸酯为对象，比较清楚易懂。

(1) 油酸酯氧化过程　油酸酯自动氧化反应速率很慢，在加入自由基或在高温、辐射条件下，其诱导期会缩短，反应过程如图 4-13 所示。

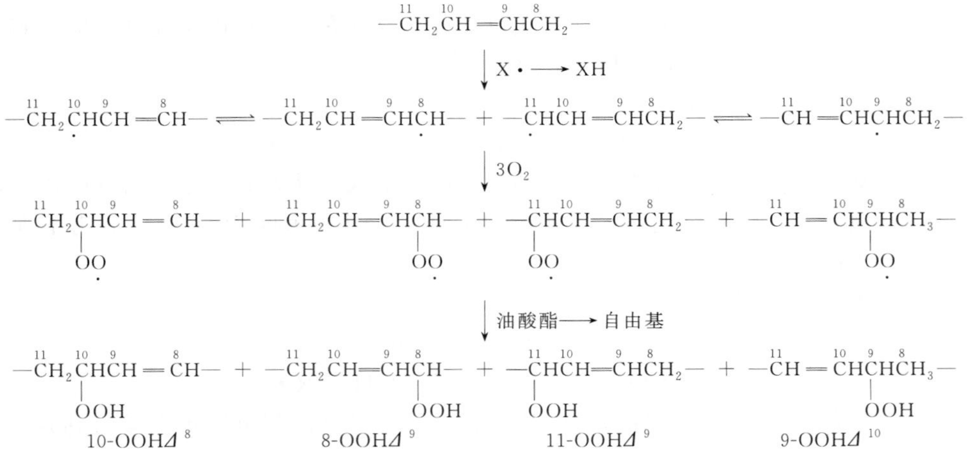

图 4-13　油酸酯自动氧化反应过程

油酸酯氧化后可以生成碳 8、9、10、11 四个位置的氢过氧化物。碳 8 和碳 11 是双键的邻位（烯丙基碳原子），在碳 8 和碳 11 处易于形成自由基，并进一步形成氢过氧化物。碳 10 自由基的产生是由于碳 8 自由基与双键的 p-π 共轭效应产生电子离域，重排使得 8

位、9 位 p 电子形成双键，10 位形成自由基；碳 9 自由基产生的原理与其相同。色谱分析证明，油酸氧化产生的氢过氧化物中 8 位、11 位氢过氧化物（26%～28%）略多于 9 位、10 位氢过氧化物（22%～24%）。

（2）亚油酸酯氧化过程 亚油酸酯的自动氧化速度较快，为油酸酯的 10～40 倍，由于双键中间的亚甲基非常活泼，更容易形成自由基，在 0℃或更低温度条件下，亚油酸酯都能被空气氧化（图 4-14）。当油脂中油酸和亚油酸共存时，亚油酸可诱导油酸氧化，从而使油酸诱导期缩短，加速氧化。

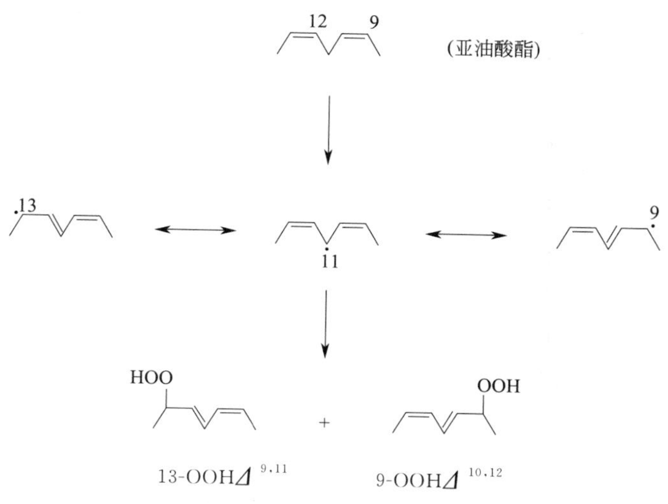

图 4-14 亚油酸酯氧化过程

亚油酸酯的氧化产物为等量的 $9\text{-OOH}\Delta^{10,12}$ 和 $13\text{-OOH}\Delta^{9,11}$，没有测出 $11\text{-OOH}\Delta^{9,12}$ 的存在。在 0℃条件下，一般为顺反异构体，在较高温度下，可转变为反式。

（3）亚麻酸酯氧化过程 亚麻酸酯由于存在两个活泼的亚甲基，故而自动氧化速率更快，为亚油酸酯的 2～4 倍。亚麻酸酯氧化生成 4 种位置不同的氢过氧化物异构体：9-OOH 和 16-OOH 含量相当，占总量的 80%左右；12-OOH 和 13-OOH 含量相当，占总量的 20%左右（图 4-15）。

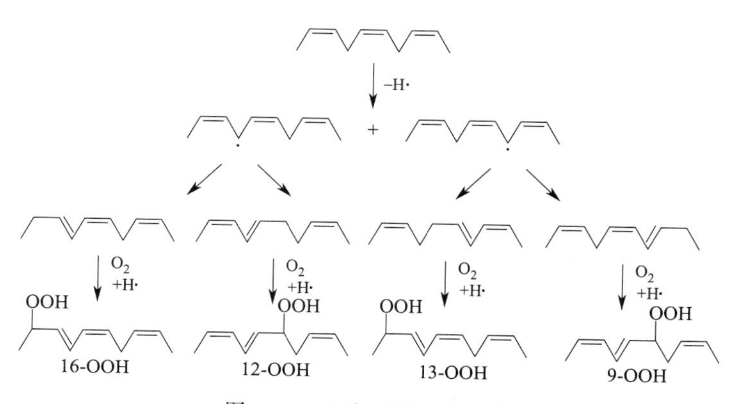

图 4-15 亚麻酸酯氧化过程

亚麻酸酯的氧化产物中各有 3 个双键，未共轭的一个双键为顺式，而共轭的两个双键为顺反结构，生成的这种具有共轭双键的三烯结构的氢过氧化物极不稳定，很容易继续氧化生成二级氧化产物或氧化聚合。

在一般温度下，油酸酯、亚油酸酯和亚麻酸酯的自动氧化速率之比为 1∶12∶25，也就是说纯油酸酯最不易氧化，亚油酸酯次之，亚麻酸酯最易氧化。

4.2.1.2 酶促氧化

在油脂的酶促氧化中，脂肪氧化酶（LOX，脂氧酶）是一种常见的催化油脂氧化反应的酶。LOX 是一种单一的多肽链蛋白，主要存在于植物和真菌中。LOX 的中心含有铁原子，对于它作用的底物具有特异性要求，它只对含有顺五碳双烯结构的多不饱和脂肪酸进行氧化，而对一烯酸（如油酸）和共轭酸不起氧化作用。最普通的底物是亚油酸、亚麻酸和花生四烯酸。脂氧酶中因含有铁原子，有 3 种形态：无色酶、黄色酶和紫色酶。3 种酶在需氧反应和厌氧反应中均能发生氧化反应。有氧条件下，其氧化机理同自动氧化相似，其氧化机理如图 4-16 所示：LOX 先氧化与烯烃直接相连的亚甲基，使其脱氢转移至 LOX，生成自由基，LOX 的三价铁被还原为无活性的二价铁（A）；其次，氧分子与自由基发生氧化反应生成过氧自由基（B）；最后，过氧自由基被 LOX 二价铁还原生成氢过氧化物，LOX 中的二价铁则被氧化为三价铁（C），三价铁可以循环反应。

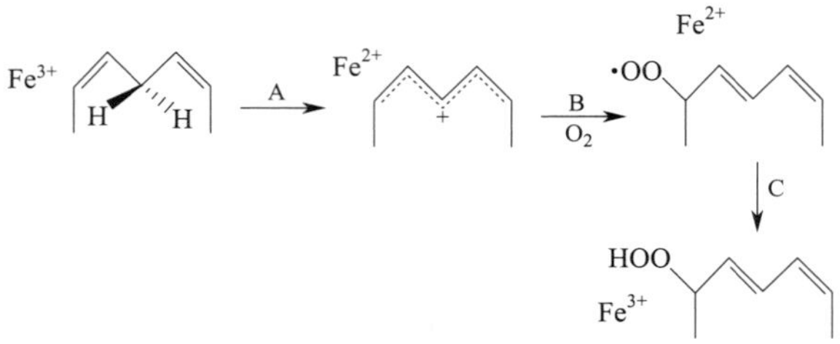

图 4-16 脂氧酶氧化机理

与自动氧化和光氧化不同，酶促氧化反应产物表现出一定的立体构型，具有旋光性，通常均为外消旋体。不同来源的脂肪酶对反应底物具有选择性。例如，从大豆中分出的脂氧酶-Ⅰ氧化亚油酸生成 $13S\text{-OOH}\Delta^{9c,11t}$，从马铃薯或番茄中提取的脂氧酶-Ⅰ氧化亚油酸生成 $9R\text{-OOH}\Delta^{10t,11c}$，有时也会产生上述两种混合物。

在缺氧条件下，其酶促氧化反应生成的产物非常复杂，如亚油酸与 13 位氢过氧化物反应生成正戊烷、二聚体和氧代二烯酸等产物。脂氧酶作用的机制如图 4-17 所示。

4.2.1.3 光氧化

光照能加速油脂的氧化，在光敏剂（叶绿素或脱镁叶绿素、酸性红、甲基蓝、核黄素和卟啉等）存在的状态下，基态的光敏剂吸收紫外线能量经内部系统转换变成激发三重态。激发三重态的光敏剂可以接受底物的氢或电子并产生自由基。此时的氧化遵循自由基链式氧化，与油脂自动氧化的机理相同。激发态的光敏剂也可以与基态的 $^3O_2$ 通过电子转移等一系列的反应生成单线态氧（$^1O_2$）。如图 4-18、图 4-19 所示，单线态氧直接与不饱和脂肪酸中的双键作用，生成氢过氧化物。

激发态 $^1O_2$ 的能量高，反应活性大，故光敏氧化反应的速率比自动氧化反应速率约快 1500 倍，光敏氧化反应产生的氢过氧化物再裂解形成自由基，可引发自动氧化历程的自由基链式反应，因此光氧化同样对油脂的劣变产生重大影响。与自动氧化不同的是，光氧化对于双键数目不同的底物，其光氧化速率差别不大，油酸酯、亚油酸酯、亚麻酸酯的氧化速率之比为 1.0∶1.7∶2.3。

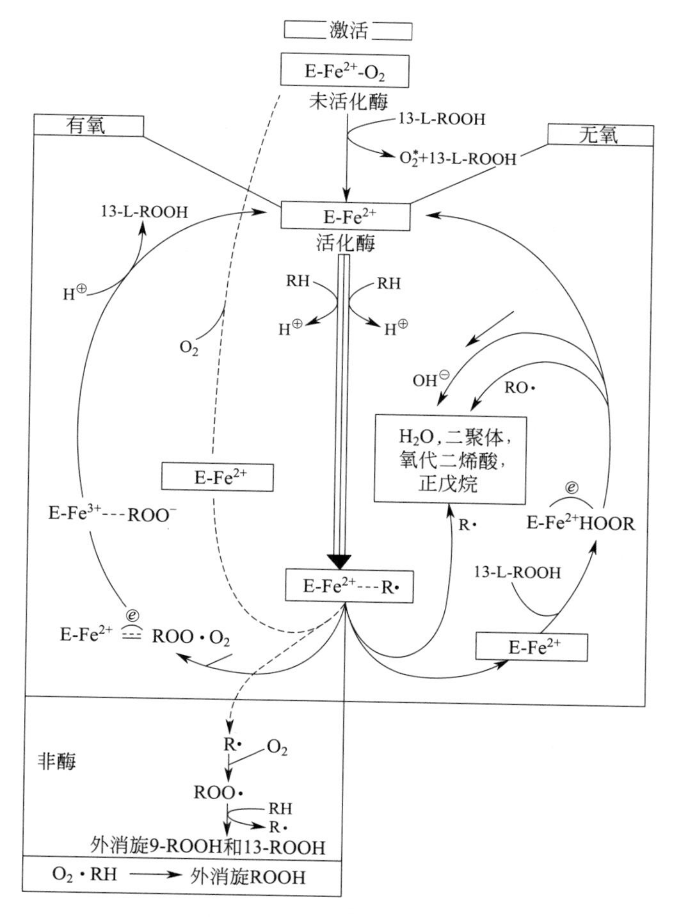

图 4-17　脂氧酶作用的机制

RH—亚油酸；ROOH—亚油酸的氢过氧化物；E—脂氧酶

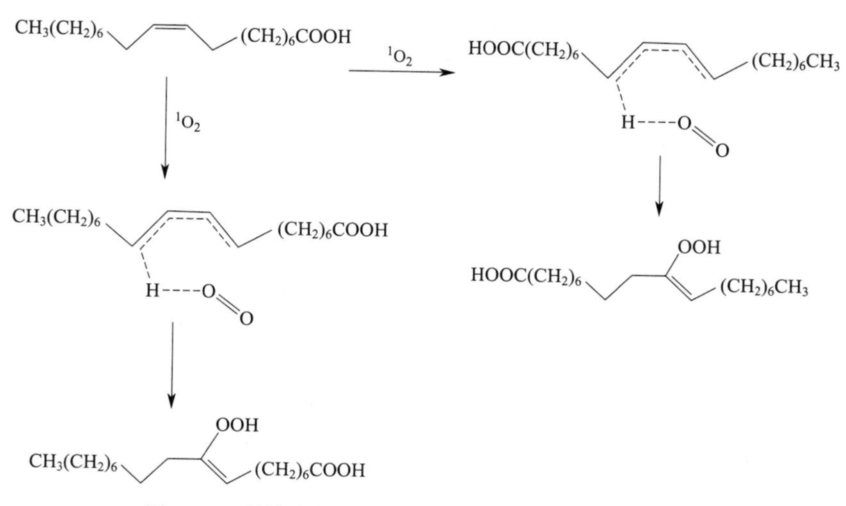

图 4-18　单线态氧与含一个不饱和双键的脂肪酸反应

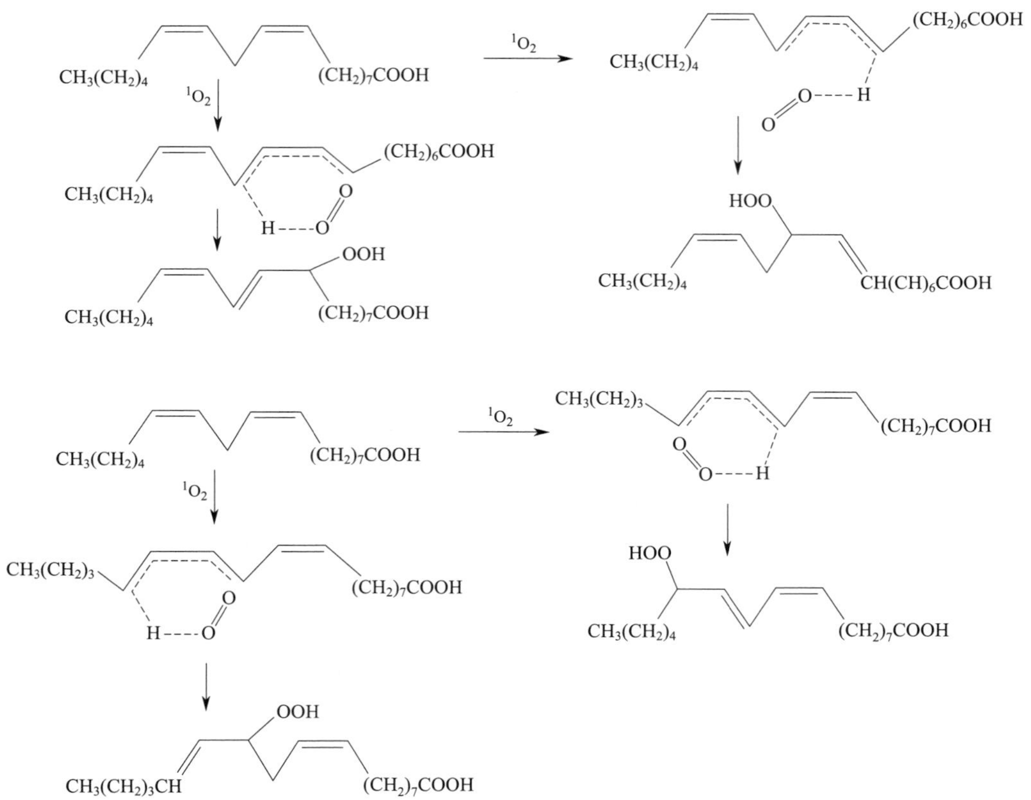

图 4-19　单线态氧与含两个不饱和双键的脂肪酸反应

4.2.1.4　热氧化

油脂热氧化反应常发生在高温或暴露于阳光下，在氧化过程中，脂肪酸基团通常在双键附近形成自由基，然后自由基可以与空气中的氧结合形成过氧化自由基，两个自由基相互作用，形成分子量更小、更稳定、导电性更好的产物，可以是羧酸、过氧化氢或醛。高温烹饪和深度煎炸是常见的食品加工方法。食品热加工过程中，由于高温不隔氧和食品（物料）组分的多样性，油脂会发生一系列复杂的化学反应，包括水解、热氧化反应，其中热氧化反应会导致羟基脂肪酸、TAG 氧化单体、聚合产物、反式脂肪酸、甾醇衍生物等物质的生成，并通过煎炸食品吸收煎炸油脂，影响煎炸食品的口感、风味、货架期和营养成分等。此外，某些油脂热氧化产物，如氧化 α,β-不饱和醛等还有一定的安全隐患。

经典的不饱和脂肪酸的自动氧化机理模型分为 3 步（引发、传播和终止），如图 4-20。在油脂热氧化过程中，引发因子主要为高温。传播步骤主要包括过氧自由基（ROO·）的生成，然后从其他不饱和脂肪酸的双键 α 位夺取氢原子形成氢过氧化物。在热氧化过程中，高温下生成的氢过氧化物非常不稳定，O—O 键容易断裂生成烷氧自由基。烷氧自由基中的 O—O、C—O 和 C—C 键发生 β-均裂生成挥发性短链化合物。氢过氧化物的分解能够促进自由基链式反应的传播。最后自由基发生双分子反应生成 TAG 聚合物终止自由基链式反应。相对于经典的自动氧化自由基链式反应机理，热氧化过程处于高温下，氧化速率远大于自动氧化。且热氧化反应体系更加复杂，高温煎炸随着反应的进行，反应体系中氧气含量减少，当出现无氧状态时，会发生不同于自由基链式反应机理的反应。此外，热氧化体系中同时发生的加成、脱氢、裂解等反应会相互竞争并改变油脂氧化路径及其中间产物。

对于高饱和型油脂，如棕榈油等，饱和脂肪酸为主要脂肪酸。在高温下，饱和脂肪酸也会发生热氧化反应，且随着链的增长，饱和脂肪酸稳定性下降。

油脂热氧化的氧化程度可通过荧光光谱检测。油脂中生育酚、色素等物质会发出较强的荧光，油脂的氧化产物同样有荧光响应，这些荧光物质与油脂的氧化进程存在一定的关系，而且荧光检测样品前处理简单、耗时短，因此荧光光谱可作为监测油脂氧化程度的判断依据。

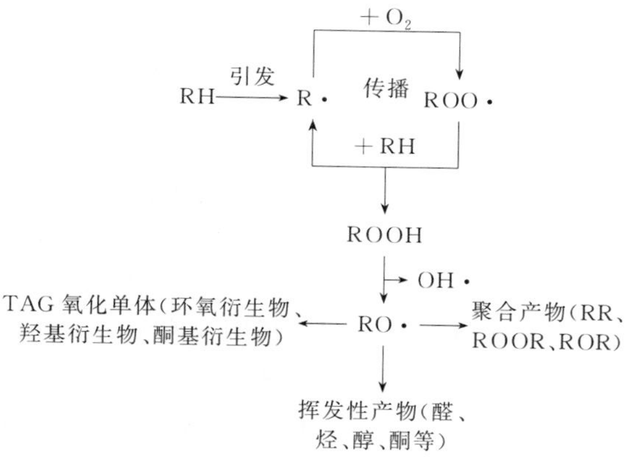

图 4-20　油脂自动氧化机理

4.2.2　油脂的酸败和回味

4.2.2.1　油脂酸败

油脂的酸败程度主要受脂肪酸的饱和程度、紫外线、氧气、水分、天然抗氧化物及油脂中微生物的 LOX 等多种因素的影响，但主要是氧化作用和水解作用。

(1) 氧化作用　油脂氧化主要经历以下三个过程：①起始反应，脂肪酸在能量（紫外线）作用下产生自由基。②传播反应，自由基使其他基团氧化成新的自由基，循环往复，不断氧化，在能量作用下继续产生自由基。③终结反应，在抗氧化作用下，自由基消失，氧化过程终结，产生一些相应的产物。在这一系列氧化过程中，主要的分解产物是氢过氧化物、羰基化合物，如醛类、酮类、低分子酸及醇类、羟酸、脂肪酸的聚合物等。

(2) 水解作用　脂肪加水分解产生相应游离的脂肪酸、甘油及其不完全分解的甘油一酯、甘油二酯等。脂肪自身氧化及加水分解所产生的分解产物较复杂，使油脂带有明显特征：氧化值升高，酸值上升，羰基（醛、酮）反应呈阳性。脂肪酸的分解必然影响固有酸价、凝固点（熔点）、密度、折射率及皂化价等的变化，并伴有“哈喇味”。

油脂酸败是一个综合现象，很难准确分析。各种油脂因脂肪酸组成不同，达到有酸败气味时的过氧化值各不相同。例如猪油吸氧量较少，过氧化值为 20meq/kg（10mmol/kg）左右时就能感觉出酸败味道；而豆油、棉籽油、葵花子油、玉米油等吸氧量多，过氧化值达到 120～150meq/kg（60～75mmol/kg）时才闻到酸败气味。另外，外部条件对油脂氧化酸败也有影响，同一种油脂在高温下产生酸败气味时的过氧化值比低温时明显要低。酸败后的油脂其酸值、过氧化值、碘值、羟值等指标均发生变化，而且产生了一类对人体健康不利的物质，破坏了油脂中的维生素，降低油脂营养价值，因此酸败过的油脂不能食用。

4.2.2.2　油脂回味

许多油脂在贮存过程中过氧化值很低时，形成不良风味，这称为回味，即油的风味回复到毛油原先的风味。但实际上形成的是与毛油不相同的不良风味，准确地说应称为退化。含有亚油酸和亚麻酸较多的油脂，例如豆油、亚麻油、菜籽油和海产动物油容易产生这种现象。油脂的回味和酸败味略有不同，并且不同的油脂有不同的回味。

大豆油的回味现象最为严重。大豆毛油带有较强的豆腥味，通过脱臭等精炼过程使气味消除从而获得气味温和的精炼大豆油。然而，精炼后的大豆油在放置较短时间时，就会产生与毛油类似的不愉快气味，此现象称为大豆油的回味。大豆油的亚油酸、亚麻酸含量较高，因此存放和食用过程中易产生回味。大豆油的回味由淡到浓依次为“豆腥味”“青草味”“油漆味”和“鱼腥味”。为了改善大豆油的风味稳定性和风味品质，对大豆油的回味进行了大量的研究，主要的回味理论如下。

(1) 亚麻酸理论 亚麻油加入棉籽油中，并经过酯化反应成为成品油，然后发现其与大豆油的气味类似。研究发现，大豆油回味时产生的回味物质会随着大豆油中亚麻酸量的降低而减少。大部分研究证明亚麻酸对于大豆油的回味具有重要的影响。但也有研究与此结论相矛盾，研究亚麻酸含量（8%～10%）与大豆油回味物质形成量之间的规律时，未发现两者之间存在相关性。这些研究说明亚麻酸可能不是引起回味的唯一物质。

(2) 磷酸理论 德国的油脂专家认为磷酸是导致大豆油回味的重要因素。有人在研究微量成分对大豆油风味稳定性的影响时，发现生育酚、磷酸等物质是引起油脂发生回味的原因。在油脂风味化学的研究报道中，也提到脂肪酸的氢过氧化物及其降解产物、磷酸及其聚合物都可转化为油脂回味的前体物质。有人发现油脂精炼后残存的少量磷酸能够引起玉米油产生回味现象。大量的研究表明磷酸是引发油脂回味的关键性物质。

(3) 不皂化物理论 20 世纪初，Mattel 提出了大豆油回味的发生与不皂化物有关。他发现将大豆油中的不皂化物与棉籽油混合后，棉籽油产生了回味；但是当亚麻籽油不皂化物与棉籽油混合时，棉籽油却没有出现回味。研究发现，棕榈油中的胡萝卜素、大豆油中的角鲨烯以及动物油脂中的生育酚都在一定程度上影响着相应油脂的风味品质。虽然不皂化物能影响油脂的氧化稳定性，但是其对于风味特性的影响作用明显。研究者发现橄榄油中 α-生育酚的含量大于 250×10^{-3}mg/g 时，生育酚会促进橄榄油的氧化。向大豆油中加入 500×10^{-3}mg/g α-生育酚时，大豆油中过氧化物的形成量增加了。将大豆油中的生育酚添加到葵花子油中时，葵花子油的氧化稳定性和风味稳定性都得到了增强。有关生育酚的不同研究所得结论存在一定差异，这可能是与添加量不同、生育酚化学结构不同及油样脂肪酸组成不同有关。

(4) 氧化聚合物理论 S. S. Chang 提出了氧化聚合物理论。未经脱臭的大豆油，POV 值不超过 10 时，气味非常稳定；但 POV 值超过 10 的油样，风味变化较快。研究者发现氮气存在时，亚麻酸乙酯的氧化聚合物降解产生的挥发性物质同样存在于产生回味的大豆油中。

(5) 其他理论 研究者发现大豆油中含有的 2-戊烯基呋喃能够使其产生不愉快的气味。通过感官评价也发现 2-戊烯基呋喃是大豆油产生回味的重要因子。在叶绿素 b 含量为 5×10^{-3}mg/g 的回味大豆油中检测到了 2-正戊基呋喃和 2-戊烯基呋喃等物质。这些研究结果提示，呋喃类化合物是造成大豆油回味的重要挥发性物质。

有研究证实：①油脂的风味变质是一种氧化现象；②亚麻酸是不良风味的前体；③微量金属元素会促进风味变质；④用柠檬酸处理是一种行之有效的改进风味稳定性的方法。另外，还有研究报道：①光对风味稳定性有影响；②回味可能是一个非氧化过程；③抗氧化剂对推迟回味无效；④氢化不能彻底有效地排除回味，但它能推迟酸败。

无论何种方式所造成的油脂回味，对油脂的食用都不可避免地造成不利影响。只有研究清楚油脂回味的机理，才能从根本上预防和抑制油脂回味。

4.2.3 油脂氧化程度及氧化稳定性评价

4.2.3.1 油脂氧化程度的评价

测定油脂氧化程度的方法有很多，大多建立在油脂氧化后所表现出来的化学、物理或者感官特性基础上。目前，还没有统一的标准方法测定所有食品体系中的油脂氧化变化。现有的测定食品体系或生物体系中脂质变化的方法可分为两大类：一类是测定初级氧化情况（primary oxidative changes）；另一类是测定二级氧化情况（secondary oxidative changes）。

（1）初级氧化情况 目前文献报道最多测定油脂氧化的初级产物是氢过氧化物。测定氢过氧化物的方法主要有滴定法、比色法、傅里叶转换红外光谱法（FTIR）、化学发光法等。另外，也可通过测定反应物的变化、增重法以及测定共轭二烯来反映油脂初级氧化情况。

① 滴定法 滴定法利用碘的氧化还原反应。在酸性介质中，氢过氧化物将碘离子氧化为碘单质。以淀粉为指示剂，用标准的硫代硫酸钠溶液滴定。该法易受不饱和双键和可溶性氧的影响。此外，该法的灵敏度不高，当过氧化物的浓度很低时，难以判断滴定的终点。

② 比色法 比色法的核心是寻找合适的显色剂与氢过氧化物发生氧化还原反应。较为常见的是通过亚铁离子显色法。利用氢过氧化物的氧化性，将亚铁离子转化为三价铁离子，通过显色剂与三价铁离子发生显色反应，从而间接地测定氢过氧化物的含量。能与三价铁离子发生显色反应的有硫氰根离子、二甲酚橙、5-磺基水杨酸。三价铁离子与硫氰根离子形成红色配合物，在 500 nm 处测定其最大吸收。三价铁离子与二甲酚橙形成一种蓝紫色配合物，在 550～600nm 有最大吸收。5-磺基水杨酸与三价铁离子反应，在吡哆胺存在下，在 500 nm 处有最大吸收峰。根据这些特征吸收求出三价铁离子的浓度，间接测定氢过氧化物。亚铁离子显色法的缺点是测定过程中溶液中的溶解氧、空气中的氧会对实验造成误差，该法对操作要求较高。

③ 傅里叶转换红外光谱法（FTIR） 使用 FTIR 测定氢过氧化物是利用三苯基膦（TPP）与存在于油中的氢过氧化物反应产生三苯基氧化膦（TPPO），在 $542cm^{-1}$ 处具有可测量的吸收带，从而得出氢过氧化物的浓度。该方法可以快速定量进行分析检测，但仪器较贵，操作复杂，测不同的油工作量较大。

④ 化学发光法 化学发光法测定氢过氧化物是通过引入鲁米诺作为光放大器，在碱性溶液中氧化鲁米诺产生自由基中间体，与油脂氧化产生的脂质氢过氧化物反应，导致形成激发态的鲁米诺氧化物，由激发态向基态跃迁在 430 nm 发射强蓝光。该法的误差也来源于溶液和空气中的氧气。

⑤ 反应物的变化 衡量油脂的初级氧化情况也可以用不饱和脂肪酸的减少量来表示。由于饱和脂肪酸不发生变化，不饱和脂肪酸氧化成 ROOH 而减少，所以可以用 GC 测定油脂氧化前后不饱和脂肪酸的减少量来表示氧化程度。这种方法适用于海洋鱼油或富含不饱和脂肪酸的植物油的氧化情况测定。同样，碘值（IV）的变化也可用于评估油脂的氧化程度。

⑥ 增重法 在自动氧化的初期，油脂吸收氧分子生成 ROOH，分子量增大，因此，在氧化的初期（诱导期）采用增重法测定油脂的氧化程度在理论上也是合理的。具体操作方法：称取 2.0g 左右的油样于皮氏培养皿中，将其置于 35℃真空烘箱（内有干燥剂去除微量的水分）一夜，然后样品称重后，将其置于一定温度（设定）下的烘箱中贮存，每隔一段时间记录样品增重的情况。

有研究证明，海洋鱼油在氧化诱导期结束时有非常明显的增重现象，并且在 30～60℃贮存条件下鱼油增加 0.3%～0.5%时开始酸败。Wanasundara 和 Shahidi 运用增重法研究了植物油和鱼油在添加 BHA、BHT、TBHQ 等抗氧化剂情况下的氧化行为。但是油脂与空气的接触面积对氧化速率有影响，因此，在采用增重法评价油脂的氧化行为时必须选用相同规格的容器和操作方法等，否则重复性较差。但这种方法操作简便，所使用仪器价格低廉。

⑦ 共轭二烯　油脂自动氧化会生成含共轭双键的 ROOH，共轭双键在紫外区有强吸收。共轭二烯在 234nm 有吸收，共轭三烯在 268nm 有明显的吸收。

有研究认为在油脂氧化的初期，油脂中 ROOH 的量与共轭二烯、共轭三烯的含量成正比。Shahidi 等和 Wanasundara 等发现 canola 油、豆油的自动氧化过程中共轭二烯在 234nm 的吸收强度与 PV 成很好的线性关系。这种测定方法简单、快速，但是容易受油脂中本身存在的含共轭双键化合物如胡萝卜素的干扰。

（2）二级氧化情况　油脂的二级氧化产物主要是由 ROOH 分解而产生的羰基类化合物（如醛、酮、酸等一些小分子物质），其中测定小分子醛、酮的方法有比色法、核磁共振技术（^{1}H NMR）、液质联用、气相色谱法和荧光法等。用来测定油脂氧化过程中酸含量的方法有滴定法、电导实验法、近红外光谱法和拉曼光谱法等。滴定法是国标中用到的方法，根据氢氧化钾标准溶液进行滴定。采用二级氧化分解产物作为衡量油脂的氧化程度指标更合适一些，因为 ROOH 无色无味而其分解产物具有一定的味道。

① 感官评价法　感官评价法是由训练有素的专家根据油脂的味道、气味、外观来评价和分析油脂特性的方法。感官评价与油脂质量有很好的相关性。感官评价的方法为：由专家取样，并将样品盛放在相同的容器内，品味前将其在一定的温度下保存一段时间，然后由专家随机品味并打分。品味指标采用十分制，分数越高，油脂质量越好，氧化酸败程度越小。对同一油脂不同的专家有不同的描述，根据大量实践，人们常将脱臭后的新鲜豆油描述为“淡味”，轻度氧化的豆油描述为“奶油味”，随着氧化的进行分别描述为“豆味”和“青草味”，深度氧化的豆油则被描述为“酸败”和“油漆味”等。

人们对油脂气味的敏感程度常用阈值来表示。阈值（threshold values）是指 50%的评审专家能够感觉到的食物基质（油或水）中的可挥发组分的最低浓度。可挥发组分的性质不同，其阈值也不同，见表 4-5。

表 4-5　氧化油脂中可挥发组分的阈值　mg/kg

可挥发组分名称	阈值	可挥发组分名称	阈值
烃	90～2150	反,反-2,4-二烯醛	0.04～0.3
呋喃	2～27	孤立二烯醛	0.0003～0.1
乙烯醇	0.05～0.3	孤立烯醛	0.0003～0.1
1-烯醛	0.02～9	反-3-顺-4-二烯醛	0.002～0.006
2-烯醛	0.04～2.5	乙烯基甲酮	0.00002～0.007
饱和醛	0.04～1.0		

② 比色法　比色法中用于显色的试剂有茴香胺、2-硫代巴比妥酸（TBA）、2,4-二硝基苯肼（DNPH）。其中茴香胺用于测定共轭二烯醛，在醋酸存在时，油脂氧化产生的 α,β-不饱和醛与茴香胺试剂反应呈黄色，在 350 nm 处有最大吸收。TBA 主要是测定次级氧化产物中的丙二醛。其原理基于酸性条件下，两分子 TBA 与一分子的醛反应，生成红色化合物，在 532 nm 处有最大吸收峰。DNPH 主要与羰基化合物反应，该反应在碱性溶液中形成酒红色，在 440 nm 处有最大吸收。以上这些方法中除 DNPH 外，都用来测定特征性化合物。且 DNPH 需要在高温下反应一段时间，会导致氢过氧化物分解为羰基化合物。

③ ^{1}H NMR 法　采用^{1}H NMR 技术对油脂进行脂肪酸含量分析。核磁共振氢谱（^{1}H NMR）法不需对样品进行化学改性，已成为近年来定性与定量分析油脂品质的重要分析方法。通过^{1}H NMR 与偏最小二乘判别（partial least squares-discriminant analysis，PLS-DA）等化学计量学方法相结合，可建立基于^{1}H NMR 技术的油脂品质变化快速分析模型及技术

体系。应用该技术可快速高效、直观准确分析油脂在加工及贮藏期间的组分变化情况。

④ 高效液相色谱-质谱法　通过使用亚铁介导氧化，DNPH 衍生化用于定量测定。在使用之前通过固相萃取（SPE）进一步纯化样品。但该法的缺点是不仅需要复杂样品前处理，还需要对其进行衍生化处理。最后的分析也较为复杂，仪器也比较贵。所以一般不适用于普通的检测研究中。

⑤ 气相色谱法　根据测定物质的不同，样品需要做不同的前处理。食用油氧化中的醛类升高，可用此方法测定，可测得醛的检测限为 4.6～10.2 ng/L。利用超声辅助萃取反胶束法与气相色谱-火焰离子化检测法相结合，用于测定食用油氧化产物中的醛类。该法可以直接测定短链醛而无需进行衍生化。用均质机均质油样后，加入甲醇以促进相分离。通过离心分离水性胶束相，用超声波振动水和氯仿的混合物，有效地将分析物反萃取到氯仿相中。离心得沉淀的有机相，通过微量注射器直接注入 GC-FID 系统，可用于油样中的丙醛、丁醛、己醛和庚醛的测定。但是所用到的这些方法中都需要较为繁琐的样品前处理。

⑥ 荧光法　荧光法分析是利用丙二醛与氨基酸或蛋白质反应生成 N—C ═C—C ═N 结构，在激发波长为 420nm、发射波长为 470nm 测定荧光强度。该法灵敏度虽高，由于醛类物质可以聚合成大分子，在不存在氨基化合物时也有荧光性。检测机理复杂，需要标准荧光物质对照，以相对荧光强度来表示脂质过氧化程度。

⑦ 全氧化值（TOTOX value）　为了较完善地评价油脂的氧化情况，常采用 PV 和 *p*-AnV 结合的方式，即全氧化值来评价。全氧化值（TOTOX value）＝2PV＋*p*-AnV。由于有时 *p*-AnV 的测定是不可行的，1995 年 Wanasundara 和 Shahidi 定义了 $TOTOX_{TBA}$＝2PV＋TBA。

⑧ 电导法　电导法最常用的仪器是 Rancimat 仪（油脂氧化稳定性测量的标准仪器）。其测定原理是在一定温度下将氧气通入油样中加速甘油脂肪酸酯的氧化，以产生挥发性有机酸，根据挥发性有机酸在水中解离导致电导率的变化，来评价油脂氧化酸败。不足之处是在高温下往油脂中通入氧气，油脂的氧化机理会发生变化，有副反应的发生。此外，随着温度的升高，氧气的溶解度降低，油脂的氧化速度与油脂中溶解氧也有关。

⑨ 近红外光谱法和拉曼光谱法　近红外光谱法和拉曼光谱法需要标准方法进行校正，然后建立数学模型分析，建立方法复杂。应用快速近红外反射光谱（NIRS）方法测定花生油中的酸价（AV），得到偏最小二乘（PLS）回归模型，相关系数为 R^2＝0.9725，交叉验证的平方误差（SECV）为 0.308，验证了模型的可行性。利用拉曼光谱法，借助多变量分析确定特级初榨橄榄油的游离脂肪酸（FFA）含量。根据滴定法确定所研究油样品的游离脂肪酸（FFA ）浓度作为校准。选用偏最小二乘（PLS）回归作为 FFA%的校准模型。使用校准和验证的均方根误差（RMSE）以及实际值和预测值之间的相关系数（R^2）来估计拉曼校准模型的准确度。对于不同的光谱区域，建立了通过滴定获得的实际 FFA%与基于拉曼光谱预测值的校准曲线。这些仪器方法用来测试，在建立模型上需要用标准方法校正，需要用到大量的样本测定进行拟合，拟合后的相关关系也不一定很好。

此外，利用傅里叶变换红外光谱和拉曼光谱与偏最小二乘（PLS）法相结合的方法，同时测定了食用油热氧化过程中的化学质量指标。首先，对四种不同氧化程度的食用油进行热处理，以加速其氧化降解。这些样品的标准过氧化值（PV）和酸值（AV）是用化学方法测量的。随后，采集食用油样品的 FT-IR 和 Raman 光谱，并将其用于识别与 PV 和 AV 相关的区域/峰。采用偏最小二乘回归方法，对两种不同的光谱数据冗余度降低方法［非信息变量消除（UVE）和连续投影算法（SPA）］进行试验。最后，评估了PLS模型的性能，并将光谱数据融合的建模结果与FT-IR和Raman技术单独获得的建模结果进行了比较。结果表明，SPA的特征提取大大减少了变量，提高了建模精度。PV和AV与C═O和C═C伸缩振动相关的谱带强度高度相关。光谱数据融合的建模结果优于FT-IR和Raman方法，从两种光谱学中获得的信息具有协同效应。该研究验证了FT-IR与拉曼光谱数据融合策略作为一种快速、准确、无损的食用油质量评价方法的可行性。

⑩ 分光光度法与化学计量方法　利用分光光度法在测定多组分化合物的过程中，会因为测定多组分的化合物波长相差较小而带来干扰，对于这种干扰通常需要用化学计量法对其进行处理。常用的处理法有偏最小二乘（PLS）法、人工神经网络分析法（ANN）、主成分回归法（PCR）、Kaiser法。这些处理法中，大多数都需要测定全谱信息，且光谱数据必须使用高度专业化的软件进行处理。而Kaiser方法是一种简单的方法，可用于解决二元混合物的问题，原理如下。

分光光度法测定，选定波长（λ_i）下测定单组分A的线性校正回归函数为：

$$A_{A_i}=m_{A_i}C_A+e_{A_i} \tag{4-7}$$

式中，m_{A_i} 是线性回归的斜率；C_A 是分析物A的浓度；e_{A_i} 是截距值。

双组分混合物（A和B）分别在 λ_1 和 λ_2 处测定吸光度，则有：

$$A_{AB_2}=m_{A_2}C_A+m_{B_2}C_B+e_{AB_2} \tag{4-8}$$

$$A_{AB_1}=m_{A_1}C_A+m_{B_1}C_B+e_{AB_1} \tag{4-9}$$

式中，A_{AB_1} 为混合物A、B在波长 λ_1 处的吸光度之和；A_{AB_2} 为混合物A、B在波长 λ_2 处的吸光度之和；e_{AB_1} 和 e_{AB_2} 分别是 λ_1 和 λ_2 处线性校准的截距之和（$e_{AB_i}=e_{A_i}+e_{B_i}$）。

联立式(4-8)和式(4-9)，求得 C_A 和 C_B 的值：

$$C_B=\frac{m_{A_2}(A_{AB_1}-e_{AB_1})+m_{A_1}(e_{AB_2}-A_{AB_2})}{m_{A_2}m_{B_1}-m_{A_1}m_{B_2}} \tag{4-10}$$

$$C_A=\frac{A_{AB_1}-e_{AB_1}-m_{B_1}C_B}{m_{A_1}} \tag{4-11}$$

为获得测量混合物（A、B）的最佳波长，用Kaiser法在两个选定波长下测量混合物的吸光度来解析二元混合物，并使用线性回归函数的参数在相同波长处评估每个组分，对每个二元混合物和每对预选波长创建一系列灵敏度矩阵 $\boldsymbol{K}$：

$$\boldsymbol{K}=\begin{vmatrix} m_{A_1} & m_{B_1} \\ m_{A_2} & m_{B_2} \end{vmatrix} \tag{4-12}$$

式中，m_{A_1}、m_{A_2} 是组分A在选定波长（λ_1、λ_2）处的灵敏度参数的斜率；m_{B_1}、m_{B_2} 是组分B在选定波长（λ_1、λ_2）处的灵敏度参数的斜率。

计算此系列矩阵的分辨率，选择具有最高绝对矩阵行列式值的波长集为测量混合物（A、B）的最佳波长。

在众多的方法中，只有光度法可以实现油脂中初级氧化产物和次级氧化产物的同时测定。分光光度法相比其他的分析方法具有简单、快速、灵敏度高的特点。紫外分光光度计因仪器价格便宜，能实现快速测定而广泛用于分析领域。

油脂的氧化过程较复杂，生成一级氧化产物的同时，又伴随着二级氧化产物的生成，因此选用单一方法测定油脂氧化程度是不全面的，对不同脂肪酸组成的植物油脂建立氧化动力学模型很有必要，通过时间、内在因素、氧化程度的关系构建油脂自发氧化动力学模型，对预测油脂的氧化进程具有重要的意义。

4.2.3.2 油脂氧化稳定性的评价

油脂氧化稳定性是油脂品种的一个重要指标，它直接关系到油脂及含油脂食品的货架寿命，油脂氧化稳定性测定是使油样在一定条件下发生自动氧化反应，并动态测定油样的某些理化指标（如吸氧量、PV 等），当测定的指标达到某一规定值时，氧化进行的时间即作为判断油样稳定性的依据。由于在室温及一般条件下，油脂氧化反应进行比较缓慢，通常测定时采用激烈氧化条件的方法。

油脂自动氧化分为两个阶段：第一阶段为诱导期，缓慢生成氢过氧化物；第二阶段为油脂氧化期，氢过氧化物剧烈劣变，生成羰基化合物及醇类物质，并进一步分解成羧酸。油脂抗氧化能力的大小由诱导期到氧化期时间的长短来表示，通过测定油脂诱导时间，即可了解油脂的氧化稳定性。在一般情况下，由于测定诱导时间耗时长，无法实现，因此通常采用高温加速氧化的办法来测定油脂诱导时间以表征油脂的氧化稳定性，以期在较短时间获得准确的试验结果。

评价油脂氧化稳定性的方法有很多，包括烘箱法（schaal oven test）、Sylvester 实验法、FIRA-Astell 仪器实验法、活性氧法（the swift test 或 active oxygen method）、氧化酸败仪法（Rancimat）、加压差示扫描量热法（PDSC）。这些方法均是建立在加速氧化的基础上进行的。

(1) 烘箱法 取 50～100g 油样置于一个开口的容器中，在 60℃恒温烘箱中贮存，通过测定一定时间内过氧化值的变化或出现酸败气味的时间来分析油脂的氧化程度，此方法操作简单、耗时短、费用低廉。

(2) Sylvester 实验法/FIRA-Astell 仪器实验法 取一定量油样于一密封容器中，在 100℃下连续振荡容器，利用压力计测定油样液面以上空间的空气压力的变化来描述油脂氧化所吸收氧气的多少。FIRA-Astell 仪器实验法建立在 Sylvester 实验基础上，能够自动连续记录油脂氧化吸收氧气后压力的变化情况。

(3) 活性氧法（the swift test 或 active oxygen method，AOM） 活性氧法是指在 97.8℃下连续通入 2.33 mL/s 的空气于 20 mL 油样中，测定油样 PV 达到 50mmol/kg（100meq/kg）的时间。

(4) Rancimat 法 在 Rancimat 法中，空气通过样品在反应容器中处于持续升高的温度引起氧化。然后，将氧化副产物转移到有气流的测量容器中，其中挥发性物质被吸收到测量溶液中（通常是去离子水）。随着氧化副产物的不断形成，溶液的电导率增加，电导率用来测量油氧化所需的时间，通常称为氧化诱导时间（OIT）。该方法耗时较短，可实现样品的自动连续测定，已被国内外油脂行业广泛应用。

(5) PDSC 法 其原理依赖于这样一个事实：油的氧化是一个放热过程，在这个过程中可以观察到热流变化。因此，油脂的氧化稳定性可以使用 PDSC 技术进行评估，因为油的氧化动力学通常表现为一个放热峰。在这种技术中，油脂通常保持在等温，直到观察到一个氧化峰。

对于油脂的货架寿命可采用油脂稳定性测定方法。在几种不同温度下，通过测其过氧化值达到 5mmol/kg（10meq/kg）的时间（诱导期的时间），做出相应的曲线，利用外推法，计算室温下（25℃）达到 5mmol/kg（10meq/kg）的时间，即为该油脂的寿命。也可采用气相色谱（GC）测定不同温度条件下油脂的正己醛达到某一定值（如 0.08×10^{-6}）时的时间，利用曲线外推测出室温条件下油脂的货架寿命。

若油脂在提取、生产、运输和贮藏过程中不采取相应措施，很容易酸败变质，因此可选择适当添加油脂抗氧剂，选择低温、干燥、避光、密封的储存条件，以降低油脂氧化酸败的可能性。抗氧化剂可有效延长油脂的诱导时间，延长油脂贮存时间。根据来源的不同，抗氧化剂分为天然抗氧化剂和合成抗氧化剂。常见的天然抗氧化剂有维生素E、抗坏血酸、苹果多酚、芝麻酚、甾醇等。有研究指出，添加苹果多酚的花生油与添加2,6-二叔丁基对甲酚(BHT)、叔丁基对苯二酚（TBHQ）的花生油相比，苹果多酚的诱导时间最长，表明苹果多酚抑制油脂氧化能力最强。苹果多酚是一种天然、高效的油脂抗氧化剂和防腐剂。由于天然抗氧化剂生产原料中活性成分含量少，短期内不易大量获取，且易受光、热、酸碱的影响，稳定性较差，使天然抗氧化剂在食品工业中的应用受到限制。合成抗氧化剂具有价格低廉、热稳定性好、高效等优势，被广泛应用于油脂生产中，目前常用的合成抗氧化剂主要有BHT、TBHQ、丁基羟基茴香醚（BHA）、抗坏血酸棕榈酸酯等，其抗氧化的机理是分子中含有酚类结构，可提供氢原子破坏自由基中断自由基反应。

据研究表明，BHA、BHT对动物油脂的抗氧化效果显著，而TBHQ对植物油脂具有较好的抗氧化作用。金属离子螯合剂也是一种很好的抗氧化剂，金属离子可使氧分子转化为单线态氧，加速油脂氧化，金属离子螯合剂与油脂中的多价金属离子形成螯合物，使之丧失催化能力。常见的金属离子螯合剂有柠檬酸、乙二胺四乙酸二钠（EDTA）等。此外，对不同类型的抗氧化剂进行合理复配可获得更好的抗氧化效果，降低使用成本，具有很好的经济效益。

油脂作为人们日常生活中重要的消费品，其品质的优劣至关重要，它与人体健康息息相关。油脂在贮藏和加工过程中，极易受到空气、温度、水分、酶、金属离子等多种因素综合影响而发生氧化酸败，评价油脂氧化程度有众多方法，考虑到每种方法都只给出了部分氧化过程的信息，需要多种方法组合来确定样品的氧化状态。为延缓植物油脂氧化酸败进程，延缓油脂储藏期，可考虑选择抗氧化剂。在选择抗氧化剂时，应充分利用不同抗氧化剂之间的协同增效作用。对油脂抗氧化剂复配效果进行研究时，既要考虑发挥其最佳抗氧化能力，又要考虑降低成本，这将是今后该领域研究的重要方向之一。

4.3 油脂中的非甘油酯成分

天然油脂中除主要成分为甘油三酯外，还含有微量的其他物质，其含量因油脂种类、制取和加工方式不同而有很大差异，如植物毛油中约5%，精制后为2%以下。油脂中的非甘油三酯成分可分为两大类，即脂溶性成分和脂不溶性成分。脂不溶性成分简单，如水分、固体杂质、金属、蛋白质和胶体物质等；脂溶性成分复杂，根据极性差异及分子结构的复杂性特点，可分为简单脂质和复杂脂质两大类。

4.3.1 简单脂质

简单脂质主要包括脂肪酸、甘油一酯、甘油二酯、醚酯（又叫烃基甘油二酯或甘油醚，其中sn-1不是以酯基结合而是以醚键结合，sn-2及sn-3位结合的是脂肪酸酰基）、甾醇及其酯、脂肪醇及蜡、脂肪烃（角鲨烯和姥鲛烷）、类胡萝卜素（烃类色素和醇类色素）、叶绿素和脱镁叶绿素、三萜醇及其酯、维生素 A、维生素 D、维生素 E、维生素 K 等。

4.3.1.1 烃类

大多数油脂均含有少量的（0.1%～1%）饱和烃和不饱和烃。这些烃类与甾醇、4-甲基甾醇、三萜烯醇等其他化合物一起存在于不皂化物中，有正链烃、异链烃及萜烃等，其中分布最广含量较高的是角鲨烯。

角鲨烯（squalene）又名三十碳六烯，是一种高度不饱和烃，因首次发现于鲨鱼肝油中而得名，分子式为 $C_{30}H_{50}$，结构式如下：

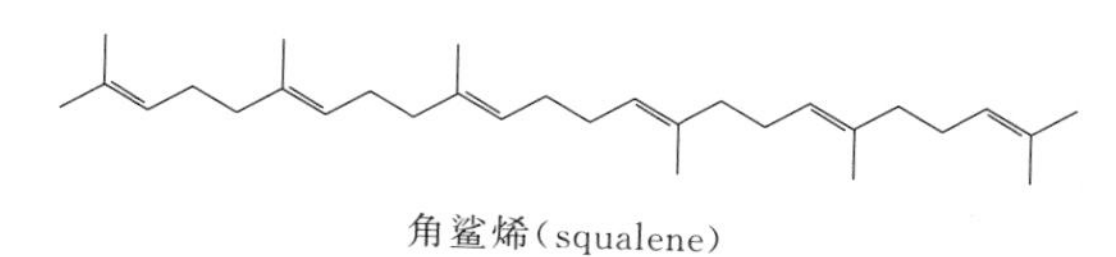

角鲨烯(squalene)

6 个双键全为反式，是三萜类开环化合物，中间两个异戊烯尾尾相连，没有共轭双键，无色，d_4^{20}0.8590，n_D^{20}1.4594，凝固点－75℃，在 3.3 Pa 的压力下沸点为 240～242℃。

角鲨烯分布广泛，存在于动物、植物、微生物体内。海产动物油中角鲨烯含量很高，尤其是鲨鱼肝油中含量最高，被认为是早期角鲨烯的主要来源。动物来源的角鲨烯需要大量捕杀以鲨鱼为主的深海鱼类，随着生态保护意识的增强，使鲨鱼肝油来源的角鲨烯越来越少，众多研究人员将目光逐渐转向了其他资源，从植物、植物油、微生物等资源中提取角鲨烯。角鲨烯是三萜醇及 4-甲基甾醇和甾醇的生源前体。角鲨烯可在肝脏中通过环氧酶作用环氧化成 2,3-环氧角鲨烯，再在环氧酶作用下环合成三萜醇。

角鲨烯是一种良好的自由基清除剂，因其具有抗氧化、降血糖、降血脂等生理活性，可应用于功能性食品，目前主要应用于保健品的生产加工，如角鲨烯软胶囊（角鲨烯含量为 100～500 mg/粒）等。此外，还因角鲨烯可以终断脂质自动氧化途径中氢过氧化物的链式反应而被添加到食用植物油中用于提高稳定性、延长货架期。如植物油中，橄榄油和米糠油中角鲨烯含量较高，因而不易酸败。主要商品油脂中角鲨烯含量见表 4-6。

表 4-6　主要商品油脂中角鲨烯含量

油脂名称	角鲨烯含量/(mg/100g 油脂)	油脂名称	角鲨烯含量/(mg/100g 油脂)
橄榄油	136～708	棉籽油	4～12
米糠油	332	芝麻油	3
玉米油	19～36	亚麻籽油	4
花生油	13～49	椰子油	2
菜籽油	8～16	可可脂	0
豆油	7～17	棕榈油	2～5
葵花子油	8～19	芥子油	8
茶油	8～16	杏仁油	21

纯的角鲨烯极易氧化形成类似亚麻油的干膜。角鲨烯在油中有抗氧化作用，但全氧化后又成为助氧剂，反而促进氧化；另外，氧化的角鲨烯聚合物还有致癌作用。角鲨烯极性极弱，在 Al_2O_3 分离柱中首先被石油醚洗脱出来，常用此法（从不皂化物中，即皂化法）分离和测定角鲨烯。除此之外，分离角鲨烯的方法还有有机溶剂提取法、分步结晶法、固相萃取法、超临界 CO_2 萃取法等。

除深海鲨鱼肝脏外，角鲨烯在样品中含量低、样品基质复杂、干扰物质较多，且角鲨烯本身化学性质较为活泼，在光照和高温条件下容易发生氧化降解，增加了分析检测的难度。因此，在实际检测工作中需根据样品的基质特性，不同样品前处理方法的应用范围及分析仪器的特点选择合适的样品前处理方法。皂化法虽是国内外萃取不同食品中角鲨烯的经典前处理方法，但该法步骤繁琐、耗时长、消耗大量有机溶剂。超临界 CO_2 萃取法、固相萃取和固相微萃取不需或仅需少量有机溶剂，特别是超临界 CO_2 萃取法的萃取条件较为温和，萃取效率高，特别适合热敏性高、易发生氧化功能活性物质的萃取，可能是今后萃取不同食品材料中角鲨烯的重要发展方向。

食品中角鲨烯的检测方法有气相色谱法、气相色谱-质谱联用法和液相色谱法，其中气相色谱-质谱联用技术的高灵敏度、高选择性以及可提供分子结构信息等优势使其逐渐成为角鲨烯的主流检测方法，可实现对复杂生物质样品中角鲨烯含量的快速准确测定。

4.3.1.2 蜡与脂肪醇

蜡按照来源及组成可分为动植物蜡、化石蜡和石蜡三大类。食品油脂中主要是前者。动植物蜡的主要成分是长链碳脂肪酸和长链碳的一元醇形成的酯，常被称为蜡酯。例如蜂蜡、虫蜡、巴西棕榈蜡、糠蜡、鲸蜡、羊毛脂等。动植物蜡的组成比较复杂，最主要的成分是高级脂肪醇和高级脂肪酸组成的蜡，其他成分包括游离酸、游离醇、烃类，还有其他的酯，如甾醇酯、三萜醇酯、二元酸酯、交酯、羟酸酯及树脂等。组成蜡酯的脂肪酸从 C_{16} 到 C_{30}，甚至更高，以饱和酸为主。例如从米糠油中提取的糠蜡，主要是由 $C_{22:0}$、$C_{24:0}$ 饱和脂肪酸与 C_{24}～C_{34} 脂肪酸组成的酯，还有少量的其他酯和游离脂肪酸、烃以及甾醇等。

蜡的极性在温度高于 40 ℃时减弱而溶解于油中。毛玉米油约含 500mg/kg 的蜡，使油品的透明度和消化吸收率下降，而且在烹调过程中会冒烟，影响人的身体健康。根据油脂的脱蜡原理，蜡的晶粒随着时间的延长而逐渐聚集增大悬浮于油脂中，使玉米油变得混浊，并使气味和适口性发生变化。所以，为了避免蜡质对玉米油品质和营养价值的不良影响，必须脱除油中的蜡质。

脂肪醇是蜡的主要成分，游离脂肪醇较少，主要以酯的形式存在于蜡中，工业用脂肪醇则主要由氢解油脂或氧化石蜡法等制取。蜡中脂肪醇从 C_8 开始，最高可达 C_{44}。以直链偶碳伯醇为主，也有多种支链醇（仲醇），一般是带一个甲基的支链醇，还有多种不饱和醇以及少量的二元醇。将 C_8～C_{10} 醇用油酸钠乳化配成的 3%～6%乳液喷洒在果蔬上可形成均匀、透明的分子膜，可以对果蔬起到保鲜、增加贮藏时间等好处。

4.3.1.3 甾醇

甾醇（sterol）又名类固醇（steroids），是天然有机物中的一大类，动植物组织中都有。动物中普遍含胆固醇（cholesterol）；植物中很少含胆固醇，而含 β-谷甾醇、豆甾醇、菜油甾醇等，通常称为植物甾醇。

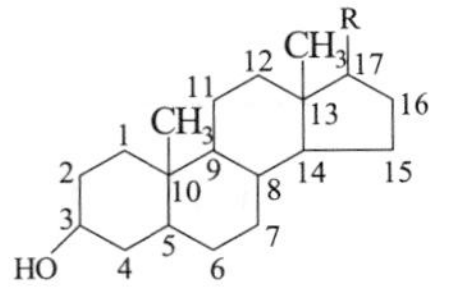

甾醇通式

甾醇是油脂中不皂化物的主要成分，一部分甾醇也以脂肪酸酯的形态存在于蜡中。在油脂加工废料，如脱臭馏出物中甾醇含量较高，在工业生产上被作为甾醇提取的主要来源。碱炼时，大部分甾醇可被皂粒吸附，因而可从皂角提取甾醇。常见油脂中的甾醇含量见表 4-7。

表 4-7 常见油脂中的甾醇含量

油脂名称	甾醇含量/%	油脂名称	甾醇含量/%
菜籽油	0.35～0.50	红花籽油	0.35～0.63
大豆油	0.15～0.38	亚麻油	0.37～0.50
棉籽油	0.26～0.51	椰子油	0.06～0.23
花生油	0.19～0.47	棕榈油	0.03～0.26
米糠油	0.75～1.80	橄榄油	0.11～0.31
葵花子油	0.35～0.75	棕榈仁油	0.06～0.12
玉米油	0.58～1.50	茶油	0.10～0.60
芝麻油	0.43～0.55	小麦胚芽油	1.30～2.60
可可脂	0.17～0.30	猪脂	0.11～0.12
牛乳油	0.24～0.50	牛脂	0.08～0.14
蓖麻油	0.29～0.50	羊脂	0.03～0.10
鳕鱼肝油	0.42～0.54	比目鱼肝油	7.60

植物甾醇，属于具有植物活性成分的甾体类化合物，是植物细胞的重要组成成分，可与羧酸化合形成植物甾醇酯而具有比甾醇更好的脂溶性和生物活性。植物甾醇种类众多，从植物中已经确认鉴定出了超过 40 种植物甾醇，250 种植物甾醇衍生物。我国批准认可的新资源食品中最为常见的是β-谷甾醇（β-sitosterol）、菜油甾醇（campesterol）和豆甾醇（stigmasterol）。植物甾醇在食品上广泛应用于制备预防心血管疾病的功能性活性成分，并对产品营养价值和货架期的延长具有一定的积极作用。以其为主要成分的片剂、咀嚼片等商品已有出售。现已开发出添加 1%植物甾醇的植物油以及 0.4%的植物甾醇的酸牛奶，用配方预乳化油和植物甾醇制成的低脂肪汉堡包是潜在的功能食品。

胆固醇及胆固醇酯广泛存在于血浆、肝、肾上腺及细胞膜的脂质混合物中，具有重要的生理功能。胆固醇是动物组织细胞所不可缺少的重要物质，它不仅参与形成细胞膜，而且是合成胆汁酸、维生素 D 以及甾体激素的原料。最主要的用途是合成许多医疗药品，如合成类固醇激素、性激素等。

4.3.1.4 三萜醇

三萜醇又叫环三萜烯醇或 4,4-二甲基甾醇等，广泛分布于植物中，近 20 年已从油脂中分离鉴定出 41 种三萜醇。油脂中含量较多、分布较广的主要有环阿屯醇、24-亚甲基环阿尔坦醇、β-香树素，其次是α-香树素、环劳屯醇及 24-甲基环阿尔屯醇（环米糠醇）。

多数植物油中三萜醇含量为 0.42～0.4g/kg 油，米糠油、小麦胚芽油等含量为 1g/kg 以上，米糠油三萜醇最高含量可达 11.78g/kg。三萜醇易结晶，不溶于水，溶于热醇。三萜醇是甾醇的前体，可通过脱去 4,4-二甲基和 C14 甲基而得到甾醇。甾醇、4-甲基甾醇、三萜醇在代表性油脂中的含量见表 4-8。

表 4-8 油脂中甾醇、4-甲基甾醇、三萜醇含量

油脂名称	甾醇含量/%	4-甲基甾醇含量/%	三萜醇含量/%	油脂名称	甾醇含量/%	4-甲基甾醇含量/%	三萜醇含量/%
菜籽油	0.35～0.50	0.027	0.054	亚麻油	0.37～0.50	0.049	0.154
大豆油	0.15～0.38	0.025～0.066	0.04～0.084	椰子油	0.06～0.23	0.016	0.068
棉籽油	0.26～0.51	0.042	0.017～0.048	棕榈油	0.03～0.26	0.036	0.032
花生油	0.19～0.47	0.016	0.017～0.054	橄榄油	0.11～0.31	0.016～0.068	0.14～0.29
米糠油	0.75～1.8	0.42	1.18	小麦胚芽油	1.3～2.6	0.16～0.93	0.224
葵花子油	0.35～0.75	0.078～0.112	0.032～0.07	可可脂	0.17～0.30	0.016	0.052
芝麻油	0.43～0.55	0.4	0.18	棕榈仁油	0.06～0.12	0.004	0.022～0.072
红花油	0.35～0.63	0.024～0.03	0.06	蓖麻油	0.29～0.50	0.02	0.045

4.3.1.5 色素

油脂中涉及的色素主要是叶绿素和类胡萝卜素，而胡萝卜素在人体内可以被转化为维生素 A，被称为“维生素 A 原”或“维生素 A 前体”。

叶绿素为光敏物质，是油脂光氧化源。一般油脂中叶绿素含量极少，只有橄榄油、青豆油、核桃油、大麻油中含有一定量的叶绿素，橄榄油中尤多，故橄榄油常呈绿色。含未成熟种子油料制取的油脂也带有稍多的绿色，其绿色很难消除，可用白土吸附，其中酸性白土吸附效率高于中性白土。而氢化后豆油绿色加深，则是因为红、黄色素均被饱和破坏，被掩住的绿色重又呈现。长期以来人们认为叶绿素对人体是无活性物质，近 20 年发现了它的多种生理功能，如叶绿素可抑制金黄色葡萄球菌和化脓链球菌的生长，还可以抑制体内的奇异变形杆菌和普通变形杆菌。故可用来消除肠道臭气、治疗慢性和急性胰腺炎，效果很好且没有使用抑肽酶及其他有关卟啉药物产生的过敏和肝损害等副作用。

类胡萝卜素广泛分布于生物界，也是使大多数油脂带有黄红色泽的主要物质，但其呈色性质可被氧化和氢化破坏，故酸败油和氢化油颜色会变浅一些。如棕榈毛油含有 500～2000mg/kg 的类胡萝卜素，其中 90%的为 α-类胡萝卜素和 β-类胡萝卜素，呈现出深红色。而棕榈毛油高度氧化后，类胡萝卜素含量降低，色泽会变浅。胡萝卜素很容易被漂土或活性炭吸附，因此仅由类胡萝卜素而着色的油脂可采用吸附剂进行充分的处理，使色素减少至任何所需的数值。

除了上述叶绿素、类胡萝卜素外，还有其他一些有颜色的物质也会使油脂着色，个别油脂还含有一些特征的颜色。另外如葵花子油，其绿原酸氧化、聚合后使葵花子蛋白呈绿色或棕色；棉籽油中的酚类物质氧化后会使油颜色变灰暗，使其营养价值降低。

此外，油脂中脂溶性色素可在高温条件下发生氧化、异构化或者低分子色素的聚合，产生油溶性色素衍生物，继而可导致油脂返色，如棕榈油返色可能源于类胡萝卜素在脱臭阶段的氧化，形成高分子量化合物，在后续储存或运输过程中，该高分子量化合物经过外界条件等催化，发生某些化学反应，导致棕榈油色泽加深，发生返色。

4.3.1.6 脂溶性维生素

油脂是脂溶性维生素 A、维生素 D、维生素 E 的重要来源。维生素 A 可以被认为是由胡萝卜素转化而来的，因此胡萝卜素也称作维生素 A 原。绝大多数植物油中只含有很少量的维生素 A 或维生素 A 原，植物油的黄红色泽主要由其他色素所致。奶油中含维生素 A 为 0.0003%～0.0015%，且约含等量的 β-胡萝卜素。棕榈油中含多量胡萝卜素，相当于 400U. S. P. units/g（400 美国药典单位/g）。鱼油及鱼肝油中维生素 A 含量很高，以鲨鱼、大比目鱼、鲑鱼等鱼肝油中维生素 A 含量最丰富，可达（1～3）$\times10^5$ U. S. P. units/g。商业上浓缩维生素 A 主要从鱼油中提取，维生素 A 现在可工业合成。

胡萝卜素、维生素 A 对酸不稳定，对热和碱较稳定，可进行真空蒸馏。一般烹调和做罐头时不会遭破坏，但容易氧化变质，高温及紫外线都可促进氧化作用。油脂酸败时，维生素 A 及维生素 A 原被严重破坏。浓缩维生素 A 中常加维生素 E、维生素 C 等抗氧化剂。

维生素 D 是甾醇衍生物，共有 7 种，以维生素 D_3 含量最多，其次是维生素 D_2。维生素 D_3 和维生素 D_2 分别由 7-脱氢胆甾醇和麦角甾醇受紫外线辐射而生成。植物油脂一般不含维生素 D，植物甾醇作为维生素 D 原功效不大，但鱼肝油中含量极为丰富，如金枪鱼肝油维生素 D 含量可达 200000 U. S. P. units/g。目前维生素 D 的工业合成品代替鱼肝油作为主要的维生素 D 来源。维生素 D 需避光保存，在常温下不易被空气氧化，在中性溶液中对热较稳定，在酸性介质中迅速破坏，即使高温下维生素D也能耐强碱。

维生素E是生育酚的混合物，主要存在于植物油脂中，动物油脂含量很少，一般低于10mg/100g。对油脂具有抗氧化作用。维生素E可看作是色满环的衍生物，有8种，即α-生育酚、β-生育酚、γ-生育酚、δ-生育酚及相应4种生育三烯酚。从脂肪酸及维生素E合成途径分析，不饱和脂肪酸的含量与维生素E含量在理论上呈一定的正相关。

生育酚是淡黄色或无色的油状液体，由于具有较长的侧链，因而是脂溶性的，不溶于水，易溶于石油醚、氯仿等弱极性溶剂中，难溶于乙醇及丙酮。与碱作用缓慢，对酸较稳定，即使在100℃时亦无变化。α-生育酚、β-生育酚轻微氧化后其杂环打开并形成不是抗氧化剂的生育醌。而γ-生育酚或δ-生育酚在相同轻微氧化条件下会部分地转化为苯并二氢吡喃-5,6-醌，它是一种深红色物质，可使植物油明显地加深颜色。苯并二氢吡喃-5,6-醌有微弱的抗氧化性质。

常温下，α-生育酚、β-生育酚、γ-生育酚的抗氧化性能接近，加热到100℃时，则抗氧化能力顺序是$\alpha < \beta < \gamma < \delta$，生理作用则正相反，α-生育酚最强，β-生育酚、γ-生育酚不及α-生育酚的一半，δ-生育酚几乎没有生理效应。生育酚在油脂加工中损失不大，集中于脱臭馏出物中，可以以脱臭馏出物为原料采用分子蒸馏法制得浓缩生育酚。

4.3.2 复杂脂质

复杂脂质是由简单脂质和一些非脂物质共同组成的化合物，主要指磷酸甘油酯、糖基甘油二酯、鞘磷脂类等。

4.3.2.1 磷酸甘油酯

磷脂是磷酸甘油酯的简称，普遍存在于动植物细胞的原生质和生物膜中，对生物膜的生物活性和机体的正常代谢有重要的调节功能。磷脂在动物的脑中含量为30%、心脏10%、肾脏9%、血液以及细胞膜中都有较多的含量。鸡蛋蛋黄中的磷脂含量最为丰富，约占干物质的8%～10%。油料种子中的磷脂大部分存在于油料的胶体相中，大都与蛋白质、酶、苷、生物素或糖以结合态存在，构成复杂的复合物，以游离状态存在的很少，如棉籽中结合态磷脂达90%，向日葵中达66%。植物油料种子中磷脂含量最高的是大豆。几种油料中磷脂含量（%）分别为：大豆1.2～2.8、棉籽油1.8、菜籽油1.02～1.20、花生0.6～1.1、亚麻籽0.44～0.73、向日葵0.61～0.84。几种毛油中磷脂的含量（%）分别为：大豆油1.1～3.5、菜籽油1.5～2.5、花生油0.6～1.8、米糠油0.4～0.6、棉籽油1.5～1.8、亚麻油0.3。

4.3.2.2 磷脂的组成

磷酸甘油酯是磷脂酸（phosphatidic acid，PA）的衍生物，常见的有卵磷脂（磷脂酰胆碱，phosphatidyl cholines，PC）、脑磷脂（磷脂酰乙醇胺，phosphatidyl ethanolamines，PE）、肌醇磷脂（磷脂酰肌醇，phosphatidyl inositols，PI）、丝氨酸磷脂（磷脂酰丝氨酸，phosphatidyl serines，PS），还有磷脂酰甘油、二磷脂酰甘油和缩醛磷脂等。磷脂是两性分子，一端为亲水的含氮或含磷的头，另一端为疏水（亲油）的长烃基链。根据磷脂的主链结构可分为磷酸甘油酯和鞘磷脂，二者之间的区别（通式）如下所示：

$$\underset{\text{磷酸甘油酯}}{R{-}CH_2O{-}\overset{\overset{\large OH}{|}}{\underset{\underset{\large OR}{|}}{P}}{=}O} \qquad \underset{\text{鞘磷脂}}{R{-}CH_2{-}\overset{\overset{\large OH}{|}}{\underset{\underset{\large OR}{|}}{P}}{=}O}$$

一般植物油料中磷脂主要由磷脂酰胆碱（PC）、磷脂酰乙醇胺（PE）、磷脂酰肌醇（PI）等组成，不同原料、品种中各种磷脂含量不同。

4.3.2.3 磷脂的脂肪酸组成

常见植物油料中磷脂的脂肪酸组成中，亚油酸含量占首要地位，亚油酸＞油酸＞软脂酸，但棉籽磷脂中软脂酸含量高于油酸。植物油料磷脂的脂肪酸组成与其甘油三酯的相近，但大豆磷脂、菜籽磷脂及葵花子磷脂的亚油酸含量高于甘油三酯，大豆磷脂及葵花子磷脂的油酸含量较相应甘油三酯的低，棉籽磷脂的饱和酸含量较相应甘油三酯的高得多。菜籽磷脂的脂肪酸组成与相应甘油三酯的有很大区别，主要在于磷脂中长碳链脂肪酸（20:1、22:1）含量甚微。几种植物油料中所含磷脂的脂肪酸组成见表 4-9。

表 4-9 几种植物油料中所含磷脂的脂肪酸组成 %

脂肪酸组成	玉米	棉籽	大豆	葵花子	菜籽	花生
14:0		0.4				
16:0	17.7	32.9	17.4	13.0	21.7	11.7
16:1		0.5				8.6
18:0	1.8	2.7	4.0	4.6	1.1	4.0
18:1	25.3	13.6	17.7	16.0	23.1	9.8
18:2	54.0	50.0	54.0	67.3	38.0	55.0
18:3	1.0		6.4		9.4	4.0
(20:0)～(22:0)					1.1	5.5
22:1					2.6	

4.3.2.4 磷脂的生理功能及应用

磷脂是构成生物膜的重要组成成分；可以促进神经传导，提高大脑活力；促进脂肪代谢，防止出现脂肪肝；降低血清胆固醇，改善血液循环，预防心血管疾病。由于磷脂具有乳化性，因而能降低血液黏度，促进血液循环，改善血液供氧循环，延长红细胞生存时间并增强造血功能。另外，油脂中磷脂的含量对油脂烟点影响较大，磷脂含量越高，油脂的烟点越低；但对油脂的氧化稳定性表现出不同规律，如对花生油的氧化稳定性有提高作用，而对山茶油影响不大。

在食品工业中，如在糖果及巧克力生产时加入磷脂，能将不混溶的物料变成高度稳定的乳浊状态，不但改变了液、固两相间的界面张力，还减少物料内胶团水化作用的发生和强化，阻止了冻胶的形成，使巧克力物料由稠厚变得稀薄，降低了黏度，易于浇模成型，而且产品质构细腻滑润、香气浓郁。

速溶乳粉颗粒表面喷涂卵磷脂，增强了乳粉颗粒的亲水性，改善其可湿性，提高乳粉在水中的分散性，使产品达到速溶的要求。

在焙烤食品中添加磷脂，可使面粉、糖、起酥油和水相互之间更好地混合、融合、成坯，增加面粉对水的吸收性，使产品膨松可口且保水性好。例如，在面包配料中加入 12% 的脱脂大豆粉，同时添加 1% 的大豆磷脂起乳化润湿作用，制出的面包表皮柔软光泽，内部结构均匀细密，焦香风味浓郁。

在其他一些食品，如可可粉、乳酪、调制乳、涂抹食品、冰激凌、炼乳、色拉调味料等中添加磷脂，也能起到乳化、润湿、防溅或控制结晶等作用。

目前，有关油脂中非甘油酯成分的研究主要集中于其生理功能、提取纯化方法以及检测技术。由于非甘油酯成分在一定条件下，可导致油脂返色，部分非甘油酯成分能影响油脂烟点等，近年来研究者逐渐将研究转向非甘油酯成分与油脂稳定性的关系。随着“健康中国”战略的提出，如何提高油脂中有益非甘油酯成分的利用率，如何通过非甘油酯成分与油脂稳定性的关系来提升食用油的品质将成为重要研究趋势。

4.4　油脂改性

天然油脂因其化学组成使得应用有一定的限制，为了开拓天然油脂的用途，通常需要对这些油脂的性能进行改进，常用的改性方法是氢化、分提和酯交换。

4.4.1　油脂氢化

油脂氢化是指液态油脂或软脂在一定条件（催化剂、温度、压力、搅拌）下，与氢气发生加成反应，使油脂分子中的双键得以饱和的过程。经过氢化的油脂称为“氢化油”，极度氢化的油脂亦称为“硬化油”。

油脂氢化降低了油脂的不饱和度，提高了油脂的熔点、固脂含量、抗氧化稳定性及热稳定性，改善油脂的色泽、气味和滋味，使油脂获得适宜的物理性能、化学性能，拓展了用途，具有很高的经济价值。氢化加工在现代油脂工艺中极为重要，它在食用脂肪和油化学方面具有宽广的应用范围，它能将液体油转化成塑性脂肪，使其在烹调和焙烤等方面的应用更广。氢化也可在各种油脂之间产生充分的互换作用，这种方法产生的液体油，如棉籽油、大豆油、葵花子油、低芥酸菜籽油（LEAR）的替代物，可以用来代替人类食物中的肉和乳脂。

4.4.1.1　氢化机理

油脂分子中不饱和碳-碳双键氢化的基本化学式如下：

$$-CH=CH- + H_2 \xrightarrow{\text{催化剂}} -CH_2-CH_2-$$

式中的化学结构十分简单，但实际上反应是极其复杂的。如上述反应所示，油脂氢化反应是固-液-气三相催化反应过程，只有当 3 种反应物即液体不饱和油、固体催化剂和气体氢共处在一起时氢化反应才能进行。体系中的气相、液相和固相一起送入一个带加热搅拌的反应釜中，溶解的氢经液相扩散到固相催化剂的表面。一般来说，至少有一种反应物被吸附在催化剂的表面，而不饱和烃与氢之间的反应是经过表面有机金属中间体而进行的。

油脂氢化反应分为 4 步（如图 4-21）：①扩散阶段，即氢在油中扩散并溶解；②吸附阶段，即油中的氢被催化剂吸附在其表面，形成金属-氢活性中间体；③反应阶段，即烯烃中的双键与金属-氢活性中间体发生了配位，形成金属-π 络合物；④解析阶段，即金属-碳 σ 键中间体吸附氢，同时解析饱和了的烷烃。此外，还有研究认为，固体催化剂不仅可以吸附油脂中的氢，形成金属-氢活性中间体，当体系中 H_2 量不足时，少量甘三酯分子也能被催化剂的活性中心吸附，形成吸附态甘三酯。

脂肪酸链的每一个不饱和基团被吸附于催化剂表面，被吸附的不饱和基团能与氢原子反应形成一种不稳定的配合物，这就是被部分氢化了的双键。有些配合物可与另一个氢原子反应，完成双键的饱和。如果配合物不与另一个氢原子反应，则氢原子会从被吸附的分子中脱出，而形成新的不饱和键。无论饱和键或不饱和键都能从催化剂表面解吸，并扩散到油脂的主体中。这样不仅有一些键被饱和，而有一些键被异构化产生新的位置异构体或新的几何异构体。加成的单个氢原子可围绕碳-碳单键自由旋转。

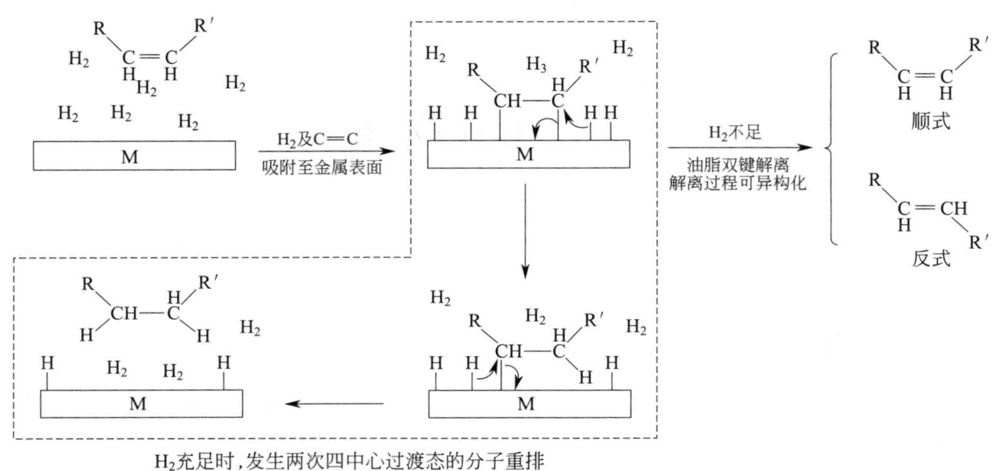

图 4-21 Streitwieser 不饱和脂肪酸氢化反应模型

当氢化多不饱和脂肪酸链的一个双键时，也将产生类似的一系列反应，同时也发生异构化反应，至少有部分双键被异构化成新的位置异构体。当有一个亚甲基隔离两个双键的二烯烃在催化剂表面上反应时，则在一个双键被饱和之前第二个双键可能产生共轭化。而共轭的二烯在再次被吸附和部分饱和之前，可从催化剂表面上解吸进入油的主体。

油脂氢化产物很复杂，油脂双键越多氢化越易发生，产物种类也越复杂。亚油酸甲酯氢化后可得到硬脂酸甲酯、油酸甲酯［18∶1（9*c* 或 9*t*）］、异油酸甲酯［18∶1（8*c* 或 8*t*；10*c* 或 10*t*）］等。亚麻酸甲酯可能的氢化产物就更多。但如果氢气充足和氢化时间充分，就能够得到全饱和油脂。实际氢化反应中，氢化速率受温度、催化剂浓度、氢气压力、搅拌强度以及被氢化油脂的种类和品质、氢气纯度和氢化程度等因素的综合影响，改变任一条件，都会导致氢化速率的变化，其中催化剂的种类对油脂的氢化和反式脂肪酸的形成有重大影响。

4.4.1.2 反式脂肪酸

反式脂肪酸（trans fatty acids，TFA）是不饱和脂肪酸的一种，是至少含有一个反式构型双键的不饱和脂肪酸的总称。在植物油脂中天然存在的不饱和脂肪酸双键为顺式构型，空间构象呈弯曲状；而双键从顺式转为反式后双键上 2 个碳原子所结合的氢原子分别位于双键的两侧，其空间构象呈线形（如图 4-22）。在氢化油脂生产过程中，部分双键的顺式构型转变为反式，就生成了几何异构体 TFA。膳食中 80%左右的 TFA 来源于氢化油脂。

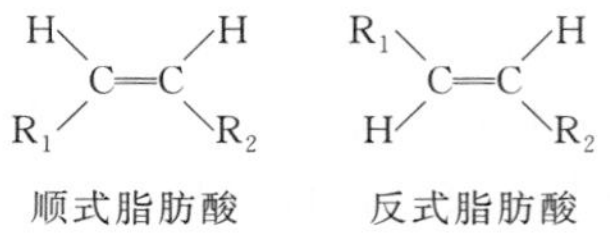

油脂中反式脂肪酸与纯化学中反式有一定区别，如图 4-23 所示。图 4-23 中 A 为常见反式双键通式，双键相连碳原子的氢原子在双键两侧；B 和 C 就是常见油酸和亚油酸，它们双键两旁氢原子在双键同侧，故都为顺式脂肪酸；天然油脂中也含有反式脂肪酸，如 D 所示，该脂肪酸双键相连碳原子上氢原子在双键两侧，故为反式脂肪酸；E 为顺- 9,反-11-十八碳二烯酸，由于该脂肪酸存在共轭双键，虽有反式特征，但不属于反式脂肪酸范畴；F 是典型反式脂肪酸，双键中间有一个亚甲基，该脂肪酸在氢化油中存在较普遍。

顺式脂肪酸　反式脂肪酸

图 4-22 脂肪酸结构

与顺式脂肪酸相比，TFA 的双键键角小而酰基碳链显示出较强的刚性，带有较高熔点

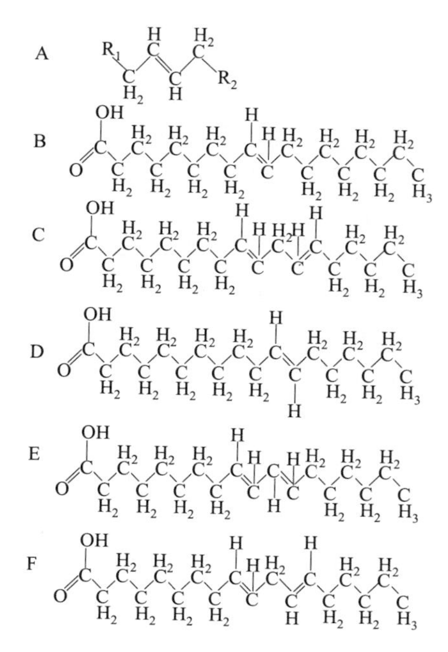

图 4-23 常见顺反脂肪酸结构

A—普通反式双键（双键为孤立的）；B—油酸；
C—亚油酸；D—反-11-十八碳烯酸；
E—顺-9，反-11-十八碳二烯酸；
F—顺-9，反-12-十八碳二烯酸

的直链分子。而顺式脂肪酸氢原子位于碳链的一侧，酰基碳链“绞缠”而有弹性。TFA 的空间结构处于顺式不饱和脂肪酸和饱和脂肪酸之间。TFA 甘油三酯熔点要高于顺式脂肪酸，如反式亚麻酸熔点比顺式亚麻酸高出 40～80℃。

TFA 和顺式异构体存在几何差别，在脂质新陈代谢中酶的交叉反应也不同。TFA 作为饱和脂肪酸的替代品曾一度风行，近年来，研究表明，TFA 能增加低密度脂蛋白胆固醇，降低对人体有益的高密度脂蛋白胆固醇，增加心脏病和肥胖病的发生概率；TFA 可能导致肿瘤；TFA 能经胎盘转运给胎儿，通过干扰必需脂肪酸的代谢、抑制必需脂肪酸的功能等而干扰婴儿的生长发育；能结合于机体组织脂质中，特别是结合于脑中脂质，抑制长链多不饱和脂肪酸的合成，从而对中枢神经系统的发育产生不利影响。

因此，氢化油脂中的 TFA 含量是油脂的一个重要质量指标，多采用气相色谱法对其含量进行测定。目前，工业上使用的氢化催化剂大多数为镍、铜系催化剂，由于其反应温度高，其 TFA 含量一般高达 50%左右。因此，改进方法工艺，开发具有高活性、低或零反式脂肪酸、低耗费的催化剂体系成为近年来的研究热点。如研制采用不同的油脂氢化技术和新型氢化催化剂来解决目前氢化油中高 TFA 的问题，据报道超临界氢化技术和电化学氢化技术对氢化油脂中的 TFA 含量都有明显的改善，不仅提高催化剂的催化性能，并得到更低 TFA 含量的氢化油脂。

4.4.2 油脂分提

油脂分提是一种完全可逆的物理改性方法，它是一种基于热力学的分离方法，以不同组分在凝固性、溶解性或挥发性方面的差异为依据，将多组分的混合物物理分离成具有不同理化特性的两种或多种组分，使之具备不同的用途。油脂进行分提主要达到三个目的：①去除油脂中高熔点甘油三酯或非脂类物质，以至于在温度较低外界环境下，油脂也能保持澄清，这也称之为“冬化”；②增加油中饱和脂肪酸甘油三酯含量，以提高其功能特性（例如与软脂混合用作煎炸油）；③生产具有特定熔化特性油脂，使其适合作糖果及巧克力用脂及涂层脂。

目前，油脂加工工业愈来愈多地使用分提来拓宽脂肪各品种的用途，并且这种方法已全部或部分替代化学改性的方法。

4.4.2.1 分提原理

油脂分提技术是应用于油脂工业的一种非常重要的改性方法，其主要过程分为在特定条件下的冷却结晶和从固体部分中分出残留液体两个步骤，能否产生含液相少、粒大稳定的晶体是油脂分提的关键。

① 固-液相平衡　不同甘油三酯之间的互溶性取决于它们的化学组成和晶体结构，它们

可能形成不同的固体溶液。分离结晶的效率不仅取决于分离的效果，也受固态中不同甘油三酯相均性的限制。油脂为多组分的混合物，其固态相的行为是十分复杂的。

② 结晶　溶质从溶液中结晶出来，要经历两个步骤：首先产生微观的晶粒作为结晶的核心，这些核心称为晶核；然后晶核长大，成为宏观的晶体。无论是微观晶核的产生或是要使晶核的长大，都必须有一个推动力，这种推动力是一种浓度差，称为溶液的过饱和度。由于过饱和度的大小直接影响晶核的形成过程和晶体生长的快慢，这两个过程的快慢又影响着结晶产品中晶体的粒度及其分布，因此，过饱和度是考虑结晶问题的一个极其重要的因素。油脂结晶过程分为三个阶段，即熔融油脂过冷却（过饱和）、结晶形成及脂晶生长。当熔融油脂温度比热力学平衡温度低得多，即过冷却（或稀溶液变得过饱和）时，将出现晶核。过饱和形成浓度差（过饱和度）是晶核形成和晶体成长的浓度推动力，其大小影响脂晶黏度及黏度分布。溶液中晶核有 3 种成晶现象：在液相中均匀成核；外来物质异类成核；当微小晶粒从固体晶核上剥离，并作为二次成核晶粒。

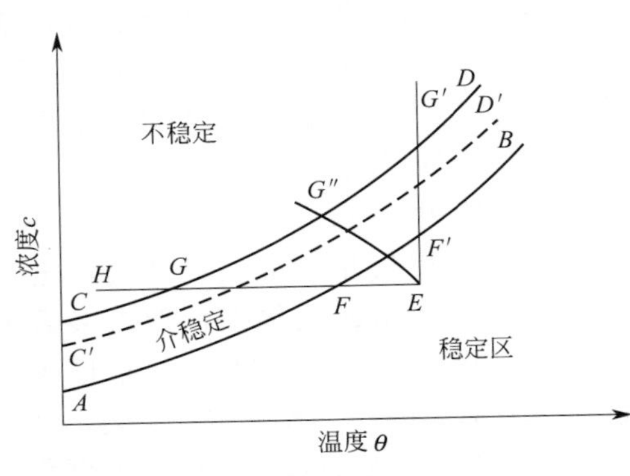

图 4-24　溶液的过饱和与超溶解曲线

图 4-24 中 AB 线为普通的溶解曲线；CD 线为溶液过饱和而能自发地产生晶核的浓度曲线，即超溶解曲线，它与溶解度曲线大致平行。这两条曲线将浓度-温度分割为 3 个区域。在 AB 线以下是稳定区域，在此区域中溶液尚未达到饱和，因此没有结晶的可能。AB 线以上是过饱和区，此区又分为两部分，即在 AB 与 CD 线之间成为介稳区，此区域不会自发地产生晶核，但如果溶液中添加少量溶质的晶种，则溶质就会借助推动力向这些晶种扩散，通过晶种的长大而结晶。CD 线以上是不稳定区，在此区域中，溶液能自发地形成晶核。当原始浓度为 E 的溶液冷却到 F 点，溶液刚好达到饱和，由于缺乏推动力，故而不能结晶。但从 F 点继续冷却到 G 点后，溶液才能自发产生晶核，越深入不稳定区（如 H 点），自发产生的晶核越多，可见，晶核形成速率取决于冷却过饱和的程度。

油脂一般有 α、β、β′三种晶型，以这个顺序结晶稳定性、熔点、溶解潜热、溶解膨胀逐步增大。稳定晶型形成受冷却速率、时间、纯度及溶剂等因素影响。在缓慢冷却情况下晶型一般形成过程如以下规律：熔融油脂→α→β，或熔融油脂→α→β′→β，且三种相转移是单向性。在过饱和溶液中已有晶核或加入晶核后，以过饱和度为推动力，晶核或晶种将长大。晶体的生长过程由 3 个步骤组成：待结晶的溶质借扩散穿过晶体表面的一个静止液层，从溶液中转移到晶体的表面，并以浓度差作为推动力；到达晶体表面的溶质进入晶体表面使晶体增大，同时放出晶体热；放出的晶体热借传导回到溶液中，结晶热量不大，对整个结晶过程的影响很小。成核速率与晶体生长速率应匹配，冷却速率过快或成核速率大，生成的晶体体积小、不稳定、过滤困难。

加晶种的油脂缓慢冷却结晶情况如下，由于溶液中有晶种存在，且降温速率得到控制，溶液始终保持在介稳状态，晶体的生长速率完全由冷却速率控制，因为溶液不进入不稳区，不会发生初级成核现象，能够产生粒度均匀的晶体。

晶体改良剂，如卵磷脂、单甘酯-甘油二酯、山梨醇脂肪酸酯和聚甘油醇脂肪酸酯等，可改善晶体的结构和习性。

4.4.2.2 分提方法

(1) 常规（干法）分提法 常规分提法即指油脂在冷却结晶及晶、液分离过程中，不附加其他措施的一种分提工艺，有时也称为“干法”分提。干法分提是最简单和最便宜的分离工艺。常规分提法具有如下优点：生产过程中不产生废水；操作灵活，可广泛应用于多种产品分提，如氢化鱼油、大豆油、牛脂、棕榈油、棕榈仁油、棉籽油、猪油、脂肪酸等；分提过程没有溶剂加入，产品质量好，成本低。

常规分提法包括 3 个主要过程：①液体或熔化的甘三酯冷却产生晶核；②晶体成长；③固-液相分离、离析和提纯。在没有有机溶剂存在的情况下，将处于液态的油脂在受控制条件下冷却，熔化油部分结晶至最终温度，采用真空过滤机或膜压滤机分离析出结晶固体脂。目前最为典型的应用是对棕榈油和乳脂的改性，也已经应用于氢化大豆油中。

干法分提包括冬化、脱蜡、液压及分级等方法。一些油脂如棉籽油室温下呈液态，于冰箱冷藏时混浊，将液态油冷却至一定温度以除去少量固态脂，这种分提方法称为冬化。除去固体脂的液态油又称冬化油。某些高度不饱和脂（如红花油、玉米油）固体脂含量甚微，但是，在冰箱冷藏也会出现混浊，这主要是由于油脂中有少量的高熔点蜡。冷却油脂（10℃左右），使蜡结晶析出（24～72h），这种方法称为油脂脱蜡。分级是在不加溶剂的情况下，冷却熔化油脂至一定温度结晶，使油脂分离为大量的固体脂及相当多的油。

常规分提工艺和设备简单，但分提效率低。固态脂中液态油含量较高，是由于分提后固体脂和液态油品级低。可在油脂冷却结晶阶段，添加 NaCl、Na_2SO_4 助晶剂，促进固态脂结晶，提高分提效果。

(2) 溶剂分提法 溶剂分提法是指在油脂中按比例掺入某一溶剂构成混合油体系，然后进行冷却结晶、分提的一种工艺，将油脂按比例溶于某种有机溶剂（正己烷、丙酮、异丙醇等）中，在低温下结晶，溶解度低的甘油三酯首先析出，分离该部分结晶后再降温，溶解度稍低的甘油三酯又再结晶析出，如此反复得到不同熔点的甘油三酯。溶剂分提法可通过降低体系黏度形成容易过滤的稳定结晶，来提高分离得率和分离产品的纯度，缩短分离时间。此法对于组成甘油三酯的脂肪酸碳链长，并在一定范围内黏度较大油脂的分提较为适用。油脂分提常用的溶剂有正己烷、丙酮、异丙酮等。具体溶剂的选择取决于油脂中甘油三酯的类型及对分离产品特性的要求等。

油脂在溶剂中的溶解度是溶剂分提法最重要的因素，一般情况下，饱和甘油三酯熔点高，溶解性差；反式甘油三酯较顺式甘油三酯的熔点高，溶解度低。

溶剂分提法分提效率高，固态脂组分质量好。但其投资成本太高，生产费用高，用作溶剂的己烷、丙酮、异丙醇等具有易燃性，要求车间生产时提供额外安全保障。因此，溶剂分提仅用于生产附加值较高产品，典型例子是对棕榈油进行分提得到其中间组分用作类可可脂原料。

(3) 表面活性剂法分提 表面活性剂法又称乳化分提或湿法分提，主要过程：第一步与干法分提相似，先冷却预先熔化的油脂，析出β结晶或β结晶后，再添加表面活性剂（十二烷基磺酸钠、高级醇硫酸酯、蔗糖酯、山梨糖醇酐脂肪酸酯或皂等）和电解质（硫酸镁、芒硝或食盐等）组成的水溶液并搅拌，改善油与脂的界面张力，形成脂在表面活性剂水溶液中的悬浮液。然后利用密度差，将油水混合物离心分离，分为油层和包含结晶的水层。加热水层，结晶溶解、分层，将高熔点的油脂和表面活性剂水溶液分离开。为防止分离体系乳化，往往添加无机盐电解质，如 NaCl、Na_2SO_4、$MgSO_4$ 等。

表面活性剂法分离效率高，产品品质好，用途广，适用于大规模生产，但由于产生废水，对环境保护不利。

除以上 3 种分提方法外，还有基于油脂中不同的甘油三酯组分对某一溶剂具有选择性溶解的特性，利用两种不混溶的溶剂分离不同组分的液-液萃取法，如超临界萃取、吸附法等。

4.4.3 酯交换

油脂的性质主要取决于脂肪酸的种类、碳链的长度、脂肪酸的不饱和程度和脂肪酸在甘油三酯中的分布。酯交换是通过改变甘油三酯中脂肪酸的分布也能使油脂的性质，尤其是油脂的结晶及熔化特征发生变化的方法，这种方法就是酯交换发生于甘油三酯分子内或分子间。

4.4.3.1 化学酯交换

油脂化学酯交换是指油脂或酯类物质在化学催化剂如碱金属、碱金属氢氧化物、碱金属烷氧化物等作用下发生的酰基交换反应。反应机理如图 4-25 所示。根据酯交换反应中的酰基供体的种类不同，可将酯交换反应分为酸解、醇解、酯酯交换。

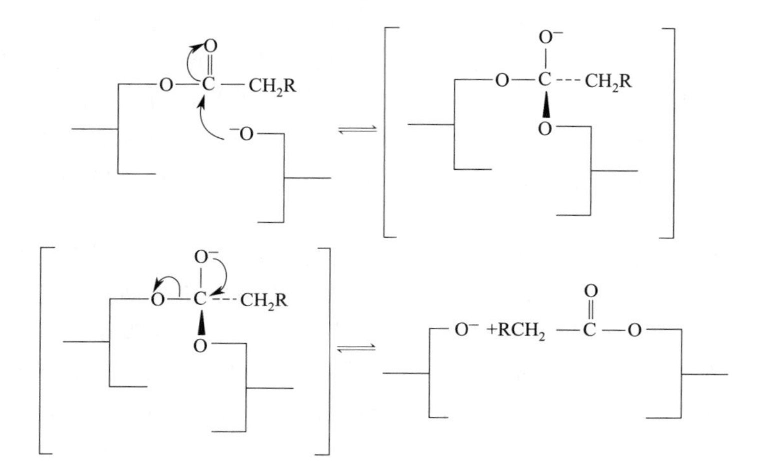

图 4-25 酯交换反应机理

(1) 酸解 油脂或其他酯在催化剂如硫酸的作用下与脂肪酸反应，以及酯中酰基与脂肪酸酰基交换，生成新的甘油三酯核心的脂肪酸的反应，称为酸解，酸解为可逆反应。图 4-26 为油脂的酸解过程。

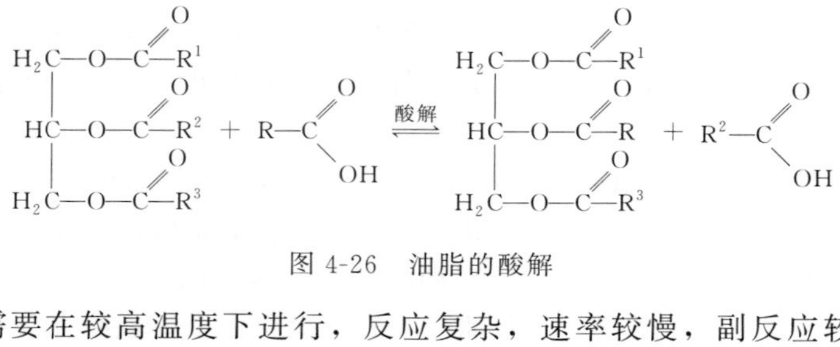

$$\begin{array}{l} H_2C-O-CO-R^1 \\ HC-O-CO-R^2 \\ H_2C-O-CO-R^3 \end{array} + R-COOH \xrightleftharpoons{\text{酸解}} \begin{array}{l} H_2C-O-CO-R^1 \\ HC-O-CO-R \\ H_2C-O-CO-R^3 \end{array} + R^2-COOH$$

图 4-26 油脂的酸解

酸解反应常需要在较高温度下进行，反应复杂，速率较慢，副反应较多（尤其在高温下），并且只能以低分子脂肪酸（RCOOH）交换高分子脂肪（R^1COOH），反之则很难进行，因此很少用于食用油脂加工。

在酸解中，对最终产品组成的控制是有限的，因为脂肪酸基团随机交换作用的发生，任何特定的酸都在已酯化的酸和游离酸两部分之间任意地分布着。酸解反应中，若希望得到中性产物，须通过使用碱中和或减压蒸馏来除去过量的游离酸。

（2）醇解 中性油或脂肪酸一元醇酯在催化剂的作用下与一种醇作用，交换酰基或者交换烷氧基，生成新酯的反应叫醇解。

如图 4-27 所示。醇解是一种可逆反应，常用酸或碱作催化剂。例如，甘油三酯在酸性或碱性催化剂的作用下，与甲醇反应可得到脂肪酸甲酯。按此原理制备脂肪酸甲酯的反应称油脂甲酯化。

$$R''OH + R-\overset{O}{\overset{\|}{C}}-OR' \rightleftharpoons R-\overset{O}{\overset{\|}{C}}-OR'' + R'OH$$

图 4-27 油脂的醇解

油脂醇解常用的酸性催化剂有 1%～2% H_2SO_4、5% HCl 或 12%～14% BF_3 的甲醇溶液。如油脂试样中含有环氧酸、共轭酸、羟基丙烯酸时，不宜用此催化剂，原因是酸性催化剂需较高温度及较长时间进行醇解反应。

常用的碱性催化剂有甲醇钠、氢氧化钠、氢氧化钾等。其中甲醇钠的效果最好，如用 0.1%～0.5%甲醇钠，在 20～60℃下反应 2h 即醇解完全，反应迅速而且可避免低级脂肪酸在高温下挥发及不饱和脂肪酸氧化。但油脂中含游离脂肪酸百分数高于 2%进行醇解反应时，则不宜用碱性催化剂，因为脂肪酸遇碱成为稳定羧酸离子，其反应极慢且甲酯化不完全。

含多烯酸的油脂醇解，不宜在 60℃以上进行，以免双键转移。如生物脂质的醇解，可在干冰-丙酮冷却下（－60℃）进行，使脂质与硫酸在乙醚中络合，用甲醇分解即得到醇解产物。

油脂与甘油进行醇解，可得到甘油一酯、甘油二酯及甘油三酯的混合物。其中甘油一酯占 40%～60%，经分子蒸馏可得到纯度 95%以上的甘油一酯。这是工业制备食品乳化剂甘油一酯的主要办法。

油脂的醇解反应十分重要，它可以制备甘油酯，还可以制备脂肪酸酯，与油脂水解及特定的醇再酯方法相比，醇解方法更适应及便利，将得到更大程度的研究和开发。

（3）酯酯交换 一种酯与另一种酯在催化剂的参与下发生酰基互换生成两种以上的新的酯的反应叫酯酯交换反应。油脂酯交换包括多种酯，如单烃基醇酯，乙二醇的单酯和二酯，甘油的单酯、二酯和三酯，各种四羟基或更多羟基醇等分子之间的种种交换结合反应。甘油三酯之间的酯酯交换反应已广泛应用于食品及食品添加剂工业。

酯酯交换可分为随机酯酯交换和定向酯酯交换两种。

① **随机酯酯交换** 随机酯酯交换使甘油三酯分子随机重排，最终按概率规则达到一个平衡状态，总脂肪酸组成未发生变化。

酯酯交换反应的随机性使甘油三酯分子酰基改组，混合构成各种可能的甘油三酯类型。如图 4-28 所示。

$$\text{SSS}+\text{UUU} \longrightarrow \text{sn-SUS}+\text{sn-SUS}+\text{sn-USS}+\text{sn-UUS}+\text{sn-USU}+\text{sn-SUU}+\text{SSS}+\text{UUU}$$

图 4-28 酯酯交换反应平衡混合物

上式的缩写形式为：

$$\text{SSS} \rightleftharpoons \text{SUS} \rightleftharpoons \text{SSU} \rightleftharpoons (\text{SUU} \rightleftharpoons \text{USU}) \rightleftharpoons \text{UUU}$$

式中，S 和 U 分别表示饱和酸和不饱和酸。随机分布的油脂组成可以根据概率论加以计算。若 a、b 或 c 是脂肪酸 A、脂肪酸 B 或脂肪酸 C 的摩尔分数，则有如下关系。

含有单一脂肪酸甘油三酯的摩尔分数：

$$AAA\% = a^3/10000$$

含有两种脂肪酸甘油三酯的摩尔分数：

$$AAB\% = 3a^2b/10000$$

含有三种脂肪酸甘油三酯的摩尔分数：

$$ABC\% = 6abc/10000$$

随机酯酯交换反应终点可通过熔点的变化、膨胀法、甘油三酯组成分析、冷却曲线、量热示差扫描、X射线衍射等方法进行检验。

② 定向酯酯交换　酯酯交换产生一种平衡状态的甘油三酯混合物。若反应混合物冷却到熔点以下，饱和甘油三酯将会结晶析出，若将可逆反应的产物之一从反应区域中移去，则反应平衡状态发生变化，趋于再产生更多的被移去产物，因此通过选择性结晶（或酯酯交换反应温度低于高饱和的甘油三酯熔点），从油脂或混合油脂的随机酯酯交换产物中除去饱和甘油三酯（或使之以固相形式析出且不再参加反应），从而引导所有饱和脂肪酸有效转化为饱和甘油三酯的方法称为定向酯酯交换。

猪脂的晶粒粗大（β型），外观差，温度高时太软，温度低时又太硬，塑性不佳，随机酯酯交换能够改善低温时的晶粒，但塑性不理想。定向酯酯交换增加 S_3 甘油三酯含量，减少了 S_2U，从而扩大了塑性范围。

4.4.3.2　酶促酯交换

酶促酯交换是利用生物催化剂——酶进行催化产生酯交换反应。酶促酯交换不仅克服了化学酯交换所要求的原料低水分、低杂质、低酸值、低过氧化值的苛刻条件的缺点，更重要的是，作为一种生物催化剂，与化学催化剂相比，脂肪酶具有催化活性高、催化作用具有专一性（包括脂肪酸专一性，底物专一性和位置专一性）、反应副产物少、能在温和条件下（常温、常压）起催化作用、耗能少等诸多优点。酶促酯交换还可以简化工艺，降低能源消耗，节省设备投资和减少环境污染。根据用于酯交换的生物催化剂脂肪酶的种类不同，可将酶促酯交换分为：非特异性脂肪酶催化酯交换反应、1，3 位特异性脂肪酶催化酯交换反应和脂肪酸特异性脂肪酶催化酯交换反应。

近年来，随着细胞工程的发展，酶制剂的制备已相当成熟。特别是固定化酶的制备技术的发展，很容易将酶催化剂从产物中分离出来，重复使用，因此，价格已不再是制约酶制剂广泛应用的因素。酶法酯交换被广泛用于油脂改性制备结构脂质，由于其温和的加工条件，酶催化酯交换已逐渐取代化学酯交换。通过不同种类、不同比例的天然油脂混合，酶催化改变其脂肪酸在甘油上的排列，可以制备餐桌用人造奶油、工业用人造奶油、起酥油和烘焙用人造奶油。酯交换不仅可以降低混合脂肪的熔点，提高其适口性，还可以提高油脂的加工性能。

随着我国居民生活水平的提高，在油脂加工过程中对油脂的质量和品种提出了新的要求——专一性，即对不同的食品为达到不同的质量，使用某一类或某一特殊的油品，这些都对食品原料提出了新的要求和挑战。食品生产者为迎合消费者的市场需求，也需要开发出更加富有吸引力、更加安全的新产品。比如生产煎炸食品，要选用适宜煎炸操作的煎炸用油；糖果的生产有糖果专用油脂供选择使用。这些具有不同特性的油脂，能够使生产出来的食品具有不同的口感和风味，称之为专用油脂。目前，在食品生产过程中，随着油脂深加工技术的发展，油脂工业开发出专用性更强、性能更优异的油脂新品种，如各类专用油脂的开发与使用，拓宽了油脂的使用领域，使食品工业能够生产出更多花样的食品，满足消费者的需求，丰富人们的生活，提高我国居民的生活质量。

4.5 油脂取代物

油脂品质对食品质量和营养都起着重要作用，它不仅赋予食品润滑口感、独特风味、特定组织状态和良好稳定性，是人体必需脂肪酸来源及脂溶性维生素的载体，同时还赋予消费者充实的饱腹感和享受的愉悦。因为油脂会赋予食品愉悦的口感，易摄入过量，且油脂的过多摄入会引起心血管疾病、糖尿病、癌症和肥胖等严重危害人体健康的疾病，为此很多国家都提出摄食油脂的热量参考值。美国饮食指南（the Dietary Guidelines for Americans）指出，在膳食中油脂提供的能量不宜超过总能量摄入的30%，由饱和脂肪酸提供的能量不宜超过油脂总供能的10%，胆固醇的每日摄入量不超过300mg。我国居民膳食指南指出，对于成年人脂肪提供能量占总能量的30%以下，每天烹调油摄入量为25～30g。但是，由于油脂对食品物理和感官性质起着非常重要的作用，故降低食品中的油脂的用量会极大地影响食品的品质，使食品口感粗糙，滋味和风味不佳，外观不美。最重要的是这会在一定程度上降低消费者的购买欲望，这样的食品也不会有市场。为了解决这一矛盾，就需要一种既能替代油脂并具有传统油脂的物理和感官性状，却又不产生能量或只产生较低能量的物质，于是，油脂取代物便应运而生，并成为许多低能量食品的重要基料。

油脂取代物是一种人造油脂代用品，是一类加入到低脂或无脂食品中使得它们具有与同类全脂食品相同或相近的感官效果，而使得该食品提供的能量降低的物质。目前认为，理想的油脂取代物应具备下列特性：类似油脂的滑腻口感，无色、无异味，低热量或无热量，与大营养素、维生素和风味物质不发生相互作用，无生理副作用，摄入后不会出现轻泻或渗透性腹泻现象，使用方式与效果类似于天然油脂，在中高温条件下性质稳定，贮存期至少一年。

油脂取代物可以分为2类：油脂模拟物（fat mimetic）和油脂替代物（fat substitute）。

4.5.1 油脂模拟物

油脂模拟物是指在食品中可以模拟油脂的口感、黏度和组织状态等物理特性，但不能等量代替油脂的一类物质。油脂模拟物在食用安全性方面比油脂替代物好，但在高温下容易变性或焦化，所以不能应用于需高温处理的食品，也不能溶解脂溶性风味物质和维生素等，故油脂模拟物的应用范围较油脂替代物窄。

油脂模拟物主要是以蛋白质或碳水化合物为基础的产品，经过物理处理，它可以吸收充足的水分，以O/W乳化体系来模拟被替代油脂的油状液体系，这类油脂取代物模拟的是天然油脂的口感和质地，而非风味、熔点等物理性质，不能与天然油脂一对一地代替使用。其物理处理过程通常有两种：一种是经微细化加工处理的微晶纤维素或微晶蛋白质，由于具有强亲水性能，能稳定分散于水中形成微晶网络并凝胶化形成蛋白质性油脂模拟物；另一种是多糖类分子链或蛋白质分子链与水作用，发生凝胶化形成碳水化合物型油脂模拟物。

（1）蛋白质型油脂模拟物 以各种不同的蛋白质为原料，经物理加工或化学修饰而成的油脂模拟物。一些蛋白质模拟脂肪是通过微粒化作用形成细微的圆形可形变的微粒，来模拟天然油脂的口感和质地；另一些则和胶类物质混合形成凝胶模拟脂肪的水合特性、乳化特性等，主要有微粒化蛋白、变性蛋白和明胶。目前以蛋白质为基质的油脂模拟物原料的来源，主要包括鸡蛋蛋白、牛奶蛋白、乳清蛋白、大豆蛋白，以及玉米醇溶蛋白、交联蛋白、胶原蛋白和小麦蛋白。主要的蛋白质型油脂模拟物见表 4-10。

表 4-10　主要的蛋白质型油脂模拟物

商品名称	原料	厂商
CMP-1 Complete Milk Protein	全部牛乳蛋白	American Dairy Specialties
AMP 800	乳清蛋白浓缩物	AMPC Inc
Calpro 75	乳清蛋白浓缩物	Calpro Ingredients
LITA	玉米醇溶蛋白	Opta Food Ingredients
Trailblazer	鸡蛋蛋白、乳蛋白与汉生胶	Kraft Greneral Foods
Simplesse 100	乳清蛋白与鸡蛋白	Nutra Sweet Co.
Simplesse 100-Dry		
Simplesse 100-GradeA		

(2) 碳水化合物型油脂模拟物　以碳水化合物为主要原料经物理或化学处理而制得的油脂模拟物。碳水化合物作为油脂代用品的应用已经有多年的历史，如在色拉调味料中使用黄原胶、卡拉胶来改善粘度和稳定性；玉米糖浆、葡糖浆作为水分活度控制剂在低脂食品的使用等。可消化的碳水化合物，例如淀粉、糊精，可提供 1.67×10^{4} J/g 的热量，而不易消化的碳水化合物，如纤维则基本上不提供热量。主要的碳水化合物型油脂模拟物见表 4-11。

表 4-11　主要的碳水化合物型油脂模拟物

商品名称	原料	厂商
Paselli SA2	酶转化马铃薯淀粉	AVEBE American Inc.
Sta-Slim142,143	变性马铃薯淀粉	A. E. Staley Manufacturing Co.
Sta-Slim150,151	变性木薯淀粉	
Sta-Slim171	变性蜡质玉米淀粉	
Stellar	酸改性玉米淀粉	
Maltrin M040,M100,M150,M180,M520	酶和/或酸改性玉米淀粉	Grein Procaring Corp.
N-lite B,D,L,LP	改性蜡质玉米淀粉	National Starch & Chemical Co.
Instant N-Oil Ⅱ	木薯麦芽糖糊精	
N-Oil	木薯糊精	
Oafrim	酶变性燕麦粉	Rhone-Poulenc Food Ingredients
Rice-gel L-100	米粉	Rirland Payuership
聚葡萄糖	95%分子量＜5000 葡萄糖聚合物(含少量山梨糖醇和柠檬酸)	Pfizer
Methylcellulose	甲基纤维素	Dow Chemical Co.
Hydroxypropyl Methylcellulose	羟丙基甲基纤维素	
Aricel RC/CL	纤维素凝胶、微晶纤维素、羟甲基纤维素	FMC Corp.
Novangel RCN10	纤维素凝胶、瓜尔豆胶	
Novangel RCN15	微晶纤维素	
Aricel RCN30	麦芽糖糊精	
Ex-CEL	微晶纤维素	Functional Foods
Ex-CEL SD	纤维素凝胶	
Slendid	果酸	Hercules

4.5.2　油脂替代物

油脂替代物是指化学合成的，以脂肪酸为基础，理化性质与油脂类似的酯化产品。其酯键能抵抗脂肪酸的水解，使之难于被人体吸收，从而不提供或少提供热量，在冷却及高温时稳定。油脂替代物具有油脂的感官性状，并保留了食品的风味和质构性状，可用于煎炸、焙烤食品等。这类物质可以等量完全代替油脂，但由于这类物质难于被人体消化，其中不被消化的油脂使小肠内的渗透压剧增，而导致渗透性腹泻。按油脂替代物阻碍人体吸收的方式可以将其分为两种类型：低热量油脂替代物和无热量油脂替代物。

(1) 低热量油脂替代物 低热量油脂替代物是利用不同脂肪酸的生理代谢特性，将长链、中链、短链脂肪酸进行分子设计、组合筑构在甘油骨架上而成的重构脂质。重构脂质中的中链、短链脂肪酸不能形成乳糜微粒流入淋巴管，而是通过门静脉在肝脏线粒体内进行急剧的β-氧化，故而这些游离脂肪酸难以进入组织细胞蓄积成脂肪。这类油脂取代物虽然产生热量低，但是不能达到完全无热量。美国 Nabisca 公司和 Pfizer 公司共同研制生产的 Salatrim，热值是普通脂肪热值的 55%，属于低热量的甘油三酯，可以应用在糖果、乳制品、休闲食品、肉制品等产品中，值得注意的是，Salatrim 无法应用于油炸用油。主要的低热量油脂替代物见表 4-12。

表 4-12 主要的低热量油脂替代物

商品名称	原料	特性	厂商
Caprenin	辛酸、癸酸与山萮酸酯化物	重构脂质，部分吸收，热值 21kJ/kg	Procter & Gamble
Salatrim	短链脂肪酸与 C_{16}～C_{22} 饱和酸酯化物	重构脂质，部分吸收，热值 21kJ/kg	Nabisco & Pfizer
MCT	C_8～C_{10} 中链饱和脂肪酸	可吸收，热值 34.9kJ/kg	Babayan

(2) 无热量油脂替代物 无热量油脂替代物的制备原理是合成人体中的脂肪酶不能催化分解的物质，它在代谢过程中，不被分解，也不为肠道吸收，因而不提供热量。宝洁公司生产的 Olestra 采用中、长碳链饱和或不饱和脂肪酸与蔗糖酯化反应制得的脂肪替代物，可以 100%取代食品中的油脂，但因为其本身结构的原因，难以被脂肪酶水解，所以不能被吸收代谢，不产生热量。目前，Olestra 经常应用在含盐或辛辣的薯片、膨化食品、苏打点心等休闲小食品以及休闲食品的油炸用油等中。主要的无热量油脂替代物如表 4-13 所示。

表 4-13 主要的无热量油脂替代物

产品	组成	制造公司
蔗糖脂肪酸多酯(SPE)	蔗糖与 C_8～C_{22} 脂肪酸的酯化物	Procter & Gamble (Cincinnati，Ohio)
羧酸酯	两种不同类型的酸(脂肪酸与具有酸功能的酯或醚)与多元醇的复合酯	Nabisco Brands (East Hanover，N. J.)
丙氧基甘油酯(EPG)	环氧多元醇与 C_8～C_{24} 脂肪酸的乙酰化物	Arco 化学 (New Town Square，Pa.)
三烷氧基丙三羧酸酯(TATCA)	三丙三羧酸与 C_8～C_{30} 饱和或不饱和醇酯化物	CPC 国际 (Englewood Cliffs，N. J.)
二元酸酯(DDM)	丙二酸酯化物	Frito-Lay (Dallas，Texas)
霍霍巴油(JO)	单不饱和长链脂肪酸与 C_8～C_{22}(包含一个双键)脂肪醇的线性酯混合物	Lever 兄弟 (New York，N. Y.)
聚硅氧烷(PDMS)	主要是甲基或苯基硅油	Dow Coming 合作 (Midland，Mich)

常用的合成路线有：①将传统甘油三酯中的甘油部分换成多元醇，所生成的大分子多醇的立体空间阻碍大，不适于脂肪酶接近。常用的多元醇有葡萄糖醇、蔗糖醇、海藻糖醇、棉子糖醇、水苏糖醇、山梨糖醇、木糖醇、赤藓糖醇等；②将传统甘油三酯中的脂肪酸部分换成其他的酸，如芥酸等带α-支链的羧酸、多元酸或氨基酸，生成的新化合物也能阻止消化

酶作用；③用一醚键代替甘油酯键，所生成的物质也不是脂肪酶的合适底物。

目前油脂模拟物或油脂替代物大多为模拟脂肪的基本作用，未考虑模拟基质的整体营养、加工特点，限制了现有资源的加工利用性、阻碍了新产品的开发。因此，寻求营养健康、价格低廉且高产的油脂模拟物或油脂替代物原料，满足消费者对于绿色、天然食品的要求，是未来一个重要的发展方向。

4.6 油脂加工方法及加工产品

4.6.1 油脂加工方法

油脂加工过程中采用精炼、改性等手段，对油脂进行提纯，除去杂质和有毒有害物质，从而得到油脂加工产品。

4.6.1.1 油脂精炼法

采用不同的物理或化学方法，将粗油（毛油）中影响产品外观、风味、品质的杂质去除，提高油脂品质，延长贮藏期的过程。

(1) 沉降与脱胶 沉降工艺包括将脂肪加热，并让它静置一段时间，直至水相被分离而移去。该工艺可从脂肪中除去水、蛋白质类物质、磷脂以及碳水化合物，在某些情况下，特别是含有大磷脂的油（例如豆油），采用被称为脱胶的预处理；加入2%～3%的水，在50℃下搅拌混合物，然后通过沉降或离心的方法分离水化的磷脂。

(2) 脱酸 为了除去游离脂肪酸，将适量的和一定浓度的氢氧化钠与加热的脂肪混合，加入的碱量可以通过测定酸价值来确定，并将混合物维持一段时间直至析出水相，此水溶液称为油脚或皂脚，它被分离出来后用于制造肥皂，用热水洗涤，接着沉降或离心，可从中性油中除去残留的皂脚。

虽然碱处理的主要目的是除去游离脂肪酸，但这个过程也会显著减少磷脂和有色物质。

(3) 脱色 将油加热到85℃，并用吸附剂（如漂白土或活性炭）进行处理，除去色素等物质，漂白时应注意避免氧化，其他物质例如磷脂、肥皂以及一些氧化产物与色素一起被吸附，然后再通过过滤除去漂白土。

(4) 脱臭 这是油脂酸化的最后一步，一些具有不期望的风味的挥发性化合物大多来自于油的氧化，在减压下通过水蒸气蒸馏可将它们除去。

虽然一般通过精炼可提高油的氧化稳定性，但并不一定总是如此。例如，蒸馏出的粗制的棉籽油比精炼的棉籽油的抗氧化能力强，这是由于在粗制油中棉酚与生育酚含量较高；另一方面，食用油经精炼后的质量也会显著提高了。

4.6.1.2 油脂改性法

油脂的改性是油脂工业的重要项目，主要包括氢化、酯交换等。

(1) 油脂氢化 油脂的氢化是指甘油三酯中不饱和脂肪酸双键在催化剂如镍作用下的加氢反应，氢化后的油脂熔点提高，颜色变浅，稳定性提高。氢化工艺在油脂工业中具有极大的重要性，这是由于它达到两个主要目标：首先它可使液体油转变成半固体或塑性脂肪，以适合于一些特殊的用途，例如起酥油和人造奶油；其次它提高了油的氧化稳定性。

但是油脂氢化后也会产生多不饱和脂肪酸含量降低、脂溶性维生素被破坏、双键位移生成反式构型等不良影响。

(2) 酯交换 天然油脂中脂肪酸的分布模式，有时限制了它们在工业上的应用，通过酯交换可以改变甘油三酯中脂肪酸的分布，以适应特定需要，如增加油脂的稠度，并具有所期望的熔点和结晶性。

醋交换是一种能增加一些种类脂肪的稠度及其用途的方法，这种方法是重新排列脂肪酸，所以它们能使脂肪酸在脂肪的一酰基甘油分子中进行随机分布。酯交换可以在分子内进行，也可以在不同分子间进行。酯交换一般以甲醇钠作催化剂，通常只需在50～70℃下，不需要太长时间就可以完成。

4.6.2 加工产品

油脂加工产品根据加工方式和改性等可以分为氢化油、调和油、人造奶油、起酥油、代可可脂等。

4.6.2.1 氢化油

氢化油的稳定性高于原料油脂；能除去部分原料油脂令人不愉快的气味；能改善植物油脂、动物油脂的某些应用品种；能扩大油脂使用的范围。食用氢化油是人造奶油和起酥油的重要原料。

油脂氢化的基本原理是在加热含不饱和脂肪酸多的植物油时，加入金属催化剂（镍系、铜-铬系等），通入氢气，使不饱和脂肪酸分子中的双键与氢原子结合成为不饱和程度较低的脂肪酸，其结果是油脂的熔点升高。

控制氢气的添加量，可使产品达到所希望的硬度（熔点）。人造奶油、起酥油中固体脂肪酸含量指数（SFI）是氢化油的关键性指标。生产乳化油、柔软型人造奶油也可使用软质的油脂作原料。此外，为了防止大豆油风味的劣变，可将其进行轻度（局部）氢化，以获得液态食用氢化油；使原料油的碘值降低至2～3。则成为固态食用氢化油，大多用作糖果外层糖衣的原料油脂。对于氢化油稳定性，酸价越低，碘值越低，氢化油稳定性越好；金属离子含量越高，氢化油稳定性越差；吸附剂处理对于提高氢化油稳定性有一定效果。

速食店用来炸薯条、炸鸡肉的油几乎都是氢化油；超市里的包装西点，如蛋糕、饼干、冰激凌等食品也大多用氢化油。氢化油多应用在超市、速食店和西式快餐店，用其炸出的薯条、鸡肉，做出的蛋糕、饼干、冰激凌不易被氧化（变质）且风味好。但油脂的饱和度增加，将比动物饱和脂肪酸更不利健康，会加快动脉硬化，增加人类心血管病患病率。

4.6.2.2 调和油

调和油，又称高合油，它是根据使用需要，将两种以上经精炼的油脂（香味油除外）按比例调配制成的食用油。调和油透明，可作熘、炒、煎、炸或凉拌用油。调和油一般选用精炼大豆油、菜籽油、花生油、葵花子油、棉籽油等为主要原料，还可配有精炼过的米糠油、玉米胚油、油茶子油、红花籽油、小麦胚油等特种油脂。其加工过程是：根据需要选择上述两种以上精炼过的油脂，再经脱酸、脱色、脱臭、调和成为调和油。调和油的保质期一般为12个月。

单一油品不能满足人体对所有膳食脂肪酸和营养素的需求，与单一油品相比，调和油很好地解决人体日常膳食中各类脂肪酸摄入不均衡、营养物质摄入不全的问题。目前市售调和油产品多以大宗油料产品为基油，加入一种或多种具有功能特性的单品植物油进行调配，制成满足要求的调和油产品。调和油的品种很多，根据我国人民的食用习惯和市场需要，可以生产出多种调和油。

(1) 风味调和油 根据消费者爱吃花生油、芝麻油的习惯，可以把菜籽油、米糠油和棉籽油等经全精炼，然后与香味浓郁的花生油或芝麻油按一定比例调和，以"轻味花生油"或"轻味芝麻油"供应市场。

(2) 营养调和油 利用玉米胚芽油、葵花子油、红花子油、米糠油和大豆油配制富含亚油酸和维生素 E，而且比例合理的营养保健油，供高血压、高血脂、冠心病以及必需脂肪酸缺乏症患者食用。

(3) 煎炸调和油 用氢化油和经全精炼的棉籽油、菜籽油、猪油或其他油脂可调配成脂肪酸组成平衡、起酥性能好和烟点高的煎炸用油脂。

调和油的加工较简便，在一般的全精炼车间均可调制，不需添置特殊设备。

调制风味调和油时，将全精炼的油脂计量，在搅拌情况下升温到 35～40℃，按比例加入浓香味的油脂和其他油脂，继续搅拌 30min，即可贮藏或包装。如调制高亚油酸营养油，则在常温下进行，并加入一定量的维生素 E；如调制饱和程度较高的煎炸油，则调和时温度要高些，一般为 50～60℃，最好再按规定加入一定量的抗氧化剂，如加入 0.05%的茶多酚或 0.02%TBHQ 或 0.02%BHT 等抗氧化剂。

营养型调和油的配比原则要求其脂肪酸成分基本均衡，其中饱和脂肪酸：单不饱和脂肪酸：多不饱和脂肪酸为 1：1：1。通常以大豆色拉油或菜籽色拉油为主，占 90%左右，浓香花生油占 8%，小磨香油（芝麻油）占 2%。

4.6.2.3 人造奶油

人造奶油又叫麦淇淋（margaron）和人造黄油。麦淇淋是从希腊语"珍珠"一词转化来的，因为在制造过程中流动的油脂会闪现出珍珠般的光泽。人造奶油是在精制食用油中加水及其辅料，经乳化、急冷、捏合而成的具有类似天然奶油特点的一类可塑性油脂制品。人造奶油配方的确定应顾及多方面的因素，各生产厂家的配方各有特点，传统人造奶油的典型配方见表 4-14。

表 4-14 传统人造奶油的典型配方

原料	数量/%	原料	数量/%
氢化油	80～85	胡萝卜素	微量
水分	14～17	奶油香精	$0.1\times10^{-6}\sim0.2\times10^{-6}$
食盐	0～3	脱氢醋酸	0～0.05
硬脂酸单甘酯	0.2～0.3	奶粉	0～2
卵磷脂	0.1		

人造奶油是油脂和水乳化后进行结晶的产物。为了改善制品的风味、外观、组织、物理性质、营养价值和贮存性等，还要使用各种添加剂。乳成分：一般多使用牛奶和脱脂乳；食盐；乳化剂：为了形成乳化和防止油水分离，制造人造奶油必须使用一定量的乳化剂；防腐剂：为了阻止微生物的繁殖，人造奶油中需加一些防腐剂；抗氧剂：为了防止原料油脂的酸败和变质，通常添加维生素 E、BHA、TBHQ、BHT 等抗氧化剂，也可添加柠檬酸作为增效剂。

随着时代的进步，人造奶油的类型不断增加，其中低脂（含油脂 50%左右）、高亚油酸、低反式脂肪酸、高维生素等产品已经面市。人造奶油的生产工艺包括原料、辅料的计量与调和，乳化，杀菌，急冷捏合，包装熟成五步。

(1) 原料、辅料的计量与调和 原料油按一定比例经计量后进入计量槽。油溶性添加物

（乳化剂、着色剂、抗氧剂、香精、油溶性维生素等）及硬料（极度硬化油等）倒入油相溶解槽（已提前放入适量的油），水溶性添加物（食盐、防腐剂、乳成分等）倒入水相溶解槽（已提前放入适量的水），加热溶解、搅拌均匀备用。

（2）乳化 加工普通的W/O型人造奶油，可把乳化槽内的油脂加热到60℃，然后加入溶解好的油相（含油相添加物），搅拌均匀，再加入比油温稍高的水相（含水相添加物），快速搅拌，形成乳化液，水在油脂中的分散状态对产品的影响很大。水滴过小（直径小于1μm的占80%～85%），油感重，风味差；水滴过大（直径30～40μm的占1%），风味好，易腐败变质；水滴大小适中（直径1～5μm的占95%，5～10μm的占4%，10～20μm的占1%），风味好，细菌难以繁殖。

（3）杀菌 乳化液经螺旋泵入杀菌机，先经96℃的蒸汽热交换，高温30s杀菌，再经冷却水冷却，回复至55～60℃。

（4）急冷捏合 乳状液由柱塞泵或齿轮泵在一定压强下喂入急冷机，利用液态氨或氟里昂急速冷却，在结晶筒内迅速结晶，冷冻析出在筒内壁的结晶物被快速旋转的刮刀刮下。此时料液温度已降至油脂熔点以下，形成过冷液。含有晶核的过冷液进入捏合机，经过一段时间使晶体成长。如果让过冷液在静止状态下完成结晶，就会形成固体脂结晶的网状结构，其整体硬度很大，没有可塑性。要得到一定塑性的产品，必须在形成整体网状结构前进行捏合机的机械捏合，打碎原来形成的网状结构，使它重新结晶，降低稠度，增加可塑性。捏合机对物料剧烈搅拌捏合，并慢慢形成结晶。由于结晶产生的结晶热（约50kcal[1]/kg），搅拌产生的摩擦热，出捏合机的物料温度已回升，使得结晶物呈柔软状态。

（5）包装熟成 从捏合机出来的人造奶油，要立即送往包装机。有些需成型的制品则先经成型机后再包装。包装好的人造奶油，置于比熔点纸8～10℃的熟成室中保存2～3日，使结晶完成，形成性状稳定的制品。

人造奶油以其感官较好、富含营养、经济方法等优点，广泛应用与糖果、冷饮和糕点等食品加工行业。通常采用不饱和脂肪酸生产人造奶油，这就造成产品容易氧化、发生变质，进而难以保存。在变质过程中，通常会产生对人体有害的物质，如醛酮类、降解产物，这些物质严重危害人体的健康。研究表明，存储条件对食品氧化、变质具有较大的影响。

4.6.2.4 起酥油

起酥油是指经精炼的动植物油脂、氢化油或上述油脂的混合物，经急冷、捏合而成的固态油脂，或不经急冷、捏合而成的固态或流动的油脂产品。起酥油具有可塑性和乳化性等加工性能，一般不宜直接食用，而是用于加工糕点、面包或煎炸食品，所以必须具有良好的加工性能。起酥油的形状不同，生产工艺也各异。

（1）可塑性起酥油的生产工艺 可塑性起酥油的生产工艺包括原料、辅料的调和，急冷，捏合，包装和熟成四个阶段。原料与事先用油溶解的添加物按一定比例进入调和罐内冷却，再泵入急冷机。在急冷机中用液氮迅速冷却到过冷状态，部分油脂开始结晶。然后通过捏合机连续捏合并在此结晶，当起酥油通过最后的减压阀时压力突然降到常压而使充入的氮气膨胀，使起酥油获得光滑的奶油状组织和白色的外观，刚生产出来的起酥油是液态的，充填到容器后不久就呈半固态。

（2）液体起酥油的生产工艺 液体起酥油的品种很多，其制法也不尽相同，大致有以下几种：①最普遍的方法是把原料油脂及辅料掺和后在急冷机进行急冷，然后在贮藏罐存放

[1] 1kcal=4.1868kJ。

16h以上，搅拌使之流动化，然后装入容器。②将硬脂或乳化剂磨碎成微粉末，添加到作为基料的油脂中，用搅拌机搅拌均匀。③将配好的原料加热使之熔化，慢慢搅拌，徐徐冷却，使之形成β晶型结晶，直到温度下降到约26℃的灌装温度。

(3) 粉末起酥油的生产工艺 生产粉末起酥油大多用喷雾干燥法生产。其制取过程是将油脂、被覆物质、乳化剂和水一起乳化，然后喷雾干燥，使之成粉末状态。使用的油脂通常是熔点30～35℃的植物性氢化油，也有的使用部分猪油等动物油脂和液态油脂。使用的被覆物质包括蛋白质和碳水化合物，蛋白质有酪蛋白、动物胶、乳清、卵白等，碳水化合物是玉米和马铃薯等新鲜淀粉，也可使用胶状淀粉、淀粉糖化物及乳糖等。

(4) 起酥油功能性 起酥油能使制品分层、膨松、酥脆、保湿等，其功能特性包括可塑性、起酥性、酪化性、乳化性和吸水性。不同的品种，对其功能特性的具体要求各异，其中可塑性是最基本的特性。

起酥油功能性主要有以下5个。

① 可塑性 可塑性是传统起酥油的基本性质，是指固态脂在一定温度下，具备塑性物质的特征，在一定外力作用下能保持形状，当外力超过范围时则发生变形，可作塑性流动的性质。起酥油可塑性好，便于涂布加工，形成的面团延展性好，加工的制品酥脆。

② 起酥性 起酥性是指能使烘焙糕点具有酥松的性质，它是保证各类饼干、薄脆饼和酥皮等产品具有良好食用特性的主要性质。起酥油以薄膜状层分布在烘焙食品组织中，阻断面筋质间的相互黏结，起润滑作用，使制品组织松脆可口。一般稠度合适、可塑性好的起酥油，起酥性也好。过硬的起酥油在面团中呈块状，展布不均，使制品酥脆性差；而过软的起酥油在面团中呈微球状分布，起不到阻隔作用，使制品多孔粗糙。

③ 酪化性 对起酥油进行高速搅打，可使空气以细小的气泡裹吸于油脂中，而使起酥油的体积增大，油脂的这种含气性质就叫酪化性。把起酥油加到混合面浆中进行高速搅打，会使面浆体积增大。酪化性可用酪化值（CV）表示，即100g油脂中所含空气的体积（以mL计）。

起酥油的酪化性取决于它的可塑性，并与基料油脂组分、甘三酯晶体结构及其工艺条件都相关。β′型结晶微小，酪化性良好；β型结晶粗大，酪化性较差；在起酥油加工中，经熟成处理的产品酪化性明显高于非熟成品；饱和程度较高的油脂酪化性好，在β型结晶的油脂中添加β′结晶的油脂和在天然油脂中添加氢化油均能提高其酪化性。此外，乳化剂的种类和用量也可影响起酥油的酪化性。

④ 乳化性 油和水互不相溶，但在食品加工中，经常要将油相和含有奶、蛋、糖的水相均匀地混合在一起。蛋糕面团是O/W型乳化液，起酥油在乳浊体中的均匀分布直接影响面团组织的润滑效果和制品的稳定程度。因此糕点起酥油一般都需添加乳化剂，以提高油滴的分散程度。乳化性能影响蛋、糖的起泡能力，适量添加起泡剂可以减少乳化剂的负面影响。

⑤ 吸水性 起酥油的吸水性取决于其自身的可塑性和乳化剂添加量。油脂经氢化可增加吸水性。例如22.5℃左右，几种不同类型的起酥油的吸水率为：猪油、混合型起酥油为25％～50％；氢化猪油为75％～100％；全氢化起酥油为150％～200％。吸水性对加工奶油糖霜和烘焙糕点有着重要的功能意义，从而使制品酥脆。

4.6.2.5 代可可脂

可可脂是由可可豆经预处理后压榨制得的。由于原料的局限性，天然可可脂产量远远不能满足巧克力制品的发展所需，且价格昂贵，因而人们致力于寻求天然可可脂的代用品。这些可可脂的代用品统称为“代可可脂”。代可可脂的制取工艺主要由氢化、酯交换和分提三部分组成。

(1) 油脂的溶剂分提法 用乌桕脂作为原料制类可可脂。毛乌桕脂经脱胶后，加入6号溶剂油。当温度达65℃时开始控制降温速度缓慢结晶，时间为3.5～4h，过滤温度为10℃。得到的滤液（油）经脱酸、脱色、脱臭得到类可可脂产品。

(2) 油脂的氢化-分提法 植物油脂→氢化-异构化→分提→代可可脂。将棕榈油、大豆油、棉籽油及菜籽油等分别进行氢化-异构化反应，然后混合，或先将上述几种油脂按一定比例混合，然后进行氢化-异构化反应。再对上述混合物进行溶剂分提。

代可可脂是一类能迅速熔化的人造硬脂，其甘三酯的组成与天然可可脂完全不同，而在物理性能上接近天然可可脂，由于制作巧克力时无需调温，也称非调温型硬脂，可采用不同类型的原料油脂进行加工，其分为月桂酸型硬脂和非月桂酸型硬脂。

月桂酸型硬脂是以月桂酸系油脂经选择性氢化，再分别提出其中接近于天然可可脂物理性能的部分，如硬化棕榈仁油，这类油脂中的甘油三酯脂肪酸以月桂酸为主，含量可达45%～52%，不饱和脂肪含量低。其优缺点如下。

优点：在20℃以下，具有很好的硬度、脆性和收缩性，且具有良好的口感。在制作巧克力时无需调温，在加工过程时，结晶快，在冷却装置中，停留时间短。

缺点：由于脂解酶的作用引起脂肪分解而使产品产生刺激性皂味；代可可脂形变的温度比天然可可脂低，巧克力在高温下易变形，与天然可可脂相溶性较差。

非月桂酸型硬脂是采用非月桂酸系油脂加工的，如大豆油、棉籽油、米糠油，通过氢化或选择性氢化成硬脂，再用溶剂结晶提取其物理性能近似于天然可可脂部分，经脱催化剂和脱臭处理制得。其优缺点如下。

优点：制作巧克力无需调温，制出的巧克力价格低廉；无肥皂味；和天然可可脂相溶性优于月桂酸型硬脂，耐热性好。

缺点：由于熔点范围较宽，入口溶化较慢，巧克力有蜡状感，结晶时，收缩性小。

4.7 食品脂质研究热点

4.7.1 脂肪酸营养

饱和脂肪酸主要为人体提供必须能量，若饱和脂肪摄入不足会引发脑出血和神经障碍等疾病。单不饱和脂肪酸可降低坏的胆固醇（LDL），提高好的胆固醇（HDL）比例，还能预防动脉粥样硬化；而多不饱和脂肪虽然能够降低胆固醇，但它不论胆固醇好坏都会降低，因此并不是说所有的多不饱和脂肪酸都是有益的。最近也有研究表明降低胆固醇的摄入并不是对每个人都是有益的，这取决于人体内是否促进脂质代谢的基因，基因代谢组学的研究将把脂质营养引向人体个性化，不同来源的同种脂肪酸也可能产生不同的效果，尤其是来自海洋的磷脂型多不饱和脂肪酸的功效研究日益重视，并成为食品化学与营养的研究热点。

4.7.2 脂溶性微量伴随物

来自植物的油脂都含有微量的脂溶性微量伴随物，这些伴随物包括维生素E、木脂素、甾醇、角鲨烯、多酚等，但是在油脂精炼过程中，这些微量伴随物将大量流失，将使得油脂的品质和抗氧化性能大打折扣。随着分离科技进步和高通量筛选（high throughput screening，HTS）技术应用，脂溶性微量伴随物的综合功能将被提示，因此如何更加合理地提炼油脂，最大限度保留微量营养素，将会成为今后油脂加工的热点方向。

4.7.3 脂质代谢途径

已有研究表明脂质代谢紊乱与肠道菌群的活力有着密不可分的关系，利用肠道菌群来研究引起肠道炎症的炎症因子，并结合液相色谱-质谱（LC-MS）联用技术，应用非靶向代谢组学的研究机理对人体中的脂质代谢通路进行研究，对照现有的脂质代谢物数据库，探究脂质在人体内的代谢通路，进而鉴定人体从健康状态到疾病发生过程中潜在脂类生物标志物，从而为人类摄入脂质提供可靠的科学依据。

4.7.4 不同类型脂肪细胞代谢途径

哺乳动物的脂肪细胞一般来源于白色脂肪组织和棕色脂肪组织。脂肪又可分为白色脂肪、棕色脂肪和米色脂肪，这些脂肪的产生均来源于白色脂肪组织细胞和棕色脂肪组织细胞受到相应调控因子的调控作用，进而调控细胞代谢产生相应脂肪，虽然这些调控因子已被找到，也找到了许多表观遗传和 miRNA 的调控方式，但是对这些调控因子的调控方式、调控时间或参与哪些调控通路还不是非常清晰，如棕色脂肪如何转化为氧化供能脂肪也还有待于研究。

参考文献

[1] 佚名．“油脂加工与质量安全”专题征稿函．食品安全质量检测学报，2017，8（11）：4451.
[2] 于泓鹏，等．食源性物料混合压榨对花生油氧化稳定性的影响研究．粮食与油脂，2020，33（1）：29.
[3] 王未君，等．几种脱色剂对菜籽油脱色效果的研究．中国油脂，2020，45（1）：17.
[4] 王旻烜，等．脂肪醇的制备方法及其应用现状．中国化工贸易，2018，10（28）：150.
[5] 王炜．碳水化合物油脂模拟物研究应用．粮食与油脂，2006，11：17.
[6] 王洁，等．植物油脂氧化及其氧化稳定性研究进展．保鲜与加工，2019，19（4）：207.
[7] 王晓静，等．火棘果多糖抗油脂氧化酸败分析．食品与发酵工业，2016（5）：175.
[8] 文艺晓，等．食品中磷脂提取及分析方法的研究进展．食品安全质量检测学报，2019，10（7）：1877.
[9] 邓琪，等．高效液相双柱法测定油脂中的甘油三酯氧化聚合物．食品科学，2020，41（2）：321.
[10] 左青，等．植物油冬化脱蜡脱．中国油脂，2016，41（6）：105.
[11] 占胤华．油脂加工企业的食品安全风险．食品安全导刊，2018（27）：27.
[12] 卢克刚，等．植物来源角鲨烯的制备与检测方法研究进展．食品研究与开发，2019，40（9）：217.
[13] 仪凯，等．我国食用油脂改性技术的应用与发展．粮食与油脂，2017，2：1.
[14] 冯绍贵，等．樟树籽仁油的结构和特性分析．中国油脂，2020，45（1）：22.
[15] 毕艳兰．油脂化学．北京：化学工业出版社，2005.
[16] 向思敏．光度法评价油脂氧化稳定性的研究．无锡：江南大学，2019.
[17] 刘芳，等．油脂酸价和过氧化值检测方法的研究进展．食品安全质量检测学报，2019，10（14）：4478.
[18] 刘纯友，等．食品中角鲨烯样品前处理与检测方法研究进展．分析测试学报，2018，37（4）：507.
[19] 刘梦婷，等．基于植物油中脂肪酸烷基酯含量变化鉴别废弃油脂．中国油脂，2020，45（1）：43.
[20] 许孝珍．磷脂对大豆油品质的影响．天津：天津科技大学，2015.
[21] 杨希，等．油脂氢化过程中催化剂对反式脂肪酸影响的研究进展．现代食品，2018，10：9.
[22] 杨武林，等．超临界条件下油脂氢化研究进展．粮食与油脂，2010，10：1.
[23] 励建荣，等．油脂取代物的研究进展．食品与发酵工业，2000，5：79.
[24] 吴宪．近红外光谱技术在食用植物油脂检测中的实践研究．粮食科技与经济，2019，44（01）：34.
[25] 汪东风．高级食品化学．北京：化学工业出版社，2009.

[26] 张光杰，等．角鲨烯开发及应用研究进展．粮食与油脂，2017，30（12）：7.

[27] 张鑫，等．油菜籽绿色加工技术研究进展．粮油食品科技，2020，28（1）：58.

[28] 陈洪建．油脂热氧化脂氧自由基生成机制及极性甘油三酯聚合物自由基生成机制研究．无锡：江南大学，2019.

[29] 陈晨，等．植物固醇的功能与心血管疾病的关系．中国动脉硬化杂志，2020，28（1）：67.

[30] 周丽霞，等．不同油棕品种维生素 E 含量测定及其与粗脂肪含量的相关性分析．南方农业学报，2019（11）：2539.

[31] 郑立友，等．油脂返色及其控制技术研究进展．中国粮油学报，2016，31（11）：150.

[32] 赵曼，等．食用油脂生产过程中邻苯二甲酸酯类的迁移规律及其脱除方法的研究进展．中国油脂，2019，44（4）：80.

[33] 赵康宇，等．花生营养油对中老年 SD 大鼠大脑皮层单胺氧化酶活性及肝脏细胞的影响研究．粮油食品科技，2020，28（1）：6.

[34] 赵锦妆，等．脂肪替代物在食品中的研究进展．中国油脂，2017（11）：157.

[35] 柏云爱，等．油脂改性技术研究现状及发展趋势．中国油脂，2011（12）：1.

[36] 宫艳艳．脂肪替代物的分类及在食品中的应用．中国食品添加剂，2009，2：67.

[37] 姚林，等．中国农产品期货市场联动性研究：以油脂类为例．华南理工大学学报（社会科学版），2020，2：1.

[38] 贾硕，等．食源性甾醇类化合物生物活性及应用．食品工业科技，2019，40（8）：310.

[39] 高小明，等．不同抗氧化剂对红松籽油的氧化抑制作用．食品安全质量检测学报，2020，11（1）：38.

[40] 郭亚男，等．氢化制备低反式酸油脂的研究进展．黑龙江粮食，2018，10：50.

[41] 郭霞，等．氢化油的稳定性研究．广州化工，2018，46（24）：75.

[42] 曹刘霞，等．蛋白质型油脂模拟物的研究进展机理及在食品中的应用．农产品加工（学刊），2009，3：26.

[43] 隋明，等．低糖低脂冰淇淋的研制．食品工程，2019（3）：22.

[44] 韩山山，等．磷脂与游离脂肪酸对油脂烟点和氧化稳定性的影响．中国油脂，2014，39（4）：23.

[45] 鲁玉侠，等．固定化酶在连续制备酯交换中的稳定性研究．食品研究与开发，2012，10：137.

[46] 靳权，等．一种简单可靠的破乳法在测定人造奶油酸价和过氧化值中的应用．食品科技，2016，10：266.

[47] 谭洪卓，等．“油料油脂适度加工技术规范制定与实施”特约专栏．粮油食品科技，2020，28（1）：4.

[48] Akbari M，*et al*. Application and functions of fat replacers in low-fat ice cream：a review. Trends in Food Science & Technology，2019，86：34

[49] Barry K M，*et al*. Pilot scale production of a phospholipid-enriched dairy ingredient process employing enzymatic hydrolysis，ultrafiltration and super-critical fluid extraction. Innov Food Sci Emerg Technol，2017（41）：301.

[50] Belitz H D. Food chemistry. Berlin Heidelberg，Germany：Springer，1999.

[51] Corrêa R C G，*et al*. The emerging use of mycosterols in food industry along with the current trend of extended use of bioactive phytosterols. Trends in Food Science & Technology，2017，67：19.

[52] Encinar J M，*et al*. Sunflower oil transesterification with methanol using immobilized lipase enzymes. Bioprocess and Biosystems Engineering，2019，42（1）：157.

[53] Ahmad J，*et al*. Fatty acid profile and antioxidant properties of oils extracted from dabai pulp using supercritical carbon dioxide extraction. Interational Food Research Journal，2019，26（5）：1587.

[54] Gibon V，*et al*. Palm oil refining. European Journal of Lipid Science and Technology，2007，109（4）：315.

[55] Gottschalk P，*et al*. Impact of storage on the physico-chemical properties of microparticles comprising a hydrogenated vegetable oil matrix and different essential oil concentrations. Journal of Microencapsulation，2019，36（1）：72.

[56] Gunstone F D. Fatty acid and lipid chemistry. London：Blackie，1996.

[57] Gunstone F D. Lipids in foods：chemistry biochemistry and technology. Oxford：Pergamon Press，1983.

[58] Gunstone F D. Structured and modified lipids. New York：Marcel Dekker，2001.

[59] Heleno S A，*et al*. Development of dairy beverages functionalized with pure ergosterol and mycosterol extracts：an alternative to phytosterol-based beverages. Food & Function，2017，8：103.

[60] Honjo M，*et al*. Characterization and pharmacokinetic evaluation of microcomposite particles of alpha lipoic acid/hydrogenated colza oil obtained in supercritical carbon dioxide. Pharmaceutical Development and Technology，2020，25（3）：359.

[61] Huan L，*et al*. FT-IR and Raman spectroscopy data fusion with chemometrics for simultaneous determination of chemical quality indices of edible oils during thermal oxidation. LWT，2020，119：108906.

[62] Joelle E, *et al*. Ensory evaluation ratings and melting characteristics show that okra gum is an acceptable milk-fatingredient substitute in chocolate frozen dairy dessert. American Dietetic Association. 2006, 9: 594.

[63] Johnson R W. Fatty acids in industry. New York: Marcel Dekker, 1989.

[64] Kadhum A A H, *et al*. Edible lipids modification processes: a review. Critical Reviews in Food Science and Nutrition, 2017, 57 (1): 48.

[65] Kruger H L P. Grease resistant paperboard and pizza box made there with: US 20200002069. 2020.

[66] Liang P, *et al*. Phospholipids composition and molecular species of large yellow croaker (*Pseudosciaena crocea*) roe. Food Chemistry, 2018, 245: 806.

[67] Madhujith T, *et al*. Oxidative stability of edible plant oils. Bioactive Molecules in Food. 2018: 1.

[68] McClements D J, *et al*. Natural emulsifiers-biosurfactants, phospholipids, biopolymers, and colloidal particles: molecular and physicochemical basis of functional performance. Adv Colloid Interf Sci, 2016, 234: 3.

[69] Pierre A, *et al*. Accurate hydrogenated vegetable oil viscosity predictions for monolith reactor simulations. Chemical Engineering Science, 2020, 214.

[70] Rather S A, *et al*. Effects of guar gum as a fat substitute in low fat meat emulsions. Journal of Food Processing and Preservation, 2017, 41 (6): e13249.

[71] Rysz J, *et al*. The use of plant sterols and stanols as lipid-lowering agents in cardiovascular disease. Current Pharmaceutical Design, 2017, 23 (17): 2488.

[72] Shetty P, *et al*. Polyelectrolyte cellulose gel with PEG/water: Toward fully green lubricating grease. Carbohydrate polymers, 2020, 230.

[73] Souza T P C, *et al*. Kinetic modeling of cottonseed oil transesterification with ethanol. Reaction Kinetics, Mechanisms and Catalysis, 2019, 128 (2): 707.

[74] Anon. Vegetable oils in China. Trends in Food Science & Technology, 2018, 74: 26.

[75] Wang W H, *et al*. Hydrogenation of fats and oils using supercritical carbon dioxide. Green Sustainable Process for Chemical and Environmental Engineering and Science. 2020: 347.

第5章 维 生 素

内容提要： 就食品或食品原料中的化学成分含量来说，与糖、蛋白质、脂类等成分相比，维生素含量极少，既不能作为固体食品或凝胶食品的组织结构，也不能作为食品的风味成分。但是，微量的维生素是人体生长发育、新陈代谢、营养成分消化吸收等不可或缺的物质，甚至维生素对很多疾病的预防、人体免疫力的提高、抵抗疾病、人体器官的正常功能发挥等都起到不可替代的作用。因此，膳食中的维生素对人体生命活动的新陈代谢及身体健康极为重要。本章主要介绍维生素的特点、稳定性及生物利用率，维生素在食品加工与贮藏过程中的变化及影响因素，维生素的生理功能，食品中维生素的增补原则及主要增补食品。未来将着重从维生素分子机理及分子间的协同效应进行深入的研究，为指导人们健康膳食提供理论基础。

5.1 概 述

5.1.1 维生素的概念

维生素（vitamin）也称“维他命”，是多种不同类型、具有不同化学结构和生理功能的低分子量有机化合物。人体每日对维生素的需要量虽然很少，但它却是维持机体生命所必需的物质。它在体内的作用包括以下几个方面：①作为辅酶或辅酶的前体（如烟酸、硫胺素、核黄素、生物素、泛酸、维生素 B_6、维生素 B_{12} 以及叶酸）；②抗氧化剂，作为抗氧化保护体系的组分，通过抗氧化而发挥作用（如维生素 C、维生素 E 等）；③遗传调节因子，基因调控过程中的影响因素（维生素 A、维生素 D 等）；④某些特定功能，如维生素 A 对视觉反应、维生素 C 对各类羟基化反应以及维生素 K 对特定羧基化反应等。目前，已经发现了几十种维生素和类维生素，而与食品营养性有关的维生素大约有 20 种。

维生素及其前体存在于天然食物原料中。与食物原料相比，加工后的食物中维生素含量实际上较低，这是由于许多维生素稳定性差，且在食品加工、贮藏过程中损失较大。因此，要尽可能最大限度地保存食品中的维生素，避免其损失或与食品中其他组分发生反应，应从原料的收获和选择、贮藏与加工方法、食品添加物的选择、食物的运销等方面全面考虑。

5.1.2 维生素的特点及稳定性

维生素于19世纪被发现。1897年，艾克曼（Christian Eijkman）在爪哇发现只吃精磨的白米居民会患脚气病，而食用未经碾磨的糙米能治疗这种病，并发现可治脚气病的物质能用水或酒精提取，于是称这种物质为“水溶性B”。1906年证明食物中含有除蛋白质、脂类、糖、无机盐和水以外的“辅助因素”，其量很小，但为动物生长所必需。

维生素虽然参与体内能量代谢，但本身并不参与机体内各种组织器官的组成，也不能为机体提供能量，它们的作用主要是以辅基或辅酶形式参与机体细胞物质代谢和能量代谢的调节。人体新陈代谢极其复杂，其反应与酶的催化作用密切相关，而酶的活性必须要有辅酶参加。已知许多维生素是酶的辅酶或者是辅基的组成分子。因此，维生素是维持和调节机体正常代谢的重要物质，缺乏维生素时会引起机体代谢紊乱，导致特定的缺乏症或综合征，如缺乏维生素A时易患夜盲症。

人体所需的维生素大部分不能在体内合成，或者即使能合成但合成的量很少，不能满足人体正常需要，而且维生素本身在不断地代谢，所以必须从食物中摄取。从食品化学的角度，有些维生素作为还原剂、自由基猝灭剂等会影响食品的化学性质；有些维生素是以一类结构及功能类似的化合物形式存在，形式不同其稳定性亦有较大差异。现有的研究对维生素的稳定性和性质有了较为深入的了解，但是对维生素在复杂食品体系中变化的研究较少。

食品中维生素含量的高低，除与原料的品种、成熟度等属性有关外，与原料栽培的环境、土肥情况、肥水管理、光照时间和强度、植物采后处理或动物宰后的生理变化也有一定关系，此外，还受加工前的预处理、加工方式、贮藏时间和温度等各种因素影响，其损失程度取决于各种维生素的稳定性。因此，在食品加工与贮藏过程中应选用适宜方式，最大限度地减少维生素的损失，并保证产品的安全性。每一种维生素因其结构不同，其在酸、碱、光、热、氧化剂与还原剂、湿度等环境中的稳定性也存在差异，表5-1总结了部分维生素在不同条件下的稳定性。

表5-1 部分维生素在不同条件下的稳定性

维生素	酸	碱	光	热	湿度	氧化剂	还原剂	最大烹调损失率/%
维生素A	+	−	++	+	−	++	−	40
维生素D	+	+	++	+	−	++	−	40
维生素E	−	+	+	+	−	+	−	55
维生素K	−	++	++	−	−	+	−	5
维生素C	+	++	−	+	+	++	−	100
维生素B_1	−	++	+	+	+	−	−	80
维生素B_2	−	++	++	−	−	−	+	75
烟酸	−	−	−	−	−	−	+	75
维生素B_6	+	+	+	−	−	−	−	40
维生素B_{12}	++	++	+	+	+	−	++	10
泛酸	++	++	−	+	+	−	−	50
叶酸	+	+	+	−	−	++	++	100
生物素	+	+	−	−	−	−	−	60

注：−几乎不敏感；+敏感；++高度敏感。

5.1.3 维生素的生物利用率

维生素的生物利用率（bioavailability of vitamins）是指所摄入的维生素经肠道吸收和

在体内起的代谢功能或利用的程度。广义上维生素的生物利用率包括所摄取的维生素吸收和利用两个方面，并不涉及摄入前维生素的损失。影响维生素生物利用率的因素包括：①膳食的组成，它可影响肠道内停留时间、黏度、乳化性质和 pH；②维生素的形式，维生素的吸收速度和程度、消化前在胃及肠道中的稳定性、转化为代谢活性或辅酶形式的难易程度以及代谢功效等方面因不同的维生素形式而各不相同；③特定维生素与膳食组成（如蛋白质、淀粉、膳食纤维、脂肪）的相互作用，此作用会影响维生素在肠道内的吸收。人们膳食摄入维生素后，影响维生素生物利用率的因素很复杂，除膳食结构外，还受个体差异的影响。

5.1.4 维生素的分类

维生素及其前体化合物均属于维生素家族，种类众多，目前所知有几十种，都是小分子有机化合物，它们的化学结构复杂且无共同性，有脂肪族、芳香族、脂环族、杂环族和甾环族化合物等。同时，维生素的生理功能各异，有的维生素参与所有细胞的物质与能量的转移过程，它们作为生物催化剂（酶的辅助因子）而起着各种生理作用，如 B 族维生素；有的维生素则专一性地作用于高等有机体的某些组织，如维生素 A 对视觉起作用、维生素 D 对骨骼构成起作用、维生素 E 具有抗不育症作用、维生素 K 具有凝血作用等。由于维生素的化学结构复杂、生理功能各异，因此，无法按结构或功能对其进行分类。

早期因缺少对维生素性质的了解，一般按其发现先后顺序命名，如 A、B、C、D、E 等；或根据其生理功能特征或化学结构特点等命名，如维生素 C 称抗坏血病维生素、抗坏血酸，维生素 B_1 因分子结构中含有硫和氨基，称为硫胺素。后来人们根据维生素在脂类溶剂或水中溶解性特征，将其分为两大类：脂溶性维生素（fat-soluble vitamins）和水溶性维生素（water-soluble vitamins）。脂溶性维生素包括维生素 A、维生素 D、维生素 E、维生素 K，水溶性维生素包括 C 族和 B 族维生素，如表 5-2 所示。

表 5-2 维生素的分类、生理功能及主要来源

分类		名称	俗名	生理功能	主要来源
水溶性维生素	B 族	维生素 B_1	硫胺素，抗神经炎维生素	抗神经炎，预防脚气病	酵母、谷类、肝脏、胚芽
		维生素 B_2	核黄素	促进生长，预防唇炎、舌炎、脂溢性皮炎	酵母、肝脏
		维生素 B_3	泛酸	促进代谢	肉类、谷类、新鲜蔬菜
		维生素 PP、维生素 B_5	烟酸，尼克酸，抗癞皮病维生素	预防癞皮病，形成辅酶Ⅰ和辅酶Ⅱ的成分	酵母、米糠、谷类、肝脏
		维生素 B_6	吡哆醇，抗皮炎维生素	与氨基酸代谢有关	酵母、米糠、谷类、肝脏
		维生素 H	生物素	促进脂类代谢，预防皮肤病	肝脏、酵母
		维生素 B_{11}	叶酸	预防恶性贫血	肝脏，植物叶
		维生素 B_{12}	氰钴素，钴胺素	预防恶性贫血	肝脏
	C 族	维生素 C	抗坏血酸、抗坏血病维生素	预防及治疗坏血病，促进细胞间质生长	蔬菜、水果
		维生素 P	芦丁	增加毛细血管抵抗力，维持血管正常透过性	柠檬、芸香
脂溶性维生素		维生素 A	视黄醇，抗干眼病维生素	预防表皮细胞角化，促进生长，防治干眼病	鱼肝油、肝脏、绿色蔬菜
		维生素 D	骨化醇，抗佝偻病维生素	调节钙、磷代谢，预防佝偻病	鱼肝油，牛奶
		维生素 E	生育酚，生育维生素	预防不育症	谷类胚芽及其植物油
		维生素 K	止血维生素	促进血液凝固	肝脏，绿色蔬菜

水溶性维生素易溶于水而不溶于非极性有机溶剂，无需消化，直接从肠道吸收后，通过

循环到有机体需要的组织中，多余的部分大多由尿排出，在体内储存甚少。脂溶性维生素易溶于非极性有机溶剂，而不易溶于水，经胆汁乳化，在小肠吸收，由淋巴循环系统进入到体内各器官。体内可储存大量脂溶性维生素，排泄率不高。维生素 A 和维生素 D 主要储存在肝脏，维生素 E 主要存在于体内脂肪组织，维生素 K 储存较少。

有些化合物在化学结构上类似某种维生素，经过简单的代谢反应即可转变成维生素，此类物质称为维生素原，如 β-胡萝卜素能转变为维生素 A，7-脱氢胆固醇可转变为维生素 D_3，但要经过许多复杂代谢反应才能形成。此外，还有类似维生素，如胆碱、肉毒碱、吡咯喹啉醌、乳清酸、牛磺酸、肌醇等，也被称为“其他微量有机营养素”。

5.2 维生素在食品加工与贮藏过程中的变化

食品中维生素的含量除与原料中维生素的含量有关外，还与食品在收获、储藏、运输和加工过程中维生素的损失关系密切。因此，要提高食品中维生素含量除了要考虑原料的成熟度、生长环境、土壤情况、肥料使用、水的供给、气候变化、光照时间和强度，以及采后或宰杀后的处理等因素外，还需考虑加工及储藏过程中各种条件对食品中营养素含量的影响。

5.2.1 食品原料本身的影响

5.2.1.1 原料成熟度与部位对维生素含量的影响

水果、蔬菜中维生素含量随作物的遗传特性、成熟期、生长地及气候的不同而异。在果蔬成熟过程中，维生素的含量由其合成和降解的速度决定。例如，番茄中维生素 C 含量在未成熟的某个时期最高（表 5-3）；大部分蔬菜与番茄的情况相反，成熟度越高，维生素含量越高，辣椒中的维生素 C 含量就是在成熟期最高；胡萝卜中类胡萝卜素的含量随品种不同差异很大，但成熟期对其并无显著影响。

表 5-3 成熟度对番茄中维生素 C 含量的影响

开花后周数	m(番茄)/g	颜 色	w(维生素 C)/(mg/100g)
2	33.4	绿	10.7
3	57.2	绿	7.6
4	102	绿-黄	10.9
5	146	红-黄	20.7
6	160	红	14.6
7	168	红	10.1

植物的不同部位，维生素含量也不同（表 5-4）。不同维生素其高含量的组织部位并不相同。一般地，植物的根部维生素含量最低，其次是果实和茎，含量最高的部位是叶片。对果实而言，表皮维生素含量最高，由表皮到果心，维生素含量依次递减。

表 5-4 谷物的不同部位中几种维生素的相对组成 %

谷物部位	硫胺素	核黄素	尼克酸	谷物部位	硫胺素	核黄素	尼克酸
籽壳	1	5	4	胚芽	2	12	1
糊粉	32	37	82	总外层	97	68	88
盾盖	62	14	1	内胚乳	3	32	12

动物源食品中的维生素含量与动物物种及组织部位有关。如B族维生素在肌肉中的浓度取决于肌肉从血液中汲取B族维生素并将其转化为辅酶形式的能力；在饲料中补充脂溶性维生素，动物肌肉中脂溶性维生素的含量就会增加。

5.2.1.2 采后或宰后维生素含量的变化

食品从采收或屠宰到加工这段时间，营养价值会发生明显的变化。因为许多维生素的衍生物是酶的辅助因子，易被酶尤其是动、植物死后释放出的内源酶所降解。细胞受损后，原来分隔开的氧化酶和水解酶会从完整的细胞中释放出来，从而改变维生素的化学形式和活性。例如，维生素B_6、维生素B_1或维生素B_2辅酶的脱磷酸化反应，维生素B_6葡萄糖苷的脱葡萄糖基反应，聚谷氨酰叶酸酯的去共轭作用，都会影响植物采收后或动物屠宰后维生素的含量和存在状态，其变化程度与贮藏加工过程中的温度高低和时间长短有关。采后或宰后不仅维生素的净含量减小，而且其生物利用率也有较大变化。脂肪氧合酶的氧化作用可以降低许多维生素的含量，而抗坏血酸氧化酶则专一性地引起维生素C的损失。豌豆从采收到运往加工厂贮水槽的1h内，所含维生素会发生明显的还原反应。新鲜蔬菜如果处理不当，在常温或较高温度下存放24h或更长时间，维生素也会发生严重损失。在采后或宰后采取适当的处理方法，如科学的包装、冷藏运输等措施，果蔬和动物源食品中维生素的损失就会减少。

5.2.2 食品加工前预处理的影响

5.2.2.1 切割、去皮

植物组织经过修整或细分（如水果去皮），均会导致所含维生素的部分丢失。苹果皮中维生素C的含量比果肉高，凤梨心比食用部分含有更多的维生素C，胡萝卜表皮层的烟酸含量比其他部位高，土豆、洋葱和甜菜等植物的不同部位也存在维生素含量的差别。因而在修整这些蔬菜和水果以及摘去菠菜、花椰菜、芦笋等蔬菜的部分茎、梗时，会造成部分维生素的损失。一些食品去皮过程中，由于使用强烈的化学物质，如碱液处理，使外层果皮的维生素被破坏。

5.2.2.2 清洗、热烫

水果和蔬菜在正确清洗时，一般维生素的损失较少，但要注意避免挤压和碰撞；也要尽量避免切后清洗造成水溶性维生素的大量流失。对于化学性质较稳定的水溶性维生素（如泛酸、烟酸、叶酸、核黄素等），溶于水而流失是最主要的损失途径。

大米在淘洗过程中会损失部分维生素，这主要是由于维生素存在于米粒表面糠层中。大米淘洗后B族维生素的损失率为60%，总维生素损失率为47%；大米淘洗次数越多，淘洗时用力越大，B族维生素损失越多。

热烫（烫漂）是水果和蔬菜加工中不可缺少的处理方法，目的在于钝化影响产品品质的酶类、杀灭微生物、排除组织中的空气，有利于食品在储存期间保持维生素的稳定（表5-5）。热烫的方式有热水、蒸汽和微波。烫漂会造成水溶性维生素发生损失，损失程度与pH、烫漂时间和温度、含水量、切口表面积、烫漂类型及成熟度有关。通常高温短时烫漂维生素损失较少；烫漂时间越长，维生素损失越大。食品切分越细，单位质量表面积越大，维生素损失越多。不同烫漂类型对维生素影响的顺序为热水＞蒸汽＞微波。热水烫漂会造成水溶性维生素的大量流失，随烫漂水温度升高，损失量显著增加（图5-1）。

表 5-5 青豆烫漂后贮存维生素的损失 %

处理方式	维生素 C	维生素 B_1	维生素 B_2
烫漂	90	70	40
未烫漂	50	20	30

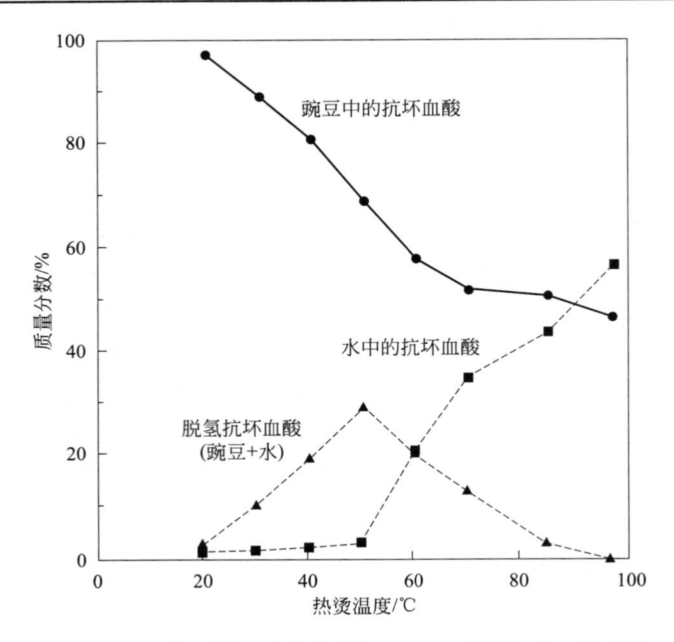

图 5-1 豌豆在不同温度水中热烫 10min 后维生素 C 的变化

5.2.3 食品加工过程的影响

5.2.3.1 谷类食品在研磨过程中维生素的损失

碾磨是谷物特有的加工方式。谷类在碾磨过程中，维生素会发生不同程度的损失，其损失程度依胚乳和胚芽与种子外皮分离的难易程度而异，难分离的研磨时间长，损失率高，反之则损失率低。因此，研磨对各种谷物种子中维生素的影响不一样，即使同一种谷物，各种维生素的损失率也不尽相同。此外，不同的加工方式对维生素损失的影响也有差异，谷物精制程度越高，维生素损失越严重。例如，小麦在碾磨成面粉时，出粉率不同，维生素的保留率也不同（图 5-2）。

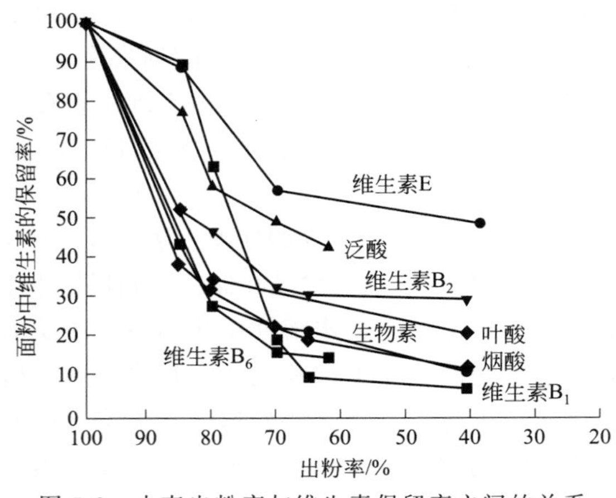

图 5-2 小麦出粉率与维生素保留率之间的关系

5.2.3.2 食品添加剂等化学药剂的添加和处理对维生素含量的影响

由于加工的需要，常常向食品中添加一些化学物质，其中有的能引起维生素损失。

二氧化硫（SO_2）、亚硫酸盐、亚硫酸氢盐、偏亚硫酸盐可以防止水果和蔬菜的酶促褐变和非酶褐变；作为还原剂可防止维生素C氧化；在葡萄酒加工中起抗微生物的作用，但会破坏维生素B_1和维生素B_6。

在肉制品加工中，为了改善肉制品的颜色，通常添加硝酸盐和亚硝酸盐作为发色剂。而菠菜、甜菜等蔬菜本身就含有高浓度的硝酸盐，通过微生物作用而产生亚硝酸盐。亚硝酸盐不但能与维生素C迅速反应，而且还能破坏类胡萝卜素、维生素B_1和叶酸等。

食品在配料时，由于其他原料的加入会带来酶的污染，从而影响维生素的稳定性。例如，加入植物性配料，会把维生素C氧化酶带入成品；用海产品作为配料，可带入硫胺素酶。

果蔬加工中，添加的有机酸可减少维生素C和维生素B_1的损失，碱性物质会增加维生素C、维生素B_1和叶酸等的损失。

不同维生素之间也相互影响。例如，食品中添加维生素C和维生素E可降低胡萝卜素的损失。

5.2.4 食品贮藏过程的影响

5.2.4.1 储藏温度

食品在储藏期间，维生素的损失与储藏温度关系密切（表5-6）。例如，罐头食品冷藏保存1年后，维生素B_1的损失低于室温保存。

表5-6 不同储藏方式储藏过程中维生素的损失情况

储藏方式	蔬菜样品/种	维生素损失率/%①	维生素种类				
			维生素A	维生素B_1	维生素B_2	烟酸	维生素C
冷冻储藏	10②	平均值	12	20	24	24	26
		范围	0～50	0～61	0～45	0～56	0～78
灭菌后储藏	7③	平均值	10	67	42	49	51
		范围	0～32	56～83	14～50	31～56	28～67

①储藏前，所有产品均进行了热加工及脱水处理。②蔬菜样品分别是芦笋、利马豆、四季豆、椰菜、花椰菜、青豌豆、马铃薯、菠菜、抱子甘蓝和嫩玉米棒。③蔬菜样品分别是芦笋、利马豆、四季豆、青豌豆、马铃薯、菠菜、抱子甘蓝和嫩玉米棒，马铃薯样品中含热处理水。

冷冻是最常用的食品储藏方法。冷冻一般包括预冷冻、冷冻储存、解冻3个阶段，维生素的损失主要包括储存过程中的化学降解和解冻过程中水溶性维生素的流失。例如，蔬菜经冷冻后，维生素会损失37%～56%；肉类食品经冷冻后，泛酸的损失为21%～70%。肉类解冻时，汁液的流失使维生素损失10%～14%。

5.2.4.2 储藏时间

食品储藏的时间越长，维生素损失就越大。在储藏期间，食品中脂质氧化产生的氢过氧化物、过氧化物和环过氧化物，能使类胡萝卜素、生育酚、维生素C等易被氧化的维生素氧化损失。氢过氧化物分解产生的含羰基化合物，还能造成一些维生素（如硫胺素、泛酸）的损失。糖类非酶褐变产生的高度活化的羰基化合物，也能以同样的方式破坏某些维生素。

5.2.4.3 包装材料

包装材料对储藏食品中维生素的含量有一定影响。例如，透明包装的乳制品在储藏期间，维生素 B_2 和维生素 D 会发生损失。

5.2.4.4 辐照

辐照是利用原子能射线对食品原料及其制品进行灭菌、杀虫、抑制发芽和延期后熟等以延长食品的保存期，尽量减少食品中营养的损失。辐照对维生素有一定的影响。水溶性维生素对辐照的敏感性主要取决于它们是处在水溶液中还是食品中或是否受到其他组分的保护等。维生素 C 对辐照很敏感，其损失随辐照剂量的增大而增加（表 5-7）。在 B 族维生素中，维生素 B_1 最易受到辐照的破坏，辐照对烟酸的破坏较小。脂溶性维生素对辐照的敏感程度大小依次为维生素 E＞胡萝卜素＞维生素 A＞维生素 D＞维生素 K。

表 5-7 不同辐照剂量对维生素 C 和烟酸的影响

维生素	辐照剂量/kGy	维生素浓度/(μg/mL)	保存率/%
维生素 C	0.1	100	98
	0.25	100	85.6
	0.5	100	68.7
	1.5	100	19.8
	2.0	100	3.5
烟酸	4.0	50	100
	4.0	10	72.0
维生素 C+烟酸	4.0	10	14.0(烟酸)、71.8(维生素 C)

5.3 维生素的结构与功能

5.3.1 维生素 A

5.3.1.1 结构

维生素 A 是一类由 20 个碳构成的不饱和碳氢化合物，其羟基可被酯化成酯或转化为醛或酸，也可以游离醇的状态存在。主要有维生素 A_1（视黄醇，retinol）及其衍生物（醛、酸、酯）、维生素 A_2（脱氢视黄醇，dehydroretinol）（图 5-3）。维生素 A 的活性形式主要是视黄醇及其酯类，视黄醛、视黄酸次之。视黄醇醋酸酯被广泛用于食品强化。

维生素 A_1 结构中存在共轭双键（异戊二烯类），因而有多种顺、反立体异构体。食品中的维生素 A_1 主要是全反式结构，其生物效价最高。维生素 A_2 的生物效价只有维生素 A_1 的 40%，1,3-顺异构体（新维生素 A）的生物效价是维生素 A_1 的 75%。新维生素 A 在天然维生素 A 中约占 1/3，在人工合成的维生素 A 中很少。

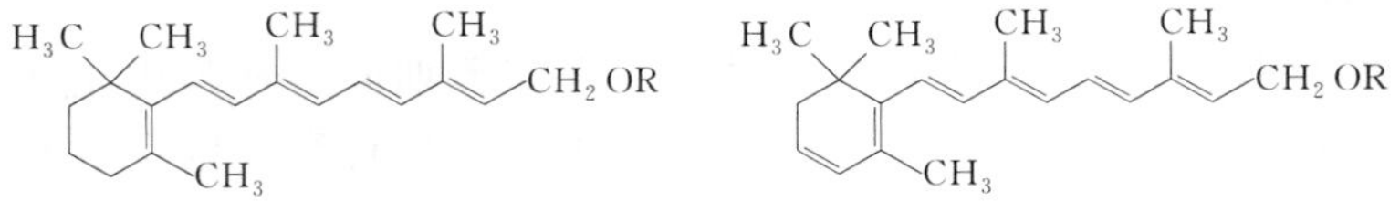

维生素 A_1　　　　维生素 A_2

图 5-3 维生素 A 的结构式

R=H 或 $COCH_3$（醋酸酯）或 $CO(CH_2)_{14}CH_3$（棕榈酸酯）

5.3.1.2 功能

维生素 A（包括胡萝卜素）最主要的生理功能是维持视觉、促进生长、增强生殖力、清除自由基，在延缓衰老、防止心血管疾病和肿瘤方面发挥作用。维生素 A 缺乏最早出现的症状是夜间视力减退，严重者导致夜盲症、眼干燥症，出现皮肤干燥、毛囊角化、毛囊丘疹、毛发脱落，呼吸道、消化道、泌尿道和生殖道感染；特别是儿童容易发生呼吸道感染和腹泻，使生长发育迟缓。维生素 A 摄入过量，可引起急性中毒、慢性中毒及致畸毒性，急性中毒表现为恶心、呕吐、嗜睡；慢性中毒比急性中毒常见，表现为食欲不振、毛发脱落、头痛、耳鸣、复视等。中毒多发生在长期误服过量的维生素 A 浓缩剂的儿童。

除非出现脂肪吸收障碍，视黄醇可被有效吸收。视黄醇醋酸酯和棕榈酸酯与非酯化视黄醇的吸收效率相同。含有非吸收性的疏水物质如某些脂肪替代物的食品，会造成维生素 A 的吸收障碍。除了视黄醇和作为维生素 A 原的类胡萝卜素在利用上的固有差异外，许多食品中的类胡萝卜素只有很少一部分在肠道中吸收。类胡萝卜素专一地结合为类胡萝卜素蛋白或包埋于难消化的植物基质中会造成吸收障碍。在人体试验中，胡萝卜中的 β-胡萝卜素与纯 β-胡萝卜素相比，只有 21%的血浆 β-胡萝卜素响应值，花椰菜中的 β-胡萝卜素显示同样的低生物利用率。

5.3.2 维生素 D

5.3.2.1 结构

维生素 D 是一类固醇衍生物，又称为钙化醇、抗软骨病或抗佝偻病维生素，已确定结构的有 6 种，即维生素 D_2、D_3、D_4、D_5、D_6、D_7。天然维生素 D 主要包括维生素 D_2（麦角钙化醇，ergocalciferol）和维生素 D_3（胆钙化醇，cholecalciferol），它们的结构十分相似，见图 5-4。维生素 D 是固醇类物质，具有环戊多氢菲结构。

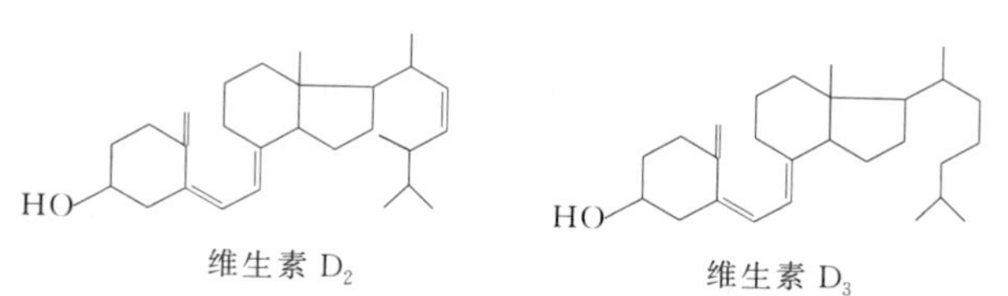

图 5-4 维生素 D 的结构式

维生素 D 在食物中常与维生素 A 伴存。鱼类脂肪及动物肝脏中含有丰富的维生素 D，其中以海产鱼肝油中的含量为最多，蛋黄、牛奶、奶油次之。植物性食品、酵母中所含的麦角固醇，经紫外线照射后转化为维生素 D_2，鱼肝油中也含有少量的维生素 D_2。人和动物皮肤中所含的 7-脱氢胆固醇，经紫外线照射后可转化为维生素 D_3。维生素 D 的生物活性形式为 1,25-二羟基胆钙化醇，1μg 维生素 D 相当于 40IU。

5.3.2.2 功能

维生素 D 的重要生理功能是调节机体钙、磷的代谢，维持正常的血钙水平和磷酸盐水平；促进骨骼和牙齿的生长发育；维持血液中正常的氨基酸浓度；调节柠檬酸的代谢。

人体缺乏维生素 D 时，儿童易患佝偻病，成人易患骨质疏松症。

通过食物来源的维生素 D 一般不会过量。长期摄入过量维生素 D 可能会产生副作用甚至中毒。维生素 D 中毒症包括高钙血症、高钙尿症、厌食、恶心、呕吐、口渴、多尿、皮肤瘙痒、肌肉乏力、关节疼痛等。妊娠期和婴儿初期过多摄取维生素 D，可引起婴儿出生体重偏低，严重者可有智力发育不良及骨硬化。预防维生素D中毒的最有效方法是避免滥用。

5.3.3 维生素E

5.3.3.1 结构

维生素E是6-羟基苯并二氢吡喃（母育酚）的衍生物，包括生育酚（tocopherols）（图5-5）和生育三烯酚（tocotrienols）。

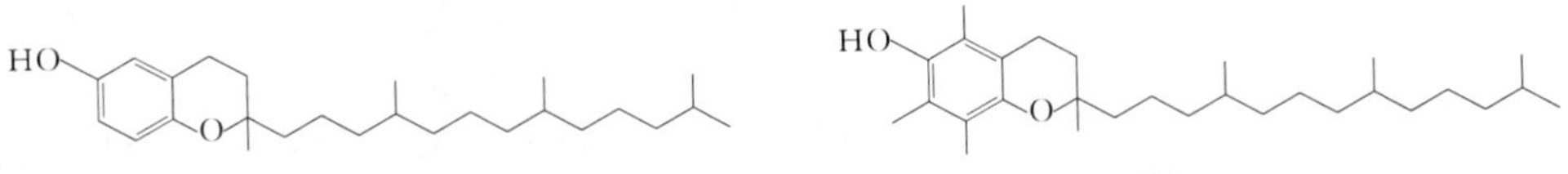

(a)　　(b)

图5-5 母育酚的结构式（a）和α-生育酚的结构式（b）

母育酚的苯并二氢吡喃环上可有一个至多个甲基取代物。甲基取代物的数目和位置不同，生物活性也不同，如图5-6所示。已知自然界中具有维生素E功效的物质有8种，其中α-、β-、γ-和δ-四种生育酚较重要，它们具有相同的生理功能，以α-生育酚的生理效价最高。一般所谓的维生素E多指α-生育酚。

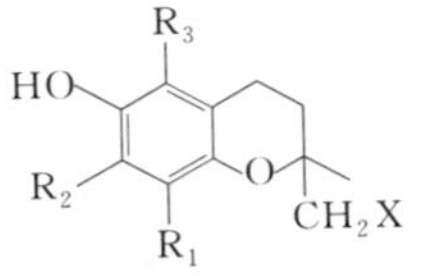

	R_1	R_2	R_3
α	CH_3	CH_3	CH_3
β	CH_3	H	CH_3
γ	H	CH_3	CH_3
δ	H	H	CH_3
生育酚	H	H	H

图5-6 生育酚的取代模式结构式

5.3.3.2 功能

生育酚是良好的抗氧化剂，具有清除自由基、单重态氧的作用，广泛用于食品中，尤其是动植物油脂中。在生物体内，生育酚的抗氧化能力大小依次为$\alpha>\beta>\gamma>\delta$；在食品中，生育酚的抗氧化能力大小顺序为$\delta>\gamma>\beta>\alpha$。维生素E与动物的生殖功能有关，当缺乏时，动物的生殖器官受损而造成不育。此外，还能提高机体的免疫能力，保持血红细胞的完整性，调节体内化合物的合成，促进细胞呼吸。

维生素E缺乏在人类较为少见。摄入多不饱和脂肪酸多的人，需补充维生素E。与其他脂溶性维生素相比，维生素E的毒性比较低，但大剂量维生素E可引起短期的胃肠道不适。

对于能正常消化和吸收脂肪的个体而言，维生素E类物质的生物利用率通常相当高。α-生育酚乙酸酯的生物利用率以物质的量为单位几乎与α-生育酚完全相同，除非在高剂量时α-生育酚乙酸酯的酶酯解受到限制。

5.3.4 维生素K

5.3.4.1 结构

维生素K是2-甲基-1,4-萘醌的衍生物。常见的天然维生素K包括维生素K_1和维生素K_2，还有人工合成的2-甲基-1,4-萘醌（维生素K_3），化学结构式见图5-7。维生素K_1即叶绿醌，仅存在于绿色植物中，如菠菜、甘蓝、花椰菜和卷心菜等叶菜中含量较多；维生素K_2即聚异戊烯基甲基萘醌，由许多微生物包括人和其他动物肠道中的细菌合成；维生素K_3

即2-甲基-1,4-萘醌，在人体内变为维生素 K_2，活性是维生素 K_1 和维生素 K_2 的2～3倍。

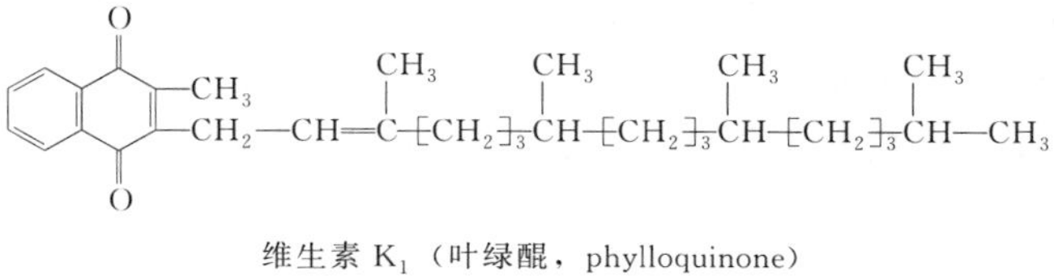

维生素 K_1（叶绿醌，phylloquinone）

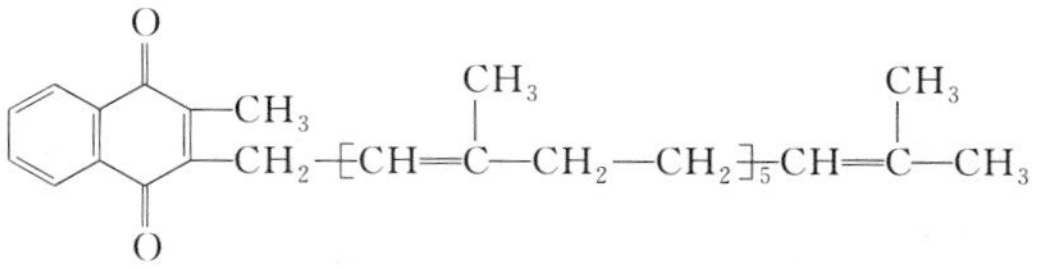

维生素 K_2（金合欢醌，farnoquinone）

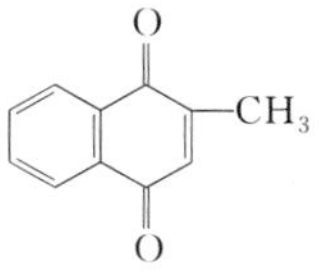

维生素 K_3（2-甲基-1,4-萘醌，menaquinone）

图5-7 维生素K的基本结构式

5.3.4.2 功能

维生素K的生理功能主要是参与凝血过程、加速血液凝固、促进肝脏合成凝血酶原所必需的因子。维生素K具有还原性，可清除自由基，保护食品中其他成分（如脂类）不被氧化，并减少肉品腌制中亚硝胺的生成。

5.3.5 维生素 B_1

5.3.5.1 结构

维生素 B_1 又称为硫胺素（thiamine），由一个嘧啶分子和一个噻唑分子通过亚甲基连接而成。硫胺素的主要功能形式是焦磷酸硫胺素，即硫胺素焦磷酸酯。各种结构形式的硫胺素都具有维生素 B_1 活性，各种形式硫胺素的结构式见图5-8。

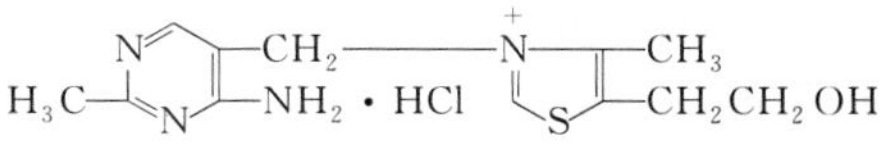

维生素 B_1（硫胺素）盐酸盐

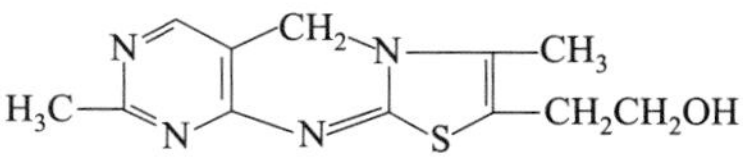

硫色素（脱氢硫胺素）

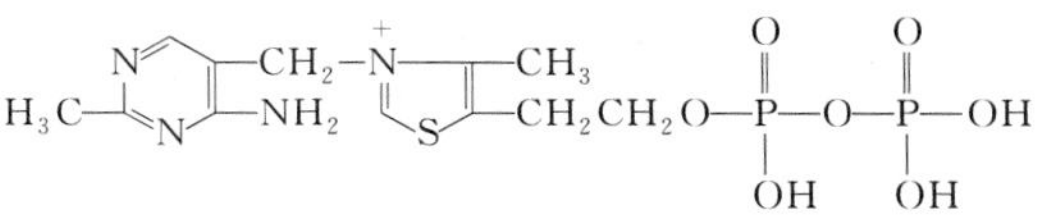

硫胺素焦磷酸酯

图5-8 各种形式硫胺素的结构式

5.3.5.2 功能

食品中硫胺素几乎能被人体完全吸收和利用，参与糖代谢和能量代谢，并具有维持神经系统和消化系统正常功能、促进发育的作用。硫胺素摄入不足时，轻者表现为肌肉乏力、精神淡漠和食欲减退，重者会发生典型的脚气病，可引起心脏功能失调、心率衰竭和精神失常。

5.3.6 维生素 B_2

5.3.6.1 结构

维生素 B_2 又称为核黄素（riboflavin），是 D-核糖醇与 7,8-二甲基异咯嗪的缩合物（图 5-9）。自然状态下常是磷酸化的，在机体代谢中起辅酶的作用。核黄素的生物活性形式是黄素单核苷酸（flavin mononucleotide，FMN）和黄素腺嘌呤二核苷酸（flavin adanine dinucleotide，FAD），二者是细胞色素还原酶、黄素蛋白等的组成部分。FAD 起着电子载体的作用，在葡萄糖、脂肪酸、氨基酸和嘌呤的氧化中起重要作用。两种活性形式之间可通过食品或胃肠道中的磷酸酶催化而相互转变。

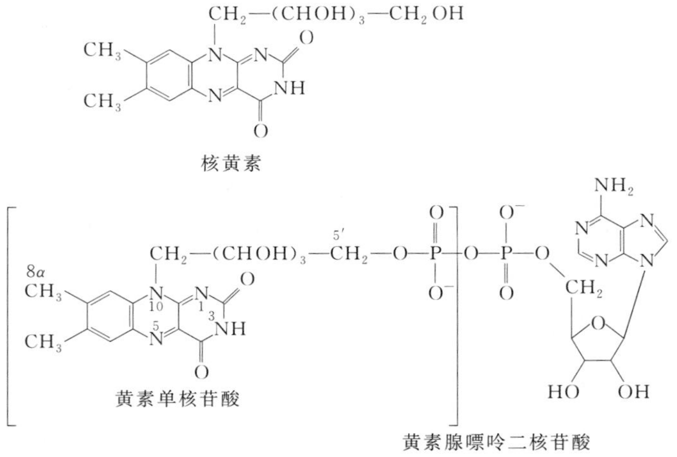

核黄素

黄素单核苷酸

黄素腺嘌呤二核苷酸

图 5-9 核黄素、黄素单核苷酸、黄素腺嘌呤二核苷酸的结构式

5.3.6.2 功能

核黄素是构成黄酶和其他许多脱氢酶的辅酶所必需的物质，这些辅酶参与机体内许多氧化还原反应，能促进糖、脂肪和蛋白质的代谢。一旦缺乏，就会影响机体呼吸和代谢，儿童最易出现生长停止，成人则出现唇炎、口角炎、舌炎、眼角膜炎、皮肤炎等病症。

5.3.7 泛酸

5.3.7.1 结构

泛酸（pantothenic acid）又称为维生素 B_3，结构为 D(＋)-*N*-2,4-二羟基-3,3-二甲基丁酰-*β*-丙氨酸（图 5-10），是辅酶 A 的重要组成部分。

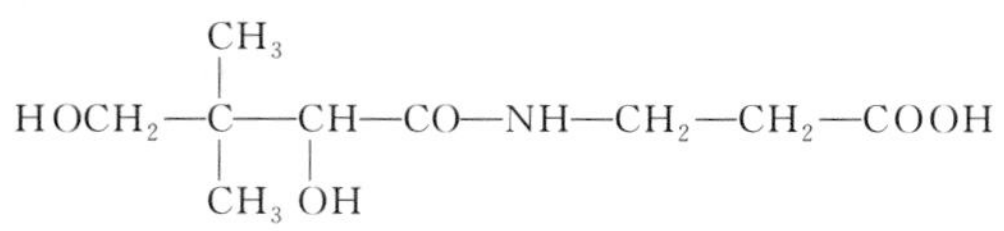

图 5-10 泛酸的结构式

5.3.7.2 功能

泛酸的生理功能是以乙酰辅酶A形式参加糖类、脂类及蛋白质的代谢，起转移乙酰基的作用，多种微生物的生长都需要泛酸。

5.3.8 维生素 B_5

5.3.8.1 结构

维生素 B_5 又称烟酸或维生素PP、抗癞皮病因子，是吡啶3-羧酸及其衍生物的总称，包括尼克酸（niacin）和尼克酰胺，结构如图5-11所示。它们的天然形式均有相同的烟酸活性。在生物体内，其活性形式是烟酰胺腺嘌呤二核苷酸（nicotinamide adenine dinucleotide，NAD）和烟酰胺腺嘌呤二核苷酸磷酸（nicotinamide adenine dinucleotide phosphate，NADP），是许多脱氢酶的辅酶，在糖酵解、脂肪合成及呼吸作用中发挥重要的生理功能。

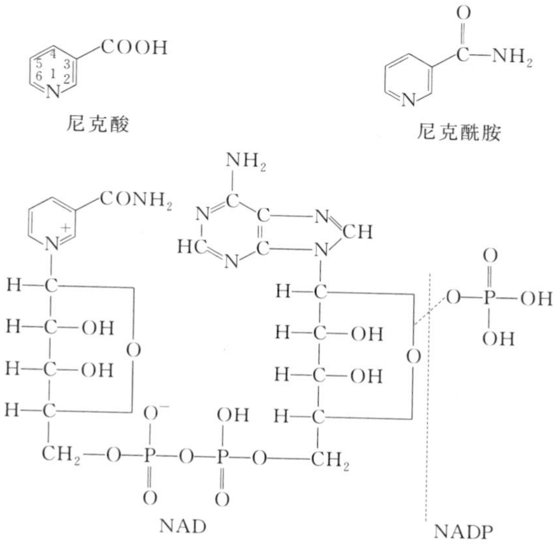

尼克酸　尼克酰胺

NAD　NADP

图5-11　尼克酸、尼克酰胺、烟酰胺腺嘌呤二核苷酸、烟酰胺腺嘌呤二核苷酸磷酸的结构式

5.3.8.2 功能

烟酸具有抗癞皮病的作用，缺乏时会出现癞皮病，临床表现为“三D症”，即皮炎（dermatitis）、腹泻（diarrhea）和痴呆（dementia）。癞皮病常发生在以玉米为主食又缺乏必要副食的地区，因为玉米中的烟酸与糖形成复合物，阻碍了在人体内的吸收和利用，碱处理可以使烟酸游离出来。

5.3.9 维生素 B_6

5.3.9.1 结构

维生素 B_6 包括吡哆醛（pyridoxal）、吡哆醇（pyridoxol）和吡哆胺（pyrodoxamine）（见图5-12），它们均具有生物活性，易溶于水和乙醇。三者均可在5′-羟甲基位置上发生磷酸化，三种形式在体内可相互转化。其生物活性形式以磷酸吡哆醛为主，也有少量的磷酸吡哆胺。它们作为辅酶参与体内的氨基酸、糖、脂类和神经递质的代谢。

5.3.9.2 功能

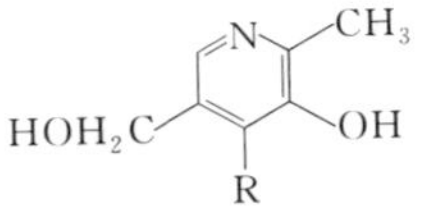

维生素 B_6 可以通过食物摄入和肠道细菌合成两条途径获得。维生素 B_6 摄入不足可导致维生素 B_6 缺乏症，主要表现为脂溢性皮炎、口炎、口唇干裂、舌炎，个别出现易激怒和抑郁等神经精神症状。儿童缺乏时的影响比成人大。从食物中摄取过量的维生素 B_6 没有副作用，但通过补充品长期给予大剂量维生素 B_6 则会引起严重的毒副作用，主要表现为感觉神经疾患。维生素 B_6 在肉类、肝脏、鱼类、奶类、豆类、坚果类中含量丰富，谷类、水果和蔬菜也含有，但含量不高。谷物中的维生素 B_6 主要是吡哆醇，动物性食品中主要是吡哆醛和吡哆胺，牛奶中主要是吡哆醛。

吡哆醛：R=CHO

吡哆醇：$R=CH_2OH$

吡哆胺：$R=CH_2NH_2$

图 5-12 维生素 B_6 的结构式

5.3.10 维生素 H

5.3.10.1 结构

维生素 H 即生物素（biotin），它与硫胺素一样，也是一种含硫维生素，由脲和噻吩 2 个五元环组成（见图 5-13）。有 8 种异构体，天然存在的为具有活性的 D-生物素。生物素与蛋白质中的赖氨酸残基结合形成生物胞素（biocytin）。生物素和生物胞素是两种天然的维生素。

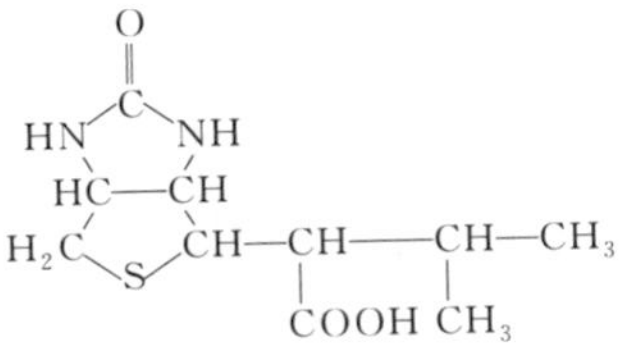

α-维生素 H 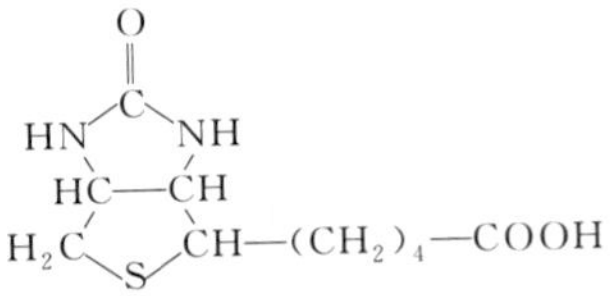　　　*β*-维生素 H

图 5-13 生物素的结构式

5.3.10.2 功能

很多动物包括人体都需要生物素维持健康，体内轻度缺乏生物素可导致皮肤干燥、脱屑、头发变脆等，重度缺乏可导致可逆性脱发、抑郁、肌肉疼痛、萎缩等。生物素在糖类、脂肪和蛋白质代谢中具有重要的作用，主要是作为羧基化反应、羧基转移反应以及脱氨作用中的辅酶。以生物素为辅酶的酶是用赖氨酸残基的 ε-氨基与生物素的羧基通过酰胺键连接的。此外，与酶结合参与体内二氧化碳的固定和羧化过程，与体内的重要代谢过程如丙酮酸羧化转变成草酰乙酸、乙酰辅酶 A 羰化成为丙二酰辅酶 A 等糖及脂肪代谢中的主要生化反应有关。

5.3.11 维生素 B_{11}

5.3.11.1 结构

维生素 B_{11} 又名叶酸（folic acid），包括一系列化学结构相似、生物活性相同的化合物。其分子结构中包括蝶啶、对氨基苯甲酸和谷氨酸三部分（见图 5-14）。

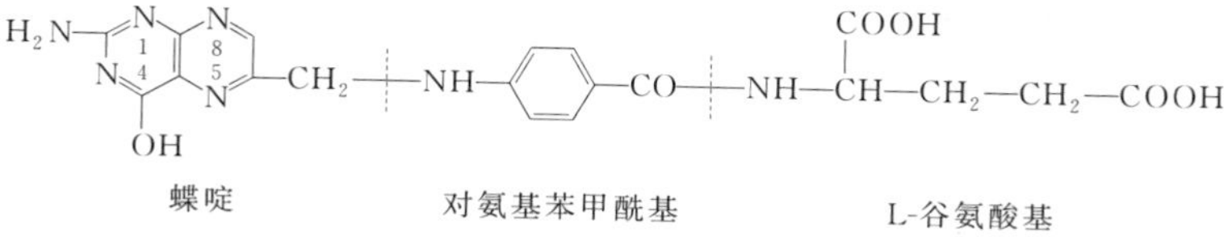

蝶啶　　对氨基苯甲酰基　　L-谷氨酸基

图 5-14　叶酸的结构式

5.3.11.2　功能

叶酸的活性形式是四氢叶酸，是在叶酸还原酶、维生素 C、辅酶Ⅱ的协同作用下转化的。四氢叶酸的主要作用是进行单碳残基的转移，单碳残基可能是甲酰基、亚胺甲基、亚甲基或甲基，单碳基团掺入到四氢叶酸的 N5 或 N10 位置。叶酸以这种方式在嘌呤与嘧啶的合成、氨基酸的相互转换以及某些甲基化的反应中起着重要作用。

5.3.12　维生素 B_{12}

5.3.12.1　结构

维生素 B_{12} 由几种密切相关的具有相似活性的化合物组成，这些化合物都含钴，所以又称为钴胺素（cobalamin）。维生素 B_{12} 是一种共轭复合体，中心为三价的钴原子，分子结构中主要包括两部分：一部分是与铁卟啉很相似的复合环状结构，另一部分是与核苷酸相似的 5,6-二甲基-1-(α-D-核糖呋喃酰)苯并咪唑-3′-磷酸酯。其中心卟啉环体系中的钴原子与卟啉环中四个内氮原子配位，二价钴原子的第六个配位位置被氰化物取代，生成氰钴胺素（cyanocobalamine）（见图 5-15）。

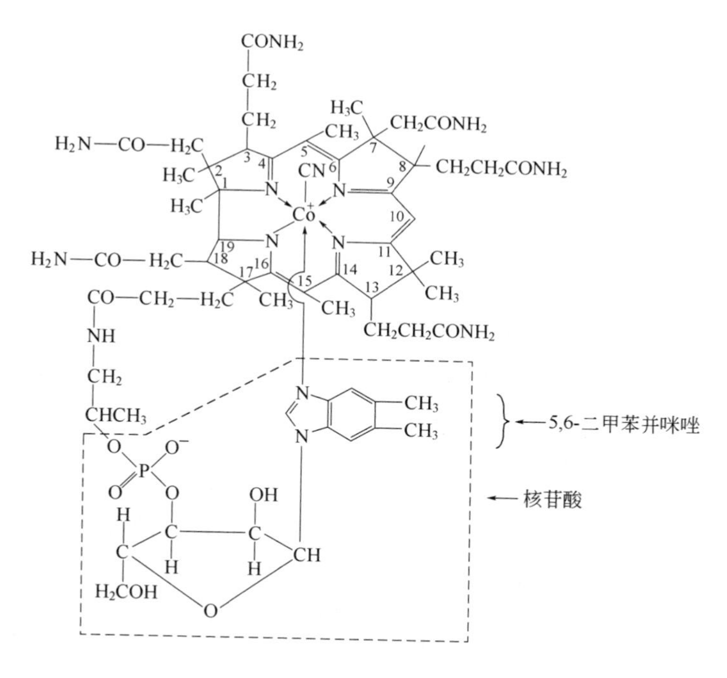

图 5-15　维生素 B_{12} 的结构式

5.3.12.2　功能

许多酶的作用需要维生素 B_{12} 作辅酶，如甲基丙二酰变位酶和二醇脱水酶，维生素 B_{12}

与叶酸一起参与由高半胱氨酸形成甲硫氨酸。人体缺乏维生素 B_{12} 时，可引起巨幼红细胞性贫血，即恶性贫血，以及神经系统损伤。

5.3.13 维生素 C

5.3.13.1 结构

维生素 C 又名抗坏血酸（ascorbic acid），是一个羟基羧酸的内酯，具有烯二醇结构（见图 5-16），有较强的还原性。维生素 C 有 4 种异构体，即 D-抗坏血酸、D-异抗坏血酸、L-抗坏血酸和 L-异抗坏血酸。在 L-抗坏血酸和 D-抗坏血酸中，D-抗坏血酸无生物活性，而 L-抗坏血酸的生物活性最高。

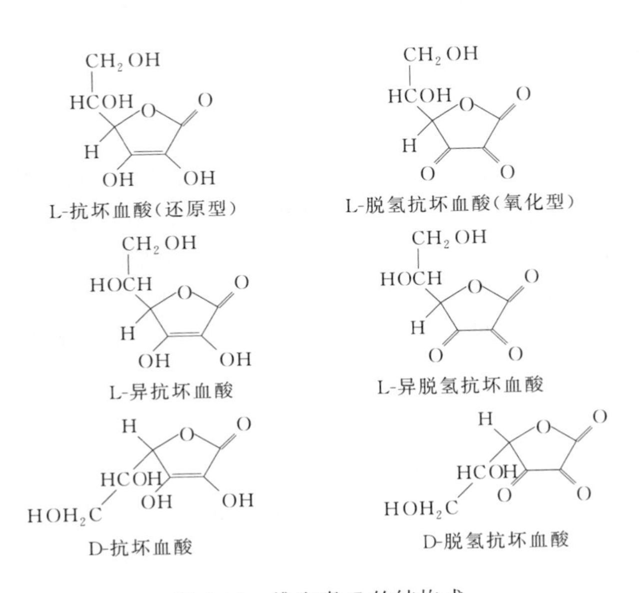

图 5-16 维生素 C 的结构式

5.3.13.2 功能

维生素 C 是最不稳定的维生素，对氧化非常敏感，是一种强烈的还原剂，易被氧化为脱氢维生素 C。维生素 C 和脱氢维生素 C 在体内能相互转化，在生物氧化作用中构成一种氧化还原体系（图 5-17）。光、Cu^{2+} 和 Fe^{2+} 等因素可加速维生素 C 氧化；pH、氧浓度和水分活度等因素也影响其稳定性。

维生素 C 参加体内的氧化还原反应，可以保持巯基酶的活性和谷胱甘肽的还原状态，起到解毒的作用；参与体内多种羟化反应，可以促进胶原蛋白的合成，促进胆固醇的代谢；刺激免疫系统，可防治感染，抑制病毒的增生，阻止致癌物质的生成。维生素 C 还有促进胶原蛋白和四氢叶酸的合成、铁的吸收以及解毒、提高机体抵抗力、改善心肌功能等作用。缺乏维生素 C 时可引起坏血病，主要症状为出血，如牙龈出血、萎缩，儿童患者表现为骨质疏松，还常出现营养不良、贫血、易感染、伤口愈合缓慢等症状。

在食品工业中维生素 C 广泛用作抗氧化剂，而在面团改良剂中又可作为氧化剂，因为维生素 C 能被维生素 C 氧化酶氧化为脱氢抗坏血酸，后者可使面团中的—SH 氧化为二硫基，而使面筋强化。

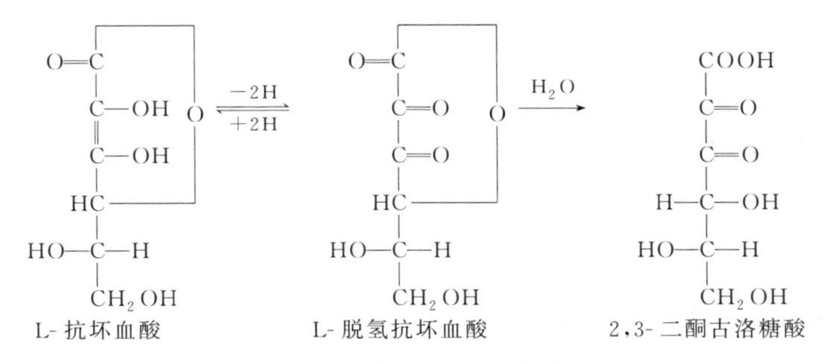

图 5-17　L-抗坏血酸的氧化机制

5.4　食品中维生素的增补

5.4.1　维生素增补的目的

维生素的增补是食品营养增补的重要方面，通常维生素增补食品称为营养强化食品，维生素是营养强化剂。在食品中增补或添加营养强化剂，必须遵行 GB 14880《食品安全国家标准 营养强化剂使用标准》。在食品中增补维生素的目的：其一是弥补食品在正常加工、储存时的维生素损失。在一定地域范围内，有相当规模的人群出现维生素摄入水平低或缺乏，通过增补可以改善其摄入水平低或缺乏导致的健康影响。其二是适应军事、特殊职业和不同生理状态人群对维生素的特殊需要，减少维生素缺乏病或因维生素缺乏引起的并发症。

5.4.2　维生素增补的基本原则

对食品增补维生素可以改善食品的质量、提高营养价值，但必须遵守一些基本原则。

(1) 目的明确，针对性强　进行维生素增补之前，首先要清楚食品的食用对象和增补目的，即食用对象的营养状况、摄食食品的种类和习惯、维生素缺乏的种类及原因。我国居民经常食用精白米、面，导致维生素 B_1 的不足，应考虑在米、面中增补维生素 B_1；而婴幼儿、乳母食品中应考虑增补维生素 D。

(2) 符合营养学原理　使增补过维生素的食品所含维生素的比例平衡，既能满足人体需要，又不造成浪费。

(3) 确保食品的食用安全性和营养有效性　维生素增补剂的质量、纯度必须符合食品卫生有关规定，而且还要有一定的营养效应，因此对其使用量要求规定上限和下限。

(4) 保持食品原有的风味和感官性状　维生素增补剂有其自身的色、味等感官性状，如果食品载体选择不当，会损害食品原有的风味和感官质量；而选择适当的食品载体，就可以大大提高食品的质量。例如，用 β-胡萝卜素对黄油、奶油、干酪、冰激凌、糖果、果汁饮料进行增补，用维生素 C 对果汁饮料、肉制品进行增补，不但可以增加这些食品的营养，而且大大改善其感官质量。

(5) 稳定性高，价格合理　维生素增补剂会受温度、光照、氧气等因素的影响而发生变化，一部分被破坏，降低增补效果，因而需要改进加工工艺、改善增补剂本身的稳定性。例如，用抗坏血酸磷酸酯代替维生素 C，用维生素 A 棕榈酸酯代替维生素 A，将增补剂微胶囊化后再添加；在对大米进行维生素增补时，采用真空浸吸或干燥米粒外用胶质涂膜包裹等方法。

5.4.3 粮食制品中维生素营养增补

维生素营养增补除用于加工特殊膳食用食品外，主要用于粮食为主要食物的食品中。粮食是我国及其他许多国家人民日常生活的主要食物来源，包括的种类很多，主要包括水稻、小麦、玉米等作物，国民食用最多的粮食是小麦和大米。小麦粉是我国北方地区居民的主要食物来源，也是众多加工食品的基础原料。以小麦粉制成的食品种类繁多，风味各异，它有其他粮食作物不可代替的优势，深受我国各地区居民的喜爱。而稻米也是世界上最主要的粮食作物之一。

在小麦和稻米碾磨过程中，维生素和矿物质大多进入麸皮和米糠中，加工精度越高，营养成分损失也越多。因此，面粉成为营养强化剂首选的食品载体之一。美国和西欧一些国家和地区曾规定精白米、面粉、面包、通心粉、面条等必须进行维生素增补后才能销售，增补的维生素主要有维生素 B_1、维生素 B_2、烟酸和维生素 D。2002 年底，国家公众营养与发展中心组织国内营养专家，参照国际营养强化的标准，针对中国人群的特点确定了面粉的强化配方，即“7＋1”强化工程，“7＋1”强化工程中添加的营养素有维生素 B_1、维生素 B_2、叶酸、尼克酸、钙、铁、锌 7 种人体所需的基本微量营养素，维生素 A 为推荐添加。

5.5 食品维生素研究热点

维生素是指人体生长发育、新陈代谢和生命活动不可缺少，必须通过膳食来获取的小分子化合物。人体可以合成维生素 D、维生素 E 和维生素 B_{12} 等少数维生素，其余维生素只能从膳食中获取。由于各种维生素主要存在于植物的茎、叶、果实的皮层及动物的脏器中，且以微含量存在，当食品加工过度、过细、过精时，摄食的维生素含量几乎为零，不能满足人们健康的膳食需求，甚至影响糖、蛋白质、脂类等营养成分的消化吸收。基于维生素对人体健康的重要性、人体健康学科及食品营养科学的发展，未来维生素在人体内代谢过程、健康功能性、代谢组学等研究，以及各种维生素的人工合成、营养缺陷型微生物的筛选和维生素结晶技术的开发与应用等将成为热点研究领域。同时，保存食物原料中维生素的加工与贮藏技术的开发和应用将会成为食品科学与工程技术的主题。

参 考 文 献

[1] 汪东风．高级食品化学．北京：化学工业出版社，2009.

[2] 周裔彬．食品化学．北京：化学工业出版社，2020.

[3] Adrian F，*et al*. A review of micronutrients and the immune system：working in harmony to reduce the risk of infection. Nutrients，2020，236（12）：1.

[4] Tardy A L，*et al*. Vitamins and minerals for energy，fatigue and cognition：a narrative review of the biochemical and clinical evidence. Nutrients，2020，228（12）：1.

[5] Cánovasb J A，*et al*. Vitamin C loss kinetics and shelf life study in fruit-based baby foods during post packaging storage. Food Packaging and Shelf Life，2020，23：1.

[6] Gao L，*et al*. Research progress on the functions of vitamins in body. Journal of Chinese Pharmaceutical Sciences，2016，25（5）：329.

第6章 矿 物 质

内容提要： 矿物质是六大营养素之一，在生物体中有明确的功能。食品中矿物质除钾离子、钠离子、氯离子等离子外，多呈结合态存在；存在状态不同，矿物质的理化性质、营养性及安全性也不同，可通过改变矿物质存在状态达到改变其生物有效性；食物来源不同、加工及贮藏方式不同，食品中矿物质含量及生物有效性也不同；重金属尤其是生命非必需元素的含量对食品安全性有重要影响，如何控制其含量对提高食品安全性是十分必要的。食品中矿物质相对含量较少，种类多样，存在形态多变，且每种形态下的矿物质的物理、化学、生物及食品功能性又有较大差异。因此，多种矿物质的不同组合、同一矿物质的不同形态等对其生理功能及食品功能的影响等研究将被更加重视；不同学科组合、大数据采集及统计建模等方法和手段在食品矿物质化学、生理功能及食品质量方面研究也日益成为研究热点。

食品中矿物质是评价食品营养价值的重要指标之一。人类在长期进化过程中，不断地发展和完善着对营养素的需要。在摄取的食物中，人体不仅需要水分、蛋白质、糖、脂肪等物质，也需要矿物质。食品中的矿物质对人体健康起着重要作用，如果矿物质供给量不足，就会出现营养缺乏症或某些疾病，摄入过多也会产生中毒。因此食品科学必须了解食品中矿物质的化学性质、功能性、食物中存在的量及状态，了解加工及贮存对其影响等，以便提高食品中矿物质的营养性和安全性。

6.1 概 述

6.1.1 食品中微量元素的定义与分类

目前已发现化学元素115种，其中20多种为人造元素，自然界存在的元素约有92种。人体中有81种元素，人体内存在的元素根据其营养性大致可分为如下3类。

(1) 生命必需元素 生命必需元素具有以下特征：其一，机体必须通过饮食摄入这类元素，缺乏它就会表现出某种生理性缺乏症，在缺乏早期补充，该症状消失；其二，这类元素都有特定的生理功能，其他元素不能完全代替；其三，在同一物种中这类元素有较为相似的含量范围。目前报道人体内必需元素有 29 种：氧（O）、碳（C）、氢（H）、氮（N）、钙（Ca）、磷（P）、钾（K）、钠（Na）、氯（Cl）、硫（S）、镁（Mg）、铁（Fe）、氟（F）、锌（Zn）、铜（Cu）、钒（V）、锡（Sn）、硒（Se）、锰（Mn）、碘（I）、镍（Ni）、钼（Mo）、铬（Cr）、钴（Co）、溴（Br）、砷（As）、硅（Si）、硼（B）、锶（Sr）。前 11 种元素由于在体内含量较高，其总量约占人体元素总量的 99.95%，所以又称为常量元素或宏量元素；后 18 种元素由于在体内含量较少，其总量约占人体元素总量的 0.05%，所以又称为微量元素。生命体中除上述 29 种元素以外的元素为非必需元素。

（2）潜在的有益元素或辅助元素 这类元素的特征：它们在含量很少时对生命体的生理活动是有益的，但摄入量稍大时表现出有害性，目前这类元素主要有铷（Rb）、铝（Al）、钡（Ba）、铌（Nb）、锆（Zr）、锂（Li）以及稀土元素（RE）等。

（3）有毒元素 这类元素的特征：它们在含量很少时对生命体的生理活动无益，但在体内积蓄量稍大时就表现出有害性。目前这类元素主要有铋（Bi）、锑（Sb）、铍（Be）、镉（Cd）、汞（Hg）、铅（Pb）、铊（Tl）等。

食品科学中常将除 C、H、O、N 以外的必需元素称为矿物质（minerals）。那些非必需的有害的元素称为污染元素（contamination elements）或有毒微量元素（toxic trace elements）。食品中矿物质又依其在食品中含量的多少分为常量元素（main elements）、微量元素（trace elements）和超微量元素（ultra-trace elements）。

另外，对上述的划分，尤其是潜在的有益元素和有毒元素的归类，都是根据目前的认识而相对划分的。随着科技的进步，将会有新的归类方法。

6.1.2 生命体中矿物质在元素周期表中的分布

人类在进化过程中之所以选择某些元素为必需元素，是有一定规则的。一种矿物质若被选定，它就有特定的功能和状态，矿物质只有在特定状态下表现出某种功能性。根据人体内元素与元素周期表的对应关系（图 6-1），人们发现主族元素，同一周期从左至右，同一族内自上而下，元素的毒性增加而营养作用减弱，从而提出了化学元素对生物真核细胞的作用与元素周期表密切相关的论据。对副族元素的研究表明，这些元素对细胞生长分裂的促进浓度与它们在环境中的丰度之间存在着相互呼应消涨的关系。

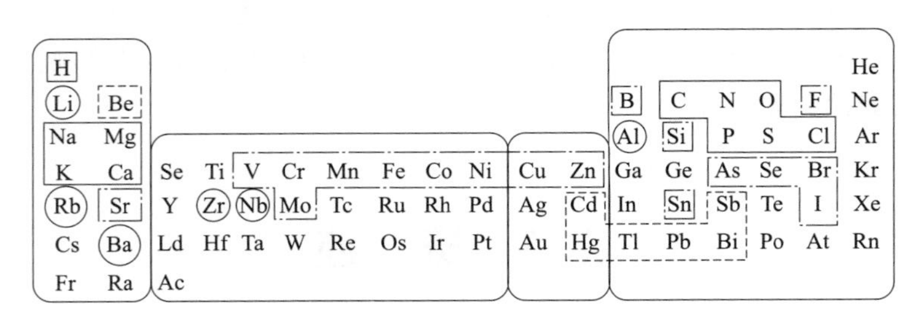

图 6-1 元素周期表和人体内元素分类

□ 必需宏量元素；□ 必需微量元素；□ 有害微量元素；○ 潜在微量元素

圆角矩形区域内从左至右分别为 s 区、d 区、ds 区、p 区

从图 6-1 可见，11 种常量元素全部集中在周期表中最前面的 20 种元素内，它们主要分布在周期表中 s 区上方和 p 区上方。必需微量元素有集中在第四周期尤其是第四周期 d、ds

区的趋势。已知的有害元素除了 Be 外，多数集中在 p 区下方。如果从另一角度来考察，可以发现另外一些规律性：多数必需微量元素居于周期表前部位置，它们全处于前 53 个元素之中，如果不算 I，则它们都处于前 42 位，除 I、Mo 外，它们全在前面 34 个元素中。有害元素几乎全部位于周期表下部尤其是第五、六周期后段。

生命体在进化发展过程中不断与地球环境圈进行以化学元素为基础的物质交换，故生命体的所有矿物质均来源于地壳和海洋。然而，生命体中矿物质的质量分数却与地壳有着一定的差异，这表明了生命体在漫长的进化过程中有选择性地同化环境中的矿物质，以完成有益的生理生化过程，或者避免有害的过程。如表 6-1 中，Al 元素是人体非必需元素，过量有害，中国东部上地壳中 Al 含量高达 7.49%，但人体中的质量分数仅为 1.4×10^{-4}%；磷元素是身体的重要组成元素，在人体中的质量分数约为 1.0%，而地壳含量仅为 0.06%。

表 6-1　我国东部上地壳矿物质与人体矿物质质量分数的对比

矿物质	人体内的质量分数/%	地壳中的质量分数/%
Ca	1.5	3.41
P	1.0	0.06
S	0.25	0.016
K	0.20	0.016
Na	0.15	2.45
Cl	0.15	2.33
Mg	0.05	0.0093
Fe	0.0057	1.39
Zn	0.0033	3.26
Cu	1.4×10^{-4}	0.0063
Al	1.4×10^{-4}	0.0017

7.49

6.1.3　生命体内矿物质的功能

6.1.3.1　概述

在人体中可以检出的 81 种元素中，H、C、N、O、Na、Mg、P、S、Cl、K、Ca、Mn、Fe、Co、Cu、Zn、Mo、I、Se、Cr、V、Ni、Sn、F、B 和 Si 等为必需元素。生命体内矿物质都存在于健康的生物组织中，并和一定的生物化学功能有关（表 6-2）。

矿物质在人体中发挥着重要作用，它们的功能发挥常涉及复杂的机理和互作关系，很多研究发现矿物质之间或与其他营养素之间存在协同、拮抗或既协同又拮抗的复杂互作关系，这种互作关系不但存在于食物中，而且也存在于生命有机体的消化道、组织器官、物质转运和排泄系统中。矿物质间的这种互作关系不仅与元素本身的含量有关，而且与元素之间的比例也有关系，如饮食中 Ca/P 为 1∶1 时，Ca 和 P 的吸收效果最好；Fe 与 Zn、Zn 与 Cu 是与健康相关的典型的相互拮抗的例子，膳食中 Fe/Zn 从 1∶1 到 22∶1 变动时，对 Zn 吸收的抑制作用逐渐增强，增加膳食中 Zn 的水平，会降低 Cu 的吸收。矿物质的缺乏和不平衡都会对人体健康造成诸多问题。

表 6-2　主要矿物质的功能

元　素	矿物质的主要功能
B	促进生长，是植物生长所必需的
F	与骨骼的生长有密切关系
Fe	组成血红蛋白和肌红蛋白、细胞色素等
Zn	与多种酶、核酸、蛋白质的合成有关
I	甲状腺素的成分

续表

元　素	矿物质的主要功能
Cu	许多金属酶的辅助因子、Cu蛋白的组成
Se	构成谷胱甘肽过氧化物酶的组成成分，与肝功能及肌肉代谢等有关
Mn	酶的激活，并参与造血过程
Mo	是钼酶的主要成分
Cr	主要起胰岛素加强剂的作用，促进葡萄糖的利用
Mg	酶的激活、骨骼成分等
Si	有助于骨骼形成
P	ATP组成成分
Co	维生素 B_{12} 组成成分
Ca	骨骼成分、神经传递等
S	蛋白质组成
K	电化学及信使功能，胞外阳离子
Na	电化学及信使功能，胞外阳离子
Cl	电化学及信使功能，胞外阴离子

矿物质与其他有机营养物质不同，它不能在体内合成，主要来自饮食，在排出体外前，不能在体内代谢过程中消失。因此饮食和膳食结构影响人体中矿物质的组成和比例。

6.1.3.2 生命体内主要矿物质简介

(1) 钙 (Ca) 体内99%以上的Ca主要以羟磷灰石 [$Ca_{10}(PO_4)_6(OH)_2$] 的形式存在于骨骼中，因此，骨骼就成为在机体Ca摄入不足时容易提取的巨大钙贮备库。由于骨骼中的钙是以较为恒定的比例存在（总体占骨矿物质含量的39%），因此，可以通过测定骨矿物质含量来评价钙的营养状况。

血液和细胞外液中的钙浓度经调控维持在0.21～0.26mmol/L。血浆中的钙约半数以游离的离子形式存在并发挥功能，其余的钙多数与白蛋白结合，部分与球蛋白结合，低于10%的钙与柠檬酸根等其他阴离子形成配合物。同一个体在正常生理状态下血钙水平几乎是恒定的。因此，血清钙浓度不能反映钙的营养状况。

细胞外钙水平可通过存在于甲状旁腺、肾脏、肠、肺、脑、皮肤、骨髓、成骨细胞、乳腺及其他细胞中G-蛋白偶联受体超家族（superfamiliy of G-protein-coupled receptors）成员之一的表面 Ca^{2+} 敏感受体（Ca^{2+}-sensing receptor，CaR）所感知。CaR允许 Ca^{2+} 在亲钙性激素的表现中行使细胞外第一信使的作用。此外，Ca^{2+} 还参与血液凝集和细胞间的黏附。

细胞内 Ca^{2+} 浓度为100nmol/L，远低于细胞外 Ca^{2+} 浓度。当受到化学、电或物理刺激时，与细胞表面受体相互作用，细胞内的 Ca^{2+} 因细胞外 Ca^{2+} 的流入或由于细胞内质网或肌浆网内贮存 Ca^{2+} 的释放而升高。细胞内 Ca^{2+} 的这种升高通常活化一种或多种激酶，通过磷酸化一种或多种蛋白质，激活某一特定的细胞反应。因此，Ca^{2+} 的作用是作为第二信使活化广泛的生理反应，包括肌肉收缩、激素释放、神经递质释放、视觉、糖原代谢、细胞分化、增殖和运动等。

高钙食品主要有以下几种（表6-3）：①乳及乳制品。如牛奶、奶粉、乳酪等，这些食物中钙的含量丰富而且吸收率高，是婴幼儿理想的供钙食品。②豆及豆制品。黄豆中钙的含量丰富，各式各样的豆制品也是补钙的良好食品。③海产品。海产品中钙元素含量极为丰富，一些鱼粉、鱼松的钙含量可达4000～7000mg/100g。另外，虾皮、虾米以及海带、紫菜中也含有丰富的钙。④其他食品。芝麻酱、葵花子、蛋黄及深色绿叶蔬菜等也含有一定量的钙。

表 6-3 高钙含量常见食物

mg/100g

食物名称	可食部含钙量	食物名称	可食部含钙量
牛乳	120	酸枣(干)	270
牛奶粉(全)	1 030	西瓜子(炒)	237
乳酪	590	南瓜子(炒)	235
黄豆	367	葵花子	334
豆腐(老)	251	核桃	119
豆腐(嫩)	177	榛子	316
豆腐干	499	芝麻酱	870
豆腐丝	284	鱼松(带刺、骨)	3970
青豆	240	虾皮	2000
黑豆	250	淡菜	491
小豆(赤)	356	发菜	2560
绿豆	165	海带	1177
豌豆	84	猪脑	137

(2) 磷 (P) 人体骨组织磷是通过两个过程代谢：离子交换和主动骨吸收。人体血液含有的磷呈两种形式：有机形式（70%）和无机形式（30%）。血液中的磷脂成分，特别是脂蛋白中的磷脂成分，容纳了有机磷的绝大部分。无机磷主要存在形式为 HPO_4^{2-}，该形式二价阴离子比其他形式更易溶于血中，并构成约 50%的游离磷；单价阴离子（$H_2PO_4^-$）占 10%；三价阴离子（PO_4^{3-}）仅占很少，常低于 0.1%。剩下的 40%磷主要以 HPO_4^{2-} 在血液中与 Na、Ca 和 Mg 盐结合。在血液中，HPO_4^{2-} 可以通过质子化转化为 $H_2PO_4^-$，帮助肾脏排泄 H^+，成为调节代谢和呼吸作用的十分有效的血液 pH 缓冲剂及调节全血的酸碱平衡剂。此外，磷酸盐是细胞内结构的组成成分，并且在细胞内代谢反应中也具有功能。

所有细胞表面及将细胞内细胞器与细胞质分开的膜结构都主要由磷脂的双分子层构成。细胞的遗传物质 DNA 和 RNA 均含有由连接磷酸基团的脱氧核糖和核糖所形成的分子骨架。

磷元素也直接参与机体供能过程。来自无氧和有氧糖分解途径的能量，以高能磷酸键形式贮存于 ATP 中。在肌细胞，部分能量贮存还涉及磷酸肌酸。ATP 通过腺苷酸环化酶的作用还能转化为环磷酸腺苷（cAMP），cAMP 是细胞活动中诸多激素信号转换的第二信使。

对于磷元素而言，在食物中分布广泛，几乎遍及各类食品。瘦肉、动物内脏、海产品以及一些坚果中都含有丰富的磷，尤其以南瓜子和葵花子中居多。谷类和蛋白质中都含有丰富的磷，并且机体对磷的吸收比钙容易，故一般不会出现磷缺乏症。但是粗粮没有经过加工，其中的磷元素以植酸形式存在，不易被人体吸收，且会干扰其他矿物质的吸收，如钙、锌。对于成人，磷的每日推荐摄入量为 700mg，对于发育中的青少年和孕期妇女则需要更多。虽然磷对人体是有益的，但是过量摄入也可能会损害人体健康。患有肾脏方面疾病的人难以将磷元素从血液中排除，可能会影响钙的吸收以及引发心血管疾病等。

(3) 镁 (Mg) 与钙一样，镁也是一种碱土金属。这两种金属元素原子的最外层 s 轨道均有两个电子，且化学性质比较活泼，易于失去最外层的 2 个 s 电子，形成二价正离子。镁原子比钙原子小（镁原子量 24.305，电子云更为紧密），具有不同的配位数（如镁可潜在结合 6 个配位体，而钙为 8 个）。这是镁配位化合物可以具有八面体结构特点的原因。

一般每日摄入 12～15mmol 镁为宜。Mg^{2+} 均衡地分配在骨骼（总量的 50%～60%）和软组织（总量的 40%～50%）中。骨骼中约有 1/3 的 Mg^{2+} 分布在骨表面，该 Mg^{2+} 被认为是可交换的，因而有可能在需要时用来维持血清和软组织中 Mg^{2+} 的水平。体内的 Mg^{2+} 与细胞的关系最为密切，体内 Mg^{2+} 总量中只有1%在细胞外。血清 Mg^{2+} 平均含量为0.7～0.9mmol/L，55%为自由离子形式，15%与阴离子结合，30%与蛋白质（多为白蛋白）结合。

镁具有维持人体肌肉、神经正常功能的作用。Mg^{2+} 是一种酶的辅助因子，激活和催化了包括葡萄糖的利用、核酸的合成以及膜离子转运等多种酶系统，参与体内所有能量代谢。镁能抑制神经与肌肉交接处的信号传导，使肌肉放松，解除肌肉的痉挛状态。

绿叶蔬菜、全麦面包、豆类、坚果以及肉类、内脏和一些水果中镁含量丰富，镁的主要补给来源是花生、芝麻、苦扁豆、海带。另外饮水中也含有镁元素，以硬水，如自来水和矿泉水中含量较高。镁主要从肠道和肾排泄，因此腹泻、呕吐以及一些胃肠道手术和内分泌疾病可能会引起镁的缺失，可能会造成缺镁血症，表现为无力、衰弱，严重时可能会出现肌肉痉挛、神经过敏等。补镁除了食补之外，还可以服用镁剂，如硫酸镁和天冬氨酸钾镁。

(4) 铁 (Fe) 在固体状态下，铁以金属或含铁化合物的形式存在。在水溶液中，铁以两种氧化状态存在，即亚铁（ferrous form，Fe^{2+}）和高铁（ferric form，Fe^{3+}）。铁在这两种形式间很容易转换。这一特性使得铁在氧化还原反应中通过提供或接受电子而发挥催化剂的作用。一些与氧和能量代谢相关的含铁化合物的关键生物活性就依赖铁的反应特性和较高的氧化还原能力。

目前最重要的含铁化合物是血红素蛋白质（heme proteins），这些蛋白质带有一个铁卟啉辅基（iron-porphyrin prosthetic group），包括血红蛋白、肌红蛋白、细胞色素。血红素的基本结构是带一个铁原子的原卟啉。许多酶也含有铁，但这些铁不到机体总铁量的3%。

目前研究最为透彻的含血红素的分子是血红蛋白，分子量为68000，由4个血红素亚基组成，每一个亚基带一个与球蛋白相连的多肽链。血红蛋白在把氧从肺转运到组织过程中起关键作用。

肌红蛋白由一个血红素和一个球蛋白链组成。肌红蛋白仅存在于肌肉中（约5 mg/g 肌肉）。肌红蛋白最基本的功能是在肌肉中转运和贮存氧，在肌肉收缩时释放氧以满足代谢需要。肌红蛋白中的铁约占机体总铁量的10%。

细胞色素是一系列含血红素的化合物，通过其在线粒体中的电子传递作用对呼吸和能量代谢有非常重要的作用。细胞色素a、细胞色素b和细胞色素c是细胞通过氧化磷酸化作用产生能量所必需的。铁缺乏严重的动物，其细胞色素b和细胞色素c水平降低，电子传递链的氧化速度下降。

细胞色素c是一种粉红色的蛋白质，易被分解，是定性最清楚的一种细胞色素，与肌红蛋白相似，细胞色素c也由一个球蛋白及含一个铁原子的血红素组成。细胞色素c在人体内的浓度为5～100 mg/g（以组织计）。在氧利用率高的组织（如心肌）含量最高。

细胞色素P450（cytochrome P450）位于肝细胞和肠黏膜细胞的微粒体膜上，主要功能是通过氧化降解作用使各种内源性化合物和外源性化合物或毒素分解。

其他含铁酶类，如NADH脱氢酶和琥珀酸脱氢酶的Fe-S复合物，也参与能量代谢。在线粒体中，这些酶所含有的铁比细胞色素多。在缺铁大鼠中，这些脱氢酶被严重耗竭。

另一组含铁酶称为氢过氧化物酶（hydrogen peroxidase），作用于氧代谢副产物中的活性分子。过氧化氢酶（catalase）和过氧化物酶（peroxidase）都是含血红素的酶，均以过氧化氢为底物，将其转化为水和氧。其他需要铁作为功能成分的酶包括乌头酸酶（aconitase）（参与三羧酸循环）、磷酸烯醇式丙酮酸羧激酶（phosphoenolpyruvate carboxykinase）（糖异生途径的限速酶）、核苷酸还原酶（DNA合成所需的一种酶）。

贮备铁有两种基本形式，即铁蛋白和血铁黄素。脱 Fe-Fe 蛋白是铁蛋白的蛋白质部分，含有的 24 个多肽亚单位形成木莓样球形花簇（raspberry-like spherical cluster），在全铁蛋白（holoferritin）的球形中央空心处为水化的磷酸铁（hydrated ferric phosphate）。铁蛋白有两个亚组，即分子量为 21000 的心脏异铁蛋白（heart isoferritin）和分子量为 19000 的肝脏异铁蛋白（liver isoferritin）。以质量计，铁蛋白平均约含 25%铁，铁蛋白分子中的铁含量差别很大，最高可达 4000 个铁原子。肝脏中另外大约一半的贮备铁由血铁黄素组成，这是一组不均一的铁盐-蛋白质的大聚合物。血铁黄素可与铁蛋白的抗体发生反应，因此，可以认为它代表不同降解阶段的铁蛋白。

血红素铁主要来自肉、禽和鱼的血红蛋白和肌红蛋白，虽然在膳食中血红素铁比非血红素铁所占的比例少，但其吸收率却比非血红素铁高 2～3 倍，且很少受其他膳食因素包括铁吸收抑制因子的影响。

常见的贫血症主要原因就是缺铁。补铁的主要措施有膳食改善、使用营养素补充剂以及强化铁食物。高含铁食物主要有以下几种：①动物肝脏和动物全血。动物肝脏富含各种营养素，例如每 100g 猪肝中含铁 25mg，并且铁以血红素铁形式存在，最容易吸收，是预防缺铁性贫血的首选食品。②各种瘦肉和绿色蔬菜等。菠菜、芹菜等都含有一定的铁，但是植物中的铁大多以不溶盐形式存在，吸收利用率较低，需要保证一定的摄入量。③黑木耳、海带、芝麻酱、大豆、红枣等含铁也较为丰富。

(5) 锌 (Zn) Zn 常呈正二价离子（Zn^{2+}）。Zn^{2+} 包含一个饱和的 d 电子轨道（filled d orbital），因此在生理条件不表现任何氧化还原反应特性，而是一种较强的路易斯酸（Lewis acid），具有接受孤对电子的功能，如它能强烈地与硫醇根（thiolate）和胺类上的孤对电子结合。由于其氧化还原惰性，使得 Zn^{2+} 成为生物学系统中的稳定离子，在那些需要路易斯酸型催化剂功能离子的反应中，成为理想的协同因子。此外，由于具有饱和的 d-壳轨道（filled d-shell orbital），Zn^{2+} 不需要能量去稳定配位体结合面，可与各种蛋白质成为具有相同稳定几何结构的配位体。由于各种配位几何结构不存在能量障碍，含锌金属酶能够改变金属离子的反应活性，并通过金属配位几何结构的改变，促进 Zn^{2+} 催化功能。机体内的锌几乎全部是以结合到细胞蛋白质上的 Zn^{2+} 形式存在，它对电子的高亲和性，使它极易与氨基酸侧链反应，并在多肽内或多肽间形成交联（cross-link），改变蛋白质三级结构和功能。由于锌的毒性低，缺少引起损伤的氧化还原反应，锌在细胞内代谢中发挥关键作用。

人体内含锌总量为 1.5～2.5g（23～38mmol），稍低于体内铁的含量。骨骼肌中占有体内大部分锌（60%），因为尽管在骨骼肌中锌浓度较低，但骨骼肌构成了身体总体质量（total body mass）的最大部分。骨骼肌和骨骼（钙化部分和骨髓）中的锌合计约占机体总锌量的 90%。皮肤、骨骼肌、毛发、内脏、前列腺、生殖腺、指甲、眼球等锌含量较高，血液中含量很少。机体内没有特殊的锌贮存机制。在体内锌主要与生物大分子——蛋白质、核酸、膜（主要是膜蛋白等）等配位体结合，生成稳定的含金属的生物大分子配合物，其中最主要是以酶的方式存在。

多种酶的生物功能均需要锌的催化作用。含锌催化中心的特征是开放的配位球体，4 个或 5 个配位 Zn^{2+} 与 3 个或 4 个蛋白质及一个水分子结合。与锌结合的水可被离子化为锌结合氢氧化物（如碳酸酐酶）；或者被一个普通碱基极化，为催化反应产生一个亲和基团（如羧肽酶）；或者被底物置换（如碱性磷酸酶）。在锌蛋白酶和碳酸酐酶中，Zn^{2+} 通过与活化水分子结合，为亲核攻击，脆弱化学键的羰基的极性化和处于跃迁状态的负电荷的稳定化，发挥着潜在亲电子催化剂的作用。与蛋白质结合的 Zn^{2+}，通过扩大其配位球体或者通过交换配体，而与底物形成混合复合体，从而发挥催化功能。

谷类、豆类、肉类和水产类食品含锌量较高，其中牡蛎锌含量最高，可达到 93.0mg/kg 以上。蔬菜水果中锌含量普遍偏低，如西瓜中锌含量仅为牡蛎的 1%不到。

(6) 碘 (I) 碘是甲状腺素（thyroxine）（T_4）的必需成分。甲状腺素是甲状腺的主要分泌物，它含有 4 个碘原子（图 6-2)，代谢活性形式为三碘甲腺氨酸（T_3），后者除了外环的 5′位置上脱去一个碘原子外，其他与前者的结构相同。

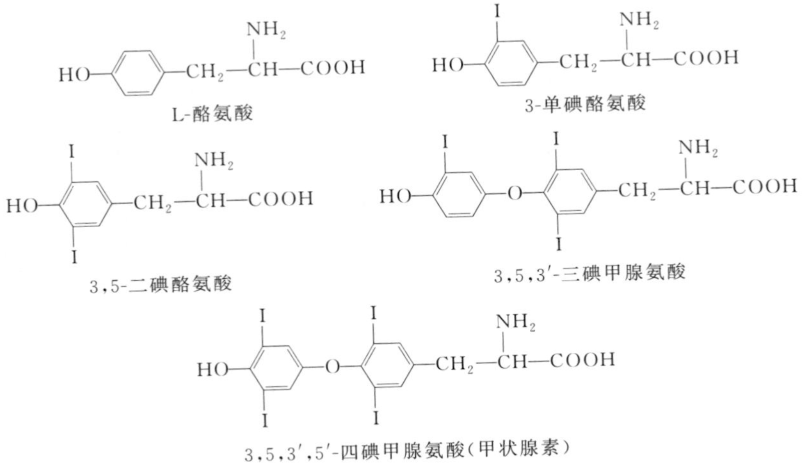

L-酪氨酸

3-单碘酪氨酸

3,5-二碘酪氨酸

3,5,3′-三碘甲腺氨酸

3,5,3′,5′-四碘甲腺氨酸(甲状腺素)

图 6-2 甲状腺素和三碘甲腺氨酸及其前体结构

甲状腺从血液中摄取碘，并进行浓缩，再将碘结合到甲状腺球蛋白（甲状腺合成的一种大分子量糖蛋白）的酪氨酰残基上，在甲状腺顶端膜形成单碘酪氨酸和二碘酪氨酸。然后，通过双醚桥连接两个二碘酪氨酸的苯基形成甲状腺素。含有甲状腺素和碘化前体的甲状腺球蛋白贮存在甲状腺的滤泡腔中，形成胶质，根据机体的需要将激素动员并分泌出去。5′位置上的碘原子可被含 Se 脱碘酶脱下。这种酶存在于许多组织中，特别是肝、肾、肌肉和垂体。在某些情况下，脱碘酶有组织特异性。血液中的甲状腺素以非共价键方式与载体蛋白结合，主要是甲状腺素结合球蛋白，但是也与转甲状腺素蛋白和白蛋白结合。

贮存碘化物的唯一组织是甲状腺，并且绝大多数的碘以单碘酪氨酸、二碘酪氨酸和甲状腺素（T_4）的形式存在，只有少量的三碘甲腺氨酸（T_3）。在正常情况下，60%以上的碘存在于碘化酪氨酸部分，其余大部分都是 T_4。甲状腺组织中还有少量的碘化组氨酸。碘的生理功能主要通过甲状腺激素的生理功能来实现。甲状腺激素的功能主要有：甲状腺激素与生长激素具有协同作用，可以促进生长发育；可以促进神经系统发育，对儿童的智力发育尤为重要；可以促进三羧酸循环，促进糖和脂肪代谢，调节新陈代谢；调节水盐代谢，促进维生素的吸收利用，增强酶的活力。

机体因缺碘所导致的一系列障碍统称为碘缺乏病（iodine deficiency disorders，IDD)，常见的有甲状腺肿大。目前加碘食盐是一种公认的防治 IDD 的主要措施。另外，人体碘的 80%～90%来自食物。富含碘的食品有：①海产品。常见的有海带、紫菜、海藻、海虾、干贝、淡菜等，其中海藻中碘元素最丰富。②陆地性食物中鸡蛋和奶中碘最丰富，其次是肉类，淡水鱼中碘含量低于肉类。水果蔬菜中含碘量很低。但也要注意，碘摄入过多可能会引起自身免疫性甲状腺疾病、碘致甲状腺功能亢进症、甲状腺癌等。

(7) 硒 (Se) Se元素主要以无机硒的形态进入植物体，并经一系列酶促代谢形成硒代蛋氨酸及硒代半胱氨酸。植物极易形成硒代蛋氨酸，因而在大多数植物中硒代蛋氨酸是硒的主要形式。有些植物特别能积累硒，像含硫氨基酸代谢中间产物的类似物，如硒胱硫醚和甲基硒半胱氨酸。

硒代半胱氨酸有时被称为第21个氨基酸。硒代蛋氨酸或硒代半胱氨酸的分解代谢释放被还原的无机硒（如硒化物，HSe^-），这种硒能被重新掺入含硒蛋白或被甲基化的甲基硒化物，即二甲基硒化物［$(CH_3)_2SeH$］和三甲基硒化物［$(CH_3)_3SeH$］。

硒作为微量元素，其作用是作为酶或蛋白质中起催化作用的成分，所以这些蛋白质的生物功能也就是硒的生物功能。谷胱甘肽过氧化物酶-1（GPX-1，EC 1.11.1.9）是第一个被发现的含硒蛋白及第一个被克隆的硒蛋白。现在四种包含硒的GPX已被鉴定。其中经典的GPX是体内硒的主要存在形式，估计它占到人体总硒含量的50%以上。血浆硒蛋白P（SELP）是血浆中主要的硒蛋白，正常情况下约占血浆硒蛋白的80%。成年人的SELP主要由肝脏分泌产生，含有362个氨基酸残基，糖基化后分子质量约57kDa。硒蛋白W是在肌肉中发现的9.8kDa的小分子质量硒蛋白，也被认为具有抗氧化功能。最近鉴定出另外几种哺乳动物体内的硒蛋白，例如，磷脂氢过氧化物谷胱甘肽过氧化物酶（PHGPX）、碘甲酰原氨酸5′-脱碘酶-1～碘甲酰原氨酸5′-脱碘酶-3、氧硫还蛋白还原酶-1～氧硫还蛋白还原酶-3等。

单质硒的稳定形态有灰色硒和黑色硒，生物活性差。以硒氧化物为原料还原出的红硒生物活性好但是稳定性差，易在受热条件下转化为黑色硒或灰色硒。为提高红硒的稳定性，可以将红硒包埋在纳米载体内，常用的载体包括蛋白质类、糖类等。包埋后的纳米硒复合物表现出较高的抗氧化活性、酶活促进能力、免疫增强活性以及抗癌活性。

常见食品中以动物内脏中硒含量最为丰富，鱼类、牛奶、谷物和蛋类中也含有一定量的硒，水果和蔬菜中较少。食物中硒含量与环境水和土壤中硒含量最为密切，因此不同产地的同种作物的含硒量也有所不同，湖北产大米的硒含量是黑龙江产大米的10倍。不同的栽培管理也会对食品硒含量有影响，施用硒肥能大幅提高作物的硒含量，如施用硒肥的富硒油菜籽中硒含量是普通油菜籽的53倍（表6-4）。

表6-4 一些常见食品的硒含量

μg/g

食品种类	硒含量	产地来源或执行标准
甲鱼肉	0.208	中国陕西
鲅鱼	0.18	中国辽宁
金枪鱼罐头	5.6	比利时
鸡肉	0.5～5.0	法国
大米	0.262	中国湖北
大米	0.026	中国黑龙江
小麦	0.095	中国陕西
大麦	0.013	英国
普通油菜籽	0.044	中国湖北
富硒油菜籽	2.362	中国湖北
西瓜	2.28	中国广州
苹果	2.51	中国广州
全脂酸奶	0.014	英国
牛乳	0.0092	中国天津
核桃	0.017	中国天津
腰果	0.27	英国
巴西果	82.9	意大利
富硒酵母	1000～2500	GB 1903.21—2016
富硒茶	0.4～4.0	GH/T 1090—2014

(8) 铜(Cu) 在动物和人体内，Cu 是选择型氧化还原酶（selective oxidoreductase）所必需的催化辅助因子。表 6-5 列举了一系列含 Cu 酶及其功能。含 Cu 的食物种类有很多，牡蛎、贝类、章鱼等海产品中 Cu 的含量就很高，坚果、动物的肝肾、谷类胚芽部分、豆类及豆制品也是 Cu 的良好来源，蘑菇、葡萄干、马铃薯等食品也含有一定量的 Cu。

表 6-5 含 Cu 酶及其功能

酶	功能
胺氧化酶(EC1.4.3.6)	血浆胺的氧化去氨基
血浆 Cu 蓝蛋白(EC1.16.3.1)	Fe^{2+} 氧化
细胞色素 c 氧化酶(EC1.9.3.1)	线粒体电子传递
多巴胺-β-单加氧酶(EC1.14.17.1)	去甲肾上腺素合成
赖氨酰氧化酶(EC1.4.3.13)	弹性蛋白和胶原交联形成
甘氨酸肽-α-氨基化单加氧酶(EC1.14.17.3)	神经肽羧基末端 α-氨基化
Cu/Zn 超氧化物歧化酶(EC1.15.1.1)	超氧化物非比例化
细胞外超氧化物歧化酶	超氧化物非比例化
酪氨酸酶(EC1.14.18.1)	3,4-二羟苯丙氨酸合成

(9) 硼(B) B 是必需元素，常见食物中均含有 B（表 6-6）。人体平均 B 含量、血 B 和尿 B 依次为 0.7mg/kg、98mg/L、919mg/L，由于地区及饮食习惯的不同人体日均 B 摄入量区间为 2～20mg/kg。B 在人体的具体功能目前还没有被完全阐明，就以 B 酸为 B 源的研究数据显示，B 元素的生理活性非常广泛，如能提高神经胆固醇酯水解酶的活性、降低肿瘤细胞的活性、提高骨形成的速率和降低骨的再吸收、参与机体内许多重要激素及酶的表达和分泌等。

表 6-6 一些常见食品的硼含量 mg/kg

食品种类	份数	范围	$\bar{x}\pm s$
大米及其制品	100	0.19～3.21	0.68±0.62
小麦面粉及其制品	46	0.46～1.98	0.73±0.42
杂粮	29	0.30～3.13	1.38±1.08
薯类	14	0.09～2.72	0.91±0.78
蔬菜类	106	0.15～4.14	1.24±0.91
水果类	115	0.10～5.12	1.34±7.26
禽畜肉类	26	ND～1.83	0.53±0.50
肉制品	67	0.14～66.92	4.99±13.38
水产	16	0.09～2.07	0.67±0.50
水产制品	17	0.47～1.83	0.81±1.34
蛋类	15	0.47～3.78	1.06±0.67
乳类及其制品	6	0.69～1.82	1.39±0.38
豆类	77	8.60～63.48	18.69±10.27
豆类制品	49	2.35～17.15	5.95±3.96
坚果类	4	2.99～20.34	10.95±7.49

不同食物类别中豆类 B 含量最高，这是由于 B 与豆类根瘤菌的固氮作用有关，缺 B 时根瘤生长不良，甚至无固氮能力，作物的生长会受到限制。因而通过施用 B 肥可使大豆增产，这也是大豆中 B 含量较高的原因之一。

如上所述，微量元素在生命过程中的作用非常重要。没有它们，酶的活性就会降低或完全丧失，激素、蛋白质、维生素的合成和代谢也就会发生障碍，人类生命过程就难以继续进行。近几年人们对微量金属元素参与基因表达的调控也给予了特别的关注。现已证实金属元素参与了基因调控及基因表达。有关这方面的知识请参考相关文献介绍。

6.2 矿物质在生物体内的分布及存在状态

6.2.1 矿物质在生物体内的分布及转化

6.2.1.1 矿物质在体内的分布

人体内几乎包含了元素周期表中自然存在的所有化学元素。这些化学元素在人体内各组织、器官的含量差别很大，分布很不均匀（表 6-7）。不同的元素在人体内的含量差别可达 2～3 个甚至多个数量级。同一元素在体内不同的组织或不同的器官内的含量也有很大差别。

表 6-7 人体组织中常见金属元素的含量

mg

组织		Cr	Mn	Ni	Cu	Zn	Cd	Sb	Hg	甲基 Hg	Pb
名称	质量/g										
肌肉	24000	2.40	2.16	2.440	22.08	1440.00	6.96		1.44	0.190	6.24
骨	8500	0.53	0.63	1.96	4.42		0.35				2.98
脂肪	6600		0.36		1.72	17.62	0.45				5.54
血液	4500	0.20	0.29	0.31	5.08	53.50	0.76	0.072	0.27	0.050	1.30
皮肤	4200	0.40	0.59	0.42	2.98	45.40	1.34	0.40	0.25		3.70
肝	1500	0.099	1.77	0.12	14.88	83.70	8.52	0.034	0.71	0.066	0.69
脑	1300	0.073	0.32	0.065	6.66	20.68	0.16	0.022	0.13	0.023	0.34
胃肠	1000	0.14	1.02	0.14	1.90	23.36	0.75	0.043	0.08	0.010	0.70
肺	900	0.23	0.20	0.14	1.14	14.18	0.63	0.056	0.07	0.006	0.27
心	300	0.027	0.063		1.00	7.36	0.05	0.010	0.02	0.003	0.10
肾	250	0.019	0.14		0.64	13.74	11.73	0.011	0.28	0.006	0.12
脾	150		0.012		0.17	3.13	0.12	0.004	0.01		0.03
胰	100	0.01	0.077		0.15	3.51	0.27	0.003	0.01	0.001	0.05
共计	55kg	>4.1	>7.6	>5.6	>63	>1700	>33	>0.66	>3.3	>0.35	>22

Kunito 等报道，以 *Franciscana* 海豚肝脏为对象，分析其各种微量元素的存在状态及含量分布可知（表 6-8），在所用的抽提物中，V、Co 和 Cs 含量及 Cr、As、Sb、Tl 和 Pb 各亚细胞中分布均很低。V、Cu、Se、Mo、Ag 和 Hg 较多地分布在细胞核及线粒体中，Rb 和 Cs 较多地分布在细胞溶质中。对细胞核及线粒体中微量元素用 3 种不同的抽提液进行提取，结果发现，对所用的 3 种抽提液 SDS、2-巯基乙醇和 2-巯基乙醇＋硫氰酸胍不溶的是 Ag，分布比率分别是 92.6%、98.4%和 68.7%。这一结果提示，与其他矿物质相比，肝脏细胞核及线粒体中 Ag 以稳定的状态（如 Ag_2Se）形式存在。Hg 有 76.3%可溶于 2-巯基乙醇＋硫氰酸胍中，表明多数 Hg 处在不稳定状态，肝脏细胞核及线粒体中 Hg 与蛋白质结合。

表 6-8 *Franciscana* 海豚肝脏中微量元素在亚细胞组织的分布及存在状态

项目	V	Mo	Co	Cu	Zn	Se	Rb	Sr	Mo	Ag	Cd	Cs	Hg
肝脏中浓度/(μg/g)	0.073	4.88	0.018	29.0	36.6	9.9	1.75	0.145	2.42	6.6	1.28	0.03	2.8
亚细胞组织的分布/%													
细胞核及线粒体	78.2	55.3	51.9	85.6	63.1	90.8	8.5	50.2	80.5	95.9	51.3	23.6	89.9
微粒体	2.4	19.6	4.3	2.6	6.0	1.9	1.2	17.7	1.5	2.6	4.8	1.1	2.6
细胞溶质	19.4	25.1	43.8	11.8	31.0	7.3	90.3	32.1	18.0	1.5	43.8	75.2	7.5

续表

项目	V	Mo	Co	Cu	Zn	Se	Rb	Sr	Mo	Ag	Cd	Cs	Hg
不同抽提物中分布/%													
可溶 SDS	—	70.6	—	31.9	81.3	26.1	91.1	95.5	25.4	7.4	72.7	—	35.5
不溶 SDS	—	29.4	—	68.1	18.7	73.9	8.9	4.5	74.6	92.6	27.3	—	64.5
可溶 2-巯基乙醇	—	33.2	—	40.8	88.1	15.1	54.4	35.6	37.1	1.6	72.2	—	36.2
不溶 2-巯基乙醇	—	66.8	—	59.2	11.9	84.9	45.6	64.4	62.9	98.4	27.8	—	63.8
可溶 2-巯基乙醇＋硫氰酸胍	—	94.9	—	75.9	95.3	57.7	64.0	50.9	78.5	31.3	40.8	—	76.3
不溶 2-巯基乙醇＋硫氰酸胍	—	5.1	—	24.1	4.7	42.3	36.0	49.1	21.5	68.7	59.2	—	23.7

6.2.1.2 矿物质在生物体内的转化

化学元素在生物体内的转化较为复杂，涉及生物化学及无机化学等内容。由于篇幅有限，这里只就 As 在海产动、植物中转化做一简单介绍。As 在海洋植物中多以 As 脂的形式存在。海洋植物中 As 脂的产生途径可能是：三甲基胂与磷酸烯醇式丙酮酸结合，生成乳酸三甲基钾，然后再生成 *O*-磷脂酰三甲基钾乳酸。这是海藻中最常见的一种钾磷脂，其生成机理与磷脂酰 Ser 或其他植物脂类类似。在海洋植物体内还有二甲基 As 脂和一甲基 As 脂存在。

As 在海洋动物中存在状态有两种观点：一种是海洋动物自身不能将无机 As 代谢为有机 As，体内的有机 As 主要来源于食物中的低等植物，也就是说动物体内的有机 As 直接来自植物源食物；另一种则认为海洋动物自身可以将无机 As 转化为有机 As。

海洋软体动物和海洋鞘类动物体内的有机 As 来源于食物链的传递，并且不改变摄入 As 的形态。例如，某些与藻类共生的蚌，藻类将海水中的 As 酸盐转化为有机 As 后，再传递到共生的蚌中，使蚌内有显著的有机 As 的积累。还有一些甲壳动物在食物链中获取有机 As 后，能使有机 As 继续转化，借助体内的酯酶，将 As 磷脂水解为三甲基钾盐。例如，一般龙虾食用无机 As 后，体内不能使其转化为有机 As，但在食用海藻的美洲龙虾体内发现 As 主要是以乳酸三甲基钾的形式存在。这是因为龙虾能把食物藻类中含有的 *O*-磷脂酰三甲基钾乳酸在体内进行转化，其反应见图 6-3。

$H_2C—As^+(CH_3)_3$
$H_2C—O—P(=O)(O^-)—CH(COO^-)$
$H—C—O—CO—R$
$H_2C—O—CO—R'$
O-磷脂酰三甲基钾乳酸

酯酶 → $CH_3—As^+(CH_3)_2—CH_2—CHOH—COO^-$
乳酸三甲基钾

图 6-3 *O*-磷脂酰三甲基钾乳酸在体内转化机制

不同形态的 As 其毒性也不同。As 化合物的毒性有如下顺序：$AsH_3 > As^{3+} > As^{5+} >$ RasX（有机 As）$> As^0$。

AsH_3 的毒性是 As 化合物中最大的，同是无机 As，三价的又大于五价的 As。一般的有机 As 化合物的毒性小于无机 As 化合物。同是有机 As 化合物，它们的毒性又与有机 As 化合物中 As 的价态有密切的关系，有机三价 As 化合物能与蛋白质中巯基作用，因此毒性较大；而有机五价 As 化合物与巯基的结合力较弱，因此毒性较小。

6.2.2 金属元素在食物中的赋存状态

金属元素在动、植物源食物中赋存状态可分为以下几种：溶解态和非溶解态、有机态和无机态、离子态和非离子态、配位态和非配位态以及价态。也可依照分离或测定手段划分赋存状态，如用螯合树脂分离时分为“稳定态”和“不稳定态”，阳极溶出伏安法（ASV）测定分为“活性态”和“非活性态”等。

赋存状态分析可分3个层次：初级状态分析，旨在考察该成分的溶解情况，相当于区分溶解态和非溶解态，部分有机态和无机态；次级状态分析，进一步区分有机态和无机态、离子态和非离子态、配位态和非配位态；高级状态分析，指对各种状态在分子水平上研究，确定溶液中的配合物组成、离子的电荷、元素的价态及各种成分的优势分布等。食品中金属元素的存在状态不同，其营养性及安全性都不同。如在膳食中血红素铁虽然比非血红素铁所占的比例少，但其吸收率却比非血红素铁高2～3倍，且很少受其他膳食因素包括铁吸收抑制因子的影响。许多因素可促进或抑制非血红素铁的吸收，最明确的促进剂是维生素C。肉类食物中存在的一些因子也可促进非血红素铁的吸收，而全谷类和豆类组成的膳食中铁的吸收较差。在膳食中添加较少量肉类或维生素C，就可增加膳食中铁的吸收。动物源肉制品中非血红素铁的吸收比等量牛奶、奶酪或鸡蛋中膳食高4倍多。膳食中糠麸、植酸和多酚能抑制非血红素铁的吸收。

食物中金属元素在体内的毒性大小，也受多种因素影响。首先，是生物体的营养状态。食物中糖、蛋白质和维生素能影响有害金属的毒性。例如Zn、Cd的毒性受膳食中植酸、酚类、蛋白质、维生素C、维生素D和钙、铁等的影响。其次，是金属元素间的相互作用。例如，一般认为Zn是Cd的代谢拮抗物，它与Cd争夺金属硫蛋白上的巯基；膳食中Fe和Cr的缺乏，可使Pb的毒性增加；适量的Cr^{3+}是人体必需的微量元素，而Cr^{6+}是有毒的，$Cr_2O_7^{2-}$是强致癌物质，食物中维生素C能使Cr^{6+}还原成Cr^{3+}，从而使毒性大大降低。

由上可见，评价某种矿物质的营养性及安全性，必须要考虑它们在食品中的存在形式。一般来说，多数金属元素在生物体呈游离状态相对较少，它们多与糖类、氨基酸及蛋白类、其他小分子结合形成配合物存在于生物体中。

6.2.2.1 配位化学基本概念及理论

(1) Lewis酸碱理论 该理论定义能够提供空轨道的原子为路易斯酸，能提供孤对电子的原子为路易斯碱，孤对电子可进入空轨道形成新的化学键（共价键、配位键）。根据Lewis酸碱理论，金属都有Lewis酸性，提供空轨道；而小分子的糖、氨基酸、核酸、叶绿素、血红素等结构上富含N、S、O等原子，它们都有孤对电子，是Lewis碱。

(2) 配位化合物 配位化合物是一类在路易斯酸碱反应中，中性分子或阴离子与金属阳离子（或原子）形成的化合物。在配位化合物形成过程中由Lewis酸碱结合产生的化学键为配位键。

(3) 螯合配体与螯合物 当双齿或多齿配体中的两对电子同时作用于一个金属原子或离子上时，形成的结构就像是螃蟹钳子抓住物体一样，这种方式产生的配合物称为螯合物，相应的双齿或多齿为螯合配体。

食品中常见的中心离子或原子主要是一些过渡元素，如Fe、Co、Mg、Cu等。对于配位体而言，它以一定的数目和中心原子相结合，配位体上直接和中心原子连接的原子叫配位原子。一个中心原子所能结合的配位原子的总数称为该原子的配位数。配位数的多少决定于中心原子和配体的体积大小、电荷多少、彼此间的极化作用、配合物生成的外界条件（浓度、温度）等。配位原子通常有 14 种，C 和 H 以及元素周期表中ⅤA、ⅥA、ⅦA 族元素。

影响食品中配合物或螯合物稳定性的因素主要有两方面。一是从配体的角度：环的大小，一般五元环和六元环螯合物比其他更大或更小的环稳定；配位体的电荷，带电的配位体比不带电的配位体形成更稳定的配合物；配体呈 Lewis 碱性的强弱，呈 Lewis 碱性强的或弱的配体与呈 Lewis 酸性强的或弱的微量元素形成的配合物稳定性较好。二是从中心原子的角度：一般半径大、电荷少的阳离子生成的配合物的稳定性弱，反之亦然，如 d 轨道未完全充满的过渡金属离子如 Fe^{2+}、Fe^{3+}、Ag^{+}、Ln^{+} 等离子形成配合物的稳定性最强。因此，对于同一配体，即碱来说，不同的金属元素与之所形成的配合物的稳定性、溶解性、营养性或安全性等都是不同的。

6.2.2.2 与单糖或氨基酸的结合

就 α-氨基酸而言，最常见的是作为双齿配体，以 α-碳上的氨基和羧基作为配位基团同金属离子配位，形成具有五元环结构的较稳定的配合物，如图 6-4 所示。在一定条件下，氨基酸侧链的某些基团也可以参与配位。肽末端羧基和氨基酸侧链的某些基团可作为配位基团外，肽键中的羧基和亚氨基也可参与配位。

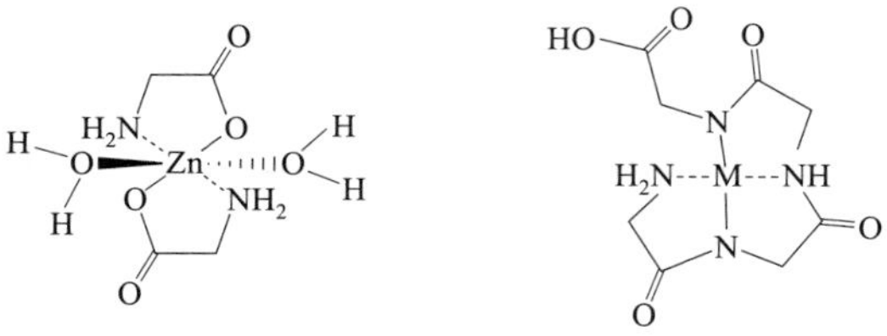

(a) 甘氨酸Zn配合物　　(b) 甘氨酸三肽与二价金属配合物

图 6-4 金属元素与肽配合物示意

不论是植物源还是动物源食物或食品都含有大量的单糖、糖衍生物及氨基酸。只要糖分子内相邻的羟基处在有利的空间构型，如吡喃糖上的 3 个羟基处在轴向-横向-轴向，或呋喃糖上 3 个羟基处在顺式-顺式-顺式的结构，都能与二价及三价金属元素形成配合物。如果糖结构上连接有—COO^{-}或—NH_2 基团，这些糖的衍生物与金属元素形成的配合物稳定性将被提高几个数量级。苏允兰等用红外光谱测定了 Ln 与半乳糖酸配合物的分子结构表明，Ln 与半乳糖酸能形成两种配合物。铁能与葡萄糖、果糖等单糖生成多核配合物。糖胺成分（果糖基胺、葡糖基胺等）也能与金属元素形成较稳定的配合物。Nagy 等研究发现葡萄糖与氨基酸在高温下发生的羰氨反应所形成的 Amadori 异构物是较稳定的金属元素配体。

Cu(Ⅱ) 与氨基糖形成的配合物结构分析表明，所有的氨基糖都是双齿配体，其中—NH_2 是 Cu(Ⅱ) 及其他二价金属元素的主要配位基团，氨基糖上的—OH 基团是 Cu(Ⅱ) 次配位基团。在 $GlcNH_2$、$GalNH_2$ 结构上 1 位碳上的—OH 是二价金属元素的主配位基团，但如果 1 位碳上的—OH 被空间阻碍，如氨基糖的衍生物，其他碳位上的—OH 也可参与配位作用。Nagy 等对糖与金属元素形成的配合物的结构用 EXAFS（extended X-ray absorption fine structure spectroscopic，扩展 X 射线吸收精细结构光谱）对其参数进行了测定（表 6-9）。由表 6-9 可知，食品中金属元素与糖及糖的衍生物能生成多种形式的配合物。

表 6-9 糖及糖的衍生物与金属元素形成配合物的一些结构参数

配体	相互作用	N	γ/pm	σ/pm
Fru	Fe-O	6	195	9.8
	Fe…C	4	277	6.9
	Fe…Fe	1	310	6.0

续表

配体	相互作用	N	γ/pm	σ/pm
Rib	Cu-O(eq)	4	191	7.5
	Cu-O(ax)	2	230	13.0
	Cu···C	2	271	10.0
$GlcNH_2$	Cu-O(eq)	3	193	7.7
	Cu-O(eq)	1	193	7.7
	Cu-O(ax)	2	234	13.0
	Cu···C	2	274	10.0
Adenosine	Cu-O(eq)	4	191	5.4
	Cu-O(ax)	2	232	6.8
	Cu···C	2	275	8.4
Uridine	Cu-O(eq)	4	192	7.9
	Cu-O(ax)	2	234	7.9
	Cu···C	2	279	9.6
HyA	Cu-O(eq)	4	191	8.2
	Cu-O(ax)	2	234	3.2
	Cu···C	2	313	13.0
	Zn-O	4	202	8.1
	Zn···C	2	299	13.2
N-D-GluGly	Cu-O(eq)	2	190	5.6
	Cu-N(eq)	2	190	5.6
	Cu-O(ax)	2	215	2.5
	Cu···C	4	270	2.8
	Cu···Cu	1	297	11.4
	Ni-O,N	6	204	6.6
	Ni···C	6	285	5.4
	Co-O,N	6	200	11.9
	Co···C	6	290	11.7
	Co···Co	1	303	7.6
PHTAc	Zn-O,N	4	205	8.0
	Zn···C	6	290	10.0
	Zn···O,C,S	6	286	14.0
	Mn-O,N	6	216	9.5
	Mn···C	6	305	11.0
	Mn···O,C,S	8	375	18.0
	Ag-N	1	203	5.0
	Ag-S	1	230	4.6
	Ag···C	4	294	19.0
	Ni-O,N	6	203	8.0
	Ni···C	6	284	9.5
	Ni···O,C,S	8	390	15.0
LacA	Mn(Ⅳ)-O	6	208	2.3
Mal	Mn(Ⅳ)-O	6	208	3.5
	Mn(Ⅲ)-O	6	206	1.0
GlcA	Mn(Ⅳ)-O	6	209	1.9
	Mn(Ⅲ)-O	6	208	3.3
Sacc	Mn(Ⅲ)-O	6	209	3.6

注：N 表示配位数；γ 表示原子距离；σ 表示德拜-瓦勒型因子（Debye-Waller factor）；Fru 为 D-果糖；Rib 为 D-鼠李糖；$GlcNH_2$ 为 2-氨基-2-脱氧-D-葡萄糖；Adenosine 为腺苷；Uridine 为尿苷；HyA 为透明质酸；*N*-D-GluGly 为由葡萄糖酸-δ-内酯衍生的准肽（*N*-D-gluconylglycine，a pseudopeptide derivative glucono-delta-lactone and glycine）；PHTAc 为 2-(多羟基烷基) 四氢噻唑-4-羧酸 [2-(polyhydroxyalkyl) thiazolidine-4-carboxylic acid]；LacA 为 D-乳糖酸（D-lactobionic acid）；Mal 为麦芽糖醇（4-*O*-α-D-glucopyranosyl-D-glucitol）；GlcA 为 D-葡萄糖酸；Sacc 为 D-蔗糖。

6.2.2.3 与草酸及植酸的结合

草酸广泛存在于植物源食品中，是较重要的一类金属螯合剂。当植物源食品中草酸及植酸含量较高时，一些必需的矿物质生物活性就会损失，一些有害金属元素的毒性就会降低。

植酸又称肌酸，与Ca、Fe、Mg、Zn等金属离子产生不溶性化合物，使金属离子的有效性降低；植酸盐还可与蛋白质形成复合物，不仅降低了蛋白质生物利用率，还会使金属离子更加不易被利用。蔬菜中约有10%的磷，因与肌酸结合难被人体吸收。在谷物中，植酸盐结合的磷占整个谷物含磷量的主要部分，一般在40%左右，而在某些谷物中，甚至高达90%（表6-10）。

表6-10 不同植物源食物中植酸结合磷的情况

食物	植酸结合的磷		食物	植酸结合的磷	
	含量/(mg/100g)	比例/%		含量/(mg/100g)	比例/%
燕麦	208～355	50～88	马铃薯	14	35
小麦	170～280	47～86	菜豆	12	10
大麦	70～300	32～80	胡萝卜	0～4	0～1
黑麦	247	72	橘子	295	91
米	157～240	68	柠檬	120	81
玉米	146～353	52～97	核桃	120	24
花生	205	57	大豆	231～575	52～68

6.2.2.4 与核苷酸的结合

根据现有研究可知，某些核苷酸的生物功能与金属离子密切相关，如ATP水解为ADP和磷酸时就需要有镁的存在。在核苷酸分子中磷酸基、碱基和戊糖都可作为金属离子的配位基团。其中以碱基配位能力最强，戊糖的羟基最弱，磷酸基居中。当碱基成为配位基团时，通常是嘧啶碱的N3和嘌呤碱的N7为配位原子。与核苷酸作用的金属离子主要有Ca^{2+}、Mg^{2+}、Cu^{2+}、Mn^{2+}、Ni^{2+}和Zn^{2+}。在与ATP作用时，Ca^{2+}、Mg^{2+}只与磷酸基成键；而Cu^{2+}、Mn^{2+}、Ni^{2+}、Zn^{2+}则既与磷酸基成键，又与腺嘌呤的N7配位。二价金属离子与ATP（ADP、AMP）形成配合物稳定性常数顺序为：$Cu^{2+} > Zn^{2+} > Co^{2+} > Mn^{2+} > Mg^{2+} > Ca^{2+} > Sr^{2+} > Ba^{2+}$、$Ni^{2+}$。

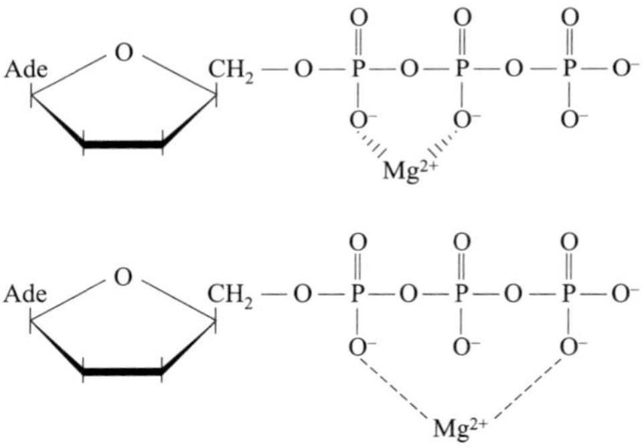

图6-5 Mg^{2+}与ATP的配合物

用NMR、拉曼光谱等技术证实，Mg^{2+}与ATP的磷酸基配位，组成1∶1的配合物（图6-5）；用^{1}H NMR和^{31}P NMR证实，Cu^{2+}与几种核苷一磷酸组成配合物时，可与嘌呤碱的N7或嘧啶碱的N3配位。

据报道，Cu^{2+}、Co^{2+}、Ni^{2+}、Cd^{2+}等与ATP的磷酸基和腺嘌呤N7配位有2种形式，它们分别称为大螯合环内配位层［图6-6(a)］和大螯合环外配位层［图6-6(b)］。前者是腺嘌呤N7直接与金属配位，而α-磷酸基通过H_2O与金属配位；后者是腺嘌呤N7通过H_2O与金属配位，而α-磷酸基、β-磷酸基、γ-磷酸基直接与金属配位。

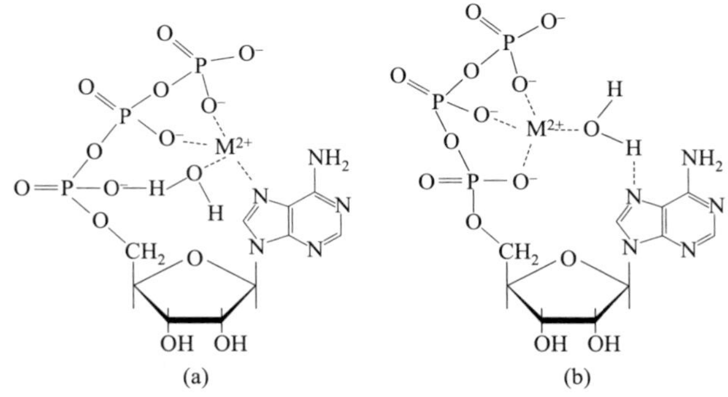

图 6-6　ATP 的大螯合环内配位层（a）和大螯合环外配位层（b）的两种简化结构
M 表示金属离子

6.2.2.5　与环状配体的结合

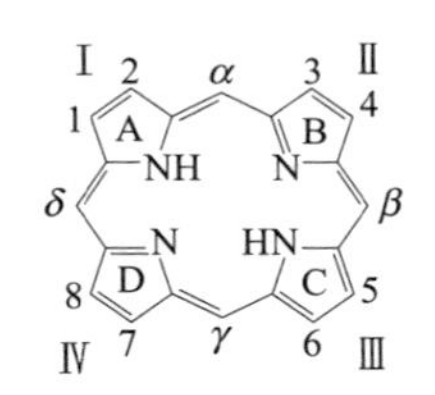

图 6-7　卟吩的结构示意

在生物体内的金属元素除与小分子的糖、氨基酸及肽能形成配合物外，还能与生物体内平面环状配体形成配合物，其中卟啉类就是生物配体。卟啉是卟吩的衍生物，卟吩是由 4 个吡咯环通过 4 个碳原子连接构成的一个多环化合物（图 6-7）。当卟吩环上编号位置的 H 原子被一些基团取代后，便成为卟啉类（表 6-11）。

表 6-11　一些重要的卟啉

卟啉类	取代基							
	1	2	3	4	5	6	7	8
原卟啉Ⅸ	M	V	M	V	M	P	P	M
中卟啉Ⅸ	M	E	M	E	M	P	P	M
次卟啉Ⅸ	M	H	M	H	M	P	M	P
血卟啉Ⅸ	M	B	M	B	M	P	P	M
血绿卟啉Ⅸ	M	F	M	V	M	P	P	M
类卟啉Ⅲ	M	P	M	P	M	P	P	M
本卟啉Ⅲ	M	E	M	E	M	E	E	M
尿卟啉Ⅲ	A	P	A	P	A	P	P	A

注：A=—CH_2COOH，B=—CH（OH）CH_3，E=—C_2H_5，F=—CHO，M=—CH_3，H=—H，P=—CH_2CH_2COOH，V=—CH═CH_2。

卟啉具有与 Fe^{2+}、Fe^{3+}、Zn^{2+}、Co^{2+}、Cu^{2+}、Mg^{2+} 等许多金属离子形成配合物的能力。如血红素和叶绿素就是 Fe^{2+}、Mg^{2+} 的主要配体。

血红素由一个铁原子和一个平面卟啉环所组成，卟啉是由 4 个吡咯通过亚甲桥连接构成的平面环，在色素中起发色基团的作用；中心铁原子以配位键与 4 个吡咯环的 N 原子连接，第 5 个连接位点是与珠蛋白的 His 残基键合，剩下的第 6 个连接位点可与各种配位体中带负电荷的原子相结合。

血红蛋白可粗略地看成是由 4 个肌红蛋白分子连接在一起构成的四聚体，因此，在讨论这些色素的化学结构和性质时可以肌红蛋白为例。图 6-8 表示血红素基团的结构，它与珠蛋白连接时则形成肌红蛋白（图 6-9）。

血红素又可根据其取代基的不同，分为血红素 a、血红素 b 和血红素 c。血红素 a 是细胞色素 c 氧化酶的辅基；血红素 b 即原卟啉Ⅸ的铁的配合物，它是血红蛋白、肌红蛋白、细胞色素 b、细胞色素 P450、过氧化氢酶和过氧化物酶的辅基；血红素 c 是细胞色素 c 的辅基。由此可见，金属元素在体内形成的配合物有重要的生物功能。

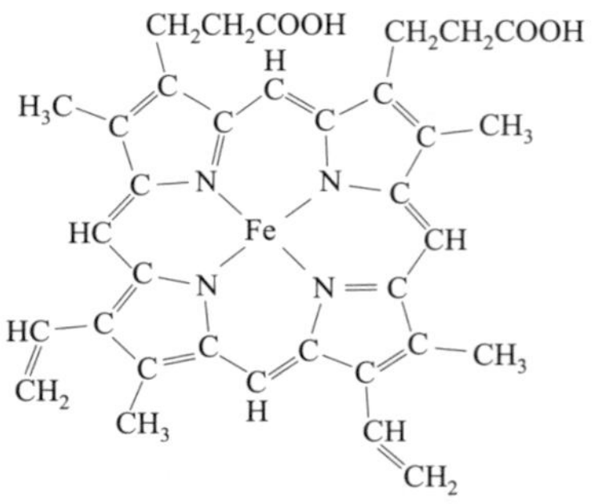

图 6-8　血红素基团的结构

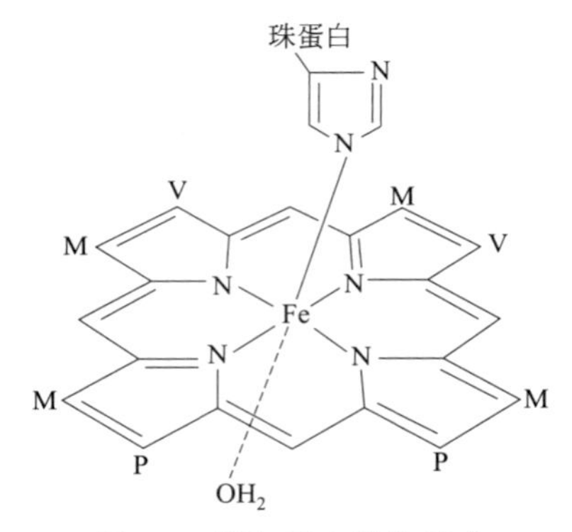

图 6-9　肌红蛋白结构示意

叶绿素也是由 4 个吡咯通过亚甲桥连接构成的平面环。中心镁原子以配位键与 4 个吡咯环的 N 原子连接，其结构见图 6-10。叶绿素广泛存在于高等绿色植物中，是膳食镁的重要来源。叶绿素在食品加工中最普遍的变化是生成脱镁叶绿素，在酸性条件下叶绿素分子的中心镁原子被 H 原子取代，生成暗橄榄褐色的脱镁叶绿素，加热可加快反应的进行。叶绿素中镁离子也可被其他二价金属离子所替代，生成锌代叶绿素、铜代叶绿素等。

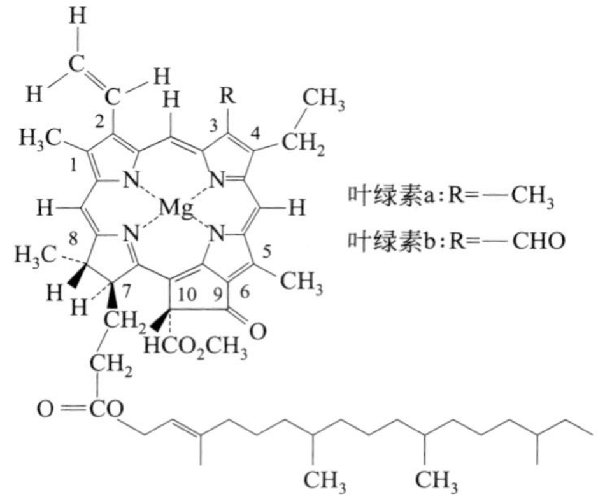

图 6-10　叶绿素的结构

维生素 B_{12} 也是由 4 个吡咯构成一个类似卟啉的咕啉环系统，它由几种密切相关的具有相似活性的化合物组成，这些化合物都含有钴，故又称为钴胺素。维生素 B_{12} 为红色结晶状物质，是化学结构最复杂的维生素。它有两个特征组分：一是类似核苷酸的部分，它是 5,6-二甲苯并咪唑通过 α-糖苷键与 D-核糖连接，核糖 3′位置上有一个磷酸酯基；二是中心环的部分，它是一个类似卟啉的咕啉环系统，由一个钴原子与咕啉环中四个内 N 原子配位。二价钴原子的第 6 个配位位置可被氰化物取代，生成氰钴胺素。与钴相连的氰基，被一个羟基取代，产生羟钴胺素，它是自然界中普遍存在的维生素 B_{12} 形式；这个氰基也可被一个亚硝基取代，从而产生亚硝钴胺素，它存在于某些细菌中。在活性辅酶中，第 6 个配位位置通过亚甲基与 5-脱氧腺苷连接。结构式见图 5-15。

当动、植物体吸收了金属离子后，有可能先与一些小分子的配体结合，然后再被运送到一定的部位，与大分子的配体结合，形成功能性生物大分子，或被贮存起来。

6.2.2.6　与蛋白质的结合

蛋白质由氨基酸组成，除肽键基和末端氨基、末端羧基能与金属离子形成配位结合外，氨基酸残基侧链上的一些基团也可参与配位，如 Ser 和 Thr 的羟基、Tyr 的酚羟基、酸性氨基酸中的羧基、碱性氨基酸中的氨基、His 中咪唑基、Cys 中的巯基和 Met 的硫醚基等。虽然在蛋白质分子中很多氨基酸残基有 Lewis 碱性，可以与金属离子形成配合物，但生物体内只有这些基团处在一定的构型时才能与金属离子形成配合物。图 6-11 是蛋白质分子以 2 个咪唑基团和 1 个羧基与 Zn^{2+} 配位所形成的配合物（羧肽酶 A）的示意图。

生命体中存在有大量的金属离子与酶的配合物。由金属离子参加催化反应的酶称为金属酶。金属酶又可分为两类：①金属离子作为酶的辅助因子，并与酶蛋白结合牢固，稳定常数≥10^8，这类金属离子与酶配合物称为金属酶；②金属离子作为酶的激活剂，它的存在可提高酶的活性，但它与酶蛋白结合松弛，稳定常数<10^8，这类金属离子与酶配合物称为金属激活酶。目前较为清楚的是 Zn、Fe、Cu、Mn、Mg、Mo、Co、K、Ba 等金属的离子，它们与酶蛋白结合，是公认的金属酶。

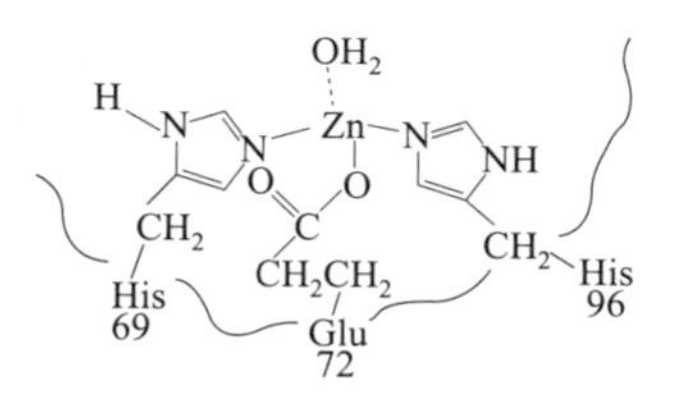

图 6-11 羧肽酶 A 中 Zn^{2+} 配位示意

除金属离子能与酶形成配合物外，生物体内还有一些结构较为清楚的金属离子结合蛋白。

① 铁蛋白　铁蛋白（Fer）主要分布在动物的脾、肝脏和骨髓中，植物的叶绿体和某些菌类中也有发现。其主要生理功能是贮存铁，体内暂时不用的铁，或过多吸收的铁，先由铁传递蛋白运输给脱铁铁蛋白，然后经过中介体焦磷酸铁，生成含铁微团，最后与脱铁铁蛋白形成铁蛋白而贮存起来。

② 铁传递蛋白　铁传递蛋白主要分布在脊椎动物的体液和细胞中。在血清中的铁传递蛋白可称为血清铁传递蛋白，在乳及泪腺分泌液中的铁传递蛋白称为乳铁传递蛋白。目前对血清铁传递蛋白的分子结构及功能研究较为清楚。血清铁传递蛋白是一类金属结合的糖蛋白，分子质量为 $(6.7\sim7.4)\times10^4$Da。血清铁传递蛋白存在两个结构域，各有一个结合金属的部位，分别称为 A 位和 B 位。每个结合部位由 3 个 Tyr 残基上的酚羟基氧原子和两个 His 残基上的咪唑 N 原子作为配位原子与 1 个铁离子结合。铁与血清铁传递蛋白的结合还要有阴离子存在。血清铁传递蛋白的每个金属结合部位在血清中与铁配位及释放可用下式表示：

$$Fer^{3+} + H_3\text{-TF} + HCO_3^- \rightleftharpoons Fe\text{-TF-}HCO_3^- + 3H^+$$

H^+ 浓度变化将显著影响上式反应。当 pH<7 时，铁传递蛋白开始解离释放 Fe^{3+}；当 pH<4 时，铁传递蛋白释放全部的 Fe^{3+}，变成脱铁传递蛋白。脱铁传递蛋白也能结合一些二价或三价金属离子，如 Cu^{2+}、Zn^{2+}、Cr^{3+}、Mn^{3+}、Co^{3+} 和 Ga^{3+} 等。

③铁硫蛋白　铁硫蛋白是一类含 Fe-S 发色团的非血红素铁蛋白。它们的分子质量较小，多数在 10kDa 左右。所有的铁硫蛋白中的铁都可变价。其生理功能主要是作为电子传递体参与生物体内多种氧化还原反应，特别是在生物氧化、固氮及光合作用中有重要意义。铁硫蛋白通常可分为三大类：一是铁 $(Cys)_4$ 蛋白；二是 $Fe_2S_2^*(Cys)_4$ 蛋白；三是 $Fe_4S_4^*(Cys)_4$ 蛋白。其中 S^* 称为无机硫或活泼硫。

④ Cu 蛋白　Cu 参与生命体内许多重要的生理代谢，在人体内游离的 Cu 元素仅存在于酸度较高的胃中，在体内其他部位 Cu 都与氨基酸、多肽、蛋白质或其他有机物质结合，以配合物形式存在。现今已知的 Cu 与蛋白质结合而形成的铜蛋白有 40 多种。许多 Cu 蛋白因具有蓝色而称为蓝铜蛋白，不显蓝色的称为非蓝铜蛋白。铜蛋白的性质及功能详见表 6-12。

表 6-12　铜蛋白的性质及功能

铜蛋白	分子质量/kDa	结合铜原子数			生理功能	主要来源
		Ⅰ	Ⅱ	Ⅲ		
质体蓝素	10.5	1			传递电子	植物、细菌
天蓝素	14	1			传递电子	细菌
星蓝素	20	1			传递电子	漆树

续表

铜蛋白	分子质量/kDa	结合铜原子数			生理功能	主要来源
		Ⅰ	Ⅱ	Ⅲ		
半乳糖氧化酶	68		1		半乳糖氧化	细菌
超氧化物歧化酶	32		2		O_2 歧化	红细胞
血蓝蛋白	5～8.1			2	载氧	节肢动物
血浆蓝铜蛋白	134	2	2	2	Cu 运输、Fe 氧化	血清
漆酶	64	1	1	2	二酚、二胺氧化	漆树、真菌
抗坏血酸氧化酶	140	3	1	4	抗坏血酸氧化	植物、细菌
细胞色素 c 氧化酶	130	1		1	细胞色素 c 氧化	线粒体

⑤ 与金属硫蛋白的结合　金属硫蛋白（metallothionein，MT）广泛存在于生物体内，它是一类诱导性蛋白质，分子质量一般为 6～10kDa，Cys 含量高达 25%～35%，这是 MT 命名的根据，常以 MTs 表示。目前，所了解的 MTs 主要功能是：抗氧化、清除自由基、驱除重金属毒物和平衡体内微量元素分布。MTs 的结构在生物进化中高度保守，MTs 有 4 种异构体，MT-Ⅰ和 MT-Ⅱ异构体在大多数哺乳动物的器官中广泛存在，且参加其功能调节。MT-Ⅲ和 MT-Ⅳ异构体分别存在于大脑和扁平上皮中。金属、非氧化作用金属化合物（包括乙醇烷化剂）及物理的和化学的氧化作用均可诱导 MT mRNA 产生 MTs。

MTs 与植物体的重金属存在状态相似，动物体内金属元素则以硫蛋白为配体，形成 MTs 结合态。如与 Zn、Cd、Cu、Pb、Hg 或 Ag 等金属元素结合。因此，MTs 在生命体内除有调节细胞内必需过渡金属元素（如 Zn、Cu 等）浓度的缓冲作用外，还有解除重金属毒害作用，但并不是对所有能诱导它的金属都具有此功能。

MTs 在酸性条件下易脱去金属而形成脱金属硫蛋白（apoMTs）。MTs 分子的多肽链结合金属离子形成因金属而异的特征含金属巯基簇的化合物，由结构独立且功能有明显区别的 β、α 两个结构域组成。MTs 与金属离子的亲和力各不相同，与 Cd^{2+}、Pb^{2+}、Zn^{2+} 的亲和力大小依次为：$Cd^{2+} > Pb^{2+} > Zn^{2+}$。MTs 与金属离子的结合能力及其被金属离子诱导的能力使其在金属代谢与解毒方面具有重要作用。Cd 暴露后机体被诱导产生更多的 MTs，这是机体重要的防护机制之一，同时 MTs 水平随 Cd 暴露量而变化，这为评价 Cd 暴露提供了良好的指标。近年来随着测定技术的提高，可采用特异、敏感的测定方法如 ELISA、RIA、FCM、RT-PCR 等测定体液（如血液、尿液）、细胞（外周淋巴细胞）中 MTs 的表达，为 Cd 暴露评价提供了良好的生物标志物。

Capasso 等从南极鱼（*Notothenia coriiceps*）得到鱼 MTs 的三维立体结构 MT-nc，通过对 ^{113}Cd-MT-nc 的分析可知 MT-nc 是由 α 和 β 结构域所组成。α 结构域位于 C 末端，有 11 个 Cys 和 4 个金属离子；β 结构域位于 N 末端，有 9 个 Cys 和 3 个金属离子（图 6-12）。MT-nc 中 α 结构域第 9 个 Cys 与哺乳动物 MTs 有所不同，哺乳动物 MTs 最末端的氨基酸序列是 CXCC（C 为 Cys，X 为任意氨基酸），而鱼 MTs 的为 CXXXCC。这种不同就导致了鱼与哺乳动物 MTs 的 α 结构域的结构变化。

除个别外，哺乳动物 MTs 的氨基末端都是乙酰蛋氨酸，羧基末端都是 Ala。整个多肽链有 20 个 Cys 残基，其相对位置不变（图 6-13）。它们在多肽链中形成 5 个 Cys-X-Cys 单位、1 个 Cys-Cys-X-Cys-Cys 单位和 1 个 Cys-X-Cys-Cys 单位，其中，X 表示除 Cys 以外的其他氨基酸残基。这些 Cys 残基既不能形成二硫键，也没有游离巯基存在，它们全部都与金属离子配位结合。

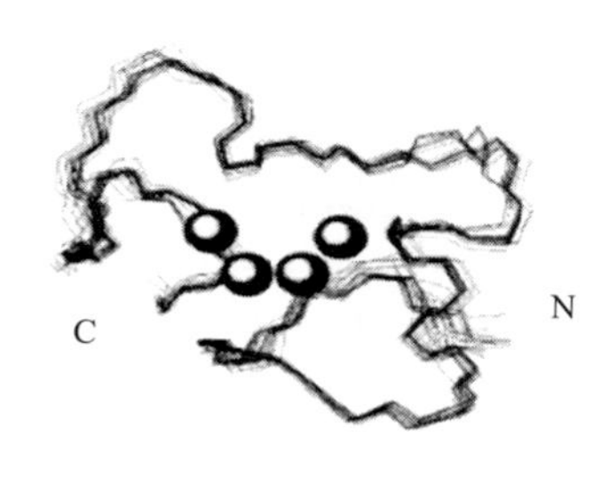

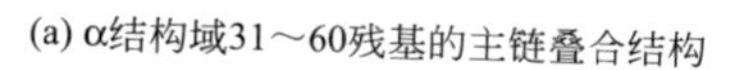

(a) α结构域31～60残基的主链叠合结构

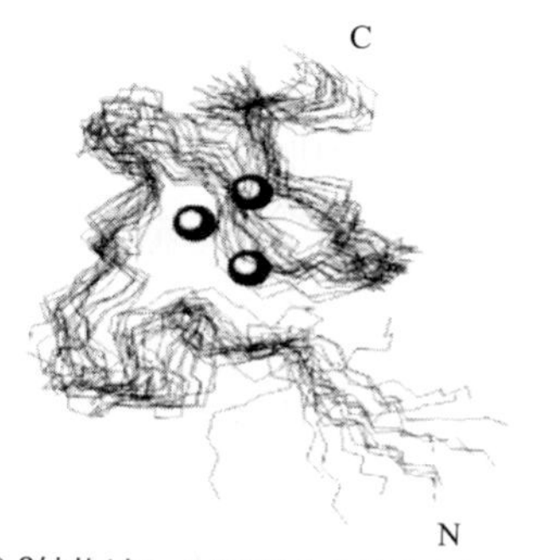

(b) β结构域2～28残基的主链叠合结构

图 6-12　MT-nc 的结构示意

虽然不同动物源食物中 MTs 的氨基酸组成相似，但对金属的结合能力常因动物的不同和金属离子的不同而不同。一般是每个分子的 MTs 可结合 7 个金属离子。MTs 上巯基对不同金属离子的亲和力呈以下趋势：$Zn^{2+} < Pb^{2+} < Cd^{2+} < Cu^{2+}$、$Ag^{+}$、$Hg^{+}$。也就是说，当有 Pb^{2+}、Cd^{2+}、Cu^{2+}、Ag^{+}、Hg^{+} 进入体内时，其他金属元素就会将其取代出来。

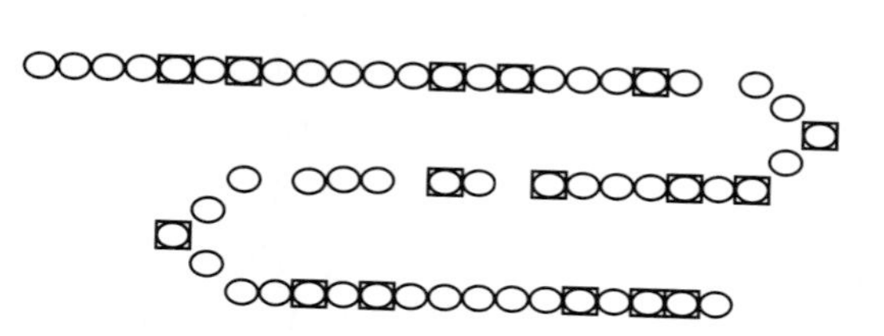

图 6-13　哺乳动物 MTs 的 Cys 残基（◘）分布模型示意

⑥ 与植物螯合肽的结合　根据 MTs 在动物体内的存在和功能，人们发现当用重金属诱导植物后，植物体内产生了 Cd 结合的多肽，命名为植物络合肽（phytochelatins），简称为 PC 肽。细胞吸收的 Cd^{2+} 90%以上被 PC 肽络合。

PC 肽的结构通式是（γ-Glu-Cys）$_n$-Gly，在植物和一些酵母品种中是主要的重金属结合多肽。PC 肽的生物合成在体内被一些重金属快速诱导，特别是 Cd^{2+}、Hg^{2+} 等对生物体有害的重金属，在不经诱导的植物体内则没有这种 PC 肽。

很多实验表明，PC 肽和类 MTs 蛋白均存在于植物中，但它们行使的功能不同。PC 肽主要与植物体内 Cd^{2+}、Hg^{2+} 等对生物体有害的重金属配位，避免重金属的毒性。Cd 的解毒机理是 PC 肽通过自身巯基中的硫离子结合成 PC-Cd 配合物，然后这些配合物再进入液泡，起到降低细胞内游离 Cd^{2+} 的作用；而类 MTs 蛋白是基因表达的产物，主要结合必需的过渡金属元素，如 Cu^{2+}、Fe^{2+}，避免它们在过量时对生命体的毒害作用，并调节植物体自身的一些功能。

Cd^{2+} 在体内大体上有两种结合形式：一种是以可溶性状态存在，存在于组织提取匀浆液离心上清液中，进一步分离发现，可溶性 Cd 80%以上是以 Cd 结合肽的形式存在；另一种是不溶性 Cd 结合形式。人们从受重金属胁迫的植物中发现，尽管不同的作物、不同的金属胁迫所产生的 PC 肽不同，但它们有以下共同特征：①重金属诱导产生的 PC 肽有相似的基本结构单元（图 6-14）；②PC 肽结构中 Glu 位于氨基末端位置上；③PC 肽结构中与 Glu-γ-羧基相连接的氨基酸是 Cys；④PC 肽结构中 γ-谷氨酰半胱氨酸二肽（γ-Glu-Cys）单元是其重复单元。

PC 肽与重金属元素结合的结构可用图 6-15 示意。这是 Cd 与 PC 肽结合的情况，这种 Cd-PC 分子内含有多个 $Cd(SCys)_4$ 单元，而碳端分布在分子表面，形成高的负电性。

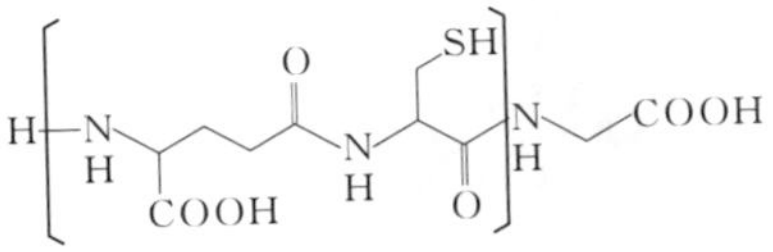

图 6-14　PC 肽结构示意

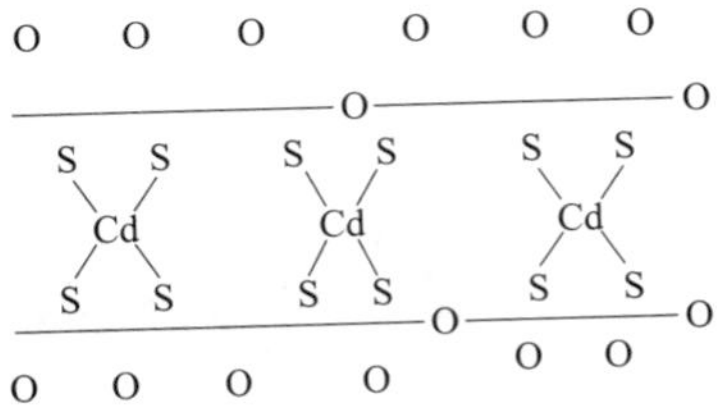

图 6-15　PC 肽与重金属元素结合的结构示意

植物体内重金属有多少与 PC 肽结合，有多少呈游离态，目前报道不多。Zenk 等应用 ^{109}Cd 示踪技术分析表明，植物细胞在亚水平镉中毒情况下，细胞抽提液中没有游离 Cd 存在。97%的放射性 Cd 与 PC 肽结合，3%的放射性 Cd 与大分子蛋白质结合。目前有证据表明，在植物体内存在有 6～7kDa 的金属硫蛋白，大于 8kDa 的金属硫蛋白未见报道。

⑦ 稀土结合蛋白　稀土元素（rare earth elements，REE）或稀土（rare earth，RE）包括原子序数从 51 到 71 的镧系元素（lanthanoid，Ln）的 15 种元素及与 Ln 同族的钪（原子序数 21）和钇（原子序数 39）共 17 种元素。20 世纪 60 年代以前多认为 REE 是有害的重金属元素，最近证实 REE 是生物的有益元素，含量较少时，有利于动、植物的生长发育。

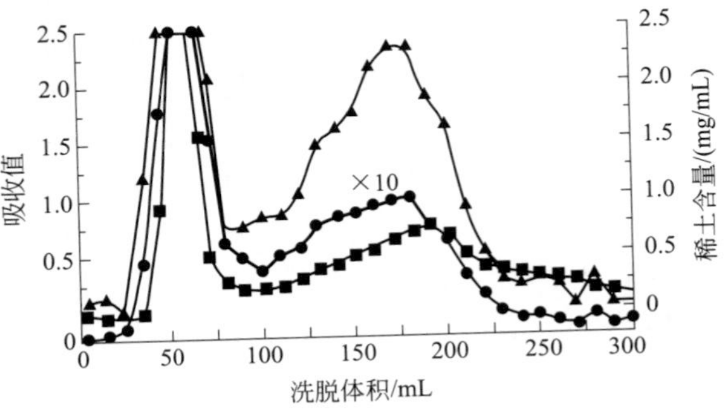

图 6-16　蛋白质和 REE（La 和 Yb）的洗脱曲线

■ 蛋白质吸收值；● La 含量分布情况；▲ Yb 含量分布情况

王玉琦等用铁芒萁叶为材料，利用生化分离技术包括改变 pH 值、硫酸铵沉淀分级、高速离心、凝胶分子筛色谱、电泳等，从铁芒萁叶中成功地分离出蛋白质，经中子活化分析结果表明，REE 和蛋白质的洗脱曲线几乎重合，说明铁芒萁叶中存在与 REE 结合的蛋白质。图 6-16 为蛋白质和 REE（La 和 Yb）的洗脱曲线。

6.2.2.7　与多糖的结合

多糖类及糖蛋白除有羟基外，还有巯基、氨基、羧基等基团。因此，多糖物质常与金属元素形成多糖配合物。由于金属元素不同，与多糖类结合的稳定常数不同，金属元素的存在不仅使多糖物质呈现多种生物功能和食品功能，而且在利用多糖物质排除有害金属元素方面也有重要的意义，如徐莹等利用多糖类为基质制备的脱海洋食品中重金属残留材料，有较好的应用。

多糖类物质与金属元素结合，是因为除链上有很多的配位基团能与金属元素形成配合物外，还与多糖类的链的构象有关，如果胶和海藻酸呈现强褶裥螺条构象（plated ribbon-type conformation）（图 6-17）。果胶链段由 1→4 连接的 α-D-吡喃半乳糖醛酸单位组成，海藻酸链段由 1→4 连接的 α-L-吡喃古洛糖醛酸单位构成。

从海藻酸链段结构可看出，Ca^{2+} 能使构象保持稳定，2 个海藻酸链装配成类似蛋盒的构象，通常称为蛋盒型构象（图 6-18）。

王玉琦等用铁芒萁叶为材料，经过提取和生化分离，从铁芒萁叶中得到冷水溶性多糖、热水溶性多糖、碱溶性多糖和酸溶性多糖，经中子活化法测定 REE 含量，证明了在水溶性

图 6-17　果胶和海藻酸的褶裥螺条构象链段

多糖（包括冷水溶性多糖和热水溶性多糖）及碱溶性多糖中，REE 与小分子量的多糖有紧密结合，分子量约为 $1\times10^4\sim2\times10^4$。然而，在柠檬酸提取的酸溶性多糖中，没有检测到 REE。

图 6-18　蛋盒型构象

汪东风等用茶多糖（tea polysaccharides，TPS）粗品为原料，进一步采取果胶酶、胰蛋白酶法和 Sevag 法除去粗多糖中果胶及游离蛋白质，再经 Sephadex G-75 柱分离及 Sephadex G-150 柱纯化后，其 Sephadex G-200 柱的洗脱图谱呈现峰形一致的蛋白质-糖组分重叠峰，HPLC 的洗脱图谱均为单一对称的图形（图 6-19），达到了较高的均一性。

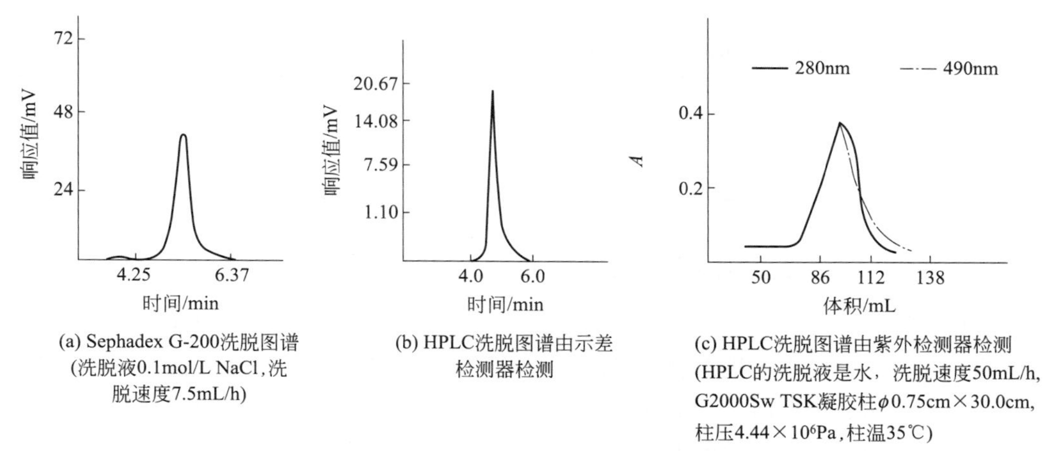

(a) Sephadex G-200洗脱图谱（洗脱液0.1mol/L NaCl，洗脱速度7.5mL/h）

(b) HPLC洗脱图谱由示差检测器检测

(c) HPLC洗脱图谱由紫外检测器检测（HPLC的洗脱液是水，洗脱速度50mL/h，G2000Sw TSK凝胶柱ϕ0.75cm×30.0cm，柱压4.44×10^6Pa，柱温35℃）

图 6-19　茶叶中 TPS 的 Sephadex G-200 及 HPLC 洗脱图谱

TPS 中矿物质部分经原子吸收分光光度法（AAS）测定，主要的矿物质是 Ca、Mg、Fe、K 和 Mn（表 6-13）。用 ICP-MS 分析可知 TPS 中还结合有多种 REE（表 6-14）。

表 6-13　茶多糖灰分中矿物质的组成比例　　%

Ca	Mg	Fe	K	Mn	P	Al	La 和 Lu	Zn	其他
31	14	11	10	9	5	2	2	1	15

表 6-14　茶多糖灰分中 REE 的含量及组成比例

项目	La	Ce	Pr	Nd	Sm	Eu	Gd	Yb	Y	总计
含量/(μg/kg)	672	280	50	209	19	19	60	10	74	1393
组成/%	48.24	20.10	3.59	15.00	1.36	1.36	4.30	0.72	5.31	100.00

为探索RE结合多糖中REE的配位方式，汪东风等利用RE离子具有未满f层电子，有光磁活性的特点，比较了REE含量相差10倍以上的2种TPS的^{1}H NMR谱图，结果发现，由于TPS分子量大和结构复杂，H核的共振峰丰富；REE含量高的TPS，共振峰强些；在3.75～3.95的δ值相应增加了0.01～0.10，而在3.30～3.37的δ值相应减少了0.01～0.02，这些位移表明TPS中REE与糖及氨基酸中丰富的O、S、N等配体形成了配位。

为进一步探索TPS中REE的配位情况，选用La含量达109.84mg/kg的富La结合的TPS，用EXAFS分析了La的配位情况。结果表明La与TPS中多种配体形成了配位（图6-20，表6-15），并初步探明TPS中La可与TPS中6个O原子配位，平均键长距离2.52Å❶；与3个S原子配位，平均键长距离2.91Å。

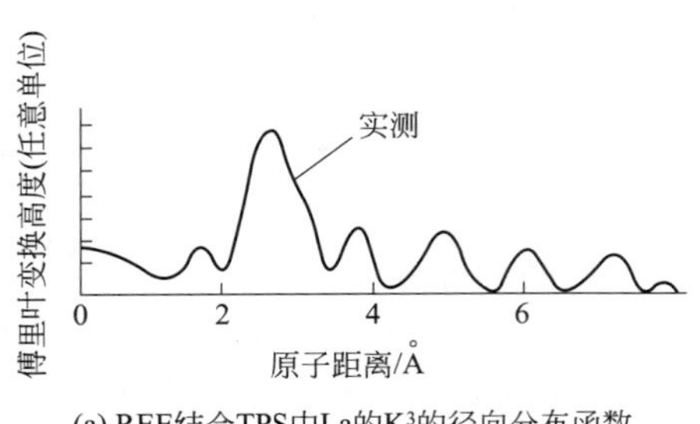

(a) REE结合TPS中La的K^3的径向分布函数

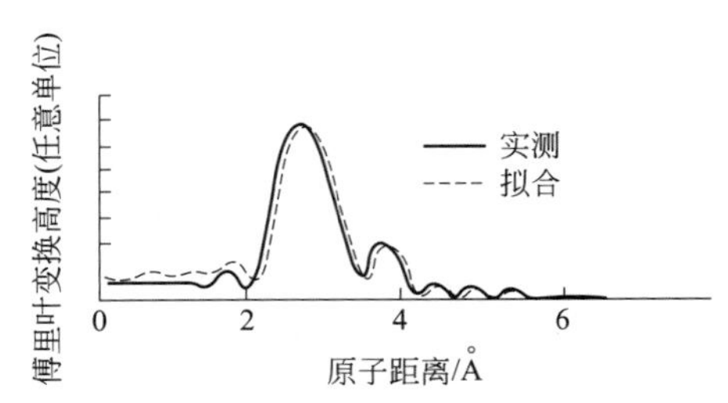

(b) 应用傅里叶滤波拟合的径向分布函数 原子距离范围R=1.75～3.4Å

图6-20 REE结合TPS中La元素的EXAFS谱

表6-15 REE结合TPS中La配位结构的EXAFS拟合结果

T	配位原子	配位数	原子距离/Å
第一壳层	O	6	2.52
第一壳层	S	3	2.91

6.2.3 金属元素在食物中赋存状态的研究技术简介

食品种类较多，资源丰富，所含成分复杂，金属元素赋存状态也不尽相同。金属元素在生物体的存在状态主要有无机态和有机态，而有机态又能细分多种类型。同一种元素存在状态不同，其生理功能也不同。了解其存在状态对揭示其功能性、安全性及采取相应的分析技术或生产相应的功能性食品等都十分有益。对于无机态的矿物质的分析较为容易，而有机态的就较为复杂，一般是要分离得到含有某一种金属元素的生物大分子，并对纯化后的生物大分子金属配合物的结构进行测定。如果得到生物大分子金属配合物的结晶体，可进行单晶X射线衍射分析，以全面了解其结构。但多数情况下生物大分子金属配合物的结晶体是不容易得到的，常常是得到含有某一种金属元素的生物大分子的相对均一的液态或固态，然后对其组成、含量、结构等进行测定表征。

也就是说，在食品的金属元素赋存状态分析中，一般先进行不同形态的分离，然后选择适当的手段加以检测。常用的分离技术包括色谱技术、超滤法、化学分析法等，检测技术包括光谱分析技术以及联用技术等。

❶ 1Å=0.1nm。

6.2.3.1 常用的分离技术

(1) 色谱技术

① 气相色谱技术（GC） GC是一种非常好的分离和分析复杂混合物的方法，主要分析在操作温度下能汽化而不分解的物质，具有高效能、高选择性、高灵敏度、分析速度快等优点。但是GC的流动相和样品都必须处理成气体，为此对高沸点化合物、非挥发性物质、热不稳定物、离子型化合物及高聚物的分离，GC不能分析，定性困难。食品中含金属的化合物多为高沸点化合物，因此气相色谱往往不用于分析金属元素，仅用于分析一些特定的含有矿物质元素的低沸点分子。因此GC技术在食品中矿物质的分析方面受限较大。

② 高效液相色谱技术（HPLC） HPLC能够同时分离和检测多种物质状态，与GC相比，高效液相色谱最大的优点是对挥发性低或热稳定性差的化合物可直接分离，无需衍生化处理；固定相和流动相种类多，可供选择的参数多，简单快速，故更适合于金属配合物、有机金属、类金属的分离及形态分析。高效液相色谱一般在室温下操作，可有效避免元素发生氧化而改变元素价态，使其在元素形态分析方面比GC更具有灵活性和广泛性，所以更适合于环境样品的分析研究。用于元素形态分析的HPLC通常有：反相离子对色谱（RP-IPC）、离子交换色谱（IEC）、体积排阻色谱（SEC）等。RP-IPC操作简便、柱效高，已广泛用于极性元素形态分析。RP-IPC是把离子对试剂加入极性流动相中，被分析的样品离子在流动相中与离子对试剂的反离子生成不带电的中性离子对，从而增加了样品离子在非极性固定相中的溶解度，使分配系数增加，改善分离效果。在元素形态分析中，通常是将水、甲醇、乙腈等含低浓度反离子的缓冲液加入普通的反相色谱中作为流动相，根据元素形态的酸碱性不同，调整流动相的pH值、反离子的种类及浓度，从而控制各种形态的保留时间，实现分离。常用的反离子试剂有烷基磺酸盐和烷基铵盐。反相离子对色谱可用于20种已发现的无机和有机As的形态分析。近年来，IEC已经广泛应用于蛋白质、酶、核酸、肽、寡核苷酸、病毒、噬菌体、多糖的分离纯化和生理活性元素的形态分析。它们的优点是：a. 具有开放性支持骨架，大分子可以自由进入和迅速扩散，故吸附容量大；b. 具有亲水性，对大分子的吸附不大牢固，用温和条件便可以洗脱，不致引起蛋白质变性或酶的失活；c. 多孔性，表面积大、交换容量大，回收率高。在中药的微量元素形态分析方面，人们常用离子交换树脂区分离子态和非离子态或稳定态和不稳定态。其中亚氨基乙酸盐螯合树脂（Chelex-100）因能强烈吸附所有“不稳定态”金属，适用于多种金属的稳定态和不稳定态分离。有报道用D-101大孔树脂可将红景天水提液中Mg、Fe、Mn、Cr、Cu、Zn、Ni、Co等元素分出有机态和无机态。

③ 高效毛细管电泳技术（HPCE） HPCE是近年来发展最快的一种新型微分离分析技术，将经典电泳技术和现代微柱分离有机地结合，并与质谱方法联用。HPCE可以替代离子色谱、HPLC，但在常规分析中还没有被广泛接受。在有些情况下，HPCE分离离子时需要添加一定的试剂改变待测离子的迁移率，如在完全分离重金属离子的时候，需要使用配位剂HIBA（α-hydroxyisobutyric acid）。HPCE在元素形态分析领域是一种很有潜力的分析技术。集成毛细管电泳芯片（ICE或Chip-CE）是当今毛细管电泳研究热点之一。ICE是指将常规毛细管电泳技术移植到平方厘米量级大小的芯片上，将样品进样、反应、分离、检测等过程集成到一起的多功能化的快速、高效、低耗型微型实验室技术。ICE在将来的元素形态分析中，可能具有较好的应用前景。

(2) 超滤法 超滤法（UF）是让样品溶液通过多孔膜（超滤膜）过滤，允许某些组分透过而保留混合物中其他组分，从而达到分离的技术。具有设备简单、操作方便、无相变和化学变化、处理效率高、节能等优点，作为一种单元操作日益受到人们的重视。UF 主要用于分离可溶态和不溶态（悬浮态）金属。对于人体必需的矿物质元素而言，可溶态往往比不溶态更利于人体吸收；而对于重金属而言，可溶态往往毒性大于不溶态。因此，滤膜分析在一定程度上可以判断金属的生物效用。黄国清等以食用花卉芙蓉花、菊花、金银花为实验材料，用 0.45 μm 的微孔滤膜过滤食用花卉水煎液中的可溶性铁。超滤法的缺点是由于过滤时间长、吸附作用等，造成了微量元素的损失及污染。

(3) 化学分析法 化学分析法是传统的分离方法，在形态分析中依然占据重要位置。用在食品中金属形态测定的萃取方法主要有化学逐级提取技术、化学沉淀技术和浊点萃取技术。

① 化学逐级提取技术 该法依赖化学试剂对不同形态的金属元素溶解能力，采用各种不同的提取剂对食品中金属形态进行逐级提取或分离。如分析油菜花等花粉中 Fe、Zn、Cu、Mn 在可溶性糖类结合态和脂肪结合态含量及形态分布情况时，可溶性糖类结合态用 85%的乙醇提取，脂肪结合态用盐酸、乙醚、石油醚提取。结果表明，可溶性糖类结合态 Cu 含量分布最高，平均达 34.070%；Mn 元素的可溶性糖类结合态和脂肪结合态含量都很低，仅为 0.172%～3.325%。据报道采用连续静态浸提法分析肉中铝的存在状态时发现炖肉中有机铝比例最大，稳定有机铝占总铝量的 15.2%，活性有机铝占 23.3%，不稳定有机铝约为 32.6%；无机铝主要以 $Al(OH)_3$ 形式存在，约占 27.8%，无机单核态铝含量很小，仅占 0.9%。

② 化学沉淀技术 化学沉淀技术是指在溶液样品中，加入特定的沉淀剂，使对某一形态金属化合物沉淀并分离，再利用检测仪器测定其含量。该法同时也可达到痕量元素预富集的目的，便于定量检测。曾志将等用水提取盐析沉淀法研究了油菜、玉米、茶花及莲花 4 种花粉中微量元素 Fe、Zn、Cu、Mn 的蛋白质结合态含量及形态分布。研究表明，花粉中 Fe 元素蛋白质结合态含量分布最高，平均达 41.44%；Mn 元素次之，平均为 20.83%；Zn、Cu 元素的蛋白质结合态平均含量分别为 18.19%和 16.83%。Tuzen 等用 $Mg(OH)_2$ 共沉淀对食品（牛奶、红酒和啤酒）中的 Se(Ⅳ) 进行了分离。

③ 浊点萃取（cloud-point extraction，CPE）技术 CPE 是一种新兴的环保型液液萃取技术，它以表面活性剂的浊点现象为基础，通过改变外界条件，使表面活性剂溶液发生相分离，从而一步完成样品的萃取和富集。CPE 已成功用于金属螯合物、生物大分子的分离纯化以及环境样品的预处理。研究人员 Yu 分析鱼样品中 Hg 的形态，在 0.04%二硫代氨基吡咯烷甲酸铵（APDC）、0.08%非离子表面活性剂 Triton X-114、pH 3.5 的溶液中浊点萃取富集甲基汞（MeHg）、乙基汞（EtHg）、苯基汞（PhHg）和 Hg^{2+}，富集因子分别为 29、43、80 和 98。

(4) 电化学分析法 用于元素形态分析的电化学分析法主要有极谱法、循环伏安法、溶出伏安法、离子选择性电极电位分析等。溶出伏安法具有灵敏度高、选择性好和工作电极多样化的优点，适于痕量金属的形态分析，是近年来发展最快的方法。溶出伏安法包括阳极溶出伏安法和阴极溶出伏安法。阳极溶出伏安法（ASV）用于分析食品中金属形态较多，并可以判断重金属毒性。阳极溶出伏安法不用进行试样形态分离，既可测元素总量又可进行元素形态分析。

N. Mikac 等用微分脉冲阳极溶出伏安法测定贝类和水体中烷基铅含量，结果与使用 GC-AAS 联用的方法结果基本一致。Dugo 等发明了演变阳极溶出电位分析法（dASCP），选择黄金膜电极，分析饮料、茶水、咖啡和矿泉水中无机 As 的形态，分析 As(Ⅲ) 无需样品预处理和脱氧。然而，用阳极溶出伏安法判断重金属毒性还存在一定局限性：其一，金属离子通过扩散层的过程不能完全模拟金属元素通过人体生物膜的过程；其二，阳极溶出伏安法无法区分并测定各种不同形态的有害金属含量，只能测定出样品中一大类金属形态的含量，且不能够专一性地区分对生物体毒性很大的脂溶性金属配合物的数量。特别指出，对于Cr、Fe、As等变价金属元素因价态不同，其生物学效应不同，用电化学分析法对这类元素进行形态分析已有相关总结。

6.2.3.2 常用的赋存状态结构及含量测定技术

(1) 原子光谱法 目前生物样品的形态分析中，应用最多的是原子光谱法，它包括AAS、原子发射光谱（ICP-AES）、原子荧光光谱（AFS）、X射线荧光光谱及元素质谱(MS)，它们的检测限和灵敏度各不相同。上述技术主要用于纯化后的物质中金属元素含量分析。

(2) 光谱法 光谱法目前主要有荧光光谱法和分光光度法。前者是一种高灵敏度和高选择性的分析方法，近年来在生物大分子的分析中有较大发展，多用于环境中金属元素的形态分析，近几年用于食品中金属元素的形态分析的逐年增多；后者作为一种传统的分析方法，在形态分析中依然重要。该法的关键在于生物大分子是否有生色团和助色团以及显色体系的选择，其灵敏度和选择性在很大程度上取决于上述因素。

(3) 联用技术 与单一的检测技术相比，联用技术通常将高选择性的分离技术和高灵敏度的检测技术结合在一起，具有更强的分析能力，并有助于形态分析的灵敏度、准确度和速度的改善。目前形态分析中常用的联用技术主要是色谱技术与各种检测技术的联用，其中检测限最低的HPLC-ICP-MS被公认为是最有效的元素形态分析技术。除有关色谱联用技术外，还有光谱法与超滤法、化学分析法、电化学分析等方法的联用。

每一种形态分析方法具有不同的选择性、灵敏度、检出限和专一性，这为元素形态分析工作提供了多种选择。但事实上，对于任何一种元素形态的检测，都没有一个确切的最佳方法，例如目前还没有关于蛋白质结合的金属元素形态分析的通用方法。寻找不同原料中金属元素形态测定的标准方法，有可能会成为金属形态分析中新的研究方向。

(4) 离子探针技术 离子探针技术已成为一种常规的测定手段，特别是在生物大分子成键性质和成键微环境的研究中有着广泛的应用。Na、K、Mg和Ca等原子的最外层比其相邻的惰性气体原子（Ne、Ar）的结构多1～2个s电子。从其电子结构看，它们易失去其最外层电子，而形成+1或+2价离子，这些离子无色、无顺磁性，且不参加氧化还原反应。Na、K、Mg和Ca等闭壳层金属元素在生物体中含量较多，要想了解它们的存在状态，现有的技术较难满足要求，于是人们采取一些过渡金属元素取代闭壳层金属元素，利用过渡金属元素具有许多特殊的光学、电学和磁学性质，可用吸光、荧光、圆偏振光、NMR化学位移、电子顺磁共振谱等技术研究Na、K、Mg和Ca等闭壳层金属元素在生物体中的存在状态。

(5) 扩展X射线吸收精细结构谱 扩展X射线吸收精细结构谱（EXAFS）是根据X射线通过物质时可能发生散射、衍射、吸收等作用而被衰减，其中吸收对衰减贡献最大。当X射线通过厚度为x的物质后，强度由I_0衰减为I，即：

$$I=I_0\mathrm{e}^{-\mu x}$$

式中，μ为物质的线吸收系数。

由测量I_0及I可以得到$\mu x=\ln I_0/I$。当入射X射线能量改变时，μ值随能量增加而变小，$\mu=C\lambda^6+D\lambda^4$，$\lambda$ 为 X 射线波长，C、D 为常数。在某些能量处 μ 发生突变，称为吸收边，这是由于内层电子被激发到外层而引起的。1s 电子激发形成 K 吸收边，2s、$2p_{1/2}$、$2p_{3/2}$ 电子激发分别形成 $L_{Ⅰ}$、$L_{Ⅱ}$、$L_{Ⅲ}$ 吸收边。在吸收边高能一侧，吸收系数并非单调变化，而是有振荡现象。在吸收边附近 30～50eV 称为近边结构。从 30～50eV 以上直到 1000eV 范围内的振荡称为扩展 X 射线吸收精细结构谱，简称为 EXAFS（extended X-ray absorption fine structure spectroscopy）。

近来 EXAFS 广泛用来研究各种物质的原子邻近结构，解决了一些其他方法不能解决的问题。这主要与 EXAFS 具有以下特点有关。

① 由于 EXAFS 是邻近原子的作用，故与研究对象的原子是否周期性排列无关。因而既可研究晶态结构又可研究非晶态结构，最为重要的是它研究液态的生物大分子的结构。

② 利用各种原子的吸收边能量位置的不同，可通过调节入射 X 射线能量来研究不同的原子的邻近结构，即可以对化合物或混合物中各种原子分别研究。

③ 利用强 X 射线源和荧光 EXAFS 技术可以测定样品中含量很少的原子的邻近结构。

④ 利用偏振 X 射线可以对有取向的样品中的原子键角进行测量，也可测量表面。

⑤ 制备待测样较为简单而不需要单晶，这对于生物大分子来说尤其重要。另外，测试时间较短。其缺点是需要高能物理加速器，目前我国只有北京、合肥等少数单位有这一装置。

6.2.3.3 食品中金属元素的形态分析

食品中金属元素的形态分析已日益引起行业重视，但报道不多。表 6-16 是目前报道的对食品中矿物质形态分析的总结，供参考。

表 6-16 食品中矿物质的形态分析

元素	形态	食品举例	分析方法
Ca、Mg	游离态和蛋白质结合态	牛奶	沉淀分离/ETAAS
Mg、Fe、Mn、Cr、Cu、Zn、Ni、Co	可溶态与悬浮态、有机态和无机态	红景天水提液	UF、树脂吸附/ICP-MS
As	砷甜菜碱	鱼肉组织	快速溶剂萃取/HPLC-ICP-MS
Se	有机 Se 和无机 Se	富 Se 酵母	离子对色谱柱-ICP-MS
Se	含 Se 氨基酸	富 Se 洋葱	SEC-ICP-MS
Fe、Ca、Mg、Cu、Zn、Mn、Ni	可溶态与悬浮态、有机态和无机态	马蹄金	超声波提取/ICP-AES
REE	酸性多糖和中性多糖	黑灵芝	化学逐级提取/微波消化-ICP-MS
Pb	无机态和有机态	茶叶	固相萃取/ICP-OES
Fe、Zn、Cu、Mn	悬浮态和可溶态、稳定态与不稳定态、有机态与无机态	花粉	UF/树脂吸附/ AAS
Cr	Cr^{3+} 和 Cr^{6+}	水样	可见分光光度法
Fe	Fe^{2+} 和 Fe^{3+}	苦丁茶	PE-ICP-AES
Se	$(CH_3)_2Se$ 和 $(CH_3)_2Se_2$	大蒜油	CGC/AAS
Pb、Cu、Fe、Al、Ca、K、Na	粒度	红酒和白酒	UF/ AAS

6.2.3.4 食品中有害重金属的脱除

食品中有害重金属的脱除主要有两种途径：一是从外部环境入手，降低动植物生长繁殖过程中的重金属的原始积累；二是直接从食品材料入手，通过一些技术手段对食品原材料进行处理，从而达到对重金属的脱除。

（1）从外部环境入手 对于植物源食物，可以通过改进种植方式或者在土壤或培养液中加入一些对重金属有吸附作用的吸附剂，以此来降低食物原料中重金属残留含量。如外源GSH可增加Cd在植物根部的累积，但是植物地面以上的食用部分的Cd含量显著降低；在培养液中加入外源谷胱甘肽，结果表明外源谷胱甘肽可有效地降低Cd对植物的毒害和残留；在金针菇培养液中加入草炭吸附剂，金针菇子实体中Cd的含量显著降低，草炭吸附剂对Cd的脱除具有良好的效果。

对于动物源食物，可向饲料中加入吸附剂或者某类营养素，以此来降低动物体内重金属的含量。杨雪等研究发现，在猪饲料中加入凹土原土和热改性凹土，可有效降低猪血液中的Pb、Cd等重金属含量，并且对猪的生产性能无显著影响。周湖明研究发现，在养殖牡蛎的水体中加入二巯基丁二酸或维生素C，可提高牡蛎对自身体内Pb、Cd的排放量，从而降低牡蛎体内的重金属含量。

（2）从食品原料本身入手 目前对食品原料中有害重金属脱除已有大量的研究，最常见的脱除技术有吸附法、离子交换法。

吸附法是脱除食材中有害元素的有效方法之一。吸附剂的类型有很多，有合成材料、植物材料或农业废弃物、动物来源的吸附质、微生物、金属硫蛋白等。大孔吸附树脂是一种常见有效的吸附材料。大孔树脂有良好的网状结构和较大的比表面积，对重金属具有良好的吸附性。张井发现OU-2型大孔吸附树脂可高效脱除北太平洋鱿鱼内脏酶解液中的Cd，脱除率高达99%。张洛红等自制灯芯草纤维素，研究发现此纤维素吸附剂对蜂胶中Pb的吸附率为61.64%，并且吸附剂处理前后蜂胶中最主要活性成分芦丁含量损失仅为8%。吴美媛等用壳聚糖去除猴头菇多糖中的重金属，结果表明当壳聚糖用量为0.05g/100mL时，对猴头菇多糖中Pb、Cd、Hg的去除率均在90%以上。

离子交换法是利用材料中某些基团与溶液中重金属发生置换反应，以此来达到脱除重金属的目的。近年来离子交换法在食品中重金属脱除已有较多应用，沙棘果汁经强酸性乙烯系离子交换树脂处理后，其Pb含量显著降低，并且果汁中的营养成分基本没有损失。目前离子交换树脂行业已经发展比较成熟，很多离子交换树脂已经成功商业化，并可以应用于饮用水净化及食品行业中，如美国漂莱特公司生产的FerrIX™ A33E树脂可用于无机As的脱除，S930EPlus可用于重金属离子的脱除。

生物脱除法是近年来由环保行业延伸到食品行业的新方法，这类方法的脱除原理是使用食品工业中允许使用的微生物对有害元素进行选择性富集，然后通过移除富集了有害元素的微生物达到脱除的目的。例如，徐莹等人使用库德毕赤酵母脱除牡蛎酶解液中的Cd，平均脱除率达到54%。

徐莹教授团队针对海洋食品原料中游离态重金属元素特点，利用配位化学原理及分子印迹技术制备了壳寡/聚糖金属配合物及印迹树脂，实现精准脱除；针对海洋食品特点，选育到高抗性和吸附能力强的脱除重金属微生物，然后针对结合态重金属元素特点，利用酶解偶合高抗性微生物，创建了高效脱除有害重金属新技术，该技术应用后产生了较好的经济和社会效益。

目前食品中有害重金属残留的脱除技术主要针对液态的食品原料，如蛋白质酶解液、食品萃取液等，对固体食品中有害重金属的脱除仍然处在瓶颈期。这是由于固体食品流动性差，无法提供足够的与脱除媒介接触表面积，而液体状态下的有害重金属分散性高，流动性好，可以与脱除媒介进行有效的接触并产生物质交换。因此，对固态食品中的有害重金属残留的脱除目前只能先行酶解，然后进行脱除，再进行深加工利用。

6.3 食品中矿物质的理化性质、营养性及安全性

6.3.1 食品中矿物质的理化性质

6.3.1.1 溶解性

所有的生物体系都含有水，大多数营养元素的传递和代谢都是在水溶液中进行的。因此，矿物质的生物利用率和活性在很大程度上依赖于它们在水中的溶解性。金属离子的水溶性不仅与金属离子有关，也与其配对的阴离子有关，金属元素的硝酸盐往往可溶，但是，它们的氢氧化物，它们重要的盐，如碳酸盐、磷酸盐、硫酸盐、草酸盐和植酸盐有时难以溶解。例如 Fe、Zn、Ca、Mg、Mn 等与植酸结合后，就形成了难溶性的植酸-矿物质配合物，从而影响了矿物质的生物利用率。

食品中各种矿物质的溶解性除因它们各自性质的差异而有所不同外，还受食品的 pH 值及食品的构成等因素影响。一般地，在不引入产生沉淀的阴离子前提下，食品体系的 pH 值越低，矿物质的溶解性就越高；食品中的蛋白质、氨基酸、有机酸、核酸、核苷酸、肽和糖等可与矿物质形成不同类型的配合物，从而有利于矿物质的溶解。如草酸钙是难溶的，但氨基酸钙配合物的溶解性就高得多。在生产中为防止无机微量元素形成不溶性物质，常用微量元素与氨基酸形成螯合物，使其分子内电荷趋于中性，便于机体对微量元素的充分吸收和利用。同样，也可利用一些配体与有害金属元素形成难溶性配合物，以消除其有害性。例如在 Pb 中毒过程中，Pb 被人体吸收后，经过体内循环，积聚在肝脏和肾脏内。利用柠檬酸可与 Pb 形成难溶性化合物的原理，常用柠檬酸钠治疗 Pb 中毒。

6.3.1.2 氧化性

自然界中微量元素常常具有不同的价态，并在一定的条件下它们是可以相互转变的。随着价态的转变，形成的配合物稳定性、营养性及安全性也随之变化。同种元素处于不同价态时，其营养性和安全性变化较大，如 Fe^{2+} 是生物有效价态，而 Fe^{3+} 积累较多时会产生有害性。同样是 Cr 元素，呈二价、三价时，在一定量的范围内尚无确切证据证明其能引起中毒。补充的 Cr 试剂多以三价为主。但六价铬盐是致癌物质，口服重铬酸钾，致死量约为 6～8g；铬酸钠灼伤经创伤面吸收可引起严重急性中毒。高铬盐被人体吸收后进入血液，形成氧化铬，夺取血中部分氧，使血红蛋白变为高铁血红蛋白，致使红细胞携带氧的机能发生障碍，血中氧含量减少，最终发生内致死。人体偶然吸入极限量的六价铬酸或铬盐后，引起肾、肝、神经系统和血液广泛的病变甚至死亡。

微量元素的这些价态变化和相互转换的平衡反应，都将影响组织和器官中的环境特性，例如 pH、配位体组成、电效应等，从而影响其生理功能，表现出营养性或有害性。

6.3.1.3 浓度与活度

离子或化合物在生化反应中的反应性取决于活度而非浓度。活度的定义为：

$$a_i = f_i C_i$$

式中，a_i 为 i 离子活度；f_i 为 i 离子的活度系数；C_i 为 i 离子浓度。

f_i 随离子强度增加而减小。由于食品体系较为复杂，无法准确测定 f_i，但在食品体系

中离子强度一般很小，f_i 接近 1，此时离子浓度与离子活度呈正相关，因此，只考察食品中离子浓度也能评判其作用。研究表明，矿物质的浓度和存在状态影响着各种生化反应，许多原因不明的疾病（例如癌症和地方病）都与矿物质及其浓度有关。另外，矿物质对生命体的作用，也与浓度有更为密切的关系（图 6-21）。

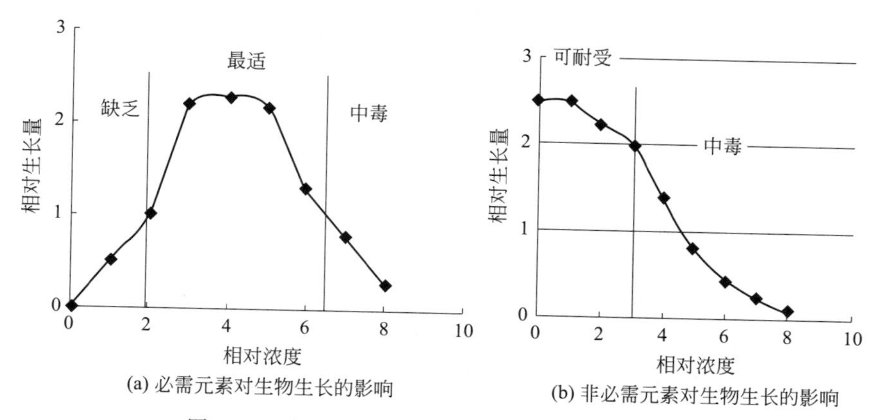

图 6-21　微量元素的生物活性与相对含量的关系

确定食品矿物质对生命活动的作用确非易事，除与浓度有关外，还与矿物质的价态、存在形态、膳食结构等有关。因此，目前仅用食品中矿物质含量或浓度来判断某矿物质作用是有其局限性的。

6.3.2　食品中矿物质的营养性及重金属的有害性

6.3.2.1　食品中矿物质的营养性

评判食品中矿物质的利用率是一个复杂的过程，尤其是用常规的 AAS 法测定特定食品或膳食中一种元素的总量，仅能提供有限的营养价值评判。决定食品中矿物质的营养性的大小有两个方面：一是功能性，是必需的还是非必需的；二是利用率，同一含量的某元素，利用率不同其营养性也大不一样。影响食品中矿物质的利用率的因素主要有：食品中矿物质的存在状态和其他影响因素如抗营养因子等。一般测定食品中矿物质生物利用率的方法主要有化学平衡法、生物测定法、体外试验和同位素示踪法。其中同位素示踪法是一种理想的方法。同位素示踪法是指用标记的矿物质饲喂受试动物，通过仪器测定，可追踪标记矿物质的吸收、代谢等情况。该方法灵敏度高、样品制备简单、测定方便，能区分被追踪的矿物质是体系中的还是新饲喂的。现以铁元素为例，介绍矿物质的利用率及其影响因素。铁主要在小肠上部被吸收。食物中的铁可分为血红素铁和非血红素铁两种。血红素铁来自于动物食品中的血红蛋白和肌红蛋白，主要存在于动物血液及含血液的脏器与肌肉中，属二价铁（Fe^{2+}），可被肠黏膜直接吸收而形成铁蛋白，供人体利用。非血红素铁是指谷类食物、蔬菜、水果、豆类等植物性食品中所含的铁，属三价铁（Fe^{3+}）。Fe^{3+} 只有还原为 Fe^{2+} 的可溶性化合物才较易被吸收。Fe^{3+} 会受到多种因素的影响而降低铁的吸收率，植物性食物中如果存在较大量磷酸、草酸、鞣酸等，它们就会与非血红素铁形成不溶性铁盐；而当植物性食物中又缺少可还原 Fe^{3+} 为 Fe^{2+} 的还原剂时，铁的吸收率就会很低。所以不同来源的食物中铁的吸收利用率相差较大（图 6-22），动物源食品中铁的吸收利用率远高于植物源食品中的铁。

铁的吸收利用率除与食品来源、存在状态不同而有所不同外，还与饮食结构有关。如含

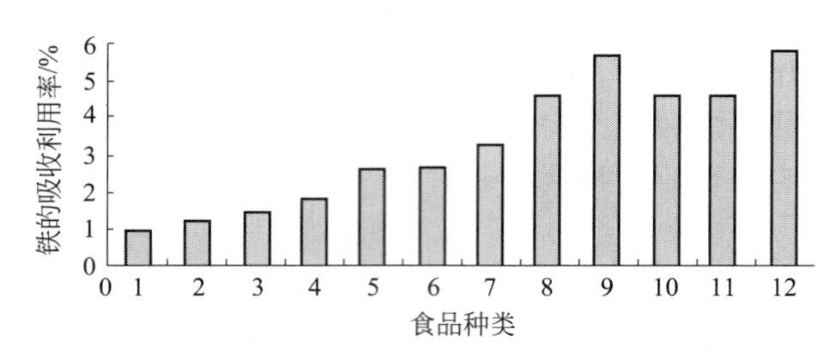

图 6-22　成人对不同来源的食物中铁的吸收利用率

1—稻；2—菠菜；3—豆类；4—玉米；5—莴苣；6—小麦；
7—大豆；8—铁蛋白；9—牛肝；10—鱼肉；11—血红蛋白；12—牛肉

P 成分较多的食品牛奶，由于磷酸能同食物中的铁盐发生沉淀反应，直接影响铁的吸收。另外，饮茶和体内缺 Cu 元素也可抑制铁的吸收，这是由于浓茶中的多酚类能与食物中的铁相结合，形成不溶性铁沉淀，妨碍铁的吸收。Cu 有催化铁合成血红蛋白的功能，所以，当体内缺 Cu 时，铁吸收减少。因此，对于缺铁性贫血病人应当吃些含铁丰富的动物性食物较好。

饮食铁的吸收还与个体或生理因素有关。在缺铁者或缺铁性贫血病人群中，对铁的吸收率提高。妇女对铁的吸收比男人高，儿童随着年龄的增大铁的吸收减少。

矿物质对食品的营养有重要的作用，这是基于人体所需要的矿物质必须通过饮食获取，如果人类的饮食不能满足人体对矿物质的需要，就会表现出某种症状，甚至死亡。矿物质对人体的重要性可归纳如下。

① 矿物质是人体诸多组织的构成成分。例如，Ca、P、Mg 等是构成骨骼、牙齿的主要成分。

② 矿物质是机体内许多酶的组成成分或激活剂。如 Cu 是多酚氧化酶的组成成分，Mg、Zn 等存在为多种水解酶活性所必需。

③ 人体内某些功能性分子的组成成分，如维生素 B_{12} 只有 Co 的存在才有其功能性，血红素、甲状腺素的功能分别与 Fe 和 I 的存在有密切关系。

④ 维持细胞的渗透压、细胞膜的通透性、体内的酸碱平衡及神经传导等与矿物质有密切关系。

各种矿物质的生理功能详见表 6-2 和相关的教科书。另外，必需的矿物质营养性，除与其含量有关外，还与它们的价态（如 Fe^{2+} 和 Fe^{3+}）、化学形态（如蛋白钙和草酸钙）等有关。因此，在考察食品中矿物质营养性时，仅从矿物质的含量来评判是不够的。

6.3.2.2　食品中矿物质的安全性及重金属的有害性

生命体为有效利用环境中藏量丰富的矿物质，其体内对那些最普通的矿物质都形成有适宜的代谢或平衡机制，这是生物进化的结果，其目的是为了保证生物体在正常情况下不会遭受缺乏的危险，并在一定量的范围内也有其平衡或防御机能，以保证其体内需要。由此也可知，对于人类在进化历程中不常见的元素尤其是矿物质元素或化合物，由于生命体没有防御机制，因此，这些矿物质元素对生命体表现出有害性。

大量的研究表明，绝大多数矿物质元素对生物体都有正、反两方面的效应，尤其是微量元素大多存在有量效关系（图 6-21）。必需元素虽是人体所必需的，但摄入过多也会产生危害，例如硒元素是人体必需元素，然而硒摄入过多会导致脱发、指甲脱落、味觉发苦、肠胃不适、皮疹、肢体麻木等症状，而若一次摄入大量的硒时，会直接导致人体肾脏发生衰竭，甚至死亡。

食品矿物质元素的营养性或安全性除与它们的含量有关外，还与下列因素有关。

① 矿物质元素之间的协同效应或拮抗作用　两种或几种金属之间可以表现其毒性的增强或抑制作用，举例如下。

Cu 与 Hg：Cu 可增加 Hg 的毒性。

Cu 与 Mo：Cu 可降低 Mo 的毒性，而 Mo 也能显著降低 Cu 的吸收，引起 Cu 的缺乏。

As 与 Pb：它们之间的毒性有协同效应。

As 与 Se：As 可降低 Se 的毒性。

Se 与 Co：少量的 Co 可增加 Se 的毒性。

Se 与 Cd：Se 能降低 Cd 的毒性。

Se 与 Ni：Se 对 Ni 的毒性有保护作用。

Cd 与 Zn：Cd 与 Zn 有竞争作用，Cd 可使 Zn 缺乏。

Cd 与 Cu：Cd 能干扰 Cu 的吸收，而低 Cu 状态可减少 Cd 的耐受性。

Fe 与 Mn：缺乏 Fe 可使 Mn 的吸收率增加，而 Mn 将减少 Fe 的吸收等。

② 矿物质元素的价态　矿物质元素的毒性与元素的赋存形态有密切关系。从有害金属使生物体中毒的分子机理不难看出，有害金属元素的毒性都是以金属元素与生物大分子的配位能力为基础，有害金属元素的价态不同其配位能力也不同。因此同一种金属元素的不同价态可以产生不同的生物效应。

③ 矿物质元素的化学形态　有害矿物质元素的毒性高低同样还与其化学形态有关，例如，不同形态砷化物的半致死剂量 LD_{50}（mg/kg）分别为：亚砷酸盐 14.0；砷酸盐 20.0；一甲基胂酸盐 700～1800；二甲基胂酸盐 700～2600；砷胆碱 6500；砷甜菜碱大于 10000。这些数据表明，易变态的无机砷毒性最大，甲基化胂的毒性较小，而稳定态的砷甜菜碱和砷胆碱有机化合物常被认为是无毒的。

有些矿物质元素的化学形态较稳定，而另一些元素则易变态。易变态的矿物质元素主要包括游离离子和一些易解离的简单配合物，而稳定态的则为一些性质稳定的有机配合物。由于易变态的金属可以与细胞膜中的运载蛋白结合并被运至细胞内部，因而被认为是可能的毒性形态，而稳定态的有机配合物则因不能被运输到细胞内部，因而被视为无毒或低毒形态。

④ 重金属元素中毒机制　重金属元素的中毒机制较为复杂，除与重金属元素在体内的含量有关外，还与重金属元素侵入途径、溶解性、存在状态、本身的理化性质、参与代谢的特点及人体状态等有关。一般来说，重金属元素中毒的可能机理如下。

a. 重金属元素破坏了生物分子活性基团中的功能基　例如，Hg^{2+}、Ag^{2+} 等金属离子与酶中 Cys 残基的—SH 结合，从而阻断了由—SH 参与的酶促反应，引起中毒。

b. 置换了生物分子中必需的金属离子　金属酶的活性与金属元素有密切的关系，由于不同的金属元素与同一大分子配体的稳定性不同，稳定性常数大的金属元素往往会取代稳定性常数小的金属元素，从而破坏了金属酶的活性，如 Be^{2+} 可以取代 Mg^{2+}-激活性酶中的 Mg^{2+}，由于 Be^{2+} 与酶结合的强度比 Mg^{2+} 强，因而会猝灭酶的活性。

c. 改变了生物大分子构象或高级结构　生物大分子的功能与它的构象或高级结构有密切的关系。金属元素不同，与它结合的生物大分子，如蛋白质、核酸和生物膜等构象或高级结构也会不同，从而影响了相应的生物活性。例如，多核苷酸是遗传信息的保存及传递的单位，一旦它的结构被改变，可引起严重后果，这也是重金属元素常常是致癌致畸的原因之一。

d. 以氧化的形式破坏分子结构　有些矿物质有较高的氧化态，易与生物体内的还原性基团发生氧化还原反应，其结果是还原性基团被氧化，还原性基团所在的分子结构发生改变，导致部分或完全失活。例如，高碘酸根（IO_4^-）中的碘为+7价，有着极强的氧化性，可以与邻二羟基反应生成两个醛基，邻二羟基广泛存在于糖类化合物中，如RNA中的核糖，IO_4^- 可以氧化RNA进而引起相关毒性反应（图6-23）。

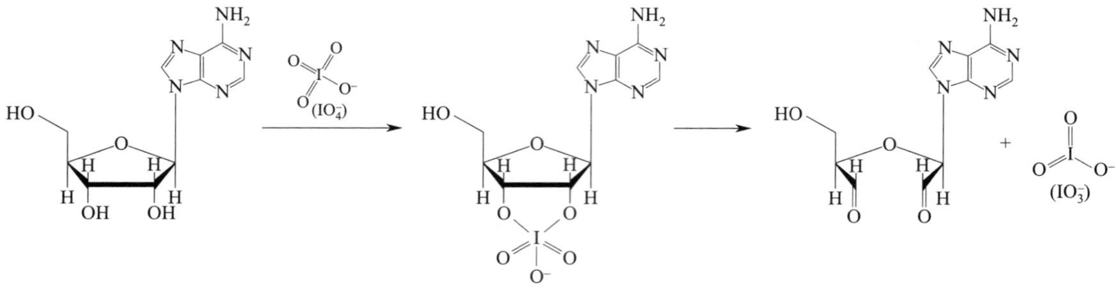

图6-23　高碘酸根（IO_4^-）与核糖反应

尽管重金属元素中毒的机理较为复杂，但也不难理解。重金属元素在体内发生上述任何一种反应均可能发生中毒。

在生物分子中，蛋白质、磷脂、某些糖类和核酸都具有许多能与金属离子结合的配位点。例如，咪唑（His）、$—NH_2$（Lys等）、嘌呤和嘧啶碱基（DNA及RNA）中的N原子、羟基（Ser、Tyr等）、COO^-（Glu、Asp等）和 PO_4^{3-}（磷脂、核苷酸等）中氧原子、巯基（Cys）和SR（Met、CoA等）中S原子等，都是易与金属元素配位的基团。因此，对食品中重金属残留进行限量是非常必要的。

在金属激活酶中，必需的金属元素往往结合得不太牢固，因此，非必需的金属元素的置换作用容易破坏它的生物功能。在金属酶中，原酶中的金属离子结合较牢固，其他金属离子的置换不易发生；但酶合成过程中必需的金属元素也易被非必需的金属元素转换。

细胞壁、细胞膜及其他细胞器膜是金属元素进入生物体内或细胞器的主要屏障。一般来说，金属离子或离子团所带电荷越小，亲脂性越强，就越容易透过生物膜。例如，CH_3Hg^+ 离子的通透性大于 Hg^{2+}，而 $(CH_3)_2Hg$ 的通透性又大于 CH_3Hg^+。由此提示 $[M^{2+}$（有机的L—）] 会比 $[M^{2+}(H_2O)_n]^{2+}$ 更容易进入细胞内。

金属元素还能引起膜通透性的改变，膜通透性的改变将随金属离子对膜上配体的化学亲和性大小而变化。某些金属离子可以成为单电子的载体进而催化自由基氧化反应，促进膜中的酯类氧化，引起膜的通透性变化。细胞膜及亚细胞器膜结构脂类过氧化降解对生命系统将是致命性的。例如，红细胞脂类的过氧化降解与红细胞通透性增高及溶血有关。总之，脂类过氧化作用是细胞损害的一种特殊形式，发生于膜脂类的多不饱和脂肪酸侧链。在正常情况下，少量的金属离子的这种侵害，可被活细胞体系内一些成分进行损伤修补，如维生素E、含硒的谷胱甘肽过氧化物酶等加以保护。

6.3.2.3　金属元素在周期表中的位置与营养性及毒性关系

将体内必需的宏量元素和微量元素与化学元素周期表联系起来分析，则可发现人体必需的宏量元素全部集中在化学元素周期表开头的20种元素之内，人体必需的微量元素多数是过渡元素，它们基本集中在化学元素周期表的第三、四两个周期之中。人体必需的金属元素的毒性与各自的化学性质、电极电位、电离势、电正性和电负性等有密切的关系。例如，ⅠA和ⅡA主族的金属元素尤其是ⅠA族元素，它们的电正性强，在生物体内主要以阳离子状态存在。然而在同一族内随着原子序数的递增离子半径加大，金属元素的毒性也随之增大。即：Na＜K＜Rb＜Cs；Mg＜Ca＜Sr＜Ba。但也有少数金属元素似乎与上述规律不符，如轻金属 Li 和 Be，它们的电正性虽弱，但其毒性却强于同族的其他元素。据唐任寰等研究发现，对主族元素而言，同族中从上而下的元素对细胞的营养性渐弱，毒性渐强；对同一周期而言，同族中从左至右的元素对细胞的营养性渐弱，毒性渐强。

6.3.2.4 金属元素的存在形态与营养性及毒性关系

由于生物体内存在有多种配体和阴离子基团，因此，金属元素在食物中的存在形态也各有不同。例如，在生物体内 Ca 及少量的 Mg 常以难溶的无机化合物形态存在于硬组织中；Na、K、Mg 及少量的钙多以游离的水合阳离子形态存在于细胞液中。

金属的存在形态与它的营养性及毒性关系可从以下三方面考虑。

① 金属的存在形态不同导致其溶解性不同，进而影响其营养性及毒性。如钙离子如果是与蛋白结合形成的蛋白钙，其营养性大大提高，如果是与草酸结合，食品中钙的利用率大大降低，人体内钙则可能对人体产生危害。各种金属元素及其化合物在水和脂肪中的溶解性直接影响着它们的可利用性。可溶性金属的盐类及化合物在生物膜的水性环境中迅速溶解，因而促进了金属元素离子的穿透性。对于必需元素或有益元素来说，其营养性被提高；对有害的重金属元素而言，其毒性增强；如果有害的金属元素形成难溶性化合物形态，则该种金属元素化合物在人体内就不易被吸收，因此毒性也较弱。例如，$BaCl_2$ 在水中溶解性较高，可大量解离成剧毒的 Ba^{2+}，因此 $BaCl_2$ 是剧毒化合物；然而 $BaSO_4$ 的溶解度极低（$K_{sp}=1.1\times10^{-10}$），在水中解离出的 Ba^{2+} 无法达到有害浓度，因此 $BaSO_4$ 是无毒的。从化学元素周期表中可按元素周期划分为：前三个周期的金属元素及盐类比后面几个周期的金属元素及其盐类更易溶于水；第六周期的金属元素是周期表中毒性最大的，但其盐类的溶解度很低，也正是这种低溶解度掩盖了它们本身的毒性。因此，一些溶解度较高的有机元素无疑也使它们本身的毒性增强了。

② 金属元素的价态不同，对生命体的作用方式也不同。同样量的 Cr，如果它呈正三价，则是人体必需的微量元素之一，对人体维持正常的葡萄糖、脂肪、胆固醇代谢有重要作用；如果呈正六价则是有毒的。由于在人体内将 Cr(Ⅵ) 转化为 Cr(Ⅲ) 的能力是很弱的。因此，如果体内积蓄过量的 Cr(Ⅵ) 而不能及时转化成 Cr(Ⅲ) 时，就会出现程度不同的中毒症状。因此，体内各种化学元素及其化合物被摄入人体后的化学形态各异，其在人体内的效果和毒作用是截然不同的。

③ 食品是一成分复杂的体系，存在对金属元素有影响的成分。因此，在评判一种金属元素的营养性和有害性时，还要考虑其他成分的存在对它的影响。例如，Hg、Pb 及 Cd 是目前公认的对人体有害的重金属元素，在食品中都有严格的限量要求。根据 Rumbeiha 等研究表明，当 Hg 与脂多糖同时给受试动物静脉注射与分别给受试动物注射脂多糖或氯化汞时，对生物毒害性的影响是完全不同的（图 6-24～图 6-27）。图 6-24～图 6-27 横坐标分别为：对照组注射等量的 0.9%生理盐水（saline），Hg 处理组注射 1.75mg/kg 体重氯化汞（Hg），脂多糖处理组注射 2.0mg/kg 体重脂多糖（LPS），脂多糖 Hg 处理组注射 2.0mg/kg 体重脂多糖和 1.75mg/kg 体重氯化汞（LPS＋Hg）。结果发现，受试小鼠血清中尿氮浓度，Hg 处理组比对照组高约 3 倍；而 LPS＋Hg 处理组的小鼠血清中尿氮浓度比 Hg 处理组还要高，约是对照组的 10 倍，Hg 处理组的 2～3 倍。

对不同处理组小鼠肌酸酐含量的分析表明，LPS＋Hg 处理组的肌酸酐含量明显上升，约是其他处理组的 2.5 倍（图 6-25）。从图 6-26 可知，Hg 及 LPS 处理组，受试小鼠尿量增加，而 LPS＋Hg 处理组小鼠的尿量大大减少，约是对照组的 1/4。LPS、Hg 同时注射小鼠，小鼠体内 Hg 含量明显比相同量的 Hg 要高 5 倍以上，说明 LPS 有利于受试小鼠对 Hg 的吸收富集（图 6-27）。

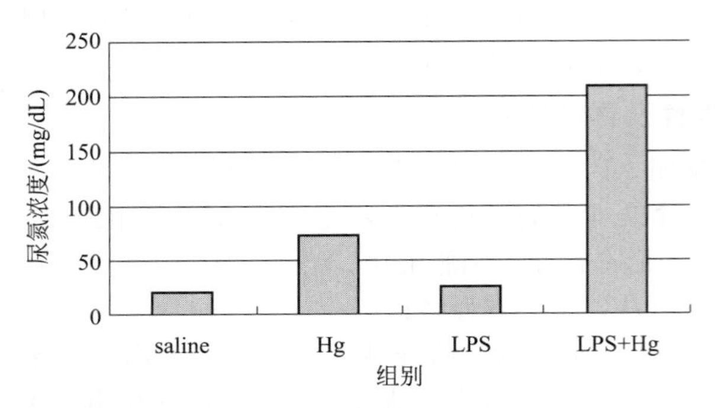

图 6-24　脂多糖、Hg 及脂多糖 Hg 处理对小鼠血清中尿氮浓度的影响

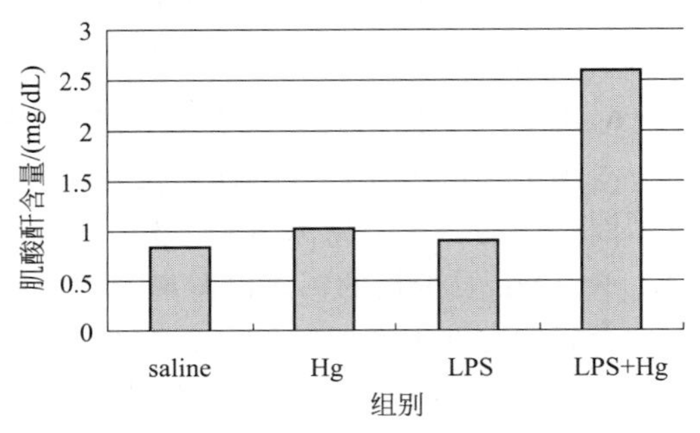

图 6-25　脂多糖、Hg 及脂多糖 Hg 处理对小鼠肌酸酐的影响

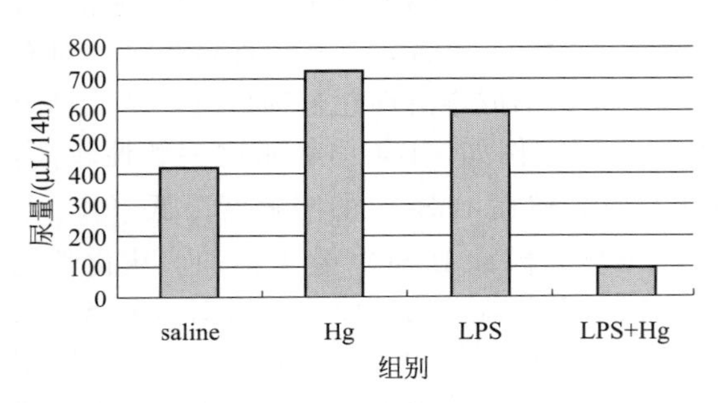

图 6-26　脂多糖、Hg 及脂多糖 Hg 处理对小鼠尿量的影响

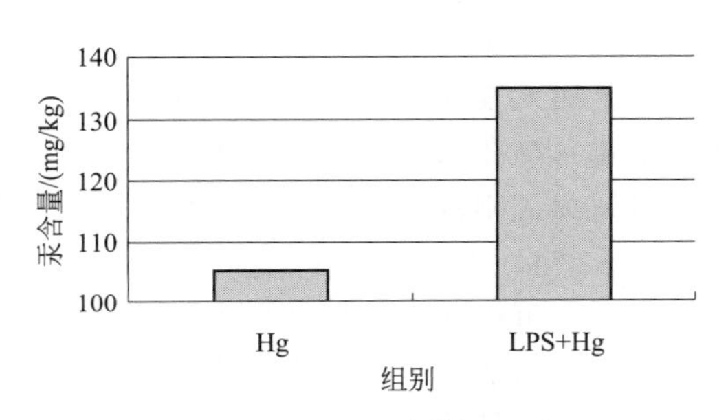

图 6-27　Hg 及脂多糖 Hg 处理对小鼠体内 Hg 含量的影响

6.4　食品中矿物质的含量及影响因素

食品种类不同，其内含的矿物质含量也不同（表 6-17）。除原料不同对食品中矿物质含量有影响外，即使是用同一品种原料加工的食品，由于原料生长环境、食品加工工艺及贮存方式等因素也会影响矿物质含量。例如，同是用大米加工的食品，其 Cu 含量主要受以下方面的因素影响：水稻生长的土壤中 Cu 含量、地区、季节、水源、化肥、杀虫剂、农药和杀菌剂的使用、加工用水、加工设备等；另外，膳食的结构与性质等因素也影响人体对某些矿物质的吸收，如富含植酸的食品对 P 的吸收。此外，矿物质在加工过程中作为直接或间接添加剂进入食品，这是一种十分易变的因素。由此可见，不同食品中的矿物质含量变化范围是很大的（表 6-17）。

归纳起来，影响食品中矿物质含量主要有两方面：其一是影响原料中矿物质含量，进而影响食品中矿物质含量；其二是加工及贮存方式的影响。

表 6-17　部分食品中矿物质组成　mg/kg

食品	Ca	Mg	P	Na	K	Fe	Zn	Cu	Se
炒鸡蛋	57	13	269	290	138	2.1	2.0	0.06	8
白面包	35	6	30	144	31	0.8	0.2	0.04	8
全麦面包	20	26	74	180	50	1.5	1.0	0.10	16
无盐通心粉	5	13	38	1	22	1.0	0.4	0.07	19.0
米饭	10	42	81	5	42	0.4	0.6	0.01	13.0
速食米饭	10	42	81	5	42	0.4	0.6	0.01	13.0
熟黑豆	24	61	120	1	305	2.0	1.0	0.18	6.9
红腰果	25	40	126	2	356	3.0	0.9	0.21	1.9
全脂乳	291	33	228	120	370	0.1	0.9	0.05	3.0
脱脂乳/无脂乳	302	28	247	126	406	0.1	0.9	0.05	6.6
美国乳酪	261	10	316	608	69	0.2	1.3	0.01	3.8
赛达乳酪	305	12	219	264	42	0.3	1.3	0.01	6.0
农家乳酪	63	6	139	425	89	0.1	0.4	0.03	6.3
低脂酸乳	415	10	326	150	531	0.2	2.0	0.10	5.5
香草冰激凌	88	9	67	58	128	0.1	0.7	0.01	4.7
带皮烤马铃薯	20	55	115	16	844	2.8	0.7	0.62	1.8
去皮煮马铃薯	10	26	54	7	443	0.4	0.4	0.23	1.2
生的椰菜茎	216	114	297	123	1470	4.0	2.0	0.40	0.9
熟的椰菜新茎	249	130	318	141	1575	4.5	2.1	0.23	1.1
生碎胡萝卜	15	8	24	19	178	0.3	0.1	0.03	0.8
熟的冻胡萝卜	21	7	19	43	115	0.4	0.2	0.05	0.9
鲜整只番茄	6	14	30	11	273	0.6	0.1	0.09	0.6
罐装番茄汁	17	20	35	661	403	1.0	0.3	0.18	0.4
橘汁(解冻)	17	18	30	2	356	0.2	0.1	0.08	0.4
橘汁	52	13	18	0	237	0.1	0.1	0.06	1.2
带皮苹果	10	6	10	1	159	0.3	0.1	0.06	0.6
香蕉(去皮)	7	32	22	1	451	0.4	0.2	0.12	1.1
烤牛肉(圆听)	5	21	176	50	305	1.6	3.7	0.08	—
烤小牛肉(圆听)	6	28	234	68	389	0.9	3.0	0.13	—
烤鸡脯	13	25	194	62	218	0.9	0.8	0.04	—
烤鸡腿	10	20	156	77	206	1.1	2.4	0.07	—
煮熟鲑鱼	6	26	234	56	319	0.5	0.4	0.06	—
罐装带骨鲑鱼	203	25	277	458	231	0.9	0.9	0.07	—

6.4.1　食品原料生产对食品中矿物质含量的影响

植物源食物生产过程中对植物源食品中矿物质含量的影响因素主要有品种、土壤类型、水肥管理、元素之间的拮抗作用和空气状态等。如同是黑糯米，产地不同其 Zn、Cu、Fe、Mn、Ca、Mg 等含量明显不同，说明产地环境及水肥管理对其有重要影响（表 6-18）。又如，在同一猕猴桃园中生长的猕猴桃，由于品种不同，品种间各种矿物质含量均有不同程度的差别，其中差别较大的为 Ca、P、Cu 和 Mn 等，含量最高和最低的品种之间相差均在 3 倍以上。

表 6-18　不同产地的黑糯米中主要矿物质含量　mg/kg

产地	Zn	Cu	Fe	Mn	Ca	Mg
湖南	19.48	1.779	17.18	15.46	26.59	12.27
浙江	19.47	2.549	20.13	24.25	59.48	12.00
贵州	16.64	0.702	24.97	25.36	32.00	11.42

动物源食物生产过程中对动物源食品中矿物质含量的影响因素主要有品种、饲料、动物的健康状况和环境。如宁夏产的牛乳粉中，K、Na、Mg、Ca、Fe、Mn、Zn、Cu 等 8 种元素含量与黑龙江和北京产的乳粉中上述 8 种元素含量就有差异，宁夏奶粉中含 Zn、Mg 量较高，而 Mn、Cu 含量较低。除产地不同对动物源食物中矿物质含量有重要影响外，即使是同一产地、同一物种，如果饲料中矿物质含量不同，其产品中矿物质含量也有很大的不同（表 6-19）。

表 6-19 添加微量元素的牛饲料对牛乳中矿物质含量的影响 mg/100g

组别	Fe	Cu	Zn	Mn	K	Na	Ca	Mg	P
添加组	0.122	0.032	0.417	0.008	81.60	83.70	144.0	11.00	98.60
对照组	0.137	0.007	0.442	0.010	68.39	85.34	76.67	10.06	82.09

不同来源的海洋哺乳动物肝脏中微量元素含量也有明显不同（表 6-20），这与人类活动、地质情况等不同有关。

表 6-20 南北半球海洋哺乳动物肝脏中微量元素的比较 μg/g 干重

物种中文名	物种英文名	产地	V	Cr	Mn	Fe	Co	Cu	Zn	Ga	As	Se	Rb
南半球													
亚马孙海豚	Estuarine dolphin	巴西南部	0.13	0.93	9.84	790	0.027	31.6	192	0.005	0.83	38	4.09
拉河豚	Franciscana dolphin	巴西南部	0.089	0.049	14.8	820	0.04	44.5	152	0.003	1.2	9.1	5.34
大西洋斑原海豚	Atlantic spotted dolphin	巴西南部	0.24	0.64	14.9	870	0.023	40.6	361	0.015	0.7	79	4.69
真海豚	Common dolphin	巴西南部	0.3	0.42	12.4	1300	0.043	27.7	158	0.002	2.3	30	4.33
蓝白原海豚	Striped dolphin	巴西南部	0.061	0.23	12.3	1800	0.041	34.4	287	0.001	1.2	190	4.31
瓶鼻海豚	Bottlenose dolphin	阿根廷						259	653				
拉河豚	Franciscana dolphin	阿根廷						53.3	278				
小抹香鲸	Pigmy sperm dolphin	阿根廷						34.3	543				
南美海狮	South American-sea lion	阿根廷						40.6	188				
瓶鼻海豚	Bottlenose dolphin	澳大利亚		3.1				38	258			1.4	20.1
真海豚	Common dolphin	澳大利亚		0.4				44	306			1.3	6.3
瓜头鲸	Melon-headed whale	澳大利亚		12				15	138			1.8	96
小抹香鲸	Pygmy sperm	新喀里多尼亚	0.39	ND	5.1	2812	0.05	12.8	53.3			23	
短肢(鳍)领航鲸	Whale short-finned pilot whale	新喀里多尼亚	0.08	ND	7.0	1504	0.04	44.2	124.5			693	

续表

物种中文名	物种英文名	产地	V	Cr	Mn	Fe	Co	Cu	Zn	Ga	As	Se	Rb
南半球													
南极海豹	Antarctic fur seal	南极海洋	1					263	384				7.2
小须鲸	Minke whale	南极海洋	2.82	69.3	19.5			24.8	195			17.6	17.7
罗氏海豹	Ross seal	南极海洋		1.9	16.0	519	1.4	83	212				
韦德尔海豹	Weddell seal	南极海洋			6.1	1920	68	148					
北半球													
糙齿长吻海豚	Rough-toothed dolphin	美国佛罗里达	<0.16		1.97	198	0.033	10.0	59.4		2	22	3.7
蓝白原海豚	Striped dolphin	日本 Taiji	0.268	0.52	8.88	679	0.042	24.6	127			127	0.228
北海豹	Northern fur seal	日本 Sanruku	1.9	1.5	12.8	0.1	66.1	254				76	5.95
贝加尔海豹	Baikal seal	贝加尔湖	1.8	0.36	7.85		0.066	12.9	129			8.4	21.5
里海海豹	Caspian seal	里海	0.41	0.26	20.3		0.028	42.9	226			60	6.48

注：真海豚又名普通海豚、短吻型海豚等；蓝白原海豚又名条纹（原）海豚、青背海豚；瓶鼻海豚又名宽吻海豚；小抹香鲸又名次抹香鲸、短头抹香鲸；短肢（鳍）领航鲸又名大吻巨头鲸、圆头鲸。"ND"表示没有测到。

由上可知，影响食品原物的矿物质含量的因素较多，由此也使得食品中的矿物质含量也有所不同。

6.4.2 加工对食品中矿物质含量的影响

加工方式、加工用水、加工设备、加工辅料及添加剂等对食品中矿物质含量有重要影响。如同样的野生蕨菜进行如下4种前处理（表6-21），微量元素含量就发生了变化。Ca含量均有所增加，其他微量元素含量均有所减少，其中盐腌脱水处理的减少得最多，烫漂处理对某些矿物质也有很大的损失，如Zn、Mn等。表6-22表明，热烫造成菠菜中K、Na损失最大，而对钙几乎没有影响。由此可见，由于不同的矿物质在食品中的存在状态不同，有些矿物质，尤其是呈游离态的矿物质，如K、Na，在漂、烫加工中是极易损失的，而某矿物质由于是以不溶于水的形态存在，在漂洗、热烫中不易脱去。

表6-21　不同加工方式对野生蕨菜中一些微量元素含量的影响　mg/100g干重

加工方式	Ca	Mg	Fe	Mn	Cu	Zn
加工前	62.5	238.0	32.0	8.1	26.4	9.5
自然脱水＋烫漂	80.0	140.9	30.6	6.3	22.4	7.1
自然脱水＋不烫漂	80.1	169.5	21.1	6.3	20.3	7.0
盐腌脱水＋烫漂	80.6	126.0	27.6	5.1	20.2	5.7
盐腌脱水＋不烫漂	88.0	156.3	20.7	6.7	15.5	6.9

表6-22　热烫对菠菜中矿物质损失的影响

项　目	含量/(g/100g)		损失率/%
	未热烫	热烫	
K	6.9	3.0	56
Na	0.5	0.3	43

续表

项　目	含量/(g/100g)		损失率/%
	未热烫	热烫	
Ca	2.2	2.3	0
Mg	0.3	0.2	36
P	0.6	0.4	36
亚硝酸盐	2.5	0.8	70

除漂洗、热烫等工序导致食品矿物质的损失外，加工设备及辅料对食品中的矿物质也有重要的影响。如不同的加工方式对土豆中 Cu 含量的影响表明（表 6-23），油炸及去皮均使土豆中 Cu 含量增加。

表 6-23　加工方式对土豆中 Cu 含量的影响　　mg/100g 新鲜质量

加工方式	Cu	增加率/%	加工方式	Cu	增加率/%
原料	0.21	0.00	土豆泥	0.10	-52.38
水煮	0.10	-52.38	法式炸土豆片	0.27	28.57
焙烤	0.18	-14.29	快餐土豆	0.17	-19.05
油炸土豆片	0.29	36.20	去皮土豆	0.34	61.90

6.4.3　贮藏对食品中矿物质含量的影响

食品中矿物质还能通过包装材料的接触而改变。表 6-24 中列举了罐装的液态和固态食品中部分矿物质的含量变化。固态食品由于与包装材料的反复碰撞，其受试食品中矿物质 Al、Sn 和 Fe 的含量都有所增加。

表 6-24　蔬菜罐头中微量金属元素的分布

罐头种类	罐	组分	含量/(g/kg)		
			Al	Sn	Fe
绿豆	La	L	0.10	5	2.8
		S	0.7	10	4.8
菜豆	La	L	0.07	5	9.8
		S	0.15	10	26
小粒青豌豆	La	L	0.04	10	10
		S	0.55	20	12
旱芹菜芯	La	L	0.13	10	4.0
		S	1.50	20	3.4
甜玉米	La	L	0.04	10	1.0
		S	0.30	20	6.4
蘑菇	P	L	0.01	15	5.1
		S	0.04	55	16

注：La 表示涂漆罐头，P 表示素 Fe 罐头，L 表示液体，S 表示固体。

6.5　加工及贮藏对食品中矿物质形态的影响

6.5.1　加工贮藏对食品中矿物质形态的改变

食品体系可以看成一个复杂的由多种分子组成的混合化学体系，在加工贮藏过程中该体系可能受到来自自身的或外部的影响，产生一系列化学变化。这些化学变化就有可能对食品体系内的矿物质形态产生可逆或不可逆的影响。由于矿物质主要以游离态、与配体形成配合物态、以共价键形成有机分子三个形态存在于食品中，因此加工及贮藏对矿物质形态也会产生影响，具体表现为矿物质配合物形态和矿物质的价态或所在离子团的形态改变。

① 改变矿物质配合物形态　加工贮藏过程中的化学、微生物、酶活性等因素可以作用于金属配合物的配体，导致其结构发生变化，例如：金属离子与氨基酸配体在食品加热过程中与体系内的糖类发生美拉德反应，改变原有结构，进而导致矿物质的配位形态发生改变；Lombardi-boccia 等发现鸡肉在 180℃温度下烤 50min 会使血红素形态的 Fe 离子损失 30%。此外，由于不同的金属离子对同一配体的亲和力不同，在加工工程中高亲和力的离子有机会将配合物中低配体亲和力的离子置换出来，成为游离形态，并形成了新的金属配合物。

② 改变矿物质的价态或所在离子团的形态　食品体系中本身含有多种还原剂可以还原矿物质，在加工贮藏过程中也有可能接触氧化剂，如氧气等，可以氧化矿物质。因此，在加工贮藏过程中矿物质的价态可能发生改变。例如，新鲜肉往往呈现鲜红色，而贮藏一段时间的肉类则呈暗红甚至褐色，这是由于血红素中的 Fe^{2+} 被氧化成 Fe^{3+}，进而产生颜色变化。

③ 改变矿物质所在有机分子的结构　当矿物质（尤其是非金属矿物质）与其他元素形成有机化合物时，加工贮藏过程有可能破坏有机化合物的原有结构，形成新化合物。例如，Lu 等发现水煮、油炸、汽蒸三种烹饪方法均会导致大麦及玉米中的硒代半胱氨酸含量降低，其中水煮法的影响最为严重。

6.5.2 加工贮藏对食品中矿物质形态改变的影响因素

不同的加工工序对食品中矿物质形态的影响最大。然而食品的加工工艺十分多变，且不同的工艺间差异较大，难以统一概括，因此研究加工过程对食品矿物质影响需要根据具体的加工工艺进行讨论。此处，仅将食品贮藏过程中矿物质形态变化的影响因素简单概括为温度、pH 值、含水量及水分活度、有效含氧量等。

① 温度　温度对化学反应活性、酶活性、微生物活性都有着较大的影响，降低贮藏温度会减缓矿物质形态变化速率。

化学反应的本质是分子热运动产生的有效碰撞，提高温度会提高分子的平均热运动动能，加快反应。此外，温度也会改变化学反应的自发性，低温下不能发生的反应在高温下就有可能发生。总体来说降低温度会减缓食品中矿物质形态的化学转变速率。

酶在最适温度下有最好的催化速率，因此食品中未灭活的酶在不同的温度下催化速率不同。总体来说在达到变性温度前，酶活随温度的升高而身高，达到或超过变性温度后酶活降低或消失。所以为了提高食品中矿物质形态对酶的稳定性，可以通过降低温度来抑制酶活。

微生物生长对温度也较为敏感，温度越低微生物代谢越慢，因此降低温度可以有效减缓由微生物产生的矿物质形态变化。

② pH 值　加工贮藏过程中涉及的许多化学反应、酶、微生物对 pH 值较为敏感，因此可以通过改变食品体系的 pH 值达到提高矿物质贮藏稳定性的目的，如护绿措施之一就是增加 pH 值，减少叶绿素脱镁。

③ 含水量及水分活度　贮藏过程中涉及许多化学过程、酶催化过程、微生物转化过程均需要水作为溶剂或反应物。因此降低含水量及水分活度可以有效抑制这些过程，提高矿物质形态的稳定性。

④ 有效含氧量　有效含氧量指食品体系中可以参与氧化还原反应的氧的总量。氧化还

原反应是影响矿物质价态、配体结构的重要反应，降低食品体系中有效含氧量可以有效导致由氧化反应造成的矿物质存在形态变化。具体可以通过隔绝氧化物，如真空包装，或加入抗氧化剂的方法达到降低有效含氧量的目的，前者降低食品体系总氧量，后者通过抗氧化剂优先与氧气反应这一途径降低了氧气的有效性。

⑤ 微生物 微生物的生理活动会大幅改变一部分矿物质的形态，如硒元素。因此，对食品体系进行杀菌可以有效缓解来自微生物影响的元素形态改变。

6.6 食品矿物质研究热点

食品中矿物质相对含量少，种类多样，存在形态多变，且每种存在形态下的矿物质的物理、化学、生物及食品功能性又有较大差异，研究时需要考虑的因素多，涉及学科广。今后对于矿物质研究的主要方面可能有以下方面。

6.6.1 一元与多元相结合

食品中矿物质早期研究更多侧重于研究某矿物质总含量及单一形态下含量变化及影响因素。现阶段及今后对食品中矿物质研究逐渐将模型（尤其是动物模型）视为一个整体，研究一个元素含量产生变化后，模型中其他矿物质代谢的变化，或者多种矿物质的不同组合对某种模型指标性参数的影响。例如，Yin 等 2020 年发表的研究结果表明，Mn、Se、Zn 元素同时过量时会大幅提升神经管畸形的风险，而 Co 元素的引入会降低此风险。

6.6.2 研究方向高度细化

从矿物质营养功能的角度出发，目前研究主流的发展趋势是精细化、基础化，研究目标从宏观的生理变化，向产生这些生理变化的分子生物学基础发展，具体研究对象也从矿物质对体重、发育和某种疾病情况等简单宏观生理指标，向更微观的关键酶、蛋白质、DNA 等生物大分子，甚至某些小分子化合物发展。

对食品中矿物质形态与功能的关系研究更加重视，研究分类也更加细化。早期研究普遍将某一个元素的各种形态视为一个整体，或者用矿物质的某一种形态简单地代表该元素所属形态下的化合物，采用大水漫灌的形式研究，所得结果较为粗糙，且常有错误，如同是有机态的钙，草酸钙与蛋白钙其性质和功能大不相同；而新兴的矿物质形态与功能研究更加具体细分各个形态下的矿物质形态与功能。例如早期的砷元素的毒理研究普遍采用亚砷酸代表所有三价砷进行研究，最新研究则将同为三价砷的亚砷酸和甲基亚砷酸盐细化区分研究其功能性，结果就发现二者对人脑细胞的酶系统的影响是截然不同的。

6.6.3 多学科深度交叉更受青睐

多学科交叉是目前全人类进行科学研究的发展大趋势，食品学科本身就是一个融合了物理、化学、生物学、统计学等多个学科的交叉领域，因此在食品学科背景下的矿物质相关研究表现出更加明显的多学科交叉趋势。在模型设计上，尤其是细胞、动物模型设计，需要大量生物学背景；目前主要的数据采集方法均为化学分析方法；在数据分析方面，统计建模的准确性会大大影响最终结论的可信度。此外，研究内容的本身也表现出明显的学科交叉性，例如 Liao 等报道的不同烹饪方法对贝类中砷元素形态影响的研究就是典型的化学与食品科学的交叉性研究。

在相关学科交叉研究食品矿物质蓬勃发展的同时，也衍生出诸多研究技术或手段急待解决，并成为食品矿物质研究热点：①研究系统过于复杂，高效针对性强的模型构建尤为重要。无论是矿物质的营养活性研究还是食品功能活性研究，所研究的对象都高度复杂，对象内部存在多重动态影响因素，这对研究的模型要求极高。对真实研究对象还原度高的模型往往过于复杂，影响因素过多，数据处理容易出现偏差；而过于简化的模型虽能在理想状态下解释研究结果，但研究结论时常难以推广。因此，现阶段无论是对单一矿物质还是对复合矿物质进行研究，模型的建立都有较大的难度。因此，今后高效针对性强的模型构建和大数据分析技术在多学科交叉研究矿物质食品功能性与营养性方面应用愈加重视。②现有检测方法不足。更先进科学的检测方法的不足不仅对食品学科的研究造成限制，更是整个生化大类所有学科共同的阻碍。例如，在矿物质研究方面，由于蛋白质等有螯合作用和生命体系中其他生物分子的影响，用模型研究目标矿物质时，经常出现因含量低或形态易变而难以富集提取或检测不到的问题；另外，对矿物质在体内代谢历程的研究，目前只有同位素标记的方法较好，但价格昂贵，且有些同位素难以获得或实验防护要求难以达到。

参 考 文 献

[1] 万洋灵，等．食品中硼的健康风险与控制研究进展．食品科学，2016，37（21）：265.

[2] 车秀琴．碘与人体健康．科技视界，2015（18）：241.

[3] 仇佩虹，等．马蹄金中铁、钙、镁、铜、锌、锰、镍的形态分析．药物分析杂志，2006，26（2）：265.

[4] 李凯文，等．食品中硼含量测定与居民硼摄入量评估．中国公共卫生，2014，30（11）：1441.

[5] 吴美媛，等．猴头菇多糖复合酶法提取及重金属去除工艺研究．食品研究与开发，2013，34（16）：15.

[6] 汪东风．食品中有害成分化学．北京：化学工业出版社，2006.

[7] 汪东风，等．茶叶中稀土元素结合多糖的结构特征及某些生物活性．中国食品学报，2004（2）：15.

[8] 张井．北太平洋鱿鱼内脏酶解液中重金属镉的脱除研究．青岛：中国海洋大学，2009.

[9] 张毅．钼蓝分光光度法测定食品中的磷．哈尔滨：东北农业大学，2018.

[10] 周湖明．近江牡蛎富集和排出 Cd、Pb 及其与金属硫蛋白含量相关性的研究．湛江：广东海洋大学，2013.

[11] 姚艳红，等．红景天水提液中微量元素的初级形态分析．延边大学学报（自然科学版），2008（1）：54.

[12] 唐任寰．论生物体内的生物元素图谱．北京大学学报（自然科学版），1996（6）：113.

[13] 黄志勇，等．高效液相色谱/电感耦合等离子体质谱联用技术用于元素形态分析的研究进展．分析化学，2002（11）：1387.

[14] 蒋仙玮，等．脱除重金属的技术方法．食品工业科技，2010，31（12）：393.

[15] 傅武胜，等．食品中硼及其化合物的风险评估．海峡预防医学杂志，2011，17（4）：16.

[16] 曾志将，等．花粉中 Fe、Zn、Cu、Mn 元素可溶性糖类结合态及脂肪结合态的研究．蜜蜂杂志，2002（11）：3.

[17] 翟晓娜．壳聚糖纳米硒体系的制备及其物化特性和生物活性的研究．北京：中国农业大学，2017.

[18] Capasso C，*et al*. Solution structure of MT-nc，a novel metallothionein from the Antarctic fish *Notothenia coriiceps*. Structure，2003，11（4）：435.

[19] Dugo G，*et al*. Speciation of inorganic arsenic in alimentary and environmental aqueous samples by using derivative anodic stripping chronopotentiometry（dASCP）. Chemosphere，2005，61（8）：1093.

[20] Kunito T，*et al*. Concentration and subcellular distribution of trace elements in liver of small cetaceans incidentally caught along the Brazilian coast. Marine Pollution Bulletin，2004，49（7）：574.

[21] Liao W，*et al*. Change of arsenic speciation in shellfish after cooking and gastrointestinal digestion. Journal of Agricultural and Food Chemistry. 2018，66（29）：7805.

[22] Liu B，*et al*. Biosorption of lead from aqueous solutions by ion-imprinted tetraethylenepentamine modified chitosan beads. International Journal of Biological Macromolecules，2016，86：562.

[23] Li C，*et al*. Bioaccumulation of cadmium by growing *Zygosaccharomyces rouxii* and *Saccharomyces cerevisiae*.

Bioresource Technology, 2014, 155: 116.

[24] Lombardi-boccia G, *et al*. Total heme and non-heme iron in raw and cooked meats. Journal of Food Science, 2002, 67 (5): 1738.

[25] Lu X, *et al*. Effects of chinese cooking methods on the content and speciation of selenium in selenium bio-fortified cereals and soybeans. Nutrients, 2018, 20 (3): 317.

[26] Mikac N, *et al*. Inter-comparison of alkyllead compound determination in mussels and water by two analytical techniques: gas chromatography atomic absorption spectrometry and differential pulse anodic stripping voltammetry. Analytica Chemica Acta, 1996, 326 (1-3): 57.

[27] Nagy L, *et al*. Equilibrium and structural studies on metal complexes of carbohyrates and their derivatives. Journal of Inorganic Biochemistry, 2002, 89 (1-2): 1.

[28] Tuzen M, *et al*. Separation and speciation of selenium in food and water samples by the combination of magnesium hydroxide coprecipitation-graphite furnace atomic absorption spectrometric determination. Talanta, 2007, 71 (1): 424.

[29] Yin S, *et al*. Essential trace elements in placental tissue and risk for fetal neural tube defects. Environment International, 2020. DOI: 10.1016/j.envint.2020.105688.

[30] Yoshinaga-Sakurai K, *et al*. Comparative cytotoxicity of inorganic arsenite and methylarsenite in human brain cells. ACS Chemical Neuroscience. 2020, 11 (5): 743.

[31] Yu L. Cloud point extraction preconcentration prior to high-performance liquid chromatography coupled with cold vapor generation atomic fluorescence spectrometry for speciation analysis of mercury in fish samples. Journal of Agricultural and Food Chemistry, 2005, 53 (25): 9656.

[32] Zhao W, *et al*. Adsorption of cadmium ions using the bioadsorbent of Pichia kudriavzevii YB5 immobilized by polyurethane foam and alginate gels. Environmental Science and Pollution Research, 2018, 25 (4): 3745.

第7章 酶

内容提要：酶学概念及对食品科学方面的应用，如酶与食品加工和保藏、酶与食品安全、酶与食品营养、酶与食品分析等；固定化酶的概念及性质，酶的固定化方法，影响固定化酶反应动力学的因素，固定化酶在食品工业中的应用举例，如固定化酶在乳制品生产、在果汁生产、在食品添加剂和调味剂等生产中的应用；酶化学修饰概念及基本要求，酶化学修饰程度和修饰部位的测定方法，如酶蛋白侧链基团的化学修饰方法、大分子结合修饰及金属离子置换修饰等；酶的非水相催化概念、非水相酶催化反应体系及非水介质中酶的结构与性质，有机介质中酶催化作用及在食品及其相关领域中的应用；酶传感器概述及类型，酶传感器在食品工业中的应用，如葡萄糖酶电极在葡萄糖工业、谷氨酸氧化酶电极在氨基酸分析及乙酰胆碱酯酶传感器在食品农药残留检测等方面的应用。利用酶制剂生产具有保健功效的食品、利用酶学技术进行食品安全和质量分析、使用生物技术开发食品酶制剂的新种类和新功能等方面将是食品酶学研究热点。

7.1 概 述

酶（enzyme）是具有高效和专一催化功能的生物大分子，其化学本质为蛋白质。生物体内的各种生化反应，几乎都是在酶的催化作用下进行的。因此，酶是生命活动的产物，又是生命活动必不可缺的条件之一。所以，在食品中涉及许多酶催化的反应，它们对食品品质会产生需宜或不需宜的影响和变化。有时为了提高食品品质与产量，在食品加工或贮藏过程中添加外源酶。在现代食品工业中，酶被广泛应用于乳制品、烘焙食品、饮料、油、肉制品、制糖工业和功能性食品中等，并利用酶技术对传统食品生产工艺进行改造。此外，由于酶作用的高度专一性，酶已越来越多地用于食品安全检测。因此食品酶学已成为酶学的一个重要的学科分支和食品科学的一个重要研究方向。本章着重介绍与食品科学相关的酶固定化技术、酶的化学修饰、有机相酶催化技术和酶传感器技术等知识。

7.1.1 酶的概念与作为生物催化剂的特点

7.1.1.1 酶的概念

酶是最有效的生物催化剂（biocatalyst），是活细胞产生的具有高度专一性和极高催化效率的蛋白质。人们对酶的认识起源于生产和生活实践，酶的应用可以追溯到几千年前，但对酶的真正发现和对酶本质的认识直到19世纪中叶才开始起步，并随现代科技的发展，人们对酶本质认识也在不断深化。Dixon和Webb（1979年）在《酶学》一书中将酶定义为："酶是一种由于其特异的活性能力而具有催化特性的蛋白质。"综合20世纪80年代之前的研究结果，对"酶学"的定义，不但明确了酶的蛋白质属性及其具有的特殊生物催化功能，也具有实用价值，通过此定义可以用来研究酶的活性原理和应用，特别是与现在和未来食品工业中酶的应用有关的一些基本问题。但Cech和Altrnan等在20世纪80年代初，分别发现了具有催化功能的核糖酶（ribozyme），不但打破了酶是蛋白质的传统观念，开辟了酶学研究的新领域，同时重新对酶下一个更加科学的定义：酶是由生物活细胞所产生的、具有高效和专一催化功能的生物大分子。需要指出的是"酶"的传统术语还将在一般情况下使用，特别是以蛋白质的特性来描述生物催化作用时，尤其在食品工业中现在和可预见的将来所使用的所有酶都是蛋白质。

7.1.1.2 酶作为生物催化剂的特点

作为生物催化剂的酶，既有与一般催化剂相同的催化性质，又具有一般催化剂所没有的生物大分子特征。酶与一般催化剂的共同点是：①只改变反应的速率而不改变反应性质、反应方向和反应平衡点；②在反应过程中不消耗；③可降低反应的活化能。而酶作为生物催化剂，与一般催化剂相比又具有以下明显的特性。

(1) 高度的催化效率 一般而言，酶促反应速度比非酶催化反应高10^8～10^{20}倍，比其他催化反应高10^7～10^{13}倍。例如，过氧化氢酶和铁离子都催化H_2O_2的分解，但在相同的条件下，过氧化氢酶要比铁离子的催化效率高10^{11}倍。正是由于酶的高效性，在生物体内酶的含量尽管很低，却可迅速地催化大量底物发生反应，以满足生物体新陈代谢的需求。

(2) 高度的专一性（specificity） 酶对其所催化的底物和反应类型具有严格的选择性。一般来说，一种酶只作用于一种或一类化合物或一定的化学键，催化一定类型的化学反应，并生成一定的产物，这种现象称为酶的专一性或特异性。

不同的酶专一性程度不同，酶对底物的专一性又可分为以下几种：①绝对专一性（absolute specificity），一种酶只作用于一种底物，发生一定的反应，并产生特定的产物，如脲酶只能催化尿素水解成NH_3和CO_2，而不能催化甲基尿素的水解反应。②相对专一性（relative specificity），一种酶可作用于一类化合物或一种化学键，如脂肪酶可水解多种脂肪，而与脂肪分子中的脂肪酸组成没有多大关系。③立体异构专一性（stereo specificity），酶对底物的立体构型的特异要求，如α-淀粉酶只能催化水解淀粉中α-(1→4)-糖苷键，不能催化水解纤维素中的α-(1→4)-糖苷键；L-乳酸脱氢酶的底物只能是L-乳酸，而不能是D-乳酸。

(3) 温和的作用条件 酶可在常温、常压和温和的酸碱度条件下进行催化反应。如用酸水解淀粉生产葡萄糖，需245～294kPa的压力和140～150℃的高温及耐酸设备；而用酶水解淀粉，在65℃条件下，一般设备即可。

(4) 酶反应的可控性 酶是细胞的组成成分，和体内其他物质一样，在不断地进行新陈代谢，酶的催化活性也受多方面的调控。此外，酶对反应条件极为敏感，可以简单地用调节pH、温度或添加抑制剂等方法来控制酶反应的进行。

7.1.2 酶分子的结构与功能

7.1.2.1 酶分子的结构特征

酶是一种蛋白质，其结构包括一级结构和高级结构，与酶的催化功能密切相关。蛋白质结构的改变会引起酶催化作用的改变或丧失。

酶的一级结构是指构成蛋白质的20种基本氨基酸的种类、数目和排列顺序，是酶催化功能的化学基础。通常，一级结构改变会导致酶的催化功能发生相应改变。许多酶都存在二硫键（—S—S—），一般二硫键断裂将使酶变性而丧失其催化功能。但在某些情况下，二硫键断开，如酶的空间构象不受破坏时，酶的活性并不完全丧失，而当二硫键复原，酶的催化活性又重新恢复。

酶的二级、三级结构是所有酶都必需具备的空间结构。酶分子的空间结构即是维持酶活性中心所必需的构象。酶分子的肽链以β折叠结构为主，折叠结构间以α螺旋及折叠肽链段相连。β折叠为酶分子提供了坚固的结构基础，以保持酶分子呈球状或椭圆状。

在酶的二级结构中，结构单元在结合底物过程中，常发生位移或转变。从酶活性中心的柔性特征来看，有人提出β折叠结构可能对肽链的构象相对位移有利，因为这种结构可以把一些空间位置上邻近的肽段固定在一起，以维持稳定的活性构象。

酶分子的三级结构是球状外观。在三级结构构建过程中，β折叠总是沿主肽链方向于右手扭曲，构成圆筒形或马鞍形的结构骨架。α螺旋围绕着β折叠骨架结构的周围或两侧，形成紧密曲折折叠的球状三级结构。由于非极性氨基酸（如苯丙氨酸、丙氨酸等）在β折叠中出现的概率很大，因此在分子内部形成疏水核心，而表面则多为α螺旋酸性氨基酸残基的亲水侧链所占据。

除少数单体酶外，大多数酶是由多个亚基组成的寡聚体，亚基间的空间排布即是酶的四级结构。亚基间主要依靠疏水作用缔合，范德华力、盐键、氢键等也具有一定作用。亚基之间缔合状态的不同决定了酶的活性高低。在多数情况下，每个亚基有一个活性部位，也有些酶的活性部位是由一个以上亚基共同组成的。

酶分子的球形结构表面存在着多种功能性区域，其主要生物学功能是催化特异的化学反应，因此与催化有关的功能区域是酶学研究的重点。但是，酶除具有催化功能外，还有其他一些生物功能，亦即分子中存在着其他功能部位，如抑制剂、激活剂、别构效应剂结合部位，亚基间相互识别、相互结合部位，与酶在膜上定位和定向有关的区域等，这些都是与催化功能直接或间接相关的部位。

7.1.2.2 酶的活性中心与必需基团

酶与其他蛋白质的不同之处就在于，酶分子的空间结构上具有特定的催化功能的区域。对酶分子结构的研究证实，并不是所有氨基酸残基，而只是少数氨基酸残基与酶的催化活性有关。这些氨基酸残基在一级结构上并不互相毗邻或靠近，但在空间结构上彼此靠近，集中在一起形成具有一定空间结构的区域。该区域与底物相结合并催化底物转化为产物，这一区域称为酶的活性中心（active center）。单纯酶中，活性中心常由一些极性氨基酸残基的侧链基团所组成，如His的咪唑基、Ser的羟基、Cys的巯基、Lys的ε-氨基、Asp和Glu的羧基等。而对结合酶，除上述基团以外，辅酶或辅基上的一部分结构往往也是活性中心的组成部分。

酶活性中心内的一些化学基团为酶发挥催化作用所必需，故称为必需基团。就功能而言，活性中心内的必需基团又可分为两种：与底物结合的必需基团称为结合基团，催化底物发生化学反应的基团称为催化基团。结合基团和催化基团并不是各自独立的，而是相互联系的整体。活性中心内有的必需基团可同时具有这两方面的功能。但在酶活性中心以外的区域，有些基团虽然不直接参与酶的催化作用，但对维持酶分子的空间构象及酶活性是必需的，称为活性中心以外的必需基团（见图 7-1）。

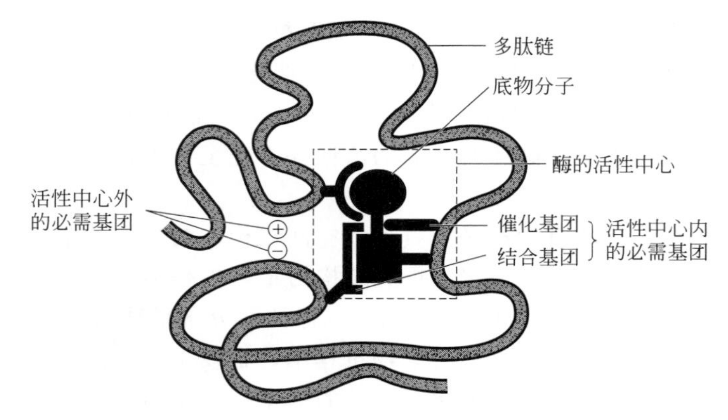

图 7-1　酶的活性中心和必需基团示意

具有相似催化作用的酶往往有相似的活性中心。如多种蛋白质水解酶的活性中心均含有 Ser 和 His，处于这两个氨基酸残基附近的氨基酸序列也十分相似。实际上，利用酶活性中心内的氨基酸残基的特征可以模拟酶的作用。例如根据 α-凝乳蛋白酶活性中心由 His_{57}、Asp_{102} 和 Ser_{195} 组成的特征，设计并合成出接有咪唑基、苯甲酰基和羟基的 β-环糊精，它也表现出该酶的某些催化特征。

需要说明的是，酶的结构不是固定不变的，而是具有一定的柔性。有些学者认为酶分子的构型与底物原来并非吻合，但当底物分子与酶分子相遇时，可诱导酶分子的构象变得能与底物配合，进而催化底物分子发生化学变化，也即所谓酶的诱导契合作用。

7.1.3　酶学对食品科学的重要性

随着研究的不断深入，酶以独特的优势在食品工业中应用越来越多。酶工业已成为世界范围内具有发展前景的新兴产业之一，其中约 35%用于食品和饮料工业（图 7-2）。世界对食品酶制剂的需求量至 2020 年达到 54 亿美元，已广泛应用于食品原料开发、品质改良、工艺改造等食品工业领域，如乳制品加工、酿造和发酵产品、焙烤产品、葡萄酒和果汁产品及肉制品。食品工业中使用的酶因其在食品生产中的作用和能力而多样化。根据它们催化反应的类型，可分为氧化还原酶（脱氢酶、还原酶或氧化酶）、转移酶、水解酶、异构酶（消旋酶、超异构酶、顺异构酶、异构酶、互变酶、变酶、环异构酶）和连接酶（合成酶）五类。其中应用较多的是蛋白酶、糖酶、酯酶、脂肪氧化酶、多酚氧化酶、过氧化物酶、抗坏血酸氧化酶。这些不同种类的酶在食品加工与贮藏中对改进食品质地、风味、色泽、保鲜等方面发挥重要作用。随着食品工业的发展和食品科学研究的深入开展，各种酶在食品工业中的作用机理逐渐清楚，食品酶制剂和技术具有更为广阔的应用前景。

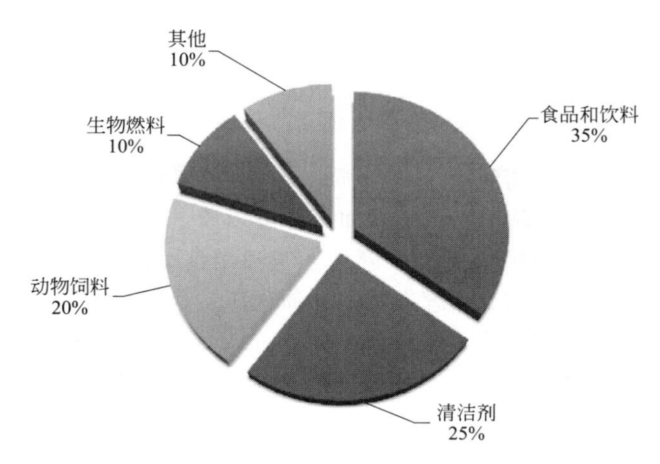

图 7-2　全球酶制剂在不同行业中的应用

7.1.3.1　酶与食品加工和保藏

动植物和微生物在生长发育的过程中，伴随着许多重要的酶催化反应的发生，在生物体发育成熟期间，体内酶的种类和数量始终持续不断地发生变化。而酶在不同细胞、组织和细胞中的作用、活性也有所不同。而农产品的收获、贮藏和加工条件也影响食品原料中各类酶催化的反应，产生两种不同的结果，既可加快食品某些变质的速度，又可提高食品某些方面的质量。除了存在于食品原料的内源酶外，因微生物污染而引入的酶也参与催化食品原料中的反应。因此，控制酶的活力对于改善食品质量至关重要。

酶作为一种反应的催化剂，在食品加工及保藏的应用中，有着其他物理或化学手段无法比拟的优越性。首先，它不会有任何有害残留物质；其次，由于酶催化反应有着高度的专一性和高效性，酶制剂用量小，经济合算；最后，酶催化反应条件温和，食品营养成分损失少，易于操作且能耗较低。充分利用酶这些特有性质可有效改善食品原料的风味和品质。如在柠檬果汁、枇杷果汁澄清过程中添加果胶酶可取得较好效果。

另外，酶制剂还可用于新产品的开发。如在淀粉糖产品加工中在分解淀粉时，需要不同的淀粉酶进行处理，较为常见的酶有 α-淀粉酶、葡萄糖苷酶等。为产出不同的产品，需要合理应用酶，因为水解淀粉的酶制剂方式不同，这样就能获得不同的产品，如麦芽糊精、高度麦芽糖浆等产品。

7.1.3.2　酶与食品安全

食品是人类赖以生存和发展的物质基础，而食品安全问题则是关系到人民健康和国计民生的重大问题。近几年来，酶制剂工业迅速发展，特别是随着生物科技的日新月异，人们已经能够通过基因工程手段改造部分微生物基因，从而改变酶蛋白的基本结构，达到强化酶在某方面功能特性的目的。然而，这种做法也给食品用酶的应用带来很大的安全隐患。所有新鲜食品当中都富含各种酶类，相当数量的酶会随人们食用食品而摄入体内，包括来自动物和植物来源的以及微生物来源的。作为微生物来源的食品酶制剂，通常除了包括酶蛋白本身以外，还含有微生物的代谢产物，以及添加的保存剂和稳定剂。如果将加入食品中的酶作为食品添加剂，那么就应该考虑到卫生和安全方面的问题。酶作用会使食品品质特性发生改变，甚至会产生毒素和其他不利于健康的有害物质。由于在生物材料中，酶和底物处在细胞的不同部位，故仅当生物材料破碎时，酶和底物的相互作用才有可能发生。此外，酶与底物作用也受到环境条件的影响。有时本身无毒的底物会在酶催化降解下转变成有害物质。例如，木薯含有生氰糖苷，虽然它本身无毒，但是在内源糖苷酶的作用下产生氢氰酸；十字花科植物的种子、皮、根中含有葡萄糖芥苷，葡萄糖芥苷属于硫糖苷，在芥苷酶作用下会产生对人和动物有害的甲状腺肿素。

尽管一些酶的作用会产生毒素和有害物质，同时也可以利用酶的作用去除食品中的毒素。例如，α-D-葡萄糖基转移酶用于甜叶菊加工，可以脱苦涩味。黄曲霉毒素 B_1 经黄曲霉毒素脱毒酶处理后，毒性、致畸性将极大降低。呋喃是食品热加工的产物之一，会损伤肝肾，并且已经被列为Ⅱ类致癌物。研究发现在葡萄糖与氨基酸的模拟反应体系中，添加葡萄糖氧化酶可较好地抑制呋喃的形成。

7.1.3.3 酶与食品营养

酶的作用有可能导致食品中营养组分的损失。虽然在食品加工中营养组分的损失是由于非酶作用所引起的，但是食品材料中一些酶的作用也是不能忽视的。例如，脂肪氧合酶可以催化胡萝卜素降解使面粉漂白，而在一些蔬菜的加工过程中脂肪氧合酶参与了胡萝卜素的破坏过程。另外，在食品加工过程中酶也参与了 B 族维生素的破坏过程。例如，在一些用发酵方法加工的鱼制品中，由于鱼和细菌中的硫胺素酶的作用，使这些食品缺少 B 族维生素。抗坏血酸（维生素 C）是最不稳定的维生素，在食品加工和保藏中，维生素 C 常由于酶或非酶的因素而被氧化。

同样地，也可以利用酶的作用去除食品中的抗营养素，提高食品的营养价值，使食品中的营养元素更利于人体的吸收利用。例如，由于植酸以钙、镁和钾盐的形式存在于豆类和谷类中，易于同膳食中的铁、锌和其他金属离子形成难溶的络合物，因而使人体吸收这些营养素变得困难。此外，植酸还能同蛋白质形成稳定的复合物，从而降低豆类蛋白质的营养与生理价值。可利用植酸酶催化植酸水解成磷酸和肌醇的原理促进植酸的分解，从而提高营养价值。

此外，利用酶的特有性质以制备对人类健康有益的活性成分。如添加木瓜蛋白酶和 α-淀粉酶复合辅助提取小米中的多酚化合物。膳食纤维对人体健康的影响越来越受到科学家的关注。抗性糊精是一种低热量葡聚糖，属低分子水溶性膳食纤维，由谷物淀粉经 α-淀粉酶、糖化酶、普鲁兰酶、转苷酶等酶制剂加工而成。这些酶制剂的使用可提高抗性糊精的质量和产量。近年来有研究表明，利用酶法提取物源性食物中的膳食纤维具有酶解时间短以及操作简便等优点，并且提取的膳食纤维可应用于食品工业中。

7.1.3.4 酶与食品分析

酶法分析具有准确、快速、专一性和灵敏性强等特点，其中最大的优点就是酶的催化专一性强。当待测样品中含有结构和性质与待测物十分相似（如同分异构体）的共存物时，要发现待测物特性或要分离纯化待测物往往十分困难。而利用仅作用于待测物的酶，不需要分离就能识别待测组分，即可对待测物质进行定性和定量分析。所以酶法分析的样品一般不需要进行很复杂的预处理，尤其适合食品这一复杂体系。此外，由于酶催化的高效性，酶法分析的速度比较快。随着酶法分析技术的不断发展，其已逐渐成为食品分析检测中的一个重要分支和一种非常有效的分析手段，显著地提高了检测效率。如聚合酶链反应（polymerase chain reaction，PCR）技术、酶联免疫吸附测定（enzyme-linked immunosorbent assay，ELISA）技术、酶生物传感器（enzyme biosensor）等，可用于食品中农药残留、微生物、生物毒素的检测以及转基因食品的测定，具有准确、快速、特异性和灵敏性强等特点。不过同时也不可避免存在一些缺陷，如存在交叉反应、对试剂的选择性高、难于同时分析多种成分等。随着有关研究的不断深入，酶在食品分析检测中将会发挥更为重要的作用。

7.1.4 酶的稳定性

酶的稳定性（stability of enzyme）是指酶分子抵抗各种不利因素影响，维持一定空间结构、保持生物活性相对稳定的能力。维持酶分子稳定的生物活性，首先要求结构稳定，特别是高级结构的稳定。

食品酶制剂的本质是蛋白质，酶促反应要求一定的 pH、温度等温和的条件。因此强酸、强碱、有机溶剂、重金属盐、高温、紫外线等任何导致蛋白质变性的理化因素都可使酶的活性降低或丧失。当酶在体外进行催化作用时，酶不稳定的缺点显得尤其突出。因此，酶的稳定性关系到它在生产中的应用效果，研究和改善酶分子的稳定性具有重要的理论和应用价值。

7.1.4.1 影响酶稳定性的因素

① 共价作用力　共价作用力是维持酶分子一级结构和高级结构的基础，也是维持酶分子稳定性的主要作用力。对酶分子稳定性贡献较大的共价作用力主要是肽键和二硫键。

肽键的作用力较强，也表现出较高的稳定性，通常情况下它不易断裂，只有在极端条件下（如强酸、强碱和蛋白水解酶的作用下）才遭到破坏。二硫键主要是由空间结构上相近的两个 Cys 之间形成的共价键，它是酶分子内交联的主要作用力，它可在多肽链的分子内形成，也可在链间形成。由于二硫键形成后限制了肽链的拓扑构象，即非折叠态构象熵变小，因此增加了酶分子结构的刚性和有序性，促使酶分子空间结构更为稳定。

② 非共价作用力　维持酶稳定性的非共价作用力主要有疏水相互作用、氢键、静电作用力等。

a. 疏水相互作用　疏水相互作用是酶分子折叠成空间结构的主要作用力之一，对蛋白质的结构和稳定性非常重要。疏水性大小取决于酶分子中疏水性氨基酸残基的数量，以及这些疏水性氨基酸残基在空间结构上的位置。位于分子表面的疏水性氨基酸残基对酶分子稳定性不利，而分子内部疏水性氨基酸残基的数量越多对稳定性越有利。对于有些酶，因功能需要分子表面上疏水性基团时，这些分子表面上的疏水性基团常通过与脂类或糖类等大分子形成复合物，将这些基团与水分子充分隔离，完全屏蔽分子表面的这些基团，既满足活性需要，又保持结构稳定。

b. 氢键　大多数酶分子折叠的策略是在疏水相互作用主导下折叠，尽量使主链间形成最大量的分子内氢键，而将可能形成氢键的侧链基团推向分子表面，与周围环境中的水分子作用也形成氢键，从而增加稳定作用力。然而，氢键对蛋白质稳定性的重要性不应估计过高。用定点突变法定性定量地测定了引入的氢键对蛋白质稳定性的作用，结果发现加入的氢键与蛋白质的稳定性无关。

c. 静电作用力　静电作用力又称离子键、盐键或盐桥。蛋白质中盐桥的数目较少，但对酶分子稳定性的作用很显著。与酶分子稳定性有关的离子键大部分形成于分子表面。金属离子一般结合到多肽链不稳定的弯曲部分，形成更为牢固的弯曲，因而可以显著增加蛋白质的稳定性。当酶与底物、辅助因子和其他低分子量配体相互作用时，也会看到蛋白质稳定性的增强。这是因为蛋白质与上述物质的作用常使蛋白质发生构象变化，使其构象更稳定。

7.1.4.2 酶失活的因素和机理

酶失活的因素主要包括物理因素、化学因素和生物因素。

① 物理因素

a. 高温　高温是最常见的酶失活因素，原因在于热伸展作用使酶的反应基团和疏水区域暴露，促使蛋白质聚合。同时，在高温条件下，酶分子的一些氨基酸残基发生共价反应，如 Asn 和 Gln 的脱氨作用、肽键水解、Cys 的氧化和二硫键的破坏，上述这些破坏性反应直接导致酶失活。此外，若系统中有还原糖（如葡萄糖），糖很容易与 Lys 的 ε-氨基作用。

b. 冷冻和脱水　很多变构酶在温度降低时会产生构象变化。在冷冻过程中，溶质（酶和盐）随着水分子的结晶而被浓缩，引起酶微环境中的 pH 和离子强度的剧烈改变，很容易引起蛋白质的酸变性。此外，盐的浓度可提高离子强度，引起寡聚蛋白的解离。冷冻引起酶失活的另一因素是二硫交换或巯基氧化。随着冷冻进行，酶浓度增加，半胱氨酸的浓度也增加。当这种浓缩效应与构象变化同时发生时，分子内和分子间的二硫交换反应就很容易发生。

c. 辐射作用　电离辐射和非电离辐射都会导致多肽链的断裂和酶的活性丧失。各种电离辐射（如 γ 射线、X 射线、α 粒子）使酶失活的机理相似。电离辐射的直接作用是由于形成自由基而引起一级结构的共价改变，继而交联或氨基酸破坏，导致天然构象丧失或聚合。非电离辐射（如可见光或紫外线辐射）也能使酶失活。可见光在有光敏物质存在时，能氧化蛋白质分子中的敏感基团（Cys、Ser、His 等）。紫外线辐射能直接氧化酶分子的巯基和吲哚基，从而使酶失活。

d. 机械力作用　机械力（如压力、搅拌、振动等）和超声波能使酶变性。较高的压力可导致酶失活，压力导致体积变化，使酶分子凝聚、亚基解离等。机械搅拌引起的剪切力产生疏水性气液交界面，导致界面上酶蛋白结构被破坏，大量疏水性氨基酸暴露于空气中，疏水内核解体，肽链聚集，最终导致酶失活。超声波使溶液产生大量空泡并迅速膨胀破碎，释放强大的冲击波和剪切力，还会产生自由基，破坏酶分子的空间结构。

② 化学因素

a. 极端 pH　极端 pH 条件下引起酶的酸碱变性的重要因素是，一旦远离蛋白质的等电点，酶蛋白相同电荷间的静电斥力会导致蛋白肽链伸展，埋藏在酶蛋白内部非电离残基发生电离，启动改变、交联或破坏氨基酸的化学反应，结果引起不可逆失活。极端 pH 也容易导致酶蛋白发生水解。

b. 氧化作用　酶分子中所含的带芳香族侧链的氨基酸以及 Met、Cys 等，与活性氧具有极高的反应性，极易受到氧化攻击。这些氨基酸残基的氧化过程可被过渡金属离子和光诱导，同时受 pH、温度及缓冲液组成的影响。分子氧、H_2O_2 和氧自由基是常见的蛋白质氧化剂。

c. 聚合作用　加热或高浓度电介质可破坏蛋白质胶体溶液的稳定性，促使蛋白质高级结构发生改变，分子间发生聚合并沉淀。与许多其他蛋白质失活原因不同，聚合并不一定是不可逆的。

d. 表面活性剂和变性剂　表面活性剂可分为离子型和非离子型两大类，它们均含有亲水的头部和疏水的长链尾部。表面活性剂主要改变酶分子的正常折叠，暴露酶分子疏水内核的疏水基团，使之发生变性。

高浓度盐对蛋白质既可有稳定作用，也可有变性作用，这要视盐的性质和浓度而定。ClO_4^-、SCN^- 等离子能结合于蛋白质的带电基团或结合于肽键的偶极子，结果降低蛋白质周围的水簇数目，容易引起蛋白质盐溶，降低蛋白质构象稳定性。

金属离子螯合剂（如 EDTA）能使金属酶的金属离子形成螯合物而失活。这类失活常常是不可逆的。失去金属辅因子也能引起酶分子构象大的变化，从而导致活力不可逆丧失。

酒精、丙酮等能与水混合的有机溶剂，对水的亲和力很大，当加入酶的水溶液中时，通过疏水相互作用直接结合于蛋白质，并改变溶液的介电常数，影响维持蛋白质天然构象的非共价力的平衡。另外，酶要发挥其作用，必须在其分子表面有一单层必需水来维持它的活性构象，而与水混溶的有机溶剂能夺去酶分子表面的必需水，因而使酶失活。

③ 生物因素　酶在使用和储存过程中的失活常是由于微生物或外源蛋白水解酶作用，使酶分子的一级结构肽链断裂，引起酶降解。避免酶降解的有效措施是低温操作，也可加入一些蛋白酶抑制剂。

7.1.4.3　酶的稳定化

和非生物催化剂相比，大多数酶的稳定性较差，限制了其在实际生产中的应用，因此增强和改善酶的稳定性具有重大的理论和实践意义。目前，天然酶的稳定化方法主要有以下几种：

① 酶的固定化　即用固体材料将酶束缚或限制于一定区域内，但仍能进行其特有的催化反应。酶的固定化一方面提高了酶的稳定性，同时有利于酶的回收及重复使用。

② 化学修饰　通过化学试剂特异性修饰酶分子的某个或某类氨基酸残基，从而稳定蛋白质的构象，提高其稳定性。

③ 蛋白质工程　即通过分子操作技术定向改造酶的性质，包括其稳定性等。

④ 改善酶存在的微环境　即通过添加稳定剂、改变反应介质等方法，提高酶的稳定性。

7.2　固定化酶

作为一种生物催化剂，酶具有专一性强、催化效率高、作用条件温和及反应容易控制等特点。但是在使用酶的过程中，人们也注意到酶的一些不足之处：①酶的稳定性差，大多数酶在高温、强酸、强碱和有机溶剂等外界因素的影响下，容易发生酶变性作用，从而降低或失去活性；②酶一般在溶液中进行反应，酶与低物、产物混在一起，酶难于回收再利用，而且难于实现连续化酶反应；③酶反应后与产物混在一起，无疑给反应产物的分离纯化带来一定的困难。为克服酶反应的上述不足之处，人们逐渐发展起酶的固定化技术和非水介质(microaqueous media)中的酶催化技术。

酶的固定化是指利用物理或化学的方法使酶与水不溶性大分子载体结合或把酶包埋在其中。固定化后的酶可连续、反复使用。与游离酶相比，酶经固定化后，具有以下优点：①极易将固定化酶与底物、产物分开，酶重复使用，降低了酶制剂的成本；②酶经固定化后，酶稳定性一般有所提高；③固定化酶可以在酶反应器中连续地进行催化反应，连续化操作得以实现；④酶反应条件易控制，可以实现自动化控制；⑤酶反应产物易于分离、纯化，简化了工艺；⑥反应所需的空间小。但是固定化酶也存在一些不足之处，如酶固定化时酶活性的损失，增加了生产成本，酶反应只适用于可溶性底物等。

与游离酶相比，固定化酶具备的众多优点使其不仅在工业生产的连续性和自动化上有重要价值，而且对于生物学的研究都有重要意义。因此自 20 世纪 60 年代固定化酶技术问世以来，其在食品与发酵工业、有机合成等领域得到广泛应用，如固定化谷氨酸脱羧酶转化 γ-氨基丁酸，具有较好的操作稳定性和较高的底物转化率。

7.2.1 酶的固定化方法

制备固定化酶的方法有很多，一般分为三大类：载体结合法、交联法和包埋法，如图 7-3 所示。载体结合法根据酶和载体结合作用力的不同，可分为物理吸附法、离子结合法和共价结合法。包埋法可分为凝胶包埋法和微胶囊包埋法两种。目前，还没有一种固定化方法可以普遍地适用于每一种酶，特定的酶要根据具体的应用目的选择特定的固定化方法。

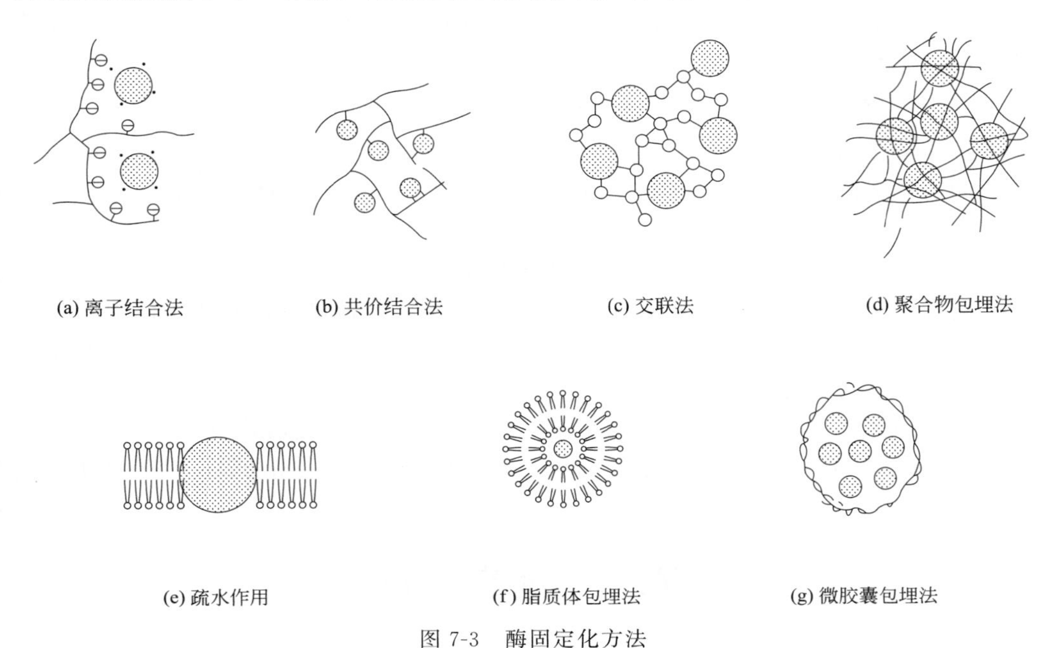

图 7-3 酶固定化方法

7.2.1.1 物理吸附法

利用各种水不溶性载体将酶吸附在其表面而使酶固定化的方法称为物理吸附法。常用的载体有活性炭、氧化铝、硅藻土、多孔陶瓷、硅胶、羟基磷灰石、大孔合成树脂等。物理吸附法制备固定化酶，操作简便，条件温和，不会引起酶的变性失活，载体价廉易得，可反复使用。但由于酶与载体是依靠物理吸附作用，结合力较弱，酶与载体结合不牢易于脱落，使其在应用过程中受到一定的限制。漆丹萍等人研究采用不同材料固定化果胶酶发现，与 D311 大孔树脂、聚丙烯酰胺和海藻酸钠微球制备的固定化酶相比，HPD-750 大孔树脂固定化酶的活性、操作稳定性、机械稳定性和储存稳定性都较好。

7.2.1.2 离子结合法

离子结合法是通过离子键结合于具有离子交换基团的水不溶性载体的固定化方法。用于此法的载体有 DEAE-纤维素、DEAE-葡聚糖凝胶、Amerlite IRA-93 等阴离子交换剂和 CM-纤维素、Amerlite CG-50、Amerlite IR-120、Dowex-50 等阳离子交换剂。离子结合法具有操作简便、处理条件温和、酶的高级结构和活性中心的氨基酸残基不易被破坏以及酶活回收率高等优点，但由于酶与载体的结合力比较弱，在 pH 值和离子强度等条件变化时，酶容易从载体上脱落。

7.2.1.3 共价结合法

共价结合法是利用酶蛋白中含有的反应基团与载体上的反应基团形成共价键而使酶固定

化的方法。用共价结合法制备的固定化酶，结合牢固，酶不易脱落，可连续使用相当长的时间。但该方法反应条件剧烈，操作比较复杂，同时采用的处理条件苛刻，酶活力损失较大，回收率低。共价结合法常用的载体有：纤维素、琼脂糖凝胶、葡聚糖凝胶、甲壳素、氨基酸共聚物、甲基丙烯酸共聚物等。

在载体结合法中，共价结合法是使用最多的一种酶固定化方法。

7.2.1.4 交联法

借助双功能试剂或多功能试剂使酶分子之间发生交联作用，制成网状结构的固定化酶的方法称为交联法。交联剂对固定化酶的性质存在较大影响。交联法与共价结合法一样是利用共价键固定化酶的，所不同的是它不使用载体，而是使用双功能试剂或多功能试剂使酶分子之间产生交联来达到固定化酶的目的。常用的双功能试剂或多功能试剂有戊二醛、己二胺、顺丁烯二酸酐、双偶氮苯、异氰酸酯、双重氮联苯胺等，其中最常用的是戊二醛。朱衡等采用聚乙二醇二缩水甘油醚（PEGDGE）作为双功能环氧试剂，在实验中被用于交联氨基载体 LX-1000EA 共价固定化海洋脂肪酶，经过处理后的载体共价固定化脂肪酶具有良好的效果。

交联法制备的固定化酶一般比较牢固，使用寿命较长，但由于交联法反应条件比较激烈，固定化的酶活回收率比较低，而且制成的固定化酶的颗粒较小。为此，可将交联法与包埋法联合使用（双重固定化法），以取长补短，可制备出酶活性高、机械强度又好的固定化酶。

7.2.1.5 凝胶包埋法

将酶包埋在多孔载体中使酶固定化的方法，称为包埋法。包埋法制备工艺简便，条件较为温和，可获得较高的酶活力回收。但包埋法只适合作用于小分子底物和产物的酶，不适用于那些作用于大分子底物和产物的酶的固定化。将酶包埋在高分子凝胶细微网格中的称为凝胶包埋法。包埋载体主要有：明胶、琼脂、琼脂糖、聚丙烯酰胺、光交联树脂、海藻酸钠等。

7.2.1.6 微胶囊包埋法

微胶囊包埋法是将酶包埋在高分子半透膜中，其直径一般只有几微米至几百微米，称为微胶囊。微胶囊固定化酶比凝胶包埋固定化酶的颗粒要小得多，底物和产物扩散阻力较小，但是反应条件要求高，制备成本也高。制备微胶囊固定化酶的方法有界面沉淀法、界面聚合法、二级乳化法和脂质体包埋法等。

几种酶固定化方法各有利弊，包埋、交联和共价结合三种方法虽结合力强，但不能再生、回收；吸附法制备简单，能回收再生，但易从载体上游离；包埋法各方面较好，但不适于大分子底物和产物的酶反应。因此要根据不同情况来选择不同的酶固定化方法，一般要遵循以下几个基本原则：①必须注意维持酶的催化活性，保持酶原有的专一性、高效催化能力和在常温常压下能起催化反应的特点。因而酶固定化时，应注意酶活性中心的氨基酸残基不发生变化，要尽量避免那些可能导致酶蛋白结构破坏的条件。②酶固定化应该有利于生产自动化、连续化，因而用于固定化的载体必须有一定的机械强度，酶与载体结合牢固，不因机械搅拌而破碎或脱落，有利于酶的反复使用。③固定化酶应有最小的空间位阻，尽可能不妨碍酶与底物的接触。④固定化酶成本要低，而且应有最大的稳定性，因此酶固定化时，所选载体不与底物、产物或反应液发生化学反应。⑤固定化酶应易与底物、产物分离，一般通过简单的过滤或离心就可回收和重复使用。⑥充分考虑到固定化酶制备过程和应用中的安全性，特别是固定化酶应用于在食品和医药行业时尤其重要。

7.2.2 固定化酶的性质

由于固定化也是一种化学修饰，在一定程度上会引起酶结构的改变，同时酶固定化后，其催化作用由均相反应转变为非均相反应，由此带来的扩散效应、空间位阻、载体性质造成的分配效应等因素必然对酶的性质产生影响。

7.2.2.1 固定化酶的稳定性

稳定性是关系到固定化酶能否实际应用的重要问题，在大多数情况下固定化酶的稳定性比游离酶的稳定性好，主要表现在：①对热的稳定性提高，可以耐受较高的温度；②对各种有机试剂及酶抑制剂的稳定性提高，使本来不能在有机溶剂中进行的酶反应成为可能；③对不同 pH 值的稳定性、对蛋白酶的稳定性、贮存稳定性和操作稳定性都有所提高。

固定化后酶的稳定性提高的原因可能有以下几点：①固定化后酶分子与载体多点连接，可防止酶分子的伸展变形；②酶活力的缓慢释放；③抑制酶的自降解，因酶固定化后，酶失去了分子间相互作用的机会，从而抑制了降解。

7.2.2.2 固定化酶的最适 pH 值

酶经过固定化后，其作用的最适 pH 值往往会发生一些变化，对底物作用的最适 pH 值和酶活力 pH 曲线常发生偏移（图 7-4）。影响固定化酶最适 pH 值的因素主要有两个：一个是载体的带电性质。一般来说，用带负电荷的载体制备的固定化酶，其最适 pH 值较游离酶的最适 pH 值高（即向碱性一侧移动），这是因为带负电荷的载体会吸引反应液中的阳离子，包括 H^+，致使固定化酶所处区域的 pH 值比周围反应液的 pH 值低一些，这样外部溶液中的 pH 必须向碱性偏移，才能抵消微环境作用，使酶表现出最大作用。另一个是酶催化反应产物的性质。一般来说，催化反应的产物为酸性时，固定化酶的最适 pH 值要比游离酶的最适 pH 值高一些，这是由于产物扩散受到限制而积累在固定化酶所处的催化区域内，使此区域内的 pH 值降低，因而必须提高周围反应液的 pH 值，才能达到酶所要求的 pH 值；反之产物为碱性时，固定化酶的最适 pH 值要比游离酶的最适 pH 值低一些。

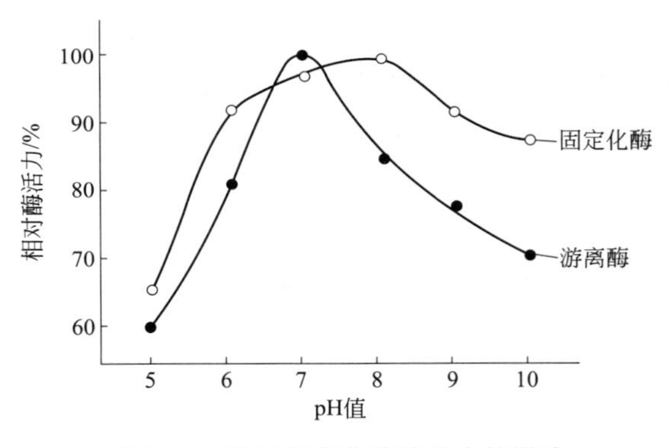

图 7-4 pH 对固定化酶酶活力的影响

7.2.2.3 固定化酶的最适温度

固定化后，酶的热稳定性提高，所以最适温度也随之提高，这是非常有利的结果。例如，胰蛋白酶以交联法用壳聚糖固定化后，其最适温度为 80℃，比固定化前提高了 30℃。当然，也有些酶固定化后最适作用温度不变或有所下降。

7.2.2.4 固定化酶的底物特异性

固定化酶的底物特异性与游离酶比较可能有些不同，其变化与底物分子质量的大小有一定关系。对于那些作用于小分子底物的酶，固定化前后的底物特异性没有明显变化。而对于那些既可作用于大分子底物又可作用于小分子底物的酶而言，固定化酶后的底物特异性往往会发生变化。固定化酶的底物特异性的改变，是由于载体的空间位阻作用引起的。酶固定在载体上以后，使大分子底物难于接近酶分子而使催化速度大大降低，而分子质量较小的底物受空间位阻作用的影响较小或不受影响，故与游离酶的作用没有显著不同。

7.2.3 影响固定化酶反应动力学的因素

游离酶经固定化后，其动力学特征将发生很大的变化。固定化酶反应动力学较游离酶反应动力学复杂得多，影响因素也是多方面的，引起这种固定化效应（即动力学行为）发生变化的主要因素有以下几个方面。

① 酶结构的改变　天然的游离酶在固定化的过程中，由于酶与载体相互作用使酶的活性中心的构象发生变化，从而导致酶活性下降。若酶分子上参与形成共价键的氨基酸残基属于酶活性中心的一部分，酶的活力将会受到损失。

② 微环境的影响　微环境是指紧邻固定化酶的环境区域。微环境的影响是由于载体的亲水性、疏水性和介质的介电常数等参数直接影响酶的催化效率，或者是酶对效应物做出反应能力的一种效应。

③ 位阻效应　位阻效应是指由于载体对酶的活性中心造成空间障碍，从而底物与酶分子无法结合，影响酶催化作用的发挥。位阻效应除与固定化酶方法、载体的结构及性质有关外，还与底物的大小、形状及性质有关。

④ 分配效应　是由于载体的亲水和疏水性质使酶的底物、产物或其他效应物在载体和溶液间发生不等分配，改变酶反应系统的组成平衡，从而影响酶反应速度。其一般规律如下：其一，如果载体与底物带有相同电荷，则酶的 K_m 值将因固定化而增大；如果带有相反电荷，则 K_m 值减小。其二，当载体带正电荷时，固定化之后，酶活性-pH 曲线向酸性方向偏移；相反，阴离子载体将导致该曲线向碱性方向偏移。其三，采用疏水载体时，如底物为极性物质或电荷物质，则酶的 K_m 值将因固定化而降低。

⑤ 扩散限制效应　酶经固定化后，底物、产物和其他效应物在载体内外之间的迁移扩散速度受到了某种限制，造成了不等分布。扩散限制与这些物质的分子质量大小、载体的结构及酶反应性质有关。扩散限制效应分内扩散限制和外扩散限制两种。外扩散限制是指底物或其他效应物从溶液穿过包围在固定化酶周围近乎停滞的液膜层到固定化酶表面所受到的限制。这种限制可以通过充分搅拌或混合而减小或消除。内扩散限制是指底物或其他效应物从固定化酶颗粒表面到达颗粒内部酶活性位点受到的一种限制。

固定化酶反应过程实际上是由底物或其他效应物的外扩散、内扩散及反应等一系列分过程组成的。传质过程必然影响到总体过程的速率。

7.2.4 固定化酶在食品工业中的应用举例

7.2.4.1 在乳制品生产中的应用

牛奶中含有一定量的乳糖，有些人体内缺乏 β-D-半乳糖苷酶，在饮用牛奶后常出现腹泻、腹胀等症状；另外，由于乳糖难溶于水，常在炼乳、冰激凌中呈沙样结晶析出，影响风味。而 β-D-半乳糖苷酶可将乳糖分解为半乳糖和葡萄糖，如将牛奶用 β-D-半乳糖苷酶处理则可解决上述问题。Fernandes 等用琼脂糖作载体，将来源于南极的冷适应菌 *Pseudoalteromonas* sp. 的 β-半乳糖苷酶固定化，并应用于牛奶中乳糖的水解，以生产低乳糖牛奶。Mona 等用离子吸附法固定来源于 *Bacillus licheniformis* 5A1 的牛凝结酶，并用于干酪生产。

7.2.4.2 在茶饮料生产中的应用

将固定化酶应用于茶饮料生产中，可去除异味，提高适口性，提高营养价值。李平等研究了用丝素蛋白固定从黑曲霉（*Aspergillus niger*）发酵液中提取的 β-葡萄糖苷酶，此固定化酶可应用于茶汁的风味改良。苏二正等以海藻酸钠为载体，采用交联-包埋-交联的方法共固定化单宁酶和 β-葡萄糖苷酶，可应用于茶饮料的澄清和增香处理。

7.2.4.3 在果汁生产中的应用

在果蔬汁生产过程中，添加一定量的果胶酶可以提高果蔬汁的出汁率、改善果蔬饮料的营养成分和浓缩果汁的品质、脱除和净化果皮及提高超滤时的膜通量等。压榨后的果汁中还要加入复合酶来进行澄清，如果用固定化酶来处理，将会大大节约成本，减少工序。Silvia 等将固定化果胶酶用于果汁澄清；Piera 等研究用琼脂糖、铜离子螯合固定漆酶，并用于苹果汁中苯酚的去除；李平等研究用丝素蛋白固定 β-葡萄糖苷酶，可应用于果汁食品的风味改良。造成柑橘类加工产品出现苦味的物质主要有二类：一类是柠檬苦素、诺米林等的三萜系化合物；另一类是柚皮苷、新橙皮苷等的黄烷酮糖苷类化合物。常采用固定化柚皮苷酶来减少柑橘类果汁中的柚皮苷含量，如 Puri 等使用海藻糖制成载体固定化柚皮苷酶；Soares 将柚皮苷酶固定在醋酸纤维上，用此固定化酶处理柑橘果汁，结果柑橘果汁苦味明显降低。

7.2.4.4 在啤酒生产中应用

在啤酒生产中，需添加外源性的淀粉酶来补充天然酶的不足。此外，长期放置的啤酒会由于多肽和多酚物质发生聚合反应而变得混浊，为防止出现混浊，目前主要采用添加蛋白酶来水解啤酒中的蛋白质和多肽。温燕梅等以化学共沉淀法制得的磁性聚乙二醇胶体粒子为载体，固定胰蛋白酶，该固定酶对啤酒澄清、防止冷混浊有明显效果。

7.2.4.5 在食品添加剂和调味剂生产中的应用

低聚果糖、低聚半乳糖、低聚异麦芽糖是三种常见的功能性低聚糖，作为保健食品受到越来越多的重视。Jang 等研究用羟磷灰石通过离子吸附法固定来源于 *Zymomonas mobilis* 的果聚糖蔗糖酶，用于制备低聚果糖。Lim 等研究用壳聚糖珠固定来源于 *Arthrobacter ureafaciens* 的果聚糖果糖转移酶，用于制备低聚果糖。陈少欣等利用海藻酸钙、明胶和壳聚糖为固定化载体，包埋嗜热脂肪芽孢杆菌（*Bacillus stearothermophilus*）细胞合成低聚半乳糖。毛跟年等研究了戊二醛交联、海藻酸钙包埋固定米曲霉 β-半乳糖苷酶的方法以及固定化酶的性质，并应用于制备低聚半乳糖。Hayashi 等研究用藻酸胶和 DEAE 纤维素固定来源于 *Aureobasidium* 的葡萄糖基转移酶，以麦芽糖为底物制备异麦芽糖和潘糖。吴定等将壳聚糖制成中空球形，经戊二醛活化后，分别与 α-葡萄糖转苷酶、α-淀粉酶、β-淀粉酶、切枝普鲁兰酶反应制备固定化酶，四种不同的固定化酶重组构成酶催化反应器，用于低聚异麦芽糖的生产。

采用固定化酶法可生产天冬氨酸和 L-苹果酸，L-天冬氨酸可以进一步生产二肽甜味剂阿斯巴甜（aspartame）。Nakanishi 等研究固定化嗜热菌蛋白酶，以 *N*-苯甲氧羰基-L-天冬氨酸和 L-苯基丙氨酸甲基酯为底物，合成阿斯巴甜的前体物 *N*-苯甲氧羰基-L-天冬氨酰-L-苯基丙氨酸甲基酯，再进一步合成阿斯巴甜。张慧霞等采用海藻酸钠-微孔淀粉包埋法固定化酯化酶，将其应用于山西老陈醋新醋中催化酯化反应以促进陈酿。

7.2.4.6 在油脂改性中的应用

脂酶可以催化酯交换、酯转移和水解等反应，在油脂工业中被广泛应用。Meron 等研究用尼龙和纤维素酯固定来源于 *Candida cylindracea* 的脂酶，对一种巴西棕榈油进行酶解改性制备代可可脂；Rao 等研究用固定化 *Rhizomucor miehei* 的脂酶 Lipozyme IM60 催化酸解鳕鱼肝油，制备富含 ω-3 或 ω-6 多不饱和脂肪酸的结构脂；赵海珍等从五种脂酶中筛选出来自 *T. languginosa* 的固定化脂肪酶 Liopzyme TL IM，此固定化酶催化改造猪油制备功能性脂的效果最好。

7.2.4.7 在食品分析与检测中的应用

传感器是一种能将被测量的信号转换成为可输出信号的装置，固定化酶生物传感器是将固定化酶作配基组装的生物传感器，可用于食品分析与检测。Adanyi 等研究了三组固定化酶多酶生物传感器，可用于乳制品中乳糖以及添加的葡萄糖、淀粉等的检测；Anjan 等研究共固定化 L-谷氨酸盐氧化酶和 L-谷氨酸盐脱氢酶生物传感器，用于食品中 L-谷氨酸单钠的检测；Meera 研究流动注射分析系统固定化柠檬酸裂解酶和草酰乙酸脱羧酶生物传感器，用于检测果汁中的柠檬酸盐含量；Michael 等研究用溶胶固定乙酰胆碱酶和细胞色素 P450 BM-3 突变株，制备双酶传感器，用于食品中磷硫盐杀虫剂的检测。

7.3 酶的化学修饰

酶分子是具有完整的化学结构和空间结构的生物大分子，正是酶分子的完整空间结构赋予其生物催化功能，使酶具有催化效率高、专一性强和作用条件温和的特点。但由于酶分子的结构具有稳定性较差、活性不够高和可能具有抗原性等弱点，导致酶的应用受到限制。为此通过各种方法使酶分子结构发生某些改变，从而提高酶的活力，增强酶的稳定性，降低或消除酶的抗原性等，于是一门新的学科——分子酶学工程应运而生。

分子酶学工程（molecular engineering of enzyme）主要指用化学或分子生物学方法对酶分子进行改造。随着各个学科及相关技术的发展，特别是对酶结构与功能的深入了解、基因工程及固定化技术的普及，酶的分子改造工程进入实用阶段。总体来说分子酶学工程分两个部分：一是分子生物学水平，即用基因工程方法对 DNA 进行分子改造，以获得化学结构更合理的酶蛋白；二是对天然酶分子进行改造，这包括酶一级结构中氨基酸置换、肽链切割、氨基酸侧链修饰等。具体而言，分子酶学工程主要有以下几方面内容：①对酶分子的侧链基团尤其酶活性中心的必需基团进行化学修饰，研究酶的结构与功能的关系；②通过对酶功能基团的修饰和与水不溶性大分子的结合，改善酶性能，增加酶的稳定性；③通过对酶分子内或分子间的交联，或与水不溶性载体的结合制成固定化酶，催化特定的反应；④用化学方法合成新的有机催化剂，使其具有酶活性（模拟酶）；⑤ 用分子生物学方法克隆酶或修饰基因以便产生新的酶（突变酶），或设计新基因合成自然界不存在的新酶（抗体酶）。

酶的化学修饰可以简单地定义为在分子水平上对酶进行改造，即在体外将酶的侧链基团通过人工方法与一些化学基团，特别是具有生物相容性的大分子进行共价连接，从而改变酶的酶学性质的技术，可有效地改善酶的性质，为酶的应用提供更广泛的前景。

7.3.1 酶化学修饰的基本要求

酶的化学修饰包括两个水平上的改变：其一是改变酶分子的主链结构，这种修饰属于分子生物学层次，又称理性分子设计，目前主要通过定点突变和酶法进行；其二是改变酶分子的侧链基团。目前的化学修饰研究基本上都是针对酶侧链的修饰，主要包括酶分子表面的非选择性修饰和分子内部特异位点的选择性修饰。利用大分子或小分子修饰剂对酶分子表面进行共价修饰从而改变酶的功能和活性，以获得具有临床和工业应用价值的酶蛋白，是目前应用最广泛的酶化学修饰技术。酶化学修饰时，必须注意下述几个问题。

7.3.1.1 修饰剂的要求

在选择修饰剂时要考虑：①修饰剂的分子质量、修饰剂链的长度对蛋白质的吸附性；②修饰剂上反应基团的数目及位置；③修饰剂上反应基团的活化方法与条件。一般情况下，要求修饰剂具有较大的分子质量、良好的生物相容性和水溶性、修饰剂分子表面有较多的反应活性基团及修饰后酶活的半衰期较长。

根据修饰目的和专一性的要求来选择试剂。例如，对氨基的修饰可有几种情况：修饰所有氨基，而不修饰其他基团；仅修饰 α-氨基；修饰暴露的或反应性高的氨基以及修饰具有催化活性的氨基等。因此，用于修饰酶活性部位的氨基酸残基的试剂应具备以下一些特征：选择性地与一个氨基酸残基反应；反应在酶蛋白不变性的条件下进行；标记的残基在肽中稳定，很容易通过降解分离出来，进行鉴定；反应的程度能用简单的方法测定。

7.3.1.2 酶的要求

对被修饰的酶应有较全面的了解，其中包括：①酶活性部位情况；②酶的稳定条件、酶反应最适条件；③酶分子侧链基团的化学性质及反应活泼性等。

7.3.1.3 反应条件的要求

修饰反应过程中，修饰剂的大小、pH、反应温度、反应时间、酶与修饰剂的比例及有无底物保护等因素都会影响修饰程度和修饰酶的性质，因此在与修饰剂作用时，应控制合理的反应条件。化学修饰反应一般尽可能在酶稳定的条件下进行，尽量少破坏酶催化活性的必需基团。反应的最终结果是要得到酶和修饰剂的高结合率及高酶活回收率。因此，选择反应条件时要注意：①反应体系中酶与修饰剂的分子比例；②反应体系的溶剂性质、盐浓度和pH 条件；③反应温度及时间。

酶分子化学修饰的部位和程度一般通过选择适当的试剂和反应条件来控制。如果要改变蛋白质的带电状态或溶解性，则必须选择能引入最大电荷量的试剂。在选择试剂时，还必须考虑到反应生成物容易进行定量测定。如果引入的基团有特殊的光吸收或者在酸水解时是稳定的，则可测定光吸收的变化或做氨基酸全分析，这是最方便的。用同位素标记的试剂虽较麻烦，但其优越性在于它可对蛋白质修饰反应进行连续测定，进行反应动力学的研究。

7.3.2 酶化学修饰程度和修饰部位的测定

蛋白质修饰时，修饰反应进行过程中要建立适当的方法对反应进程进行追踪，获得一系列有关修饰反应的数据，并对数据进行分析，确定修饰部位和修饰程度，由此对修饰结果进行合理的解释。酶的化学修饰效果一般可以通过平均修饰度（氨基修饰率）、修饰产物均一性、修饰位点和修饰酶的结构等方面进行评价。由于修饰过程的随机化和修饰产物的多态性等原因，化学修饰酶的检测与分析存在较大难度。

7.3.2.1 分析方法

测定修饰酶的修饰基团和修饰程度的实验方法有直接法（光谱法）和间接法。光谱法最简单、实用，且极易计算出修饰速度。此法要求修饰后的衍生物具有独特的光谱或它的光谱与修饰剂的不同。但符合这个条件的试剂不多。

最常使用的是间接法，被修饰的蛋白质经总降解和氨基酸分析后鉴定修饰部位。被修饰的残基经分离纯化后，可通过它含有的同位素标记量或通过有色修饰剂的光谱强度、顺磁共振谱、荧光标记量、修饰剂的可逆去除等来测定反应程度。测定一个被修饰氨基酸的出现，要比测定多个相同氨基酸中有一个消失更准确。理想的情况是被修饰的氨基酸在水解条件下是稳定的，而且在色谱图谱中有一个独特的位置。使用蛋白水解酶降解一般可避免不稳定的问题。但有些已修饰的残基，即使在酶解条件下也不稳定，或者其他残基可能阻碍蛋白水解酶对临近肽键的进攻。此时常进行残基部位的第二次修饰，以产生另外一种更稳定的修饰。由第二次修饰的结果，可以得到第一次修饰的程度。例如，经乙酰化修饰的蛋白质再经二硝基苯酰化修饰，然后酸水解，并测定 DNP-氨基酸和回收氨基酸的数目，再与总数进行比较，就能知道修饰程度。

7.3.2.2 化学修饰数据的分析

化学修饰中，可以测定许多实验参数，这些参数与修饰残基的数目及其对蛋白质生物活性的影响相关联。这里仅介绍表示化学修饰数据的最常用的方法以及从这类数据分析中所能得到的信息。

(1) 化学修饰的时间进程分析 时间进程分析数据是化学修饰的基本数据之一。如果修饰过程中有光谱变化，可直接追踪个别侧链的修饰。但常常是追踪修饰对蛋白质某些酶学性质（如活性、变构配体的调节作用等）的影响来监测修饰过程。根据获得的时间进程曲线，可以了解修饰残基的性质和数目、修饰残基与蛋白质生物活性之间的关系等。时间进程曲线的测定实际上是蛋白质失活速度常数的测定。在大多数修饰实验中，修饰剂相对于可能修饰的残基是过量的，此时可以认为是假一级反应。从残余活力的对数对时间所作的半对数图可求出失活的速度常数。若蛋白质中有两个以上残基与活力有关，且与修饰剂反应速度很不相同，则所得残余活力对数对修饰时间的半对数图为多相的。

(2) 确定必需基团的性质和数目 蛋白质分子中某类侧链基团在功能上虽有必需和非必需之分，但它们往往都能与某一试剂反应。长期以来，人们没有找到生物活力与必需基团之间的定量关系，因此无法从实验数据中确定必需基团的性质和数目。1961 年，Ray 等提出用比较一级反应动力学常数的方法来确定必需基团的性质和数目，但此法的局限性很大。

1962 年，邹承鲁提出更具普遍应用意义的统计学方法，建立了邹氏作图法。用此法可在不同修饰条件下，确定酶分子中必需基团的数目和性质。邹氏作图法的建立不仅为蛋白质修饰研究由定性描述转入定量研究提供了理论依据和计算方法，而且确定蛋白质必需基团也是蛋白质工程设计的必要前提。

7.3.3 酶分子的化学修饰方法

7.3.3.1 酶蛋白侧链基团的化学修饰

酶分子侧链上的功能基团主要有氨基、羧基、巯基、咪唑基、酚基、吲哚基、胍基、甲硫基等。根据化学修饰剂与酶分子之间反应的性质不同，修饰反应主要分为酰化反应、烷基化反应、氧化和还原反应、芳香环取代反应等类型。这些修饰反应可稳定酶分子有利的催化活性，提高抗变性的能力。

① 羧基的化学修饰　几种修饰剂与羧基的反应如图 7-5 所示。其中，水溶性的碳二亚胺类特定修饰酶的羧基已成为最普通的标准方法，它在较温和的条件下即可进行。但是在一定条件下，Ser、Cys 和 Tyr 也可以反应。

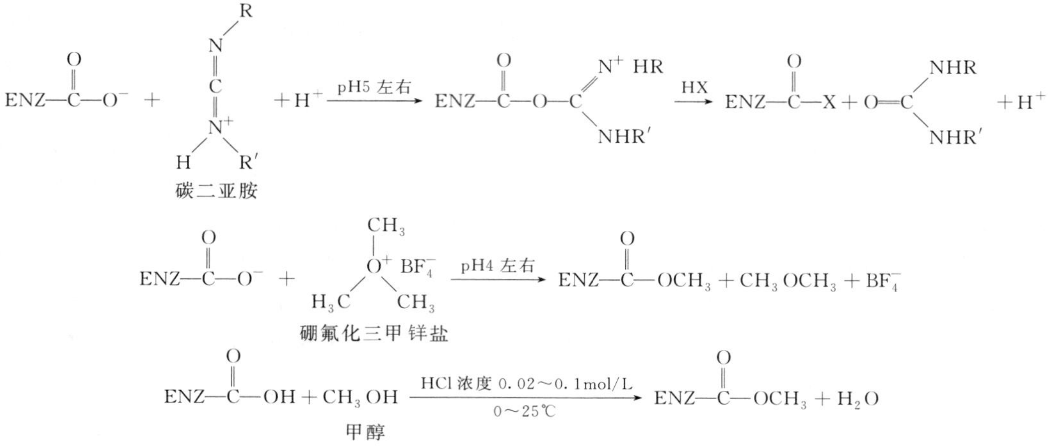

$$\text{ENZ—C(=O)—O}^- + \text{R—N=C=N}^+\text{(H)—R}' + \text{H}^+ \xrightarrow{\text{pH5 左右}} \text{ENZ—C(=O)—O—C(=N}^+\text{HR)—NHR}' \xrightarrow{\text{HX}} \text{ENZ—C(=O)—X} + \text{O=C(NHR)(NHR}') + \text{H}^+$$

碳二亚胺

$$\text{ENZ—C(=O)—O}^- + (\text{CH}_3)_3\text{O}^+\ \text{BF}_4^- \xrightarrow{\text{pH4 左右}} \text{ENZ—C(=O)—OCH}_3 + \text{CH}_3\text{OCH}_3 + \text{BF}_4^-$$

硼氟化三甲钅羊盐

$$\text{ENZ—C(=O)—OH} + \text{CH}_3\text{OH} \xrightarrow[0\sim25℃]{\text{HCl 浓度 }0.02\sim0.1\text{mol/L}} \text{ENZ—C(=O)—OCH}_3 + \text{H}_2\text{O}$$

甲醇

图 7-5　修饰剂与羧基的反应

R、R′—烷基；HX—卤素、一级或二级胺；ENZ—酶

② 氨基的化学修饰　氨基的烷基化已成为一种重要的 Lys 修饰方法，修饰剂包括卤代乙酸、芳基卤和芳香族磺酸。在硼氢化钠等氢供体存在下，酶的氨基能与醛或酮发生还原烷基化反应，所使用的羰基化合物取代基的大小对修饰结果有很大影响。其中，三硝基苯磺酸（TNBS）是非常有效的一种氨基修饰剂，它与 Lys 反应，在 420 nm 和 367 nm 处能够产生特定的光吸收。

氰酸盐使氨基甲氨酰化形成非常稳定的衍生物，是一种常用的修饰 Lys 的手段，该方法优点是氰酸根离子小，容易接近要修饰的基团。磷酸吡哆醛（PLP）是一种非常专一的 Lys 修饰剂，它与 Lys 反应，形成席夫碱后再经硼氢化钠还原，还原的 PLP 衍生物在 325nm 处有最大光吸收，可用于定量。

酶分子 Lys 的 ε-NH_2 以非质子化形式存在时亲核反应活性很高，因此容易被选择性修饰，可供利用的修饰剂很多（图 7-6）。几丁质酶可降解几丁质中 *N*-乙酰葡萄糖胺 C1 和 C4 间的糖苷键，属于糖基水解酶类，*N*-乙酰-*β*-D-氨基葡萄糖苷酶（NAGase）是其中之一。林建城等人从中国鲎分离纯化到 NAGase，采用氨基的化学修饰法证明了中国鲎 NAGase 中 Lys 的 ε-氨基为中国鲎 NAGase 活性的必需基团之一，且可能处于酶的活性部位。

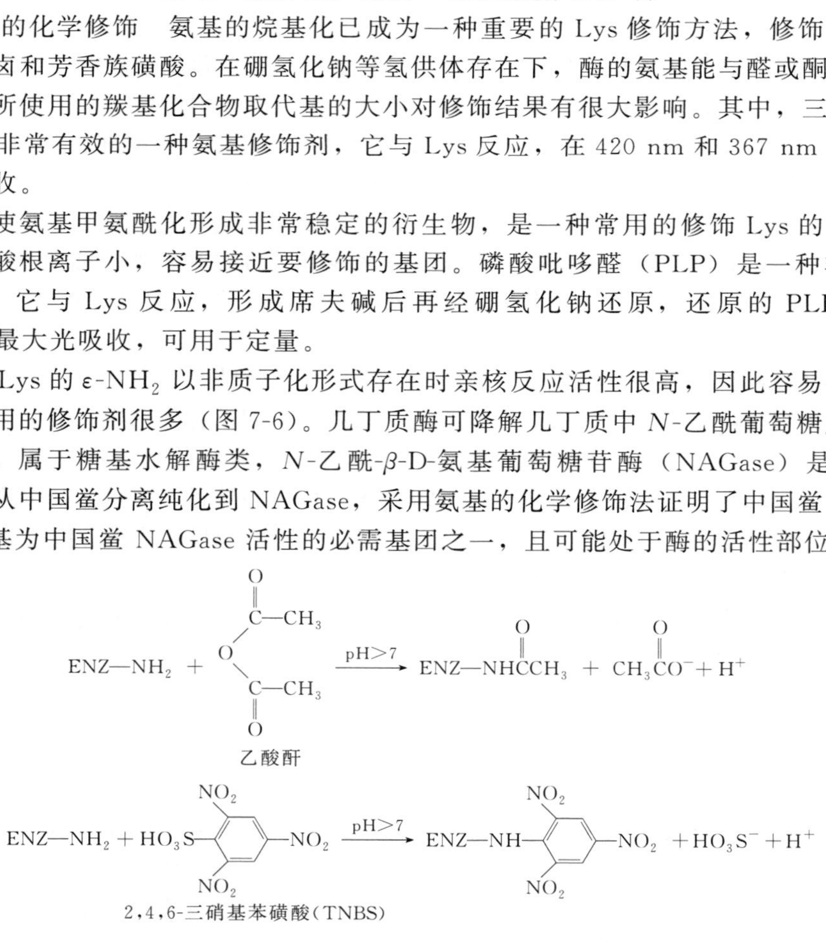

$$\text{ENZ—NH}_2 + (\text{CH}_3\text{CO})_2\text{O} \xrightarrow{\text{pH}>7} \text{ENZ—NHC(=O)CH}_3 + \text{CH}_3\text{C(=O)O}^- + \text{H}^+$$

乙酸酐

$$\text{ENZ—NH}_2 + \text{HO}_3\text{S—C}_6\text{H}_2(\text{NO}_2)_3 \xrightarrow{\text{pH}>7} \text{ENZ—NH—C}_6\text{H}_2(\text{NO}_2)_3 + \text{HO}_3\text{S}^- + \text{H}^+$$

2,4,6-三硝基苯磺酸(TNBS)

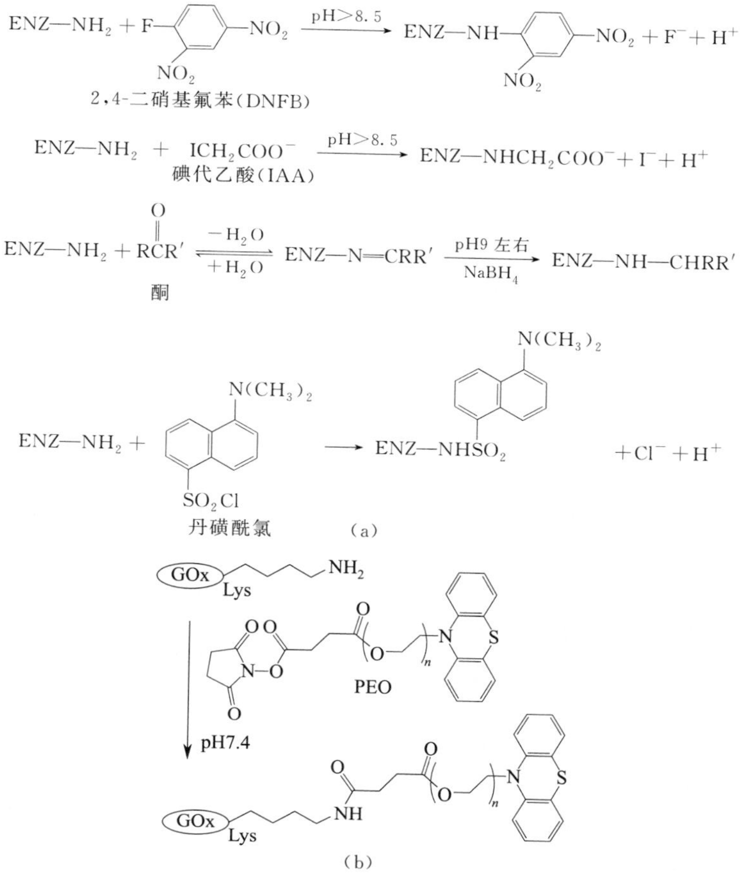

$$ENZ—NH_2 + F\text{-}C_6H_3(NO_2)_2 \xrightarrow{pH>8.5} ENZ—NH\text{-}C_6H_3(NO_2)_2 + F^- + H^+$$

2,4-二硝基氟苯(DNFB)

$$ENZ—NH_2 + ICH_2COO^- \xrightarrow{pH>8.5} ENZ—NHCH_2COO^- + I^- + H^+$$

碘代乙酸(IAA)

$$ENZ—NH_2 + RCOR' \underset{+H_2O}{\overset{-H_2O}{\rightleftharpoons}} ENZ—N{=}CRR' \xrightarrow[NaBH_4]{pH9\text{左右}} ENZ—NH—CHRR'$$

酮

$$ENZ—NH_2 + \text{丹磺酰氯}(SO_2Cl, N(CH_3)_2) \longrightarrow ENZ—NHSO_2\text{-}C_{10}H_6\text{-}N(CH_3)_2 + Cl^- + H^+$$

丹磺酰氯

(a)

GOx-Lys-NH_2 + NHS-O-CO-CH_2CH_2-CO-$(O-CH_2CH_2)_n$-N(吩噻嗪) (PEO) $\xrightarrow{pH7.4}$ GOx-Lys-NH-CO-CH_2CH_2-CO-$(O-CH_2CH_2)_n$-N(吩噻嗪)

(b)

图 7-6 氨基的化学修饰

ENZ—酶；GOx—葡萄糖氧化酶；PEO—聚环氧乙烷

在蛋白质序列分析中，氨基的化学修饰也非常重要。用于多肽链 N 末端残基的测定的化学修饰方法中最常用的有 2,4-二硝基氟苯（DNFB）法、丹磺酰氯（DNS）法、苯异硫氨酸酶（PITC）法。

③ 巯基的化学修饰 巯基在维持蛋白质结构和酶催化过程中起着重要作用，因此开发了许多修饰巯基的特异性修饰剂（图 7-7）。巯基具有很强的亲核性，在含 Cys 的酶分子中是最容易反应的侧链基团。

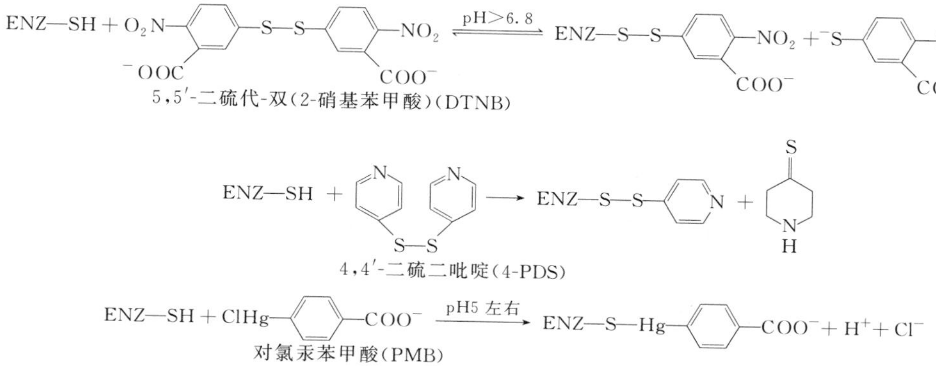

$$ENZ—SH + O_2N(^-OOC)C_6H_3—S—S—C_6H_3(COO^-)NO_2 \underset{}{\overset{pH>6.8}{\rightleftharpoons}} ENZ—S—S—C_6H_3(COO^-)NO_2 + {}^-S—C_6H_3(COO^-)NO_2 + H^+$$

5,5′-二硫代-双(2-硝基苯甲酸)(DTNB)

$$ENZ—SH + C_5H_4N—S—S—C_5H_4N \longrightarrow ENZ—S—S—C_5H_4N + \text{4-硫代吡啶}(S{=}C_5H_4NH)$$

4,4′-二硫二吡啶(4-PDS)

$$ENZ—SH + ClHg—C_6H_4—COO^- \xrightarrow{pH5\text{左右}} ENZ—S—Hg—C_6H_4—COO^- + H^+ + Cl^-$$

对氯汞苯甲酸(PMB)

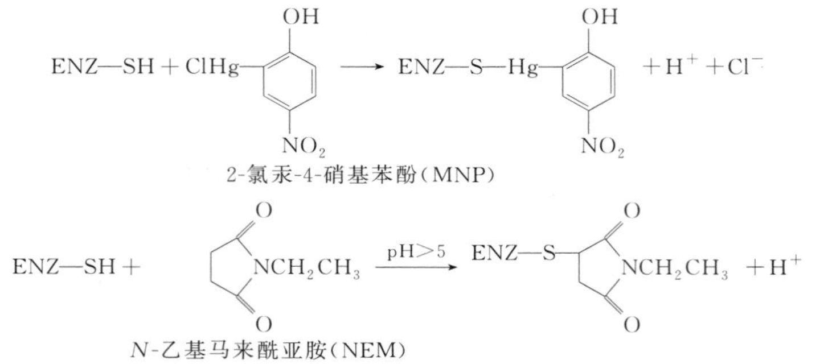

ENZ—SH + ClHg—(OH, NO_2 苯环) → ENZ—S—Hg—(OH, NO_2 苯环) $+H^+ + Cl^-$

2-氯汞-4-硝基苯酚(MNP)

ENZ—SH + (马来酰亚胺环 NCH_2CH_3) $\xrightarrow{pH>5}$ ENZ—S—(琥珀酰亚胺环 NCH_2CH_3) $+H^+$

N-乙基马来酰亚胺(NEM)

图 7-7　巯基的化学修饰

ENZ—酶

烷基化试剂是一种重要的巯基修饰剂，修饰产物相当稳定，易于分析。目前已开发出许多基于碘乙酸的荧光试剂。马来酰亚胺或马来酸酐类修饰剂能与巯基形成对酸稳定的衍生物。*N*-乙基马来酰亚胺是一种反应专一性很强的巯基修饰剂，反应产物在 300nm 处有最大吸收。

5,5′-二硫代-双（2-硝基苯甲酸）（DTNB，Ellman 试剂）也是最常用的巯基修饰剂，它与巯基反应形成二硫键，释放出 1 个 2-硝基-5-硫苯甲酸阴离子，此阴离子在 412nm 处有最大吸收，因此能够通过光吸收的变化跟踪反应程度。虽然目前在酶的结构与功能研究中半胱氨酸的侧链的化学修饰有被蛋白质定点突变的方法所取代的趋势，但是 Ellman 试剂仍然是当前定量酶分子中巯基数目的最常用试剂，用于研究巯基改变程度和巯基所处环境，它还被用于研究蛋白质的构象变化。

④ His 咪唑基的修饰　His 残基位于许多酶的活性中心，His 咪唑基可以通过 N 原子的烷基化或 C 原子的亲核取代来进行修饰。常用的修饰剂有焦碳酸二乙酯（DPC）和碘代乙酸。DPC 在近中性 pH 值下对 His 有较好的专一性，产物在 240nm 处有最大吸收，可跟踪反应和定量。碘代乙酸和焦碳酸二乙酯都能修饰咪唑环上的两个氮原子，碘代乙酸修饰时，有可能将 N1 取代和 N3 取代的衍生物分开，从而可观察修饰不同的氮原子对酶活性的影响（图 7-8）。

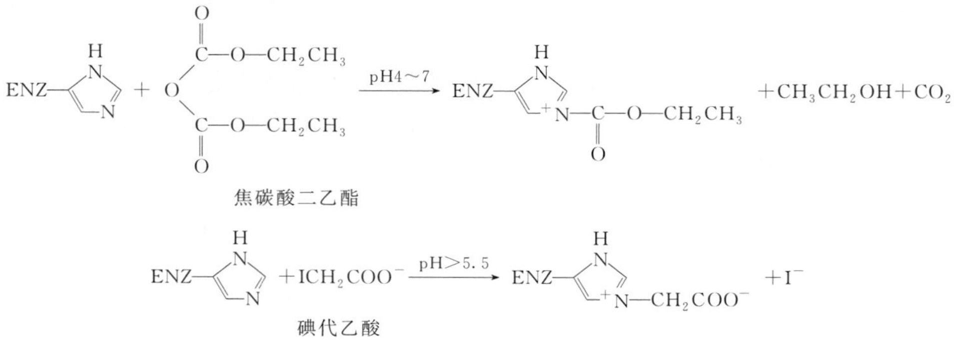

ENZ—(咪唑环) + O($C(=O)—O—CH_2CH_3$)$_2$ $\xrightarrow{pH4\sim7}$ ENZ—(咪唑环)$^+N—C(=O)—O—CH_2CH_3$ $+CH_3CH_2OH+CO_2$

焦碳酸二乙酯

ENZ—(咪唑环) $+ICH_2COO^-$ $\xrightarrow{pH>5.5}$ ENZ—(咪唑环)$^+N—CH_2COO^-$ $+I^-$

碘代乙酸

图 7-8　His 咪唑基的修饰

四硝基甲烷（TNM）在温和条件下可高度专一性地硝化 Tyr 的酚基，生成可电离的发色基团 3-硝基酪氨酸，它在酸水解条件下稳定，可用于氨基酸的定量分析。

7.3.3.2　大分子结合修饰

对酶蛋白侧链基团的修饰反应不仅可以使用小分子物质，也可使用大分子物质。其中利用水溶性大分子与酶分子的侧链基团共价结合，使酶分子的空间结构发生某些精细的改变，从而改变酶的特性与功能，这种方法称为大分子结合修饰法，简称大分子结合法。

(1) 修饰剂的选择 大分子结合修饰是目前应用最广泛的酶分子修饰方法。大分子结合修饰采用的修饰剂是水溶性大分子，例如聚乙二醇（PEG）、右旋糖酐、蔗糖聚合物、葡聚糖、环状糊精、肝素、甲基纤维素、聚氨基酸等。要根据酶分子的结构和修饰剂的特性选择适宜的水溶性大分子（图 7-9）。

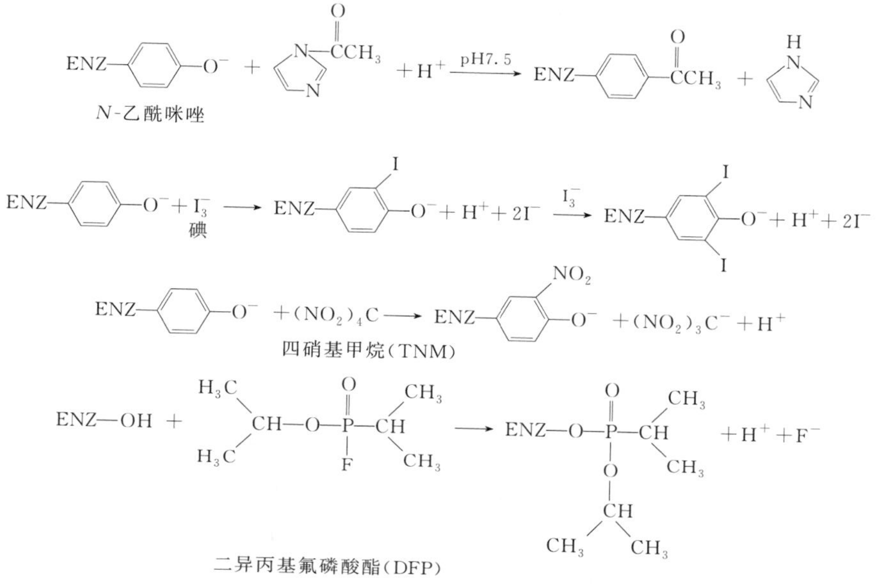

N-乙酰咪唑

碘

四硝基甲烷(TNM)

二异丙基氟磷酸酯(DFP)

图 7-9 Tyr 残基和脂肪族羟基的修饰

在众多的大分子修饰剂中，分子量为 1000～10000 的 PEG 应用最为广泛。因为它的溶解性好，既能够溶解于水，又能够溶于大多数有机溶剂，通常没有抗原性也没有毒性，生物相容性较好。分子末端具有两个可以被活化的羟基，可以通过甲氧基化将其中一个羟基屏蔽起来，成为只有一个可被活化羟基的单甲氧基聚乙二醇（MPEG）。

(2) 修饰剂的活化 作为修饰剂使用的水溶性大分子含有的基团往往不能直接与酶分子的基团进行反应而结合在一起。在使用之前一般需要经过活化，才能使活化基团在一定条件下可以与酶分子的某侧链基团进行反应。例如，常用的大分子修饰剂单甲氧基聚乙二醇可以用多种不同的试剂进行活化，制成可以在不同条件下对酶分子上不同基团进行修饰的聚乙二醇衍生物。用于酶分子修饰的主要聚乙二醇衍生物如下。

① 聚乙二醇均三嗪衍生物 单甲氧基聚乙二醇的羟基与均三嗪（三聚氯氰）在不同的反应条件下反应，制得活化的聚乙二醇均三嗪衍生物 $MPEG_1$ 和 $MPEG_2$。通过这些衍生物分子上活泼的氯原子，可以对天冬酰胺酶等酶分子上的氨基进行修饰。

② 聚乙二醇马来酸酐衍生物 聚乙二醇与马来酸酐反应生成具有蜂巢结构的聚乙二醇马来酸酐共聚物。共聚物中的马来酸酐可以通过酰胺键对酶分子上的氨基进行修饰。

③ 聚乙二醇胺类衍生物 单甲氧基聚乙二醇上的羟基与胺类化合物反应，生成的聚乙二醇胺类衍生物可以对酶分子上的羧基进行修饰。

(3) 修饰 将带有活化基团的大分子修饰剂与经过分离纯化的酶液，以一定的比例混合，在一定的温度、pH 等条件下反应一段时间，使修饰剂的活化基团与酶分子的某侧链基团以共价键结合，对酶分子进行修饰。例如，右旋糖酐先经过高碘酸（HIO_4）活化处理，然后与酶分子的氨基共价结合（图 7-10）。

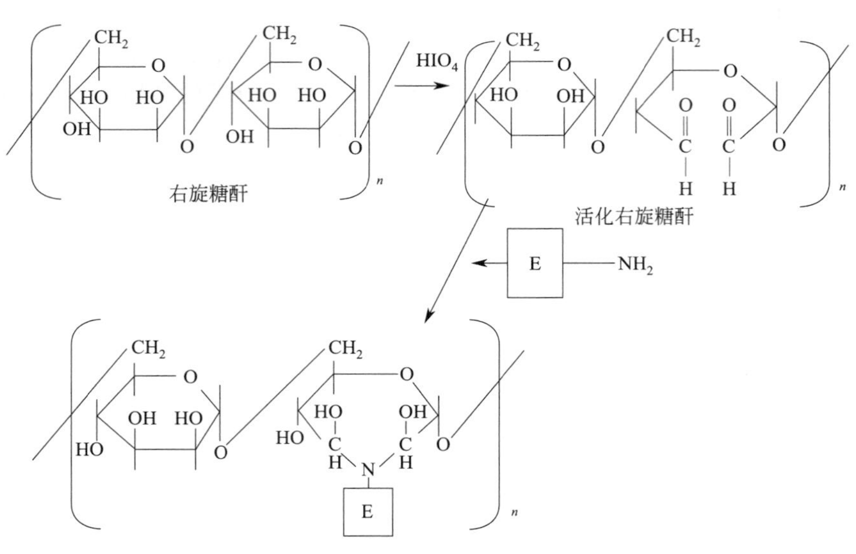

图 7-10　右旋糖酐修饰酶分子的过程

(4) 分离　酶经过大分子结合修饰后，不同酶分子的修饰效果往往有差别，有的酶分子可能与一个修饰剂分子结合，有的酶分子则可能与两个或多个修饰剂分子结合，还可能有的酶分子没有与修饰剂分子结合。为此，需要利用凝胶色谱等方法将具有不同修饰度的酶分子进行分离，从中获得具有较好修饰效果的修饰酶。

7.3.3.3　金属离子置换修饰

许多酶的催化作用需要辅助因子的帮助，辅助因子分为有机辅因子和无机辅因子两大类。无机辅因子主要是各种金属离子，它们往往是酶活性中心的组成部分，对酶催化功能的发挥有重要作用。把酶分子中的一种金属离子换成另一种金属离子，使酶的特性和功能发生改变的修饰方法称为金属离子置换修饰。通过金属离子置换修饰，可以了解各种金属离子在酶催化过程中的作用，有利于阐明酶的催化作用机制，也有可能提高酶活力，增强酶的稳定性，甚至改变酶的某些动力学性质。

从酶分子中除去其所含的金属离子，酶往往会丧失其催化活性。如果重新加入原有的金属离子，酶的催化活性可以恢复或者部分恢复。若用另一种金属离子进行置换，则可使酶呈现出不同的特性，有的可以使酶的活性降低甚至丧失，有的却可以使酶的活力提高或者增强酶的稳定性。

金属离子置换修饰的过程主要包括如下步骤。

(1) 酶的分离纯化　首先将欲进行修饰的酶分离纯化，除去杂质，获得具有一定纯度的酶液。

(2) 除去原有的金属离子　在纯化的酶液中加入一定量的金属螯合剂，如 EDTA 等，使酶分子中的金属离子与 EDTA 等形成螯合物。通过透析、超滤、分子筛色谱等方法，将 EDTA-金属螯合物从酶液中除去。此时酶往往成为无活性状态。

(3) 加入置换离子　向除去金属离子的酶液中加入一定量的另一种金属离子，酶蛋白与新加入的金属离子结合，除去多余的置换离子，就可以得到经过金属离子置换后的酶。

金属离子置换修饰只适用于那些在分子结构中本来就含有金属离子的酶。用于金属离子置换修饰的金属离子一般都是二价金属离子，如 Ca^{2+}、Mg^{2+}、Mn^{2+}、Zn^{2+}、Cu^{2+}、Fe^{2+}等。

7.4 非水相酶催化作用

通常的酶催化反应是在以水为介质的系统中进行的，有关酶的催化理论也是基于酶在水溶液中的催化反应而建立起来的。但水溶液中的酶催化反应在诸多方面显现出不足和局限，影响了酶的更广泛应用。其实酶在非水介质中也能进行催化反应，许多研究发现大多数酶在非水介质中比较稳定，而且具有相当高的活力，在许多合成过程中以酶催化代替传统的化学催化获得了成功。特别是 Klibanov 等 1984 年在《科学》（Science）杂志上发表了一篇有关酶在有机介质中催化反应条件和特点的论文，他们利用酶在有机介质中的催化作用成功地合成了酯类、肽类、手性醇等多种有机化合物，并证实了酶在 100℃ 的高温下不仅能够在有机溶剂中保持稳定，而且还显示出很高的转酯催化活性。这一发现为酶学研究和应用带来了又一次革命性的飞跃，并成为生物化学和有机合成研究中一个迅速发展的新领域。

酶在非水介质中的催化反应具有在许多常规水溶液中所没有的新特征和优势：①可进行水不溶或水溶性差的化合物的生物催化转化，拓展了酶应用的范围；②改变了催化反应的平衡点，使其在水溶液中不能或很难发生的反应向期望的方向得以顺利进行，如在水溶液中催化水解反应的酶在非水介质中可有效催化合成反应的进行；③大大提高了一些酶的热稳定性；④使酶对包括区域专一性和对映体专一性在内的底物的专一性大为提高，从而使对酶催化选择性有目的地调控成为可能；⑤由于酶不溶于大多数有机溶剂，反应后易于回收和重复利用；⑥可避免长期反应中微生物的污染；⑦当使用挥发性介质时，反应后的分离过程能耗低。

7.4.1 非水相酶催化反应体系

非水相酶学的研究在最近 20 多年里取得了长足的发展，脂肪酶所应用的反应体系也有了较大的改善，主要集中在有机溶剂体系，还有微水条件下的无溶剂体系、微乳液体系、超临界流体介质体系等。酶的非水相介质反应体系主要包括以下几种。

7.4.1.1 有机介质反应体系

有机介质中的酶催化是指酶在含有一定量水的有机溶剂中进行的催化反应，适用于底物、产物两者或其中之一为疏水性物质的酶催化作用。常见的有机介质反应体系主要包括微水有机介质体系、与水溶性有机溶剂组成的均一体系、与水不溶性有机溶剂组成的两相或多相反应体系、胶束体系和反胶束体系等。图 7-11 是三种典型的有机介质反应体系示意图。

(1) 微水有机介质体系 微水有机介质体系是由有机溶剂和微量的水组成的反应体系，也是在有机介质酶催化中广泛应用的一种反应体系。通常所说的有机介质反应体系主要是指微水有机介质体系。有机溶剂中的微量水主要是酶分子的结合水，它对维持酶分子的空间构象和催化活性至关重要；另一部分水则分配在有机溶剂中。由于酶不能溶解于疏水的有机溶剂，所以酶以冻干粉或固定化酶的形式悬浮于有机介质之中，在悬浮状态下进行催化反应。

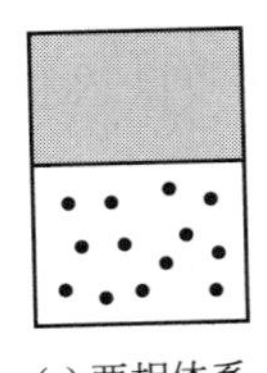
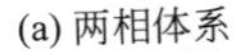

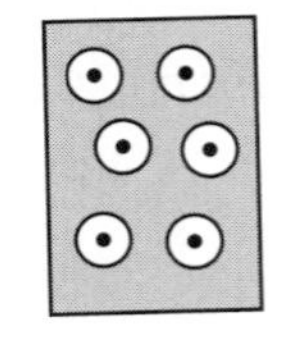

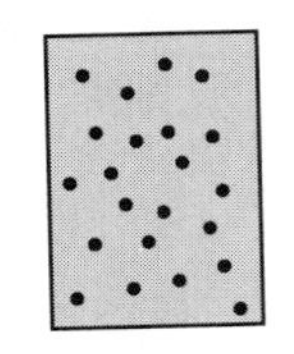

图 7-11 有机介质反应体系示意

黑点表示酶，白色区表示水，阴影区表示有机相

(2) 与水溶性有机溶剂组成的均一体系 与水溶性有机溶剂组成的均一体系是指由水和与水互溶的有机溶剂组成的反应体系，体系中水和有机溶剂的含量均较大，酶、底物和产物均能溶解于该体系中。常用的有机溶剂有二甲基亚砜、二甲基甲酰胺、四氢呋喃、丙酮和低级醇等。由于极性大的有机溶剂对一般酶的催化活性影响较大，所以能在该反应体系中进行催化反应的酶较少。然而该体系近几年却受到人们的极大关注，这是由于辣根过氧化物酶可以在此均一体系中催化酚类或者芳香胺类底物聚合生成聚酚或聚胺类物质，而聚酚、聚胺类物质在环保黏合剂、导电聚合物和发光聚合物等功能材料的研究开发方面的应用引起了人们极大的兴趣。

(3) 与水不溶性有机溶剂组成的两相或多相反应体系 这种体系是由水和疏水性较强的有机溶剂组成的两相或多相反应体系。游离酶、亲水性底物或产物溶解于水相，疏水性底物或产物溶解于有机溶剂相。有机相一般为亲水的溶剂，如烷烃、醚和氯代烃等，这样可使酶与有机溶剂在空间上相分离，以保证酶处在有利的水环境中，而不直接与有机溶剂相接触。如果采用固定化酶，则以悬浮形式存在两相的界面。该体系适用于底物和产物两者或其中一种是属于疏水性化合物的催化反应，如甾体、脂类和烯烃类的生物转化。

(4) 胶束体系 胶束又称为正胶束或正胶团，是在含大量水和少量与水不相混溶的有机溶剂体系中加入表面活性剂后，形成的水包油的微小液滴。表面活性剂分子是由疏水性尾部和亲水性头部两部分组成，在胶束体系中表面活性剂的极性端朝外，非极性端朝内，有机溶剂包在液滴内部。反应时，酶在胶束外面的水溶液中，疏水性的底物或产物在胶束内部。反应在胶束的两相界面中进行。

(5) 反胶束体系 反胶束又称为反胶团，是指在大量与水不相混溶的有机溶剂中含有少量的水，因加入表面活性剂后形成的油包水的微小液滴。表面活性剂的极性端朝内，非极性端朝外，水溶液包在胶束内部，催化反应在两相界面中进行。在反胶束体系中，由于酶分子处于反胶束内部的水溶液中，稳定性较好。反胶束与生物膜有相似之处，适用于处于生物膜表面或与膜结合的酶的结构、催化特性和动力学性质的研究。

7.4.1.2 气相介质体系

气相介质中的酶催化是指酶在气相介质中进行的催化反应，适用于底物是气体或者能够转化为气体的物质的酶催化反应。由于气体介质的密度低，扩散容易，所以酶在气相中的催化作用与在水溶液中的催化作用有明显的不同特点，但目前的研究不多。

7.4.1.3 超临界流体介质体系

除了亲脂性有机溶剂外，超临界流体如二氧化碳、氟里昂、烷烃类（甲烷、乙烷、丙烷）或无机化合物（SF_6）等都可以作为酶催化亲脂性底物的溶剂。超临界流体是指温度和压力都超过某物质超临界点的流体，此溶剂体系最大的优点是无毒、低黏度、产物易于分离。用于酶催化反应的超临界流体应当对酶的结构没有破坏作用，对催化作用没有明显的不良影响；具有良好的化学稳定性，对设备没有腐蚀性；超临界温度不能太高或太低，最好在室温附近或在酶催化的最适温度附近；超临界压力不能太高，可节约压缩动力费用；超临界流体要容易获得，价格要便宜等。

超临界流体对多数酶都能适用，酶催化的酯化、转酯、醇解、水解、羟化和脱氢等反应都可在超临界流体介质体系中进行，但研究最多的是水解酶的催化反应。

7.4.1.4 离子液介质体系

离子液介质中的酶催化是指酶在离子液介质体系中进行的催化作用。离子液是由有机阳离子与有机（无机）阴离子构成的在室温下呈液体的低熔点盐类，具有挥发性差、稳定性好的特点。酶在离子中的催化作用具有良好的稳定性和区域选择性、立体选择性、键选择性等显著特点。

7.4.2 非水介质中酶的结构与性质

7.4.2.1 非水介质中酶的结构

酶分子不能直接溶于有机溶剂，它在有机溶剂中的存在状态有多种形式，主要分为两大类：①固态酶，包括冻干的酶粉、固定化酶、结晶酶，以固体形式存在于有机溶剂中；②可溶解酶，主要包括水溶性大分子共价修饰酶和非共价修饰的高分子-酶复合物、表面活性剂-酶复合物以及微乳液中的酶等。

酶不溶于疏水性有机溶剂，它在含微量水的有机溶剂中以悬浮状态起催化作用，如图7-12所示。那么，为什么酶在有机溶剂中能表现出催化活性？许多学者对酶在水相与有机相的结构进行了比较，他们发现在有机相中酶能够保持其整体结构的完整性，在有机溶剂中酶的结构至少是酶活性部位的结构与在水溶液中的结构是相同的。

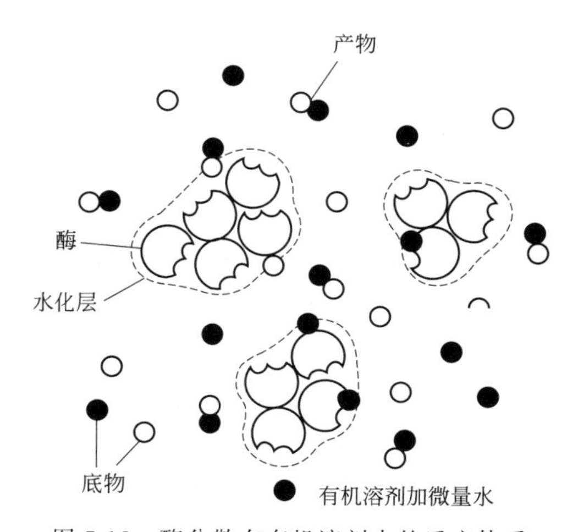

图 7-12 酶分散在有机溶剂中的反应体系

但是，并非所有的酶悬浮于任何有机溶剂中都能维持其天然构象、保持酶活性。如Russell将碱性磷酸酯酶冻干粉悬浮于四种有机溶剂（二甲基甲酰胺、四氢呋喃、乙腈和丙酮）中，密封振荡，离心除溶剂，冻干后重新悬浮于缓冲液中，以对硝基苯磷酸酯为底物，测其酶活性，四种有机溶剂使酶发生了不同程度的不可逆失活。

酶作为蛋白质，它在水溶液中以一定构象的三级结构状态存在。这种结构和构象是酶发挥催化功能所必需的紧密而又有柔性的状态。紧密状态主要取决于蛋白质分子内的氢键，溶液中水分子与蛋白质分子之间所形成的氢键使蛋白质分子内氢键受到一定程度的破坏，蛋白质结构变得松散，呈一种开启状态。这时，酶分子的紧密和开启两种状态处于一种动态平衡之中，表现出一定的柔性。因此，酶分子在水溶液中以其紧密的空间结构和一定的柔性发挥催化功能。Zaks认为，当酶悬浮于含微量水（小于1%）的有机溶剂中时，与蛋白质分子形成分子间氢键的水分子极少，蛋白质分子内氢键起主导作用，导致蛋白质结构刚性增加，活动的自由度变小。蛋白质的这种动力学刚性限制了疏水环境下的蛋白质构象向热力学稳定状态转化，能维持着和在水溶液中同样的结构与构象。

7.4.2.2 非水介质中酶的性质

由于受到非水介质的影响，改变底物存在的状态以及酶与底物相结合的自由能，这些都会影响到非水介质中酶的某些主要的性质，如热稳定性、底物特性、立体选择性、区域选择性和化学键选择性等。虽然在非水介质中酶的活性一般都会降低，但是正是由于在非水介质中酶所具备了这些水相中所没有的特性，极大地丰富了非水相酶学研究的内涵，使其更加具有应用价值。

(1) 底物专一性 同水溶液中的酶催化一样，酶在非水介质中对底物的化学结构和立体结构均有严格的选择性。但在有机介质中，由于酶分子活性中心的结合部位与底物之间的结合状态发生某些变化，致使酶的底物特异性会发生改变。例如，胰蛋白酶等蛋白酶在催化*N*-乙酰-L-丝氨酸乙酯和*N*-乙酰-L-苯丙氨酸乙酯的水解反应时，由于苯丙氨酸的疏水性比丝氨酸强，所以，酶在水溶液中催化苯丙氨酸酯水解的速度，比在同等条件下催化丝氨酸酯水解的速度高5×10^4倍；而在辛烷介质中，催化丝氨酸酯水解的速度却比催化苯丙氨酸酯水解的速度快20倍。这是由于在水溶液中，底物与酶分子活性中心的结合主要靠疏水作用，所以疏水性较强的底物，容易与活性中心部位结合，催化反应的速度较高；而在非水介质中有机溶剂与底物之间的疏水作用比底物与酶之间的疏水作用更强。此时，底物与酶之间的疏水作用已不再那么重要，结果疏水性较强的底物容易受有机溶剂的作用，反而影响其与酶分子活性中心的结合。

不同的有机溶剂具有不同的极性，所以在不同的有机介质中酶的底物专一性也是不同的。一般来说，在极性较强的有机溶剂中，疏水性较强的底物容易反应；而在极性较弱的有机溶剂中，疏水性较弱的底物容易反应。例如，枯草杆菌蛋白酶催化*N*-乙酰-L-丝氨酸乙酯和*N*-乙酰-L-苯丙氨酸乙酯与丙醇的转酯反应，在极性较弱的二氯甲烷或者在苯介质中，含丝氨酸的底物优先反应；而在极性较强的吡啶或季丁醇介质中，则含苯丙氨酸的底物首先发生转酯反应。

(2) 对映体选择性 酶的对映体选择性又称为立体选择性或立体异构专一性，是酶在对称的外消旋化合物中识别一种异构体的能力大小的指标。酶立体选择性的强弱可以用立体选择系数（K_{LD}）的大小来衡量。立体选择系数与酶对L-型和D-型两种异构体的酶转换数（K_{cat}）和米氏常数（K_m）有关。即：

$$K_{LD}=(K_{cat}/K_m)_L/(K_{cat}/K_m)_D$$

式中，K_{LD}为立体选择系数；L为L-型异构体；D为D-型异构体；K_m为米氏常数；K_{cat}为酶的转换数，是酶催化效率的一个指标，指每个酶分子每分钟催化底物转化的分子数。

立体选择系数越大，表明酶催化的对映体选择性较强。

酶在有机介质中催化，与在水溶液中催化比较，由于介质的特性发生改变，而引起酶的对映体选择性也发生变化。例如，胰蛋白酶、枯草杆菌蛋白酶、胰凝乳蛋白酶等蛋白酶在有

机介质中催化 N-乙酰丙氨酸氯乙酯水解的立体选择系数 K_{LD} 在 10 以下，而在水溶液中 $K_{LD}=10^3\sim10^4$，两者相差 100～1000 倍。

酶在水溶液中催化的立体选择性较强，而在疏水性强的有机介质中，酶的立体选择性较差。例如，蛋白酶在水溶液中对含有 L-氨基酸的蛋白质起作用，水解生成 L-氨基酸。而在有机介质中，某些蛋白酶可以用 D-氨基酸为底物合成由 D-氨基酸组成的多肽等。这一点在手性药物的制造中有重要作用。

(3) 区域选择性 区域选择性是指酶能够选择底物分子中某一区域的基团优先进行反应，这是酶在有机介质中进行催化反应时的特性之一。酶区域选择性的强弱可以用区域选择系数的大小来衡量。区域选择系数与立体选择系数相似，只是以底物分子的区域位置 1 和 2 代替异构体的构型 L 和 D。

$$K_{1,2}=(K_{cat}/K_m)_1/(K_{cat}/K_m)_2$$

例如，用脂肪酶催化 1，4-二丁酰基-2-辛基苯与丁醇之间的转酯反应，在甲苯介质中，区域选择系数 $K_{4,1}=2$，表明酶优先作用于底物 C4 位上的酰基；而在乙腈介质中，区域选择系数 $K_{4,1}=0.5$，则表明酶优先作用于底物 C1 位上的酰基。从中可以看到，在两种不同的介质中，区域选择系数相差 4 倍。

(4) 化学键选择性 酶在有机介质中进行催化的另一个显著特点是具有化学键选择性。即在同一个底物分子中有 2 种以上的化学键都可以与酶反应时，酶对其中一种化学键优先进行反应。化学键选择性与酶的来源和有机介质的种类有关。例如，脂肪酶催化 6-氨基-1-己醇的酰化反应，底物分子中的氨基和羟基都可能被酰化，分别生成肽键和酯键。当采用黑曲霉脂肪酶进行催化时，羟基的酰化占绝对优势；而采用毛霉脂肪酶催化时，则优先使氨基酰化。研究表明，在不同的有机介质中，氨基的酰化与羟基的酰化程度也有所不同。

(5) 热力学稳定性 许多酶在有机介质中的热稳定性和储存稳定性都比水溶液中的高。例如，胰脂肪酶在水溶液中，100℃时很快失活；而在有机介质中，在相同的温度条件下，半衰期却长达数小时（图 7-13）。酶在有机介质中的热稳定性还与介质中的水含量有关。通常情况下，随着介质中水含量的增加，其热稳定性降低。例如，核糖核酸酶在有机介质中的水含量从 0.06g/g 蛋白质增加到 0.2g/g 蛋白质时，酶的半衰期从 120min 减少到 45min。细胞色素氧化酶在甲苯中的水含量从 1.3%降低到 0.3%时，半衰期从 1.7min 增加到 4h。

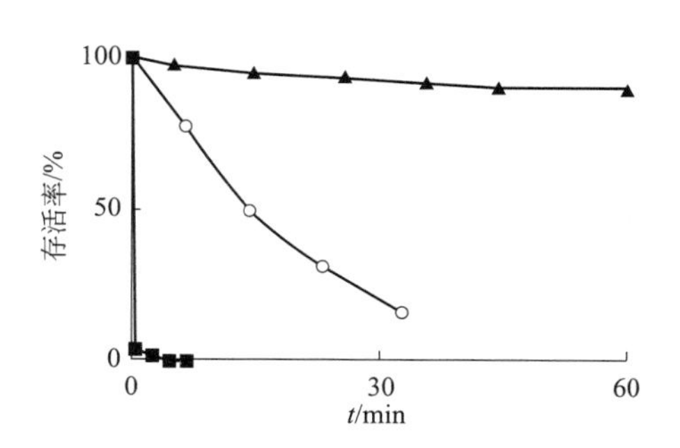

图 7-13 猪胰脂肪酶在 100℃时的失活曲线（pH 8.0，0.01mol/L 磷酸缓冲液）
▲ 含 0.8%水和 2mol/L 庚醇的三丁酸甘油酯；○ 含 0.015%水和 2mol/L 庚醇的三丁酸甘油酯

在有机介质中，酶的热稳定性之所以会增强，可能是由于有机介质中缺少引起酶分子变性失活的水分子所致。因为水分子会引起酶分子中天冬酰胺和谷氨酰胺的脱氨基作用，还可能会引起天冬氨酸肽键的水解、半胱氨酸的氧化及二硫键的破坏等，所以，酶分子在水溶液中热稳定性较差，而在含水量低的有机介质中，酶分子的热稳定性显著提高。

(6) pH 值特性 在有机介质反应中，酶能够“记忆”它冻干或吸附到载体之前所使用的缓冲液的 pH 值，这种现象称为 pH 印记（pH-imprinting）或称为 pH 记忆。因为酶在冻干或吸附到载体上之前，先置于一定 pH 值的缓冲液中，缓冲液的 pH 值决定了酶分子活性中心基团的解离状态。当酶分子从水溶液转移到有机介质时，酶分子保留了原有的 pH 印记，原有的解离状态保持不变。即是说酶分子在缓冲液中所处的 pH 状态仍然被保持在有机介质中。

酶在有机介质中催化反应的最适 pH 值通常与酶在水溶液中反应的最适 pH 值接近或者相同。利用酶的这种 pH 印记特性，可以通过控制缓冲液中 pH 值的方法，达到控制有机介质中酶催化反应的最适 pH 值。有些研究也发现，有些酶在有机介质中催化的最适 pH 值与水溶液中催化的最适 pH 值有较大差别，需要在实际应用时加以调节控制。

然而也有研究表明，在含有微量水的有机介质中，某些疏水性的酸与其相对应的盐组成的混合物，或者某些疏水性的碱与其相对应的盐组成的混合物，可以作为有机相缓冲液使用。它们以中性或者离子对的形式溶解于有机溶剂中，这两种存在形式的比例控制着有机介质中酶的解离状态。采用有机相缓冲液时，酶分子的 pH 印记特性不再起作用，即酶在冷冻干燥前缓冲液的 pH 值状态对酶在有机介质中的催化活性没有什么影响，而主要受到有机相缓冲液的影响。

7.4.3 有机介质中酶催化作用在食品及其相关领域中的应用

目前在非水介质中获得应用的酶包括氧化还原酶类、转移酶类、水解酶类及异构酶类，其中脂肪酶是在有机相中催化反应种类最多、应用最广泛的酶类之一。

脂肪酶是工业上常用的酶之一，研究表明，在水溶液中它能催化油脂和其他酯类的水解反应，在有机介质中也能催化水解反应的逆反应——酯合成反应和酯交换反应。脂肪酶的这种性质显示它在食品、制药、精细化工、有机合成等领域具有极大的应用前景。有机相酶催化技术在食品领域的应用主要体现在以下几个方面。

7.4.3.1 利用脂肪酶或酯酶的催化作用生成所需的酯类

利用脂肪酶的作用，将甘油三酯水解生成的甘油单酯，简称为单甘酯，是一种广泛应用的食品乳化剂。

$$\begin{array}{l} H_2C\text{—}COOR_1 \\ \quad | \\ HC\text{—}COOR_2 \\ \quad | \\ H_2C\text{—}COOR_3 \end{array} + H_2O \xrightarrow{\text{脂肪酶/酯酶}} \begin{array}{l} H_2C\text{—}OH \\ \quad | \\ HC\text{—}COOR_2 \\ \quad | \\ H_2C\text{—}COOR_3 \end{array} + R_1COOH$$

$$\begin{array}{l} H_2C\text{—}OH \\ \quad | \\ HC\text{—}COOR_2 \\ \quad | \\ H_2C\text{—}COOR_3 \end{array} + H_2O \xrightarrow{\text{脂肪酶/酯酶}} \begin{array}{l} H_2C\text{—}OH \\ \quad | \\ HC\text{—}COOR_2 \\ \quad | \\ H_2C\text{—}OH \end{array} + R_3COOH$$

此外，还可以利用脂肪酶在有机介质中的转酯反应，将甘油三酯转化为具有特殊风味的可可脂等；利用酯酶催化小分子醇和有机酸合成具有各种香型的酯类等。

7.4.3.2 利用嗜热菌蛋白酶生产天苯肽

天苯肽，又称阿斯巴甜，是由天冬氨酸和苯丙氨酸甲酯缩合而成的二肽甲酯，是一种用途广泛的食品添加剂。其甜味纯正，甜度约为蔗糖的 150～200 倍，在 pH 2～5 的酸性范围内非常稳定。

天苯肽可以通过嗜热菌蛋白酶在有机介质中催化合成。嗜热菌蛋白酶是嗜热细菌产生得到的一种蛋白酶，在有机介质中催化 L-天冬氨酸（L-Asp）与 L-苯丙氨酸甲酯（L-Phe-OMe）反应生成天苯肽（L-Asp-L-Phe-OMe）：

$$HOOC{-}CH_2{-}CH(NH_2){-}COOH + C_6H_5{-}CH_2{-}CH(NH_2){-}C(=O){-}OCH_3 \xrightarrow{\text{嗜热菌蛋白酶}} C_6H_5{-}CH_2{-}CH(C(=O){-}OCH_3){-}NH{-}C(=O){-}CH(H_2N){-}CH_2{-}COOH$$

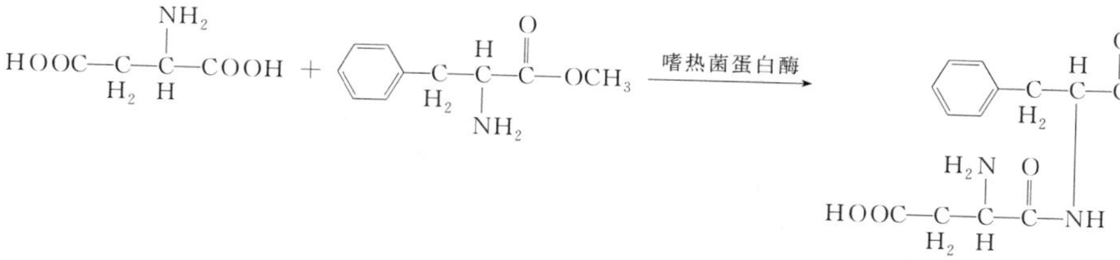

由于氨基酸都含有氨基和羧基，在合成二肽的过程中，可能会生成不同的二肽。为了确保天冬氨酸的 α-羧基与苯丙氨酸的氨基缩合生成天苯肽，因此在反应之前，除了苯丙氨酸的 α-羧基必须进行甲酯化以外，天冬氨酸的 β-羧基也必须进行苯酯化，所以酶催化反应生成的产物是苯酯化天冬氨酰-苯丙氨酸甲酯（Z-L-Asp-L-Phe-OMe），在反应结束后，再经过氢化反应生成天苯肽。

在生产中通常采用外消旋化的 DL-苯丙氨酸甲酯进行反应，反应后剩下未反应的 D-苯丙氨酸甲酯可以分离出来，经过外消旋后形成 DL-苯丙氨酸甲酯以重新应用。

7.4.3.3 利用芳香醛脱氢酶生产香兰素

香兰素是一种广泛应用的食品香料，可以从天然植物中提取分离得到，但是产量有限；也可以以苯酚、甲基邻苯二酚等为原料进行化学合成，但是这些化学原料有毒性。另一种途径是先通过微生物发酵得到香兰酸（3-甲氧基-4-羟基苯甲酸），再通过芳香醛脱氢酶的催化作用，将香兰酸还原为香兰素（3-甲氧基-4-羟基苯甲醛）。

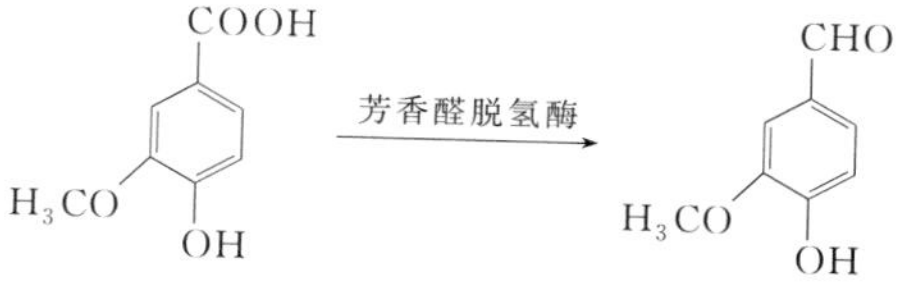

$$\text{(COOH, }H_3CO\text{, OH 取代苯环)} \xrightarrow{\text{芳香醛脱氢酶}} \text{(CHO, }H_3CO\text{, OH 取代苯环)}$$

7.4.3.4 糖酯的合成

糖酯是一类由糖和酯类聚合而成的有重要应用价值的可生物降解的聚合物。例如，高级脂肪酸的糖酯是一种高效无毒的表面活性剂，在医药、食品等领域广泛应用；一些糖酯，如二丙酮缩葡萄糖丁酸酯等具有抑制肿瘤细胞生长的功效。

1986 年，Klibanov 首次进行有机介质中酶催化合成糖酯的研究，他们利用枯草芽孢杆菌蛋白酶在吡啶介质中将糖和酯类聚合，得到 6-*O*-酰基葡萄糖酯。此后，采用不同的糖为羟基供体，以各种有机酸酯为酰基供体，以蛋白酶、脂肪酶等为催化剂，在有机介质中反应，获得各种糖酯。例如，蛋白酶在吡啶介质中催化蔗糖与三氯乙醇丁酸酯聚合生成糖酯等。

7.5 酶传感器

食品的化学组成极为复杂，要在众多成分共存的情况下分析其中某一种成分，常常需要繁杂的前处理过程。而生物传感器的问世，不仅使食品成分分析测定快速、低成本、高选择性成为可能，而且可以实现食品生产的在线质量控制，给人们带来了安全可靠及高质量的食品。

7.5.1 酶传感器概述

酶基生物传感器是一种以酶作为生物识别元件的生物传感器，是以生物活性单元（如酶、微生物、动植物组织、抗原等）作为生物敏感元件与适当的物理、化学信号换能器件组成的生物电化学分析系统。其具有灵敏度高、专一性强、检测限低、选择性好、操作简单、便于携带和可室外在线连续监测等优点，是最早实现商品化的一类生物传感器。近10年来，酶基生物传感器已广泛应用于环境监测、食品安全检验、生物医学检验等领域。生物传感器具有特异识别分子的能力，以生物体内存在的活性物质为测量对象。

生物传感器的结构一般有两个主要组成部分：其一是生物分子识别元件（感受器），是具有生物分子识别能力的核酸、有机物分子等；其二是信号转换器（换能器），主要有电化学电极（如电位、电流的测量）、光学检测元件、热敏电阻、场效应晶体管、压电石英晶体及表面等离子共振器件等。当待测物与分子识别元件特异性结合后，所产生的复合物（或光、热等）通过信号转换器转变为可以输出的电信号、光信号等，从而达到分析检测的目的（图7-14）。

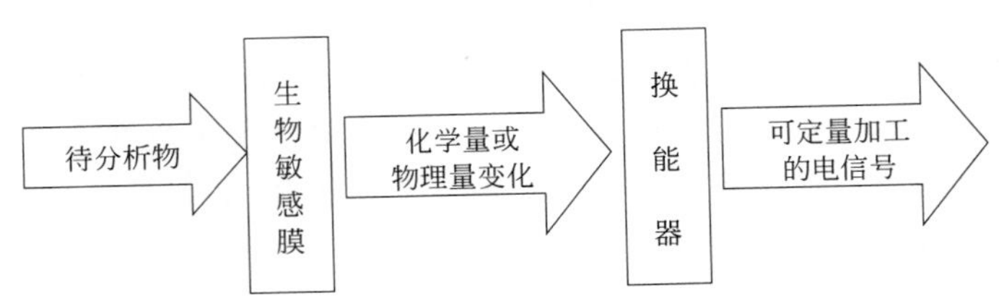

图7-14　生物传感器传感原理

生物传感器的分类如图7-15所示，一般可以从以下三个方面来分类：根据传感器输出信号的产生方式，可分为生物亲和型生物传感器、代谢型生物传感器和催化型生物传感器；根据生物传感器中生物分子识别元件上的敏感物质可分为酶传感器、微生物传感器、组织传感器、基因传感器、免疫传感器等；根据生物传感器的信号转化器可分为电化学生物传感器、半导体生物传感器、测热型生物传感器、测光型生物传感器、测声型生物传感器等。利用酶的催化作用制成的酶传感器是问世最早、成熟度最高的一类生物传感器。

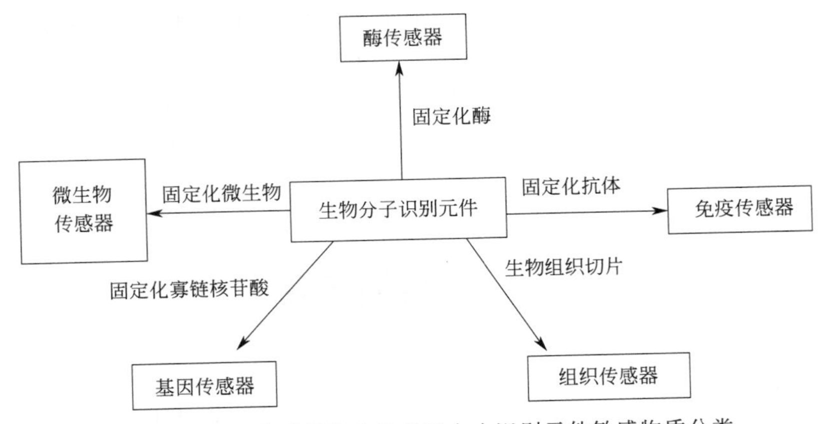

图7-15　生物传感器按生物分子大小识别元件敏感物质分类

与传统的化学传感器和离线分析技术（或质谱）相比，生物传感器具有如下特点：①多样性。基于生物反应的特异性和多样性，从理论上讲可以制成测定所有生物物质的生物传感器。②生物传感器以生物材料为分子识别元件，因此一般不需要样品的预处理，样品中被测组分的分离和检测同时完成，且测定时一般不需加入其他试剂。③由于它的体积小，可以实现连续在线监测。④响应快，样品用量少，且由于样品材料是固定化的，可以反复多次使用。

酶基生物传感器是一种特殊的生物传感器，因为酶作为酶基生物传感器的关键组分，具有独特的生物识别能力和优异的催化性能。且酶基生物传感器体积小、响应时间短、成本低，它可对目标检测物进行在线快速检测。根据信号转换器的类型，酶传感器大致可分为酶电极、酶场效应管传感器、酶热敏电阻传感器等（图 7-16）。

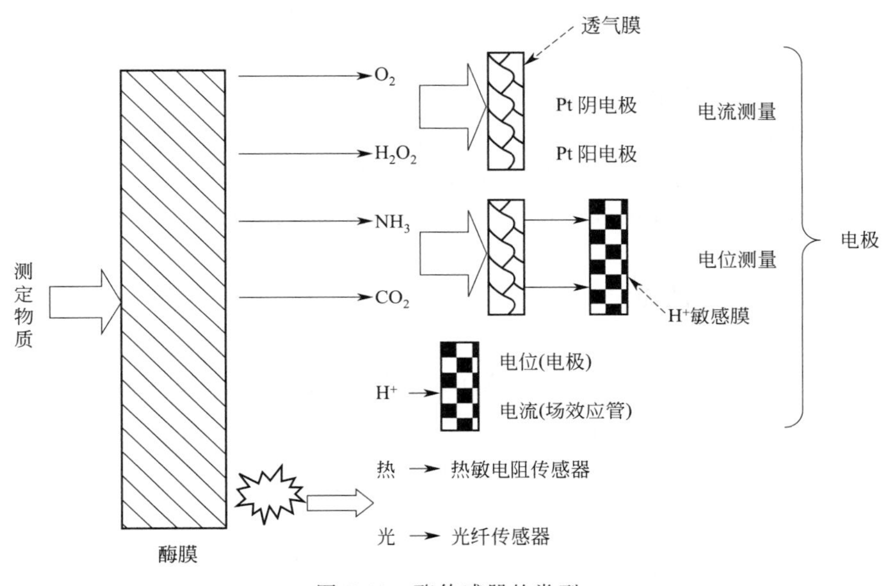

图 7-16　酶传感器的类型

7.5.2　酶传感器在食品工业中的应用

7.5.2.1　葡萄糖酶电极在酶法生产葡萄糖工业中的应用

在双酶法生产葡萄糖的工业中，多数是采用费林热滴定法测定还原糖的量来控制生产，该方法是以还原糖（葡萄糖及其他还原性糖）的量反映葡萄糖的含量，不能准确地反映糖化过程中葡萄糖含量的变化，而且操作费时，无法准确、及时地指导生产。葡萄糖生物传感分析仪具有葡萄糖氧化酶的底物专一性、固定化酶的连续稳定性以及电化学的快速灵敏性等特性，应用于酶法生产葡萄糖过程中，可准确、快速、方便地测出水解液中的葡萄糖含量，及时了解双酶糖生产中淀粉的水解情况，准确判断水解终点，及时终止反应，提高葡萄糖的质量及产量。郑海松等利用纳米金（AuNPs）与还原氧化石墨烯（rGO）复合纳米材料制备了葡萄糖氧化酶生物传感器，并用于饮料中葡萄糖含量的检测，GOx 酶活度保持性好，线性范围宽，灵敏度得到了提高。

7.5.2.2　葡萄糖酶电极法测定葡萄糖淀粉酶的活性

葡萄糖淀粉酶可连续地从淀粉和糖原的非还原末端除去葡萄糖单元，它水解淀粉得到的产物是β-葡萄糖，β-葡萄糖是葡萄糖氧化酶的专一性底物。糖化酶的使用和生产过程的监控中都需要进行酶活力的测定。传统的糖化酶活力测定方法是把底物可溶性淀粉和酶在特定的条件下保温后，用氧化还原滴定法或比色法测定产生的还原糖量确定葡萄淀粉酶的活性单位，不仅烦琐、费时，而且是把还原糖的生成量按葡萄糖量计算，样品中的非葡萄糖还原性物质对测定结果有干扰，专一性差。而用葡萄糖酶电极可以测定糖化酶的活力，以已知浓度的葡萄糖为标准，通过测定酶反应在单位时间内产生的葡萄糖量，就可计算出糖化酶的活力单位。也可利用基于葡萄糖酶电极设计的生物传感分析仪，用已知酶活力的糖化酶作标准，在仪器上直接显示酶活性单位，实现了糖化酶的快速测定。

7.5.2.3 氨基酸的分析

氨基酸生产在发酵工业中占有重要地位，用于食品、保健品和医药，世界年销售额达数十亿美元。氨基酸测定常采用瓦勃呼吸法、平板生长速率法、色谱法、酶法等，这些方法或操作烦琐、费时，或精密度较差，而且不能满足在线分析的要求。目前至少有 8 种氨基酸能用酶电极来测定，如谷氨酸和精氨酸。

L-氨基酸能被 L-氨基酸氧化酶（L-AAO）氧化，生成氨和过氧化氢，所以测定氧、氨或过氧化氢都可能定量测定氨基酸。如 L-谷氨酸氧化酶能氧化谷氨酸生成 α-酮戊二酸，于是便有了电流型谷氨酸氧化酶电极。还可以利用谷氨酸脱羧酶对谷氨酸脱羧，用 CO_2 电极检测产生的 CO_2 定量谷氨酸。

7.5.2.4 酒精含量的测定

发酵液的酒精含量常用比重计法，操作简单，但很粗糙，气相色谱法可以分析各种醇浓度，但成本过高，技术复杂。醇脱氢酶（ADH）和醇氧化酶能分别催化醇进行下述反应：

$$R—CH_2OH+O_2 \xrightarrow{\text{醇脱氢酶}} NADH+R—OH$$

$$R—CH_2OH+O_2 \xrightarrow{\text{醇氧化酶}} R—COOH$$

由于 ADH 催化的反应需要辅酶参加，因而增加了酶电极研究的困难。相比之下用醇氧化酶与氧电极做成的酶电极性能要优越得多，Guibault 等首先用这种酶电极测定酒精，与气相色谱法仅有 2.5%的差异。

7.5.2.5 食品农药残留检测

在食品农药残留检测中，研究较多的是乙酰胆碱酯酶传感器，其是电化学生物传感器中的一种。它是利用农药对靶标酶（如乙酰胆碱酯酶）活性的抑制作用研制的。乙酰胆碱是高等动物中神经信号的传递中介，乙酰胆碱的除去依赖于乙酰胆碱酯酶（AChE），在乙酰胆碱酯酶的催化下，乙酰胆碱水解为乙酸和胆碱，反应式如下：

$$H_3C—\overset{\overset{\large O}{\|}}{C}—O—\underset{H_2}{C}—\underset{H_2}{C}—\overset{\overset{\large CH_3}{|}}{\underset{\underset{\large CH_3}{|}}{N^+}}—CH_3 \longrightarrow H_3C—\overset{\overset{\large O}{\|}}{C}—OH+HO—\underset{H_2}{C}—\underset{H_2}{C}—\overset{\overset{\large CH_3}{|}}{\underset{\underset{\large CH_3}{|}}{N^+}}—CH_3$$

这些反应生成产物必须迅速去除，否则连续的刺激会造成机体兴奋，最后导致传递阻断而引起机体死亡。有机磷和氨基甲酸酯类农药与乙酰胆碱类似，能与酶酯基的活性部位发生不可逆的键合从而抑制酶活性，酶反应产生的 pH 值变化可由电位型生物传感器测出。自 1951 年 Giang 与 Hall 发现有机磷农药在体外也能抑制 AChE 后，许多研究报告都是基于这一原理。这类传感器的基本类型是与 pH 电极相连，通过检测有无抑制剂情况下 pH 的变化值测得农药的浓度。

由于单酶传感器只能测定数目有限的环境污染物，所以可以在一个生物传感器上偶联几种酶促反应来增加可测分析物的数目。Bernabeil 用 AChE 和胆碱氧化酶（ChOD）双酶系统，制备了测对氧磷和涕灭威的电流型 H_2O_2 传感器，其检测范围为$(0\sim100)\times10^{-9}$。Mary 等也根据 AChE 和 ChOD 的联合固定及顺序反应原理制成了生物传感器，AChE 的抑制作用通过 H_2O_2 传感器测得 H_2O_2 形成的降低而获得，该传感器可检测 10nmol 对氧磷，并可稳定 2 个月，在 4℃磷酸盐缓冲液中可贮存一年。Starodub 等分别用 AChE 和丁酰胆碱酯酶（BChE）为敏感材料，制作了离子敏感场效应晶体管型传感器，两种生物传感器均可用于蔬菜等样品中有机磷农药毒死稗、伏杀磷的测定，检测限为 10.5～10.7mol/L。Lea Pogacnik 等用其作为敏感材料，做成了光热生物传感器，对蔬菜中的有机磷和氨基甲酸酯类农药进行测定，其结果与 GC-MS 检测结果一致。

传统检测有机磷农药的酶传感器，几乎都是建立在胆碱酯酶的基础上，由于检测步骤多，测量时间相对长，抑制物多，且抑制过程多为不可逆抑制，造成再生困难等，难于满足现场快速检测的要求。有机磷水解酶（OPH）是一类水解有机磷化合物的酶，其优点是将有机磷农药作为酶的底物，而不是抑制剂，能专一性地切断它的磷氰、磷硫、磷氟和磷氧键，产生两分子质子、一分子乙醇及其他产物，这些产物在许多情况下带有发色基团或具有电活性，将这些可测信号转换成光或电信号，从而可以进行有机磷农药的定量分析。利用此原理，开发了双重的安培电位型传感器、双酶（AChE 和 OPH）传感器等用于检测多组分农药样品。

7.6 食品酶学研究热点

食品酶学技术在食品领域的应用，主要包括食品用酶的分离纯化、固定化以及酶分子改造与修饰，利用食品用酶改善食品加工工艺、提高食品的品质和安全性，运用酶技术对食品进行安全检测是食品酶学研究热点。

在食品加工过程中，酶对保持食品的色泽风味、组织结构、储藏稳定性等发挥着重要作用，目前食品酶学技术在食品加工中的应用主要集中在谷物、果蔬、肉类、啤酒、乳制品、调味品、果汁饮料加工等领域，应用较多的是蛋白酶、糖酶、酯酶、脂肪氧化酶、多酚氧化酶、过氧化物酶和抗坏血酸氧化酶。酶学技术在食品加工领域的应用研究及功能性成分工程化制备等方面仍是今后的研究热点。

随着经济和社会的发展，食品的营养健康和质量安全备受关注。一方面，人们对于食品的品质和营养要求越来越高，利用酶制剂来生产具有保健功效的食品将是未来的一个研究热点。另一方面，人们对食品的安全和质量也日益重视，这为酶学技术在食品分析检测领域的应用带来了新的机遇和挑战。与此同时，生物技术的快速发展，尤其是基因、转录和代谢组学技术的应用，将有助于进一步阐明食品用酶的作用机理，开发食品酶制剂的新种类和新功能，从而不断满足食品行业对新加工工艺的需求。

参 考 文 献

[1] 王金胜．酶工程．北京：中国农业出版社，2007.

[2] 乌日娜，等．生物传感器在农药残留分析中的研究现状及展望．食品与机械，2005，21（2）：54.

[3] 司士辉．生物传感器．北京：化学工业出版社，2003.

[4] 朱衡，等．聚乙二醇二缩水甘油醚交联氨基载体 LX-1000EA 固定化脂肪酶．中国生物工程杂志，2020，40（1/2）：124.
[5] 刘萍，等．固定化谷氨酸脱羧酶转化 γ-氨基丁酸的研究．南京师大学报（自然科学版），2020，43（1）：107.
[6] 李双娇，等．酶在植物源性老年食品加工中的应用研究进展．食品科学，2019，40（21）：350.
[7] 张先恩．生物传感器．北京：化学工业出版社，2006.
[8] 张阳，等．利用β-葡萄糖苷酶提高葡萄酒香气的研究进展．现代食品科技，2020，36（4）：1.
[9] 张晓鸣，等．有机相脂肪酶催化合成技术相关领域的应用．食品与生物技术学报，2006，25（1）：120.
[10] 张慧霞，等．海藻酸钠-微孔淀粉固定化酯化酶工艺及其催陈新醋效果．食品科学，2020，41（10）：159.
[11] 林建城，等．中国鲎 N-乙酰-β-D-氨基葡萄糖苷酶活性必需基团的研究．中国海洋大学学报，2020，50（1）：57.
[12] 金丽梅，等．柠檬果汁超声辅助果胶酶澄清工艺研究．饮料工业，2019，21（4）：50.
[13] 郑宝东．食品酶学．南京：东南大学出版社，2006.
[14] 郑海松，等．纳米金-还原氧化石墨烯修饰葡萄糖氧化酶传感器的制备及其电流法检测饮料中的葡萄糖．分析测试学报，2017，36（9）：1114.
[15] 俞丽娜，等．果胶酶澄清枇杷果汁工艺的优化研究．食品工业科技，2016，37（3）：201.
[16] 娄倩芳，等．聚丙烯腈膜固定化海藻糖合成酶的研究．食品与生物技术学报，2019，38（2）：15.
[17] 袁勤生．现代酶学．2 版．上海：华东理工大学出版社，2007.
[18] 曹强，等．酶基生物传感器在快速检测中的研究进展．食品安全质量检测学报，2019，10（20）：6902.
[19] 储嫣红，等．酶电极传感器在食品安全检测中的研究进展．食品工业科技，2017，17（38）：335.
[20] 漆丹萍，等．以 HPD-750 大孔树脂为载体材料固定化果胶酶．化学通报，2020，83（2）：161.
[21] 黎春怡，等．化学修饰法在酶分子改造中的应用．生物技术通报，2011，9：39.
[22] 魏春红，等．酶法辅助提取小米多酚的工艺研究．中国粮油学报，2019，34（1）：93.
[23] Carrea G，*et al*. Properties and synthetic applications of enzymes in organic solvents. Angew Chem Int Ed，2000，39：2226.
[24] David G. Lipases industrial applications：focus on food and agroindustries. Oilseeds & Fats Crops and Lipids，2017，24（4）. DOI：10.1051/ocl/2017031.
[25] Davis B G. Chemical modification of biocatalysts. Current Opinion in Biotechnology，2003，14：379.
[26] Gaur R，*et al*. Galacto-oligosaccharides synthesis by immobilized *Aspergillus oryzae* β-galactosidase. Food Chemistry，2006，97：426.
[27] Makowaki K，*et al*. Immobilization preparation of cold-adapted and halotolerant Antarctic β-galactosidase as a highly stable catalyst in lactose hydrolysis. FEMS Microbiology Ecology，2006，59：535.
[28] Mateo C，*et al*. Improvement of enzyme activity，stability and selectivity via immobilization techniques. Enzyme and Microbial Technology，2007，40：1451.
[29] Panesar P S，*et al*. Microbial production，immobilization and applications of β-D-galactosidase. Journal of Chemical Technology and Biotechnology，2006，81：530.
[30] Polizzi K M，*et al*. Stability of biocatalysts. Current Opinion in Chemical Biology，2007，11：220.
[31] Schmid A，*et al*. Industrial biocatalysis today and tomorrow. Nature，2001，409：258.

痛感。

8.2.1.3 香菇中独特的硫化物

香菇（*Letinus edodes*）的主要风味物质香菇酸（lentini cacid）的前体物是一种 *S*-取代L-半胱氨酸亚砜与 γ-谷氨酰基结合而成的肽。γ-谷氨酰转肽酶参与了风味形成的初始酶反应，产生半胱氨酸亚砜前体物（即香菇酸）。香菇酸在 *S*-烷基-L-半胱氨酸亚砜裂解酶的作用下生成风味活性物质香菇精（lenthionine）（图 8-7）。这些反应只有在组织破损后才开始，因此只有经干燥和复水或者把浸软的组织短时间放置后，这些反应才能发生。除香菇精外，还生成了其他多硫庚环化合物，但风味主要是由香菇精产生的。

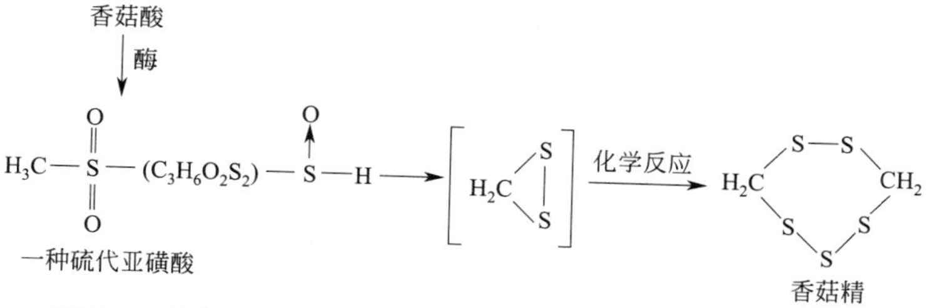

香菇酸
酶
一种硫代亚磺酸
化学反应
香菇精

图 8-7　香菇中香菇精的形成（这里的化学反应是指非酶反应）

8.2.1.4 蔬菜中的甲氧基烷基吡嗪化合物

许多新鲜蔬菜可以散发出清香——泥土芳香，这种香味主要由甲氧基烷基吡嗪化合物产生，这些化合物气味强烈且有穿透性，为蔬菜提供极有特征的芳香。2-甲氧基-3-异丁基吡嗪是最先被发现的，它具有极强的甜椒芳香，其阈值为 0.002μg/kg。生马铃薯、豌豆和豌豆荚的主要芳香物质是 2-甲氧基-3-异丙基，生红甜菜芳香物质是 2-甲氧基-3-仲丁基吡嗪。在植物中这些化合物是通过生物合成形成的，有些微生物（假单胞菌属菌株 *Pseudomonas perolens* 和 *Pseudomonas tetrolens*）也能产生这些物质。支链氨基酸是这些甲氧基烷基吡嗪化合物的前体物，反应机制如图 8-8 所示。

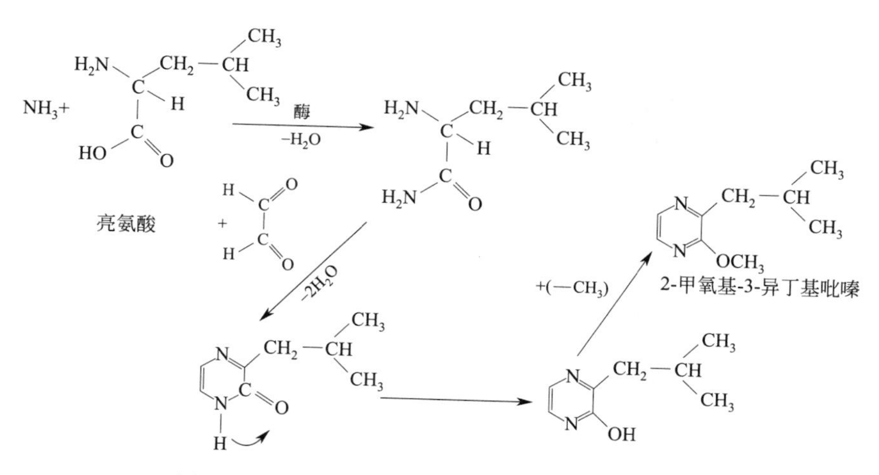

图 8-8　酶作用产生甲氧基烷基吡嗪化合物的过程

8.2.1.5 脂肪酸经酶促反应产生的挥发性物质

(1) 植物脂肪氧合酶产生的风味　脂肪氧合酶广泛存在于植物组织中，不饱和脂肪酸在酶作用下发生氧化裂解，产生了某些成熟水果和破损植物组织的特征芳香。

与脂类在单纯自动氧化时随机产生的化合物的风味不同，酶促反应产生的化合物的风味极为独特。这些风味物质的产生过程如图 8-9 所示，脂肪氧合酶作用于不饱和脂肪酸，在特定位置上发生氢过氧化反应，生成反-2-己烯醛和反-2，顺-6-壬二烯醛等产物。脂肪酸分子断裂后，还会产生羰基酸，它们对风味没有影响。酶的去区域化对上述反应和其他反应的引发都是必需的，随着后继反应的进行，总的芳香随时间而改变。例如，由脂肪氧合酶产生的醛和酮会在酶作用下转变为相应的醇（图 8-10），醇的阈值通常比相应的羰基化合物高，其芳香也更为微弱。脂肪氧合酶途径生成的风味化合物中，通常 C_6 化合物产生青草的香味，C_9 化合物产生类似黄瓜和西瓜香味，C_8 化合物有蘑菇或紫罗兰的气味。C_6 和 C_9 化合物一般为醛、伯醇，而 C_8 化合物一般为酮、仲醇。

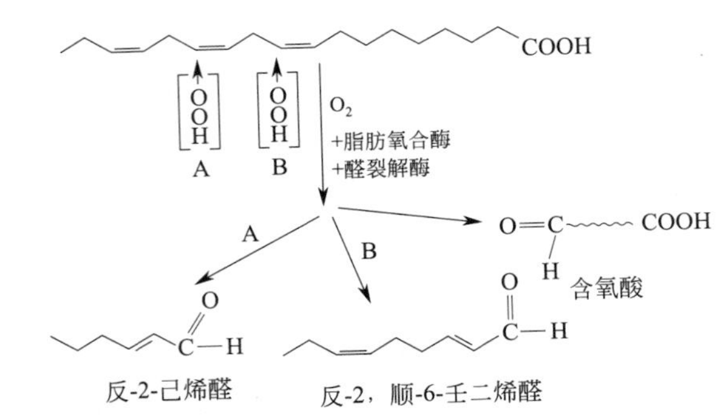

图 8-9　亚麻酸经脂肪氧合酶作用产生醛的反应

A—新鲜西红柿中的主要形式；B—黄瓜中的主要形式

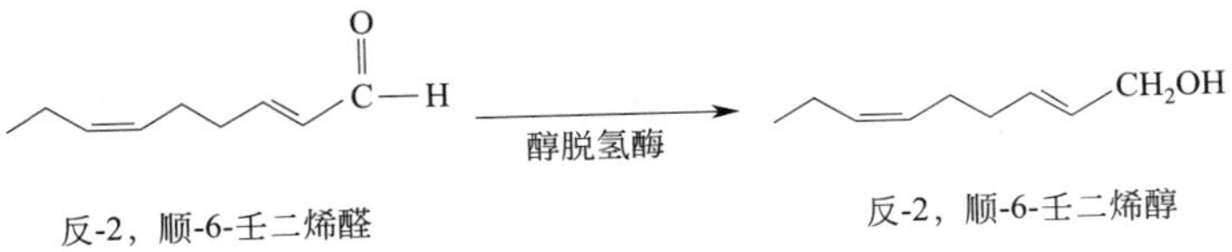

O
C—H
醇脱氢酶
CH_2OH
反-2，顺-6-壬二烯醛
反-2，顺-6-壬二烯醇

图 8-10　醛在酶作用下转变为醇

(2) 碳链脂肪酸经 *β*-氧化产生的挥发物　梨、桃、杏和其他水果成熟时产生令人愉快的水果芳香，这些芳香常常是由长链脂肪酸经 β-氧化生成的中碳链（$C_6 \sim C_{12}$）挥发物提供的。图 8-11 是通过这种方式生成反-2，顺-4-癸二烯酸乙酯的过程，这种酯具有梨的特征芳香。这个过程还生成了羟基酸（$C_8 \sim C_{12}$），后者可内成环生成 γ-内酯和 δ-内酯。

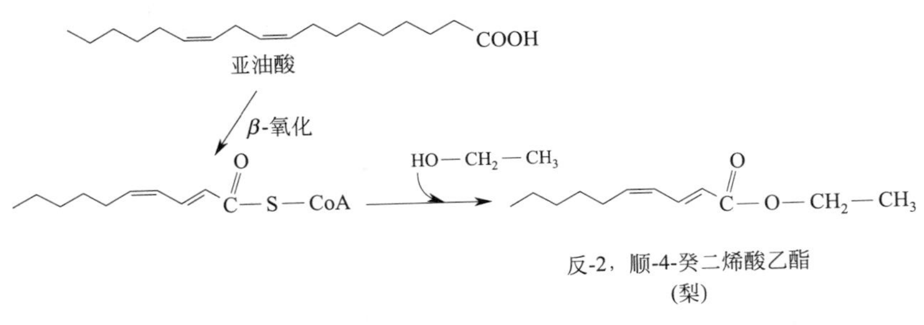

图 8-11　亚油酸经 β-氧化及酯化反应形成芳香化合物

8.2.1.6 支链氨基酸产生的挥发性物质

支链氨基酸是一些成熟水果的重要风味的生物合成前体物。香蕉和苹果成熟时的风味很多是由氨基酸产生的挥发物提供的。形成这种风味的起始反应有时称为酶促 Strecker 降解反应，因为这个反应中所发生的转氨和脱羧作用与非酶促褐变中发生的反应相同。某些微生物，包括酵母和某些能产生麦芽般风味的乳链球菌，也以类似的方式转化大部分氨基酸。除亮氨酸（Leu）外，植物还能把其他的氨基酸转变为类似的衍生物，这些反应还会产生 2-苯乙醇，存在于花中，具有玫瑰花或丁香般的芳香。

图 8-12 显示成熟水果中由氨基酸产生芳香化合物的过程。这些反应也会产生醛、醇和酸，对成熟水果风味产生直接影响，但酯是特征影响的关键化合物，乙酸异戊酯在香蕉风味中非常重要，2-甲基丁酸乙酯比 3-甲基丁酸乙酯更具苹果的芳香，它形成了成熟苹果香气的重要特征。

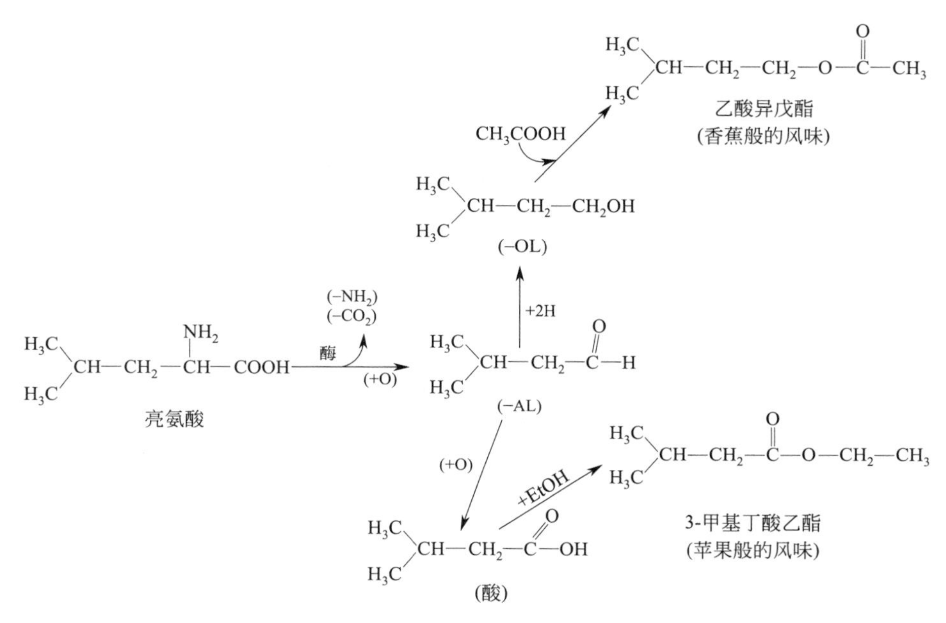

图 8-12 亮氨酸在酶作用下形成芳香挥发物的过程

8.2.1.7 由莽草酸途径产生的风味物质

芳香族氨基酸是多种水果中香味成分酚、醚类化合物的前体物质，香蕉中的榄香素和 5-甲基丁香酚、草莓和葡萄中的桂皮酸酯、某些果蔬中的香草醛等是以苯丙氨酸（Phe）、酪氨酸（Tyr）为前体合成的。由于这些芳香族氨基酸在植物体内可由莽草酸生产，因此这个生物合成过程有时也被称为莽草酸途径。除了由芳香族氨基酸衍生的风味物质，莽草酸途径还产生与精油有关的其他挥发性化合物（见图 8-13）。该途径还为木质素聚合物提供苯丙基骨架，木质素聚合物是植物结构的基本单元。从图 8-13 可以看出，木质素聚合物在热降解时产生很多酚类化合物，食品中的烟熏芳香在很大程度上是以莽草酸途径中的化合物为前体物的。

图 8-13 还表明，肉桂香料的重要芳香成分肉桂醇、丁香的主要芳香和辛辣成分丁子香酚也可通过莽草酸途径得到。

8.2.1.8 风味中的挥发性萜类化合物

萜烯类化合物常常具有特征风味，在柑橘类水果中，萜类化合物是重要的芳香物质。此

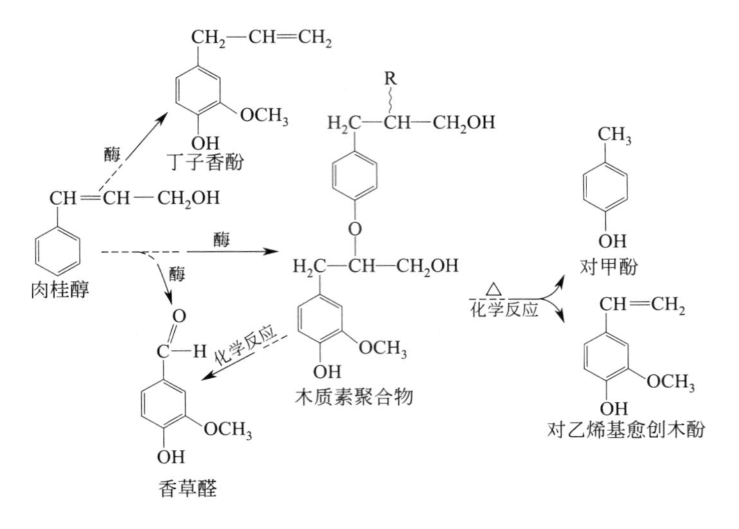

图 8-13　由莽草酸途径形成的风味物质

外，萜类化合物还是植物精油的重要成分。萜烯类化合物是通过异戊二烯途径生物合成的（见图 8-14）。单萜类由 10 个碳原子组成；倍半萜则由 15 个碳原子组成。

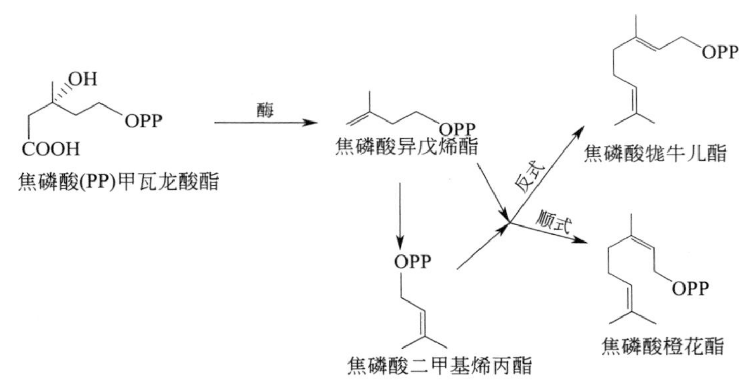

图 8-14　经异戊二烯途径生物合成单萜类化合物

倍半萜类化合物也是重要的特征芳香化合物，如 β-甜橙醛（图 8-15）和圆柚酮（图 8-16）分别是柑橘和葡萄柚的特征风味物质。二萜类（C_{20}）化合物的分子太大，不易挥发，并不直接产生芳香。

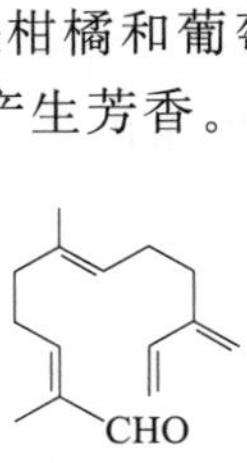

CHO

图 8-15　β-甜橙醛的结构式

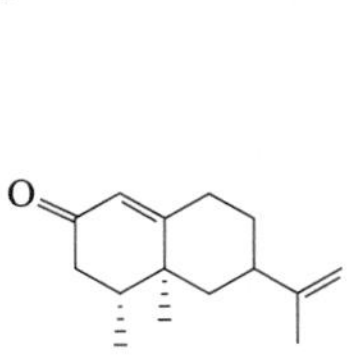

O

图 8-16　圆柚酮的结构式

萜烯类化合物的对映体以及其他非萜类化合物可表现出完全不同的芳香特征，D-香芹酮[4*S*-(＋)-香芹酮]（图 8-17）具有黄蒿香料的特殊芳香；L-香芹酮[4*R*-(－)-香芹酮]（图 8-18）有强烈的留兰香料特征。

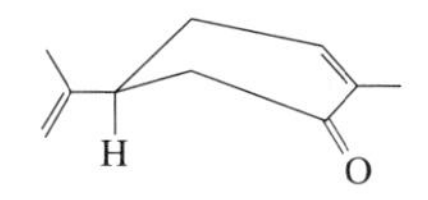

图 8-17　4S-(+)-香芹酮的结构式

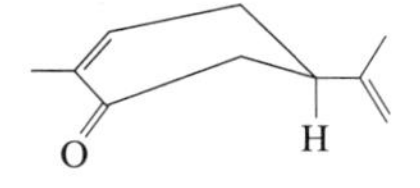

图 8-18　4R-(−)-香芹酮的结构式

8.2.1.9　柑橘风味

柑橘风味是常见新鲜水果和饮料的风味，柑橘风味主要是由几类风味成分产生的，它们是萜烯类、醛类、酯类和醇类物质。从各种不同的柑橘类水果中分离鉴别出大量的挥发性成分。一些主要的柑橘类水果重要的风味物质见表 8-2。

表 8-2　柑橘类水果中重要的挥发性化合物

橙　子	中国柑橘	葡萄柚	柠　檬
乙醛	乙醛	乙醛	橙花醛
辛醛	辛醛	癸醛	香叶醛
壬醛	癸醛	乙酸乙酯	β-蒎烯
柠檬醛	α-甜橙醛	丁酸甲酯	香叶醇
丁酸乙酯	γ-萜品烯	丁酸乙酯	乙酸香叶酯
D-苎烯	β-蒎烯	α-苎烯	橙花基
α-蒎烯	麝香草酚	圆柚酮	香柠檬烯
D-柠檬烯	甲基-N-氨茴酸甲酯	1-对薄荷烯-8-硫醇	香芹基乙基醚
	β-甜橙醛		里那基乙基醚
			葑基乙基醚
			表茉莉酮酸甲酯

橙子和柑橘的风味很微妙，也很容易变化。如表 8-2 所示，只有为数不多的醛类和萜烯类化合物是橙子和柑橘风味所必需的。D-柠檬烯在橙子精油中含量高，柑橘精油中 α-甜橙醛对柑橘风味特别重要。它们对成熟橙与柑橘的风味影响较大。葡萄柚含有两种重要的特征风味化合物，圆柚酮和 1-对薄荷烯-8-硫醇，它们使葡萄柚的风味具有典型性，其中的圆柚酮广泛用作人造葡萄柚的风味调味剂。

柠檬风味是许多重要化合物共同作用的结果，几种萜烯酯对柠檬风味有重要的作用。酸橙风味的形成需要多种化合物，其中两种酸橙油非常重要。主要的商品酸橙油是墨西哥酸橙蒸馏油，它含有一种刺目的浓烈酸橙风味，这种风味在柠檬-酸橙和可乐饮料中非常流行。冷榨提取的波斯酸橙油和离心提取的墨西哥酸橙油比其他产品更接近天然风味，这两种酸橙油的应用越来越广泛。

8.2.1.10　香草和香料风味

在一些基于植物学的分类表中，烹调用香草与香料是分开的，香草包括芳香的软茎植物，如罗勒、牛至、皮萨草、薄荷、迷迭香、百里香以及芳香灌木（鼠尾草）和树（月桂树）叶。香料包含所有其他用于食品的加味或调味的植物。这些香料通常没有叶绿素，它们包括根茎或根（姜）、树皮（肉桂）、花蕾（丁香）、果实（莳萝、胡椒）和种子（肉豆蔻、芥末）。

世界各地有许多的香草和香料，有约 70%可用于食品配料，它们的风味特征随产地和遗传变异而发生变化，这也为食品提供了更为广泛的风味。这里只讨论那些普遍应用于食品调味的香料。

香料通常来自于热带植物，香草主要来自于亚热带或非热带植物。香料通常含有高浓度的苯丙基类化合物，它们是由莽草酸途径产生的，如丁香中丁子香酚（图 8-19）；香草通常含有较高浓度的由萜烯生物合成的对薄荷烷类化合物，如椒样薄荷中的薄荷醇（图 8-20）。

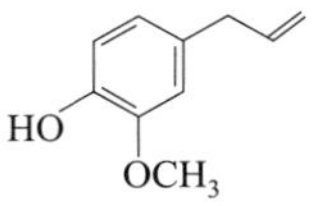

图 8-19　丁子香酚的结构式

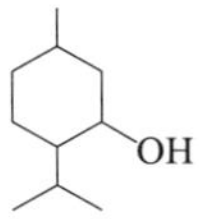

图 8-20　薄荷醇的结构式

食品工业使用的主要香草和香料分别列于表 8-3 和表 8-4 中。香料和香草含有大量的挥发性物质，表 8-3 和表 8-4 中也列出了香草和香料中重要的风味物质。

表 8-3　常用于食品调味品的香草及其重要的风味物质

香草植物	植物部位	重要的风味物质
罗勒(甜)	叶	甲基对烯丙基苯酚、芳樟醇、甲基香酚
月桂	叶	1,8-桉树脑
甘牛至	叶,花	顺桧烯水合物、反桧烯水合物
皮萨草	叶,花	香芹酚、百里酚
牛至	叶	百里酚、香芹酚
迷迭香	叶	马鞭草烯、1,8-桉树脑、樟脑、里那醇
鼠尾草,香紫苏	叶	鼠尾草-4(14)-烯-1-酮、里那醇
鼠尾草(达尔马提亚)	叶	苎酮、1,8-桉树脑、樟脑
鼠尾草(西班牙)	叶	顺乙酸桧酯和反乙酸桧酯、1,8-桉树脑、樟脑
欧洲薄荷	叶	香芹酚
龙蒿	叶	甲基对烯丙基苯酚、茴香脑
百里香	叶	百里酚、香芹酚
椒样薄荷	叶	L-薄荷醇、薄荷酮、薄荷呋喃
荷兰薄荷	叶	L-香芹酮、香芹酮衍生物

表 8-4　常用作食品调味品的香料及其重要的风味物质

香料	植物部位	重要的风味物质
甘椒	浆果、叶	丁子香酚、β-石竹烯
八角茴香	果实	(E)-茴香脑、甲基对烯丙基苯酚
辣椒	果实	辣椒素、二氢辣椒素
香芹	果实	D-香芹酮、香芹酮衍生物
小豆蔻	果实	α-乙酸萜品酯、1,8-桉树脑
桂皮	树皮、叶	肉桂醛、丁子香酚
丁香	花、芽	丁子香酚、乙酸丁子香酚酯
胡姜	果实	D-里那醇、10,14-二烯醛
孜然	果实	对异丙基苯醛(枯茗醛)、对-1,3-孟二烯
莳萝	果实、叶	D-香芹酮
小茴香	小茴香	(E)-茴香脑、葑酮
姜	根茎	姜醇、生姜酚、橙花醛、香叶醛
肉豆蔻衣	皮	α-蒎烯、桧烯、1-萜品-4-醇
肉豆蔻	种子	桧烯、α-蒎烯、肉豆蔻醚
芥末	种子	异硫氰酸烯丙酯
香菜	叶、种子	芹菜脑
胡椒	果实	胡椒碱、δ-3-蒈烯、β-胡萝卜烯
藏红花	柱头	藏花醛
姜黄	根茎	姜黄酮、姜烯、1,8-桉树脑
香草	果实、种子	香草醛、对羟基苯基甲基醚

8.2.2 乳酸-乙醇发酵产生的风味物质

微生物广泛应用于食品生产中，但对它们在发酵食品风味中的特殊作用尚不完全了解，这可能是由于在很多食品中它们产生的风味化合物并不具有多大的特征效应。在发酵乳制品和酒精饮料的生产中微生物发酵产生的风味物质对产品的风味非常重要。

图 8-21 显示了异型发酵乳酸菌，如明串珠菌（*Leuconostoc citrovorum*）的一些发酵产物的产生途径，发酵时以葡萄糖或柠檬酸为底物，生成一系列风味化合物。乳酸、双乙酰和乙醛共同形成了发酵奶油和发酵乳酪的特征风味。同型发酵乳酸菌，如乳链球菌或嗜热链球菌，仅产生乳酸、乙醛和乙醇。酸奶是一种同型发酵加工产品，它的特征风味物质是乙醛。双乙酰是大部分多菌株混合乳酸发酵的特征芳香化合物，已被广泛用作乳型或奶油型风味剂。乳酸为发酵乳制品提供酸味。3-羟基丁酮本身无味，但它可氧化成双乙酰。

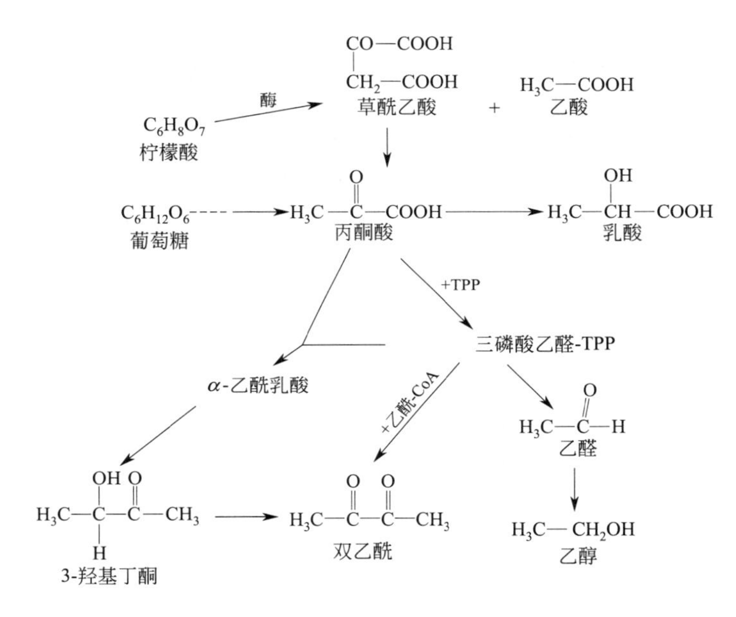

图 8-21 乳酸菌异型发酵产生的主要挥发性化合物

通常来说，乳酸菌发酵产生的乙醇很少（mg/kg 级），在代谢中，乳酸菌最后的 H 受体主要是丙酮酸。而酵母代谢的最终产物主要是乙醇。乳酸酵母（*Saccharomyces lactis*）的麦芽菌株和所有的酿造酵母（啤酒酵母和卡氏酵母）都能通过转氨作用和脱羧作用把氨基酸转换成挥发性物质（图 8-22）。这些微生物也产生一些氧化型产物如醛类和酸类，但它们的主要产物是还原型衍生物如醇类。葡萄酒和啤酒的风味可归入由发酵直接产生风味的类别，上述这些挥发性化合物及它们与乙醇相互作用的产物（如混合酯、缩醛）混合组成了葡萄酒、啤酒的风味。这些混合物产生了发酵饮料所具有的人们熟悉的酵母和水果般的风味。

8.2.3 油脂产生的风味物质

油脂的自动氧化在食品的不良风味中具有重要作用，油脂自动氧化产生的主要挥发物是醛类和酮类，较高浓度时，这些化合物可使食品中产生油漆、脂肪、金属、纸样和蜡烛般的风味。当这些化合物浓度适当时，它们能产生许多加工和烹饪食品的理想风味。

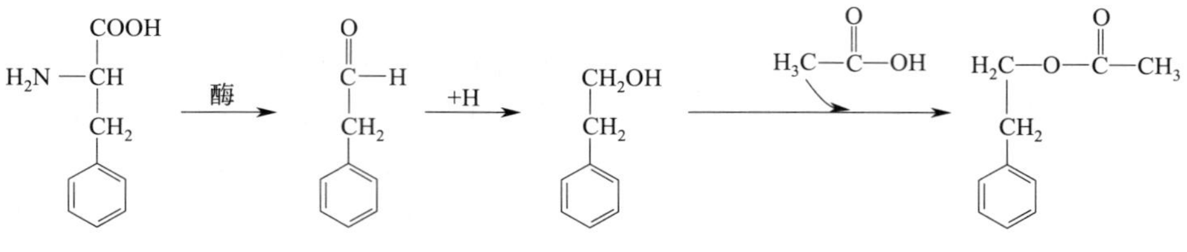

图 8-22 微生物将氨基酸转换成挥发物的酶反应过程

（以 Phe 作为模拟前体化合物）

植物甘油酯和动物贮存脂肪的水解主要形成有强烈肥皂味的脂肪酸，乳脂肪是乳制品、乳脂制品和奶油制品挥发性成分的重要来源，这些挥发性成分也会对乳制品和由乳脂或奶油制成的食品的风味产生影响。图 8-23 表明了由乳脂肪水解产生的各种挥发性成分，碳原子数目为双数的短链脂肪酸（C_4～C_{12}）对干酪和其他乳制品的风味极为重要，其中丁酸是风味最强和影响最大的化合物。羟基脂肪酸脱水产生内酯类化合物，它们使焙烤食品具有理想的椰子或桃子般风味，但它也会使经过贮存的无菌炼乳产生陈味。甘油酯水解产生的 β-酮酸经加热生成甲基酮，甲基酮对乳制品风味产生影响的方式与内酯化合物类似。

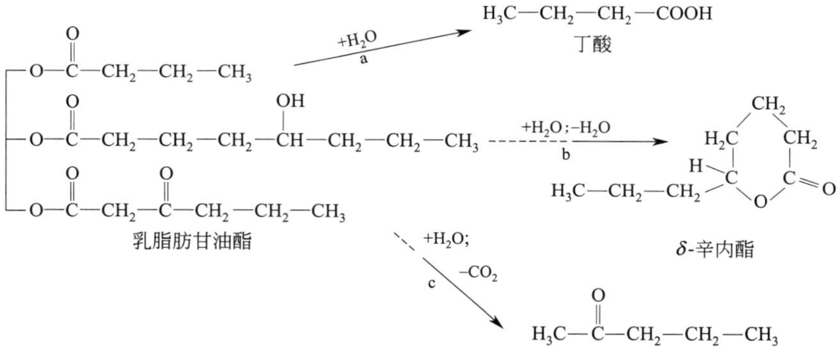

图 8-23 乳脂肪水解断裂生成重要风味物质的过程

虽然脂肪水解并不像乳脂肪那样产生上述独特的风味，但人们仍然认为动物脂肪与肉类的独特风味有密切的联系。

8.2.4 动物性食品中风味物质及其形成途径

8.2.4.1 反刍动物肉类特有的风味物质

有些肉的特征风味与脂类有紧密的联系。羊肉的膻味与某些挥发性的中等长度碳链脂肪酸密切相关，脂肪酸上的甲基支链对此风味也有影响。反刍发酵会产生乙酸、丙酸和丁酸，大部分脂肪酸是由乙酸经生物合成形成的，这个过程产生直链脂肪酸。常见的甲基支链脂肪酸是由于丙酸的存在而产生的，当饲料或其他因素使反刍动物瘤胃中的丙酸浓度增加时，甲基支链的量也增加。研究结果表明，几种中等长度碳链的支链脂肪酸对特定品种的风味非常重要，4-甲基辛酸是羊肉和羔羊肉风味中最重要的脂肪酸之一，它使肉和乳制品产生羊膻味，它的形成机制如图 8-24 所示。

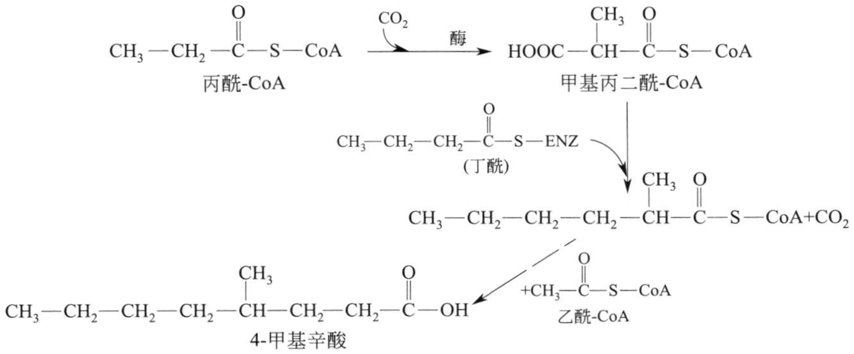

$$CH_3-CH_2-C(=O)-S-CoA \xrightarrow[\text{酶}]{CO_2} HOOC-CH(CH_3)-C(=O)-S-CoA$$

丙酰-CoA　　　甲基丙二酰-CoA

$$+ CH_3-CH_2-CH_2-C(=O)-S-ENZ \text{（丁酰）} \longrightarrow CH_3-CH_2-CH_2-CH_2-CH(CH_3)-C(=O)-S-CoA+CO_2$$

$$\longrightarrow CH_3-CH_2-CH_2-CH_2-CH(CH_3)-CH_2-CH_2-C(=O)-OH \quad (+CH_3-C(=O)-S-CoA \text{ 乙酰-CoA})$$

4-甲基辛酸

图 8-24　反刍动物生物合成 4-甲基辛酸的途径

另外，几种烷基苯酚（甲基苯酚异构体、乙基苯酚异构体、异丙基苯酚异构体和甲基-异丙基苯酚异构体）使肉和乳具有非常特征的奶牛般和绵羊般的风味。烷基苯酚在肉和乳中以游离的或与其他物质结合的形式存在，它们是从饲料中存在的莽草酸途径的中间产物衍生而来的。反刍动物体内形成烷基苯酚的硫酸（图 8-25）、磷酸（图 8-26）和葡萄糖苷酸（图 8-27）的共轭化合物通过循环系统进行分布。这些共轭化合物经酶水解或热水解产生苯酚，苯酚在肉和乳制品的发酵和加热过程中促进风味的产生。

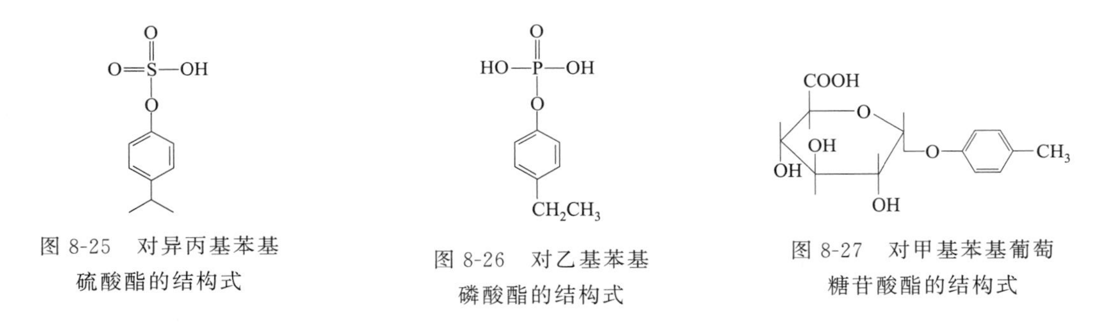

图 8-25　对异丙基苯基硫酸酯的结构式

图 8-26　对乙基苯基磷酸酯的结构式

图 8-27　对甲基苯基葡萄糖苷酸酯的结构式

8.2.4.2　非反刍动物肉类特有的风味物质

人们对非反刍动物肉类的风味的品种特异性方面的认识尚不完全。研究表明，猪肉的 C_5、C_9 和 C_{12} γ-内酯含量较高，这些化合物可产生猪肉的甜香味。在猪油、油渣和一些猪肉中的独特的猪肉般风味是由对甲基苯酚和异戊酸产生的，它们是在猪的肠道中由微生物从相应的氨基酸转化而来的。由色氨酸（Trp）产生的吲哚和 3-甲基吲哚可能会增强猪肉的异味。

猪肉有时含有一种异味，这种异味主要产生于未阉割的性成熟的公猪，会严重影响猪肉产品的风味，因此受到了广泛的关注。产生这种气味的两个化合物是 5α-雄-16-烯-3α-酮（图 8-28）和 5α-雄-16-烯-3α-醇，前者有尿味，后者有麝香味。这类产生公猪味的化合物只在猪肉中引起异味，因此将它们归为猪肉特有的风味物质。

鸡肉的特征化合物可能是由脂类氧化产生的。反-2，顺-5-十一碳二烯醛和反-2，顺-4，反-7-癸三烯醛等羰基化合物会产生炖鸡的特征风味，它们可由亚油酸和花生四烯酸产生。鸡能积累 α-生育酚（一种抗氧化剂），而火鸡却不能，因而烹调时（如焙烤），火鸡生成的

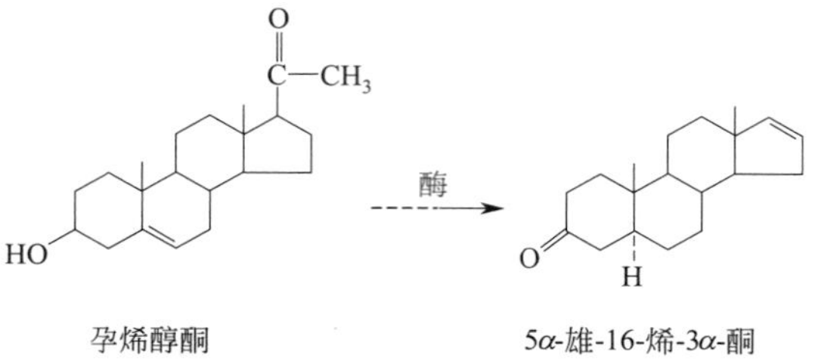

孕烯醇酮　　　5α-雄-16-烯-3α-酮

图 8-28　公猪肉特征气味成分的形成

羰基化合物的量要比鸡多得多。在禽类特有风味的形成过程中还可能发生脂类的直接氧化，产生与品种有关的风味物质。

8.2.4.3　水产食品的风味物质

水产食品风味包括的品种范围要比其他肉类食品略微广泛。众多的动物种类（鱼类、贝类和甲壳类）以及随新鲜度而变化的风味性质导致了水产品风味的差异。过去一直认为水产品的气味与三甲胺有关，新鲜鱼体内不含三甲胺，只有氧化三甲胺，氧化三甲胺是海水鱼在咸水环境中用于调节渗透压的物质，淡水鱼中不存在氧化三甲胺。氧化三甲胺没有气味。单纯的三甲胺的阈值很低（300～600μg/kg），气味类似氨味。在酶作用下，氧化三甲胺降解产生三甲胺和二甲胺（见图 8-29）。三甲胺增强鱼腥味。有研究者认为，与二甲胺同时生成的甲醛可促进鱼肉蛋白质的交联，因此使冻鱼的肌肉变得坚韧。

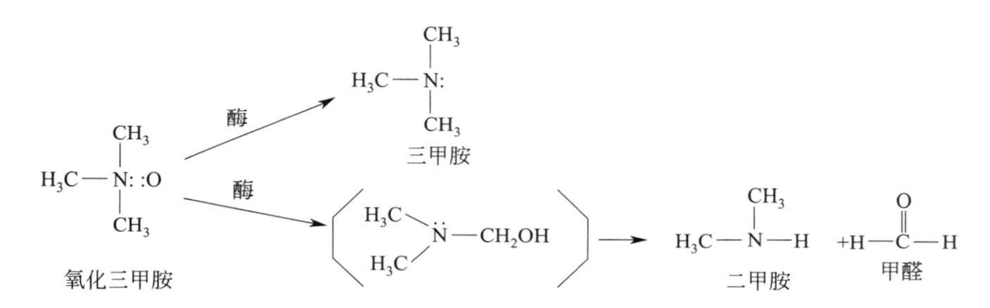

图 8-29　海鱼中微生物产生主要挥发性胺类的过程

海水鱼在贮存过程中所产生的“氧化鱼油味”或者是“鱼肝油味”，是因为 ω-3 多不饱和脂肪酸发生氧化反应，产生羰基化合物的结果。亚麻酸、花生四烯酸、二十二碳六烯酸等是鱼油的主要不饱和脂肪酸，其自动氧化分解产物具有令人不快的异味。不饱和脂肪酸氧化反应导致的气味各不相同，在早期为清香味或黄瓜味，到后来转变为鱼肝油味。

由于通过商业渠道供应的海产食品（不论是新鲜的、冷冻的，还是经加工的）的新鲜风味和芳香常常已大为降低或损失殆尽，所以，很多消费者以为所有的鱼和海产食品都有上述的鱼腥风味。然而，非常新鲜的海产食品具有良好的、完全不同于“商业上新鲜”的海产食品的芳香和风味。研究发现由酶作用产生的醛、酮和酸能提供新鲜鱼的特征芳香，这些化合物与植物脂肪氧合酶作用产生的 C_6、C_8 和 C_9 化合物极为类似。这些化合物能够产生甜瓜般、植物般和新鲜鱼的芳香，它们是由与脂肪氧合酶相类似的系统产生的。鱼和海产食品中的脂肪氧合酶完成与白三烯（leukotriene）合成相关的酶催化氧化，风味物质是这些反应的副产物。氢过氧化作用以及歧化反应先生成醇，然后产生相应的羰基化合物（图 8-30）。刚烹调好的鱼所具有的独特风味是其中某些化合物提供的，它们既可直接对风味产生作用，也可在烹调时参与反应产生新的风味。

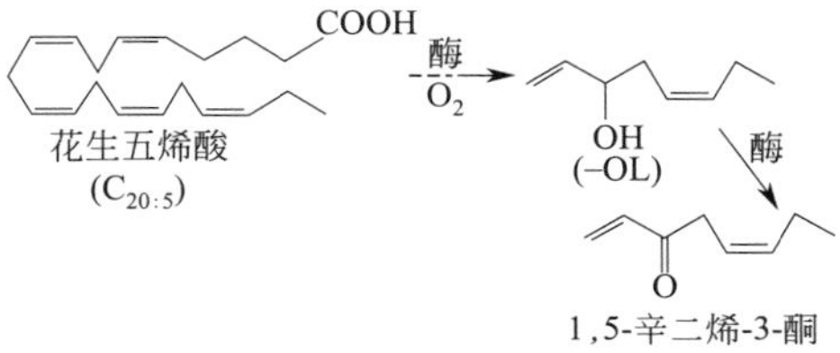

花生五烯酸 ($C_{20:5}$)
COOH
酶 O_2
OH (–OL)
酶
O
1,5-辛二烯-3-酮

图 8-30 长链 ω-3 不饱和脂肪酸生成的挥发性物质

甲壳类动物和软体动物的风味在很大程度上取决于非挥发性呈味成分，挥发物也对风味有影响。例如，经蒸煮的雪蟹肉味可用核苷酸、盐和 12 种氨基酸的混合物来模拟，利用这种呈味混合物加上某些羰基化合物和三甲胺可制成酷似蟹风味的产品。二甲硫醚产生熟蛤蜊与熟牡蛎的头香，它主要来自二甲基-β-丙噻亭的受热降解，蛤蜊与牡蛎摄入的海生微生物中含二甲基-β-丙噻亭。

8.3 食品加工贮藏过程中产生的风味物质

一些食品在加工或制作过程中会产生特有的风味，如泡菜、酸奶、肉、巧克力、咖啡、烘焙和油炸食品等。这些食品形成风味的途径主要包括非酶促褐变、热降解反应、发酵等。

8.3.1 美拉德反应产生的风味物质

美拉德（Maillard）反应是食品中氨基化合物（胺、氨基酸、肽和蛋白质）和羰基化合物（还原糖类）在食品加工和贮藏过程中在一定温度下发生的反应，其产物形成食品的各种风味，同时引起食品褐变，它是食品色泽和香味产生的主要途径之一。

通过美拉德反应形成的风味物质主要是脂肪烷烃、醛、酮、二酮以及低碳脂肪酸。美拉德反应同时会产生很多含氧、氮、硫杂环化合物或这些原子混合的杂环化合物，它们对热加工食品的风味至关重要。一般来说，在温度较低、时间较短时，美拉德反应产物除了 Strecker 醛类外，还包括有特征香气的内酯类和呋喃类化合物；在较高温度、较长加热时间时，产生的嗅感化合物种类有所增加，还会产生吡嗪、吡咯、吡啶等具有焙烤香气的物质。

这部分将介绍一些美拉德反应产生的风味物质及形成机理和感官属性。

(1) 羰基化合物 羰基化合物形成的主要途径是 Strecker 降解，反应发生在二羰基化合物和游离氨基酸之间。二羰基化合物包括邻位上有羰基（羰基被一个双键隔开）或具有共轭双键的二羰基化合物。这些羰基化合物可以是美拉德反应的中间体，也可以是食物中的一种普通成分（如抗坏血酸）、酶促褐变的最终产物，或是脂类氧化的产物。

Strecker 降解的终产物是二氧化碳、胺、氨基酸脱氨基和脱羧基后所对应的醛类。这些醛类对加热食品的风味非常重要，因为它们是美拉德反应形成的最丰富的挥发性物质。现在已经认识到，美拉德反应产生的杂环挥发性物质对食品风味更为重要。食品中常常要检测 Strecker 醛类，因其数量多并且可以作为美拉德反应的指示剂。

Strecker 醛类也可以通过自由基的机理形成。氨基酸被氢过氧化物或脂质过氧化物氧化，产生二氧化碳、氨和相应的 Strecker 醛，这也是生成 Strecker 醛的一个途径，但食品中占优势的仍然是美拉德反应产生 Strecker 醛。

Strecker醛类的形成可能会伴随有副反应。如羟醛缩合生成不饱和的醛二聚体，最终生成高分子量的聚合物。α-二羰基醛类可以与氨水和 H_2S 发生反应，生成噻唑、二硫醇、二噻茂烷、噻唑啉和羟基噻唑啉。Strecker 醛还可以与各种食品组分（如蛋白质）形成强结合，失去挥发性，从而丧失了嗅感特性。

（2）含氮杂环化合物 食品中由美拉德反应产生的重要的含氮杂环化合物见图 8-31。

吡嗪具有多种多样的感官特性，烷基吡嗪[图 8-31(a)]一般具有烘烤的类似坚果的风味特性，而甲氧基吡嗪[图 8-31(b)]通常具有泥土、蔬菜的风味特征，2-异丁基-3-甲氧基吡嗪有新鲜青椒的风味，乙酰基吡嗪具有典型的爆米花风味，2-丙酮基吡嗪有烘烤或烧烤的风味。在食品中还检测出了许多二环吡嗪，它们具有焙烤、烧烤或烤肉味。烷基吡嗪最可能的形成途径是通过 Strecker 降解生成的氨基酮自身缩合形成。

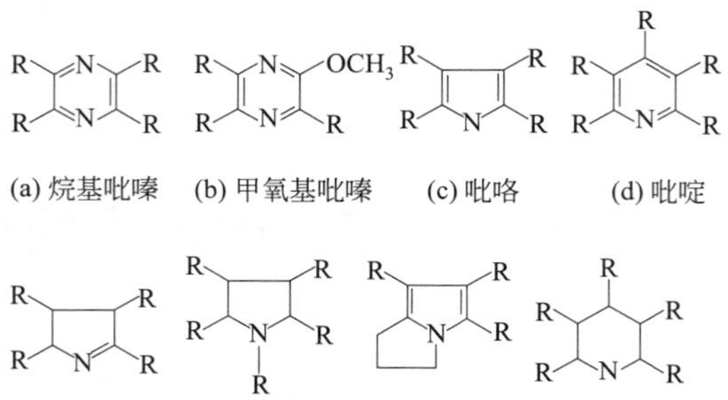

(a) 烷基吡嗪 (b) 甲氧基吡嗪 (c) 吡咯 (d) 吡啶

(e) 吡咯啉 (f) 吡咯烷 (g) 吡咯嗪 (h) 哌啶

图 8-31 Maillard 反应形成的含氮杂环化合物

吡咯也是含氮的杂环化合物[图 8-31(c)]。2-甲酸基吡咯和 2-乙酰基吡咯是食品中含量最多的两种吡咯。2-甲酸基吡咯有甜玉米风味，2-乙酰基吡咯有焦糖的风味，1-丙酮基吡咯有甜面包或蘑菇风味，而吡咯内酯则有辛辣的胡椒风味。

Hodge 等最早提出了吡咯形成的机理，认为吡咯啉、羟基吡咯啉可参与 Strecker 降解产生吡咯。如果食物中没有吡咯啉或羟基吡咯啉，那么就必须有五碳糖或多于五碳的糖类参与形成吡咯。

Rizzi 提出了烷酰基吡咯形成的另一种途径，氨基酸与呋喃环上的五位碳反应使呋喃开环，环上的氮脱水又使环闭合。不同的氨基酸以及随后形成的重排产物可产生许多不同种类的吡咯。

吡啶化合物［图 8-31（d）］在褐变食物中不如吡咯和吡嗪分布广泛，但它们具有很多气味特征，大多具有清新风味特征。3-甲基吡啶就具有清新气味，3-甲基-4-乙基吡啶具有甜味和坚果风味，2-乙酰基吡啶则有烟草的风味。吡啶对食品风味的作用决定于吡啶的种类及其在食物中的浓度。低浓度时吡啶能发出令人愉悦的气味，在高浓度时则会产生刺鼻的恶劣气味。

吡啶形成的机制报道较少。Vernin 和 Parkanyi 提出了 3 种机制。前两个机制依赖于羟醛缩合生成不饱和醛类，随后与氨或氨基酸反应环化生成含氮的杂环化合物，这个杂环化合物氧化可以形成吡啶。第三个机制包括二醛和氨的反应，再经脱水生成吡啶。

Tressl 等鉴定出另外 59 种含氮杂环化合物，与吡咯类似，这些化合物由脯氨酸、羟脯氨酸与二羰基化合物通过 Strecker 降解反应生成，这些化合物分为吡咯啉、吡咯烷、吡咯嗪和哌啶等[图 8-31(e)至图 8-31(h)]，其风味通常具有自然的谷物香味和焙烤风味，如 2-乙酰基吡咯啉具有爆米花的风味，1-丙酮基吡咯烷有谷物风味，而呋喃取代的吡咯烷则具有芝麻香味，哌啶（如 2-乙酰基哌啶）具有软木风味和苦味，它们很容易转化为相应的四氢吡啶，具有面包和饼干风味。

(3) 含氧杂环化合物 呋喃酮和吡喃酮都是焦糖化和美拉德反应产生的含氧杂环化合物。这类化合物的风味特征通常为焦糖味、甜味、水果味、奶油味、坚果味或焦煳味。

麦芽酚[图 8-32(a)]是食品中最早被鉴别出来的焦糖味化合物之一。乙基麦芽酚也有焦香味，其风味强度大概是麦芽酚的 4～6 倍。呋喃酮[图 8-32(b)]与麦芽酚和乙基麦芽酚一样是甜味增强剂，自身也具有焦香菠萝气味。

麦芽酚和呋喃酮的五碳类似物具有与它们相似的气味特征。甲基环戊烯醇酮[图 8-32(c)]有典型的枫木香味。一些相近的化合物如 3-乙基-2-羟基-2-环戊烯-1-酮也在风味工业中广泛应用，具有类似焦糖、坚果、枫木和奶糖的风味。

由于这类化合物不含氮原子，其形成机制通常是不含氮褐变中间体的环化，这些中间体可能是主要褐变途径如糖脱水或 Strecker 降解的产物。

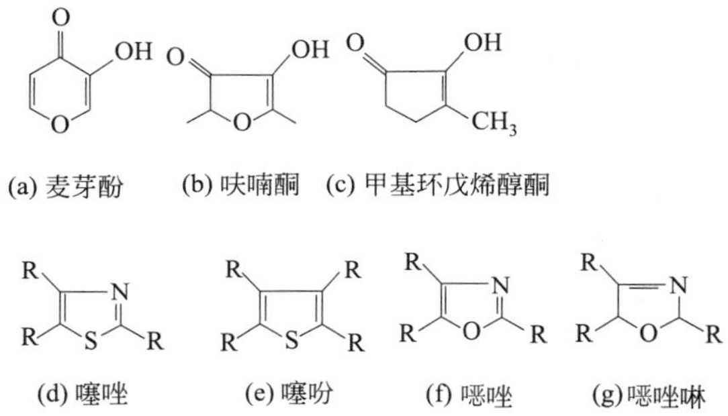

(a) 麦芽酚 (b) 呋喃酮 (c) 甲基环戊烯醇酮

(d) 噻唑 (e) 噻吩 (f) 噁唑 (g) 噁唑啉

图 8-32 Maillard 反应形成的含氧和含硫化合物

(4) 含硫杂环化合物 美拉德反应会生成许多含硫的杂环化合物，包括噻吩、二硫醇、二噻烷、三硫醇、三噻烷、四噻烷、噻唑、噻唑啉等。其中主要的含硫杂环化合物是噻唑和噻吩[图 8-32(d)和图 8-32(e)]。

噻唑和吡嗪类化合物的感官特征稍微有点类似。烷基噻唑具有青草味、坚果风味、焙烤风味、蔬菜风味或者肉味。三甲基噻唑具有可可、坚果风味。2-异丁基噻唑是最有名的噻唑类化合物之一，具有浓郁的番茄叶子的气味，对于番茄的风味十分重要。2,4-二甲基-5-乙烯基噻唑具有类似坚果的气味。2-乙酰基噻唑具有坚果、谷物和爆米花的风味。

噻吩只在酸果蔓的果实和烧烤食物中被发现。噻吩有刺鼻的风味，2,4-二甲基噻吩对油炸洋葱的风味特别重要。2-乙酰基-3-甲基噻吩在浓度为 0.25g/100L 时具有蜂蜜的风味，而在 0.11g/100L 时呈现坚果和淀粉风味。5-甲基噻吩-2-羧基醛具有焙烤咖啡的风味。

噻唑和噻吩类化合物一般是通过含硫氨基酸和美拉德反应的中间体反应形成的，也可以先由含硫氨基酸生成 H_2S，H_2S 再和褐变中间体发生反应生成。

(5) 含氧化合物 噁唑［图 8-32（f）］和噁唑啉［图 8-32（g）］只存在于经过美拉德反应的食物体系中。

噁唑具有青草味、甜味、花香味或类似蔬菜味。4-甲基-5-丙基噁唑具有绿色蔬菜的香味。环上有 4 个或 5 个碳的烷基侧链，并且在第 2 个和第 4 个 C 上没有烷基链的噁唑具有明显的熏肉脂肪风味。当甲基或乙基在 2C 上取代时，肉类脂肪风味减少了，而甜花香风味则突出了。当甲基或乙基在 4C 上取代时，花香风味更加明显。

噁唑啉具有多种多样的风味特性。2-异丙基-4,5,5-三甲基-3-噁唑啉具有类似朗姆酒的香味，2-异丙基-4,5-二乙基-3-噁唑啉具有典型的可可风味。

8.3.2 脂质降解产生的风味物质

在食品加工过程中脂质降解是产生风味物质的一个重要原因。脂质氧化或分解既会产生不良风味，也会产生令人愉快的风味。本节主要讨论脂质降解产生的良好风味。

8.3.2.1 脂质降解产生风味物质的途径

脂质产生特征香气的途径主要包括：热降解及热降解产物的二次反应。首先，脂质在受热过程中分解为游离脂肪酸，其中不饱和脂肪酸（油酸、亚油酸、花生四烯酸等）因含有双键易发生氧化作用，生成氢过氧化物，这些氢过氧化物进一步分解生成酮、醛、酸等挥发性羰基化合物，产生特有的香味；含羟基的脂肪酸经脱水环化生成内酯类化合物，这类化合物具有令人愉悦的气味。其次，脂质热降解产物与存在于脂质间的少量蛋白质、氨基酸发生非酶促褐变反应，产生的杂环化合物具有某些特征香气。

8.3.2.2 油炸过程产生的风味物质

油炸食品如炸薯条、油炸饼圈及快餐深受消费者的喜爱，其主要原因是油炸赋予食品独特的风味、诱人的色泽和酥脆的口感。这种独特的油炸风味主要来源于食品加热过程中发生的美拉德反应和脂质降解反应。油炸用油只有在使用一段时间后才能产生良好的风味，新鲜的油炸用油不能产生令人喜爱的风味。

脂质在加热过程中的风味物质是由脂质氧化产生的，如图 8-33 所示。首先加热过程中脂肪酸发生氧化反应失去氢自由基，与进入体系的氧产生过氧化物自由基并形成氢过氧化物，氢过氧化物分解产生风味物质。

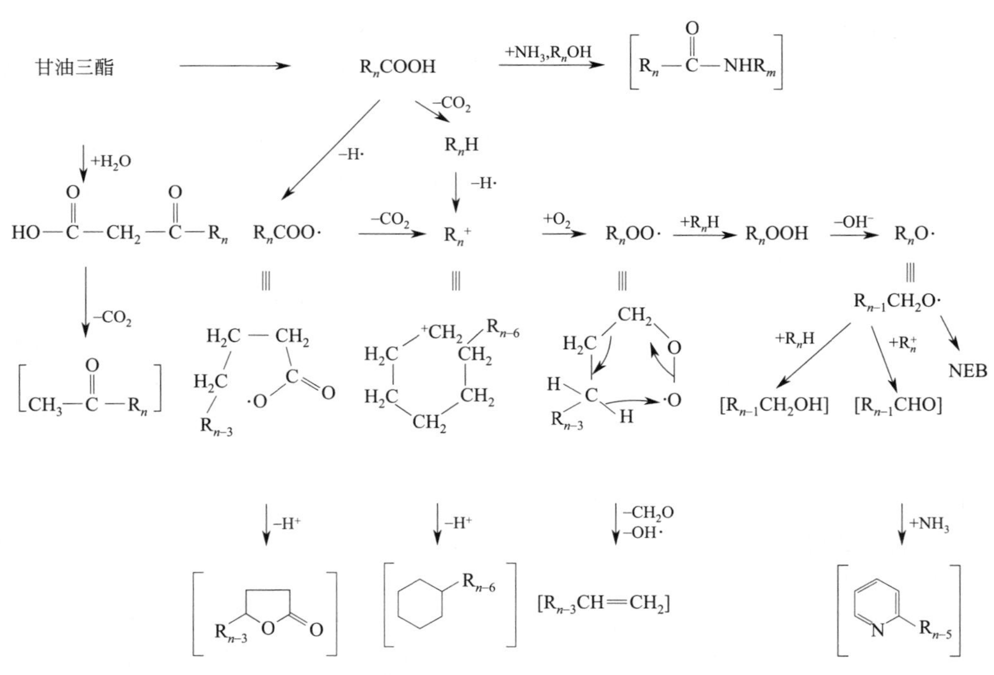

图 8-33 加热脂质产生挥发性物质的机制

加热过程中脂质氧化的产物与室温下的典型脂质氧化反应产生的产物有所不同，这主要是因为美拉德反应参与引起的。每个反应都有其特定的活化能，活化能决定了该反应在一定温度下的反应速率，因此，油炸过程发生的化学反应及风味物质的形成取决于油炸过程的温度。加热过程中的氧化与室温下氧化不同的另一个原因是加热时反应更具有随机性，高温可以增加能参与氧化反应的脂肪酸的氧化位点，从而产生种类更多的挥发性风味物质。所以，尽管脂质氧化反应的机制是相同的，但在加热过程中产生的风味是独特的。

油炸过程会产生许多挥发性物质，包括酸、醇、醛、烃、酮、内酯、酯、芳香化合物及其他各种化合物（例如正戊基呋喃和1,4-二氧六环等）。有研究发现炸薯条中起关键作用的风味物质主要有2-乙基-3,5-二甲基甲硅烷、3-乙基-2,5-二甲基甲硅烷、2,3-乙基-5-甲基苯乙烯、3-异丁基-2-甲氧基吡嗪、(*E*,*Z*),(*E*,*E*)-2,4-十二烯、顺-4,5-环氧基-*E*-2-癸烯、4-羟基-2,5-二甲基-3(2*H*)-呋喃、甲基丙醛、2-甲基丁醛、3-甲基丁醛以及甲醛硫醇等。可以看出，美拉德反应（主要产生吡嗪、支链醛类、呋喃、甲硫化物等）和脂质的氧化反应（主要产生不饱和醛类）是炸薯条风味物质产生的主要途径。

不同类型的油脂的脂肪酸组成不同，加热过程产生的挥发性物质会有明显不同。加热玉米油与氢化的棉籽油产生的挥发性物质有明显不同。玉米油和大豆油在加热过程中会产生类似的挥发性物质，但是与椰子油产生的挥发性物质截然不同，与玉米油和大豆油相比，椰子油产生的十二烯和不饱和醛较少，而饱和醛更多，还有大量的甲基酮和γ-内酯。

加热时间和水分含量对油炸的风味物质也有影响，随着加热时间的延长，挥发性物质增加，而水分含量的增加会减少挥发性物质的产生。

8.3.2.3 内酯的形成

食品经微生物的作用、油脂的氧化以及加热都能产生内酯。乳制品加热会产生内酯，这是由于乳脂中含有羟基脂肪酸，羟基脂肪酸稳定性差，当环境中存在水分，加热时甘油酯就会发生水解，水解释放出羟基脂肪酸，环化后形成内酯。羟基脂肪酸与甘油结合状态没有风味，加热使羟基脂肪酸游离并形成具有风味的内酯，加热黄油时可以发生这个反应，生成的内酯产生令人愉悦的甜味或焦糖风味。其他脂类（非羟基脂肪酸）通过加热氧化也可以产生内酯。

8.3.2.4 次级反应

脂质通过参与其他的一些化学反应途径也可以产生风味物质，最为主要的就是美拉德反应。脂质及其降解产物参与美拉德反应主要有以下方式。

(1) 脂质的降解产物与氨基（Strecker降解产生的或半胱氨酸的）反应 加热引起脂质氧化产生大量的长碳链的羰基化合物如醛和酮，这些羰基化合物可与游离氨基酸或美拉德反应产生的胺反应。热加工食品中发现了由脂质产生的含有大于4个碳的烷基的杂环芳香化合物，油炸食品中鉴定出的风味物质如2-戊基-3，5，6-三甲基吡嗪、5-庚基-2-甲基吡啶、5-戊基-2-乙基噻吩、2-辛基-4，5-二甲基噻唑和4-甲基-2-乙氧基噁唑，这些芳香化合物都是环状，而且有相当长的烷基侧链，它们都是由脂质氧化产生的。

(2) 磷脂酰乙醇胺的氨基与糖的羰基反应 脂类也可为美拉德反应提供氨基如磷脂酰乙醇胺，增加反应中游离氨基的数量。另一种观点则认为由于磷脂降解产物竞争游离氨基，减少了参加美拉德反应的游离氨基，使美拉德反应产生的杂环化合物减少。

(3) 脂质氧化产生的自由基参与的美拉德反应 脂质氧化可产生自由基，并可参与美拉德反应。目前，研究脂质氧化产生的自由基参与美拉德反应情况可利用电子自旋共振设备

(electron spin resonance，ESR)。利用ESR光谱检测自由基变化与美拉德反应关系表明，自由基信号强度增加，美拉德反应加速。提示：脂质一旦氧化产生了自由基，就会促进美拉德反应。

(4) 羟基或羰基脂类降解产物与美拉德反应产生的游离硫氢化物的反应 这个反应类似于脂质的氧化降解产物与美拉德反应中的氨基发生的反应。热加工食品中脂质（含长链烷基）可以产生一些含硫杂环化合物。

美拉德反应和脂质的相互作用对肉类风味形成具有重要意义，肉类的基本风味物质形成反应大致与糖和氨基酸的反应相同，但是由于不同的肉类中含的脂肪不同，会产生不同的独特风味，如猪肉、牛肉和鸡肉风味等。

8.3.3 类胡萝卜素氧化降解产生的风味物质

类胡萝卜素不太稳定，在加工贮藏过程中易因加热或氧化而降解，图8-34为以β-胡萝卜素经氧化得到的风味物质。反应的引发需要有叶绿素光敏作用产生的单线态氧参与，随后进入光氧化过程。

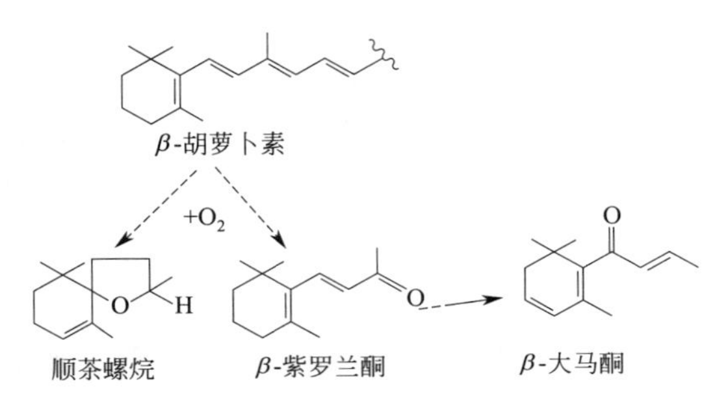

图8-34 β-胡萝卜素氧化断裂产生风味化合物

β-大马酮对葡萄酒风味有很好的作用，但对于啤酒，只需几微克/千克（μg/kg）就会使啤酒产生陈腐的树脂样的风味。β-紫罗兰酮有令人喜爱的紫罗兰花香，它与水果风味和谐一致，但它又是氧化的冷冻干燥的胡萝卜中的主要异味化合物。新鲜茶叶中，类胡萝卜素含量较高，β-紫罗兰酮等含量较少，加工后的茶叶中则刚好相反。在红茶中这类化合物对风味具有良好的作用，β-紫罗兰酮、茶螺烷及有关衍生物产生茶叶芳香中极为重要的甜香韵、果香韵和土香韵。

8.4 风味物质的微胶囊化技术

8.4.1 风味物质微胶囊化的优点

食品中应用的风味物质很少是单一组分，通常是由多种化合物组成的混合物，这些化合物具有高挥发性、水不溶性、易于氧化，容易引起食品风味的改变。微胶囊化是利用保护性壁材或体系包埋或封装一种或多种物质的技术。对风味物质采用微胶囊化技术可以提高风味物质的稳定性。

风味物质微胶囊化的优越性如下。

(1) 抑制风味的挥发损失 通过微胶囊化，风味物质由于囊壁的保护作用，挥发损失受到抑制，香气保留完整，从而提高了风味贮藏和使用的稳定性。

(2) 保护敏感成分 微胶囊化可使风味物质免受外界不良因素，如光、氧气、温度、湿度、pH 的影响，大大提高了耐氧、耐光、耐热的能力，增强稳定性。

(3) 控制释放作用 微胶囊化可控制风味释放效果，使风味物质在加工或消费过程中释放，使产品香气持久。

(4) 避免风味成分与其他食品成分反应 微胶囊化可将风味化合物中的活性成分保护起来，避免与其他食品成分反应。

(5) 改变风味常温物理形态 微胶囊化能将常温为液体或半固体的香精香料转变为粉末，使其易于与其他配料混合，也有利于提高水不溶性香精在液体食品中的分散稳定性。

经微胶囊化处理的风味物质，在冲饮食品、焙烤食品、挤压膨化食品中得到了广泛应用。

8.4.2 风味物质微胶囊化的方法

微胶囊化过程一般包括两步：第一步是用一种壁材的浓溶液（如多糖或蛋白质）对芯材（如脂肪-芳香体系）进行乳化；第二步是干燥或冷却乳剂。

微胶囊化在商业实践中应用主要有以下过程：喷雾干燥、挤压、凝聚、重结晶和分子包埋。在这些过程当中，除了分子包埋，其他都是大型加工过程。经过加工的颗粒直径在 3～800μm。在某些情况下，微粒由分散在连续基体的微滴核心构成；在另一些情况下，核心是连续的，并且被基体包裹。分子包埋则发生在分子水平上，单个风味分子被包裹在携带单个分子的小穴中（最常见的是环糊精）。常用的微胶囊化方法主要有：喷雾干燥法、包埋配位法、相分离/凝聚法、糖玻璃化技术以及挤压法等。

8.4.2.1 喷雾干燥法

喷雾干燥是通过机械作用，将物料分散成雾状的微粒，与热空气接触，瞬间除去大部分水分，使物料中的固形物干燥成粉末。喷雾干燥是将液体风味剂加工成粉末最有效的方法。通过喷雾干燥可以得到具有可控物理特性的粉末，如流动性、残余水分含量及容积密度。同时，也可以控制有效风味成分的性质，如释放性质、感官性质等。

喷雾干燥对于生产风味微胶囊来说是一种古老的商业化技术。最早，研究发现加入番茄浓汤中保持番茄色泽和风味的丙酮在喷雾干燥中不会损失，由此开始了风味胶囊的研发。

采用喷雾干燥法包埋风味物质时，必须要考虑产品的性能需求，包括颗粒大小、形状、密度、流动性、分散度、水分含量、外观、载量、结块稳定性、结构强度、释放特性、乳状液初始稳定性及产品稳定性。如果忽视其中任何一个性能指标，风味产品的质量就不好。

优化风味物质喷雾干燥过程时，首要考虑的是干燥及贮存过程中的风味保留程度、生产以及应用过程中的乳状液稳定程度、防止产品变质（如氧化作用）的预防措施等。各因素的相对重要性取决于所干燥的风味物质及其应用，例如对于方便涂抹糖粉的风味物质干燥来说，乳状液的长期稳定性不太重要，但干制饮料风味物质则不同。如果风味物质中不含易氧化的组分，就没有必要采取防止氧化的措施，但对含橘油的风味物质来说防氧化就非常重要。因此，优化喷雾干燥过程必须结合产品及其应用来考虑。

喷雾干燥法微胶囊化中，挥发性物质的保留取决于壁材与芯材的物化性质、干燥剂中固形物的含量、干燥温度、封装支持的性质和性能。适合喷雾干燥的壁材应该具有良好的水溶性、高浓度下低黏度、有效的乳化和成膜特性及高效的干燥特性。风味物质的喷雾干燥微胶囊的壁材主要是阿拉伯胶、麦芽糊精、变性淀粉。

喷雾干燥法制备风味微胶囊是将芯材首先分散在壁材溶液中进行乳化，然后在热气流中雾化，使水等溶剂迅速蒸发除去，壁材固化包埋芯材，形成包含有芯材的固体粉末。其工艺流程如图 8-35 所示。

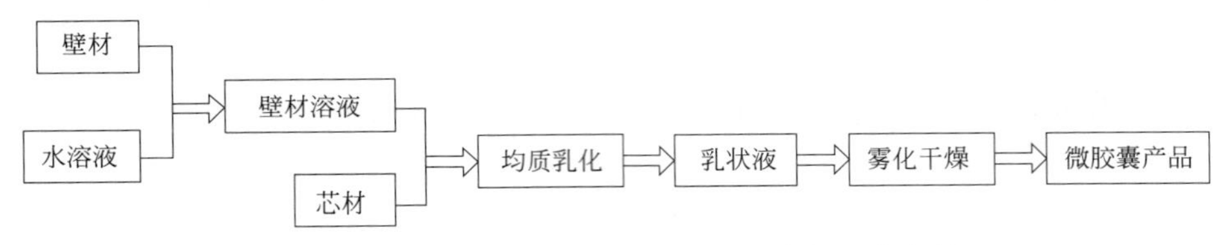

图 8-35 喷雾干燥法制备香精油微胶囊的工艺流程

有研究以辛烯基琥珀酸酯改性淀粉作为壁材制备微胶囊化橘油。以 3 种辛烯基琥珀酸酯改性淀粉 HI-CAP100、CAPSUL 和 N-LOK 分别作为壁材制备微胶囊化橘油。结果发现改性淀粉 HI-CAP100、CAPSUL 和 N-LOK 包埋橘油载量为 20%的微胶囊化橘油的效率分别达到 95.8%、93.2%、91.4%，橘油载量为 40%的微胶囊化橘油效率分别为 90.4%、89.0%、70.3%。图 8-36 是以 HI-CAP100 为壁材制备的载量 40%的微胶囊化橘油的电镜照片，颗粒规则，仅有部分颗粒有轻微的凹陷。

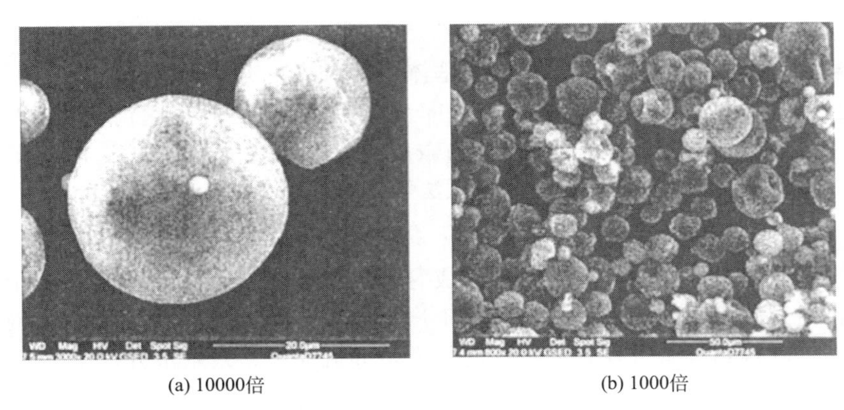

(a) 10000倍　　(b) 1000倍

图 8-36 以 HI-CAP100 为壁材制备的载量 40%的微胶囊化橘油的扫描电镜照片

8.4.2.2 包埋配位法

包埋配位法是一种在分子水平上形成的微胶囊，也是近年来应用较广的制备微胶囊的物理方法之一。此法芯材和壁材通过氢键、范德华力和疏水效应等作用连接，要求芯材必须是有疏水端的分子，如维生素、脂溶性色素、香精油及油树脂等，所用的壁材主要有环糊精及其衍生物或淀粉。

(1) 环糊精 环糊精是一系列的环状低聚糖，是转糖苷酶作用于淀粉所形成的。α-环糊精、β-环糊精和 γ-环糊精分别由 6、7 和 8 个 D-葡萄糖单元通过 α-1，4-糖苷键相连。环糊精形状像圆桶，拥有疏水的内穴和亲水的外表。这种特殊的构造使环糊精可以通过范德华力、偶极-偶极作用和氢键将全部或部分的芯材分子包裹在内穴中形成包埋配位物。α-环糊精、β-环糊精和 γ-环糊精的内穴尺寸分别是 5.7Å、7.8Å 和 9.5Å，因此能够适于容纳一系列不同大小的芯材分子。

对于环糊精包埋的物质，游离态和配位态之间存在平衡。平衡常数取决于环糊精和芯材分子的性质，以及温度、湿度和其他食品组分等因素。一般来说，一旦包埋配位，必须在有较高水分或高温的条件下芯材分子才能释放。因此，环糊精包埋物在室温下可稳定长达10年之久。而一旦溶入水中，包埋物的一部分将解离，解离的程度取决于芯材分子本身。环糊精包埋的主要作用是能够实现风味的修饰（如屏蔽异味）、风味的稳定化和增溶。

制备风味/环糊精包埋物的方法主要包括：搅拌和振荡环糊精与芯材分子的混合物溶液，过滤出沉淀的包埋配位物；将固体环糊精与芯材分子在混合机中混合并干燥；使芯材分子气体通过环糊精溶液后吸附。大批量的生产采用糊浆法，可以降低在随后的干燥过程中的脱水量。

具体来说，包埋配位法一般有以下两种。

① 饱和水溶液法　先将环糊精用水加温制成饱和溶液，加入芯材。水溶性芯材直接加入，混合几小时形成复合物，直到作用完全；水难溶的液体直接或先溶于少量有机溶剂，充分搅拌；水难溶的固体先溶入少量有机溶剂再加入，充分搅拌至完全形成复合物，通过降低温度，使复合物沉淀，与水分离，用适当溶剂洗去未被包埋配位物，干燥。

② 固体混合法（研磨法）　β-环糊精加溶剂2～5倍，加入芯材，在研磨机中充分搅拌混合，约2～5h，至糊状，干燥后用有机溶剂洗净即可。

环糊精包埋法的工艺流程见图8-37。

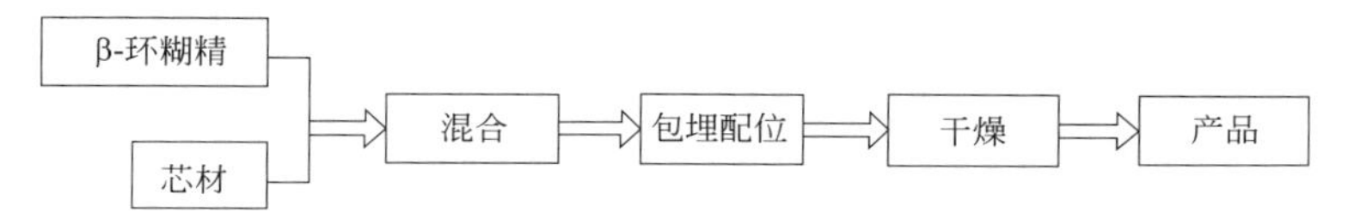

图8-37　分子包埋配位法制备香精微胶囊的工艺流程

环糊精包埋法的优点在于：在干燥状态下产品非常稳定，达200℃时微胶囊分解；产品具有良好的流动性；良好的结晶性与不吸湿性；可节省包装和贮存费用；无需特殊的设备，成本低。不足之处：包埋配位量低，一般为9%～14%；要求芯材分子颗粒大小一定，以适应疏水性中心的空间位置，而且必须是非极性分子，这就大大限制了该法的应用；对于水溶性香精的包埋效果较差。

尽管早在一个世纪前人们就知道环糊精，其包埋配合物能力的认识也至少有40年了，但在食品中的商业化应用直到1970年才开始，主要在日本和匈牙利。推迟环糊精应用的重要因素是不同市场中的规定。α-环糊精和β-环糊精在美国取得了GRAS（一般公认安全）许可，而γ-环糊精的GRAS仍在讨论中。β-环糊精在欧洲允许使用（食品添加剂编号为E459），而α-环糊精或γ-环糊精不允许使用。环糊精在日本允许使用，但在规定中没有具体指出哪些类型可以使用。

环糊精的价格是阻碍它工业使用的主要原因。环糊精的成本比其他微胶囊化技术高很多，价格因素决定环糊精只能小范围地用于某些产品。例如，作为一种保护易损坏风味物质的方法，把不稳定的风味组分包进环糊精后和胶囊风味物干混。环糊精包埋法是唯一把一种组分与其他组分真实分离开来的加工过程。因此，这种加工过程赋予风味物质稳定化的特殊功能是其他加工过程所不能实现的，但费用很高。

环糊精用作风味物质微胶囊化的研究很多。如β-环糊精用于人工合成风味物质的包埋，发现小分子的保留量很少，失去了小分子挥发性风味物质特有的新鲜、飘逸的香韵将使风味的平衡被打破；在双螺旋挤压加工中添加环糊精包埋型风味物质，可提高风味物质的保留量；研究牙膏中风味物质的释放时，发现环糊精包埋型柠檬醛加水缓慢释放，但可以通过添加表面活性剂如月桂酸硫酸酯加快释放速度；在环糊精存在时，水溶液中烯丙基异硫氰酸酯的分解受到抑制，其中 α-环糊精比 β-环糊精更有效。

有研究报道，将一定量的β-环糊精配成饱和水溶液，再加入一定量的芯材（柠檬醛或紫罗兰酮），室温下磁力搅拌 4h，静置过滤，用温水、丙酮各洗涤沉淀 2 次，以分别除去残留的壁材和芯材，干燥后制得白色的微胶囊粉末。也可以预先将一定量的芯材溶解在尽可能少的丙酮中，再将 β-环糊精饱和水溶液缓慢加入上述溶液中，室温下磁力搅拌 4h，静置过滤，用温水、丙酮各洗 2 次后干燥制备香精微胶囊。

(2) 淀粉 淀粉（如土豆淀粉）也可用作风味分子的包埋剂，淀粉形成的螺旋结构能够包埋住风味物质。癸醛在不到 1min 的时间内就可以和糊化马铃薯淀粉形成包埋配位物，而柠檬烯和薄荷酮在室温下需要几天才形成明显的复合作用。研究发现，通过包埋和吸附可以形成淀粉水解物的乙醛胶囊，其过程是在 5℃、连续搅拌的条件下，把乙醛水溶液喷到水解淀粉（DE10～13）上，作用 15min 后产品含 4.1%的乙醛，产品在 40℃下贮存一周乙醛不会减少。淀粉用于包埋作用的主要缺点在于风味载量低，因而经济效益不好。

8.4.2.3 相分离/凝聚法

相分离/凝聚法胶囊化利用传统的三相体系：介质（溶液）、风味载体（壁材）和风味物质（芯材）。虽然有多种凝聚方法，在食品和风味工业中最常使用的还是复合凝聚法。

复合凝聚法是采用两种具有相反电荷的高分子电解质在一定的条件下相互作用，形成具有特殊性质的复合凝聚物，这种复合凝聚物沉积在乳状液液滴的表面，再经固化后成囊。此种微胶囊的囊壁具有刚性的交联网状结构，在高温、高湿的环境中，微胶囊的结构保持完整，能够较好地保护内部芯材。特殊的囊壁结构也使其具有较好的机械强度，能够耐受加工过程中的机械作用。这种方法生产出的微胶囊具有较高的产率，其粒径、载量和固化程度都可根据实际需要进行调整，能够控制释放内部的芯材。此外，这种微胶囊在水溶液中具有良好的分散性。复合凝聚的生产过程是在较低的温度下进行的，尤其适合于包埋一些热敏性、易氧化、易挥发的物质。

复合凝聚的步骤：首先，两种带有相反电荷的亲水胶体（明胶和阿拉伯胶）分别溶解在温水（约 40℃）中。风味物质加入一种亲水胶体中并搅拌分散形成乳化液。搅拌的强度决定油滴的大小和相应的胶囊大小，因为胶囊壁形成于乳化液滴的周围（大液滴形成大胶囊，小液滴形成小胶囊）。亲水胶体在油-水界面聚集，在油滴周围形成弱的壁结构。此时，第二种亲水胶体加入体系中，并且调节 pH 值到 4 左右，这使得亲水胶体带相反电荷并且被相互吸引到油滴的表面（明胶带净正电荷，阿拉伯胶带净负电荷）。这就进一步增加了颗粒的壳厚，强化了结构。然后溶液用水稀释（1∶2 或 1∶3），在冷却过程中包裹在油滴周围的凝胶固化（如果不用水稀释，凝胶会在混合容器中形成固体胶）。然后升高 pH 值，加入戊二醛交联硬化凝胶。胶囊壁必须有足够的硬度，经过干燥形成自由流动的粉末。也有报道使用其他交联剂（如酶），但戊二醛是最有效的固化材料。足够的时间后，胶囊通过离心（过筛）和干燥回收。干燥过程也是需要注意的问题，因为颗粒通常发黏，在通常干燥温度下粘连成团。整个加工过程如图 8-38 所示。

复合凝聚微胶囊按结构可以分为单核微胶囊和多核微胶囊。目前国内外的研究主要集中在如何制备单核微胶囊，因为单核微胶囊的粒径较小，均一性较好。通常是加入抗结块剂或是改变硬化处理方式，阻止硬化过程中由于明胶和戊二醛之间的反应所导致的黏度的提高。也有通过改变复合凝聚的条件，降低复合凝聚物的生成量，达到制备单核微胶囊的目的。多核微胶囊研究的报道较少，尤其是球状多核微胶囊的研究。对于食品应用来说，开发多核微胶囊则更具有现实意义。生产多核微胶囊不但可以减少加工程序，降低生产成本，而且这种

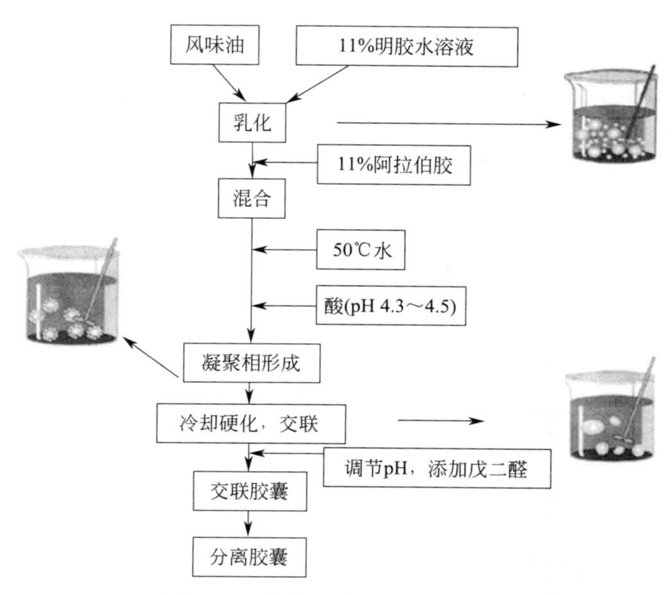

图 8-38 复合凝聚法的加工工序

微胶囊具有更好的缓释性能。单核微胶囊是单一的乳状液液滴外面包裹着囊壁，局部的囊壁破损就会造成芯材的大量释放，而且通常单核微胶囊的囊壁在芯材表面的分布是很不均一的，两端较厚，中间较薄，易于破裂，释放芯材；多核微胶囊具有基质型的结构，即使表面完全破坏，芯材依然会缓慢释放。此外，大粒径的球状多核微胶囊具有更好的流动性，并且容易在咀嚼时释放内部芯材。

长期以来，复合凝聚微胶囊主要应用于无碳复写纸、纺织品生产中。但由于其优异的控制释放特性，在食品、医药等领域也引起了越来越多的关注。

采用复合凝聚法可以生产耐高温葱油微胶囊，当用微波、烘焙、干燥、热处理或其他烹煮时，可以在60～232℃内保持完整，不释放香气，而当咀嚼时葱油微胶囊能够均匀缓慢地释放风味油。以乳清分离蛋白和阿拉伯胶为壁材，用复合凝聚法包埋葵花籽油、柠檬油、橘油，并应用于奶酪中。以蛋白质（明胶、乳球蛋白、大豆蛋白）、阿拉伯胶、淀粉为壁材，通过复合凝聚法将多不饱和脂肪酸（PUFA）、风味油、药物等微胶囊化，这种微胶囊能够很好地包埋PUFA，表面油含量不到1%，能够阻止其被空气氧化。其他的风味精油、香料油树脂等也都可以用复合凝聚法进行包埋。风味精油，包括酸橙油、香菜油、肉桂油、胡椒油、丁香油、茴香油、姜油、薄荷油、迷迭香油等；香料油树脂来源于多香果、罗勒、辣椒、肉桂、丁香、孜然芹、肉豆蔻、红辣椒、黑辣椒和迷迭香等。

有研究以明胶、阿拉伯胶、羧甲基纤维素等为壁材，用复合凝聚法将肉桂油、薄荷油、冬青油、柠檬油、蔬菜油等微胶囊化，复合凝聚的pH值为3～4.5，以戊二醛为固化剂进行固化。用喷雾干燥法对微胶囊溶液进行干燥，得到的风味微胶囊产品具有如下优点：在高温下结构稳定，对风味物质具有很好的保护作用；在机械力作用如咀嚼时破碎并缓慢释放风味物质。微胶囊中含有70%～95%的风味油，芯壁比为10∶1至5∶1。这种风味油微胶囊可应用于焙烤食品、油炸食品和微波食品中。

8.4.2.4 糖玻璃化技术

糖玻璃化技术被认为是目前最有前景的香精香料的微胶囊方法。此法是将香精在惰性气体保护下分散于熔化的糖类物质中，然后将其通过压力挤入冷却介质中迅速脱水、降温，得到包含有香精的玻璃态细颗粒产品。糖玻璃化技术是一种低温微胶囊化技术，特别适合于热敏性香精的包埋。目前国外约有100种风味剂是通过这种方法包埋的，产品稳定性好，风味滞留期可达2～3年。

大多数糖分子具有较高的 T_g，均可在适宜条件下冷却时变为玻璃状。糖玻璃的制造方法是将结晶糖加热熔融经快速冷却后，使其转化为透明的非晶体无定形、亚稳态的玻璃样固体，即为糖玻璃。以蔗糖为例，当晶体受热时，原来的规则结构被破坏而转化为熔融状态，经快速冷却后，熔化物会转化为一种清澈透明、无定形、亚稳态的玻璃状物，从而使蔗糖分子被固定在这种无定形的非结晶结构中。在快速冷却下，熔融物的黏度增加，进一步将蔗糖分子固定在该无定形结构中。熔融或分解结晶糖所需的温度取决于糖的分子结构及水分的含量。水一方面作为溶剂，促进结晶糖的熔融或降解，加快液态糖的形成；另一方面作为增塑剂，在一定程度上会提高糖分子的活性和自由度，使之进一步重组而回复晶体形状。水分含量会使体系的 T_g 降低，从而使下一步玻璃态的形成所需冷却条件提高，玻璃化香精产品的稳定性下降。因此玻璃化香精生产中水分的控制就显得十分重要。

以蔗糖和葡萄糖浆混合制成的糖玻璃，其稳定性要比单独用葡萄糖制成的高得多。原因可能是由于不同种糖类分子的相互影响使糖类不易恢复原来的结晶排列结构，从而提高了所形成的糖玻璃的稳定性。糖类的生化保护作用与它们的玻璃化转变温度有关，海藻糖、麦芽糖、蔗糖和葡萄糖的生化保护效力的由强到弱，这恰好与它们玻璃化转变温度由高到低的顺序一致。这种现象的解释为：糖的生化保护作用与糖玻璃态的一些性质相关，包括自由体积、受限制的分子流动性和贮存中抵抗相分离和结晶的能力。

现在，糖玻璃化香精正在越来越广泛地应用于各种食品生产中，特别是在袋泡茶、保健食（药）品、口香糖、调味品以及固体饮料中，香气可以在产品中保存数年也不会淡化与散失。这种香精不需要使用抗氧化剂来稳定，可以提供天然、健康、新鲜的产品。

8.4.2.5 挤压法

当人们使用挤压这个词时，一般会想到用于谷物类产品加工或组织化的高温高压双螺杆挤压机。用于包埋风味物质的挤压是更广义的概念，熔化了的风味乳状液在压力作用下挤出模孔。但与谷物加工的高温高压不同，一般压力小于100psi（689.47kPa），温度很少超过120℃。

(1) 传统的加工过程及配方 风味挤压是由Schultz等首先提出的，他将橘油加到熔化的糖中搅拌制成粗乳状液，冷却凝固，固体粉碎到一定细度后作为胶囊化风味物出售。

图8-39是用DE值为42的玉米糖浆作为胶囊基质挤压包埋橘油的示意图。在橘油中加入抗氧化剂如丁基羟基茴香醚（BHA）以及4-羟甲基-2,6-二叔丁基酚，其用量为风味油的0.05%，可以保持其稳定性。乳化剂的加入利于形成乳状液，提高稳定性，可以用合成的或天然乳化剂，如单甘酯和磺基乙酸单甘酯钠盐，用量为乳状液总体积的1%。玉米糖浆/抗氧化剂/乳化剂混合物含3%～8.5%的水分，温度120℃左右，在这样的条件下，溶液黏度很低。风味油的含量在10%左右，在充氮的同时，混合物剧烈搅动，形成一个无氧乳状液，乳状液挤压通过模孔进入到不混溶的液体中（矿物油或植物油），将它快速冷却或压制成小球，固化后粉碎到所需的颗粒大小。粉碎物用溶剂（如异丙醇）洗涤可以除去表面油，然后在真空条件下干燥。终产物为含8%～10%风味物的自由流动颗粒状物料。

在最初的玉米糖浆固体中加入4%～9%的甘油，可以使玉米糖浆固体在较低的水分含量下就能够溶解，并且在终产物中起增塑剂的作用。塑性作用可以尽量避免产物破裂，否则

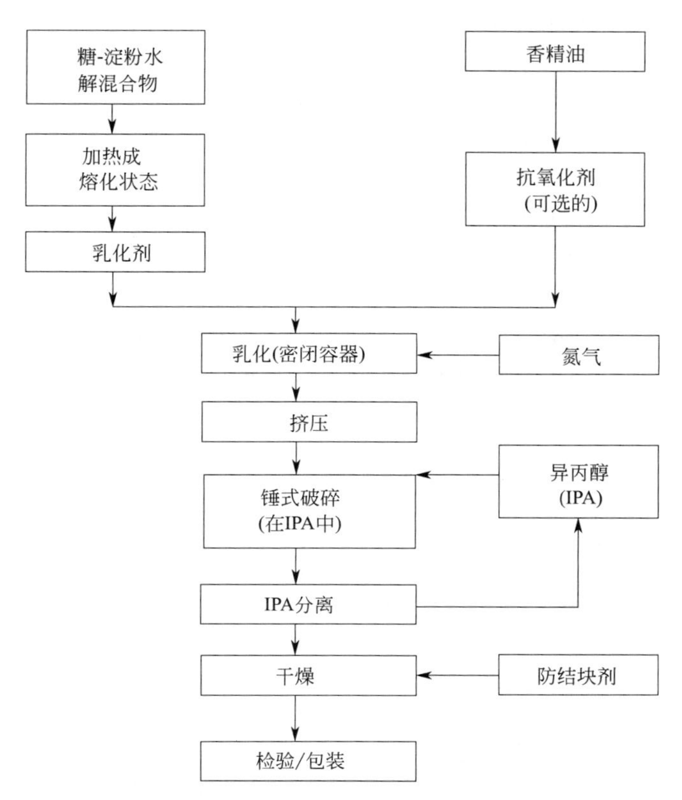

图 8-39 早期间歇式风味料挤压过程

氧与风味物质接触导致货架寿命缩短。该技术的一个创新是将热的风味物质/糖熔融体通过模孔挤压到冷的溶剂浴中。有多种溶剂（如煤油、石油醚、甲醇、丙酮、异丙醇、甲基亚乙基酮、苯以及甲苯）可以利用，但异丙醇是工业上最常用的。挤出到冷溶剂浴中是一项关键技术，因为溶剂能使糖基质迅速固化成一种不渗透的无定形结构，同时洗去产品残留的表面油，避免油氧化产生异味的问题，还可以起到吸取终产品中水分的作用。研究发现溶剂浴中浸泡 36～144h 可使水分含量减少到 0.5%～2%。如果充分搅动这一溶剂浴，还可以使颗粒变小。因此，不再需要将固化风味物粉碎和洗涤，因为这两步操作已经在固化阶段完成了。

产品中残留的溶剂可以通过空气干燥除去，多余的水分也被同时除去（如果减少浸泡时间），然后加入各种各样的防结块剂。高 DE 值玉米糖浆及乙二醇结合在一起，具有很强的吸湿性，因此，可以加入如磷酸三钙之类的防结块剂，使产品呈自由流动的颗粒。

挤压胶囊化包埋技术除了配方有些许改变外，几年来没有大的变化。有人用蔗糖和麦芽糊精的组合来代替高 DE 值玉米糖浆，如含有 55%蔗糖和 41%麦芽糊精（10～13DE）的糖混合物，其他剩余的成分是水分和添加剂。这种低 DE 值麦芽糊精/蔗糖基质比高 DE 值玉米糖浆基质吸湿性低，但仍需使用防结块剂，可用热解二氧化硅代替磷酸三钙，最终产品风味物质含量是 8%～10%，最多可达 12%。也可用改性的食品淀粉来代替蔗糖，如 CAPSUL（国民淀粉）或 AMIOGUM（美国玉米），这两种淀粉都经过化学改性，具有乳化性质。具有亲油特性的乳化淀粉可以把风味油吸附到基质中去，麦芽糊精则主要起充填作用并控制黏度，在包埋基质中使用乳化淀粉可以增加风味物质的载量。

(2) 现代挤压技术 与连续操作相比，间歇生产的成本要高得多，而且操作过程的控制非常有限，风味工业已经发展到用连续挤压系统来生产风味胶囊。除了改善过程控制、降低生产成本，连续挤压机还可以处理高黏度低湿物料。现代双螺旋挤压机可以处理高黏度体系，而且混合乳化效果与生产这类风味干制品的传统挤压系统相当。这种技术在工业上生产干制品时是非常适用的，配方中水分越少，第二步干燥的时间也就越短。

在谷物挤压加工过程中熟化有重要作用，生产风味胶囊中挤压机的主要功能就是熔化、乳化和成型。图 8-40 是生产风味胶囊的一种典型的挤压系统，胶囊基质是在投料机中干混的，然后水和混合好的基质分别计量加入挤压机中，加热挤压机筒体使基质熔化。风味物质尽可能晚些注入挤压机，目的是尽可能减少风味物质的受热时间，但是必须有充足的时间进行乳化。一些加工有排风步骤，排风的作用是排除配方中加入的水，这样就不需要或很少需要最后的干燥。

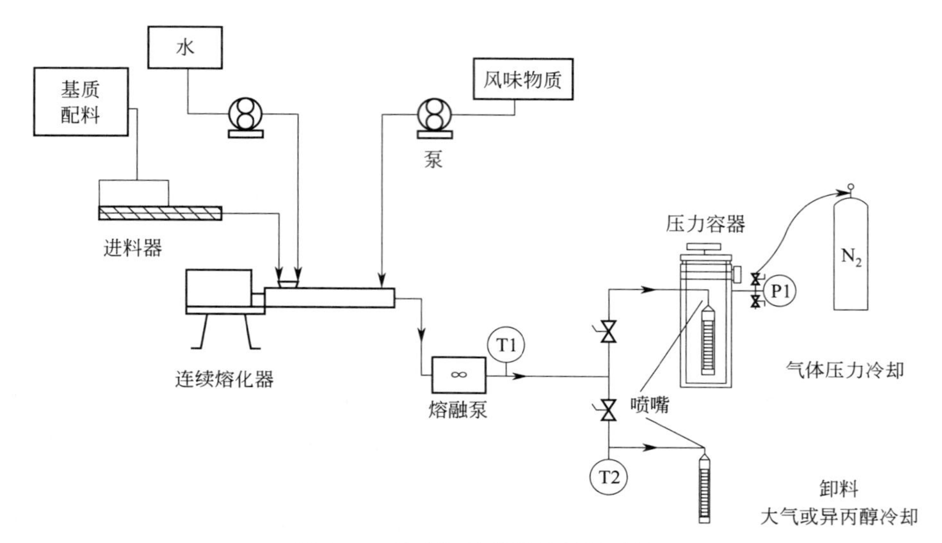

图 8-40 生产风味物质的挤压系统

有一项专利报道的实例，用 6%的 Amerfond（多米诺糖，95%蔗糖、5%转化糖）、42%的 Lodex10 麦芽糊精（美国玉米公司，10DE）、2%蒸馏单甘酯（Kodak，Myverol 18-07）组成的混合物以约 114g/min 的速度加入连续挤压机中，并以 2g/min 的速度加入水。混合物在挤压机中熔化，保持 121℃，挤压机的螺旋转速为 120r/min。熔融混合物直接排入熔融泵中，在熔融泵的卸料侧用活塞计量泵把乙醛注入熔融基质中，用固定搅拌器将基质与风味物质搅匀。在加入风味物质之前熔化的基质温度约 138℃，基质和乙醛混合物在一定的压力下输送到排料口以成型和后续的收集。流动体系设计成能够在常压或一定压力下成型和固化。

在上述实例中，设计者将体系设置在一定压力下挤压（低温），使高挥发性物质（如乙醛）不易挥发损失，从而生产出多孔胶囊。另一种方法也可以将挤出产品用空气冷却或者注入冷的异丙醇浴中。这种方法需要在最后阶段将颗粒变小，通过粉碎将颗粒变小可能会破坏分子结构、减少风味物质保留及缩短货架寿命。

另有报道，利用表 8-5 中专利实例的配方及加工条件可以从挤压机直接生产出大小非常均匀的颗粒。

表 8-5 挤压法生产风味物质的专利实例

成分	质量分数/%	成分	质量分数/%
橘子香精	10	水	7
磷脂	1	麦芽糊精(19DE)	82

该专利实例中，配置 1mm 模孔的 Clextral BC 45 双螺旋挤压机生产能力为 50kg/h，模孔出料口装有绞刀以切割塑性熔化物。在产品组成恒定、玻璃化转变温度高于 40℃的低水分含量时，前段的熔化物温度为 105℃，挤压机的静压力保持在（1～20）$\times 10^5$ Pa。

现代技术已经发展到了无需冷却、干燥、减小颗粒大小就可以生产出胶囊化风味物质，这些技术革新都可以减少生产成本。

连续挤压技术的出现使得基质材料多种多样。过去黏度是一个限制因素，使用了双螺旋挤压机以后，条件不再那么苛刻。基质材料的多种选择为控制释放提供了可能，可以使用蛋白质或溶解性差的糖类。这些使胶囊技术拥有更多的优点。

仍然困扰产品的主要缺点是终产物的乳化稳定性很差。包埋材料没有内在的乳化特性（改性淀粉或阿拉伯胶用作壁材时例外）以及必须在特别黏稠的基质中形成乳状液。这两个因素都导致不能形成颗粒足够小的乳状液，从而终产物中不能形成稳定的乳状液，如饮料产品。尽管如此，这种方法已经取得了很多进展，降低了成本、提高了质量，因此，将来这种风味产品的市场份额将不断增加。

8.4.3 微胶囊化风味物质的控制释放

微胶囊化风味物质的控制释放引起了人们广泛的关注。理想状态下，风味物质在终产品消费时才释放，之前都应该是受到保护的。

风味微胶囊经常使用水作为加工介质，释放机制是水合作用，而凝聚法（交联后）形成了一个不溶于水的囊壁，其释放是通过扩散而不是溶解，在水分含量很高的体系中，仍然可以降低释放速度。挤压过程也可控制释放，使用溶解性较差的基质可减小释放速率。还可以用双层包埋赋予微胶囊化风味物质不同的释放特性，如热释放，这通常是流化床涂层或是离心悬浮涂层完成的（两者都要用到脂）。采用双层的主要问题在于：①风味物质的稀释（需要大量的涂层包埋小分子）；②附加成本。因此产品中超量使用风味物质比额外增加成本控制释放可能更经济合理。

8.5 食品风味研究热点

富有特色的色、香、味、形食品，在消费市场永远有其独特地位，也是食品工作研发的热点内容之一，其中诱人的天然食品风味一直为人们所关注。我国天然食材丰富，人们在实践中已经认识到：同一品种的食材，加工的方式不同，其风味类型不同；同一食材，其农业管理和地理位置不同，即使加工方式相同，风味类型或特色风味强度也不同。因此，不同的食品风味成分，特别是富有特色的风味成分到底是由哪些物质并按什么比例组成的？农业管理及加工方式对食品特色风味有什么影响？将是食品生产者及食品加工企业关注的热点。

模仿人体味觉机理研制出来的电子舌技术与大数据技术结合，研发实用快速的食品风味评判技术也是今后食品风味研究热点。电子舌由多通道传感器阵列构成，目前的电子舌一般有 10 多个传感器，今后肯定有更多，甚至有 20 多个传感器组成阵列。电子舌中的味觉传感器阵列相当于生物系统中的舌头，随着仿真及数据处理软件的进步，电子舌技术可以对人的 5 种基本味感（酸、甜、苦、辣、咸）进行有效识别，并通过大数据辅助分析，可快速地将一种食品中多种风味解析出来，并有效地进行质量管理。

参考文献

[1] 冯涛，等．食品风味化学．北京：中国质检出版社，2013.

[2] 孙宝国．食品风味化学．北京：化学工业出版社，2012.

[3] 吴克刚，等．食品微胶囊技术．北京：中国轻工业出版社，2006.

[4] 张峻，等．食品微胶囊、超微粉碎加工技术．北京：化学工业出版社，2005.

[5] 章超桦，等．水产风味化学．北京：中国轻工业出版社，2012.

[6] Boekel M. Formation of flavor compounds in the Maillard reaction. Biotechnology Advances，2006，24：230.

[7] Bolzoni L，*et al*. Changes in volatile compounds of Parma ham during maturation. Meat Science，1996，43：301.

[8] Cai J，*et al*. Comparison of simultaneous distillation extraction and solid-phase microextraction for the determination of volatile flavor components. Journal of Chromatography A，2001，930：1.

[9] Chen F，*et al*. A novel approach for distillation of paeonol and simultaneous extraction of paeoniflorin by microwave irradiation using an ionic liquid solution as the reaction medium. Separation and Purification Technology，2017，183：73.

[10] Dirinck P，*et al*. Flavour differences between northern and southern European cured hams. Food Chemistry，1997，59（4）：511.

[11] Flores M，*et al*. Correlations of sensory and volatile compounds of Spanish "Serrano" dry-cured ham as a function of two processing times. Journal of Agriculture and Food Chemistry，1997，45：2178.

[12] Havemosea M S，*et al*. Measurement of volatile oxidation products from milk using solvent assisted flavour evaporation and solid phase microextraction. International Dairy Journal，2007，17：746.

[13] Karima A B，*et al*. Optimisation and economic evaluation of the supercritical carbon dioxide extraction of waxes from waste date palm（*Phoenix dactylifera*）leaves. Journal of Cleaner Production，2018，186：988.

[14] Kurihara K. Glutamate：a food flavor and a basic taste（umami）. The American Journal of Clinical Nutrition，2009，90：719s.

[15] Lau H，*et al*. Characterising volatiles in tea（*Camellia sinensis*）. Part I：comparison of headspace-solid phase microextraction and solvent assisted flavor evaporation. LWT - Food Science and Technology，2018，94：178.

[16] María P J，*et al*. Development of an in-mouth headspace sorptive extraction method（HSSE）for oral aroma monitoring and application to wines of different chemical composition. Food Research International，2019，121：97.

[17] Mottram D S. Flavor formation in meat and meat products：a review. Food Chemistry，1998，62（4）：415.

[18] Myers A J，*et al*. Contribution of lean，fat，muscle color and degree of doneness to pork and beef species flavor. Meat Science，2009，82：59.

[19] Petronilho S，*et al*. A critical review on extraction techniques and gas chromatography based determination of grapevine derived sesquiterpenes. Analytica Chimica Acta，2014，846：8.

[20] Sabio E，*et al*. Volatile compounds present in six types of dry-cured ham from south European countries. Food Chemistry，1998，61：493.

[21] Thierry A，*et al*. Conversion of L-leucine to isovaleric acid by *Propionibacterium freudenreichii* TL 34 and ITGP23. Applied and Environmental Microbiology，2002，68（2）：608.

[22] Wei Q，*et al*. Search for potential molecular indices for the fermentation progress of soy sauce through dynamic changes of volatile compounds. Food Research International，2013，53（1）：189.

第9章　次生代谢产物

内容提要： 食物原料中除了基本营养素外，还有含量虽少，但功能独特的次生代谢产物。本章主要介绍次生代谢的概念、产物分类和产物命名，食品中次生代谢产物的重要性；黄酮类化合物的结构、分类及一般性质，食品中常见的黄酮类化合物理化性及功能性简介；萜类化合物的结构、分类及一般性质，食品中常见的萜类化合物理化性及功能性简介，萜类化合物的研究进展；生物碱的结构、分类及一般性质，食品中常见的生物碱理化性及功能性简介，生物碱的研究进展；含硫化合物的结构、分类及一般性质，食品中典型含硫化合物理化性及功能性简介，含硫化合物研究进展等。近年来，次生代谢产物研究日益引起人们的重视，在以下方面将成为研究热点：次生代谢产物的营养健康功效，尤其是慢病预防方面的作用机制、构效关系与量效关系；次生代谢产物在体内消化吸收过程、代谢机理及与肠道微生物的互作；运用代谢组学、转录组学和蛋白质组学等多组学技术研究食品中典型次生代谢产物；利用细胞工程生产次生代谢产物；海洋动植物源次生代谢产物发掘及在功能性食品和特医食品中的应用等。

食物原料中除了基本营养素外，还存在种类多样、结构独特的化学物质，如次生代谢产物（secondary metabolites）。食物原料中主要的次生代谢产物有：黄酮类、皂苷、生物碱、萜类、杂多糖/寡糖、甾类、多炔类等。这些成分虽然在食品中含量较少，但其中不乏具有特殊生物活性而起到促进健康和预防疾病作用的物质。因此，被称为“非营养素生物活性成分（non-nutrient bioactive substances）”，最近多被称为“生物活性的食品成分（bioactive food components）”，已成为营养学和食品化学研究的新领域。

9.1　概述

9.1.1　次生代谢的概念

初生代谢（primary metabolism）指在植物、昆虫或微生物体内的生物细胞通过光合作用、糖代谢和柠檬酸代谢，生成生物体生存繁殖所必需的化合物，如糖类、氨基酸、脂肪酸、核酸及其聚合衍生物（多糖类、蛋白质、酯类、RNA、DNA）、乙酰辅酶 A 等。各种生物的初生代谢过程基本相同，其代谢产物广泛分布于生物体内。

次生代谢（secondary metabolism）是以某些初生代谢产物作为起始原料，通过一系列特殊生物化学反应生成表面上看来似乎对生物本身无用的化合物，如萜类、甾体、生物碱、多酚类等，这些次生代谢产物就是常见的天然产物。次生代谢非常复杂，次生代谢的概念也不完全统一。次生代谢是在初生代谢基础上进行的。不同生物代谢过程不同，其产生和分布通常有种属、器官、组织和生长发育期的特异性，不像初生代谢产物那样分布广泛。次生代谢及其产物都具有一定的生物学功能，但人类至今对很多次生代谢及其产物的生物学功能不清楚。

事实上，次生代谢与初生代谢之间的分界线并不清晰，因为这二类代谢是彼此紧密相连的，初生代谢为次生代谢提供了“原料”，而次生代谢产物，如甾醇类，因在许多生物中起着重要的结构作用而被认为是初生代谢产物。总的来说，初生代谢产物是动物和人类食物的主要来源，某些次生代谢产物，也被人类食用了几千年。自远古以来，人类就利用植物中的次生代谢产物来治疗疾病，如青蒿（青蒿素）治疗疟疾等，从而产生了传统医学和传统医药；也利用有毒成分狩猎和御敌；还有利用天然色素着色食品等。随着对次生代谢产物重要性的认识，以其为功能成分的功能食品研究逐渐深入，其学术关注度逐年上升，成为了近年来学术研究的热点之一。

9.1.2 次生代谢产物的分类和命名

次生代谢产物种类繁多，按传统分类方法分为生物碱、萜类、黄酮类、香豆素、木脂素、甾类、皂苷、多炔类等。次生代谢产物就元素组成来说，一般都是碳氢化合物，有些含有氮、氧、硫等其他元素。它们的分子质量大小不等，小的只有几十道尔顿（Dalton），大的达到几千道尔顿，其分子结构大多数较为复杂。

国际纯粹化学与应用化学联合会（IUPAC）对这类化合物的分类和命名是采用基本结构加衍生物的结构，这样进行的分类和命名是最为标准和规范的，但名称很长，不便于科学交流。目前通用的做法是按化学性质和化学结构对其进行分类和命名，用英文名称进行交流，中文名称多采用英文名称的音译名称。

9.1.3 生物合成途径

初生代谢产生的乙酸、甲羟戊酸（又称甲瓦龙酸）、莽草酸是次生代谢的原料，成为次生代谢产物的前体，通常又是某些初生代谢的前体，如芳香族氨基酸同为多肽、蛋白质和生物碱的前体，多酮同为脂肪酸和黄酮类的前体。次生代谢的主要途径，根据不同的起始原料，可分为以下五类。

9.1.3.1 莽草酸途径

莽草酸途径（shkimic acid pathway）生成芳香族化合物（aromatics），如氨基酸、肉桂酸和某些多酚化合物。在高等植物中，其生物合成所用的原料 4-磷酸赤藓糖、磷酸烯醇式丙酮酸在高等植物和藻类光合作用碳同化循环中起关键性作用。

9.1.3.2 甲羟戊酸途径

甲羟戊酸途径（mevalonic acid pathway）是生物次生代谢产生萜类（terpenoids）、甾类（steroids）化合物的必经途径，在生物中分布广泛。

9.1.3.3 β-多酮途径

β-多酮途径（polyketone pathway）是生物次生代谢产生芳香族化合物、天然色素和香料等的主要次生代谢途径。产物如多炔类（polyalkynes）、多元酚（polyphenol）、前列腺素（prostaglandins，PG）等。近年来开展的研究，主要集中在黄酮类、色素类和抗生素类等，对多酚类也有研究。

9.1.3.4 氨基酸途径

氨基酸途径（amino acid pathway）主要生成生物碱（alkaloids）、青霉素（peniciline）、头孢菌素（cephloxine）。生物的标准氨基酸可以作为次生代谢的代谢前体，而多种非标准氨基酸其本身既是次生代谢产物，又可以作为次生代谢的前体。多种生物毒素中含有大量的非标准氨基酸。生物碱是以氨基酸作为次生代谢前体生物合成次生代谢产物最主要的一类。

9.1.3.5 混合途径

如由氨基酸和甲羟戊酸生成吲哚生物碱（indole alkaloids），由β-多酮和莽草酸生成黄酮类（flavonoids）。

上述次生代谢途径，可归纳为图 9-1。

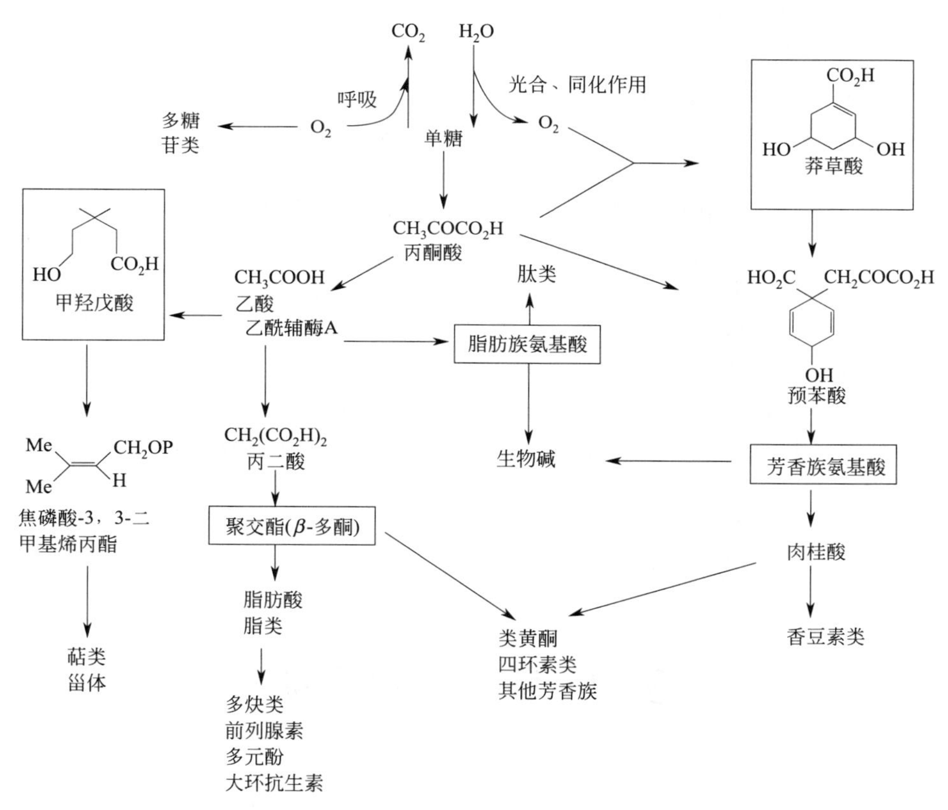

图 9-1　次生代谢途径

9.1.4 食品中次生代谢产物的重要性

植物和微生物能够合成大量次生代谢产物，这些小分子有机物在植物中特异性分布。次生代谢是在植物长期演化过程中产生的，与植物对环境的适应密切相关，许多物种的生存已离不开这些天然产物。例如虫媒植物的生长并不需要昆虫，但离开了昆虫授粉则无法完成世代交替。而吸引昆虫的往往就是这些次生代谢产物——具有气味的挥发性物质或表现出颜色的花色苷类或胡萝卜素类。由此可见，植物天然产物在功能上并不总是处于次要地位。

无论是作为药物、化妆品或是调味品，人类对次生代谢物的利用都有数千年的历史。例如，黄酮化合物对人体具有抗癌、抗衰老、调节内分泌等多种生理保健作用，是重要的食品添加剂、天然抗氧化剂、天然色素、天然甜味剂等；新橙皮苷二氢查耳酮作为甜味剂应用于食品工业中；茶多酚可以延长油脂的货架期；大豆异黄酮、葛根黄酮、荞麦黄酮等生物类黄酮保健产品已得到重视和开发。

萜类化合物在自然界分布广泛、种类繁多，与人类关系密切，例如，低分子的萜类化合物柠檬烯、薄荷醇作为香精香料添加剂被广泛使用；二萜维生素 A、叶绿醇等是人体不可缺少的维生素或维生素原；三萜角鲨烯、人参皂苷具有抗氧化、抑制恶性肿瘤、促进血液循环、提高免疫力等一系列生理调节功能；四萜类胡萝卜素在人类膳食中是重要的维生素 A 前体，同时，类胡萝卜素是自然界最丰富的天然色素，是安全的功能性食品添加剂。

生物碱是人类研究得最早、最多的天然有机化合物，大多具有较强的生理调节作用。例如，茶叶中咖啡碱和茶叶碱，有利于排毒和消食化滞，并具有兴奋和消除疲劳、防治心血管疾病的作用；香菇嘌呤具有降胆固醇、降血压以及增加血管通透性的作用；茄子中的葫芦巴碱、腺嘌呤和茄碱，百合中的秋水仙碱，甜菜中的甜菜碱均具有抗肿瘤活性。

此外，部分杂多糖、寡糖、糖苷、甾醇等次生代谢产物对人体也具有明显的生理活性。目前对于初生代谢及其产物的研究归属于生物化学的领域，而对次生代谢及其产物的研究已扩展到天然产物化学、化学生态学、植物分类学等学科，涉及人类健康和日常生活的各个方面，具有极大的实用意义。如现代食品工业已转向应用天然色素与香料生产食品着色剂和食品用香料、香精，甜叶菊苷及其他天然甜味剂已开始逐步替代糖精；利用富含生物类黄酮的荞麦，生产出苦荞营养粉、糖尿病食疗粉、苦荞茶等十几种保健产品。次生代谢产物来源广泛，除在结构上可以不断发现新型化合物外，经过结构改造也可以发展为新一类的食品添加剂。现代高效提取、分离和分析手段，如高效液相色谱（HPLC）、毛细管气相色谱、NMR 等大大促进了次生代谢产物的分离、提取、鉴定以及合成的研究工作，但有效、实用、简便的工业化生产方法仍有待发展。

9.2 黄酮类化合物

黄酮类化合物（flavonoids）是植物中分布非常广泛的一类植物次生代谢产物，大多有颜色，主要分布于高等植物和羊齿类植物中，在藻类、菌类等较低等植物中少有发现。由于该类化合物具有多种多样的生物活性，且毒性较低，因此一直受到国内外的广泛重视，成为研究和开发利用的热点。自 1814 年发现第一个黄酮类化合物——白杨素（chrysin）以来，新发现的黄酮类化合物的数量每年都以较快速度增长。植物源食品中广泛存在着黄酮类化合物，并被作为功能食品中的主要功能成分在分离提取、结构测定、功能性质等方面得以重点研究。食品中一些常见的黄酮类化合物见表 9-1。

表 9-1 食品中一些常见的黄酮类化合物

分类	糖苷名称	配基	糖残基	存在的食品
黄烷酮	橙皮苷	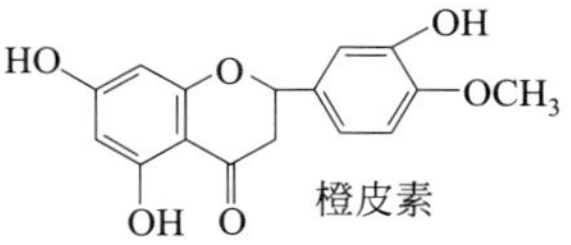 橙皮素	7-β-芸香糖苷	温州蜜橘、葡萄柚
	柚皮苷	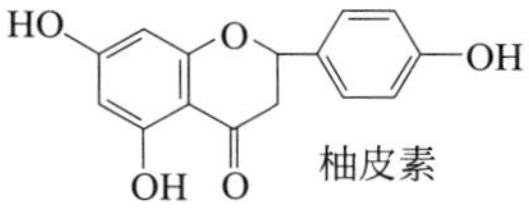 柚皮素	7-β-新橙皮糖苷	夏橙、柑橘类
	新橙皮苷	橙皮素	7-β-新橙皮糖苷	枳壳、臭橙、夏橙
黄酮	芹菜苷	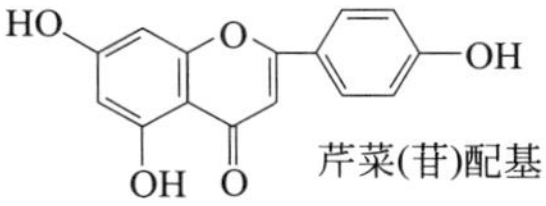 芹菜(苷)配基	7-β-芹菜糖苷	荷兰芹、芹菜
黄酮醇	芸香苷(芦丁)	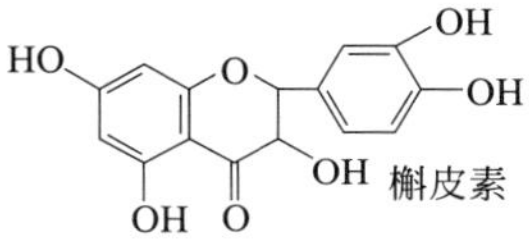 槲皮素	3-β-芸香糖苷	葱头(洋葱)、茶叶、荞麦
	栎皮苷(槲皮苷)	槲皮素	3-β-鼠李糖苷	茶
	异栎苷	槲皮素	3-β-葡糖苷	茶、玉米
	杨梅苷	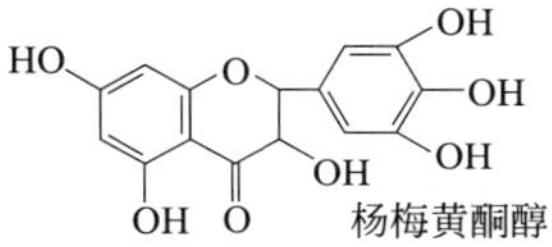 杨梅黄酮醇	3-β-鼠李糖苷	野生桃
	紫云英苷	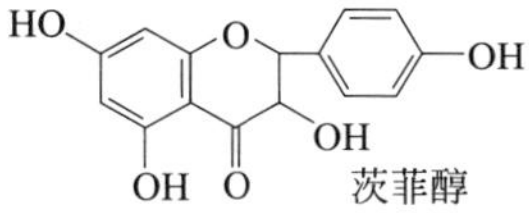 茨菲醇	3-葡糖苷	草莓、杨梅、蕨菜
异黄酮	黄豆苷	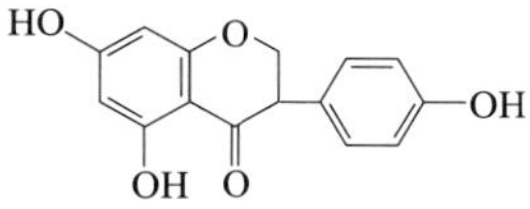	7-葡糖苷	大豆

黄酮类化合物是重要的功能食品添加剂、天然抗氧化剂、天然色素、天然甜味剂等。它具有悠久的食用历史，人类膳食中都含有丰富的黄酮类化合物，如茶叶、葛根、大豆、芹菜、黄瓜、小麦、坚果、茶及红酒等。我国有关部门已正式批准黄酮为保健食品中的功效成分。国外近年非常重视黄酮类化合物作为食品添加剂的开发研制，已开发出添加有黄酮类化合物的饮料、口香糖、面包、啤酒等，这类食品口感好，易保存（不需另加保鲜剂），并具有一定抑菌、杀菌等明显功效。有些黄酮类物质已用作甜味剂应用于食品工业中，如合成的柚皮苷二氢查耳酮和新橙皮苷二氢查耳酮；茶多酚可以有效地抑制油脂的过氧化物形成和多烯脂肪酸的分解，能够延长油脂的货架期。

黄酮类化合物对人体具有重要的生理保健作用，具有抗氧化、抗炎、抗肿瘤、抗血栓、抗动脉粥样硬化、抗骨质疏松和抗病毒等多种功能，其作用效果与机制之间可能的联系如图9-2所示，由于其丰富的生理活性且可开发出多种功能性食品，如利用富含生物类黄酮的荞麦，已生产出苦荞营养粉、糖尿病食疗粉、苦荞茶等十几种产品；从法国桦树皮和葡萄籽中提取的总黄酮制成膳食补充剂已被美国FDA认可。

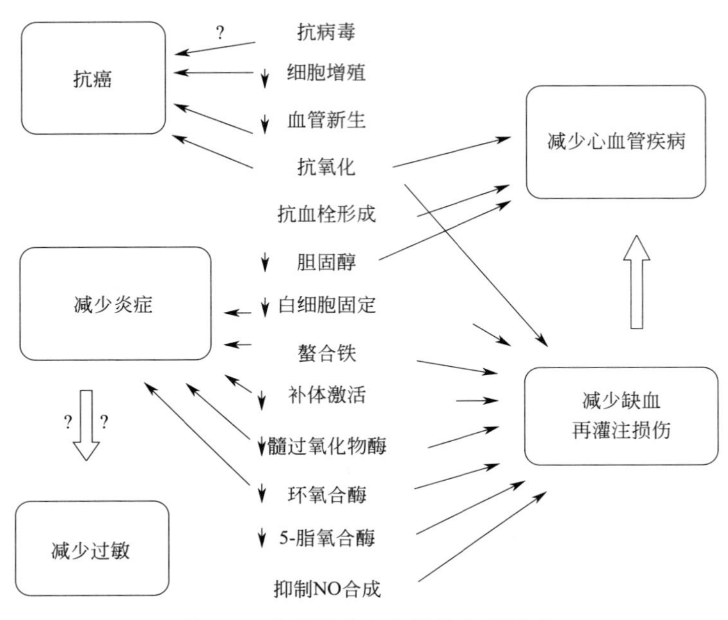

图9-2　黄酮类化合物保健作用示意

9.2.1　黄酮类化合物的结构与分类

黄酮类化合物系色原烷（chromane）或色原酮（chromone）的2-或3-苯基衍生物。现代黄酮的定义为：凡两个苯环（A环、B环）通过三碳链相互联结而成的一类成分称为黄酮类化合物。此定义中包含的化合物有黄色的，也有淡黄色的、白色的，黄色的黄酮类化合物占绝大多数。化学结构中有酮式羰基，也有无羰基的，苯环在2位的及苯环在3位的等。

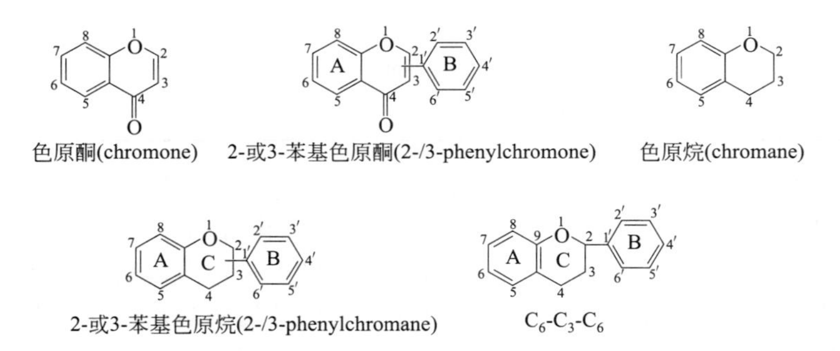

根据中央三碳链的氧化程度、是否成环、B环的联结位置（2或3位）等特点，可将该类化合物分成多种结构类型，其基本的母体结构见表9-2。天然黄酮类化合物多为这些母体结构的衍生物，其常见的取代基有—OH、—OCH_3、—OCH_2O—及异戊烯基、咖啡酰基等。

表 9-2 黄酮类化合物的母体结构类型

类　型	母体结构	类　型	母体结构
黄酮类 (flavones)	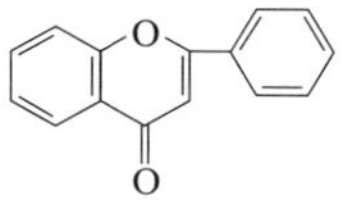	黄烷-3-醇类 (flavan-3-ols)	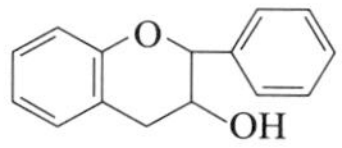 OH
二氢黄酮类 (flavanones)	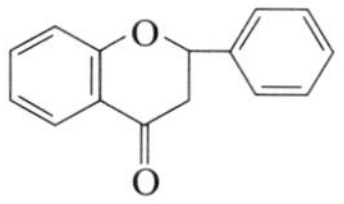	黄烷-3,4-二醇类 (flavan-3,4-diols)	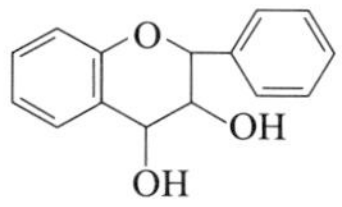 OH OH
黄酮醇类 (flavonols)	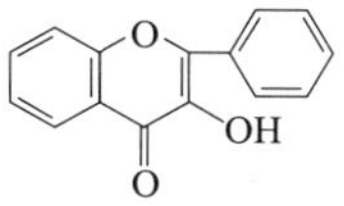 OH	花色素类 (anthocyanidins)	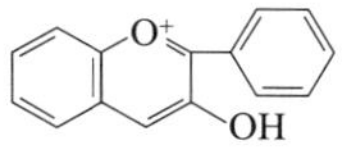 O^+ OH
二氢黄酮醇类 (flavanonols)	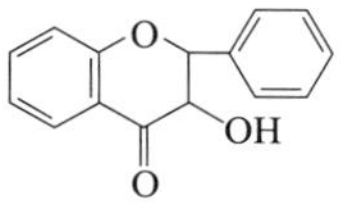 OH	呫吨酮类 (xanthones)	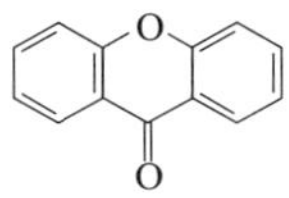
异黄酮类 (isoflavones)	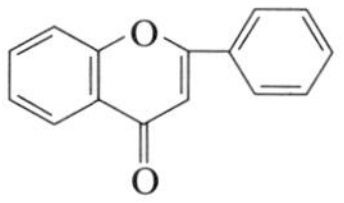	噢哢类 (aurones)	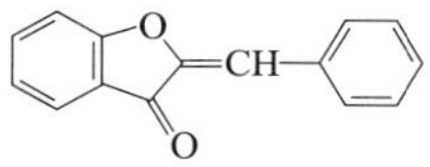 =CH—
二氢异黄酮类 (isoflavanones)	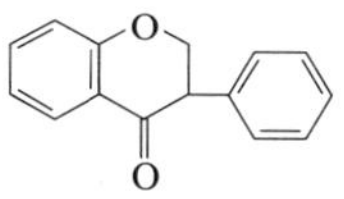	呋喃色原酮类 (furanochromones)	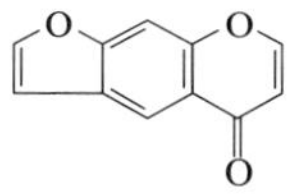
高异黄酮类 (homoisoflavones)	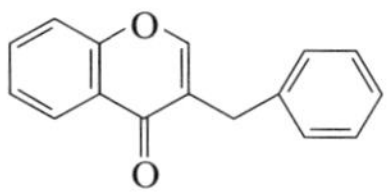	苯色原酮类 (phenylchromones)	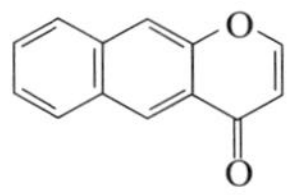
查耳酮类 (chalcones)	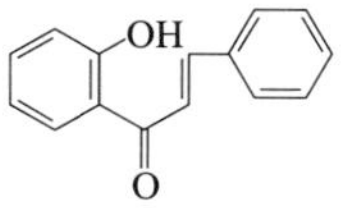 OH	二氢查耳酮类 (dihydrochalcones)	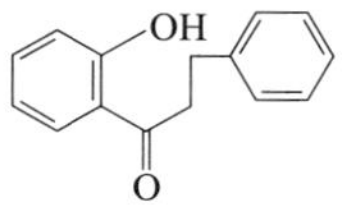 OH

黄酮类化合物在植物体内大部分与糖结合成苷类，小部分以游离态（苷元）的形式存在；除 *O*-糖苷（*O*-glycoside）外，天然黄酮类化合物中还发现有 *C*-糖苷（*C*-glycoside），如葛根素（puerarin）、葛根素木糖苷（puerarin xyloside）等。此外还有一些其他黄酮结构类型，如由两分子或三分子黄酮类化合物互相聚合而生成的双黄酮类（biflavonoids）、三黄酮类（triflavonoids）和高黄酮类（homoflavonoids）化合物等。

陈皮既是一种中药又是一种功能性食品，由橘皮为原料生产而来，因富含黄酮类化合物而具有多种生物活性，如降胆固醇、降血糖、抗氧化、抗炎、抗癌和抗动脉粥样硬化、缓解消化不良、改善心肌循环及抑制支气管炎和哮喘等呼吸道炎症综合征。其中，橙皮苷是一种含量丰富且具有药用价值的生物类黄酮，它决定了陈皮的质量，在预防肿瘤、减少炎症、抑制胆固醇和降低胆固醇水平方面起着至关重要的作用。川陈皮素（nobiletin）是陈皮中多甲氧基黄酮的主要成分，具有广谱的健康有益特性，包括抗炎和抗癌活性。

黄酮类化合物在体内分解代谢产生多种代谢产物，如柚皮苷（naringin）在体内经过羟基化、甲基化、乙酰化、氢化、去糖基化、脱氢、葡萄糖醛酸化、硫酸化、葡萄糖酰化、环裂变、氧化、甘氨酸结合和去氢氧化等过程产生 20 余种代谢产物（图 9-3）。体内黄酮类化

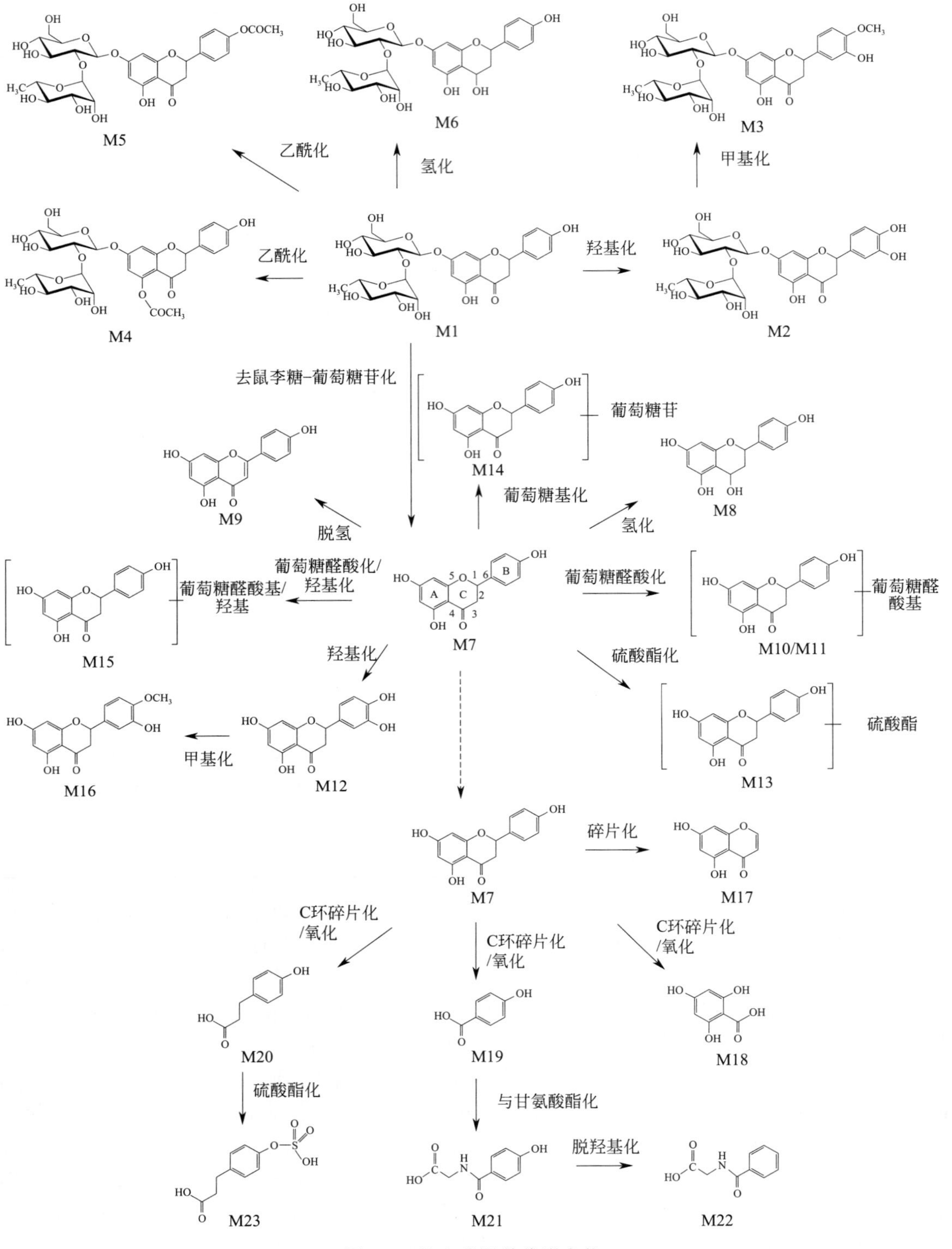

图 9-3 柚皮苷及其代谢产物

合物及其代谢产物也具有多种生物活性。多甲氧基黄酮（如川陈皮素）在体内转化为其去甲基化的代谢物，如 3′-去甲基川陈皮素（3′-demethylnobiletin）、4′-去甲基川陈皮素（4′-

demethylnobiletin，4DN）和 3′，4′-二去甲基川陈皮素（3′，4′-didemethylnobiletin），如图 9-4。其中，4DN 是最丰富的代谢产物，其丰度甚至远高于某些组织中的川陈皮素。据报道，4DN 具有强生物活性，例如抗炎和抗癌作用。

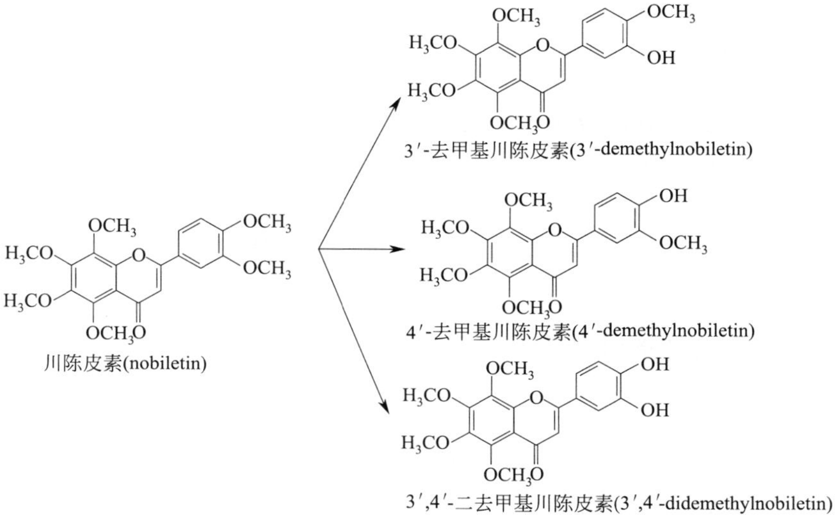

川陈皮素(nobiletin)

3′-去甲基川陈皮素(3′-demethylnobiletin)

4′-去甲基川陈皮素(4′-demethylnobiletin)

3′,4′-二去甲基川陈皮素(3′,4′-didemethylnobiletin)

图 9-4　川陈皮素及其代谢产物

对黄酮类化合物及其代谢物的生物筛选表明，代谢物比其母体化合物具有更强的生物活性。研究表明，川陈皮素的去甲基化代谢物的抗炎活性显著优于其本身。聚甲氧基黄酮（PMF）的代谢产物，即羟基聚甲氧基黄酮（OH-PMFs），比 PMF 具有更强效的生物活性。

9.2.2　黄酮苷

黄酮类化合物以游离态黄酮、黄酮苷以及与鞣酸（tannic acid）形成酯的 3 种形态存在。其中黄酮类化合物在植物体内大部分与糖结合成苷类，小部分以游离态（苷元）的形式存在。黄酮苷种类较多，连接方式主要有两种。

9.2.2.1　*O*-糖苷

苷元与糖以 C—O—C 方式连接，如由单糖形成的黄芩苷、双糖形成的橙皮苷等。除了单糖基苷类外，二糖基黄酮苷类在豆科植物中比较普遍。

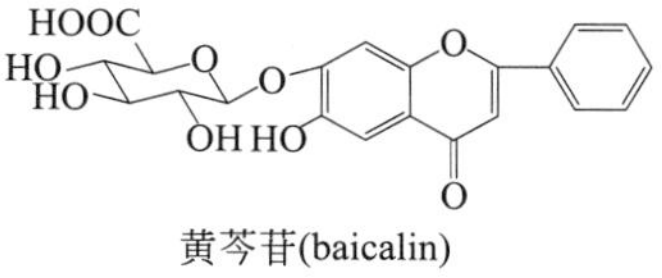

黄芩苷(baicalin)

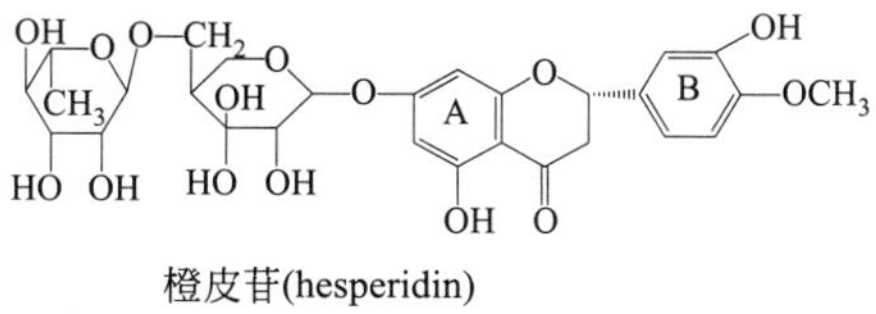

橙皮苷(hesperidin)

9.2.2.2　*C*-糖苷

除 *O*-糖苷外，天然黄酮类还发现 *C*-糖苷，糖基大多连接在 6 位或 8 位碳上。例如牡荆苷（vitexin），葡萄糖基不通过氧原子直接连在 8 位碳上；再如葛根苷（puerann），有治疗心肌缺血的药理作用并用于治疗冠心病，葡萄糖基也直接连在 8 位碳上。

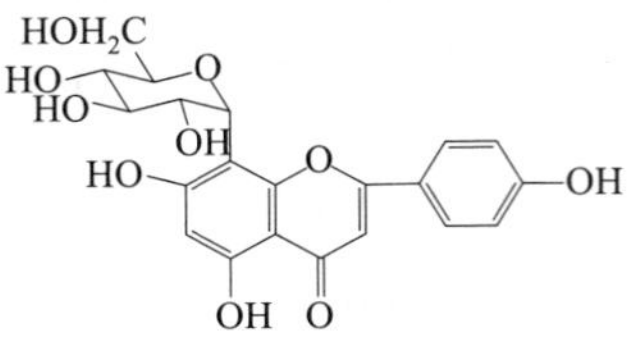

牡荆苷(vitexin)

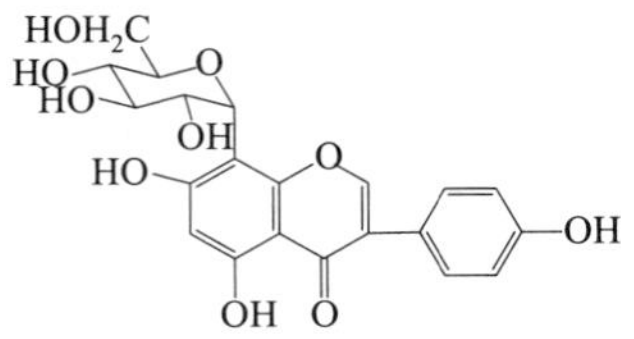

葛根苷(puerann)

9.2.2.3 构成黄酮苷的糖类

构成黄酮苷的糖类主要有单糖类、双糖类、三糖类及酰化糖类。

黄酮苷中糖的连接位置与苷元的结构有关，如花色苷类，多在3-OH上连有一个糖，或形成3,5-二葡萄糖苷。黄酮醇类常形成3-单糖苷、7-单糖苷、3′-单糖苷、4′-单糖苷，或3,7-二糖苷、3,4′-二糖苷及7,4′-二糖苷。

9.2.3 黄酮类化合物的性质

9.2.3.1 性状

黄酮类化合物大多为结晶固体，少数为无定形粉末，可测熔点。

9.2.3.2 旋光性

从黄酮类化合物结构可知，游离苷元中二氢黄酮、二氢黄酮醇、黄烷及黄烷醇有旋光性。苷类结构中因含有糖分子，故均有旋光性，且多为左旋。

9.2.3.3 颜色

黄酮类化合物因存在共轭体系和助色基团（—OH、—OCH_3）而显色（图9-5），多数呈黄色或淡黄色，7位、4′位上助色基团的供电子使颜色加深作用较显著，共轭结构的存在也使结构较稳定。二氢衍生物类因不存在共轭体系故而无色，但可通过电子转移、重排使共轭链延长而显色，且随pH值变化而改变（图9-6）。

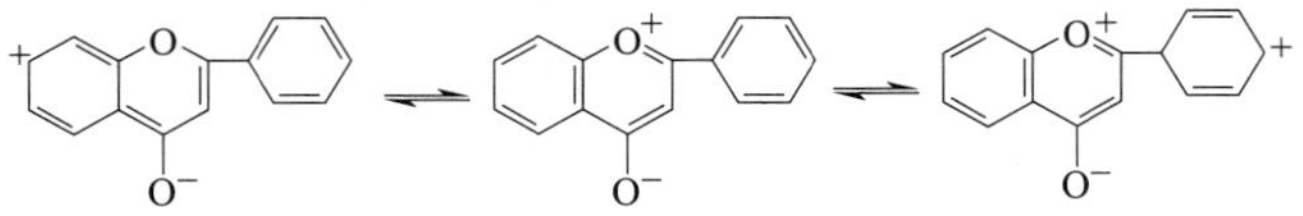

图9-5 黄酮类化合物共轭体系示意

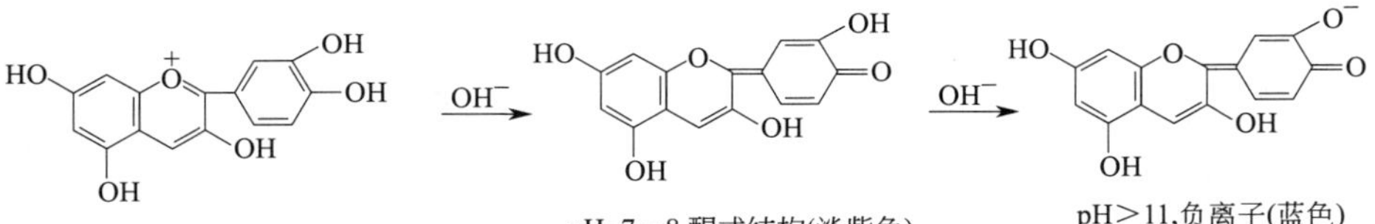

镁盐，正离子

pH=7～8,醌式结构(淡紫色)

pH>11,负离子(蓝色)

图9-6 花青素随pH值改变的颜色变化

9.2.3.4 溶解度

溶解度因结构和存在状态（苷元、单糖苷、二糖苷或三糖苷等）不同而有很大差异，一般规律如下：

(1) 游离苷元 难溶或不溶于水，易溶于稀碱及乙醇、乙醚、乙酸乙酯等有机溶剂中。

其中二氢衍生物类苷元为非平面型分子，分子间排列不紧密，分子间引力降低，有利于水分子进入，因而水中的溶解度稍大；而一些平面型分子，如黄酮、黄酮醇等，分子堆砌紧密，分子间引力较大，更难溶于水。

(2) 苷类化合物 易溶于水、甲醇、乙醇等强极性溶剂中；难溶或不溶于苯、氯仿、石油醚等有机溶剂中，故用石油醚萃取可将黄酮类化合物与脂溶性杂质分开。其羟基糖苷化越多，水溶性越大，糖链越长，其在水中溶解度也越大。而羟基被甲基化越多（$—OCH_3$ 增多），黄酮苷类化合物的水溶性下降越多，弱极性有机溶剂中可溶解。

9.2.3.5 酸碱性

（1）黄酮类化合物具有酚羟基，显酸性，可溶于碱水溶液、吡啶、甲酰胺、*N*,*N*-二甲基甲酰胺中。因羟基位置不同，其酸性强弱也不同，一般次序如下：7,4′-二羟基＞7-羟基或4′-羟基＞一般位酚羟基＞5-羟基，故7-羟基或4′-羟基黄酮类化合物可溶于稀 Na_2CO_3 中。

（2）黄酮类化合物中 γ-吡喃环上1位氧原子具有未共用电子对，是碱性氧原子，可与 HCl、H_2SO_4 等强酸生成锌盐，表现出弱碱性。

9.2.4 典型的黄酮类化合物

9.2.4.1 黄酮类（flavones）

芹菜素（apigenin），又称芹黄素，因在芹菜中含量高而得名，大量存在于水果、蔬菜、豆类、茶叶中。芹菜素的化学结构为4′,5,7-三羟基黄酮，其4′、5、7位置的三个羟基和C2、C3双键决定了其独特的药理学效应和生物学特性。

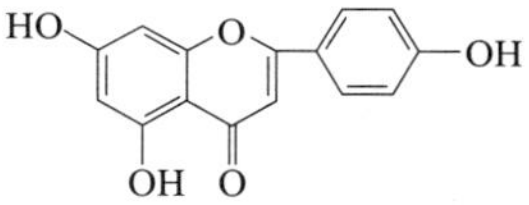

芹菜素(apigenin)

山楂叶中的牡荆素（vitexin）和葱芥叶中的异牡荆素-6″-*O*-*β*-D-葡萄糖苷（isovitexin-6″-*O*-*β*-D-glucoside）都属于芹菜素的8位和6位碳葡萄糖苷衍生物。

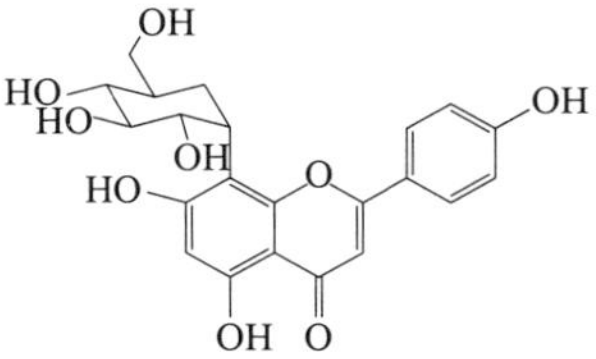

牡荆素(vitexin)

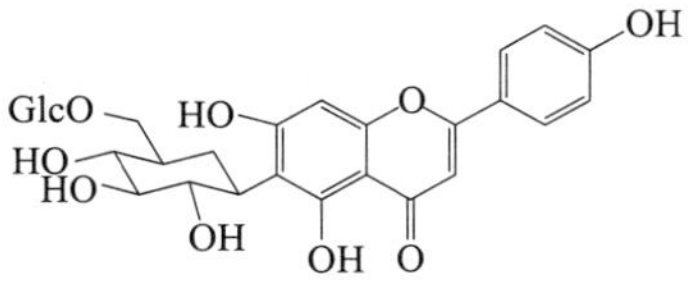

异牡荆素-6″-*O*-*β*-D-葡萄糖苷

芹菜素是一种很强的金属离子螯合剂，可通过螯合作用降低金属离子参与的自由基反应，从而减少氧自由基的生成；芹菜素能够清除由紫外线对过氧化氢光解产生的羟基自由基，对NO自由基、超氧阴离子自由基等均有一定的清除效果。芹菜素对铁离子诱导的脂质过氧化作用有明显的抑制效果。

9.2.4.2 黄酮醇类（flavonols）

代表性黄酮醇化合物有槲皮素（quercetin）、山柰酚（kaempferol）、杨梅素（myricetin）及其苷类，如芸香苷（芦丁，rutin）。

(1) 槲皮素 槲皮素（quercetin）化学名称为3,3′,4′,5,7-五羟基黄酮，存在于许多植物的花、叶、果实中，常取自豆科植物槐的干燥花蕾（槐花米），多以苷的形式存在，如芦丁（芸香苷）、槲皮苷、金丝桃苷等，经酸水解可得到槲皮素。

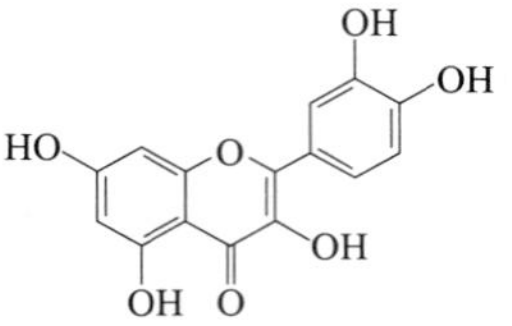

槲皮素(quercetin)

槲皮素在槐花米中的含量高达4%左右。洋葱、苹果、茶叶中也含有较为丰富的槲皮素及其糖苷衍生物，其含量分别为284～486mg/kg、21～72mg/kg和17～25mg/kg。目前的研究表明槲皮素具有抗氧化、抗炎、抗癌变、抗衰老、抗突变、抗动脉粥样硬化等多种生理保健功效。

(2) 杨梅素 杨梅素（myricetin，Myr）化学名称为3,5,7,3′,4′,5′-六羟基黄酮，又称杨梅树皮素，是一类广泛存在于双子叶植物，特别是一些木本植物花和叶中的天然色素，具维生素C样的活性。杨梅素为黄色针晶，分解点324～326℃，溶于甲醇、乙醇、丙酮，微溶于水，难溶于氯仿、石油醚。

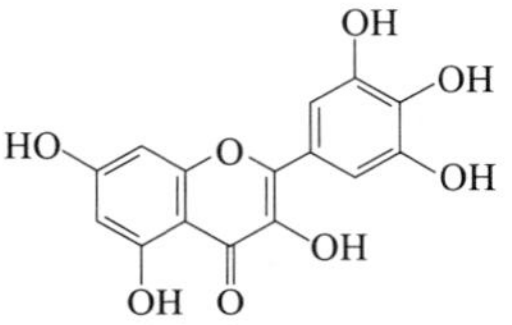

杨梅素(myricetin)

由于B环上有3个邻羟基，具有强抗氧化性，其清除羟自由基的效果很好。杨梅素还具有改善心脑血管通透性、抗癌防癌、抗菌抗病毒、抗炎、防止血小板聚集等多种生物活性。目前，美国FDA已将杨梅素广泛应用于食品、保健品等。如将杨梅素作为添加剂用于治疗关节炎和各种炎症。

(3) 芦丁 芦丁（rutin）又名维生素P，也叫芸香苷、紫槲皮苷，是槲皮素的3-*O*-芸香糖苷，分子式为$C_{27}H_{30}O_{16} \cdot 3H_2O$，分子量为664.59。

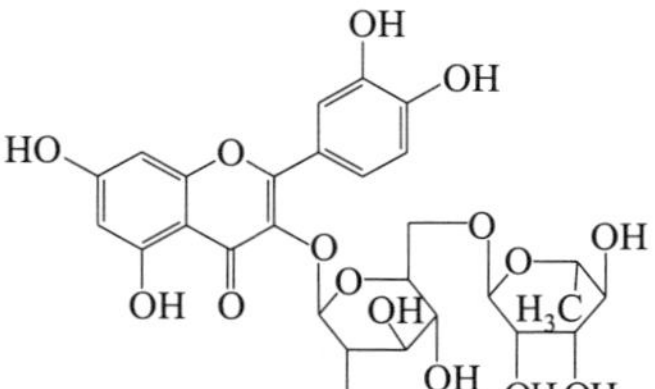

芦丁(rutin)

芦丁为黄色或黄绿色粉末或细微针状结晶，无臭无味，熔点为174～176℃，易溶于碱溶液，不溶于氯仿或乙醚，在沸乙醇中略溶，微溶于沸水，极微溶于冷水。芦丁主要存在于豆科植物槐（*Sophora japonica* L.）的花蕾（槐米）、果实（槐角），芸香科植物芸香（*Rutag raveolenslens* L.）全草，金丝桃科植物红旱莲（*Hypericum ascyron* L.）全草及蓼科植物荞麦（*Fagopyrum esculentum* Moench）的子苗中。据国内资料报道，槐花米中芦丁的提取率可达 14 %。

芦丁及其衍生物具有广泛的药理活性，临床上主要用于防治脑出血、高血压、视网膜出血、紫癜和急性出血性肾炎。

9.2.4.3 二氢黄酮类（flavanones）

橙皮苷（hesperidin）又名陈皮苷、橘皮苷，是橙皮素 7-*O*-芸香糖苷，属二氢黄酮类化合物，在枳实、柑橘、柠檬、佛手等植物中广泛存在，尤其在芸香科植物的果皮中含量较高。

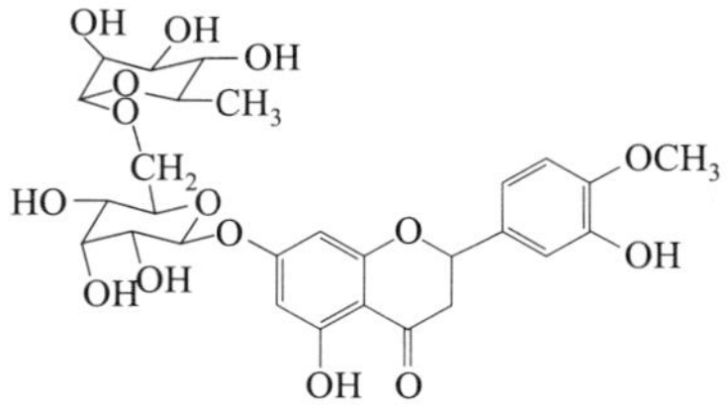

橙皮苷(hesperidin)

橙皮苷分子式为 $C_{28}H_{34}O_{15}$，分子量为 610.55，熔点为 257～260℃，与维生素 P 功效类似。天然存在的橙皮苷为黄色晶体状粉末，味苦，呈弱酸性，易溶于稀碱及吡啶，微溶于甲醇及热冰醋酸，60℃可溶于二甲基甲酰胺及甲酰胺，几乎不溶于丙酮、苯及氯仿。橙皮苷是由橙皮素与一分子芸香糖形成的糖苷，B 环上具有—OCH_3 和—OH 取代基，特有的结构决定了其具备特定的生理功能和药理作用。橙皮苷分子中含有酚羟基，能够和 Fe^{3+} 配合，抑制自由基引发剂的产生，但由于橙皮苷 B 环上没有邻位羟基，其单独抗氧化能力并不强，但它能够起到协同作用，增强其他物质的抗氧化能力。此外，橙皮苷分子中碳 4 位的═O 和碳 5 位的—OH 电荷密度较高，是延长和提高其抗菌能力的活性部位。

近来的研究表明，橙皮苷具有维持血管正常渗透压、增强毛细血管韧性、降低胆固醇、提高免疫力、抑菌、抗病毒等多种功效。目前，已成为天然保健食品和药物学研究的热点内容。橙皮苷在食品方面具有广泛应用前景，可以将其与柠檬酸、抗坏血酸配合使用，防止食品脂质氧化变质；橙皮苷氢化后是天然甜味剂二氢查耳酮，甜度是蔗糖的 100～1000 倍；此外，橙皮苷具有多种保健功能，是一种良好的保健食品原料。

9.2.4.4 二氢黄酮醇类（flavanonol）

二氢杨梅素为 3，5，7，3′，4′，5′-六羟基- 2，3-二氢黄酮醇（dihydromyricetin，DMY/DHM），又名蛇葡萄素（ampelopsin），是一种重要的黄酮类化合物，存在于葡萄科、杨梅科、杜鹃科、藤黄科、大戟科及柳科等植物中，在葡萄科植物中大量存在。显齿蛇葡萄（*Ampelopsis grossedentata*）的幼嫩茎叶中 DMY 含量高达 38%，粤蛇葡萄（*Ampelopsis cantoniesis*）幼嫩茎叶中 DMY 含量达 25%以上。在二氢杨梅素的提取分离过程中，由于脱氢反应的发生，所以在二氢杨梅素产品中常含有少量的杨梅素。

DMY 的分子中含有 6 个酚羟基，具有弱酸性，等电点在 pH 5 左右，因此其在酸性溶液中构型稳定，在中性和碱性溶液中酚羟基易发生解离。尤其是在强碱性条件下由于酚羟基大量的解离，改变了分子上的电子云分布，从而使分子发生了彻底的构型转换，在 C 环的氧原子处发生解环，生成了 A 环上的一个羟基，变成类似于查耳酮的结构。

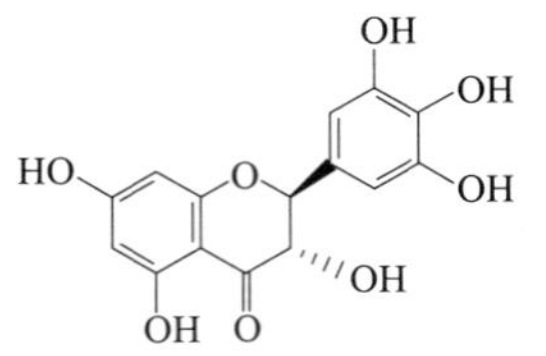

HO, OH, OH, OH, OH, OH, O

二氢杨梅素

DMY具有较高的生物活性。DMY用作食品抗氧化剂、防腐剂及开发保健食品，极具研究价值。近年来的药理实验表明DMY对革兰氏阳性、阴性球菌或杆菌抑制作用明显。添加到牛奶中，对导致牛奶酸败的混合菌群和真菌有极强的抑制作用；能明显地抑制油脂中丙二醛的生成，对动物油和植物油的抗氧化活性相当或超过常用化学合成抗氧化剂（如TBHQ、BHA、BHT）以及常用天然植物抗氧化剂（如茶多酚、迷迭香）等。另外，其具有明显的祛痰、消炎、止咳、保肝护肝、解轻度乙醇中毒、抗肿瘤等作用。DHM还具有明显抑制体外血小板聚集和体内血栓的形成、降低血脂和血糖水平、提高超氧化物歧化酶（SOD）活性的作用。DMY作为食品添加剂具有易于获得、安全，对人体有一定保健作用等优点。

9.2.4.5 花色素类

花色素（anthocyanidins）又称花青素，是自然界一类广泛存在于植物中的水溶性天然色素，是花色苷（anthocyanins）水解得到的有颜色的苷元。水果、蔬菜、花卉中的主要呈色物质大部分与之有关。在植物细胞液泡不同的pH值条件下，花青素使花瓣呈现五彩缤纷的颜色。花青素作为一种天然食用色素，安全、无毒、资源丰富，而且具有一定营养和药理作用。

花色素具有C_6-C_3-C_6碳架结构，是2-苯基苯并吡喃阳离子的衍生物。其中，苯并吡喃环中的氧带有一价正电荷，这种电荷状态不稳定，受介质pH值影响发生变化，使得此类色素在碱性介质中为蓝色，在酸性介质中为紫红色，在中性介质中呈无色。花青素类色素中含有酚羟基，具有酚类化合物的性质。有的色素中还含有邻位酚羟基，与Al^{3+}、Fe^{3+}、Sn^{2+}等作用生成配合物，使色素颜色发生改变。苯并吡喃环结构遇氧和氧化剂发生氧化作用，使色素分解和褪色。另外，花青素类色素能和一些食品添加剂（如亚硫酸盐、抗坏血酸等）发生加成或缩合反应，生成另一种无色化合物，使色素褪色。

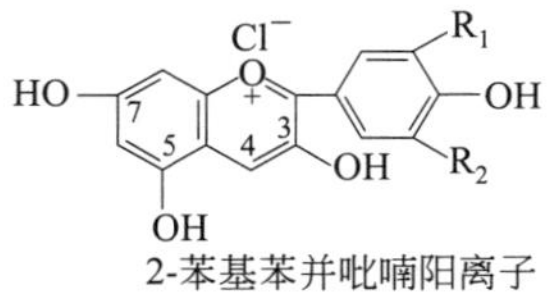

Cl^-, R_1, HO, OH, 7, 5, 4, 3, OH, R_2, OH

2-苯基苯并吡喃阳离子

目前已知的天然花青素有20种，食品中主要有6种（见表9-3）。已经投入商业生产的色素有葡萄皮色素、草莓色素、桑椹红色素、杨梅色素、玫瑰茄、萝卜红；其他属于此类色素并具有开发前景的有胡萝卜色素、玫瑰茄红色素、高粱红色素、黑豆红色素、山楂红色素、仙人果红色素、火棘水溶性红色素、黑（红）米红色素等。

自然条件下游离态的花青素极少见，常与各种单糖形成糖苷，称为花色苷（anthocyanin）。花色苷由配基（花色素）与一个或几个糖分子结合而成。目前仅发现5种糖构成花色苷分子的糖基部分，按其相对丰度大小，依次为葡萄糖、鼠李糖、半乳糖、木糖、阿拉伯糖。这些糖基有时被有机酸酰化，主要的有机酸包括对香豆酸、咖啡酸、阿魏酸、丙二酸、对羟基苯甲酸等。花色苷比花青素的稳定性强，且花色基原中甲氧基多时稳定性比羟基多时高。

食品中常见的 6 种花青素见表 9-3。

表 9-3　食品中常见的 6 种花青素

名称	英文名	R_1	R_2
矢车菊色素(花青素)	cyanidin(Cy)	OH	H
芍药色素	peonidin(Pn)	OCH_3	H
锦葵色素(二甲花翠素)	malvidin(Mv)	OCH_3	OCH_3
飞燕草色素(翠花素)	delphinidin(Dp)	OH	OH
牵牛花色素(3′-甲花翠素)	petunidin(Pt)	OCH_3	OH
天竺葵色素(花葵素)	pelargonidin(Pg)	H	H

花青素可呈蓝、紫、红、橙等不同的色泽，主要随共轭体系中的助色基团羟基和甲氧基的取代位置和数量不同而变化。由图 9-7 可见，随着羟基数目的增加，颜色向蓝色方向增强；随着甲氧基数目的增加，颜色向红色方向增强。

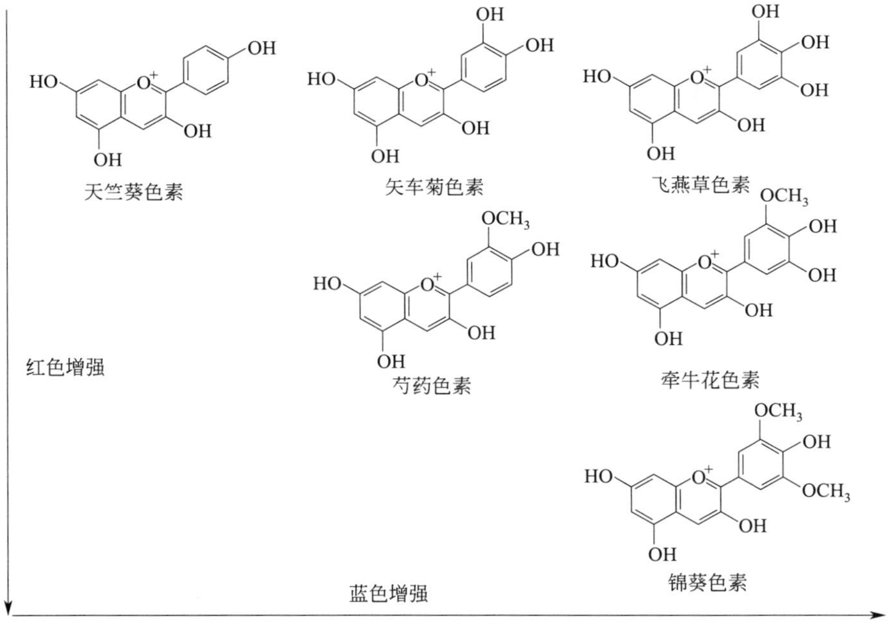

图 9-7　食品中常见花青素及取代基对其颜色的影响

花青素溶于水和乙醇，不溶于乙醚、氯仿等有机溶剂，遇醋酸铅试剂会沉淀，并能被活性炭吸附，其颜色随 pH 不同而改变。在酸性条件下显色较好，呈红色，在中性、近中性条件下呈无色。深色花色苷有两个吸收波长范围，一个在可见光区（465～560 nm），另一个在紫外光区（270～290 nm）。

花青素有许多生理作用，如消除自由基，抗氧化，抗脂质过氧化，抗变异原性，抑制血压上升，减轻肝功能障碍，改善视觉，抑制糖尿病等。在主要的花青素中，飞燕草色素抗氧化活性最强，因其在B环上有3个羟基；矢车菊色素有2个羟基，活性次之；天竺葵色素只有1个羟基，活性最弱。同一种花青素接上糖苷基成为花色苷后，对DPPH所产生的自由基消除能力明显降低。

花色苷按其所结合的糖分子数可分成多种：单糖苷只含一个糖基，几乎都连接在3碳位上；二糖苷含2个糖分子，2个可以都在3碳位，或3和5碳位各有一个，但很少在3和7碳位，5碳位连接糖基可使颜色加深；三糖苷的3个糖分子通常2个在3碳位和1个在5碳位，有时3个在3碳位上形成支链结构或直链结构，但很少2个在3碳位和1个在7碳位的；含4个糖残基的花色苷，已有一些证据说明它确实存在。已经报道含有5个糖残基和4个酰基成分的花色苷。文献上报道大约有250种花色苷，并且已建立了分离、鉴定和分析花色素的方法。植物中花色苷的含量一般在20mg/100g鲜重至600mg/100g鲜重范围不等。

9.2.4.6 黄烷-3-醇类（flavan-3-ols）

黄烷醇类的代表性化合物是儿茶素（catechins，黄烷-3-醇的衍生物），它在植物体主要存在两种异构体，D-儿茶素和L-表儿茶素，茶叶中含量最多。儿茶素的结构中C2和C3是两个不对称碳原子，因而具有旋光特性，具有4个（$2n$）旋光异构体。儿茶素占绿茶干重的15%～25%。鲜茶叶和绿茶中的主要儿茶素包括：表没食子酸儿茶素没食子酸酯（epi gallocatechin gallate，EGCG）、表没食子酸儿茶素（epigallocatechin，EGC）、表儿茶素没食子酸酯（epicatechin gallate，ECG）和表儿茶素（epicatechin，EC）。儿茶素是无色水溶性的化合物，赋予绿茶汤以苦味和收敛性。加工茶的特征，如口味、颜色和香味，几乎全部直接或间接与儿茶素含量及参与的反应有关。例如，在红茶加工过程中儿茶素浓度降低，单萜醇浓度升高，从而改善了茶的香味。在茶的加工乃至储存过程中，儿茶素能转变为其相应的异构体。红茶中含有少量黄酮醇单体，其在茶叶发酵过程中被氧化成更复杂的多酚聚合物。

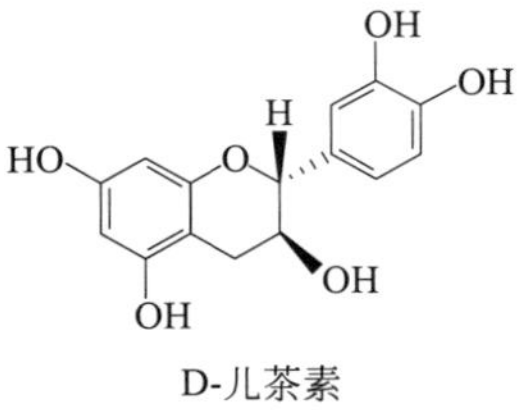

D-儿茶素 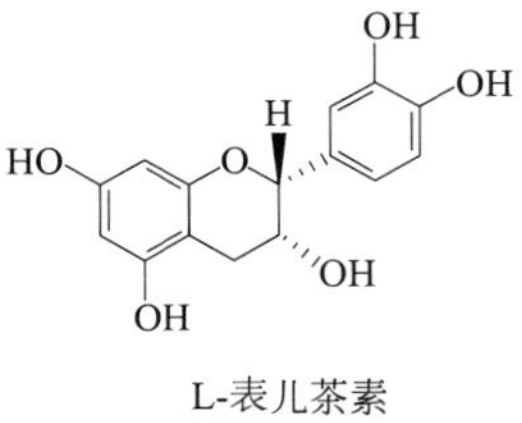　　L-表儿茶素

9.2.4.7 黄烷-3，4-二醇类（flavan-3，4-diols）

可可色素（aceton）属于黄烷-3，4-二醇类，3′位、4′位可能含一个或两个羟基，可溶于水、乙醇、丙二醇。呈巧克力色，pH值升高颜色加深，但色调无影响而较稳定，也耐热、耐光、耐氧化。pH值小于4时，会发生沉淀。其主要呈色组分为聚黄酮糖苷。应用上，除因其pH值小于4时易沉淀有所限制外，可广泛用于各种食品着巧克力色或焦糖色的着色剂。

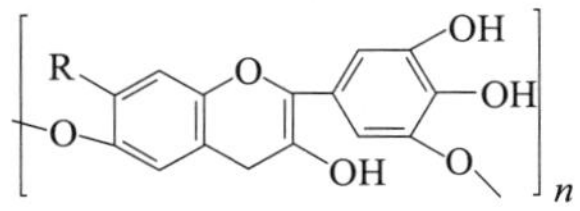

可可色素母体结构

9.2.4.8 异黄酮类（isoflavones）

异黄酮结构类似于雌激素。它广泛存在于豆科植物中，大豆及其制品是饮食中异黄酮的主要来源。异黄酮有黄豆苷元、染料木黄酮和糖醇3个主要的分子，其比例为1∶1∶0.2。这些异黄酮以糖苷配基、7-*O*-糖苷、6″-*O*-乙酰基-7-*O*-糖苷和6″-*O*-丙二酰基-7-*O*-糖苷4种形式存在。它们具有热敏性，在制作豆奶等工业化生产过程中被水解成糖苷。大豆及其制品中异黄酮的含量随纬度、生长条件和加工过程的作用而改变。

（1）大豆异黄酮 目前发现的大豆异黄酮（soybean isoflavone，SI）共有12种异构体，分为游离型的苷元和结合型的糖苷（glucoside）两类。苷元占总量的2%～3%，包括染料木黄酮（genistein）、黄豆苷元（daidzein）和黄豆黄素（glycitein）。糖苷以葡萄糖苷、乙酰基葡萄糖苷、丙二酰基葡萄糖苷3种形式存在，其中染料木苷（genistin）、黄豆苷（daidzin）、丙二酰金雀异黄苷、丙二酰大豆苷4种成分约占总量的83%～93%。

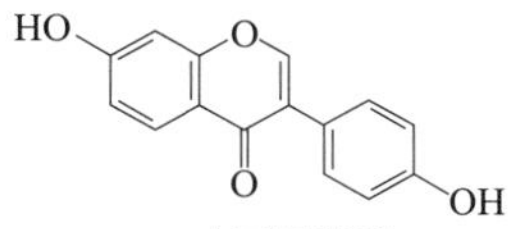

大豆异黄酮

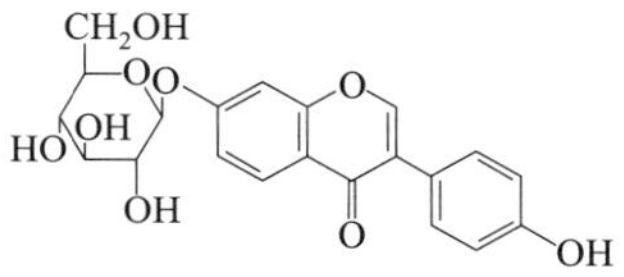

大豆异黄酮葡萄糖苷

大豆异黄酮熔点大都在100℃以上，常温下性质稳定，呈黄白色，粉末状，无毒，有轻微苦涩味，在醇类、酯类和酮类溶剂中有一定溶解度，不溶于冷水，易溶于热水，难溶于石油醚、正己烷等。

大豆异黄酮主要分布于大豆种子的子叶和胚轴中，种皮含量极少。80%～90%异黄酮存在于子叶中，浓度约为0.1%～0.3%。胚轴中所含异黄酮种类较多且浓度较高，约为1%～2%。大豆是大豆异黄酮的主要来源之一。

大豆异黄酮化合物具有苦味和收敛性，如果其含量过高，可对大豆加工食品如豆奶、豆腐等产生一定的不愉快的后味，因此在加工过程中必须去除。大豆异黄酮具有重要的生物学活性，在类雌激素、抗肿瘤、预防骨质疏松和心血管疾病等方面有确切作用，可以作为食品添加剂，开发大豆保健食品。

20世纪80年代，研究发现膳食摄入大豆制品，尿液和血液中会检测到一种雌激素类似物，由此研究人员推测大豆异黄酮可能对预防和治疗激素依赖型疾病有益，而喜爱摄入大豆制品的亚洲人不易患激素依赖型疾病恰好证实了这一观点。之后，研究人员用大豆蛋白喂食患有乳腺癌的小鼠，结果发现随着干预剂量的增加，乳腺癌的症状逐渐减轻；当去除了大豆蛋白中的大豆异黄酮后，其对乳腺癌的治疗失效。以此为转折点，引发了很多对大豆异黄酮的生物功效研究，但首先需要明确大豆异黄酮的消化吸收过程。研究发现大豆异黄酮大部分以结合型异黄酮苷形式存在，不能直接被肠道吸收，需要在*β*-葡萄糖苷酶作用下，水解为游离型苷元，其中一部分被小肠上皮细胞直接吸收，另一部分在肠道菌群的作用下经过一系列反应，最终生成*S*-雌马酚（图9-8），而雌马酚是大豆异黄酮代谢产物中雌激素样活性最强的物质。在寻找产生雌马酚的关键肠道菌群过程中发现，人类和啮齿动物的肠道菌群结构差异极大，啮齿动物能够轻易将大豆异黄酮代谢为雌马酚，但不是每个人类个体都能做到。研究表明仅有三分之一的人群肠道菌群能够将大豆异黄酮代谢为雌马酚，而且亚洲人的比例明显高于西方人群。大量研究也发现，相比于不能将大豆异黄酮代谢为雌马酚的人群，摄入大豆制品发挥的有益作用在能够产生雌马酚的人群更强。尽管目前并不清楚这种差异产生的原因，但不可否认的是，肠道菌群对大豆异黄酮发挥雌激素样活性中的重要作用。雌马酚虽有雌激素样活性，但它与雌激素不同，不仅没有毒副作用，而且仅需 10mg/d 的剂量，就能发挥强活性，被认为是“好雌激素”。目前，研究人员也正在致力于通过体外培养高产雌马酚菌株的方法，制备雌马酚。

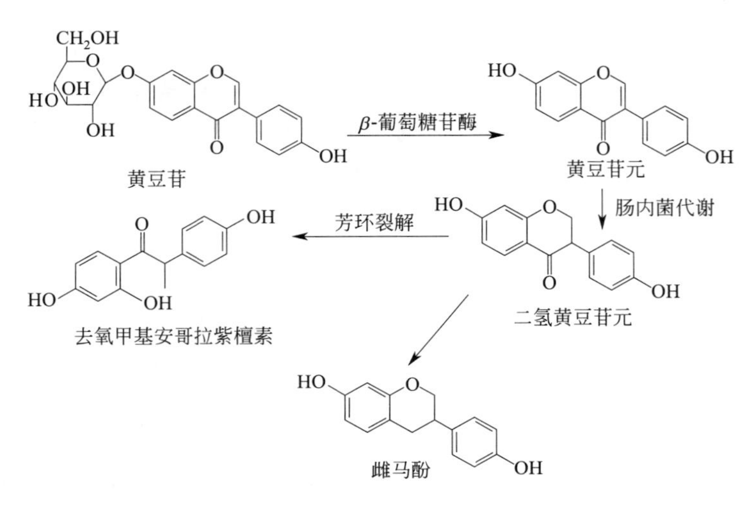

图 9-8 大豆异黄酮形成雌马酚示意

(2) 葛根异黄酮 豆科植物葛根中含有的大豆素（daidzein）、大豆苷（daidzin）和葛根黄素（puerarin）都是异黄酮类的代表性化合物。其中葛根黄素（puerarin）是葛根中的主要异黄酮，也是葛根的主要有效成分之一，含量约 2.3%。葛根异黄酮能改善心脑血管功能，同时也具有抗癌、降血糖等作用。

大豆素 $R=R_1=R_2=H$

大豆苷 $R=R_2=H$，$R_1=Glc$

葛根黄素

(3) 甘草酮 甘草酮（$C_{20}H_{18}O_4$），熔点为 245～246℃，甜味剂。白色或淡黄色粉末，甜度是蔗糖的 200 倍。易溶于水、乙醇中，不溶于乙醚、氯仿中，如有少量溶于乙醚或氯仿则说明不纯。

甘草酮

9.2.4.9 查耳酮类（chalcones）和二氢查耳酮类（dihydrochalcones）

2′-羟基查耳酮与二氢查耳酮互为异构体，两者可以相互转化。在酸性条件下为无色的二氢黄酮，碱化后转化为深黄色的2′-羟基查耳酮。此类化合物具有许多生理和药理活性，还有一些二氢查耳酮化合物本身具有甜味，可以用作食品甜味剂。

新橙皮苷二氢查耳酮（neohesperidin dihydrochalcone），分子式为$C_{28}H_{30}O_{25}$，白色针状结晶体，熔点为152～154℃，碘值120，饱和水溶液的pH 6.25，25℃ 2L水中可溶1g，溶于稀碱，在乙醚、无机酸中不溶。较稳定，无吸湿性，属低热量甜味剂。

芳香科柑橘类的幼果及果皮中含有二氢黄酮类化合物，其本身无甜味，但在适当条件下转化成二氢查耳酮糖苷，则可显甜味，通常相当于蔗糖甜度100～1000倍、糖精的3～5倍，且无毒性、无热量或低热量。从构效关系可知，7位新橙皮糖基或葡萄糖基是二氢查耳酮具有甜度的必须条件，如失去或换成其他糖类残基则无甜味；若4′位引入烷氧基，如乙氧基或丙氧基可分别增加甜度约10倍或20倍。

甜茶中二氢查耳酮具有无热值和甜味持久性特征，是理想的无营养甜味剂，甜度为蔗糖的300倍，可直接用于食品，特别适用于低pH值的食品。合成的二氢查耳酮衍生物柚皮苷二氢查耳酮（柚皮苷二氢苯基苯乙烯酮）和新橙皮苷二氢查耳酮（新橘皮苷二氢苯基苯乙烯酮）甜度分别是蔗糖的100倍和1500倍，且这两种甜味剂回味均无苦味，可广泛应用于各种食品中。以柚皮苷为原料制取新橘皮苷二氢查耳酮的示意详见图9-9。

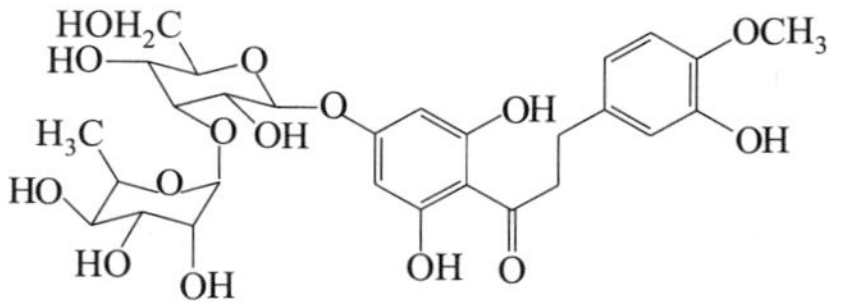

新橙皮苷二氢查耳酮

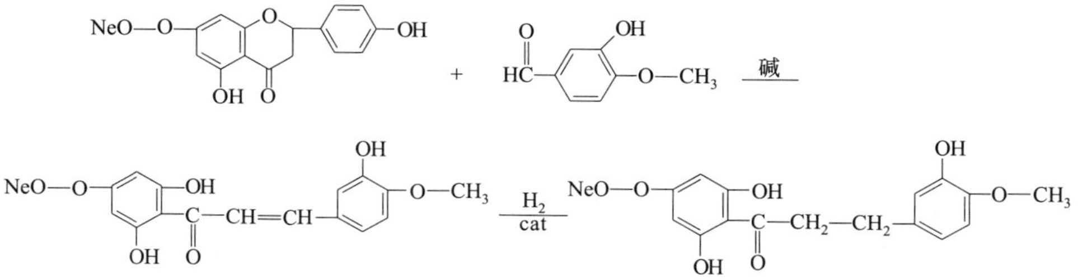

图9-9 柚皮苷制取新橘皮苷二氢查耳酮反应示意

9.2.4.10 双黄酮类

双黄酮类是由两分子黄酮、两分子二氢黄酮或者一分子黄酮与一分子二氢黄酮以C—C键或C—O—C键连接形成的。目前，已发现了100多个双黄酮类化合物，常见的是由两分子芹菜素或其甲醚衍生物构成，根据其结合方式可以分为三类：①3′，8″-双芹菜素型，例如由银杏叶中分离出的阿曼托黄酮（amentoflavone）、白果素（bilobetin）、银杏素（ginkgetin）和异银杏素（isoginkgetin）；②双苯醚型，例如扁柏黄酮（桧黄素，hinokiflavone），是由两分子芹菜素通过4′-O-6″醚键相连接；③6，8″-双芹菜素型，例如野漆（*Rhus succedanea*）核果中的贝壳杉黄酮（agathisfiavone）。

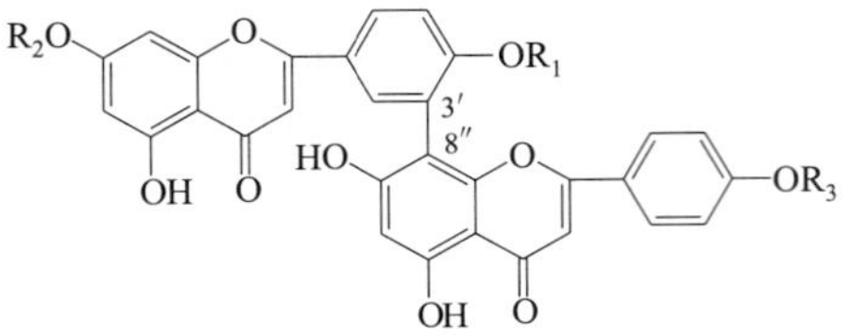

	R_1	R_2	R_3
阿曼托黄酮	OH	OH	OH
白果素	OCH_3	OH	OH
银杏素	OCH_3	OCH_3	OH
异银杏素	OCH_3	OH	OCH_3

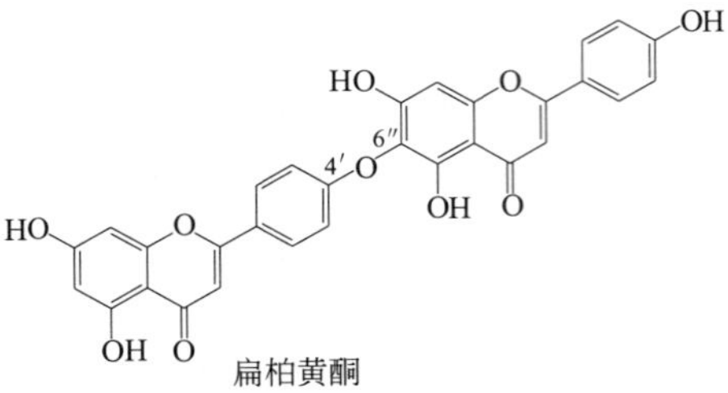

扁柏黄酮

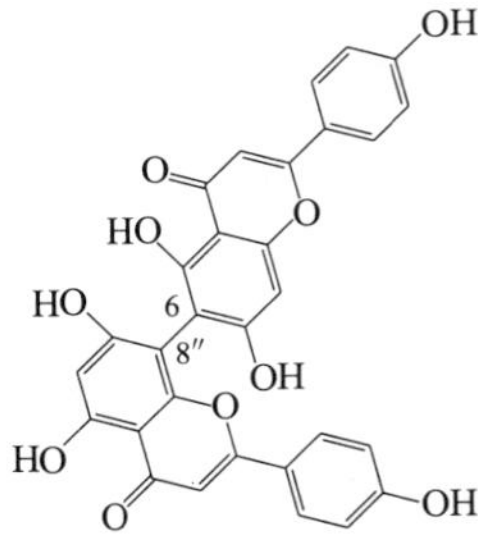

贝壳杉黄酮

9.3 萜类化合物

萜类化合物指具有（C_5H_8）$_n$ 通式以及其含氧和不同饱和程度的衍生物。该类化合物种类多、分布广泛，迄今人们已发现了近3万种萜类化合物，其中有半数以上是在植物中发现的。植物中的萜类化合物按其生理功能可分为初生代谢物和次生代谢物两大类。作为初生代谢物的萜类化合物数量较少，但极为重要，包括甾体、胡萝卜素、植物激素、多聚萜醇、醌类等。而次生代谢物的萜类数量巨大，虽不是植物生长发育所必需的，但在调节植物与环境之间的关系上发挥重要的生态功能。萜类化合物与人类关系相当密切，低分子的萜类化合物一般都是具有挥发性的物质，它们有特殊的芳香气味，是香料的最主要原料。植物的芳香油、树脂、松香等便是常见的萜类化合物。

萜类化合物具有多种生理活性，被广泛应用于功能性食品。经研究发现，很多萜类都具有预防肿瘤的活性。例如有研究从辐毛鬼伞（*Coprinus radians*）中分离出13个二萜类化合物，这些化合物都具有抗乳腺癌细胞的活性。萜类还具有护肝、抗炎、抗氧化等生理活性。研究发现从灵芝中提取的三萜类物质有着明显的护肝活性，有研究采用经典的 CCl_4 诱导小鼠肝损伤模型，发现灵芝三萜能明显改善肝脏组织的细胞变性和坏死程度。同时灵芝三萜类成分对高脂饲料所致非酒精性脂肪肝小鼠也具有保肝调脂作用，可降低非酒精性脂肪肝小鼠肝脂水平，提升超氧化物歧化酶（SOD）的活力，减轻小鼠脂肪肝程度。除此之外，四萜化合物番茄红素是类胡萝卜素的一种，存在于番茄、西瓜、葡萄柚等的果实中，是一种很强的食用抗氧化剂。

此外，很多植物源萜类化合物是芳香性挥发性物质，因此被广泛应用于食品香料、调味剂等。如柠檬烯在食品中作为香精香料添加剂被广泛使用，薄荷醇广泛用于食品工业。此外，萜类化合物多有苦味，因此又称苦味素。但有的则有强烈的甜味，如甜菊苷。随着对其研究的深入，萜类化合物在食品工业中的应用会更广泛。

9.3.1 萜类化合物的结构与分类

萜类化合物是自然界存在的一类以异戊二烯为结构单元的化合物的统称，也称为类异戊二烯。萜类化合物的结构多种多样，从最简单的直链碳氢化合物到最复杂的环状结构。

萜类化合物都是由甲羟戊酸衍生而来的，对这类化合物本来应按生源途径结合化学结构对其进行分类。但现在一般仍沿用异戊二烯规律进行分类，即根据其构成分子碳架的异戊二烯数目和碳环数目进行分类。按组成分子的异戊二烯基本结构单元的数目将萜类化合物分为单萜、倍半萜、二萜、三萜、四萜和多萜（表 9-4）。按分子中碳环的有无和数目多少，每种萜类化合物又可分为直链、单环、双环、三环、四环和多环，其含氧衍生物还可分为醇、醛、酮、酯、酸、醚等。

表 9-4 萜类化合物的分类及其存在情况

类别	异戊二烯单位数(n)	碳原子数	母体化合物	主要存在形式
单萜(mono-terpenoid)	2	10	焦磷酸牻牛儿酯(GPP)	挥发油(精油)
倍半萜 (sesqui-terpenoid)	3	15	焦磷酸法尼酯(FPP)	苦味素,挥发油,树脂
二萜(di-terpenoid)	4	20	焦磷酸牻牛儿牻牛儿酯(GGPP)	苦味素,树脂,植物醇
三萜(tri-terpenoid)	6	30	角鲨烯	皂苷,树脂
四萜(tetra-terpenoid)	8	40	八氢番茄红素	植物色素
多萜(po1y-terpenoid)	>8	>40	GGPP	橡胶类,多萜醇

9.3.2 萜类化合物的一般性质

一般萜类化合物亲脂性强，易溶于石油醚、苯、氯仿、乙酸乙酯等非极性或弱极性有机溶剂，难溶或微溶于水。随着结构中含氧基团的增多或成苷，水溶性增加，可溶于热水，易溶于甲醇、乙醇、丙酮等极性溶剂。

低分子量和含功能基团少的萜类如单萜、部分倍半萜，常温下多为具有香气的油性液体或低熔点的固体，具有挥发性，能随水蒸气蒸馏。部分倍半萜、二萜、三萜等随着分子量的增加，含氧基团的增多，大多呈固态，熔点、沸点相应增高，不具挥发性，不随水蒸气蒸馏。因而，可采用分馏的方法进行分离。

萜类化合物分子中含有双键、酮基、醛基及羟基等官能团，所以可以发生加成、氧化、脱氢以及分子重排等许多化学反应。利用这些反应不但可以鉴别、分离和提纯萜类化合物，还能合成重要的香料和医药原料。

9.3.3 典型的萜类化合物

9.3.3.1 单萜化合物

单萜是由两个异戊二烯单位首尾相连而成的。由于碳架的不同，单萜分为开链萜、单环萜和双环萜。

(1) 开链萜 牻牛儿醇和牻牛儿醛是开链萜中的重要化合物。牻牛儿醇是玫瑰油的主要成分（约占 40%～60%），具有玫瑰花的香味，是一种名贵的香料，对黄曲霉菌和癌细胞有强大的抑制活性。

牻牛儿醇是一个不饱和的伯醇，具有伯醇和不饱和醇的性质。它具有 E 式的构型，它的 Z 式异构体是橙花醛，存在于橙花油中。其结构式如下：

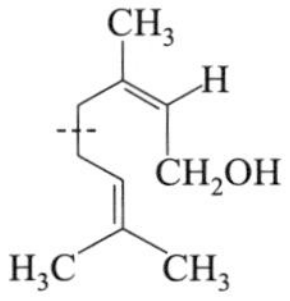

CH_3 H CH_2OH H_3C CH_3

牻牛儿醇

柠檬醛 a（牻牛儿醛或香味醛）和柠檬醛 b（橙花醛）两者互为几何异构体，它们存在于新鲜柠檬油中，有很强的柠檬香气，用于配制香精或作为合成维生素 A 的原料。

香叶烯又称月桂烯，是最简单的无环单萜。沸点 168℃，n_D^{25} 1.4650。淡黄色液体，含量一般为 85%。从松节油、柠檬草油、月桂油、马鞭草油、啤酒花油中分离到香叶烯，可由 β-蒎烯裂解制备。

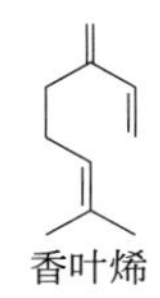

香叶烯

（2）单环萜 单环萜也是由两个异戊二烯单位相连而成的化合物，其区别在于它的分子中含有一个碳环，主要的单环萜有柠檬烯和萜醇等。

柠檬烯又称苧烯，学名为 1-甲基-4-异丙基环己烯，分子式 $C_{10}H_{16}$，分子量 136.23。柠檬烯是广泛存在于天然植物中的单环单萜，它是除蒎烯外，最重要和分布最广的萜烯。

柠檬烯是一种无色至淡黄色液体，具有令人愉快的柠檬样香气，不溶于水，溶于乙醇、丙酮等有机溶剂。柠檬烯有三种异构体，即右旋柠檬烯（D-limonene）、消旋柠檬烯（DL-limonene）和左旋柠檬烯（L-limonene）。

柠檬烯是一种化学性质非常活泼的化合物，在光照和空气接触的条件下，柠檬烯可自动氧化成一系列的氧化单环单萜，如柠檬烯-1,2-氧化物、香芹酮、香芹醇、柠檬烯-2-氢过氧化物等。一般地，它的主要氧化产物为柠檬烯氢过氧化物，但这类氧化物不稳定，继续暴露在光和空气下可进一步转化为香芹酮等，如果氧化过程继续进行则会产生一些聚合物从而使液体变稠。柠檬烯高温加热分解产生 CO 和 CO_2，但在常压下被蒸馏而不致分解，因此柠檬烯可用蒸馏法提取。

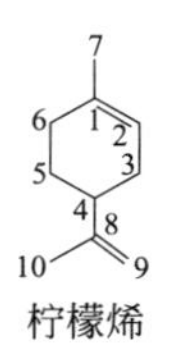

柠檬烯

FAO 和 WHO 对 D-柠檬烯的 ADI 不作特殊规定，可适量用于食用香精中。近来大量研究发现，柠檬烯具有很好的预防和抑制肿瘤活性，是一种潜在的功能性添加剂。

萜醇的羟基连在 C3 上，称为 3-萜醇。3-萜醇有三个手性碳原子（C1、C3、C4），有 8 个旋光异构体。自然界存在的主要是薄荷醇和其异构体新薄荷醇，它们的结构式（构象式）如下：

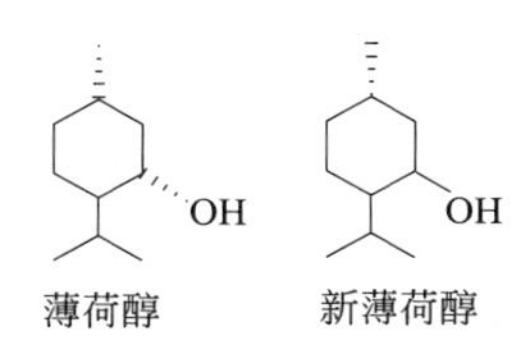

薄荷醇　新薄荷醇

薄荷醇是薄荷油的主要成分。薄荷醇也叫薄荷脑，天然薄荷油中分离所得的是左旋薄荷醇，白色针状结晶，熔点为 42～44℃，沸点为 212℃，$[\alpha]_D^{18}-50°$（10%乙醇溶液），可升华，微溶于水，易溶于乙醇、乙醚、氯仿、石油醚、乙酸。它广泛用于食品工业，如牙膏、糖果、饮料等。新薄荷醇有毒，应除去。薄荷油芳香、清凉气味，有杀菌、消炎和防腐作用。水溶性食用香精中薄荷油用量 10%，油溶性食用香精中薄荷油用量 35%。

9.3.3.2　二萜类化合物

二萜是由 4 个异戊二烯单位聚合成的衍生物，具有多种类型的结构。二萜类由于分子量较大，挥发性较差，故大多数不能随水蒸气蒸馏，很少在挥发油中发现，个别挥发油中发现的二萜成分也是多在高沸点馏分中。二萜化合物多以树脂、内酯或苷等形式存在于自然界。

目前所知，链状二萜和单环二萜在自然界存在不多，四环二萜的结构到近年才逐步确定。重要的为数众多的是双环二萜和三环二萜及其衍生物。

(1) 叶绿醇　叶绿醇分子式为 $C_{20}H_{39}OH$，无环二萜，C7、C11 为手性碳，$[\alpha]_D+0.17°$，手性中心为 R 型，双键为 E 型。与叶绿素同时存在，作为色素用于食品、化妆品。叶绿醇为合成维生素 E、维生素 K 的原料。

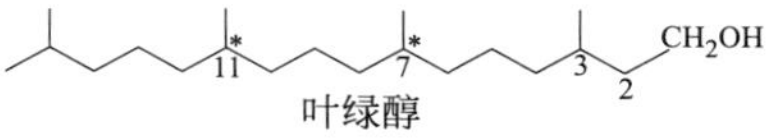

CH_2OH 11 7 3 2

叶绿醇

(2) 维生素 A　维生素 A 为单环二萜，熔点为 62～64 ℃，溶于无水乙醇、甲醇、三氯甲烷、乙醚、油脂。存在于胡萝卜、青菜、玉米、鱼肝油、奶油、蛋黄中，紫外线照射维生素 A 失去功用。维生素 A 是脂溶性物质，在油中以较稳定的全反式存在。

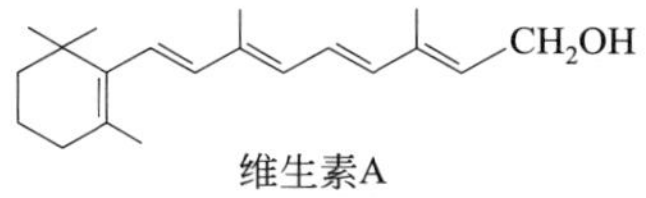

CH_2OH

维生素A

维生素 A 的人工合成有多种方法，主要有 C_{14}-醛合成法、C_{18}-酮合成法、C_{16}-炔醇合成法。其中 C_{14}-醛合成法以 β-紫罗兰酮为原料，经过 3 步得到中间体 C_{14}-醛，再经过 6 步可得到维生素 A。过程如下所示：

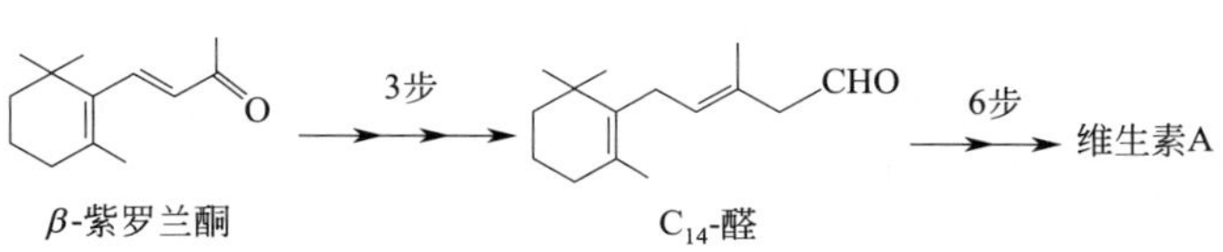

β-紫罗兰酮 —3步→ C_{14}-醛（CHO） —6步→ 维生素A

(3) 甜菊苷　甜菊苷是四环二萜的三糖苷，分子式为 $C_{38}H_{60}O_{18}$，分子量 803，熔点 196℃，白色晶体，可溶于乙醇和水。

甜菊苷是从甜叶菊分离得到的甜味剂。甜叶菊又名甜菊、糖草，原产于南美巴拉圭等地的一种野生菊科草本植物，它是目前已知甜度较高的糖料植物之一。甜菊苷的甜度约为蔗糖的300倍，是一种无毒、天然的有机甜味剂。在食品工业中，甜菊苷广泛应用于饮料中，如汽水、果酒等，其味感较好，可改善砂糖、果糖、山梨糖醇等甜味，可将其用于糖尿病人和肥胖人群的健康型饮料中；面包、油炸食品、香肠、火腿等也可用甜菊苷作为甜味剂；甜菊苷还能用来腌制果蔬，使其不发生收缩，能较好地保持果蔬的原状。甜菊苷具有清热、利尿、调节胃酸的功效，对高血压也有一定的功效。

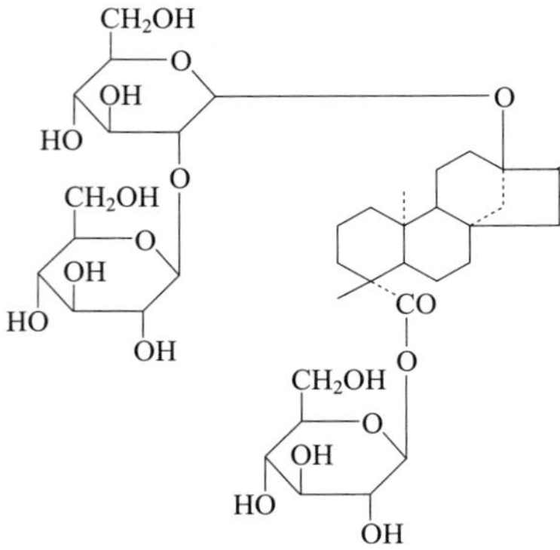

甜菊苷

9.3.3.3 三萜类化合物

三萜类化合物可视为6分子异戊二烯聚合而成。结构类型很多，已发现30余种，除了个别是直链三萜（角鲨烯）、二环三萜（榔色酸）及三环三萜（龙涎香醇）外，主要是四环三萜和五环三萜两大类三萜类化合物。

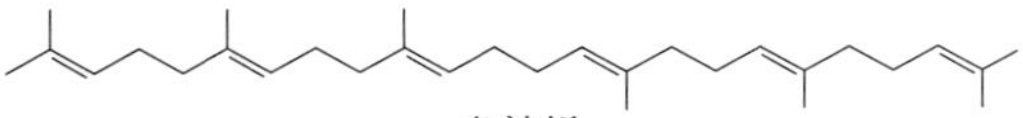

角鲨烯

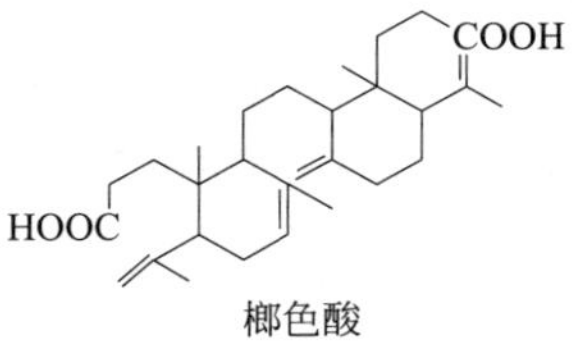

榔色酸

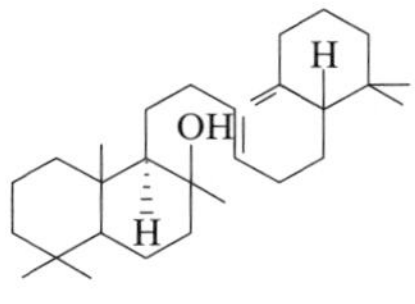

龙涎香醇

三萜类化合物在自然界分布广泛，是萜类化合物中最多的一类，多以游离态或成苷或成酯的形式存在。游离或成酯的三萜类化合物，几乎都不溶于或难溶于水，可溶于常见的有机溶剂。而与糖结合成苷后，则大多可溶于水，振摇后可生成胶体溶液，并有持久性似肥皂溶液的泡沫，故有皂苷之称。

(1) 角鲨烯 角鲨烯分子式为 $C_{30}H_{50}$，无环三萜化合物，沸点为240～242℃（4 mmHg），相对密度0.8562（20℃/4℃），n_D^{20} 1.49～1.50。不溶于水，油状液体，具好闻的气味。因最初从鲨鱼肝油中提取得到，故得名。酵母、麦芽、橄榄油中也含有此类物质。角鲨烯是胆固醇生物合成中间体之一，是所有类固醇类物质的生物合成前体。角鲨烯是一种具有多种功能的生物活性物质，它具有耐缺氧、提高免疫力、改善肝功能、调节胆固醇代谢等一系列功能。

角鲨烯可从法呢醇溴化物合成，同时也证实了角鲨烯为全反式异构体。

(2) 植物甾醇 植物甾醇是植物中的一种活性成分，在结构上与动物性甾醇如胆甾醇相似。广泛存在于各种植物油、坚果和植物种子中，也存在于其他植物性食物如蔬菜水果中。植物甾醇是具有高生理活性的天然物质，植物甾醇及酯类具有降低胆固醇、抑制肿瘤细胞增殖、抗氧化、抗炎作用以及具有类激素的功能。

基本结构　谷甾醇　麦角甾醇　菜油甾醇　豆甾醇

植物甾醇是以环戊烷多氢菲为碳骨架的三萜类化合物，C3 位上连有一个羟基，是最重要的活性基团之一，甾醇通过它形成各种衍生物；C17 位连有 8～10 个碳原子构成的侧链；多数甾醇 C5 位为双键；由于 C17 位上的 R 基和 C3 位上羟基结合的物质不同，甾醇的种类也就不同。植物甾醇在自然界主要有 β-谷甾醇（$C_{29}H_{50}O$）、豆甾醇（$C_{29}H_{48}O$）、菜油甾醇（$C_{28}H_{48}O$）和菜籽甾醇（$C_{28}H_{46}O$）。纯的植物甾醇在常温下为白色结晶粉末，可溶于多种有机溶剂，密度略大于水。植物甾醇熔点较高，均在 100℃以上，最高可达到 215℃。植物甾醇对热稳定，无臭、无味。在 150～170℃下可以氢化成烃，温度超过 250℃时易树脂化。表 9-5 列出了一些常见食物中植物甾醇的含量及组成。

表 9-5　常见食物中植物甾醇的含量和组成

食品名称	甾醇含量/(mg/100g)	m(游离甾醇)∶m(酯型甾醇)	甾醇组成/%		
			谷甾醇	豆甾醇	菜油甾醇
芝麻	714.0	1∶0.78	100	17.5	20.6
芝麻油	559.3	—	100	13.1	26.8
葵花子	534.0	1∶1.39	100	21.6	17.7
花生	220.0	1∶0.51	100	16.3	16.5
花生油	245.1	—	100	14.0	21.6
菜籽	308.0	1∶0.85	100	—	46.3
菜籽油	433	—	100	—	59.8
亚麻籽油	676.5	—	100	18.9	49.0
核桃	130	—	100	—	—
松子	410	—	100	—	24.0
大豆	160.7	1∶0.78	100	44.2	25.5
绿豆	23.2	1∶0.82	100	61.3	13.0
毛豆	49.7	—	100	61.3	13.0
小麦	68.8	1∶1.74	100	—	66.1
玉米	177.6	1∶1.60	100	17.4	26.8
甘薯	12.1	1∶0.14	100	9.3	31.0
马铃薯	4.8	1∶0.59	100	21.5	1.7
萝卜	34.4	1∶0.18	100	—	25.8

续表

食品名称	甾醇含量/(mg/100g)	m(游离甾醇)∶m(酯型甾醇)	甾醇组成/%		
			谷甾醇	豆甾醇	菜油甾醇
西红柿	6.77	1∶1.22	100	107.4	16.5
葡萄	3.31	—	100	31.1	16.7
苹果	12.7	—	100	—	2.8
草莓	12.1	—	100	4.5	1.5

植物甾醇的生理活性主要集中在抗癌、抗氧化以及降胆固醇等几个方面。植物甾醇、植物甾醇酯属于新食品原料，国家规定了它们的食用量和使用范围。人们利用植物甾醇的改性技术，生产出了植物甾醇固体饮料、植物蛋白饮料、食用咀嚼片、乳制品、植物油、黄油、沙拉酱、蛋黄酱、通心粉、面条和速食麦片、八宝粥、植物甾醇软胶囊等诸多功效活性食品。

(3) 甘草次酸 甘草次酸是甜味剂，甘草主要成分之一，五环三萜类化合物，分子式为 $C_{30}H_{46}O_4$，熔点为 296 ℃，水溶性小，可用稀碱提取。1mol 甘草皂苷酸性水解可得 2mol 葡萄糖醛酸和 1 mol 甘草次酸。

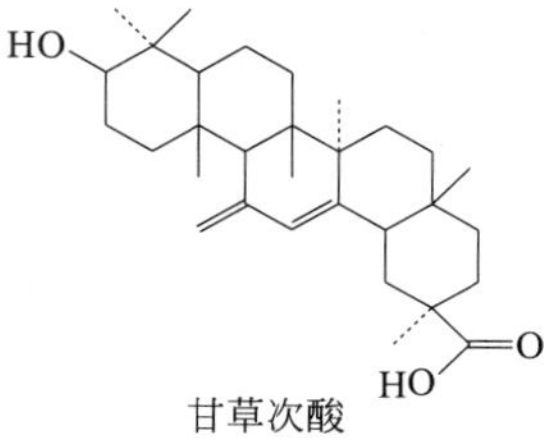

甘草次酸

(4) 罗汉果苷 罗汉果苷是一类高甜度的四环三萜类皂苷，其连接的糖基不同，但都具有葫芦烷型的结构。它具有甜度高、热量低、色泽浅、水溶性好的特点。当罗汉果苷纯度大于 80%时，与 5%蔗糖溶液相比，0.01%溶液甜度大于 200 倍；达到相同甜度时，其热量只是蔗糖的 1/50。罗汉果苷的热稳定性非常好，在 100℃的中性水溶液中连续加热 25h，或在 120℃的空气中长时间加热，仍不会被破坏。

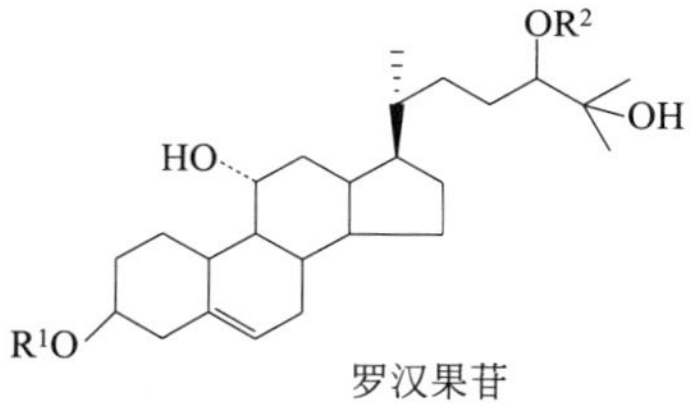

R^1、R^2为糖基

罗汉果苷

(5) 人参皂苷 人参皂苷是人参的主要活性成分，人参中含量约 4%。它属于三萜类皂苷，按其结构不同可分为两类：一类为齐墩果烷型五环三萜皂苷，其皂苷元为齐墩果酸，此类皂苷在自然界中普遍存在；另一类为达玛烷型四环三萜皂苷，人参皂苷绝大多数属此类皂苷。目前已分离并鉴定的人参皂苷达 60 余种，各种人参皂苷都有其独特的生理活性，如抗炎、抗氧化、清除自由基、中枢神经抑制、降低细胞内钙、抗血小板释放等作用。

少数动物体中也存在皂苷类化合物。在海洋动物海参、海星中皂苷作为其次生代谢产物发挥重要作用，当前开发利用以海参皂苷为主。海参皂苷是海参的主要次生代谢产物，是海参进行化学防御的基础。海参通过改造动物经典胆固醇合成途径而具备了合成皂苷的能力，海参胆固醇合成中关键基因羊毛固醇合酶基因通过快速趋同进化获得植物

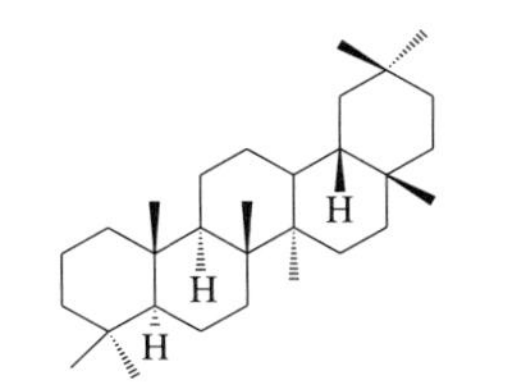

齐墩果烷型五环三萜皂苷 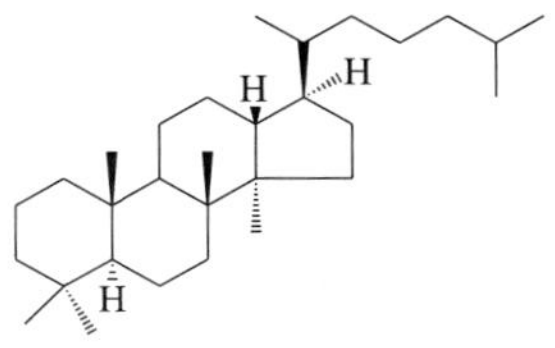　　达玛烷型四环三萜皂苷

类基序，实现从胆固醇转化为皂苷。海参皂苷与陆生植物皂苷的化学结构存在较大差异。苷元与糖链之间通过 β-糖苷键相连接，苷元由 30 个碳原子构成碳骨架，分子质量为 50～1500Da，可以分为海参烷型海参皂苷、非海参烷型海参皂苷两种，其中海参烷型海参皂苷为海参皂苷苷元的主要分子形式。海参烷型苷元一般为 18(20)-内酯环，非海参烷型苷元有 18(16)-内酯环或无内酯环结构。海参皂苷糖链与苷元上(3)-OH 相连接，一般为 2～6 个单糖连接而成的寡糖。与苷元连接的寡糖链中第一个单糖通常为木糖，某些单糖上的羟基常被硫酸酯化，而硫酸基的取代位置与海参皂苷的溶血活性有非常重要的关系。一种海参中通常含有几种结构相似的皂苷，如 *Holothuria forskali* 中含有 16 种海参烷型海参皂苷，不同的皂苷分子在苷元的 12、17 位上分别有取代基 1 和 2，在与苷元相连接的糖链上的第一个单糖和第二个单糖上面分别有取代基 3 和取代基 4，这 4 个取代基的不同种类构成了 16 种不同分子结构的海参皂苷。仿刺参含有 8 种非海参烷型皂苷，有 2 种为无内酯环型苷元，其余 6 种为 18(16)-内酯环。此外，海参中还存在含有硫酸基团的皂苷，如在方柱五角瓜参中存在的 Philinopsides A 和 Philinopsides B，都是硫酸酯化的三萜糖苷。

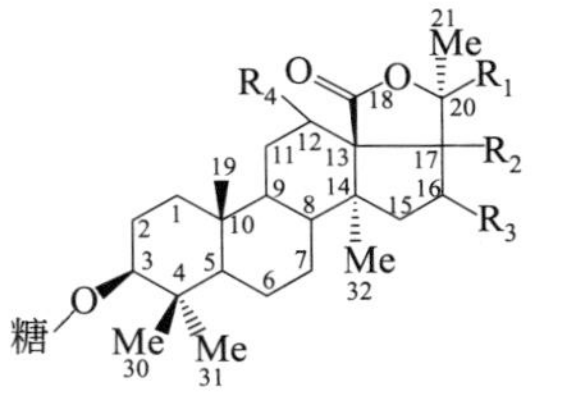

海参烷型海参皂苷苷元结构

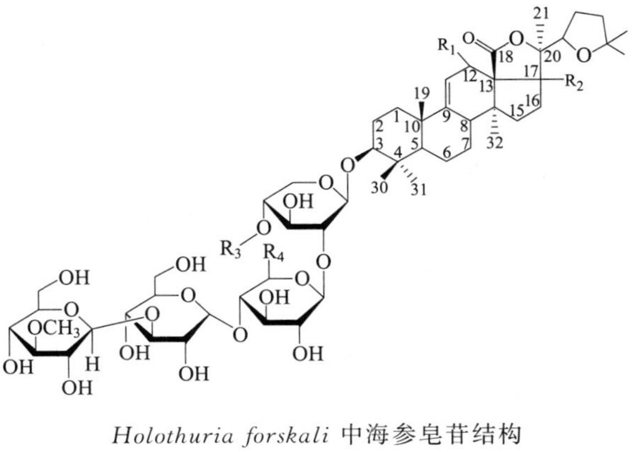

Holothuria forskali 中海参皂苷结构

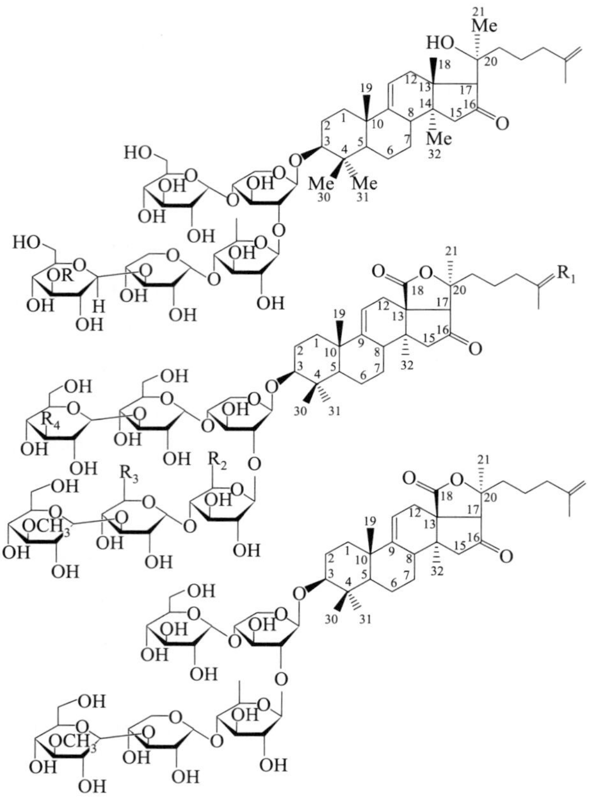

仿刺参中海参皂苷结构

海参皂苷具有良好的抗肿瘤活性和抑制肿瘤血管新生的作用。方柱五角瓜参中的皂苷化合物可以通过降低细胞活力，诱导细胞凋亡，来抑制肿瘤血新生和肿瘤生长。从北大西洋瓜参中提取的皂苷 Frondoside A 能够降低细胞活性，抑制细胞增殖和集落形成，阻滞细胞周期，诱导细胞凋亡，抑制细胞黏附、侵袭和转移，从而达到抗肿瘤效果。

海参皂苷对高血压具有较好的治疗与改善作用，能够降低肥胖引起的血压升高；海参皂苷具有良好的降血脂作用，在饮食中添加海参皂苷可以有效降低高血脂模型大鼠血清胆固醇、低密度脂蛋白、甘油三酯浓度和动脉硬化指数，肝脏总脂、甘油三酯和胆固醇也降低。海参皂苷对脂肪肝也具有一定改善作用，从冰岛刺参中提取的海参皂苷对乳清酸诱导非酒精性脂肪肝具有显著改善作用，可以显著降低脂肪合成酶的活性，降低血清胆固醇以及肝脏胆固醇、甘油三酯水平。对于遗传性肥胖引发的脂肪肝，从菲律宾刺参中提取的海参皂苷单体 HA 和 EA 可以有效抑制肝脏脂肪合成相关酶的活力，抑制胰脂肪酶的作用，促进代谢相关激素的水平，从而起到减肥作用。

陆生植物的皂苷对血糖活性调节以及糖尿病改善情况有较大的作用。海参皂苷具有与植物皂苷类似的结构，在对机体的血糖调节方面也具有重要的影响。海参皂苷可以改善糖尿病模型小鼠的糖耐量受损状况与胰岛素功能，对于持续高脂饮食引起的小鼠糖耐量受损也具有一定的改善作用，其降血糖机制可能与对 α-糖苷酶、α-淀粉酶等糖代谢相关酶的活性受到抑制有关。

海参皂苷对酵母浸粉诱导的高尿酸血症小鼠的尿酸代谢及相关酶活性有显著影响，小鼠的高尿酸血症有明显的改善；海参皂苷还可以通过调节机体的免疫功能，诱导机体产生多种造血细胞因子，促进造血干细胞的增殖，并诱导其向粒单系、红系和巨核系祖细胞分化，恢复小鼠的造血功能。

此外，海参皂苷还具有抗菌、抗病毒、阻断艾滋病病毒受体等其他生物活性。这些生物活性的发现，使得海参皂苷具有良好的应用开发前景。

9.3.3.4　四萜类化合物

四萜类化合物多指类胡萝卜素，它是胡萝卜素和叶黄素两大类色素的总称，又叫多烯色素。此类色素由 8 个单位的异戊二烯组成，其分子中存在一系列的共轭双键发色团，故具有颜色，是脂溶性色素。

类胡萝卜素结构由三部分组成：链端Ⅰ，链端Ⅱ，中间是 9 个全反式共轭双键（S-反式，即双键分布在 σ 键的两边）。

R　R′

链端Ⅰ　共轭双键　链端Ⅱ

类胡萝卜素大多有颜色，从黄色到橙色，都为晶体，其中红紫色、暗红色的晶体占多数；稍有异味；不溶于水，在丙酮、氯仿中可溶。类胡萝卜素在氧、光、一定温度条件下被破坏降解，在酸中会异构化、氧化分解、水解，在弱碱中较稳定，遇金属离子会变色。类胡萝卜素有 600 多种，主要作天然色素，少量作为药物，如番茄红素的抗癌作用、强抗氧化活性。

虾青素又名虾黄质、龙虾壳色素，是一种非维生素 A 原含氧类胡萝卜素衍生物。其分子式为 $C_{40}H_{52}O_4$，分子量为 596.86，化学名称为 3,3′-二羟基-β,β-胡萝卜素-4,4′-二酮。虾青素在自然界中广泛存在，如微藻、鲑鱼、虾、蟹、观赏鱼和鱼卵等。虾青素中羟基和酮基的存在使得虾青素可以被酯化，其在自然界中的存在形态主要为游离态和酯化态（虾青素单酯和虾青素双酯，图 9-10）。例如，在三文鱼和红法夫酵母中，虾青素主要以游离的形式存在。而在藻、虾和蟹中虾青素酯的相对比例更高，游离虾青素含量较少。

虾青素分子结构中含有 β-紫罗兰酮环和多不饱和共轭双键，使其具有很强的猝灭单线态氧的能力，是氧自由基的超强清除剂。虾青素的抗氧化能力是 β-胡萝卜素的数倍，维生素 E 的百倍，俗称为“超级维生素 E”“超级抗氧化剂”。随着对虾青素研究的不断深入，其生物活性不断被发现，其逐渐成为人们研究的热点，开始应用于化妆品、医药、食品等行业。在美容方面，虾青素能够有效保护皮肤免受紫外线的伤害，所以可以将其用作潜在的光保护剂，预防皮肤癌的发生以及防止皮肤产生光老化。虾青素因其强抗氧化性、抗癌和预防动脉硬化等作用，可以作为抗衰老的膳食补充剂。此外，因为虾青素可以诱导细胞分裂同时具有一定的免疫调节作用，故可用于功能性食品以增强人体免疫力。

虾青素由于有着较强的着色和抗氧化作用，作为食品添加剂已被广泛用于食品的着色、保鲜，且增加了食品的营养。同时由于其为脂溶性，对于食品尤其含脂类较多的食品，有着更好的着色和保鲜作用。虾青素主要制作为红色油剂添加在果蔬里用于保鲜，在饮料和调料中用于着色，并且在日本已有多项专利报道。因其具有良好的着色功能，虾青素还被人们用作鱼虾等甲壳类动物和家禽的饲料添加剂。自然界中动物自身不能合成类胡萝卜素，动物及动物产品所具有的色彩缤纷的颜色主要来源于它的食物。而虾青素进入动物体内后可以不经修饰或生化转化而直接贮存、沉积在组织中，可以使得人工饲养的动物保持自然放养状态下应有的特征与品质。此外，虾青素除了着色的功能以外，还能提高鱼卵的受精率、发育率和

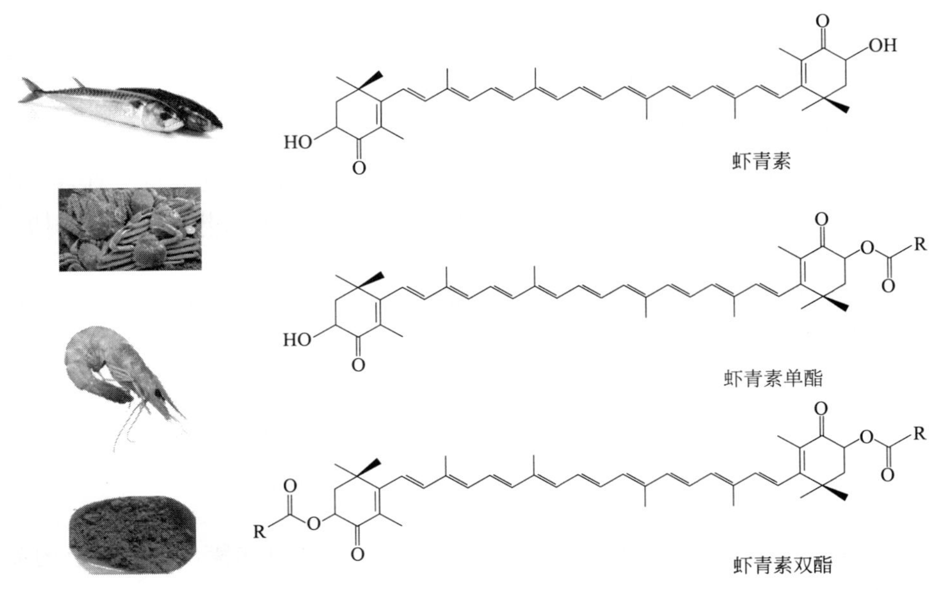

图 9-10 虾青素及虾青素酯结构示意

出苗率。

9.3.4 萜类化合物的研究进展

萜类化合物在自然界分布广泛、种类繁多，与人类关系相当密切。单萜和倍半萜及其简单含氧衍生物是挥发油的主要成分，二萜是形成树脂的主要成分，三萜以皂苷的形式广泛存在，而四萜多为天然色素。

由于低分子量的萜类化合物一般都是具有挥发性的物质，它们有特殊的芳香气味，是香料的最主要原料。例如，柠檬烯在食品中作为香精香料添加剂被广泛使用；薄荷醇广泛用于食品工业。类胡萝卜素在人类膳食中最重要的功能是作为维生素 A 的前体。水果蔬菜中的维生素 A 原类胡萝卜素可以提供人类需要的维生素 A 的量的 30%～100%。同时，类胡萝卜素是自然界最丰富的天然色素，是安全并具有一定生理活性的食品添加剂。

萜类化合物具有多元环及桥环、环外或环内双键等结构，可以通过加氢、脱氢、重排、异构化、芳构化或环氧化等多种途径的转化作用，在香料、添加剂等合成方面起重要作用。随着对其研究的深入，萜类化合物在食品工业中的应用会更广泛。

9.4 生物碱

生物碱是含氮有机化合物，除少数来自动物，如肾上腺素等，大都来自植物，以双子叶植物最多，其中茄科、豆科、毛莨科、罂粟科、石蒜科、夹竹桃科等所含的生物碱种类多，含量高。单子叶植物中除麻黄科等少数科外，大多不含生物碱。真菌中的麦角菌也含有生物碱（麦角碱）。生物碱存在于植物体的叶、树皮、花朵、茎、种子和果实中，分布不一。自然界生物碱以盐的形式存在较多，与苹果酸、柠檬酸、草酸、鞣酸（单宁）、乙酸、丙酸、乳酸形成盐。生物碱类化合物大多具有生物活性，往往是许多药用植物的有效成分。

9.4.1 生物碱的结构与分类

生物碱含氮碱基能与有机酸反应生成盐类，有类似碱的性质。大多数生物碱均有复杂的环状结构，氮原子包含在环内，具光学性质。生物碱的分子构造多数属于仲胺、叔胺或季铵类，少数为伯胺类。生物碱的分类方法有多种，传统的分类方法是根据生物碱的化学构造进行分类，如表 9-6 所示。

表 9-6 生物碱的分类

生物碱分类	结构特点	举例
有机胺类	氮原子不在环内的生物碱	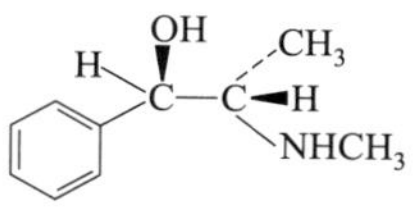 麻黄碱；益母草碱 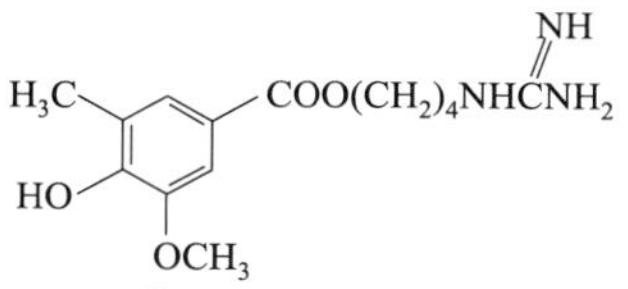
吡咯衍生物类	由吡咯及四氢吡咯衍生的生物碱	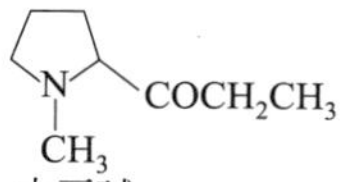 古豆碱
吡啶衍生物类	由吡啶衍生出的生物碱	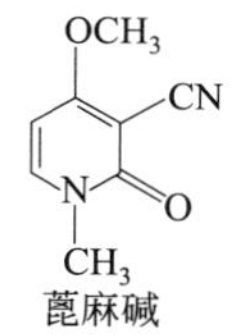 蓖麻碱；猕猴桃碱 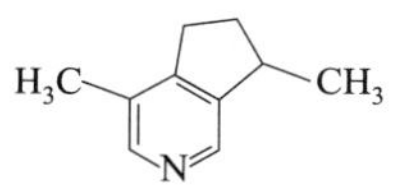
莨菪烷衍生物类	属莨菪烷衍生物的生物碱	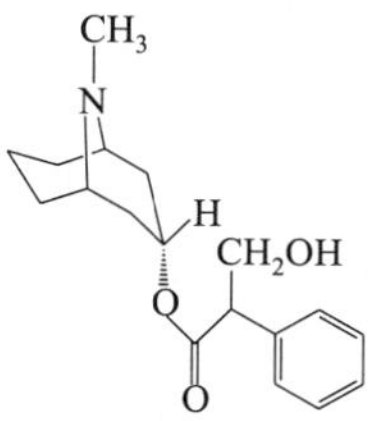 阿托品
喹啉衍生物类	具有喹啉母核的生物碱	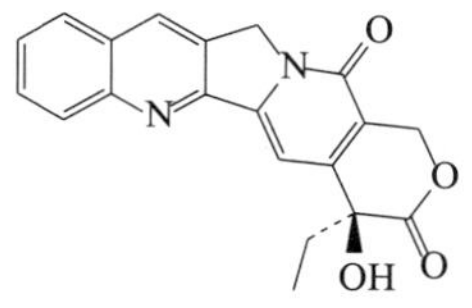 喜树碱；奎宁 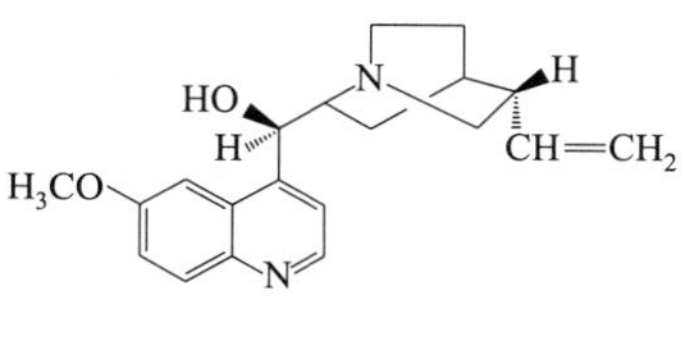

生物碱分类	结构特点	举例
异喹啉衍生物类	具有异喹啉母核或氢化母核的生物碱	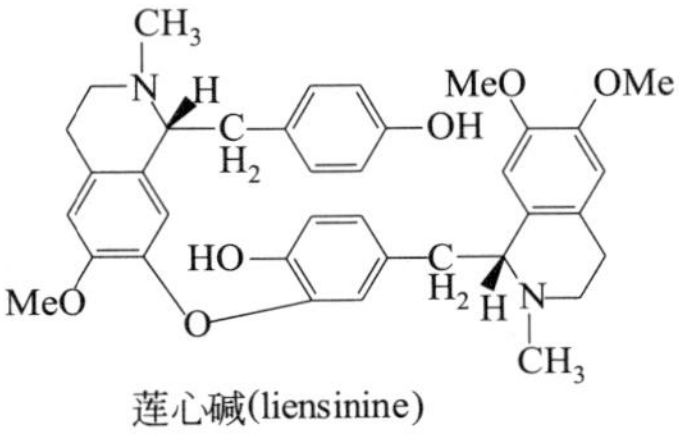 莲心碱(liensinine) 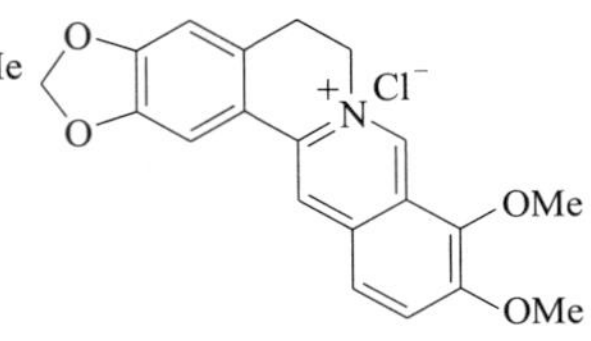　小檗碱(berberine)
吲哚衍生物类	具有简单吲哚和二吲哚类衍生物的生物碱	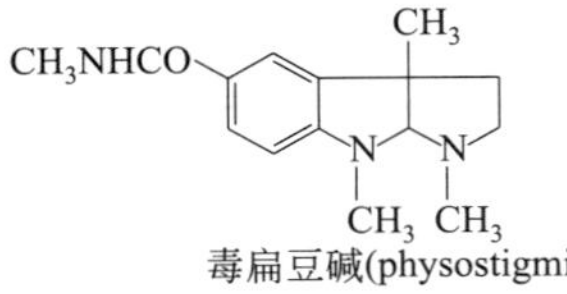 毒扁豆碱(physostigmine)
嘌呤衍生物类	含有嘌呤母核的生物碱	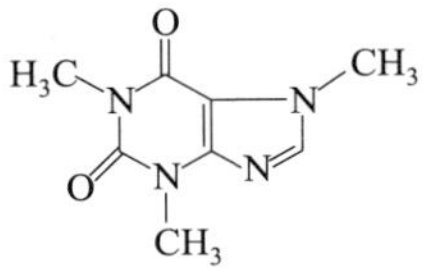 咖啡碱(caffeine) 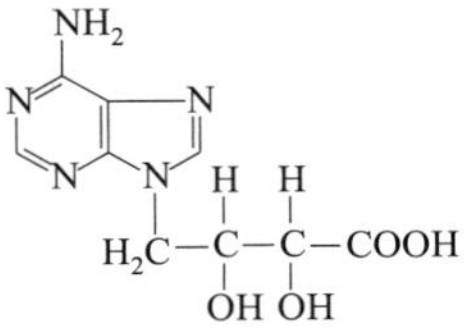　香菇嘌呤(eritadenine)
甾体类生物碱	含有甾体结构的生物碱，氮原子大多数在甾环中	 藜芦碱(vreatramlne)

生物碱多根据其来源命名，如麻黄碱是从麻黄中提取得到而得名；烟碱（nicotine）是从烟叶中提取得到而得名。生物碱的名称还可采用国际通用名称的译音，例如烟碱又叫尼古丁（nicotine）。

9.4.2 生物碱的一般性质

9.4.2.1 一般性状

大多数生物碱是结晶形固体，有些是非结晶形粉末，还有少数在常温时为液体，如烟碱，毒芹碱（coniine）等。多数生物碱无色，只有少数带有颜色，例如小檗碱（berberine）、木兰花碱（magnoflorine）、蛇根碱（serpentine）等均为黄色。不论生物碱本身或其盐类，多具苦味，有些味极苦而辛辣，还有些刺激唇舌的焦灼感。大多数生物碱含有不对称碳原子，有旋光性，左旋体常有很高的生理活性。只有少数生物碱，分子中没有不对称碳原子则无旋光性。还有少数生物碱，如烟碱等在中性溶液中呈左旋性，在酸性溶液中则变为右旋性。大多数生物碱均几乎不溶或难溶于水，能溶于氯仿、乙醚、酒精、丙酮、苯等有机溶剂，也能溶于稀酸的水溶液而成盐类。生物碱的盐类大多溶于水，但也有不少例外，如麻黄碱（ephedrine）可溶于水，也能溶于有机溶剂。又如烟碱、麦角新碱（ergonovine）等在水中也有较大的溶解度。

9.4.2.2 酸碱性

大多数生物碱具有碱性，这是由于它们的分子构造中都含有氮原子，而氮原子上又有一对未共用电子对，对质子有一定吸引力，能与酸结合成盐，所以呈碱性。各种生物碱的分子结构不同，特别是氮原子在分子中存在状态不同，所以碱性强弱也不一样。分子中的氮原子大多数结合在环状结构中，以仲胺、叔胺及季铵碱三种形式存在，均具有碱性，以季铵碱的碱性最强。若分子中氮原子以酰胺形式存在时，碱性几乎消失，不能与酸结合成盐。有些生物碱分子中除含碱性氮原子外，还含有酚羟基或羧基，所以既能与酸反应，也能与碱反应生成盐。

9.4.2.3 沉淀反应

生物碱或生物碱的盐类水溶液，能与一些试剂生成不溶性沉淀。这种试剂称为生物碱沉淀剂。此种沉淀反应可用以鉴定或分离生物碱。常用的生物碱沉淀剂有：碘化汞钾（$HgI_2 \cdot 2KI$）试剂（与生物碱作用多生成黄色沉淀）；碘化铋钾（$BiI_3 \cdot KI$）试剂（与生物碱作用多生成黄褐色沉淀）；碘试液、鞣酸试剂、苦味酸试剂分别与生物碱作用，多生成棕色、白色、黄色沉淀。

9.4.2.4 显色反应

生物碱与一些试剂反应，呈现各种颜色，也可用于鉴别生物碱。例如，钒酸铵-浓硫酸溶液与吗啡反应时显棕色、与可待因反应显蓝色、与莨菪碱反应则显红色。此外，钼酸铵的浓硫酸溶液，浓硫酸中加入少量甲醛的溶液，浓硫酸等都能使各种生物碱呈现不同的颜色。

9.4.3 食品中的生物碱

绝大多数生物碱存在于植物中，已知的生物碱有 2000 种以上，分布于 100 多个科的植物中。存在于食用植物中的主要是龙葵碱、秋水仙碱、咖啡碱及吡咯烷生物碱等。

9.4.3.1 有机胺类生物碱

有机胺类生物碱是一类可认为是氨的三个氢原子被 1～3 个烷基所取代以后而形成的 1、2、3 级胺。这类化合物结构比较简单，氮原子不在环上；分子中不存在羧基，胺起阳离子作用而使其具有碱性。有机胺广泛分布在植物中，常作为生物碱合成的前体，有些是有名的生物碱，如秋水仙碱等。

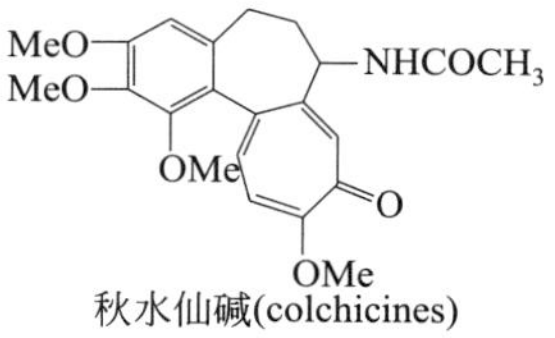

MeO MeO OMe NHCOCH$_3$ O OMe

秋水仙碱(colchicines)

秋水仙碱（colchicines）是鲜黄花菜中的一种化学物质，它本身并无毒性，但是，当它进入人体并在组织中被氧化后，会迅速生成二秋水仙碱，这是一种剧毒物质。后者对人体胃肠道、泌尿系统具有毒性并产生强烈的刺激作用，对神经系统有抑制作用。成年人如果一次食入 0.1～0.2mg 秋水仙碱，即可引起中毒；一次摄入 3～20mg，可导致死亡。秋水仙碱引起的中毒，短者 12～30min，长者 4～8h。主要症状是头痛、头晕、嗓子发干、恶心、心慌胸闷、呕吐及腹痛、腹泻，重者还会出现血尿、血便、尿闭与昏迷等。在食用鲜黄花菜时一定要用开水焯，浸泡后再经过高温烹饪，以防止秋水仙碱中毒。

9.4.3.2 吡咯衍生物类生物碱

由吡咯及四氢吡咯衍生的生物碱，包括简单吡咯烷类和双稠吡咯烷类。

吡咯烷生物碱（pyrrolidine alkaloid）广泛分布于植物界，在很多属中均能发现，如千里光属、猪屎豆属、天芥菜属等。已经分离鉴定出结构的约有 200 种，它们的基本结构含 2

个环。吡咯烷生物碱可通过茶、蜂蜜及农田的污染物进入人体。

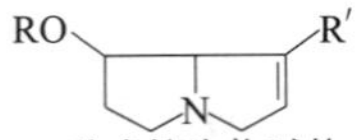

吡咯烷生物碱的
基本环状结构

吡咯烷生物碱可引起肝脏静脉闭塞及肺部中毒。动物试验表明，许多种吡咯烷生物碱具有致癌作用。以含0.5%长荚千里光提取物的食物喂饲小鼠，结果存活下来的47只小鼠中有17只患有肿瘤。在另一实验中，将吡咯烷生物碱以25 mg/kg经胃内给予小鼠，处理组的小鼠癌发生率为25%。给小鼠每周皮下注射7.8 mg/kg的毛足菊素1年，也可诱导出皮肤、骨、肝和其他组织的恶性肿瘤。目前吡咯烷生物碱对人类的致癌性仍不清楚。

吡咯烷生物碱的致癌性和诱变性取决于其形成最终致癌物的形式。吡咯烷核中的双键是其致癌活性所必需的，该位置是形成致癌的环氧化物的关键。除环氧化物可发生亲核反应外，在双键位置上产生脱氢反应生成的吡咯环同样也可发生亲核反应，从而造成遗传物质DNA的损伤和癌的发生。

9.4.3.3 吡啶衍生物类生物碱

由吡啶衍生出的生物碱，这类生物碱由一个吡啶环构成，或者由两个或多个哌啶环稠合而成。

(1) 烟碱 烟碱又称菸碱、尼古丁，分子式 $C_{10}H_{14}N_2$，学名3-(1-甲基-2-吡咯烷基)吡啶。沸点为246℃，无色或微黄色油状液体，$[\alpha]_D -168°$，有一个手性碳，天然的为左旋物。对植物神经和中枢神经有先兴奋后麻痹作用，40mg致死，烟草中含4%～5%，中国市售香烟每支含量约为1～1.4mg，吸烟过多的人会引起慢性中毒。

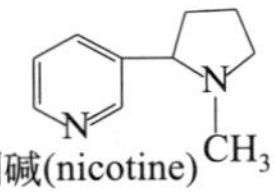

烟碱(nicotine)

烟碱的性质如下。

① 具有碱性，使酚酞变红，pH 8.2～10。

② 与碘化汞（铋）钾生成络合物而显色。

$$B(生物碱) + HgI_2 \cdot K \longrightarrow B \cdot HgI_2 \cdot KI(有色物)$$

③ 与苦味酸或鞣酸生成沉淀。

④ 可被高锰酸钾氧化成烟酸。

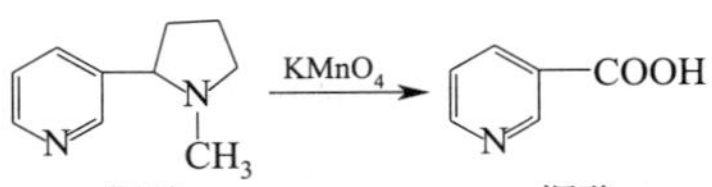

$$烟碱 \xrightarrow{KMnO_4} 烟酸$$

烟碱的提取方法：3～5g烟丝，加10% HCl 100 mL加热20min，抽滤，滤液用25% NaOH中和至pH 7～7.5，水蒸气蒸馏，得无色透明液体。

(2) 胡椒碱 胡椒碱（prperine）为白色晶体，熔点为130℃。碱性极弱（对石蕊试纸呈中性），不易与酸结合，不溶于水与石油醚，易溶于氯仿、乙醇、乙醚、苯、醋酸。由于结构中共轭链较长，因此具有抗氧化性、扩张胆管等作用。

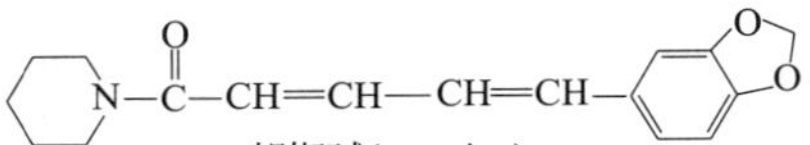

胡椒碱(prperine)

胡椒碱为酰胺衍生物，有如下反应：

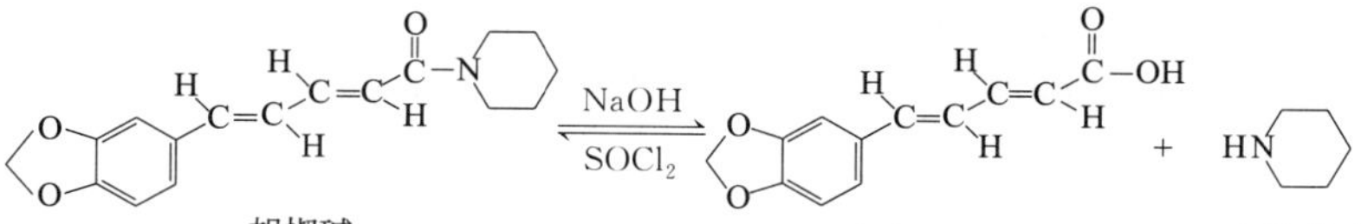

NaOH / $SOCl_2$

胡椒碱　　胡椒酸　　六氢吡啶

从结构式可知，胡椒酸有四种顺反异构体，熔点分别为 134～136℃、154～156℃、200～202℃、215～217℃。分子对称性高，则熔点高。上述胡椒酸的熔点为 215～217℃，下述结构胡椒酸的熔点为 134～136℃。

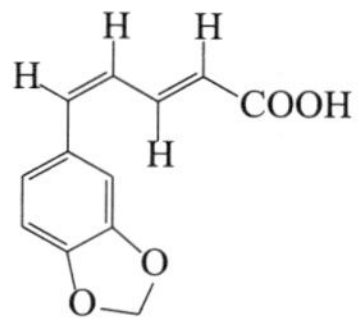

胡椒酸异构体

(3) 辣椒碱 辣椒碱（capsaicin）又称椒素或辣椒素，化学名称为 8-甲基-*N*-6-癸烯香草基胺，分子式为 $C_{18}H_{27}NO_3$，分子量为 305.40，呈单斜长方形片状物色结晶，熔点 65℃，沸点 210～220℃（0.01 mmol/L），易溶于乙醇、乙醚、苯及氯仿，微溶于二硫化碳。辣椒果实中所含的辛辣成分主要为辣椒碱。辣椒碱主要是从辣椒中提取出来的，其中以产于非洲、印度、中国的品种辣椒刺激性比较强，辣椒碱的含量也较高。辣椒碱可被水解为香草基胺和癸烯酸，因其具有酚羟基而呈弱酸性。辣椒碱类物质也是香草基胺的酰胺衍生物。因辣椒碱基本结构式中 R 基团的不同，可形成多种同系物。

辣椒中的辣椒碱主要有 5 种（图 9-11），分别为：辣椒碱（capsaicin）、二氢辣椒碱（dihydrocapsaicin）、降二氢辣椒碱（nordihydrocapsaicin）、高辣椒碱（homocapsaicin）、高二氢辣椒碱（homodihydrocapsaicin）。它们都有共同的母核 4-羟基-3-甲氧基苄基酰基，不同处在于 R 基，且均有辣味，具体的种类和含量与辣椒的品种和成熟程度有关。一般粗结晶中含辣椒碱（C）75%，其他几种成分按其含量依次是二氢辣椒碱（DHC）、降二氢辣椒碱（NDC）、高二氢辣椒碱（HDC）和高辣椒碱（HC）。辣椒碱和二氢辣椒碱二者约占辣椒碱总量的 90%，也提供了约 90%的辣感和热感，其含量高低直接影响辣椒及辣椒制品的辣度。

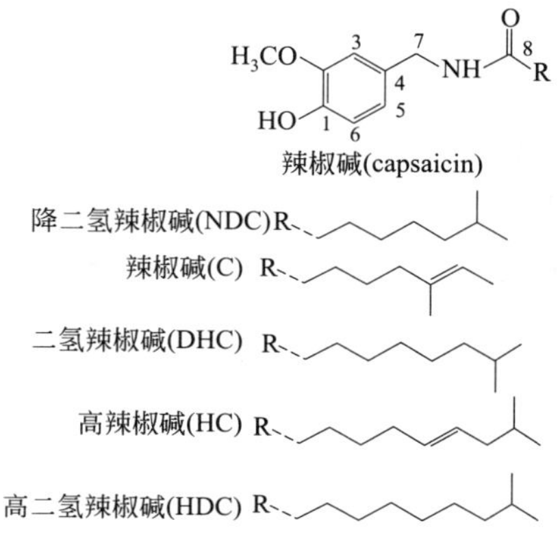

辣椒碱(capsaicin)

降二氢辣椒碱(NDC) R
辣椒碱(C) R
二氢辣椒碱(DHC) R
高辣椒碱(HC) R
高二氢辣椒碱(HDC) R

图 9-11　辣椒碱及其辣椒碱衍生物

20 世纪 80 年代末，有学者首次从日本甜椒“CH-19 Sweet”中提取出一类天然辣椒素酯类化合物（图 9-12），这类化合物结构和生理功能与辣椒素类似，同时具有无辣味、低刺激性的特点，因此称为不辣的“辣椒素”。辣椒素酯类化合物为无色或淡黄色的结晶状物质，在非极性溶剂中稳定，而在极性溶剂中易分解。同辣椒素类似，辣椒素酯因 R′基团的不同形成多种同系物，如辣椒素酯、二氢辣椒素酯、降二氢辣椒素酯等，基本结构式如图 9-12。

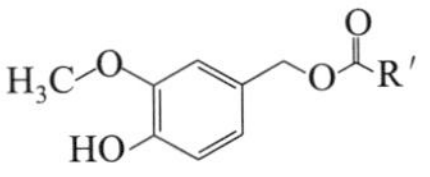

图 9-12 辣椒素酯类物质化学结构式

从结构式可以看出，辣椒素酯类化合物由香草醇和相对应的辣椒素的脂肪酰基形成，目前人工合成辣椒素酯是一个研究热点，其中普遍采用化学-酶合成法。化学-酶合成法的基本原理是以辣椒素为原料，加入甲醇进行醇解，得到所需的脂肪酸，在脂肪酶催化作用下与香草醇发生反应，酯化后即得到辣椒素酯类化合物。关于辣椒素酯的生物合成，由于尚未分离得到催化香草醇与 8-甲基-6-壬烯酸合成为辣椒素酯的酶，故其生物合成途径有待进一步研究。

大量研究表明，辣椒素酯具有促进脂代谢、改善糖代谢、抗肿瘤、抗炎、提高运动耐力等多种生理功能。目前普遍认为，辣椒素酯调节脂质代谢的机制是激活瞬时感受器电位通道蛋白香草醛亚型 1（transient receptor potential vanilloid type-1，TRPV1，又称辣椒素受体），TRPV1 被激活后可刺激交感神经系统，促进肾上腺素分泌，增加动物棕色脂肪组织中解偶联蛋白 1（uncoupling protein 1，UCP1）和白色脂肪组织中 UCP2 的表达，从而促进能量的消耗，减少体重和体脂肪蓄积（图 9-13）。有研究报道辣椒素酯可促进胰岛素分泌和改善胰岛素抵抗，维持体内葡萄糖稳态。Macho 等以二甲基苯并［*a*］蒽为引发剂、佛波酯为促长剂诱导雌性 CD-1 小鼠出现皮肤乳头状瘤，发现 200 μmol/L 辣椒素酯可降低该种小鼠 50%的肿瘤发生率、推迟肿瘤出现时间以及缩小肿瘤体积。Pyun 等研究发现，辣椒素酯可阻断血管内皮通透性的病理性增高，防止肿瘤血管异常增生，表明辣椒素酯可预防肿瘤的形成。Lee 等研究发现将辣椒素酯涂抹在雄性无毛小鼠 SKH-1/hr$^{+/+}$ 背部皮肤上可有效预防紫外线 B（ultraviolet radiation B，UVB）引起的小鼠皮肤炎症性损伤。辣椒素酯可提高运动耐力、缓解持续运动导致的疲劳。

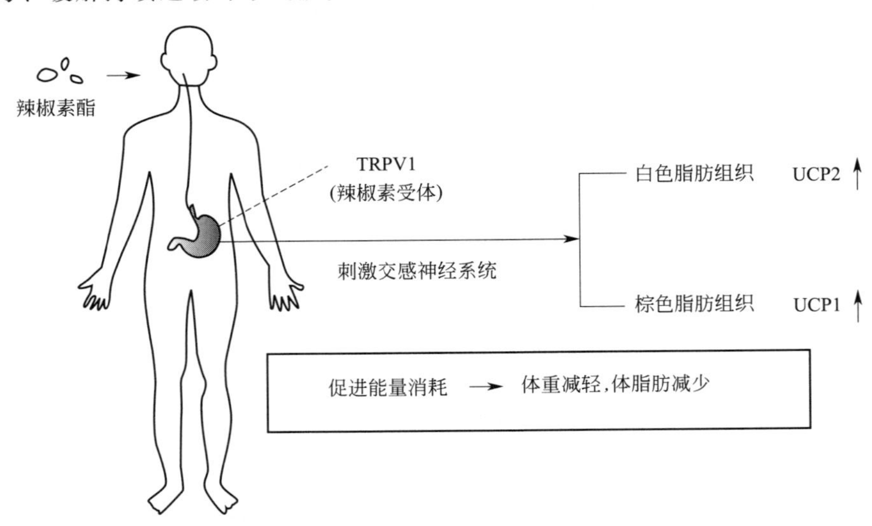

图 9-13 辣椒素酯促进脂代谢示意

相较于辣椒素而言，辣椒素酯类化合物由于其无辣味、低刺激性的特点，在食品、医药等领域具有更加广泛的应用前景，其生物合成和生理活性作用机制尚需深入研究，以便进一步开发利用。

9.4.3.4 异喹啉类生物碱

异喹啉类生物碱是以异喹啉或四氢异喹啉为其母核的一大类生物碱，主要有莲心碱(liensinine)。它系从睡莲科莲属植物莲（*Nelumbo nucifern*）的莲子心中提取的一种双苄基四氢异喹啉类生物碱。白色无定形粉末。熔点为 96～98℃，$[\alpha]_D^{24}$ −53.63°（c=0.2207，丙酮），254nm 紫外照射显蓝色，对光、热等敏感，较不稳定。

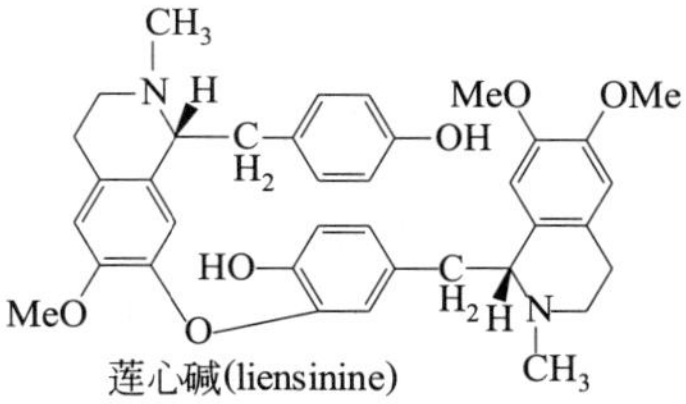

莲心碱(liensinine)

莲心碱具有清除氧自由基的作用，降压、抗心律失调等生理活性。莲子心具有清心、固精血之功效，常作为茶饮用。

9.4.3.5 嘌呤衍生物类生物碱

含有嘌呤母核的生物碱，如咖啡碱、茶碱、可可碱、香菇嘌呤。

(1) 咖啡碱 咖啡碱（caffeine）又称咖啡因，是一类嘌呤类生物碱，广泛存在于咖啡豆、茶叶和可可豆等食物中。一杯咖啡中约含有 75～155 mg 的咖啡因，一杯茶中的咖啡因约为 40～100 mg。无色针状晶体，味苦，熔点为 234～237℃，178℃升华。易溶于水、乙醇、丙酮、三氯甲烷。

咖啡碱可在胃肠道中被迅速吸收并分布到全身，引起多种生理反应。咖啡碱对人的神经中枢、心脏和血管、运动中枢均有兴奋作用，并可扩张冠状和末梢血管、利尿、松弛平滑肌、增加胃肠分泌。咖啡碱虽然可快速消除疲劳，但过度摄入可导致神经紧张和心律不齐。成人摄入的咖啡碱一般可在几小时内从血中代谢和排出，但孕妇和婴儿的清除速率显著降低。咖啡碱的 LD_{50} 为 200 mg/kg 体重，属中等毒性范围。动物实验表明咖啡碱有致突变和致癌作用，但在人体中并未发现有以上任何结果。

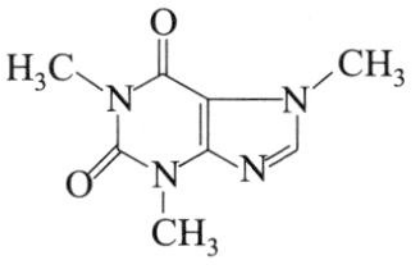

咖啡碱

(2) 茶碱 茶碱（theophylline）学名为1,3-二甲基黄嘌呤，茶叶中含量为0.002%。无色针状晶体，味苦，熔点为 269～272℃，易溶于沸水、氯仿中，与 NaOH 水溶液生成盐，具两性。茶碱有松弛平滑肌、扩张血管和冠状动脉的作用。

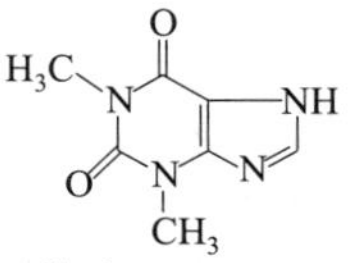

茶碱(theophylline)

(3) 可可碱 可可碱（theobromine）学名是3,7-二甲基黄嘌呤，与茶碱为同分异构体，可可豆中主要成分。茶叶中含 0.05%，可可豆中约含有 1.5%～3%。白色粉末状结晶，味苦，熔点为357℃，290℃升华，易溶于热水，难溶于冷水、乙醇、乙醚。与 NaOH 水溶液生成盐。具有两性。

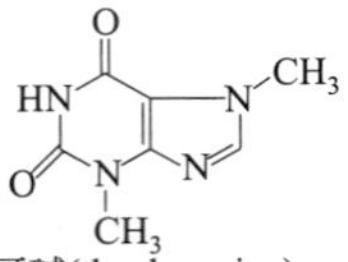

可可碱(theobromine)

(4) 香菇嘌呤 香菇嘌呤（eritadenine）又名香菇素，化学名 2,3-二羟基-4-（9-腺嘌呤）-丁酸，分子式 $C_9H_{11}O_4N_5$，分子量 253.22。

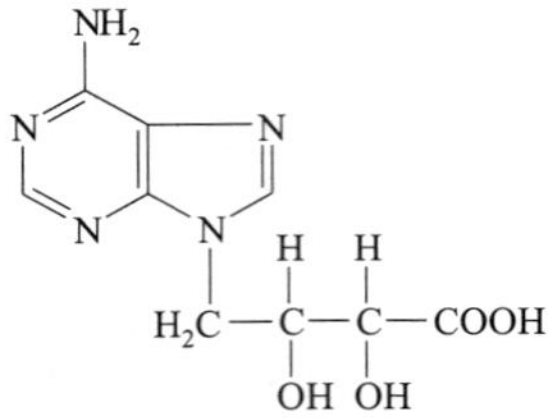

香菇嘌呤(eritadenine)

香菇嘌呤最早从香菇中发现并提取得到。在众多的食用菌中只有香菇含有较多的香菇嘌呤，其中干香菇菌盖中含有 176 mg/100g，菇柄中含 163 mg/100g。除双孢蘑菇含有痕量香菇嘌呤外，其他食用菌中均未检出。

香菇嘌呤在热水中的结晶呈无色针状，熔点 279 ℃。香菇嘌呤主要有 4 种空间异构体，天然香菇嘌呤（D-eritadenine）即为其中之一。香菇嘌呤的衍生物也相当多，有支链位置的变化，有支链成分的变化。根据研究报道，这些衍生物都有一定的降血脂功能，其中以香菇嘌呤的酯类为最强。

9.4.3.6 甾体类生物碱

甾体类生物碱是一类含有甾体结构的生物碱，氮原子大多数在甾环中，有的与低聚糖结合而存在。

茄碱（nightshade）又名龙葵碱、茄啶碱、龙葵毒素、马铃薯毒素，是由葡萄糖残基和茄啶组成的一种弱碱性糖苷。分子式为 $C_{45}H_{73}NO_{15}N$，不溶于水、乙醚、氯仿，能溶于乙醇，与稀酸共热生成茄啶（$C_{27}H_{43}NO$）及一些糖类。能溶于苯和氯仿。

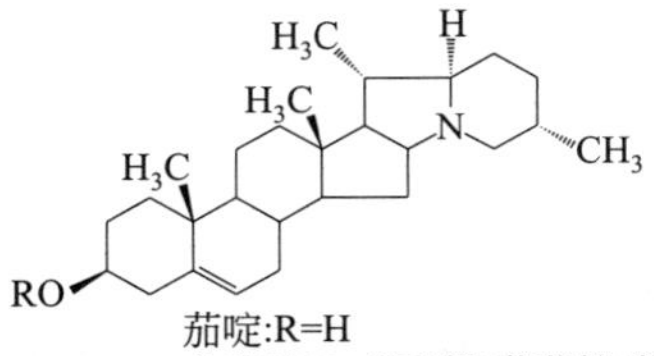

茄啶:R=H
龙葵碱:R=半乳糖-葡萄糖-鼠李糖苷

茄碱广泛存在于马铃薯、番茄及茄子等茄科植物中。马铃薯中茄碱的含量随品种和季节的不同而有所不同，一般为 0.005％～0.01％，在贮藏过程中含量逐渐增加，马铃薯发芽后，其幼芽和芽眼部分的龙葵碱含量高达 0.3％～0.5％。茄碱口服毒性较低，对动物经口的 LD_{50} 为：绵羊 500 mg/kg 体重，小鼠 1000 mg/kg 体重，兔子 450 mg/kg 体重。人食入 0.2～0.4 g 茄碱即可引起中毒。茄碱并不是影响发芽马铃薯安全性的唯一因素，引起中毒可能是与其他成分共同作用的结果，其毒理学作用机理还需要进一步研究。

茄碱对胃肠道黏膜有较强的刺激性和腐蚀性，对中枢神经有麻痹作用，尤其对呼吸和运动中枢作用显著。对红细胞有溶血作用，可引起急性脑水肿、胃肠炎等。中毒的主要症状为胃痛加剧，恶心、呕吐，呼吸困难、急促，伴随全身虚弱和衰竭，严重者可导致死亡。茄碱主要是通过抑制胆碱酯酶的活性造成乙酰胆碱不能被清除而引起中毒的。

9.4.4 生物碱的研究进展

生物碱起始发现于19世纪初，它广泛分布于植物界，少数也来自动物界（如肾上腺素等），故又称之为植物碱，是人类研究的最早而且最多的天然有机化合物。目前人类所发现的5万多种天然化合物中有1.2万种是生物碱。

研究表明生物碱大多对人和动物有强烈的生理作用，是许多药用植物中重要的主要有效成分之一。人们对食物中生物碱已有一定的认识。茶叶含有生物碱（咖啡碱、茶叶碱和可可碱）使饮茶能起到兴奋和消除疲劳的作用，并有利于排毒和消食化滞的功效，还有利于防治心血管疾病。槟榔中的槟榔碱不仅能够改善患阿尔茨海默病患者的认知能力，还能促进肠胃蠕动，加快消化进程，同时还具有抵抗动脉粥样硬化、预防心脑血管疾病的作用。柑橘中的生物碱新弗林能提高机体的代谢能力、增强肝脏的抗氧化能力。香菇、黑木耳和灵芝等真菌含有腺嘌呤及腺嘌呤核苷，具有降低血清胆固醇、降低血压以及增加血管通透性的作用。茄子中的葫芦巴碱、腺嘌呤和茄碱，百合中的秋水仙碱，甜菜中的甜菜碱都具有抗肿瘤活性。莲的各部分都含有生物碱，例如荷叶能消暑利湿和止血，而且荷叶中的生物碱具有降脂减肥的功效，荷梗能宽中理气，莲子心则能清火去热，对高血压病和心律失常有效。

季铵盐类生物碱是食物中普遍存在的有较高生理活性的一类生物碱。L-肉毒碱（L-carnitine）存在于动物肌肉中，特别是牛肉每100g含130.7 mg，而蔬菜、水果中几乎不含。胆碱在蛋类、动物肝脏、大豆、全谷和马铃薯等含量丰富，在鸡蛋和肉类中，每100g含有高达430mg的胆碱。此外，蔬菜、水果、牛奶中也含有少量胆碱。甜菜碱广泛分布于动物、植物和微生物中，丰富的食物来源包括海产食品，尤其是海洋无脊椎动物（约1%）；小麦胚芽或麸皮（约1%）和菠菜（约0.7%）。

L-肉碱、胆碱和甜菜碱都属于季铵盐类生物碱，L-肉碱作为β-氧化的载体，促进脂肪酸氧化；胆碱在从细胞结构到神经递质合成等人类代谢过程中发挥着广泛的作用，胆碱会对肝病、动脉粥样硬化等疾病产生影响，甚至可能对神经系统疾病产生影响。甜菜碱的主要生理作用是作为渗透剂和甲基供体（转甲基化），保护细胞、蛋白质和酶免受环境压力（如低水、高盐或极端温度），参与肝脏和肾脏的蛋氨酸循环，调节脂肪、蛋白质和氨基酸代谢。除此之外，三者都是含三甲胺（trimethylamine，TMA）结构的代谢前体物质。

近年来，许多研究都提到肠道菌群在控制机体代谢稳态和器官生理方面的重要性。而L-肉碱、胆碱和甜菜碱作为TMA的前体物质，经肠道微生物代谢产生TMA，TMA经肠道毛细血管网吸收后随血液运至肝脏，被肝脏的含黄素单氧化酶氧化生成氧化三甲胺（trimethylamine-*N*-oxide，TMAO）。TMAO是一种心血管疾病的新型风险因素，其血清浓度的升高与心血管疾病风险的增加显著相关；而L-肉碱和胆碱等前体物代谢又对动脉粥样硬化等心血管疾病有着积极影响，因此，前体物质代谢、TMAO与心血管疾病之间的关系尚不明确，存在争议。

小鼠长期补充富含胆碱或L-肉碱的饮食可以改变小鼠的盲肠微生物组成，显著增强TMA和TMAO的合成，抑制胆固醇反向转运，增加泡沫细胞的形成和动脉粥样硬化病变区域，但如果同时采用抗生素等抑制肠道微生物群，则不会发生这种情况，这突出了肠道微生物群衍生TMAO的重要性。相反，许多研究表明L-肉碱对包括骨骼肌胰岛素抵抗和缺血性心脏病在内的代谢性疾病的治疗有一定益处，高剂量的左旋肉碱导致小鼠血浆TMAO水平显著升高，但 TMAO 水平与主动脉根部病变大小呈负相关，减缓小鼠模型中主动脉病变的形成，并可能对人类动脉粥样硬化的发展具有保护作用。高胆碱和甜菜碱摄入量与炎症减轻有关，但有多项流行病学研究报告，高胆碱和甜菜碱摄入量与心血管疾病发病率之间存在一定的关联，而在调整了心血管风险指标后，关联减弱；只有伴随着 TMAO 水平升高的高水平胆碱和甜菜碱才与主要不良心血管事件显著相关。L-肉碱、胆碱和甜菜碱经肠道微生物代谢，代谢产物经组织等继续作用，产生的生理活性功能或损害机制十分复杂，尚需进一步研究。

生物碱具有多种生物活性，如咖啡因和奎宁有增香作用，番茄中青果生物碱有防腐作用，辣椒碱有保鲜作用。随着研究的进一步深入，以及在食品中应用方式的改进和创新等，这些高活性生物碱将有广阔的应用前景。

9.5 含硫化合物

天然有机硫化物（organosulfur compounds，OSCs）指分子结构中含有硫元素的一类植物化学物，主要存在于十字花科和百合科。常见的十字花科品种主要有花椰菜、西兰花、甘蓝、萝卜、芥菜等。硫代葡萄糖苷是广泛存在于十字花科植物中的一类含硫的阴离子次生代谢产物，根据侧链 R 基团的不同，可以将硫苷分为脂肪族、芳香族和吲哚族 3 类。十字花科蔬菜富含黑芥子酶，当植物组织受到机械损伤或者昆虫侵害时，硫苷与芥子酶相遇而发生水解反应，可生成异硫氰酸盐等产物。异硫氰酸盐有多种，饮食中常接触的主要包括烯丙基异硫氰酸盐（AITC）、苯甲基异硫氰酸盐（BITC）、苯乙基异硫氰酸盐（PEITC）和莱菔硫烷（SFN）。常见的百合科植物主要有大葱、大蒜、洋葱、韭菜等，用作日常饮食的调味品，具有独特的辛辣风味。目前已从葱属类植物提取的挥发油中检测到几十种有机硫化物，其中活性硫化物主要是硫醇、硫酚、硫醚、噻吩、亚砜类物质。

9.5.1 十字花科中的含硫化合物

十字花科植物含有脂肪酸、生物碱、皂苷等活性成分，同时也含有大量硫化物，主要为异硫氰酸盐类化合物。其包含芥子油苷及其水解产物异硫氰酸盐，广泛存在于十字花科蔬菜中，如花椰菜、甘蓝、包心菜、白菜、芥菜、小萝卜、辣根、水田芥等。

9.5.1.1 结构与分类

芥子油苷（GS）又称硫代葡萄糖苷，简称硫苷。由 β-D-硫代葡萄糖基、磺酸肟和侧链 R 基组成。根据 R 基团的不同分为：脂肪族 GS、芳香族 GS 和吲哚族 GS。其本身无活性，只有在水解成异硫氰酸盐后才能体现出活性。

异硫氰酸盐（ITCs）是芥子油苷的水解产物，具有共同的—N ═ C ═ S 结构，包括莱菔硫烷（SFN）、苯乙基异硫氰酸盐（PEITC）、苯甲基异硫氰酸盐（BITC）、烯丙基异硫氰酸盐（AITC）、吲哚-3-甲醇（IC）（图 9-14）。

9.5.1.2 典型硫化物——硫代葡萄糖苷

(1) 作为风味来源 硫代葡萄糖苷是一种含硫的阴离子亲水性植物次生代谢产物，广泛分布于十字花科植物种子中。大部分十字花科蔬菜的香气取决于硫代葡萄糖苷的变化。硫代葡萄糖苷属于非挥发性的风味前体物质，其分子由一个含糖基团、硫酸盐基团和可变的非糖侧链（R）组成。当细胞结构受到破坏时其可被黑芥子酶水解为挥发性风味物质，初始产物为异硫氰酸酯和腈类化合物，经进一步反应形成另外几种其他种类的风味化合物。当 pH>7 时，多分解生成异硫氰酸盐。白芥子中的辣味主要是异硫氰酸对羟基苄酯，而其他植物中的一般均是异硫氰酸丙酯。异硫氰酸丙酯也叫芥子油，刺激性辣味较为强烈，它们在受热时会水解为异硫氰酸，辣味减弱。在萝卜、山嵛菜等植物中的辣味物质也是异硫氰酸酯类化合物。

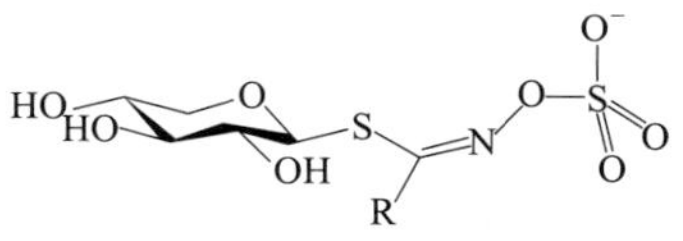

芥子油苷[(*Z*)-*cis*-*N*-hydroximinosulfateesers]

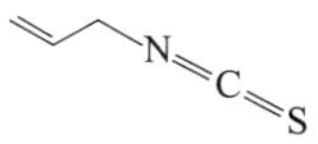

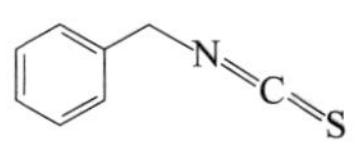

烯丙基异硫氰酸盐(AITC)　苯甲基异硫氰酸盐(BITC)

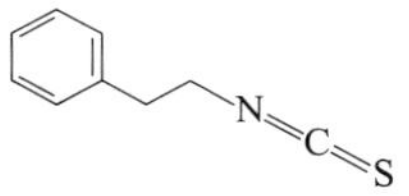

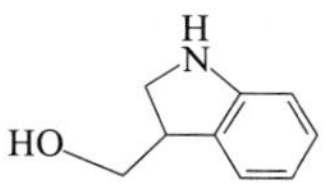

苯乙基异硫氰酸盐(PEITC)　吲哚-3-甲醇(IC)

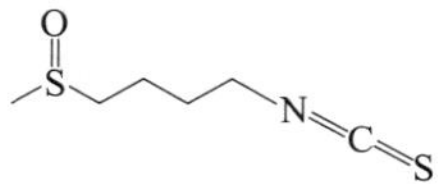

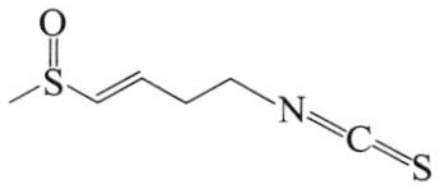

莱菔硫烷　莱菔素

图 9-14　硫代葡萄糖苷及水解物结构示意

此外，十字花科蔬菜中均含有一种令其产生独特风味的含硫物质 *S*-甲基-L-半胱氨酸亚砜，它是十字花科蔬菜产生独特风味的原因。但当蔬菜运输贮藏不当造成蔬菜细胞结构受损时，这个含硫物质会被转化成甲硫醇，进一步反应生成一系列含硫衍生物（图 9-15）。贮存温度越高，蔬菜组织受到的伤害越重，甲硫醇等挥发物释放量越高，异味也就越重。

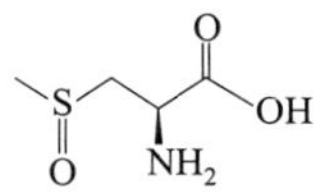

S-甲基-L-半胱氨酸亚砜(*S*-methyl-L-cysteine sulfoxide)

S-甲基-L-半胱氨酸亚砜+氨基酸 $\xrightarrow{\text{半胱氨酸亚砜裂解酶}}$ 甲硫醇

甲硫醇进一步反应，生成一系列含硫衍生物

图 9-15　含硫物质酶解产物示意

（2）具有生物活性　流行病学研究表明，十字花科蔬菜的摄入可降低患癌风险，主要活性成分为萝卜硫素和莱菔素。萝卜硫素在西兰花和西兰花芽中含量尤其高。萝卜硫素已被证明对肿瘤的发展具有抑制作用，抑制机制主要是诱导细胞周期阻滞和凋亡。另外，十字花科芽苗中的萝卜芽苗含有丰富的硫代葡萄糖苷，可被其自身的黑芥子酶催化水解生成抗癌活性显著的莱菔素。生食新鲜的萝卜芽苗以及十字花科芽苗的联合水解是提高莱菔素抗癌活性的最佳方式。

(3) 不同蔬菜硫化物含量差异 何珺等采用高效液相色谱测定12种常见十字花科蔬菜种子中萝卜硫素含量，结果表明萝卜硫素含量是芸薹属大于萝卜属，芸薹属中西兰花种子的萝卜硫素含量最高，为10.02 mg/g；萝卜属中胡萝卜种子中的萝卜硫素含量最高，为144.4μg/g，从而为萝卜硫素的膳食补充提供指导。

9.5.2 蒜中含硫化合物

大蒜是百合科葱属植物蒜（*Allium satirum* L.）的地下鳞茎。除生食外，大蒜可制成品种各异的风味食品，如糖蒜、蒜泥、脱水蒜片（粉）和黑蒜等。大蒜含硫化合物主要包括L-半胱氨酸及其衍生物、亚砜、硫代磺酸酯和有机硫挥发性物质，它们仅是大蒜主要的生物活性物质。

蒜氨酸（*S*-烯丙基半胱氨酸亚砜，*S*-allyl-L-cysteine，alliin，$C_6H_{11}O_3NS$）是完整、未受损大蒜里含量最丰富的含硫化合物（约0.5%～1.4%）。易溶于水，不溶于无水乙醇、氯仿、丙酮、乙醚和苯，固体状态下稳定、无臭。其含量因品种和环境而异。大蒜中还含有少量蒜氨酸的同分异构体和衍生物，同分异构体包括异蒜氨酸（*S*-丙烯基-L-半胱氨酸亚砜，isoalliin，$C_6H_{11}O_3NS$）、环蒜氨酸（cycloalliin，$C_6H_{11}O_3NS$），衍生物包括甲基蒜氨酸（*S*-甲基-L-半胱氨酸亚砜，methiin，$C_4H_9O_3NS$）、丙基蒜氨酸（*S*-丙基-L-半胱氨酸亚砜，propiin，$C_6H_{13}O_3NS$）（图9-16）。蒜氨酸、异蒜氨酸、甲基蒜氨酸、丙基蒜氨酸等无挥发性、无色无味，与葡萄糖混合后加热，可产生牛奶气味的物质。蒜氨酸是大蒜风味物质的前体，异蒜氨酸、丙基蒜氨酸是洋葱风味物质的前体，甲基蒜氨酸是葱蒜风味物质的前体。

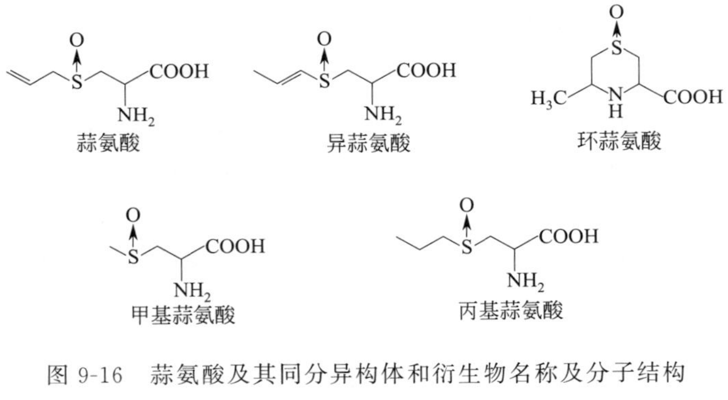

图9-16 蒜氨酸及其同分异构体和衍生物名称及分子结构

蒜氨酸类物质（ACSOs）存在于细胞质中，如细胞膜被破坏，在蒜氨酶作用下，生成具有挥发性的硫代亚磺酸酯类（thiosulfinates）——一类具有强烈辛辣味的挥发性物质。硫代亚磺酸酯类是大蒜素的主要成分，大约占70%，这类物质生物活性较强，但不稳定，可在一定的条件下降解为阿藿烯、乙烯基二硫杂苯类化合物（vinyldithiins）或脂溶挥发性含硫化合物。蒜氨酸还可通过热分解方式产生挥发性含硫化合物和水溶性含硫化合物。热加工会使蒜氨酸中不稳定的亚砜物质被显著降解，从而破坏大蒜的生物活性及营养成分。

蒜氨酶，全称蒜氨酸裂解酶，化学名5′-磷酸吡哆醛依赖酶，分子质量约51500Da，亚单位有448个氨基酸。在新鲜完整的大蒜中，蒜氨酸与蒜氨酶处于不同的部位，当其被切开或碾碎后，蒜氨酸和蒜氨酶相互接触并被催化裂解，产生大蒜辣素（allicin）。大蒜辣素性质不稳定，可进一步分解生成一系列较稳定含硫衍生物，如二烯丙基一硫化物（DAS）、二烯丙基二硫化物（DADS）、阿藿烯（ajoene）及少量的二烯丙基三硫化物（DATS，即大蒜素）等。大蒜主要含硫化合物及特点如表9-7所示。

表9-7 大蒜主要含硫化合物及特点

含硫化合物	成分及组成	含量	特点及主要功能作用
蒜氨酸(alliin)	*S*-烯丙基-L-半胱氨酸亚砜(ACSO)	约占鲜蒜干重的0.6%～2%	水溶性氨基酸类化合物;具有抗菌、抗肿瘤、抗氧化、调节免疫以及防治心血管疾病等作用
大蒜素(allicin)	大蒜辣素、大蒜新素及多种烯丙基硫醚化合物	约占大蒜含硫化合物的23%	无色、有辛辣味的油状物质;具有抗菌消炎、抗肿瘤、抗氧化、提高机体免疫力、防治心血管疾病以及保护神经元等作用
阿藿烯(ajoene)	1,6,11-三烯-4,5,9-三硫代十二碳化-9-氧化物	约占大蒜有机硫化物的7%	又名大蒜烯、蒜烯,存在顺、反异构体;具有抗菌、治疗结核病、预防心血管疾病、提高免疫力、降低阿尔茨海默病及肺癌的作用
二烯丙基硫化物(diallyl sulfide compound)	二烯丙基一硫化物(DAS)、二烯丙基二硫化物(DADS)、二烯丙基三硫化物(DATS)	约占大蒜挥发性成分的60%	DADS能抑制人胃癌细胞上皮-间质转化;DATS能抗肿瘤,作为抗癌辅助剂及增效剂,还能降低毒副作用和提高生存质量等
非挥发性含硫化物(non-volatile sulfur compound)	*S*-烯丙基-L-半胱氨酸(SAC)、*S*-烯丙基巯基-L-半胱氨酸(SAMC)	含量低,鲜蒜约2μg/g	水溶性活性成分;有抗癌、抗氧化、保护肝脏、缓解炎症、抗肥胖、抗糖尿病等作用

大蒜通过生物化学和物理化学途径产生有机硫化物及随后转换成各种含硫化合物。完整无损的大蒜中有机硫化物的来源是根部吸收土壤中的硫酸盐，其内含有*S*-氨基酸，包括半胱氨酸和微量的甲硫氨酸，以及谷氨酰基肽和蒜氨酸类物质（ACSOs），形成大蒜中最初的含硫成分γ-谷氨酰半胱氨酸，而后经两种途径合成含硫生物活性物质。

途径一，Hughes等提出了两条蒜氨酸生物合成路线：①以丝氨酸和丙烯硫醇原料合成；②谷胱甘肽和烯丙基通过γ-谷氨酰基缩氨酸合成。后者得到更多认可（图9-17），即当大蒜水解或氧化时，初始成分γ-谷氨酰基-S-烷（烯）基-L-半胱氨酸转化为风味前体物质，其中蒜氨酸含量最高，约占85%。

途径二，大蒜最初含硫化合物γ-谷氨酰半胱氨酸不仅可以转变为ACSOs，而且可以通过酶的作用发生转化，即在γ-谷氨酰转肽酶作用下生成*S*-烯丙基-L-半胱氨酸（SAC），再进一步转化为*S*-烯丙基巯基-L-半胱氨酸（SAMC）。SAC、SAMC都属于水溶性有机硫化物。

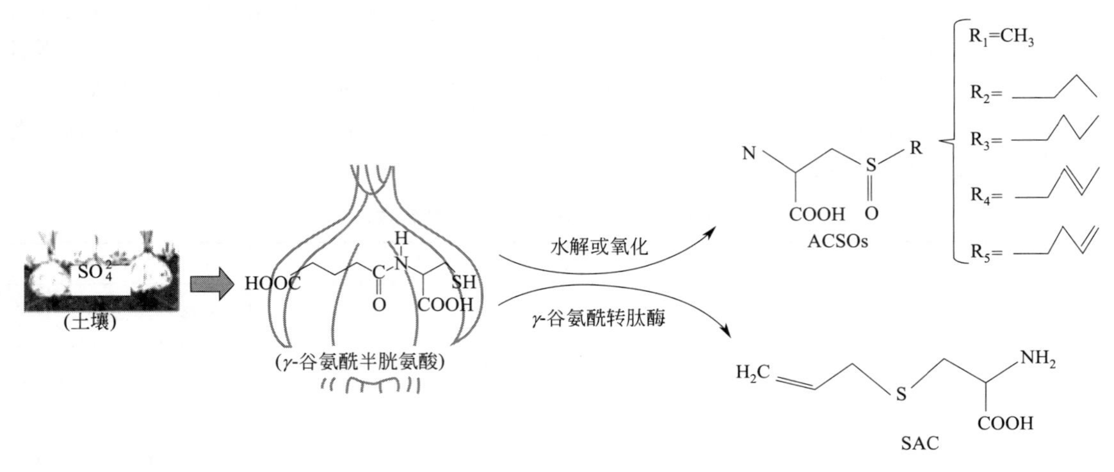

图 9-17　大蒜含硫化合物生物化学合成途径

9.5.3　葱中含硫化合物

葱属植物是一类百合科 2 年或多年生的草本植物，在蔬菜生产中占有重要地位，常见有大葱、大蒜、洋葱、韭菜等，含有挥发油、黄酮、甾体、膳食纤维、多糖等多种生物活性物质。挥发油是其刺激性葱辣味主要物质，它是含硫化合物（硫醚、硫醇、硫酚、噻吩、亚砜类等）。

洋葱是葱属植物中研究较多的一种，当洋葱组织损伤时，会形成一种强烈催泪的刺激性物质，它由一类性质稳定、无色无味的风味前体物质 *S*-烃基-半胱氨酸亚砜（cysteine sulphoxides，CSOs）经过一系列的氧化还原反应形成挥发性的含硫化合物（图 9-18）。迄今已从葱属植物中分离鉴定出 90 多种含硫化合物，主要分为硫醚类、硫醇类、硫代亚磺酸酯类、硫代磺酸酯类和噻吩类等杂环化合物，其中 R 基团为甲基、丙基、丙烯基和烯丙基等，硫化物中主要是二硫化物和三硫化物。二硫化丙烯含量占 80%～90%，是洋葱的主要香味物质。

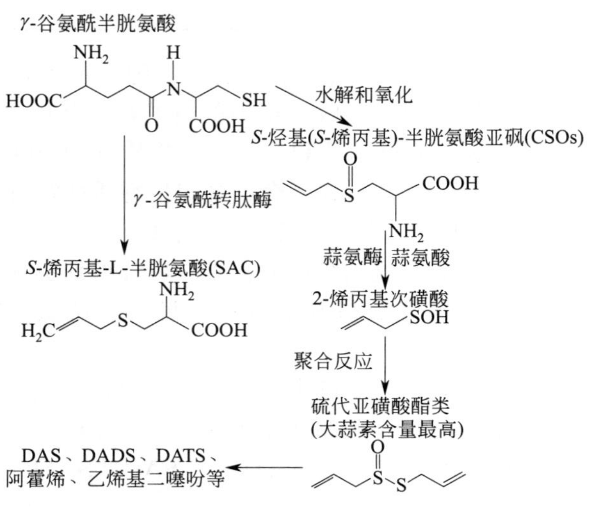

图 9-18　洋葱中的含硫化合物

大葱中含有一种叫做蒜素的挥发油，其中有机硫化合物为20种，如丙基甲基硫代硫磺酸酯、甲基烯丙基硫代硫磺酸酯、甲基丙烯基三硫醚、烯丙基硫醇、甲丙基二硫醚、反式甲基烯丙基二硫醚、二甲基三硫醚、二丙基二硫醚、反式烯丙基丙基二硫醚、二甲基四硫醚、二丙基三硫醚、反式烯丙基丙基三硫醚、顺式烯丙基丙基三硫醚、甲硫醇、丙硫醇、二巯基甲烷、2,5-二甲基噻吩等含硫化合物；另外，还有不饱和脂肪1种（3,7-二甲基-2,6-二辛烯醛）、脂肪酮1种（十一酮-2）、萜烯类化合物2种（2-甲基-庚烯-2和顺式-2,6-二甲基-2,6-辛二烯）和挥发性无机化合物1种（SO_2）。

9.5.4 韭菜中含硫化合物

韭菜（*Allium tuberosum* Rottl *ex* Spreng.）又名起阳草、长生韭、壮阳草、草钟乳，为百合科（Liliaceae）葱属（*Allium* L.）多年生的一种宿根草本植物，是一种人们喜爱的蔬菜。按日常食用分类可以把韭菜分为根韭、花韭、叶韭以及叶花兼用韭4种。

含硫化合物为韭菜成分中十分重要的活性物质，多存在于挥发油中，约为挥发油的81.3%，是韭菜具有特征性芳香气味的主要原因，迄今已从中分离鉴定出大约20多种含硫化合物，主要是二硫化物和三硫化物。国内外学者从韭菜的种子、根茎、韭菜叶、韭菜花中提取挥发性组分，并鉴定出其挥发性组分中的主要化学成分（表9-8）。研究发现，韭菜中的挥发性含硫化合物具有降低血脂的作用，对治疗冠心病及高血压也有一定的功效。

表9-8　韭菜挥发性组分中主要的含硫化合物　　%

含硫化合物	相对含量		含硫化合物	相对含量	
	韭菜花	韭菜叶		韭菜花	韭菜叶
二甲基二硫醚	7.89	4.1	二甲基四硫醚	1.51	0.72
甲基烯丙基二硫醚	0.18	0.36	二-1-丙基三硫醚	5.07	1.07
甲基丙基二硫醚	4.6	4.5	二-2-丙基三硫醚	0.87	0
3-甲硫基丙醛	3.19	0.24	丙基丙烯基三硫醚	4	2.5
甲基-1-丙烯基二硫醚	6.06	9.48	1-(1-丙烯基甲基硫醚)	0.85	0
甲基-2-丙烯基二硫醚	18.4	31.46	二-2-丙烯基二硫醚	3.21	0.67
二甲基三硫醚	6	12.5	二-1-丙烯基二硫醚	10.8	9.85
二烯丙基二硫醚	0.14	0.5	乙硫酸甲酯	2.22	0
二丙基二硫醚	1.3	0.45	甲基-1-甲硫丙基二硫醚	0.25	0.16
丙基丙烯基二硫醚(反式)	1.26	0.88	甲基-2-丙烯基四硫醚	2.22	0.36
丙基丙烯基二硫醚(顺式)	2.4	1.25	二-1-甲硫基丙基二硫醚	0.15	0.16
甲基丙基三硫醚	12.9	7.96	甲基丙烯基三硫醚	5.2	4.05

9.5.5 含硫化合物的研究进展

有机硫化合物指分子结构中含有元素硫的一类植物化学物，它们以不同的化学形式存在于蔬菜或水果中，主要含硫化合物结构示意见表9-9。其一是异硫氰酸盐（isothiocyanates，ITC），以葡萄糖异硫酸盐缀合物形式存在于十字花科蔬菜中。其二是葱蒜中的蒜素。其三是硫辛酸（thioctic acid），它存在于绝大多数天然食品中，如动物肉类、内脏和菠菜、花椰菜等。

(1) 异硫氰酸盐　异硫氰酸盐是十字花科植物的一种具有防癌、抗氧化性、抗菌作用的有机硫化合物，在很低浓度下还有抑制细菌真菌的活性。异硫氰酸盐种类繁多，生理活性有一定差异，而且不同的异硫氰酸盐对不同的肿瘤抗癌活性也有所不同。suphoraphan等有效抑制小鼠乳腺癌细胞的扩散；异烯基硫代氰酸酯能够抑制癌细胞的形成；异硫氰酸盐诱导多种肿瘤细胞的凋亡，如人前列腺癌细胞（PC-3）、胰腺癌细胞（MIAPaCa-2、PANC-1he）、人T细胞性白血病细胞、人结肠癌细胞Caco-2等发生细胞凋亡和细胞中期阻滞。

表 9-9　蔬菜和水果中主要含硫化合物

含硫化合物	分子结构
二甲基二硫醚	$H_3C-S-S-CH_3$
甲基-1-丙烯基二硫醚	$H_3C-S-S-CH=CH-CH_3$
甲基-2-丙烯基二硫醚	$H_3C-S-S-CH_2-CH=CH_2$
甲基丙基三硫醚	$H_3C-S-S-S-CH_2-CH_2-CH_3$
二-2-丙烯基二硫醚	$H_2C=CH-CH_2-S-S-CH_2-CH=CH_2$
二-1-丙烯基二硫醚	$H_3C-CH=CH-S-S-CH=CH-CH_3$
甲基烯丙基三硫醚	$H_2C=CH-CH_2-S-S-CH_3$

十字花科植物中的苯甲基异硫氰酸盐除了能抑制白细胞NADPH氧化酶产生大量的过氧化物，还可能通过直接参与氧化还原反应消除自由基来增加细胞抗氧化应激能力，从而保护动物组织免受自由基的损伤。

（2）蒜素　大蒜为百合科、葱属植物的地下鳞茎，富含多种微量元素及生物活性成分。大蒜中的主要生物活性物质被认为是含硫化合物，也被称为蒜素。根据其化学性质，最常见的有机硫化物可分为两类：水溶性化合物和脂溶性化合物。水溶性化合物包括*S*-烯丙基半胱氨酸、*S*-烯丙基巯基半胱氨酸、蒜氨酸等，此类化合物性质稳定，无刺激性气味。脂溶性化合物主要有二烯丙基三硫化物、二丙烯二硫化物、二烯基三硫化物等，具有独特的臭味和刺激性，且不稳定。

蒜素对前列腺癌、白血病、皮肤癌、大肠癌、胃癌及食道癌有抑制作用。Kim发现，大蒜素可以抑制STAT3的表达，从而发挥前列腺抗肿瘤作用。Miron发现，蒜素可以降低B-Cell细胞的数量。Shrotriya等发现大蒜素可通过抗COX-2生成的途径治疗由致癌物TPA引起的小鼠皮肤癌。深入研究发现，蒜素抑制大肠癌机理可能与蒜素抑制了6-氧-甲基鸟嘌呤（O6-MeG）DNA加合物的产生有关。Tang将蒜素同miR-200b mimics、miR-22 mimics联合治疗荷瘤小鼠，动物试验表明，蒜素提高miR-200b、miR-22的基因治疗能力及抗肿瘤作用。

另外，蒜素具有杀菌功效。甄宏研究发现，大蒜新素抑制HCMVle基因的转录和翻译，进而抑制病毒的复制增殖，是其抗巨细胞病毒的重要作用机制。实验表明，大蒜素可以使血胆固醇水平升高伴有血小板聚集率升高和血小板内AMP下降，大蒜素具有提高血小板内cAMP作用并抑制血小板聚集。

（3）α-硫辛酸　α-硫辛酸又名1,2-二硫戊环-3-戊酸，最初于1950年由美国Reed等从猪肝脏中分离提取得到。α-硫辛酸具有抗氧化应激、抗炎、神经保护等作用，且同时具有水溶性和脂溶性，易于通过血脑屏障。

α-硫辛酸参与能量代谢，作为线粒体能量代谢的辅酶，参与α-酮酸的氧化脱羧作用。此外，涂艳礼发现，α-硫辛酸对缺氧复氧诱导H9c2细胞损伤起保护作用以达到增强心肌功能。另外，胡波发现，α-硫辛酸可显著抑制高脂饮食诱导糖尿病大鼠心肌氧化应激，对糖尿病心肌病具有保护作用。硫辛酸能够增强慢性阻塞性肺疾病急性加重期患者机体抗氧化能力，减轻体内氧化应激水平，降低相关炎症因子水平，并在一定程度上改善肺功能，其机制可能与调控 GSH-PH、MDA、TNF-α 水平有关。此外，在帕金森症模型中，α-硫辛酸通过 IRP2/IRE 途径，使 FP1 表达增加，进而增加细胞内铁离子的转出，降低铁沉积。

9.6 食品次生代谢产物研究热点

自然界中存在有复杂多样的次生代谢产物。已有众多研究者为其开发利用做出了令人欣喜的成就。然而，作为潜在的“生物活性的食品成分”，次生代谢产物的营养健康功效研究尚有待深入。特别是近几十年来，恶性肿瘤和心脑血管疾病在内的慢病已成为主要致死性疾病。次生代谢产物在慢病预防方面的作用机制，构效关系与量效关系仍需要进一步探究。此外，迄今为止次生代谢产物中的起效成分尚未完全确定，关于次生代谢产物在体内的消化吸收过程、代谢机理以及与肠道微生物的互作鲜见文献报道。目前包括代谢组学、转录组学和蛋白质组学等在内的多组学技术的革新，为解决上述问题提供了可能，为功能性食品开发提供了基础性资料。

次生代谢产物的合成途径复杂多样，其中一些反应可能的机理尚有待于进一步实验验证。因此，虽然在过去的几十年里利用细胞大规模培养生产次生代谢产物取得了飞速的进展，但真正用于商业化生产尚不成熟，相关的基础理论与工程技术问题仍需继续研究。此外，在原料储存与加工过程中，所含次生代谢产物的变化以及各类次生代谢物间的相互作用也是值得考虑和深入研究的问题。

陆生生物的次生代谢是人类研究比较早的，也是研究较为透彻的内容。近年来，人们已在一些海洋生物中找到了许多新的次生代谢产物，海洋生物的次生代谢成为研究热点。而由于海洋环境与陆地环境的差异，以及海洋生物与陆地生物完全不同的进化途径，从海洋中寻找具有价值的次生代谢产物或将成为开发功能性食品、特医食品的新机遇。

参 考 文 献

[1] 左春山，等．植物甾醇的结构与功能的研究进展．河南科技，2013（17）：211.
[2] 王永华，等．食品风味化学．北京：中国轻工业出版社，2015.
[3] 王瑜，等．大蒜含硫化合物及风味研究进展．食品安全质量检测学报，2014，5（10）：3092.
[4] 吕双双，等．植物甾醇性质、功能、安全性及其食品的研究进展．粮食加工，2014，39（4）：40.
[5] 刘肖，等．大蒜含硫化合物及在加工中的变化机理研究进展．食品与发酵工业，2019，45（5）：282.
[6] 何璞，等．虾青素的特性及其生产与应用研究．漯河职业技术学院学报，2012，11（2）：70.
[7] 何珺，等．12 种十字花科蔬菜种子中萝卜硫素含量研究．食品研究与开发，2015，36（4）：11.
[8] 辛嘉英，等．辣椒素酯类物质研究进展．食品科学，2013，34（11）：352.
[9] 李冰，等．革皮氏海参皂苷对环磷酰胺所致骨髓损伤模型小鼠造血作用的研究．营养学报，2011，33（2）：173.
[10] 李海新．菲律宾刺参主要皂苷单体的制备及减肥活性研究．青岛：中国海洋大学，2012.
[11] 李明强，等．蒜氨酸在家兔体内药代动力学研究．现代医药卫生，2018，34（4）：506.
[12] 李强，等．槲皮素等黄酮类衍生物的合成及其生物活性．河北医科大学学报，2008，29（1）：150.
[13] 李瑞敏．十字花科芽苗中硫代葡萄糖苷及其水解产物的研究．北京：北京化工大学，2016.
[14] 孙培龙，等．香菇及其他食用菌中香菇嘌呤含量的检测．食品工业科技，2000，21（5）：70.

[15] 孙长颢．营养与食品卫生学．北京：人民卫生出版社，2012.
[16] 陈雪林．辣椒素酯类物质的合成及抗氧化活性研究．杭州：浙江工商大学，2017.
[17] 季宇彬，等．硫代葡萄糖苷的研究 [J]．哈尔滨商业大学学报（自然科学版），2005，21（5）：550.
[18] 杨艳，等．苯甲基异硫氰酸盐抗氧化作用体外实验研究．医学理论与实践，2013，26（10）：1261.
[19] 陈亦辉，等．洋葱中活性物质及生理药理作用研究进展．中国调味品，2015，40（4）：129.
[20] 胡波，等．α-硫辛酸抑制高脂饮食对糖尿病大鼠心肌氧化应激的实验研究．四川医学，2018，39（4）：397.
[21] 胡晓倩．海参皂苷对脂质代谢的影响及其机制研究．青岛：中国海洋大学，2010.
[22] 张铃玉，等．摄食海参皂苷对肥胖小鼠血压的影响．中国药理学通报，2015，31（8）：1169.
[23] 张友胜，等．天然植物抗氧剂二氢杨梅素抗氧活性影响因素研究．中国食品学报，2004，（2）：55.
[24] 黄凡．硫辛酸对 AECOPD 患者 GSH-PX、MDA、TNF-α 及肺功能的影响．长沙：湖南师范大学，2018.
[25] 黄宗锈，等．灵芝三萜对化学性肝损伤保护作用研究．预防医学情报杂志，2010，26（11）：928.
[26] 夏红．RORα 高表达对二烯丙基二硫抑制人胃癌 MGC803 细胞上皮-间质转化的影响．中国癌症杂志，2017，27（5）：359.
[27] 韩秀清，等．海参和海星皂苷对乳清酸诱导大鼠脂肪肝影响的比较研究．食品科学，2014，35（23）：268.
[28] 鲁海龙，等．植物甾醇制取及应用研究进展．中国油脂，2017，42（10）：134.
[29] 鲍琛，等．灵芝三萜对小鼠非酒精性脂肪肝的治疗作用．中国现代应用药学，2014，31（2）：148.
[30] 蔡婷．α-硫辛酸对帕金森病模型中铁转出的调节机制．贵阳：贵州医科大学，2018.
[31] 郭彩杰，等．十字花科植物中莱菔硫烷防癌机制研究进展．西北植物学报，2009，29（10）：2146.
[32] 郭时印．辣椒素抗疲劳作用及其机理研究．长沙：中南大学，2009.
[33] 柳东，等．海参皂苷对小鼠造血调控因子的影响．营养学报，2012，34（6）：599.
[34] 彭浩，等．气相色谱法测定食用菜籽油中植物甾醇的组成及含量．安徽农业科学，2006，（19）：4830.
[35] 彭浩．几种常见坚果植物甾醇组成及含量测定．粮食与油脂，2006（11）：28.
[36] 涂艳礼，等．α-硫辛酸对 H9c2 心肌细胞损伤保护作用的研究 [J]．河南医学研究，2019，28（10）：1737.
[37] 温敏，等．海参皂苷对自发性糖尿病小鼠的降血糖作用．食品工业科技，2013，34（22）：149.
[38] 徐慧静，等．摄食海参皂苷对小鼠高尿酸血症的影响．中国药理学通报，2011，27（8）：1064.
[39] 徐利．α-硫辛酸对帕金森病模型大鼠黑质铁沉积的干预机制研究．贵阳：贵州医科大学，2015.
[40] 徐任生．天然产物化学．北京：科学出版社，2004.
[41] 甄宏，等．大蒜新素抑制人巨细胞病毒即刻早期基因表达在抗人巨细胞病毒机制中的作用．中国循证儿科杂志，2006，1：26.
[42] 阚健全．食品化学．北京：中国农业出版社，2002.
[43] Agrawal P K. Carbon-13 NMR of flavonoids. New York：Elsevier，1989.
[44] Alekei D L，*et al*. Isoflavone-rich soy protein isolate attenuates bone loss in the lumbar spine of perimenopausal women. Clinical Nutrition，2000，72：844.
[45] Antonio M，*et al*. Non-pungent capsaicinoids from sweet pepper synthesis and evaluation of the chemopreventive and anticancer potential. European Journal of Nutrition，2003，42（1）：2.
[46] Bjorndal B，*et al*. Phospholipids from herring roe improve plasma lipids and glucose tolerance in healthy，young adults. Lipids in Health and Disease，2014，13：82.
[47] Block E，*et al*. Fluorinated analogs of organosulfur compounds from garlic（*Allium sativum*）：synthesis，chemistry and anti-angiogenesis and antithrombotic studies. Molecules，2017，22（12）：2081.
[48] Pyun B J，*et al*. Capsiate，a nonpungent capsaicin-like compound，inhibits angiogenesis and vascular permeability via a direct inhibition of Src kinase activity. Cancer Research，2008，68（1）：227.
[49] Chihara T，*et al*. Inhibition of 1，2-dimethylhydrazine-induced mucin-depleted foci and O（6）-methylguanine DNA adducts in the rat colorectum by boiled garlic powder. Asian Pacific Journal of Cancer Prevention，2010，11（5）：1301.
[50] Choi J，*et al*. Enhancement of the antimycobacterial activity of macrophages by ajoene. Innate Immunity，2017，24（1）：79.
[51] Choubert G，*et al*. Pigmenting efficacy of astaxanthin fed to rainbow trout *Oncorhynchus mykiss*：effect of dietary astaxanthin and lipid sources. Aquaculture，2006，257（1-4）：429.
[52] Clarke J D，*et al*. Multitargeted prevention of cancer by sulforaphane. Cancer Letters，2008，269：291.

[53] Qiu D, *et al*. Identification of geometrical isomers and comparison of different isomeric samples of astaxanthin. Journal of Food Science, 2012, 77 (9): 934.

[54] Esribano B M, *et al*. Neuroprotective effect of S-allyl cysteine on an experimental model of multiple sclerosis: antioxidant effects. Journal of Functional Foods, 2018, 42: 281.

[55] Fennema O R. Food chemistry. New York : Marcel Dekker, 1996.

[56] Franks L. Flavonoids and bioflavonoids: studies in organic chemistry. New York: Elsevier, 1985.

[57] Gomes A R, *et al*. Bioactive compounds derived from echinoderms. RSC Advances, 2014, 4 (56): 29365.

[58] Hughes J, *et al*. Synthesis of the flavour precursor, alliin, in garlic tissue cultures. Phytochemistry, 2005, 66 (2): 187.

[59] Inoue T, *et al*. Isolation of hesperidin from peels of thinned *Citrus unshiu* fruits by microwave-assisted extraction. Food Chemistry, 2010, 123 (2): 542.

[60] Lembede B W, *et al*. Insulinotropic effect of *S*-allyl cysteine in rat pups. Prevent Nutrition and Food Science, 2018 23 (1): 15.

[61] Juan P, *et al*. Effect of diets supplemented with different sources of astaxanthin on the gonad of the sea urchin *Anthocidaris crassispina*. Nutrients, 2012, 4 (8): 922.

[62] Jyonouchi H, *et al*. Antitumor activity of astaxanthin and its mode of action. Nutrition and Cancer, 2000, 36 (1): 59.

[63] Kallel F, *et al*. Perspective of garlic processing wastes as low-cost substrates for production of high-added value products: a review. Environmental Progress & Sustainable Energy, 2017, 36 (6): 37.

[64] Kim S H, *et al*. Garlic constituent diallyl trisulfide suppresses X-linked inhibitor of apoptosis protein in prostate cancer cells in culture and *in vivo*. Cancer Prevention Research, 2011, 4 (6): 897.

[65] Kwon D Y, *et al*. Capsiate improves glucose metabolism by improving insulin sensitivity better than capsaicin in diabetic rats. J Nutr Biochem, 2013, 24 (6): 1078.

[66] Lee E J, *et al*. Capsiate inhibits ultraviolet B-induced skin inflammation by inhibiting Src family kinases and epidermal growth factor receptor signaling. Free Radical Biology & Medicine, 2010, 48 (9): 1133.

[67] Li Y, *et al*. Sea cucumber genome provides insights into saponin biosynthesis and aestivation regulation. Cell Discovery, 2018, 4 (1): 29.

[68] Liu M, *et al*. Metabolism and excretion studies of oral administered naringin, a putative antitussive, in rats and dogs. Biopharmaceutics & Drug Disposition, 2012, 33 (3): 123.

[69] Miron T, *et al*. *S*-allyl derivatives of 6-mercaptopurine are highly potent drugs against human B-CLL through synergism between 6-mercaptopurine and allicin. Leukemia Research, 2012, 36 (12): 1536.

[70] Mondol M A M, *et al*. Sea cucumber glycosides: chemical structures, producing species and important biological properties. Marine Drugs, 2017, 15 (10): 317.

[71] Nguyen B C Q, *et al*. Frondoside A from sea cucumber and nymphaeols from *Okinawa propolis*: natural anti-cancer agents that selectively inhibit PAK1 *in vitro*. Drug Discoveries & Therapeutics, 2017, 11 (2): 110.

[72] Ou Y X, *et al*. Guanacastane-type diterpenoids from *Coprinus radians*. Phytochemistry, 2012, 78: 190.

[73] Ozcan M M. Bioactive properties of garlic (*Allium sativum* L): a review. Journal of Medicinal & Spice Plants, 2016, 21 (4): 174.

[74] Rad H I, *et al*. Effect of culture media on chemical stability and antibacterial activity of allicin. Journal of Functional Foods, 2017, 28: 321.

[75] Ranga Rao A, *et al*. Astaxanthin: sources, extraction, stability, biological activities and its commercial applications: a review. Marine Drugs, 2014, 12 (1): 128.

[76] Shrotriya S, *et al*. Diallyl trisulfide inhibits phorbol ester-induced tumor promotion, activation of AP-1, and expression of COX-2 in mouse skin by blocking JNK and Akt signaling. Cancer Research, 2010, 70 (5): 1932.

[77] Singh B, *et al*. Plant terpenes: defense responses, phylogenetic analysis, regulation and clinical applications. 3 Biotech, 2015, 5 (2): 129.

[78] Tang H, *et al*. Diallyl disulfide suppresses proliferation and induces apoptosis in human gastric cancer through Wnt-1 signaling pathway by up-regulation of miR-200b and miR-22. Cancer Letters, 2013, 340 (1): 72.

[79] Terahara N. Flavonoids in foods: a review. Natural Product Communications, 2015, 10 (3): 521.

[80] Tong Y, *et al*. Philinopside a, a novel marine-derived compound possessing dual anti- angiogenic and anti-tumor

effects. International Journal of Cancer, 2005, 114 (6): 843.

[81] Van Dyck S, *et al*. Elucidation of molecular diversity and body distribution of saponins in the sea cucumber *Holothuria forskali* (Echinodermata) by mass spectrometry. Comparative Biochemistry and Physiology Part B: Biochemistry and Molecular Biology, 2009, 152 (2): 124.

[82] Wu X, *et al*. Chemopreventive effects of nobiletin and its colonic metabolites on colon carcinogenesis. Mol Nutr Food Res, 2015, 59 (12): 2383.

[83] Xiang Y, *et al*. Allicin activates autophagic cell death to alleviate the malignant development of thyroid cancer. Exp Ther Med, 2018, 15 (4): 3537.

[84] Yuan H, *et al*. An analysis of the changes on intermediate products during the thermal processing of black garli. Food Chemistry, 2018, 239: 56.

[85] Yun J, *et al*. Ajoene restored behavioral patterns and liver glutathione level in morphine treated C57BL6 mice. Archives of Pharmacal Research, 2017, 40 (1): 106.

[86] Zhang S, *et al*. Capsaicin reduces blood glucose by increasing insulin levels and glycogen content better than capsiate in streptozotocin-induced diabetic rats. J Agric Food Chem, 2017, 65 (11): 2323.

[87] Zhao Y C, *et al*. Saponins from sea cucumber and their biological activities. J Agric Food Chem, 2018, 66 (28): 7222.

[88] Zheng J, *et al*. Analysis of 10 metabolites of polymethoxyflavones with high sensitivity by electrochemical detection in high-performance liquid chromatography. J Agric Food Chem, 2015, 63 (2): 509.

[89] Zubik L, *et al*. Bioavailability of soybean isoflavones from aglycone and glucoside forms in American women. Clinical Nutrition, 2003, 77: 1459.

第10章 食品中有害成分

本章提要： 食品安全是消费者关注的焦点。本章重点介绍了食品中抗营养素，如植酸、草酸、多酚类化合物和消化酶抑制剂等；内源性有害成分，如过敏原、硫代葡萄糖苷、有害氨基酸、凝集素、皂素、生物胺、水产食物中有害成分等；外源性有害成分如重金属元素、农药残留、二噁英及其类似物、兽药残留、渔药残留等；加工及贮藏过程中产生的有毒有害成分，如烧烤、油炸及烟熏等加工过程中产生的有毒有害成分，热作用下氨基酸的外消旋作用产物，硝酸盐、亚硝酸盐及亚硝胺、氯丙醇，容具和包装材料中的有毒有害物质等。近年来，食品中有害成分研究在以下方面更为重视：新有害成分的残留含量、种类、分子结构和特性、生成机制、毒理学评价等；有害成分在不同种类食品中的分子形态、理化特性及分布异同；有害成分在食品原料采后贮藏运输和加工过程中的形成、增减及迁移规律；有害成分源头控制方法及在采后贮藏和加工过程中的消减控制技术；有害成分无害化、新功能挖掘和方便准确快速检测新技术；食品有害成分污染源及迁移规律等。

“民以食为天，食以安为先”。近年来，各国在如何保障食品质量与安全方面已做了大量工作，但食品中内源性有害成分、食品中抗营养成分、加工及贮存过程中产生的有害成分、包装中的有害成分污染等安全隐患依然存在。因此，有必要了解食品中有害成分化学性质及危害性。本章所介绍的食品中有害成分不包括那些非法添加的成分，如苏丹红、工业用盐所污染的有害金属等。

根据结构和对人体的生理作用，食品中有害成分可进一步细分为：有毒成分、有害成分和抗营养素。食品中有毒成分是指这类成分在含量很少时就具有毒性；食品中有害成分是指这类成分含量超标时就会对人体产生危害；食品中抗营养素是指能干扰或抑制食品中其他营养成分被吸收利用的成分。值得注意的是，定义某物质是有毒、有害成分或是抗营养素是相对的。随着分析手段的提高和学科的进步，现阶段定义为有害成分，可能在一定量时是有益成分。另外，某些成分定义为抗营养素是指在特定的情况下它具有抗营养作用，如食品中酚类物质，当与蛋白质一道食用时，它对蛋白质的吸收有一定的抑制作用，此时它是抗营养素；然而它有抗氧化、清除自由基等作用，它又是天然的抗氧化剂和保健成分。

10.1 食品中抗营养素

食品的营养价值主要取决于其可食用部分的营养组成，如蛋白质、脂肪、糖类、矿质元素及维生素等。但这些营养成分在动植物体内的积累，主要是为了它们生长、繁殖及生存需要。另外，动植物为对抗微生物及其他动物等的损害，还进化出了一系列行之有效的防护系统，如形态学保护机制（生长棘刺、硬壳等）或化学保护机制（分泌异气，产生小分子量的对非体系有害的成分，如皂素、糖苷、生物碱等）。作物还有一种防护系统，即在其种子或可食部位积累一些蛋白质，这些蛋白质是有害的、不可利用和消化的，如核糖体失活蛋白(ribosome-inactivating protein，RIP)、抗真菌蛋白、蛋白酶抑制剂、淀粉酶抑制剂和糖结合蛋白等。

虽然皂素、酚类、植酸及草酸、RIP、抗真菌蛋白、酶抑制剂等具有一定生理活性，经分离制备后可有效地在功能食品及医药行业中推广应用，但这些物质在常规食品中过量存在时，会影响食品中其他有效成分的吸收和利用。因此，上述成分又统称为抗营养素。

为了更好地安全开发动、植物源食品，本节介绍食品中主要的抗营养素的种类、化学结构及有害性。

10.1.1 植酸

植酸（phytic acid）是环己六醇六全-二氢磷酸盐［myo-inositolhexakis（dihydrogen phosphate）］，化学命名为1，2，3，4，5，6-六全亚磷酸氧环己烷（图10-1）。它主要存在于植物的籽、根和茎中，其中以豆科植物的籽、谷物的麸皮和胚芽中含量最高。植酸既可与钙、铁、镁、锌等金属离子结合产生不溶性化合物，使金属离子的生物有效性降低，也可以植酸盐的形式与蛋白质类形成配合物，使金属离子更加不易被利用。因此，植酸是一种影响矿质元素吸收的主要抗营养成分。

植酸具有12个可解离的H质子，包括6个能在水溶液中完全解离的强酸基团（$pK_a=1.84$）、2个弱酸基团（$pK_a=6.3$）和4个很弱的酸基团（$pK_a=9.7$）。它可以与大多数的金属离子生成配合物（complex），而配合物的稳定性与食物的酸碱性及金属离子的性质密切相关。在pH为7.4时，一些必需的矿质元素与植酸生成配合物的稳定性顺序为：$Cu^{2+}>Zn^{2+}>Co^{2+}>Mn^{2+}>Fe^{3+}>Ca^{2+}$。当植酸与蛋白质或与$Ca^{2+}$、$Mg^{2+}$结合时，通常生成水溶性的化合物，然而它同大多数金属生成微溶性的配合物，特别当同时有Ca^{2+}和Zn^{2+}存在时，可促进生成锌-钙-植酸混合金属配合物。这种三元配合物在pH 3～9的范围内溶解度非常小，会以沉淀形式析出，特别是在pH为6时溶解度最小。然而，作为小肠吸收必需微量元素主要部位的空肠的上半部，pH正是6左右。更为重要的是，植酸在单胃动物中并不被小肠的细菌所降解，在整个小肠内仍然保持完整的结构。植酸除了影响食品中微量元素的吸收外，还会在小肠中结合胰液、胆汁中的内源性Zn和Cu等元素。由此可见，植酸不但影响了食物源中微量元素的生物利用度，同时还阻碍了内源性微量元素的再吸收。

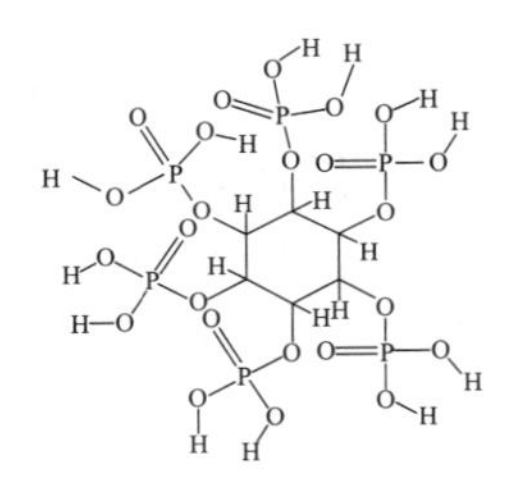

图10-1　植酸结构式

由表 10-1 可知，蔬菜中约有 10%的磷因与植酸结合难被人体吸收。在谷物中，植酸钙镁结合磷约占总磷含量的 40%，而在某些谷物中，甚至高达 90%（表 10-2）。

表 10-1　蔬菜中植酸、植酸磷复合物态磷及草酸的含量　　mg/100g

植物名称	植酸		植酸磷复合物		植酸磷复合物态磷（占总磷的百分比）/%		草酸	
	干重	鲜重	干重	鲜重	干重	鲜重	干重	鲜重
木薯	250	100	70	30	10.0	2.9	80	20
假木豆	250	190	70	60	7.8	8.1	110	20
红花豚草	250	160	70	40	16.3	4.7	50	10
塞拉利昂菠菜	270	140	80	40	4.2	5.7	100	20
南非叶	190	120	60	30	4.3	5.2	390	ND
螺穗木	180	120	50	30	4.7	4.2	50	ND
龙葵	160	100	400	30	4.1	3.1	70	ND
青葙	540	120	150	30	12.9	2.5	70	20
绿穗苋 V1	660	140	190	40	6.5	3.7	660	40
绿穗苋 V2	500	130	140	70	15.5	3.4	500	50
赤道买麻藤	31	60	90	20	16.1	15.0	50	ND
几内亚胡椒	390	120	110	30	6.3	2.6	270	ND
肯尼亚千年芋	170	80	50	20	2.8	1.7	180	20
沟槽葫芦	210	80	60	20	4.1	1.6	470	40
秋葵	190	80	60	30	4.7	32.4	790	10
紫甘蓝	490	80	140	20	19.6	14.4	56	50

表 10-2　主要食品中植酸钙镁结合磷的含量

食品	植酸钙镁结合磷	
	含量/(mg/100g)	占总磷含量的百分比/%
燕麦	208～355	50
小麦	170～280	47～86
大麦	70～300	32～80
黑麦	247	73
米	157～240	68
玉米	146～353	52～97
黑麦粉	160	56
大豆	231～575	52～68
核桃	120	24
花生	205	57
马铃薯	14	35
菜豆	12	10
胡萝卜	0～4	0～16
柠檬	120	81
橘子	295	91

植酸的化学结构中有 6 个带负电的磷酸根基团，具有很强的螯合能力，既能与金属阳离子结合又能与蛋白质分子进行有效配位，从而降低动物对蛋白质的消化率。当 pH 低于蛋白质的等电点时，蛋白质带正电荷（主要是 Lys 的 ε-氨基、Arg 的胍基和 His 的咪唑基），由于强烈的静电作用，易与带负电的植酸形成不溶性复合物；当 pH 高于蛋白质等电点时，蛋白质的游离羧基和 His 上未质子化的咪唑基带负电荷，此时蛋白质则以多价阳离子如 Ca^{2+}、Mg^{2+}、Zn^{2+} 等为桥，与植酸形成三元复合物。植酸、金属离子及蛋白质形成的三元复合物，不仅溶解度很低，而且消化利用率下降。由表 10-3 可知，pH 高低和植酸的存在都对蛋

白质的溶解度有重要的影响。以酪蛋白为例，其在 pH 为 2 时能 100%溶解，而在 pH 为 3 时，几乎不能溶解；加入植酸后，在 pH 为 2 的情况下，酪蛋白由原本的 100%溶解变为几乎不溶解；当加入植酸酶后，则可将其溶解度提升至 93%。来自玉米、葵花子、豆粕及细米糠等的蛋白质也同酪蛋白一样：当与植酸共存时，蛋白质溶解度显著降低；而加入植酸酶使植酸被破坏之后，溶解度又大大提高。有的蛋白质经处理后的溶解度甚至高于未处理的样本，如源自细米糠和菜籽的蛋白质。

表 10-3 植酸及植酸酶对蛋白质溶解度的影响

蛋白质种类或来源	pH=2			pH=3		
	A	B	C	A	B	C
酪蛋白	93	1	100	4	0	3
玉米	100	28	100	42	33	42
细米糠	57	16	22	47	33	39
菜籽	95	63	91	82	81	89
葵花子	90	26	100	28	23	34
豆粕	90	2	100	60	32	60

注：A 处理为蛋白质+植酸+植酸酶；B 处理为蛋白质+植酸；C 处理为蛋白质对照。

植酸可与内源性蛋白酶、淀粉酶、脂肪酶等配位，降低酶活性，从而导致蛋白质等营养素的消化率降低。而在动物饲料中添加植酸酶，则可提高蛋白质等的利用率。主要原因是，在植酸酶的水解作用下，植酸释放出磷的同时，也把与植酸配位的蛋白质释放出来，便于消化道分泌的各种蛋白酶作用，从而使其消化利用率得到提高。动物试验表明，添加植酸酶可明显提高蛋白质和氨基酸在猪小肠和大肠中的消化率。添加 1000U/kg 黑曲霉植酸酶可使氮沉积增加，日氮排出量减少 5.5g，日粮干物质、有机物、粗蛋白质的回肠表观消化率分别提高 1.2%～1.9%、1.1%～1.9%、1.6%～2.5%，Lys、Met、Cys-Cys、Trp、Ile、Thr 等氨基酸的回肠表观消化率提高幅度分别为 0.9%～2.4%、1.1%～3.9%、0.4%～3.6%、1.2%～4.4%、0.3%～2.1%和 1.8%～2.9%。另外，据报道，植酸酶对生长猪 P、Ca、蛋白质利用率有显著影响。仔猪日粮中添加 500U/kg 植酸酶，提高平均日增重 15.56%、饲料转化率 9.76%、氮利用率 7.64%。

在大多数情况下，植酸酶的应用，能提高动物对蛋白质的利用率，降低动物粪污中氮、磷排放，减少对环境的污染。但不同试验结果也有不一致之处，这主要与蛋白质植酸复合物的数量及植酸分布有关。不同谷物或油料种子中植酸的位置不同，如玉米中 90%的植酸盐在胚中，而油料种子（如大豆）的植酸盐与蛋白体结合，并存在于整个种子，花生、棉籽中的植酸盐集中在蛋白体膜内的晶状体或球状体的亚结构中。而且不同来源蛋白质与植酸形成配合物的能力也各不相同。因此，植酸酶对蛋白质利用率的影响主要与蛋白质的来源相关。

10.1.2 草酸

10.1.2.1 草酸的化学性质

草酸（oxalic acid）又名乙二酸，广泛存在于植物源食品中。草酸是无色的柱状晶体，易溶于水而不溶于乙醚等有机溶剂。分子中没有烃基，它除了具有一元酸的一些反应特性外，还有以下化学性质。

(1) 容易脱水和脱羧 草酸在加热到 150℃时，将发生脱水和脱羧反应，草酸被全部分解。

$$\begin{array}{l}\text{COOH}\\ |\\ \text{COOH}\end{array} \xrightarrow{150^\circ\text{C}} CO_2 + CO + H_2O$$

(2) 有还原性 草酸具有一定的还原性，在酸性条件下，可将一些氧化态的金属离子还原成低价态。如：

$$5(COOH)_2+2MnO_4^- + 6H^+ \longrightarrow 2Mn^{2+}+8H_2O+10CO_2$$

(3) 对金属元素的配位作用 草酸根有很强的配位作用，是植物源食品中另一类金属螯合剂，其存在对必需矿质元素的溶解性有很大影响，进而会影响其生物有效性。当草酸与一些碱土金属元素结合时，其溶解性大大降低，如草酸钙几乎不溶于水溶液（$K_{sp}=2.6\times10^{-9}$）；当草酸与一些过渡性金属元素结合时，由于配位作用，形成了可溶性的配合物，其溶解性大大增加。如：

$$Fe^{3+}+3C_2O_4 \rightleftharpoons [Fe(C_2O_4)_3]^{3+} \qquad (K_f=1.06\times10^{20})$$

10.1.2.2 草酸的有害性

草酸的有害性体现在两个方面，其一是食用含草酸较多的食品有造成尿道结石的危险，其二是使必需矿质元素的生物有效性降低。

目前尿路结石发生率较高，已成为临床的重要疾病。尿路结石的成分主要有草酸钙、磷酸钙、尿酸、磷酸铵镁、胱氨酸等，其中约80%为含钙结石，且以草酸钙为主。结石的成因与诸多因素相关，但目前尚有很多未明之处。虽然多年来对尿路结石成因的研究一直以尿中存在的钙为重点，但近年来草酸的重要性也日益明确。尿中存在的钙和草酸的摩尔比约为20∶1，尿中草酸浓度上升远比同等程度钙上升对饱和度的影响大。此外，尿中还存在有镁、柠檬酸以及高分子抑制物质，可防止结晶核成长、聚集和结晶向上皮的附着。这些结石形成抑制物质的质和量的异常也对结石形成起很大作用（图10-2）。

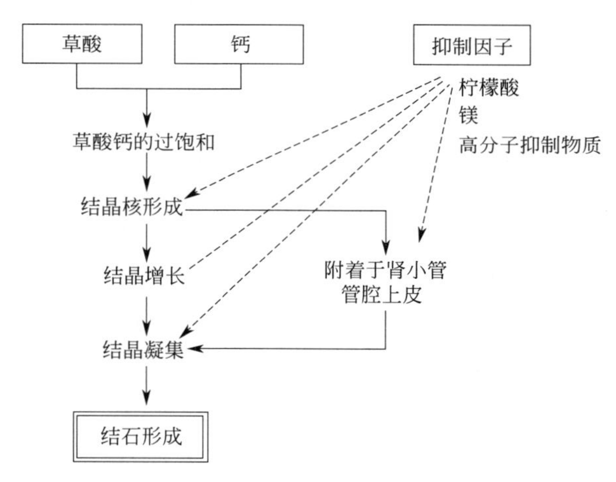

图10-2 草酸钙结石形成示意

草酸在不同植物中的含量差异较为显著。在对113种植物进行检测后发现，只有8种植物不含草酸，其余的105种植物的草酸平均含量为6.3%（干重）。人们日常饮食中，富含草酸的食物有菠菜、巧克力、花生、茶等。其中，菠菜的摄取过量将引起健康人发生高草酸尿。草酸的吸收也受同时摄入的钙和脂肪的影响。另外，草酸的吸收还与肠道内草酸分解菌有关。作为草酸分解菌，*Oxalobacter formigenes* 的存在与结石的发生频率相关，应用抗生素类物质可使草酸分解菌减少，这也提示其引起高草酸尿的可能性。

从草酸的化学性质可知，当一些必需矿质元素与草酸结合后，其生物有效性将大大降低。当植物源食品中草酸及植酸含量较高时，需要认真考虑这些必需矿质元素的生物有效性。尤其是用消化法测定必需矿质元素含量时，还应考虑这些元素中被草酸及植酸螯合的部分。因此，在制定食品中矿物质的摄入标准时，有必要考虑其内源性的植酸及草酸含量的影响。同样，当有较多的有害重金属残留时，它们对食品的安全影响也要考虑到草酸的存在。

10.1.3 多酚类化合物的抗营养性

多酚类的抗营养性首先表现在，多酚类与一些金属元素之间存在配位作用。某些花色素苷因为具有邻位羟基，能和金属离子有效地形成复合物。如 $AlCl_3$ 能与具有邻位羟基的花青素-3-甲花翠素和翠雀素形成复合物，而与不具邻位羟基的花葵素、芍药色素和二甲花翠素不能形成复合物。人们曾对能产生蓝色的花色素苷的结构进行了大量研究，认为颜色的产生是由于花色素苷等多酚化合物的共色素形成作用，以及同许多成分形成复合物。从已经分离出的这些复合物结构鉴定发现，它们含有阳离子，例如 Al^{3+}、K^+、Fe^{2+}、Fe^{3+}、Cu^{2+}、Ca^{2+} 和 Sn^{2+} 等。多酚类物质对人体必需的过渡性金属元素的配位作用表现出以下顺序：$Al^{3+}>Zn^{2+}>Fe^{3+}>Mg^{2+}>Ca^{2+}$。多酚类物质与这类过渡性金属元素的配位作用，必然会影响金属元素的生物有效性。

多酚类的抗营养性其次表现在，多酚类对蛋白质及酶的配位沉淀作用。多酚类对酶蛋白的配位沉淀作用是进行酶活性分析前必须考虑的重要环节。在酶活性分析时需要在酶提取液中加入大量的不溶性聚乙烯吡咯烷酮（PVP）、过量的还原剂或用硼酸盐缓冲剂；也可以在反应液中加入少量的吐温 80（Tween 80），以防止多酚类对酶蛋白的配位作用。

单宁与蛋白质、淀粉及消化酶形成复合物后，会降低食品的营养性。蛋鸡长期饲喂富含单宁的豆科饲料，不仅使饲料的利用率及产蛋率下降，而且会增加死亡率。受试大鼠虽能耐受饲料中 5%的单宁含量，但生长明显受到抑制。体外实验表明，在胃消化阶段加入表没食子儿茶素没食子酸酯（EGCG）、没食子儿茶素（EGC）和表儿茶素（EC），会使 β-酪蛋白水解度分别下降 20.64%、12.87%、17.69%，β-乳球蛋白水解度分别下降 34.21%、17.48%、24.31%；在肠道消化阶段，会导致 β-酪蛋白水解度分别下降 22.27%、15.48%、20.16%，β-乳球蛋白水解度分别下降 36.26%、22.90%、27.92%。

多酚类对食品利用率的抑制作用，可能有两方面的原因。其一是多酚类能明显地抑制消化酶，如果胶酶、淀粉酶、脂酶、蛋白水解酶、β-糖苷酶及纤维素酶等酶活性，从而影响多糖类、蛋白质及脂类等成分的消化吸收；其二是在消化道中多酚类物质可与一些生物大分子形成复合物，降低了这些复合物的消化吸收效率。研究表明，在利用发酵法除去高粱中的儿茶素的过程中，随着发酵的进行，儿茶素的含量逐渐减少，而蛋白质的消化率逐渐增加（图 10-3）。

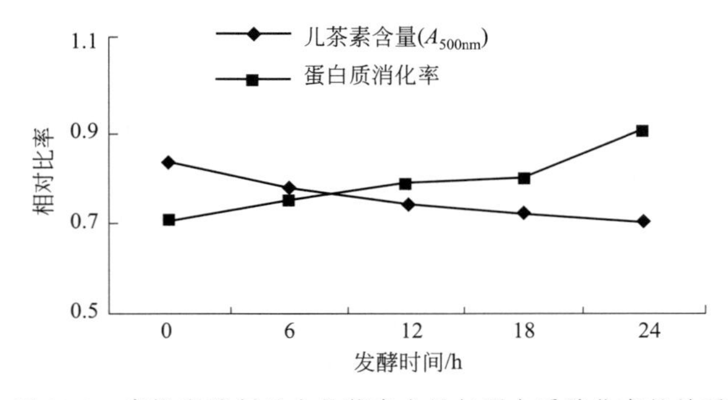

图 10-3 高粱发酵制品中儿茶素含量与蛋白质消化率的关系

10.1.4 消化酶抑制剂

消化酶抑制剂主要有胰蛋白酶抑制剂（trypsin inhibitor）、胰凝乳蛋白酶抑制剂（chrymotrypsin inhibitor）和α-淀粉酶抑制剂（α-amylase inhibitor）。胰蛋白酶抑制剂和胰凝乳蛋白酶抑制剂又常合称为蛋白酶抑制剂。从进化的角度，这些酶的抑制剂对植物体本身有益；但从营养的角度，它们抑制了人体对营养成分的消化吸收，甚至危及人体的健康，如食用生豆或加热不完全的豆制品会引起恶心、呕吐等不良症状。

10.1.4.1 消化酶抑制剂的组成和性质

蛋白酶抑制剂广泛存在于微生物、植物和动物组织中。豆科种子中蛋白酶抑制剂含量较丰富。来自豆科种子中蛋白酶抑制剂一般分为 2 类：Kunitz 型和 Bowman-Birk 型。Kunitz 型蛋白酶抑制剂分子质量较大，约为 20kDa，它与胰蛋白有专一性结合作用部位。Bowman-Birk 型蛋白酶抑制剂分子质量较小，约为 9kDa，它有 2 个结合部位，能同时抑制 2 个丝氨酸蛋白酶、胰蛋白酶或胰凝乳蛋白酶。Kunitz 型蛋白酶抑制剂热稳定性差，而 Bowman-Birk 型蛋白酶抑制剂的热稳定性强。

蛋白酶抑制剂因其来源不同而有所差异，但不同来源的蛋白酶抑制剂的氨基酸组成仍有很大的相似性：Cys 含量特高，其次是 Asp、Arg、Lys 和 Glu。Cys 侧链含有巯基，有利于形成分子内二硫键，这是蛋白酶抑制剂高度耐热、耐酸的原因所在。

豆科作物是人类重要的食物来源，这是因为它种植面大，易管理，同时又富含蛋白质等营养成分。但由于豆科种子中含有较高含量的消化酶抑制剂，处理不当不仅影响其营养性，还会产生安全隐患。因此，有必要介绍豆科种子中消化酶抑制剂的一些性质。

10.1.4.2 蛋白酶抑制剂的酸、碱及热稳定性

宽叶菜豆（*Phaseolus acutifolius*）非常耐旱，种植历史悠久。宽叶菜豆种子中蛋白质含量为 15%～32%，脂肪为 0.9%～1.7%，糖为 65.3%～69.1%。

将宽叶菜豆蛋白酶抑制剂（tepary been protein inhibitor，TBPI）、Bowman-Birk 型大豆胰蛋白酶及胰凝乳蛋白酶抑制剂（Bowman-Birk soybeen trypsin and chymotrypsin inhibitor，BBI）、Kunitz 型大豆胰蛋白酶抑制剂（Kunitz soybeen trypsin inhibitor，KSTI）和利马豆胰蛋白酶抑制剂（lima been trypsin inhibitor，LBTI）分别溶解在 3 种不同 pH 值的缓冲溶液中（pH 3.0 的 0.05mol/L 醋酸缓冲溶液、pH 7.0 的 0.05mol/L Tris-HCl 缓冲溶液和 pH 11 的 0.05mol/L Gly/NaOH 缓冲溶液）。TBPI、BBI 和 LBTI 的浓度均为 150μg/mL，KSTI 的浓度为 200μg/mL。

取上述各种蛋白酶抑制剂及宽叶菜豆碱浸提液各 1.0mL 混匀［取宽叶菜豆豆粉 1g，用 50mL 0.01mol/L 的 NaOH 溶液在室温和磁力搅拌下浸提 2h，离心（10000*g*）30min，收集上清液，用少量的 1.0mol/L 的 HCl 溶液调 pH 到 7.0］，置于密封管中。溶于 pH 7.0 缓冲溶液的在沸水浴中分别进行 60～360min 不等的热处理，溶于 pH 3.0 和 pH 11 缓冲溶液的在沸水浴中分别进行 120min 的热处理，每隔 20min 取样，观测各蛋白酶抑制剂对胰蛋白酶及胰凝乳蛋白酶活性的影响。

高温高压处理：将溶于 pH 7.0 缓冲溶液的上述各种蛋白酶抑制剂溶液和宽叶菜豆碱浸提液混匀后置于高压锅中（121℃和 1.03×10^5 Pa），分别连续处理 20min、40min、60min，然后取样观测各蛋白酶抑制剂对胰蛋白酶及胰凝乳蛋白酶活性的影响。

各种蛋白酶抑制剂的抑制作用按下式计算：

$$I=100\%\times(T-T^{*})/T$$

式中，T 和 T^{*} 分别表示无蛋白酶抑制剂和有蛋白酶抑制剂时胰蛋白酶及胰凝乳蛋白酶活性。

(1) 在中性条件下蛋白酶抑制剂有较高的热稳定性 纯化的宽叶菜豆蛋白酶抑制剂（TBPI）相对于宽叶菜豆碱浸提液，在100℃和中性条件下有较高的热稳定性（图10-4），纯化的宽叶菜豆蛋白酶抑制剂在100℃条件下，360min仍有70%的抗胰蛋白酶活性作用。

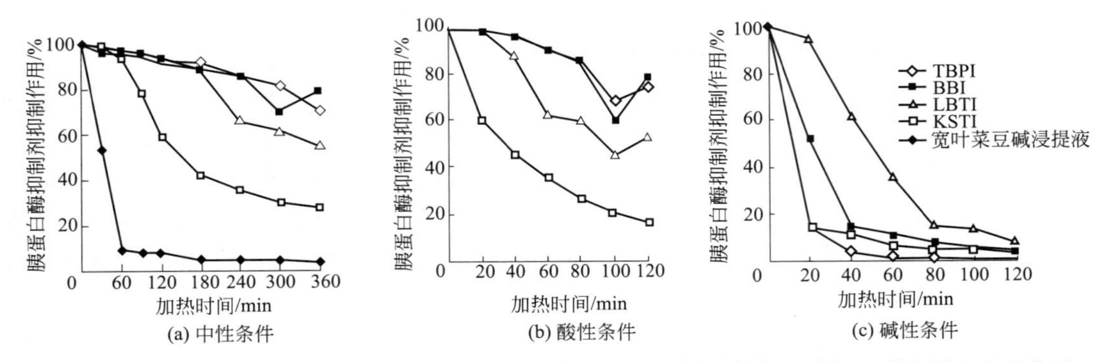

图10-4 纯品胰蛋白酶抑制剂和宽叶菜豆碱浸提液中胰蛋白酶抑制剂在不同pH条件下热失活作用

在所有的各种纯品蛋白酶抑制剂中，TBPI、BBI和LBTI比KSTI有较高的热稳定性。在100℃和中性条件下，TBPI、BBI和LBTI仍保留有60%的抗胰蛋白酶活性作用；而KSTI仅保留有25%的抗胰蛋白酶活性作用。

各种纯品蛋白酶抑制剂不仅有较高的热稳定性，还有一定耐高温和高压性质（图10-5）。宽叶菜豆碱浸提液中胰蛋白酶抑制剂在中性及高温高压条件下热失活作用较快，作用20min后，几乎完全失活。纯品蛋白酶抑制剂中TBPI、BBI和LBTI在中性及高温高压条件下对胰蛋白酶的失活作用较KSTI小，TBPI、BBI和LBTI在中性及高温高压条件下处理60min后，对胰蛋白酶仍有50%左右的抑制作用，而KSTI在相同条件下对胰蛋白酶仍有4%左右的抑制作用。

加热对胰凝乳蛋白酶抑制剂的影响见图10-6。相对于TBPI或宽叶菜豆碱浸提液中胰凝乳蛋白酶抑制剂而言，加热对BBI的失活作用较小，在中性条件下，沸水浴中加热360min，BBI仍保留有78%的对胰凝乳蛋白酶活性抑制作用。在相同条件下，TBPI仍保留有40%的对胰凝乳蛋白酶活性抑制作用。宽叶菜豆碱浸提液中胰凝乳蛋白酶抑制剂较TBPI和BBI在热作用下失活较快。

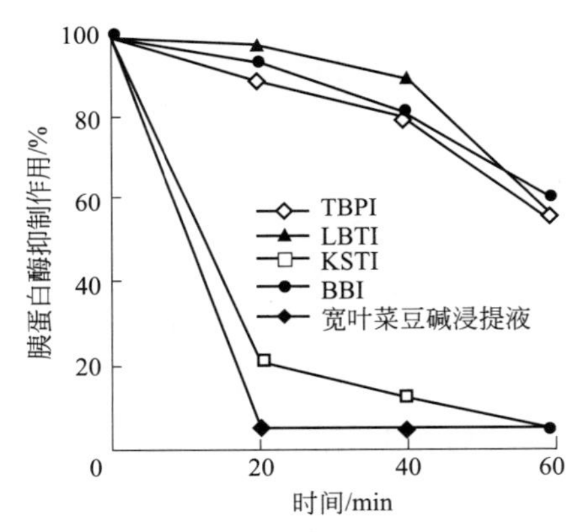

图10-5 纯品胰蛋白酶抑制剂和宽叶菜豆碱浸提液中胰蛋白酶抑制剂在中性及高温高压条件下的热失活作用

(2) 酸碱度对蛋白酶抑制剂热稳定性的影响 在加热条件下（100 ℃），如果溶液pH为3.0时，蛋白酶抑制剂有较高的热稳定性。TBPI和BBI在上述条件下，120min后仍保留有75%以上的对胰蛋白酶活性抑制作用，而LBTI和KSTI分别保留有49%和15%的对胰蛋白酶活性抑制作用。

在加热条件下（100℃），如果溶液pH为11.0时，蛋白酶抑制剂极易失活。除LBTI

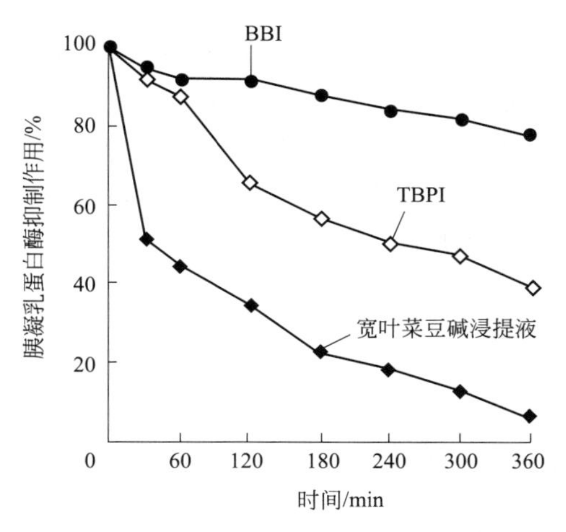

图 10-6 加热对胰凝乳蛋白酶抑制剂的影响

外，上述条件下，受试的各种蛋白酶抑制剂，40min 后对胰蛋白酶活性抑制作用仅保留加热前的 10%。LBTI 在加热的前 40min，保留有 60%的对胰蛋白酶活性抑制作用，120min 后仍保留有 10%的对胰蛋白酶活性抑制作用。由此可见，蛋白酶抑制剂在碱性条件下热稳定性要比在酸性条件下的热稳定性差。

10.1.4.3 消化酶抑制剂的作用机理

蛋白酶抑制剂为什么能对蛋白酶活性有较强的抑制作用？其作用机理是什么？目前普遍认为是消化酶抑制剂能与蛋白酶结合形成复合物，从而使蛋白酶失去活性。

胰蛋白酶抑制剂（trypsin inhibitor，TI）主要存在于大豆（soybean）中，Kunitz 型大豆胰蛋白酶抑制剂（STI）是其家族的原型成员。对 STI 的生物化学性质研究发现，STI 具有贮藏、调节内源蛋白酶活性及植物防御等作用。下面就消化酶抑制剂的三维结构及蛋白酶抑制剂作用机理逐一介绍。

(1) STI 的三维结构示意图 STI 大致呈球形，尺寸约为 45Å×42Å×40Å。由 12 条反平行的 β 链、连接这些 β 链的长环和一个 3_{10}-螺旋结构组成（图 10-7）。反应位点（Arg63-Ile64）位于一个突出的环上的末端。其中六条链（Aβ1、Aβ4、Bβ1、Bβ4、Cβ1 和 Cβ4）形成一个反平行的 β 折叠，其中一边被其他六条链形成的“盖子”封住。这种常见的折叠称作“β 三叶草折叠”（β-trefoil fold）。

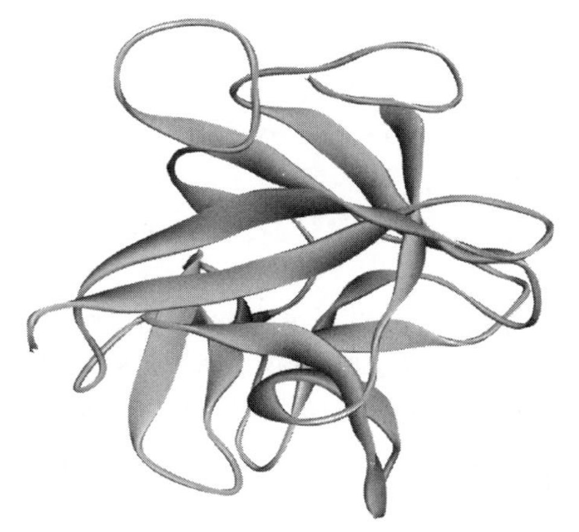

彩图 10-7

图 10-7 STI 的预测模型示意

蓝色、绿色、红色分别代表 β 链、环和 3_{10}-螺旋结构

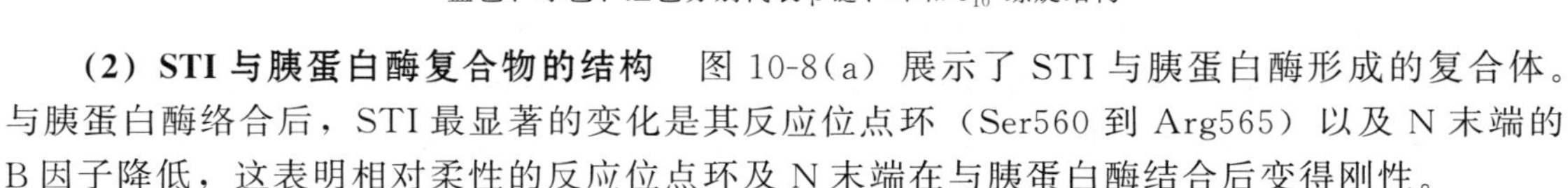

(2) STI 与胰蛋白酶复合物的结构 图 10-8(a) 展示了 STI 与胰蛋白酶形成的复合体。与胰蛋白酶络合后，STI 最显著的变化是其反应位点环（Ser560 到 Arg565）以及 N 末端的 B 因子降低，这表明相对柔性的反应位点环及 N 末端在与胰蛋白酶结合后变得刚性。

图 10-8(b) 展示了 STI 与胰蛋白酶之间的相互作用。STI 中有 11 个氨基酸可与胰蛋白酶发生相互作用，分别是 Asp1、Phe2、Asn13、Pro61、Tyr62、Arg63、Ile64、Arg65、

His71、Pro72 和 Arg119。STI 与胰蛋白酶之间的大多作用都涉及反应位点环上的 5 个氨基酸，STI 和胰蛋白酶之间的 14 个氢键中有 11 个氢键是由这 5 个氨基酸形成的。其中 STI 的带正电氨基酸 Arg63 的侧链占据了胰蛋白酶的主要活性口袋，它的胍基可与胰蛋白酶中 Asp189 的羧基发生离子相互作用，侧链的氮原子可分别与胰蛋白酶中 Ser190 的侧链氧原子和 Gly219 的羰基氧原子形成氢键。STI 中 Tyr62 的侧链位于胰蛋白酶 Leu99 和 His57 的侧链之间，与后者的咪唑环平行，同时它的羟基与 Asn97 的侧链形成氢键。

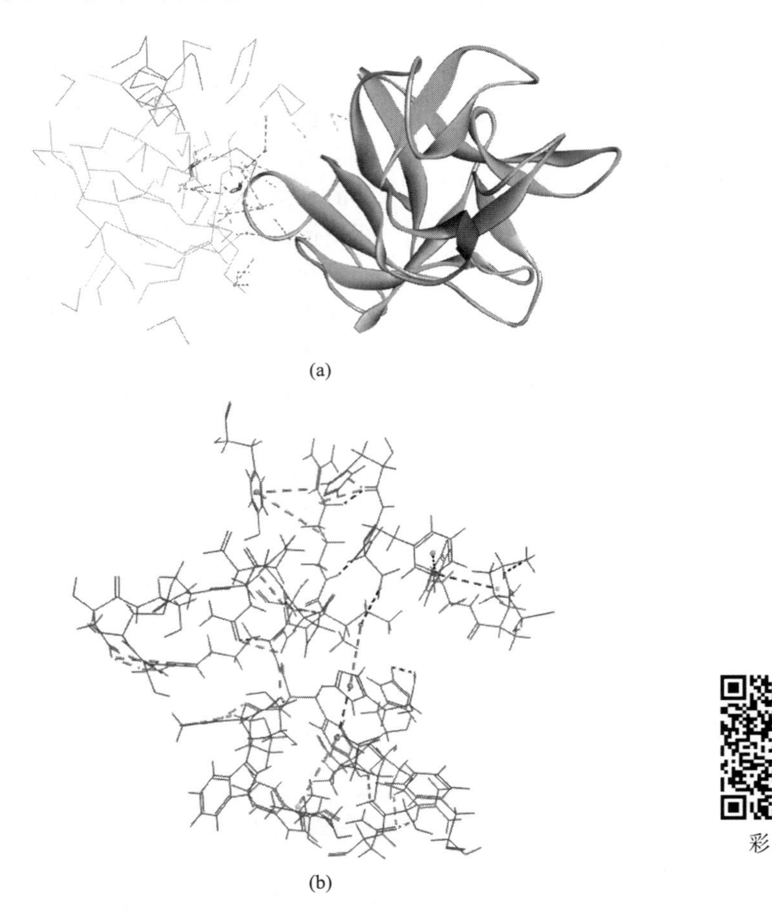

彩图 10-8

图 10-8 STI-胰蛋白酶复合物模型

(a) STI 结构以实心的带表示，胰蛋白酶以细线表示，虚线代表 STI 与胰蛋白酶之间的相互作用力；

(b) 蓝色实线代表胰蛋白酶，红色实线代表 STI，虚线表示相互作用力

(3) 蛋白酶抑制剂的作用机理 蛋白酶抑制剂与其靶酶的作用机理在近年才研究清楚。两者之间的作用方式主要分为 3 种。

① 互补型 抑制剂占据靶酶的识别位点与结合部位，并与酶的活性基团形成氢键而封闭靶酶的活性中心。胰蛋白酶抑制剂就属于这一类型的抑制剂。

② 相伴型 抑制剂分子不占据靶酶的识别位点，而是与酶分子并列“相伴”，并在与酶的活性基团形成氢键的同时封锁酶与底物的结合部位。如凝血酶抑制剂（水蛭素，hirudin）。

③ 覆盖型 抑制剂以类似线性分子的形式覆盖到靶酶活性中心附近的区域上，从而阻止酶的活性中心与底物接触。如木瓜蛋白酶抑制剂。

种子蛋白酶抑制剂与其靶酶的相互作用，通常如酶与底物之间的相互作用一样，属于互补型作用机理。首先是通过抑制剂暴露在外的一个结合环（或臂）识别靶酶并以主链间氢键与之结合，抑制剂与靶酶的主链之间还形成一种反平行β折叠结构，使酶分子构象发生轻微的改变，暴露出酶的活性部位。然后是抑制剂的活性中心与酶的活性基团通过氢键相连接，导致酶活性中心的闭锁。抑制剂与靶酶分子的接触面基本上是互补的，结合的结果导致抑制剂结合环的骤然“凝固”。但抑制剂的抑制环并不完全占据结合裂口，剩余的空间通常被少数溶液分子所填充，这使之有一定的自由度以适应外部环境的改变。

10.2 内源性有害成分

食物在提供营养成分和色素、芳香油等风味成分的同时，也含有一些对人体有害的成分，如有害糖苷类、有毒氨基酸、凝集素、皂素、有毒活性肽及毒素等。这些由食物原料体内产生的、对人体有害的一些成分，均可统称为内源性有害成分。如果这些成分在加工或烹调过程中不加以除去或破坏，则对人类健康构成安全隐患。

10.2.1 过敏原

10.2.1.1 概述

过敏原（allergen）是指存在于食品中可以引发人体对食品过敏的免疫反应的物质。食品成分所致的人体免疫反应主要是由免疫球蛋白 E（IgE）介导的速发过敏反应。正常情况下，大量的抗原在消化过程中被降解，然而，完全抗原（过敏原）能穿过肠壁进入体内，从而激发免疫反应。

食物过敏是一个重要的公共健康卫生问题，世界8%人口存在食物过敏。当人们食用某些食物后，如出现皮肤瘙痒、胃肠功能紊乱等过敏症状，这类食品则为过敏性食品。现在发现许多食品中都含有能使人过敏的过敏原，只是不同的人群对其敏感性不同而已。因此，对食品过敏原的理解，在不同国家和地区也各不相同，公众对它的认同意识也有较大的差异。

由于不同民族的居住环境差异和饮食习惯的不同，引起过敏的过敏性食品强弱的排列顺序可能会有所不同。但总的来说，引起即时型过敏频度较高的食品主要有下列8类，此8类占所有食物过敏病例的90%以上。它们包括：①牛乳及乳制品（如乳酪、干酪、酪蛋白、乳糖等）；②蛋及蛋制品；③花生及其制品；④大豆和其他豆类及豆制品；⑤小麦、大麦、燕麦等以及谷物制品（含面筋、淀粉等）；⑥鱼类及其制品；⑦甲壳类及其制品；⑧果实类（核桃、芝麻等）及其制品。

食物过敏的流行特征表现在：①婴幼儿及儿童的发病率高于成人。②发病率随年龄的增长而降低。一项对婴儿牛奶过敏的前瞻性研究表明，56%的患儿在1岁、70%在2岁、87%在3岁时对牛奶不再过敏。但对花生、坚果、鱼虾则多数为终生过敏。③人群中的实际发病率较低。由于临床表现难以区分，人们误将各种原因引起的食物不良反应均归咎于食物过敏，因此，人群自我报告的患病率明显高于真实患病率，对荷兰和英国成年人的3项研究中自述患病率为12%～19%，而经双盲对照食物激发实验（double-blinded placebo-controlled food challenges，DBPCFC）确认的仅为0.8%～2.4%。

10.2.1.2 食物过敏原的特点

食物过敏原是指能引起免疫反应的食物抗原分子，几乎所有的食物过敏原都含有蛋白质，大多数是水溶性糖蛋白，分子质量在10～60kDa。每种食物蛋白质可能含有一种或几种不同的过敏原。一般来说，某种食物的致敏性强弱与其对特异IgE结合能力及其过敏原在食物蛋白中的浓度有关。如果过敏原能结合至少50%来自患者血清的IgE抗体，该过敏原就被认为是主要过敏原。蛋白质的浓度也与过敏原强弱有关，如鸡蛋中卵清蛋白含量在50%以上，因而卵清蛋白为鸡蛋中最主要的过敏原。

过敏原存在以下几个特点：

(1) 多数食物都可引起过敏性疾病 小儿常见的食物过敏原有牛奶、鸡蛋、大豆等，其中牛奶和鸡蛋具有很强的致敏作用，是幼儿群体最常见的过敏原。致敏食物种类也因地区饮食习惯的不同而有差异。花生既是小儿也是成人的常见过敏原。海产品是诱发成人过敏的主要过敏原。虽然多数食物都能引起过敏反应，但约90%的过敏反应是由少数食物引起。

(2) 食物中仅部分成分具致敏原性 例如，蛋黄含有相对较少的过敏原，在蛋清中含有23种糖蛋白，但只有卵清蛋白、伴清蛋白和卵黏蛋白为主要的过敏原。

(3) 食物过敏原的可变性 加热可使一些次要过敏原的过敏原性降低，但主要的过敏原一般都对热不甚敏感，有些还会增加。一般情况下，超高压、辐照、酸度的增加和消化酶的存在可减少食物的过敏原性。

(4) 食物间存在交叉反应性 许多蛋白质可有共同的抗原决定簇（epitops），使过敏原具有交叉反应性。抗原决定簇是抗原物质分子表面或其他部位，具有一定组成和结构的特殊化学基团，能与其相应抗体或致敏淋巴细胞发生特异性结合的结构。结构已经确定的抗原决定簇称为抗原表位。如至少50%的牛奶过敏者也对山羊奶过敏，对鸡蛋过敏的患者可能对其他鸟类的蛋也过敏。植物的交叉反应比动物明显，如对大豆过敏的患者也可能对豆科类的其他植物如扁豆等过敏。Stutius等发现美国儿童在芝麻和花生或其他坚果之间存在交叉过敏反应。

10.2.1.3 食物中常见过敏原

一般来说，引起食物过敏的过敏原大都来源于蛋白质或含蛋白质的复合食物，而实际上与过敏反应相关的仅为其部分抗原决定簇（数个至数十个氨基酸）。近10年来，在免疫学、临床医学和食品化学研究人员的不懈努力下，目前对各种食物中的过敏原已有一定的了解，而且还积累了较多的基础数据。

上野等总结了鸡蛋和牛乳中不同蛋白质的过敏活性，其过敏活性数据如表10-4和表10-5所示。鸡蛋蛋白中具有较高过敏活性的蛋白质主要有卵清蛋白、伴清蛋白、卵黏蛋白和鸡蛋溶菌酶等4种，其中卵黏蛋白的稳定性最高，过敏活性也最高，这主要是由于其抗消化性最高，从而导致在肠内不易失去过敏活性的缘故。

表10-4 鸡蛋蛋白中过敏性的蛋白质及过敏活性

蛋白质	占总蛋白质的含量/%	分子质量/kDa	过敏活性
卵清蛋白(OVA)	54	43～45	++
伴清蛋白(CBM)	12	77	++
卵黏蛋白(OM)	11	28	+++
鸡蛋溶菌酶(HEL)	3.4	14.3	++

表 10-5　牛乳蛋白中过敏性的蛋白质及过敏活性

牛乳蛋白		占总蛋白含量/%	分子质量/kDa	过敏活性
酪蛋白	α_{s1}-酪蛋白	30	23.6	++
	α_{s2}-酪蛋白	9	25.2	−
	β-酪蛋白	29	24.0	−
	κ-酪蛋白	10	19.0	−
	γ-酪蛋白	2	12.0	−
乳清蛋白	α-乳白蛋白	4	14.2	+
	β-乳球蛋白	10	17.3	+++
	血清白蛋白	1	66.3	+
	免疫球蛋白	2	160.0～900	+
	蛋白胨	3		−

在牛乳蛋白质中，乳清蛋白质的β-乳蛋白以及酪蛋白中 α_{s1}-酪蛋白的过敏活性最高（表10-5）。

谷物来源的过敏原研究较多的有小麦和大米。特别是在欧美小麦过敏患者较多，小麦过敏主要是由于在小肠黏膜上缺乏分解面筋蛋白质的特殊酶的缘故。小麦中的过敏原还有麦胶蛋白和麦谷蛋白，前者的过敏活性要比后者高很多，在麦胶蛋白中Q-麦胶蛋白的过敏活性最高。大米过敏，主要发生在亚洲，激发由IgE介导的速发型超敏反应和主要由T细胞介导的迟发型超敏反应。大米中比较常见的过敏蛋白有14～16kDa的α-淀粉酶/胰蛋白酶抑制剂蛋白、磷脂转移蛋白和33kDa具有乙二醛酶Ⅰ活性的蛋白质，对热和蛋白酶具有较高的抵抗性。大米中还存在其他几种过敏原蛋白质，如属于2S清蛋白家族的分子质量为19kDa的大米过敏蛋白、大米储存蛋白中的26kDa的α-球蛋白、56kDa的糖蛋白、煮米饭蒸汽中的重要过敏原33kDa（具有乙二醛酶Ⅰ活性），以及与种子储藏蛋白Cupin家族同源的52kDa和63kDa的球蛋白。

对于坚果类的过敏原，以花生研究得比较充分，特别是在美国等西方国家，花生是主要的过敏原。早在20年前，就报道了多种花生过敏原，利用SDS-PAGE以及免疫印迹等技术已分离出三种主要的花生过敏原，其分子质量分别为15kDa、20kDa、66kDa。1992年Burks等确定了两种主要的花生过敏原即Ara H1（63.5kDa）和Ara H2（17kDa）。在随后的几年里，人们又陆续发现了其他的非主要过敏原。目前，世界卫生组织-国际免疫学联合会（WHO-IUIS）收录的花生过敏原共有17种类型，分别被命名为Ara h 1～17。Jayasena等认为Ara h 1～3和Ara h 6为主要的花生过敏原。不同处理方式可以改变花生的致敏性，例如热处理改变花生过敏原的分子结构，再如花生过敏原与所添加的其他成分（例如水、油或糖）发生作用。Cabanillas等发现烘烤后花生蛋白的致敏性增加。经烘烤处理，特别是美拉德反应发生后，花生蛋白的空间构象发生了变化，可能进一步影响肠上皮对花生蛋白的消化和吸收以及对免疫细胞的识别，表明糖修饰的结构对保持过敏原的稳定性起到相当重要的作用。

水产品中鱼类及其制品、甲壳类及其制品等产品中均有过敏原存在。在鱼类过敏原中，主要是肌浆蛋白中的小清蛋白，属于水溶性钙结合蛋白，是一类小分子的酸性糖蛋白，分子质量为11～12kDa，与 Ca^{2+} 结合，Ca^{2+} 结合的部位存在于Asp-Asp-Ser-Glu-Glu-Phe和Asp-Asp-Asp-Glu-Lys的两个区域，等电点在pH 4.75左右，分子氨基酸组成上缺Trp。根据蛋白质一级结构的序列分析，小清蛋白可进一步分为α型和β型。三文鱼的过敏原蛋白主要为Parvalbumin β1，Parvalbumin β2型蛋白质序列相差不大但致敏活性却大相径庭。而甲壳类的过敏原蛋白大多属原肌球蛋白，分子质量为36kDa的酸性糖蛋白，等电点在

pH4.5左右，其糖基的含量为4.0%。Pen a 1是虾的主要过敏原，此外还至少有12种过敏原蛋白。虾的主要过敏原为原肌球蛋白（33～38kDa），其次有精氨酸激酶（约40～42kDa）、肌球蛋白轻链（约18～20kDa）、肌质钙结合蛋白（约20～24kDa）、肌钙蛋白（约21kDa）、磷酸丙糖异构酶（约28kDa）、血蓝蛋白（60～90kDa）等。

据报道，土豆中也含有一种分子质量为45kDa、等电点为pH4.2的主要过敏原，它也是一种糖蛋白，并具有氧化酶样活性，在N末端没有发现游离的氨基。此外，在土豆中还发现了分子质量在42～62kDa的一些次要过敏原。土豆中糖蛋白Patatin和分子质量为53kDa的腺苷高半胱氨酸酶与IgE特异性结合。

芝麻是常食用的一种油料作物，其种子和油脂均可以引发过敏。芝麻过敏反应是IgE介导的Ⅰ型超敏反应，芝麻引起的过敏反应可在各个年龄段发生。研究发现芝麻过敏原的分子质量主要分布在8～80kDa之间，是一种小分子的酸性糖蛋白。芝麻中已知的过敏原有Ses i 1～Ses i 7共7种，主要过敏原是2S白蛋白和7S、11S球蛋白，其致敏活性由其抗原决定簇决定。因芝麻中过敏原组分较多，不同过敏原的空间构象以及抗原表位的数量构型皆不相同，目前没有任何脱敏技术能够完全消除芝麻过敏原的致敏性。

芥末是一种常见的调味料，主要有两类，绿芥末和东方芥末。绿芥末的过敏原Sina1是一种2S球蛋白，它包含两个二硫键连接的多肽链，每个多肽链分别含有39个和88个氨基酸残基，其分子质量在16～16.4kDa之间，并含有α螺旋结构能经受住蛋白酶和热的降解作用。东方芥末的主要过敏原Braj1，它和Sina1有严重的交叉反应，并且都含有大量的α螺旋结构，性质有很大的相似之处。一般来讲，东方芥末在美国和日本消费较多，而绿芥末在欧洲更为流行，但是商品的芥末一般都是二者的混合物，消费者食用时应注意。

总之，含有过敏原的动植物种类繁多，不同的过敏原之间存在着交叉反应，目前对于过敏原的性质还需要更进一步的研究。

除了上述内源性过敏原外，在食品加工过程中添加的食品添加剂也会引进不同程度的过敏反应。食品添加剂种类较多，如防腐剂、色素、抗氧化剂、香料、乳化剂、稳定剂、松软剂和保湿剂等，其中人工色素、香料引起过敏反应较为常见。为了延长食品的货架期、改善感官性状和口感，上述添加剂常被用于各类食品中。食品添加剂引起的过敏反应通常为非IgE介导的免疫反应，采用皮肤针刺实验特性IgE测定常为阴性反应，临床诊断只能通过DBPCFC来确诊。

食物过敏是个颇为复杂的问题，因为食物品种繁多，地区、季节、个人饮食习惯又各不相同，诊断和治疗都存在一定困难。随着工农业的发展和科技的进步，人民生活水平提高，新食品、调味品、添加剂等的种类都会逐渐增多。再加上运输、冷冻、储藏等使食品成分有所改变，人们将会接触更多的新的以前不曾适应的食品或成分，食物过敏的问题势将变得更为复杂。

10.2.2 有害糖苷类

10.2.2.1 概述

有害糖苷类是指由葡萄糖、鼠李糖等为配基所结合的一类具有药理性能或有毒性能的各种糖苷类化合物，主要指生氰配糖体类。有害糖苷类主要存在于木薯、甜土豆、干果类、菜豆、利马豆（lima bean）、小米、黍等作物中。消费者如食入过量的有害糖苷类，将表现出胃肠道不适等症状，体内糖及钙的运转受影响，高剂量有害糖苷类使碘失活等。有害糖苷类的含量受作物种类及栽培技术的影响常有不同。表10-6、表10-7表明了有害糖苷类的分布的作物种类及含量变化范围。

表 10-6 食品原料中的主要有害糖苷类

糖苷	食物原料	水解后的分解物
苦杏仁苷和野黑樱苷	苦扁桃和干艳山姜的芯	葡萄糖+氢氰酸+苯醛
亚麻苦苷	金甲豆种子	D-葡萄糖+氢氰酸+丙酮
巢菜糖苷	豆类(乌豌豆和巢菜)	巢菜糖+氢氰酸+苯醛
里那苷	金甲豆(黑豆)和鹰嘴豆、蚕豆	D-葡萄糖+氢氰酸+丙酮(产物还未完全确定)
百脉根苷	牛角花属的 Arabicus	D-葡萄糖+氢氰酸+牛角花黄素
蜀黍氰苷	高粱及玉米	D-葡萄糖+氢氰酸+水杨醛
黑芥子苷	黑芥末(同种的 Juncea)	D-葡萄糖+异硫氰酸盐丙酯+$KHSO_4$
葡萄糖苷	各种油菜科植物	D-葡萄糖+5-乙烯-2-硫代噁唑烷,或是致甲状腺肿物+$KHSO_4$
芸薹葡萄糖硫苷	各种油菜科植物	各种硫化氢化合物+H_2S+$KHSO_4$

表 10-7 典型的蔬菜中硫氰酸盐的含量 mg/100 g 鲜叶可食部分

蔬菜名称	硫氰基含量	蔬菜名称	硫氰基含量
花白菜变种、卷心菜	3～6	花白菜变种、球茎甘蓝	2～3
花白菜变种、皱叶甘蓝	18～31	欧洲油菜	2.5
花白菜变种、汤菜	10	瑞典芜菁	9
花白菜变种、硬花甘蓝、菜花	4～10	莴苣、菠菜、元葱、芹菜根及叶、菜豆、番茄、芜菁	<1

有毒糖苷的主要特征是在酶促作用下水解产生硫(代)氰酸盐、异硫氰酸盐和过硫氰酸盐。它们都是有毒的,并具有致甲状腺肿作用。从表 10-6 和表 10-7 中可知,多数的菜豆和油料植物都含有各种有毒糖苷,如果在食用前不能完全破坏其相关酶的活性,它们在人体内就会产生游离的硫氰酸盐。例如,在金甲豆中存在有亚麻苦苷,它按下式产生氢氰酸,从而产生毒害作用。

$$\text{亚麻苦苷} \xrightarrow[H_2O]{\beta\text{-葡萄糖酶}} \text{葡萄糖}+2\text{-氰基-}2\text{-丙醇} \xrightarrow[H_2O]{\text{醇腈酶}} \text{氢氰酸}+\text{丙酮}$$

10.2.2.2 硫代葡萄糖苷

十字花科蔬菜所具有的预防慢性疾病(包括心血管疾病、糖尿病、肥胖症等)、防癌抗癌、抗氧化等功效,与其中的酚类、硫代葡萄糖苷、类胡萝卜素、生育酚、抗坏血酸和类黄酮等有关,特别是硫代葡萄糖苷(glucosinolate,GSL,简称硫苷)及其降解产物异硫氰酸酯(isothiocyanates,ITC)等。十字花科植物包括诸如卷心菜、花茎甘蓝、芜菁、芥菜、萝卜和辣根以及水田芥等含有较多的 GSL。GSL 是植物的一种含硫次生代谢产物,已发现 100 多种。硫代葡萄糖苷及其降解产物具有多种生物活性、化学活性,硫代葡萄糖苷已被证实与十字花科蔬菜的风味及营养成分、植物自我保护机制以及人类的身体健康有着密切关系。特别是芳香族及吲哚硫代葡萄糖苷对癌肿瘤形成具有很大的抑制作用。然而,十字花科蔬菜中的硫代葡萄糖苷也是食物中常见的有害成分之一,是一种很强的致甲状腺肿物。

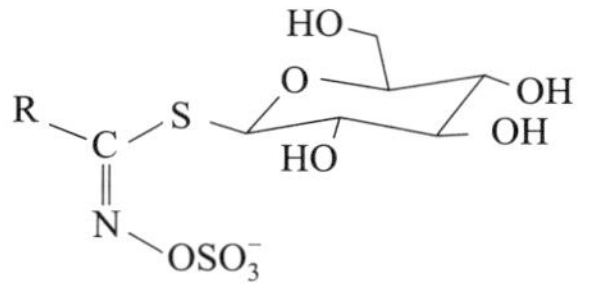

图 10-9 硫代葡萄糖苷的基本结构

(1) 硫代葡萄糖苷的基本结构和主要种类 硫代葡萄糖苷又称芥子油苷,是 *β*-硫葡糖苷 *N*-羟基硫酸盐(也称为 *S*-葡萄糖吡喃糖基硫羟基化合物),带有一个侧链及通过硫连接的吡喃葡萄糖残基,如图 10-9 所示。

侧链 R 基可为含硫侧链、直链烷烃、支链烷烃、烯烃、饱和醇、酮、芳香族化合物、苯甲酸酯、吲哚、多葡萄糖基及其他成分。目前发现的硫代葡萄糖苷中，约三分之一的硫代葡萄糖苷属含硫侧链族，硫以各种氧化形式（如甲硫烷、甲基亚硫酰烷、甲基硫酰烷）存在。目前为止，研究最多的是在十字花科植物中发现的侧链为烷烃、ω-甲基硫烷、芳香族或杂环的硫代葡萄糖苷。

（2）硫代葡萄糖苷在植物中的含量和分布 硫代葡萄糖苷广泛分布于双子叶被子植物的16个属中，其中包括很多可食品种。在这些植物中，已分离出120种不同的硫代葡萄糖苷。硫代葡萄糖苷主要分布在十字花科，该科含有350属3000种，如卷心菜、花茎甘蓝、芜菁、芥菜、水田芥、萝卜和辣根。对几百种十字花科植物进行的调查发现，这些植物均能合成硫代葡萄糖苷，且硫代葡萄糖苷已成为这些种的鉴定标记，其中部分种类是构成十字花科蔬菜独特风味的重要成分。在非十字花科的双子叶被子植物中，至少发现500种含有硫代葡萄糖苷。许多非十字花科的双子叶被子植物中也同样含有一种或两种硫代葡萄糖苷。

十字花科植物的硫代葡萄糖苷广泛分布于植物的根、茎、叶和种子中，但主要存在于种子中，通常硫代葡萄糖苷含量占种子中硫化物含量的一半。很难精确地描述不同的十字花科蔬菜中硫代葡萄糖苷的含量，不同的品种、不同生长环境、同一品种不同的植株以及同一植株的不同生长阶段、同一植株不同部位，硫代葡萄糖苷含量差异很大。在十字花科植物的某些组织中硫代葡萄糖苷的含量约占干重1%，而在某些植物种子中甚至可达到10%。例如，花椰菜的种子或幼苗每克可含有70mmol总硫代葡萄糖苷，其中吲哚硫代葡萄糖苷仅占1%，其余全部为含量相近的脂肪族硫代葡萄糖苷（aliphatic glucosinolates）、葡苷莱菔子素（glucoraphanin）、芥酸葡苷（glucoerucin）和甲亚磺酰基烷基硫代葡萄糖苷（glucoiberin）。而在后生长期，同样的植物，每克仅含约1mmol总硫代葡萄糖苷，其中脂肪族和吲哚硫代葡萄糖苷的含量大略相当。因此，植物的成熟度是决定植物中硫代葡萄糖苷种类和数量的主要因素。环境因素，如土壤的肥力、微生物侵害、受伤或植物生长调节也对生长植物中的特定硫代葡萄糖苷的含量有很大的影响。

（3）硫代葡萄糖苷的酶解及在加工中的变化 硫代葡萄糖苷是非常稳定的水溶性物质，是异硫氰酸酯的前体。在新鲜植物中，硫代葡萄糖苷的含量远高于其水解物异硫氰酸酯（图10-10）。

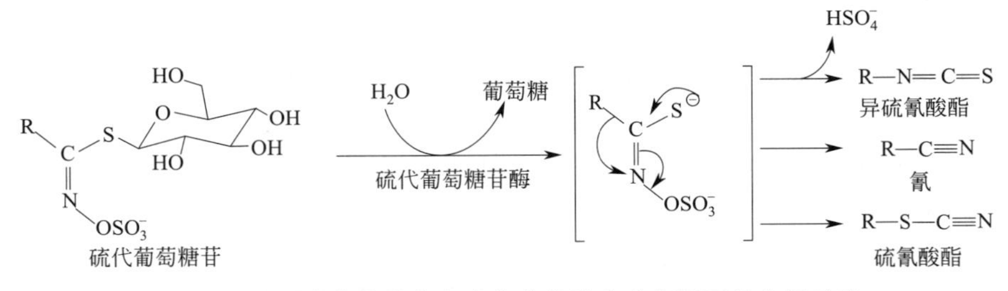

图10-10 硫代葡萄糖苷在硫代葡萄糖苷酶作用下的水解示意

相对无反应活性的硫代葡萄糖苷在硫代葡萄糖苷酶（myrosinase，EC 3.2.3.1）作用下可水解出多种产物。咀嚼新鲜的植物（如蔬菜）或在种植、采收、运输和处理过程中因擦伤或冷冻解冻导致的组织受损，也可导致硫代葡萄糖苷在酶作用下产生异硫氰酸酯。在以十字花科植物等为食材进行加工或直接食用过程中，都有较大量的异硫氰酸酯形成。因为植物组织中的硫代葡萄糖苷酶与硫代葡萄糖苷分处组织的不同部位，当细胞破裂后，酶水解作用发生，导致不同的降解反应。

硫代葡萄糖苷及其一些水解物是水溶性的。在烧煮过程中约损失50%以上，其余部分会进入到水中。其损失量因蔬菜的类别、品种及加工方式而有所不同。例如，制作色拉时，无论烧煮或发酵，卷心菜通常要切成片。尽管在卷心菜切割过程中要释放出芥子酶（myrosin），但硫代葡萄糖苷含量却有所增加，如吲哚硫代葡萄糖苷，特别是芸薹葡糖硫苷（glucobrassicin）在切碎后增加了4倍。这一现象的可能解释是，切碎触发了一个防御系统，该系统在植物受伤或受到昆虫侵害后也会起作用，通过有毒物质来抵御食草动物的伤害。

硫代葡萄糖苷酶可被抗坏血酸激活。在很多例子里，如抗坏血酸缺乏，硫代葡萄糖苷酶几乎无活性。激活作用不是依赖于抗坏血酸的氧化还原反应，而可能是由于抗坏血酸提供了一个亲核基团。抗坏血酸的活性激活作用是“不完全的”，例如，抗坏血酸提高了对硫代葡萄糖苷底物的 v_{max} 和 K_m。

（4）硫代葡萄糖苷的有害性 β-羟链烯基硫代葡萄糖苷，如致甲状腺肿素和前致甲状腺肿素可生成羟链烯基异硫氰酸酯。这些化合物环化生成的唑烷-2-硫酮，对哺乳动物有致甲状腺肿的作用。这个现象最先由 Webster 和 Chesney（1930 年）在兔子实验中观察到并称之为“卷心菜甲状腺肿”。尽管硫代葡萄糖苷是一种强致甲状腺肿物，但最近的研究表明膳食中的十字花科蔬菜能减少许多癌症的发病风险。

油菜饼中硫苷含量低的油菜（低于 30μmol/g）被认为是低硫苷品种，传统油菜硫苷含量达到 80～180μmol/g。硫苷多的菜饼作为饲料投喂时，易产生异硫氰酸盐、硫氰酸盐等毒性很强的中间产物，牲畜食用过多则会中毒，而且在榨油过程中也含有有毒的硫代物，且有辛辣味，严重影响油的品质。低硫苷油菜品种中硫苷的含量比传统油菜少 98%，可直接用做家畜饲料。

10.2.3 有害氨基酸

有害氨基酸基本是一些不参与蛋白质合成的氨基酸，如高丝氨酸、今可豆氨酸及 5-羟色氨酸等。在这类氨基酸中有些是氨基酸的衍生物，如 α，γ- 二氨基酪酸和 β-氰-L-丙氨酸等，有些是亚氨基酸成分，如 2-哌啶酸和红藻酸等。

非蛋白质氨基酸在植物体内含量一般较少，某些非蛋白质氨基酸只存在于特定的植物中。如茶氨酸只有在山茶属中存在，5-羟色氨酸在豆科中存在。

有些非蛋白质氨基酸如茶氨酸、蒜氨酸等不仅是无毒的，而且还赋予食品特色和保健作用。但是，有些则是有害的，如埃及豆中毒主要是由于含有 β-氨基丙腈及 β-*N*-乙酰-α,β-二氨基丙酸（β-*N*-oxalyl-α,β-diamino propionic acid，β-ODAP）之故；又如刀豆氨酸，存在于大豆等 17 种豆类中，由于它是精氨酸的拮抗物，从而影响蛋白质的代谢。

10.2.3.1 有害氨基酸的种类

动植物体内还有几百种非蛋白质氨基酸，它们多是动植物体内某些成分代谢的中间产物或终产物。有害氨基酸依据中毒部位分为骨质中毒型化合物和神经中毒型化合物。其中骨质中毒型化合物有 β-氨基丙腈、β-（*N*-γ-谷氨酰基）-氨基丙腈；神经中毒型化合物包括 α,γ-二氨基酪酸、β-氰基-L-丙氨酸、β-*N*-乙酰-α,β-二氨基丙酸、L-高精氨酸。

有毒氨基酸主要存在豆科植物中。目前约有 130 种豆科植物品种中含有有毒氨基酸，它们主要分布在寒带及热带非洲和南美洲的山区。这些豆科植物是当地主要经济作物，其中像香豌豆（*L. odoratus*）和蜡菊豆（*L. lastifolius*）作为观赏作物栽培。而鹰嘴豆（*L. sativus*）等是当地人畜重要的食物及饲料来源。自有记录以来，人畜食用上述豆制品常出现神经紊乱症状，如肢体瘫痪、神志不清等，尤其是当地闹饥荒其他粮食不足时，这类病症常有出现。通过对豆科 49 个品种的种子内非蛋白质氨基酸和相关性产物分析可知，造成神经中毒性化合物是L-高精氨酸和β-N-乙酰-α,β-二氨基丙酸等非蛋白质氨基酸。

经分析，在某些豆科品种中缺乏高精氨酸，但含有β-N-乙酰-α,β-二氨基丙酸、2,4-二氨基丁酸（2,4 - diaminobutanoic acid，aminobutyrine，DABA），α-N-和γ-N-草酰衍生物等有害氨基酸。因为它们对实验动物有高度的毒性，这些种子是不能作为食物原料的。

10.2.3.2 有害氨基酸的毒性

有害氨基酸不是人体必需氨基酸，它们的存在会干扰人体正常氨基酸的代谢。例如，金龟豆病（djenko sichness）是尿道病变的一种，多半是由于食用金龟豆的人易患此病。这是由于金龟豆中的今可豆氨酸（L-djenkolic acid）所致。今可豆氨酸主要来源于植物，如金龟豆、金合欢等种子。某些豆科品种含今可豆氨酸1%～2%，黑色变种中高达3%～4%。今可豆氨酸与胱氨酸结构相似（图10-11）。当食用了这一成分后，它能干扰胱氨酸代谢而使人患金龟豆病。在食品安全领域，今可豆氨酸作为有害氨基酸进行检测。近年来的研究发现今可豆氨酸具有多种生理活性，如抑菌、对皮肤病有特殊疗效等。

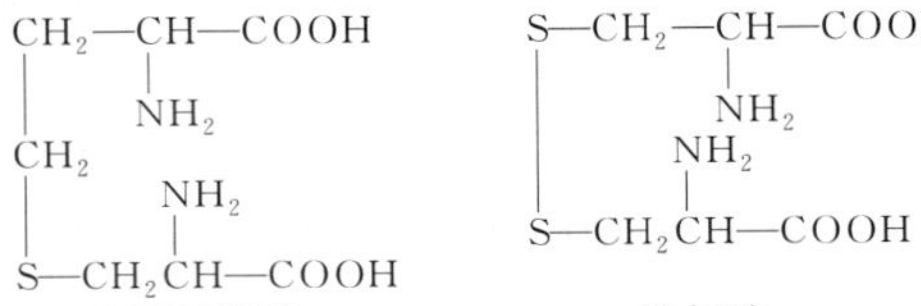

```
CH2—CH—COOH          S—CH2—CH—COOH
|    |               |       |
|    NH2             |       NH2
CH2                  |   NH2
|    NH2             |   |
|    |               S—CH2CH—COOH
S—CH2CH—COOH
  今可豆氨酸                胱氨酸
```

图10-11 今可豆氨酸与胱氨酸的分子结构比较

L-高精氨酸对人畜的安全性有不同的报道。L-高精氨酸在精氨酸酶的作用下可水解为赖氨酸，食入一定量的L-高精氨酸对人畜是有益的。Tews和Haiper给缺乏赖氨酸食物的饲料中加入L-高精氨酸饲喂大白鼠，结果发现并不能促进大白鼠生长，大白鼠的摄入量下降，脑中鸟氨酸、精氨酸及赖氨酸浓度下降。

可见，当豆子中L-高精氨酸浓度较低或摄入较少时，它对人体健康并没有可观察到的毒性，如小扁豆也含有L-高精氨酸，但小扁豆中L-高精氨酸含量要比鹰嘴豆等少得多，食用小扁豆是没有毒性的。

10.2.4 凝集素

10.2.4.1 凝集素的种类

凝集素（lectins）又称植物性血细胞凝集素，广泛分布于植物、动物和微生物中。凝集素是一类可使红细胞凝集的非免疫来源的多价糖结合蛋白或蛋白质，能选择性凝集人血中红细胞。一般说来，凝集素能可逆结合特异性单糖或寡糖。大多数的凝集素都有多个糖结合位点，能与寡糖交叉相连，分子质量91～130kDa，为天然的红细胞抗原，比较耐热，对实验动物某些凝集素有较高的毒性，如连续7d经口给小白鼠大蒜凝集素（剂量为80mg/kg），结果发现不仅小白鼠的食欲下降，体重也有明显减轻。

目前对凝集素的分类还没有统一的标准。有根据凝集素的整体结构分类，如部分凝集素（merolectin）、全凝集素（hololectin）、嵌合凝集素（chemerolectin）和超凝集素（superlectin）；有根据对糖的专一性对凝集素进行分类，如岩藻糖类、半乳糖/N-酰半乳糖胺类、N-酰葡萄糖胺类、甘露糖类、唾液酸类和复合糖类；有根据凝集素来源分类，如豆科凝集素类、甘露糖结合凝集素类、几丁质结合凝集素类（chitin-binding lectins）、2型核糖体失活性蛋白质类（type-2 ribosome-inactivating proteins，RIP）和其他作物中凝集素类；有根据凝集素对红细胞凝集情况，将凝集素可分为特异型和非特异型等。按进化及结构相关性可将凝集素分为 7 大家族。Peumans 等根据已有研究报道，他们将作物中已知的凝集素分为 5 大类，它们分别是：豆科凝集素类、甘露糖结合凝集素类、几丁质结合凝集素类、2 型核糖体无活性蛋白质类和其他作物中凝集素类。

10.2.4.2 凝集素的含量及性质

Peumans 等将 5 种类凝集素在各作物中含量、热稳定性及对相应食品的有害性进行了归纳（表 10-8～表 10-12）。

表 10-8 豆科凝集素类

品种名称(俗名)	组织	浓度/(g/kg)	食用毒性	热稳定性	对相应食品的有害性	
					原物	食品
Arachis hypogaea(落花生)	种子	0.2～2	轻微	不稳定	是	是
Glycine max(大豆)	种子	0.2～2	轻微	较低	是	未测
Lens culinaris (小扁豆)	种子	0.1～1	轻微	不稳定	是	未测
Phaseolus coccineus(红花菜豆)	种子	1～10	较高	中等	是	可能
Phaseolus lunatus(利马豆)	种子	1～10	较高	中等	是	可能
Phaseolus acutifolius(宽叶菜豆,tepary bean)	种子	1～10	较高	中等	是	可能
Phaseolus vulgaris(菜豆,kidney bean)	种子	1～10	较高	中等	是	可能
Pisum sativum(豌豆)	种子	0.2～2	轻微	不稳定	可能	未测
Vicia faba(蚕豆,fava bean)	种子	0.1～1	轻微	不稳定	可能	未测

注：热稳定性是指纯品凝集素水溶液，耐 90℃为热稳定性很高，耐 80℃为热稳定性高，耐 70℃为热稳定性中等，耐 60℃为热稳定性较低，60℃以下失活为不稳定（表 10-9～表 10-12 同）。

表 10-9 甘露糖结合凝集素类

品种名称(俗名)	组织	浓度/(g/kg)	食用毒性	热稳定性	对相应食品的有害性	
					原物	食品
Allium ascalonicum (红葱)	球茎	0.01～0.1	无毒	中等	无	无
Allium cepa(洋葱)	鳞茎	<0.01	无毒	中等	无	无
Allium porrum(韭)	叶	<0.01	无毒	中等	无	无
Allium sativum(大蒜)	鳞茎	0.5～2	无毒	中等	无	无
Allium ursinum (熊葱)	鳞茎	1～5	无毒	中等	无	无
Colocasia esculenta(芋头)	块茎	1～5	未测	中等	不清楚	无
Xanthosoma sagittifolium (芋头)	块茎	1～5	未测	中等	不清楚	无

表 10-10 几丁质结合凝集素类

品种名称(俗名)	组织	浓度/(g/kg)	食用毒性	热稳定性	对相应食品的有害性	
					原物	食品
Hordeum vulgare(大麦)	种子	<0.01	未测	高	是	可能
Oryza sativa(稻谷)	种子	<0.01	未测	高	是	可能
Secale cereale(黑麦)	种子	<0.01	未测	高	是	可能
Triticum vulgare (小麦)	种子	<0.01	中度	高	是	是
Triticum vulgare(小麦)	芽	0.1～0.5	中度	高	是	是
Amaranthus caudatus (苋属植物种子)抗真菌蛋白质	种子	0.1	无毒	很高	不清楚	不清楚
Cyphomandra betacea(新西兰番茄)	种子	<0.01	未测	不清楚	不清楚	不清楚
Lycopersicon esculentum(西红柿)	果实	<0.01	无毒	高	可能	可能

表 10-11 2 型核糖体无活性蛋白质类

品种名称(俗名)	组织	浓度/(g/kg)	食用毒性	热稳定性	对相应食品的有害性	
					原物	食品
Sambucus nigra (接骨木)	果实	0.01	未测	中等	是	可能

表 10-12 其他植物凝集素类

品种名称(俗名)	组织	浓度/(g/kg)	食用毒性	热稳定性	对相应食品的有害性	
					原物	食品
Artocarpus integrifolia(木菠萝)	种子	0.5～2	未测	未测	不清楚	不清楚
Cucurbita pepo(南瓜)	果实	<0.01	未测	未测	可能	不清楚
Musa paradisiac(香蕉)	果实	<0.01	未测	未测	不清楚	不清楚

从上述 5 类凝集素的食用毒性大小可知，豆类凝集素家族中，红花菜豆（runner bean)、利马豆（lima bean)、宽叶菜豆（tepary bean）和菜豆（kidney bean）不仅含量较高，而且对其相应的食物有较高的毒性。因此，豆类制品如果处理不当，如加热不够，往往会引起中毒，就与豆类含有大量的凝集素有一定的关系。动物实验表明，给鼠喂食含有凝集素的粗豆粉会中毒，重者造成肠细胞破裂，引起肠功能紊乱，轻者影响肠胃中水解酶活性，减少了肠胃对营养素的吸收，从而抑制摄取者的生长。

10.2.4.3 凝集素的结构

凝集素是一类糖结合蛋白质，它与免疫球蛋白不同，对特异性结合的糖类无酶促作用。凝集素的结构研究最早始于 20 世纪 70 年代对伴刀豆球蛋白的晶体结构的报道。1993 年发现第一个动物凝集素的结构，自那时起至少有 13 种动物凝集素的三维结构已分析清楚。在动物凝集素的三维结构的基础上，植物凝集素的结构已有一些报道。将动物凝集素与植物凝集素的三维结构进行了比较，不同的凝集素族其基本结构的关联性不强，所有凝集素对糖类特异性结合的位点除与基本结构组成有关外，还与凝集素上一些亚亲和位点有关，因此凝集素的三维结构较为复杂。

① 豆类凝集素类似β-三明治折叠结构　半乳糖凝集素类（galectins）是一类非常保守的β-半乳糖苷结合凝集素类。在 20 世纪 90 年代早期，人们发现半乳糖凝集素类和 pentraxins（是一类寡聚血浆蛋白质类）有豆类凝集素类折叠结构。豆类凝集素类折叠结构是一种反平行 β-三明治折叠结构。植物凝集素伴刀豆球蛋白 A 结构是最早清楚的凝集素结构。豆类凝集素类、半乳糖凝集素类和 pentraxins 虽然都有 β-三明治折叠结构，但它们的对糖类结合位点是不同的，其空间结构也不清楚。在豆类凝集素家族，只有 Ca 和一种过渡金属元素存在时，糖结合位点处残链才会有适宜空间结构存在，但 Ca 和过渡金属元素并不直接参与对糖类的亲和结合。在 pentraxins 家族中，血清糖元蛋白（SAP）有 2 个 Ca^{2+} 参与了对糖类的亲和结合。而半乳糖凝集素在其结合部位不需要任何金属离子的存在。应该注意的是，在豆类凝集素类、半乳糖凝集素类和 pentraxins 类三类凝集素家族中识别配体并不总是糖类。在豆类凝集素家族成员中，还含有 α-淀粉酶抑制素和一系列的 arcetins（这类凝集素的配体尚不清楚，但可与糖类结合）。最近还发现 ERGIC-53（一种钙依赖型动物凝集素）也存在有豆类凝集素的折叠结构。这说明上述各类凝集素有同源性，它们的折叠结构示意图见图 10-12。

② β-三叶草折叠结构　β-三叶草折叠结构是另一种相当普遍的折叠结构，最早报道的是大豆胰蛋白酶抑制剂。β-三叶草折叠结构由反复重复的 3 个亚区域组成，每个亚区域由 1 个四股反向平行的 β 片状所组成。蓖麻毒素中率先发现 β-三叶草折叠结构有糖识别区域，后来在苋菜碱中也发现这种现象。在动物源凝集素中有 2 种糖结合蛋白家族也采用这种 β-三叶草折叠结构，它们是成纤维细胞生长因子（fibroblast growth factors，FGF）和甘露糖受体中富半胱氨酸区域（cysteine-rich domain of the mannose receptor，cys-MR）。上述 4 种动植物凝集素的糖结合位点是有很大差别的。然而两种来源于蓖麻和苋菜的凝集素对糖的结合位

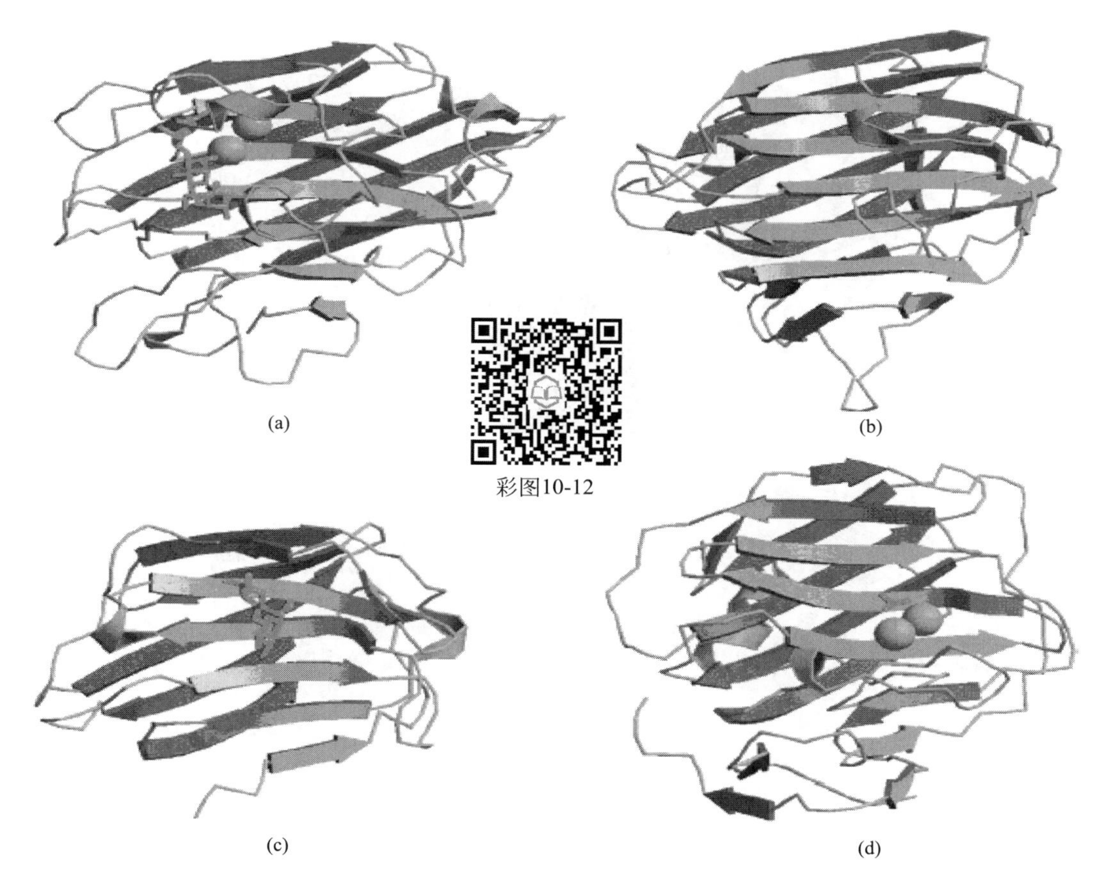

图 10-12　豆类凝集素类似 β-三明治折叠结构示意

豆类凝集素类：以伴刀豆球蛋白 A（Concanavalin A）结构为例，图（a）中伴刀豆球蛋白 A 与甘露三糖［Man（α1-3）Man（α1-6）Man］以复合物形式存在。图（b）为 ERGIC-53。半乳糖凝集素类：以人半乳糖凝集素-7 为例，图（c）中人半乳糖凝集素-7 与半乳糖以复合物形式存在。Pentraxins：以人血清淀粉样蛋白（serum amyloid protein，SAP）为例，图（d）中 SAP 有一醋酸分子占据了 MOβDG 结合位点。图中仅显示每种多聚蛋白中单体，所结合的糖体以球棒表示，金属离子以灰球表示，所结合的配体以绿色的球棒表示

点有相似性，两种来源于动物的凝集素 cys-MR 和 FGF2 对糖的结合位点有相似性。这 4 种凝集素的 β-三叶草折叠结构示意图见图 10-13。

③ Hevein 区域（Hevein domains）　Hevein 是从橡胶树的乳液中分离到的一种由 43 个氨基酸残基组成的小分子量蛋白质，为含一个单一壳多糖结合域的单凝集素，人们把这个壳多糖结合结构域称为 Hevein 结构域。动植物凝集素趋同化的第三种情况就是它们含 Hevein 结构域（图 10-14）。

10.2.5　皂素

皂素（saponin）是一类结构较为复杂的成分，由皂苷和糖、糖醛酸或其他有机酸所组成。大多数的皂素是白色无定形的粉末，味苦而辛辣，难溶于非极性溶剂，易溶于含水的极性溶剂。皂素对消化道黏膜有较强的刺激性，可引起局部充血、肿胀及出血性炎症，以致造成恶心、呕吐、腹泻和腹痛等症状。

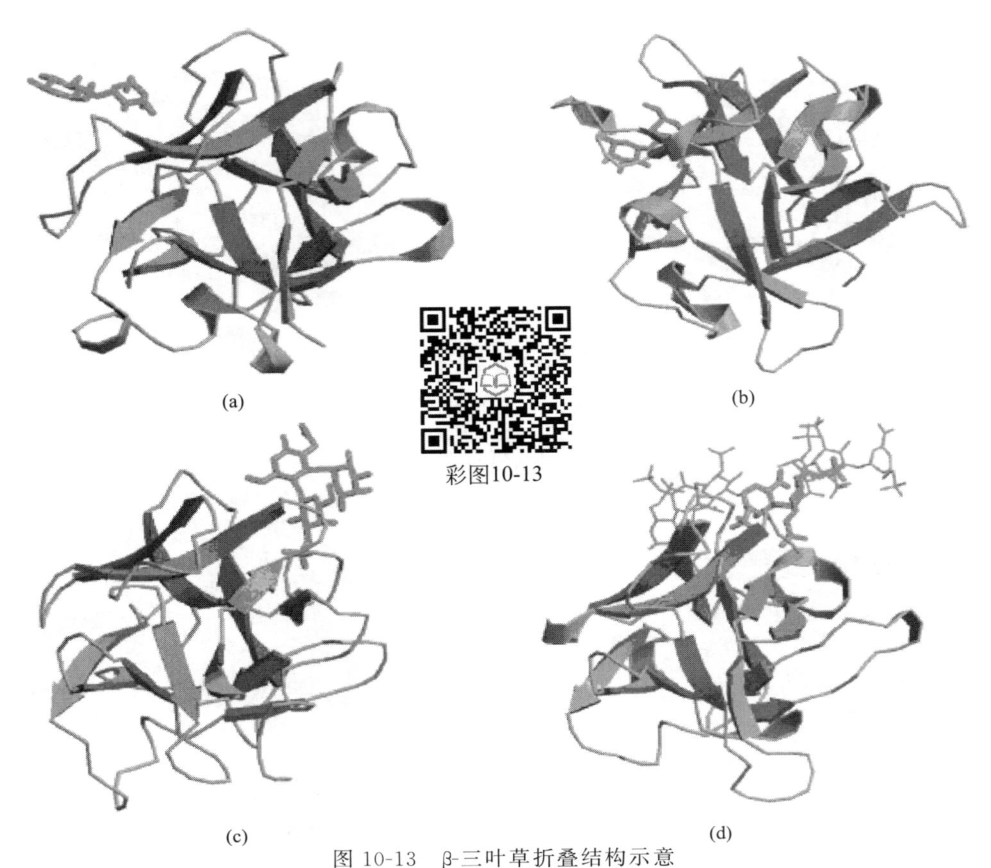

图 10-13　β-三叶草折叠结构示意

为清楚起见，图中 4 种凝集素只显示了 β-三叶草折叠结构中一个区域，所结合的糖类以绿色的球棒表示。图（a）为蓖麻凝集素，图（b）为苋菜凝集素，图（c）为甘露糖受体中富半胱氨酸区域，图（d）为成纤维细胞生长因子

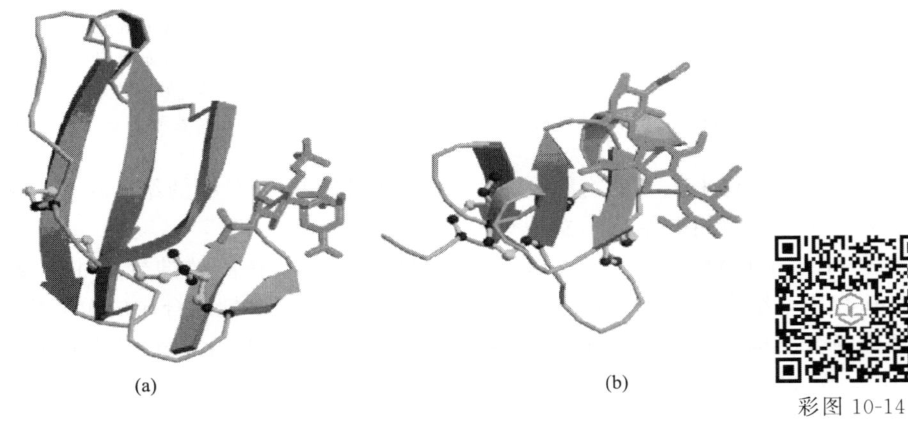

图 10-14　Hevein 折叠结构示意

壳二糖结合状态以绿色的球棒模式示意，图（a）凝集素制自眼镜蛇心毒素（cobra cardiotoxin），图（b）凝集素制自荨麻，为荨麻凝集素区域 A（nettle lectin domain A）

皂素广泛存在于植物界，在单子叶植物和双子叶植物中均有分布。有关皂素中毒较为常见。如芸豆，又称四季豆，是我国常用的一种食物。食用芸豆不当常会引起中毒的现象与芸豆中含有多种有害成分有关，皂素就是其一。目前对皂素结构、组成及生理生化特性研究较

多的是茶叶中皂素。自 1931 年日本学者青山新次郎从茶籽中分离茶籽皂素（theasaponin）以来，许多学者还从茶树其他部位也发现有皂素的存在。由于茶皂素（茶籽皂素和茶叶皂素的统称）既是茶叶成分之一，又具有特殊的生理活性，因此研究报道较多。现以茶皂素为例介绍皂素的结构、性质及毒性等。

10.2.5.1 皂素的基本结构和化学组成

皂素的基本结构由配基和配糖体及有机酸三部分组成，依其配基的结构分为甾体皂素和三萜类皂素。茶叶皂素的配基，目前认为主要有以下 4 种：R1-黄槿精醇（R1-barrigenol）、茶皂草精醇 B（theasapogenol B）、茶皂草精醇 D（theasapogenol D）和 A1-黄槿精醇（A1-barrigenol）。其中 R1-黄槿精醇和 A1-黄槿精醇仅存在于茶叶皂素中，在茶籽皂素中不存在。它们的结构及性质详见图 10-15 和表 10-13。从基本结构可知，不论是茶叶皂素还是茶籽皂素，它们均属于三萜类皂素。

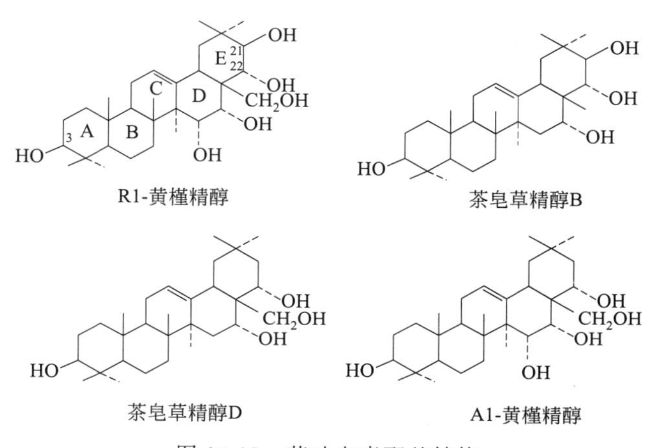

图 10-15 茶叶皂素配基结构

表 10-13 茶叶皂素的化学性质

配基名称	熔点/℃	分子量	化学分子式
R1-黄槿精醇	303～308	506	$C_{30}H_{50}O_6$
茶皂草精醇 B	284～288	490	$C_{30}H_{50}O_5$
茶皂草精醇 D	285～286	474	
A1-黄槿精醇	285～287	490	

茶叶皂素是由皂苷配基、配糖体和有机酸组成。皂苷配基除上述 4 种已知结构外，还有 3 种，但目前尚不清楚其结构。目前较清楚的是茶籽皂素中有机酸为当归酸、顺芷酸（惕格酸，tiglic acid，反-2-甲基 2-丁烯酸）和乙酸；茶叶皂素中有机酸为当归酸、顺芷酸和肉桂酸。构成茶叶皂素和茶籽皂素的配糖体主要是阿拉伯糖、木糖、半乳糖和葡萄糖醛酸。

10.2.5.2 茶皂素的理化性质、毒性及其他用途

茶皂素是一种无色的微细柱状结晶体，味苦而辛辣，具有很强的起泡能力。茶皂素的结晶不溶于乙醚、氯仿、苯等非极性溶剂，难溶于冷水、无水甲醇和无水乙醇，可溶于温水、二硫化碳、乙酸乙酯，易溶于含水乙醇、含水甲醇、正丁醇及冰醋酸、醋酐、吡啶等极性溶剂中。5-甲基苯二酚盐酸反应为绿色，其水溶液对甲基红呈酸性反应。

通常所说的皂苷毒性，是指皂苷类成分有溶血作用。茶皂素对动物红细胞有破坏作用，

产生溶血现象。以产生溶血的最大稀释倍数即溶血指数来衡量其活性大小。茶皂素的溶血性比茶梅（*Camellia sasanqua*）皂素低，但与茶叶（*Camellia sinensis*）皂素、山茶（*Camellia japonica*）皂素相当。茶皂素仅对血红细胞（包括有核的鱼血、鸡血和无核的人血等红细胞）产生溶血，而对白细胞无影响。其溶血机理据认为是茶皂素引起含胆固醇的细胞膜的通透性改变所致，最初是破坏细胞膜，进而导致细胞质外渗，最终使整个红细胞解体。发生溶血作用的前提是茶皂素必须与血液接触，因此在人畜口服时是无毒的。

茶皂素对冷血动物毒性较大，即使在浓度较低时对鱼、蛙、蚂蟥等同样有毒，但对高等动物口服无毒。对茶、茶梅和山茶 3 种山茶科植物皂素进行鱼毒的试验结果表明，茶梅皂素的鱼毒活性最高，山茶皂素最低，茶皂素居中，它们的半致死剂量（LD_{50}）分别为 0.25mg/L、4.5mg/L 和 3.8mg/L。水质的盐度能促进茶皂素的鱼毒活性，反映在淡水鱼上茶皂素的致死浓度较高（约为 5mg/L），对海水鱼的致死浓度一般小于 1mg/L。相同浓度的茶皂素，因渗透压因素，在 0.4%～1.0%盐度区间，鱼类死亡速度比较缓慢，低于或高于这一浓度区域时死亡均较快，其趋势呈一抛物曲线。此外，茶皂素的鱼毒活性随水温的升高而增强，因而在水温高时鱼死亡速度也加快。茶皂素在碱性条件会水解，并失去活性。海水是微碱性的，所以茶皂素在海水中 48h 以后即自然降解而失去活性，因此，它不会污染海水。据研究，茶皂素的鱼毒作用机理：一是破坏鱼鳃组织，二是引起溶血。首先是破坏鱼鳃组织，然后由鳃进入微血管，从而引起溶血，导致鱼中毒死亡。茶皂素对同样以鳃呼吸的对虾无此作用，其原因在于：一方面，虾鳃是由角质层发育而来的角质层区，表皮的主要成分是几丁质和蛋白质，与鱼鳃的结构及成分截然不同；另一方面，鱼的血液中携氧载体为血红素，其核心为 Fe^{2+}，而对虾血液携氧载体为血蓝素，其核心为 Cu^{2+}。茶皂素的鱼毒作用已经应用在水产养殖上作为鱼塘和虾池的清池剂，清除其中的敌害鱼类。经东海、黄海、渤海三大海域的海岸线数百公顷对虾塘应用，均取得了良好的效果。

茶皂素除作为水产养殖场所的清池剂外，茶皂素还是一种性能良好的天然表面活性剂。主要用来制造水油乳剂、啤酒工业的发泡剂、日用化工方面的洗洁剂、农药的湿润剂、机械工业用的减磨剂等。

10.2.6 生物胺

生物胺（biogenic amine，BA）常存在于动植物体内及某些食品中。高组胺鱼类有鲐鱼、鲹鱼、竹荚鱼、鲭鱼、鲣鱼、金枪鱼、秋刀鱼、马鲛鱼、青占鱼、沙丁鱼等青皮红肉海水鱼。生物胺在酱油、酱、鱼露、咸鱼、干酪、葡萄酒、发酵香肠、发酵蔬菜等多种发酵食品中存在。

微量生物胺是生物体（包括人体）内的正常活性成分，在生物细胞中具有重要的生理功能。但当人体摄入过量的生物胺（尤其是同时摄入多种生物胺）时，会引起诸如头痛、恶心、心悸、血压变化、呼吸紊乱等过敏反应，严重的还会危及生命。

10.2.6.1 生物胺的化学性质

生物胺是一类含氮的具有生物活性的低分子量有机化合物的总称。可看作是氨分子中 1～3 个氢原子被烷基或芳基取代后而生成的物质，是脂肪族、酯环族或杂环族低分子量有机碱。根据其结构，生物胺可分为三类：①脂肪族类，如腐胺、尸胺、精胺、亚精胺等，它们是生物活性细胞必不可少的组成部分，在调节核酸与蛋白质的合成及生物膜稳定性方面起着重要作用；②芳香族类，如酪胺、苯乙胺等；③杂环胺类，如组胺、色胺等。根据其组成成分，生物胺又可以分为单胺和多胺。单胺主要有酪胺、组胺、腐胺、尸胺、苯乙胺、色胺等。一定量的单胺类化合物对血管和肌肉有明显的舒张和收缩作用，对精神活动和大脑皮质有重要的调节作用；多胺主要包括精胺和亚精胺，其在生物体的生长过程中能促进 DNA、RNA 和蛋白质的合成，加速生物体的生长发育。常见生物胺见图 10-16。

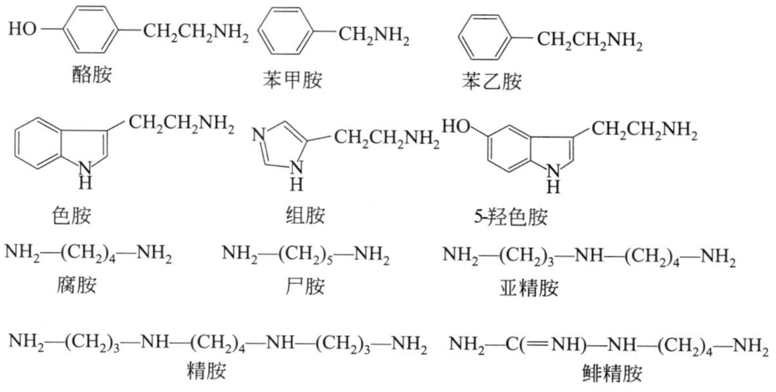

HO—C₆H₄—$CH_2CH_2NH_2$ 酪胺　　C₆H₅—CH_2NH_2 苯甲胺　　C₆H₅—$CH_2CH_2NH_2$ 苯乙胺

色胺（吲哚—$CH_2CH_2NH_2$）　　组胺（咪唑—$CH_2CH_2NH_2$）　　5-羟色胺（HO—吲哚—$CH_2CH_2NH_2$）

$NH_2—(CH_2)_4—NH_2$ 腐胺　　$NH_2—(CH_2)_5—NH_2$ 尸胺　　$NH_2—(CH_2)_3—NH—(CH_2)_4—NH_2$ 亚精胺

$NH_2—(CH_2)_3—NH—(CH_2)_4—NH—(CH_2)_3—NH_2$ 精胺　　$NH_2—C(=NH)—NH—(CH_2)_4—NH_2$ 鲱精胺

图 10-16　部分生物胺的化学结构

10.2.6.2　生物胺的形成机制

生物胺通常是由活性细胞中分泌的氨基酸脱羧酶专一性催化相应游离氨基酸发生脱羧基作用而形成的。氨基酸的脱羧基作用是将 α-羧基转移掉而形成相应的生物胺化合物。

通过对氨基酸脱羧作用的机理研究发现，氨基酸的脱羧机制主要有两种。一种为吡哆醛-5′-磷酸盐反应机制。吡哆醛-5′-磷酸盐参与 Schiff 反应，其连接在脱羧酶蛋白序列中的赖氨酰基残基上。在吡哆醛-5′-磷酸盐的脱羧基作用中，吡哆醛-5′-磷酸盐通过自身催化作用来使氨基酸发生反应。吡哆醛-5′-磷酸盐可以看作是酶蛋白的活性因子来参与反应。另一种为非吡哆醛-5′-磷酸盐反应机制。在非吡哆醛-5′-磷酸盐的脱羧基作用中，丙酮酰基团代替了吡哆醛-5′-磷酸盐，丙酮酰基团是通过共价键将苯乙胺的残基与氨基酸附于酶上，继而进行氨基酸的脱羧作用。

10.2.6.3　生物胺的食品安全问题

尽管早期研究已经发现生物胺对生物的生长不可或缺，但多胺在新陈代谢中的确切任务仍不是很清楚。所有的细胞都可以通过利用外部资源来合成多胺。尽管每个细胞都有合成多胺的能力，但生物体仍需要源源不断地从食物中吸收多胺，大量的多胺并不都存留在内脏组织中，而是输送到身体的各个器官。另一些种类的胺类物质，如儿茶胺、吲哚胺和组胺等能调节神经系统活动，控制血压。组胺有降压作用，苯乙胺和酪胺则有升压作用。有报道显示，酪胺还具有显著的抗氧化作用，并推测这种抗氧化作用是由酪胺的氨基和羟基引起的。精胺、亚精胺和腐胺可以抑制不饱和脂肪酸的氧化速度。食品中几种生物胺的生理作用见表 10-14。

表 10-14　食品中几种生物胺的生理作用

生物胺	生理作用
组胺	释放肾上腺素和去甲肾上腺素，刺激子宫、肠道和呼吸道的平滑肌，刺激感觉神经和运动神经，控制胃酸分泌
酪胺	边缘血管收缩，增加心率，增加呼吸作用，增加血糖浓度，消除神经系统中的去甲肾上腺素，引起偏头疼
腐胺和尸胺	引起低血压、破伤风、四肢痉挛
β-苯乙胺	消除神经系统中的去甲肾上腺素，增加血压，引起偏头疼
色胺	增加血压

生物胺是生成亚硝基类致癌物质的前体。食品适量的生物胺对人体的各种生理机能是有调节作用的，但一旦食品中产生过多的生物胺，造成过量摄入，则会引起生理机能的改变，从而对健康产生危害。

生物胺中组胺对人类健康的影响最大，其次是酪胺。组胺广泛存在于自然界多种植物和动物体内。它是由组胺酸在组胺酸脱羧酶催化下脱羧生成。在动物体内，组胺是一种重要的化学递质，在细胞之间传递信息，参与一系列复杂的生理过程。组胺受体主要有两种亚型，即 H_1 受体和 H_2 受体。组胺作用于 H_1 受体，除引起变态反应，如皮肤过敏等，还可引起毛细管扩张及其通透性增加，兴奋支气管和胃肠道平滑肌，引起支气管哮喘和胃肠绞痛。组胺作用于 H_2 受体，可刺激胃壁细胞，引起胃酸分泌增多，而胃酸分泌过多与消化性溃疡及胃癌的形成有关。此外，组胺被报道为血管生成因子，能够促进细胞增殖。有研究报道，在肿瘤细胞中发现了组氨酸脱羧酶的过度表达和组胺含量升高，推测组胺可能参与细胞的癌变和肿瘤扩散，目前这方面的研究仍在进行中。

研究表明，口服 8～40mg 组胺会产生轻微中毒症状，超过 40mg 产生中等中毒症状，超过 100mg 将产生严重中毒症状。防治组胺中毒的药物主要有两类：组胺 H_1-受体拮抗剂和组胺 H_2-受体拮抗剂。前者主要作为抗过敏药，如扑尔敏、盐酸异丙嗪、特非那啶等，后者主要作为抗消化性溃疡药，如雷尼替丁、法莫替丁等。

酪胺能够引起血管扩张，微量酪胺是维持机体内正常血压的物质。正常情况下，酪胺和多胺在单胺氧化酶作用下代谢成无害的代谢产物。但单胺氧化酶抑制剂却能够阻止酪胺和多胺的代谢，从而使之在血液中达到较高的水平。人体摄入高水平的酪胺能够引起头疼、心悸、恶心、呕吐及高血压等不良症状。由于酪胺可与单胺氧化酶抑制剂相互作用从而引起严重危害，对于偏头疼患者或服用单胺氧化酶抑制剂（抗抑郁症药物）的患者，需要摄入不含酪胺的饮食。研究表明，口服酪胺超过 100mg 引起偏头痛，超过 1080mg 引起中毒性肿胀。

当食品中生物胺含量达到 1000mg/kg 时会对人体健康造成极大的危害。除了组胺、酪胺本身的作用外，其他生物胺的存在会增强组胺和酪胺的不良作用。食用奶酪和海水鱼类发生组胺中毒的事件时有报道。有些生物胺，如尸胺、腐胺等能够与亚硝酸盐反应生成亚硝胺等杂环类致癌物质。在已发现的细胞增殖中多胺起到重要作用。一种生物胺的毒性作用与许多因素有关，如其他生物胺的存在、胺类氧化酶的存在、肠道的解毒功能等。少数生物胺敏感人群对生物胺的耐受量要远低于上述的毒性剂量。同样，对于服用胺类氧化酶抑制剂（如降压药）的消费者，组胺、酪胺和苯乙胺的危险剂量都低于上述范围。因此，很难确定一个标准来衡量生物胺的毒性。美国 FDA 通过对爆发组胺中毒大量数据的研究，确定组胺的危害作用水平为 500mg/kg。欧美及我国已经对部分食品中组胺含量做了限量要求。美国 FDA 要求进口水产品组胺不得超过 50mg/kg。欧盟规定鲭科鱼类中组胺含量不得超过 100mg/kg；其他食品中组胺不得超过 100mg/kg，酪胺不得超过 100～800mg/kg。我国 GB 2733—2015 规定鲐鱼、沙丁鱼等青皮红肉海水鱼中组胺不得超过 400mg/kg，其他海水鱼不得超过 300mg/kg。

10.2.6.4 食品中生物胺形成的因素

生物胺形成需要 3 个基本条件：①游离氨基酸前体；②能产氨基酸脱羧酶的微生物；③适宜这类微生物和酶发挥作用的环境。因此生物胺存在于多种食品尤其是发酵食品（如奶酪、葡萄酒、啤酒、米酒、发酵香肠以及酱油、鱼露等发酵调味品）中。

有人认为葡萄酒中的组胺及其他生物胺可以作为衡量葡萄酒生产过程中卫生条件好坏的一个主要指标。水产品、肉类制品等蛋白质含量丰富的食品中生物胺含量与其鲜度密切相关。影响食品中生物胺形成的因素主要有以下几种。

(1) 微生物 生物胺的形成与食品体系中的细菌、酵母菌和霉菌有关。其中，在发酵类食品中，与生物胺形成有关的微生物主要是乳酸菌，这些乳酸菌具有很高的氨基酸脱羧酶活力。以发酵鱼露为例，产胺菌是鱼露中生物胺的主要制造者。组胺因毒性强，相关研究较多。如沙丁鱼鱼露主要产组胺菌种是微球菌（*Micrococcaceae*）；其他产组胺菌还有盐水四联球菌（*Tetragenococcus muriaticus*）、嗜盐四联球菌（*Tetragenococcus halophilus*）、普通变形杆菌（*Proteus vulgaris*）、克雷柏氏菌（*Klebsiella pneumoniae*）、蜂房哈夫尼菌（*Hafnia alvei*）和肠膜明串珠菌（*Leuconostoc mesenteroides*）等。此外，酪胺产生菌有嗜盐四联球菌（*T. halophilus*）和类芽孢杆菌（*Paenibacillus tyramigenes*）等。发酵食品体系中不但存在着产胺菌，也存在有降胺菌。研究发现从鱼露中分离出的降胺菌多属于乳酸菌、微球菌、酵母菌和古细菌等。例如，植物乳杆菌（*Lactobacillus plantarum*）和干酪乳杆菌（*Lactobacillus casei*）、奥默柯达酵母（*Kodamaea ohmer* M8）、*Staphylococcus carnosus* FS19、嗜盐古细菌（*Natrinema gari* BCC 24369）、*Halomonas shantousis* sp. nov.、*Millerozyma farinose* A3 和 *Enterococcus faecium* R7 等。

(2) 原料 生物胺是由氨基酸脱羧作用形成的，因此需要原料和中间产物中含有大量氨基酸。例如在啤酒的酿造过程中，为了保证酵母正常的生理功能，麦汁中所含的 α-氨基酸应保持在 200mg/L。

(3) 工艺条件

① pH 值。pH 值是影响发酵类食品中生物胺生成最重要的环境因素。它可以影响细菌的代谢活力和代谢方向。当葡萄酒 pH 低于 3.5 时，*Pediococcus* 属细菌生长受到强烈抑制，*Oenococcus* 属细菌成为 MLF（葡萄酒苹果酸-乳酸发酵）的主导菌；当 MLF 完成以后，葡萄酒的 pH 值上升（通常高于 3.5），处于潜伏状态的 *Pediococcus* 属细菌快速繁殖，由于此时营养缺乏，*Pediococcus* 属细菌就会分解酒中的氨基酸产生生物胺。如果在较高 pH 值条件下进行 MLF，葡萄酒中的乳酸菌区系非常复杂，除了 *O. oeni* 外，其他种的乳酸菌也有可能参与这一过程，这就增加了不良微生物（如产生生物胺的乳酸菌）感染的概率，容易造成酒中生物胺的含量升高。pH 值影响脱羧酶活性。当 pH 值很低时，鲭鱼体内酪胺含量会有很大升高。有报道也证实 pH 值大于 3.77 时葡萄酒中的组胺含量增多。酪胺在奶酪中的最佳生物合成 pH 值为 5.0，这个 pH 值也是组氨酸脱羧酶活性的最佳值，但在其他生物体内这个结论并不成立。人们发现在鲣鱼体内 His 向组胺转化的最佳 pH 值为 4.0。酸性环境有利于氨基脱羧酶活性的增加，一般为 pH 4.0～5.5 之间。

② 温度。温度是影响生物胺生成的又一重要因素，特别是在发酵食品中。低温下产胺菌生长缓慢，导致食品中的组胺在 10℃时生成量降低，至 5 ℃时几乎不再合成。有实验表明，在 0 ℃时，采用相同菌种的产品发酵香肠，酪胺含量比在 22℃下低 18mg/kg。根据 10～100mg/kg 酪胺含量的潜在毒理作用，一个敏感的人食用 50～500g 这种贮存在 22℃的香肠，就会引发病症。其他生物胺的变化趋势也是如此，即贮存温度越高，生物胺增加速度越快。

③ 供氧量。供氧量也是影响胺类物质生物合成的一个重要因素。*Enterobacter cloacae* 在厌氧和好氧条件下产生的腐胺量各为总量的一半，*Klebsiella pneumoniae* 厌氧条件下生成尸胺量较少，但却有较强的产腐胺能力。空气中二氧化碳含量达到 80%时 *Proteus morganii* 的组胺酸脱羧酶活性就会受到抑制。培养基中，组氨酸量过高时，组氨酸脱羧酶的活性也会受到抑制。因为组胺的存在会降低 *Photobacterium histaminum* C-8 的活力。组胺和

腐胺也会抑制 *Ph. phosphoreumn* -14 的组胺酸脱羧酶活力。

④ 水分活度。水分活度的大小直接影响到微生物的活性与数量，从而影响生物胺的生成量。

⑤ 适当添加抑制剂。例如，在啤酒的发酵过程中，如果有少量的杂菌混迹其中，按0.5g/L 添加富马酸可抑制绝大多数细菌的生长，进而抑制生物胺的产生。

10.2.7 水产食物中有害成分

10.2.7.1 河豚毒素（tetrodotoxin，TTX）

TTX 是豚毒鱼类中的一种神经毒素，为氨基全氢喹唑啉型化合物，分子式 $C_{11}H_{17}O_8N_3$，分子量 319.27。河豚毒素是无色、无味、无臭的针状结晶，不溶于水和有机溶剂，可溶于弱酸性水溶液。河豚毒素是一种生物碱，它在弱酸中相对稳定，在强酸性溶液中则易分解，在碱性溶液中则全部被分解。河豚毒素对紫外线和阳光有强的抵抗能力，经紫外线照射 48 h 后，其毒性无变化；经自然界阳光照射一年，也无毒性变化。在胰蛋白酶、胃蛋白酶和淀粉酶等作用下不被分解。对盐类也很稳定。用 30%的盐腌制 1 个月，卵巢中仍含毒素。在中性和酸性条件下对热稳定，能耐高温。一般家庭的烹调加热河豚毒素几乎无变化，是食用河豚中毒的主要原因。TTX 是一种毒性极强的天然毒素，经腹腔注射对小鼠的 LD_{50} 为 8.7μg/kg，其毒性是氰化钠的 1000 多倍。

10.2.7.2 麻痹性贝类毒素（paralyfric shellfish poison，PSP）

PSP 广泛分布于全球各大海域，是一类对人类生命健康危害最大的海洋生物毒素。PSP 是一类四氢嘌呤的衍生物，其母体结构为四氢嘌呤。到目前为止，已经证实结构的 PSP 有 20 多种。根据基团的相似性，PSP 可以分为：氨甲酰基类毒素（carbamoyl compounds），如石房蛤毒素（saxitoxins，STX）、新石房蛤毒素（neosaxitoxins，neoSTX）、膝沟藻毒素 1-4（gonyautoxins GTX1-4）；*N*-磺酰氨甲酰基类毒素（*N*-sulfocarbamoyl compounds），如 C1-4、GTX5、GTX6；脱氨甲酰基类毒素（decarbamoyl compounds），如 dcSTX、dc-neoSTX、dcGTX1-4；脱氧脱氨甲酰基类毒素（deoxydecarbamoyl compounds），如 doSTX、doGTX2，3 等。PSP 易溶于水且对酸、对热稳定，在碱性条件下易分解失活。PSP 呈碱性，有较大的水溶性，可溶于甲醇、乙醇。*N*-磺酰氨甲酰基类毒素在加热、酸性等条件下会脱掉磺酰基，生成相应的氨甲酰基类毒素，而在稳定的条件下则生成相应的脱氨甲酰基类毒素。PSP 是一类神经和肌肉麻痹剂，其毒理主要是通过对细胞内钠通道的阻断，造成神经系统传输障碍而产生麻痹作用。中毒的临床症状首先是外周麻痹，从嘴唇与四肢的轻微麻刺感和麻木直到肌肉完全丧失力量，呼吸衰竭而死。症状通常在 5～30min 出现，12h 内死亡。典型症状为：①轻度中毒者，唇周围有刺痛感和麻木感，逐渐扩散到口舌部和颈部，手指和脚趾有刺痛感，伴有头痛，眩晕，恶心；②重度中毒者，语言不清，刺痛感扩散到双臂和双脚，手足僵硬，不协调，全身虚弱，乏力，呼吸稍微困难，心跳加快；③病危者，肌肉麻痹，明显出现呼吸困难，感觉窒息，在缺氧条件下死亡率极高。

10.2.7.3 西加鱼毒（ciguatera fish poison，CFP）

CFP 最初是指食用古巴一带名为西加（Cigua）的一种海生软体动物而引起的中毒。现在泛指食用热带、亚热带海域，生活在珊瑚礁周围和近岸的以藻类和珊瑚礁碎渣为食物的有毒鱼类（河豚除外）而引起的中毒。CFP 是目前赤潮生物产物的主要毒素之一，已从有毒鱼类和赤潮生物中分离出三种西加鱼毒毒素：西加毒素（ciguatoxins，CTXs）、刺尾鱼毒素（maitotxin，MTX）和鹦嘴鱼毒素（scaritoxin，STX）。其中 CTX 和 MTX 为主要组分。

CTXs 是由 13 个连接醚环组成的聚醚毒素，它是一种无色、耐热、非结晶体、极易被氧化的物质。它能溶于极性有机溶剂如甲醇、乙醇、丙酮中，但不溶于苯和水中。该毒素是一种高毒性的化合物，小鼠腹腔注射实验表明其 LD_{50} 为 0.45μg/kg，其毒性强度比 TTX 大 20 倍。CFP 引起人体中毒症状有消化系统症状、心血管系统症状和神经系统的症状。消化系统症状包括恶心、呕吐、腹部痉挛、腹泻等，部分患者口中有金属味；心血管系统症状包括心率低或过快，血压降低；神经系统症状包括口、唇、舌、咽喉发麻或针扎感，身体感觉异常，有蚁爬感、瘙痒、温度感觉倒错，其中温度感觉倒错具有特征性，可与急性胃肠炎、细菌性食物中毒做鉴别。一般食用有毒鱼类 1～6h 出现上述某些中毒症状，特殊情况下在食用有毒鱼类 30min 或 48h 后也可以出现某些中毒症状。西加鱼类中毒偶尔可能是致命的，急性死亡病例发生于血液循环破坏或呼吸衰竭。

MTX 也是聚醚类化合物。它是一种高极性化合物，可以溶于水、甲醇、乙醇、二甲基亚砜，但不溶于氯仿、丙酮和乙腈。MTX 为白色固体，极易被氧化，在 1mol/L 盐酸溶液或氢氧化铵溶液中加热，毒性不受影响。由小鼠腹腔注射实验表明 MTX 的 LD_{50} 为 0.15μg/kg，其毒性比西加毒素高 2 倍。

STX 是一种脂溶性毒素，其某些化学性质与色谱性质与西加毒素相似，但经 DEAE 纤维素柱色谱和 TLC 分析，它们的极性有所差异。在波长 220nm 以上的紫外线范围内均无吸收，由于其结构复杂，至今尚未确定它的完整结构。

10.2.7.4 腹泻性贝类毒素（diarrhetic shellfish poison，DSP）

DSP 是一类脂溶性物质，其化学结构是聚醚或大环内酯化合物。根据这些毒素的碳骨架结构，可以将它们分为三组。

(1) 酸性成分 包括具有细胞毒性的大田软海绵酸（okadaic acid，OA）和其天然衍生物轮状鳍藻毒素（dinophysistoxin，DTX）。大田软海绵酸是 C_{38} 聚醚脂肪酸衍生物，轮状鳍藻毒素 1（DTX_1）是 35-甲基大田软海绵酸，轮状鳍藻毒素 2（DTX_2）则为 7-*O*-酰基-37-甲基大田软海绵酸。

(2) 中性成分 蛤毒素（pectenotoxin，PTX），包括 PTX1-6。

(3) 其他成分 扇贝毒素及其衍生物。

大田软海绵酸（OA）是无色晶体，熔点是 156～158℃，$[\alpha]_D^{20}=23°$（$c=0.043$，$CHCl_3$）。能溶于甲醇、乙醇、氯仿和乙醚等有机溶剂，不溶于水。轮状鳍藻毒素 DTX_1 是白色无定形固体，熔点 134℃，$[\alpha]_D^{20}=28°$（$c=0.046$，$CHCl_3$），其薄层色谱 R_f 值为 0.42。轮状鳍藻毒素 DTX_2 的薄层色谱 R_f 为 0.57，在酸性和碱性溶液中不稳定。蛤毒素 PTX_1 是白色晶体，熔点为 208～209℃，$[\alpha]_D^{20}=17.1°$（$c=0.41$，CH_3OH），$\lambda_{max}=$ 235nm。PTX_1、PTX_2、PTX_3 和 PTX_4 的薄层色谱的 R_f 值分别为 0.43、0.71、0.49 和 0.53。扇贝毒素 $PeTX_2$ 是白色固体，$[\alpha]_D^{20}=16.2°$（$c=0.015$，CH_3OH），薄层色谱 R_f 值为 0.71。

三类毒素的毒理作用各不相同。OA 对小鼠腹腔注射的半致死剂量为 160μg/kg，会使小鼠或其他动物发生腹泻，并且具有强烈的致癌作用。PTX 对小鼠的半致死剂量为 16～77μg/kg，主要作用是肝损伤。扇贝毒素对小鼠的半致死剂量是 100μg/kg，主要破坏动物的心肌功能。

10.2.7.5 有毒活性肽

海洋生物中存在着种类众多的蛋白质、肽类毒素，这些毒素性质独特，在生物医药、分子生物学的研究和应用方面有广阔前景。目前研究较多的海洋肽类毒素有海葵毒素、芋螺毒素等。

(1) 海葵毒素 (palytoxin) 海葵是一种腔肠动物，属珊瑚虫纲六珊瑚亚纲，是丰富的近海动物之一。海葵触手中含有丰富的肽类毒素。已经从约 40 种海葵中分离到超过 300 种毒素，根据分子质量以及生物学功能的不同，可以分为海葵溶细胞毒素（分子质量约 20kDa）及海葵多肽类神经毒素（分子质量 3～7kDa）两大类。

细胞溶素是细菌、真菌、蛇毒、昆虫毒中一种常见的肽类化合物。从海葵中已分离出了 60 余种细胞溶素类毒素，分子质量在 15～20kDa 之间，它们作用于专一性受体，而能选择性地与细胞膜的脂质结合，引起疼痛、炎症及肌肉麻痹等。研究最多的海葵细胞溶素是分离自刺海葵的刺海葵素，分子质量为 17kDa，结构特征是 N 末端有一个长的 β 折叠疏水段和 5 个短的 β 折叠疏水段，其中 60%～70%氨基酸间构成氢键，因此形成特殊的跨膜蛋白结构。C 末端为强极性区段，位于膜外，在膜上构成通道。

(2) 芋螺毒素 (conotoxin, CTX) 芋螺科动物属于腹足纲软体动物，分布于热带海洋中的浅水区，全世界共有 500 多种芋螺，我国有 60～70 种，主要分布在海南岛、西沙群岛和台湾海峡。每种芋螺的毒液中含有 50～200 种活性多肽，被称为芋螺毒素。目前，已被阐明结构的 CTX 有 100 多种。CTX 对人有很强的毒性和高度选择性的活性，但都属同源蛋白质。其毒性的选择性与芋螺的生活习性密切相关，食鱼、食贝、食虫的不同种的芋螺毒素对鱼、哺乳动物、人、软体动物等有显著不同的选择毒性。所以，人们根据芋螺的食物简单地将其分为：食鱼芋螺（piscivorous），如地纹芋螺（*Conus gegraphus* Linnaeus）、线纹芋螺（*Conus striatus* Linnaeus）等；食螺芋螺（molluscivorous），如织棉芋螺（*Conus textile* Linnaeus）、黑芋螺（*Conus marmoreus* Linnaeus）等；食虫芋螺（vermivorous），如象牙芋螺（*Conus eburneus* Hwass）、方斑芋螺（*Conus tessulatus* Born）等。来源于地纹芋螺的 CTX 对人的毒性最大。芋螺毒素具有如下特点：分子量小，富含二硫键；前导肽高度保守而成熟肽具有多样性；作用靶点广且具有高度组织选择性。芋螺毒素常被作为探针用于各种离子通道和受体的类型及亚型的分类和鉴定，也极有可能直接开发成药物，或作为先导化合物用于新药的开发。

10.2.7.6 蓝藻毒素 (cyanotoxin)

蓝藻毒素按化学结构可分为环肽、生物碱和脂多糖内毒素（LPS)。蓝藻毒素中常见的是环肽类蓝藻毒素。蓝藻毒素由微囊藻属、鱼腥藻属、颤藻属和念珠藻属等多个藻属产生。蓝藻毒素被认为是肝毒素，还是强促癌剂。

10.3 食品中外源性有害成分

在食品的生产、加工、包装及贮运等过程中，不可避免地要加入或产生非生源的成分；如果生态环境恶化，还会使食物原料中产生或富集一些非安全性的成分。食品中外源性成分如按正常要求添加的食品添加剂是食品的组成成分，它赋予了食品的营养和风味。然而，在食品的生产、加工、包装及贮运中所污染的成分和环境污染所产生的物质，并不是食品所需要的，多数都对食品的安全性构成隐患，需要限量控制。

10.3.1 重金属元素

不管植物还是动物，它们体内的重金属元素都与环境、肥料或饲料有密切的关系。当环境、肥料或饲料中矿质元素缺乏或较多时，所对应的食品原料中矿质元素也会缺乏或超标，但其程度与生物体富集能力有关。人处于食物链的顶端，植物和动物先逐级富集各种必需的和有害的矿质元素，然后通过食物链影响人体中各元素的含量，造成某些疾病的产生。人体中有害重金属元素的含量除受水体、空气等影响外，主要受食物中重金属元素含量的影响。如果人们饮食高含量的某些矿质元素，尤其是重金属元素就会引起中毒，如震惊世界的日本“水俣病”就是由于 Hg 污染所致，而“痛痛病”与 Cd 污染有关。

重金属对人体的毒性影响与其种类、价态、含量等有关。例如，Cd 并不是人体必需元素，而且是一种环境污染物，Cd 污染造成农作物减产，对应的产品含 Cd。世界卫生组织将 Cd 列为重点研究的食品污染物；国际癌症研究机构（IARC）将 Cd 归类为人类致癌物，会对人类造成严重的健康损害；美国毒物和疾病登记署（ATSDR）将 Cd 列为第 7 位危害人体健康的物质。自然界中，Cd 的化合物具有不同的毒性。硫化 Cd、硒磺酸 Cd 的毒性较低，氧化 Cd、$CdCl_2$、$CdSO_4$ 毒性较高。Cd 引起人中毒的剂量平均为 100mg。急性中毒症状主要表现为恶心、流涎、呕吐、腹痛、腹泻，继而引起中枢神经中毒症状。严重者可因虚脱而死亡。As 和无机 As 化合物属于一类致癌物，也被列入有毒有害水污染物。As 中毒主要由 As 化合物引起，As^{3+} 化合物的毒性较 As^{5+} 为强，其中以毒性较大的 As_2O_3（俗称砒霜）中毒多见，口服 0.01～0.05g 即可发生中毒，致死量为 60～200mg（0.76～1.95mg/kg）。

重金属元素的毒性除与其相应的含量、价态等有关外，还与其他金属元素的存在有关。这种关系多数都是受复杂的代谢过程影响的结果。例如，Cu 可增加 Hg 的毒性，但可降低钼的毒性，而钼也能显著降低 Cu 的吸收，引起 Cu 的缺乏，Cd 也能干扰 Cu 的吸收，而低 Cu 状态可减少 Cd 的耐受性。

对于非必需元素，在量极少时，对生命体表现不出缺乏症，一旦有少量积累就会表现出中毒症状，如铍、Hg、Pb 及锑等金属元素（表 10-15）。但要注意的是，表 10-15 中急性半致死剂量仅限于表 10-15 中的化学形态，形态的不同，其急性半致死剂量也不同，如引起急性 Pb 中毒的量因 Pb 化合物的不同而有较大差异。$(CH_3COO)_2Pb$ 一次口服中毒量为 2～3 g，致死量为 50 g；H_2CrO_4Pb 口服 1 g 可致死；$Pb_3(AsO_4)_2$ 的经口最小致死量为 1.4 mg/kg，这一点在评判金属元素的毒性时尤其要加以注意。有害重金属元素毒性的影响因素及中毒机制详见第 6 章。

表 10-15 部分有害金属元素对哺乳动物生理的影响及急性半致死剂量 mg/kg 鲜重

元素名称	不足时	过量时	化学式	LD_{50}	动物	注射方式
Be	无	吸入引起肺癌	$BeCl_2$	4.4	鼠	腹腔注射
Cd	目前尚不清楚	肾炎及其他疾病	$CdCl_2$	1.3	兔	静脉注射
Hg	无	脑炎及其他疾病	$HgCl_2$	1.5	兔	静脉注射
Pb	无	贫血、癌症等	$Pb(C_2H_3O_2)_2$	70	鼠	腹腔注射
Sb	无	心脏病等	$K_2SBC_4H_6O_8$	25	鼠	腹腔注射

10.3.2 农药残留

农药按用途可将农药分为杀（昆）虫剂、杀（真）菌剂、除草剂、杀线虫剂、杀螨剂、杀鼠剂和植物生长调节剂等类型。其中最多的是杀虫剂、杀菌剂和除草剂三大类。按化学组成及结构可将农药分为有机氯、有机磷、拟除虫菊酯、氨基甲酸酯、有机砷、有机汞等类型。目前食品标准中对农药残留有严格的限量要求，因此，有必要了解一些农药的化学性质，尽量减少其残留。

10.3.2.1 有机氯农药

根据我国目前常用的有机氯农药的化学结构，有机氯农药可分为：滴滴涕（DDT）及其同系物；六六六（HCH）类；环戊二烯类及有关化合物；毒杀芬及有关化合物。各类化合物的化学结构及药理作用有些相似，但毒性却有较大差别。其中滴滴涕及其同系物和六六六类农药不仅毒性较大，而且在环境中降解很慢，目前多数已被禁用。

10.3.2.2 有机磷农药

有机磷农药在农业虫害防治方面具有经济、高效、方便等优点，为提高农作物的产量和质量，农业生产目前仍需要用有机磷农药来防治病虫害。有机磷农药是一类有相似结构的化合物（图 10-17），R_1 和 R_2 为简单的烷基或芳基。二者可直接与磷相连，或 R_1、R_2 通过—O—或—S—相连接，或 R_1 直接与磷相连和 R_2 通过与—S—或—S—相连。在氨基磷酸酯中，C 通过 NH 基与磷相连。X 基可通过—S—或—O—将脂族、芳族或杂环接于磷上。根据有机磷的结构，商品化产品主要有 3 类：磷酸酯类（不含硫原子），如敌敌畏、敌百虫；单硫代磷酸酯类（含一个硫原子），如杀螟硫磷、丙硫磷；双硫代磷酸酯类（含二个硫原子），如乐果。

有机磷农药大多为酯类。因此，有机磷农药的生物活性及生化行为，在很大程度上取决于酯的特征。

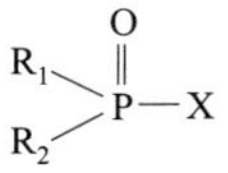

(1) 水解反应 磷酰基化合物由于 P═O（S）强极性键的存在，磷原子上具有一定的有效正电荷，亲电子性强，容易与亲核试剂取代反应。有机磷农药由于其结构的不同，在碱性、中性和酸性条件下的水解敏感性也有所不同。水解反应往往造成 P—O—C 键或 P—S—C 键的断裂，最终使有机磷农药失去活性。

图 10-17 有机磷农药结构通式

磷酸酯类有机磷农药都含有磷酸酯键 P—O—C。P—O—C 在水解时，存在 P 和 C 两个亲电子中心，按路易斯酸碱理论，前者为硬酸，后者为软酸。作为硬碱的—OH 基优先进攻 P 原子，使 P—O 键断裂；作为软碱的水优先进攻 C 原子，引起 O—C 键断裂。

磷酸酯类有机磷农药在中性或酸性介质中的水解反应较为缓慢。硫（酮）代磷酸酯比相应的磷酸酯类具有更高的水解稳定性，这主要是硫的电负性比氧小的缘故。

(2) 磷酰化性质 磷酰基化合物与亲核试剂的取代反应，可以分为两类：当亲核进攻发生在磷原子上时，得到磷酰化产物；当亲核进攻发生在 α-碳原子上时，得到烷基化产物。如下：

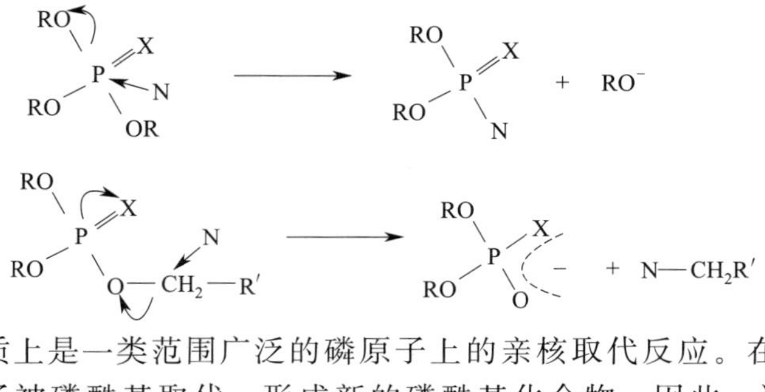

磷酰化反应实质上是一类范围广泛的磷原子上的亲核取代反应。在亲核试剂中，与氧、硫、氮相连的氢原子被磷酰基取代，形成新的磷酰基化合物。因此，该反应在磷酰基化合

物，特别是在天然的磷酰基化合物的制备上和生物化学方面均有重要意义。有机磷农药对酯酶的抑制活性、对动物的毒力等都归因于磷酰化反应。

(3) 烷基化性质 当上文提到的亲核进攻发生在磷酸酯基的 α-碳上时，会引起磷酸酯的脱烷基反应，得到磷酸酯阴离子和烷基化产物。例如，以硫醇阴离子或仲胺作为亲核试剂的反应：

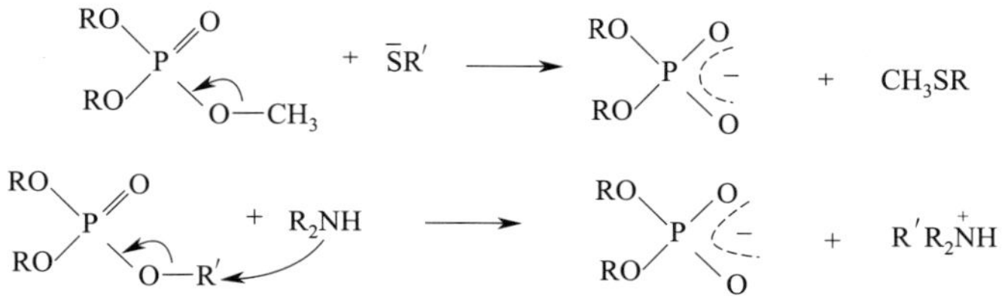

$$(RO)_2P(=O)-O-CH_3 + \bar{S}R' \longrightarrow (RO)_2PO_2^- + CH_3SR$$

$$(RO)_2P(=O)-O-R' + R_2NH \longrightarrow (RO)_2PO_2^- + R'R_2\overset{+}{N}H$$

能与磷酰基化合物发生烷基化的亲核试剂种类很多，胺类和碘化钠常用以制备有机磷农药的去甲基衍生物。许多类型的硫化合物，如二硫代磷酸盐、二硫代氨基甲酸盐、硫醇、硫醚、硫氰酸盐、硫脲等均可用于磷酸酯的脱烷基试剂。

(4) 氧化还原反应 在有机磷农药中，P ═S 氧化成 P ═O 的反应非常重要，它可以使反应活性增加，变为强有力的胆酯酶抑制剂。常用于这一反应的氧化剂有硝酸、氢氧化物、溴水以及各种过氧化物。这些氧化剂与 P ═S 酯的反应往往不是单一地生成 P ═O 酯，酯基及侧链上的某些第 3 基团也容易受氧化。

还原作用一般能使有机磷农药失去活性。在 48%的溴酸中煮沸时，P ═S 键上硫原子被还原成硫化氢，使之和二甲基对苯二胺及三氯化铁反应，可转化为亚甲基蓝。可利用此反应进行二嗪农、乐果及保棉磷的残留分析。

对硫磷、杀暝松、苯硫磷等农药分子中苯环的硝基，容易还原成胺，使其失去作用。

(5) 光解与热解 日光具有足够的能量促使有机磷农药发生化学变化：氧化硫代磷酰基和硫醚基、断裂酯键、P ═S 重排为 P—S—、顺反异构的转化和聚合等。影响光解的因素主要有：光的强度和波长、时间、农药所处的状态、介质或溶剂的性质、pH 值、是否与水或空气共存、是否存在光敏剂等。

甲基对硫磷、乐果及苯硫磷等均能发生光化学反应，使 P ═S 基变成 P ═O 或重排为 P—S—；侧链硫醚基受光催化氧化生成亚砜及砜。各种二烷基硫醚（甲拌磷、乙拌磷、硫吸磷)、烷基芳基硫醚（倍硫磷、三硫磷）及二芳基硫醚（双硫磷）均已发现能进行光解反应。

紫外线照射可诱发顺反异构体的转化，如速灭磷易受光催化，无论从 Z 体或 E 体出发，均得到 30%的 E 体和 70%的 Z 体混合物。

紫外线在有水分并存时，能使磷酸酯发生水解，水解部位也是在具有酸性的酯基上。毒死蜱的光降解反应过程中，首先是生成三氯羟基吡啶，随后水解成多羟基吡啶，后者不稳定，最终分解为 CO_2（图 10-18）。

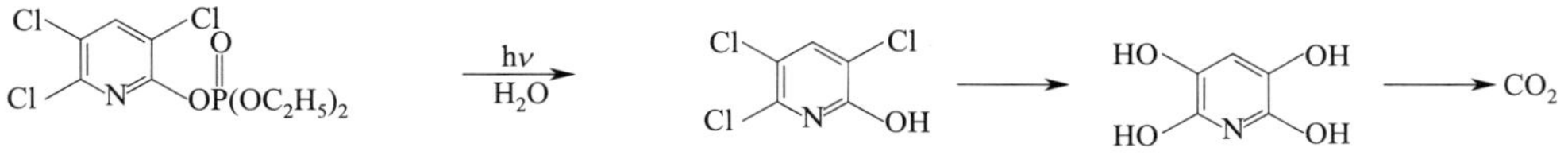

$$\text{3,5,6-}Cl_3\text{-2-pyridyl}-OP(=O)(OC_2H_5)_2 \xrightarrow[H_2O]{h\nu} \text{3,5,6-}Cl_3\text{-2-pyridyl}-OH \longrightarrow \text{2,3,5,6-}(HO)_4\text{-pyridine} \longrightarrow CO_2$$

图 10-18 毒死蜱的光降解历程示意

由上可见，有机磷农药性质不稳定，尤其是在碱性条件、紫外线、氧化及热的作用下极易降解。除此之外，磷酸酯酶对有机磷农药也有很好的降解作用。有机磷农药在酶的作用下可被完全降解，如酸性磷酸酶、微生物分泌的有机磷水解酶等。在食品加工过程中可利用有机磷农药对热的不稳定性和酶的作用，有效降低有机磷农药降留。如茶叶加工过程中，原料加工工艺的不同，导致的有机磷农药残留量也不同。在红茶加工工艺中，由于酸性磷酸酶的活性比绿茶高，作用时间长，所以红茶中有机磷农药残留通常低于绿茶。

10.3.2.3 拟除虫菊酯类

拟除虫菊酯类属于高效低残留类农药，按其化学结构和作用机制可分为两种类型：Ⅰ型不含氰基，如丙烯菊酯、联苯菊酯、胺菊酯、醚菊酯、氯菊酯等。其作用机制是引起复位放电，即动作电位后的去极化电位升高，超过阈值即引起一连串动作电位。Ⅱ型含氰基，如氰戊菊酯（速灭杀丁）、氯氰菊酯（灭百可、安绿宝）、溴氰菊酯、氟氯氰菊酯（百树得、百治菊酯）、三氟氯氰菊酯等，其作用机制是引起传导阻滞，使去极化期延长，生物膜逐渐去极化而不发生动作电位，阻断神经传导。去极化电位升高或去极化期的延长可能是由于此类化合物与生物膜结合后，膜的三维结构和通透性发生改变，从而影响钠泵和钙泵功能，导致膜上钠粒子通道持续开放（或关闭受阻），进而造成使钠粒子持续内流。另外，拟除虫菊酯还具有改变膜流动性（Ⅰ型使膜流动性增加，Ⅱ型使膜流动性降低），促进谷氨酸、天冬氨酸等神经介质和cGMP的释放，干扰细胞色素c和电子传导系统的正常功能等作用。此类农药常用多种顺反异构和光学异构体，不同的异构体的药效和毒性有很大的差异，其中顺式和右旋者活性通常较大。

10.3.2.4 氨基甲酸酯类

氨基甲酸酯类农药可用作杀虫剂（常用的品种有西维因、涕灭威、混戊威、克百威、灭多威、残杀威等），某些品种（如涕灭威、克百威）还兼有杀线虫活性。氨基甲酸酯类农药的优点是药效快、选择性较高，对温血动物、鱼类和人的毒性较低，易被土壤微生物降解，且不易在生物体内蓄积。其毒性作用机制与有机磷类似，也是胆碱酯酶抑制剂，但其抑制作用有较大的可逆性，即水解后酶的活性可有不同程度的恢复。

10.3.3 二噁英及其类似物

二噁英（dioxin）和多氯联苯（polychlorinated biphenyl，PCB）的理化性质相似，是已经确定的有机氯农药以外的环境持久性有机污染物（persistent organic pollutant，POP）。由于二噁英和PCB都是亲脂性的POP，它们的化学性质极为稳定、难于为生物降解，能够通过生物链富积，在环境中广泛存在，并且在生物样品和环境样品中通常同时出现，被称为二噁英及其类似物（dioxin-like compound）。基于生物化学和毒理学效应的相似性，二噁英及其类似物还包括其他一些卤代芳烃化合物，如氯代二苯醚、氯代萘、溴代二苯并-对-二噁英/呋喃（PBDD/Fs）和多溴联苯（PBB）及其他混合卤代芳烃化合物。

10.3.3.1 二噁英

二噁英通常指具有相似结构和理化特性的一组多氯取代的平面芳烃类化合物，属氯代含氧三环芳烃类化合物，包括75种多氯代二苯并-对-二噁英（polychlorodibenzo-*p*-dioxin，PCDD）和135种多氯代二苯并呋喃（polychloro-dibenzofuran，PCDF），缩写为PCDD/Fs。研究最为充分的有毒二噁英为2位、3位、7位、8位被氯原子取代的17种同系物异构体单体（congenor），其中，2,3,7,8-四氯二苯并-对-二噁英（2,3,7,8-TCDD）是目前所有已知化合物中毒性最强的二噁英单体（经口 LD_{50} 按体重计仅为1μg/kg），且还有极强的致癌性（致大鼠肝癌剂量按体重计10 pg/g）和极低剂量的环境内分泌干扰作用在内的多种毒性作用。这类物质既非人为生产又无任何用途，而是燃烧和各种工业生产的副产物。目前，由于木材防腐和防止血吸虫使用氯酚类造成的蒸发、焚烧工业的排放、落叶剂的使用、杀虫剂的制备、纸张的漂白和汽车尾气的排放等是环境中二噁英的主要来源。二噁英具有持久性、高毒性、易蓄积等特点，进入环境中后能通过食物链累积，给人群健康带来潜在的危害。食物是二噁英进入人体并蓄积的主要途径之一。

10.3.3.2 多氯联苯

PCB有200多种同系物异构体单体，其中大多数为非平面的化合物；然而，有些PCB同系物异构体单体为平面的“二噁英样”（dioxin-like）化学结构，而且在生化和毒理学特性上与2,3,7,8-TCDD极其相似。PCB的纯化合物为晶体，混合物为油状液体。一般的工业品为混合物，含有共平面（coplanar）和非共平面（nonplanar）的同系物异构体单体。PCB的理化性质高度稳定，耐酸、耐碱、耐腐蚀和抗氧化，对金属无腐蚀、耐热和绝缘性能好、阻燃性好。PCB曾被广泛用于工业和商业等方面已有40多年的历史，曾经被开放使用（如油漆、油墨、复写纸、粘胶剂、封闭剂、润滑油等）和封闭使用（如作为特殊传热介质用于变压器、电容等的绝缘流体，在热传导系统和水力系统中的介质等）多年。尽管在20世纪70年代大多数国家已经禁止PCB的生产和使用，但由于曾经使用的PCB还有进入环境的可能，另外，由焚烧废弃物产生少量的PCB及二噁英样PCB也有进入环境的可能，由此，PCB在食品的残留的可能隐患还是存在的。

10.3.3.3 PCDD/Fs特性

PCDD/Fs的物理化学特性相似：无色、无嗅、沸点与熔点较高、具有亲脂性而不溶于水。

(1) 热稳定性 PCDD/Fs极其稳定，仅在温度超过800 ℃时才会被降解；温度要在1000 ℃以上才能大量降解。

(2) 低挥发性 PCDD/Fs的蒸汽压极低，除了气溶胶颗粒吸附外，大气中分布较少，在地面可以持续存在。

(3) 脂溶性 PCDD/Fs亲脂性极强，在辛烷/水中分配系数的对数值（$\lg K_{ow}$）极高，为6左右。因此，PCDD/Fs可经过脂质在食物链中发生转移及富积。

(4) 环境中稳定性高 PCDD/Fs对于理化因素和生物降解具有抵抗作用，因而可以在环境中持续存在。尽管紫外线可以很快破坏PCDD/Fs，然而在大气中PCDD/Fs主要吸附于气溶胶颗粒，可以抵抗紫外线破坏。一旦进入土壤环境，PCDD/Fs对于理化因素和生物降解具有抵抗作用，平均半减期为9年，因而可以在环境中持续存在。

10.3.3.4 二噁英及其类似物的毒性

PCDD/Fs具有极强的毒性，其中2,3,7,8-TCDD对豚鼠的经口LD_{50}按体重计仅为1μg/kg。与一般急性毒物不同的是，动物染毒PCDD/Fs后长达数周才致死亡。中毒特征表现为，染毒几天内出现体重急剧下降，并伴随肌肉和脂肪组织的急剧减少等“消瘦综合征”症状。低于致死剂量染毒也可引发体重减少，而且呈剂量-效应关系。由于2,3,7,8-TCDD染毒组与对照组粪便中丢失的能量相当，与胃肠道吸收能力无关，这可能是2,3,7,8-TCDD通过影响丘脑下部的垂体进而影响进食量，从而使大鼠、小鼠和豚鼠体重下降。

在二噁英非致死剂量时，可引起实验动物的胸腺萎缩，主要以胸腺皮质中淋巴细胞减少为主。研究表明，人类胸腺对二噁英也是敏感器官。二噁英毒性的一个特征性标志是氯痤疮，它使皮肤发生增生或角化过度、色素沉着。

二噁英还有肝毒性，在较大剂量时，二噁英可使受试动物的肝脏肿大，进而变性与坏死。另外，二噁英还有生殖毒性和致癌性。另外，2,3,7,8-TCDD 对动物有较强的致癌性，对啮齿动物进行 2,3,7,8-TCDD 染毒试验表明，致小鼠肝癌的最低剂量为 10pg/g（生物重）。

10.3.4 兽药残留

食品中兽药残留是指原药及在动物体内的代谢产物。另外，药物或其代谢产物与内源大分子共价结合产物称为结合残留。动物组织存在共价结合产物（共价残留）则表明药物对靶动物具有潜在毒性作用。主要的兽药残留有抗生素类、磺胺类、抗寄生虫药类、激素药类和驱虫药类。磺胺残留主要是磺胺嘧啶、磺胺甲基嘧啶、磺胺二甲嘧啶，激素类药物残留主要是己烯雌酚、己烷雌酚、双烯雌酚和雌二酚。其中抗生素类及激素类药物残留对人类健康的影响最大，是食品中较大的安全隐患之一。

10.3.4.1 常见抗生素类的化学性质

10.3.4.1.1 青霉素的化学性质

青霉素（penicillin）是含有青霉素母核的多种化合物的总称，青霉素发酵液中至少含有 5 种以上不同的青霉素：青霉素 F、青霉素 G、青霉素 X、青霉素 K 和二氢青霉素 F 等。青霉素的结构通式如图 10-19，几种青霉素的侧链及物理常数如表 10-16。

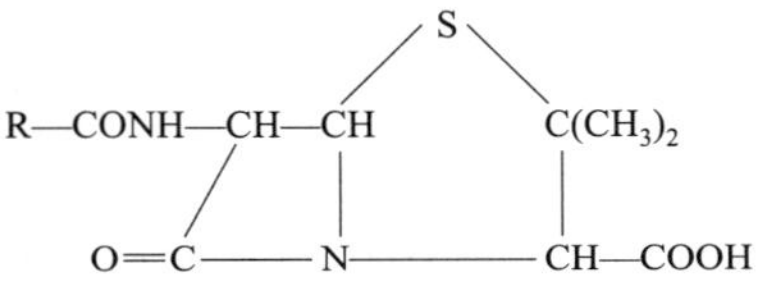

```
                      S
                    /   \
R—CONH—CH—CH          C(CH3)2
        /    |           |
O=C———N——————CH—COOH
```

图 10-19 青霉素结构通式示意

表 10-16 几种青霉素的侧链及物理常数

名称	审定名	侧链 R	钠盐的分子量	熔点(分解)/℃
青霉素 F(或Ⅰ)	戊烯-2-青霉素	$CH_3—CH_2—CH=CH—CH_2—$	334.2	204～205
青霉素 G(或Ⅱ)	苄青霉素	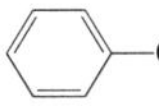 $C_6H_5—CH_2—$	356.4	215
青霉素 X(或Ⅲ)	对羟苄青霉素	$HO—C_6H_4—CH_2—$ 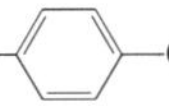	372.4	228～235
青霉素 K(或Ⅳ)	正庚青霉素	$CH_3—(CH_2)_5—CH_2—$	364.3	
二氢青霉素 F	正戊青霉素	$CH_3—(CH_2)_3—CH_2—$	336.3	
青霉素 V	苯氧甲基青霉素	 $C_6H_5—O—CH_2—$	372.4	120～128

从青霉素的结构式可知，青霉素是一元酸，易溶于醇、酮、醚、酯等有机溶剂，可与 K^+、Na^+、Ca^{2+}、Mg^{2+} 等金属离子形成盐类。青霉素盐类易溶于水。青霉素游离酸或盐类的水溶液均不稳定，极易失去药效。青霉素不耐热，但青霉素盐的结晶纯品，在干燥条件下可在室温下保存数年。

青霉素的抗菌效力与其分子中的内酰胺环有关，酸、碱、重金属或青霉素酶（penicillinase）等可使肽键断裂，使青霉素失去活性。图 10-20 及图 10-21 是青霉素在酸碱条件下水解反应历程。

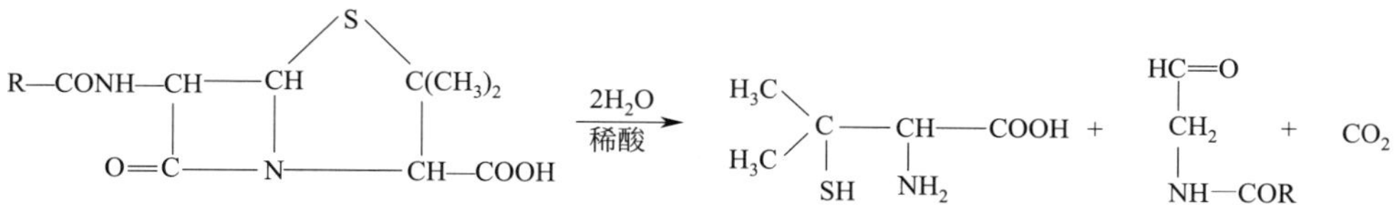

图 10-20　青霉素在酸性条件下水解反应历程示意

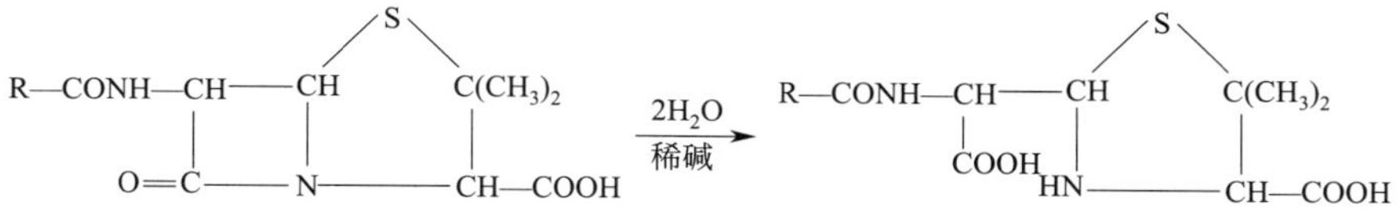

图 10-21　青霉素在碱性条件下水解反应历程示意

青霉素的母核可用化学或生物化学的方法进行改造，获得一些新的青霉素，如 α-氨苄青霉素（ampicillin）、先锋霉素Ⅰ或称头孢金素（cephalothin）、先锋霉素Ⅱ或称头孢利定（cephaloridine）。

10.3.4.1.2　链霉素和氯霉素的化学性质

链霉素（streptomycin）是氨基环醇类抗生素的一种，其分子中含有一个环己醇型配基，以糖苷键与氨基糖（或中性糖）相结合，这类抗生素主要有链霉素、新霉素、卡那霉素、庆大霉素等，它也是多成分的混合物，其共同的结构式如图 10-22。

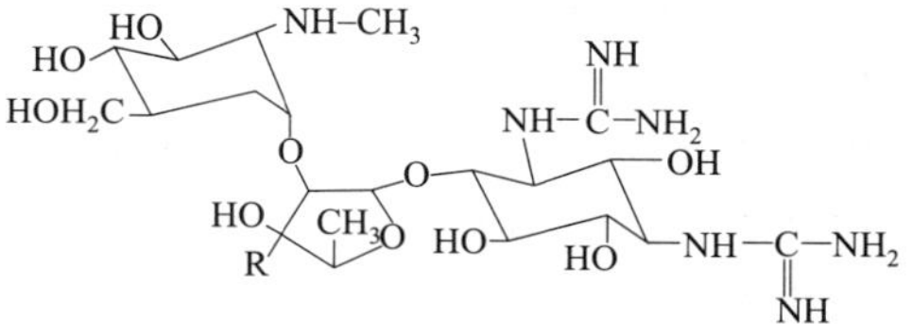

图 10-22　链霉素与二氢链霉素的共同结构示意

链霉素：R＝—CHO；二氢链霉素：R＝—CH_2OH

链霉素的分子结构由链霉胍（streptidine）和链霉胺（streptobiosamine）二部分所组成，后者系由链霉糖（streptose）和 2-甲氨基葡萄糖所构成。链霉糖中的醛基是链霉素抗菌效能成分，它易被 Cys、维生素 C、羟胺等破坏，使链霉素失效。二氢链霉素无此醛基，不受这些试剂影响，所以比较稳定。链霉素为氨基环醇化合物，碱性较强，且不稳定，但它与盐酸或硫酸形成的盐较稳定，因此，链霉素多以其盐的形式存在。链霉素及其盐类均易溶于水，而不溶于有机溶剂，如醇、醚、氯仿等。

氯霉素（chloramphenicol）分子中含有对位硝基苯基基团、丙二醇和二氯乙酰氨基（图 10-23）。由于氯霉素分子中有 2 个不对称碳原子，所以氯霉素有 4 个光学异构体，其中只有左旋异构体具有抗菌能力。氯霉素为白色或无色的针状或片状结晶，熔点 149.7～150.7℃，易溶于甲醇、乙醇、丙醇及乙酸乙酯，微溶于乙醚及氯仿，不溶于石油醚及苯。氯霉素极稳定，其水溶液经 5h 煮沸也不失效。

10.3.4.1.3　四环素族抗生素的化学性质

四环素族抗生素主要包括四环素（tetracyclin）、金霉素（aureomycin）和土霉素（terramycin），它们有共同的结构母核（图 10-24）。

四环素族均为酸碱两性化合物，本身及其盐类都是黄色或淡黄色的晶体，在干燥状态下

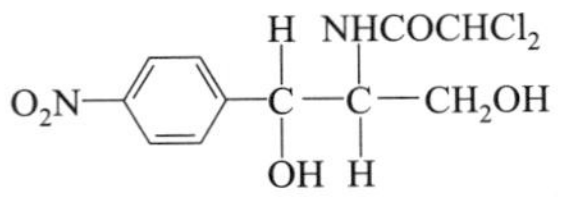

图 10-23　氯霉素分子结构式

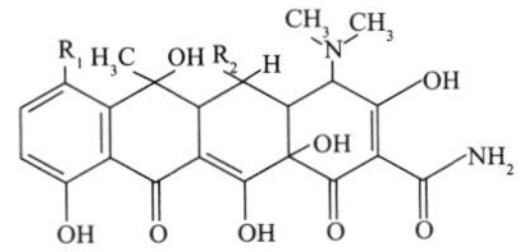

图 10-24　四环素族抗生素的化学结构母核

$R_1=R_2=H$ 时为四环素；$R_1=H$、$R_2=OH$ 时为土霉素；$R_1=Cl$、$R_2=H$ 时为金霉素

极为稳定，除金霉素外，其他的四环素族的水溶液都相当稳定。四环素族能溶于稀酸、稀碱等，略溶于水和低级醇，但不溶于醚及石油醚。四环素族的常见性质见表 10-17。

表 10-17　几种四环素族抗生素的物理性质

名称	熔点	$[\alpha]_D^{25}$	紫外吸收峰/nm
金霉素	168～169℃	−274.9°(甲醇)	230,262.5,367.5(0.1mol/L HCl)
土霉素(含 $2H_2O$)	181～182℃	−196.6°(0.1mol/L HCl)	268,353(pH 1.7 磷酸)
四环素(含 $3H_2O$)	170～173℃	−239°(甲醇)	268,355(0.1mol/L HCl)

10.3.4.2　常见的激素类兽药的化学性质

10.3.4.2.1　甲状腺激素

细胞内，在甲状腺过氧化酶及过氧化氢的作用下，碘离子被氧化成活性碘，活性碘与甲状腺球蛋白中酪氨酸残基作用产生一碘酪氨酸残基，进而产生 3,5-二碘酪氨酸残基。碘化酪氨酸残基之间进一步反应，并通过甲状腺球蛋白的水解形成了三碘甲腺原氨及甲状腺素。甲状腺激素对动物的作用是多样而强烈的，它刺激糖、蛋白质、脂肪和盐的代谢，促进机体生长发育和组织的分化，对中枢神经系统、循环系统、造血过程及肌肉活动等都有显著作用。

10.3.4.2.2　雌性激素

雌性激素有两类：其一是卵泡在卵成熟前分泌的雌二醇等，其二是排卵后卵泡发育成为黄体分泌的孕酮（也称黄体酮，progesterone）。它们的化学结构式如图 10-25。

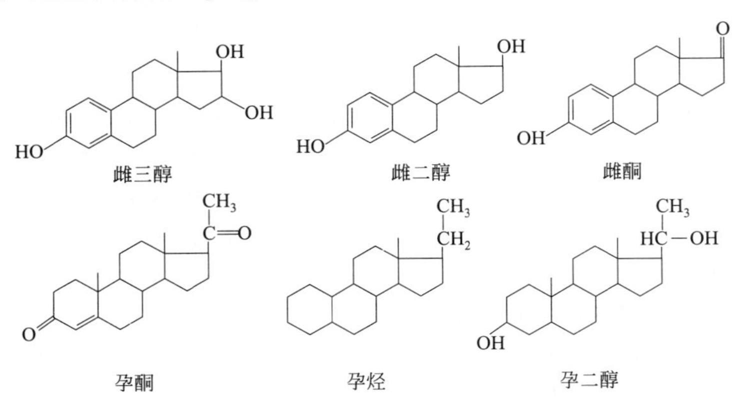

图 10-25　主要雌性激素分子结构式

10.3.4.2.3 雄性激素

睾丸的间质细胞分泌的雄激素称之为睾酮（testosterone），这是体内最主要的雄性激素。它的主要代谢产物是雄酮，雄酮还可转化为脱氢异雄酮。它们的化学结构式见图10-26。

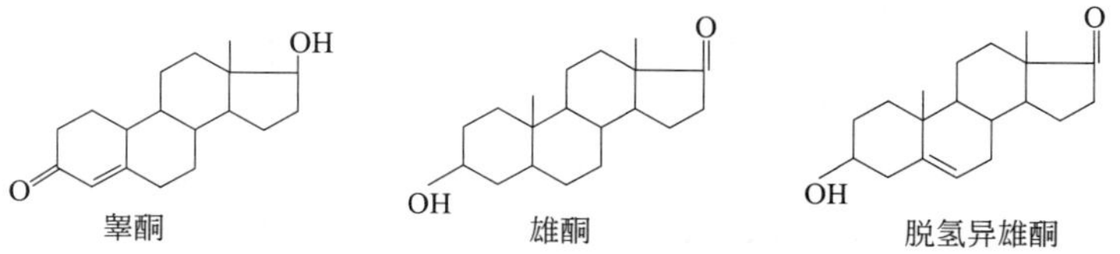

睾酮　　雄酮　　脱氢异雄酮

图 10-26 主要雄性激素分子结构式

在上述雄性激素中睾酮的活性最大，约是雄酮的 6 倍，脱氢异雄酮的生理活性最低，只有雄酮的三分之一。

雄激素和雌激素在机体内作用虽然不同，但它们的结构却十分相似，特别是睾酮和雌酮。雄激素和雌激素都是由胆固醇衍生而成，可以相互转变，并在生物体保持一定的比例。在雄性体内平衡偏向雄激素，所以雄畜的尿中排出较多的是雌酮；而在雌性体内，平衡偏向雌激素，所以雌畜的尿中排出较多的是雄性激素。

10.3.4.2.4 β-受体激动剂

β-受体激动剂（β-adrenergic agonist）是具有肾上腺素功能并选择性作用于细胞膜的β-受体。20 世纪 80 年代末，β-受体激动剂被应用于动物饲料中，且其非法使用已从生猪养殖扩展到牛羊养殖业（其化学结构式如图 10-27）。它能触发一系列磷酸化反应，影响呼吸、生殖、骨骼肌等多个器官系统的代谢过程，在临床和畜牧业中常用于扩张平滑肌、增进肺通气量等。β-受体激动剂还有助于营养重分配，当使用剂量超过 5mg/kg 能有效促进动物生长、提高胴体瘦肉率、降低骨骼肌脂肪率。

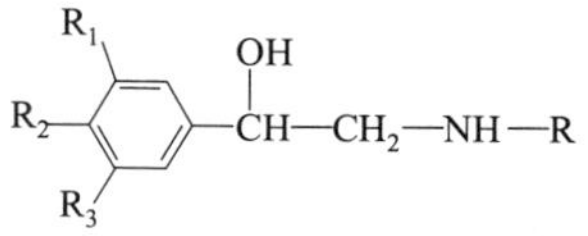

图 10-27 β-受体激动剂分子结构式

10.3.4.3 动物源食品中的兽药残留

兽药在动物体内的分布与残留与兽药投放时动物的状态（如食前、食后）、给药方式（是随饲料投喂还是随饮水投喂，是强制投喂还是注射等）和兽药种类都有很大的关系。兽药在食用动物中不同的器官和组织含量是不同的。在一般情况下，对兽药有代谢作用的脏器，如肝脏、肾脏，其兽药浓度高。而在鸡蛋卵黄中，药物则向细胞内蓄积，与蛋白质结合率高的脂溶性药物容易在卵黄中蓄积，且可能向卵白中迁移。

理论上讲，进入动物体内的兽药起代谢和排出体外的量是随时间的推移而增加，也就是说兽药在动物体内的浓度是逐渐降低的。比如鸡通常所用的药物，其半衰期大多数在 12h 以下，而多数鸡用药物的休药期为 8d。因此，按规定要求给药的动物源食品，一般是安全的。但如果人长期摄入含兽药残留超标的或高残留的动物源食品后，兽药不断在体内蓄积，当浓度达到一定量后，就会对人体产生毒性作用。如磺胺类药物可引起肾损害，特别是乙酰化磺胺在酸性尿中溶解降低，析出结晶后损伤肾脏。另外，儿童如果食用了含有促生长激素和性激素残留超标动物源食品，就有导致性早熟的可能。

10.3.5 渔药残留

渔药即渔用药品的简称，它是兽药的一种。渔药大多是由人药、畜禽药、农药移植而来，少部分是水产专用药。渔药虽然在一定程度上与人、兽药相似，它们在药物研制开发过程中对原料、安全性、分析方法的要求以及基本法规等方面的要求也有类似之处，但由于渔药作用的对象与人、兽有较大的区别（如温血性与变温性的区别），渔药的使用方式、作用过程与作用效果等与兽药有较大的不同，它们在代谢、残留等方面有其特殊性。

由于渔药的药理研究尚不充分，目前渔药尚不能按药理作用分类，只按使用目的进行分类：①环境改良剂；②消毒剂；③抗微生物药物（抗生素类、磺胺类、呋喃类）；④杀虫驱虫药；⑤代谢改善和强壮药（激素类）；⑥中草药；⑦生物制品；⑧其他。按药物制品分为4类：化学药品、生物制品、生化制品和饲料药物添加剂。

按正常用药和严格遵守休药期，渔药残留很小。但由于在养殖过程中滥用药物的现象常有发生，加上对药物的使用方法、用量和休药期的忽视，部分发病率较高、经济价值较高的养殖品种的药物残留超标的现象还时有发生，如在饵料中超量添加促生长剂和抗生素等。

10.4 加工及贮藏过程产生的有害成分

10.4.1 烧烤、油炸及烟熏等加工过程产生的有害成分

烧烤、油炸制品食用方便、香高味浓，尤为中国及大多东亚人们喜爱。但由于高温的作用，食物中一些成分尤其是脂类极易出现氧化及热聚合等作用产生了有毒、有害成分。

油脂的氧化及其加热变性不仅对食用油脂的制造及含油食品的烹调风味、色泽及可贮性等有重要的影响，而且对脂肪氧化及加热产物和许多疾病的发生有密切关系。

10.4.1.1 油脂自动氧化产物及其毒性

油脂自动氧化是指在常温常压下与氧气作用产生诸多氧化产物。少量的脂类氧化产物是含脂食品的风味成分，但过多氧化不仅使油脂的营养价值下降，还会产生有害作用。如高度不饱和脂肪酸乙酯，在2～18℃下约两周时间过氧化物价最高可达44mg/g。

脂肪的自动氧化产物对蛋白质有沉淀作用，已经证实它能抑制琥珀酸脱氢酶、唾液淀粉酶、马铃薯淀粉酶等酶活性。实验证明用过氧化物产物喂老鼠，少量时老鼠发育受阻，多量时老鼠会死亡。过氧化物价与其毒性有较明显正相关。

10.4.1.2 油脂的加热产物及其毒性

油脂在食品加工时一般都要进行热处理，因此往往伴随氧化反应和热聚合或热分解反应的发生。在高温条件下油脂的过氧化物能被很快分解，此时油脂中高氧化物残留不多。油脂的聚合作用不仅使油脂的物理性能发生了变化，如黏度上升、折射率改变、变色等，而且会伴有有毒成分（如已二烯环状化合物，图10-28）的产生，据报道，将这种环状化合物分离，以20%的比例加入基础饲料中饲喂大鼠，3～4日即死亡；以5%或10%的比例掺入饲料，大鼠有脂肪肝及肝增大现象。

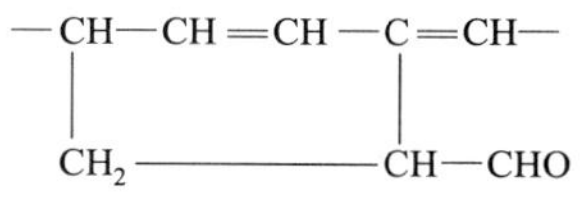

```
—CH—CH═CH—C═CH—
 |            |
CH₂ ————————— CH—CHO
```

图 10-28　己二烯环状化合物

10.4.1.3　苯并［*a*］芘

不少国家、地区都在贮藏和加工食品时有烟熏的习惯，因为某些食品经烟熏处理后，不仅耐贮存，而且略带特殊的香味。我国利用烟熏的方法加工动物源食品历史悠久，如烟熏鳗鱼、熏红肠、火腿等。然而，人们在享受美味的同时，往往忽视了烟熏与烧烤食品所存在的卫生问题对健康造成的危害。据报道，冰岛人的胃癌发病率居世界首位，原因是常年食用过多的熏肉熏鱼，特别是用木材烟火熏色。

烟熏烧烤类食品中含有一种叫做苯并芘的多环芳烃类有机物，这种物质正常情况下在食品中含量甚微，但经过烟熏或烧烤时，含量显著增加。苯并芘是目前世界上公认的强致癌、致畸、致突变物质之一。

10.4.1.3.1　理化性质

苯并[*a*]芘，又称 3,4-苯并(*a*)芘[3,4-benzo(*a*)pyrene,简称 B(*a*)P]，是由多个苯环组成的多环芳烃（polycyclic aromatic hydrocarbons，PAH），它是常见的多环芳烃的一种，对食品的安全影响最大。多环芳烃多是含碳燃料及有机物热解的产物，煤、石油、煤焦油、天然气、烟草、木柴等不完全燃烧及化工厂、橡胶厂、沥青、汽车废气、抽烟等都会产生多环芳烃，从而造成污染。目前对这类物质的研究发现，有致癌作用的多环芳烃及其衍生物有200 多种（常见的多环芳烃的结构如图 10-29），其中一部分已证明对人类有强致癌和致突变作用。其中 3,4-苯并芘的致癌性较强，污染广，一般以它作为这类物质的代表。B(*a*)P 分子式为 $C_{20}H_{12}$，分子量为 252。

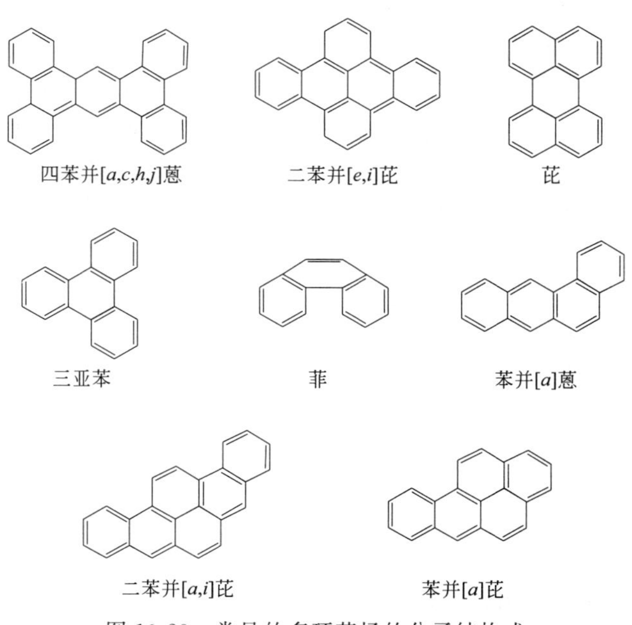

图 10-29　常见的多环芳烃的分子结构式

B(*a*)P 常温下呈黄色结晶，沸点 310～312℃，熔点 178℃。在常温下，B(*a*)P 是一种固体，一般呈黄色单斜状或菱形片状结晶，不论是何种结晶，其化学性质均很稳定，不溶于水，而溶于苯、甲苯、丙酮等有机溶剂，在碱性介质中较为稳定，在酸性介质中不稳定，易与硝酸等起化学反应，对氯、溴等卤族元素亲和力较强，有一种特殊的黄绿色荧光，能被带正电荷的吸附剂如活性炭、木炭、氢氧化铁等所吸附，从而失去荧光，但不能被带负电吸附剂吸附。

10.4.1.3.2 B(*a*)P 的危害性

B(*α*)P 是目前世界上公认的强致癌、致畸、致突变物质之一。实验证明，经口饲喂 3,4-B（*a*）P 对鼠及多种实验动物有致癌作用。随着剂量的增加，癌症发生率可明显提高，并且潜伏期可明显缩短。给小白鼠注射 3,4-B(*a*)P，引起致癌的剂量为 4～12 μg，半数致癌量为 80 μg。慢性毒性实验表明：长期生活在含 B(*a*)P 的空气环境中，会造成慢性中毒，空气中的 B(*a*)P 是导致肺癌的最重要的因素之一。

多环芳烃类化合物的致癌作用与其本身化学结构有关，三环以下不具有致癌作用，四环者开始出现致癌作用，一般致癌物多在四、五、六、七环范围内，超过七环未见有致癌作用。通过人群调查及流行病学调查资料证明，苯并芘等多环芳烃化合物通过呼吸道、消化道、皮肤等均可被人体吸收，严重危害人体健康。B(*a*)P 对人类能引起胃癌、肺癌及皮肤癌等癌症。冰岛胃癌死亡率居世界第 3 位，经分析认为其原因主要是冰岛居民喜欢吃烟熏食品，几乎天天食用。而海边居民因食用大量咸鱼及熏鱼，其胃肠道和呼吸道的癌症发病率较内陆高 3 倍。3,4-B(*a*)P 对人引起癌症的潜伏期很长，一般要 20～25 年。我国食品安全国家标准规定（GB 2762—2017），熏烤肉制品中 3,4-B(*a*)P 含量不能超过 5.0 μg/kg，油脂及其制品中 3,4-B(*a*)P 含量不能超过 10 μg/kg。许多国家相继用 9 种动物进行实验，采用多种给药途径，结果都得到诱发癌的阳性报告。在多环芳烃中，B(*a*)P 污染最广、致癌性最强。B(*a*)P 不仅在环境中广泛存在，也较稳定，而且与其他多环芳烃的含量有一定的相关性，所以，一般都把 B（*a*）P 作为大气致癌物的代表。

10.4.1.4 杂环胺类物质

杂环胺是在食品加工、烹调过程中由于蛋白质、氨基酸热解产生的一类化合物。杂环胺的发现与人们对食品中具有致癌、致突变性物质的寻找有密切相关。人们发现，直接以明火或炭火炙烤的烤鱼在 Ames 试验中检出强烈的致突变性物质，其活性远大于其所含有的苯并芘的活性；其后在烧焦的肉，甚至在“正常”烹调的肉中也同样检出强烈的致突变性物质。这才激起人们对氨基酸、蛋白质，热解产物的研究兴趣，从而导致了新的致癌、致突变物——杂环胺的发现。

10.4.1.4.1 杂环胺的理化性质

从化学结构上，杂环胺可分为氨基咪唑氮杂芳烃（aminoimidazo azaaren，AIA）和氨基咔啉（amino-carboline congener）两大类。

AIA 又包括喹啉类（quinoline congener，IQ）、喹喔啉类（quinoxaline congener，IQx）、吡啶类（pyridine congeners）和苯并噁嗪类，陆续鉴定出新的化合物大多数为这类化合物。AIA 均含有咪唑环，其上的 *α* 位置有一个氨基，在体内可以转化成 *N*-羟基化合物而具有致癌、致突变活性。因为 AIA 上的氨基能耐受 2mmol/L 的亚硝酸钠的重氮化处理，与最早发现的 AIA 类化合物 IQ 性质类似，又被称为 IQ 型杂环胺。

氨基咔啉包括 *α*-咔啉（A*α*C，*α*-carboline congener）、*γ*-咔啉和 *δ*-咔啉。氨基咔啉类环上的氨基不能耐受 2mmol/L 的亚硝酸钠的重氮化处理，在处理时氨基会脱落变成 *C*-羟基而失去致癌、致突变活性，被称为非 IQ 型杂环胺。

常见杂环胺的化学结构如图 10-30，其重要的理化性质见表 10-18。

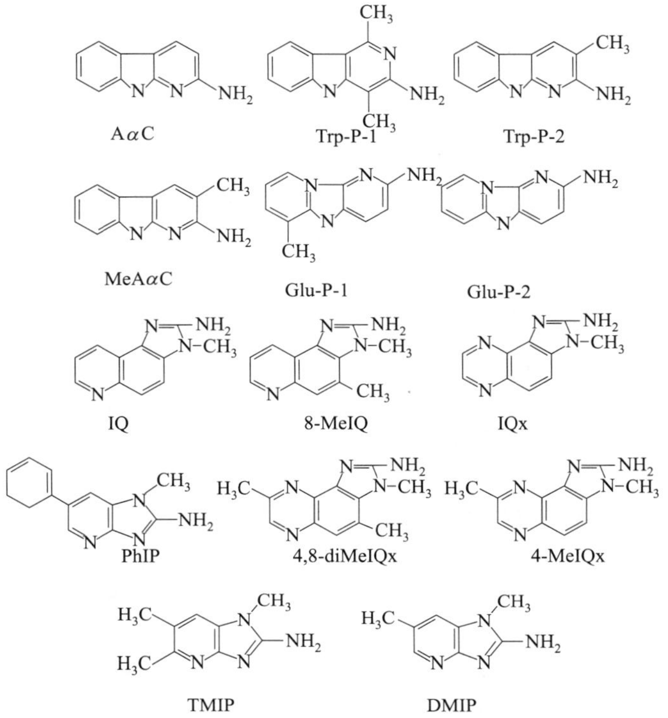

图 10-30 常见杂环胺的分子结构式

AαC 为 2-氨基-9*H*-吡啶并吲哚；MeAαC 为 2-氨基-3-甲基-9*H*-吡啶并吲哚；Trp-P-1 为 2-氨基-1,4-二甲基-9*H*-吡啶并［4,3-*b*］吲哚；Trp-P-2 为 2-氨基-1-甲基-9*H*-吡啶并［4,3-*b*］吲哚；Glu-P-1 为 2-氨基-6-甲基-9*H*-吡啶并［1,2-*a*：3′,2′-*d*］咪唑；Glu-P-2 为 2-氨基-二吡啶并［1,2-*a*：3′,2′-*d*］咪唑；IQ 为 2-氨基-3-甲基咪唑并［4,5-*f*］喹啉；MeIQ 为 2-氨基-3,4-二甲基咪唑并［4,5-*f*］喹啉；IQx 为 2-氨基-3-甲基咪唑并［4,5-*f*］喹喔啉；PhIP 为 2-氨基-1-甲基-6-苯基-咪唑并［4,5-*b*］-吡啶；4,8-diMeIQx 为 2-氨基-3,4,8-三甲基咪唑并［4,5-*f*］喹喔啉；MeIQx 为 2-氨基-3,8-二甲基咪唑并［4,5-*f*］喹喔啉；TMIP 为 2-氨基-*N*,*N*,*N*-三甲基-6-苯基-咪唑并［4,5-*b*］-吡啶；DMIP 为 2-氨基-*N*,*N*-二甲基-6-苯基-咪唑并［4,5-*b*］-吡啶

表 10-18 常见杂环胺的重要理化性质

化合物	分子量	元素组成	UV_{max}	pK_a
IQ	198.2	$C_{11}H_{10}N_4$	264	3.8,6.6
8-MeIQ	212.3	$C_{12}H_{12}N_4$	257	3.9,6.4
4-MeIQx	213.2	$C_{11}H_{11}N_5$	264	<2,6.3
4,8-diMeIQx	227.3	$C_{12}H_{13}N_5$	266	<2,6.3
PhIP	224.3	$C_{13}H_{12}N_4$	315	5.7

续表

化合物	分子量	元素组成	UV_{max}	pK_a
AαC	183.2	$C_{11}H_9N_3$	339	4.6
MeAαC	197.2	$C_{12}H_{11}N_3$	345	4.9
Trp-P-1	211.3	$C_{13}H_{13}N_3$	263	8.6
Trp-P-2	197.2	$C_{12}H_{11}N_3$	265	8.5
Glu-P-1	198.2	$C_{11}H_{10}N_4$	364	6.0
Glu-P-2	184.2	$C_{10}H_8N_4$	367	5.9
Phe-P-1	170.2	$C_{11}H_{10}N_2$	264	6.5

通过 Ames 试验发现鸡肉和牛肉经过油炸所产生的致突变性物质，在 HPLC 馏分上轮廓极为相似，这提示所有烹调肌肉组织中含有相似的前体物。补充肌酐可以增加总致突变物的产率而不影响致突变性物质在 HPLC 图谱上的轮廓。在以肌酸与氨基酸和糖组成的模拟系统中显示肌酸或肌酐是杂环胺的限速前体物，肌酐是杂环胺中造成致突变性物质所必需的基团 α-氨基-3-甲基咪唑基的来源。肉类在烹调前加入肌酐或肌酸仍然能够增加杂环胺的含量。可见氨基酸

和肌酸对烘烤食品中杂环胺形成有重要作用。另外，Maillard 反应也可能在杂环胺的形成中有重要作用。

10.4.1.4.2 食品中杂环胺的形成机制与影响因素

目前认为肌酸、肌酐、游离氨基酸和糖等是杂环胺形成的前体物，它们都具有水溶性，因此随着烘烤的进行，这些水溶性前体物可向表面迁移并被加热干燥，这可以解释为什么致突变活性主要存在于肉的表面。而油炸可以使肉的表面发生脱水，相当于干加热。锅底残留物中杂环胺的总量几乎与鱼肉中的相等，这是由于在加热过程中水溶性前体物从肉中溢出并被蒸发干，在平底锅的表面发生干热反应；同时，碎牛肉有助于前体物的释放，使得所形成的杂环胺较牛排的多。烘烤、油炸、碎块食物都是增加前体物质的重要因素。

除了前体物对杂环胺的形成有影响外，反应温度和时间也是杂环胺形成的关键因素。由于煎、炸、烘、烤及水煮等烹调方法所用温度不同，其产品中的杂环胺含量也大不同，前四种烹调方法，由于温度较后一种方法高，其产品中杂环含量高，而水煮品产生的杂环胺较低。实验显示，平锅温度从 200 ℃升到 300 ℃，致突变性增加 5 倍。在油炸烟雾中回收的致突变性成分伴随油炸温度增加而增加，这是由于平底锅残留物中杂环胺溢出所致。烹调时间不及烹调温度重要，在 200 ℃油炸温度下杂环胺主要在前 5min 形成，在 5～10min 形成明显减慢，更长的烹调时间不再增加。这是因为食品中的前体物已发生了迁移的缘故。在正常家用烹调温度下，对肉类进行充分烹调（但未变焦或变煳），也会产生致突变性。对不同烹调方法进行比较，肉类进行油炸和烧烤较烘烤、煨炖及微波烹调致突变性高。

10.4.1.4.3 杂环胺的代谢和毒性

所有的杂环胺都是前致突变物，必须经过代谢活化才能产生致癌及致突变性。经口给予杂环胺很快经胃肠道吸收，并通过血液分布于身体的大部分组织。肝脏是杂环胺的重要代谢器官，而肝外组织（如肠、肺和肾等）也有一定的代谢能力。

尽管杂环胺对受试的啮齿动物有一定的致癌性，但所给予的杂环胺剂量是食品中的上万倍。例如纯品 PhIP 可以诱发大鼠结肠及乳腺肿瘤，可诱发的最低剂量相当于每人每天吃进 100～200kg 焦牛肉。杂环胺的毒性除与含量有关外，不同的杂环胺之间的毒性往往有相加作用。据报道，当有其他环境致癌物、促癌物和细胞增生诱导物存在时杂环胺的毒性增加。烧烤食品中存在有多种杂环胺，对此，要给予重视。

10.4.1.5 丙烯酰胺

丙烯酰胺（acrylamide，AA）是已知的致癌物，并能引起神经损伤。研究表明，一些普通食品在经过煎、炸、烤等高温加工处理时会产生丙烯酰胺，特别是油炸薯条、土豆片等富含碳水化合物高的食物，经120℃以上高温长时间油炸，即会产生该化合物。一些淀粉类食品，如马铃薯片、法式油炸马铃薯片、谷物、面包等，丙烯酰胺的含量均大大超过WHO制定的饮用水水质标准中丙烯酰胺限量值。油炸食品中丙烯酰胺含量一般在1000μg/kg以上，炸透的薯片更高。由于丙烯酰胺在动物试验中表现出致癌活性，因此食品中存在丙烯酰胺的问题引起了全球的关注。

10.4.1.5.1 丙烯酰胺的理化性质

丙烯酰胺为结构简单的小分子化合物，分子量71.09，分子式为$CH_2CHCONH_2$，其结构式如图10-31，沸点125℃，熔点87.5℃。丙烯酰胺是聚丙烯酰胺（polyacrylamid）合成中的化学中间体（单体）。丙烯酰胺以白色结晶形式存在，极易溶解于水、甲醇、乙醇、乙醚、丙酮、二甲醚和三氯甲烷中，不溶于庚烷和苯。在酸中稳定，而在碱中易分解。在熔点它很容易聚合，对光线敏感，暴露于紫外线时较易发生聚合。固体的丙烯酰胺在室温下稳定，热熔或氧化作用接触时可以发生剧烈的聚合反应。丙烯酰胺在造纸业、石油业、纺织业、塑胶业、化工业等方面有广泛的应用。

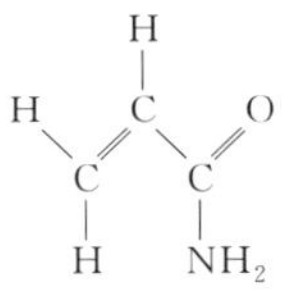

H H C O C C H NH_2

图10-31 丙烯酰胺分子结构式

10.4.1.5.2 食品中丙烯酰胺的产生

(1) 食品中丙烯酰胺的含量 从目前所报道的丙烯酰胺数据看，几乎所有的食品都含有丙烯酰胺。世界卫生组织规定饮水中丙烯酰胺限量为0.5 μg/kg（1993年）。但据对200多种经煎、炸或烤等高温加工处理的碳水化合物食品进行的多次重复检测结果，炸薯条（片）中丙烯酰胺含量平均1000 μg/kg；一些婴儿饼干含丙烯酰胺600～800 μg/kg。显然，热加工碳水化合物等食品可产生远远高过饮水限量数千万倍的丙烯酰胺（表10-19）。采用类似加工工艺的其他食品也可能含有丙烯酰胺。

表10-19 2015年欧盟食品安全局对食品中AA水平检测数据

食品种类	样品数量/份	含量/(μg/kg)
马铃薯油炸食品(薯片、零食除外)类	1694	303～313
法式炸薯条	90	361～375
马铃薯薯片和零食类	34501	388～389
油炸马铃薯片	31467	392
软面包类	543	36～49
小麦软面包	302	33～44
早餐谷物类	1230	157～164
饼干类	2065	261～269
咖啡类	1457	521～523
速溶咖啡	862	710
烘焙咖啡	595	248～251
咖啡代替品类	88	1499

续表

食品种类	样品数量/份	含量/(μg/kg)
谷物类婴儿食品	736	70～76
非谷物类婴儿食品	416	17～31
其他土豆、谷物和可可食品	569	92～101
其他食品	120	321～339

(2) 食品中丙烯酰胺产生的途径 食品中丙烯酰胺主要产生于高温加工食品中，食品在120℃下加工即会产生丙烯酰胺。对300种食品的检测结果表明，在大部分炸薯条和炸薯片中、部分面包、可可粉、杏仁、咖啡、饼干等中都检测出了相当高浓度的丙烯酰胺。

在热加工食品中形成丙烯酰胺的机理尚未完全阐明。目前认为，丙烯酰胺主要通过Maillard反应产生，可能涉及的成分包括碳水化合物、蛋白质、氨基酸、脂肪以及其他含量相对较少的食物成分。丙烯酰胺形成的可能反应机制是：氨基酸与还原糖反应产生二羰基化合物，后者与氨基酸经过几步反应产生丙烯醛，丙烯醛氧化产生丙烯酸，丙烯酸和氨或氨基酸反应形成丙烯酰胺（图10-32）。也有人认为除此途径外，丙烯酰胺还可能直接由氨基酸形成。另外，一些常见的有机酸，如苹果酸、乳酸、柠檬酸的脱水或脱羧基与氨基酸反应也可能是丙烯酰胺分子形成的原因。但目前普遍认为Maillard反应是丙烯酰胺形成的主要途径。

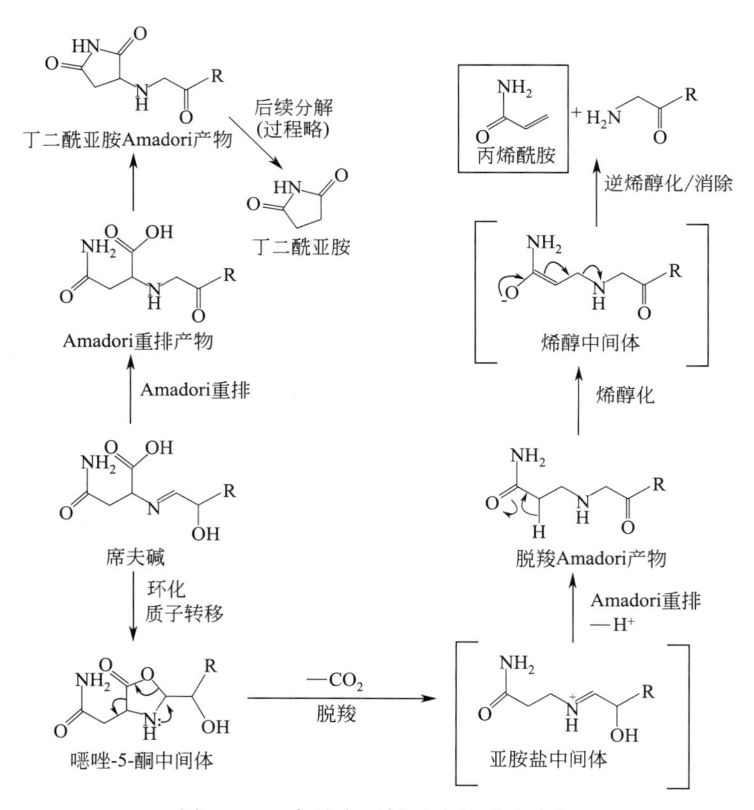

图10-32 食品中丙烯酰胺的形成途径

目前可初步得出以下结论：①氨基酸在高温下热裂解，其裂解产物与还原糖反应产生丙烯酰胺；②Maillard反应的初始反应产物，*N*-葡萄糖苷在丙烯酰胺的形成过程中起重要作用；③α-二羰基化合物与氨基酸反应释放出丙烯酰胺；④Sterecker降解反应有利于丙烯酰胺形成，因为该反应释放出一些醛类；⑤自由基也可能影响丙烯酰胺的形成；⑥丙烯酰胺形成的机制可能不止一种。

应注意除了食品本身形成之外，丙烯酰胺也可能有其他污染来源，如以聚丙烯酰胺塑料为食品包装材料的单体迁出，食品加工用水中絮凝剂的单体迁移等。

10.4.1.5.3 丙烯酰胺的毒性

丙烯酰胺单体会引起动物致畸、致癌。丙烯酰胺进入人体之后，可以转化为另一种分子环氧丙酰胺，此化合物能与细胞中RNA发生反应，并破坏染色体结构，从而导致细胞死亡或病变为癌细胞。长期监测表明丙烯酰胺可致使雄性小鼠阴囊、甲状腺、肾上腺和雌性鼠乳腺、甲状腺、子宫产生肿瘤。此外，丙烯酰胺还可损害雄性动物的生育能力，但对人类生殖系统的影响尚无数据证明。德国联邦风险评估中心曾于2002年11月份发布评估报告指出：动物实验发现丙烯酰胺对健康的损害程度要比亚硝胺及强烈致肝癌的黄曲霉毒素“厉害上百倍”。1994年，国际癌症研究机构（International Agency for Research on Cancer，IARC）已经将丙烯酰胺列为人类的可能致癌物质2B类。丙烯酰胺可通过未破损的皮肤、黏膜、肺和消化道吸收入人体，分布于体液中。丙烯酰胺的毒性特点是急性中毒剂量很低，但在体内有一定的蓄积效应，并具有神经毒性效果，主要导致周围神经病变和小脑功能障碍，损坏神经系统。丙烯酰胺还可以影响实验动物肝脏组织，肝脏是其主要靶器官之一。

10.4.1.5.4 影响丙烯酰胺形成的因素

加工温度、时间、碳水化合物、氨基酸种类、食品含水量等都影响丙烯酰胺的形成。

① 温度　加工温度需在120℃以上才能产生丙烯酰胺。用相同物质的量（0.1 mol）的天冬酰胺和葡萄糖加热处理，发现120℃时开始产生丙烯酰胺，随着温度的升高，丙烯酰胺产生量增加，至170℃左右达到最高，而后下降，185℃时检测不到丙烯酰胺。

② 时间　加热时间对丙烯酰胺也有较大影响。将葡萄糖与天冬酰胺、谷氨酰胺和甲硫氨酸在180℃下共热5～60min，发现这3种氨基酸产生丙烯酰胺的情形表现不同，天冬酰胺产生量最高，但5min后随反应时间的增加而下降，谷氨酰胺在10min时达到最高，而后保持不变。甲硫氨酸在30min前随加热时间延长而增加，而后达到一个平稳水平。

③ 碳水化合物　葡萄糖、果糖、乳糖与天冬酰胺共热，都产生较多丙烯酰胺，似乎说明还原糖的种类对丙烯酰胺产生无重大影响。也有研究发现，脂肪氧化产生的羰基化合物也能促进丙烯酰胺的形成。

④ 氨基酸　碳水化合物和氨基酸单独存在时加热不产生丙烯酰胺，只有当两者同时存在时加热才有丙烯酰胺形成。氨基酸中，以天冬酰胺最易与碳水化合物反应形成丙烯酰胺，与葡萄糖共热产生的丙烯酰胺量高出谷氨酰胺和甲硫氨酸的数百倍到1000多倍，这也就是油炸土豆片丙烯酰胺含量高的主要原因。

⑤ 食品含水量　丙烯酰胺形成似乎属于表面反应，食品含水量是重要影响因素。含水量较高有利于反应物和产物的流动，产生的丙烯酰胺量也多，但水过多会使反应物被稀释，反应速度下降。这与热加工中的褐变类似，两者之间的关系有待研究。

10.4.2 热作用下氨基酸的外消旋作用

加工膨化食品时，常在碱性条件下热加工，此时常会导致部分L-氨基酸发生外消旋作用生成D-氨基酸；蛋白质或含蛋白质原料在200℃以上进行烘烤时，随着蛋白质部分被水解，也会发生氨基酸的外消旋作用。

在碱性条件下氨基酸发生外消旋作用的机理是氢氧根离子从 α-碳原子上获得质子，导致了碳负离子失去四面体对称性，其后溶液中质子又可从碳负离子的上方或下方与负碳离子结合，于是产生了外消旋作用（图 10-33）。氨基酸发生外消旋作用的概率与其残基有密切关系，当氨基酸残基上有吸电子基团时发生氨基酸外消旋作用的概率比无吸电子基团的大得多，如 Asp、Ser、Cys、Glu、Phe、Asn 和 Thr。外消旋作用的速度还取决于氢氧根离子的浓度，但与蛋白质浓度无关，有意思的是蛋白质中发生的外消旋速度比游离的氨基酸高约 10 倍，据推测，这是蛋白质分子中氨基酸残基发生外消旋作用的活化能降低之故。

在碱性条件下碳负离子可通过 β-消除反应产生脱氢丙氨酸，半胱氨酸及磷酸丝氨酸残基更倾向按此路线发生反应。

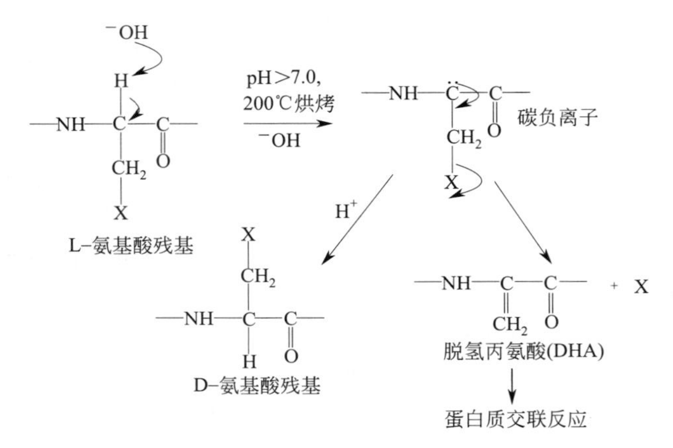

图 10-33　氨基酸的外消旋作用机理示意

由于含有 D-氨基酸残基的肽键较难被胃和胰蛋白酶水解，即使被吸收也不能在体内合成蛋白质，因此氨基酸残基发生了外消旋作用后，其蛋白质及游离氨基酸的生物利用率下降，更重要的是发生外消旋作用所生成的 D-氨基酸，有的已发现有一定的安全隐患。

10.4.3　硝酸盐、亚硝酸盐及亚硝胺

10.4.3.1　硝酸盐、亚硝酸盐及 *N*-亚硝基化合物的性质

纯硝酸是一种无色透明的油状液体，除少数金属（如 Au 和 Pt 等）外，许多金属都能溶于硝酸，而生成硝酸盐。碱金属和碱土金属的硝酸盐受热分解为亚硝酸盐和氧气：

$$2NaNO_3 \xlongequal{\triangle} 2NaNO_2 + O_2$$

硝酸盐在哺乳动物体内可转化成亚硝酸盐，亚硝酸盐可与胺类、氨基化合物及氨基酸等形成 *N*-亚硝基化合物类。硝酸盐一般是低毒的，但亚硝酸盐及 *N*-亚硝基化合物类对哺乳动物有一定的毒性，因此对硝酸盐的安全评价必须考虑到硝酸盐的上述转化。

亚硝酸是一元弱酸，$K_a = 4.6 \times 10^{-4}$，亚硝酸极不稳定，仅存在于稀的水溶液中，但它的盐类较为稳定，也易溶于水。亚硝酸盐既有氧化性又有还原性，以氧化性为主。如：

$$2NaNO_2 + 2KI + 2H_2SO_4 = 2NO + I_2 + K_2SO_4 + Na_2SO_4 + 2H_2O$$

当有较强的氧化剂存在时，亚硝酸盐可被氧化成硝酸盐：

$$2KMnO_4 + 5NaNO_2 + 3H_2SO_4 = K_2SO_4 + 2MnSO_4 + 5NaNO_3 + 3H_2O$$

$$Cl_2 + KNO_2 + H_2O = 2HCl + KNO_3$$

由于亚硝酸盐在还原剂存在时，可被还原成硝酸盐，减少了亚硝酸盐的积累及转化，能

极大地提高食品的安全性，因此，提倡在腌制时加入亚硝酸盐的同时加入维生素 C 或维生素 E，这不仅可减少亚硝酸盐的用量，还能提高食品的质量与安全。

N-亚硝基化合物是一类具有 $>N-N=O$ 结构的有机化合物。根据 *N*-亚硝基化合物的结构，*N*-亚硝基化合物可进一步分为 *N*-亚硝胺类和 *N*-亚硝酰胺类。根据 *N*-亚硝基化合物的挥发性，*N*-亚硝基化合物又可分为挥发性 *N*-亚硝基化合物和非挥发性 *N*-亚硝基化合物。

N-亚硝胺的基本结构是 $(R_1)(R_2)N-N=O$，R_1 和 R_2 可以是相同的基团，此时为对称性亚硝胺；如果 R_1 和 R_2 是不相同的基团，则称为非对称的亚硝胺。R_1 和 R_2 可以是烷基，如 *N*-亚硝基二甲胺（NDMA）、*N*-亚硝基二乙胺（NDEA）；R_1 和 R_2 可以是芳烃，如 *N*-亚硝基二苯胺（NDPhA）；R_1 和 R_2 可以是环烷基，如 *N*-亚硝基吡咯烷（NPRY）、*N*-亚硝基吗啉（NMOR）、*N*-亚硝基哌啶（NPIP）及 *N*-亚硝基哌嗪；R_1 和 R_2 可以是氨基酸，如 *N*-亚硝基脯氨酸（NPRO）、*N*-亚硝基肌氨酸（NSAR）等。

低分子量的亚硝胺在常温下为黄色液体，高分子量的亚硝胺多为固体；除了少量的 *N*-亚硝胺（如 NDMA、NDEA 及某些 *N*-亚硝基氨基酸）可溶于水外，大多不溶于水；*N*-亚硝胺均能溶于有机溶剂。*N*-亚硝胺较稳定，在通常情况下不发生自发性水解，参与体内代谢后有致癌性。

N-亚硝酰胺类的基本结构是 $(R_1)(YCX)N-N=O$，这类成分较多，如 *N*-亚硝基甲酰胺、*N*-亚硝基甲基脲、*N*-亚硝基乙基脲、*N*-亚硝基氨基甲酸乙酯、*N*-亚硝基甲基脲烷、*N*-亚硝基-*N'*-硝基-甲基胍、*N*-亚硝基咪等。

N-亚硝酰胺类较不稳定，能够在作用部位直接降解成重氮化合物，并与 DNA 结合而发挥直接的致癌性和致突变性。

硝酸盐及亚硝酸盐可转化为 *N*-亚硝基化合物。因此，硝酸盐、亚硝酸盐及 *N*-亚硝基化合物的毒理动力学与代谢途径紧密相连。这种转化联系是人们摄入硝酸盐后对人体危害的关键。

10.4.3.2 硝酸盐、亚硝酸盐及 *N*-亚硝基化合物的毒性

10.4.3.2.1 硝酸盐

硝酸盐的急性毒性与受试动物种类有关。按每千克体重计算，硝酸钠小白鼠为 2480～6250mg，大白鼠为 4860～9000mg，兔为 2680mg；硝酸钾大白鼠为 3750mg，兔为 1900mg；硝酸铵大白鼠为 2450～4820mg。

硝酸盐的短期毒性实验表明，不同的受试动物其毒性不同。据报道用 F-344 大白鼠连续饲喂含不同量的硝酸钠（0%、1.25%、2.55%、10%和 20%，占饲料质量百分数，下同）6 周，结果发现，除高剂量组（10%和 20%）大白鼠的体重减少和高铁血红蛋白积累外，其他剂量组没有负面影响。也就是说按每天每千克体重计算，从食物中摄入 2500mg 的硝酸盐没有负面影响。用 Wistar 大白鼠连续饲喂含不同量的硝酸钠或硝酸钾（0%、1%、2%、3%、4%、5%的硝酸钠或 6%硝酸钾）4 周，结果发现，上述浓度的 2 组不同的硝酸盐处

理，对 Wistar 大白鼠的行为和存活率没有明显的影响，只是当硝酸钾的浓度超过 2%时，雌鼠体内有少量的高铁血红蛋白积累，且这种积累有量效关系，雄鼠的相对肝重略有增加。也就是说按每天每千克体重计算，从食物中摄入 500mg 的硝酸钾没有负面影响。用猪为受试对象，在饲料中添加 2%的硝酸钠，公猪连续饲喂 105d，母猪连续饲喂 125d，结果未发现任何副作用。

硝酸盐的慢性中毒实验表明，不同性别 5 组大白鼠连续饲喂含不同量的硝酸钠（0%、0.1%、1%、5%和 10%）2 年，除高剂量组，大白鼠的生长率有轻微影响和表现有一定的迟钝外，其他剂量组没有负面影响。

硝酸盐的致畸性实验表明，在猪交配及怀孕期间，连续 142d 和 204d，饮用含不同浓度的硝酸钾（0、300mg/L、3500mg/L、10000mg/L、30000mg/L）水，除高剂量组对雌猪的生殖能力有一定的影响外，其他剂量组没有影响。也就是说按每天每千克体重计算，从食物中摄入 507mg 的硝酸钾或 310mg 的硝酸离子对猪的生殖能力没有负面影响。给怀孕 21d 的羊连续 15d 饮用含不同浓度的硝酸钠（0.3%～1.2%）水，也不足以使血红蛋白过量转化为高铁血红蛋白。硝酸盐的诱变性实验表明，在好氧条件下硝酸盐对微生物（*Salmonella typhimurium* 或 *Escherichia coli*）无诱变性影响，但在厌氧条件下硝酸盐对 *E. coli* 有诱变性，这可能与硝酸盐在厌氧条件下被还原成亚硝酸盐有关。硝酸钾及硝酸钠对几种微生物菌株的 Ames 检测无诱变性。但 140mmol/L 的硝酸钠对中国大颊鼠类成纤维原细胞染色体有失常表现，而 10mmol/L 硝酸钾没有上述表现。

10.4.3.2.2 亚硝酸盐

亚硝酸盐的急性毒性表现出不同的受试动物其生物半致死剂量不同。按每千克体重计算，亚硝酸钠小白鼠为 214mg，大白鼠和兔为 180mg。按每千克体重 100mg 的剂量每隔 2h 给大白鼠饲喂一次亚硝酸钠，结果死亡率较高，但如果间隔期变为 4h，则无死亡出现。

亚硝酸盐的短期毒性实验表明，给大白鼠连续 200d 饮用含 170mg 和 340mg（按每千克体重计算）的亚硝酸钠，结果发现，受试大白鼠体内有高铁血红蛋白积累现象，雌鼠的肝重及雌雄大白鼠的肾重也有变化。

亚硝酸盐将血红蛋白中的二价铁氧化为三价铁，产生无法携带氧气的高铁血红蛋白，从而降低了血液运输氧气的能力。在正常情况下人血中高铁血红蛋白含量较低，一般保持在 1%～2%，当有少量的亚硝酸盐所引起的高铁血红蛋白可被人体酶促还原和非酶还原作用，使高铁血红蛋白还原。当有高剂量的亚硝酸盐存在时，由于高铁血红蛋白形成速度超过还原速度，高铁血红蛋白积累增多，血红蛋白的携氧和释氧能力下降，当体内，高铁血红蛋白浓度达到 20%～40%时就会出现全身组织缺血等症状，如果高铁血红蛋白浓度达到 70%以上就可致死。按此计算，人体摄入 0.2～0.5g 的亚硝酸盐就可引起中毒，3g 可致死亡。

亚硝酸盐的长期毒性及致癌性的实验表明，给雄性大鼠连续 2 年饮用浓度为 100mg/L、1000mg/L、2000mg/L、3000mg/L 水，其中 1000mg/L、2000mg/L、3000mg/L 处理组的大鼠体内高铁血红蛋白有所增加，分别为血红蛋白的 5%、12%和 22%；而 100mg/L 处理组，相当于按每千克体重摄入 5～10mg 的亚硝酸钠，无明显影响。用含 0.2%或 0.5%的亚硝酸钠（按饲料质量比）的饲料连续饲喂大鼠 115d，无致癌表现。给 ICR 小白鼠连续 18 个月饮用浓度为 1000mg/L、2500mg/L、5000mg/L 水，无肿瘤发现。一项在大鼠和小鼠中进行的多年剂量递增研究未发现亚硝酸盐和硝酸盐的致癌性证据。

10.4.3.2.3 *N*-亚硝基化合物

据报道在所知的 *N*-亚硝基化合物中约有 90%的 *N*-亚硝基化合物对受试动物具有致癌

性，尤其是非挥性亚硝基化合物。考虑到能形成 *N*-亚硝基化合物前体较多，如硝酸盐、亚硝酸盐、胺类及氨基化合物等，而这些前体广泛存在于食物中，易被人类从食物中摄入。因此，过量摄入这些前体就要考虑它们在体内转化为亚硝基化合物的可能性。

总而言之，按每天每千克体重摄入 2500mg 的硝酸盐，大鼠无负面影响。但它能转化为亚硝酸盐和 *N*-亚硝基化合物，从而有一定的安全隐患，如亚硝酸盐能引起高铁血红蛋白的累积，当高铁血红蛋白超过 10%时，会产生毒性。亚硝酸盐摄入过多会对人体造成的最初症状是头晕、头痛、视物不清、全身无力、反应迟钝，继而出现心悸、恶心、呕吐、腹痛等。从全国出生缺陷预防的结果研究表明，出生前暴露于亚硝基药物可能与选定的先天性畸形，包括神经管畸形、心脏畸形的风险增加有关，并增加了早产的风险。

10.4.3.3 食品中硝酸盐及亚硝酸盐的来源

食物中硝酸盐及亚硝酸盐的来源，一是由于加工的需要，二是施肥过度由土壤中转移到植物源食物中。亚硝酸盐由于可以抑制梭状芽孢杆菌及形成的肉毒杆菌，以前常用作防腐剂。现在已有更先进更安全的防腐剂和更先进的防腐方法，将亚硝酸盐作为防腐剂使用已不常见。但由于亚硝酸盐和肉制品中的肌红蛋白反应生成亚硝酸基肌红蛋白，使肉制品的颜色在加热后保持红色，另外，亚硝酸盐还可延缓贮藏期间肉制品的“哈喇味”形成，所以加入亚硝酸盐可提高其商业价值。因此，目前亚硝酸盐作为发色剂仍在使用。

造成腌薰制品中亚硝酸盐含量较高的缘由，除与直接添加外，还与植物源腌制品中硝酸盐在硝酸还原酶的作用下转化为亚硝酸盐有关。植物源食物原料沾染的微生物如大肠杆菌、白喉棒状杆菌、金黄色葡萄球菌等都分泌具有高活性的硝酸还原酶。影响硝酸还原酶活性的因素较多。因此，在腌制过程中，条件不同，由于对上述来源的硝酸还原酶活性的影响不同，则腌制品亚硝酸盐含量也不同。据报道，腌制雪里蕻中亚硝酸盐的含量及“亚硝峰”出现时间与腌渍液食盐浓度、温度、酸度、糖度及微生物污染等因素有密切的关系。腌制雪里蕻中亚硝酸盐的生成速度和含量与时间的关系归纳如下：食盐浓度越高，亚硝酸盐高峰出现越晚，但峰值越高，产品中亚硝酸盐含量也越高。低温发酵时，亚硝酸盐生成慢，含量高，高峰持续时间长；高温发酵时，亚硝酸盐生成快，但峰值低且消失快。酸性环境不利于亚硝酸盐的生成，发酵产酸的旺盛期即为亚硝峰的回降期。凡能迅速形成较高酸度的各种措施，都能降低产品中的亚硝酸盐的含量，如低盐、高温、厌氧、加酸、加糖等。另外，用于腌制的容器、水质、菜株不洁，或腌渍期间受杂菌污染，都会使亚硝酸盐含量增高。接种纯培养乳酸菌也对“亚硝峰”有影响。

10.4.4 氯丙醇

用水解动、植物蛋白源食物进行深加工时，若采用的水解工艺不对，也会引入有害物质——氯丙醇。氯丙醇会引起肝、肾脏、甲状腺等的癌变，并会影响生育。因此，氯丙醇是继二噁英之后食品污染物领域的又一热点问题。

10.4.4.1 氯丙醇的理化性质

氯丙醇（chloropropanols）是甘油（丙三醇）上的羟基被氯取代 1～2 个所产生的一类化合物的总称。氯丙醇化合物均比水重，沸点高于 100℃，常温下为液体，一般溶于水、丙酮、苯、甘油乙醇、乙醚、四氯化碳或互溶。因其取代数和位置的不同形成 4 种氯丙醇化合物。单氯取代的氯代丙二醇：3-氯-1，2-丙二醇（3-chloro-1，2-propanediol 或 monochloro-propane-1，2-diol，3-MCPD）和 2-氯-1，3-丙二醇（2-chloro-1，3-propanediol 或 monochloropropane-1，3-diol，2-MCPD)；双氯取代的二氯丙醇：1，3-二氯-2-丙醇（1，3-dichloro-2-propanol，1，3-DCP 或 DC2P）和 2，3-二氯-1-丙醇（2，3-dichloro-1-propanol，2，3-DCP 或 DC1P）。如图 10-34。

$H_2C—OH$	$H_2C—OH$	$H_2C—Cl$	$H_2C—OH$
$HC—OH$	$HC—Cl$	$HC—OH$	$HC—Cl$
$H_2C—Cl$	$H_2C—OH$	$H_2C—Cl$	$H_2C—Cl$
3-MCPD	2-MCPD	1,3-DCP	2,3-DCP

图 10-34　4 种氯丙醇类分子结构式

天然食物中几乎不含氯丙醇，但随着应用 HCl 水解蛋白质，就产生了氯丙醇。这是由于蛋白质原料中不可避免地含有脂肪物质，在盐酸水解过程中发生副反应，形成氯丙醇物质。由于多种因素的影响，一氯丙醇生成量通常是二氯丙醇的 100～10000 倍，而一氯丙醇中 3-MCPD 的量通常又是 2-MCPD 的数倍至十倍。所以水解蛋白质的生产过程，以 3-MCPD 为主要质控指标。

10.4.4.2　氯丙醇的有害性

目前人们关注氯丙醇是因为 3-MCPD 和 1，3-DCP 具有潜在致癌性，其中 1，3-DCP 属于遗传毒性致癌物。其实，氯丙醇并不是一类新发现的化合物。早在 20 世纪 70 年代，人们就发现氯丙醇能够使精子减少和精子活性降低，并有抑制雄性激素生成的作用，使生殖能力减弱，甚至有人将 3-MCPD 作为男性避孕药开发。因此，氯丙醇具有雄性激素干扰物活性也引起人们的广泛关注。由于氯丙醇的潜在致癌、抑制男子精子形成和肾脏毒性，国际社会纷纷采取措施限制其在食品中的含量。

10.4.5　容具和包装材料中的有毒有害物质

食品在生产、加工、贮存和运输等过程中，接触各种容器、工具、包装材料，容器、包装材料中的某些成分可能混入或溶解于食品中，这会造成食品的化学污染，给食品带来安全隐患。

我国传统使用的食品容具和包装材料有很多种类，例如竹木、金属、玻璃、搪瓷和陶瓷等。多年使用的实践证明，大部分对人体较为安全。但随着食品工业的发展需要和化学合成工业的发展，出现了很多新型合成材料，例如塑料、涂料、橡胶等。但这些合成材料中包括很多种化学物质，有些物质可能会进入食品中，对人体具有一定的毒性作用。

10.4.5.1　塑料

塑料是以合成树脂为主要原料，另外还有一些辅助材料。合成树脂是以煤、石油、天然气、电石等为原料，在高温下聚合而成的高分子聚合物。塑料以及合成树脂都是由很多小分子单体聚合而成，单体的分子数目越多聚合度越高，则塑料性质越稳定，与食品接触时向食品中移溶的可能性就越小。由一种单体聚合而成的聚合物称为均聚物，由两种以上单体聚合而成的称为共聚物。常用塑料中两者都有。

目前市场上可用于食品包装的塑料主要有聚乙烯、聚丙烯、聚苯乙烯、脲醛和三聚氰胺甲醛塑料等。食品工业应用塑料包装食品时是有严格要求的，一般不会产生二次污染。但也要注意可能产生的污染，如聚氯乙烯本身无毒，但氯乙烯单体和降解产物有一定毒性，且聚氯乙烯在高温和紫外线照射下促使其降解，能引起肝血管瘤。脲醛和三聚氰胺甲醛塑料如果在制造过程中因反应不完全，常有大量游离甲醛存在，而且此种塑料遇高温或酸性溶液可能分解，有甲醛和酚游离出来。甲醛是一种细胞的原浆毒，动物经口摄入甲醛，肝脏可出现灶性肝细胞坏死和淋巴细胞浸润。

某些塑料为了改善性能加入了增塑剂和防老剂，这些添加剂往往有毒。聚氯乙烯也是一种常用的塑料，但其生产使用了添加剂如以邻苯二甲酸二丁酯作增塑剂，用这种包装的食品，就会发生慢性 Pb 中毒。另外，聚氯乙烯制品在高温下（如 80℃以上）就会缓慢释放出氯化氢气体，此气体有毒，因此聚氯乙烯不宜用作食品包装材料。

用塑料袋包装食品是司空见惯的事，可是人们时常忽视有些塑料对人体有毒这样一个事实，随手抄起一只塑料袋就用来装食品。值得注意的是：①聚氯乙烯制品与乙醇乙醚等溶剂接触会析出 Pb，所以用聚氯乙烯塑料制品存放含酒精类食品是很不合适的。②聚氯乙烯遇含油食品时其中 Pb 就会溶入食品，所以很不适宜包装含油食品。③聚氯乙烯塑料使用温度高于 50℃时就会有氯化氢气体缓慢析出，这种气体对人体健康有害。④废旧塑料回收再制品，因原料来源复杂难免带有有毒成分，也不可作食品包装。⑤一定要用专用的食品袋，绝不可乱用。所以应少用或尽量不用塑料袋包装食品。

10.4.5.2 其他包装材料

陶器、瓷器表面涂覆的陶釉或瓷釉称为釉药，其主要成分是各种金属盐类，如 Pb 盐、Cd 盐，同食品长期接触容易溶入食品中，使食用者中毒，特别是易溶于酸性食品如醋、果汁、酒等。

包装纸的卫生问题主要是不应该用荧光增白剂处理过的包装纸，并要防止再生纸对食品的细菌污染和回收废品纸张中有毒化学物质残留对食品造成的污染。此外，浸蜡包装纸中所用石蜡必须纯净无毒，所含多环芳烃化合物不能过高。

易拉罐已广泛应用于食品和饮料包装。有关食品受包装材料和食具容器中的金属污染已越来越受到人们的关注。据 Joanna 对食品受包装材料中的金属污染情况的评述，听装百事可乐中金属离子浓度高于瓶装。据艾军报道，用 ICP-AES 测定易拉罐用铝合金中有害元素的实验结果表明，目前市场上饮料易拉罐包装所用铝合金中均含有较高的有害元素，尤其是 Pb、Cd、Cr、Sn。这些元素如果溶入食品中无疑对人体是有害的。食品包装铝合金材料中有害元素的含量越高，则它们被转移到所盛食物中的可能性就越大。因此如何控制食品包装材料中各类金属元素的含量，降低其中有害元素对人体健康的潜在危害，应引起人们的重视和思考。

目前食品过度包装现象较为严重，包装物的“价值”往往比食品的价值高得多。这不仅造成包装材料对食品构成了潜在污染，而且也浪费了可贵资源，造成包装废弃物的污染。环保部门对减少包装废弃物污染提出了三方面的意见：一是应尽量不用包装；二是应尽量回收包装；三是凡不能回收利用的可以生物分解，不危害公共环境。目前，在国内外市场风行及消费崇尚的“绿色包装”中，有纸包装、可降解塑料包装、生物包装材料等。我国也正在积极推进这一政策的落实与发展。

10.5 食品中有害成分研究热点

为满足人民对美好生活的更高需要，未来食品的发展将更注重食品安全和营养。近年来，国内外在食品安全和营养保障方面开展了大量研究工作，也取得了较多的成效。但是，很多食品安全隐患依然严峻，特别是食品中的内源性有害成分及抗营养成分、加工及贮存中产生的有毒有害成分、包装中的有害成分污染等问题仍然存在。因此，针对食品中有害成分的相关研究，不仅是食品行业的研究重点，也是食品从业者的关注要点。例如，如何有效地识别和消减食品中的有害成分、增强其营养或增加新的功能？如何采取更先进技术如食品合成生物学等，解决传统食品技术难以解决的食品中有害成分的相关问题？

食品中有害成分目前的研究前沿趋势主要包括以下9个方面：①发现新的有害成分，从含量、种类、分子结构和特性、生成机制、毒理学评价等方面进行解析；②深入探讨有害成分在不同种类食品中的分子特性的异同及分布，明确有害成分在食品中的分子形态；③分析有害成分在食品原料采后贮藏和加工过程中的形成及演变规律；④揭示有害成分在储运、加工过程中的迁移规律；⑤构建从源头进行控制的方法以及在采后贮藏和加工过程中的消减控制技术，包括生产工艺参数的调整和工艺流程的调整；⑥将有害成分无害化或者转化为具有新的营养功能的物质；⑦开发针对有害成分的方便准确快捷的快速检测技术；⑧分析食品包装过程中导致的有害成分污染，明确有害成分在包装袋上的残留及向食品中的迁移规律；⑨对有害成分的识别、分析、消减控制技术在生产实践中的应用等。

参考文献

[1] 马超．渔药使用的危害及其防范．河南水产，2018（1）：12.
[2] 王静，等．基于总过敏原家族的食物过敏原家族分类．食品安全质量检测学报，2012，3（4）：245.
[3] 王磊，等．海洋多肽毒素的研究进展．中国天然药物，2009，7（3）：169.
[4] 石美荣．食品包装材料中有毒有害物质检测技术研究进展．食品工程，2019（1）：22.
[5] 田艳，等．十字花科植物中硫代葡萄糖苷类物质的结构与功能研究进展．食品科学，2020，41（1）：292.
[6] 史娜，等．食品塑料包装材料中有害物质的研究现状．山东化工，2019，48（13）：70.
[7] 刘婵．体外消化环境下多酚与蛋白、酶间的竞争相互作用及其对多酚和蛋白功能特性的影响研究．无锡：江南大学，2017.
[8] 江新业．酸水解植物蛋白调味液中氯丙醇的危害与控制．中国食品添加剂，2013（S1）：164.
[9] 许敏，等．水华和赤潮的毒素及其检测与分析．湖泊科学，2001（4）：376.
[10] 孙瑜．基于动物性食品中多兽药联合检测对济南市售食品残留状况调查分析．济南：山东大学，2018.
[11] 李波，等．食品生产加工中苯并芘的产生与控制．食品安全导刊，2017，21：38.
[12] 李总领，等．探讨兽药残留的种类及危害．中兽医学杂志，2019（5）：83.
[13] 吴丽，等．肉制品中苯并芘的研究进展．现代牧业，2017，1（4）：39.
[14] 余晓琴．食品中氯丙醇类化合物的解读．中国市场监管报，2020-01-09（008）.
[15] 宋协法，等．硝酸盐对鱼类毒性研究进展．中国海洋大学学报（自然科学版），2019，49（9）：34.
[16] 张大彪，等．渔药对水产养殖品质量安全的影响及对策．江西农业，2019（24）：97.
[17] 张延峰．食品包装材料中有毒有害物质检测技术研究进展．中国高新区，2017（8）：58 .
[18] 郑艺，等．不同油脂对油炸食品中苯并（α）芘含量的影响．食品科学，2020：1-11.
[19] 孟文琪，等．海洋生物毒素检测技术研究进展．第二军医大学学报，2016，37（9）：1148.
[20] 孟紫强．生活方式与健康．北京：科学普及出版社，2009.
[21] 郝媛华，等．茶皂素的生物学活性及其在动物生产中的应用研究进展．中国农学通报，2015，31（11）：1.
[22] 查子娟．1例急性亚硝酸盐中毒患者的急救护理体会．医学信息，2016，29（30）：287.
[23] 高丽娜，等．麻痹性贝毒和腹泻性贝毒的性质及检测技术研究探讨．现代渔业信息，2011，26（3）：11.
[24] 高峡．食品接触材料化学成分与安全．北京：北京科学技术出版社，2014.
[25] 常雪娇，等．晒干处理对花生过敏原蛋白潜在致敏性的影响．食品科学，2018，39（3）：49.
[26] 屠泽慧，等．烧烤及烟熏肉制品中多环芳烃的迁移、转化与控制研究进展．肉类研究，2017，31（8）：49.
[27] 董晓颖，高美须，潘家荣，等．不同处理方法对虾过敏蛋白分子量及抗原性的影响．核农学报，2010，24（3）：548.
[28] 韩建勋，等．虾类主要过敏原及其消减技术研究进展．中国食品学报，2016，16（7）：201.

[29] 谢丹丹，等．超高压结合酶法消减南美白对虾蛋白过敏原研究．食品科学，2012，33（8）：109.
[30] 谢达尧．渔业病害防治中影响药物作用效果的主要因素．渔业致富指南，2019（7）：50.
[31] Arapov J. A review of shellfish phycotoxin profile and toxic phytoplankton species along Croatian coast of the Adriatic Sea. Acta Adriatica，2013，54（2）：283.
[32] Benedum C M，*et al*. Impact of periconceptional use of nitrosatable drugs on the risk of neural tube defects. Am J Epidemiol. 2015，182（8）：675.
[33] Bøgh K，*et al*. Food allergens：is there a correlation between stability to digestion and allergenicity? Critical Reviews in Food Science and Nutrition，2016，6（9）：1545.
[34] Cabanilas B，*et al*. Allergy to peanut，soybean，and other legumes：recent advances in allergen characterization，stability to processing and IgE cross-reactivity. Molecular Nutrition & Food Research. 2017，62：1.
[35] Chaikaew S，*et al*. Fixed-bed degradation of histamine in fish sauce by immobilized whole cells of *Natrinema gari* BCC 24369. Fisher Science，2015，81（5）：971.
[36] Danquah A O，*et al*. Biogenic amines in foods. Food Biochemistry and Food Processing，2012：820.
[37] Eierman L E，*et al*. Transcriptomic analysis of candidate osmoregulatory genes in the eastern oyster *Crassostrea virginica*. BMC Genomics，2014，15（1）：503.
[38] Gong C Y，*et al*. Proteomic evaluation of genetically modified crops：current status and challenges. Frontiers in Plant Science，2013，4：41.
[39] Good C，*et al*. Investigating the influence of nitrate nitrogen on post-smolt Atlantic salmon *Salmo salar* reproductive physiology in freshwater recirculation aquaculture systems. Aquacultural Engineering，2017，78：2.
[40] Hogan S，*et al*. Antioxidant rich grape pomace extract suppresses postprandial hyperglycemia in diabetic mice by specifically inhibiting alpha-glucosidase. Nutrition & Metabolism，2010，7（1）：1.
[41] Ishihara K，*et al*. Acrylamide content in vegetables home-cooked by heating. Journal of Cookery Science of Japan，2009，42：32.
[42] Jayasena S，*et al*. Comparison of six commercial ELISA kits for their specificity and sensitivity in detecting different major peanut allergens. Journal of Agricultural and Food Chemistry，2015，63（6）：1849.
[43] Jiménez-Saiz R，*et al*. In vitro digestibility and allergenicity of emulsified hen egg. Food Research International，2012，48（2）：404.
[44] Kelly C S R-C，*et al*. Abiotic stresses and non-protein amino acids in plants. Critical Reviews in Plant Sciences，2019，38（5-6）：411.
[45] Kimura M，*et al*. Isolation and identification of the causative bacterium of histamine accumulation during fish sauce fermentation and the suppression effect of inoculation with starter culture of lactic acid bacterium on the histamine accumulation in fish sauce processing. Nippon Suisan Gakk，2015，81（1）：97.
[46] Leo M L Nollet. Analysis of dioxins and furans（PCDDs and PCDFs）in food. Analysis of Endocrine Disrupting Compounds in Food. Iowa，USA：Blackwell Publishing Ltd，2012.
[47] Leung N Y，*et al*. Current immunological and molecular biological perspectives on seafood allergy：acomprehensive review. Clinical Reviews in Allergy and Immunology，2014，46（3）：180.
[48] Li C，*et al*. Effects of dietary crude protein levels on development，antioxidant status，and total midgut protease activity of honey bee（*Apis mellifera ligustica*）. Apidologie，2012，43（5）：576.
[49] Lioi L，*et al*. Inhibitory properties and binding loop polymorphism in Bowman-Birk inhibitors from phaseolus species. Genetic Resources and Crop Evolution，2010，57（4）：533.
[50] Ma Z，*et al*. Construction of a novel expression system in *Klebsiella pneumoniae* and its application for 1，3-propanediol production. Applied Biochemistry and Biotechnology，2010，162（2）：399.
[51] Machha A，*et al*. Dietary nitrite and nitrate：a review of potential mechanisms of cardiovascular benefits. Eur J Nutr，2011，50：293.
[52] Msgni C，*et al*. Molecular insight into IgE-mediated reactions to sesame（*Sesamum indicum* L.）seed proteins. Annals of Allergy，Asthma & Immunology，2010，105（6）：458.
[53] María P，*et al*. Shellfish allergy：a comprehensive review. Clinical Reviews in Allergy & Immunology，2015，49（2）：203.
[54] Tuncel N B，*et al*. The effect of infrared stabilized rice bran substitution on B vitamins，minerals and phytic acid con-

tent of pan breads: part Ⅱ. Journal of Cereal Science, 2014, 59 (2): 162.
[55] Oliveira C F R D, *et al*. Purification and biochemical properties of a Kunitz-type trypsin inhibitor from *Entada acacifolia* (Benth.) seeds. Process Biochemistry, 2012, 47 (6): 929.
[56] Paul J F, *et al*. Immunoaffinity chromatography. Methods in Molecular Biology, 2010.
[57] Prester L. Seafood allergy, toxicity, and intolerance: a review. Journal of the American College of Nutrition, 2015, 1: 271.
[58] Raaz K, *et al*. Nitrate toxicity in groundwater: its clinical manifestations, preventive measures and mitigation strategies. Octa Journal of Environmental Research, 2013, 1 (3): e50688.
[59] Rune W A, *et al*. Structure of dimeric, recombinant sulfolobus solfataricus phosphoribosyl diphosphate synthase: a bent dimer defining the adenine specificity of the substrate ATP. Extremophiles, 2015, 19: 407.
[60] Sharp M F, *et al*. Fish allergy: in review. Clinical Reviews in Allergy & Immunology, 2014, 46 (3): 258.
[61] Spizzirri U G, *et al*. Determination of biogenic amines in different cheese samples by LC with evaporative light scattering detector. Journal of Food Composition & Analysis, 2013, 29 (1): 43.
[62] Stutius L M, *et al*. Characterizing the relationship between sesame, coconut, and nut allergy in children. Pediatric Allergy and Immunology, 2010, 21 (8): 1114.
[63] Tahir A I, *et al*. A murine model of wheat versus potato allergy: patatin and 53kDa protein are the potential allergen from potato. Molecular Immunology, 2018, 101: 284.
[64] Vuong A M, *et al*. Prenatal exposure to nitrosatable drugs, dietary intake of nitrites, and preterm birth. Am J Epidemiol. 2016, 183 (7): 634.
[65] Wondrak G. Monotypic gland-cell regions on the body surface of two species of arion: ultrastructure and lectin-binding properties. Journal of Molluscan Studies, 2012, 78 (4): 364.
[66] Zhang L, *et al*. Protective effect of allicin against acrylamide-induced hepatocyte damage *in vitro* and *in vivo*. Food and Chemical Toxicology, 2012, 50 (9): 3306.

第11章 食品分散体系

内容提要： 食品形态主要有固态和液态。基于目前食品中常见分散相体系，本章主要介绍泡沫、悬浮液、乳状液和凝胶这4种分散体系的形成、稳定及影响因素；食品泡沫的形成工艺与测量技术，泡沫稳定化机理及影响因素，泡沫体系的研究举例；悬浮液概念，悬浮液的沉降和扩散平衡及影响因素，悬浮液的研究举例；乳状液概念，乳状液的沉降或乳析及影响因素，乳状液的研究举例；悬乳浊液的概念，悬乳浊液的沉降和分层行为及影响因素，悬乳浊液的研究举例；凝胶的概念，凝胶流变学特性，食品中典型凝胶体系、形成历程及影响因素，凝胶体系研究举例。食品胶体近几年在基于构成胶体成分不同，有关其溶解性、黏度、耐热性、胶体形成能力、典型胶体体系优化等方面研究报道较多；应用纳米技术构建食品胶体功能成分递送体系是近年来研究热点。

食品分散体系是指一种（或多种）食品成分以极微小的粒子分散在另一种（或多种）成分中所形成的体系。当分散质点为原子、分子大小时，分散体系即为真溶液，体系中不存在相界面，是热力学稳定体系。当分散质点为胶体颗粒大小（1～1000 nm）时，分散体系称为胶体分散体系，简称胶体。胶体分散体系中存在相界面，属于热力学不稳定体系。

多相分散体系包括质点大小为1～1000 nm的胶体分散体系和质点更大（几十微米）的粗分散体系。这类体系在食品工业中常见，如牛奶、豆浆、泡沫及各种乳液等。

多数情况下，这类体系并不涉及化学反应。由于存在巨大的相界面，这类体系中的分散相质点总是趋向于变大以缩小界面面积。另外，在适当条件下，分散相质点可以在相当长时间内保持均匀分布，即保持热力学上的“动态稳定”。通常所称的多相分散体系的“稳定性”就是指这种动力学意义上的相对稳定。在一些食品加工中，需要设法提高这种稳定性；而在另一些食品加工中，则需要降低或破坏这种稳定性，如破乳、消泡、水的纯化等。

按食品形态可将食品分为固态、液态和气态，目前主要以前2种形态为主。根据分散相和分散介质的物态，多相分散体系可以有气/液、固/液、液/液、液/固、气/固、固/固以及液/气和固/气等分散体系。由于局限于食品中常见分散相体系，本章将只介绍前4种分散体系：泡沫、悬浮液、乳状液和凝胶。当食品处在液态或半固态时，食品中各种成分在介质——水、气或油的作用下会发生多种理化变化，分散相体系的性质也会随之发生一系列变化。这些体系各有各的特点，但作为多相分散体系，它们有许多共性。了解这些变化对掌握其变化规律，预测其发展趋势都有重要作用。本章主要就食品分散体系中各种理化变化进行介绍。

11.1 泡沫结构

11.1.1 食品泡沫的形成

食品泡沫是一种气/液分散体系，通常是气泡（1 μm 至几厘米）分散在含有可溶性表面活性剂的连续液体或半固体相中的分散体系。食品泡沫以不同的结构形式存在，如蛋糕、棉花糖及一些其他类型的糖果产品、搅打稀奶油、冰激凌、啤酒泡沫、慕斯和面包，特别是为航天员研发的冷冻冰激凌。在许多情况下，气体是空气，而连续相是含蛋白质的水溶液、乳浊液或悬浊液等液体。食品泡沫是非常复杂的分散体系，如冰激凌由分散并部分聚结的脂肪球（大多数是固体）所构成的乳浊液、分散的冰晶构成的悬浊液、多糖形成的凝胶、糖和蛋白质形成的真溶液及空气泡等共同组成，气泡主要由泡沫中的薄液体层将其分开。泡沫结构中气-液界面能达到 $1m^2/mL$ 液体的水平，同乳浊液一样，形成这个界面需要很大的机械能量。为了阻止气泡聚集通常需要加入表面活性剂保持界面稳定性，表面活性剂能降低界面张力，并能和截留的气泡之间形成一个弹性的保护壁垒。一些蛋白质能通过吸附在气-液界面形成一个保护膜，两个相邻的气泡之间的薄层是由被一薄层液体分开的两个吸附蛋白质膜所构成。泡沫体系中的气泡大小与许多因素有关，如液体相的表面张力、黏度及能量消耗量。均一的小气泡分布通常有利于改善食品的质地、润滑性和亮度，且能提高风味成分的分散性和可察觉性。

11.1.1.1 泡沫的形成

形成泡沫有三种方法：第一种方法是将气体通过一个多孔的喷洒器（像烧结玻璃）进入一个低浓度蛋白质的水溶液（0.01～2g/100mL），当气泡上升和排水时最初形成的“气体乳浊液”破裂，而处在上层的“真实泡沫”分离出来。后者含有一个大的分散相体积（ϕ）气泡被压力扭曲成多边形（图 11-1），如果在体系中导入大量气体，液体能完全转变成泡沫，甚至稀蛋白质溶液也能制备很大体积的泡沫。

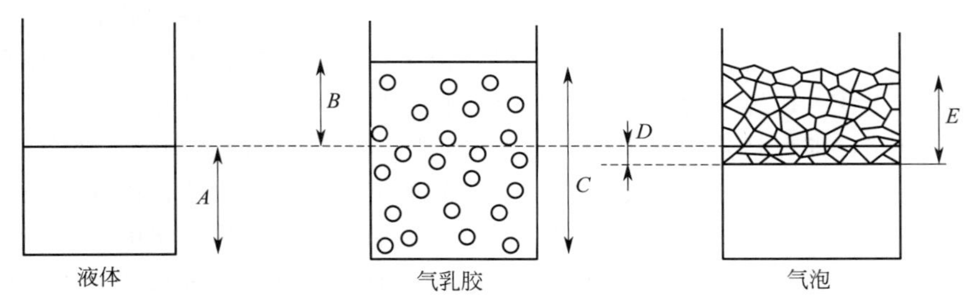

图 11-1 形成泡沫解析

A—液体体积；B—掺入的气体体积；C—分散体的总体积；D—泡沫中的液体体积（$=E-B$）；E—泡沫体积

根据图 11-1 可定义泡沫体积为 $100\times E/A$，膨胀量为 $100\times B/A=(100\times C-A)/A$，

起泡能力为 $100\times B/D$，泡沫相体积为 $100\times B/E$。例如，10 倍的膨胀［当用 100 ×（泡沫体积/起始液体体积）来表达时即为 1000%］是常见的，在某些情况下可能达到 100 倍的膨胀。相应的 ϕ 值分别为 0.9 和 0.99（假定所有的液体能变成泡沫），并且泡沫的密度相应地变化。

第二种起泡方法是在有大量的气相存在条件下，通过搅打（搅拌）或振荡溶液形成泡沫。搅打是将空气充入食品中最常采用的方法，例如食品中常见的稀奶油、冰激凌、棉花糖等就是典型通过搅打方式进行充气形成泡沫结构。与鼓泡相比较，搅打能产生较为激烈的机械应力和剪切作用，形成较为均一的气体分散体系。在搅打过程中，充入空气的体积通常经历一个最高值（反映了一个动态平衡），然后随着搅打的继续进行，其充入气体量因界面膜的破裂随之降低。

第三种方法是将一个预先被加压的溶液突然减压。在高压下［几个巴（bar），1bar＝10^5 Pa］，气体（气体通常指 CO_2 或者 N_2O，因为这两种气体具有较高溶解度）可以溶解在液体中，当高压解除时，就会生成泡沫。例如，啤酒、可乐等碳酸饮料的泡沫形成就是这一原理。当打开一个充满压力的装有碳酸化液体的瓶时，高压被释放，此时 CO_2 变成过饱和，生成小气囊并随之长大，在液体表面形成了一个气泡的富集层，也就是说，形成了泡沫。这些泡沫通常比较大（尺寸为 1 mm）。

乳状液和泡沫之间的一个主要差别是在泡沫中分散相（气体）所占的体积分数比在乳状液中能在更大范围内变动。由于第一种和第三种泡沫形成方式相对第二种较简单，因此主要介绍搅打稀奶油和冰激凌泡沫结构，并分析气泡的稳定性、影响因素和稳定机理。

11.1.1.2 泡沫中气泡测量技术

显微镜和成像系统可观察泡沫的微观结构、脂肪球、结晶脂肪、蛋白质聚集体和气泡等。成像系统对泡沫的微观结构可进行多维拍摄和分析。

传统测量充气食品中气泡粒径分布有三种常用的方法：扫描电子显微镜（SEM）、透射电子显微镜（TEM）和光学金相显微镜。对于搅打稀奶油而言，TEM 和 SEM 方法比较常用；对于冰激凌而言，常用的方法是 SEM。上述方法在方便性、放大倍率和保全泡沫原始结构等方面各具优势。冷冻 SEM 方法的优势在于：在极低的温度下能够很好地保全泡沫的原始结构；放大倍率很高，能够很好地观察泡沫结构。

上述显微镜观察的结果都是二维构象，采用 X 射线断层摄影技术可拍摄气泡的三维结构，这是一种非侵入性测定技术，并不需要复杂和昂贵的预处理过程，很适合于固态和半液态状的充气食品气泡的测定，通过构建泡沫微观 3D 结构模型及影像分析和立体技术，可以得到有关气泡非常详尽的信息，比如气泡的粒径分布、气泡壁厚度的分布、连通性和空隙度等，这有助于建立气泡的稳定性与泡沫稳定性之间的联系。

气泡测量的实验技术还有：薄膜微干涉技术、椭圆偏光法测膜厚度、中子反射技术、毛细力天平等。此外，表面张力、动态表面张力测定、吸附、接触角、质点大小测定等也作为气泡测量的辅助技术被广泛应用。

11.1.1.3 搅打过程中气泡的粒径变化

乳浊液在搅打过程中，大量的空气被充入体系中，在搅打的初始阶段，充入的空气主要是以大气泡的形式存在的；随着搅打的进行，大气泡在外力的作用下失去稳定性破裂形成小气泡。过长时间的搅打使得脂肪球过度聚结，破坏气-液界面，小气泡破裂合并成大气泡，用图像分析软件可以清晰地看到这一过程。

气泡不稳定性（失稳）按照作用机制可分为 Rayleigh-Taylor 失稳和 Kelvin-Helmholtz 失稳两种。Rayleigh-Taylor 失稳是由于不同密度流体的接触面增加所引起（在食品乳浊液中的气泡被拉长）；而 Kelvin-Helmholtz 失稳则是由于两个叠加的流体不同的湍流速度而引起的剪切压力导致的。在动态的充气过程中，由于 Rayleigh-Taylor 失稳和 Kelvin-Helmholtz 失稳的共同作用，气泡破裂成更小的气泡。搅打器的转动引起的湍流使得气泡被拉长，Rayleigh-Taylor 失稳机制导致气泡破裂；由于不同的湍流速度引起的气泡界面上的剪切力不同，Kelvin-Helmholtz 失稳机制导致气泡破裂。科学家在平衡湍流引起的破裂力和气泡内部具有修复性的 Laplace 压力的基础上，建立了气泡大小、流动相性质和操作参数之间的联系，结果表明：Laplace 压力正比于气泡周围的连续相的界面张力，界面张力越低，作用于气泡上剪切力越大，那么气泡的直径则越小。

11.1.2 泡沫的稳定性

11.1.2.1 泡沫的去稳定化机理

搅打充气乳浊液在静置条件下相对稳定，而在搅打充气条件下易发生去稳定作用，促使脂肪球发生部分聚结，形成一个由蛋白质稳定的乳浊液和由脂肪球稳定的气泡共存的泡沫结构。搅打充气乳浊液能够在冻结的状态下长时间保持稳定。泡沫内在的不稳定更甚于乳浊液，让气泡长时间保持稳定很不容易，因此，在制备过程中往往是最后才搅打产生泡沫。泡沫体系的稳定性受气体扩散、毛细流动、重力排液和 Ostwald 熟化等因素影响。

(1) 气体扩散 由于液膜的曲率不同导致气泡内气压不同而引起的。如果两个气泡聚结在一起，则它们之间存在一层薄的液膜。如图 11-2 所示。

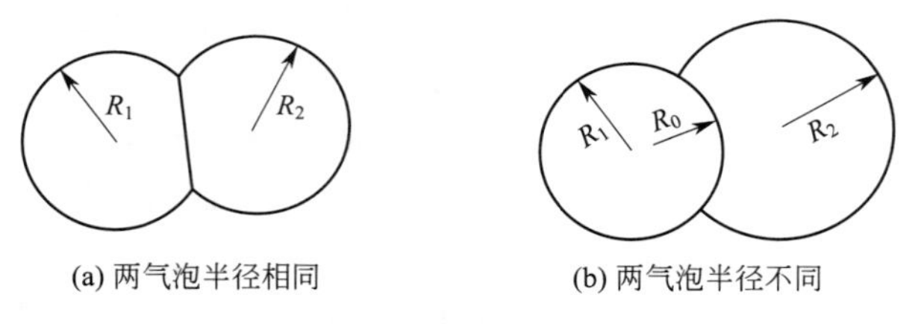

(a) 两气泡半径相同　　(b) 两气泡半径不同

图 11-2 两接触气泡的变形

因为每个气泡的压力差都可以用 Laplace 方程式来表示，若气泡为半径等于 R 的球体，则 $\Delta p=\frac{2\sigma}{R}$。若半径分别为 R_1 和 R_2 的气泡相互接触，则接触界面之间的压力差为：

$$p_1-p_2=4\sigma\left(\frac{1}{R_1}-\frac{1}{R_2}\right) \tag{11-1}$$

式中，σ 为表面张力系数。

方程式（11-1）之所以乘 4 而不是乘 2，是考虑到它内、外两个面的表面张力的结果。另一方面，当考虑到两气泡接触面的曲率半径为 R_0 时，则同样可得到曲面两边的压力差为：

$$p_1-p_2=4\sigma\frac{1}{R_0} \tag{11-2}$$

由于式（11-1）与式（11-2）都是指两气泡接触界面处的压力差，故它们相等，即：

$$\frac{1}{R_0}=\frac{1}{R_1}-\frac{1}{R_2} \tag{11-3}$$

如果 $R_1=R_2$，即两气泡的半径相等，则 $R_0=\infty$，这意味着两气泡接触的界面为一平面，如图 11-2（a）所示。如果 $R_1\neq R_2$，则由于界面两边压力不平衡，界面必呈曲面状，小气泡内压力必然比大气泡内的压力大，故界面凹向大气泡，如图 11-2（b）所示。在特殊情况下 $R_2=2R_1$，此时得 $R_0=R_2$。

气体扩散的最终结果，小的气泡将收缩，大的气泡长大。如果最初两个半径 R_1 和 R_2 之间的差别很小，扩散就很慢；但是，半径之差会随时间而增大，扩散速率也将增大，表明在泡沫中，随时间的延长，气泡的平均尺寸和分散度都会增大。

（2）毛细流动 当 3 个气泡聚结在一起时，它们之间形成三角形状液膜，这一液膜区称为 Plateau 平稳态边界（或 Gibbs 三角形），简称 PB 区。如图 11-3（a）所示，（b）为其放大图。如果 3 个气泡的大小相同，则其交界面之间互成 120°的交角，这是因为在每一个交界面上都具有相同的界面张力，按力的平衡原理，3 个大小相同的力作用在一点上必成 120°交角。在 PB 区（3 个气泡接触处）的曲率较正常界面（两个气泡接触面）的曲率大，这就意味着此处存在着较大的压力差。由于这一压力差的存在，使得正常界面的液体向着 PB 区方向流动而导致液膜变薄，泡沫的稳定性下降，这就是泡沫膜的液体渗出作用。驱使液体流向平台边界，使液膜层变薄并加快了液膜的破裂过程，由于重力的作用使液体从液膜流走，导致液膜变得越来越薄直到达到临界的厚度，这时候体系不能再承受压力，随即发生破裂。

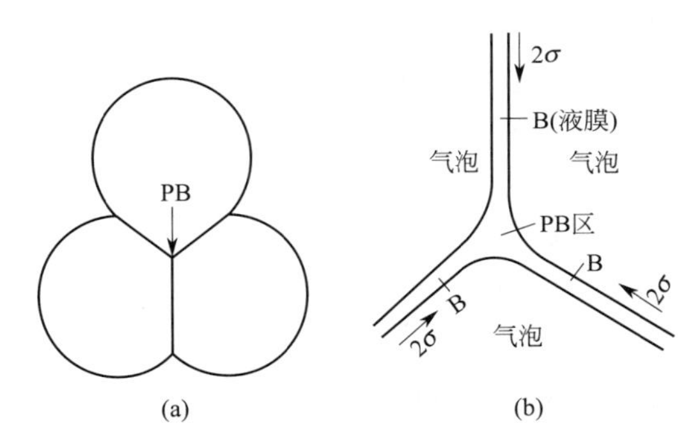

图 11-3　3 个气泡接触的变形及 Plateau 边界的形成

（3）重力排液 啤酒泡沫排水时泡沫渐渐从球形气泡变成多面体气泡，排水的主要推动力是重力，在多面体泡沫中，Plateau 平稳态边界（泡沫间薄膜交界处形成的三角形液柱）吸力对排水起推动作用。由于 Plateau 平稳态边界弯曲，其边界中间压力比气泡中间和平面膜中的压力要低，所以啤酒液将从膜流向 Plateau 平稳态边界，通过此边界，由于重力的作用，啤酒从泡沫中流出。若温度越低，黏度越高，则排水速度越慢，气泡的膨胀速度也越慢，气泡膜则越厚实，使气泡维持时间得以延长。

上述 3 种机制中，由于重力导致的流体力学排水最快，而且如果泡沫特别不稳定，这是泡沫破裂的主要原因。在此情况下，一旦液膜中的液体流失，产生 5～15 nm 的临界厚度，液体的薄层不再能支撑气泡内的气压，薄膜就会发生破裂。

（4）Ostwald 熟化 由于不同直径的气泡之间毛细管压力差，小气泡中的气体会向大气泡转移，导致大气泡越变越大，小气泡越变越小，最终消失，这就是 Ostwald 熟化。气体转移的动力与气泡的直径成反比，随着时间的推移，大气泡越来越多，泡沫的组织结构变得粗糙。在单个气泡的扩散系数的基础上，Dutta 建立了一个理论模型，预测气体扩散和 Ostwald 熟化对泡沫的长期稳定性的影响。

上述不稳定机制并不是一种机制单独起作用的，而是多种机制共同作用的结果。

在搅打稀奶油中，气泡主要是由蛋白质和脂肪球部分聚结网络稳定的，泡沫去稳定化主要由气体扩散和Ostwald熟化两种机制引起。气体的扩散速率主要与气泡界面上的吸附层、中间相的通透性和气泡的大小（扩散动力与气泡的直径成反比）等因素有关，气泡界面上乳化剂的分子量和堆积密度决定了吸附层的通透性。

凝胶体系在充气后，气泡由于浮力的作用而上升，一段时间之后，底部有一层明显的液相分离出来。大气泡的上升速度要快于小气泡，待液相凝胶之后气泡不再移动，在垂直方向有一个明显的由小到大的气泡分布。在室温24h后，气泡的粒径分布发生了明显的变化（Ostwald熟化）：大气泡增多，小气泡逐渐消失。由于气泡分布的空间差异，不仅同层（高度）之间发生气体交换，不同层（高度）气泡之间也发生气体交换，在底层相对小的气泡可能会和中层相对大的气泡之间发生气体交换，在中层的气泡直径增长相对比较小（约1.3倍），这说明中层的气泡不仅仅吸收底层小气泡扩散的气体，还将自身的气体扩散到上层的大气泡。

可以通过3种方法来保持泡沫的稳定性，第一种方法是气泡之间的扩散是很难阻止的，如果所有的气泡直径都是相同的，那么非均匀化过程将减缓，然而现实中的搅打充气设备不可能达到这样的要求；另一种方法就是提高亲水胶体的浓度，以增加液相的黏度；最后一种方法就是增加气-液界面上的界面膜强度，选择适当的乳化剂，能够大大降低由于气泡之间的液膜破裂引起的气泡合并。

11.1.2.2 蛋白质对气泡稳定性的影响

在蛋白质稳定的充气泡沫体系中，高黏弹性界面能够阻止界面吸附层的瓦解及气泡的合并，泡沫的稳定性与界面的剪切稳定性有关，单纯由乳化剂稳定的泡沫也具有很好的稳定性，特别是对于排液的稳定性非常好，这是由于蛋白质和乳化剂稳定的作用机制不同。但在实际应用中，需要使用蛋白质和乳化剂共同稳定泡沫，因此必须合理地控制二者之间的比例。

11.1.2.3 油脂结晶对泡沫稳定性的影响

在水包油型乳浊液中，脂肪或油脂因其在常温或者低温下不同程度的结晶而具有一定的功能性。如果乳浊液中的油脂在高温下呈液态，油脂对乳浊液的性质基本没有贡献，只有界面吸附层足够脆弱，脂肪球才能发生聚结。结晶脂肪会对乳浊液的功能特性产生显著的影响，最突出的例子是搅打稀奶油和冰激凌，只有脂肪球之间部分聚结，才能有效地包裹和稳定搅打充入体系的气泡，形成稳定的泡沫。

绝大部分有关脂肪球的研究认为，只有当结晶脂肪形成一个连续的网络时，部分聚结才可能发生，因此在脂肪球中结晶脂肪的比例决定了乳浊液的剪切去稳定性。当固态脂肪的含量大约为10％～50％，部分聚结会最大化；如果绝大部分脂肪为结晶脂肪，体系可能会保持稳定性，而不会发生正常的聚结。很明显，脂肪或者油脂的熔化性质对搅打充气乳浊液形成的泡沫结构的稳定性有着十分重要的作用。

11.1.3 泡沫流变性

11.1.3.1 两相泡沫的流变性

泡沫具有非牛顿流体特性，是一种假塑性流体，在低剪切速率下具有很高的表观黏度，其黏度随剪切速率的增加而降低，在一定的剪切速率下，泡沫的表观黏度随泡沫质量 ϕ 的增加而升高。Mitchell根据泡沫质量把泡沫流体分为四个区域：泡沫质量小于54％时为气泡分散区，泡沫表现为牛顿流体的流动特性，其黏度随泡沫质量的增加而增加；泡沫质量在54%～74%之间为干扰区，泡沫液的屈服值增加，其黏度随泡沫质量的增加而迅速增加；泡沫质量在74%～96%之间时，泡沫流动行为为假塑性流体，黏度迅速降低；泡沫质量大于96%时，气泡破裂形成雾。

多面体泡沫本身可以被视为一种凝胶。泡沫的变形会引起气泡曲面的扩大，相应地也增加了 Laplace 压力，并使得体系在小变形的情况下表现出弹性。随之，在较大的应力下，气泡相互滑过，体系出现黏弹性变形。由于相当大部分的泡沫在其自身重力下要维持原有的形状，体系会表现出一个非常容易观察到的屈服应力，这个屈服应力在数值上通常超过 100Pa。

11.1.3.2 三相泡沫的流变性

三相泡沫是由气-液-固三相组成，与两相泡沫相比增加固体物质，其流变性与两相泡沫有较大的差别。三相泡沫表观黏度与剪切速率的关系：三相泡沫仍为剪切变稀流体，但在同一剪切速率下，三相泡沫的黏度比两相泡沫的黏度大得多。

11.1.4 消泡和泡沫的抑制

消泡方法通常有两大类：物理消泡法和化学消泡法。物理消泡法是通过改变产生泡沫的条件，而泡沫溶液的化学成分仍然保持不变的消泡方法，例如可以通过搅拌、改变温度或压力、进行离心及采用紫外、红外、X 射线、超声波的照射等。

化学消泡的基本原则就是采用化学方法消除泡沫的稳定因素。消泡剂在泡沫中扩散，扩散时在泡沫壁上形成双层膜，在此扩散过程中将具稳定作用的表面活性剂排开，降低泡沫局部表面张力，破坏泡沫的自愈效应，使泡沫破裂。消泡剂可能进入泡沫壁，但只分布在很有限的范围，与发泡剂一起形成混合的单层，若此种单层的内聚性不佳时泡沫就会破裂。消泡剂通过在气-液界面干扰表面活性剂的吸附或降低吸附的表面活性剂的稳定效率而起作用。从消泡机理看，消泡剂可能以分子形式取代稳定层的表面活性剂分子使泡沫破裂，也可能以透镜形式在界面取代稳定层结构，消泡剂的机理可能是两者之一或两者的结合。

将消泡剂一次加入乳浊液中，就能在整个过程中控制泡沫。但是如果起泡剂的表面活性剂的浓度已超过了临界胶束浓度，消泡剂就有可能被起泡剂所增溶而失去作用。使用消泡剂最安全最有效的方法是在生产过程中以连续或半连续的方式添加低浓度的稀乳液。脂肪酸及脂肪酸酯类消泡剂在食品工业中得到大量应用，如 Span 80、Span 85 等常用于酶、酪素、奶糖生产加工的消泡工艺中；脂肪酸常用于许多发酵生产的消泡，如豆油、蓖麻油等天然油脂也是良好的消泡剂。

11.1.5 泡沫体系的研究举例

搅打稀奶油在近几年发展得非常迅速，是一种新型的搅打充气食品，具有入口即化、质地细腻、稳定性好、搅打起泡率高、营养丰富等优点。搅打是搅打稀奶油生产过程中最为关键的一步，直接影响到搅打稀奶油的品质。本部分内容主要从搅打过程中的粒径变化、脂肪部分聚结率、搅打起泡率、液相中蛋白质浓度和质构特性的变化规律，以及搅打过程的显微结构和亚微观结构的变化，结合搅打稀奶油的品质，来探讨搅打过程。

11.1.5.1 搅打充气过程中搅打起泡率的变化

搅打充气过程中搅打起泡率的变化如图 11-4 所示。搅打起泡率在整个搅打过程可以大致分为 3 个阶段。第 1 阶段，大约在搅打的 0～1min，此阶段搅打起泡率增加速度相对较慢，搅打 1min 仅 60%，且泡沫结构的稳定性很差，静置一段时间后，大部分气泡浮到乳浊液表面，并很快破裂消失；第 2 阶段，大约在搅打的 1～5min，此阶段搅打起泡率迅速增加，在搅打 5min 时达到 366%，气泡稳定性也相对较好，泡沫组织结构细腻；第 3 阶段，大约在搅打的 5～6min，此阶段搅打起泡率开始下降，在搅打 6min 时为 342%，搅打稀奶油的稳定泡沫结构开始破裂、逃逸出体系，泡沫组织结构粗糙，气泡的稳定性开始降低。

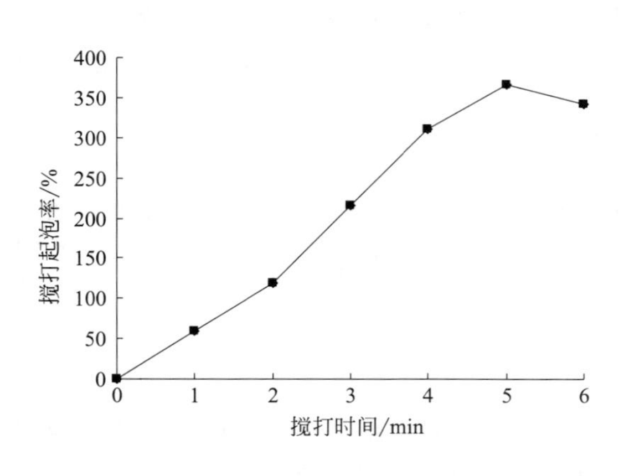

图 11-4 在搅打过程中搅打起泡率的变化

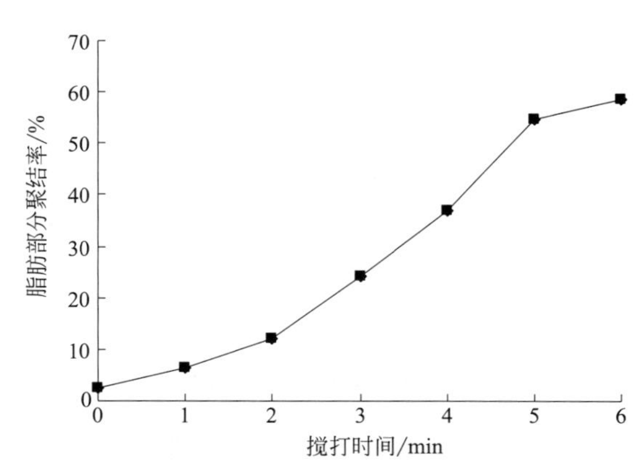

图 11-5 搅打充气过程中脂肪部分聚结率的变化

11.1.5.2 搅打充气过程中脂肪部分聚结率的变化

搅打充气过程中脂肪部分聚结率的变化如图 11-5 所示。在整个搅打充气过程中脂肪部分聚结率的变化同样可以分为 3 个阶段。第 1 阶段，在搅打的 0～1min，此阶段脂肪部分聚结速度升高比较缓慢，脂肪部分聚结率较低，仅为 6.56%；第 2 阶段，在搅打的 1～5min，此阶段脂肪部分聚结快速增加，在搅打 5min 时，脂肪部分聚结率达到 54.72%；第 3 阶段，在搅打的 5～6min，此阶段脂肪部分聚结速度增长缓慢，在搅打 6min 时，脂肪部分聚结率仅增加到 58.63%。

11.1.5.3 搅打充气过程中液相中蛋白质浓度的变化

搅打充气过程中液相中蛋白质浓度的变化如图 11-6 所示。在整个搅打过程中液相中蛋白质浓度的变化大致可以分成 3 个阶段。第 1 阶段，在搅打的 0～1min，液相中的蛋白质浓度稍有下降，这可能因为冻结的乳浊液在解冻后，液相中未吸附的蛋白质发生了二次吸附，部分蛋白质重新吸附到油-水界面上，致使液相中蛋白质浓度下降；第 2 阶段，在搅打的 1～5min，液相中的蛋白质浓度以较快速度增加，在搅打 5min 时达到 5.56mg/g，这主要是在搅打过程中乳化剂竞争解吸界面吸附的蛋白质所引起；第 3 阶段，在搅打的 5～6min，液相中蛋白质浓度增加速度很缓慢，在搅打 6min 时，液相中的蛋白质浓度为 5.65mg/g，这主要是因为界面上吸附的蛋白质的量已经很少（乳浊液的总蛋白质浓度为 7.0mg/g)，很难再从界面解吸蛋白质。

11.1.5.4 搅打充气过程中脂肪球粒径的变化

搅打充气过程中脂肪球粒径的变化如图 11-7 所示。从解冻开始到搅打 6min 的过程中，脂肪球的粒径分布均为双峰分布。随着搅打时间的延长，粒径较小的第一个峰峰面积越来越小，粒径较大的第二个峰峰面积则越来越大，这表明较大粒径脂肪球越来越多，粒径较小的脂肪球越来越少。这说明随着搅打时间的延长，粒径较小的脂肪球聚结形成了粒径较大的脂肪球聚结体，因此脂肪球粒径增大的快慢也可反映脂肪部分聚结的速度。

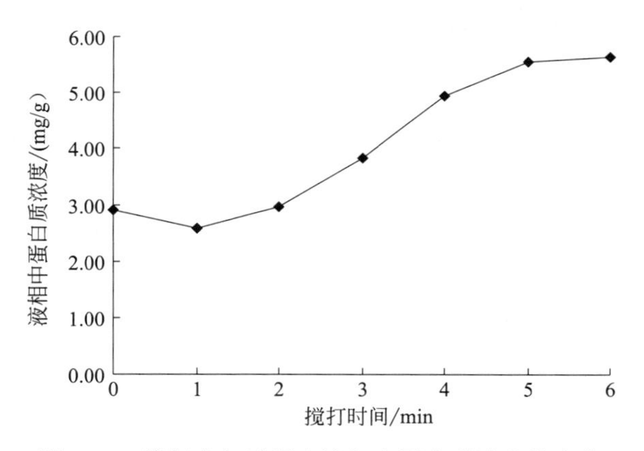

图 11-6　搅打充气过程中液相中蛋白质浓度的变化

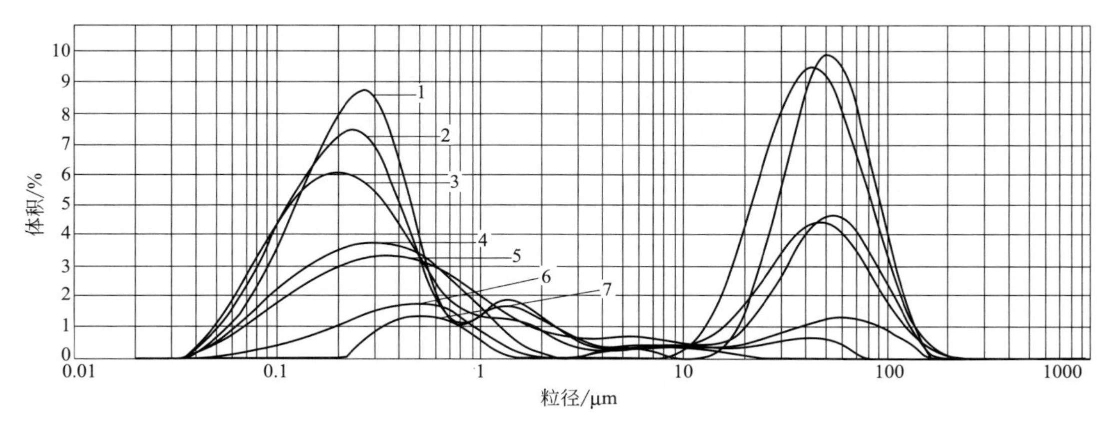

图 11-7　搅打充气过程中脂肪球粒径的变化

1—搅打 0min；2—搅打 1min；3—搅打 2min；4—搅打 3min；5—搅打 4min；6—搅打 5min；7—搅打 6min

11.1.5.5　搅打过程的泡沫结构形成机理

在搅打稀奶油由乳浊液形成稳定的泡沫结构过程中，脂肪球部分聚结和充入乳浊液中的气泡变化起着决定性作用，因此，从脂肪部分聚结和体系中气泡的变化，了解搅打稀奶油的形成机理。

(1) 脂肪球部分聚结机理　图 11-8（a）为搅打稀奶油乳浊液经老化和解冻后脂肪球的状态和结构。最外层的脂肪球膜为乳化剂和酪蛋白的吸附层。脂肪球经过老化后，靠近吸附层的外层部分液态脂肪转变成固态脂肪，而中心部分的脂肪仍然保持液态。在热胀冷缩作用下，内部未转变的液态脂肪与外部的固态脂肪之间产生压力差，致使外部固态脂肪承受一定的压力，在外力作用下非常容易破碎。同时，组成脂肪球膜吸附层的蛋白质、乳化剂等物质的疏水端被凝固在固态脂肪中，使其失去了在脂肪球表面的流动能力，导致脂肪球膜失去了其原有的韧性，很容易在搅打过程中的挤压、剪切、湍流等机械力的作用下，使脂肪球膜及其相连的固态脂肪部分被破坏，脂肪球破裂的结构模型可用图 11-8（b）表示，被破坏的脂肪球膜部分在搅打条件下可能会离开脂肪球游离到搅打稀奶油液相部分中，伴随着脂肪球因破裂而释放出其中所包含的部分液态脂肪，达到内外压力差平衡；而游离于搅打稀奶油液相的破裂脂肪球，由于对脂肪的亲和作用以及表面张力作用，流出的液态脂肪仍然与破裂的脂肪球相连，附于破裂口处。同时，搅打稀奶油在剧烈搅打下充入大量气体并被包裹成气泡。气泡界面膜是一种单分子膜结构，由于表面吸附以及静电作用，液态脂肪进入气泡内聚集，外部与原脂肪球固态部分相连，固态部分外面仍有部分脂肪球膜，此时的模型结构可用图11-8（c）来表示。在继续搅打的情况下，湍流流动中游离的表面活性物质和蛋白质也会集中在气泡表面，这样界面张力降低，势能也逐渐降低，变化自发完成。当气泡外物质聚集到一定程度，使气泡内压力大于外膜的收缩力致使气泡破裂，于是附着于气泡周围的脂肪球聚结到一起形成脂肪聚结体，此时的模型状况如图11-8（d）所示。这种脂肪球聚结形成脂肪球聚结体的作用就似链反应的引发一样，由于气泡的破裂，搅打稀奶油内部压力降低，同时其余气泡也在减压情况下迅速胀破，因此搅拌过程结束，形成由脂肪球聚结体稳定的搅打稀奶油泡沫体系结构。

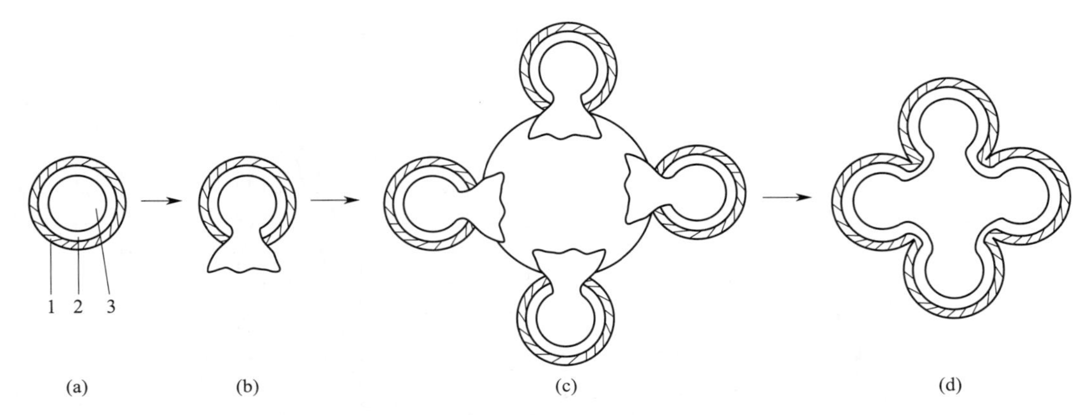

图 11-8　脂肪球部分聚结的模型

1—脂肪球膜；2—固态脂肪；3—液态脂肪

(2) 搅打过程中充气机理　搅打稀奶油由液态的乳浊液搅打成为坚挺的泡沫结构，结合搅打过程中搅打起泡率的变化（图11-4），可以认为整个搅打过程大致经历了3个阶段，结合其搅打过程的显微结构和亚微观结构的变化，其搅打过程充气机理模型如图11-9所示。

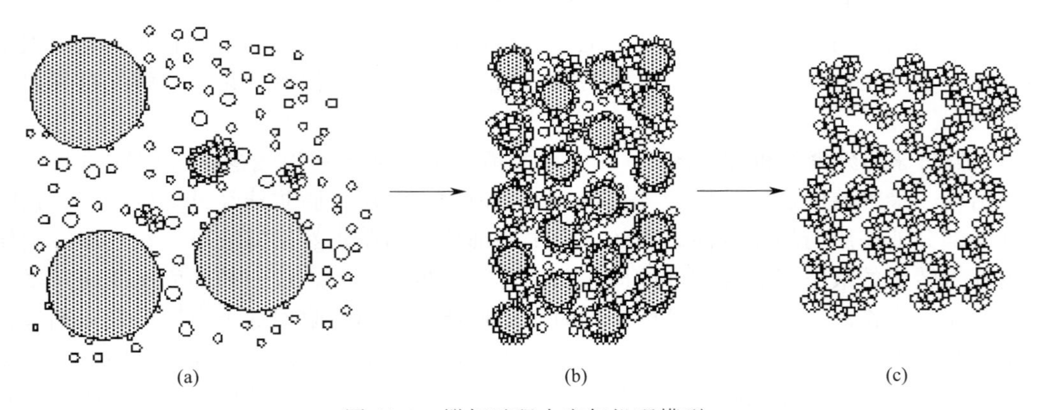

图 11-9　搅打过程中充气机理模型

迅速充气阶段（第1阶段）：见图11-9（a），由于液相中未吸附的酪蛋白起泡性能好，大量气体以大气泡的形式充入乳浊液，在搅打剪切力作用下有少量大气泡破裂形成小气泡，从而形成很少量的脂肪球部分聚结体，致使此阶段脂肪部分聚结率较低（见图 11-5）。因为大气泡的充入，气泡的稳定性较差，如果此时搅打停止，大气泡会很快浮于搅打稀奶油表面并破裂消失，只有少量被脂肪球所稳定小气泡仍保留在乳浊液中。在此阶段，搅打起泡率增加较缓慢（见图 11-4）。由图 11-7 还可知，此阶段乳浊液中主要还是自由、分散的脂肪球以及少量的脂肪球聚结体，小气泡数量也很少。这些聚结体中的脂肪球是通过脂肪的部分聚结堆积而成的，而且此聚结过程几乎是不可逆的，因用温水冲淡其取样时，其聚结体并不分散、消失，同时聚结体的数目和大小随着搅打的进行而继续增加。

脂肪球快速聚结阶段（第 2 阶段）：见图 11-9（b），由液相中蛋白质浓度迅速上升（图 11-6）可知，搅打过程中乳化剂快速竞争解吸界面吸附的酪蛋白，降低了界面吸附层的静电和空间稳定作用，导致界面稳定性急速下降，大气泡开始快速破裂形成小气泡。事实上，在这一搅打阶段存在着一个动态变化的过程，即大气泡破裂形成小气泡、小气泡合并形成大气泡的过程，直至气泡界面被脂肪球及聚结体紧密包裹形成稳定的气泡。气泡在破裂、合并的动态过程中，脂肪球吸附于新形成的气泡表面，小气泡互相合并形成大气泡时，原来吸附于气泡表面的脂肪球被挤到一起使脂肪球破裂，致使气泡表面的脂肪球发生了脂肪球部分聚结；当大气泡破裂形成小气泡时，界面吸附的脂肪球会被撕裂，使其内部的液态脂肪流出，也会导致脂肪球部分聚结产生。也就是说在大气泡破裂形成小气泡和小气泡合并形成大气泡的过程中伴随着脂肪球的部分聚结，从而导致脂肪球部分聚结速度快速增加（图 11-5），脂肪球粒径明显增大（图 11-7）。小气泡明显增多，大气泡明显减少，这说明在大气泡破裂形成小气泡和小气泡合并形成大气泡的过程中，以大气泡破裂形成小气泡为主，并在小气泡表面吸附有大量脂肪球聚结体，从而导致搅打起泡率保持快速增加（图 11-4），泡沫结构的稳定性明显变好，其泡沫结构的硬度、稠度、内聚性和黏性也快速增加。

脂肪球急剧聚结阶段（第 3 阶段）：见图 11-9（c），脂肪部分聚结体已相当大（图 11-5），很容易刺破气泡的界面膜，导致搅打起泡率降低（图 11-4）。脂肪球开始形成较大相互联结的聚结体，这会显著增大脂肪球的粒径（图 11-7）并提高搅打稀奶油的硬度、稠度、内聚性和黏性。从此阶段开始，继续搅打会造成搅打起泡率的急速下降，也开始形成大的脂肪聚结体，甚至大到肉眼可见的脂肪颗粒，气泡增大，气孔相通，只剩下液相和脂肪球聚结体的三维骨架，气体不再以小气泡的形式存在，这就进入了搅打过度阶段。

11.2 悬浮液、乳状液和悬乳浊液

悬乳浊液（suspoemulsions）是悬浮液（固-液分散体）和乳状液（液-液分散体）的混合体系，多由不溶于水的粒子组成（图 11-10），其中连续相可以是水体系，也可以是非水体系。食品中大多数悬乳浊液是以水为基础的体系。

11.2.1 悬浮液

悬浮液（suspension）是固-液分散体系，其中固体以很小的颗粒分散在水中。悬浮液有胶体悬浮液和粗悬浮液（直径大于 1 μm）。分散质点之间的作用力很大程度取决于质点及其表面的性质。

目前，制造食品级胶体粒子最好用天然生物聚合物，如蛋白质和多糖，作为构建生物聚

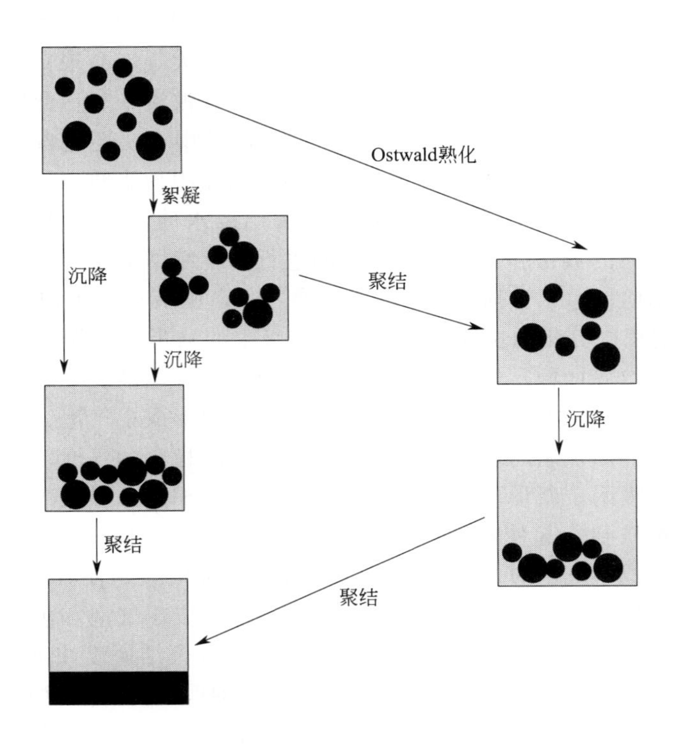

图 11-10 悬浮液分散体系的不稳定过程

合物胶体颗粒可由蛋白质和多糖通过各种自下向上和自上向下的方法组装，包括受控的生物聚合物聚合、改变条件形成晶核、分离和（或）机械破碎。因此，这些体系经常被用作研究胶体的模型体系。

11.2.1.1 悬浮液的沉降和扩散平衡

在一个多组分体系中，总是存在着沉降和扩散两个相反的过程。沉降使质点趋于集中，而扩散使质点趋向于分散。当质点很小，如分子分散体系，扩散占主导地位，沉降可忽略不计。若质点很大，则沉降占主导地位，扩散远不能抗衡沉降，因此体系在宏观上表现为沉降或乳析。然而对胶体分散体系，这两种作用并存。

11.2.1.2 悬浮液的絮凝作用

胶体分散体系中的另一个不稳定因素是质点间的絮凝作用。絮凝是指质点间聚集形成三维堆聚体，但质点间不发生聚结的过程，即在堆聚中质点仍保持各自的个性。显然，絮凝使质点的表观尺寸增大，在重力场或离心力场中将加速沉降或乳析，而不利于分布并且相互抗衡，使质点既非均匀分布，又非完全沉降或乳析，而可能沿高度具有一定的非均匀分布。

絮凝的发生与否，取决于质点相互靠近时质点间总的相互作用力的方向和大小。这些作用力主要分为 3 类，第 1 类源于静电作用，即电荷间的库仑力。第 2 类为极化力，即原子、分子受其电场作用而产生诱导偶极所致。第 3 类是共价键、化学键、位阻斥力、交换作用力等。这方面的理论称为 DLVO 理论，是胶体稳定性理论的经典代表。

在一个相对稳定的胶体分散体系中，加入电解质会导致其发生絮凝。临界絮凝浓度（critical flocculation concentration，CFC）是指使胶体絮凝所需的最低电解质浓度。CFC 取决于：①测定过程中观察时间的长短；②分散体系的界面电势；③分散体系的有效 Hamaker 常数；④食品体系的单分散性或多分散性；⑤加入电解质的价电子数等。

11.2.1.3 悬浮液的聚结

絮凝虽然使质点在介质中相互靠近而结合在一起，并由此加速沉降或乳析，但质点与质点之间仍有一层连续相液膜隔开。通常聚结的发生经过两个阶段：首先是厚膜阶段，液膜中流体的排泄导致液膜变薄；然后是薄膜阶段，膜的振动或波动导致膜破裂而发生聚结。质点间也会发生聚结而形成结块。

11.2.1.4 通过分子扩散的质点增长

对一个多分散体系（质点大小不一），小质点将不断溶解，分散相分子通过在连续相中的扩散从小质点进入较大的质点中，从而使大质点不断长大，这一过程称为 Ostwald 熟化（Ostwald ripening）。这一变化建立在固体在液体中有一定的溶解度。

表面活性剂与固体表面结合或在其表面上的吸附将对悬浮液的稳定性产生较大的影响。主要表现在：①控制质点的聚集；②控制悬浮液的沉积；③控制晶体生长；④对悬浮液的流动性产生影响。

11.2.1.5 悬浮液的研究举例

Liu 等利用蛋白质和虾青素的亲和自组装制备复合纳米颗粒，探究不同组分的比例、分子结构、电荷等因素对复合纳米颗粒的影响。如图 11-11（a）是透射电镜观察的虾青素（Ax）-β-乳球蛋白（β-Lg）纳米复合物，呈均匀的球形颗粒，平均直径为 60nm。动态光散射进一步验证了该结果［如图 11-11（b）］，虾青素-β-乳球蛋白纳米复合物的粒径在 180～230nm 之间，并随虾青素浓度的增加粒径略有增加。

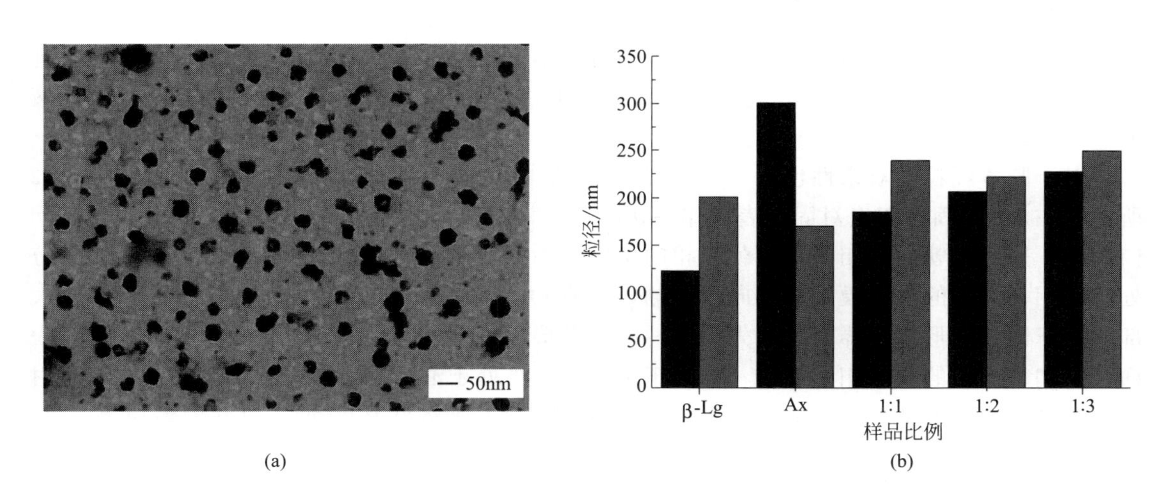

图 11-11 虾青素-β-乳球蛋白纳米复合物

（b）图中，黑色柱是无壳寡糖涂层的虾青素-β-乳球蛋白纳米颗粒，灰色柱是有壳寡糖涂层纳米颗粒，1∶1、1∶2、1∶3 是指 β-乳球蛋白与虾青素的比例

11.2.2 乳状液

乳状液是典型的液-液分散体系。它是由至少一种液体以液珠的形式均匀地分散于另一种不和它互溶的液体中。以液珠形式存在的一个相称为分散相，另一相称为连续相。这样对油和水两个液相形成的简单乳状液就有两种类型：水包油型（O/W）和油包水型（W/O）。

研究表明，乳状液是热力学不稳定体系，但可以在适当时期内保持动态稳定。在乳状液的制备、形成、稳定以及破乳过程中，表面活性剂扮演了重要角色。乳化剂的亲水-亲油平衡值（HLB）是决定乳状液类型的根本因素。若乳化剂的 HLB 值大于 7，形成 O/W 型乳状液；反之若 HLB 值小于 7，形成 W/O 型乳状液。此外近年来随着纳米技术的不断发展，出现了一类新的乳状液稳定剂：双亲性纳米颗粒，它们可以几乎不可逆地吸附在油-水界面，从而使乳状液变得稳定。

11.2.2.1 乳状液的形成

乳状液的液珠大小为 0.1～10 μm，对可见光反射比较显著，因此乳状液显示出不透明、乳白色的外观。由于热力学上的不稳定性，液珠大小和分布通常随时间而变化，即时间越长，平均直径变大，分布范围变宽。乳状液的制备通常有两种途径，即分散途径和凝聚途径。分散途径是借助搅拌或超声波粉碎等方法使两种流动的体相充分混合，最终使得一相分散在另一相中。这是制备乳状液的主要方法。目前比较常用的分散设备是高压均质机。凝聚途径是通过某种措施（如改变温度、压力或浓度）使一个均相体系处于过饱和状态，再通过改变外部条件使过饱和状态消失，新核随之形成并增长，最终形成分散体系。例如打开的啤酒会自动冒气泡。不过这一方法很少用于制备乳状液。

制备乳状液的一个关键问题是制得的乳状液为哪种类型？乳状液的类型又由哪些因素所决定？经验证明，影响乳状液类型的因素有：①两相的体积比；②两相的黏度；③乳化剂的性质和浓度；④均质压力；⑤温度等。

11.2.2.2 双亲性胶体颗粒作为乳化剂

有些双亲性的胶体颗粒（如碳酸钙、二氧化硅、黏土、金属氧化物等）可以吸附在油-水界面，形成一个刚性的壳，能够有效地阻碍聚结的发生，从而形成稳定的乳状液，这类乳状液被称为 pickering 乳状液。乳状液的稳定性取决于颗粒的大小和浓度，一般这类乳状液液珠很大，肉眼可辨。

对于胶体颗粒的双亲性也有一个类似 HLB 值的参数，即油-水界面接触角。如图 11-12 所示，在水-油-固三相点对固体表面作一切线，则该切线与油-水界面形成两个夹角，一个朝向水相，另一个朝向油相。定义朝水相的角度称为接触角 θ，于是当 $\theta<90°$时，颗粒大部分处于水相，形成的界面膜优先凸向水一侧，形成 O/W 型乳状液。反之当 $\theta>90°$时，颗粒大部分处于油相，形成的界面膜优先凸向油一侧，形成 W/O 型乳状液。当 $\theta=90°$时，颗粒表面被油和水润湿的程度相同，即一半处于水相，一半处于油相，形成的界面膜是平的，这时两种类型的乳状液都可能形成。实践证明，当 θ 略大于或略小于 90°时，乳状液最稳定。

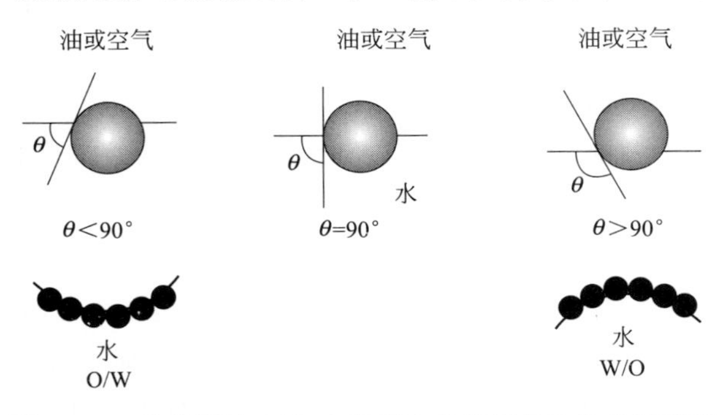

图 11-12　胶体颗粒在油-水界面上的接触角和乳状液类型

11.2.2.3 乳状液的沉降或乳析

通常油或水之间存在密度差，因此在重力场中，分散相质点将受到一个净力的作用，导致沉降或乳析。一般油的密度小于水的密度，于是乳状液中的油将上浮（乳析），导致乳状液分层。利用离心力可以加速沉降或乳析，例如通过离心分离从牛奶中分离奶油。

如果液珠直径足够小，可以受扩散作用的对抗，避免发生沉降或乳析。此外，提高连续相的黏度可以降低沉降速度。

11.2.2.4 乳状液的絮凝

絮凝的产生是因为质点间存在范德华吸引相互作用。一般通过提高表面活性剂的吸附量，降低电解质浓度有利于提高 zeta 电位，从而增加双电层的排斥作用。相反，增加电解质浓度或者提高反离子的价数则能使 zeta 电位降低，导致絮凝。通常体系易于发生可逆絮凝，这是因为通过简单的搅拌或摇动可使体系重新分散。O/W 液珠的 zeta 电位易于测定，通常 zeta 电位大于 25～30 mV 才能阻止不可逆絮凝的发生。

11.2.2.5 乳状液的聚结

絮凝的液珠之间仍隔有一层液膜。若此液膜破裂，则液珠将合并成更大的液珠，这一过程称为乳状液的聚结。聚结的最终结果使油、水分成两相。表面活性剂吸附存在时，膜弹性将能有效地阻止膜变薄，从而抵抗絮凝作用的发生。前提是当表面活性剂溶于连续相时才会产生此种效应。

11.2.2.6 Ostwald 熟化

在定义乳状液时曾说明内外两相是互不相溶的两种液体，然而实际上并无绝对的不互溶液体，特别是一些微极性的有机液体与水常有一定的互溶度。这样对多分散体系，小质点将不断溶解，而大质点将不断长大，称为 Ostwald 熟化。于是即使体系未发生沉降或乳析、絮凝或聚结，最终仍可能导致分成两相。

11.2.2.7 转相

非离子型表面活性剂的亲水性是温度的函数，当温度升高时，水溶性下降，油溶性增加，乳液将由 O/W 型转变成 W/O 型，相应的温度称为相转变温度（PIT）。当在 PIT 附近时，乳液发生相转变，稳定性降低。当使用离子型表面活性剂作为乳化剂时，形成 O/W 型乳化液的稳定性对温度不敏感，但若加入无机反离子尤其是高价反离子或醇也可使其转变为 W/O 型。

11.2.2.8 乳状液的研究举例

Liu 等利用天然的小分子植物皂苷作为表面活性剂，通过静电沉积法将阳离子（壳聚糖）生物聚合物层层沉积到包被皂苷的脂滴上。探究了壳聚糖和果胶浓度、pH 值和离子强度对 O/W 型乳液形成和稳定性的影响。实验结果表明，用 2.5%的油和 0.05%的壳聚糖制备了含有均匀小颗粒的多层 O/W 型乳液。多层乳液提高了包裹的虾青素的化学稳定性，提高了脂滴在离子强度和温度下的聚集稳定性。

(1) pH 值对乳液粒径和电位的影响 如图 11-13 所示，在壳聚糖存在下，pH 值对皂苷包裹的脂滴粒径和电位的影响。除了 pH 2.0 外，所有的乳液都包含了不同大小的颗粒，这表明个别的脂滴发生了聚集。在 pH 为 6.0 和 7.0 的乳液中观察到最大的颗粒，这可能是由于在高 pH 值下，壳聚糖分子之间的静电斥力降低，导致其失去了正电荷。最初，初级乳状液中被皂苷包覆的脂滴带负电荷，这可能是由于被吸附的皂苷分子具有阴离子性质。在这种情况下，周围溶液中的阳离子壳聚糖分子通过静电吸引吸附到阴离子脂滴表面。在所有 pH 值下［图 11-13（b)]，乳液中液滴的表面电位均为正电荷，表明阳离子壳聚糖分子在阴离子皂苷稳定的脂质周围形成了一层多糖涂层。由于壳聚糖分子的存在，壳聚糖包被的脂滴在 pH 7.0 时几乎不带电荷，这是由于接近氨基的 pK_a 值，失去了它们的正电荷。研究结果表明，在脂滴上涂一层壳聚糖，可以形成含有相对较小的高阳离子电荷的乳液（pH 4.0)。

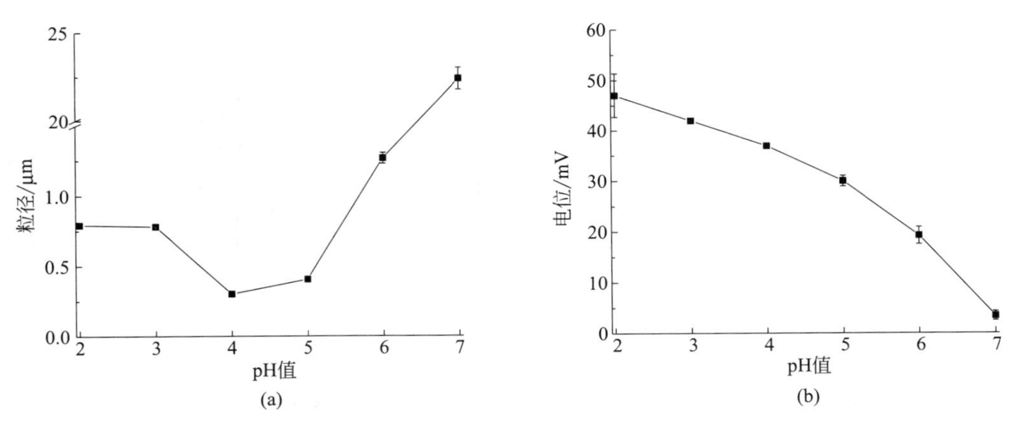

图 11-13　pH 值对壳聚糖乳液平均粒径分布（a）和表面电位（b）的影响

（2）壳聚糖浓度对乳液粒径和电位的影响　由图 11-14 可知，在初始浓度为 0.01% ～0.08%的壳聚糖溶液中，乳液粒径较大，这可以归因于电荷中和和架桥絮凝效果。在中等浓度壳聚糖条件下，液滴电荷接近于零，这就减少了它们之间的静电斥力。此外，液滴表面没有完全被壳聚糖分子覆盖，这意味着一个液滴表面的正电荷可以与另一个液滴表面的负电荷结合。壳聚糖浓度进一步增加（0.1%～0.5%)，平均粒径减小，但乳状液的粒径范围较大。说明壳聚糖完全包覆在液滴表面，增加了液滴之间的空间斥力和静电斥力，从而降低了液滴的絮凝程度。但乳液中仍有较大的絮凝体存在。乳液中液滴的表面电位由壳聚糖不存在时的强负值变为壳聚糖存在时的强正值。这可能是由于阳离子壳聚糖分子之间的强静电吸引，吸附在阴离子皂苷包被的脂滴表面。最终，液滴表面被一层壳聚糖分子完全饱和，因此表面电位达到一个恒定的正值。

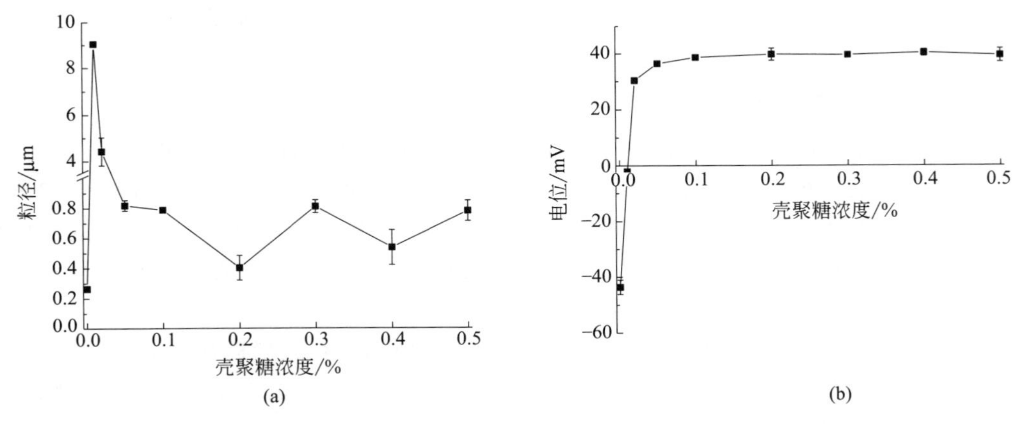

图 11-14　壳聚糖浓度对乳液平均粒径分布（a）和表面电位（b）的影响

11.2.3 悬乳浊液

悬乳浊液的优点是可以把几种活性组分添加到体系中的不同相中（图 11-15）。例如可以在乳状液中包含一种或多种活性物质，在连续相中也包含一种或多种以固体颗粒形式存在的有效成分，这样就可以达到一剂多效的作用。除此之外，把有效成分添加到一个产品中往往可以达到协同增效作用，显著增强药物的生物活性。随着人们对食品营养的重视，悬乳浊液在食品中的应用也越来越广泛，如传统食品中的甜酒酿，新兴食品中的乳饮料中添加果肉、膳食纤维、碳酸钙或乳钙、谷物等成分，以及八宝粥、果肉饮料等均属于典型的悬乳浊液体系。

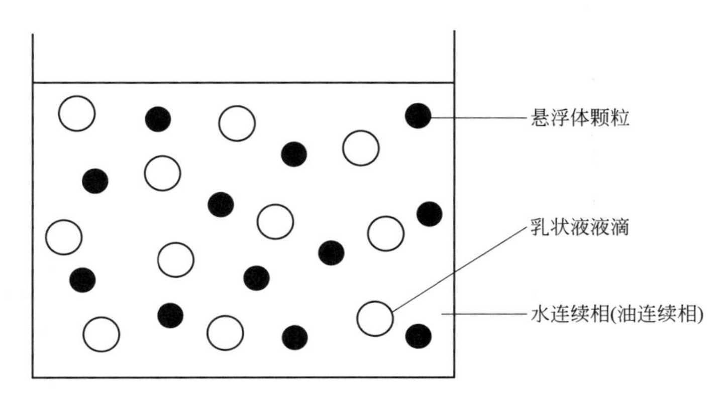

图 11-15 悬乳浊液示意

制备一种稳定的悬乳浊液并不是将一种稳定的乳状液和一种稳定的悬浮液混合那么简单。当悬浮液和乳状液相混合时，体系中除存在有乳状液不稳定现象，如絮凝、聚结、沉降或分层、相转变、Ostwald 熟化等之外，还存在许多复杂的乳状液组分与悬浮液之间相互作用产生的不稳定现象（如图 11-16），如沉降扩散、杂相絮凝、相转移和晶体增长等。乳状液与颗粒相互碰撞时，会发生形变和表面活性剂在界面上的耗散等。如何抑制上述不稳定现象，制备出稳定的悬乳浊液，是当代胶体和界面科学家所面临的一个难题。

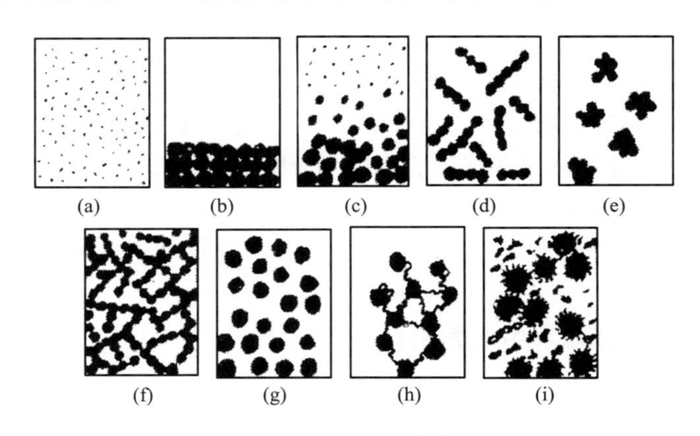

图 11-16 不同悬乳浊液分散状态示意

（a）均匀分散的胶体稳定悬乳浊液；（b）结成硬块沉降体的胶体稳定悬乳浊液；（c）多分散胶体稳定悬乳浊液；（d）聚结悬乳浊液形成链状聚集体；（e）聚结悬乳浊液形成紧密聚团；（f）在体积分数较高时聚结悬乳浊液（形成网状结构）；（g）弱絮凝的悬乳浊液；（h）由高分子搭桥形成的絮凝悬乳浊液；（i）由自由高分子引起的弱絮凝

11.2.3.1 悬乳浊液的沉降和分层行为

前面已经讨论过悬浮液沉降和乳状液分层行为。对一个多组分的悬乳浊液体系，情况更加复杂一些，决定悬乳浊液的沉降和沉降行为的主要因素是颗粒与液滴的密度差和总体积分数。

(1) 当油的相对密度<1，颗粒的相对密度>1时，会出现如下两种情况。

① 在低体积分数时，即 $\phi<0.2$，对于所有不同悬浮液和乳状液比例的情况下都出现分层现象（图 11-17）。

② 在高体积分数时，即 $\phi>0.2$，则有两种情况出现（见图 11-18）。当混合物的相对密度 $\rho_{mix}<1$ 时，乳状液和悬浮液同时上浮/乳析，发生分层［图 11-18 (a)］；而在混合物的相对密度 $\rho_{mix}>1$ 时，乳状液和悬浮液同时下沉发生沉降［见图 11-18 (b)］。

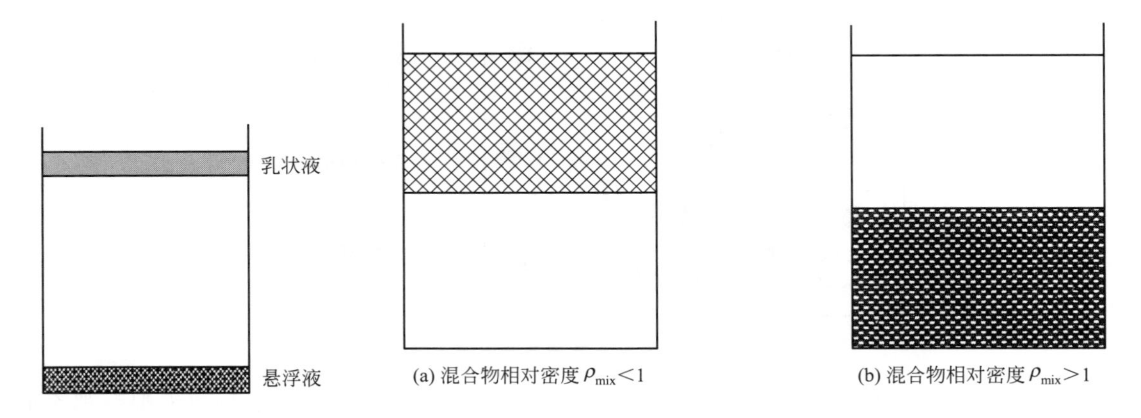

图 11-17　悬乳浊液同时发生沉降与乳析（$\phi<0.2$）

图 11-18　悬乳浊液沉降和分层情况（$\phi>0.2$）

(2) 当颗粒的密度>油相的密度时，则会出现另外两种情况。

① 在低体积分数，即 $\phi<0.2$ 时，悬浮液和乳状液分成如图 11-17 的上下两层。从显微镜观察发现，小颗粒被包夹在乳状液乳析层中的大液滴之间；而小的乳状液液滴也有被包夹在沉降层中的大颗粒之间，从而导致了乳析层和沉降层的紧密堆积。

② 对体积分数 $\phi>0.2$ 的情况，也会出现不同的情况。当 $\rho_{mix}>1$，且乳状液所占比例在 40%～100%时，发生了全部沉降（共聚沉）现象［图 11-19 (a)］。但当乳状液的比例小于 40%时，则出现同时有乳析层和沉降层的情况［图 11-19 (b)］。

以上讨论的只是有关悬乳浊液的特殊情况，由于悬乳浊液体系太复杂，其中许多问题和现象如稳定机制、流变学特性等还不甚清楚，亟待进行系统深入研究，逐步发展和建立悬乳浊液理论。

11.2.3.2 悬乳浊液体系中的异相絮凝

对于一个 O/W 乳状液和悬浮液的混合体系，油滴可能润湿悬浮液颗粒的表面，使颗粒表面憎水化，从而引起异相絮凝（见图 11-20）。在悬乳浊液中，异相絮凝块中一般含有颗粒和油两相，在通常情况下单纯依靠稀释并不能破坏这种絮凝块。为了减少在颗粒和液滴之间对表面活性剂的竞争，可以选用两者都适用的共同分散剂或乳化剂，但也有在使用共同分散剂或乳化剂出现异相絮凝的情况。一般来说，必须使用一种能够牢固吸附在悬浮液颗粒表面的分散剂，且分散剂浓度足够高可以全部覆盖固体颗粒，方可有效阻止絮凝发生。

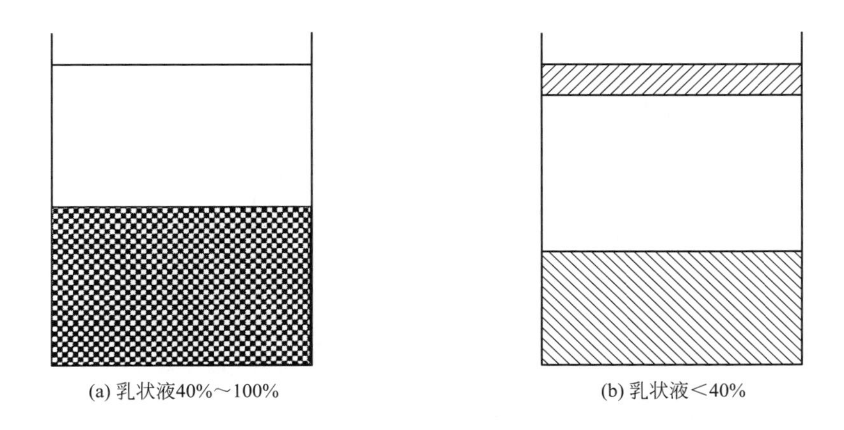

图 11-19　悬乳浊液的沉降/分层情况（$\phi>0.2$，$\rho_{mix}>1$）

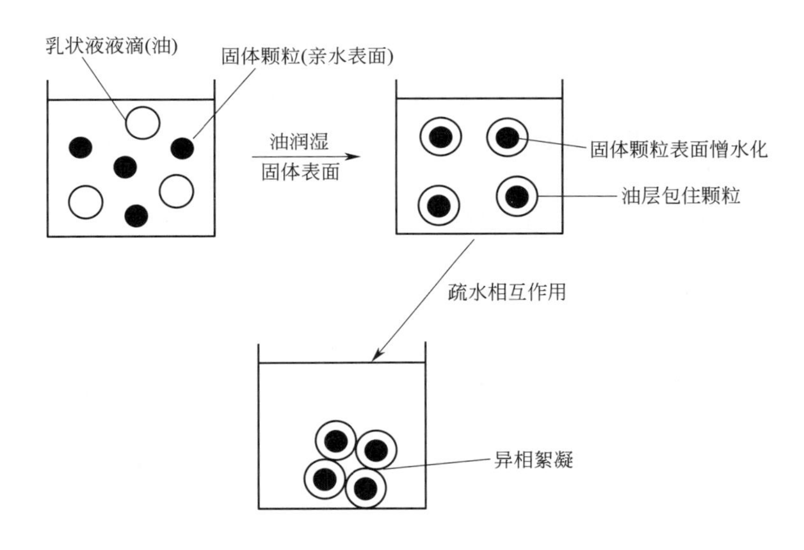

图 11-20　异相絮凝

异相絮凝的程度（或强度）与悬浮液和乳状液的体积比有关（见图 11-21）。从图 11-21 可以看出，异相絮凝在悬浮液比例高于 50%时迅速增强。为了减少异相絮凝，在制备悬乳浊液时应尽量降低悬浮液的比例。

减少或阻止悬乳浊液的异相絮凝主要有下列几种方法。

① 在制备稳定的悬乳浊液时，首要考虑的是使用具有很强吸附和稳定能力的表面活性剂来稳定乳状液，在此基础上进一步考虑保护悬浮液颗粒的稳定性。

② 使用有很强吸附能力的分散剂来增强悬乳浊液的稳定性，这类高分子表面活性剂具有很高的吸附热，吸附在悬浮液颗粒表面后很难被脱附下来。

③ 增加乳状液在悬乳浊液中的体积比，这从图 11-21 容易得出结论，在同样条件下，乳状液在悬乳浊液中的比例越高体系的稳定性越好。

④ 适当提高表面活性剂的浓度，达到悬浮液颗粒和液滴表面都能被表面活性剂完全覆

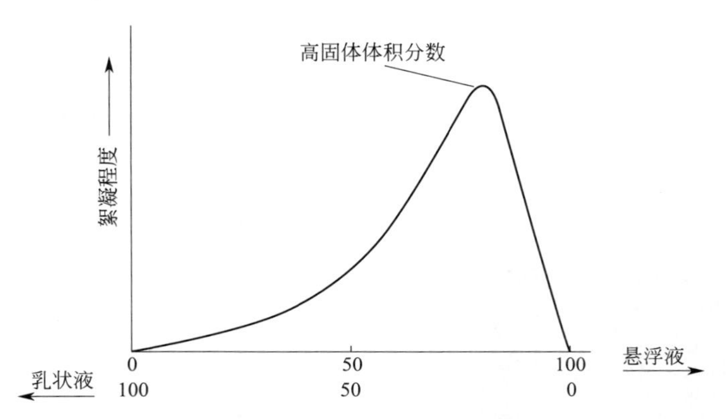

图 11-21　异相絮凝程度与悬浮液和乳状液体积比的关系示意

盖，界面动态吸附过程中裸露表面部分出现的时间就缩短，可提高保护层的稳定性。

⑤ 在混合悬浮液和乳状液之前，必须尽量提高悬浮液和乳状液保护层的稳定性，即表面有静电（双电层）或者空间稳定（表面活性剂或高分子吸附层）。在混合时要采用低速搅拌，高速搅拌会因剪切作用使乳状液液滴变形或破坏而降低其稳定性。

⑥ 减小乳状液液滴的尺寸，这有两方面的原因：一方面大液滴易于变形，比较容易润湿悬浮液颗粒的表面；另一方面小液滴的乳状液本身更稳定。

⑦ 尽量使用烷烃类油作为乳状液的油相组分而避免使用芳烃类油作为乳状液的油相组分，这是因为悬浮液颗粒更容易被芳烃类油所润湿而发生絮凝。

以上只是制备悬乳浊液的一般经验规律，并不一定适合所有体系，应根据实际情况运用上述 7 种方法的同时，总结出适合自己研究体系的规律。

11.2.3.3　悬乳浊液体系中的晶体增长

当悬浮液颗粒在油相中有一定的溶解度时（即使很小），就存在悬浮液颗粒逐步溶解到油相中，并在油相中可能形成结晶（见图 11-22），这过程既有点像 Ostwald 熟化，又与 Ostwald 熟化不同。Ostwald 熟化是由于颗粒或液滴在连续相中的溶解度不同而引起的小颗粒、小液滴逐渐消失，而大颗粒、大液滴逐渐增大的过程，而在悬乳浊液体系中颗粒是从水相转移到油相中并结晶长大。

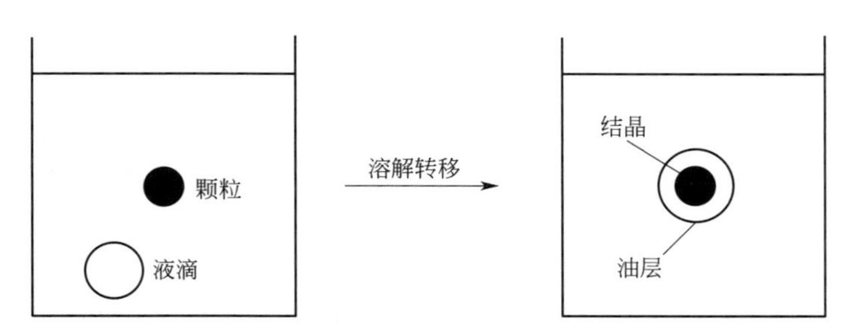

图 11-22　悬乳浊液中颗粒的溶解转移和结晶过程

防止结晶过程也有一些经验方法：① 使用吸附能力强的分散剂；② 使用晶体增长阻滞剂；③ 减小乳状液的液滴尺寸等。

11.2.3.4　悬乳浊液的流变特性

悬乳浊液经常表现出非牛顿流体行为，这种行为的出现主要是由于异相絮凝、稀释作用以及屏蔽效应引起的。

一般来说，如果悬乳浊液的两个组分——乳状液和悬浮液没有任何内部结构，且分散相只表现出惰性（即无相互作用）时，这种悬乳浊液则表现出理想的流变行为；而在较高的体积分数时，颗粒之间、液滴之间、颗粒与液滴之间的相互作用不可忽略，这时体系常表现出非牛顿的流变特性，因而液滴的大小、颗粒的大小与形状对体系的流变特性均有影响。

当乳状液或悬浮液中某一个或二者都具有一定内部结构，这时如把二者混合，则由于内部结构的变化而往往表现出非牛顿流体行为。另一种悬乳浊液表现出非牛顿流体行为的情况是当乳状液液滴与悬浮液的固体颗粒之间有较强的相互作用（吸引）。在此种情况下，乳状液液滴与悬浮液颗粒就会因为相互吸引而发生异相絮凝，并由此导致体系黏度的增大。

11.2.3.5 悬乳浊液的研究举例

现以牛奶中添加乳钙形成的悬乳浊液为例，说明乳钙用量对高钙奶沉淀量及絮凝情况的影响。

从图 11-23 可以看出在 0.5‰～2.0‰范围内随着乳钙用量的增加，高钙奶中的离心沉淀量也随之增加。但从保存实验来看，在 0.5‰～1.5‰范围内随着乳钙用量增加，高钙奶的沉淀量也随之增加；但当乳钙用量超过 1.5‰以后，其沉淀量却越来越少。乳钙用量越少，产生沉淀的时间越长，且主要是浅黄色松散沉淀。这主要是由于乳钙用量在 0.5‰～1.5‰范围内随乳钙用量的加大，产生与酪蛋白结合的钙离子将越多，但还没有达到形成絮凝的钙离子浓度，那么钙离子与一部分酪蛋白结合形成的复合物，由于重力作用而沉降至底部，形成浅黄色松散沉淀，但随着底部沉降的复合物越来越多，这些复合物之间相互作用，然后在底部形成絮凝；但当乳钙用量高于 1.5‰时，随乳钙用量的增加，产生与酪蛋白结合的钙离子将越多，已达到形成絮凝的钙离子浓度，那么钙离子与酪蛋白结合形成絮凝，重力作用而沉降至底部的钙离子与酪蛋白的复合物将减少，但在离心时其弱絮凝复合物沉淀下来，因此，在保存实验观测时底部形成浅黄色松散沉淀减少，但离心时其沉淀量却很大。

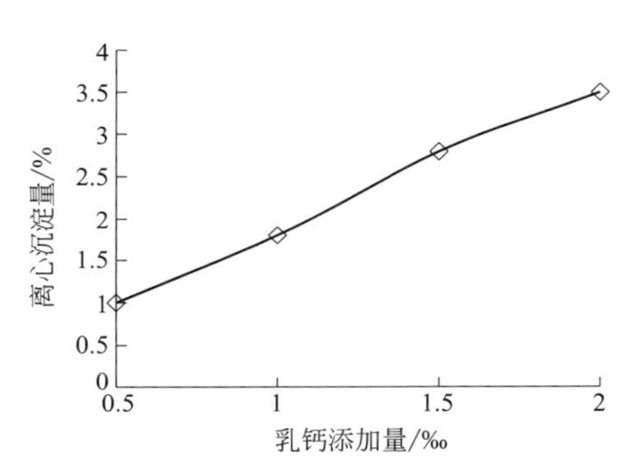

图 11-23 乳钙用量对高钙奶沉淀量的影响

从表 11-1 的长期保存实验结果可以看出随着乳钙用量的增加，高钙奶体系的絮凝情况随之加剧，且其出现絮凝的速度成倍增加，这主要是因为高钙奶的 pH 值在 6.5～7.0，不会出现因蛋白质在等电点附近所引起的酸絮凝，那么在有乳钙存在的条件下，结合不同的乳钙添加量引起高钙奶的絮凝情况的变化，可认为是由于钙离子的存在所引起的去稳定作用。可通过图 11-24 解释其作用机理：高钙奶悬乳浊液在制作过程中，酪蛋白迅速吸附到新形成的液滴表面，吸附到界面的这些蛋白质通过各种稳定机制稳定乳状液，而有钙离子存在时，钙离子键连在吸附的酪蛋白层之间，导致在乳状液油-水界面上吸附的酪蛋白层之间的强烈交联，从而降低吸附在界面上的酪蛋白的静电极性作用，导致表面极性密度的降低，失去静电作用的稳定性，伴随着因极性稳定的酪蛋白的环/尾部的碰撞而引起空间稳定作用的失去，在宏观上表现为在高钙奶的贮藏过程中产生明显的絮凝。

表 11-1 乳钙的加入量与絮凝出现的时间、位置、絮凝程度

乳钙用量	絮凝出现的时间/d	絮凝出现的位置	180d 的絮凝程度
0.5‰	180	瓶底部	很少量
1.0‰	160	瓶底部	约 3%
1.5‰	130	瓶底部和中部	约 6%
2.0‰	80	瓶底部和中部	约 10%

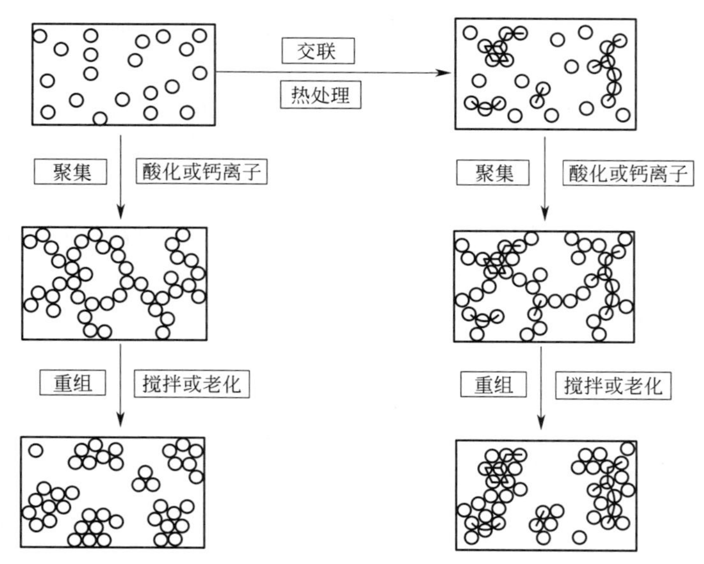

图 11-24 钙离子引起吸附在界面上的蛋白质桥联絮凝

11.3 凝胶

胶凝是食品重要的加工功能性质之一。许多食品是利用胶凝性质而加工的，例如豆腐、皮蛋、酸奶、奶酪、香肠、肉丸、果冻、米粉和软糖等，还有早期宇航员食用的铝管包装的肉糜、果酱类膏糊状食物等。凝胶是一种特殊的分散体系，其中胶体颗粒或高聚物分子互相联结，形成海绵状的空间网状结构，在网状结构的孔隙中充满了液体或气体。

凝胶由高分子网络和溶剂两种组分构成。高分子网络包裹液体，不让其流出，起了容器的作用。凝胶通常兼具固体和液体两方面的性质，如在高度溶胀的凝胶中，所含溶剂具有很大的扩散系数，具有液体的性质。凝胶具有一定形状，在外力作用下形变或断裂，此为固体的特性。凝胶一般都是柔软而具弹性，这一特性使它与生物体有着很多的相似性，因而大多数凝胶具有生物相容性。

凝胶的性质很大程度上取决于高分子网络结构、网络与溶剂的相互作用。高分子网络的运动一方面受交联结构的限制，一方面又因其内部包含的大量溶剂分子对其溶剂化作用而促进运动。因此，高分子网络在溶剂中向三维方向伸展而造成凝胶具有运动性。

凝胶强度依赖于联结区结构的强度，如果联结区不长，链与链不能牢固地结合在一起，那么在压力和温度升高时，聚合物链的运动增大，于是分子分开，这样的凝胶属于易破坏和

热不稳定凝胶。若联结区包含长的链段，则链与链之间的作用力非常强，足可耐受所施加的压力或热的刺激，这类凝胶硬而且稳定。因此，适当地控制联结区的长度可以形成多种不同硬度和稳定性的凝胶。

不同的凝胶具有不同的用途，选择标准取决于所期望的黏度、凝胶强度、流变性质、体系的 pH 值、加工时的温度、与其他配料的相互作用、质构等。

11.3.1 凝胶的类型

凝胶是由三维网络结构的高分子和充填在高分子链段间隙中的介质构成，介质可以是气体，但一般情况下介质皆为液体，因此，可将凝胶看作是高分子三维网络包含了液体（溶剂）的膨润体。依据构成凝胶的交联高分子的交联方式可分为化学交联和物理交联两大类。

化学交联是高分子链段间以共价键交联起来，这种交联键很牢固，高分子只发生溶胀，而不能熔融更不会溶解，大多数合成凝胶属这一类型。通常在加入交联剂后进行聚合，或者通过线型或支链型高分子链中官能团相互反应而形成这种共价交联键。

物理交联包括由氢键、库仑力、配位键及物理缠结等形成的线型分子间的交联。准确地说，物理缠结不能称为交联，但它能构成凝胶。大多数天然凝胶是依靠高分子链段相互间形成氢键而形成交联结构的，例如蛋白质凝胶，这种氢键会因加热等而被破坏，使凝胶变成溶胶。库仑力交联是带不同电荷的高分子电解质相互间形成多离子络合物，或者加钙等多价离子到高分子电解质中生成离子键而形成的。这种交联可以通过改变 pH 或离子强度等破坏库仑力而使凝胶转变成溶胶。配位键交联是由高分子上的极性基团与配位物质相互间形成的交联。这种交联也会因外界条件变化而受破坏，使凝胶变成溶胶。由于高分子物质分子量很大或分支多而使高分子相互缠结构成的凝胶不同于上述其他物理交联凝胶，它的交联点是不定的，结合力极弱，凝胶形态极不稳定，随时间推延，高分子会逐渐分散到溶剂中成为溶液。表 11-2 及图 11-25 所示部分蛋白质、多糖的胶凝方法、机制及种类。

表 11-2　部分凝胶的胶凝方法和形成机制

项目	食物大分子成分	使凝胶化的方法	交联的形成机制
多糖类	淀粉	冷却	由氢键形成微晶
	琼脂、角叉菜胶、结冷胶	冷却	由氢键形成螺旋
	褐藻酸、果胶酸、羧甲基纤维素、魔芋甘露聚糖	添加多价金属离子	由配位键交联(蛋盒连接)
	甲基纤维素、羟丙基纤维素	加热	由疏水相互作用形成胶束
	透明质酸胶	冷却	分子缠结(高分子量)
蛋白质	明胶、胶原	冷却	由氢键形成螺旋
	凝乳	加热	不可逆凝固
	卵清蛋白、大豆蛋白质	加热	球蛋白结合
	纤维蛋白、弹性蛋白、角蛋白	在酸、碱溶液中溶胀	共价键

11.3.2 凝胶的流变学特性

流变学是研究物质在力的作用下变形或流动的科学。除了力的作用外，力的作用时间对变形的影响也是重要的研究内容之一。评价凝胶流变特性的方法分为小变形机械测试和大变形机械测试两类。

小变形（动态）机械测试是观测“溶胶-凝胶”转变和表征“线性区域”凝胶黏弹特性的一个有效的测试方法。这种“线性区域”是指应力和应变的振幅调整到足够低的数值，以

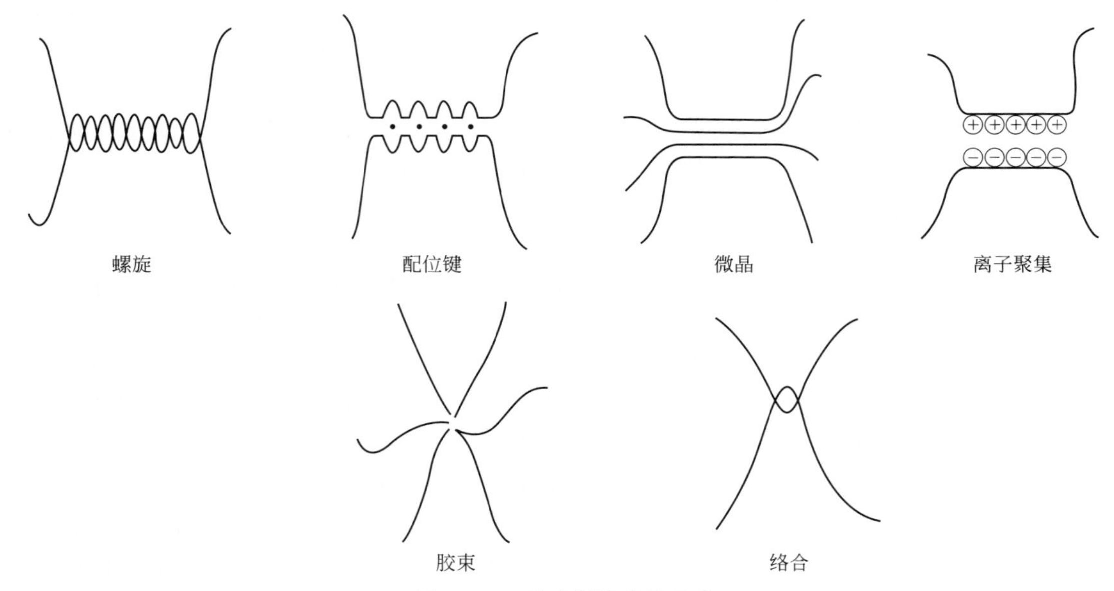

图 11-25　形成凝胶种类示意

至于在该条件下应力和应变成比例。在小变形机械测试中，样品经受振荡变形，物料的黏弹参数通过比较应力导致的应变而确定。理想情况下，弹性固体的应力和应变没有滞后，而对于牛顿流体，应力和应变的相角为 90°。对于黏弹材料，这种行为介于这两种情况之间的某处，也就是说，应力和应变之间存在一相角 δ（$0<\delta<90°$），其数值决定于在振荡频率下弹性行为和黏性行为的相对值。在振荡流变试验中，应力和应变的关系由复合剪切模量 G^* 描述：

$$G^* = G' + iG''$$

式中，G' 是储能模量（storage moduli，应力对应变同相的比率）；i 是复数；G''是耗能模量（loss moduli，应力和应变异相的比率）。

每一个 G'和 G''的值都决定于变形的频率。振荡测试的主要优点是对被测试物料的结构造成最小的损害，因为测试是在很低的应变和应力的条件下进行的。利用小变形振荡测试可以确定凝胶过程中的凝胶点及“溶胶-凝胶”转变过程，根据剪切模量对振荡频率的依赖性来确定凝胶的类型。

大变形机械测试用来获得与食品加工条件和感官特性相关的流变参数。样品通常在线性黏弹范围内快速变形，凝胶的结构遭到很大程度的破坏。目前通用的大变形测试是用质构测定仪测定质构特性。能够确定与咀嚼过程有关的一些参数，如硬度、内聚性、黏结性、破裂性、咀嚼性和胶黏性等。

动态流变仪通过测定凝胶体的黏性模量（或耗能模量）G''和弹性模量（储能模量）G'，以及二者的比值 $\tan\delta$ 来反映凝胶体的弹性和黏性的变化。G'对应凝胶体的刚性和强度，G''对应凝胶体的黏度和流动，$\tan\delta$ 则反映凝胶体中弹性组分的含量。

在淀粉凝胶中，淀粉分子的部分链段可发生位移而产生黏性流动，黏性流动导致淀粉凝胶具有一定量高弹形变的性质。作为一种凝胶类食品，应具有一定的凝胶强度与弹性。与糖类、无机盐等引起的化学味觉相比，凝胶食品具有另一类味觉——“力学味觉”或“流变学味觉”，例如凝胶食品的黏弹性、硬度、粗糙感等，当凝胶的弹性模量超过 $10^5\ N/m^2$ 时，大多数人就会感觉到硬度过大而难以接受。流变学味觉决定于凝胶的质构，即凝胶的力学性能是凝胶质构的客观反映。

牛乳是一种非牛顿型黏弹性流体，酸奶的形成过程是一个从牛乳蛋白黏性溶胶转变为弹性凝胶的过程。Bohlin 等（1984 年）报道了检测酸奶成胶过程的方法，该方法是给被测样品施加一个频率为 ω 的随周期变化的剪切应力 $\gamma=\gamma_0\sin(\omega t)$，它使样品产生形变，并由此产生新的、周期变化的剪切应力 $\sigma=\sigma_0\sin(\omega t+\delta)$。相差 δ 和应力放大系数 σ_0/γ_0 能反映出样品的黏弹特性。当样品为理想的黏性液体时相差为 90°，当样品为理想的弹性材料时相差为 0°。由形变产生应力其实是储存在样品中的一种弹性能量，是衡量样品弹性的尺度，它以弹性模量（储能模量）G'表示，即 $G'=\sigma_0/(\gamma_0\cos\delta)$；同样在样品中损失的那部分能量可衡量样品的黏性特征，它以黏性模量（或耗能模量）G''表示，$G''=\sigma_0/(\gamma_0\sin\delta)$。$G'$和 G''之比叫作损失正切值 $\tan\delta$，用以衡量黏弹性样品中的黏性成分。

乳状液或泡沫的连续相是一种凝胶，典型的例子是干酪、甜点、香肠、低脂蛋黄酱、搅打稀奶油等。虽然系统的流变学特性主要由凝胶连续相所决定，但受其他一些因素影响，如体系中存在的乳状液液滴数量也能引起凝胶较大的变形或破裂，分散相和凝胶态连续相的相互作用等，这些因素可能影响到人对食物感官特性的判定，例如食物在口中，可以感觉到凝胶流变学特性的改变（黏性、膜破裂）和通过打破凝胶网状结构使乳化液滴脱脂和香味释放，以及液滴的聚合。

11.3.3 食品中的典型凝胶体系

11.3.3.1 蛋白质凝胶

蛋白质凝胶的形成可以定义为蛋白质分子的聚集现象，这种聚集过程中，吸引力和排斥力处于平衡，以至于形成能保持大量水分的高度有序的三维网络结构或基体。如吸引力占主导，则形成凝结物，水分从凝胶基体排除出来；若排斥力占主导，便难以形成网络结构。蛋白质凝胶的类型主要取决于蛋白质分子的形状，凝胶过程是一个动态过程，受外界环境如 pH 值、离子强度、加热的温度和时间等影响。蛋白质凝胶化是由于蛋白质分子中氢键、疏水作用、静电作用、金属离子的交联作用、二硫键等相互作用的结果。凝胶的形成不仅可以改进食品形态和质地，而且在提高食品的持水力、增稠、使粒子黏结等方面有诸多应用。纤维状蛋白质分子如明胶和肌浆球蛋白凝胶的网络结构由随机的或螺旋结构的多肽链组成。蛋白质分子构象的变化是蛋白质分子聚集的先决条件，球蛋白更是如此。

蛋白质浓度是形成凝胶的先决条件，加热是形成热凝胶的必要条件。在蛋白质溶液中，蛋白质分子呈一种卷曲的紧密结构，表面被水化膜包围着，具有相对稳定性，通过加热蛋白质分子从自然的卷曲状态舒展开来，将包在卷曲结构内部的疏水基团暴露出来，而原来在蛋白质分子卷曲结构外部的亲水基团就相应减少。同时蛋白质分子吸收热能，运动加剧，分子间的接触、交联机会增加，随着加热过程的进行，蛋白质分子间通过疏水作用、二硫键等结合，形成中间留有空隙的立体网络结构，将水等成分包裹起来，这便是蛋白质的凝胶态，也是蛋白质包水的一种胶体形式。

热诱导凝胶是蛋白质中的一个最重要的功能特性，超过一定浓度的蛋白质溶液被加热时，蛋白质分子会变性而解折叠发生聚集，然后形成凝胶。蛋白质变性和聚集的相对速率决定凝胶结构和特性，当蛋白质变性速率大于聚集速率时，蛋白质分子能充分伸展、发生相互作用从而形成高度有序的半透明凝胶；当蛋白质变性速率低于聚集速率时会形成粗糙、不透明凝胶。蛋白质凝胶既具有液体黏性又表现出固体弹性，是介于固体和液体之间，但更像固体的一种状态。热诱导凝胶对产品的质构以及最终产品黏聚性、形状、保油性、保水性等具有重要作用。热诱导凝胶过程中，蛋白质分子从天然状态到变性状态的转变包括二级、三级和四级结构构象的变化，涉及疏水相互作用、静电力、二硫键等化学作用力的参与，这些变化决定了蛋白质凝胶最终的结构。加热时蛋白质结构的变化使疏水基团暴露在分子的表面，形成疏水相互作用，疏水基团在胶凝过程中起很重要的作用。

迄今为止，对蛋白质胶凝的立体网络特性形成机制和相互作用还不十分清楚，但许多研究表明，在有序的蛋白质-蛋白质相互作用导致聚集之前，蛋白质必然发生变性和伸展，热凝结胶凝作用包括两个阶段：溶液向预凝胶的转变和凝胶网络的形成。第一阶段是加入一定浓度的蛋白质溶液，此时蛋白质发生一定程度的变性和伸展，利于凝胶网络的形成和基团（如形成氢键的基团和疏水基团）暴露，然后一定数量的基团通过共价键结合，从溶液状态转变为预凝胶状态，使第二个阶段得以发生。因此，预凝胶是不可逆的，而且存在一定程度的聚集。第二阶段是将预凝胶冷却至室温或冷藏温度，由于热动能降低，有利于各种分子暴露的功能基团之间形成稳定的非共价键，于是产生胶凝作用。

(1) 球蛋白凝胶特性 球蛋白，例如β-乳球蛋白具有较强的凝胶形成能力，这些球蛋白产生的凝胶通常认为是热诱导凝胶。

球蛋白凝胶可分为两类：一类为不透明，弹性较小，保水能力弱，即使加热也不能再转变成前凝胶，称为凝固型凝胶；另一类为半透明，弹性较大，保水能力强，加热后可转变成前凝胶，称为可逆型凝胶或半透明凝胶。两类凝胶性质不同主要是因为蛋白质结构不同，致使形成的凝胶网络结构明显不同。凝固型凝胶是蛋白质分子随机聚集的结果，其网络结构如图 11-26（a）所示，称为随机聚集型网络；可逆型凝胶是蛋白质分子有序结合的产物，其网络结构如图 11-26（b）所示，称为串珠型网络。

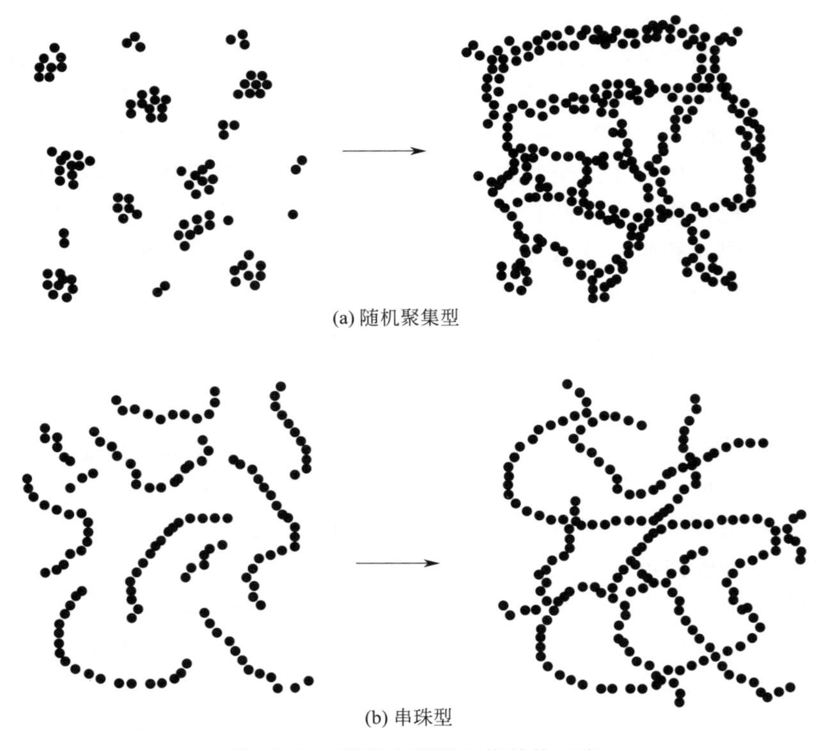

图 11-26 球蛋白凝胶网络结构示意

球蛋白的热凝胶是由保持球形结构的蛋白质分子首尾聚集而成。大豆蛋白凝胶属于这种凝胶网络结构，在低离子强度和远离蛋白质等电点的条件下形成典型的比较弱的细微链束结构的凝胶。这些凝胶链束厚度小于10 nm，并且它们的结构也有点不规则。当环境的离子强度较高和pH值接近等电点时，则形成随机聚集的凝胶。然而大多数球蛋白凝胶都具有这两种类型的凝胶网络，这取决于蛋白质的浓度、环境的pH值、离子强度及加热的温度和时间。

在串珠型网络结构中发现蛋白质分子仍保持球形构象。经典的球形蛋白质分子展开的“两种状态”理论认为仅存在两种状态的蛋白质：未变性的蛋白质和高度变性的无序蛋白质。现在已经证明，在从未变性状态向无序状态展开的过程中明显存在一动态的中间体，中间体存在于低pH值（或高pH值）的平衡条件、适当浓度的变性剂存在和高温度的条件下，这种中间体状态被称为“熔融球蛋白状态”，它被定义为含有与未变性状态相似的二级结构，而三级结构展开紧凑的球形分子。从受热时的未变性状态到熔融球蛋白的转变及这种部分变性的形式主要与热凝胶的形成有关。加热时牛血清蛋白α螺旋下降，而β折叠结构增加到接近纤维蛋白中观测到的含量，这表明热凝胶的二级结构发生显著改变。这与熔融球蛋白中间体的概念相矛盾。β折叠含量的增加似乎是由于变性分子间的连接而形成的，也就是说β折叠的形成与球蛋白的变性步骤没有直接的关系。

(2) 大豆蛋白凝胶 对大豆蛋白而言，只有蛋白质浓度高于7.5%的溶液加热以后才能出现大范围交联，形成真正的凝胶；否则，加热以后只能出现小范围交联，不能形成真正的凝胶；但通过调节pH值、离子强度等条件也能进一步形成凝胶。大豆蛋白热凝胶的形成，虽然加热变性是必要条件，但是变性后温度超过125℃（称为过热温度），蛋白质溶液就会失去胶凝能力而成为异溶胶。

大豆蛋白凝胶化的机理如图11-27所示。大豆蛋白凝胶化的过程主要分为两步：第一步是大豆蛋白溶解后首先形成溶胶，蛋白质溶胶在加热到变性温度时，天然蛋白质发生解离和变性，解离和变性后的蛋白质分子充分展开，暴露出功能基团以便分子间发生交联而形成凝胶，蛋白质溶胶完成变性后形成的状态称为凝胶原或前凝胶；第二步是在冷却等条件下，凝胶原中相邻的蛋白质分子通过二硫键、氢键、疏水作用、静电引力以及范德华引力等相互结合到一起，形成三维网络结构，将水及其他成分包络起来，形成凝胶。

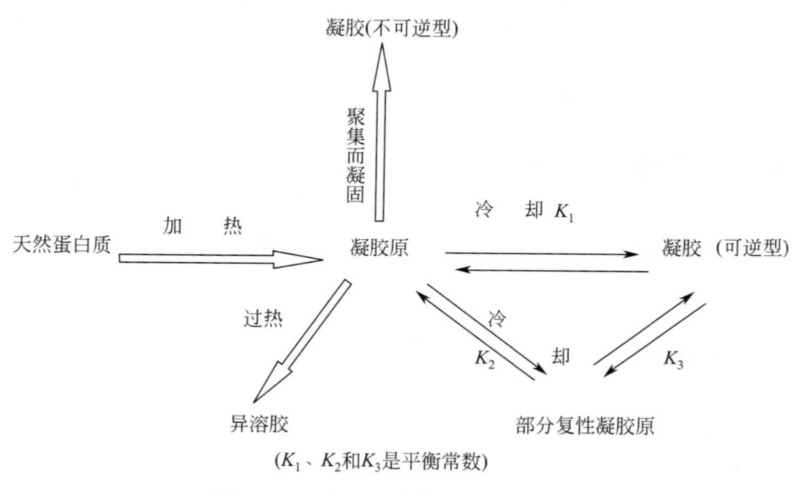

图11-27 大豆蛋白凝胶化机理示意

大豆蛋白凝胶化机理不仅被普遍接受，而且似乎适用于许多食用球蛋白的凝胶。大豆蛋白在凝胶化的过程中，由于大豆蛋白组成和第二步条件的不同而形成凝胶和异溶胶。

大豆蛋白凝胶依据形成机理的不同可分为加热后冷却凝胶（又称为可逆凝胶）和加热状态凝胶（又称为不可逆凝胶或凝聚型凝胶）。可逆凝胶是蛋白质通过加热其分子结构呈解析状态，蛋白质分子相互处于平衡，分子之间由氢键、离子键等作用交联而成；不可逆凝胶一般是通过加热，蛋白质分子由二硫键之类的共价键连接形成的。

蛋白质的氨基酸组成决定着凝胶形成的机理和形成的凝胶特性，一种蛋白质是形成凝固型凝胶还是半透明型凝胶，与蛋白质的分子性质（带电性质和平均疏水性）、加热后蛋白质的变性程度与聚集状态有着本质上的联系。

(3) 肌肉蛋白凝胶 肌肉蛋白的热诱导凝胶作用及相关的脂肪和水的结合性质是肉制品最重要的加工特性。热诱导凝胶作用是指变性的蛋白质分子经分子间的作用力（包括氢键、离子键、二硫键、疏水作用力等）聚集并形成一种有序的三维网状结构，脂肪和水以物理和化学的方式包含在蛋白质基质中。蛋白质的热诱导凝胶作用在很大程度上决定了肉糜制品的质地、外观和出品率。蛋白质凝胶特性受蛋白质结构特征和分子特性的影响（如疏水作用力、表面电荷、巯基含量、分子量、构象稳定性和聚合/解聚行为）。另外，加工条件、环境因素（如 pH、离子强度）及与其他成分间的相互作用也影响肉糜制品中蛋白质的凝胶特性。

肌球蛋白在溶出过程中具有极强的亲水性，因而在形成的网状结构中包含了大量的游离水分，在加热形成凝胶以后，就构成了比较均一的网状结构而使制品具有极强的弹性。

肌球蛋白是一个大分子，其分子质量约为 470kDa，具有 ATP 酶活性，每个分子由 2 条重链（MHC）（大亚基，分子质量约为 200kDa）和 4 条轻链（小亚基，分子质量为 15～30kDa）组成。其中的轻链 2（LC-2）为磷酸化调节轻链，因它能被 5，5′-二硫代-双（2-硝基苯甲酸）（DTNB）从肌球蛋白上选择性地解离，因此又称为 DTNB 链。轻链 1（LC-1）和轻链 3（LC-3）为必需轻链，在碱性条件下（pH＞8.0）从肌肉蛋白中分离，因此被称为碱性轻链。其结构如图 11-28 所示。

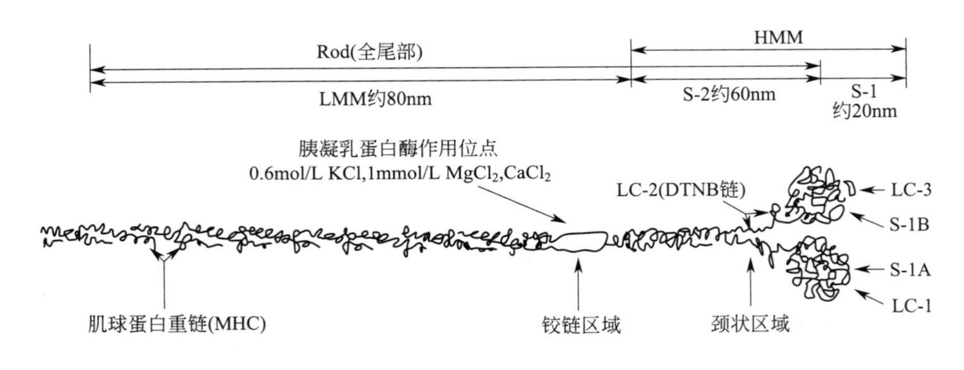

图 11-28 肌球蛋白分子结构

HMM—重酶解肌球蛋白；LC—轻链；LMM—轻酶解肌球蛋白；S-1—亚基 1；S-2—亚基 2

研究人员已经证实肌球蛋白分子的头部和尾部均可形成热诱导凝胶，但所形成的凝胶特征并不同。肌球蛋白凝胶可能包括两个反应，即球形头部区域通过二硫键产生的聚合以及尾部区域受热而展开形成网状结构。肌球蛋白的热凝胶形成包含了两个过程：一个是肌球蛋白头部分子的凝聚，这一过程是在相对低温（40℃以下）时出现；另一个是在高温（50～63℃）下，尾部螺旋和卷曲之间的转换。在完整的肌球蛋白分子中，肌球蛋白头部和尾部都参与肌球蛋白的凝胶作用，因肌球蛋白的尾部会阻碍头部的聚集，故 HMM 只能形成糊状物而不能形成弹性凝胶，所以在低温下头部的聚集性质对肌球蛋白形成凝胶作用不大。在肌球蛋白胶凝过程中，轻链和重链的作用是不同的，MHC 具有与完整肌球蛋白相近的胶凝能力，MHC 在肌球蛋白凝胶形成过程中具有很重要的作用。试验证明 HMM 和 LMM 的凝胶形成能力比完整的肌球蛋白要弱，即为了形成具有高弹性的凝胶，肌球蛋白分子中不同结构域的解折叠顺序和蛋白质-蛋白质相互作用是形成有序结构的必要条件。

通过对不同种类动物的盐溶性蛋白质研究发现：来自鸡胸肉、腿肉的肌原纤维蛋白所形成的凝胶强度和保水性最高，鱼肉最低，猪肉、牛肉居中。在肌肉类型方面，经研究发现，用于深加工的浅色肉和深色肉之间在保水性、脂肪黏合性和结构特性等方面存在着差异。鸡白肌肉的肌球蛋白、肌动球蛋白比红肌肉相应蛋白质有更大的凝胶强度。在 pH5.7 以下，牛白肌肉肌球蛋白比红肌肉肌球蛋白的保水性、胰蛋白酶敏感性和溶解性更高，这些特性的出现是由于在不同肌纤维中出现异构肌球蛋白所致。

有研究表明，肌动蛋白不能形成凝胶，但对肌球蛋白凝胶有很大影响。肌动蛋白可使肌球蛋白凝胶的硬度提高，其原因可能是肌动蛋白与肌球蛋白结合生成肌动球蛋白，再与游离的肌球蛋白分子的尾部交联起作用，因此肌球蛋白-肌动蛋白系统的凝胶强度更多取决于游离肌球蛋白和肌动球蛋白的比例，而不是肌球蛋白与肌动蛋白的比例。当肌球蛋白与肌动球蛋白的比例为 4∶1 时，凝胶强度最大。通过圆二色谱（CD）、红外光谱（IR）和核磁共振（NMR）也观测到 α 螺旋结构减少而 β 折叠结构增加的现象。利用拉曼光谱分析鱼肌肉蛋白结构的变化，发现蛋白质凝胶时 α 螺旋减少而 β 折叠增加，如果二级结构完全破坏，蛋白质表现为随机卷曲的行为，并且形成凝胶的能力也丧失。因此，分子间 β 折叠的形成似乎与蛋白质聚集体的形成有关。

鱼糜在通过 60℃左右的温度带时会导致凝胶强度急剧下降的现象称为凝胶劣化。其机理有多种假说，其中一种比较普遍的解释，认为在鱼肉的水溶性蛋白质中存在着一种对温度特别敏感的碱性蛋白酶，在 60℃时活性最强，它可以使已经形成的肌动球蛋白分子组成的网状结构破坏，疏水基团暴露，导致水分游离而使凝胶劣化。

(4) 乳蛋白凝胶 牛乳酸性凝胶只能在酸化速度较慢的条件下才能形成，当牛乳的 pH 缓慢降低时，酪蛋白微粒中胶态磷酸钙被溶解，酪蛋白微粒开始解体并通过适当方式重新聚合成网络状结构，从而形成凝胶。为了获得较慢的酸化速度和模拟传统发酵工艺中的产酸过程，通常采用 D-葡萄糖-δ-内酯作为酸化剂。凝胶的构造单元（即酪蛋白胶束）本身是可以发生变形的，凝胶显得相当弱而且是可变形的。对于酸性酪蛋白凝胶，破裂应力约为 100Pa，而破裂应变约是 1.1；对于酶凝胶，这些数据大约分别为 10Pa 和 3，酸性凝胶显得更脆。对酶凝胶施加的应力如果略高于 10Pa，则可能导致流动产生（不存在可以检测到的屈服应力），并且在维持相当长的时间以后会发生破裂；如果施加的应力是 100Pa，就会在 10 s 内发生破裂。

(5) 明胶 明胶等蛋白质可通过氢键交联起来。用热水处理胶原，不可逆地解开三重螺旋，就成为分子质量 10～100kDa 的水溶性蛋白质——明胶。将明胶水溶液冷却到约 25℃以下又会凝胶化。这是由于多肽链中的 $\rangle$NH 与 $\rangle$C=O 间的氢键使部分三重螺旋再生，而形成交联结构，且明胶的凝胶由于通过温度和溶剂等很容易发生溶胶-凝胶转变，故力学性能较弱。在明胶凝胶结构中，交联部位之间的柔顺分子链比较长，因而体系非常容易膨胀。在所有类型的食品凝胶中，明胶是最接近于理想的熵凝胶。

11.3.3.2 多糖凝胶

胶凝性是多糖的重要功能性质。一些多糖具有胶凝的特性，它们通过分子长链的相互交联形成坚固致密的三维网络结构，能将水或其他液体固定在其中，并且可以抵御外界压力而阻止体系流动。参与三维网络结构形成的作用力主要有氢键、疏水相互作用、范德华引力、电场极化力、离子桥联、缠结或共价键，因此不同种类的亲水胶体所形成凝胶的质构、稳定性和感官特性等各不相同，因此在食品中具有不同的应用。

多糖中含有羟基、羧基、烷氧基、糖苷键等。当它们溶解分散在水中时，由于分子的舒展，多种基团充分展露出来，各极性基团与极性水分子以氢键或偶极作用力相互制约形成内层水膜，内层水再与外层水作用发生缔合。以体积大的溶胶分子作为骨架，大量的水被束缚，介质的自由移动受到阻碍而产生层流间的阻力，在表观上表现出黏稠性，这时就表现为多糖的增稠性。

大多数多糖链相当刚硬，只有当链的长度超过了大约 10 个单体（单糖基）才会出现适当的弯曲。这种结构上的特点决定了多糖可以形成黏性极大的溶液，如 0.1%的黄原胶就可以使水的黏度至少增加 10 倍。如果多糖高分子水溶液在氢键、电场极化力或溶液中的某些高价离子的键桥作用下，分子间形成了结点，构成网状或三维空间立体结构，水包藏在网络中而失去流动性，这时就表现为多糖的凝胶性。一般多糖形成的凝胶大都属于水凝胶。许多因素都有可能影响多糖的胶凝和凝胶的性质，它们包括多糖的分子结构、摩尔质量、温度、溶剂质量等，对聚电解质的多糖来说，还有 pH 和离子强度等。

按结构，多糖凝胶可以分为三种形式，第一种是具有分子线团结构的多糖在运动中紧密接触交织，产生范德华力，形成次价交联点连成整体。该类凝胶柔软易变形，具有热可逆性。构成此种凝胶的食品多糖通常分子链中不含离子基团，分子间斥力小，分子易于靠近形成凝胶，常见的该类多糖有瓜尔豆胶、洋槐豆胶等。第二种是由氢键形成凝胶的结点，此种凝胶亦具有热可逆性，但较少有弹性。构成这种凝胶的多糖一般分子中含有少量的离子基团，如高酯果胶，其烷氧基比例高，羧基较少。第三种凝胶是二价或多价离子与多糖形成共价键而出现键桥结合而成的。这类凝胶强度高而具有弹性，构成此种凝胶的食品多糖大多是离子基团较多的阴离子型多糖，如低酯果胶、海藻酸盐等。

从热可逆的角度来说，亲水胶体溶液能形成热可逆和热不可逆的凝胶。根据凝胶的形成与温度的关系，将凝胶分为如下 4 类。

① 冷致凝胶，如明胶、琼脂、卡拉胶和结冷胶等，溶液在冷却过程中，由于氢键作用，分子形成螺旋片段而发生胶凝。

② 热致凝胶，如甲基纤维素、羟甲基纤维素等，溶液在加热过程中，由于疏水作用形成凝胶。

③ 溶液在较低和较高温度下均能形成凝胶，而在中间温度范围保持溶胶状态，如明胶-甲基纤维素的混合物。

④ 溶液仅在中间温度范围内形成凝胶，如除去部分半乳糖残基的木聚糖。

多糖分子中的交联区域可以是下列三种类型中任何一种形式。

① 单螺旋结构　直链淀粉中的螺旋结构在微晶区域呈一定规律性的排列，如果在浓度足够高的情况下会形成凝胶。实验观察到在支链淀粉中也存在着相似的情况。

② 双螺旋结构　当温度低于一严格规定的温度时发现在 κ-卡拉胶体系中存在这种结

构。一般情况下每一个螺旋都涉及一个分子，两个分子之间形成双螺旋结构很可能不是因为几何上的原因，一旦形成螺旋结构，使所涉及的每一个分子的其余部分的旋转自由度大为降低。基于这个原因，涉及两个分子的双螺旋结构是比较罕见的。由于刚性的螺旋结构形成了微晶区域（见图 11-25），这样就产生了交联结构。螺旋状态的形成速度非常快（在几毫秒内即可形成），而胶凝则需要较长的时间（若干秒）。一旦螺旋结构"融化"，凝胶状态也就消失。

③"蛋盒"交联结构　当有二价阳离子存在的情况下，某些离子型多糖（如海藻酸盐）存在这种结构。海藻酸盐带负电荷，常常是按一定规律的程度伸展，并允许诸如 Ca^{2+} 等二价阳离子在两个平行聚合物分子间架桥，以这种形式形成了刚性较强的交联部位。有可能在微晶区内交联部位自身进行进一步的重排，只有温度接近 110℃，否则这种交联部位不会发生"融化"。

有许多亲水胶体自身不能形成凝胶，但与其他亲水胶体复合在一起时能形成凝胶，即亲水胶体间呈现增稠和胶凝的协同作用，如卡拉胶和刺槐豆胶、黄原胶和刺槐豆胶等，这是由于刺槐豆胶的主链中具有毛发区和无侧链的光滑区，因而能与黄原胶、卡拉胶的螺旋部分相互作用形成结合区，即使在浓度很低的情况下依然表现出屈服性，这个屈服力能够阻止食品体系中的颗粒发生沉降，而产生胶凝（见图 11-29）。如果混合体系中不同种类的聚合物在热力学上不相容，则会发生相分离，带相反电荷的两种亲水胶体混合后很可能形成沉淀。

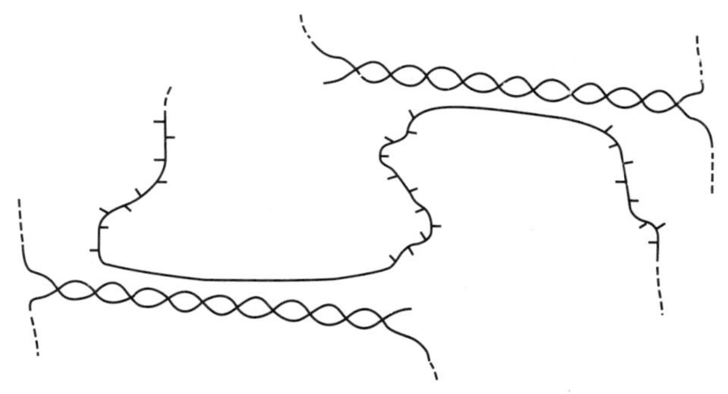

图 11-29　刺槐豆胶分子与卡拉胶或黄原胶分子双螺旋部分相互作用示意

11.3.3.3　淀粉凝胶

天然淀粉以刚性颗粒状态存在，颗粒直径主要在 5～100μm 之间，它们不溶于冷水。支链淀粉的部分结构形成微晶区域，这种状态使得淀粉颗粒具有相当高的刚性。如果淀粉颗粒在适量水中进行加热，它们会发生糊化。淀粉糊化后大多能形成具有一定弹性和强度的半透明凝胶，凝胶的黏弹性、强度等特性对凝胶体的加工、成型性能以及淀粉质食品的口感、速食性能等都有较大影响。

淀粉的凝胶主要是直链淀粉分子的缠绕和有序化，即糊化后从淀粉粒中渗析出来的直链淀粉，在降温冷却的过程中以双螺旋形式互相缠绕形成凝胶网络，并在部分区域有序化形成微晶。淀粉凝胶化的液晶性质用支链淀粉不同部分可移动程度和有序参数来描述。

直链淀粉在水中加热糊化后，是不稳定的，会迅速老化而逐步形成凝胶体。这种凝胶体较硬，需在 115～120℃的温度才能向反方向转化。作为线性高分子，直链淀粉结晶趋热性很强，在水溶液中直链淀粉分子快速凝聚，并超过胶体尺寸从而导致沉淀或形成凝胶；其凝胶趋势依赖于分子尺寸、浓度、温度、pH 值和其他化学物质的存在。一般来讲凝胶的直链淀粉由结晶区与无定形区混合组成。结晶区可抵抗酸解与酶解，并可达体系总量的65%，晶粒由直链淀粉分子双螺旋结构组成。

直链淀粉含量的增加导致淀粉结晶片层增加，颗粒中结晶减少，大分子结晶结构的改变；直链淀粉含量增加使结晶度降低，熔融温度升高，但熔融焓与不同种类淀粉中直链淀粉含量的关系并不清晰。现在可以明确的是，通常情况下低温焓值是结晶薄层熔融的结果，高温峰是由直链淀粉一类脂化合物和单螺旋分解引起的。米粉凝胶的强度和耐热性主要是由直链淀粉形成的凝胶网络来维持的。

支链淀粉在水溶液中相对稳定，发生凝胶作用的速率比直链淀粉缓慢得多，且凝胶柔软。在支链淀粉模型研究中发现，若短链含量较多，将形成较多晶粒，有利于后续结晶部分的堆积，因而产生较大结晶度。支链淀粉形成的凝胶其强度随温度的变化是可逆的。在后期储藏过程中，支链淀粉的重结晶是凝胶硬度增大的主要因素，直链淀粉的存在加速了支链淀粉的重结晶，但不影响支链淀粉的最终结晶程度，支链的重结晶则是一个长期的有序化过程。

11.3.3.4 混合凝胶

混合凝胶体系的研究工作，一般认为如果溶液中含有两种不同的聚合物，根据两种聚合物性质的不同，体系会形成3种不同的状态：①非亲和态，形成两种聚合物的非均一体系；②亲和态，两种聚合物完全混合形成均一的单相；③聚合物交联，以固相凝聚形式共沉淀或形成凝胶。

(1) 多糖混合凝胶 目前研究较多的混合凝胶是二元多糖共混体系。根据共混多糖种类大致可分为两类：在Ⅰ类混合体系中，一种糖为凝胶多搪（如卡拉胶），另一种为非凝胶多糖（如葡萄甘露聚糖、半乳甘露聚糖和魔芋甘露胶）；Ⅱ类混合体系中的两种多糖均为非凝胶多糖。根据共混体系的协同效果又可分为协同增稠和协同凝胶化两类。在这种体系中，共混的两种多糖分子之间产生相互协同效应，可以改变单一多糖的性能如黏度流变特性，使得共混溶液的黏度显著提高，比其中任何一种多糖高分子在相同浓度下溶液的黏度都要高得多。

不论是属于Ⅰ类混合体系，还是属于Ⅱ类混合体系，都有共混形成凝胶的例子。根据两种多糖高分子相互作用的方式，共混凝胶的协同作用大致可分为4类（图11-30）。

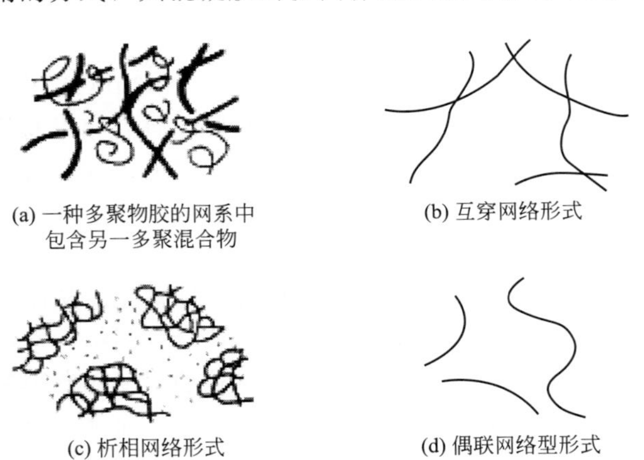

图11-30 共混凝胶的协同作用示意

① 只有一种多糖构成凝胶的网络结构，另一种多糖则溶解在凝胶网络中的溶液里。而

其他三种结构都是由共混的两种多糖共同参与而形成凝胶结构。

② 互穿网络形式：共混凝胶是两种胶凝组分相互分离形成各自独立的网络结构，两种网络结构之间只在表面发生作用。

③ 析相网络形式：共混凝胶是由不相容的两种聚合物构成的，它们之间存在的相互作用是排斥作用或是对溶剂的亲和力不同而产生的作用。

④ 偶联网络型形式：共混凝胶是不同类型的聚合物分子之间产生相互作用而形成的。

如魔芋葡甘聚糖与卡拉胶混合能形成富有弹性、强度较大的可逆性凝胶，倒出烧杯后不变形；而卡拉胶只能形成很脆弱的凝胶，倒出烧杯后易破碎。由此证明，魔芋葡甘聚糖与卡拉胶在水溶液中可发生协同作用而增强卡拉胶凝胶的硬度和弹性。黄原胶是一种非凝胶多糖，能与其他食品胶之间产生协同增效作用及提高其耐盐稳定性，黄原胶与刺槐豆胶协同增效性最显著，其次为魔芋葡甘聚糖，两者都能与黄原胶形成凝胶。魔芋葡萄甘露聚糖可与红藻胶、黄原胶等天然大分子多糖发生独特的“咬合”协同增效作用，并同时形成理想的弹性凝胶，可将魔芋葡甘聚糖由低价值的增稠多糖提升为具有凝胶能力、高价值的胶凝剂。

不同的多糖之间有的是正向的协同增效作用，各组分的特性互补、协调，产生相加或相乘的协同增效作用；但也有的是反向的协同拮抗作用，即出现所谓的配伍禁忌。例如，琼胶与果胶、瓜尔胶、海藻酸钠、淀粉、羟丙基淀粉和羧甲基纤维素钠等都存在拮抗作用，它们的结构均阻碍琼胶三维网状结构的形成。因为瓜尔胶平均每隔两个甘露糖残基就连有一个半乳糖侧链，过密的侧链使其不能与琼胶分子交联，甚至阻碍了交联的发生；果胶和海藻酸钠均为直链状的高分子化合物，没有明显的侧链基团，也无法与琼胶分子交联，也存在拮抗作用。

(2) 蛋白质和多糖混合凝胶 蛋白质和水溶性多糖通常共存于凝胶体系中，这种混合凝胶体系的流变特性、微观结构和质构特性取决于蛋白质和多糖分子的结构特征、物理化学特性、溶液的 pH、离子强度、热处理温度和时间等因素。蛋白质与多糖相互作用对蛋白质的功能特性有很大的影响。当两种不同的生物高分子溶液混合在一起时，可发生 3 种现象：共容性、缔合作用和不相容性。

目前关于多糖与蛋白质共凝胶体系的研究报道相对较少，并且大多数都集中在卡拉胶与乳蛋白共凝胶体系的研究。人们很早就发现 κ-卡拉胶在牛乳中形成强而脆的凝胶，这种凝胶与水中形成的凝胶相似，但比水凝胶更强，这一现象被称为乳反应性。这种乳反应性是由于 κ-卡拉胶与乳中 κ-酪蛋白发生静电相互作用的结果。κ-酪蛋白肽链上 97～112 的氨基酸残基在酪蛋白等电点碱性侧的 pH 条件下都保持正电荷，从而使其与 κ-卡拉胶上带负电荷的硫酸基团间的静电相互作用成为可能。

相似的静电相互作用也发生在中性 pH 值的明胶和 l-卡拉胶的共凝胶体系之间。当明胶-l-卡拉胶体系的 l-卡拉胶浓度高于某一关键浓度时，共凝胶体系的融化特性由 l-卡拉胶决定，而明胶稳定并加强 l-卡拉胶的网络结构。而当 l-卡拉胶浓度低于关键浓度时，l-卡拉胶稳定明胶的网络结构，并可能导致在单独明胶不能形成凝胶的温度条件下交联而形成网络结构。

虽然阴离子多糖（如卡拉胶）与有些蛋白质之间在一定的 pH 值和离子强度下能发生静电吸引相互作用，但是在形成凝胶的生物高分子浓度下，这两种高分子的共凝胶体系都发生了微观上的相分离现象。Capron 等报道在 pH7.0 和 0.1 mol/L NaCl 条件下，随着 κ-卡拉胶浓度的增加，β-乳球蛋白凝胶的形成速率增加。在一定的加热时间和蛋白质浓度下，剪切模量对 κ-卡拉胶浓度的函数有一最大值。

汪东风团队研究了乳清蛋白-壳聚糖混合体系的凝胶现象，并探究了不同壳聚糖浓度对混合凝胶的结构和化学特性的影响。研究发现，含1%壳聚糖的混合凝胶具有最高的凝胶强度，持水性为100%。

各种凝胶材料都具有各自的优缺点，在实际应用中往往只能满足一部分要求。如果根据不同分子的特点，进行共混复配使用，就可以使各自的不足之处得到相互补偿，从而产生单一原料难以达到的性质特点。因此，近年来人们开始更多关注的是凝胶共混方面的研究，认为共混是提高凝胶性能的有效方法。

11.3.4 凝胶体系研究举例——卡拉胶凝胶

卡拉胶是由1，3-糖苷键键合的β-D-吡喃半乳糖残基和1，4-糖苷键键合的α-D-吡喃半乳糖残基交替链接而成的线性多糖。卡拉胶是天然胶体中，唯一具有蛋白质反应性的亲水胶体，它具有稳定酪蛋白胶束的能力，能与乳酪蛋白形成乳凝胶。

卡拉胶的胶凝过程分为四个阶段：第一阶段，卡拉胶溶解于热水中，其分子形成不规则的卷曲状；第二阶段，当温度下降，其分子形态转化为螺旋状，形成单螺旋体；第三阶段，温度继续下降，分子间形成双螺旋体，此时开始发生凝固；第四阶段，温度下降到一定程度后，双螺旋体聚集形成凝胶。

11.3.4.1 κ-卡拉胶对乳浊凝胶质构特性的影响

不同pH值条件下卡拉胶对大豆分离蛋白乳浊凝胶硬度的影响见图11-31。由图11-31可以看出，添加0.05%的卡拉胶时，乳浊凝胶的硬度迅速增加，特别是在pH 6.8时，0.05%的卡拉胶导致体系的硬度增加4倍以上；含有0.10%卡拉胶的体系硬度只比添加0.05%的体系稍微增加；当卡拉胶含量增加到0.20%时，体系的硬度又急剧增加。由图11-32可以看出，添加0.05%的卡拉胶导致乳浊凝胶体系的内聚性明显增加，然后随着卡拉胶含量的增加，体系的内聚性逐渐下降。卡拉胶对大豆分离蛋白乳浊凝胶破裂强度和脆性的影响见表11-3。由表11-3可以看出，随着卡拉胶浓度增加，凝胶的破裂强度逐渐增加，凝胶弹性先随卡拉胶含量增加而增加，当卡拉胶浓度增加到0.20%时凝胶弹性反而下降。

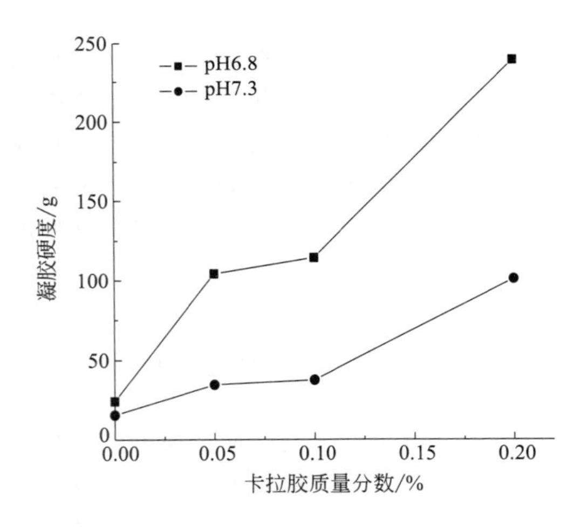

图11-31 不同pH条件下卡拉胶含量对大豆分离蛋白乳浊凝胶硬度的影响（蛋白质含量12%，油相体积分数0.2）

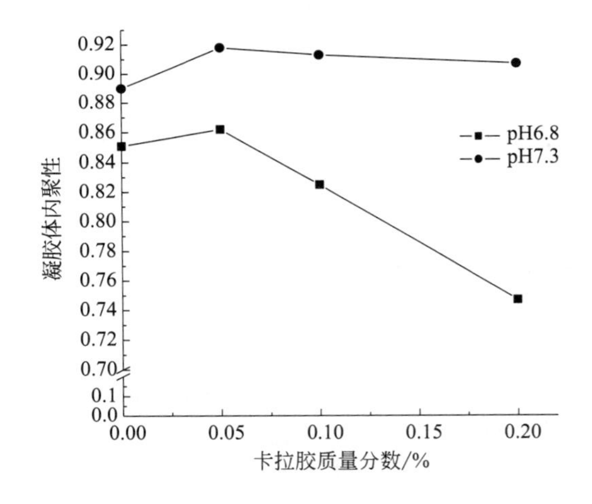

图11-32 不同pH条件下卡拉胶含量对大豆分离蛋白乳浊凝胶内聚性的影响（蛋白质含量12%，油相体积分数0.2）

表 11-3 卡拉胶对不同 pH 的大豆分离蛋白乳浊凝胶破裂强度和脆性的影响

卡拉胶质量分数/%	pH 6.8		pH 7.3	
	破裂强度/kPa	破裂点位移/mm	破裂强度/kPa	破裂点位移/mm
0	2.117	4.153	3.659	6.070
0.05	3.622	4.555	4.493	6.900
0.10	4.647	4.7	5.233	7.228
0.20	6.278	4.138	7.449	6.455

由以上数据说明，卡拉胶浓度为 0.05%时，凝胶的硬度、内聚性、破裂强度和弹性都有明显的改善；当卡拉胶浓度增加到 0.10%时，凝胶的破裂强度和弹性虽然明显增加，但硬度的增加却不明显，内聚性反而下降；卡拉胶浓度增加到 0.20%时，体系的硬度和破裂强度急剧增加，内聚性和弹性却明显下降。这表明 0.05%的浓度时，卡拉胶分子与大豆分离蛋白发生静电吸引相互作用形成连接型凝胶，大大改善了乳浊凝胶的质构特性。随着卡拉胶浓度的增加，未参与相互作用的卡拉胶分子引起体系发生相分离，凝胶的质构参数也表现出相分离凝胶的特征：硬度和破裂强度显著增加而弹性和内聚性急剧下降。

11.3.4.2 κ-卡拉胶对乳浊凝胶流变特性的影响

图 11-33 是不同 pH 值条件下卡拉胶对大豆分离蛋白乳浊凝胶的储能模量 G'与振荡频率的关系图谱。从图 11-33 中看出，当卡拉胶浓度为零时，pH 6.8 的凝胶储能模量比 pH 7.3 的凝胶储能模量低，随着振荡频率增加，凝胶的储能模量也逐渐增加。卡拉胶显著影响凝胶的储能模量，添加 0.05%卡拉胶显著增加凝胶的储能模量，当卡拉胶浓度为 0.20%时，凝胶的储能模量急剧增加，并且储能模量随振荡频率的变化受 pH 值的影响不明显，这表明卡拉胶对凝胶动态黏弹模量的影响作用增强。

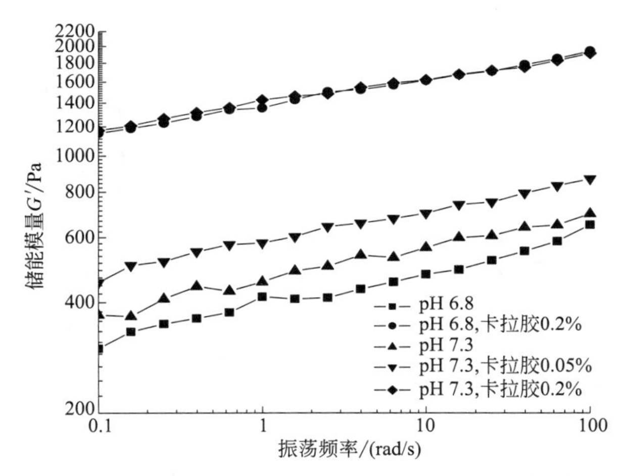

图 11-33 κ-卡拉胶对不同 pH 值条件下的大豆分离蛋白乳浊凝胶储能模量 G'的影响
（蛋白质含量 12%，油相体积分数 0.2）

图 11-34 是不同 pH 值条件下体系的耗能模量 G''与振荡频率的关系。从图 11-34 中看出，未加卡拉胶的体系耗能模量表现出强烈的频率依赖性，这种依赖性随着 pH 值的增加而降低。添加 0.05%的卡拉胶时，体系耗能模量的频率依赖性降低，但在较高振荡频率时耗能模量逐渐增加。添加少量的卡拉胶（0.05%）没有显著增加体系的耗能模量，这说明此浓度下的卡拉胶分子与大豆分离蛋白发生静电吸引相互作用，仅增加了凝胶的储能模量。添加 0.20%的卡拉胶导致体系的耗能模量明显增加，且 pH6.8 的体系耗能模量比 pH7.3 的体系

高。体系的复合模量与振荡频率的关系见图 11-35。复合模量随频率的变化趋势与储能模量的变化趋势完全相似。

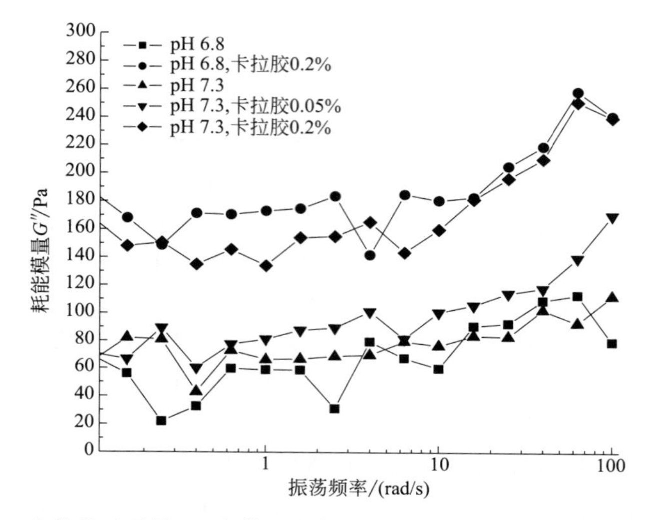

图 11-34 κ-卡拉胶对不同 pH 条件下的大豆分离蛋白乳浊凝胶耗能模量 G''的影响（蛋白质含量 12%，油相体积分数 0.2）

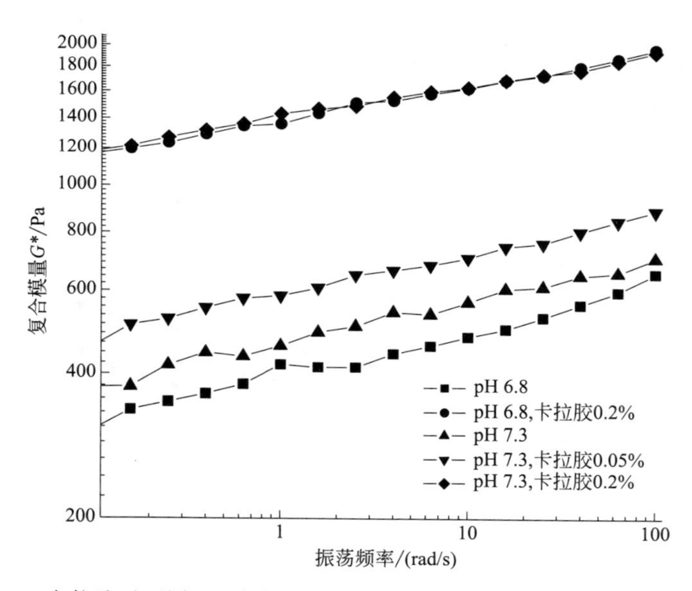

图 11-35 κ-卡拉胶对不同 pH 条件下的大豆分离蛋白乳浊凝胶复合模量 G^*的影响（蛋白质含量 12%，油相体积分数 0.2）

11.3.5 凝胶体系研究举例——鱼糜凝胶

11.3.5.1 鱼糜的凝胶过程

鱼糜凝胶（surimi gel）是一种主要由肌动球蛋白形成的三维蛋白质网状结构。在鱼类肌肉蛋白质中，60%以上是构成肌原纤维的蛋白质，而肌球蛋白又占肌原纤维蛋白质的 40%～50%。肌球蛋白是形成粗丝的主要蛋白质。肌球蛋白由双头的球状部分的片段-1 和纤维状的杆部组成，长可达150nm，是分子质量约为500kDa的巨大分子。肌球蛋白具有亚基结构。高浓度尿素、盐酸胍或界面活性剂十二烷基硫酸钠（SDS）可以将肌球蛋白解离为分子质量各为约200kDa的2条重链和分子质量各为20kDa的4条轻链。肌动蛋白是形成细丝的主要蛋白质，约占肌原纤维蛋白质的20%。肌动蛋白成球状，分子质量约为42kDa，由单一的多肽链组成。原肌球蛋白在肌原纤维中属于最稳定的蛋白质之一，由2个亚基组成，分子质量约为70kDa。

肌球蛋白是鱼糜凝胶的必要条件。由单纯的肌球蛋白形成的凝胶，其凝胶强度高于由肌动球蛋白形成的凝胶强度。凝胶过程主要包括两阶段的反应：首先，在较低温度下（≤40℃），通过肌球蛋白的去α螺旋化和尾部的相互作用完成初步交联，在该过程中会有较多的二硫键生成；同时，在谷氨酰胺转氨酶的作用下，通过酰基转移反应，形成肽链上谷氨酰胺残基的γ-酰胺基团和各种伯胺类物质之间的交联。之后，随着温度的进一步升高（50～90℃），鱼糜蛋白进一步发生结构变化，致使更多的疏水氨基酸被暴露出来。在疏水作用下，鱼糜蛋白进一步凝胶，肌球蛋白的头部也参与到凝胶中来，从而最终形成严密紧凑的鱼糜凝胶。

鱼糜的凝胶特性，像适口性（firmness）、黏聚性（cohesiveness）及保水性（water-holding capacity）等，可通过在低温下（≤40℃）温浴鱼糜而使其得以增强，这种现象又称为凝胶化（setting或suwari）。在40℃左右温浴，大约2～4h即可达到最佳值，这属于高温凝胶化。而在0～40℃温浴，则可能需要12～24h以使之达到最佳值，这种则属于低温凝胶化。鱼糜凝胶化是通过去α螺旋化而被启动的。

凡能影响肌球蛋白结构的因素，均可影响肌原纤维蛋白质的凝胶强度（gel strength）。肌球蛋白的凝胶特性（gelling property）与其两条α螺旋化的尾部的长度密切相关。在各种盐浓度下，肌球蛋白的杆部比轻酶解肌球蛋白更为坚硬。因此，肌球蛋白的酶解（proteolysis）会导致凝胶强度的下降（图11-36）。肌球蛋白的正常构型变化是凝胶顺利进行的首要条件。如果肌球蛋白在凝胶前即发生变性，则凝胶的强度会下降。鱼类肌原纤维蛋白比畜类具有更高的温度敏感性。冷冻会导致肌球蛋白的疏水氨基酸的翻出，但肌动蛋白基本上不受影响。因此，重复的冷冻解冻会导致肌球蛋白的变性，从而造成相应的凝胶强度的下降。肌球蛋白的交联程度决定于其环境中的离子强度。在低离子强度下（0.09～0.18mol/L），肌球蛋白以组装的细丝的形式存在。而在高离子强度下（>0.35mol/L），肌球蛋白则表现为独立的分散的单聚体。在此条件下，肌球蛋白可形成高弹性、低硬度且半透明的凝胶。

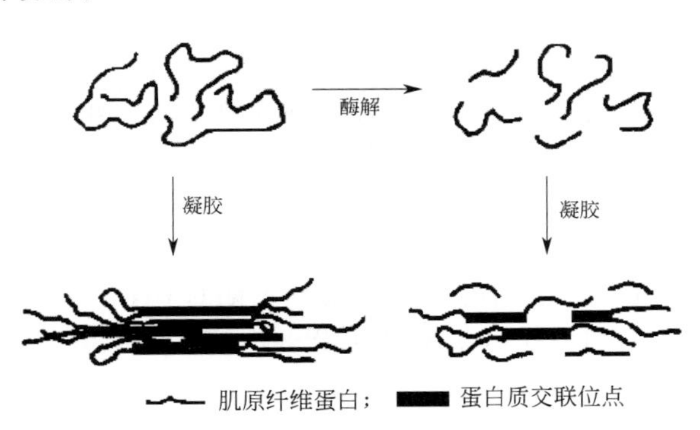

图11-36 鱼糜的凝胶与肌原纤维蛋白的水解

11.3.5.2 一些酶类在鱼糜中的作用

鱼糜内的酶类，有的可促进鱼糜中蛋白质的凝胶形成；有的又会导致鱼糜中蛋白质的降解，从而发生凝胶劣化（modori）或软化（gel weakening，gel softening）。

(1) 谷氨酰胺转氨酶 鱼糜的低温凝胶化主要是谷氨酰胺转氨酶（EC 2.3.2.13）作用的结果。在沙丁鱼、鲭、红鱼、鲤鱼、银鳗、白姑鱼、狭鳕、鲑及虹鳟等的肌肉中均发现了谷氨酰胺转氨酶。谷氨酰胺转氨酶是一种催化酰基转移反应的转移酶，可以催化蛋白质分子内的交联、分子间的交联、蛋白质与氨基酸之间的连接以及蛋白质分子内谷氨酰胺残基的水解，从而可以改善蛋白质功能性质，提高蛋白质的营养价值。它以肽链中谷氨酰胺残基的γ-羧酰氨基作为酰基供体，而酰基受体可以是如下几种：

① 多肽链中赖氨酸残基的ε-氨基，形成蛋白质分子内和分子间的ε-（γ-谷氨酰）赖氨酸异肽键［图 11-37（a）］，使蛋白质分子发生交联。食品工业中广泛运用此法使蛋白质分子发生交联，从而改变食品的质构，改善蛋白质的溶解性、起泡性等物理性质。

② 伯氨基，形成蛋白质分子和小分子伯胺之间的连接［图 11-37（b）］。可以将一些限制性氨基酸引入蛋白质中，提高蛋白质的额外营养价值。

③ 水。当不存在伯氨基时，水会成为酰基受体，其结果是谷氨酰胺残基脱去氨基生成谷氨酸残基［图 11-37（c）］，从而改变蛋白质的溶解度、乳化性质和起泡性质。

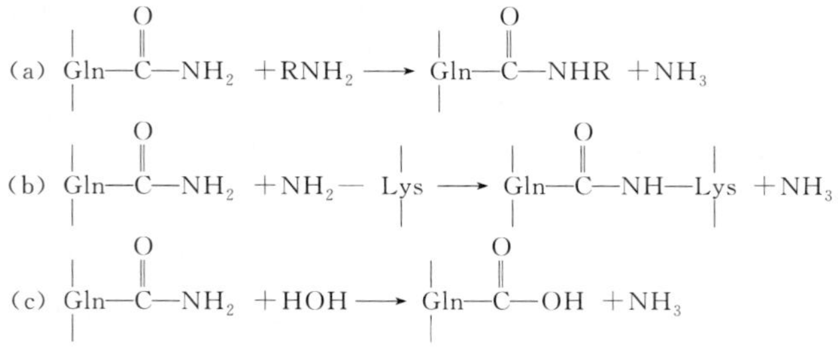

$$\text{(a)}\quad \text{Gln}-\overset{\text{O}}{\overset{\|}{\text{C}}}-\text{NH}_2 + \text{RNH}_2 \longrightarrow \text{Gln}-\overset{\text{O}}{\overset{\|}{\text{C}}}-\text{NHR} + \text{NH}_3$$

$$\text{(b)}\quad \text{Gln}-\overset{\text{O}}{\overset{\|}{\text{C}}}-\text{NH}_2 + \text{NH}_2-\text{Lys} \longrightarrow \text{Gln}-\overset{\text{O}}{\overset{\|}{\text{C}}}-\text{NH}-\text{Lys} + \text{NH}_3$$

$$\text{(c)}\quad \text{Gln}-\overset{\text{O}}{\overset{\|}{\text{C}}}-\text{NH}_2 + \text{HOH} \longrightarrow \text{Gln}-\overset{\text{O}}{\overset{\|}{\text{C}}}-\text{OH} + \text{NH}_3$$

图 11-37　谷氨酰胺转氨酶催化的反应

从鲤鱼与狭鳕中纯化出的谷氨酰胺转氨酶，分子质量分别为 80kDa 和 85kDa 左右。鱼类中的谷氨酰胺转氨酶均需要 Ca^{2+} 的激活。如果鱼肉中的 Ca^{2+} 被络合，则谷氨酰胺转氨酶的活性将极大降低，从而表现为鱼糜低温凝胶强度的下降。底物构象的变化，尤其是肌动球蛋白构象的变化，对谷氨酰胺转氨酶介导的低温凝胶化具有重要影响。不同种类的鱼肉中谷氨酰胺转氨酶具有特异的最适 pH 值和温度。例如，在 pH 7.0、0.5mol/L NaCl 的条件下，狭鳕在 25℃左右温浴可达到最大凝胶强度，而白姑鱼则需要 40℃左右的温度。

由于鱼类中的谷氨酰胺转氨酶具有 Ca^{2+} 依赖性，从而限制了该酶的应用。现在普遍使用的谷氨酰胺转氨酶是从微生物 *Streptoverticillium mobaraense* 中分离得到，又叫做微生物谷氨酰胺转氨酶（microbial transglutaminase，MTGase）。微生物谷氨酰胺转氨酶的作用不需要 Ca^{2+} 的参与。

（2）蛋白酶　鱼糜中残留的蛋白酶（protease）在鱼糜凝胶的加热过程中导致了凝胶的劣化。根据最适 pH 值，鱼糜中的蛋白酶可分为如下三类：

① 酸性蛋白酶　主要由组织蛋白酶（cathepsins）组成。部分组织蛋白酶类为丝氨酸蛋白酶（serine proteases）和天冬氨酸蛋白酶（aspartic proteases）。组织蛋白酶是一类主要存在于溶酶体中的胞内蛋白酶，弱酸环境中易被活化，是一类在碱性和中性环境中不稳定的糖蛋白（除组织蛋白酶 D、组织蛋白酶 E、组织蛋白酶 S 外）。现在已发现存在于鱼肉中的组织蛋白酶主要是组织蛋白酶 A、组织蛋白酶 B1、组织蛋白酶 B2、组织蛋白酶 C、组织蛋白酶 D、组织蛋白酶 E、组织蛋白酶 H 或组织蛋白酶 L 等（表 11-4）。

表 11-4　部分鱼肉中组织蛋白酶的性质

组织蛋白酶	分子质量/kDa	功能基团	最适 pH	目标蛋白质
A	100	—OH	5.0～5.2	
B1	25	—SH	5.0	肌球蛋白、肌动蛋白、胶原蛋白
B2	47～52	—SH	5.5～6.0	低特异性

续表

组织蛋白酶	分子质量/kDa	功能基团	最适 pH	目标蛋白质
C	200	—SH	5～6	肌球蛋白、肌动蛋白、巨型蛋白、伴肌动蛋白、M-蛋白和 C-蛋白
D	42	—COOH	3.0～4.5	
E	90～100	—COOH	2～3.5	
H	28	—SH	5.0	肌动蛋白、肌球蛋白
L	24	—SH	3.0～6.5	肌动蛋白、肌球蛋白、胶原蛋白、α-辅肌动蛋白、肌钙蛋白-T 和 I

② 中性蛋白酶　主要为钙蛋白酶（calpains）。钙蛋白酶属于半胱氨酸类蛋白酶（cysteine proteases）。钙蛋白酶仅降解蛋白质有限的专一位点，产生大的多肽片段，而不是分解成小肽或氨基酸。钙蛋白酶的降解作用可导致横纹肌的肌原纤维 Z 盘裂解，从而使肌节部位断裂。因此，钙蛋白酶在鱼肉的嫩化中起相当重要的作用。

③ 碱性蛋白酶　主要由丝氨酸类蛋白酶与半胱氨酸类蛋白酶组成。碱性蛋白酶具有以下特点：低于 50℃或高于 70℃碱性蛋白酶活性无法检出，在 60℃左右酶活力最强，分子质量范围为 560～920kDa。多数碱性蛋白酶在 60～65℃和 pH 7.7～8.1 表现出最大的酶活力。因此，碱性蛋白酶又被称为热稳定性碱性蛋白酶。

11.3.5.3　鱼糜凝胶劣化的控制

由于残留的蛋白酶的作用，导致了鱼糜凝胶过程中的劣化现象。凝胶劣化导致鱼糜制品质地、口感的下降；凝胶劣化严重时，甚至导致鱼糜制品生产加工的失败。除了优质原料鱼的减少外，凝胶劣化是困扰鱼糜生产行业的最主要问题。鱼糜凝胶劣化的有效控制对鱼糜生产行业发展和增进消费者膳食健康具有重要的推动作用。因此，为控制鱼糜凝胶的劣化，越来越多的食品化学和工艺等领域人员进行了相关研究。现在，主要采取两类方法尝试进行鱼糜凝胶劣化的控制。

(1) 通过加工工艺的改良来抑制鱼糜凝胶劣化　由于鱼糜内绝大多数的热稳定性蛋白酶的酶活力集中在 50～70℃的温度范围内，因此如果在加工鱼糜制品时可以快速通过该温度区间，就可有效地抑制鱼糜凝胶劣化现象。鱼糜制品的传统加热方法如蒸、煮等很难实现这一点，特别是鱼糜中心部位。早期曾使用多层加热的方法，即将鱼糜制成薄片进行加热，这一工艺曾用于模拟蟹肉的制作。随着科技的发展，一些新的加热方法有可能被用于鱼糜制品的加工以尽可能减小蛋白酶的劣化作用。射频加热（radiofrequency heating）、欧姆加热（ohmic heating）和微波加热（microwave heating）都可实现快速加热，其中欧姆加热已经用于部分鱼糜制品的商业化加工。新的微波技术也具有良好的应用前景。

(2) 食品级蛋白酶抑制剂的开发和使用　目前，主要有两种途径抑制蛋白酶。其一，利用某些食品组分作为蛋白酶抑制剂来抑制鱼糜凝胶劣化。在动物、植物和微生物的各种组织细胞中广泛存在着各种类型的蛋白酶抑制剂。其中，牛血浆蛋白（beef plasma protein，BPP）可以抑制太平洋白鱼鱼糜加热过程中的凝胶劣化；蛋清粉（egg white powder，EW）、乳清蛋白及马铃薯全粉已作为食品级的蛋白酶抑制剂用于防止鱼糜凝胶劣化。BPP 对木瓜蛋白酶（半胱氨酸蛋白酶）的抑制能力最强，而蛋清则对胰蛋白酶（丝氨酸蛋白酶）的抑制最有效（图 11-38）。总体说来，半胱氨酸蛋白酶是绝大多数鱼糜中的主要蛋白酶类，如太平洋白鱼、箭齿鲽、白姑鱼、细须石首鱼和鲑等；少数为丝氨酸类蛋白酶，如大西洋鲱鱼和白姑鱼。迄今为止，BPP 是最有效的抑制鱼糜凝胶劣化的蛋白酶抑制剂。

其二，利用 cystatin 抑制鱼糜凝胶劣化。cystatin 是半胱氨酸蛋白酶抑制剂（cysteine protease inhibitor，CPI）的特称，根据分子量、结构及序列相似性，cystatin 可分为三族：

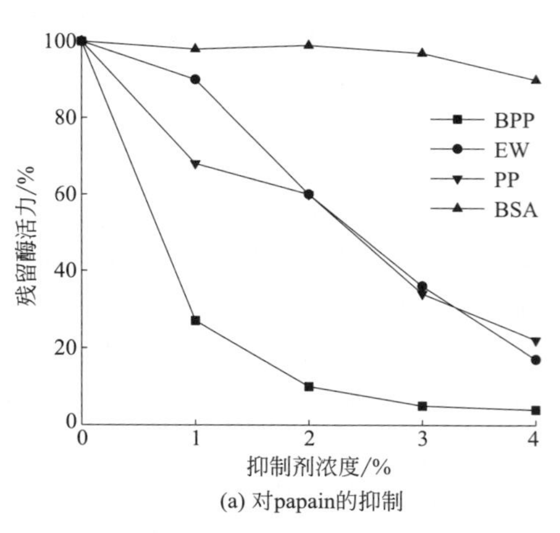

(a) 对papain的抑制

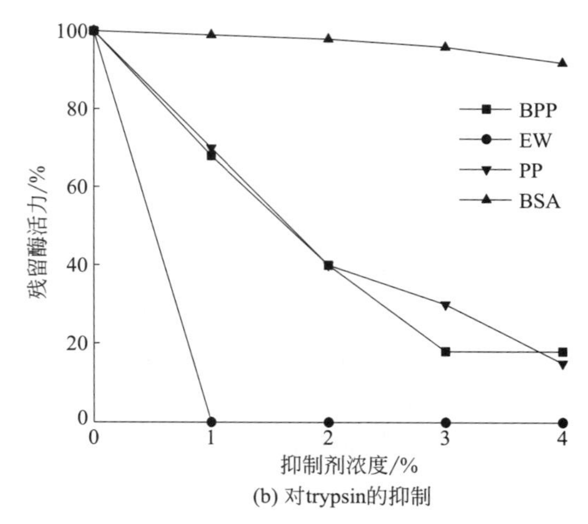

(b) 对trypsin的抑制

图 11-38 各种蛋白酶抑制剂对木瓜蛋白酶和胰蛋白酶的抑制曲线（底物为苯甲酰-L-精氨酰-对硝基苯胺）

stefin 族、cystatin 族和 kininogen 族，其中第二族的名称与 cystatin 的名称相同。stefin 族 CPIs 均由单链蛋白组成，分子质量为 11kDa（大约由 100 个氨基酸组成），不含半胱氨酸和糖基化基团。研究发现，cystatins 可有效地抑制鱼糜中的半胱氨酸蛋白酶，进而在鱼糜凝胶劣化中的有效利用，主要取决于 cystatins 的抑制能力、稳定性和分子量大小。抑制能力和稳定性越强，越利于其发挥作用。cystatins 的有效作用还取决于其与鱼糜中蛋白酶的接近程度，只有在 cystatins 与蛋白酶进行了有效结合之后才能发挥抑制作用。同时，抑制剂的分子量越小，越方便该抑制剂的基因重组表达。因此，从理论上讲，stefin 族和 cystatin 族的 CPIs 比 kininogen 更适合通过基因重组进行生产并用于抑制鱼糜的凝胶劣化。

11.4 食品胶体研究进展

食品胶体方面近几年研究较多，如基于构成胶体成分不同，有关其溶解性、黏度、耐热性和形成胶体能力等功能性研究；纳米技术应用于构建胶体递送体系等。现介绍与食品行业相关的胶体递送体系研发的最新进展。

11.4.1 特定的食品应用递送体系

设计特定食品应用的递送体系研究报道呈现日益增长的趋势。早期对食品级递送体系的研究主要集中于不同种类胶体颗粒的制备和表征，如胶束、脂质体、液滴、微凝胶纳或米颗粒。主要目的是确定可以用来制造胶体颗粒的成分和方法，表征所形成颗粒的特性，并确定影响其特性的主要因素。目前研究的重点在于胶体递送体系用于保护和递送功能性成分（如虾青素）方面。利用相对简单的方法，如亲和作用，可将疏水性的虾青素封装进蛋白质的疏水空腔中，形成纳米颗粒。这些纳米颗粒对环境条件变化的稳定性（如 pH 值、温度）可以通过给它们涂上生物聚合物来增强。另外，利用反溶剂沉淀法，虾青素可以被包裹在 PLGA 微胶囊中，通过在微胶囊表面包覆一层生物聚合物（壳寡糖），可以提高微胶囊分散液的分散稳定性，进而延长货架期。

11.4.2 由植物基成分构建的胶体递送体系

完全由植物基成分构建胶体递送体系可应用于植物性食品和饮料。通常需要对现有产品进行重新配方，以去除人工合成或动物性成分，代之以植物性替代品。因此，人们对完全由植物性成分（如胶凝剂、壁材、增稠剂、乳化剂等）组装而成的胶体递送体系有相当大的兴趣。例如，通过纳米乳液法，虾青素可以被包裹在脂液滴中，形成由植物性皂苷稳定的纳米乳液。在纳米乳液表面包覆生物聚合物（壳聚糖和果胶），可以增强乳液滴间的空间斥力，进而可以提高纳米乳液对环境压力（pH、盐和温度）的稳定性，降低脂液滴和功能性成分的氧化速度及胃肠道消化等。

11.4.3 多成分的胶体递送体系

传统上，大多数研究人员专注于将单一的功能性成分封装进胶体递送体系中，例如，将特定的精油添加到淀粉纳米颗粒中。近年来，多种功能性成分的联合递送体系构建更受重视，体现在：①如果功能性成分具有相似的极性，那么它们可以在胶体递送体系中处于同一相。多种疏水功能性成分，如虾青素和精油，可以封装在脂质或蛋白质纳米颗粒中。②如果生物活性物质具有不同的极性，那么它们可以位于胶体递送体系的不同相中，疏水性功能性成分可以封装在纳米乳的脂液滴中，而亲水性功能性成分可以溶解在周围的水中。这种方法已被用于制造水包油纳米乳液。③在某些情况下，将不同的功能性成分封装在不同的胶体颗粒中，制成含有多种胶体颗粒的胶体递送体系。例如，在同一个递送体系中，油相中可能包含两种不同的疏水功能性成分，以及一个或多个分散在水相中的亲水功能性成分。

参考文献

[1] 张佳程，等．食品物理化学．北京：中国轻工业出版社，2007.

[2] 沈钟，等．胶体与表面化学．北京：化学工业出版社，1997.

[3] 汪东风．高级食品化学．北京：化学工业出版社，2009.

[4] 李德昆．蛋白酶抑制剂的制备及其抑制狭鳕鱼糜凝胶劣化的研究．青岛：中国海洋大学，2008.

[5] 梁文平．乳状液科学与技术基础．北京：科学出版社，2001.

[6] 常泓，等．钙激活酶激活蛋白的研究进展．肉类工业，2001（12）：45.

[7] 曾广智，等．组织蛋白酶及其抑制剂研究进展．云南植物研究，2005（27）：337.

[8] 崔正刚，等，表面活性剂、胶体与界面化学．北京：化学工业出版社，2013.

[9] An H，*et al*. Roles of endogenous enzymes in surimi gelation. Trends in Food Science and Technology. 1996，7：321.

[10] Atkinson P J. Neutron reflectivity of adsorbed β-casein and β-lactoglobulin at the air/water interface. Journal of the Chemical Society，1995，91：2847.

[11] Boode K，*et al*. Partial coalescence in oil-in-water emulsions：1. nature of the aggregation. Colloids and Surfaces A.，1993，81：121.

[12] Brooker B E，*et al*. The development of structure in whipped cream. Food Structure，1986，9：223.

[13] Capron I，*et al*. Effect of addition of κ-carrageenan on the mechanical and structural properties of β-lactoglobulin gels. Carbohydrate Polymers，1999，40：233.

[14] Chang Y，*et al*. Measurement of air cell distributions in dairy foams. International Dairy Journal，2002，12：463.

[15] Dickinson E，*et al*. Kinetics of disproportionation of air bubbles beneath a planar air-water interface stabilized by food proteins. Journal of Colloid and Interface Science，2002，252：202.

[16] Dickinson E，*et al*. Ostwald aripening of protein-stabilized emulsions：effect of transglutaminase crosslinking. Colloids and Surfaces B，1999，12：139.

[17] Dickinson E，*et al*. Stability and rheological implications of electrostatic milk protein-polysaccharide interactions. Trends in Food Science & Technology，1998，9：347.

[18] Dutta A，*et al*. Destabilization of aerated food products：effects of Ostwald ripening and gas diffusion. Journal of

Food Engineering, 2004, 62: 177.

[19] Egelandsdal B, *et al*. Dynamic rheological measurements on heat-induced myosin gels: effect of ionic strength, protein concentration and addition of adenosine triphosphate or pyrophosphate. Journal of the Science of Food and Agriculture, 2006, 37: 915.

[20] Fains A, *et al*. Stability and texture of protein foams: a study by video image analysis. Food Hydrocolloid. 1997, 11: 63.

[21] Fredriksson H, *et al*. Studies on α-amylase degradation of retrograded starch gels from waxy maize and high-amylopectin potato. Carbohydrate Polymers, 2000, 43: 81.

[22] García-Carreño F L, *et al*. Use of protease inhibitors in seafood products. Seafood enzymes: utilization and influence on postharvest seafood quality. New York: Marcel Dekker, 2000.

[23] Hotrum N E, *et al*. Influence of crystalline fat on oil spreading at clean and protein covered air/water interfaces. Colloids and Surfaces A, 2004, 240: 83.

[24] Jakubczyk E, *et al*. Transient development of whipped cream properties. Journal of Food Engineering, 2006, 11: 79.

[25] Jang W, *et al*. The destabilization of aerated food products. Journal of Food Engineering, 2006, 76: 256.

[26] Kang I S, *et al*. Heat-induced softening of surimi gels by proteinases. Surimi and surimi seafood. New York: Marcel Dekker, 2000.

[27] Koczo K, *et al*. Flocculation of food dispersions by gums: isotropic/anisotropic phase separation by xanthan gum. Food Hydrocolloids. 1998, 12: 43.

[28] Koczo K, *et al*. Layering of sodium caseinate submicelles in thin liquid films: a new stability mechanism for food dispersion. Journal of Colloid Interface Science, 1996, 178: 694.

[29] Liu C, *et al*. Design of astaxanthin-loaded core-shell nanoparticles consisting of chitosan ooligosaccharides and poly (lactic- co-glycolic acid): enhancement of water solubility, stability, and bioavailability. Journal of Agricultural Food Chemistry, 2019, 67 (18): 5113.

[30] Liu C, *et al*. Formation, characterization, and application of chitosan/pectin-stabilized multilayer emulsions as astaxanthin delivery systems. International Journal of Biological Macromolecules, 2019, 140: 985.

[31] Mcclements D J. Recent advances in the production and application of nano-enabled bioactive food ingredients. Current Opinion in Food Science, 2020, 33: 85.

[32] Mitchell J R, *et al*. Functional properties of food macromolecules: London: Elsevier Applied Science, 1986.

[33] Natalia M, *et al*. Gel formation in the gelatin-NaCMC-water system. Gums and Stabilisers for the Food Industry. Oxford: IPL Press, 1996.

[34] Reed M G, *et al*. Confocal imaging and second-order stereological analysis of liquid foam. Journal of Microscopy, 1997, 185: 313.

[35] Reiffers-Maganani C K, *et al*. Depletion flocculation and thermodynamic incompatibility in whey protein stabilized O/W emulsions. Food Hydrocolloids, 2000, 14: 521.

[36] Relkin P, *et al*. Effects of whey protein aggregation on fat globule microstructure in whipped-frozen emulsions. Food Hydrocolloids, 2006, 11: 1050.

[37] Rodriguez N M, *et al*. Rheokinetic analysis of bovine serum albumin and tween 20 mixed films on aqueous solutions. Journal Agricultural Food Chemistry, 1998, 46: 2177.

[38] Sengupta T, *et al*. Role of dispersion interaction in the adsorption of proteins at oil-water and air-water interfaces. Langmuir, 1998, 14: 6457.

[39] Stanley D W, *et al*. Texture structure relationships in foamed dairy emulsions. Food Research International. 1996, 29: 1.

[40] Tesch S, *et al*. Influence of increasing viscosity of the aqueous phase on the short-term stability of protein stabilized emulsions. Journal of Food Engineering, 2002, 52: 305.

[41] Thanasukarn P, *et al*. Impact of fat and water crystallization on the stability of hydrogenated palm oil-in-water emulsions stabilized by whey protein isolate. Colloids and Surfaces A: Physicochemical and Engineering Aspects, 2004, 246: 49.

[42] Tolstoguzov V B. The functional properties of food proteins. Gums and stabilizers for the food industry. Oxford: IRL Press, 1992.

[43] Waigh, *et al*. The phase transformations in starch during gelatinization: a liquid crystalline approach. Carbohydrate Research, 2000, 328: 165.

[44] Wilde P J, *et al*. Molecular diffusion and drainage of thin liquid films stabilized by bovine serum albumin tween 20 mixtures in aqueous solutions of ethanol and sucrose. Langmuir, 1997, 13: 7151.